2024

건축기사 실기

송창영 저

공정, 적산, 품질관리 **무료 동영상**

예문사

{ 머리말 }

최근 건축기사 실기시험은 광범위한 출제 범위와 함께 현장실무와 관련된 문제들이 심도 있게 출제되고 있어, 수험생들에게 큰 부담으로 다가옵니다. 주관식 형식의 시험 특성상 암기 중심의 학습보다는 깊은 이해를 바탕으로 준비해야 합니다. 이러한 배경을 고려하여, 수십 년간의 실무경험과 다양한 강의 경험을 바탕으로 짧은 시간 내에 효율적으로 학습할 수 있는 최적의 내용으로 본서를 구성하였습니다.

본 교재의 주요 특징은 다음과 같습니다.

1. 각 단원별로 출제경향에 맞는 핵심 내용을 담아 시험 준비에 있어 핵심적인 내용만을 효율적으로 파악하고 학습할 수 있도록 구성하였습니다.
2. 핵심이론과 관련된 상세 그림, 실물 그림, 도해 등을 통해 수험생의 문제 이해도를 높이고 쉽게 암기할 수 있도록 하였습니다.
3. 시공, 적산, 품질관리 등의 최신 규준 및 표준을 기반으로 내용을 정리하였고, 관리공단의 모범 답안을 최대한 반영하여 정확하게 문제의 답을 연상할 수 있도록 하였습니다.
4. 국내·외 사진자료 및 그래픽을 활용하여 복잡한 내용도 쉽게 이해할 수 있게 하였습니다.

이 책이 건설기술자들에게 유용한 참고자료가 되어, 유능한 기술인으로 성장하는 데 도움이 되길 바라며, 앞으로도 끊임없는 노력으로 건축기사 수험생들에게 가장 좋은 길잡이가 되어 드리겠습니다. 수험생 여러분의 성공을 진심으로 응원합니다.

이 책을 집필하는 데 도움을 주신 국내·외 학자와 실무자 여러분, 출간을 위해 헌신적으로 노력해 주신 선·후배님들, 동료 교수님들 그리고 출판을 위해 열심히 도와 주신 예문사 임직원 여러분께 깊은 감사를 전하며, 저의 해피바이러스인 보민, 태호, 지호 그리고 아내 최운형에게 사랑한다는 말을 전하고 싶습니다.

저자 **송창영**

{ 시험 안내 }

■ 개요

건축물의 계획 및 설계에서 시공에 이르기까지 전 과정에 관한 공학적 지식과 기술을 갖춘 기술인력으로 하여금 건축업무를 수행하게 함으로써 안전한 건축물 창조를 위하여 자격제도를 제정하였다.

■ 직무 및 준거

- 직무 : 건축시공에 관한 공학적 기술이론을 활용하여, 건축물 공사의 공정, 품질, 안전, 환경, 공무관리 등을 통해 건축 프로젝트를 전체적으로 관리하고 공종별 공사를 진행하며 시공에 필요한 기술적 지원을 하는 등의 업무를 수행한다.
- 준거
  1. 견적, 발주, 설계변경, 원가관리 등 현장 행정업무를 처리할 수 있다.
  2. 건축물 공사에서 공사기간, 시공방법, 작업자의 투입규모, 건설기계 및 건설자재 투입량 등을 관리하고 감독할 수 있다.
  3. 건축물 공사에서 안전사고 예방, 시공품질관리, 공정관리, 환경관리 업무 등을 수행할 수 있다.
  4. 건축 시공에 필요한 기술적인 지원을 할 수 있다.

■ 진로 및 전망

- 종합 또는 전문건설회사의 건설현장, 건축사사무소, 용역회사, 시공회사 등으로 진출할 수 있다.
- 신규 착공부지의 부족, 기업에 대한 정부의 강도 높은 부동산 제재로 투자위축 우려, 전세대란의 대책으로 인한 재건축사업의 부진 우려, 지방지역의 높은 주택보급률에 대한 부담 등 감소요인이 있으나, 최근 신규 공동주택에 대한 매매수요가 증가요인으로 작용하여 건축기사 자격취득자에 대한 인력수요는 증가할 것이다.

■ **시험 안내**

- 시행 기관 : 한국산업인력공단(http://www.q-net.or.kr)
- 관련 학과 : 대학이나 전문대학의 건축, 건축공학, 건축설비, 실내건축 관련학과
- 시험 과목
  1. 필기 : 건축계획, 건축시공, 건축구조, 건축설비, 건축관계법규
  2. 실기 : 건축시공 실무
- 검정 방법
  1. 필기 : 객관식 4지 택일형 과목당 20문항(과목당 30분)
  2. 실기 : 필답형(3시간, 100점)
- 합격 기준
  1. 필기 : 100점을 만점으로 하여 과목당 40점 이상, 전 과목 평균 60점 이상
  2. 실기 : 100점을 만점으로 하여 60점 이상

■ **시험 일정**

구분	필기원서접수 (인터넷)	필기시험	필기합격자 (예정자)발표	실기 원서접수	실기시험	최종합격자 발표
2024년 제1회	01.23~01.26	02.15~03.07	03.13	03.26~03.29	04.27~05.12	06.18
2024년 제2회	04.16~04.19	05.09~05.28	06.05	06.25~06.28	07.28~08.14	09.10
2024년 제3회	06.18~06.21	07.05~07.27	08.07	09.10~09.13	10.19~11.08	12.11

※ 시험 일정은 종목별, 지역별로 상이할 수 있으므로 접수 일정 전에 공지되는 해당 회별 수험자 안내
  (Q-net 공지사항 게시) 참조

■ **원서접수**

1. 시간 : 원서접수 첫날 10시부터 마지막 날 18시까지
2. 원서접수 기간에서 휴일은 제외

※ 필기합격(예정)자 및 최종합격자 발표 시간 : 해당 발표일 09시

{ 출제 기준 }

직무 분야	건설	중직무 분야	건축	자격 종목	건축기사	적용 기간	2020.1.1.~ 2024.12.31.
실기검정방법		필답형		시험시간		3시간	

실기 과목명	주요항목	세부항목
건축시공실무	해당 공사 분석	• 계약사항 파악하기 • 공사내용 분석하기 • 유사공사 관련자료 분석하기
	공정표 작성	• 공종별 세부공정관리 계획서 작성하기 • 세부공정 내용 파악하기 • 요소작업(Activity)별 산출내역서 작성하기 • 요소작업(Activity) 소요공기 산정하기 • 작업순서관계 표시하기 • 공정표 작성하기
	진도관리	• 투입계획 검토하기 • 자원관리 실시하기 • 진도관리계획 수립하기 • 진도율 모니터링하기 • 진도관리하기 • 보고서 작성하기
	품질관리, 자료관리	• 품질관리 관련자료 파악하기 • 해당공사 품질관리 관련자료 작성하기
	자재 품질관리	• 시공기자재 보관계획 수립하기 • 시공기자재 검사하기 • 검사 측정시험장비 관리하기
	현장환경점검	• 환경점검계획 수립하기 • 환경점검표 작성하기 • 점검실시 및 조치하기
	현장착공관리(6수준)	• 현장사무실 개설하기 • 공동도급 관리하기 • 착공관련인·허가법규 검토하기 • 보고서 작성/신고하기 • 착공계(변경) 제출하기
	계약관리	• 계약관리하기 • 실정보고하기 • 설계변경하기

실기 과목명	주요항목	세부항목	
건축시공실무	현장자원관리	• 노무관리하기	• 자재관리하기
		• 장비관리하기	
	하도급관리	• 발주하기	
		• 하도급업체 선정하기	
		• 계약/발주처 신고하기	
		• 하도급업체 계약변경하기	
	현장준공관리	• 예비준공 검사하기	
		• 준공하기	
		• 사업종료 보고하기	
		• 현장사무실 철거 및 원상복구하기	
		• 시설물 인수ㆍ인계하기	
	프로젝트 파악	건축물의 용도 파악하기	
	자료조사	• 사례조사하기	• 관련도서 검토하기
		• 지중 주변환경 조사하기	
	하중검토	• 수직하중 검토하기	• 수평하중 검토하기
		• 하중조합 검토하기	
	도서작성	도면 작성하기	
	구조계획	부재단면 가정하기	
	구조시스템 계획	• 구조형식사례 검토하기	• 구조시스템 검토하기
		• 구조형식 결정하기	
	철근 콘크리트 부재	철근 콘크리트 구조부재 설계하기	
	강구조 부재 설계	강구조 부재 설계하기	
	건축목공 시공계획 수립	• 설계도면 검토하기	• 공정표 작성하기
		• 인원투입 계획하기	• 자재장비투입 계획하기
	검사하자보수	• 시공결과 확인하기	• 재작업 검토하기
		• 하자원인 파악하기	• 하자보수 계획하기
		• 보수보강하기	
	조적미장공사 시공계획 수립	• 설계도서 검토하기	• 공정관리 계획하기
		• 품질관리 계획하기	• 안전관리 계획하기
		• 환경관리 계획하기	

{ 출제 기준 }

실기 과목명	주요항목	세부항목	
건축시공실무	방수 시공계획 수립	• 설계도서 검토하기 • 가설 계획하기 • 작업인원투입 계획하기 • 품질관리 계획하기 • 환경관리 계획하기	• 내역 검토하기 • 공정관리 계획하기 • 자재투입 계획하기 • 안전관리 계획하기
	방수검사	• 외관 검사하기 • 검사부위 손보기	• 누수 검사하기
	타일석공 시공계획 수립	• 설계도서 검토하기 • 현장 실측하기 • 시공상세도 작성하기 • 시공방법절차 검토하기 • 시공물량 산출하기 • 작업인원 자재투입 계획하기 • 안전관리 계획하기	
	검사보수	• 품질기준 확인하기 • 보수하기	• 시공품질 확인하기
	건축도장 시공계획 수립	• 내역 검토하기 • 공정표 작성하기 • 자재투입 계획하기 • 품질관리 계획하기 • 환경관리 계획하기	• 설계도서 검토하기 • 인원투입 계획하기 • 장비투입 계획하기 • 안전관리 계획하기
	건축도장 시공검사	• 도장면의 상태 확인하기 • 도장면의 색상 확인하기 • 도막두께 확인하기	
	철근 콘크리트 시공계획 수립	• 설계도서 검토하기 • 공정표 작성하기 • 품질관리 계획하기 • 환경관리 계획하기	• 내역 검토하기 • 시공계획서 작성하기 • 안전관리 계획하기
	시공 전 준비	• 시공상세도 작성하기 • 거푸집 설치 계획하기 • 철근 가공조립 계획하기 • 콘크리트 타설 계획하기	

실기 과목명	주요항목	세부항목
건축시공실무	자재관리	• 거푸집 반입 · 보관하기 • 철근 반입 · 보관하기 • 콘크리트 반입 검사하기
	철근 가공조립검사	• 철근 절단 가공하기 • 철근 조립하기 • 철근 조립검사하기
	콘크리트 양생 후 검사보수	• 표면상태 확인하기 • 균열상태 확인하기 • 콘크리트 보수하기
	창호시공계획 수립	• 사전조사 실측하기 • 협의조정하기 • 안전관리 계획하기 • 환경관리 계획하기 • 시공순서 계획하기
	공통가설계획 수립	• 가설 측량하기 • 가설건축물 시공하기 • 가설동력 및 용수확보하기 • 가설양중시설 설치하기 • 가설환경시설 설치하기
	비계 시공계획 수립	• 설계도서 작성 검토하기 • 지반상태확인 보강하기 • 공정계획 작성하기 • 안전품질환경관리 계획하기 • 비계구조 검토하기
	비계검사 점검	• 받침철물기자재 설치 검사하기 • 가설기자재 조립결속상태 검사하기 • 작업발판 안전시설 재설치 검사하기
	거푸집 동바리 시공계획 수립	• 설계도서 작성 검토하기 • 공정계획 작성하기 • 안전품질환경관리 계획하기 • 거푸집 동바리 구조 검토하기

{ 출제 기준 }

실기 과목명	주요항목	세부항목	
건축시공실무	거푸집 동바리 검사점검	• 동바리 설치 검사하기 • 거푸집 설치 검사하기 • 타설전중점검 보정하기	
	가설안전시설물 설치점검해체	• 가설통로 설치점검해체하기 • 안전난간 설치점검해체하기 • 방호선반 설치점검해체하기 • 안전방망 설치점검해체하기 • 낙하물방지망 설치점검해체하기 • 수직보호망 설치점검해체하기 • 안전시설물 해체점검정리하기	
	수장시공계획 수립	• 현장 조사하기 • 설계도서 검토하기 • 공정관리 계획하기 • 품질관리 계획하기 • 안전환경관리 계획하기 • 자재인력 장비투입 계획하기	
	검사마무리	• 도배지 검사하기 • 바닥재 검사하기 • 보수하기	
	공정관리계획 수립	• 공법 검토하기 • 공전관리 계획하기 • 공정표 작성하기	
	단열시공계획 수립	• 자재투입양중 계획하기 • 인원투입 계획하기 • 품질관리 계획하기 • 안전환경관리 계획하기	
	검사	• 육안 검사하기 • 화학적 검사하기	• 물리적 검사하기
	지붕시공계획 수립	• 설계도서 확인하기 • 공정관리 계획하기 • 안전관리 계획하기	• 공사여건 분석하기 • 품질관리 계획하기 • 환경관리 계획하기
	부재제작	• 재료 관리하기 • 방청도장하기	• 공장 제작하기

실기 과목명	주요항목	세부항목	
건축시공실무	부재설치	• 조립 준비하기 • 조립 검사하기	• 가조립하기
	용접접합	• 용접 준비하기 • 용접 후 검사하기	• 용접하기
	볼트접합	• 재료 검사하기 • 체결하기	• 접합면 관리하기 • 조임 검사하기
	도장	• 표면 처리하기 • 검사 보수하기	• 내화 도장하기
	내화피복	• 재료공법 선정하기 • 검사 보수하기	• 내화피복 시공하기
	공사준비	• 설계도서 검토하기 • 품질관리 검토하기	• 공작도 작성하기 • 공정관리 검토하기
	준공 관리	• 기성검사 준비하기 • 준공 검사하기	• 준공도서 작성하기 • 인수 · 인계하기

※ 세부항목별 세세출제기준은 Q-net에 게시된 「건축기사 출제기준_등재용」을 참고하시기 바랍니다.

{ 이 책의 구성 }

>>> 건축분야 최고의 전문가의 손길로 중요한 내용만 정리된 핵심이론!

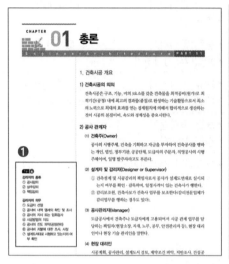

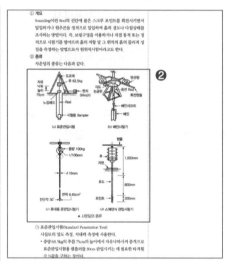

❶ 본문 내용 외에 보충하여 알아 두어야 하는 내용을 Tip에 담았습니다.
❷ 다양한 그림과 도표를 수록하여 수험생들의 이해를 돕도록 하였습니다.

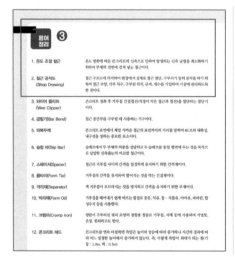

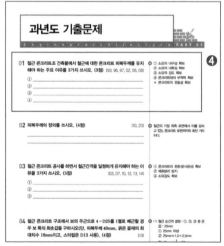

❸ 시험에 자주 나오는 주요 용어를 챕터의 마지막에 정리하였습니다.
❹ 과년도 문제를 통해 학습한 이론을 확인할 수 있도록 하였고, 각 문제에는 출제된 연도를 표기하였습니다.

≫≫ 최신 과년도 기출문제와 친절한 해설로 건축기사 최종 합격!

2018년부터 현재까지의 기출문제를 풀면서 실제 시험의 출제경향과 유형을 파악하고 실력을 다질 수 있도록 하였으며, 문제 옆에 정답과 해설을 배치하여 정답의 근거와 오답의 이유를 바로 확인할 수 있습니다.

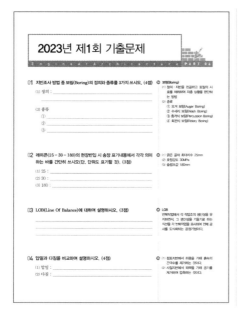

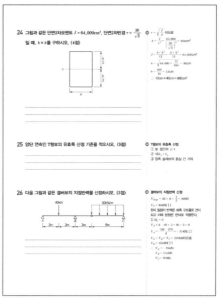

차 례

Part 01
건축시공실무

Part 02
공정관리

Part 03
품질관리 및 재료시험

차 례

Part 04
건축적산

Part 05
건축구조

Part 06
과년도 기출문제

ENGINEER
ARCHITECTURE

건축시공실무

1. 건축시공 개요

1) 건축시공의 의의

건축시공은 구조, 기능, 미의 3요소를 갖춘 건축물을 최적공비(원가)로 최적기간(공정) 내에 최고의 결과물(품질)로 완성하는 기술활동으로서 최소의 노력으로 최대의 효과를 얻는 경제원칙에 의해서 합리적으로 생산하는 것이 시공의 본질이며, 속도와 경제성을 중요시한다.

2) 공사 관계자

(1) 건축주(Owner)

공사의 시행주체, 건축을 기획하고 자금을 투자하여 건축공사를 행하는 개인, 법인, 정부기관, 공공단체, 도급자의 주문자, 직영공사의 시행주체이며, 일명 발주자라고도 부른다.

(2) 설계자 및 감리자(Designer or Supervisor)

① 건축설계 및 시공감리의 책임자로서 공사가 설계도면대로 실시되는지 여부를 확인·감독하며, 일정자격이 있는 건축사가 행한다.
② 감리보조원, 건축사보가 건축사 업무를 보조한다(감리전문업체가 감리업무를 행하는 경우도 있다).

(3) 공사관리자(Manager)

도급공사에서 건축주나 도급자에게 고용되어서 시공 관계 업무를 담당하는 책임자(현장소장, 자재, 노무, 공무, 안전관리자 등), 현장 대리인이나 현장 기술 관리인을 말한다.

(4) 현장 대리인

시공계획, 공사관리, 설계도서 검토, 계약조건 파악, 지반조사, 건설공해, 관계법규, 공법선정, 공정관리, 품질관리, 원가관리, 안전관리, 노무관리, 자재관리, 장비관리 등의 업무를 한다.

3) 도급자

건축주로부터 공사를 수주하여 설계도를 바탕으로 정해진 기간 내에 실제의 건물로 구현하는 행위를 수행하는 중요한 주체이다.

감리자의 종류
① 공사감리
② 상주감리
③ 책임감리

감리자의 의무
① 도급자 선정
② 공사비 내역 명세의 확인 및 조사
③ 공사의 지시 또는 입회검사
④ 시공방법의 지도
⑤ 공사의 진도 파악(공정관리)
⑥ 공사비 지불에 대한 조사, 사정
⑦ 설계도서대로 시행하고 있는지의 여부 확인

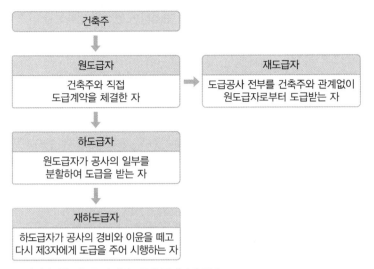

건축주

원도급자
건축주와 직접
도급계약을 체결한 자

재도급자
도급공사 전부를 건축주와 관계없이
원도급자로부터 도급받는 자

하도급자
원도급자가 공사의 일부를
분할하여 도급을 받는 자

재하도급자
하도급자가 공사의 경비와 이윤을 떼고
다시 제3자에게 도급을 주어 시행하는 자

※ 건설업법상 재도급과 재하도급은 금지되어 있다.

4) 건설 노무자

(1) 고용형태

① **직용노무자** : 원도급자에 직접 고용되어 있는 자로 잡역 및 미숙련 자가 많다.

② **정용노무자** : 전문업자 또는 하도급자에게 상시 종속되어 있는 기능노무자로서 출역 일수에 따라 임금을 지급하며, 숙련공이다.

③ **임시고용노무자** : 날품노무자로서 보조노무자를 말하며 임금이 싸다.

(2) 임금형태

① **정액임금제** : 1일 출역에 따라서 일급식 임금을 받는다(능률 증진은 불리).

② **기성고임금제** : 1일 표준 작업량을 정하거나 일정량의 공사량을 도급시켜서 신속하게 종결하게 하는 능률 증진책으로 노동시간에 관계없이 임금을 지급하는 것이다(작업 정밀도 저하 우려).

③ **상여제** : 일정기간 또는 정해진 시간 이내에 공사를 완성한 경우 추가로 임금을 지불하는 것이다.

5) 공사계약에 따른 건축주와 도급자의 기본적인 권리 및 의무

(1) 건축주

① **권리** : 완성된 건축물을 인수받을 권리

② **의무** : 건축공사의 공사비를 지불할 의무

(2) 도급자

① **권리** : 건축공사의 공사비를 청구할 권리

Tip 🔋

기성고임금제의 종류

① 돈 내기 방식 : 작업량, 공사량을 정하고 완료되면 출역된 인원수에 관계없이 소정의 금액을 지불한다.

② 1일 표준작업량제 : 일정 작업량이 빨리 완료되는 대로 작업시간에 관계없이 1일 임금을 지불한다.

② 의무 : 건축공사를 기간 내에 완성하여 완성된 건축물을 건축주에게 인도할 의무

2. 사업의 집행절차

1) 사업의 전개과정 및 수행절차

프로젝트 전개과정	프로젝트 수행절차	
① 프로젝트의 기획 및 타당성 조사	계획	① 계획
② 설계 : 기본, 본설계		
③ 구매 및 조달	통제	② 점검
④ 시공		③ 평가 및 예측
⑤ 시운전 및 완공		④ 수정조치 및 재계획
⑥ 건물 인도		
⑦ 유지 관리		

>>> 실행예산
공사의 도급 금액, 견적 원가, 설계도서 등을 재검토하고 다시 공사 시공의 제반 조건을 면밀히 검토하여 원가 통제의 지표가 되는 원가를 산출하고 이익계획의 실현 대책을 도모하는 것이다.

2) 공사시공계획 및 공사시공 순서

시공계획 순서	공사시공 순서	공정계획 요소
① 현장원 편성	① 공사착공 준비	① 공사의 시기
② 공정표 작성	② 가설공사	② 공사의 내용
③ 실행예산 편성	③ 토공사	③ 공사수량
④ 하도급자 편성	④ 지정 및 기초공사	④ 노무자 수배
⑤ 자재, 설비의 운반, 설치 계획	⑤ 구체공사	⑤ 재료 수배
⑥ 노무계획, 노력공수 결정	⑥ 방수, 방습공사	⑥ 시공기기 수배
⑦ 재해방지 대책	⑦ 지붕 및 홈통공사	
	⑧ 외벽 마무리공사	
	⑨ 창문 달기	
	⑩ 내부 마무리공사	

3. 사업 분류 체계의 종류

WBS(Work Breakdown Structure, 작업분류체계)	공사내용을 작업의 공종별로 분류한 작업분류체계이다.
OBS(Organization Breakdown Structure, 조직분류체계)	공사내용을 관리조직에 따라 분류한 것이다.
CBS(Cost Breakdown Structure, 원가분류체계)	공사내용을 원가발생요소의 관점에서 분류한 공사 비내역 체계의 표준화를 말한다.

4. 건축시공의 근대화 방안 및 건설시장 환경 변화

1) 건축시공의 근대화(현대화) 및 성력(省力)화 방안

① 건축부품의 3S화(3S System)
② 건축시공의 기계화 시공기계, 운반기계, 조립과정의 기계화, 건설용 로봇 개발 등

Tip 👆
3S화
① 단순화(Simplification)
② 전문화(Specialization)
③ 규격화(Standardization)

③ 시공재료의 건식화
  ㉠ 습식공법을 줄이고 건식공법화하여 공사기간을 단축
  ㉡ 재료의 고강도화, 경량화, Pre-Fab화 추구
④ 도급기술의 근대화(현대화)
⑤ 시공기술의 개발
  ㉠ 신공법, 기술연구소 설립, 관·산·학의 공동협력 체제 구축
  ㉡ 신기술 개발에 따른 기술개발 보상제 적극 도입
  ㉢ 시공기술에는 하드기술(공법, 재료, 기계 등)과 소프트기술(계획, 관리, 운영 등)이 있다.
⑥ 기획경영의 현대화
⑦ 현장관리의 전산화

2) 건설시장의 과학적 관리기법

종류	내용
TQC (Total Quality Control)	전사적 품질관리 System 구축
IE (Industrial Engineering)	건축생산의 효율적인 업무추진을 위한 분석 및 개선방안을 설계하는 기법
VE (Value Engineering)	VE에 의한 원가절감 보상제 및 기술개발 보상제의 확대 실시
SE (System Engineering)	최적 시공계획을 위한 방법으로 건축의 총체적인 설계시공에 효율적으로 이용, 운영하는 일련의 상세시방제작기법
PERT/CPM	합리적인 공정계획 이용
OR (Operation Research)	생산계획의 최적 방법으로 건축경영상의 관리활동을 수리적 모형으로 하여 최적경영을 하기 위한 의사결정 기법

3) 건축생산의 합리화 방안

(1) 기술개발 보상제도

① 정의

기술개발 보상제도는 발주자와 시공자 간에 설계도서에 의해 계약한 후 공사진행 과정에서 시공자가 주어진 설계와 동등 이상의 기능 및 효과를 가진 기술, 공법 등을 건설공사에 적용함으로써 생기는 공사비의 절감액 및 공기단축의 효과를 가져올 경우 계약금액에서 감액하지 않고 건설업체에게 보상금으로 주도록 하는 제도로서 건설업체의 기술개발을 유도하고 원가절감을 목적으로 도입한다.

② 필요성

국내외의 급격한 환경변화에 대응하고 고품질, 저원가의 건축물을 생산하도록 유도하며, 공사와 관련된 전 구성원의 원가절감의식을 고취하고 건설업체의 기술개발을 촉진하며 기술수준 향상에 의한 경쟁력을 제고할 수 있다.

③ 문제점
　　㉠ 사용실적 저조
　　㉡ 심의절차 복잡
　　㉢ 심의기준 불분명
　　㉣ 신기술 개발에 대한 정책적인 배려 미흡

(2) CM(Construction Management)

① 정의
　건축주를 대신하여 설계자 및 시공자를 관리하는 조직으로 설계 단계부터 공법 지도, 자재, 검수, 시공성을 고려한 원가절감 방안(분할발주), 공기단축 방안(단계적 분할발주), 품질향상을 위해 시공과 설계를 통합·관리하는 조직이다.

② CM방식의 유형(계약방식)

ACM (Agency Construction Management)	CM의 기본 형태로 공사의 계획 단계에서부터 대리인으로 고용되어 유지 관리까지의 전 과정에 대하여 발주자와 별개의 계약을 체결한다.
OCM (Owner Construction Management)	발주자(건축주)가 자체의 기술인력을 확보하여 CM을 수행하는 형태다.
XCM (Extended Construction Management)	CM의 역할뿐만 아니라 설계, 시공자로서 복합적인 업무를 수행하는 형태다.
GMPCM (Guaranteed Maximum Price CM)	공사금액을 산정해놓고 예상금액을 초과하지 않도록 관리하는 형태로 예상되는 공사금액을 절감하거나 초과 시에는 발주자와 CM이 일정 비율로 분배·부담하는 것이다.

③ CM의 5단계·6기능
　㉠ 5단계
　　Pre−Design 단계(설계 이전의 기획·계획 단계) → Design 단계(설계 단계) → Procurement 단계(구매 및 조달 단계) → Construction 단계(시공 단계) → Post Construction 단계(시공 이후 유지·보수 단계)
　㉡ 6기능
　　• 사업일반관리(Project)　　• 비용관리(Cost)
　　• 공정관리(Time)　　　　　• 품질관리(Quality)
　　• 계약관리(Contract)　　　• 안전관리(Safety)

④ CM의 주요 업무
　　• 기술관리　　　　• 시공관리
　　• 공정관리　　　　• 비용(원가)관리
　　• 품질관리

Tip
종래방식과 CM방식 비교
① 종래방식

② CM방식

⑤ CM의 단계별 업무(역할)

 ㉠ Pre−Design 단계(설계 이전의 기획·계획 단계)

  • 프로젝트 총괄계획

  • 공사일정 계획

  • 초기견적 및 공사예산 분석

  • 발주자의 기본공사지침서 이해

  • 현지 상황 파악

  • 자재, 시공업자, 공사 관련 법규조사

 ㉡ Design(설계) 단계

  • 설계도면의 검토

  • Consulting 및 VE기법 적용

  • 초기 구매 활동

  • 전반적인 설계 검토, 계약 방침 및 시방서 작성

 ㉢ Procurement(구매 및 조달) 단계

  • 입찰자의 사전자격심사

  • 입찰 패키지 작성 검토

  • 입찰서의 검토 분석

 ㉣ Construction(시공) 단계

  • 현장사무소 설립 및 조직편성

  • 필요한 인허가 취득

  • 기성고 작성 및 승인

  • 현장의 각종 보고서 및 계획서 준비

  • 공사계획 관리

  • 공정관리, 비용관리, 품질관리, 안전관리, 노무관리

  • 하도급자의 관리조정 및 감독

  • 공사감리

 ㉤ Post−Construction(시공 이후의 유지·보수 단계) 단계

  • 분쟁관리   • 자재구매관리

⑥ CM의 특징 및 장점

 ㉠ 각 분야의 전문가들로 구성된 전문가 집단이다.

 ㉡ 전문가들에 의한 양질의 의견 검토 등의 서비스가 가능하다.

 ㉢ 단계적 분할발주가 가능하다.

 ㉣ 적정 품질의 확보가 가능하다.

 ㉤ VE기법의 적용과 분할 발주로 인한 원가절감 및 공기단축이 가능하다.

 ㉥ 설계자와 시공자의 원활한 의사소통 기능을 갖는다.

⑦ CM의 효과
    ㉠ 일반적인 방식은 설계가 완전히 끝나고 난 뒤에 입찰과 시공이 가능하나, CM방식의 경우는 설계와 시공을 병행시켜 프로젝트를 수행하므로 공기단축이 용이하다.
    ㉡ 공사비의 결정시기는 계약방식에 따라 차이가 있으며 공사를 진행하면서 각 공종별로 하나씩 금액을 결정하며, 기획 및 설계 단계부터 각 부분의 전문가들의 의견이 반영되므로 원가절감이 용이하다.
    ㉢ 원자력 발전소, 지하철 공사 등의 대규모 공사에 적합하다.
    ㉣ 설계자와 시공자 간의 의사소통 문제를 원활하게 개선할 수 있다.

⑧ CM의 계약형태

CM for Fee	• CM은 건축주의 Agent 업무를 수행하고 서비스에 대한 수수료를 받는 형태로 순수한 의미의 방식이다. • CMr은 설계 시공에 관여하지 않는다. • 발주자의 능력 보완 차원의 업무를 지원한다. • 총공사비의 2~7%의 수수료를 받는다.
CM at Risk	• CM이 직접 도급자를 고용하여 책임시공을 하고 공사에 발생하는 이윤을 취한다. • 특정공사의 시공경험이 필요할 때는 CM at Risk 방식이 효과적이다.

(3) EC(Engineering Construction)화

① 정의
    EC화란 종래의 단순시공(엔지니어링 개념)에서 벗어나 고부가가치를 추구하기 위해 설계, 엔지니어링, Project Management(조달, 운영, 관리) 등 Project 전반의 사항을 종합기획 및 관리하는 업무영역의 확대를 말한다.

② 특징
    건설수요가 고도화, 다양화, 복잡화되므로 선진국형의 지식집약형의 고부가가치화를 추구하는 데 목표가 있다.

③ EC의 업무영역

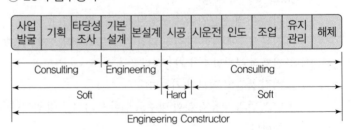

Tip 👆

EC화의 단계
단순시공 → 설계시공 → 기획, 설계, 시공, 운영, 관리

(4) VE(Value Engineering, 가치공학)

① 정의

건축생산을 비롯한 공업생산의 원가관리 수법의 일종으로 최저의 총코스트로서 공사에 요구되는 품질, 공기 등 필요한 기능을 확실히 달성하기 위하여 제품이나 서비스의 기능 분석에 쏟는 조직적 노력이며, 공사비 절감을 위한 개선활동이다.

② VE수법에서 물건이나 사물의 가치를 정의하는 식

일반적으로 VE에서는 가치와 기능의 상호관계를 적절히 조절하는 기술이 요구되며, 기능을 떨어뜨리지 않고 최저의 원가로 달성하기 위해서는 아래와 같은 1부터 4까지의 기술이 요구된다. 그러나 5번부터 7번까지의 기술은 수준 미달의 발상이므로 VE에서는 다루지 않는다.

$$가치(Value) = \frac{Function(기능)}{Cost(비용)}$$

여기서,
Function : Utility, Quality, Service
Cost : Life Cycle Cost

구분 수식	1	2	3	4	5	6	7
$V = \dfrac{F}{C}$	→	↗	↗	↗	↘	↘	→
	↘	→	↘	↗	↘	↗	↗

1 : 기능을 일정하게 하고 원가를 낮춘다.

2 : 기능을 높이고 원가는 현재대로 한다.

3 : 기능을 높이고 원가를 낮춘다.

4 : 원가는 높아지지만 그 이상으로 기능을 높인다.

③ VE의 사고방식

㉠ 고정관념의 제거

㉡ 발주자, 사용자 중심의 사고방식(고객본위)

㉢ 기능중심의 접근(기능중심)

㉣ Team Design의 조직적 노력(집단사고)

④ 효과적인 VE 대상공사

㉠ 가설공사, 토공사 등 직접 연관공사

㉡ 반복수행 사업

㉢ 금액, 시간, 공수 등의 규모가 큰 사업

㉣ 안전관리, 운반 등 공통 공사 사항

⑤ 적용시기

설계 시부터 시공, 유지 관리까지 전 단계에서 초기부터 적용하되 VE 적용시기에 따라 개선의 가능성과 폭이 달라지게 되는데, 설계 단계에서 대부분의 공비가 결정되는 건설공사의 특성에 따라 가능한 한 빠른 시점에서의 VE의 적용은 그 효과를 극대화할 수 있다.

⑥ 가치공학(VE)의 기본 추진 절차

정보수집 → 기능분석 → 대체안 개발 → 실시

⑦ 가치공학(VE)의 세부 추진 절차

　　대상 선정 → 정보 수집 → 기능 정의 → 기능 정리 → 기능 평가 → 아이디어 발상 → 평가 → 제안 → 실시

⑧ 활성화 방안

　　㉠ 원가절감 시공에 따른 격려금 지급

　　㉡ 기술개발 보상의 제도화

　　㉢ 발주자 측의 의식개혁

　　㉣ 성능발주에 의한 발주

⑨ 특징

　　수량이 많고, 반복효과가 큰 것, 내용이 복잡한 것, 장시간 사용으로 숙달되어 개선효과가 큰 것에 비용절감 주제를 선정하여 개선해 가는 것이다.

(5) Life Cycle Cost(생애비용)

① 정의

　　건물의 초기 건설비로부터 유지 관리, 해체에 이르기까지 건축물의 전 생애(Life Cycle)에 소용되는 총비용(Total Cost)을 종합 측정한 전 생애 주기비용을 말한다.

② LCC 개발의 문제점

　　㉠ 구체적인 정보 수집, 조직, System, 기능, 성능의 파악이 미흡하다.

　　㉡ 예측 곤란한 일이 많고, 설계자, 시공자의 관심 부족으로 실제 적용하는 데 어려움이 있다.

　　㉢ 투자한 만큼 효과가 늦게 나타나며 건설상의 운영비는 바로 나타나는 것이 아니므로 초기 건설비용이 운영관리에 비해 커진다.

③ 목적

　　㉠ 설계의 합리적 선택

　　㉡ 건축주의 비용 절감

　　㉢ 입주 후 입주자의 유지 관리비 절감

　　㉣ 건물의 효율적인 운영체계

(6) Fast Track Method

공기가 긴 대규모 공사에서 CM이 주관하여 어느 정도 설계가 진행된 후 설계와 시공을 병행시키는 방법으로 공기단축과 전 조직, 전 작업을 유기적으로 진행·관리하는 방법이다. 시공 경험이 많은 시공자를 대상으로 실시한다.

(7) 제네콘(Gene-con, 종합건설업 면허제도)

Project 개발에서 기획, 설계, 시공관리, 감리, 시운전, 인도, 유지보수에 이르기까지 전 단계에 걸쳐 시공과 용역업을 동시에 영위하는 엄격

- Cost Effectiveness

$$= \frac{\text{System Effectiveness}}{\text{LCC}}$$

- Value index(가치지수)

$$= \frac{\text{Utility, Quality, Service}}{\text{Cost}}$$

한 자격요건을 충족시키는 대형업체들에게만 종합건설업체의 면허를 허용하는 종합건설업 면허제도이다.

(8) CALS(Computer-aided Acquisition and Logistic Support)

건설분야에서 응용되는 건설 CALS란 발주기관, 수주업체 등 사업주체들이 기획, 설계, 시공, 유지 관리 등 사업의 모든 과정에서 발생하는 정보를 상호 공유할 수 있는 통합정보체계이다.

(9) Lean 건설

린 건설이란 생산과정에서의 작업 단계를 운반, 대기, 처리, 검사의 4가지 단계로 나누어 건설생산 과정을 네 가지 형태 작업의 연속적인 조합으로 구현하는 방식이다. 이는 당김식 생산방식이므로 기존의 관리방식과 달리 후속작업의 상황을 고려하여 후속작업에 필요한 품질수준에 맞추어 필요로 하는 양만큼만 선작업을 시행한다. 또한 효용성을 제고하고 변이관리를 수반한다.

4) 건설관리조직

(1) 기능별 조직(Functional Organization)

우리나라에서 전통적으로 사용되어 온 것으로 설계부문과 시공부문으로 구성하여 각 담당자는 자기 업무에는 비교적 우수한 능력을 발휘하지만 설계와 시공을 통합관리하고 부문 간의 긴밀한 협조가 요구되는 거대규모, 고도기능, 복잡한 프로젝트에는 협조가 잘 이루어지지 않아 다소 부적합한 조직구조이다.

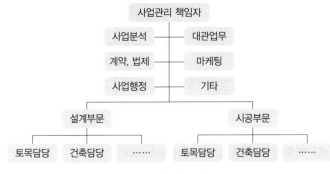

▲ 기능별 조직

(2) 태스크 포스 조직(Task Force Organization, 전담반 조직)

사업의 성격이 구체적이고 분명하지만 그 내용이 복잡한 경우 관리자를 필두로 각 분야(전기, 기계, 건축, 토목)의 전문가들이 모여 정해진 사업을 긴급하게 수행할 필요가 있을 때 사업수행기간 동안 운영되는 한시적 조직이다.

▲ 태스크 포스 조직

(3) 직계식 조직(라인, Line Organization)

지휘 명령 계통이 하나가 되는 단순한 형태의 조직으로서 일반적으로 소규모 건축공사현장 조직에 많이 사용된다.

(4) 조합식 조직(라인 – 스태프, Line – staff Organization)

발주자 – 사업관리 책임자 – 각 부문별 관리자와 같은 라인 관리자와 사업관리 책임자를 보좌하여 프로젝트 관련 제 업무를 지원하는 스태프로 구분된다. 발주자는 사업관리 책임자에게 공기, 원가, 품질 등에 대한 기본방향을 제시할 수 있으며 사업관리 책임자는 이를 바탕으로 각 부문별 관리자에게 각 업무를 지휘, 명령할 수 있다.

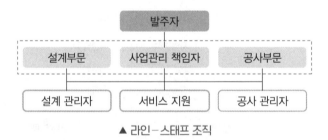

▲ 라인 – 스태프 조직

(5) 매트릭스 조직(Matrix Organization)

매트릭스 조직은 크게 두 가지 특성이 있다. 하나는 관료제의 기본이라 할 수 있는 명령, 통일의 개념에서 벗어나 두 명의 상위자로부터 명령을 수령한다는 것이고 다른 하나는 기능 구조와 프로젝트 구조의 장점을 취할 수 있을 뿐 아니라 양자의 단점으로부터 벗어날 수 있도록 설계되었다.

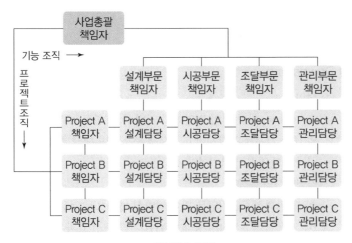

▲ 매트릭스 조직

(6) 기타 조직

① 부문별 조직

각 부문이 하나의 자주 및 독립적인 경영을 하는 것으로 플랜트 사업부, 주택사업부, SOC 사업부 등이 해당된다.

② SBU(전략사업부 조직)

조직의 복잡 및 분산 등으로 인한 경영 통제 불능상태 해결을 위해 조직을 몇 개 부문으로 통합하여 해당 책임자에게 권한과 책임을 위임한 구조의 조직이다.

5) 전산통합관리(CIC : Computer Integrated Construction, 통합생산관리 시스템)

(1) 개요

① CIC란 건설 프로세서의 효율적인 운영을 위해 형성된 것으로, 컴퓨터, 정보통신 등 자동화 생산, 조립기술 등을 토대로 건설행위를 수행하는 데 필요한 기능들과 인력을 유기적으로 연계하여 건설업체 업무를 각 사의 특성에 맞게 최적화하는 것이다.

② 일반제조업에서는 CIM(Computer Integrated Manufacturing)의 종합생산 시스템의 도입으로 생산라인의 자동화, 기계화, 부품의 표준화로 생산성을 향상시켰는데 이와 같이 제조업의 CIM 개념을 건설생산에 적합한 형태로 바꿔 놓은 것이 CIC다.

(2) CIC의 주된 용도

① 다양한 정보와 조직을 체계화하여 통합

② 개개 조직의 목적에 합당하게 정보화 처리

③ 생산의 자동화를 통한 생산성 효율 증대

④ 건설현장에 공장화 추진

⑤ 건설 부품화에 의한 Prefab화

6) Downsizing

① 정의

Downsizing이란 기업 경영혁신 기법의 한 종류로서 조직의 인적자원의 내재 가치를 향상시키고 규모를 축소하면 생산 효율의 증대를 배가시키는 경영혁신 기법이다.

② 경영혁신의 종류

㉠ 관리혁신 : 관리업무 및 경영방식 변경으로 능률 향상

㉡ 기술혁신 : 생산성 증대를 위한 기술 개선 효과

㉢ 인적자원혁신 : 인간의 행동과 사고력의 변화 추구

7) 전문가 시스템(Expert System)

① 전문분야에 경험, 지식이 부족한 사용자에게 특정 정보 위주의 전산 System을 갖추고 값싼 가격으로 공정하고 일관성 있는 의사결정 정보를 사용자에게 전달한다.

② 공사관리 분야에 적용 예 : Network 작성, 최적 장비 선정업무, 기초공법 선정 등 통합된 관리기술을 건축주나 사용자에게 서비스할 수 있다.

8) 정보화 빌딩(Intelligent Building)

≫ 정보화 빌딩(Intelligent Building)
정보통신 System(Tele Communication),
사무자동화 System(Office Automation),
빌딩자동화 System(Building Automation), 고도의 기술 System(High Technology), 쾌적 환경(System Amenity)등
이러한 요소를 갖춘 빌딩으로써 고도의
통신기능으로 업무효율과 극도의 쾌적
환경을 보장하는 빌딩이다.

정보화 빌딩은 장비들과 인간이 공존하여 업무의 효율을 극대화하는 건물을 말하며 특징은 다음과 같다.

① 사무의 생산성 향상 : 고도의 정보통신 시스템, 사무자동화

② 높은 경제성 : 빌딩자동화 시스템

③ 쾌적성

④ 건물의 융통성

⑤ 독창적인 빌딩 창출

9) 건설정보화 모델링(BIM : Building Information Modeling)

BIM이란 Building Information Modeling(빌딩정보 모델링)의 약어로 최초 디자인 단계에서부터 공사, 유지보수 및 빌딩 철거에 이르기까지 건축물 관련 자산의 전체 수명주기에 걸쳐, 관련 설계 정보를 통합 관리하는 것을 의미한다. BIM은 단순히 한 분야의 전문가에 의한 진행이 아닌, 엔지니어, 시공사, 건물주, 설계사 그리고 계약업체 등 모두와 연관된 협력적 관리를 의미하며, 기본적으로 3차원(3D) 가상 건설 환경(일반 데이터 환경)을 통해 이러한 모든 이해관계자와 관련 정보를 공유함을 의미한다. 정보화 빌딩은 장비들과 인간이 공존하여 업무의 효율을 극대화시키는 건물을 말한다.

5. 공사시공방식

1) 정의

건축주는 공사의 규모, 경제적, 사회적 입지조건에 따라 직영방식이나 도급계약방식을 선택하는데 직영이란 건축주 자신이 계획을 세우고 공사를 수행하는 것이며, 도급공사란 건축주가 꾸민 설계도서에 따라 도급업자와 공사계약을 체결하여 그 책임하에 공사를 완성하는 것이다.

2) 종류

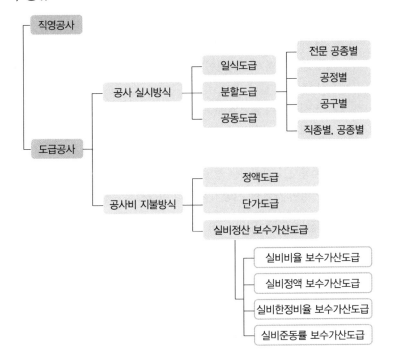

(1) 직영공사

건축주가 공사에 관한 계획을 직접 세우고, 재료의 구입, 노무자 수배 (기능공 및 인부 고용), 시공기계 및 가설재를 설치하여 공사에 관한 일체를 감독하는 등 직접 시공하는 방식이다.

① 채택
  ㉠ 공사내용이 간단하고 시공이 용이한 경우
  ㉡ 풍부하고 저렴한 노동력 또는 자재의 보유 시 및 구입 편의가 있을 때
  ㉢ 시급한 준공을 필요로 하지 않거나 중요한 건물인 경우 혹은 군 공사와 같이 기밀을 요하는 경우
  ㉣ 확실한 견적을 할 수 없고, 설계변경이 빈번하게 예측되는 공사일 때

ⓜ 공사 중에 항시 임기응변의 조치가 필요할 때

ⓑ 문화재와 같은 고도의 기술을 요하는 공사일 때

ⓢ 재해의 응급복구 공사일 때

ⓞ 난공사나 대자본을 요하는 공사일 때

② 장단점

　㉠ 장점

　　• 입찰 및 계약 등과 같은 번잡한 수속과 입찰 시에 야기되기 쉬운 경쟁의 폐해 및 감독상의 곤란을 피할 수 있다.

　　• 도급공사에 비해 공사비가 원칙적으로 저렴해지고 영리를 도외시한 확실하고 우수한 공사를 할 수 있다.

　　• 계약에 구속되지 않고 임기응변 처리가 가능하다.

　　• 건축주의 의견반영이 용이하다.

　㉡ 단점

　　• 시공관리 능력의 부족으로 사무가 번잡해지고 도급공사에 비해 경제적 관념이 희박하다.

　　• 종업원의 능률이 저하되어 공사비가 증대된다.

　　• 공사가 길어지는 경향이 있다.

　　• 잉여 가설재, 시공기계 등의 비경제성 문제가 있다.

(2) 일식도급(총도급, 일괄도급)

공사 전부를 한 도급업자에게 주어 시공업무 일체를 일괄하여 시행하는 방식이다.

① 장점

　㉠ 공사비가 확정되고 책임 한도가 명료하여 공사 관리가 양호하다.

　㉡ 계약, 감독업무가 단순하다.

　㉢ 가설재의 중복이 없으므로 공사비가 절감된다.

② 단점

　㉠ 건축주 의도나 설계도서의 취지가 충분히 이행되지 못한다.

　㉡ 도급자의 이윤가산으로 공사비가 증대된다.

　㉢ 말단 노무자의 지불금이 과소하게 되어 조잡한 공사가 되는 경우가 있다.

(3) 분할도급

한 공사를 유형별로 분류하여 각각 전문적인 업자에게 분할하여 시행하는 방식으로 건축주의 의도나 설계도서상의 취지가 잘 반영되어 우량한 공사를 기대할 수 있다.

① 종류

　㉠ 공종별 분할도급 : 설비업자의 자본 및 기술이 강화되고 복잡한 공사 내용이 전문화되므로 기업주와 시공자와의 의사소통이 잘

되나 공사 전체의 관리가 곤란해질 수 있다.
- ⓒ 공정별 분할도급 : 예산 배정상 구분이 될 때 택하는 것으로 후속공사에 대하여 도급업자를 바꾸기가 곤란하다.
- ⓒ 공구별 분할도급 : 도급업자에게 균등한 기회를 주며 공기 단축, 시공 기술 향상 및 공사의 높은 성과를 기대할 수 있다.
- ⓔ 직종별, 공종별 분할도급 : 직영 제도에 가까운 형태로 전문 직공에게 건축주의 의도를 철저하게 시공시킬 수 있으나 현장종합관리가 번잡하고 경비가 가산된다.

② 장단점
  ㉠ 장점
   • 건축주의 의사소통이나 설계도서의 취지가 잘 반영된다.
   • 전문업자가 시공하므로 우량공사가 기대된다.
   • 업자 간의 경쟁으로 저액 시공이 가능하다.
  ㉡ 단점
   • 후속공사와의 연계성 유지가 곤란하다.
   • 감독상 업무가 증가한다.
   • 가설 및 시공기계의 설치 중복으로 공사비의 증대가 우려된다.

(4) **공동도급(협동도급, Joint Venture)**

2개 이상의 회사가 어느 특정공사에 관하여 협정을 체결하고 공동 출자하여 하나의 기업체를 형성하여 공동으로 공사를 도급하는 방식으로 공사완성 후 해산한다.

① 특징
  ㉠ 손익 분담의 공동 계산
  ㉡ 단일 목적성
  ㉢ 일시성
② 장단점
  ㉠ 장점
   • 기술, 경험, 자본의 증대로 공사의 질이 향상된다.
   • 도급공사의 경쟁 완화 수단이 된다.
   • 위험이 분산된다.
   • 융자력이 증대되며, 공사의 이행이 확실하다.
   • 정보 교환 및 기술 향상이 기대된다.
   • 신용이 증대된다.
  ㉡ 단점
   • 단일회사도급보다 경비가 증대된다(간접비).
   • 각 회사의 경영방식의 차이에서 오는 능률 저하가 우려된다.
   • 도급자 상호 간의 이해 충돌과 책임회피 등의 우려가 있다.

Tip 👆
공동도급의 문제점
① 지역업체와 공동도급의 의무화
② 도급한도액 실적 적용
③ 공동체 운영
④ 하자발생 시 책임
⑤ 재해 시 책임
⑥ 대우문제, 조직력 낭비, 기술격차, 페이퍼 조인트 등
  ※ 페이퍼 조인트 : 서류상은 공동도급이나, 실제로는 한 회사가 공사 전체를 진행하는 것을 말한다.

- 사무관리, 현장관리 등에 혼선의 우려가 있다.
③ 공동도급의 형태
   ㉠ Partnership : 대표회사에 자금, 기계 등을 현물 출자하는 형태
   ㉡ Sponsorship : 새로운 회사조직을 탄생시켜 출범하는 형태
   ㉢ Consortium : 각자 회사가 공사를 구분하여 자기 책임하에 시공
      하는 형태
④ 공동도급의 운영방식
   ㉠ 공동이행 방식 : 건축공사에 적합
   ㉡ 분담이행 방식 : 토목공사나 단일공사에 적합
   ㉢ 주계약자형 공동도급방식 : 주 계약자가 전체 공사에 관리, 조
      정, 연대책임을 가짐

(5) 정액도급(Lump Sum Contract)

공사비 총액을 확정하고 계약하는 방식으로 설계도서의 변경이나 계
약조건이 변경되는 경우 계약금액을 변경할 수 있다.

① 장점
   ㉠ 경쟁입찰로 공사비가 절감된다.
   ㉡ 공사관리업무가 간편하다.
   ㉢ 총액이 확정되므로 자금계획이 명확하다.
   ㉣ 공사비 절감의 노력이 있다.
② 단점
   ㉠ 공사변경에 따른 도급금액 증감이 곤란하다.
   ㉡ 입찰 전에 설계도서가 완성되어야 하므로 입찰 시까지 상당기간
      이 필요하며 장기공사나 설계변경이 많은 공사는 불리하다.
   ㉢ 이윤관계로 공사가 조잡해질 우려가 있다.

(6) 단가도급(Unit Price Contract)

공사금액을 구성하는 단위공사 부분(재료, 노임, 면적, 체적)의 단가만
을 확정하고 공사가 완료되면 실시수량의 확정에 따라 차후 공사비를
정산하는 방식이다.

① 장점
   ㉠ 공사를 신속히 착공할 수 있다.
   ㉡ 설계변경으로 인한 수량증감이 용이하다.
   ㉢ 긴급공사 등 수량이 불명확할 때에 간단히 계약이 가능하다.
② 단점
   ㉠ 총공사비 예측이 어렵다.
   ㉡ 공사비를 절감하고자 하는 노력이 없어진다.
   ㉢ 공사비가 높아지므로 단일공사나 단순한 작업일 때 채용하는
      것이 좋다.

ㄹ 단위가격 변동에 따른 대처가 어렵다.

(7) 실비정산 보수가산도급

공사비의 실비(Cost)를 건축주, 감독자, 시공자의 3자 입회하에 확인 정산하고 건축주는 미리 정한 보수율(Fee)에 따라 도급자에게 공사비를 지급하는 방법이다.

① 특징

　ㄱ 설계도서가 명확하지 않고, 공사비 산출이 곤란한 공사나 발주자가 양질의 공사를 기대할 때 채용될 수 있다.

　ㄴ 이론상으로는 이상적 제도이다.

　ㄷ 선진국에서 많이 채택되는 제도이다.

② 장단점

　ㄱ 장점

　　• 양심적인 시공이 기대된다.

　　• 시공자가 손해 볼 여지가 적어 우수한 공사가 기대된다.

　　• 시공자는 안심하고 공사를 진행할 수 있다.

　ㄴ 단점

　　• 공사기간 연장의 우려가 크다.

　　• 공사비 절감 노력이 없어지고 공사비 증가가 우려된다.

③ 종류

　ㄱ 실비비율 보수가산도급

　　• 사용된 공사실비와 미리 계약된 비율을 곱한 금액을 지불한다.

　　• 시공자는 공사비에 구속받지 않는다.

　　• 건축주와 시공자 간의 신뢰에 바탕을 두지 않으면 공비증대의 우려가 있다.

　ㄴ 실비정액 보수가산도급

　　• 실비여하를 막론하고 미리 정한 일정액의 수수료를 보수로 지급한다.

　　• 설계변경으로 공사비 변동이 많을 경우 문제가 되므로 미리 변경에 대한 모든 범위와 한계 등을 정한다.

　ㄷ 실비한정비율 보수가산도급

　　• 실비에 제한을 가해서 시공자가 제한된 실비 이내에 책임 준공하도록 하는 방법

　　• 실비가 한정되어 있어 시공자에게 불리한 제도

　ㄹ 실비준동률 보수가산도급

　　• 실비를 여러 단계로 분할하여 각 단계의 금액보다 증가된 때에는 비율보수나 정액보수를 체감하는 방식

Tip 👆

실비정산 보수가산도급 적용대상공사

① 건축주가 양질의 공사를 원할 경우

② 건축주가 자기의 의사를 최대한 살리고 싶을 경우

③ 설계도서가 미완성되었거나 불명확한 경우

④ 공사비의 산출이 어려운 경우

총공사비 $= A + Af$

총공사비 $= A + F$

총공사비 $= A' + A'f$

① 비율보수인 경우

　$A + A \times f'$ ($f' = \text{Variable}$)

② 정액보수인 경우

　$A + (F - A \times f'(\text{Variable}))$

여기서, A : 공사실비

　　　　A' : 한정된(제한된) 실비

　　　　f : 비율보수, F : 정액보수

- 실비의 절감에 따른 보수율이 높아져 공사비 절감 노력이 증대된다.

(8) 턴키도급(Turn – key Contract)

대상 Project의 토지조달, 기업, 금융, 설계, 시공, 기계기구 설치, 시운전, 조업지도까지 공사에 소요되는 모든 요소를 포괄하여 주문자에게 인도하는 도급계약 방식으로 주로 대규모 공사, 특정 주요 공사에서 많이 채용된다.

① 공사수행 형태에 의한 분류

Design – Build 방식 (D/B : 설계, 시공방식)	설계와 시공을 동일회사 혹은 사업추진 팀에서 직접 또는 하도급자가 사업을 시행하는 방식
Design – Manage 방식 (D/B : 설계, 관리방식)	설계와 시공을 한 회사에서 책임지며, 공사관리자에 의해 공종별 하도급자에 의해서 사업을 시행하는 방식

② 계약방식의 종류(여러 형태의 계약 가능)
- ㉠ 설계도서 없이 성능만을 제시하고 모두 도급자에게 위임하는 방식
- ㉡ 기본설계도서와 개략시방서가 주어지고 상세설계와 성능을 요구하는 방식
- ㉢ 상세설계도서가 주어지고 특정한 부분 혹은 전체의 대안을 요구하는 방식

③ 장단점
- ㉠ 장점
  - 공기단축, 공사비절감 노력이 왕성
  - 창의성 설계, 신공법 개발유도 가능
  - 설계와 시공의 의사소통 개선
  - 공법의 연구개발이 가능
- ㉡ 단점
  - 최저낙찰제일 때 공사의 질 저하 우려
  - 공사비 사전 파악의 어려움
  - 건축주의 의도가 잘 반영되지 못하고 설계지침의 잦은 변경
  - 대규모 회사에는 유리하나 중소기업에는 불리함

(9) 성능발주방식

당초의 설계 의도나 공사기간을 바꾸지 않는 한도 내에서 건축주는 발주 시에 설계도서를 사용하지 않고 요구성능만을 표시하고, 시공자는 거기에 맞는 시공법, 재료 등을 자유로이 선택할 수 있게 하는 발주방식이다.

① 장단점
  ㉠ 장점
    • 시공자의 창조적 시공을 최대한 기대할 수 있다.
    • 설계와 시공의 관계를 개선할 수 있다.
    • 시공자의 기술향상을 기대할 수 있다.
  ㉡ 단점
    • 건축물의 성능을 정확히 확인하기 어렵다.
    • 성능을 정확히 표현하기 어렵다.
    • 공사비가 증대된다.
② 종류
  ㉠ 전체발주방식 : 설계, 시공에서 시공자의 대안을 대폭적으로 수용하여 적용시키는 방식
  ㉡ 부분발주방식 : 전체적인 공간의 평면구성은 설계도서에 명시하고 어떤 특정부분이나 부위에 대해서는 설비부분의 성능만을 제시하여 발주하는 방식
  ㉢ 대안발주방식 : 기존의 설계도서에 의하여 발주하고 시공자의 능력을 인정하여 대안을 제시받아 계약하는 방식
  ㉣ 형식발주방식 : 오픈 부품과 카탈로그를 완비한 부품에 대해 그 부분의 형식만을 나타낸 것으로 발주하는 방식

3) 설계와 시공의 의사소통 개선방법

① 턴키 베이스 발주방식제도
② 성능발주방식제도
③ CM조직에 의한 설계자와 시공자의 통합 관리 기법 고려
④ 대안입찰방식을 통한 대체 시공 · 설계방법 고려
⑤ EC화된 종합건설회사를 활용하여 기획, 설계, 시공 등 종합관리업무를 수행하는 방법 고려

4) 기타 계약방식

파트너링 (Partnering)	① 정의 발주자, 설계자, 도급자 및 기타 프로젝트에 관계하는 사람이 하나의 팀을 구성해서 프로젝트의 성공과 상호 이익의 확보를 목표로 공동으로 프로젝트를 집행 관리하는 계약 방식으로 계약이행을 둘러싸고 필연적으로 발생하는 대립이나 분쟁 등을 회피하고자 하는 것이다. ② 효과 • Claim 감소 • 공기 및 비용 감소 • 품질 향상 • 능률 향상 • VE의 활성화 • 설계와 시공 간의 의사소통 개선

페이퍼 조인트 (Paper Joint)	명목상(서류상)으로는 여러 회사의 공동도급(Joint Venture)으로 공사를 수주한 형태이지만 실질적으로 한 회사가 공사에 관한 모든 사항을 진행하고 나머지 회사는 하도급 형태로 이루어지거나 단순한 이익배당에만 관여하는 서류상으로만 공사에 참여하는 방식이다.
BOT (Build Operate Transfer)	① 정의 　건설(Build), 운영(Operate), 양도(Transfer)를 약칭하는 사업집행 형태로, 사업주가 수입을 수반한 공공 혹은 공익 프로젝트에서 필요한 자금을 조달하고 설계, 엔지니어링, 시공의 전부를 도급받아 시설물을 완성한 후 그 시설을 일정기간 동안 운영하여 발생한 수익으로부터 투자자금을 회수한 후 운영기간이 종료되면 발주자에게 양도하는 운영방식으로서 주로 민자유치를 통한 사회간접자본 건설공사 등에 사용된다. ② 특징 　• SOC(사회간접자본)의 필요성 증가에 대응한다. 　• 정부의 투자력 미흡에 대처 가능한 방식이다. 　• 저개발국가, 개발도상국에서는 외채 증가 없이 수행 가능하다. 　• 발전소, 유료도로, 터널, 항만, 공항 등의 건설에 주로 채택한다.
PM (Project Management)	사업의 기획에서 조사, 설계, 시운전, 유지 관리, 해체 등 건축물의 Life Cycle의 전 과정을 통해 최소의 시간과 자재, 인력, 비용을 들여 최대한의 효과를 얻기 위한 것을 목표로 설정하고 관리하는 Project 종합관리기술을 말한다.
BTO (Build Transfer Operate)	① 정의 　민간기업이 프로젝트의 기획, 설계, 시공을 하여 시설이 완료되면 소유권을 정부에 이전하는 방식이다. ② 특징 　• 시설물의 유지보수는 정부가 시행한다. 　• 운영수입금은 시공자가 계약기간 동안 관리한다. 　• 계약상 운영기간이 짧아진다. 　• 시공자의 관리가 용이해진다.
BOO (Build Operate Own)	① 정의 　사업주가 개발 계획을 세우고 소요 자금을 조달하여 시공 및 운영을 담당하는 등 턴키방식으로 프로젝트를 개발하는 방식이다. ② 특징 　• 장기적인 수익성을 보장한다. 　• 기업의 재정적인 안정성을 도모한다. 　• 한꺼번에 많은 자금이 소요된다. 　• 수익성보다 공익성의 성격이 강하므로 기업의 불확실성 초래 　• 소규모 환경 관련 시설 등이 많다.
BOOT (Build Own Operate Transfer)	사업 시행자에 의한 제반시설의 소유 및 운영을 강조하기 위해 사용하는 BOT 방식의 변형기법이다.
BLT (Build Lease Transfer)	사업시행자가 사회간접자본 시설을 준공 후 일정기간 동안 운영권을 정부에 임대하고 임대기간 종료 후 시설물을 국가 혹은 지방자치단체에 이양하는 기법이다.
BTL (Build Transfer Lease)	사업기반시설의 건설 및 운영을 위한 민간투자사업의 한 방식으로 민간사업자가 자금을 투자하여 사회기반시설을 건설(Build)한 후 준공과 동시에 국가나 지자체로 소유권을 이전(Transfer)하고, 국가나 지자체는 사업시행자에게 일정기간의 시설관리 운영권을 인정하되, 사업시행자는 그 시설을 국가 또는 지자체에 임대(Lease)하여 협약에서 정한 기간 동안 임대료(리스료)를 지급받아 투자금을 회수하는 기법이다.

6. 입찰 및 계약

1) 입찰의 종류

(1) 특명입찰

건축주(발주자)가 도급자(시공자)의 기술, 능력, 신용, 자산, 과거에 수행한 공사의 내용(성격), 보유기자재 등을 고려하여 도급자와 발주자와의 전반적 관계상 해당 공사에 가장 적절하다고 인정되는 특정 단일 도급업자를 선정하여 발주하는 것으로서 수의계약이라고도 한다.

① 장점
  ㉠ 공사의 기밀유지, 우량공사 기대
  ㉡ 입찰수속이 가장 간단하다.

② 단점
  ㉠ 공사비가 높아질 우려가 있다(한 개의 전문업자 시공).
  ㉡ 공사금액 결정에 따른 불명확·불공평한 일이 내재될 가능성이 있다.

(2) 공개경쟁입찰

당해 프로젝트 수행에 필요한 최소한의 자격요건을 갖춘 불특정 다수 업체를 대상으로 입찰을 실시하여 선정된 낙찰자와 계약을 체결하는 방법이다.

① 장점
  ㉠ 경쟁으로 인해 공사비가 저렴해진다.
  ㉡ 입찰의 기회가 균등하다(민주적 방식이다).
  ㉢ 담합의 가능성이 제일 작다.

② 단점
  ㉠ 과다경쟁으로 공사가 부실해질 우려가 있다.
  ㉡ 등록사무가 복잡해질 우려가 있다.
  ㉢ 부적격자에게 낙찰될 우려가 있다.

(3) 지명경쟁입찰

발주자가 도급자의 시공경험, 기술능력, 신용, 자산 등을 상세히 조사하여 해당 공사에 적당하다고 인정되는 수 개의 업체를 지명하여 경쟁입찰 시키는 방법이다.

① 장점
  ㉠ 부적격한 업자가 제거되어 적정한 공사를 기대할 수 있다.
  ㉡ 전문업자가 시공하므로 시공상 신뢰를 할 수 있다.

② 단점
  ㉠ 입찰자가 한정되어 있어 담합의 우려가 있다.
  ㉡ 공사비가 공개경쟁입찰보다 증대한다.

>>> 수의계약
공개경쟁 입찰 시 유찰되어 재입찰함에도 예정가격을 초과할 때는 최저 입찰자부터 순차적으로 교섭하여 예정가격 이내의 금액으로 계약을 체결하는 것으로, 특명에 의한 입찰도 수의계약이라고 한다.

>>> 담합(Combination)
입찰에서 경쟁자 간에 미리 낙찰자를 협정하여 정하는 불공정 행위이다.

(4) 제한경쟁입찰

계약의 목적을 효율적으로 달성하기 위하여 필요한 경우 건축주가 입찰참가 자격을 제한하여 경쟁입찰 시키는 방법이다.

① 장점
  ㉠ 중소건설업체 및 지방건설업체 보호
  ㉡ 공사수주의 편중 방지와 담합우려 감소
② 단점
  ㉠ 업체의 신용과 양질의 공사확보 곤란
  ㉡ 균등한 기회 부여 무시, 경쟁원리 위배

(5) 비교견적입찰

건축주가 그 공사에 가장 적합하다고 판단하는 2, 3개의 업체를 선정하여 견적 제출을 의뢰하고 그중에서 선정하는 방식이다.

① 장점
  ㉠ 발주자가 신뢰하는 업체를 선정할 수 있다.
  ㉡ 입찰업무가 간단하다.
② 단점
  ㉠ 입찰참가 희망업체의 기회부여를 박탈한다.
  ㉡ 발주자와 시공자 간의 신뢰상실 시 조잡한 공사가 될 수 있다.

2) 입찰 순서

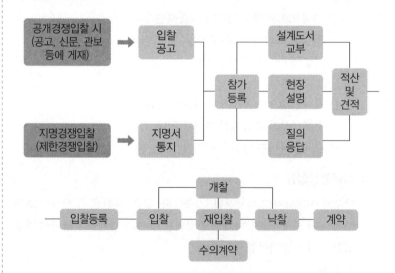

(1) 현장설명 사항

① 인접부지와 인접가옥, 도로, 수로의 관계
② 지하 구조 및 매설물(기초, 전기, 가스, 상하수도 등)
③ 대지의 고저차 물매, 급배수, 동력 전선 인입 등 사항

④ 현장사무소, 가설창고 위치 등

⑤ 노무, 자재, 관공서 위치

⑥ 지질 및 잔토처리 관계

⑦ 기타 특별한 질문은 현장설명 후 질의응답한다.

⑧ 공사비 지불조건 및 공사기간

(2) 적산 및 견적기간

① 견적 단계

수량 조사 → 단가 → 가격 → 집계 → 현장 경비 → 일반 관리비 부
담금 → 이윤 → 견적가격

② 견적의 종류

㉠ 명세견적(Detailed Estimate) : 완성된 설계도를 활용하여 현장
설명, 질의응답에 의거하여 정밀하게 적산 · 견적하여 공사비를
산출하는 방법이다. 즉, 건물을 구성하는 각 부분의 수량(중량,
면적, 길이, 개수 등)을 각 공사별로 모아서 여기에 단가를 곱하
여 전체 공사비를 산출하는 것이다.

㉡ 개산견적(Approximate Estimate) : 설계도가 불완전하거나 정
밀산출의 시간이 없을 때 건축물의 용도, 구조, 마무리 정도 등을
고려하여 과거 유사건물의 공사실적자료, 통계자료 및 물가지
수 등을 기초로 해서 공사비를 개산적으로 공사비를 산출하는
방법이다.

③ 공사비의 구성

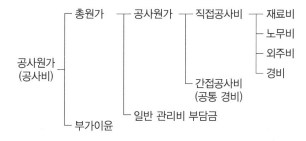

≫ **적산과 견적**

① 적산 : 공사에 필요한 재료 및 품의
수량, 즉 공사량을 산출하는 기술활
동이다.

② 견적 : 적산에 의한 공사량에 단가
를 곱하여 공사비를 산출하는 기술
활동이다.

Tip 👆

개산견적

① 단위면적(또는 용적)에 따른 개산면
적 : 면적, 용적 등으로 개산견적하
는 것

② 단위설비에 따른 개산면적 : 학생
1명당(학교), 병원 1침상당(병원),
호텔 1개실당(호텔) 등으로 그 건물
의 사용목적, 기능 등을 대표하는 어
떤 단위로 하는 것

③ 요소(부분별)에 따른 개산면적 : 기
초구조, 철골, 바닥, 벽, 천장 등으로
나누어 그 요소 부분마다에 가격을
개산하여 견적하는 것

≫ **예정가격**

총공사비에 부가가치세 10%를 합산한
금액이다. 건축주의 입장에서 발주할
공사에 대해서 내정한 가격의 최고 한
도로서 계약금액 및 낙찰자 결정의 기
준이 된다.

④ 공사비의 종류와 내용

　　㉠ 재료비
- 직접재료비 : 공사목적물의 실체를 형성하는 재료
- 간접재료비 : 목적물의 실체는 형성하지 않으나 보조적으로 소모되는 재료
- 부산물 : 시공 중 발생되는 부산물은 이용가치를 추산하여 재료비에서 공제함

　　㉡ 노무비
- 직접노무비 : 공사현장에서 목적물 완성을 위해 직접작업에 종사하는 종업원 및 노무자에게 직접 지급하는 금액이다. 즉, 노동력의 대가(기본급, 제 수당, 상여금)로 정부노임단가에 품셈산출 노무량을 곱하여 산출한다.
- 간접노무비 : 공사현장에서 직접 작업에 종사하지 않고 보조작업에 종사하는 자에게 제공하는 노동력의 대가로 직접노무비에 간접노무비율을 곱하여 산출한다. 간접노무비율은 13~17%이다.

　　㉢ 경비
- 직접계상경비 : 소요량, 소비량 측정이 가능한 경비(가설비, 전력, 운반, 시험, 검사, 임차료, 보험료, 보관비, 안전관리비 등)
- 승률계상경비 : 소요량, 소비량 측정이 곤란해서 유사 원가계산 자료를 활용하여 비율산정이 불가피한 경우(연구개발, 소모품비, 복리후생비 등)

　　㉣ 일반관리비 : 기업유지를 위한 관리 활동부분의 발생 제 비용(임원급료, 본사직원 급료 등)

　　㉤ 이윤 : 영업이익

3) 낙찰제도

(1) 최저가 낙찰제

가장 낮은 가격에 낙찰되는 것으로 부적격업자가 낙찰될 우려가 있고 덤핑방지를 위한 대책이 필요하다.

① 순수 최저가 낙찰제 : 예정가격이 100억 원 이상인 대규모 공사에 적용한다. 덤핑방지를 위한 조치로 낙찰금액이 예정가격 대비 85% 미만인 경우에는 일정 규제를 가한다.

② 제한적 최저가 낙찰제 : 예정가격이 100억 원 미만인 공사는 입찰금액이 예정가격 대비 85% 이상인 참가자 중 가장 낮은 금액으로 입찰한 자를 낙찰자로 한다.

≫ 덤핑(Dumping)
공사원가보다도 현저히 저렴한 가격으로 수주하는 행위로 부당염매, 투매라고도 하며 부당가격의 한계는 명확하지 않으나 대개 예정가격의 80% 정도로 하고 있다.

(2) 부입찰제도(부찰제)

Low Limit 방법의 개선책으로 제한적 최저가 낙찰제(예정가 80% 이상 중 최저가) 제한적 평균가 낙찰제(예정가 이하~예정가 60% 이상의 평균가)가 있으며 중소기업 보호책의 일환이다.

(3) 대안입찰제도

발주된 설계도서상의 공종 중 시공자가 대체 가능한 공종에 대하여 당초 설계의 기본 방침의 변경 없이 동등 이상의 효과와 예정가격, 예정 공기를 초과하지 않는 공법으로 제안·입찰하는 방식으로 기술개발촉진, 엔지니어링 능력 배양, 기술의 체계화 및 부실업체의 덤핑방지 등을 목적으로 하는 일종의 성능발주방식이다.

(4) PQ제도(Pre - Qualification, 입찰참가자격 사전심사제도)

건설업체의 공사수행 능력을 기술적 능력, 재무상태, 시공경험, 신인도 등 비가격적 요인을 종합적으로 검토하여 가장 효율적인 공사를 수행할 수 있는 능력 있는 시공업체를 선정하기 위하여 매 공사마다 자격을 얻은 업체들만 입찰에 참여시키는 입찰자격의 사전심사제도이다.

① PQ제도의 심사내용

시공경험 (30점)	최근 10년간 당해 공사와 동일(유사)한 종류의 공사실적
기술능력 (37점)	당해 공사에 필요한 기술자, 설비, 장비, 특수공법, 기술자 보유 상황
경영상태 (33점)	전년도의 부채비율, 유동비율, 매출액, 순이익률, 총자본회전율, 최근 3년간 기술개발 투자비율
신인도 (±3점)	• 우수 시공업체로 지정 • 하도급 실적 우수 • 최근 3년간 부당업자 제재나 영업정지 • 예정가격의 60% 미만으로 2회 이상 낙찰된 사실 • 재해율이 건설업 평균 재해율을 초과하는지 여부

② PQ제도의 장단점

장점	단점
• 부실공사를 방지할 수 있다. • 시공기술, 신용도 등을 알 수 있다. • 세계화에 따른 경쟁력을 강화할 수 있다. • 공사기밀을 유지할 수 있다. • 건설업체의 전문화를 이룰 수 있다. • 하도급의 계열화를 촉진한다. • 입찰 부조리를 배제한다.	• 기준과 심사내용이 불합리하다. • 담합의 우려가 있다. • 대형 공사 위주로 한정되므로 중소기업은 불리하다. • 등록서류 및 절차가 복잡하다.

※ 표의 내용은 100억~1,000억 원 미만의 공사에 해당하며 1,000억 원 이상 공사는 시공경험(32점), 기술능력(35점), 경영상태(33점), 신인도(±3점)으로 심사한다.

(5) **내역입찰제**

입찰 시 입찰자에게 별지서식에 단가 등 필요한 사항을 기입한 산출내역서를 제출하게 하는 방식이다.

(6) **저가심의제**

예정가격 85% 이하 업체 중 공사수행능력을 심의하여 선정한다.

(7) **제한적 최저가 낙찰제**

부실공사를 방지할 목적으로 예정가격 대비 90% 이상 입찰자 중 가장 낮은 금액으로 입찰한 자를 선정한다.

(8) **적격낙찰(심사)제도**

입찰가격 및 기술능력 등을 종합적으로 판단하여 종합점수 85점 이상 중 최저가 입찰자에게 낙찰한다.

(9) **TES(Two Envelope System, 선기술 후가격 협상제도)**

공사발주 시 기술능력 우위업체를 선정하기 위한 방법으로 기술제안서와 가격제안서를 분리하여 제출받아 평가하는 낙찰자 선정제도이다.

4) 계약

(1) **계약서류**

(2) **도급계약서의 기재내용**

① 공사의 내용
② 도급금액
③ 공사의 착수시기 및 완공시기(물가변동에 대한 도급액 변경)
④ 도급액 지불방법 및 지불시기
⑤ 설계변경, 공사중지의 경우 도급액 변경, 손해부담에 대한 사항

⑥ 천재지변에 의한 손해부담

⑦ 준공검사와 인도시기에 따른 절차

⑧ 계약자의 이행지연, 채무불이행, 지체보상금, 위약금에 관한 사항

⑨ 공사시공으로 인하여 제3자가 입은 손해부담에 관한 사항

⑩ 계약에 관한 분쟁의 해결방법

(3) 공사비 지불 순서

① 착공금 : 전도금, 선수금, 선급금, 착수금이라고도 하며 보통 도급금액의 1/5~1/3로 공사계약 후 1개월 이내에 지불한다.

② 중간불 : 기성불, 기성고라고도 하며 공사한 양만큼 월별이나 공정부분별로 지급한다. 통상 9/10까지 지급한다.

③ 준공불 : 완성불, 일시불이라고도 하며 건물인도 후 하자보증금 차액만큼 지급하고 계약해지 한다.

④ 하자보증금 : 준공검사 후 하자에 대한 보증금으로 계약이행 완료 후 일정기간(1~3년)까지 계약대상자가 공사의 하자보수를 책임질 목적으로 금융기간에 계약금액의 3/100~5/100를 예치한다.

(4) 건설현장의 보고주기

일보(1일) → 주보(1주일) → 순보(10일) → 월보(1개월) → 분기보(3개월)

(5) 클레임(Claim)

계약당사자 간의 분쟁에 관하여 상대방에게 요구하는 이의 신청을 의미한다.

5) 시방서

(1) 시방서의 의의

설계도서만으로 표현할 수 없는 재료, 시공 순서, 시공기계, 공법 등을 기재하여 설명하고 공사전반에 대한 지침이 되도록 각 공사항목의 내용을 명확하게 작성하는 설계도서의 일부이다.

(2) 시방서의 종류

내용에 따른 분류	① 기술시방서 : 자재의 품질, 규격, 시험방법, 시공방법, 허용오차 등을 자세하게 상술하는 시방서 ② 일반시방서 : 공사기일 등 공사 전반에 걸친 비기술적 사항을 규정한 시방서
작성방법에 따른 분류	① 표준(공통)시방서 : 건축공사의 재료, 시공법 중 표준적이고 공통 해당 사항을 발취한 것으로서 공통시방서라고도 하며 별도의 규정이 없으면 표준시방서에 따른다. ② 특기시방서 : 표준시방서에 기재되지 않은 특기사항, 공법 등을 규정한 시방서

Tip 👆

공사 중 계약변경 요인(재계약 요건)
① 계약사항이 변경됐을 때
② 도면과 시방서에 결함이 있을 때
③ 현장조건이 상이할 때

Tip 👆

클레임의 유형과 해결방안
① 클레임의 유형
  • 공기지연   • 작업범위
  • 공기단축   • 현장조건 변경
② 클레임 해결방안
  • 협상   • 조정
  • 중재   • 소송

목적에 따른 분류	① 공사시방서 : 특정공사별로 건설공사시공에 필요한 사항을 규정한 시방서 ② 안내시방서 : 공사시방서를 작성하는 데 안내 및 지침이 되는 시방서 ③ 표준규격시방서 : 공사에 관련된 재료, 제품에 따라 표준규격과 표준공법을 나타내는 시방서 ④ 약술(개략)시방서 : 설계자가 초기 사업진행 단계에서 설명용으로 작성한 시방서
성능시방	목적하는 결과, 성능의 판정기준 그리고 이를 판별할 수 있는 방법을 규정하는 시방서

Tip 👆

시방서와 설계도면의 우선순위
① 설계도면
② 표준시방서
③ 특기시방서
④ 공사감리자와 협의
⑤ 설계자와 협의

(3) 시방서의 기재내용

① 사용재료(자재, 설비)에 관한 사항 : 종류, 품질, 수량, 필요한 제 시험 등
② 시공방법(공사의 기준)에 관한 사항 : 준비사항, 시공의 정밀도, 공법, 주의사항 등
③ 성능의 규정 및 표시
④ 기타 도면으로 표기하기 어려운 사항이나 보충사항 정리 및 특기사항

(4) 시방서 작성 시 주의사항

① 공사 전반에 걸쳐 시공 순서에 맞게 빠짐없이 세밀하게 기재한다.
② 오자, 오기가 없고 중복되지 않게 간단명료하게 기재한다.
③ 재료, 공법을 정확하게 지시하고 도면과 시방서가 틀리지 않게 기록한다.
④ 규격, 치수 등은 도면에서 표기하고 도면의 불충분한 부분이 충분히 설명되게 기재한다.
⑤ 이중으로 해석되는 문구는 피한다.
⑥ 공사비는 기재하지 않는다.

7. 공사계획

1) 시공계획 전 사전조사 항목

① 설계도서와 시방서의 내용을 충분히 파악하고 숙지(일반적인 조사항목)
② 공사수량 및 공사내용 파악
③ 현장의 제반문제 파악(운반로, 교통, 급배수, 노동력, 자재공급 상태)
④ 동력이동, 시공기계의 사용 및 설치장소
⑤ 계약조건을 충분히 파악하고 검토

2) 시공계획, 시공관리, 공사 순서

(1) 시공계획

① 현장원 편성 및 시공계획 작성(구체적 시공계획을 가장 먼저 실시)
② 공정표 작성(공사착수 전에 작성)
③ 실행예산 편성
④ 하도급자 선정
⑤ 가설준비물 결정, 자재 반입계획, 시공기계 및 장비설치 계획(자재, 장비, 수송, 운반, 설치)
⑥ 재료선정 및 노력의 결정
⑦ 재해방지 대책(표준안전 관리비)
⑧ 시공도 및 공작도 작성 계획

(2) 시공관리 항목

① 예산 및 회계관리	② 자재관리	③ 노무관리
④ 총무(사무)관리	⑤ 장비관리	⑥ 공정관리
⑦ 품질관리	⑧ 원가관리	⑨ 기술관리
⑩ 안전관리		

(3) 시공 순서

① 공사착공준비	② 가설공사	③ 토공사
④ 지정 및 기초공사	⑤ 구체공사	⑥ 방수 및 방습공사
⑦ 지붕 및 홈통공사	⑧ 목공사	⑨ 타일공사
⑩ 미장공사	⑪ 도장공사	⑫ 창호공사

(4) 공정계획 요소

① 공사의 시기	② 공사의 내용	③ 공사의 수량
④ 재료의 수배	⑤ 노무의 수배	⑥ 시공기기의 수배
⑦ 가설동력의 수배		

>>> 시공도
작업자나 기능공이 구조물에 대한 설계를 기준으로 하여 실제로 시공할 수 있도록 도급업자나 하도급업자에 의하여 작성된 상세하고 기본이 되는 도면이다.

1. **VE(Value Engineering, 가치공학)**

건축생산을 비롯한 공업생산의 원가관리 수법의 일종이다. 최저의 총코스트로서 공사에 요구되는 품질, 공기 등 필요한 기능을 확실히 달성하기 위하여 제품이나 서비스의 기능 분석에 쏟는 조직적 노력이며 공사비 절감을 위한 개선활동이다.

2. **CM(Construction Management)**

건축주를 대신하여 설계자 및 시공자를 관리하는 조직으로 설계 단계부터 공법지도, 자재, 검수, 시공성을 고려한 원가절감 방안(분할발주), 공기단축 방안(단계적 분할발주), 품질향상을 위해 시공과 설계를 통합 관리하는 조직이다.

3. **EC(Engineering Construction)화**

종래의 단순시공(엔지니어링 개념)에서 벗어나 고부가가치를 추구하기 위해 설계, 엔지니어링, Project Management(조달, 운영, 관리) 등 프로젝트 전반의 사항을 종합기획 및 공사를 관리하는 업무영역의 확대를 말한다.

4. **제네콘(Gene – Con, 종합건설업 면허제도)**

프로젝트 개발에서 기획, 설계, 시공관리, 감리, 시운전, 인도, 유지보수에 이르기까지 전 단계에 걸쳐 시공과 용역업을 동시에 영위하는 엄격한 자격요건을 충족시키는 대형업체들에게만 종합건설업체의 면허를 허용하는 종합건설업 면허제도이다.

5. **실행예산**

공사의 도급금액, 견적 원가, 설계도서 등을 재검토하고 다시 공사 시공의 제반 조건을 면밀히 검토하여 원가 통제의 지표가 되는 원가를 산출하고 이익계획의 실현 대책을 도모하는 것이다.

6. **수의계약**

공개경쟁 입찰 시 유찰되어 재입찰함에도 예정가격을 초과할 때는 최저 입찰자로부터 순차적으로 교섭하여 예정가격 이내의 금액으로 계약을 체결하는 것으로, 특명에 의한 입찰도 수의계약이라고 한다.

7. **예정가격**

총공사비에 부가가치세 10%를 합산한 금액이다. 건축주의 입장에서 발주할 공사에 대해서 내정한 가격의 최고 한도로서 계약금액 및 낙찰자 결정의 기준이 된다.

8. **인텔리전트 빌딩의 바닥 Access**

정방형의 Floor Panel을 Pedestal(받침대)로 지지시켜 만든 2중 바닥 구조로서 공조설비, 배관설비, 전기, 전자, 컴퓨터 설비 등의 설치와 유지 관리, 보수의 편리성과 용량 조정 등을 위하여 사용된다.

9. **기공식**

공사 착수 전에 행하는 의식으로 착공식이라고도 한다.

10. **정초식**

기초공사 완료 시에 행하는 의식이다.

11. **상량식**

목구조 지붕마룻대나 RC조 지붕 콘크리트 공사의 완료 시 행하는 의식이다.

12. **낙성식**

공사의 준공이 끝나고 인도가 완료된 후 행하는 것으로 준공식이라고도 한다.

13. **개기식**

터를 잡고 대지 정지 작업 이전에 행하는 의식이다.

14. 시공도

작업자나 기능공이 구조물에 대한 설계를 기준으로 하여 실제로 시공할 수 있도록 도급업자나 하도급업자에 의하여 작성된 상세하고 기본이 되는 도면이다.

15. 담합(Combination)

입찰에서 경쟁자 간에 미리 낙찰자를 협정하여 정하는 불공정 행위이다.

16. 덤핑(Dumping)

공사원가보다도 현저히 저렴한 가격으로 수주하는 행위로 부당염매, 투매라고도 하며 부당가격의 한계는 명확하지 않으나 대개 예정가격의 80% 정도로 하고 있다.

17. 표준시방서

건축공사의 재료, 시공법 중 표준적이고 공통 해당 사항을 발취한 것으로서 공통시방서라고도 하며 별도의 규정이 없으면 표준시방서에 따른다.

18. 특기시방서

표준시방서에 기재하지 않은 특별한 사항의 공법 및 재료명 등을 설계자가 상세하게 표기한 것이다.

19. 전문시방서

특정공사별로 건설공사시공에 필요한 사항을 규정한 시방서이다.

20. 가이드시방서

공사시방서를 작성하는 데 안내 및 지침이 되는 시방서이다.

21. 기술시방서

자재의 품질, 규격, 시험방법, 시공방법, 허용오차 등을 자세하게 상술하는 시방서이다.

22. 성능시방서

목적하는 결과, 성능의 판정기준 그리고 이를 판별할 수 있는 방법을 규정하는 시방서로 목적물의 각 부위 또는 전체에 관하여 형태, 구조, 마감, 성능, 품질의 결과를 명시한 시방서이다.

23. 공법시방서

설계의도를 명확히 실현시켜서 공사목적물을 완성시키기 위한 지시로서 결과의 성능을 명시한 시방서이다.

24. 클레임(Claim)

계약 또는 계약상 파생되는 계약 당사자 간의 분쟁에 관하여 그 한편이 상대편에 대하여 요구하는 청구 또는 이의신청을 말하는 것으로 모든 클레임은 공사대금 완불 전에 신청이 가능하다.

25. PMIS(Project Management Information System)

사업 전반에서 수행조직을 관리 · 운영하고 경영의 계획 및 전략을 수립하도록 관련 정보를 신속하고 정확하게 경영자에게 전달함으로써 합리적인 경영을 유도하는 프로젝트별 경영정보체계이다.

26. CAD(Computer Aided Design)

설계자동화 시스템으로 설계자의 경험과 직감력을 통하여 컴퓨터의 고속 정보처리 기능을 서로 활용하여 고도의 설계활동을 하기 위해 체계화된 하드웨어와 소프트웨어의 이용기술이다.

27. CALS

건설 CALS는 건설사업의 설계, 입찰, 시공, 유지 관리 등 전 과정에서 발생되는 정보를 발주청, 설계ㆍ시공업체 등 관련 주체가 정보통신만을 활용하여 교환ㆍ공유하는 시스템이다.

28. MC(Modular Coordination)

척도조정을 말하는 것으로 재료의 치수, 설계 및 시공에 이르는 건축생산 전반에 걸쳐서 기준치수를 활용하여 치수상의 상호조정을 하는 과정이다.

29. 공사실명제(시공실명제)

① 정의
  ㉠ 공사시공 시 투입되는 모든 협력업체 및 현장소장, 감리단장, 현장대리인에 이르기까지 실명화하는 제도로 기능공도 실명에 포함한다.
  ㉡ 사회적 책임의식과 사명감으로 품질향상 및 부실공사 예방에 많은 도움이 되리라 실행한 제도이다.
② 필요성
  ㉠ 부실시공 예방
  ㉡ 품질 향상
  ㉢ 기술수준 향상
  ㉣ 우수업체 발굴

30. 전문가 시스템 (Expert System)

전문분야에 경험, 지식이 부족한 사용자에게 특정 정보 위주의 전산 System을 갖추고 값싼 가격으로 공정하고 일관성 있는 의사결정 정보를 사용자에게 전달하여 Network 작성, 최적 장비 선정업무, 기초공법 선정 등 통합된 관리기술을 건축주나 사용자에게 서비스할 수 있다.

31. 정보화 빌딩 (Intelligent Building)

정보통신 System(Tele Communication), 사무자동화 System(Office Automation), 빌딩자동화 System(Building Automation), 고도의 기술 System(High Technology), 쾌적 환경(System Amenity) 등 이러한 요소를 갖춘 빌딩으로서 고도의 통신기능으로 업무효율과 극도의 쾌적 환경을 보장하는 빌딩이다.

32. 지역입찰 제한제

지방중소기업 육성, 지자제 실시로 지방경제의 활성화를 꾀한다(20억 미만의 공사에 적용).

33. 내역입찰제

내역입찰 대상공사의 하한선을 두고 입찰서 금액과 내역서 금액이 불일치할 경우 입찰을 무효화하는 방법으로 업체의 견적 능력 향상과 기술개발 유도를 목적으로 한다.

34. 생태건축물
   (BMS : Building
   Management System)

① 개요

생태 건축물이란 살아 있는 건축물이란 뜻으로 건물 내부 Sensor에 의해 사람의 움직임과 체온을 감지하고 온·습도, 환기, 조명, 가스 감지 등 환경조건과 Security System을 자동 제어하는 것을 말한다.

② 특징

ㄱ 큰 초기 투자비 : 무인 자동제어 시스템 시설 등으로 초기 투자비가 크다.

ㄴ 유지 관리비 절약 : 2~3년 후 유지 관리비 절감으로 초기 투자비의 회수가 가능하다.

ㄷ 쾌적한 내부 환경 : 열 감지와 이산화탄소 감지에 의해 일정온도 유지와 신선한 공기 공급으로 항상 쾌적한 실내 환경 유지 가능

ㄹ 방재 기능 강화로 안전 추구 : 건물의 화재, 도난 등 방재 시스템 완전 가동으로 Security 확보

ㅁ 자재 재활용 가능 : 주요 부품 중 자재 재활용 가능

35. TBM(Tool Box Meeting)

현장에서 그때의 상황에 적용하여 실시하는 위험예지 활동으로, 즉시 적응법이라고 한다.

36. WBS(Work Breakdown Structure, 작업분류체계)

공사내용을 파악하기 위해서 작업의 공종별로 세분화한 작업분류체계이다.

37. BIM(Building Information Modeling, 건축정보모델링)

건축설계의 프로세서를 2차원에서 3차원으로 전환하고 공정, 수량 등 건축물의 모든 정보를 통합적으로 활용하여, 설계에서 유지 관리까지의 모든 정보를 생산·관리하는 기술이다.

과년도 기출문제

01 건축생산에서 관리의 3대 목표가 되는 관리명을 쓰시오. (3점)

[91, 98, 01, 04]

① _____
② _____
③ _____

» ① 원가관리(돈)
② 공정관리(시간)
③ 품질관리(신용, 질)

02 건축시공의 현대화방안에 있어서 건축생산의 3S System을 쓰시오. (3점)

[99, 01, 07]

① _____
② _____
③ _____

» ① 단순화(Simplification)
② 규격화(Standardization)
③ 전문화(Specialization)

03 공사내용의 분류방법에서 목적에 따른 Breakdown Structure의 종류를 3가지 쓰시오. (3점)

[05, 12]

① _____
② _____
③ _____

» ① 작업분류체계(WBS : Work Breakdown Structure)
② 조직분류체계(OBS : Organization Breakdown Structure)
③ 원가분류체계(CBS : Cost Breakdown Structure)

04 CIC(Computer Integrated Construction)를 설명하시오. (3점)

[10]

_____
_____

» 컴퓨터, 정보통신 등 자동화 생산, 조립 기술 등을 토대로 건설행위를 수행하는 데 필요한 기능들과 인력을 유기적으로 연계하여 건설업체 업무를 각 사의 특성에 맞게 최적화하는 것이다.

05 CALS(Continuous Acquisition and Life Cycle Support)에 대해 설명하시오. (4점)　　　　　　　　　　　　　　　　　　　[01]

_____

_____

▶ 건설 CALS는 건설사업의 설계, 입찰, 시공, 유지 관리 등 전 과정에서 발생되는 정보를 발주청, 설계·시공업체 등 관련 주체가 정보통신망을 활용하여 교환·공유하는 시스템이다.

06 PMIS(Project Management Information System)에 대해 설명하시오. (3점)　　　　　　　　　　　　　　　　　　　[10]

_____

_____

▶ 사업의 전 과정에서 건설 관련 주체 간에 발생되는 각종 정보를 체계적·종합적으로 관리하여 최고 품질의 사업목적물을 건설하도록 지원하는 전산시스템이다.

07 공동도급(Joint Venture Contract)의 장점을 4가지만 쓰시오. (4점)　　　　　　　　　　　　　　　　[96, 09, 11, 18]

① _____

② _____

③ _____

④ _____

▶ ① 기술, 경험, 자본의 증대로 공사의 질이 향상된다.
② 도급공사의 경쟁 완화 수단이 된다.
③ 위험이 분산된다.
④ 융자력이 증대되며, 공사의 이행이 확실하다.

08 공사비 지불방식에 따른 도급방식 중 실비정산 보수가산도급에서 공사비 산정방식의 종류를 4가지 쓰시오. (4점)　　[95, 98, 00, 03]

① _____

② _____

③ _____

④ _____

▶ ① 실비정산준동률 보수가산도급
② 실비정산정액 보수가산도급
③ 실비정산비율 보수가산도급
④ 실비정산한정비율 보수가산도급

09 건축주와 시공자 간에 다음과 같은 조건으로 실비한정비율 보수가산식을 적용하여 계약을 체결했으며, 공사완료 후 실제 소요공사비를 상호 확인한 결과 90,000,000원이었다. 이때 건축주가 시공자에게 지불해야 하는 총공사금액은 얼마인가? (3점)　　　　　[09, 13]

> ㉠ 한정된 실비 : 100,000,000원
> ㉡ 보수비율 : 5%

_____

▶ ① 실제소요공사비>계약한 한정된 실비
=한정된 실비+(한정된 실비×보수비율)
실제 소요공사비가 한정된 실비보다 커졌더라도 1억 5백만 원 이내에서 지불한다.
② 실제소요공사비<계약한 한정된 실비
=실제소요공사비+(실제소요공사비×보수비율)
=9천만 원+(9천만 원×0.05)
=94,500,000원

10 다음에 표기된 실비정산 보수가산방식의 종류를 보기에 주어진 기호를 사용하여 적절히 표기하시오. (3점)   [11]

> **(1)** $A + A \times f$
> **(2)** $A' + A' \times f$
> **(3)** $A + F$

> A : 공사실비, A' : 한정된 실비, f : 비율보수, F : 정액보수

(1) 실비보율 보수가산식 : _____

(2) 실비한정비율 보수가산식 : _____

(3) 실비정액 보수가산식 : _____

---

11 파트너링(Partnering Agreement)방식 계약제도에 관하여 설명하시오. (4점)   [00, 16]

_____

_____

> 발주자, 설계자, 도급자 및 기타 프로젝트에 관계하는 사람이 하나의 팀을 구성해서 프로젝트의 성공과 상호 이익의 확보를 목표로 공동으로 프로젝트를 집행 · 관리하는 계약방식이다.

---

12 컨소시엄(Consortium)공사에 있어서 페이퍼 조인트(Paper Joint)에 관하여 기술하시오. (3점)   [00, 07, 13]

_____

_____

> 명목상(서류상)으로는 여러 회사의 공동도급(Joint Venture)으로 공사를 수주한 형태이지만 실질적으로 한 회사가 공사에 관한 모든 사항을 진행하고 나머지 회사는 서류상으로만 공사에 참여하는 방식이다.

---

13 BOT(Build Operate Transfer)방식을 설명하시오. (3점)

[00, 03, 04, 08, 14, 16, 17, 21]

_____

_____

> 사업주가 수입을 수반한 공공 혹은 공익 프로젝트에서 필요한 자금을 조달하고 설계, 엔지니어링, 시공의 전부를 도급받아 시설물을 완성한 후 그 시설을 일정 기간 동안 운영하여 발생한 수익으로부터 투자자금을 회수한 후 운영기간이 종료되면 발주자에게 양도하는 운영방식이다.

---

14 다음의 설명에 알맞은 계약방식을 쓰시오. (4점)   [08, 10, 19]

(1) 발주 측이 프로젝트 공사비를 부담하는 것이 아니라 민간부분 수주 측이 설계시공 후 일정기간 시설물을 운영하여 투자금을 회수하고 시설물과 운영원을 무상으로 발주 측에 이전하는 방식   (   )

(2) 사회간접시설물을 민간부분 주도하에 설계, 시공 후 소유권을 공공부분에 먼저 이양하고, 약정기간 동안 그 시설물을 운영하여 투자금액을 회수하는 방식   (   )

> (1) BOT(Build Operate Transfer)방식
> (2) BTO(Build Transfer Operate)방식
> (3) BOO(Build Operate Own)방식
> (4) 성능발주방식

(3) 민간부분이 설계, 시공 주도 후 그 시설물의 운영과 함께 소유권도 민간에 이전되는 방식　　　　　　　　(　　)

(4) 건축주는 발주 시에 설계도서를 사용하지 않고 요구성능만을 표시하고 시공자는 거기에 맞는 시공법, 재료 등을 자유로이 선택할 수 있게 하는 일정의 특명입찰방식　　　　　　　　(　　)

15 BTO(Build – Transfer – Operate)방식을 설명하시오 (3점)　　[15]

_____

_____

> 민간기업이 프로젝트의 기획, 설계, 시공을 하여 시설이 완료되면 소유권을 정부에 이전하는 방식이다.

16 민간 주도하에 Project(시설물) 완공 후 발주처(정부)에게 소유권을 양도하고 발주처의 시설물 임대료를 통하여 투자비가 회수되는 민간 투자사업 계약방식의 명칭은 무엇인가? (2점)　　[11, 17, 20]

_____

> BTL(Build Transfer Lease)방식

17 특명입찰(수의계약)의 장단점을 2가지씩 쓰시오. (4점) [96, 07, 13]

(1) 장점

① _____

② _____

(2) 단점

① _____

② _____

> (1) 장점
> ① 공사기밀 유지 가능
> ② 우량공사 기대 가능
> (2) 단점
> ① 공사비 상승 우려
> ② 공사금액 결정의 불투명성

18 대안입찰제도에 대하여 설명하시오. (3점)　　[06, 11, 15]

_____

_____

> 당초 설계의 기본 방침의 변경 없이 동등 이상의 효과와 예정가격, 예정공기를 초과하지 않는 공법으로 제안·입찰하는 방식으로 기술개발 촉진, 엔지니어링 능력 배양, 기술의 체계화 및 부실업체의 덤핑방지 등을 목적으로 하는 일종의 성능발주방식이다.

19 PQ제도의 장단점을 3가지씩 쓰시오. (6점)　　　　[10]

(1) 장점

　① _____

　② _____

　③ _____

(2) 단점

　① _____

　② _____

　③ _____

(1) 장점
　① 부실시공 방지대책이다
　② 시공기술, 신용도 등을 알 수 있
　　다.
　③ 공사기밀을 유지할 수 있다.
(2) 단점
　① 기준과 심사내용이 불합리하다.
　② 담합의 우려가 있다.
　③ 대형공사 위주로 한정되므로 중
　　소기업은 불리하다.

CHAPTER 02 가설공사

E n g i n e e r A r c h i t e c t u r e **PART 01**

1. 가설공사

1) 공통가설(종합가설)공사

공사 전반에 걸쳐 공통된 것으로 공사에 관한 간접적인 역할을 한다.

① **가설운반로** : 가설도로, 가설교량, 가설배수로, 구름다리

② 가설울타리, 판장, 가시철망, 대문, 안전간판, 투시도

③ **가설건물** : 사무소, 창고, 일간, 숙사, 화장실, 식당

④ **공사용 동력 급배수 설비** : 전기인입, 수도인입, 지하수 설치

⑤ **기계기구 설비** : 기계기구의 반입, 설치, 이전, 해체, 운전 및 수리

⑥ **대지측량과 정리** : 대지측량, 기존건물의 지하 매설물 이설

⑦ 공사용 임시 동력전등설비

⑧ 통신설비

⑨ 용수설비

⑩ **조사 및 시험** : 재료시험, 지질시험, 기타

⑪ **주변 매설물 및 인접 건물의 보양 · 보상** : 도로면 포장, 지하 매설물, 수채, 가공선, 수목, 인접가옥 보호 및 원상 복구

⑫ **운반** : 재료의 반입, 운반, 보관, 현장 내의 소운반 기계반송, 잔물처리 운반

2) 직접가설(일반가설)공사

본공사의 직접적인 수행을 위한 보조적 시설

① 규준틀 설치(수평규준틀, 귀규준틀, 세로규준틀), 수평보기

② 먹매김(먹줄치기)

③ **비계** : 외부비계, 내부비계, 비계다리, 말비계, 달비계, 선반비계

④ **건축물 보양** : 콘크리트 보양, 타일 · 석재면 보양, 창호재 보양 등

⑤ 보호막 설치

⑥ 낙하물 방지망

⑦ 건축물 현장정리

⑧ 양중, 운반, 타설시설(콘크리트 타워, 자재운반용 타워, 콘크리트 타설용 수평비계, 슈트, 타워크레인, Hosit, 가설 Lift 등)

>>> **가설공사**
가설공사는 본공사를 능률적으로 완성하기 위하여 공사기간 중 일시적으로 설비하는 제반시설 및 설비, 수단의 총칭이며 본공사 완료 후에 해체 · 정리한다.

>>> **소운반**
공사장 내에서의 근거리 운반 또는 사용 장소까지의 근거리 운반으로 수평거리 20m 이내의 거리를 소운반이라 하고, 높이 1m를 수평거리 6m의 비율로 본다.

Tip 👆

가설공사비 비중
전체 공사의 10%에 해당한다.
① 가설재료비 : 3%
② 가설노무비 : 2%
③ 전력용수비 : 3%
④ 기계기구비 : 2%

3) 가설공사의 요건

① 전용성　　　② 해체성　　　③ 안전성
④ 효율성　　　⑤ 경제성

4) 가설공사 계획 시 고려사항

① 본공사에 지장을 주지 않는 곳에 설치한다.
② 본공사의 공정과 설치시기를 조정한다.
③ 반복사용으로 전용성을 높여야 한다.
④ 가설설비의 조립 및 해체가 용이해야 한다.

2. 가설건축물

1) 가설울타리

① 설치목적 : 대지의 경계구획 및 교통의 차단, 위험방지, 도난방지, 시선
차단, 미관 및 선전효과를 위해 설치한다.
② 재료 : 나무널, 철판, 목책, 철조망, 기성 콘크리트재, 합판, 슬레이트판,
Key Stone Plate 등
③ 높이 : 2층 이상 시 1.8m 이상(목조는 제외)
④ 출입구 폭 : 4m 이상 통용문 설치

2) 가설건물

(1) 현장사무소

① 크기 : $3.3m^2/1$인 기준, 보통 $6{\sim}12m^2/1$인이 적당하다.

본건물의 구분 종별	1,000m² 이하	3,000m² 이하	6,000m² 이하	6,000m² 초과
감독, 감리사무소	18m²	38m²	46m²	80m²
수급자 사무소	24m²	50m²	60m²	100m²
기타 자재창고	70m²	100m²	130m²	180m²

② 구대(Over Bridge) : 대지에 여유가 없는 경우에 적법한 절차를 거
쳐서 인근 보도의 위에 육교식으로 가설건물을 설치하여 사용하는
것이다(관할 관청의 도로 사용허가가 필요하다).

(2) 시멘트 창고

종류		A종	B종
구조	바닥	마룻널 위 철판 깔기	마룻널
	주위벽	골함석 또는 골슬레이트 붙임	널판이나 골함석 또는 골슬레이트 붙임
	지붕	골함석 또는 골슬레이트 붙임	루핑, 기타 비가 새지 않는 것
설치 및 관리 방법		• 주위에 배수도랑을 두고 누수를 방지한다. • 바닥은 지반에서 30cm 이상의 높이로 한다(방수). • 필요한 출입구 및 채광창 외에 공기유통을 막기 위하여 될 수 있는 대로 개구부를 설치하지 않는다. • 반입, 반출구는 따로 두고 먼저 반입한 것을 먼저 쓴다. • 3개월 이상 경과한 시멘트는 재시험을 거친 후 사용한다. • 쌓기높이는 13포 이하로 한다(장기간 저장 시 7포 이하).	

>>> 시멘트 풍화작용
시멘트가 대기 중에서 수분을 흡수하여 수화작용으로 수산화석회($Ca(OH)_2$)가 생기고 공기 중 이산화탄소(CO_2)를 흡수하여 탄산석회($CaCO_3$)를 생기게 하는 작용이다.

(3) 위험물 저장창고

① 위치 : 다른 재료창고 및 건축물과 1.5m 이상 떨어진 곳에 설치한다.

② 구조 : 지붕, 벽, 천장 등을 방화구조 또는 불연재료로 시공한다.

3. 기준점 및 규준틀

1) 줄쳐 보기(줄 띄우기)

건물의 상호 간격 인접 대지 경계선에서의 거리 등을 검토하여 건물의 위치를 결정하기 위하여 말뚝을 박고 줄을 띄어 보는 것이다.

2) 기준점(Bench Mark)

① 정의 : 건축공사 중에 건축물의 고저에 기준이 되도록 건축물 인근에 높이의 기준을 설치하는 표시물이다.

② 설치 시 주의사항

㉠ 공사 중에 높이의 기준을 삼고자 설치하며 2개소 이상을 설치한다. 위치 설치개소는 현장일지에 기록해 둔다.

㉡ 지표에서 0.5~1.0m 위치에 설치한다.

㉢ 이동의 염려가 없으며 바라보기 좋고 공사 지장이 없는 곳에 설치한다.

㉣ 인근의 벽돌담 등을 이용해도 좋고 대지주위에 마땅한 장소가 없으면 건축물의 지표가 될 수 있는 곳에 따로 설치한다.

③ GL의 지정 : 현지에서 지정되거나 입찰 전에 현장설명서에서 지정된다.

3) 규준틀 설치

(1) 수평규준틀

① 정의 : 건축물의 각부 위치 및 높이, 기초의 너비를 결정하기 위한 것으로 이동, 변형이 없도록 견고히 설치한다.

② 수평규준틀 설치 시 주의사항

㉠ 이동 및 변형이 없게 견고히 설치한다.

㉡ 수평꿸대는 수평이 되게 할 것(수평보기 또는 레벨 이용)

㉢ 규준말뚝(9cm 각재나 ϕ12cm 통나무 사용)의 상부는 손상 및 충격의 발견이 쉽도록 엇빗자르기 또는 오니형으로 한다.

(2) 세로규준틀

① 정의 : 벽 모서리, 교차벽, 벽돌, 블록, 돌쌓기 등의 고저 및 수직면의 기준을 삼고자 설치하며 줄눈, 나무벽돌 위치, 창문의 위치, 앵커볼트의 위치, 쌓기단수 등을 표시한다.

② 세로규준틀에 기입해야 할 사항

㉠ 창문틀의 위치

㉡ 인방보의 설치 위치

㉢ 줄눈, 나무벽돌의 위치

㉣ 앵커 볼트의 위치 및 매입철물의 위치

㉤ 쌓기단수

4. 비계공사

1) 통나무, 파이프, 틀비계 비교

구분	통나무 비계	강관 파이프 비계	강관 틀비계
비계기둥 간격	1.5~1.8m (최대 2.0m 이내)	• 띠장방향 : 1.5~1.8m • 장선(보)방향 : 1.5m 이하	높이 20m 초과 시, 중량작업 시 틀높이 2m 이하, 틀간격 1.8m 이내
띠장, 장선 간격	1.5m (제1띠장 : 2~3m)	1.5m (제1띠장 : 2m 이하) ※ 2.0m(산업안전 보건기준)	최고높이 제한 40m 이하
하부 고정	60cm 밑동 묻음	Base Plate 설치	Base Plate 설치
기둥 1본 부담하중	–	7.0kN 이내	2,500kg(24.5kN) (견고지반, 콘크리트 위)
기둥과 기둥 사이 하중 (기둥 사이 1.8m 경우)	–	4.0kN 이내	400kg (4.0kN 이내)

벽체와의 연결	• 수직 : 5.5m 이하 • 수평 : 7.5m 이하	• 수직 : 5m 내외 • 수평 : 5m 내외	• 수직 : 6m • 수평 : 8m
결속선, 결속재	• #8~#10 불에 구운 철선 • #16~#18 아연도금 철선	Coupler, Clamp로 연결 (-자, +자, 45°)	끼움재, 연결재, Pin 등으로 고정
가새, 수평재	수평 14m 내외 간격, 45~60° 가새 설치	수평 10m 내외 간격, 45~60° 가새 설치	5층 이내마다 수평재 설치
통나무 비계 (기타사항)	• 재료 : 눈키 높이(1.5m)에서 지름 10cm 이상 • 말구지름 : 4.5m • 길이 : 7.2m 정도의 삼나무, 낙엽송 • 이음 : 겹침이음 원칙 1.0m 이상, 2개소 이상 결속 • 맞댄이음 : 1.8m 이상 덧댐목 4개소 이상 결속, 못박기 금지		
강관 파이프 비계 (기타사항)	재료 : 외경 48.6m, 살두께 2.4~2.9mm의 아연도금철관 녹막이칠 ※ 건물 최고부에서 31m 하부는 2본의 강관을 겹쳐서 사용		
작업발판	• 높이 2m 이상 작업장소에는 발판을 설치해야 한다. • 폭 0.4m 이상, 재료저장 시 폭은 최소 0.6m 이상 최대 1.5m 이내로 한다. • 발판은 비계의 장선에 고정하고, 장선에서 100~200mm 이내로 내민다.		

>>> 가새
사각형으로 짠 뼈대에 대각선으로 빗대어 대는 경사부재로 수평력에 견디게 하고 안전한 구조로 하기 위한 목적으로 쓰이며 버팀대보다 강하다.

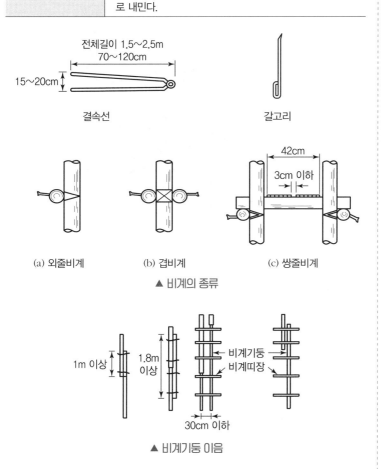

결속선

갈고리

(a) 외줄비계   (b) 겹비계   (c) 쌍줄비계

▲ 비계의 종류

▲ 비계기둥 이음

(1) 통나무 비계

① 시공 순서

비계기둥 설치 → 띠장 결속 → 가새 및 버팀대 설치 → 장선 → 발판 → 벽체와 연결

② 비계다리의 폭은 최소 90cm 이상, 비계다리의 경사는 최대 30° 이하, 보통 17°로 하고 되돌음참의 높이는 7m 이하로 하며 미끄럼막이는 30cm 이하의 간격으로 각재를 철선으로 묶는다.

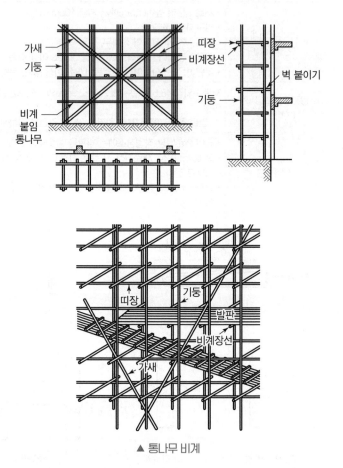

▲ 통나무 비계

(2) 단관 파이프 비계

① 외부 쌍줄 비계 설치 순서

소요 자재의 현장 반입 → 바닥면 고르기 및 다지기 → Base Plate 설치 → 비계기둥 설치 → 띠장 설치 → 장선 설치

② 단관 비계의 기둥 간격은 보방향으로 1.2~1.5m, 도리방향으로 1.5~1.8m로 설치하고 최고부에서 31m까지의 밑부분은 2본의 강관으로 묶어 세운다. 기둥과 기둥 사이의 적재하중은 400kg, 기둥 한 개에 부담되는 적재하중은 700kg 이하로 한다.

③ 강관 비계를 수직, 수평, 경사방향으로 연결 또는 이음 고정할 때 사용하는 부속철물
    ㉠ 일자형 커플러 : 마찰형, 전단형
    ㉡ 십자형 커플러(직교형)
    ㉢ 45°(자재형) 커플러
    ㉣ 3연(특수형) 커플러
    ㉤ 자유형 연결기
④ 비계공사에서 커플링 : 파이프 비계의 두 부재를 직선으로 결속하는 부속철물

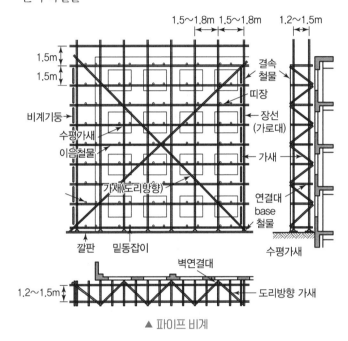

▲ 파이프 비계

(3) 강관 틀비계

① 세로틀은 수직방향 6m, 수평방향 8m 내외의 간격으로 건축물의 구조체에 견고하게 긴결해야 하며 높이는 원칙적으로 45m를 초과할 수 없다.
② 장점
    ㉠ 조립, 해체가 용이하다.
    ㉡ 안전도(강도)가 높고 경량이다.
    ㉢ 내구연한이 길다(5~20년).
    ㉣ 화재의 염려가 없다.
③ 단점
    ㉠ 녹이 슬 염려가 있다.
    ㉡ 구입 시 가격이 비싸다.
    ㉢ 조립 시 전선 등에 의한 감전사고를 주의해야 한다.

④ 강관비계 연결철물

　　㉠ 클램프 : 고정형, 회전형, 단일클램프, 3연클램프 등

　　㉡ 이음관 : 강관조인트(마찰형과 전단형)

　　㉢ 기타 : Base Plate 철물(받침철물), 벽체연결철물 등

⑤ 시공 순서 : 소요자재 현장 반입 → 바닥 고르기, 다지기 → Base Plate 설치 → 비계기둥 설치 → 띠장 설치 → 장선 설치 → 발판 설치 및 구조체와 연결

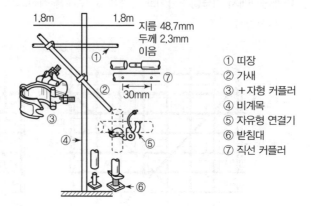

① 띠장
② 가새
③ +자형 커플러
④ 비계목
⑤ 자유형 연결기
⑥ 받침대
⑦ 직선 커플러

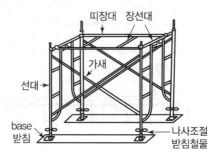

▲ 단관 파이프 비계 및 강관 틀비계

(4) 잭 서포트(Jack Support)

공사 중 설계기준을 초과하는 과다하중 또는 장비 사용 시 진동, 충격이 예상되는 부위에 임시로 보강하는 하부에 Jack을 장착한 대형 가설지주(Support)이다.

2) 달비계

① 정의

건물에 고정된 보나 기타 앵커체에 밧줄이나 와이어 등으로 매다는 비계로 외부마감공사, 외벽 청소, 고층 건물의 유리창 청소 등에 사용하며 곤돌라식으로 상자 모양의 비계를 달아매는 식도 있다.

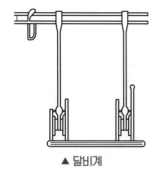

▲ 달비계

② 설치 시 주의사항
  ㉠ 바닥은 빈틈없이 깔고 바깥쪽에 너비 1.5m의 널판 설치, 난간높이 75cm 이상
  ㉡ 윈치에 역회전 방지장치 설치
  ㉢ 와이어로프는 인장하중의 10배의 강도를 가진 아연도금한 12mm 이상(본 달비계), 간이 달비계는 9mm 이상을 사용한다. 또한 와이어로프는 다음에 해당하는 것을 사용할 수 없다.
    • 와이어로프 한 가닥에서 소선(素線)이 10% 이상 절단된 것
    • 지름이 공칭지름의 7% 이상 감소된 것
    • 변형되었거나 부식된 것

3) 안전설비

구분	내용
수평 · 수직 낙하물 방지망	• 내민 길이 : 구조체나 비계 외측에서 2m 이상 • 겹친 길이 : 15cm 이상 • 각도 : 수평면에서 20~30° • 설치높이 : 10m 이내, 3개 층마다 설치 • 비계 바깥쪽에 철망, 코니탭, 발 등을 수직으로 치는 것 • 외부 비계와 벽체 사이는 틈이 없도록 하고 안전망 설치가 불가능한 경우 벽과의 간격은 25cm 이하
방호철망	• 철망 #13~#16 사용, 아연도금철선 #20(0.9mm) 이상 사용 • 이음부는 15cm 이상을 겹치고 60cm 간격으로 연결
방호시트	• 보통 외부발판에 쳐서 내부의 먼지, 쓰레기나 콘크리트의 분말이 외부로 비산되는 것을 방지하기 위해 설치 • 시트의 크기는 3.6×5.4m와 1.8×5.1m의 것이 많이 사용됨 • 인장강도와 신장률의 곱이 500kg · mm 이상인 것 사용 • 난연처리한 것 • 구조체 45cm 이하 간격으로 겹칠 것
방호선반	• 공사현장에서 외부로 물체가 낙하하는 것을 방지 • 설치위치는 지상으로부터 10m 이내 • 내민 길이 : 비계발판 외측에서 2m 이상, 방호선반 끝단에 0.6m 이상의 방호벽 설치 • 널두께 : 1.5cm 이상의 나무판자나 동등한 것 사용 • 주 출입구 및 리프트 출입구 상부 등에 설치
안전난간	• 작업장의 주변이나 통로의 끝, 개구부 주변 등 작업원이 추락할 위험이 있는 경우에 설치 • 상부난간대는 바닥면에서 0.9m 이상 높이를 유지, 상부난간대를 1.2m 이하로 설치하는 경우는 중간에 중간난간대 설치. 1.2m 초과 시 0.6m 이하로 난간대 설치 • 난간은 단관 파이프를 이용하여 단관의 난간동자를 바닥에 고정하고 클램프로 난간 부착 • 바닥면으로 물건이 떨어져서 위험한 경우에는 난간의 하부에 합판이나 안전망 등으로 걸레받이 설치
안전걸이대 및 로프 설치	높이 1.2m 이상, 수직방향 7m 이내의 간격으로 강관 등을 사용하여 안전걸이대를 설치하고 인장강도 14.7kN 이상의 안전걸이대용 로프를 설치해야 함

4) 내부비계

① 내부비계의 비계면적은 연면적의 90%로 하고 손료는 외부비계 3개월 까지의 손률 적용을 원칙으로 한다.

② 수평비계는 2가지 이상의 복합공사 또는 단일공사라도 작업이 복잡한 경우에 사용을 원칙으로 한다.

③ 말비계(발돋음)는 층고 3.6m 미만일 때의 내부공사에 사용을 원칙으로 한다.

5) 비계다리, 계단, 발판

비계다리	• 설치기준 : 1,600m²마다 1개소 • 너비 : 90cm 이상 • 경사(물매) : 4/10 표준(17~30°) • 1.5×3cm 각의 미끄럼막이를 30cm 간격으로 설치 • 되돌음참, 난간참 : 7m마다 설치 • 난간 : 75cm 이상(보통 90cm)
계단	• 챌판 : 24cm 이하 • 디딤판 너비 : 22cm 이상
발판	• 두께 3.5cm×너비 25cm×길이 3.6m 판재 또는 구멍철판(PSP)을 장선에 20cm 이하 걸침 • 상호 겹침 : 30cm 이상 • 널 사이 간격 : 3cm 이하로 비계장선에 고정

6) 외부 비계용 까치발(Bracket)

(1) 설치기준

구분	설치 위치 및 개소	비고
15층 이하	2개소(2, 9층)	• 까치발의 종류 • 벽용(측벽), 슬래브용 발코니 • 파라펫용, 방수턱용, 지지보수대
25층 이하	3개소 (2, 10, 18층)	현장감독원의 지시에 의해 위치 변경 및 설치수량을 증감하고 추후 설계 변경 처리

(2) 설치간격

수평방향 1.5~1.8m 이내

(3) 지지보수대

수직, 수평 5m 이내로 설치하고 구조체와 비계를 견고하고 안전하게 연결한다.

(4) 설치 시 주의사항

① 2층 바닥부터 설치하고 충분한 양생 후 설치한다.

② 측벽 까치발은 작업대 설치가 가능한 제품을 사용하고 까치발 고정을 위한 폼타이 구멍은 코킹 콤파운드 시공 후 시멘트 모르타르로 마감한다.

5. 워킹 덱(Working Deck)

1) 정의

작업의 안전성을 확보하기 위한 외부비계 대체공법으로 외부비계 설치로 인한 각종 문제점을 방지할 수 있는 가설공사의 일종이다.

2) Working Deck의 종류

① Parapet 형태 : 돌출부 양면에 브래킷을 이용하여 작업발판 설치

② Support 형태 : Support를 상하부에 고정시키고 Support를 이용하여 외부에 작업발판 설치

③ Sliding Form 형태 : Sliding Form에 설치되어 거푸집 작업, 내외부 콘크리트면 처리 작업 등에 사용

3) 특징

① 외부비계 생략으로 가설재 및 노무비 절감

② 조속한 상호 설치 및 내부작업으로 층별 마감 가능

③ 건물 주변 각종 매설작업 및 토목작업 가능

④ 위험부위별 부분 설치가 간편하여 작업 안전성 확보

⑤ 낙하물 방지망에 대한 충격이 가해질 때 파라펫 파손이 우려됨

⑥ 측벽 낙하물 방지망 설치 곤란

1. 구대(Over Bridge)

대지에 여유가 없는 경우에 적법한 절차를 거쳐서 인근 보도 위에 육교식으로 가설 건물을 설치하여 사용하는 것이다(관할 관청의 도로 사용허가가 필요하다).

2. 기준점

건축물 시공 시 기준위치를 정하는 원점으로 공사 중 높이나 위치의 기준을 정하고 자 설치하는 가설물을 말한다.

3. 소운반

공사장 내에서의 근거리 운반 또는 사용장소까지의 근거리 운반으로 수평거리 20m 이내의 거리를 소운반이라 하고, 높이 1m를 수평거리 6m의 비율로 본다.

4. 대운반

재료의 원거리 운반 또는 공사장 밖에서 공사현장까지의 운반을 말한다.

5. 커플러

파이프 비계의 두 부재를 직선으로 결속하는 연결철물이다.

6. 달비계

건물에 고정된 돌출보나 기타 앵커체에 밧줄이나 와이어로프 등으로 매달아 사용 하는 비계로 외부마감, 외벽 청소, 고층 건물의 유리 청소 등에 사용되며 곤돌라식 으로 상자 모양의 비계를 달아매는 식도 있다.

7. 가새

사각형으로 짠 뼈대에 대각선으로 빗대어 대는 경사부재로 수평력에 견디게 하고 안전한 구조로 하기 위한 목적으로 쓰이며 버팀대보다 강하다.

8. 스타디아 측량

망원경의 십자 교차선의 상하에 두 줄의 시거선(Stadia Line)이 있어 전방측정에 세 운 함척(Staff)의 시거표척의 눈금을 읽음으로써 거리를 구하는 측량방법이다.

9. 수준기(Spirit Level)

측량기계의 수평면을 얻는 데 사용되는 기포관을 가진 도구로 일종의 수평기라고 도 하며 수평을 맞추는 데 사용한다.

과년도 기출문제

01 가설공사 중 공통가설비 항목에 대하여 5개만 쓰시오. (5점)　　[90]

① _____
② _____
③ _____
④ _____
⑤ _____

❷ ① 가설운반로
② 가설울타리
③ 가설건물
④ 공사용 동력 급배수 설비
⑤ 공사용 임시 동력전등 설비

02 다음 설명이 가리키는 건축용어를 쓰시오. (4점)　　[92]

(1) 대지가 협소할 경우 적법한 절차를 따라 인근 보도의 상부에 설치하게 되는 현장사무소 등 구조물을 지칭하는 명칭은?　（　　　）
(2) 건축공사 중 건축물의 고저에 기준이 되도록 건축물 인근에 높이의 기준을 설치하는 표시물의 명칭은?　（　　　）

❷ (1) 구대
(2) 기준점

03 시멘트 창고 관리방법을 4가지 쓰시오. (4점)　　[08, 13]

① _____
② _____
③ _____
④ _____

❷ ① 주위에 배수도랑을 두고 누수를 방지한다.
② 바닥은 지반에서 30cm 이상의 높이로 한다.
③ 필요한 출입구 및 채광창 이외에 공기유통을 막기 위하여 될 수 있는 대로 개구부를 설치하지 않는다.
④ 반입, 반출구는 따로 두고 먼저 반입한 것을 먼저 쓴다.

04 다음은 시멘트 풍화작용에 대한 설명이다. （　　）안에 알맞은 말을 각각 써넣으시오. (3점)　　[10]

> 시멘트가 대기 중에서 수분을 흡수하여 수화작용으로 （　①　）(이)가 생기고 공기 중 （　②　）(을)를 흡수하여 （　③　）(을)를 생기게 하는 작용

① _____
② _____
③ _____

❷ ① 수산화석회($Ca(OH)_2$)
② 이산화탄소(CO_2)
③ 탄산석회($CaCO_3$)

05 건축공사에서 기준점(Bench Mark)의 설치위치 설정 시 고려사항을 2가지 쓰시오. (2점) [93]

① _____

② _____

➤ ① 공사 중에 높이의 기준을 삼고자 설치하며 2개소 이상을 설치한다.
② 이동의 염려가 없는 곳에 바라보기 좋고 공사에 지장이 없는 곳에 설치한다.

06 기준점(Bench Mark)의 정의 및 설치 시 주의사항을 3가지 쓰시오. (3점) [04, 07, 10, 11, 17, 18]

(1) 정의 : _____

(2) 주의사항 : ① _____

② _____

③ _____

➤ (1) 건축물 시공 시 기준위치를 정하는 원점으로 공사 중 높이의 기준을 정하고자 설치한다.
(2) ① 이동의 염려가 없는 곳에 설치한다.
② 2개소 이상 설치한다.
③ 지면에서 0.5~1.0m 정도 바라보기 좋고 공사에 지장이 없는 곳에 설치한다.

07 가설공사에 사용되는 수평규준틀 설치 목적을 2가지 쓰시오. (2점) [12, 15]

① _____

② _____

➤ ① 건물의 각부 위치 표기
② 건물의 높이, 기초너비, 길이 등을 정확하게 결정

08 강관비계를 수직·수평·경사방향으로 연결 또는 이음 고정할 때 사용하는 부속철물의 명칭을 3가지 쓰시오. (3점) [00, 07]

① _____

② _____

③ _____

➤ ① 고정형 클램프
② 회전형 클램프
③ 벽체 연결철물

09 강관 파이프 비계에 대한 다음 물음에 답하시오. (3점) [15]

(1) 수직·수평·경사방향으로 연결 또는 이음 고정시킬 때 사용하는 클램프의 종류 2가지 : ① _____

② _____

(2) 지반이 미끄러지지 않도록 지지하거나 잡아주는 비계기둥의 맨 아래에 설치하는 철물 : _____

➤ (1) ① 고정형 클램프
② 회전형 클램프
(2) Base Plate 철물(받침철물)

10 다음 용어를 설명하시오. (4점)

(1) 기준점 : _____

(2) 방호선반 : _____

(1) 건축물 시공 시 기준위치를 정하는 원점으로 공사 중 높이나 위치의 기준을 정하고자 설치하는 가설물이다.
(2) 주 출입구 및 리프트 출입구 상부 등에 설치하는 낙하방지 안전시설이다.

11 가설공사 중 Jack Support의 정의를 설명하고, 설치위치를 2군데 쓰시오. (4점)   [15]

(1) 정의 : _____

(2) 설치위치 : ① _____

② _____

(1) 공사 중 설계기준을 초과하는 과다 하중 또는 장비 사용 시 진동, 충격이 예상되는 부위에 임시로 보강하는 하부에 Jack을 장착한 대형 가설지주(Support)이다.
(2) ① 보의 중앙부
② 장비 진입 시 바닥판 하부

1. 지반공사

1) 흙의 성질

>>> **롬(Loam)토**
모래+실트+점토의 혼합토이다.

Tip
압밀량(압밀시간)
점토 > Silt > 모래

흙의 종류는 암반, 조약돌(역암), 호박돌, 이암, 모래, 진흙, 실트, 개흙, 부식토, 롬(Loam)토 등이 있으나 실제토량은 이들의 혼합물로 존재하고 있다.

구분	정의	특징
압밀 (Consolidation)	점토지반에서 하중을 가해 흙 속의 간극수를 제거하는 것을 말한다(하중을 받는 점토지반에서 물과 공기가 빠져나가 흙입자 간 간격이 좁아지는 것).	• 점토에서 발생 • 흙 속의 간극수 배제 • 장기 압밀 침하 • 침하량이 비교적 큼 • 소성 변형 발생
다짐 (Compaction)	사질지반에서 외력을 가해 공기를 제거하여 압축시키는 것을 말한다(밀도를 증가시키는 것). ※ 지지력 증가, 강도 증가	• 사질지반에서 발생 • 흙 속의 공극 제거 • 단기 침하 발생 • 흙의 역학적·물리적 성질 개선 • 탄성적 변형 발생

(1) 토질종류와 지반의 장기허용 응력도(흙의 지내력도)

▼ 지반의 허용응력도(1ton=10kN)

(단위 : kN/m²)

지반		장기허용 지내력도	단기허용 지내력도
경암반	화강암, 섬록암, 편마암, 안산암 등의 화성암 및 굳은 역암 등의 암반	4,000	통상 장기허용 지내력도의 2배로 본다(법규규정은 1.5배).
연암반	판암, 편암 등의 수성암의 암반	2,000	
	혈암, 토단반 등의 암반	1,000	
자갈		300(600)	
자갈과 모래와의 혼합물		200(500)	
모래 섞인 점토 또는 롬토		150(300)	
모래		100(400)	
점토		100(250)	

※ (   ) 안의 수치는 지반이 밀실한 경우

(2) 흙의 전단강도

① 전단강도는 기초의 극한 지지력을 파악할 수 있는 흙의 가장 중요한 역학적 성질이다. Mohr의 파괴 이론은 어떤 면 위에서 전단응력이 그 재료의 전단강도와 같아질 때 파괴가 일어나며 전단응력은 그 응력이 생기는 면에 작용하는 수직응력의 함수라고 정의하였다. 이러한 파괴 이론은 Colomb(쿨롱)이 흙에 쉽게 적용할 수 있도록 수정했으며 이 식은 전단강도를 나타내는 가장 기본이 되는 식이다.

$$\tau = C + \sigma \tan\phi$$

여기서, τ : 전단강도
C : 점착력
$\tan\phi$: 마찰계수
ϕ : 내부마찰각
σ : 파괴면에 수직인 힘

㉠ 점토인 경우 : 내부마찰각 $\phi \fallingdotseq 0$이므로 $\tau \fallingdotseq C$이다.

㉡ 모래인 경우 : 점착력 $C \fallingdotseq 0$이므로 $\tau \fallingdotseq \sigma \tan\phi$이다.

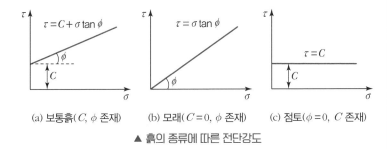

(a) 보통흙(C, ϕ 존재)   (b) 모래($C = 0$, ϕ 존재)   (c) 점토($\phi = 0$, C 존재)

▲ 흙의 종류에 따른 전단강도

② 흙의 전단강도시험(KS F 2343) : 전단강도와 내부마찰각, 접착력을 구하는 시험이다.

(3) 지중 응력의 분포도

① 기초의 저면과 접하는 지반에는 지내력(접지압)이 형성되고 이러한 설계용 지내력은 일반적으로 등분포상태로 가정한다.

② 토질과 기초의 강성에 따라 지중 응력의 분포도는 달라진다.

③ 지내력의 분포 각도는 기초면으로부터 $30°$ 이내로 제한한다.

(4) 투수성

어떤 재료를 변형 또는 파괴하지 않고 그 재료 속의 잔구멍이나 간극을 물이나 수증기가 투과할 수 있는 성질로 터파기 시 지반의 투수성은 배수공사에 중요한 영향을 주고 기초터파기에 있어서는 지하수 처리에 영향을 준다. 또한 점토지반의 투수성은 압밀침하를 지배한다.

≫ **전단강도**
흙에 관한 역학적 성질로서 기초의 극한 지지력을 알 수 있다. 따라서 기초의 하중이 흙의 전단강도 이상이 되면 흙은 붕괴되고 기초는 침하를 일으키며 그 이하가 되면 흙은 안정되고 기초는 지지된다.

Tip 👆
점착력(C)은 Vane Test에서 구하고, 마찰각(ϕ)은 표준관입시험에서 구한다.

≫ **내부마찰각(Angle of Internal Friction)**
흙 속에 작용하는 수직응력과의 관계를 나타내는 직선과 횡축이 이루는 각이다.

≫ **점착력**
흙 입자가 서로 접하여 부착하는 힘 또는 다른 두 개의 물체 분자가 서로 달라붙는 힘

Tip 👆
다르시의 법칙(Darcy's Law)
중력작용에 의한 물이 흙 속을 흐를 때 유량을 계산하는 가장 기본이 되는 식이다.
침투유량 = 투수계수×수두경사(기울기)×단면적

① 투수계수의 성질

    ㉠ 투수계수가 크면 침투유량이 크고 모래가 점토보다 침투유량이 크다.

    ㉡ 입자의 모양에 따른 투수계수는 모래의 경우 평균 알지름의 제곱에 비례한다.

    ㉢ 간극비가 클수록, 포화도가 클수록 증가한다.

    ㉣ 투수계수는 불교란 시료(자연상태의 시료)의 투수시험이나 양수시험 등으로 구한다.

    ㉤ 투수계수가 클수록 압밀량은 작아진다.

② 투수량

    시료의 길이에 반비례하고 단면적에 비례한다.

(5) **간극비(Void Ratio), 함수비(Moisture Content), 포화도, 함수율의 관계**

흙은 토립자와 간극으로 구성되며 간극은 물과 공기로 구성된다.

① 간극비 $= \dfrac{\text{간극의 용적}}{\text{순토립자의 용적}} = \dfrac{V_V}{V_S}$

② 공극률 $= \dfrac{\text{공극의 용적}}{\text{흙 전체의 용적}} \times 100(\%) = \dfrac{V_V}{V} \times 100(\%)$

③ 함수비 $= \dfrac{\text{물의 중량}}{\text{순토립자의 중량}} \times 100\%$

    $= \dfrac{\text{흙의 함수 중량}}{\text{흙의 전건 중량}} \times 100(\%) = \dfrac{W_W}{W_S} \times 100\%$

흙의 함수량 시험(KSF 2306)은 함수비로 표시한다.

함수량은 흙 속에 포함된 물의 중량을 나타낸 것으로 함수비로 표시하며 점토의 경우는 함수율의 감소에 의해 전단강도가 증대되어 지내력이 증가한다. 그러나 모래지반의 지내력은 함수량과 거의 무관하다.

    ㉠ 모래의 함수량 : 20~40%

    ㉡ 진흙의 함수량 : 200% 이상

④ 함수율 $= \dfrac{\text{물의 중량}}{\text{흙 전체의 중량}} \times 100\% = \dfrac{W_W}{W} \times 100\%$

⑤ 포화도$(S) = \dfrac{\text{물의 중량}}{\text{공극(간극)부분의 용적}} \times 100\% = \dfrac{V_W}{V_V} \times 100\%$

    ㉠ 건조한 흙은 포화도가 0이다.

    ㉡ $S = 100\%$: 토립자＋물인 경우

        $S = 100\% \rightarrow$ 포화도(수중 또는 지하수위 아래 흙)

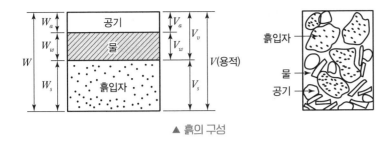

▲ 흙의 구성

(6) 흙의 압밀침하(Consolidation Settlement) 현상

① 점성토에서 구조물의 자중 또는 흙의 중량에 의하여 간극 내의 피압수가 빠져 흙의 입자 사이의 공극이 좁아지면서 침하되는 것을 말한다.

② **흙의 압밀시험(KSF 2316)** : 흙의 압축량과 압축속도를 구하는 시험이다.

③ **간극수압** : 흙의 간극 부분의 수압으로 압밀침하, 인공적인 압밀방법인 Well Point 공법, 샌드드레인 등과 관계가 깊으며 피에조미터(Piezometer)에 의해 측정할 수 있다. 토압은 토압계(Earth Pressure Meter)로 측정한다.

④ **침하의 종류**

탄성침하 (Elastic Settlement)	• 재하와 동시에 일어나며, 하중을 제거하면 원상회복 된다. • 사질지반은 압밀침하가 없으므로 탄성침하량을 전 침하량으로 본다.
압밀침하	점성토에서 탄성침하 후 장기간 일어나는 침하현상으로 1차 압밀침하라 하며, 하중을 제거하면 침하상태로 남는다.
2차 압밀침하 (Creep Consolidation Settlement)	압밀침하 완료 후 계속되는 침하현상으로 구조물 Crack 발생의 원인이 된다. Creep 압밀침하라고도 한다.

(7) 예민비(ST : Sensitivity Ratio)

① 강도는 전단강도를 말한다.

② **흙의 일축압축시험(KS F 2314)** : 흙의 압축강도와 예민비를 결정하는 시험이다.

③ 예민비가 4 이상이면 예민비가 크다고 한다(점토 : 4~10 정도, 모래 ≒ 1).

④ 모래의 예민비는 거의 1에 가깝다.

⑤ 진흙의 자연시료는 어느 정도 강도는 있으나 그 함수율을 변화시키지 않고 이기면 약하게 되는 성질이 있고 그 정도를 나타내는 것이 예민비이다.

⑥ 예민비 값이 클수록 공학적 성질이 약하다.

예민비

$$= \frac{\text{자연시료의 강도(천연시료의 강도)}}{\text{이긴 시료의 강도(흐트러진 시료의 강도)}}$$

(8) 애터버그 한계(Atterberg Limits) : 흙의 연경도 시험

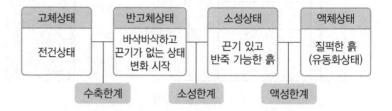

(9) 점토질과 사질지반 비교

비교항목	점토질	사질지반
투수계수	작다.	크다.
내부마찰각	작다.	크다.
전단강도	작다.	크다.
압밀속도	느리다.	빠르다.
가소성	있다.	없다.
불교란시료 채취	쉽다.	어렵다.
동결피해	크다.	작다.
점착성	있다.	없다.
함수량	200% 이상	20~30%

(10) **간극수압(공극수압)**

① 흙 속에 포함된 물에 의한 상향수압을 말한다. 간극수압은 지반의 강도를 저하시키며 물이 깊을수록 커진다.

② 흙의 유효응력은 전체응력에서 간극수압을 뺀 값을 말한다.

$$\bar{\sigma}(유효응력) = \sigma(전응력) - \upsilon(간극수압)$$

(11) **액상화(Liquefaction)**

① 사질토층에서 지진, 진동 등에 의해서 간극수압의 상승으로 유효응력이 감소하여 전단저항을 상실하여 액체와 같이 급격히 변형을 일으키는 현상이다.

② 흙의 유효응력($\bar{\sigma}$)을 상실할 때 발생하며 부동침하, 지반이동, 작은 건축물의 부상(浮上) 등이 발생한다.

(12) **샌드벌킹(Sand Bulking) 현상**

① 모래에 물이 흡수되어 체적이 팽창되는 현상이다.

② 물의 표면장력 때문에 발생하여 함수율 6~12%(10% 정도)에서 체적 팽창이 최대로 되고, 중량이 최소로 되며 체적변화는 모래의 함수율과 입자의 크기에 좌우된다.

2) 지반조사

(1) 지하탐사법

① 터파보기(Test Pit＝시험 파기)

    ㉠ 가장 간단하고 확실한 방법으로 직경 60～90cm, 깊이 1.5～ 3.0m, 간격 5～10m로 구덩이를 파서 생땅의 위치, 얕은 지층의 토질, 지하수를 조사한다.

    ㉡ 대지의 일부분을 시험 파기하여 그 지층의 상태를 보고 내력을 추정한다.

② 탐사간(Sounding Rod, 짚어보기)

    9mm 정도의 철봉을 땅속에 박아서 그 저항이나 울림, 침하력으로 생땅의 위치나 흙의 강도 등을 측정한다.

③ 물리적 지하탐사

    지반의 구성층을 판단하는 방법으로, 전기저항식, 강제진동식, 탄성파식이 있고, 전기저항식이 많이 쓰이며 건축공사에는 거의 사용하지 않는다.

(2) 보링(Boring)

지중에 철관을 꽂아 천공하여 지중의 토질의 분포, 토층의 구성, 지하수위의 측정 등을 필요에 의해서 행한다.

① 보링의 종류

오거 보링 (Auger Boring)	• Auger의 회전으로 시료를 채취한다. • 얕은 지반에 사용한다. • 시료교란의 결점이 있다. • 10m 정도는 Hand Auger로 하고 10m 이상은 기계 Auger를 사용한다.
수세식 보링 (Wash Boring)	• 연약한 지반에서 내관 끝에 충격을 주면서 물을 분사해서 파진 흙과 물을 같이 침전층에 침전시켜 지층의 토질을 판별한다. • 외관(Casing Pipe) 사용 혹은 이수를 사용하고 많이 쓰인다.
충격식 보링 (Percussion Boring)	와이어로프의 끝에 Bit(충격날)를 달고 60～70cm 상하로 움직여 낙하충격으로 토사암석을 파쇄 후 천공 Bailer로 퍼내고 Bentonite 이수를 사용한다.
회전식 보링 (Rotary Boring)	• 날을 회전시켜 천공한다. • 이수를 사용한다. • 4명이 1조로 작업하며 속도는 1일 3～5m 정도이다. • 10m 정도 굴착과 불교란시료 채취가 가능하다. • 가장 정확하다.

Tip

보링은 간단한 경우 기초폭의 1.5～2.0배, 보통깊이 20m 이상, 지지층 이상 30m 간격으로 3개소 이상 행한다.

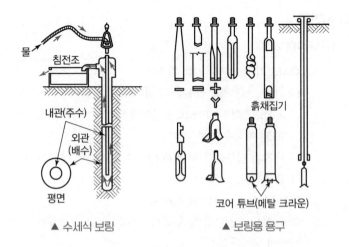

▲ 수세식 보링   ▲ 보링용 용구

② 보링 깊이

　㉠ 경미한 건축물 : 기초폭의 1.5~2배

　㉡ 일반 건축물 : 20m 이상이나 지지층 이상

(3) 샘플링(Sampling)

종류	특성	필요 구멍 지름	Sample Tube
불교란시료	흐트러지지 않은 시료(보링과 병용 채취)		
신월샘플링 (Thin Wall Sampling)	• 시료채취기의 튜브가 얇은 날로 된 것을 써서 시료를 채취한다. • 연약점토에 적당하다(N치 : 0~4). • 신뢰도가 높다.	85mm 이상	두께 : 1.1~ 1.3m (놋쇠 또는 강재)
컴포지트샘플링 (Composite Sampling)	• 샘플링 튜브의 살이 두꺼운 것을 쓰는 시료채취방법이다. • 다소 연한 점성토, 허술한 모래 • 다소 굳은 점토(N치 : 0~8)	85mm 이상	두께 : 1.3m (놋쇠 또는 Plastic)
덴션샘플링 (Dension Sampling)	• 경질 점토채취 용이 • 굳은 점토(N치 : 4~20)	100mm 이상	Thin Wall Sampling과 동일
포일샘플링 (Foil Sampling)	연약층(N치 : 0~4)에 연결된 시료 채취 용이	125mm 이상	두께 : 4.5mm (강재)

(4) 사운딩(Sounding)

① 개요

Sounding이란 Rod의 선단에 붙은 스크루 포인트를 회전시키면서 압입하거나 원추콘을 정적으로 압입하여 흙의 경도나 다짐상태를 조사하는 방법이다. 즉, 보링구멍을 이용하거나 직접 동적 또는 정적으로 시험기를 떨어뜨려 흙의 저항 및 그 위치의 흙의 물리적 성질을 측정하는 방법으로서 원위치시험이라고도 한다.

② 종류

사운딩의 종류는 다음과 같다.

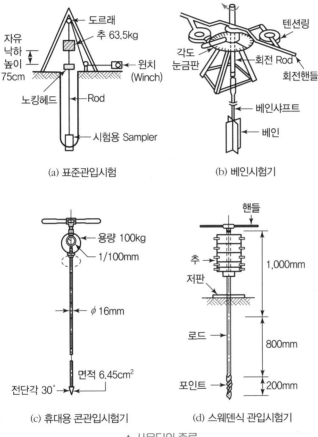

(a) 표준관입시험   (b) 베인시험기

(c) 휴대용 콘관입시험기   (d) 스웨덴식 관입시험기

▲ 사운딩의 종류

㉠ 표준관입시험(Standard Penetration Test)

사질토의 밀도 측정, 지내력 측정에 사용한다.

- 중량 63.5kg의 추를 75cm의 높이에서 자유낙하시켜 충격으로 표준관입시험용 샘플러를 30cm 관입시키는 데 필요한 타격횟수 N값을 구하는 것이다.
- 표준관입시험 순서 : Rod 선단에 표준관입시험용 샘플러를 부착 → Rod 상단에 중량 63.5kg의 추를 75cm의 높이에서 자

유낙하 → 표준관입시험용 샘플러를 지반에 30cm 관입 시 소요되는 타격횟수 N을 측정하여 밀도 판별

- N값은 사질토와 점토질이 다르게 적용되며 N값이 클수록 밀실한 토질이다.

Tip 👆

N값의 보정방법
- 토질에 따른 보정
- 상재압에 따른 보정
- Rod 길이에 따른 응력보정
- 해머낙하방법에 따른 에너지 보정

▲ 표준관입시험 N값에 의한 밀도 측정

모래질 지반	N값	점토지반	N값
밀실한 모래	30~50	매우 단단한 점토	30~50
중정도 모래	10~30	단단한 점토	15~30
느슨한 모래	5~10	비교적 경질 점토	8~15
아주 느슨한 모래	5 이하	중정도 점토	4~8
		무른 점토	2~4
		아주 무른 점토	0~2

ⓛ Vane Test
- 10cm 이내의 아주 연약한 점성토에서 보링구멍에 +자형 날개의 베인 테스터를 소요깊이까지 관입하고 회전시켰을 때 그 회전력에 의한 저항 모멘트로 점토의 전단력(점착력)을 판별하는 테스트이다.

$$S_u = \frac{M_{max}}{\left\{\dfrac{\pi D^2(3H+D)}{6}\right\}}$$

여기서, S_u : 점착력(kg/cm²)
M_{max} : 최대 휨모멘트
D : Vane의 지름(cm)
H : Vane의 높이(cm)

- Vane Test는 일축압축이나 삼축압축시험의 시료형성이 안 되는 연약한 점토에서 행한다.
- 깊이가 10cm 이상 되면 Rod의 되돌림으로 부정확하다.

ⓒ Cone 관입시험
- 원위치에서 콘을 정적으로 지반에 압입할 때의 관입저항에서 토질의 경연, 다짐상태 또는 구성을 판정하는 시험이다.
- 매우 밀실한 모래층, 자갈층, 호박돌층 등은 반력장치의 관계상 측정이 불가능하다.
- 매우 연약한 지반에서는 로드의 자중으로 침하하는 등의 이유로 측정이 불가능하다.

ⓔ 스웨덴식 사운딩

① 핸들
② 추(10kg×2.25kg×3)
③ 재하용 클램프(5kg)
④ 저판
⑤ 로트(ϕ19, 1,000mm)
⑥ 스크루 포인트용 로트(ϕ19, 800mm)
⑦ 스크루 포인트

▲ 스웨덴식 사운딩시험기

• 스크루 포인트를 로드의 선단에 설치하고 추의 재하에 의해 관입량을 측정하며 5~100kg의 추 무게와 회전력으로 관입저항을 측정한다.
• 토층의 경도, 다짐상태 또는 토층 구성을 판정하는 것이다.
• 자갈 이외의 대부분 지반에 적용하며 굳지 않은 점성토에 적합하다.
• 최대관입 심도는 25~30m 정도이다.

③ 특성

㉠ 기동성, 간편성
㉡ 기능 및 정도 저하
㉢ 이스키미터 : 연약점토에 적용하며 닫힌 상태로 시추공에 압입하고 인발 시 인발저항으로 전단강도를 측정한다.

(5) 토질시험(실내시험)

물리적 성질 판별시험	함수량시험, 투수시험, 입도시험, 비중시험, 연경도시험(액성한계, 소성한계, 수축한계시험)
역학적 성질 판별시험	다짐시험, 전단시험, 압밀시험, 일축압축시험, 삼축압축시험

① 직접전단시험 : 1면 전단, 2면 전단시험 등이 있고 사질, 점토지반의 점착력, 마찰력 구한다. 현장전단시험은 Vane Test가 있다.

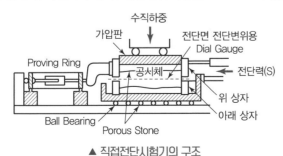

▲ 직접전단시험기의 구조

Tip 🖐

현장시험

① 현장시험은 현장에서 흙과 암의 특성을 확인하거나, 시험결과를 직접적으로 설계에 적용하기 위하여 실시한다.
② 현장시험 항목으로는 일반적으로 표준관입시험, 베인시험, 콘관입시험, 간극수압소산시험, 시추공전단시험, 공내재하시험, 투수수압시험 등이 있다(표준시방서 기준).

② **일축압축시험** : 단순압축시험이라고도 하며 점성토의 일축압축강도, 예민비, 탄성계수 등을 구한다.

③ **삼축압축시험** : 간접전단시험으로 자연상태와 비슷한 조건으로 시험한다. 배수 조건 변화에 따른 점착력, 마찰각, 간극수압 등을 측정한다.

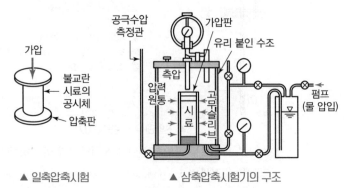

▲ 일축압축시험　　　　▲ 삼축압축시험기의 구조

(6) **지내력시험(Test of Bearing Power of Soil)**

재하시험이라고도 하며, 기초지반 저면에 직접 하중을 가하여 지반의 허용지내력을 구하는 시험이다.

① 직접지내력시험, 재하시험이며 시험은 예정기초 저면에서 행한다.

② 재하판은 300mm, 400mm, 750mm의 원형철판(두께 25mm)을 사용한다.

　※ 등가면적의 정사각형 철판 가능

③ 시험위치는 최소한 3개소에서 시험을 하여야 하며, 시험개소 사이의 거리는 최대 재하판지름의 5배 이상이어야 한다.

④ **하중(재하)** : 5회 이상으로 나누어 매회 재하하중을 1ton 이하 예정파괴하중의 1/5 이하로 하고, 침하정지까지 하며 5~30분 간격으로 침하량을 측정한다.

⑤ **침하정지** : 2시간에 0.1mm 이하일 때, 총침하량이 20mm 이하일 때

⑥ **총침하량** : 24시간 경과 후 침하의 증가가 0.1mm 이하가 될 때의 침하량

⑦ **장기하중에 대한 지내력** : 단기하중 지내력의 1/2, 총침하하중의 1/2, 침하정지 상태의 1/2, 파괴 시 하중의 1/3 중 작은 값으로 한다.

⑧ 하중방법에 따라 직접재하시험, Level 하중에 의한 시험, 적재물 사용에 의한 시험, 인발저항에 의한 평판재하시험 등이 있다.

⑨ **침하종료** : 시험하중이 허용하중의 3배 이상이거나 누적 침하가 재하판지름의 10%를 초과하는 경우로 한다(시험의 종료는 극한하중이 발생할 때로 정의).

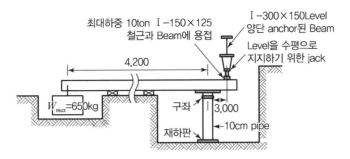

▲ Level 하중에 의한 지내력시험

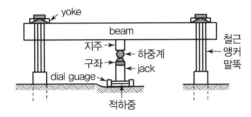

▲ 인발하중에 의한 지내력시험

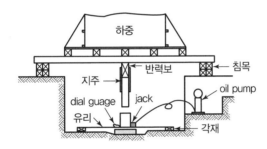

▲ 적재물 하중에 의한 지내력시험

(7) 토공사의 관련 계측기

　① 페네트로미터(Penetrometer) : 토질시험

　② 피에조미터(Piezometer) : 간극수압 측정

　③ 토압계(Earth Pressuremeter) : 토압 측정

　④ 스트레인 게이지(Strain Gauge) : 응력 측정

　⑤ 경사계(Inclinometer) : 지중흙막이벽 수평변위 측정

　⑥ 워터 레벨 미터(Water Level Meter) : 지하수위 측정

　⑦ 레벨 앤드 스태프(Level and Staff) : 지표면 침하 측정

　⑧ 다르시 로우 : 투수계수 파악

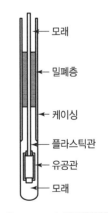

▲ Casagrande식 피에조미터

3) 지표수, 지하수가 지하공사에 끼치는 영향

(1) 지하수위 저하 시 영향

　① 인접지반 압밀침하 : 지하수 배수로 수위가 저하되면 인접지반에 침하가 발생한다.

② 인접우물 고갈 : 지하수 배수로 수위 저하 시 인접지역 우물이 고갈된다.

③ 인접구조물 부동침하
   ㉠ 인접구조물은 기초구조물, 인접건물
   ㉡ 지하수위 변화로 인접지반에 압밀침하가 발생되면 인접구조물에 부동침하가 발생한다.
   ㉢ 구조물 부동침하로 균열 발생 또는 붕괴 위험이 따른다.

④ 도로 침하, 단차, 균열 발생
   ㉠ 인접지반 침하로 도로 기층에 침하가 발생된다.
   ㉡ 도로의 단차나 포장의 균열이 발생된다.

⑤ 공공매설물 침하
   ㉠ 상하수도 배관 파손으로 누수되어 지반이 연약화된다.
   ㉡ 가스관, 전기통신 선로 등 단선의 위험이 뒤따른다.

(2) 지하수위 상승 시 영향

① Boiling 현상 : 지하굴착 시 사질지반에 수위차에 따른 흙막이 저면에 상향유수에 의해 Quick Sand를 동반한 Boiling 현상 발생
② Piping 현상 : 사질지반에서 토사를 동반한 누수현상으로 주변지반의 함몰현상이 초래된다.
③ 흙막이 측압 증대 : 흙막이 배면에 토압과 수압이 사용되므로 흙막이에 작용하는 측압이 증대된다.
④ 차수벽 시공 공사비 증대 : 지하수위가 높으면 굴착 시 안정성 확보를 위해 차수벽 시설비가 증대된다.

2. 흙파기

1) 토공사의 종류

(1) 터파기, 절토(Cutting) 시 주의사항

경사면의 Open Cut 시에는 사면의 안정성을 고려해야 한다.

① 절토면의 추정 안전 검토식(Open Cut)

종류	계산식	
사질토	$\phi = \sqrt{20N+15},\ C=0$	여기서, ϕ : 내부 마찰각 C : 점착력(t/m²)
점성질	$\phi = 0,\ C = \dfrac{q_v}{2}$	N : 표준관입시험의 N치 q_v : 흙의 일축압축강도(t/m²)

② 경사파기 : 흙입자 간의 응집력, 부착력을 무시한 채, 즉 마찰력만으로 중력에 대하여 정지하는 흙의 사면각도가 휴식각이며, 경사각은 휴식각의 2배이다.

Tip 👆
① 습윤상태인 모래의 휴식각 : 20~35°
② 습윤상태인 진흙의 휴식각 : 20~45°

③ 경사면이나 수직 터파기 시는 흙막이 파괴에 주의하고 붕괴 우려 시 경사면을 두거나 흙막이 처리한다.

　㉠ 1일 1인 흙파기량 : 3~5m²

　㉡ 삽으로 던지는 거리 : 수평은 2.5~3m, 수직은 1.5~2m

④ 터파기 시 흙의 부피증가율

종류	부피증가율(L)	C	평균 부피증가율	
경암	70~90%	1.3~1.5	암석	60%
연암	30~60%	1~1.3		
자갈 섞인 점토	35%	0.95	자갈+점토	35%
점토+모래+자갈	30%	0.9	보통흙	30%
점토	20~45%	0.9	점토	25%
모래, 자갈	15%	0.9	모래 또는 자갈	15%

(2) 성토

배수처리에 주의하고 1 : 4 이상의 급경사지는 단지어 파기를 하여 원지반과 밀착시킨다.

(3) 되메우기(Back Filling)

① 일반흙으로 되메우기를 할 경우 30cm마다 다짐밀도 95% 이상으로 다진다.

② 모래로 되메우기 할 경우는 물다짐을 실시한다.

③ 10~15cm 정도 여유가 있게 하고 장외로 잔토처리 한다.

④ 기초벽은 7일 이상 경과 후 되메우기 한다.

2) 흙파기 및 흙막이공법의 분류

모양에 의한 분류	흙파기 형식에 의한 분류		
① 구덩이파기 ② 줄파기 ③ 온통파기	Open Cut 공법	경사면(비탈진) Open cut 흙막이공법 : 자립식, 버팀대식 기타 : 어스앵커공법(타이백)	
	Island Cut 공법	Cantilever Cut 공법	
	Trench Cut 공법		
	Caisson 공법	Well 공법 Open Caisson 공법 Pneumatic Caisson 공법	

(1) Open Cut 공법

① 지반이 양호하고 여유가 있을 때 사용한다.

② 경사면 Open Cut, 흙막이 Open Cut 방식이 있다(자립공법, 단지어파기, 버팀대 공법, Tie Rod 앵커 공법 등).

(2) Island Cut 공법

① 정의

터파기 공사 시 건물 주위에 흙막이를 하고 주변부의 흙을 경사면으로 남기고 중앙 부분의 흙을 먼저 굴착하고 구조물의 기초를 축조한 다음 버팀대로 지지하여 주변부 흙을 굴착하여 주변부 기초를 축조, 지하 구조물을 완성하는 터파기 공법이다.

② 시공 순서

흙막이 설치 → 중앙부 굴착 → 중앙부 기초구조물 축조 → 버팀대 설치 → 주변 흙파기 → 지하구조물 완성

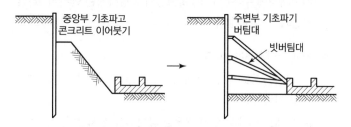

▲ Island Cut 공법

Trench Cut 공법

① 1차 굴착 시공 시

② 2차 굴착 시공 시

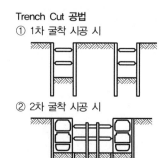

(3) Trench Cut 공법

① 정의

지반이 극히 연약하여 온통파기가 불가능할 때 혹은 히빙현상이 예상될 때 주변부를 먼저 시공하는 공법이다.

② 시공 순서

흙막이 설치 → 주변부 굴착 → 주변구조물 축조 → 버팀대 설치 → 중앙부 파기 → 지하구조물 완성

3. 흙막이공법

1) 흙막이벽에 작용하는 토압 분포

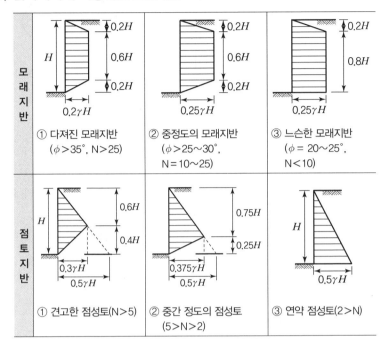

※ 모래지반 : Terzaghi – Peck의 제안
　점토지반 : Tscheboatarioff의 제안

모래지반	① 다져진 모래지반 ($\phi>35°$, N>25)	② 중정도의 모래지반 ($\phi>25\sim30°$, N=10~25)	③ 느슨한 모래지반 ($\phi=20\sim25°$, N<10)
점토지반	① 견고한 점성토(N>5)	② 중간 정도의 점성토 (5>N>2)	③ 연약 점성토(2>N)

(1) 흙막이 설계

널말뚝, 배면의 토압분포는 흙을 유체로 생각하여 토압이 기초파기에 비례하여 증대하는 것으로 하고 측압계수는 토질과 지하수위에 따라 변한다.

(2) 수평버팀대식 흙막이의 응력

널말뚝 AC에 작용하는 수동토압을 P_A, 밑동 넣기 CD에 작용하는 수동토압을 P_B, 버팀대에 작용하는 토압에 대한 반력을 R이라 하면 $R+P_B \geq P_A$가 되도록 널말뚝을 산정한다. 이론상으로 $a:b=2:1$일 때 M_C(최대 Moment)가 최소로 되어 버팀대는 흙파기 바닥면에서 1/3 위치에 설치하는 것이 가장 효과적이나 실제로 버팀대는 작업상 지장이 없는 곳에 설치한다. 간단한 흙막이인 경우는 $a:b:c=1:2:1$로 하고 AC가 10m 이상이면 CD는 2m 이상 필요하다.

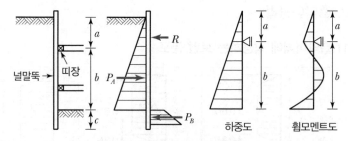

여기서, P_A : 주동토압, P_B : 수동토압, R : 흙막이벽 띠장의 반력

▲ 수평버팀대에 작용하는 응력

① 띠장은 휨모멘트를 받는 부재로서 버팀대와 버팀대 사이의 1/4 지점에서 이어 댄다.
② 주동토압 : 벽체 밖으로 변위가 생길 때의 토압으로 면을 따라 흙이 가라앉으며 연직응력이 최대가 된다.
③ 수동토압 : 벽체 안쪽에서의 변위로 흙이 면을 따라 부풀어 오르며 수평응력이 최대가 된다.

2) 간단한 흙막이

(1) 줄기초 흙막이

깊이 1.5m, 너비 1m 정도일 때 옆벽의 붕괴를 방지하기 위해서 널판, 띠장, 버팀대 등을 사용한다. 버팀대 간격은 1.5~2m 정도로 한다.

(2) 어미 말뚝식 흙막이

흙막이 널말뚝 대신 어미말뚝을 사용한다.

(3) 연결재 당겨매기식 흙막이

① 지반이 연약하여 버팀대로 지지하기 곤란한 넓은 대지에 사용한다.
② 당겨매기식 흙막이공법의 시공 순서 : 어미말뚝 → 널말뚝 → 말뚝 상부 띠장 → 로프 당겨매기 → 흙파기

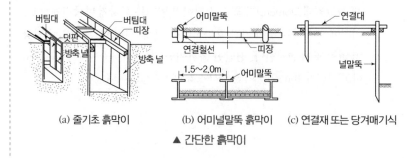

(a) 줄기초 흙막이   (b) 어미널말뚝 흙막이   (c) 연결재 또는 당겨매기식

▲ 간단한 흙막이

3) 버팀대식 흙막이

(1) 빗버팀대식

① 널말뚝에 빗버팀대를 설치하여 토압에 저항하는 것으로 줄파기와 규준띠장을 대고 널말뚝을 박고, 중앙부, 주변부의 흙을 판다.

② 빗버팀대식 흙막이공법의 시공 순서

줄파기 → 규준대 대기 → 널말뚝 박기 → 중앙부 흙파기 → 띠장 대기 → 버팀말뚝 및 버팀대 대기 → 갓둘레 흙파기

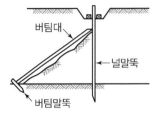
▲ 빗버팀대식

(2) 수평버팀대식

① 중앙부의 흙을 파고 중간 지주말뚝을 박아서 수평으로 띠장 및 버팀대를 대는 것이다.

② 시공 순서

줄파기 → 규준대 대기 → 널말뚝 박기 → 흙파기 → 받침기둥 박기 → 띠장, 버팀대 대기 → 중앙부 흙파기 → 갓둘레 흙파기

③ 부재별 위치 : 버팀대의 위치는 $H/3$, 띠장의 이음 위치는 $l/4$

④ 중앙부는 $1/100 \sim 1/200$ 정도 약간 처지게 설치한다.

⑤ 가장 일반적인 공법이다.

⑥ 깊이 $1.2 \sim 1.6$m, 장변이 50m 정도의 건물에 사용한다.

⑦ 간단한 경우 $\Rightarrow a : b : c = 1 : 2 : 1$

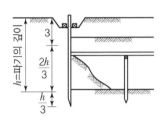
▲ 수평버팀대식

4) 널말뚝에 의한 흙막이공법

(1) 목제널말뚝(어미말뚝식 : Guide Pile)

재료	낙엽송, 소나무 등 생나무 사용
사용 깊이	높이 4m까지 사용, 4m 이상은 철제널말뚝 사용
두께	$t \geq l/60$ 또는 5cm 이상, 너비 : $b \leq 3t$ 또는 25cm 이하

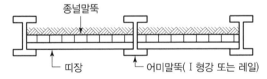
(a) 종널말뚝

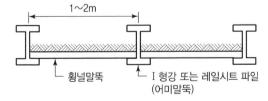
(b) 횡널말뚝

▲ 목제널말뚝

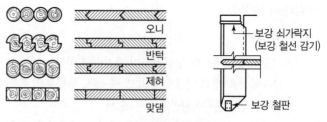

▲ 목제널말뚝의 종류

(2) 철근 콘크리트 기성재널말뚝(Precast Concrete Sheet Pile)

① 길이 3～7m, 너비 40～50cm, 두께 5～15cm의 여러 종류가 있다.

② 길이 8m, 너비 50cm, 두께 20～30cm로 단면의 속이 빈 것도 있다.

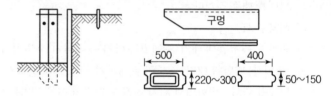

▲ 철근 콘크리트 기성재널말뚝

(3) 철제널말뚝(Steel Sheet Pile)

용수가 많고, 토압이 크며, 기초가 깊을 때(4m 이상) 사용한다. 라르센식을 많이 사용한다.

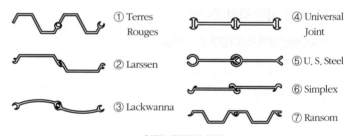

① Terres Rouges ④ Universal Joint
② Larssen ⑤ U. S. Steel
③ Lackwanna ⑥ Simplex
⑦ Ransom

▲ 철제널말뚝의 종류

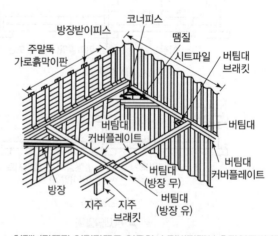

▲ 철제널말뚝과 어미말뚝을 이용한 수평버팀대식 흙막이공법 예

① 장점

  ㉠ 용수가 많고, 토압이 크며, 기초가 깊을 때 사용한다.

  ㉡ 이음 부분이 물려서 물이 새지 않는다.

  ㉢ 경질지반에도 타입이 가능하다.

② 단점

  ㉠ 벽체의 강성이 작아 변형이 크다.

  ㉡ 흙막이벽 배면의 영향이 크다.

  ㉢ 소음 및 진동이 크다.

(4) 널말뚝 흙막이의 붕괴원인

널말뚝을 산정할 때 토압과 Heaving, Boiling, Piping 등을 고려해야한다.

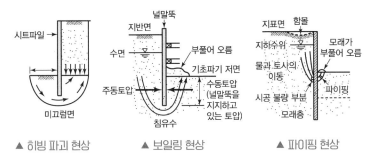

▲ 히빙 파괴 현상　　　　▲ 보일링 현상　　　　▲ 파이핑 현상

Tip 👆

흙막이 오픈 컷 시공 시 인접건물의 지반침하 원인

① 히빙 현상에 의한 침하

② 파이핑 현상에 의한 침하

③ 지하 수위 변경에 의한 보일링 현상으로 인한 침하

④ 버팀대 강도 부족으로 널말뚝, I형강 등이 안쪽으로 기울어짐

⑤ 흙막이 뒤채움이 불량할 경우

⑥ 진동으로 인한 흙의 침하

① 히빙 파괴(Heaving Failure) 현상

  ㉠ 정의

    하부지반이 연약한 경우 흙파기 저면선(底面線)에 대하여 흙막이 바깥에 있는 흙의 중량과 지표면 재하중을 이기지 못하고 흙이 붕괴되어 흙막이 바깥 흙이 안으로 밀려들어와 볼록하게 되는 현상이다.

  ㉡ 방지법

    • 굴착저면의 지반을 개량해서 하부지반의 강도를 증가시킨다.

    • 강성이 큰 흙막이벽을 설치하고 양질의 지반 내에 밑동 넣기(근입장)를 충분히 한다.

    • 바닥파기를 전면 굴착하지 말고 부분 굴착에 의해 지하구조체를 시공할 것, 즉 흙파기 시 Island 공법을 채택한다.

② 보일링, 분사현상(Boiling of Sand, Quick Sand)

  ㉠ 정의

    흙막이 저면의 투수성이 좋은 사질지반에서 지하수가 얕게 있거나 상승하는 피압수로 인해 모래입자가 부력을 받아 떠올라 저면 모래지반의 지지력이 급격히 없어지는 현상이다.

> ≫ 피압수
> 지형과 지반의 상태에 따라 지하수가 정수압보다 높은 압력을 갖는 것이다.

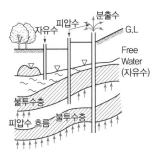

▲ 피압수와 자유수

ⓛ 방지법
- 웰포인트 공법 등으로 지하수위를 저하시킨다.
- 지반 개량을 한다.
- 수밀성의 흙막이를 불투수성 점토질 지층까지 밑동 넣기(근입장)를 충분히 한다.

③ Piping 현상
㉠ 정의

Boiling 현상으로 흙이 유속에 씻겨 나가면 물의 통로(유로)가 짧아져서 동수경사가 커지므로 물이 흐르는 방향으로 통로가 만들어진다. 이와 같이 지반 내에 물의 통로가 생기면서 흙이 세굴되어 가는 과정을 Piping이라고 하며 흙막이벽의 부실공사로 뚫린 구멍이 원인이 되고 때로는 Boiling 현상으로도 나타나며 흙이 세굴되어 지지력이 없어진다.

㉡ 방지법
- 흙막이벽 주변을 그라우팅한다.
- 지하수위를 낮춘다.
- 흙막이벽의 수밀성을 높인다.

④ Heaving 현상과 Quick Sand 현상 방지법
㉠ 강성이 높은 흙막이벽을 양질의 지반 내에 깊숙이 박음(밑동 넣기를 깊게 한다)
㉡ 지반개량 공법으로 보강
㉢ 토질 치환
㉣ 지반 내 말뚝 박기
㉤ 흙파기 시 Island 공법 채택
㉥ 흙막이 재시공

(5) **흙막이공사 시 주의사항**
① 구조물의 종류, 지반여건, 토압에 따른 구조안전 등을 고려하여 적당한 공법과 재료를 택한다.
② 널말뚝은 적당한 항타기를 사용하여 한 장, 두 장씩 박고 수직으로 박는다.
③ 널말뚝은 바닥면에서 깊게 박히게 하고 웰포인트 공법 등으로 지하수위를 낮춘다.
④ 널말뚝 끝에 용수에 의한 유출을 방지하고 흙포대 등으로 박는다.
⑤ 버팀대 설치는 작업 편의상 1.5m 이상의 높이에 위치시키고 깊이가 깊은 곳은 버팀대를 2단 이상 설치하고 가새, 귀잡이 등으로 보강한다.

⑥ 수평버팀대 설치 시는 경사 1/100∼1/200 정도로 중앙이 약간 처지게 설치하고 버팀대 관통 부분은 완전히 콘크리트로 충전한다.

⑦ 흙막이공사 시 인접가옥에 대한 기초보강으로 언더피닝 공법을 병용한다.

5) 기타 흙막이공법

(1) Earth Anchor 공법(Tie－Rod 공법)

① 특징

ㄱ 좌우 토압이 불균형하여 Strut 공법(버팀대 공법)이 불가능할 때 사용한다.

ㄴ 굴착부지 내에 작업공간 확보가 필요한 경우에 채용된다.

ㄷ 부분굴착 시공이 가능하고 공구분할이 용이하다.

ㄹ 굴착 시 작업공간이 작고 공기단축이 가능하다.

ㅁ 주변대지 사용에 의한 민원인의 동의가 필요하다.

ㅂ 어스앵커 정착장 부위의 토질이 불확실한 경우는 위험하다.

ㅅ 지하수위가 높은 경우는 시공 중 지하수위 저하의 우려가 있다.

ㅇ 작업공간을 넓게 활용할 수 있다.

ㅈ 경사지, 부정형의 평면에도 시공이 가능하다.

ㅊ 인접대지의 매설물에 주의를 요한다.

② 설치 간격

ㄱ 어미말뚝 : 간격은 1.5m 표준, 구조물과의 간격은 50cm 이상, 관입깊이는 최소 1.5m 이상

ㄴ 띠장 : 수직거리 3m마다 설치, 어미말뚝 머리에서 1m 이내에 제1띠장 설치

ㄷ 앵커 : 상하좌우 간격 1.5∼2m 이상

ㄹ Tie－Rod로 지지하는 흙파기 깊이 한도는 6m 이내

③ 앵커의 종류 및 지지방식

ㄱ 영구앵커(Rock Anchor) : 25MPa

ㄴ 가설앵커 : 15MPa

ㄷ 지지방식

지지방식	앵커형태	특성
마찰형 앵커방식		Earth Anchor와 흙과의 전단저항을 저하시키지 않도록 Grouting재를 주입하여 앵커체와 흙의 접촉면의 지내력을 유지시킬 수 있도록 하는 방식이다.
지압형 앵커방식		Anchor체의 끝부분에 구멍을 크게 뚫어 철판재료 등을 덧대어 흙의 내력저항을 크게 하여 지지시키는 방식이다.

≫ 언더피닝 공법
지하굴착시 인접건물의 기초를 보강해주는 방법(공법)의 총칭

≫ 어스앵커 공법
버팀대 대신 흙막이면의 배면을 Earth Drill로 천공한 후 인장재와 모르타르를 주입하여 경화시킨 후 강재의 인장력에 의해서 토압을 지지하게 하는 흙막이공법이다.

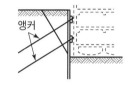

▲ Earth Anchor Tie Back 공법

Tip 👆

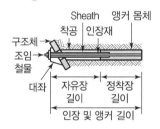

▲ 어스앵커의 구조

지지방식	앵커형태	특성
복합형 앵커방식		마찰형 앵커방식과 지압형 앵커방식을 상호 조합한 방식으로 마찰저항과 지압 저항이 반드시 일치하지는 않으므로 사용 시 주의해야 한다.

④ 작업 순서

어미말뚝 설치 → 흙파기 → 토류판 설치 → 어스앵커 드릴로 구멍 천공 → PC 케이블 삽입 후 그라우팅 → 띠장 설치 → 앵커 긴장 및 정착

(2) Top Down 공법(역타공법)

① 장점

㉠ 저소음, 저진동 공법이다.

㉡ 근접시공이 가능하다.

㉢ 1층 바닥을 먼저 시공하므로 작업장으로 활용 가능하다.

㉣ 지하와 지상을 동시 작업함으로써 공기가 단축된다.

㉤ 흙막이의 안전성이 높다.

㉥ 주변지반에 악영향을 주지 않는다.

㉦ 평면형상에 관계없이 가능하다.

② 공법의 분류

㉠ 완전역타공법 : 지하 기둥과 보를 먼저 축조 후 1층 바닥 설치 → 지하, 지상 구조물 축조

㉡ 부분역타공법 : 바닥 슬래브 축조 후 시공

㉢ Beam Girder 역타 : 바닥 슬래브를 Strut으로 대신하고 지하철골 구조물을 시공하여 지하 연속벽을 굴착하여 축조해 나가는 방법

㉣ Slurry Wall이 없는 심초공법에 의한 역타공법(어스드릴, 베노토, RCD 등)

③ 시공 순서 : 연속벽시공 → 심초굴착 → 철골기둥 및 1층 철골보 세우기 → 1층 바닥 콘크리트 타설 → 지하 1층 부분굴착 및 철골보 시공 → 지하 1층 바닥 콘크리트 타설 → 지하 2층 부분굴착 및 철골보 시공 → 지하 2층 바닥 콘크리트 타설

6) 지하연속벽 공법

(1) CIP(Cast in Place Pile) 공법

회전식 보링기로 지반을 굴착한 후 공내에 조립된 철근 및 조골재를 채우고 모르타르를 주입하여 현지조성 Pile을 시공하는 공법이다. 공벽 보호를 위해 안정액(이수액)을 사용한다.

≫ 톱다운 공법
지하연속벽(Slurry Wall)에 의해서 외부 옹벽을 먼저 시공한 후 지하층과 지상층을 동시에 작업하는 방식이다.

Tip 👆
CIP 시공 순서
지반천공 → 철근조립 후 공내 삽입 → Mortar 주입용 파이프 설치 → 자갈 다져넣기(충전) → 파이프를 인발하면서 모르타르 주입 완성

(2) PIP(Packed in Place Pile) 공법

스크루 오거(Screw Auger)를 지중에 회전 삽입한 후 오거 중심관 선단을 통해 모르타르나 콘크리트를 주입하여 현지조성 Pile을 시공하는 공법이다. 철근 및 형강을 사용할 경우 주입 완료 후에 철근 및 형강을 압입하여 시공한다.

(3) SCW(Soil Cement Wall) 공법

MIP(Mixed in Place Pile) 공법이라고도 하며 굴착한 구멍 및 주위의 자연토질을 시멘트 밀크로 혼합(Soil Concrete화)하여 철근을 압입 · 시공하는 공법이다.

① 시공방법 : 연속축조방식, 엘리먼트방식, 선행방식 등이 있다.

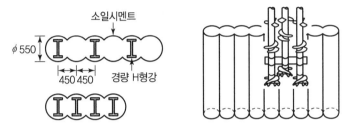

소일시멘트
ϕ 550
450 450
경량 H형강

▲ SCW 공법으로 주열벽 형성

② Slurry Wall과 SCW 비교

Slurry Wall	SCW
㉠ 인접건물에 근접시공이 가능하다.	㉠ Slurry Wall의 ㉠, ㉡, ㉤과 동일하다.
㉡ 무소음, 무진동 공법, 차수성이 높다.	㉡ 일축압축강도가 다른 공법에 비해
㉢ 벽체강성이 높아 본구조체로 사용	강하다.
가능하다.	• 점성토 : 1~20kg/cm²
㉣ 지반조건에 좌우되지 않는다.	• 사질토 : 20~80kg/cm²
㉤ 임의의 형상 치수, 깊이가 가능하다.	• 모래, 자갈 : 60~120kg/cm²
㉥ 장비가 고가이다.	㉢ 벽체 보강법에 따라 다목적 이용이
㉦ 기계, 부대설비 대형, 소규모 현장의	가능하다.
시공이 불가능하다.	㉣ 자체 토류벽 이용이 가능하다.
㉧ 고도의 기술, 경험이 필요하다.	㉤ 이동이 빠르고 작업능률이 좋다.
㉨ 품질관리 유의, 수평연속성이 부족	㉥ 공기 단축이 가능하다.
하다.	

③ 지하연속벽 공법(SCW)의 장점

㉠ 저소음, 저진동이다.

㉡ 벽체의 강성이 높고 차수성이 우수하다.

㉢ 임의 치수, 형상 선택이 자유로워 자유로운 벽체의 설계가 가능하다.

㉣ 지반 조건에 좌우되지 않고 여러 종류의 지반에 적용이 가능하다.

㉤ 공기 단축이 가능하다.

안정액

벤토나이트는 일종의 점토광물이며 최소 65%의 몬모릴로나이트(Montmorillonite)를 함유하고 벤토나이트의 현탁액을 3~8% 정도 함유하고 있는 것으로 그 요구조건은 다음과 같다.
① 굴착흙벽을 지지할 수 있는 충분한 비중을 갖고 있을 것
② 현탁액으로 굴착토사를 굴착공 바닥으로부터 운반할 만한 충분한 점성을 갖고 있을 것
③ 안정액은 굴착토사를 토사분리장치에서 분리할 수 있을 정도의 점성이 있을 것
④ 안정액은 타설된 콘크리트의 품질에 영향을 주지 않을 것

벤토나이트 용액

이수, 현탁액, 팽창진흙이라고도 하며 주성분은 점토, 광물질, 몬모릴로나이트로 구성되어 있고 Slurry Wall이나 제자리 콘크리트 파일 등에 굴착된 공벽 붕괴를 방지하고 지하수위 유입을 차단할 목적으로 사용한다.

트레미관(Tremie Pipe)

수중 콘크리트 타설 시 콘크리트가 물과 접촉하지 않도록 하면서 콘크리트를 타설하는 데 이용되는 특수관으로, 철관으로 되어 그 상부에 깔때기가 달리고 밑에는 철판 밑바닥을 끼우고 콘크리트를 채워서 철관을 조금 들면 바닥에 빠져버리게 되어 콘크리트가 밑으로 흐르게 되는 기구이다. 종류에는 밑뚜껑식, 플런저식, 개폐문식 등이 있다.

슬라임(Slime)

현탁액에 혼입된 흙 부스러기나 현탁액 입자가 결합된 것이 구멍바닥에 가라앉은 퇴적물의 덩어리진 점착성 찌꺼기로, 콘크리트 부착을 저해하므로 제거한다.

(4) 격막벽(Slurry Wall) 공법

흙막이벽, 차수벽, 외주벽의 목적으로 벤토나이트 슬러리의 안정액을 사용하여 지반을 굴착하고 철근망을 삽입한 후 콘크리트를 타설하여 지중에 철근 콘크리트 연속벽체를 형성하는 공법이다.

① 시공 순서

　㉠ Guide Wall 설치 : 표토의 붕괴 방지, 굴착 시 규준대 역할
　㉡ 굴삭 및 안정액 투입 : 클램셸로 굴착, 벤토나이트 투입, 공벽보호
　㉢ Descending : 굴삭 완료 후 안정액을 Descender에 보내 Slime 제거
　㉣ Interlocking Box 설치 : Panel의 이탈방지, 일체화, 지수효과
　㉤ 철근 조립 및 설치 : Descending 완료 후 Trench 내에 설치
　㉥ 콘크리트 타설 : Slime 제거 후 3시간 이내 완료, 트레미관으로 타설
　㉦ Interlocking Box 제거 : 초기 경화 시까지 4~5시간 내에 완전 제거

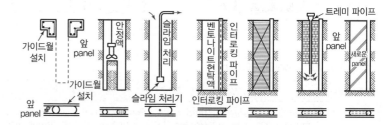

▲ 슬러리월 공법의 시공 순서

② 안정액(Bentonite)과 Descending

　㉠ 안정액 사용목적과 기능
　　• 굴착면의 붕괴 방지(물을 함유하면 6~8배 체적 팽창)
　　• 굴착토량 지상방출 기능
　　• 굴착부의 마찰저항 감소
　　• 물 유입방지, 지수효과
　　• 안정액 속에 Slime 부유물 배제효과
　㉡ Descending의 효과
　　• 모래 흡입에 따른 Slime 발생 제거
　　• 콘크리트 치환능력 저하 방지
　　• 안정액 재사용
　㉢ 방법
　　• Tremie 병용의 Suction Pump 방식
　　• Air Lift 방식
　　• Sand Pump 방식(Jet수 방식)

(5) ICOS Pile(주열식 지하연속벽) 공법

≫ 주열식 지하연속벽 공법
하나의 제자리 콘크리트 말뚝을 주열식
으로 나열하여 지하연속벽으로 구성한
것으로 어미말뚝식 흙막이의 대용공법
이다.

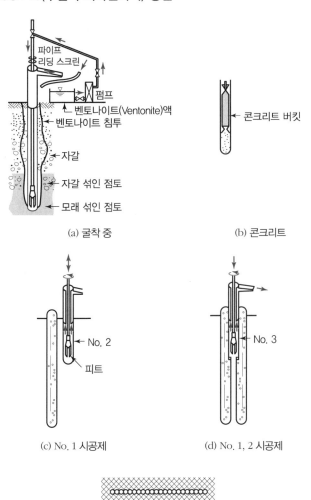

(a) 굴착 중   (b) 콘크리트

(c) No. 1 시공제   (d) No. 1, 2 시공제

(e) 시공 순서도 그림과 같이 하여 벽체를 만든다.

▲ ICOS 공법

① 시공 순서

    ㉠ 말뚝을 하나 걸러서 뚫는다.

    ㉡ 콘크리트를 부어 넣는다.

    ㉢ 말뚝과 말뚝 사이에 다음 구멍을 뚫는다.

    ㉣ 다음 구멍에 콘크리트를 부어 넣는다.

    ㉤ 말뚝과 말뚝 사이의 공극은 시멘트나 Soil Grouting으로 메운다.

② 특징

    ㉠ 종래의 타격말뚝에 비해 무소음, 무진동 공법이다.

    ㉡ 지수성이 있고 흙막이 강성이 높으므로 주변 침하 등의 악영향
       이 적다.

    ㉢ 단일말뚝의 배열로서 신속한 시공이 가능하다.

ⓡ 지하연속벽에 비해 가격이 저렴하다.

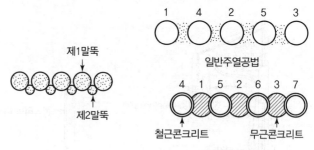

▲ ICOS 공법 시공 순서

7) 흙막이의 계측관리(Monitoring System)

(1) 계측관리의 필요성

예측치와 실제 거동치가 불일치하므로 정확한 계측관리를 하여 실제와 설계의 차이를 조기에 발견하여 문제점을 해결하고 안전하고 정밀한 시공을 하며, 민원발생 시 정보확보를 한다는 의미가 있다. 정보화시공 계측관리(Real Time Construction Control System)라고도 한다.

(2) 계측관리 항목과 측정기기의 종류

※ Transit : 이동 측정

① 인접구조물의 기울기 측정 : Tilt Meter(경사계), Level & Transit
② 인접구조물의 균열 측정 : Crack Gauge(균열측정기)
③ 지중수평변위 계측 : Inclinometer(경사계)
   지반이나 흙막이 구조물의 경사 측정
④ 지중수직변위 계측 : Extension Meter(지중침하계)
⑤ 지하수위 계측 : Water Level Meter(지하수위계)
⑥ 간극수압 계측 : Piezometer(간극수압계)
⑦ 흙막이벽, 버팀대(Strut)의 하중 측정 : Load Cell(하중계)
   토질시험, 현장계측의 실하중 측정
⑧ 버팀대(Strut)의 응력, 변형 계측 : Strain Gauge(변형계, 변형률계)
   지중 콘크리트 벽체나 어미말뚝에 부착하여 응력에 따른 변형 측정
⑨ 토압 측정 : Soil Pressure Gauge(토압계)
⑩ 지표면 침하 · 융기 측정 : Level & Staff
⑪ 소음 측정 : Sound Level Meter
⑫ 진동 측정 : Vibrometer

4. 배수공법

1) 차수공법과 배수공법의 분류

(1) 물리적 방법

① 강제널말뚝(Steel Sheet Pile)

② 지하연속벽

㉠ 주열식 : ICOS 공법

㉡ 연속벽식 : Slurry Wall, Soil Cement Wall

③ 동결공법

(2) 화학적 방법

① Bentonite 주입공법

② 시멘트 주입공법

③ 약액 주입공법

(3) 중력배수공법

① Sump Pit법   ② Siemens Well

(4) 강제배수공법

① Well Point 공법   ② 진공식 Siemens Well

(5) 전기침투법

땅속에 전기를 통하여 물을 전류와 함께 이동시키는 공법

(6) 특수공법 : 동결 공법

Tip

차수성이 큰 공법 순서
Slurry Wall > Steel Sheet Pile > H-Pile+토류판 공법(차수 시 Grouting 보강 요망)

2) 각 배수공법의 분류

① 집수정법(Sump Pit)

㉠ 깊은 집수통 설치 후 지하수가 고이면 원심펌프, 수중펌프로 배수한다.

㉡ 간단하고 경제적이다.

㉢ 자갈, 모래층에 적용하고 2~4m 깊이에 설치한다.

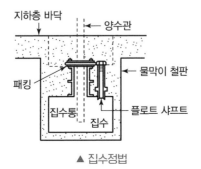

▲ 집수정법

② 깊은 우물 공법(Deep Well, Siemens Well)

　㉠ 투수계수가 큰 사질지반에 사용한다.

　㉡ 터파기 내부에 7m 이상의 Sand Filter가 있는 우물을 파고 스트레이너를 부착한 Pipe를 삽입하여 수중펌프로 양수하는 공법이다.

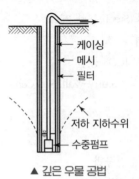

▲ 깊은 우물 공법

③ Well Point 공법

　㉠ 지름 50～70mm의 관을 1～2m 간격으로 박고 수평흡상관에 연결하여 배수한다.

　㉡ 1단 설치 시 수위는 5～7m 정도를 낮출 수 있다.

　㉢ 깊은 지하수는 다단식으로 설치 배수한다.

　㉣ 사질지반에서만 사용한다.

　㉤ 주변대지의 압밀침하 우려가 있다.

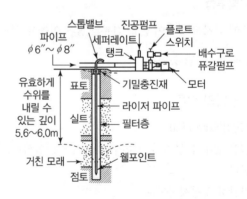

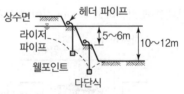

▲ Well Point 공법

④ 진공식 Siemens Well 공법 : Well Point 공법과 Siemens Well을 병용하여 진공펌프로 강제 배수하는 방법이다.

3) 배수펌프의 종류

① 회전식 펌프
- ㉠ 센트리퓨갈 펌프(Centrifugal Pump) : 10m 정도의 저양정 원심펌프
- ㉡ Turbine Pump : 10~90m 정도 양정
- ㉢ Borehole Pump : 심정용 대형 Pump

② 왕복식 펌프
- ㉠ Piston Pump : 피스톤 운동으로 양수
- ㉡ Diaphram Pump : 소규모 공사, 저양정, 모래 섞인 물 배수

5. 지반개량공법

1) 지반개량 목적

① 기초의 지정
② 땅파기 공사의 안정성 확보
③ 말뚝의 가로 저항력 증가
④ 건물의 부동침하 방지
⑤ 액상화 방지
⑥ 지반의 전단강도 개선
⑦ 기설치된 구조물에 대한 영향 방지

2) 점토질지반의 개량공법

① 치환공법 : 1~3m 정도의 박층을 사질토로 치환(굴착, 활동, 폭파치환법)

▲ 치환공법

- ㉠ 기초바닥면이 되는 곳에서부터 지지층까지의 깊이(h)가 비교적 얕은 경우에 한다.
- ㉡ 바닥전반에 있어서 필요한 연약지반을 굴착 배토한다.
- ㉢ 굴착부분에 양질토를 되메워서 기초지반의 지지층으로 한다.

② 재하공법
- ㉠ Pre Loading(선행재하) : 사전 재하하여 미리 압밀침하
- ㉡ Sur-Charge(과재하중, 압성토공법) : 도로포장 등 계획높이 이상 성토

ⓒ 사면선단재하 : 비탈면의 계획길이 이상 성토 후 절단

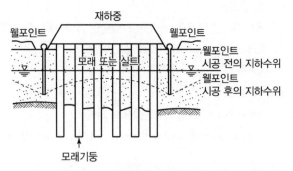

지하수위를 저하시켜 부력분만큼 유효응력을 증가시키는 공법

(a) 성토 · 웰포인트 병용공법

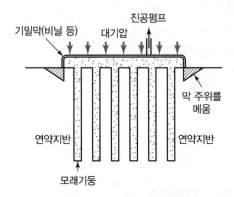

수압을 기압 이하로 낮추어 부력분만큼 유효응력을 증가시키는 공법

(b) 대기압 재하공법

▲ 재하공법

③ Sand Drain 공법 : 점토질지반의 대표적인 탈수공법으로 지반에 지름 40~60cm 정도의 구멍을 뚫고 모래를 넣은 후 성토 및 기타 하중을 가하여 점토질 지반을 압밀함으로써 탈수하는 공법이다. 연약한 점토 지반에 모래말뚝을 설치하여 배수 거리를 감소시켜 압밀을 촉진한다.

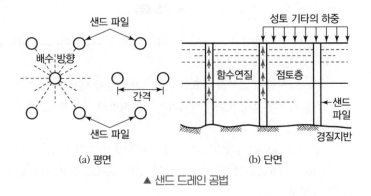

(a) 평면   (b) 단면

▲ 샌드 드레인 공법

⊙ Sand Drain Vaccum 공법 : Sand Pile에 하중을 가하는 형식은 보통 성토하지만 진공 Mat를 이용해 탈수를 촉진한다.

ⓛ Bag Drain : 모래를 망대(網垈)에 담아 밀실한 말뚝을 형성한다.
- 지름 40~60cm의 철관을 박는다.
- 철관 속에 모래를 넣어 모래말뚝을 형성한다.
- 지표면에 하중을 가한다.
- 수분을 모래말뚝을 통해서 탈수시킨다.

④ Paper Drain(Plastic Drain) : 모래 대신 합성수지로 된 Card Board를 박아 압밀해 배수를 촉진한다.

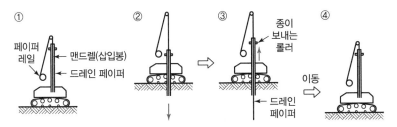

▲ 페이퍼 드레인 공법의 시공 순서

⊙ 시공속도가 빠르고 배수효과가 양호하다.
ⓛ Drain 단면이 방향, 깊이에 대해서 일정하다.
ⓒ 타설 본수가 많다(Sand Drain의 2~3배).
ⓔ 주변지반을 교란시키지 않는다.
ⓜ 공사비가 싸고 장기사용 시 배수효과가 감소한다(열화현상).

⑤ 생석회 공법(화학적 공법)
⊙ Chemico Pile : 모래 대신 석회(CaO)를 사용한다.
ⓛ 수분흡수 시 체적이 2배로 팽창한다.
ⓒ 탈수 및 압밀효과가 있다.
ⓔ 공해가 심하고 인체에 피해를 주는 단점이 있다.

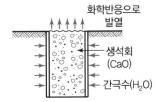

▲ 생석회 말뚝공법

⑥ 침투압 공법(MAIS)
⊙ 삼투압 현상을 이용
ⓛ 반투막통을 넣고 그 안에 농도가 큰 용액을 넣어 점토의 수분을 탈수하며 3m 이하에 적용한다.

⑦ 전기적 탈수법
⊙ 전기침투공법 및 전기화학적 고결방법을 이용한 것이다.
ⓛ 불투수성 연약 점토지반에 적용한다.
ⓒ 산사태 같은 개량이 곤란한 곳에 구조물 보강법으로 사용한다.
ⓔ 양극(+)에 알루미늄을 사용한다.

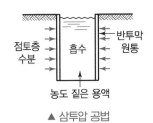

▲ 삼투압 공법

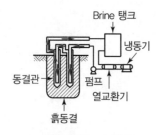

▲ 동결공법(Brine 방식)

⑧ 동결공법 : 1.5~3인치의 동결관을 박고 액체질소나 프레온가스를 주입하거나 직접 사용한다(드라이아이스 등도 사용).

㉠ 모든 지층에 적용이 가능하다.

㉡ 동결 전에 비해 수십 배의 강도 증가가 기대된다.

㉢ 차수성이 좋고 콘크리트 암반과의 부착도 좋다.

㉣ 해동속도가 느리므로 일시에 붕괴되지 않는다.

㉤ 시공비가 고가이다.

3) 사질지반의 개량공법

① 다짐말뚝법 : 나무, 콘크리트 말뚝을 다수 박아 그 체적만큼 흙을 압밀해 지반을 강화하는 방법이다.

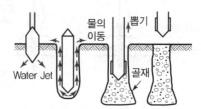

▲ 진동다짐공법

② 다짐 모래말뚝 공법

㉠ Sand Compaction Pile : Composer 공법이 대표적이다.

㉡ 특수 Pipe를 관입하여 모래 투입 후 진동 다짐하여 Composer Pile을 형성한다.

㉢ Vibro – Flotation보다 5배 이상 강한 기계를 사용한다.

㉣ 구멍 지름 20cm, 상호 간격 2m 내외로 시공한다.

㉤ 부동침하량이 매우 줄어든다.

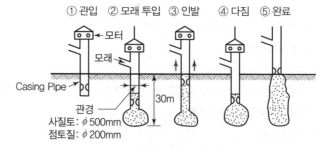

▲ 다짐말뚝공법

③ 진동부유공법(Vibro – Flotation)

㉠ 정의 : 수평방향으로 진동하는 직경 20cm의 봉상 Vibro 플로트로 사수와 진동을 동시에 일으켜 빈틈에 모래나 자갈을 채워 모래지반을 다진다.

ⓛ 특징
- 균일한 다짐이 되고 지반 전체가 상부구조를 지지한다.
- 지하수위에 영향이 없고 10m 정도 개량에 유효하다.
- 공기가 빠르고 저가로 시공할 수 있다.
- 내진효과가 있다.

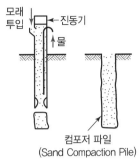

▲ 바이브로 컴포저 공법

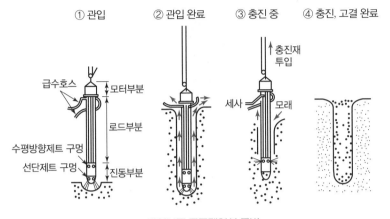

① 관입　② 관입 완료　③ 충진 중　④ 충진, 고결 완료

▲ 바이브로 플로테이션 공법

④ **폭파다짐법** : 다이너마이트로 폭파 혹은 인공지진으로 느슨한 사질지반을 다진다.

⑤ **전기충격법** : 미리 물을 주어 지반을 포화상태로 만든 후 지중에 삽입한 방전전극으로 고압전류를 일으켜 이때의 충격으로 모래지반을 개량한다.

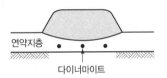

▲ 폭파다짐공법

⑥ **약액주입법**
  ㉠ 정의 : 지반의 강도 증진, 누수 방지의 목적으로 응결제를 주입 고결시키는 방법이다.
  ㉡ 고결제
    - Cement Grout
    - 점토
    - Bentonite액
    - Asphalt액
    - 화학약품(Chemical Grout)
    - 합성수지
    - 물유리 등

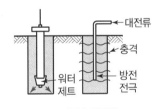

▲ 전기충격공법

4) Rock Anchor

Rock Anchor 공법은 지반정착 공법으로 흙막이를 지지하기 위하여 그 뒤의 암반에 정착하여 흙막이의 띠장을 긴결하는 공법이다. 또한 공사 중의 건물이 부상(浮上)하는 것을 방지하기 위해 건물을 지반에 고정하는 방법으로도 쓰인다.

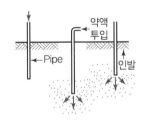

① 주입관 관입
② 약액 주입
③ Gel time

▲ 약액주입공법

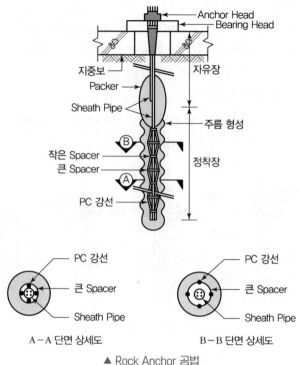

지중보
Packer
Sheath Pipe
작은 Spacer
큰 Spacer
PC 강선

Anchor Head
Bearing Head
자유장
주름 형성
정착장

PC 강선
큰 Spacer
Sheath Pipe

PC 강선
큰 Spacer
Sheath Pipe

A – A 단면 상세도   B – B 단면 상세도

▲ Rock Anchor 공법

6. 토공사용 기계

1) 건설공사용 기계 사용의 의의

건축공사의 다양화, 대형화, 고층화, 스피드화, 노동력 부족에 대처하기 위하여 사용하며 시공기계의 굴삭에 의한 경제적 한계는 굴삭토량 1,000m² 이상으로 하고 그 이하는 인력에 의하는 것이 유리하다.

(1) 기계 사용 목적

① 경제성 : 원가 절감, 품질 향상
② 속도성 : 공기 단축, 운반시간 단축(공사 연속성 확대)
③ 안정성 : Fail Safe 개념, 안전시설, 운반 피해 방지

(2) 종류

① 굴삭 : 주로 토공사용 기계
② 운반 : 수직, 수평 운반기계
③ 양중 : 대형 Panel 공사 등, 수직인양기구
④ 조립 : 조립용 기계, 기구
⑤ 마감 : 자동화된 마감기구 등

2) 토공사용 기계의 종류

① 굴삭용

　ㄱ Power Shovel(파워 쇼벨) : 기계가 서 있는 지반보다 높은 곳의 굴삭에 적당하며 굴삭력이 좋다.

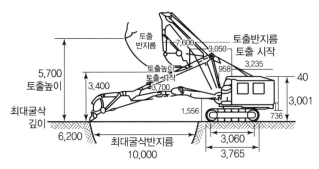

▲ 파워 쇼벨

- 굴삭높이 : 1.5~3m
- 굴삭깊이 : 지반 밑 2m 정도
- 버킷용량 : 0.6~1.0m³
- 선회각 : 90°

　ㄴ Drag Shovel(Back Hoe, Trench Hoe)

- 기계가 서 있는 지반보다 낮은 곳의 굴착에 좋다.
- 파는 힘이 강력하고 비교적 경질지반에도 적용한다.
- 굴삭깊이 : 6.4m
- 굴삭폭 : 8~12m
- 버킷용량 : 0.3~1.9m³
- Boom의 길이 : 4.3~7.7m
- 용량이 작은 배수로용을 Trench hoe라고 부른다.

　ㄷ Drag Line(드래그 라인)

- 기계가 서 있는 위치보다 낮은 곳의 연질지반 굴착에 사용된다.
- 넓은 면적에 적용되나 힘이 강력하지 못하다.
- 굴삭깊이 : 8m
- 선회각 : 110°
- 굴삭폭 : 14m

　ㄹ Clamshell(클램셸)

- 좁고 깊은 곳의 수직굴착에 알맞다(Slurry Wall 공사 등).
- 사질지반에 적당하고 비교적 경질지반에도 적용할 수 있다.
- 굴삭깊이 : 보통 8m, 최대 18m
- 버킷용량 : 2.45m³
- 토사채취에도 사용된다.

▲ 클램셸

㉤ Bucket Excavator
- 순환하는 쇠사슬에 다수의 버킷을 설치하여 연속적으로 아래에서 위로 떠올린다.
- 채석장, 배처 플랜트 등에서 사용 용도가 넓다.

㉥ Suspension Dredger : 케이슨이나 피어기초의 안쪽 흙을 수직으로 팔 때 사용하며 Bucket이나 Excavator를 수직으로 이용한 것이다.

㉦ Trencher : 좁고 깊은 도랑을 연속으로 일정하게 파면서 전진하는 기계로서 하수도관, 가스관, 송유관 등의 굴착용이다.

② 배토정지용

㉠ Bull Dozer
- 운반거리 50~60m 이내, 최대 100m에서 배토작업에 사용
- 1일 배토량 : 운반거리 30m일 때 100~300m³/일

㉡ Angle Dozer : 산악지역 도로개설 등에 쓰인다. 배토판이 위아래뿐 아니라 진행방향에서 30°까지 좌우로 각도회전이 가능하며, 측면으로 흙을 보낼 수 있다.

㉢ Tilt Dozer : 브레이드를 레버로 조정 가능, 상하 20~25°까지 기울일 수 있다. V형 배수로 작업, 땅파헤치기, 나무뿌리 제거, 돌굴리기에 효과적이다.

㉣ Carryall Scraper : 흙을 깎으면서 동시에 기체 내에 담아 운반하고 깔기작업을 겸할 수 있다. 작업거리는 100~1,500m 정도의 중장거리용이다.

㉤ Grader : 땅고르기, 정지작업, 도로정리 등에 사용한다.

③ 상차용

㉠ Loader : 상차작업에 사용하며, 가동성이 우수하다.

㉡ Forklift : 창고, 하역, 벽돌, 목재 등을 운반하는 지게차이다.

㉢ Crawler Loader : 불도저 대용으로 쓰며, 굴착력도 강하다.

④ 운반용

㉠ Elevator Tower : 흙이나 Concrete 등을 Elevator로 운반한다.

㉡ Conveyor
- Belt Conveyor : 경사가 급한 곳에 사용하며 자갈, 모래, Concrete 등을 운반한다.
- Screw Conveyor : 버킷의 시멘트를 수평으로 운반한다.

⑤ 다짐용

㉠ 전압식 : Road Roller, Tamping Roller, Tire Roller 등

㉡ 진동식 : Vibro Roller(진동롤러), Vibro Compactor, Tire Roller

㉢ 충격식 : 내연기관의 폭발력을 이용하여 충격을 주어 다짐하며 Rammer, Compactor(Tamper), Tamping Rammer 등이 있다.

3) 운반공사에 사용되는 자주식 장비

① 트럭에지데이터   ② 트럭믹서   ③ 덤프트럭

4) 기계장비의 손료

① 정비비   ② 상각비   ③ 관리비

5) 크레인에 부착할 수 있는 장비

① 파워 쇼벨(Power Shovel)   ② 드래그 라인(Drag Line)
③ 크레인(Crane)   ④ 클램셸(Clamshell)
⑤ 파일 드라이버(Pile Driver)   ⑥ 드래그 쇼벨(Drag Shovel)

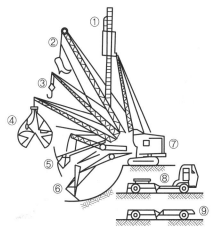

① 파일 드라이버
② 드래인 라인
③ 크레인
④ 클램셸
⑤ 파워 쇼벨
⑥ 드래그 쇼벨(백 호우)
⑦ 크롤러
⑧ 트럭
⑨ 휠

▲ 쇼벨계 굴착기와 장비

1. 피압수	지형과 지반의 상태에 따라 지하수가 정수압보다 높은 압력을 갖는 것이다.
2. 압밀침하	점성토에서 외력(구조물의 자중 또는 흙의 중량)에 의해서 공기가 압축되거나 간극 내에 물이 빠져나가 흙입자 간의 간격이 감소하는 것이다.
3. 전단강도	기초의 극한 지지력을 파악할 수 있는 흙의 가장 중요한 역학적 성질이다. Mohr의 파괴 이론은 어떤 면 위에서 전단응력이 그 재료의 전단강도와 같아질 때 파괴가 일어나며 전단응력은 그 응력이 생기는 면에 작용하는 수직 응력의 함수이다.
4. 점착력	흙입자가 서로 접하여 부착하는 힘 또는 다른 두 개의 물체 분자가 서로 달라붙는 힘이다.
5. 내부마찰각(Angle of Internal Friction)	흙 속에 작용하는 수직응력과의 관계를 나타내는 직선과 횡축이 이루는 각이다.
6. 휴식각	흙입자 간의 응집력, 부착력을 무시한 채, 즉 마찰력만으로 중력에 대해 정지하는 흙의 사면각도이다(흙을 한 군데 쌓아올렸을 때 자연적으로 무너져내려 이루는 각도로 흙의 함수량에 따라 달라지며 실제로는 응집력, 부착력도 작용한다). ① 습윤상태인 모래의 휴식각 : $20\sim35°$ ② 습윤상태인 진흙의 휴식각 : $20\sim45°$
7. 투수성	어떤 재료를 변형 또는 파괴시키지 않고 그 재료 속의 잔구멍이나 간극을 물이나 수증기가 투과할 수 있는 성질로 터파기 시 지반의 투수성은 배수공사에 중요한 영향을 주고 기초 터파기에 있어서는 지하수의 처리가 중요하다.
8. 모세관 공극	어떤 인자 사이에 표면장력으로 인해 물이 일정한 높이까지 상승하게 되는데 이것을 모세관 현상이라고 하고, 이로 인해 발생되는 공간을 모세관 공극이라 한다.
9. 부식토	유기질이 다량으로 포함되어 있어 기초지반으로는 부적합한 것으로 생물의 유체가 분해되어 썩은 것과 흙입자가 혼합된 것이다.
10. 수동토압	옹벽 또는 흙막이벽체가 뒤채움 쪽에서 앞면에 작용할 때 가해지는 토압으로 토압의 최솟값을 취한다.
11. 주동토압	옹벽 또는 흙막이벽체가 뒤채움 쪽으로 후퇴할 때 가해지는 토압으로 토압의 최댓값을 취한다.
12. 정지토압	토압 중에서 자연 그대로의 흙이 내부에 있어서 가로방향의 토압을 말한다.

13. 트레미관

수중 콘크리트 타설 시 콘크리트가 물과 접촉하지 않도록 하면서 콘크리트를 타설하는 데 이용되는 특수관으로, 철관으로 되어 그 상부에 깔때기가 달리고 밑에는 철판 밑바닥을 끼우고 콘크리트를 채워서 철관을 조금 들면 바닥에 빠져버리게 되어 콘크리트가 밑으로 흐르게 되는 기구이다. 종류에는 밑뚜껑식, 플런저식, 개폐문식 등이 있다.

14. 그라우팅 공법

파이프를 지중에 박고 시멘트 풀을 컴프레서에 의해서 지반 안에 주입하는 공법으로 시멘트 주입공법이라고도 한다.

15. 언더피닝 공법

지하굴착 시 인접건물의 기초를 보강해주는 방법(공법)의 총칭이다.

16. 합성말뚝

상이한 두 가지 재료를 이음 혹은 결합하여 하나의 말뚝으로 만든 것이다.
예 나무＋콘크리트 말뚝, 강관＋콘크리트 충전 등

17. 벤토나이트 용액

이수, 현탁액, 팽창진흙이라고도 하며 주성분은 점토, 광물질, 몬모릴로나이트로 구성되어 있고 Slurry Wall이나 제자리 콘크리트 파일 등에 굴착된 공벽붕괴를 방지하고 지하수위 유입을 차단할 목적으로 사용한다.

18. 부마찰력
(Negative Friction)

연약층을 관통하여 지지층에 도달한 지지말뚝에서 연약지반이 상부적재하중에 따른 지반침하로 말뚝은 하향력을 받게 되어 지지력이 감소되는데 이러한 하향의 마찰력을 부마찰력이라고 한다.

19. 동상(Frost Heave)

흙 속의 간극수가 얼어서 약 9% 정도의 체적팽창으로 지표면이 부풀어 오르는 현상이다.

20. 동결선(Frost Line)

0℃ 이하의 기온이 상당기간 계속되어서 지표면 아래 0℃의 지반선이 존재하는 것이다(서울지방 : 90cm).

21. 아이스 렌즈(Ice Lense)

지하면에 생긴 얼음의 결정체로서 지표면의 동상(Frost Heave)은 이 아이스 렌즈의 두께만큼 생긴다.

22. 융해(Thawing)

언 흙의 함수비는 얼기 전 흙의 함수비보다 훨씬 크다.
(Frost Boiling) 봄철에 언 흙이 녹았을 때 증가된 함수비 때문에 지반이 연약하고 강도가 떨어지는 현상

23. 슬라임(Slime)

현탁액에 혼입된 흙 부스러기나 현탁액 입자가 결합된 것이 구멍바닥에 가라앉은 퇴적물의 덩어리진 점착성 찌꺼기로, 콘크리트 부착을 저해하므로 제거한다.

24. 토질주상도

토질시험 결과를 깊이 방향으로 보링 지점마다 정리하여 설계조건인 토층구분과 토질정수를 결정하기 위하여 작성한 것으로 흙막이의 설계, 기초지지력의 추정, 기초공법의 선정, 안정성의 검토 등에 쓰인다.

25. 안정액

벤토나이트는 일종의 점토광물이며 최소 65%의 몬모릴로나이트(Montomorillonite)를 함유하고 벤토나이트의 현탁액을 3~8% 정도 함유하고 있는 것으로 그 요구조건은 다음과 같다.

① 굴착흙벽을 지지할 수 있는 충분한 비중을 갖고 있을 것

② 현탁액으로 굴착토사를 굴착공 바닥으로부터 운반할 만한 충분한 점성을 갖고 있을 것

③ 안정액은 굴착토사를 토사분리장치에서 분리할 수 있을 정도의 점성이 있을 것

④ 안정액은 타설된 콘크리트의 품질에 영향을 주지 않을 것

26. 틱소트로피(Thixotropy)

점토가 일시 충격을 받아 강도가 일시 저하되어 시간 경과 후에 원래 강도로 돌아오는 현상이다.

과년도 기출문제

01 다음 용어를 설명하시오. (4점)

(1) 압밀침하 : _____

(2) 피압수 : _____

> (1) 압밀침하 : 점성토에서 구조물의 자중 또는 흙의 중량에 의하여 간극 내의 피압수가 빠져 흙입자 사이의 공극이 좁아지면서 침하되는 것을 말한다.
> (2) 피압수 : 지형과 지반의 상태에 따라 지하수가 정수압보다 높은 압력을 갖는 것이다.

02 다음 용어를 설명하시오. (6점)

(1) 압밀 : _____

(2) 예민비 : _____

(3) 달비계 : _____

> (1) 압밀 : 압력을 받은 흙의 내부 간극에 물이 빠져나가면서 흙입자의 간격이 좁아지는 현상이다.
> (2) 예민비 : 점토에 있어서 함수율을 변화시키지 않고 이기면 약해지는데 그 정도를 나타내는 것이다.
> (3) 달비계 : 고정된 밧줄에 작업발판을 달아 맨 비계로, 건물 외부의 보수유지용으로 사용한다.

03 다음 보기의 지반을 지내력이 큰 순서대로 쓰시오. (3점)

> ©-◎-㉠-㉡-㉣-㉺

[보기]
㉠ 자갈　　　　　㉡ 자갈 모래 반 섞임　　㉢ 경암반
㉣ 모래 섞인 진흙　㉤ 연암반　　　　　　㉥ 진흙

04 흙의 전단강도에 관한 설명 중 (　　) 안의 내용을 보기에서 골라 기재하시오. (4점)

> ① ㉣
> ② ㉢
> ③ ㉡
> ④ ㉠

[보기]
㉠ 지지　　　　㉡ 안정　　　　㉢ 침하
㉣ 붕괴　　　　㉤ 안전　　　　㉥ 융기

전단강도란 흙에 관한 역학적 성질로서 기초의 극한 지지력을 알 수 있다. 따라서 기초의 하중이 흙의 전단강도 이상이 되면 흙은 (　①　)되고, 기초는 (　②　)되며, 이하이면 흙은 (　③　)되고, 기초는 (　④　)된다.

05 공사에서 흙의 전단강도 공식을 쓰고 각 기호가 나타내는 것을 설명하시오. (5점)

_____

_____

06 지반의 내력이 큰 순서대로 기호들을 나열하시오. (4점)

> [보기]
> ① 굳은 역암   ② 자갈 섞인 점토   ③ 모래
> ④ 자갈   ⑤ 모래 섞인 점토   ⑥ 편암

_____

07 토질의 종류와 지반의 허용응력도에 관하여 (   ) 안을 알맞은 내용으로 채우시오. (5점)

(1) 장기허용지내력도
  ① 경암반 : (   )kN/m²
  ② 연암반 : (   )kN/m²
  ③ 자갈과 모래의 혼합물 : (   )kN/m²
  ④ 모래 : (   )kN/m²

(2) 단기허용지내력도＝장기허용지내력도×(   )

08 흙은 일반적으로 물을 포함하고 있으며 그 함수량의 변화에 따라 아래와 같이 그 성질이 변화한다. (   ) 안에 알맞은 표현을 쓰시오. (2점)

> 전건상태(①)－소성상태－(②)－질퍽한 액성의 상태

① _____

② _____

09 흙의 함수량 변화와 관련하여 (   ) 안을 적당한 용어로 채우시오. (2점)

[11, 15]

> 흙이 소성상태에서 반고체상태로 옮겨지는 경계의 함수비를 (①)라 하고, 액성상태에서 소성상태로 옮겨지는 함수비를 (②)라고 한다.

① _____

② _____

» ① 소성한계
(塑性限界 : Plastic Limit)
② 액성한계
(液性限界 : Liquid Limit)

10 자연상태의 시료를 운반하여 압축강도를 시험한 결과 6kg/cm²였고 그 시료를 이긴 시료로 하여 압축강도를 시험한 결과는 4kg/cm²였다면 이 흙의 예민비를 구하시오. (5점)

_____

» 예민비

$$예민비 = \frac{자연시료강도}{이긴 \, 시료강도} = \frac{6}{4} = 1.5$$

11 점토에 있어서 자연시료는 어느 정도의 강도가 있으나 이것의 함수율을 변화시키지 않고 이기면 약해지는 성질이 있다. 이러한 흙의 이김에 의해서 약해지는 정도를 표시하는 것을 무엇이라 하는가? (3점)

_____

» 예민비(흙의 예민비)

12 지반조사 시 실시하는 보링(Boring)의 종류를 3가지만 쓰시오. (3점)

[94, 95, 09, 11, 12, 16, 20]

① _____

② _____

③ _____

» ① Auger Boring
② 수세식 보링(Wash Boring)
③ 충격식 보링(Percussion Boring)
④ 회전식 보링(Rotary Boring)

13 보링의 4대 구성 기구명 중 3가지를 쓰시오. (3점)

[92, 95]

① _____

② _____

③ _____

» ① Bit(칼날) : 굴삭용
② Rod(쇠막대) : 지지연결대
③ 코어 튜브(Core Tube) : 시료채취기
④ 외관(Casing) : 공벽보호용

14 다음은 지반조사법 중 보링에 대한 설명이다. 알맞은 용어를 쓰시오.
(3점) [95, 02, 03, 06, 07, 13, 16]

① 수세식 보링
② 충격식 보링
③ 회전식 보링

① 비교적 연약한 토지에 수압을 이용하여 탐사하는 방식
② 경질층을 깊이 파는 데 이용하는 방식
③ 지층의 변화를 연속적으로 비교적 정확히 알고자 할 때 사용하는 방식

① _____
② _____
③ _____

15 표준관입시험을 설명하시오. (3점) [10]

_____

중량 63.5kg의 추를 75cm의 높이에서 자유낙하시켜 충격으로 표준관입시험용 샘플러를 30cm 관입시키는 데 필요한 타격횟수 N값을 구하는 것이다.

16 지반조사방법 중 보링(Boring)의 정의 및 종류를 4가지를 쓰시오.
(5점) [11]

(1) 정의 : _____
(2) 종류 : ① _____
          ② _____
          ③ _____
          ④ _____

(1) 지반을 천공하고, 토질의 시료를 채취하여 질층상황을 판단하는 방법이다.
(2) ① Auger Boring
    ② 수세식 보링(Wash Boring)
    ③ 충격식 보링(Percussion Boring)
    ④ 회전식 보링(Rotary Boring)

17 다음 ①~⑤의 용어 뜻을 ㉠~㉤에서 골라 기호를 쓰시오. (5점)
[92, 95, 97]

① ㉤
② ㉣
③ ㉠
④ ㉢
⑤ ㉡

① 파보기   ㉠ 극히 연약한 점토지반의 조사
② 보링   ㉡ 광대한 대지의 지하구성층의 개략적 탐사
③ 베인테스트   ㉢ 수 개소에서 시행하여 지층의 깊이를 추정
④ 짚어보기   ㉣ 토질의 시료를 채취하여 지층의 상황을 판단
⑤ 물리적   ㉤ 대지의 일부분을 시험파기하여 그 지층의 상
   지하탐사   태를 보고 내력을 추정

① _____   ② _____   ③ _____
④ _____   ⑤ _____

18 다음 토질시험과 관계있는 항목을 보기에서 골라 기호를 쓰시오. (4점)

[90, 95, 98]

> [보기]
> ㉠ Darcy's Law ㉡ Vane Test
> ㉢ Composite Sampler ㉣ Standard Panetration Test

(1) 굳은 지층의 시료 채취   (   )
(2) 사질지반의 밀도 측정   (   )
(3) 점토질의 점착력 확인   (   )
(4) 투수계수 확인   (   )

➡ (1) ㉢
(2) ㉣
(3) ㉡
(4) ㉠

19 시험에 관계되는 것을 보기에서 골라 기호를 쓰시오. (4점)

[92, 93, 95, 04, 10, 19]

> [보기]
> ㉠ 신월샘플링(Thin Wall Sampling)
> ㉡ 베인시험(Vane Test)
> ㉢ 표준관입시험
> ㉣ 정량분석시험

(1) 진흙의 점착력   (   )
(2) 지내력   (   )
(3) 연한 점토   (   )
(4) 염분   (   )

➡ (1) ㉡
(2) ㉢
(3) ㉠
(4) ㉣

20 지반조사방법 중 사운딩의 정의와 종류를 2가지 쓰시오. (4점) [19]

(1) 사운딩 : _____
(2) 탐사방법(종류) : ① _____, ② _____

➡ (1) 사운딩 : 시험기를 떨어뜨려 흙의 저항 및 그 위치의 흙의 물리적 성질을 측정하는 방법으로서 원위치시험이라고도 한다.
(2) 탐사방법
① 표준관입시험(Standard Penetration Test)
② Vane Test
③ 스웨덴식 사운딩, 화란식 사운딩

21 큰 부류의 지반조사방법을 열거한 다음 항목의 빈칸에 알맞은 말을 써넣으시오. (3점)

[07]

① _____ ② 예비조사 ③ _____ ④ _____

➡ 지반조사방법
① 사전조사
③ 본조사
④ 추가조사

22 지내력을 시험하는 방법을 2가지만 적으시오. (2점) [01, 07, 12, 15]

① _____ ② _____

① 평판재하시험
   (PBT : Plate Bearing Test)
② 말뚝재하시험

23 지내력시험의 순서를 쓰시오. (4점) [90]

시험면파기 - (①) - (②) - (③) - (④)
- 장기 허용지내력 산출

① 재하판 설치
② 하중대 설치
③ 재하 및 침하량 측정
④ 단기허용 지내력 산출

24 다음 용어를 설명하시오. (4점) [07, 19]

(1) 예민비 : _____

(2) 지내력시험 : _____

(3) 지내력시험의 종류 : _____

(1) 진흙의 자연시료는 어느 정도 강도
   는 있으나 그 함수율을 변화시키지
   않고 이기면 약하게 되는 성질이 있
   고 그 정도를 나타내는 것이 예민비
   이다.
(2) 재하시험이라고도 하며, 기초지반저
   면에 직접 하중을 가하여 지반의 허
   용지내력을 구하는 시험이다.
(3) 직접재하시험, 반력을 이용한 재하
   시험

25 지정 및 기초공사와 관련된 다음 용어를 설명하시오. (4점) [13]

(1) 재하시험 : _____

(2) 합성말뚝 : _____

(1) 지내력시험이라고도 하며, 기초지반
   저면에 직접 하중을 가하여 지반의
   허용지내력을 구하는 시험이다.
(2) 상이한 두 가지 재료를 이음 혹은
   결합하여 하나의 말뚝으로 만든 것
   이다.
   예 나무+콘크리트 말뚝,
      강관+콘크리트 충전 등

26 다음 설명에 해당하는 보링방법을 쓰시오. (4점) [14]

---

① 충격날을 60~70cm 정도 낙하시키고 그 낙하충격에 의해 파쇄된 토
  사를 퍼내어 지층상태를 판단하는 방법
② 충격날을 회전시켜 천공하므로 토층이 흐트러질 우려가 적은 방법
③ 오거를 회전시키면서 지중에 압입 · 굴착하고 여러 번 오거를 인발하
  여 교란시료를 채취하는 방법
④ 깊이 30m 정도의 연질층에 사용하며, 외경 50~60mm 관을 이용, 천
  공하면서 흙과 물을 동시에 배출시키는 방법

---

① _____ ② _____ ③ _____ ④ _____

① 충격식 보링
② 회전식 보링
③ 오거 보링
④ 수세식 보링

27 휴식각에 대하여 쓰시오. (3점)   [97]

_____

_____

_____

▶ 흙입자 간의 응집력, 부착력을 무시한 채, 즉 마찰력만으로 중력에 대해 정지하는 흙의 사면각도이다(흙을 한군데 쌓아올렸을 때 자연적으로 무너져내려 이루는 각도로 흙의 함수량에 따라 달라지며 실제로는 응집력, 부착력도 작용한다).
① 습윤상태인 모래의 휴식각 : 20~35°
② 습윤상태인 진흙의 휴식각 : 20~45°

28 다음 (   ) 안에 알맞은 용어를 보기에서 골라 기호를 쓰시오. (3점)
[94, 98]

▶ ① : ㉣
② : ㉡
③ : ㉢

> [보기]
> ㉠ 압축력   ㉡ 마찰력   ㉢ 중력
> ㉣ 응집력   ㉤ 지내력

흙의 휴식각이란 흙입자 간의 부착력, (①)을 무시한 채, 즉 (②)만으로 (③)에 대하여 정지하는 흙의 사면각도이다.

① _____   ② _____   ③ _____

29 다음 보기의 토질 중에서 굴착에 의한 토량이 가장 크게 증가하는 것부터 순서대로 기호를 쓰시오. (4점)   [93, 98, 99]

▶ ㉣-㉡-㉠-㉢
※ 점토, 모래, 자갈의 혼합토=보통흙

> [보기]
> ㉠ 점토   ㉡ 점토, 모래, 자갈의 혼합토
> ㉢ 모래 또는 자갈   ㉣ 암석

_____

_____

30 흙막이공법 중 그 자체가 지하구조물이면서 흙막이 및 버팀대 역할을 하는 공법을 보기에서 모두 골라 기호를 쓰시오. (3점) [02, 06, 13]

▶ ㉡, ㉤, ㉥

> [보기]
> ㉠ 지반정착(Earth Anchor) 공법
> ㉡ 개방잠함(Open Caisson) 공법
> ㉢ 수평버팀대 공법
> ㉣ 강제널말뚝(Sheet Pile) 공법
> ㉤ 우물통(Well) 공법
> ㉥ 용기잠함(Pneumatic Caisson) 공법

_____

_____

31 흙막이는 토질, 지하출수, 기초깊이 등에 따라 그 공법을 달리하는데 흙막이의 형식을 4가지 적으시오. (4점) [03]

① _____
② _____
③ _____
④ _____

① 어미(엄지)말뚝식 흙막이
② 강제말뚝에 의한 흙막이공법
③ 주열식 말뚝에 의한 흙막이공법
   (콘크리트 말뚝 주열식 공법)
④ 버팀대(Strut) 흙막이공법
※ 기타 : 어스앵커(Earth Anchor)공법, 지하연속벽에 의한 흙막이공법(Slurry Wall 공법) 등

32 수평버팀대식 흙막이에 적용하는 응력이 다음 그림과 같을 때 ①~③에 알맞은 말을 보기에서 골라 기호를 쓰시오. (3점) [00, 09, 16]

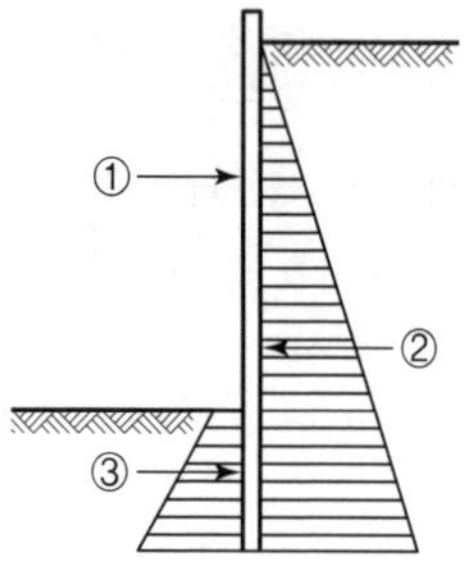

① ㅁ
② ㅊ
③ ㄱ

[보기]
ㄱ 수동토압   ㄴ 정지토압   ㄷ 주동토압
ㄹ 버팀대의 하중   ㅁ 버팀대의 반력   ㅂ 지하수압

① _____   ② _____   ③ _____

33 연결재 또는 당겨매기식 흙막이공법 시공 순서를 보기에서 골라 기호를 쓰시오. (3점) [97]

ㅁ-ㄷ-ㄴ-ㄱ-ㄹ

[보기]
ㄱ 로프 당겨매기   ㄴ 말뚝상부 띠장(ㄱ자형각)
ㄷ 널말뚝   ㄹ 흙파기
ㅁ 어미말뚝

_____

34 빗버팀대식 흙막이공법의 시공 순서를 보기에서 골라 기호를 쓰시오. (5점) [84, 85]

> [보기]
> ㉠ 갓둘레 흙파기   ㉡ 줄타기   ㉢ 중앙부 흙파기
> ㉣ 널말뚝 박기   ㉤ 띠장 대기   ㉥ 버팀말뚝 및 버팀대 대기
> ㉦ 규준대 대기

35 용수가 많이 나고 토압이 크게 걸리는 곳에 사용되는 강성이 큰 철제 널말뚝(Sheet pile)의 종류를 3가지만 적으시오. (3점) [99, 01]

① _____
② _____
③ _____

> ① 라르센식 Pile
> ② 랜섬식 Pile
> ③ 라크완나식 Pile
>
> **철제널말뚝의 종류**
>
> Terres Rouges   Larssen
>
> Lackwanna   Universal Joint
>
> U. S. Steel   Simplex
>
> Ransom

36 다음 용어에 대하여 간단히 설명하시오. (4점) [94]

(1) 히빙 파괴

_____
_____
_____

(2) 언더피닝 공법(Under – Pinning Method)

_____
_____

> (1) 하부지반이 연약한 경우 흙파기 저면선(底面線)에 대하여 흙막이 바깥에 있는 흙의 중량과 지표면 재하중을 이기지 못하고 흙이 붕괴되어 흙막이 바깥 흙이 안으로 밀려들어와 볼록하게 되는 현상이다.
> (2) 지하굴착 시 인접건물의 기초를 보강해주는 방법(공법)의 총칭이다.

37 흙막이공사 중 발생되는 다음 현상은 무엇을 나타내는가? (3점)

[93, 05, 13]

(1) 시트 파일 등의 흙막이벽 좌측과 우측의 토압차로써 흙막이 뒷부분의 흙이 기초파기하는 공사장으로 흙막이벽 밑을 돌아서 미끄러져 올라오는 현상

(2) 모래질지반에서 흙막이벽을 설치하고 기초파기 할 때의 흙막이벽 뒷면 수위가 높아서 지하수가 흙막이벽을 돌아서 지하수가 모래와 같이 솟아오르는 현상

(3) 흙막이벽의 부실공사로써 흙막이벽의 뚫린 구멍 또는 이음새를 통하여 물이 공사장 내부바닥으로 스며드는 현상

(1) _____ (2) _____ (3) _____

➤ (1) 히빙 현상
(2) 보일링 현상
(3) 파이핑 현상

38 다음에서 설명하는 용어를 써넣으시오. (2점)

[08]

흙막이벽을 이용하여 지하수위 이하의 사질토지반을 굴착하는 경우에 생기는 현상으로 사질토 속을 상승하는 물의 침투압에 의해 모래가 입자 사이의 평형을 잃고 액상화되는 현상

_____

➤ 보일링 현상 또는 분사현상(Boiling of Sand, Quick Sand)

39 굴착지반의 안전성에 대해 검토했을 때, 보일링 파괴(Boiling Failure)가 예상되는 경우 이에 대한 대책 2가지를 쓰시오. (4점)

[01, 09]

① _____
② _____

➤ ① 웰포인트 공법 등으로 지하수위를 저하시킨다.
② 지반개량을 한다.

40 다음 그림에서와 같이 터파기를 했을 경우, 인접건물의 주위 지반이 침하할 수 있는 원인을 5가지만 쓰시오. (5점) [98, 12, 19]

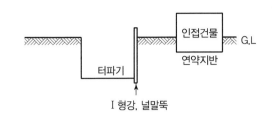

I 형강, 널말뚝

① _____
② _____
③ _____
④ _____
⑤ _____

① 히빙 파괴에 의한 경우
② 보일링 현상에 의한 경우
③ 버팀대를 시공하지 않았을 경우
④ 파이핑에 의한 침하
⑤ 널말뚝 저면의 타입 깊이를 작게 했을 경우
⑥ 널말뚝 이동에 따른 침하
⑦ 뒤채움 불량에 의한 침하
⑧ 연약지반의 보강공사를 하지 않은 경우의 부동침하

41 지하 토공사 중 계측관리와 관련된 항목을 보기에서 골라 기호를 쓰시오. (4점) [97, 01]

[보기]
㉠ Strain Gauge   ㉡ 경사계(Inclinometer)
㉢ Water Level Meter   ㉣ Level and Staff

(1) 지표면 침하 측정 : _____
(2) 지중 흙막이벽 수평변위 측정 : _____
(3) 지하수위 측정 : _____
(4) (엄지말뚝, 띠장에 작용하는) 응력 측정 : _____

(1) ㉣
(2) ㉡
(3) ㉢
(4) ㉠

42 다음 계측기의 종류에 맞는 용도를 골라 기호를 쓰시오. (6점) [04, 14]

종류	용도
① Piezometer	㉠ 하중 측정
② Inclinometer	㉡ 인접건물의 기울기도 측정
③ Load Cell	㉢ Strut 변형 측정
④ Extensometer	㉣ 지중 수평변위 측정
⑤ Strain Gauge	㉤ 지중 수직변위 측정
⑥ Tilt Meter	㉥ 간극수압의 변화 측정

① _____   ② _____   ③ _____
④ _____   ⑤ _____   ⑥ _____

① ㉥
② ㉣
③ ㉠
④ ㉤
⑤ ㉢
⑥ ㉡

43 흙막이의 계측관리 시 계측에 사용되는 측정기를 3가지 쓰시오. (3점)

[06, 12, 18, 20]

① _____ ② _____ ③ _____

❯ ① 경사계(Tilt Meter)
② 변형계(Strain Gauge)
③ 토압계(Soil Pressure Gauge)

44 다음에 제시한 흙막이 구조물의 계측기 종류에 적합한 설치위치를 한 가지씩 기입하시오. (4점)

[13, 21]

(1) 하중계 : _____

(2) 토압계 : _____

(3) 변형률계 : _____

(4) 경사계 : _____

❯ (1) Strut(버팀대)의 양단에 설치
(2) 토압 측정위치의 지중에 설치
(3) 지중의 콘크리트 벽체나 어미말뚝 혹은 버팀대 중간에 설치
(4) 인접건물의 벽체나 바닥에 설치

1. 연약한 지반의 기초 및 대책

1) 연약지반의 기초 및 대책

(1) 상부구조의 관계

① 건물을 경량화할 것
② 건물의 길이를 축소할 것
③ 강성을 높일 것
④ 인접건물과의 거리를 고려할 것
⑤ 건물의 중량배분을 고려할 것

(2) 기초구조와 지반의 관계

① 기초를 경질지반에 지지
② 마찰말뚝을 사용할 것(지지말뚝과 혼용 금지)
③ 지하실 설치
④ 복합기초 사용

>>> **마찰말뚝**
연약층이 깊어 굳은 층에 지지할 수 없을 때 말뚝과 지반의 마찰력에 의해 지지되는 말뚝이다.

2) 부동침하(Uneven Settlement)

한 건물에서 부분적으로 상이한 침하가 생기는 현상으로 균열발생은 인장응력의 직각방향, 침하가 적은 부분에서 침하가 많은 부분의 방향으로 생긴다. 부동침하는 일종의 강제 변형이다.

>>> **지지말뚝**
연약지반을 관통하여 굳은지반에 도달시켜서 말뚝 선단지지력에 의해 지지되는 말뚝이다.

(1) 부동침하의 원인

① 연약층
② 연약층의 두께가 상이한 경우
③ 이질지층(이중지반)
④ 일부증축(무리한 증축)
⑤ 지하수위 변경
⑥ 낭떠러지(경사지 근접 시공)
⑦ 이질지정
⑧ 일부지정
⑨ 지하구멍
⑩ 인접건물에 근접시공 등

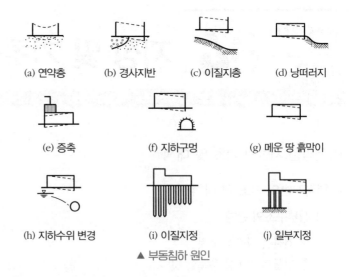

(a) 연약층	(b) 경사지반	(c) 이질지층	(d) 낭떠러지
(e) 증축	(f) 지하구멍	(g) 메운 땅 흙막이	
(h) 지하수위 변경	(i) 이질지정	(j) 일부지정	

▲ 부동침하 원인

(2) 말뚝의 부동침하(부마찰력, Negative Friction)

연약지반을 관통한 말뚝의 지반이 침하하면서 하향으로 말뚝을 끌어
내리려는 현상으로 기초균열과 부동침하가 발생한다.

① 원인
  ㉠ 점성토 지반의 장기 압밀침하
  ㉡ 지표하중이 말뚝 없는 주변에 작용
  ㉢ 인접지 배수로의 지하수위 하강
  ㉣ 주변 침하량이 말뚝의 침하량보다 상대적으로 클 때 발생

② 대책
  ㉠ 말뚝 표면에 아스팔트 역청제 칠
  ㉡ 표면적이 적은 말뚝사용(H – Pile 등)
  ㉢ 인접건물 시공 시 차수벽 시공 철저
  ㉣ 굴착공을 크게 하고 Bentonite를 이용하여 마찰력 감소

3) 지반보강 공법(Underpinning)

인접건물 또는 구조물의 침하방지를 목적으로 하는 지반보강 방법의 총칭
이다.

차단공법	① 이중널말뚝 공법 • 흙막이 외측에 널을 박아 흙, 물의 이동을 방지한다. • 연약지반에 유효하다. ② Pier, Wall 압입 • 기초하부에 장비 설치 후 말뚝이나 벽을 이어서 경질지반에 도 달시킨다. • 콘크리트 말뚝, 강제말뚝, Prepacked, Pedestal Pile 이용 ③ 차단벽 설치 • 인접건물 흙막이 사이에 설치 • 상수면 위에서 시공

보강공법	④ 현장타설 콘크리트 말뚝 • 기존기초를 이어 댄다. • ICOS Pile처럼 주열식으로 시공한다. ⑤ 강제말뚝 이용 현장타설 말뚝 대신 강제말뚝을 지지층까지 박는 법 ⑥ 지반안정공법 • Well Point 이중치기 : 건물 양쪽에서 일정하게 수위저하 • Mortar 약액주입법 : Cement Grouting, Asphalt, Chemical Grouting, 고분자 합성수지 계통, 물유리 등을 주입해 고결시킨다.
직접지지법	Jack이나 Braket을 이용하여 지지하는 방법

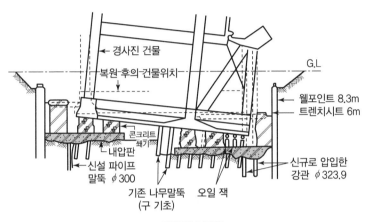

▲ 언더피닝 공법

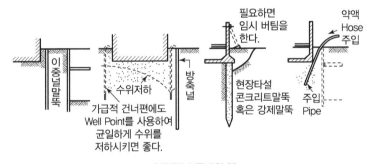

▲ 언더피닝 공법의 예

2. 기초와 지정

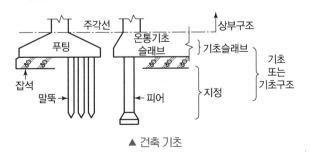

▲ 건축 기초

≫ 기초와 지정

종류	내용
기초	건물의 자중과 외력을 지정 또는 지반에 전달시키는 최하부의 구조물이다.
지정	기초를 보강하거나 지반의 내력을 보강한 부분이다.

1) 기초의 분류

기초의 분류		내용
지정형식상	직접기초	지반이 기초구조에 직접 연결된 방식
	말뚝기초	기초구조 밑에 말뚝을 두어 지반의 내력을 증가시키는 방식
	피어기초	기초구조에 피어를 형성한 지정형식
기초판형식상	독립기초 (Independent Footing)	기둥 한 개의 하중을 한 개의 기초판이 받친다.
	복합기초 (Combination Footing)	2개 이상의 기둥의 하중을 하나의 기초판에 연결·지지시키는 기초방식
	연속기초 (줄기초, Strip Footing)	상부하중을 기초가 연속해서 형성하여 기초가 일체가 되게 하는 기초
	온통기초 (Mat Foundation)	건물하부 전체를 하나의 일체식 기초로 축조하여 상부구조인 기둥의 하중을 지지시키는 기초

>>> **피어기초**
구조물을 지지하기 위하여 기둥 또는 주요구조부 하부에 구축하는 것으로 지반에 하중을 직접 전달하기 위해 만든 기둥모양의 기초로 피어(Pier)로 기초판을 형성한 것

>>> **복합기초**
2개 이상의 기둥을 한 개의 기초에 연속되게 지지하게 한 기초로 단독기초의 결점을 보완한 것

2) 지정의 분류

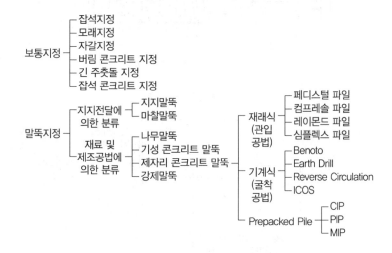

(1) 잡석지정(다짐)

지름 10~25cm 정도의 호박돌을 전단력에 유리하도록 옆세워 쌓아 사춤자갈을 30% 채우고 가장자리에서 중앙부로 다지는 지정으로 두께는 100~300mm 정도이다.

① 잡석지정을 하는 목적
　㉠ 이완된 지표면을 다짐
　㉡ 콘크리트양 절약
　㉢ 기초바닥판의 방습 및 배수 처리
　㉣ 기초 콘크리트 시공 시 흙이 섞이지 않게 하기 위해

Tip 👆
잡석지정의 다짐 시 이용되는 장비
① 손달구
② 몽둥달구
③ 래머
④ 원달구
⑤ 롤러
⑥ 컴팩터

② 잡석지정의 시공 순서 : 기초 굴토 → 잡석 깔기 → 사춤자갈(틈막이 자갈) 채우기 → 다지기 → 밑창 콘크리트

③ 지정폭(기초판 끝) : 10cm(목조 및 조적조), 15cm(콘크리트조)

(2) 모래지정

① 정의 : 지반이 연약하고 하부 2m 이내에 굳은 층이 있어 말뚝을 박을 필요가 없을 때 그 부분을 파내고 모래를 넣고 물 다짐하는 지정방법이다.

② 시공

㉠ 두께 30cm마다 물 다짐한다.

㉡ 방축널 사용 시 다짐 후 제거하지 않는다.

(3) 자갈지정

하부 지반이 견고한 경우(경질토량) 지름 4.5cm 정도의 자갈, 깬자갈, 모래 반 섞인 것을 두께 6~12cm 정도로 깔고 다지는 지정방법이다.

(4) 밑창(버림) 콘크리트 지정

① 정의 : 잡석, 자갈 다짐 위에 1 : 3 : 6 배합으로 두께 5~6cm의 콘크리트를 치는 지정으로 설치기준강도는 15MPa 이상으로 한다.

② 사용목적

㉠ 먹줄을 튕기기 위해

㉡ 바깥방수의 바탕으로 이용하기 위해

㉢ 잡석의 유동방지

㉣ 철근배근 및 거푸집 설치의 조건을 용이하게 하기 위해

(5) 긴 주춧돌 지정

비교적 지반이 깊고 말뚝을 사용할 수 없는 간단한 건축물에서 사용하는 것으로 잡석지정, 자갈지정 위에 30cm 정도의 콘크리트관, 긴 주춧돌을 세운다.

(6) 잡석 콘크리트 지정

경미한 건축물과 임시 건축물에서 사용한다. 1 : 4 : 8 배합, 1 : 10~1 : 12 정도의 경사 콘크리트로 만든 지정이다.

3) 말뚝지정

(1) 말뚝지정의 종류 및 비교

종별	나무말뚝	기성 콘크리트 말뚝	강제말뚝	현장타설 콘크리트 말뚝	매입말뚝
중심 간격	2.5D 이상 60cm 이상	2.5D 이상 75cm 이상	직경이나 폭의 2배 이상 또는 75cm 이상	2D 이상 또는 D+1m 이상	2D 이상
길이	7m 이하	최대 15m 이하	최대 70m	보통 30~90m	RC말뚝과 강제말뚝
지지력	최대 100kN	최대 500kN	최대 1,000kN	보통 2,000kN 최대 9,000kN 이상	최대 500~1,000kN
특징	• 상수면 이하 타입 • 경량건물에 사용 • 끝마구리 직경 : 12cm 이상	• 상수면이 깊고 중량건물에 사용 • 말뚝지름 이상 관입(지지층) • 주근 6개 이상 0.8% 이상	• 깊은 연약층 지지 • 부식 고려 • 중량건물	• 연약검토층 1m 이상 관입 (지지층) • 주근 4개 이상 0.25% 이상 • 피복 6cm 이상	• Pre-Boring 공법 • SIP 공법
	간격은 보통 3~4D이며, 연단거리는 1.25D 이상, 보통 2D 이상이다.				

(2) 나무말뚝지정

① 재료

ㄱ 소나무, 낙엽송, 삼나무 껍질을 벗겨 사용한다(마찰력 감소).

ㄴ 부패를 방지할 목적으로 상수면 이하에 박는다.

ㄷ 말뚝머리에 두겁(Cap), 쇠가락지를 씌우고 말뚝 끝에는 쇠신을 대고 보호한다.

ㄹ 직경 15~20cm, 길이 4.5~5.4m(7m 이하)

② 말뚝박기 공구 : 드롭해머(활차와 Winch 이용), 디젤, 뉴메틱, 스팀해머

(3) 기성 콘크리트 말뚝지정

① 원심력 콘크리트 말뚝(중공말뚝 : RC pile)

ㄱ 길이 : 4~15m(길이는 직경의 45배 이하), 운반상 12m 이하로 제작

ㄴ 지름 : 20~50cm

ㄷ 최소철근량 : 0.8% 이상

ㄹ 허용압축응력도 : 8MPa 이상(4주 압축강도의 1/4)

ㅁ 이음부 신뢰성 부족, 철근부식 우려, 지지말뚝에 적합

⋙ 연단거리

말뚝의 중심에서 기초의 가장자리 끝까지의 거리로 파일의 최소 연단거리는 $1.25d$ 이상이다.

Tip 👆

나무말뚝지정 시 주의사항

① 말뚝의 휨 정도는 $l/50$ 이하, 마무리 중심선이 말뚝 내에 있어야 한다.

② 공이무게 : 말뚝무게의 2~3배

③ 공이낙하고 : 5m 이내

④ 예정위치까지 박는다.

⑤ 1개마다 침하량 측정

⑥ 지하수위 1m 이하(상수면 이하)에 타입

⑦ 이음말뚝 : 최대 15m

② Pre－Stressed Concrete Pile(PS Pile)

　㉠ 프리텐션(소규모 단일부재)과 포스트텐션(대형부재) 방식이
　　있다.

　㉡ 길이 : 7~15m

　㉢ 60m까지 항타

　㉣ 최소 철근량 : 0.4% 이상

　㉤ 4주 강도 : 50MPa 이상(고강도 PS Pile : 80~100MPa)

　㉥ 말뚝의 표시법

　　<u>PHC</u>　－　<u>A · 450</u>　－　<u>12</u>
　　㉮　　　　　㉯　　　　　㉰

　　㉮ 프리텐션 방식의 고강도 콘크리트 말뚝
　　㉯ 말뚝의 지름 450mm
　　㉰ 말뚝의 길이 12m

　㉦ 60m까지 항타

　㉧ 지지력 큼, 내구성 휨저항성 우수, 이음부 신뢰성 우수

③ RC와 PS Pile 비교

RC Pile	PS Pile
• 재료구입이 쉽고 15m 정도가 경제적 • 타격 시 균열로 철근부식 • 지지말뚝에 적합, 지반 접착성 우수 • 중간 경질층(N=30) 관통이 어렵다. • 이음부 신뢰성 부족. 운반, 박기 시 주의(1개 이음에 20% 지지력 감소)	• 이음부의 신뢰성. 부식성이 없고 내구성이 있다. • 타입 시 인장응력에 의한 파괴가 없다. • 중간 경질층 관통이 용이하다. • 운반 시 손상을 입을 염려가 적다. • 휨모멘트 저항성이 크다. • 길이 조절이 쉽고(이음 용이) 강성이 크다.

(4) 제조, 운반, 취급

① 콘크리트 타설 후 14일 이내에는 이동을 금지한다.

② 재령 28일 이상의 것을 사용한다.

③ 저장은 2단 이하로 한다(가능한 한 1단).

④ 제작 14일 이내에는 운반을 금지한다.

⑤ 박기장비는 이동이 편리한 Roller 방식 채택이 원칙이다.

(5) 말뚝 박기 시공상 주의점 및 시험말뚝

① 말뚝의 위치는 수직으로 박고 휴식시간 없이 연속으로 박는다.

② 시험말뚝은 사용말뚝과 똑같은 조건으로 하고 3본 이상으로 한다.

③ 소정의 침하량에 도달하면 예정위치에 도달시키려고 무리하게 박
　지 않는다.

④ 말뚝머리는 직접 기초판 밑면에 닿도록 하고 말뚝 위로 밑창 콘크리
　트가 덮이지 않게 한다. 철근은 기초판에 소정위치까지 정착시킨다.

⑤ 타격횟수 5회에 총관입량이 6mm 이하인 경우는 거부현상으로 본다.

⑥ 기초면적 1,500m²까지는 2개를 설치하고, 3,000m²까지는 3개를 설치한다.

⑦ 말뚝의 최종 관입량은 5~10회 타격한 평균 침하량으로 한다.

⑧ 말뚝은 박기 전 기초 밑면에서 15~30cm 위의 위치에서 박기를 중단한다.

⑨ 말뚝머리, 설계위치와 수평방향 허용오차는 10cm 이하로 한다.

⑩ 두부정리는 고루 정으로 쪼아 절단하고 철근은 소정의 길이만 남기고 절단한다.

⑪ 타입 시 이웃말뚝이 솟으면 더 큰 타격을 가해 원지점 이하로 박는다.

(6) 기성 콘크리트 파일의 이음방법

이어 쓰지 않는 것이 원칙이나 타입 깊이에 따라 이음을 한다. 장부식, 충진식, 볼트식, 용접식 이음방법이 있다.

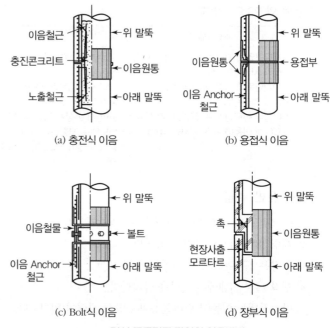

▲ 기성 콘크리트 파일의 이음방법

참고

기성 콘크리트 말뚝을 사용한 기초공사에 사용 가능한 무소음, 무진동 공법

① Pre-Boring 방식
② 중굴식 굴착방식
③ 수사식
④ 유압잭식
⑤ 진동압입식
⑥ 회전압입공법

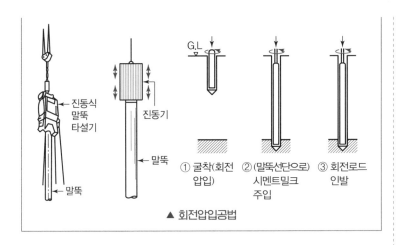

▲ 회전압입공법

(7) 강제말뚝

① 특징

　㉠ 중량이 가볍고 휨저항이 크며 타입이 용이하다.

　㉡ 지지층에 깊이 관입시킬 수 있어 지지력이 크다.

　㉢ 경질층(중간지층)의 관통이 가능하다(N = 50).

　㉣ 수평, 충격력 등에 대한 저항성이 크다.

　㉤ 강관말뚝과 H형강 말뚝이 있다.

　㉥ 길이가 긴 말뚝에 적당하다.

② 장점

　㉠ 길이조절이 용이하다.

　㉡ 이음이 강하고 안전하다.

　㉢ 시공설비가 간단하다.

　㉣ 시공속도가 빠르다.

　㉤ 빼기가 용이(사층, 자갈층)하다.

③ 단점

　㉠ 재료비가 비싸다.

　㉡ 부식되기 쉬우므로 (0.05~0.1mm/year로 예측) 부식을 고려하여 외부 2mm, 내부 5mm를 공제한 유효단면으로 한다.

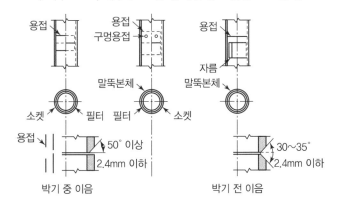

Tip 👆
방청조치
① 판두께를 증가시키는 방법
② 방청도료 도포법
③ 시멘트 피복법(합성수지 피복법)
④ 합금법
⑤ 라이닝법
⑥ 전기방식법(가장 유효하나 고가임)

▲ 강관말뚝

3. 기초말뚝 공법

1) 기성말뚝 타입공법

(1) 타격식 방법

① 디젤 해머(Diesel Hammer) : 대규모 말뚝과 널말뚝 타입 시 사용한다.

ㄱ 연약 지반에서는 능률이 떨어지므로 규모가 크고 딱딱한 지반에 적용한다.

ㄴ 단위시간당 타격횟수가 많고 진동이 적으며 타격력이 크므로 능률적이다.

ㄷ 타격음이 크고 타격력 조절이 힘들다.

ㄹ 말뚝두부 손상이 적으며 타격의 정밀도가 우수하다.

ㅁ 장비의 조립, 해체가 용이하다.

ㅂ 해머의 낙하고 조절이 어려우며 소음·진동이 크다

② 스팀 해머(Steam Hammer) : 단동식과 복동식이 있다(낙하고 : 1m, 0.5m).

ㄱ 동력설비가 대규모적이다.

ㄴ 매연, 소음이 크다.

ㄷ 타격력 조절이 가능하다.

ㄹ 증기력을 이용하여 추를 낙하시킨다.

③ 드롭 해머(Drop Hammer) : 활차와 윈치(Winch)를 이용, 추를 윈치(Winch)로 감아올린 후 자유낙하시키는 것이다.

ㄱ 낙하고 : 3m

ㄴ 해머무게 : 말뚝무게의 2~3배

ㄷ 설비가 간단하고 낙하높이 조정이 가능하다.

≫ 윈치(Winch)
무거운 물건을 움직이거나 끌어올리는 데 쓰이는 기중기의 일종으로 원통과 로프를 감아 올려서 중량물을 끌어올린다.

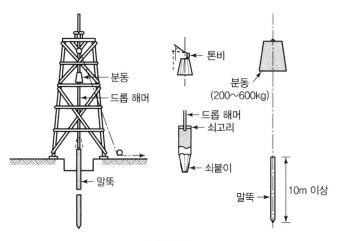

▲ 드롭 해머

(2) **압입식 방법**

① 유압잭식(Oil Jack) : 연약 지반에서 말뚝머리에 큰 하중을 가압하여 박는다.

　㉠ 연약 지반에 적합하다.

　㉡ 무소음, 무진동공법이다.

　㉢ 두부손상이 없다.

　㉣ 동력설비가 대규모이다.

② **진동압입식(Vibro Hammer)** : 진동으로 널말뚝 중량과 해머의 자중을 이용하여 압입한다(수사식과 병용).

　㉠ 연약 지반에 적당하다.

　㉡ 소음이 적다.

　㉢ 지반지지력 확인이 가능하다.

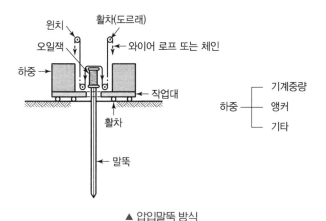

▲ 압입말뚝 방식

≫≫ 프리보링 공법
소정위치까지 말뚝구멍(말뚝직경보다
조금 크게)을 파서 기성콘크리트 말뚝
을 압입하여 모르타르를 채우거나 굴착
하고 싶지 않은 구멍에 타격공법으로
관입한다.

2) 기성말뚝 매입공법

(1) Pre – Boring 방식

압입 전 미리 어스드릴, 회전식 버킷, Pit 등으로 구멍을 뚫고 말뚝을 압입하는 공법이다.

① 벤토나이트 용액으로 공벽을 보호하며 말뚝을 압입한다.

② 무소음, 무진동공법으로 많이 사용한다.

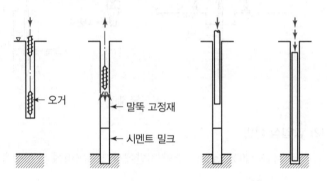

① 어스오거 굴착　② 시멘트 밀크 주입　③ 말뚝 삽입　④ 타격 또는 압입
　　　　　　　　　　오거 인발

▲ 프리보링 공법

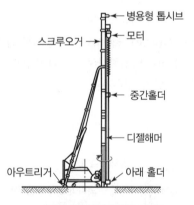

▲ 프리보링 공법의 주요 명칭

Tip 👆
프리보링 공법의 시공 순서

(2) Water Jet 방식(수사식 말뚝박기)

모래층, 모래 섞인 자갈층, 굳은 진흙층에서 기계 선단의 물을 분사하여 지반을 무르게 한 다음 압입하는 방식이다.

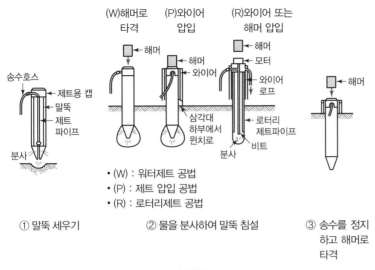

- (W) : 워터제트 공법
- (P) : 제트 압입 공법
- (R) : 로터리제트 공법

① 말뚝 세우기   ② 물을 분사하여 말뚝 침설   ③ 송수를 정지 하고 해머로 타격

▲ 수사법

(3) 중공식 파기법(중굴식)

어스 오거를 PC 말뚝 중공부를 통해 구멍을 뚫고 PC 말뚝 끝부분에 콘크리트를 부어 고정하는 공법이다.

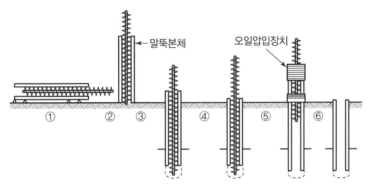

▲ 중공식 공법에 의한 말뚝 설치

① 말뚝 내로 오거 삽입
② 0.5m 정도에서 삽입한 시점에서 시멘트밀크 주입을 개시
③ 지적층에 도달한 시점에서 수직도 확인
④ 시멘트밀크의 주입은 오거를 반전시켜 수회에 걸쳐 상하로 주입
⑤ 시멘트밀크의 주입이 끝나면 오거를 끌어 올려 압입장치로 압입
⑥ 시공 완료

>>> STM 공법(중공굴착 공법)

지름이 크고 긴 기성 콘크리트 말뚝을 무소음, 무진동으로 중간굴착압입공법 STM기로 말뚝중공을 굴착하면서 에어리프트로 토사를 배제하는 동시에 압입한다.

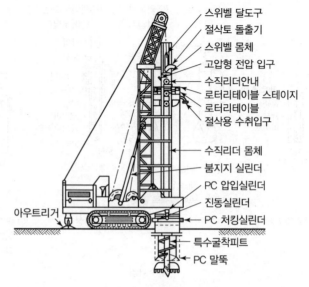

스위벨 달도구
절삭토 돌출기
스위벨 몸체
고압형 전압 입구
수직리더안내
로터리테이블 스테이지
로터리테이블
절삭용 수취입구
수직리더 몸체
붐지지 실린더
PC 압입실린더
진동실린더
아우트리거
PC 처킹실린더
특수굴착피트
PC 말뚝

▲ STM 공법(중공굴착 공법)

3) 제자리 콘크리트 파일(현장타설 콘크리트 파일)

(1) 컴프레솔 파일(Compressol Pile)

① 끝이 뾰족한 추(무게 1.0~2.5t)로 천공하고 속에 넣은 콘크리트를 끝이 둥근 추로 다진 후에 평면추로 다진다.

② 지하수 유출이 적은 굳은 지반에 짧은 말뚝으로 사용한다.

(2) 심플렉스 파일(Simplex Pile)

굳은 지반에 외관을 박고 콘크리트를 추로 다져 넣으며 외관을 빼낸다.

(3) 페데스탈 파일(Pedestal Pile)

Simplex Pile의 개량형으로 지지력 증대를 위해 지중에 구근을 형성한 다음 내관과 외관을 뽑으면서 콘크리트를 채워 만든 말뚝이다.

① 대중적인 현장말뚝이다.

② 콘크리트 손실이 크다.

③ **구근직경** : 70~80cm

④ **기둥직경** : 45cm 내외

⑤ **지지력** : 20~30ton

(4) 레이먼드 파일(Raymond Pile)

① 얇은 철판의 외관에 심대를 넣어 박은 후 심대를 빼내고 콘크리트를 다져 넣는다.

② 외관이 땅속에 남는 유곽 Pile이다.

Tip 👆

제자리 콘크리트 파일 시공 순서

① 외관과 내관을 동시에 소정의 위치까지 박는다.

② 내관을 빼낸다.

③ 외관 내에 콘크리트를 넣는다.

④ 콘크리트를 내관으로 다지면서 지중에 구근이 형성되도록 하고 외관과 내관을 제거한다.

(5) 프랭키 파일(Franky Pile)

외관을 박고 내부 마개를 제거한 후 콘크리트를 넣고 추로 다진다.

① 심대 끝에 원추형 주철재의 마개 달린 외관을 사용한다.

② 마개 대신 나무말뚝을 사용하면 상수면 깊은 곳의 합성말뚝으로 편리하다.

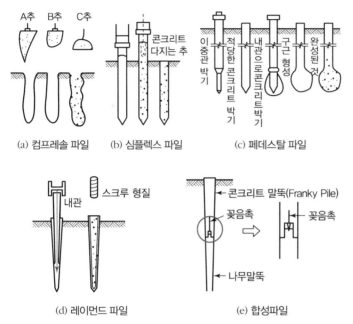

▲ 제자리 콘크리트 파일의 종류

(6) 프리팩트 파일(Prepacked Pile)

① CIP 말뚝 : 오거로 구멍을 뚫고 자갈을 충진하여 모르타르를 주입하는 공법이다.

　㉠ 토사 붕괴 시 Casing을 사용한다.

　㉡ 연속벽체, 지지말뚝에 적당하다.

　㉢ 시공 순서 : 철근 조립 → 모르타르 주입용 Pipe 설치 → 자갈 다져 넣기 → 모르타르 주입

② PIP 말뚝 : 스크루 오거를 굴착하여 흙과 오거를 동시에 끌어올리면서 오거 중심 선단의 구멍으로 모르타르나 콘크리트를 주입하는 공법이다.

③ MIP 말뚝 : 파이프 선단에 회전 커터를 설치하여 흙을 뒤섞으면서 자중으로 파고 들어가서 파이프 선단으로 모르타르를 분출시켜 소일 콘크리트를 형성하는 공법이다.

Tip 👆

공벽토사의 붕괴 방지방법
① 벤토나이트 용액 주입
② 외관(Casing) 박기
③ 정수압

벤토나이트 용액의 사용목적
공벽 붕괴 방지, 지하수 유입 차단

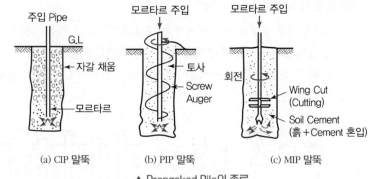

(a) CIP 말뚝   (b) PIP 말뚝   (c) MIP 말뚝

▲ Prepacked Pile의 종류

4) 대구경 말뚝공법

(1) 특징

① 굴착, 천공식 기초이다. 0.9m～3.0m의 큰 구경이 가능하다.

② 선단 지지력에 의존(마찰력 무시), 무소음, 무진동, 저공해공법이다.

③ 지지력이 크고 수평력에 대한 휨저항력이 크다.

④ 토질상태 및 지지력의 확인이 가능하고 확실한 지층까지 도달이 가능하다.

⑤ 히빙 진동은 없으나 주위 지반, 선단 자연지반을 이완시킬 우려가 있다.

(2) 어스드릴(Earth Drill) 공법(칼웰드 공법)

어스드릴이라는 굴삭기를 써서 지름 1.0～2.0m 정도의 대구경 제자리 말뚝을 만드는 공법으로 상부에 공벽유지를 위해 Casing을 박는다. 좁은 곳의 작업이 가능하고 점토지반에 적용된다. 드릴링 버킷으로 굴착하고 Bentonite로 공벽을 보호하며 트레미관으로 콘크리트를 타설한다.

① 장점

㉠ 기계가 간단하고 경질점 토질 굴착이 용이하다

㉡ 염가, 소음, 고장이 적다.

㉢ 시공속도가 빠르고 공사비가 저렴하다.

② 단점

㉠ N=50 이상 경질지반에는 부적당하고 옥석이 있으면 불가능하다.

㉡ 사질지반은 공벽붕괴의 우려가 있고 Slime 제거가 곤란하다.

㉢ 지지력 감소 우려가 있다.

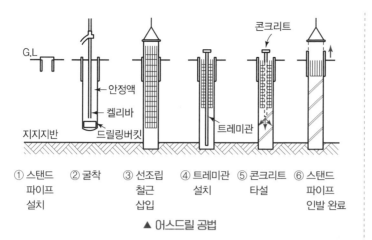

| ① 스탠드
파이프
설치 | ② 굴착 | ③ 선조립
철근
삽입 | ④ 트레미관
설치 | ⑤ 콘크리트
타설 | ⑥ 스탠드
파이프
인발 완료 |

▲ 어스드릴 공법

(3) **리버스 서큘레이션 공법(Reverse Circulation Drill, 역순환공법)**

파기구멍 내에 지하수위보다 2m 이상 높게 물을 채워 공벽에 $2t/m^2$ 이상의 정수압이 걸려 공벽의 붕괴를 방지하고 비트의 회전에 의하여 굴착한다. 그 다음, 철근 조립 후 트레미관으로 Pier 형성, 굴착토는 물과 로드를 통하여 역순환에 의해 지표에 배출하고 말뚝을 형성한다. Casing이 없고 점토, 실트층에 적용하며 굴착심도는 30~70m, 직경은 0.9~3m 정도이다.

① 장점

㉠ 굴착심도가 깊고 타 공법보다 효율이 양호하다.

㉡ 시공속도가 빠르며 수상작업이 가능하다.

㉢ Casing Tube가 불필요하고 Stand Pipe 하부는 나공상태로 굴착한다.

㉣ 사질층 굴착이 용이하고 특수 Bit에 의한 자갈층, 연경암층도 무진동으로 굴착이 가능하다.

㉤ 기종에 따라 경사시공도 가능하다.

② 단점

㉠ 굴착 중 특수층을 만나면 공벽붕괴의 우려가 있고 굴곡면이 일정하지 않다.

㉡ Pipe 직경보다 큰 전석층 굴착이 곤란하며 말뚝 선단 및 주변 지반의 이완 경향이 있다.

㉢ 이수 순환설비를 위한 공간확보가 필요하고 굴착토 및 이수처리로 현장이 오염된다.

㉣ 정수압 또는 안정액만으로 공벽유지가 곤란한 장소에는 적용이 불가능하다.

㉤ Slime 처리, 잔토처리 문제가 있다.

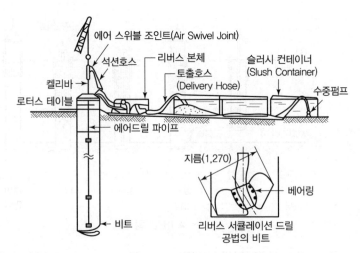

에어 스위블 조인트(Air Swivel Joint)
석션호스
리버스 본체
슬러시 컨테이너 (Slush Container)
켈리바
토출호스 (Delivery Hose)
수중펌프
로터스 테이블
에어드릴 파이프
비트
지름(1,270)
베어링
리버스 서큘레이션 드릴 공법의 비트

▲ Reverse Circulation Drill 공법

(4) 베노토(Benoto) 공법(All Casing 공법)

대구경 굴삭기를 이용해 Casing Tube를 좌우 회전시키는 요동 압입하면서 흙 속에 철근망을 삽입하고 동시에 트레미관에 의해 콘크리트를 타설하고 Casing Tube를 빼내며 말뚝을 조성하는 방법이다. 시공이 확실하고 점토, 실트, 모래층 등 어느 지반에도 적용이 가능하다. 직경은 1~2m, 굴착심도는 보통 25~35m이며 최대 50~60m이다.

① 장점
　　㉠ 시공이 확실하여 도심지 기초공사에 적당하다.
　　㉡ 지반이완을 최소화하고 밀실한 콘크리트를 타설할 수 있다.
　　㉢ All Casing 공법은 공벽붕괴가 없다.
　　㉣ 안정액을 사용하지 않는다.
　　㉤ Slime 제거가 신속하고 확실하다.

② 단점
　　㉠ 시공설비가 복잡하여 공사비가 고가이며 속도가 느리다.
　　㉡ 사질층에 주변 마찰력이 증대하여 케이싱 인발이 곤란하다.
　　㉢ 횡하중 저항에 약하다.
　　㉣ 자갈층 굴착 시 Cutting Wedge상에 자갈이 쐐기로 되어 케이싱이 인발되지 않는 경우가 있다.
　　㉤ 기계가 대형이며 복잡하다.

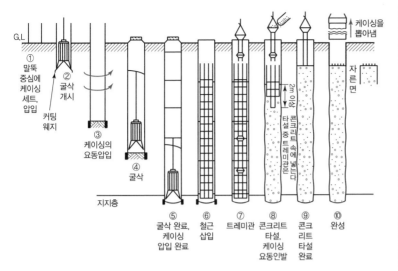

▲ Benoto 공법(올케이싱 공법)의 시공 순서

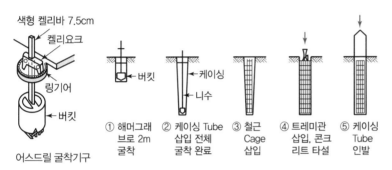

▲ 어스드릴 굴착기구 및 시공 순서

(5) BH(Boring Hole) 공법

① 보링기계로 Drill Rod를 회전시켜 선단의 비트로 토사 굴착 후 철근
   망, 트레미관을 이용하여 제자리 콘크리트 말뚝을 조성하는 방법
   이다.

② 공벽보호를 위해 안정액을 이용, 토사와 함께 배출한다.

   ※ RCD 공법은 물을 역순환, B/H 공법은 물을 정순환한다.

③ 기계가 소형, 경량이므로 협소한 장소에서 사용 가능하다.

④ 공사비는 저렴하나, 굴착능력이 작고 슬라임의 침전이 있는 결점이
   있다.

⑤ 언더피닝 공법으로도 사용, 경사말뚝 시공도 가능하다.

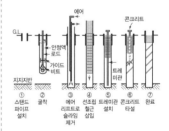

▲ BH 공법 시공 순서

4. 특수기초 공법

1) 우물기초(Well Foundation) 공법

(1) 개요

① 우물을 파는 기초로 Pier 기초의 일종이며 심초공법, 심관공법 등이 있다.

② 기성 콘크리트 관을 내부굴착에 따라 순차적으로 침하시키는 방법이다.

③ 지상에서 철근을 조립하여 측면 벽체 콘크리트를 타설하며 침하시킨다.

④ 골철판을 Shield로 하고 앵글 또는 강관을 보강용 띠장 Ring으로 하여 직경 1.2~4.6m를 침하시키는 방법으로 심초공법이라고도 하며 30~40m가 한계이다.

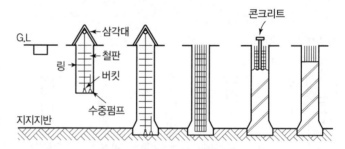

▲ 심초공법 시공 순서

① 말뚝 중심 확인 ② 삼각대 조립, 굴착(강재링 침하, 수중펌프로 배수) ③ 저면부 확대 부착 ④ 선조립 확대 삽입 ⑤ 콘크리트 타설 ⑥ 완료

(2) 특징

① 우물기초, Pier기초는 경질지반에 도달시키는 것이 원칙이다.

② 최소지름은 90cm 이상으로 하고 전 길이는 최소지름의 15배 이하로 한다.

③ 편심 거리가 Pier 전 길이의 1/60 이상 또는 꼭대기 지름의 1/10이 넘을 때는 철근으로 보강한다.

2) 잠함기초(Caisson Foundation) 공법

지하구조체를 지상에서 구축, 침하시키는 공법으로 본체를 강체로 간주할 수 있고 큰 수직, 수평지지력이 얻어지는 기초형식이다.

① 개방잠함(Open Caisson) 공법

㉠ 압축공기를 사용하지 않고 구조물을 침하시킨다.

㉡ 침하를 돕기 위해 끝날을 사용한다(Water Jet 방식 병용).

ⓒ 소정의 깊이까지 침하 후 중앙부 기초를 축조한다.

ⓔ 구조물 완성

② 용기잠함(Pneumatic Caisson) 공법

　ⓐ 압축공기로 지하수 유입을 막고 고기압 내에서 굴착작업을 실시한다.

　ⓑ 용수 유출량이 많은 지반에 사용하고 40m 이상은 불가하여(10~35m), 10m 이하이면 우물통 기초가 된다.

　ⓒ 지반지지력 측정이 가능하고 공사비가 고가이며 케이슨병이 우려된다.

　ⓓ 소음 및 진동이 크고 전문기술자가 필요하다(10m 이하 : 오픈 케이슨 유리).

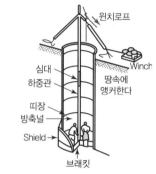

(a) 우물통 기초

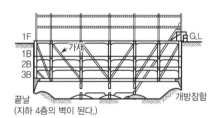

(b) 중앙부 기초

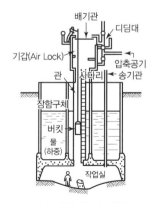

(c) 뉴메틱 케이슨 공법

▲ Well 공법과 Caisson 공법

③ Box Caisson

    ⊙ 밑이 폐단면의 박스형으로 되어 있고 육상작업장에서 해상에 건수 시켜 모래, 자갈, 콘크리트를 채워 침하시키는 공법이다.

    ⓒ 공사비가 싸다.

    ⓒ 케이슨 구축이 불가능한 해안 구조물 구축에 사용된다.

3) 기타 공법

(1) 지반고결 공법 중 약액주입 공법

입경이 작은 사질지반에 적용하는 공법이다.

① LW 공법(불안전 물유리 공법) : 시멘트액+물유리 혼합 주입

② Hydro 공법 : 특수규산염+중탄산소다+불규화소다

③ 케미젝트 공법 : 규산소다+알루민소다

④ Tacss 공법 : 주입약액이 스스로 간극수를 포착하여 고결지수 효과

(2) JSP(Jumbo Special Pile) 공법

연약지반 개량공법으로 초고압(200kg/cm²)의 제트를 이용하여 연약 지반의 내력을 증가시키는 지반 고결제(시멘트 주입제)의 주입공법이다. Double Rod 선단에 Jetting Nozzle을 장착하여 시멘트 주입제를 분사하면서 회전하게 하여 지반을 강화한다.

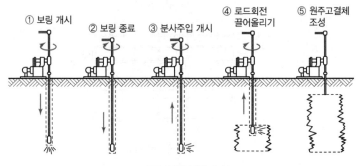

① 보링 개시   ② 보링 종료   ③ 분사주입 개시   ④ 로드회전 끌어올리기   ⑤ 원주고결체 조성

▲ JPS 공법 시공 순서

5. 말뚝시험과 허용지지력 산출방법

1) 말뚝박기시험(시항타)

말뚝박기시험은 관입 기계의 적합성 측정, 설계용 지지층 깊이의 확인 및 지내력 측정, 말뚝길이, 치수, 이음법의 적합성 여부를 판정하기 위해서 행한다.

2) 말뚝의 허용지지력 산출방법

(1) 재하시험에 의한 방법(지지, 마찰말뚝)

R(장기하중)은 재하시험에 의한 항복하중의 1/2, 극한하중의 1/3 중 작은 값으로 한다.

(2) 말뚝박기시험에 의한 방법(지지말뚝)

$$R(장기) = \frac{F}{5S + 0.1}$$
$$R'(단기) = 2R$$

여기서, S : 말뚝의 최종관입량(m)
F : Hammer의 타격 에너지(t · m)
 • Drop Hammer의 경우 : W(추의 무게)$\times H = F$
 • Diesel Hammer의 경우 : $2W \times H = F$

(3) 지반의 허용응력도에 의한 방법(지지말뚝)

$$R = q_A$$

여기서, A : 말뚝 선단의 유효단면적(m²)
q : 말뚝 선단의 장기, 단기 허용응력도(t/m²)

3) Rebound Check

(1) 개요

① 리바운드 체크란 수평으로 설치한 자를 따라서 연필을 일정한 속도로 이동시켜 말뚝에 붙은 기록지에 타격에 의한 말뚝의 작업량 및 리바운드양을 읽는 것을 말한다.
② 말뚝을 소정의 깊이까지 박고, 타격을 끝낼 때는 해머의 낙하높이, 말뚝의 관입량 및 리바운드양을 측정하여 지지층의 확인과 지지력을 추정한다.

(2) 목적

① 항타시공 장비 결정
② 작업방법 결정
③ 설계, 시공기간 결정
④ 말뚝길이 및 정착 시 1회 타격 허용관입량 결정

1. 지정

기초를 보강하거나 지반의 내력을 향상시키기 위해서 보강한 구조부분이다.

2. 기초

건물의 자중과 외력을 지반 또는 지정에 전달시키기 위한 건축물 최하부의 구조물이다.

3. 언더피닝(Under Pinning)

기존 건축물 가까이 신축공사를 할 때 기존건물의 지반과 기초를 보강하여 피해를 최소화하기 위한 공법이다.

4. 슬라임(Slime)

① 정의 : 현탁액에 혼입된 흙 부스러기나 현탁액 입자가 결합된 것이 구멍바닥에 가라앉은 퇴적물의 덩어리진 점착성 찌꺼기로, 콘크리트 부착을 저해하므로 제거한다.
② 슬라임이 미치는 영향 : 수중굴착의 경우 말뚝의 콘크리트 타설에 있어서 치환능력의 저하, 콘크리트 강도의 저하, 안정액이 치환능력을 잃고 Gel화 된다.

5. 연단거리

말뚝의 중심에서 기초의 가장자리 끝까지의 거리로 파일의 최소 연단거리는 $1.25d$ 이상이다.

6. 잠함기초 (Caisson Foundation)

지하구조체를 지상에서 구축, 침하시키는 공법으로 본체를 강체로 간주할 수 있고 큰 수직, 수평지지력을 얻는 기초형식이다.

7. 복합기초(Combination Foundation)

2개 이상의 기둥을 한 개의 기초에 연속되게 지지하게 한 기초로 단독기초의 결점을 보완한 것이다.

8. 피어기초 (Pier Foundation)

구조물을 지지하기 위하여 기둥 또는 주요구조부 하부에 구축하며 지반에 하중을 직접 전달하기 위해 만든 기둥모양의 기초로, 피어(Pier)로 기초판을 형성한 것이다.

9. 윈치(Winch)

무거운 물건을 움직이거나 끌어올리는 데 쓰는 기중기의 일종으로 원통과 로프를 감아올려서 중량물을 끌어올린다.

10. 부동침하

한 건물에서 부분적으로 상이한 침하가 생기는 현상이다.

11. 래머(Rammer)

집터의 땅을 단단하게 다지기 위해 사용하는 기구로 일반적으로 굵고 둥근 통나무의 토막 위에 손잡이가 네 개 또는 두 개가 달려 있다.

12. 침하줄눈 (Settlement Joint)

침하를 예측하고 지하기초부터 분리해서 설치하는 줄눈이다.

13. 지지말뚝

연약지반을 관통시켜 견고한 지반에 도달시켜 선단지지력에 의하여 하중을 지반에 전달하는 말뚝이다.

14. 마찰말뚝

연약층이 깊어 굳은 층에 지지할 수 없을 때 말뚝과 지반의 마찰력을 이용하는 말뚝으로 사질지반에 적당하다.

과년도 기출문제

01 다음에 설명하는 말뚝의 용어명을 쓰시오. (2점)   [99]

(1) 연약층이 깊어 굳은 층에 지지할 수 없을 때 말뚝과 지반의 마찰력에
의하는 말뚝은?   (　　　　　)

(2) 연약지반을 관통하여 굳은 지반에 도달시켜 말뚝선단의 지지력에
의하는 말뚝은?   (　　　　　)

➡ (1) 마찰말뚝
(2) 지지말뚝

02 공동주택 건축물의 기초를 시공하고자 한다. 시공 순서를 보기에서
골라 기호를 쓰시오. (6점)   [90]

[보기]
㉠ 터파기   ㉡ 말뚝머리 자르기   ㉢ 먹줄치기
㉣ 철근 배근   ㉤ 거푸집 설치   ㉥ 버림 콘크리트
㉦ 콘크리트 부어넣기   ㉧ 말뚝박기

➡ ㉠-㉧-㉡-㉥-㉢-㉤-㉣-㉦

03 다음의 말뚝 간격에 대하여 쓰시오. (6점)   [89]

(1) 나무말뚝 : _____

(2) 기성 콘크리트 말뚝 : _____

(3) 제자리 콘크리트 말뚝 : _____

➡ (1) 2.5d 또한 60cm
(2) 2.5d 또한 75cm 이상
(3) 2D 이상 또는 D+1.0m 이상 : 현장
콘크리트 말뚝

04 지정 및 기초공사에서 지정말뚝의 종류를 3개 쓰시오. (3점)   [99]

① _____   ② _____   ③ _____

➡ ① 나무말뚝
② 기성 콘크리트 말뚝
③ H형강 말뚝

05 APT 현장의 독립기초보강에 사용되는 콘크리트 말뚝의 이음 시 이용되는 방법을 3가지만 쓰시오. (3점)   [96, 98, 00, 01]

① _____   ② _____   ③ _____

▶ ① 장부식 이음
② 용접식 이음
③ Bolt식 이음

---

06 기성말뚝재에 표시되는 다음의 표기가 의미하는 바를 쓰시오. (3점)   [00]

$$PHC \underset{①}{-} A \cdot \underset{②}{450} - \underset{③}{12}$$

① _____
② _____
③ _____

▶ ① 프리텐션방식의 고강도 콘크리트 말뚝(PHC : Pretensioned High Stress Concrete Pile)
② 말뚝지름이 450mm이다.
③ 말뚝길이가 12m이다.

---

07 기성 콘크리트 말뚝지정공사의 시험 말뚝박기에 대한 다음 설명 중 ( ) 안에 적합한 숫자를 쓰시오. (4점)   [93, 98, 05]

(1) 타격횟수 (①)회에 총관입량이 (②)mm 이하인 경우의 말뚝은 박히는 데 거부현상을 일으킨 것으로 본다.

① _____ ② _____

(2) 기초면적이 (①)m²까지는 2개의 단일시험말뚝을 설치하고 (②) m²까지는 3개의 단일시험말뚝을 설치한다.

① _____ ② _____

▶ (1) ① : 5 ② : 6
(2) ① : 1,500 ② : 3,000

---

08 기초에 사용되는 압입공법에서 채용되는 말뚝은 단부형태에 따라 구분되며, 말뚝길이가 지지지반까지 이르지 못할 경우 이어서 사용하게 되는데 이음방법도 구분된다. 이들의 종류를 각각 2가지씩 나열하시오. (4점)   [03]

(1) 선단부 형상의 종류 : ① _____, ② _____
(2) 말뚝이음의 종류 : ① _____, ② _____

▶ (1) ① 연필형태(Pencil Type : 폐쇄돌출형)
② 플랫형태(Flat Type : 폐쇄형)
(2) ① 용접식 이음법
② Bolt식 이음법
③ 충전식 이음법

09 무리말뚝 기초공사에 관한 사항이다. 일반적인 시공 순서를 보기에 서 골라 기호를 쓰시오. (4점) [86, 92, 94, 03]

> ◈ ⑩-㉠-㉣-㉢-㉡-⑭

[보기]
㉠ 수평규준틀 설치   ㉡ 중앙부 말뚝박기
㉢ 가장자리 말뚝박기   ㉣ 말뚝 중심잡기
⑩ 표토 걷어내기   ⑭ 말뚝머리 정리

---

10 기성 콘크리트 말뚝을 사용한 기초공사에 사용 가능한 무소음·무진 동공법을 3가지 쓰시오. (3점) [00, 02, 15]

① _____ ② _____ ③ _____

> ◈ ① Pre-Boring 방식
> ② 중굴식 굴착방식
> ③ 수사식(Water Jet) 방식
> ④ 회전식과 회전압입방식
> ※ 기타 : 회전식과 수사식의 병행진동식, 진동압입방식 등

---

11 기성 콘크리트 말뚝을 기초로 사용하고자 할 때, 도심지에서 사용할 수 있는 무소음, 무진동공법을 보기에서 모두 골라 기호를 쓰시오. (4점) [01, 04]

> ◈ ㉡, ㉣, ⑩, ㉯

[보기]
㉠ Steam Hammer 공법   ㉡ 압입(회전압입)공법
㉢ Vibro Flotation 공법   ㉣ 중굴식(중굴)공법
⑩ Pre-Boring 공법   ⑭ Diesel Hammer 공법
㉯ 수사법(Water Jet)

---

12 말뚝의 시공방법 중 무소음, 무진동공법을 3가지 쓰고 설명하시오. (3점) [10, 15]

① _____
② _____
③ _____

> ◈ ① Pre-Boring 공법 : 압입 전 미리 어스드릴, 회전식 버킷, Pit 등으로 구멍을 뚫고 말뚝을 압입하는 공법이다.
> ② 압입공법 : 연약지반에서 말뚝머리에 큰 하중을 가압하여 박는 공법이다.
> ③ 중굴공법 : 어스 오거를 PC 말뚝 중공부를 통해 구멍을 뚫고 PC 말뚝 끝부분에 콘크리트를 부어 고정하는 방법이다.
> ※ 수사식 공법 : 모래층, 모래 섞인 자갈층, 굳은 진흙층에서 기계 선단의 물을 분사하여 지반을 무르게 한 다음 압입하는 방식이다.

13 프리보링 공법 작업 순서를 보기에서 골라 기호를 쓰시오. (3점)

[06]

> ⊙ ㉠-㉡-㉣-㉤-㉢-㉥

[보기]
㉠ 어스오거 드릴로 구멍 굴착 ㉡ 소정의 지지층 확인
㉢ 기성 콘크리트 말뚝 경타 ㉣ 시멘트액 주입
㉤ 기성 콘크리트 말뚝 삽입 ㉥ 소정의 지지력 확보

_____

14 강제말뚝의 부식을 방지하기 위한 방법을 2가지 쓰시오. (2점)

[01, 05]

① _____ ② _____

> ⊙ ① 판두께 증가법
> ② 방청도료 도포법
> ③ 시멘트 피복법(합성수지 피복법)
> ④ 합금법

15 강관말뚝 지정의 특징을 3가지만 쓰시오. (3점)

[01, 20]

① _____
② _____
③ _____

> ⊙ ① 중량이 가볍고 휨저항이 크며 타입
>   이 용이하다
> ② 지지층에 깊이 관입시킬 수 있어 지
>   지력이 크다.
> ③ 경질층(중간지층)의 관통이 가능하
>   다(N=50).
> ※ 수평, 충격력 등에 대한 저항성이
>   크다.

16 기성말뚝의 타격공법에서 주로 사용하는 디젤해머(Diesel Hammer)의 장점과 단점을 3가지만 쓰시오. (3점)

[14]

(1) 장점
① _____
② _____
③ _____

(2) 단점
① _____
② _____
③ _____

> ⊙ (1) 장점
> ① 큰 타격력이 얻어지며 시공능률
>   이 우수하다.
> ② 말뚝두부 손상이 적다.
> ③ 타격의 정밀도가 우수하다.
> ④ 장비의 조립, 해체가 용이하다.
> (2) 단점
> ① 해머(램)의 낙하고 조절이 어렵다.
> ② 소음, 진동이 크고 기름, 연기의
>   비산 등 공해가 크다.
> ③ 연약지반에서는 시공능률이 떨어
>   진다.

17 제자리 콘크리트 말뚝시공의 종류를 3가지 쓰시오. (3점)

[91, 94, 95, 09, 16]

① _____   ② _____   ③ _____

➤ ① 컴프레솔 말뚝   ② 심플렉스 말뚝
③ 페디스털 말뚝   ④ 레이먼드 말뚝
⑤ 프랭키 말뚝   ⑥ 어스드릴 말뚝
⑦ 베노토 말뚝   ⑧ 프리팩트 말뚝
⑨ 리버스 서큘레이션 말뚝

18 다음에서 설명하는 현장타설 콘크리트 말뚝의 종류를 쓰시오. (3점)

[06]

(1) 1.0~2.5ton의 3가지 추를 사용하여 잡석과 콘크리트를 교대 투입 후 추로 다짐하여 콘크리트 말뚝을 만드는 공법 : _____
(2) 철관을 쳐서 박아넣고 그 속에 콘크리트를 부어넣고 중추로 다짐하여 외관을 뽑아내는 공법 : _____
(3) 외관에 심대(Core)를 넣고 박아 심대를 뽑고 콘크리트를 넣은 후 다짐을 실시하여 외관이 땅속에 남은 유곽파일 : _____

➤ (1) 컴프레솔 말뚝(Compressol Pile)
(2) 심플렉스 말뚝(Simplex Pile)
(3) 레이먼드 말뚝(Raymond Pile)

19 프리팩트 콘크리트 말뚝의 종류를 3가지만 쓰시오. (3점)

[93, 09, 16]

① _____
② _____
③ _____

➤ ① CIP(Cast In Place) 말뚝
② PIP(Packed In Place) 말뚝
③ MIP(Mixed In Place) 말뚝

20 페데스탈 파일의 시공 순서를 보기에서 골라 기호를 쓰시오. (3점)

[02, 06]

[보기]
㉠ 내관을 빼낸다.
㉡ 외관 내에 콘크리트를 넣는다.
㉢ 내관을 넣어 콘크리트를 다지며 외관을 서서히 빼 올리며 콘크리트를 구근형으로 다진다.
㉣ 외관과 내관의 2중관을 동시에 소정위치까지 박는다.

_____

➤ ㉣-㉠-㉡-㉢

1. 철근공사

1) 철근재료

기호	용도	항복강도	철근 끝 양단면의 색깔
SD300	일반용	300~420	녹색(일명 일반철근)
SD400		400~520	황색(일명 고장력 철근 : High Bar)
SD500		500~650	흑색(일명 슈퍼바 : Super Bar)
SD600		600~780	회색
SD700		700~910	하늘색
SD400W	용접용	400~520	백색
SD500W		500~650	분홍색

① 인장강도는 항복강도의 1.08배 이상~1.25배 이상
② SD400S, SD500S, SD600S, SD700S : 특수내진용
③ 철근의 시험 : 형상, 치수, 질량, 항복점 또는 인장시험
    ※ 각 지름 및 각 종류별 무게 40t마다 1회(시험편 3개의 평균)
④ 철근의 길이는 3.5~12m까지 생산되지만 일반적으로 8m가 표준이다.

2) 철근의 피복두께와 철근간격

① 피복두께 유지 목적
    ㉠ 내구성 확보
    ㉡ 내화성 확보
    ㉢ 소요의 구조 내력 확보(콘크리트 유동성, 부착력, 강도 확보)
② 철근간격의 결정(다음 중 가장 큰 값)
    ㉠ 주근 공칭지름 이상
    ㉡ 2.5cm 이상
    ㉢ 조골재(굵은 골재)지름의 4/3배 이상
③ 철근간격 유지 목적
    ㉠ 콘크리트의 유동성(시공성) 확보
    ㉡ 재료분리현상 방지
    ㉢ 소요강도 유지 및 확보

$t \geq 1.5d$
$t \geq 2.5\text{cm}$
$t \geq 1.25G$
G : 자갈지름

▲ 철근의 간격

(1) 피복두께 결정과 철근 콘크리트의 내화성

▼ 화재 시 콘크리트 내부온도

화재 시 콘크리트의 내부온도	1시간	2시간	3시간	4시간
내부온도가 600℃가 되는 깊이	2cm	3cm	5cm	8cm
내부온도가 350℃가 되는 깊이	4cm	6cm	10cm	

① 콘크리트는 가열하면 강도가 저하된다. 특히, 350℃ 이상이면 급격히 강도가 저하된다.

② 철근은 600℃에서는 상온의 1/2, 800℃에서는 0 혹은 10%로 정도의 강도가 저하되고 900℃ 이상에서는 완전 파괴된다(철근의 용융점은 1,500℃).

③ 골재는 계속 팽창, 시멘트는 210℃까지 점차 팽창, 210~650℃에서는 수축, 650℃ 이상은 팽창, 900℃ 이상에서는 파괴된다.

④ 화재 시 철근의 항복점이 1/2 이하가 되지 않도록 피복두께를 정한다.

⑤ 기둥, 보, 내력벽은 일반적으로 2시간 내화를 기준으로 한다(3cm 이상).

⑥ 벽, 슬래브는 1시간 정도의 내화구조로 설계한다(2cm 이상).

⑦ 고강도 경량 콘크리트 구조물은 내화성능이 우수하다.

(2) 철근의 피복두께(현장치기 콘크리트의 최소피복두께)

부위 및 철근 크기		최소피복두께 (mm)
• 수중에서 치는 콘크리트		100
• 흙에 접하여 콘크리트를 친 후 영구히 흙에 묻혀 있는 콘크리트		75
• 흙에 접하거나 옥외의 공기에 직접 노출되는 콘크리트	D19 이상인 철근	50
	D16 이하인 철근, 지름 16mm 이하인 철선	40
• 옥외의 공기나 흙에 직접 접하지 않는 콘크리트	슬래브, 벽체, 장선 / D35 초과인 철근	40
	슬래브, 벽체, 장선 / D35 이하인 철근	20
	보, 기둥	40
	셸, 절판부재	20

① 내구성상 유효한 마감이 있는 경우 30mm로 할 수 있다.
② 내구성상 유효한 마감이 있는 경우 40mm로 할 수 있다.
③ 콘크리트 품질 및 시공방법에 따라 40mm로 할 수 있다.
④ 최소피복두께는 특기시방 및 설계도대로 하고 위 표에서 10mm를 공제한 값 이상이다.
⑤ PC강재의 피복두께는 5cm 이상, 해수에 접한 면은 8cm 이상이다.
⑥ 경량 콘크리트는 필요에 따라 위 표값에 10mm를 더한다.
⑦ 피복두께 변화요인
　　㉠ 구조물의 종별　　　　㉡ 실내외의 구분
　　㉢ 흙과의 접촉 여부　　　㉣ 마무리의 유무
　　㉤ 경량의 보통 콘크리트　㉥ 주근의 공칭지름 등

3) 철근의 반입 및 가공

(1) 재료

철근은 KS D 3530, KS D 3504 일반 구조용 압연강재(Billet)나 KS D 3511 재생강재(Ingot)의 규격에 합격한 제품을 쓰고 하위 항복강도 2.4t/cm²의 원형이나 이형철근을 사용한다. 원형철근은 $\phi9 \sim \phi25$의 6종류, 이형은 D10~D25의 6종류를 많이 사용한다.

① 원형철근

② 이형철근 : 원형철근보다 부착력이 40% 이상 크다.

▲ 이형철근의 형태

③ 고장력 이형철근(High Tension Deformed Bar)

④ 피아노선 : KS D 3509, KS D 3510에 규정, 원형철근 강도의 5배 이상의 고강도로서 PS와 PC 부재제작에 사용된다.

⑤ 각강

⑥ 빌릿(Billet) : 압연강재 생산과정 중 원철을 사용한 것

⑦ 잉곳(Ingot) : 압연강재 생산과정 중 고철을 재생한 것

⑧ 온도 조절 철근 : 온도 변화에 따른 콘크리트의 수축으로 인하여 발생하는 균열을 최소화하기 위하여 부재의 전면에 걸쳐 넣는 철근

⑨ 용접철망 : 철선을 직교시켜 용접한 것으로 정방형과 장방형이 있다. 지름 3.57 mm(#10) 또는 4.36mm(#8)로 하고, 철근으로 할 때는 지름 6mm 정도의 원형철근으로 한다.

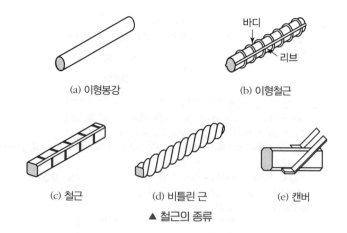

(a) 이형봉강   (b) 이형철근

(c) 철근   (d) 비틀린 근   (e) 캔버

▲ 철근의 종류

(2) 공정 순서

① 공작도 작성

㉠ 정의 : 철근 구조도에 의거하여 현장에서 실제로 철근 절단, 구부리기 등의 공작을 하기 위해서 철근 모양, 각부 치수, 구부림 위치, 규격, 개수를 기입하여 시공에 편리하도록 한 것이다.

㉡ 철근 공작도의 종류

㉮ 기초 배근도

- 벽, 바닥판, 기초 보가 접촉되는 철근의 정착과 기둥주근의 정착
- 철골기둥, 앵커볼트 정착위치
- 지하실 벽, 바닥판 방수층 마무리 및 인접 기초와의 관계 등

㉯ 기둥 및 벽 배근도

- 기둥철근 이음위치, 기초에 정착관계
- 기둥단면이 줄어들 때 구부림철근
- 띠철근의 지름, 형상, 길이, 배치간격, 기초정착 등

㉰ 보 상세도

- 보의 수량 및 주근과 늑근의 지름
- 굽힘철근의 굽힘높이와 수평부분과 경사부분의 길이 등

㉱ 슬래브 배근도

- 기둥 중심선을 기준으로 작은보, 큰보의 중심선, 철근 콘크리트벽 위치
- 천장 바탕과 배관용 인서트, 칸막이벽 혹은 고정철물 배치

Tip 👆
공정 순서
공작도 작성−철근 반입−저장−검사 및 시험−가공−조립−조립 검사

≫ 인서트
콘크리트조 바닥판 밑에 달대의 걸침이 되는 것으로 거푸집 바닥에 고정 시공한다(철근, 철물, Pin, Bolt 등도 사용).

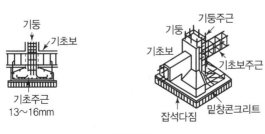

▲ 기초철근

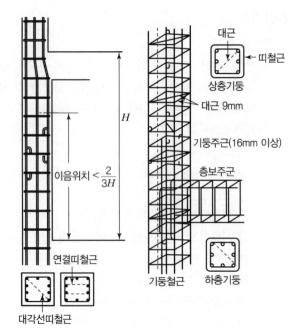

이음위치 $< \dfrac{2}{3H}$

H

연결띠철근

대각선띠철근

대근

띠철근

상층기둥

대근 9mm

기둥주근(16mm 이상)

층보주근

기둥철근

하층기둥

▲ 기둥철근

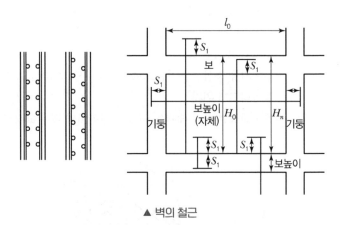

l_0

S_1

S_1

S_1

보

기둥

보높이
(자체)

H_0

H_n

기둥

S_1

S_1

S_1

S_1

보높이

▲ 벽의 철근

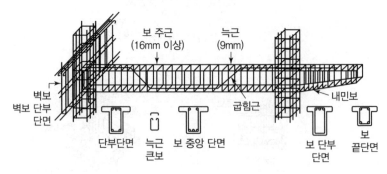

보 주근
(16mm 이상)

늑근
(9mm)

굽힘근

내민보

벽보
단부

벽보
단부
단면

단부단면

늑근
큰보

보 중앙 단면

보 단부
단면

보
끝단면

▲ 보철근

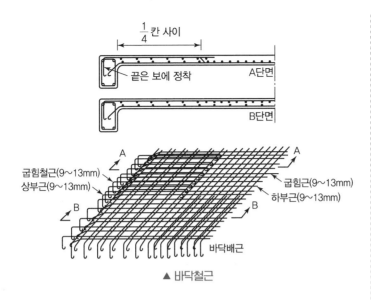

▲ 바닥철근

② 철근의 반입 및 저장

　　㉠ 반입된 철근은 지름별, 길이별로 구분하고 기름, 먼지, 페인트 등이 묻지 않도록 직접 지면에 닿지 않게 보관한다.

　　㉡ 순서에 따라 반입, 조립, 저장하고 방청을 위해 장기간 노천에 두지 않는다.

　　㉢ 불합격품은 구분하여 혼동되지 않게 한다.

③ 검사 및 시험

　　㉠ 외관검사 : 심한 녹, 심한 휨, 갈라짐, 형상이 변형된 것

　　㉡ 발췌시험

　　　• 인장시험 : 인장강도, 항복점, 신축, 내력시험

　　　• 휨시험(구부림시험) : 철근지름 간격을 띄우고 $180°$ 구부렸을 때 흠이나 갈라짐이 없어야 한다.

(3) 철근의 가공

① 절단 : 철근 절단기(Bar Cutter), Shear Cutter, 쇠톱

② 철선절단 : Wire Cliper

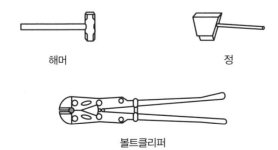

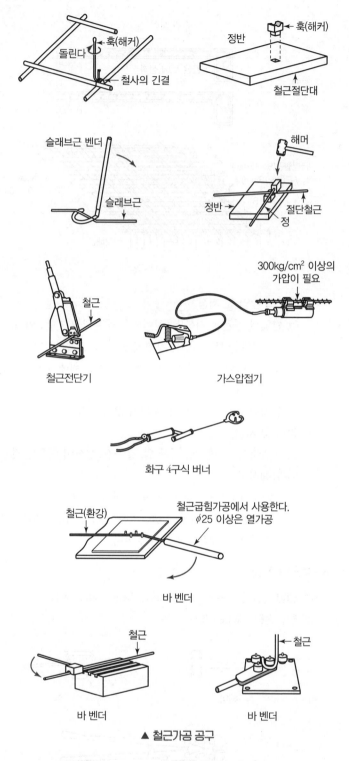

돌린다
훅(해커)
철사의 긴결

정반
훅(해커)
철근절단대

슬래브근 벤더
슬래브근

해머
정반
정
절단철근

철근
철근전단기

300kg/cm² 이상의
가압이 필요
가스압접기

화구 4구식 버너

철근(환강)
철근굽힘가공에서 사용한다.
∅25 이상은 열가공
바 벤더

철근
바 벤더

철근
바 벤더

▲ 철근가공 공구

③ 철근 구부림 : 중간부는 Bar Bender 사용, 말단부는 Hooker, Pipe
   등을 사용한다.

④ 가공 : 25mm 이하 철근은 상온에서, D29(ϕ28mm) 이상은 가열가
공한다.

⑤ Hook의 설치 : 원형철근 말단부는 반드시 설치한다.

⑥ 이형철근의 Hook 설치

　㉠ 피복 콘크리트가 파괴되기 쉬운 보·기둥의 단부

　㉡ 굴뚝

　㉢ 띠철근 및 늑근

　㉣ 캔틸레버보 및 캔틸레버 슬래브 상단부의 선단

　㉤ 단순보의 지지단

(4) 철근 말단부의 구부림

구부림각도	그림	여장	종류	구부림 안치수(D)
180°	여장 4d 이상	4d 이상	SR24 SRR23	3d 이상(1)
135°	여장 6d 이상	6d 이상	SD30A SD30B SR 30 SD35	ϕ16, D16 이하 3d 이상(1) D19~D38 4d 이상(2)
90°	여장 8d 이상	8d 이상	SD40	5d 이상(1)

(5) 철근 중간부의 구부림 형상 및 치수

구부림 각도	그림	철근사용 개소의 호칭	철근의 종류	철근지름	구부림 안치수(D)
90° 이하		스터럽, 띠철근, 나선철근	SR24 SD30A SD30B SR30 SD35	ϕ16 D16 이상	3d 이상(1)
				ϕ19 D19 이상	4d 이상
		상기 이외의 철근	SR24 SD30A SD30B SD35 SD40	ϕ16 D16 이상	
				ϕ19~ϕ25 D19~D25	6d 이상
				ϕ28~ϕ32 D28~D38	8d 이상

🎯 d는 원형철근에서는 지름, 이형철근에서는 호칭을 이용한 수치로 한다.

6d 이상   135° 구부림   90° 구부림
여장   여장 6d 이상   여장 12d 이상

1.5배 이상
추가 돌림

(6) 나선철근 가공 및 허용오차

① 철근 구부림 가공 치수의 허용오차

항목			허용오차(mm)
가공 치수	스터럽, 띠철근, 나선철근		±5
	주근	원형철근 φ28 이하	±10
		원형철근 이형철근 φ32 이상 D29 이상	±15
	가공 후의 전길이		±20

② 나선 철근의 중간부, 끝단의 처리

부위	겹침이음	구부림각	여장
말단부	1.5(회) 이상	135°	6d

(7) 철근 조립

① 기초 철근 조립 순서 : 거푸집 위치 먹줄치기 → 철근 간격 표시 → 직교 철근 배근 → 대각선 철근 배근 → 스페이서 설치 → 기둥 주근 설치 → 띠근 끼우기

② RC조 철근 조립 순서 : 기초 → 기둥 → 벽 → 보 → 슬래브 → 계단 (기초 → 기둥 → 내벽 → 큰보 → 작은보 → 슬래브 → 계단 → 외벽)

③ 철골 · 철근 콘크리트조의 조립 순서 : 기초 → 기둥 → 보 → 벽 → 슬래브

4) 철근의 이음 및 정착

(1) 이음 정착 시 주의사항

① 철근의 이음은 큰 응력을 받는 곳을 피하여 엇갈려 잇고(Staggered Splice) 이음의 1/2 이상을 한 곳에 집중시키지 말아야 한다.

② 지름이 D29(φ28mm) 이상인 이음을 겹침이음(Lap Splice) 하지 않는다.

③ 갈고리의 길이는 이음 및 정착길이에 포함하지 않는다.

④ 지름이 다른 철근의 겹침이음은 가는 쪽 철근을 기준으로 한다.

⑤ 철근의 구부림은 냉간가공을 한다(열간가공을 피한다).

⑥ 보의 주근이음은 중앙 하부근, 단부의 상부근은 인장력이 작은 곳에서 잇는다.

⑦ 기둥, 벽의 철근이음은 2/3 하부에서 바를 엇갈리게 한다.

(2) 이음 및 정착길이

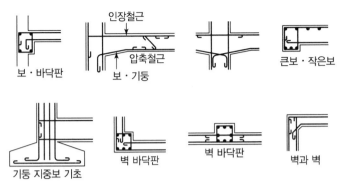

▲ 기둥·보·철근의 정착 및 이음

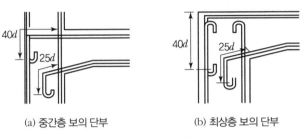

(a) 중간층 보의 단부   (b) 최상층 보의 단부

▲ 철근의 정착길이

(3) 철근의 정착위치

① 기둥의 주근 : 기초 또는 바닥판
② 보의 주근 : 기둥 또는 큰보
③ 보 밑 기둥이 없을 때 : 보 상호 간
④ 지중보 주근 : 기초 또는 기둥
⑤ 벽철근 : 기둥, 보, 바닥판
⑥ 바닥철근 : 보 또는 벽체

(4) 정착길이의 산정 표시

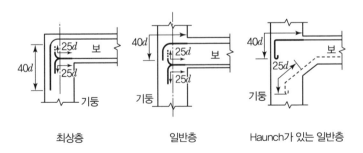

최상층   일반층   Haunch가 있는 일반층

(5) **정착 및 이음길이의 결정 요인 및 철근의 정착 위치**

① 이음길이 결정 요인

ⓐ 철근의 종류

ⓑ 설계기준 강도

ⓒ 갈고리의 유무

ⓓ 25D에서 45D까지의 범위

② 정착길이 결정 요인

ⓐ 철근의 종류

ⓑ 설계기준 강도

ⓒ 갈고리의 유무

ⓓ 하부철근과 상부철근

ⓔ 구조물의 분류(작은보, 바닥, 지붕, 슬래브)

5) 철근의 이음

(1) 가스압접이음

Tip 👍

가스압접 순서

30MPa 이상의 압력으로 가압 – 1,200 ~1,300℃로 가열 – 지름 1.4배 이상으로 압접 완료

접합할 두 철근을 수직으로 절단하고 가압하여 맞댄 후 가열하여 접합하는 방식으로 접합강도가 우수하다.

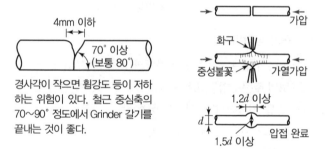

4mm 이하

70° 이상 (보통 80°)

경사각이 작으면 휨강도 등이 저하하는 위험이 있다. 철근 중심축의 70~90° 정도에서 Grinder 갈기를 끝내는 것이 좋다.

가압

화구

중성불꽃 가열가압

$1.2d$ 이상

d

$1.5d$ 이상

압접 완료

▲ 가스압접 시공방법

① D29mm(ϕ28mm) 이상 철근에 적용

② 가스압접의 장단점

ⓐ 장점

• 겹친 이음이 없어서 경제적이다.

• 가공이 단순하고 가공장 면적이 작다.

• 일체성 확보가 가능하다.

• 철근 조립부가 단순해서 콘크리트 타설이 용이하다.

• 철근의 조직 변화가 작다.

• 충분한 내력이 보장된다.

ⓑ 단점

• 철근공과 압접공 동시 작업으로 번거롭다.

• 외관상 불량 판정이 곤란하다.

- 거푸집 위에서 작업 시 화재의 우려가 있다.
- 폭우, 강풍, 강설 시 작업이 중단된다.
- 숙련공이 필요하다(1개소 시공 3~4분).
- 용접부 검사가 어렵다.
③ 압접부의 품질관리와 압접 금지사항
  ⊙ 압접의 품질관리
  - 용접돌출부의 직경 : 1.5배 이상
  - 용접돌출부의 길이 : 1.2배 이상
  - 철근 중심부 편심오차 : 직경 1/5 이하(1/5 이상 시 재압접)
  - 돌출부위 용접면 엇갈림 : 직경 1/4 이하
  ⊙ 압접 금지
  - 철근의 지름 차이가 6mm 이상인 경우
  - 철근의 재질이 서로 다른 경우
  - 항복점 또는 강도가 서로 다른 경우
  - 0℃ 이하 작업 중지
  - 편심오차 : 지름의 1/5 이상 금지(지름이 다르면 작은 지름의 1/5 이하)
  - 강우, 강풍시
④ 가스압접의 검사
  ⊙ 외관검사 : 작업 완료 후 전부 한다.
  ⊙ 초음파 탐상법 : 하루 시공분의 20개소 이상, 불합격이 2개소 이상이면 전체 불합격
  ⊙ 인장시험법 : 하루 시공분의 3개 이상, 불합격이 2개소 이상이면 전체 불합격

(2) **용접이음**

① 용접이음의 장단점
  ⊙ 장점
  - 콘크리트 타설이 용이하다.
  - 결속선의 이음보다 접합강도가 크고 신뢰성이 있다.
  - 재료를 절약한다.
  - 건물이 경량화된다.
  - 소음 및 진동이 없다.
  - 기밀성, 수밀성이 좋다.
  ⊙ 단점
  - 숙련공이 필요하다.
  - 검사방법이 어렵다.

Tip 👆
불량 부분의 처리
⊙ 편심오차 초과 시 압접부를 떼어내고 재압접한다.
⊙ 압접부의 직경 및 길이가 미달될 때에는 재가열하여 완성한다.
⊙ 심하게 구부러졌거나 압접부가 유해하다고 판명 시 절단하고 재압접한다.

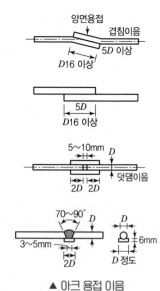

▲ 아크 용접 이음

② 아크용접

용접봉과 철근 사이에 전류를 통하게 하여 용접봉 선단을 철근에 용착하는 방식이다.

㉠ 직류
- 일하기 쉽다.
- 공장용접이 많이 쓰인다.

㉡ 교류
- 고장이 적다.
- 가격이 싸다.
- 현장용접에 많이 쓰인다.

③ Flush Butt 용접

전기저항용접으로 접촉부는 가열용융하여 접합하며 용접철망(Welded Wire Fabric) 공장 가공 시 사용한다.

(3) Coupler 이음

① 철근 Pre - Fab화 공법의 일종이다.
② 지름이 상이한 경우도 가능하다.
③ 가공비가 많이 든다.
④ 여러 가지로 활용이 가능하다.

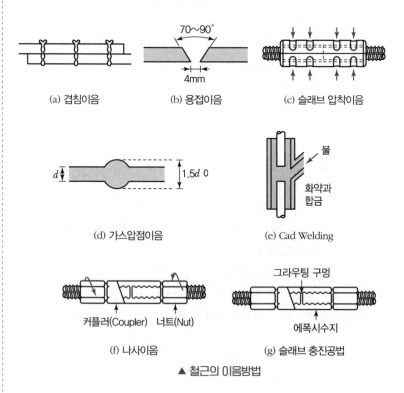

(a) 겹침이음   (b) 용접이음   (c) 슬래브 압착이음

(d) 가스압점이음   (e) Cad Welding

(f) 나사이음   (g) 슬래브 충진공법

▲ 철근의 이음방법

(4) Sleeve 압착이음

① 강제 Sleeve(강관)를 현장에서 유압잭을 이용해서 압착한다.

② 인장, 압축에 대해 완전한 내력을 확보할 수 있다.

6) 철근의 조립

(1) 조립 순서

① 철근 콘크리트조 : 기초, 지하실 바닥 → 기둥, 주근, 대근 → 기둥과 벽, 내측 거푸집 → 벽배근 → 기둥과 벽의 외측 거푸집 → 보, 바닥의 거푸집 → 보 배근 → 슬래브 배근 → 검사

② 철골 철근 콘크리트조(SRC) : 리벳치기 완료부분부터 조립한다.

기둥 → 보 → 벽 → Slab

(2) 각부조립

① 바닥철근

    ㉠ 주근철근의 간격 : 20cm

    ㉡ 부근철근(온도철근, 배력근)의 간격 : 30cm

    ㉢ 바닥판 두께의 3배 이상

② 기둥철근

    ㉠ 이음 : 층높이 $2/3H$ 이하, 한 곳에서 철근 수의 반 이상을 잇지 않는다.

    ㉡ 띠근 간격 : 9mm 이상 철근을 사용하고 30cm 이하, 16D(주근지름) 이하, 기둥의 최소폭 이하 간격으로 배근한다.

    ㉢ 주근 : ϕ13 이상 4본 이상(원형 : 6본)

    ㉣ 철근 단면적 : 0.8~4% 이하

③ 보철근

    ㉠ 주근이음은 인장 측에서 잇지 않는다.

    ㉡ 보의 춤 : 간사이의 1/12~1/10

    ㉢ 너비 : 보춤의 1/3~2/3

    ㉣ 늑근 간격 : 보춤의 3/4 이하 또는 45cm 이하

    ㉤ 철근 직경 : 주철근은 13mm 이상, 늑근은 9mm 이상

④ 조립용 부속철물 : 결속선은 #18~#20(0.8mm 이상)을 사용하고 2개소 이상 결속한다.

    ㉠ 비계의 결속선은 #8~#10 불에 구운 철선을 사용하고 #18~#20 아연도금철선은 2겹 이상을 사용한다.

    ㉡ 스페이서 : 철근과 철근, 철근과 거푸집, 콘크리트의 피복두께 유지를 목적으로 사용한다.

Tip 👆

조립 시 주의사항

① 철근 조립 전에 철근의 유해물을 제거한다.

② 철근 교차부에는 #18~#20 철선으로 결속한다.

③ 철근 간격을 유지하기 위해 스페이서를 사용한다.

④ 콘크리트 타설이 완료될 때까지 움직이지 않도록 한다.

⑤ 주근은 외부에, 부근은 내부에 두는 것을 원칙으로 한다.

2. 거푸집공사

거푸집공사는 구조체 공사비의 20~30% 정도를 차지하므로 적절한 공법 선택이 중요하다.

1) 거푸집의 시공목적 및 유의사항

(1) 거푸집 시공목적

① 콘크리트 경화 시까지의 콘크리트를 일정한 형상과 치수로 유지
② 경화에 필요한 콘크리트의 수분 누출 방지
③ 콘크리트의 적절한 양생을 위한 외기 영향 최소화
④ 콘크리트의 적절한 양생

(2) 품질 요구사항

① 수밀성(시멘트 풀이 새지 않을 것)
② 외력, 측압에 의한 안전성
③ 충분한 강성과 변형이 없고 치수 정확
④ 조립해체의 간편성
⑤ 이동 용이, 반복사용 가능

(3) 시공상 유의사항 및 안전성 검토

① 거푸집 공사비 : 전체 공사비의 10~15%, 철근 콘크리트 공사비의 30%, 공정의 1/2~1/3의 비중 차지
② 조립, 해체, 전용 계획에 유의
③ 각종 배관, Box, 매립철물 등 검토
④ 갱폼, 터널폼은 이동성, 연속성 고려
⑤ 재료의 허용응력도는 장기허용응력도의 1.2배까지 택함
⑥ 비계나 가설물에 연결하지 않을 것
⑦ 바닥, 보 중앙부 치켜 올림 : $l/300$~$l/500$

2) 거푸집의 하중 및 측압

(1) 거푸집의 고려 하중

① Slab 밑면, 보 밑면 거푸집
   ㉠ 생콘크리트 중량
   ㉡ 작업하중
   ㉢ 충격하중
② 벽, 기둥, 보 옆 거푸집
   ㉠ 생콘크리트 중량
   ㉡ 생콘크리트 측압력

≫≫ 콘크리트 측압
콘크리트가 유동하는 동안 유체압으로서 수직재 거푸집에 작용하는 압력으로, 측압은 콘크리트 윗면에서의 거리와 단위용적중량의 곱으로 표시한다.

▼ 거푸집 및 동바리 설계 시 고려 하중

연직하중	① 고정하중은 철근 콘크리트 + 거푸집 중량
	   • 보통 콘크리트 : 24kN/m³(철근중량 포함)
	   • 1종 경량골재 콘크리트 : 20kN/m³
	   • 2종 경량골재 콘크리트 : 17kN/m³
	② 활하중은 수평투영면적당 최소 2.5kN/m² 이상
	③ 고정하중과 활하중을 합한 연직하중은 Slab 두께와 관계없이 최소 5.0kN/m² 이상, 전동식 카트 장비 사용 시 최소 6.25kN/m² 이상 고려

수평하중	① 동바리에 작용하는 수평하중은 고정하중의 2% 이상 또는 상당 길이당 1.5kN/m 이상 중 큰 값이 동바리 머리에 수평으로 작용하는 것으로 가정 ② 벽체는 거푸집 측면에 0.5kN/m² 하중 고려 ③ 그 밖에 풍압, 수압, 지진 영향 시 별도 하중 고려
측압	시방서에서 정한 계산식과 계수를 이용하여 설계

(2) 거푸집 설계용 콘크리트 측압

① Concrete Head

   ⊙ 정의 : 콘크리트를 연속 타설하면 측압은 높이의 상승에 따라 증가하나 시간의 경과에 따라 감소하여 어느 일정한 높이에서는 측압이 상승하지 않는다. 즉, 이렇게 측압이 최대가 되는 점을 Concrete Head라 한다.

   ⓒ Concrete Head 및 측압의 최댓값

구분	Concrete Head	측압
기둥	1.0m	2.5t/m²
벽	0.5m	1t/m²

② 거푸집 측압에 영향을 주는 요소

요소	영향	측압
콘크리트	부배합(배합이 좋은 것)	크다.
	시공연도가 좋을수록	크다.
	컨시스턴스가 클수록	크다.
	슬럼프가 클수록	크다.
	물 – 시멘트비가 클수록	크다.
콘크리트 타설 시	타설속도가 빠를수록	크다.
	타설높이가 높을수록	크다.
	다짐이 충분할수록	크다.
거푸집	강성이 클수록	크다.
	수평단면이 두꺼울수록	크다.
	표면이 평활하면 마찰계수가 작아서	크다.
	수밀성이 클수록	크다.
진동기	사용 시	크다.

요소	영향	측압
철골 또는 철근량	많을수록	작다.
시멘트의 종류	조강시멘트는 응결시간이 빠를수록	작다.
대기 중의 습도	높을수록	크다.
대기 중의 온도	낮을수록	크다.

>>> 응결(Setting)
시멘트 페이스트가 시간이 경과함에 따라 수화에 의해 유동성을 상실하고 고화하는 현상이다.

※ 헛응결(False Setting)
가수 후 10~20분 사이에 급격히 굳어지고 다시 묽어지며 이후 순조로운 경과로 굳어가는 현상이다.

3) 거푸집의 시공

(1) 거푸집 시공상 요구 조건(주의사항)

① 외력에 충분히 안전할 것(안전성)
② 형상, 치수가 정확하고 처짐, 변형이 없을 것(변형성)
③ 거푸집을 수밀하게 하여 시멘트 풀이 새지 않게 할 것(수밀성)
④ 소요 자재의 절약과 반복 사용이 가능하게 할 것(전용성)
⑤ 조립 및 제거가 용이하고 파손되지 않게 할 것(시공성)

(2) 거푸집 조립 순서

① RC조 거푸집 조립 순서 : 기초 → 기둥 → 내벽 → 큰보 → 작은보 → 슬래브 → 외벽
② RC조 1개 층 시공 순서 : 기초 옆, 지중보 거푸집 설치 → 기초판 철근배근, 지중보 철근배근 → 기둥 철근 기초에 정착 → 기초판 콘크리트 타설 → 기둥 철근 배근 → 기둥 거푸집, 벽 한쪽 거푸집 → 벽 철근 배근 → 벽의 딴편 거푸집 → 보 밑창판, 옆판 및 슬래브 거푸집 → 보 철근 배근 → 슬래브 철근 배근 → 콘크리트 타설

(3) 조립 시 주의사항

① 보, 바닥판의 중앙부는 1/300 정도 치켜오르게 한다.
② 지주의 밑부분에 쐐기(Camber)를 사용하여 활동작용을 돕는다.
③ 거푸집 조립 완료 시 물축임을 충분히 한다.

>>> 지주
장선받이, 멍에 등을 받아 그 하중을 지반 또는 밑층의 바닥판에 전달하는 것으로 동바리라고도 한다.

>>> 쐐기
높이 조절용 쐐기로 처짐을 고려하여 미리 보나 슬래브의 중앙부를 1/300~1/500 정도 치켜올리는 것이다.

(4) 거푸집 존치기간

① 콘크리트의 압축강도를 시험할 경우

부재		콘크리트 압축강도(f_{ck})
기초, 보 옆, 기둥, 벽 등의 측벽		5MPa 이상
슬래브 및 보의 밑면, 아치 내면	단층구조인 경우	설계기준강도의 2/3배 이상 또한 최소 14MPa 이상
	다층구조인 경우	설계기준압축강도 이상 (필러 동바리구조를 이용할 경우는 구조계산에 의해 기간을 단축할 수 있음. 단, 이 경우라도 최소강도는 14MPa 이상으로 함)

ⓐ 일반적으로 콘크리트를 지탱하지 않은 부위, 즉 보 옆, 기둥, 벽 등의 측벽의 경우, 10℃ 이상의 온도에서 24시간 이상 양생한 후에 콘크리트 압축강도 5MPa 이상에 도달하면 거푸집널을 해체할 수 있다.

ⓑ 슬래브 및 보의 밑면, 아치 내면의 거푸집널 존치기간은 콘크리트의 압축강도(f_{cu})시험에 의하여 설계기준강도(f_{ck})의 2/3 이상 값에 도달한 것이 확인되면 해체가 가능하다. 다만, 14MPa 이상이어야 한다.

② 콘크리트의 압축강도를 시험하지 않을 경우 : 기초, 보 옆, 기둥 및 벽의 측벽

시멘트의 종류 평균기온	조강 포틀랜드 시멘트	보통 포틀랜드 시멘트 고로슬래그 시멘트 1종 포틀랜드 포졸란 시멘트 1종 플라이애시 시멘트 1종	고로슬래그 시멘트 2종 포틀랜드 포졸란 시멘트 2종 플라이애시 시멘트 2종
20℃ 이상	2일	4일	5일
20℃ 미만 10℃ 이상	3일	6일	8일

ⓐ 거푸집 및 동바리의 떼어내는 시기 및 순서는 시멘트의 성질, 콘크리트의 배합, 구조물의 종류와 중요도, 부재의 종류 및 크기, 부재가 받는 하중, 콘크리트 내부와 표면의 온도 차이 등의 요인에 따라 다르므로 거푸집 및 동바리의 해체시기는 이들을 고려하여 정하되 사전에 책임감리원의 승인을 받아야 한다.

ⓑ 거푸집널 존치기간 중의 평균기온이 10℃ 이상인 경우는 콘크리트 재령이 위 표에 주어진 재령 이상 경과하면 압축강도시험을 하지 않고도 해체할 수 있다.

ⓒ 보, 슬래브 및 아치 밑의 거푸집널은 원칙적으로 동바리를 해체한 후에 떼어낸다. 그러나 충분한 양의 동바리를 현 상태대로 유지하도록 설계 시공된 경우 콘크리트를 10℃ 이상 온도에서 4일 이상 양생한 후 사전에 책임감리원의 승인을 받아 떼어낼 수 있다.

ⓓ 동바리 해체 후 가해지는 하중이 구조계산서의 설계하중을 초과한 경우는 존치기간에 관계없이 충분히 안전한 것을 확인한 후 해체하며 유해한 균열이나 기타 손상을 받지 않도록 해야 한다.

ⓔ 동바리를 떼어낸 후에도 재하가 있을 경우 적절한 동바리를 재설치하여야 하며, 시공 중인 고층건물의 경우 최소 3개 층에 걸쳐 동바리를 설치하고 콘크리트 작업에 의한 하중 등을 재하해야 한다.

(5) 받침기둥의 존치기간

① 슬래브 밑, 보 밑 : 설계기준강도의 2/3 이상의 콘크리트 압축강도
  가 얻어진 것이 확인될 때까지이다.

② 계산 결과에 관계없이 받침기둥 해체 시 콘크리트의 압축강도는 최
  저 12MPa 이상이어야 한다.

③ 구조계산서의 설계하중을 초과한 적재 하중 시는 존치기간에 관계
  없이 충분히 안전한 것을 확인 후 해체한다.

(6) 받침기둥 바꿔세우기 및 거푸집 조립 순서

① 원칙적으로 하지 않는 것이 좋으나 필요시 담당원의 승인을 받아
  행한다.

② 받침기둥 바꿔 세우기 순서 : 큰보 → 작은보 → 바닥판

③ 거푸집 조립 순서 : 기초 → 기둥 → 벽 → 큰보 → 작은보 → 바닥판

4) 거푸집공사 재료

① 거푸집널

  ㉠ 목제널 : 두께 1.2~2.4cm(보통 1.5cm)

  ㉡ 철제 Panel : 30×150cm, 두께 1~1.5mm 판을 용접하여 사용한다.

   ㉮ 장점

   • 전용횟수가 50회 정도로 많다.

   • 마감면의 형상과 치수가 우수하다.

   • 조립해체가 용이하다.

   ㉯ 단점

   • 자중이 크다.

   • 복잡한 형태는 구성이 어렵다.

   • 철판의 녹이 콘크리트를 오염시킨다.

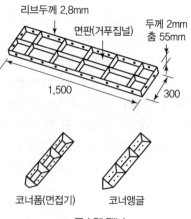

▲ 금속제 패널

② 띠장, 장선 : 간격 30~60cm(보통 45cm)

③ 장선받이 및 멍에 : 9~10cm 각 또는 1/2 크기로 90cm 간격

▲ 장선받이 및 멍에의 간격

④ 동바리(Support)

　㉠ 목제 동바리 9~10cm 각의 낙엽송으로 90~120cm 간격

　㉡ 파이프 서포트(Pipe Support)

　　• 내구연한이 길다.

　　• 높이 조절이 용이하다(20cm 정도).

　　• 강도가 우수하다.

　　• 구입비가 비싸다.

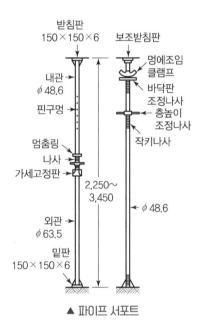

▲ 파이프 서포트

5) 부속재료

(1) 긴결재(Form Tie)

거푸집 형상유지와 측압에 견딜 수 있게 거푸집의 간격을 유지하며 벌어지는 것을 막는 긴결재로 철선, 볼트, 꺾쇠 등을 사용한다.

① 볼트 : 직경 6~12mm의 양나사를 Bolt Form Tie라고 한다.

② 꺾쇠 : 직경 9mm, 길이 9~12cm와 못길이 5~6.5cm 등을 사용하기도 한다.

③ 철선 : #8~#10(일명 반생)을 사용한다.

(2) **격리재(Separator)**

　벽 거푸집이 오므라지는 것을 방지하고 거푸집 상호 간격을 유지하기
위한 것으로 철판, 철선, 파이프재, 모르타르재, 철재 등이 있다.

(3) **간격재(Spacer)**

　철근이 거푸집에 밀착하는 것을 방지하기 위한 것으로 모르타르제 굄,
철근제 굄, 철판제 굄, 기성철제 굄, 끼움쪽(Packing Block) 등이 있다
(피복두께와 관계를 가진다).

(4) **박리제(Form Oil)**

　거푸집을 떼어내기 쉽게 바르는 물질로 중유, 석유, 동·식물유, 아마
유, 파라핀, 합성수지 등을 사용하며 콘크리트에 착색이 안 되고 표면
마무리에 유해한 영향이 없는 것을 사용한다(과다 사용 시 모르타르층
이 접착되지 않음).

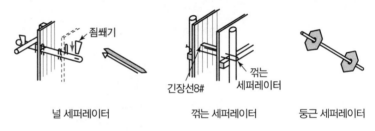

널 세퍼레이터　　　　　꺾는 세퍼레이터　　　　둥근 세퍼레이터

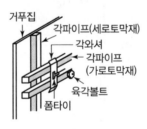

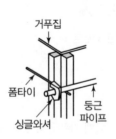

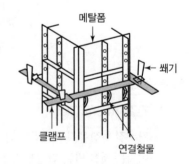

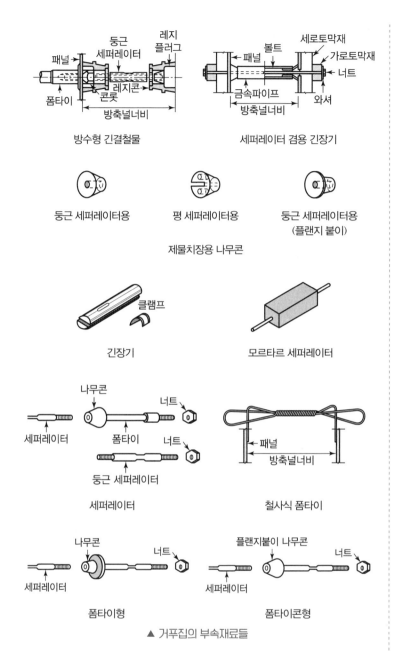

방수형 긴결철물 — 패널, 둥근 세퍼레이터, 레지플러그, 폼타이, 레지콘, 콘롯, 방축널너비

세퍼레이터 겸용 긴장기 — 패널, 볼트, 세로토막재, 가로토막재, 너트, 금속파이프, 방축널너비, 와셔

둥근 세퍼레이터용   평 세퍼레이터용   둥근 세퍼레이터용 (플랜지 붙이)

제물치장용 나무콘

긴장기 — 클램프

모르타르 세퍼레이터

세퍼레이터 — 나무콘, 너트, 폼타이, 너트, 둥근 세퍼레이터

철사식 폼타이 — 패널, 방축널너비

폼타이형 — 나무콘, 너트, 세퍼레이터

폼타이콘형 — 플랜지붙이 나무콘, 너트, 세퍼레이터

▲ 거푸집의 부속재료들

>>> 폼타이
거푸집의 간격을 유지하며 벌어지는 것을 막는 긴결재이다.

6) 철근과 거푸집의 시공 순서

지주 바꾸어 세우기	① 큰보 – ② 작은보 – ③ 바닥판 ※ 현행 시방서에서 지주 바꾸기는 원칙으로 하지 않는다.
거푸집 조립	① 기초 – ② 기둥 – ③ 보받이 – ④ 큰보 – ⑤ 작은보 – ⑥ 바닥판 – ⑦ 계단 – ⑧ 외벽 ※ 외벽 중 내부면은 기둥과 동시 또는 기둥 다음에 한다.
RC조 독립기초 시공	① 잡석다짐 – ② 밑창 콘크리트 타설 – ③ 거푸집, 철근 위치 먹줄치기 – ④ 기초 거푸집 설치 – ⑤ 기초판 철근 배근 – ⑥ 기둥철근 기초에 정착 – ⑦ 콘크리트 부어넣기 – ⑧ 양생

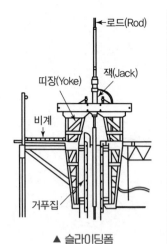

▲ 슬라이딩폼

>>> 요크
슬라이딩폼 사용 시 거푸집을 수직으로
끌어올리는 기구이다.

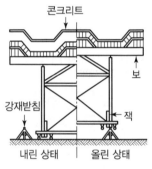

▲ 트래블링폼

7) 각종 거푸집의 종류

(1) 슬라이딩폼(Sliding Form, 수직활동 거푸집)

① 콘크리트를 부어 넣으면서 거푸집을 수직방향으로 이동시켜 연속 작업을 할 수 있으며, 동일 단면의 사일로 등의 공사에서 요크로 서서히 끌어올리며 콘크리트를 연속 타설하는 높이 1.2m 정도의 시스템화 거푸집이다.

② 공기가 1/3 정도 단축된다.

③ 주야 작업 시 3~5m 정도 타설된다.

④ 연속타설로 일체성이 확보된다.

⑤ 비계발판이 필요가 없다.

⑥ 돌출부가 없는 사일로, 굴뚝 등에 사용된다.

(2) 트래블링폼(Traveling Form, 수평활동 거푸집, 이동 거푸집)

① 장선, 멍에, 동바리 등을 일체(벽과 바닥을 일체화로)로 유닛화하고 트래블러(Traveler)를 구비한 대형 시스템화 수평이동 거푸집이다.

② 거푸집 전체를 그대로 떼어 다음 장소로 이동시켜 사용할 수 있다.

③ 수평이동이 가능하다.

(3) 터널폼(Tunnel Form)

① 대형 형틀로서 슬래브와 벽체의 콘크리트 타설을 일체화하기 위한 것으로 트윈 셸 폼(Twin Shell Form)과 모노 셸 폼(Mono Shell Form)으로 구성되는 형틀이다.

② 한 구획 전체의 벽판과 바닥판을 ㄱ자형 또는 ㄷ자형으로 제작한 대형 시스템화 기성재 거푸집으로 아파트 등 연속된 동일단면의 공사에 주로 사용한다.

③ 중량물이므로 대형 양중장비가 필요하고 설치·해체 시 안전사고 양중계획에 유의한다.

④ 전용횟수가 200회 정도로 경제적이나 최초 구입비가 많이 든다.

⑤ 공기단축, 인건비 절감, 조립해체가 용이하다.

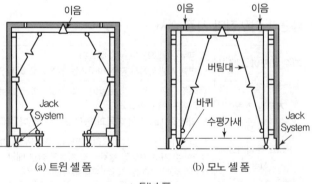

(a) 트윈 셸 폼   (b) 모노 셸 폼

▲ 터널 폼

(4) 갱폼(Gang Form)

벽체용 거푸집으로 거푸집과 벽체 마감공사를 위한 비계물을 일체로 조립하여 한꺼번에 인양시켜 설치하는 공법이다. 거푸집과 강지보공으로 이루어져 옹벽, 피어 등 두꺼운 벽체에 사용된다.

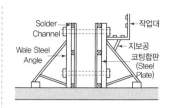

▲ 갱폼

① 장점

㉠ 조립, 해체작업이 간편하므로 시간과 인력의 단축이 가능하다.

㉡ 가설 설비가 불필요하므로 가설비, 노무비의 절약이 가능하다.

㉢ 전용횟수가 많으므로 경제적이다.

㉣ 강성이 크다.

㉤ 기능공, 기능도에 크게 좌우되지 않는다.

㉥ 콘크리트 줄눈의 감소로 단순화 및 비용절감이 이루어진다.

② 단점

㉠ 중량물이므로 운반 시 대형 양중장비가 필요하다.

㉡ 거푸집 제작비용이 크므로 초기 투자비용이 증가된다.

㉢ 거푸집 제작, 조립시간이 필요하다.

㉣ 복잡한 건물형상에 불리하고 세부가공이 어렵다.

㉤ 기능공의 교육 및 숙달기간이 필요하다.

(5) 플라잉폼[Flying(Table) Form]

① 바닥에 콘크리트를 타설하기 위한 거푸집으로서 거푸집판, 장선, 멍에, 서포트 등을 일체(바닥과 지보를 일체화)로 제작하여 부재화한 거푸집 공법이다.

② 거푸집을 수직, 수평으로 이동 가능한 대형 바닥판 거푸집이다.

③ 거푸집을 외부로 양중하는 방법과 건물 내부로 양중하는 방식이 있다.

Tip 👆

플라잉폼의 장단점

① 장점
- 가설발판 공정이 없어 공기단축이 가능하다.
- 반복사용으로 경제적이다.
- 설계단계에서 계산된 응력으로 안전성을 확보한다.
- 시공능률이 향상된다.

② 단점
- 거푸집 자체의 중량이 크다.
- 건물형상의 변화가 있을 때 적용이 곤란하다.
- 거푸집 보관 장소가 필요하다.

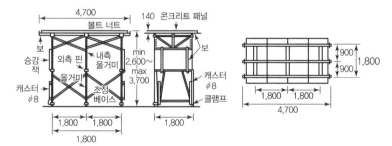

(a) 플라잉폼의 치수 예

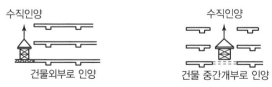

(b) 플라잉폼의 인양(양중)

(6) 유로폼(Euro Form)

거푸집 틀은 철재로 하고 패널은 합판에 특수코팅 처리하여 거푸집 전용횟수를 높이고 콘크리트 표면을 평활하게 한 것이다.

① 조립해체가 간단하고 장비가 없어도 조립이 가능하다.

② 파손이 극히 드물어 수선비가 거의 안 들고 야적, 정돈이 쉽다.

③ 한 가지형의 Panel로 벽, 슬래브, 기둥의 조립이 가능하다.

(7) 알루미늄 거푸집

① 녹슬지 않고 전용횟수가 많다.

② 최초 구입비가 비싸다.

(8) 합성수지 거푸집

① 폴리에스테르 수지, 경질 염화비닐수지와 FRP를 합판대용으로 사용한다.

② 원하는 형상, 규격으로 성형이 가능하다.

③ 녹슬거나 부식하지 않고 조립 · 해체가 간단하다.

④ 거푸집 안쪽에 부착하여 특수형상 제작 등에 사용한다.

⑤ 경량이나 고가이다.

⑥ 동절기 시공 시 충격에 쉽게 파손된다.

⑦ 보통 1회 사용한다.

(9) 와플폼(Waffle Form)

무량판 구조 또는 평판 구조에서 2방향 장선 바닥판 구조가 가능하도록 특수 상자 모양으로 된 기성재 거푸집이다.

① FRP 제품이 많다.

② 제품 치장, 천장 치장용, 무량판구조 등 바닥판에 이용한다.

③ 층높이를 낮출 수 있다.

④ 초기 투자비용이 높다.

⑤ 보, 바닥 거푸집을 동시 조립할 수 있다.

⑥ **무량판 슬래브** : RC 구조방식에서 보를 사용하지 않고 바닥슬래브를 직접 기둥에 지지시키는 구조방식이다.

장점	단점
• 동일 구조체의 높은 층고 확보 가능 • 철근 배근이 간단	• 거푸집 전용성이 낮음 • 고가이며 노출배관 시 불합리

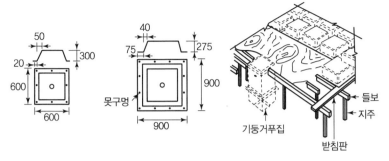

(a) 와플폼의 치수 예   (b) 와플폼 조립

▲ Waffle Form

⑽ 데크 플레이트(Deck Plate)

초고층 슬래브용 거푸집으로 철골조 보에 걸어 지주 없이 쓰이는 바닥
판 구조로 하부면에 내화피복하여 구조체의 일부로 적용한다.

▲ 데크 플레이트

장점	단점
• 무지주공법으로 해체작업 생략 • 공기 단축 • 안전성 확보 • 작업공간, 후속공정에 유리	• 슬래브 진동, 충격에 불리 • 큰 스팬인 경우 중앙부 처짐 발생 • 일반 슬래브보다 공사비가 고가

⑾ 무지주공법

① 보우빔(Bow Beam) : 천장이 높을 때 받침기둥 없이 슬래브 거푸집
을 지지하는 무신축 철골 트러스이다.

    ㉠ 지주에 의한 상층 하중이 없으므로 거푸집은 조기 제거할 수
있다.

    ㉡ 보우빔의 자체 처짐으로 치켜올림 시공이 필요하다.

    ㉢ 철골의 인장력을 이용하여 지주 없이 거푸집을 지지하는 공법
이다.

    ㉣ 건물의 높이가 높을 때 사용한다.

    ㉤ 수평조절이 불가능하다.

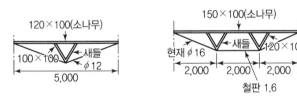

▲ 보우빔의 치수 예

② 페코빔(Pecco Beam)

ㄱ 신축이 가능한 무지주공법의 수평지지보이다(2.9~6.4m까지).

ㄴ 건물의 높이가 높을 때 사용하며 수평조절이 가능하다.

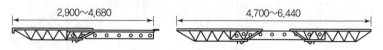

▲ 페코빔의 치수 예

⑿ 슬립폼(Slip Form)

① 수평적 또는 수직적으로 반복된 구조물을 시공이음이 없이 균일한 형상으로 시공하기 위하여 거푸집을 연속으로 이동시키면서 콘크리트를 타설하여 구조물을 시공하는 거푸집 공법이다.

② 전망탑, 굴뚝, 급수탑 등 단면 형상에 변화가 있는 수직으로 연속된 콘크리트 구조물에 사용한다.

③ 거푸집높이는 0.9~1.2m 정도이고 1회 타설높이는 0.9~1.2m로 하루 3~5회 가능하다.

⒀ 우드폼(Wood Form)

합판, 멍에, 장선 등으로 구성되는 재래식 거푸집으로 합판과 각재를 이용하여 현장에서 제작·사용하고, 세부가공이 용이하며 대형, 특수 목재를 이용한 대형 System Form도 사용된다.

⒁ 클라이밍폼(Climbing Form)

① 합벽체용 거푸집으로 거푸집과 벽체 마감공사를 위한 비계틀을 일체로 조립하여 한꺼번에 인양시켜 설치하는 공법이다.

② 갱폼에 거푸집 설치용 비계틀과 기타설된 콘크리트 마감용 비계를 일체로 한 것이다.

⒂ 옴니어 슬래브(Omnier Slab, Half Slab) 공법

공장제작된 Half Slab PC 콘크리트판과 현장타설 Topping Concrete로 된 복합구조로 지주수량이 감소되며, 합성 Slab 공법으로 이용이 가능하다.

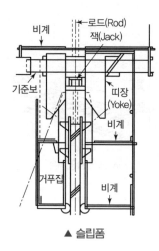

▲ 슬립폼

Tip 👆

클라이밍폼

전용횟수는 80~100회이고 고소작업 시 안정성이 높다. 고층아파트의 측벽 시공에 사용된다.

Tip 👆

① 드롭 헤드 : 철제 서포트의 상부에 부착하여 지주를 바꿔세우기 하지 않고 거푸집 제거가 가능하도록 된 것으로 유로폼에 주로 이용되고 공기 단축에 효과적이다.

② 와이어 클리퍼 : 콘크리트 경화 후 거푸집 긴결철선을 절단하는 절단기이다.

3. 시멘트와 각종 혼화제

1) 시멘트

(1) 시멘트의 제법

포틀랜드 시멘트를 석회질 원료와 점토질 원료를 혼합하여 소성하여 얻은 클링커에 석고를 가하여 분쇄한 것이며 가장 중요한 화학성분은 CaO(산화칼슘), Fe_2O_3(산화제2철)과 석고를 첨가한 무수황산(SO_3, 삼산화유황) 등이다. 점토 성분 중에는 SiO_2, Fe_2O_3, Al_2O_3가 들어 있다.

① 원료
- ㉠ 석회석 + 점토 + (약간의 사철, Slag)
- ㉡ 시멘트 1ton에 대한 배합비
  석회석(1.2t) + 점토(0.3t) + 산화철(0.03t) + 규석(약간) = 원료 합계(1.5t)

② 시멘트의 수화열
- ㉠ 시멘트가 물과 반응하면 125cal/g 정도의 열이 발생하며 시멘트 풀의 온도가 40~60℃까지 올라간다.
- ㉡ 수화열은 응결, 경화를 촉진하나 반대로 건조, 수축 등의 단점도 있다.
- ㉢ 수화열이 작은 순서 : 중용열, 플라이애시 B종 > 고로슬래그 > 보통 포틀랜드 > 조강 포틀랜드 시멘트

(2) 시멘트의 성질

① 시멘트의 수화작용 : 시멘트와 물이 접촉하여 응결(Setting), 경화(Hardening)가 진행되는 현상으로 수화작용은 온도가 높을수록 시멘트의 분말도가 높을수록 빨리 진행된다.
- ㉠ 수화 생성 물질

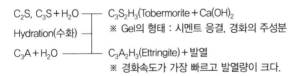

- ㉡ 시멘트 완전 수화에 필요한 수량 : 40%
  - 화학적 결합수(Combined Water) : 시멘트 중량의 약 25%
  - Gel 간의 흡착수(Gel화) : 시멘트 중량의 약 15%
- ㉢ 수화과정에서 반응속도는 시간적으로 변하며 시멘트 경화물은 경화수축 현상을 일으킨다(중용열 시멘트와 플라이애시 시멘트 B종의 수축률이 가장 작다).

》》 플라이애시
화력발전소에서 완전연소한 재(Ash)를 전기집진기로 채집한 것으로 표면이 매끄러운 구형의 미세립 분말이다. 시공연도와 수밀성 향상을 위한 인공 포졸란의 대표적인 예이다.

》》 고로슬래그
제철작업 시 선철을 제조하는 과정에서 발생되는 부유물질인 슬래그를 냉각시켜 분말화한 것이다. 잠재 수경성의 규산질 미립분이 수산화칼슘과 반응하여 불용성의 화합물을 만드는 실리카 물질을 함유하는 미세분의 시멘트 포화제이다.

>>> 강열감량
900~1,000℃로 약 60분간 강열을 가했을 때의 감량(시멘트 중 H_2O와 CO_2의 양)을 말하고 풍화와 중성화 정도를 아는 척도이며 저장기간이 길수록 커진다(0.4~0.8% 정도).

>>> 시공연도
컨시스턴스에 의한 묽기 정도 및 재료분리에 저항하는 정도 등 복합적인 의미에서의 시공난이 정도로 굳지 않은 콘크리트 및 모르타르의 성질이며 정성적(定性的)으로 표시한다.

>>> 공기량
부어넣기 직후의 콘크리트 시멘트 풀 속에 포함된 공기의 콘크리트에 대한 용적 백분율이다.

Tip 👍

수화작용이 빠른(발열량이 큰) 순서
$C_3A > C_3S > C_4AF > C_2S$

② 시멘트의 풍화작용
  ㉠ $Ca(OH)_2 + CO_2 \rightarrow CaCO_3 + H_2O$(중성화, 백화현상과 같다)
  ㉡ 풍화한 시멘트는 반응에 의해 생긴 수화물의 피막이 형성되어 응결지연, 강도저하, 이상응결, 비중저하, 강열감량이 증가한다.

③ 분말도
  ㉠ 콘크리트의 시공연도, 공기량, 수밀성, 내구성에 영향을 준다.
  ㉡ 분말도가 큰 시멘트의 성질
    • 수화작용이 빠르다.
    • 시공연도가 좋고 수밀하다.
    • 블리딩 현상이 감소한다.
    • 발열량이 커지며 초기강도가 높다.
    • 장기강도가 저하된다.
  ㉢ 응결이 빠른 경우 : 분말도 크고, 온도가 높고 습도가 낮을수록, C_3A 성분이 많을수록
  ㉣ 응결이 느린 경우 : W/C 비가 많을수록, 풍화된 시멘트일수록

(3) 수화작용에 관계있는 혼합물과 특성

화합물	특성	약기법
규산3석회 3CaO, SiO_2 Alite(1,400℃ 소성)	• 공기 중 수축이 작고 수중팽창이 크다(수경성이 크다). • 수화열량 : 170cal/g • 수화작용 빠르다(장기·단기강도에 영향).	C_3S
규산2석회 2CaO, SiO_2 Belite(1,200℃ 소성)	• 공기 중 수축이 조금 있다. 수중팽창이 작은 편이다. • 수화열량 : 44cal/g • 수화작용이 더디다(장기강도에 공헌).	C_2S
알루민산3석회 3CaO, Al_2O_3 Celite(1,300℃ 소성)	• 공기 중 수축이 크고 수중팽창도 크다. • 수화열량 : 207cal/g • 수화작용이 가장 빠르다(3~7일 초기강도에 영향).	C_3A
알루민산철4석회 4CaO, Al_2O_3, Fe_2O_3 Felite(1,300℃ 소성)	• 공기 중 수축이 작고 수화열량도 작다. • 내산성이 크다. • 수화열량 : 48cal/g • 수화작용이 더디다(강도에 영향이 거의 없다).	C_4AF

(4) 시멘트 시험방법

시험항목	시험
비중시험	르샤틀리에 비중시험
응결시험	길모어시험, 비커에 의한 이상응결시험
분말도시험	브레인법, 체가름시험
안정성시험	오토클레이브 팽창도시험, 자비시험
강도시험	표준모래를 이용한 압축강도 및 휨강도
백색도시험	백색 포틀랜드 시멘트

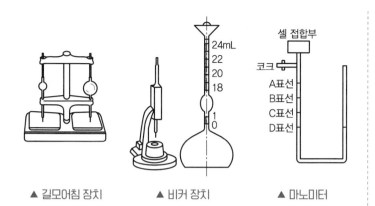

▲ 길모어침 장치   ▲ 비커 장치   ▲ 마노미터

(5) 시멘트의 종류, 성질 및 특성

종류		특성	재료
포틀랜드시멘트	보통 포틀랜드 시멘트	• 비중 : 3.05 이상(보통 3.15 이상) • 단위용적중량 : 1,500kg/m³ • 분말도 : 3,000cm²/g • 응결시간 : 1시간 후에 시작하여 10시간 내 종결	클링커 (점토, 산화철, 석회석) + 석고
	백색 포틀랜드 시멘트	• 미장용 모르타르, 테라초 등의 2차 제품용으로 사용 • 산화철 성분을 적게 하여 내구성, 내마모성이 우수하며 백색으로 만든 시멘트	
	조강 포틀랜드 시멘트	• 조기강도가 우수(보통 포틀랜드 시멘트 28일 강도를 7일에 발현) • 수화열이 큼(균열발생 우려) • 긴급공사, 동기공사, Prestressed Concrete, 수중공사에 사용	
	중용열 포틀랜드 시멘트	• 수화반응이 늦어 수화열 작고, 수축균열이 작음 • 조기강도는 늦으나 장기강도는 우수 • 방사선 차단효과가 큼 • 댐공사 등 Mass Concrete에 사용 • C_3S와 C_3A 양은 적게 하고 C_2S 양을 크게 한 시멘트	
혼합시멘트	고로 시멘트	• 조기강도는 늦으나 장기강도는 우수 • 내화학성, 내열성, 수밀성이 큼	클링커+고로슬래그 + 석고
	플라이애시 시멘트	• 조기강도는 늦으나 장기강도는 우수 • 수밀성이 좋으며 수화열과 건조수축이 작고 화학적 저항성이 큼 • 댐공사 등에 사용	클링커+포졸란 + 석고
	실리카 시멘트	• 조기강도는 늦으나 장기강도는 우수 • 시공연도를 증진시키고 Bleeding 현상을 감소 • 수중, 구조용, 미장모르타르용으로 사용	클링커+포졸란 + 석고

≫ 건조수축 현상

공기 중에서 수분의 증발로 인해 콘크리트가 수축하는 것으로 콘크리트의 단위수량, 단위시멘트양, 콘크리트의 질 등에 따라 다르며, 특히 양생방법에도 큰 영향이 있다. 즉, 습한 공기는 수축을 감소시키며 바람, 일사에 노출되거나 습도가 낮으면 수축은 증가된다. 또한 수축변형은 건조 초기에 크며 시간에 따라 감소한다.

종류		특성	재료
특수시멘트	알루미나 시멘트	• 조기에 강도가 발현(보통포틀랜드 시멘트 28일 강도를 1일에 냄) • 산, 염류, 해수, 화학적 저항성이 큼 • 발열량이 커서 긴급공사, 동기공사, 해안공사에 사용	보크사이트 + 석회석
	팽창 시멘트 (무수축 시멘트)	• 수축성을 개선하여 수화 시 계획적으로 팽창시키는 시멘트 • 수축률은 보통시멘트에 비해 20~30% 감소 • Slab 균열제거용, 이어 치기 콘크리트용으로 사용	

2) 혼화재료의 종류 및 특성

(1) 개요

혼화재료란 콘크리트 구성재료인 시멘트, 물, 골재 등에 첨가하여 콘크리트에 특별한 품질을 부여하고 성질을 개선하기 위한 재료이다. 혼화재료는 혼화재와 혼화제로 구분할 수 있으며, 그 사용량이 시멘트 중량의 5% 미만으로서 소량만 사용되는 것은 혼화제, 시멘트 중량의 5% 이상 사용되는 것을 혼화재로 분류하고 있다.

① 혼화재(混和材)

플라이애시, 포졸란 등과 같이 비교적 다량으로 사용되고 콘크리트의 물리적 성질을 개선한다.

㉠ 포졸란 작용이 있는 것 : 플라이애시, 규조토, 화산회, 규산백토

㉡ 주로 잠재 수경성이 있는 것 : 고로슬래그 미분말

㉢ 경화과정에서 팽창을 일으키는 것 : 팽창제

㉣ 오토 클레이브 양생에 의하여 고강도를 나타내게 하는 것 : 규산질 미분말

㉤ 착색시키는 것 : 착색제

② 혼화제(混和劑)

AE제, 분산제, 경화촉진제, 방동제 등과 같이 비교적 소량으로 사용되고 콘크리트의 화학적 성질을 개선한다.

㉠ 워커빌리티와 내동해성을 개선하는 것 : AE제, AE 감수제

㉡ 워커빌리티를 향상시켜 소요의 단위수량이나 단위시멘트양을 감소시키는 것 : 감수제, AE 감수제

㉢ 배합이나 경화 후의 품질은 변하지 않도록 하고 유동성을 대폭으로 개선하는 것 : 고성능 감수제

㉣ 큰 가수효과로 강도를 높이는 것 : 고성능 감수제

㉤ 응결, 경화시간을 조절하는 것 : 촉진제, 지연제, 급결제, 초지연제

㉥ 방수효과를 나타내는 것 : 방수제

>>> 포졸란
잠재 수경성의 규산질 미립분이 수산화칼슘과 반응하여 불용성 화합물을 만드는 작용으로 시공연도와 수밀성이 향상되고 블리딩 및 재료분리현상이 감소한다.

ⓐ 기포의 작용에 의해 충전성을 개선하거나 중량을 조절하는 것 : 기포제, 발포제

ⓞ 염화물에 의한 철근의 부식을 억제하는 것 : 방청제

ⓩ 유동성을 개선하고 적당한 팽창성을 주어 충전성과 강도를 개선하는 것 : 프리팩트 콘크리트용 혼화제, 고강도 프리팩트 콘크리트용 혼화제, 공극 충전모르타르용 혼화제

ⓩ 소요의 단위수량을 현저히 감소시켜 내동해성을 개선하는 것 : 고성능 AE감수제

ⓚ 점성을 증대시켜 수중에서의 재료분리를 억제하는 것 : 수중 콘크리트용 혼화제, 펌프압송조제

ⓣ 응집작용에 의해 재료분리를 억제하는 것 : 수중 콘크리트용 혼화제, 펌프압송조제

ⓟ 기타 : 부수제, 방동제, 건조수축 저감제, 수화열 억제제, 분진 방지제

(2) **혼화재료의 종류와 특성**

① AE제

㉠ 정의 : 콘크리트 중에 볼베어링 역할이 독립된 미세기포를 발생시켜 시공연도와 내구성을 향상시키는 혼화제이다(표면활성제, AE 감수제, 분산제 등의 작용을 한다).

㉡ 종류 : 주로 음이온계 AE제인 수지산염, 황산에스테르, 설퍼네이트계 이용

㉢ 감수제로 쓰이는 계면활성제는 음이온, 양이온, 비이온, 양성이온형 등이 있는데, 리그린설폰산염, 알킬아릴설폰산염, 폴리옥시에틸렌, 알킬아릴에테르, 옥시카본계 유기산염 주성분 등이 있다.

㉣ AE 감수제는 표준형, 지연형, 촉진형으로 분류되며 AE제만 첨가한 경우는 감수효과가 8%인데 반해 AE 감수제를 사용하면 10~15%의 감수효과를 기대할 수 있으며 6~12%의 시멘트양 절감효과도 있다.

㉤ AE제의 사용목적과 공기량 및 기타 효과

㉮ AE제의 사용목적
- 시공연도의 증진(기포의 볼베어링 역할)
- 동결융해 저항성 증가(연행공기가 체적 팽창압력 완화)
- 단위수량 감수효과(AE제, AE 감수제 병용 시 10~15% 감수)
- 내구성, 수밀성 증대
- 재료분리 저항성, Bleeding 현상 감소

>>> **발포제**
모르타르 또는 콘크리트에 알루미늄 또는 아연의 분말을 혼입하면 시멘트 중의 알칼리와 반응하여 수소가스가 발생하고 기포로 되어 콘크리트 중에 함유된다.

>>> **표면활성제**
콘크리트 중에 미세기포를 연행하여 콘크리트의 워커빌리티와 내구성을 향상시킨다. 또한 시멘트 입자를 분산하여 표면장력을 감소시킨다.

- 쇄석 사용 시 현저한 수밀성 개선
- 응결시간 조절(표준형, 지연형, 촉진형)

ⓐ 공기량, 기타 효과
- 공기량 1% 증가 시 : 슬럼프치 2cm 증가, 압축강도 4~6% 감소
- AE제 사용량 3~6% (6% 이상 : 강도 저하)
- 잔골재가 많으면 공기량 증가
- 기계비빔이 손비빔보다 공기량 증가(3~5분), 그 이후로 감소
- 온도가 높으면 공기량 감소(10℃ 증가에 따라 20~30% 감소)
- 진동을 주면 공기량이 감소하므로 비빔 시 공기량을 1/4~1/6 정도 많게 함

ⓑ 빈배합, 슬럼프치가 작을수록(17~18cm까지) 공기량 증가, 그 이하는 감소

② 실리카질 혼화재(混和材)
   ㉠ 종류
   - 천연산 : 화산재, 응회암, 규산백토, 규조토
   - 인공 : 고로슬래그, 플라이애시, 소성점토 등
   ㉡ 가용성 SiO_2가 $Ca(OH)_2$와 화합물을 만들어 장기강도, 내화학성 증가

③ 플라이애시 : 시공연도와 수밀성 향상을 위해 화력발전소에서 완전연소한 재(Ash)를 집진기로 포집한 것으로 대표적인 인공 포졸란의 종류이다.

④ 고성능 감수제, 유동화제(Super Plasticizer)
   고성능 감수제는 일반 감수제보다 시멘트 입자의 분산능력이 탁월하여 응결지연이나 과도한 연행작용, 강도저하가 없어 단위수량을 감소할 수 있다. 고성능 감수제는 고강도 콘크리트용 감수제와 유동화제로 구분할 수 있지만 그 기본 성능은 동일하다. 유동화제는 감수제에 슬럼프 손실 감소를 조정하는 성분과 지연제를 첨가하여 성능을 보완한 것이다. 이러한 혼화제를 사용한 콘크리트를 유동화 콘크리트라고 한다.
   ㉠ 유동화제의 성분 종류

종류	용도
멜라민계(멜라민 설폰산계 축합물)	PC ALC 고강도 파일에 사용
나프탈린계(나프탈린 설폰산계 축합물)	고강도 콘크리트 감수제에 사용
변형리그닌계(리그닌산 설폰산염)	기타 칼폰산염 유동화제

ⓛ 재료의 용도 구분

고성능 감수제	감수제의 일종으로 단위수량 감소, 유동성 증진의 목적으로 사용
유동화제	베이스 콘크리트(Base Concrete) Paste의 유동성 증진이 목적

※ 여기서, Base Concrete는 유동화 콘크리트를 제조하기 위해 혼합된 유동화제를 첨가하기 전의 콘크리트를 말한다.

ⓒ 특성 : 묽은 콘크리트의 단점 극복
  • 단위수량 감소(20~30% 절감)
  • 적은 단위수량으로 큰 슬럼프의 콘크리트를 얻음
  • 고강도, 고품질 콘크리트(내구성 향상)
  • 건조수축 및 블리딩 현상 감소
  • 콘크리트의 시공성 개선(시공능률 향상)
  • 마무리시간 단축, 공기 단축
  • 매스 콘크리트의 단점인 수화 발열량 감소
  • 단위시멘트양 감소
  • 시멘트 입자의 분산성이 높음
  • 초기 강도 증대(경화 불량 없음)
  • 수밀성 향상
  • 이상 응결지연이 없음

ⓛ 용도에 의한 종류 : 표준형이 널리 쓰이고 지연형은 응결지연 효과를 갖고 슬럼프 손실 감소를 낮추며 다량 사용 시 내구성을 저하시킨다.

⑤ **실리카흄** : 실리콘이나 페로실리콘 규소합금의 원료로서 규석, 석탄, 철가루, 코크스가 2,000℃의 고온에서 SiO_2가 산화응축된 초미립자로서(1μm 이하) 집진기로 회수하여 얻는다.

ⓐ 특징

단위용적중량	300kg/cm²	입경	시멘트보다 200~300배 더 작다.
주성분	SiO₂ : 80% 이상	입형	90% 정도가 구형이다.

ⓑ 장점
  • 수밀성, 내구성 향상
  • Bleeding 감소, 동결융해 저항성 증가
  • 알칼리 골재반응 방지, 압축강도 증진

ⓒ 단점
  • 소성 시 수축균열 발생
  • 장기 균열의 증대
  • 중성화가 빠름

Tip
유동화제의 첨가시기
현장첨가, 공장첨가, 공장첨가 후 운반 중 교반 등의 방법이 있으나 보통 1시간 이내에 타설하므로 현장첨가나 공장첨가 방법이 쓰인다.

≫ 슬럼프 손실
시간이 경과함에 따라 콘크리트의 반죽 질기가 감소하는 현상으로 초기 수화작용, 수분 증발 등으로 자유수가 감소함에 따라 발생한다.

Tip
마이크로 필러 효과
초미립자가 골재와 시멘트의 공극을 채워줌으로써 매우 치밀한 고강도 콘크리트를 가능하게 하는 효과이다.

⑥ 표면활성제 : 콘크리트 중에 미세기포를 연행하여 콘크리트의 워
커빌리티를 향상시키고 콘크리트의 내구성 향상에 좋다. 또한 시멘
트 입자를 분산시켜 표면장력을 감소시키는 혼화제이다.

⑦ 기타 혼화제

종류	내용
응결경화 촉진제 (방동, 내한제)	• 염화칼륨($CaCl_2$), 식염($NaCl$), Na_2SiO_2, Na_2CO_3, $FeCl_3$ 등 • 시멘트양의 2% 정도를 사용하면 조기강도가 증진, 4% 이상을 사용하면 순간응력, 장기강도가 감소한다. • 황산염에 대한 저항성이 작아지고 알칼리 골재 반응촉진, 건조수축이 커진다. • 마모성은 커지나 슬럼프치가 커진다(유동성 과다, 재료분리). • 한중기 콘크리트에 사용, 식염은 철근을 녹슬게 하므로 사용하지 않는다. • 저온($5℃\sim10℃$)에서 강도증진 효과가 있다.
응결지연제	• 글루콘산, 구연산, 옥시카본산 계통의 화합물, 당류 등을 이용하여 시멘트 입자에 피막되어 일시적인 수화방해작용을 한다. • 레미콘 장거리 운반 시, Cold Joint 방지목적으로 사용한다. • 응결지연시간 : 60~120분 정도, 첨가량을 조절한다.
급결제	• 탄산나트륨(Na_2CO_3), $CaCl_2$, $Al(OH)_3$, $NaAlO_2$, 탄산염 • 시멘트 응결을 순간적으로 일으켜서 누수공사, 긴급공사에 사용한다. • 급결에 의해 1~2일 강도증진은 크나 장기강도 발현은 느리다.
방청제	• 아황산소다, 인산염 • 염분에 의한 철근 부식방지 목적, 해사 사용 시 염분을 함유한 흙에 접할 때 사용한다. • 염분함유량을 10배 정도 늘리는 효과가 있다($CaCl_2$ 사용 시 사용).
방수제	콘크리트의 시공연도를 증진하고 공극을 줄이며 수화반응을 촉진한다. 콘크리트 내부에 불투수성 막을 형성한다(규산소다계 : 지수용 급결제). • 실리카계(규산질 분말계) : 플라이애시, 실리카흄, 규산백토 등이며 공극을 충진한다. • 규산소다계(Na_2O, $nSiO_2$) : $Ca(OH)_2$와 결합하여 불용성 규산칼슘을 생성한다. • 기타 : 아스팔트 에멀션계, 파라핀 에멀션계, 고무라텍스 계통
기포제 발포제	• 기포제 : AE제를 이용해 공기량을 20~25%, 최고 85%까지 증가시킨다. • 발포제 : 알루미늄, 아연분말을 이용해 시멘트 중 알칼리와 반응하여 수소가스를 생성한다. • 부착력 증대, 프리팩트 콘크리트나 PC 그라우팅에 사용한다. • 부재의 경량화, 단열화, 내구성을 향상한다(ALC 패널 등).
착색제	콘크리트에 색을 가하는 안료이며 내알칼리성 광물질이다. • 빨강 : Fe_2O_3(산화제이철)　　• 녹색 : Cr_2O_3(산화크롬) • 노랑 : 크롬산바륨　　　　　　• 청색 : 유기안료 • 검정 : 카본블랙　　　　　　　• 백색 : TiO_2(산화티탄), 백연 • 갈색 : 이산화망간

4. 골재와 물

1) 콘크리트용 골재

골재는 콘크리트 용적에 70~85%를 차지한다. 그러므로 유기불순물이 없고 입도가 좋고 공극이 적어야 경제적이다. 최근 골재의 고갈로 인공골재 개발과 함께 쇄석 및 재생골재 등 개발이 활발히 전개되고 있다.

(1) 골재의 종류 및 정의

① **잔골재** : 콘크리트 표준시방서에 의하면 10mm체(호칭치수 9.5)를 전부 통과하고 5mm체를 거의 다 통과하며 0.08mm체에 거의 다 남는 골재 또는 5mm체를 다 통과하고 0.08mm체에 다 남는 골재를 말한다. 건축공사 표준시방서에는 체규격 5mm의 체에서 중량비로 85% 이상 통과하는 골재를 잔골재라고 정의하고 있다.

② **굵은 골재** : 5mm 체에 거의 다 남는 골재 또는 5mm체에 다 남는 골재를 말한다. 건축공사 표준시방서에는 체규격 5mm의 체에서 중량비로 85% 이상 남는 골재를 굵은 골재라고 정의하고 있다.

③ **재생골재** : 폐자재 활용과 건물 해체 시 골재의 재활용 등의 연구가 진행되고 있으며 흡수율이 높고 건조수축이 크며 단위수량이 많이 요구되는 골재로 재생한다. 골재 혼합률이 30% 이하인 경우 압축강도 등 제 성능이 보통골재와 별다른 차이가 없다.

    ㉠ 같은 슬럼프의 콘크리트를 비비는 데 단위수량이 많이 필요하다.

    ㉡ 굳을 때 건조수축이 크며, 굳은 후의 강도 및 탄성이 낮다.

    ㉢ 시멘트 수화물가루를 다량 함유하고 있어 흡수율이 높기 때문에 사용 전에는 필히 살수하여 함수율을 높여야 한다.

    ㉣ 동결융해가 반복되며 강도가 낮아지기 쉽다.

④ **경량골재** : 비중이 2.0 이하로 콘크리트의 중량 감소 및 단열 등의 목적을 위해 사용한다.

⑤ **중량골재** : 방사선 차폐효과를 높이기 위해 사용하는 자철광, 중정석, 갈철광, 철편 등과 같이 비중이 큰 골재(비중 2.65 이상)를 말한다. 방사선에는 α선, β선, γ선, X선 및 중성자선 등이 있으며 각각의 성질이 다르고 차폐를 대상으로 하는 방사선의 종류에 따라 콘크리트의 성질도 약간 달라진다. 일반적으로 차폐용 콘크리트는 고밀도로서 실적률이 크고 작은 입자가 적당히 섞여 있는 것이 좋다.

(2) 골재 선정 및 저장 시 유의사항

① 골재 선정 시 유의사항

    ㉠ 입형은 구형으로 표면이 거친 것(부착강도 확보)

    ㉡ 청정할 것(유기불순물을 포함하지 않을 것)

    ㉢ 내마모성이 있을 것(마모에 대한 저항성이 있을 것)

Tip 👍
보통골재의 비중은 2.5~2.65이다.

ⓔ 견고, 내구성, 내화성이 클 것(시멘트강도 이상일 것)

ⓜ 입도가 적당할 것(실적률이 55% 이상으로 클 것)

ⓗ 입도가 좋을 것(세조립이 적당할 것)

ⓢ 석회석은 풍화되지 않는 것을 사용

ⓞ 운모 함유량이 적을 것

② 골재 저장 시 유의사항

ⓒ 쌓는 곳은 배수가 양호하고 햇빛이 덜 받는 곳에 저장

ⓒ 잔골재, 굵은 골재를 별도로 분리해서 저장

ⓒ 골재를 부리고, 보관 시 세조립이 섞이지 않게 저장

ⓔ 물을 뿌리고 그 위에 포장을 씌워 습윤상태 유지

ⓜ 경량골재는 흡수율이 크므로 2~3일 전에 살수하여 표건내포 상태로 보관

ⓗ 점토질, 유기물질, 염분 등 불순물을 제거

③ **굵은 골재의 최대 치수** : 부재의 최소치수의 1/5 이하, 피복두께 및 철근의 최소 수평·수직 순간격의 3/4을 초과해서는 안 되며 굵은 골재의 최대 치수는 다음 표와 같다.

구조물의 종류	굵은 골재의 최대치수
일반적인 경우	25mm
단면이 큰 경우	40mm
무근 콘크리트	40mm(단, 부재 최소치수의 1/4을 초과해서는 안 된다)

ⓒ 최대치수가 클수록 단위수량 및 단위시멘트양이 감소한다.

ⓒ 최대치수가 작을수록 콘크리트의 수밀성이 증대된다.

④ 보통골재의 품질기준

종류	절건 비중	흡수율 (%)	점토량 (%)	씻기시험으로 손실되는 양 (%)	유기 불순물	마모율 (%)	염화물 (NaCl로서) (%)
굵은 골재	2.5 이상	3.0 이하	0.25 이하	1.0 이하	–	40 이하	–
잔골재	2.5 이상	3.5 이하	1.0 이하	3.0 이하	표준색 보다 진하지 않은 것	–	0.04 이하

⑤ 골재의 염분 함유량 기준

ⓒ 염분의 허용한도 식염수 농도로 약 0.04%이며 이를 초과할 때는 철근의 방청조치가 필요하다.

ⓒ 이 염분량을 잔골재(모래)의 중량 백분율로 나타내면 평균 약 0.01% 정도가 된다.

ⓒ 특기시방서에 기재되어 있는 경우 절건비중 2.4 이상, 흡수율 4.0% 이하의 자갈, 모래 및 염화물이 0.04%를 넘고 0.1% 이하인 모래를 사용할 수 있다.

ⓓ 레미콘 염분 규제와 Prestress 도입 시 염분 규제량

KSF 4009 레미콘 규격		구분	Pretension	Post tension
천연골재	0.04% 이하	잔골재의 염화물량	0.02% 이하	0.04% 이하
주문자 승인 시	0.01% 이하	콘크리트의 염화물량	0.20kg/m³ 이하	0.30kg/m³ 이하

ⓔ 콘크리트에 포함된 염화물량 : 염소 이온량으로 0.3kg/m³ 이하, 초과 시 방청대책이 필요하고, 특기시방서에 규제 시 0.6kg/m³ 이하로 한다.

(3) 골재의 함수상태, 실적률, 조립률, 비중

① 골재의 함수상태

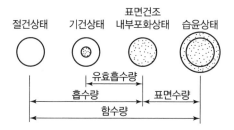

ⓐ 흡수량(Absorption) : 표면건조 내부포수상태의 골재 중에 포함되는 물의 양

ⓑ 흡수율 : 절건상태의 골재중량에 대한 표면수량의 백분율

ⓒ 유효흡수량(Effective Absorption) : 흡수량과 기건상태인 골재에 함유된 수량의 차

ⓓ 표면수량 : 함수량과 흡수량의 차

ⓔ 함수량(Total Water Content) : 습윤상태의 골재가 함유하는 전수량

ⓕ 표면수율 : 표면건조 내부포수상태의 골재중량에 대한 표면수량의 백분율

② 골재의 실적률과 공극률

ⓐ 정의 : 골재를 어떤 용기 속에 채워 넣을 때 그 용기 내에 골재가 차지하는 실용적의 백분율을 실적률이라 한다. 또한 골재의 단위용적 중의 공극의 비율을 백분율로 나타낸 것을 공극률이라 한다.

Tip 🖐
철근의 방청대책
① 아연도금 처리
② Concrete에 방청제 혼입
③ 에폭시 코팅 철근 사용
④ 골재에 제염제를 혼합 사용

흡수율 계산
$$\frac{흡수량}{절건중량} \times 100$$

≫ 절건상태
건조기 내에서 일정 중량이 될 때까지 온도 110℃ 이내로, 24시간 정도 가열 건조한 상태로 노건조상태라고도 한다.

≫ 기건상태
골재 내부에 약간의 수분이 있는 상태로, 대기 중 건조상태라고도 한다.

ⓛ 실적률과 공극률 계산

$$d = \frac{w}{\rho} \times 100\%$$

$$v = \left(1 - \frac{w}{\rho}\right) \times 100\% = 100 - d\%$$

여기서, d : 실적률

v : 공극률

ρ : 골재의 비중

w : 단위용적중량(kg/m³)

ⓒ 실적률이 큰 골재의 성질 : 실적률은 골재의 입도, 입형이 좋고 나쁨의 지표가 되고 동일 입도의 경우는 일반적으로 용형(甬形) 일수록 실적률이 조금 작다.

• 실적률이 크고 공극률이 작으면 골재의 모양이 좋고 입도(粒度) 분포가 적당하다.

• 단위시멘트양이 적게 사용된다.

• 건조수축 및 수화열을 줄일 수 있다.

• 경제적인 콘크리트를 만들 수 있다.

• 콘크리트의 수밀성, 내구성, 내마모성 등이 증대된다.

• 콘크리트의 투수성 및 흡수성이 감소된다.

▼ 표준계량일 때의 실적률과 공극률

(단위 : %)

종별	실적률	공극률
모래	55~70	45~30
자갈	60~65	40~30
쇄석	55~65	37~45

③ 골재의 조립률(粗粒率)

ㄱ 조립률은 골재의 입도를 수량적으로 나타내는 방법으로서 80mm, 40mm, 20mm, 10mm, 5mm, 2.5mm, 1.2mm, 0.6mm, 0.3mm, 0.15mm 10개의 체를 1조로 체가름시험을 한다.

ㄴ 조립률(FM)은 이 10개의 표준체 각각의 체에 남은 골재의 잔골재에 대한 중량 백분율의 누계의 합을 100으로 나눈 값이다.

$$\text{FM(Fineness Modulus)} = \frac{\text{각 체에 남는 누계량(\%)의 합}}{100}$$

FM이 3 이상이면 굵은 모래, 2~3은 중간 모래, 2 이하는 가는 모래이다.

ㄷ 입도가 좋으면 단위용적중량이 크고 시멘트양이 절약되며 강도가 커지고 수밀성, 내구성, 내마모성이 큰 경제적인 콘크리트를 얻을 수 있다.

ⓔ 부립률
- 부립률이란 굵은 골재 중에서 물에 뜨는 정도의 가벼운 입자의 함유율을 말한다.
- 부립은 일반적으로 강도가 작고 묽은 반죽 콘크리트의 경우에는 시공 중에 떠올라 분리하기 쉽다.
- 인공경량골재와 같이 흡수율이 작은 것은 비중이 가벼운 입자가 떠올라서 분리되기 쉬우므로 부립률이 10% 이하인 것을 사용한다.
ⓜ 체가름시험법
- 골재의 체가름 분포, 즉 골재의 입도를 간단히 표시하는 방법이다.
- 입도는 콘크리트의 시공성에 미치는 영향이 크므로 골재의 입도상태를 조사하기 위한 목적으로 사용된다.
④ 골재의 비중
비중이 크면 조직이 치밀하고 흡수량이 낮으며 내구성이 크다.
ⓐ 겉보기비중 : 골재 중 공기와 물을 포함한 비중
ⓑ 진비중 : 골재 중 공기와 물을 제외한 실제 비중

(4) **골재의 시험방법**

종류	내용
혼탁비색법	• 모래에 함유된 유기불순물의 유해량 측정 • 모래시료와 수산화나트륨 3%용액(NaOH)을 넣고 섞어 24시간 후 표준색과 비교
로스앤젤레스 시험	굵은 골재(부순 돌, 자갈)의 마모저항 시험

2) 물

콘크리트 제조 시의 혼합용수는 콘크리트 용적의 약 15%를 차지하며 시멘트와의 수화작용으로 응결, 경화하고 강도를 증진시키므로 물이 콘크리트의 강도와 내구성에 미치는 영향은 매우 크다. 따라서 물은 기름, 산, 염류, 유기물 등 콘크리트 품질에 영향을 주는 물질의 유해량을 함유하지 않고 깨끗해야 한다. 해수(海水)는 철근 또는 PC 강선을 부식시킬 염려가 있으므로 철근 콘크리트의 혼합수로 사용해서는 안 된다.
혼합수는 콘크리트의 응결경화, 강도의 발현, 체적변화, 워커빌리티 등의 품질에 나쁜 영향을 미치거나 강재를 녹슬게 하는 물질의 함유량을 초과해서는 안 된다. 혼합수의 품질에 대하여 의심나는 경우에는 수질시험을 하여 유해물의 함유량을 조사하고 기존의 시험결과와 비교해서 사용 여부를 판단해야 한다.

골재의 비중 계산
① 겉보기비중
$$\frac{절건중량}{표건중량 - 수중중량}$$

② 표건비중
$$\frac{표건중량}{표건중량 - 수중중량}$$

③ 진비중
$$\frac{절건중량}{절건중량 - 수중중량}$$

▼ 물의 품질 규정

항목	품질
현탁물질의 양	2g/L 이하
용해성 증발잔류물의 양	1g/L 이하
염소 이온	250 이하
시멘트 응결시간의 차	초결 30분 이내, 종결 60분 이내
모르타르의 휨강도 및 압축강도의 비율	재령 7일 및 재령 28일에서 90% 이상

5. 콘크리트 공사

1) 콘크리트 배합설계

(1) 개요

① 콘크리트는 물, 모래, 자갈, 시멘트, 혼화재를 혼합하여 만든 복합재료이다.

② 콘크리트 배합목적(콘크리트에 대한 요구조건)

  ㉠ 시공 용이성(Workability)

  ㉡ 경화 후의 소요강도

  ㉢ 내구성

  ㉣ 수밀성

  ㉤ 균일성

  ㉥ 경제성

(2) 배합 표시법

※ 공장제작에는 용적배합, 현장제작에는 중량배합이 많이 쓰인다.

① **절대용적배합** : 콘크리트 비벼내기 $1m^3$에 소요되는 각 재료를 절대용적(l)으로 표시한 배합이다(예 잔골재율, 흙의 간극률).

② **중량배합** : 콘크리트 $1m^3$에 소요되는 재료의 양을 중량(g)으로 표시한 배합이다(예 흙의 흡수율, 물 – 시멘트비).

③ **표준계량 용적배합** : 콘크리트 $1m^3$에 소요되는 재료의 양을 표준계량 용적(m^3)으로 표시한 배합으로 시멘트는 1,500kg을 $1m^3$로 한다.

④ **현장계량 용적배합** : 콘크리트 $1m^3$에 소요되는 재료의 양을 시멘트는 포대수로, 골재는 현장계량에 의한 용적(m^3)으로 표시한 배합이다.

(3) 배합설계 순서

① 설계기준강도(소요강도) 결정
② 배합강도 결정
③ 시멘트 강도 결정
④ 물 – 시멘트비 결정

⑤ 슬럼프값 결정
⑥ 굵은 골재 최대치수 결정
⑦ 잔골재율 결정
⑧ 단위수량 결정
⑨ 시방배합 산출 및 조정
⑩ 현장배합 결정

① 설계기준강도(소요강도, MPa)

설계기준강도(f_{ck}) : 콘크리트의 허용응력도에 안전율(Safety Factor)을 가산하여 산출하며 28일 압축강도를 기준으로 한다.

설계기준강도(f_{ck})
3×장기허용응력도＝1.5×단기허용응력도

② 배합강도 정하는 방법(재령 28일 기준)

　㉠ 구조물에 사용된 콘크리트의 압축강도가 설계기준강도보다 작아지지 않도록 현장 콘크리트의 품질변동을 고려하여 콘크리트의 배합강도(f_{cr})를 설계기준강도(f_{ck})보다 충분히 크게 정해야 한다.

　㉡ 현장 콘크리트의 압축강도 시험값이 설계기준강도 이하로 되는 확률은 5% 이하여야 하고 압축강도 시험값이 설계기준강도의 85% 이하로 되는 확률은 0.13% 이하여야 한다.

≫ 콘크리트의 압축강도 시험값
굳지 않은 콘크리트에서 채취하여 제작한 공시체를 표준양생하여 얻은 압축강도의 평균값을 말한다.

　㉢ 배합강도의 결정은 다음 식에 의한 값 중 큰 값을 적용한다.

$f_{cq} \leq 35\text{MPa}$인 경우	$f_{cq} > 35\text{MPa}$인 경우
• $f_{cr} = f_{cq} + 1.34s(\text{MPa})$ • $f_{cr} = (f_{cq} - 3.5) + 2.33s(\text{MPa})$	• $f_{cr} = f_{cq} + 1.34s(\text{MPa})$ • $f_{cr} = 0.9f_{cq} + 2.33s(\text{MPa})$

여기서, s : 압축강도의 표준편차

　㉣ 콘크리트 압축강도의 표준편차는 실제 사용한 콘크리트의 실적으로 결정하지만 공사초기에 그 값을 추정하기 불가능하거나 중요하지 않은 소규모의 공사에는 $0.15f_{ck}$를 적용한다.

③ 온도 보정

　㉠ 콘크리트의 기온에 따른 보정값 T(현장수중양생의 경우)의 표준값

Tip 👆
콘크리트 공시체 양생방법
① 표준양생 : 20±3℃의 수중 또는 포화습기 중에서 행하는 콘크리트 공시체의 양생방법이다.
② 현장수중양생 : 공사현장에서 수온이 기온의 변화에 따르는 수중에서 행하는 콘크리트 공시체의 양생방법이다.
③ 현장봉함양생 : 공사현장에서 콘크리트 온도가 기온의 변화에 따르며 콘크리트로부터 수분의 발산이 없는 상태에서 행하는 콘크리트 공시체의 양생방법이다.

시멘트의 종류	콘크리트를 부어넣은 날부터 28일간의 예상 평균기온의 범위(℃)			
조강 포틀랜드 시멘트	18 이상	15 이상 18 미만	7 이상 15 미만	4 이상 7 미만	2 이상 4 미만
보통 포틀랜드 시멘트 플라이애시 시멘트 A종 고로슬래그 시멘트 특급	18 이상	15 이상 18 미만	9 이상 15 미만	5 이상 9 미만	3 이상 5 미만
플라이애시 시멘트 B종	18 이상	15 이상 18 미만	10 이상 15 미만	7 이상 10 미만	5 이상 7 미만
고로슬래그 시멘트 1급	18 이상	16 이상 18 미만	14 이상 16 미만	12 이상 14 미만	10 이상 12 미만

ⓛ 콘크리트의 기온에 따른 보정값 T_{28}(현장봉함양생의 경우)의 표준값

시멘트의 종류	콘크리트를 부어 넣은 날부터 28일간의 예상 평균기온의 범위(℃)								
보통 포틀랜드 시멘트 플라이애시 시멘트 A종 고로슬래그 시멘트 특급	18 이상	15 이상 18 미만	9 이상 15 미만	5 이상 9 미만	3 이상 5 미만	–	–	–	–
플라이애시 시멘트 B종	18 이상	15 이상 18 미만	10 이상 15 미만	7 이상 10 미만	5 이상 7 미만	3 이상 5 미만	–	–	–
고로슬래그 시멘트 1급	18 이상	16 이상 18 미만	14 이상 16 미만	12 이상 14 미만	10 이상 12 미만	8 이상 10 미만	6 이상 8 미만	4 이상 6 미만	2 이상 4 미만

ⓒ 콘크리트 강도의 기온에 따른 보정값 T_n(현장봉함양생의 경우)의 표준값

시멘트의 종류	재령 n(일)	콘크리트를 부어넣은 날부터 n일간의 예상 평균기온의 범위(℃)				
보통 포틀랜드 시멘트 플라이애시 시멘트 A종 고로슬래그 시멘트 특급	91	3 이상	–	–	–	–
	56	12 이상	5 이상 12 미만	3 이상 5 미만	–	–
	42	15 이상	12 이상 15 미만	5 이상 12 미만	3 이상 5 미만	–
플라이애시 시멘트 B종	91	3 이상	–	–	–	–
	56	12 이상	6 이상 12 미만	3 이상 6 미만	–	–
	42	15 이상	12 이상 15 미만	6 이상 12 미만	3 이상 6 미만	–
고로슬래그 시멘트 1급	91	3 이상	3 이상 6 미만	–	–	–
	56	12 이상	9 이상 12 미만	6 이상 9 미만	3 이상 6 미만	–
	42	17 이상	14 이상 17 미만	11 이상 14 미만	9 이상 11 미만	6 이상 9 미만

④ 콘크리트 강도의 표준편차(δ)와 시공편차(δ)

ⓐ 레디믹스트 콘크리트 사용 시 : 실제로 사용할 콘크리트에 가까운 조건의 콘크리트에 대하여 그 공장의 실적을 근거로 표준편차를 구한다.

ⓑ 공사 현장비빔 콘크리트 사용 시 : 공사 초기에 그 공사 현장의 δ값을 구하지 못한 경우 35kg/cm²로 한다. 다만, 그 공사현장의 δ추정값을 얻은 경우는 그 값에 따른다.

ⓒ 시공등급에 의한 표준편차

(단위 : kg/cm²)

시공급별	시공관리의 정도	표준편차(δ)
A	배처플랜트, 레디믹스트 콘크리트 등에 의하고 또한 시공관리가 우수하고 제 시험을 시행할 때 보통 현장배합일 때라도 위에 준하여 관리가 우수할 때	25
B	간이 배처플랜트, 일반 중량개량방식으로서 시공관리가 우수하고 제 시험을 시행할 때	35
C	용적계량으로 어느 정도의 제 시험을 시행할 때	45

⑤ 시멘트 강도의 결정

㉠ 단기강도에서 28일 강도 측정식

K_7에서 K_{28} 추정	K_3, K_7에서 K_{28} 추정	시멘트 종류
$K_{28} = 0.6K_7 + 240$	$K_{28} = 0.65K_7 - 0.25K_3 + 280$	조강 포틀랜드 시멘트
$K_{28} = K_7 + 150$	$K_{28} = 1.2K_7 - 0.4K_3 + 160$	보통, 실리카, 플라이애시, 고로

㉡ 시멘트 강도 K의 최대치

K의 최대치	시멘트 종류
400	조강 포틀랜드 시멘트
370	• 보통 포틀랜드 시멘트 • 고로 시멘트 A종 • 플라이애시 시멘트 A종 • 실리카 시멘트 A종
350	• 고로 시멘트 B종 • 중용열 포틀랜드 시멘트
320	• 플라이애시 시멘트 B종 • 실리카 시멘트 B종

㉢ 시멘트 강도 결정
- 시멘트 강도는 연구소, 시험소에서 제시한 평균값이나 제조회사 월평균 강도에서 ±40kg/cm²를 하여 오차가 20kg/cm² 이상 나지 않는 것으로 한다.
- 시멘트 강도시험을 하지 않은 경우는 제조회사 월평균 강도에 30kg/cm²를 뺀값으로 한다.
- 28일 압축강도(K_{28})를 기준으로 하고 시간여유가 없는 경우는 3일 강도(K_3), 7일 강도(K_7)에서 추정할 수 있다.

⑥ 물 - 시멘트비(W/C) 결정

㉠ 정의 : 부어넣기 직후의 모르타르 또는 콘크리트에 포함된 시멘트 풀 속의 시멘트에 대한 물의 중량 백분율로서 품질에 가장 많은 영향을 준다(일반적인 단위수량 : 185kg/m³ 이하).

ⓛ 소요의 강도와 내구성을 고려하여 물−시멘트비(W/C)를 정해야 하고, 수밀을 요하는 구조물에서는 콘크리트의 수밀성에 대해서도 고려해야 한다.

ⓒ 콘크리트의 압축강도를 기준으로 하여 물−시멘트비(W/C)를 정할 경우

• 압축강도와 물−시멘트비(W/C)의 관계는 시험에 의하여 정하는 것을 원칙으로 하고 공시체는 재령 28일을 표준으로 한다.

• 큰 강도를 필요로 하지 않는 소규모 공사에서 시험을 실시하지 않고 보통 포틀랜드 시멘트를 사용하며 혼화제를 쓰지 않은 보통 콘크리트에 대해서는 다음 두 식에 의한 값 중 작은 값을 적용한다.

$$W/C = \frac{215}{f_{28}+210} \qquad W/C = \frac{61}{f_{28}/K+0.34}$$

여기서, K : 시멘트 강도(kg/cm²)

• 배합에 사용할 물−시멘트비(W/C)는 기준 재령의 시멘트−물비(C/W)와 압축강도의 관계식에서 배합강도(f_{cr})에 해당하는 시멘트−물비(C/W)값의 역수로 한다.

• 혼화재로서 양질의 포졸란을 적당하게 사용할 경우 시멘트−물비(C/W)의 분자를 시멘트와 포졸란 중량의 합계로 해도 좋다.

ⓔ 콘크리트의 내동해성을 기준으로 하여 물−시멘트비(W/C)를 정할 경우 그 값은 다음 값 이하여야 한다.

기상조건 및 단면조건 구조물 노출상태	기상작용이 심한 경우 또는 동결용해가 반복되는 경우		기상작용이 심하지 않은 경우 또는 빙점 이하의 기온으로 되는 일이 드문 경우	
	얇은 경우	보통의 경우	얇은 경우	보통의 경우
계속해서 또는 종종 물로 포화되는 부분	50	55	50	60
보통의 노출상태에 있는 부분	55	60	55	60

ⓜ 콘크리트의 화학작용에 대한 내구성을 기준으로 하여 물−시멘트비(W/C)를 정하는 경우

ⓞ 0.4% 이상의 황산염을 함유하는 흙이나 물에 접하는 콘크리트에 대해서는 지시하는 값 이하로 한다.

ⓛ 제설제 및 융빙제가 사용되는 콘크리트에 대해서는 지시하는 값 이하로 한다.

ⓗ 물−결합재비[$W/(C+F)$] : 프리팩트 콘크리트에 있어서 플라이애시 또는 기타의 혼화재를 사용하여 비빈 모르타르 또는

콘크리트에서 골재가 표면건조 포화상태에 있다고 보았을 때 풀(Paste) 속에 있는 물과 시멘트 및 플라이애시, 기타 혼화재와의 중량비이다.

⑦ 소요 슬럼프 결정

㉠ 슬럼프 테스트로 하며 시공연도의 양부를 측정한다.

㉡ 콘크리트의 슬럼프는 운반, 다짐, 치기 등의 작업에 알맞는 범위 내에서 될 수 있는 대로 작은 값으로 정해야 한다.

㉢ 된비빔의 콘크리트에 대해서는 슬럼프 테스트 대신에 진동대식 반죽질기 시험기를 사용한 시험을 할 수 있다.

㉣ 슬럼프의 표준값(cm)

종류		슬럼프값
철근 콘크리트	일반적인 경우	80~180
	단면이 큰 경우	60~150
무근 콘크리트	일반적인 경우	50~180
	단면이 큰 경우	50~150

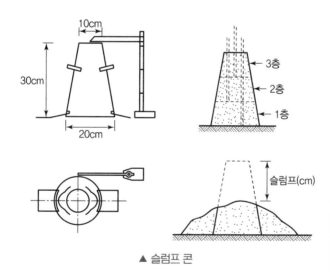

▲ 슬럼프 콘

▲ 슬럼프시험 결과 해석

슬럼프값	좋음	나쁨
15~18cm	균등한 슬럼프, 충분한 끈기가 있다.	끈기가 없고 부분적으로 무너진다.
	덤핑하여 내리지만 끈기가 있다.	덤핑하여 푸슬푸슬 허물어진다.

슬럼프값	좋음	나쁨
20~22cm	미끈하게 넓어지고 골재의 분리가 없다.	밑기슭은 시멘트풀이 흘러내린다. 골재가 분리되어 위에 뜬다.

ⓜ 레미콘 슬럼프값의 허용오차

슬럼프값(cm)	슬럼프 허용오차(cm)
2.5	±1.0
5 및 6.5	±1.5
8 이상 18 이하	±2.5
21	±3.0

⑧ 잔골재율(S/a) 결정

 ㉠ 잔골재율은 잔골재의 절대용적을 골재 전량의 절대용적으로 나눈 값의 백분율이다.

 ㉡ 절대 잔골재율은 소요의 Workability를 얻을 수 있는 범위 내에서 단위수량이 최소가 되도록 정해야 한다.

 ㉢ 잔골재의 입도, 콘크리트의 공기량, 단위시멘트양, 혼화재료의 종류 등에 따라 다르므로 시험에 의하여 정해야 한다.

 ㉣ 공사 중에 잔골재의 입도가 변화하여 조립률이 0.20 이상 차이가 있을 경우에는 소요의 Workability를 가지는 콘크리트를 얻을 수 있도록 잔골재율이나 단위수량을 변경해야 한다.

 ㉤ 콘크리트 펌프 시공의 경우에는 콘크리트 펌프의 성능, 배관, 압송거리 등에 따라 잔골재율의 값을 정한다.

 ㉥ 유동화 콘크리트의 경우에는 슬럼프의 증대량을 고려해서 잔골재율의 값을 정한다.

 ㉦ 배합의 결정 및 수정은 콘크리트의 생산 및 시공조건을 충분히 반영하여 가장 합리적인 방법을 이용하여야 한다.

 ㉧ 잔골재율이 커지면 공극이 많아지므로 단위수량과 단위시멘트양이 증가한다.

⑨ 배합의 일반적인 경향

 ㉠ 동일 W/C, 동일 슬럼프일 때

  • 모래입자가 가늘수록 단위시멘트의 사용량이 많아진다.

  • 자갈입자가 가늘수록 단위시멘트의 사용량이 많아진다.

  • 모래입자가 가늘수록 자갈의 사용량이 많아진다.

  • 자갈입자가 가늘수록 모래의 사용량이 많아진다.

잔골재율 계산

$$\frac{\text{잔골재}}{\text{잔골재}+\text{굵은 골재}} \times 100\%$$

Tip 👆

W/C비가 클 때의 문제점

① 강도 저하
② 재료분리 증가
③ 건조수축, 균열발생 증가
④ 부착력 저하
⑤ 내구성, 내마모성, 수밀성 저하
⑥ 워커빌리티 저하

- 모래입자가 굵을수록 모래의 사용량이 많아진다.
- 자갈입자가 굵을수록 자갈의 사용량이 많아진다.

ⓒ 동일 슬럼프의 경우 물－시멘트비가 작을수록 단위시멘트의 사용량이 많아진다.

ⓒ 감수제를 사용해 W/C를 줄이면 시멘트양은 절약된다.

2) 레미콘 제조공장 조사

(1) 레미콘 공장 조사

① 레미콘 공장 조사 개요

ⓐ 레미콘 공장 조사는 서류 조사가 아닌 레미콘 공장 방문 실사가 필요

ⓑ 여러 레미콘 공장을 동시에 방문 실사하여 우열평가 필요

(2) 레미콘 회사 조사 및 검토사항

① 조사대상 공장의 일반 검토사항

ⓐ 공장위치, 현장까지의 거리, 소요시간

ⓑ 차량 보유대수 및 일일 생산 가능 용량

ⓒ 압축강도별 납품실적

② 레미콘 생산설비 검토

ⓐ 생산 가능량 및 품질 예측
- Batcher Plant(B/P) 대수(EA) 및 용량 검토
- 믹서의 형식 조사 및 검토

ⓑ 골재 저장시설 확인(레미콘 품질에 상당한 영향을 줌)

ⓒ 배합 대응성 평가
- 시멘트/혼화재 Silo 대수(EA) 및 용량 검토
- 계량설비 용량

ⓓ 계절별 콘크리트 관리 가능 여부 평가
보일러 유무, 용량 확인, 트럭 드럼 살수장치, 보양장치

③ 레미콘 품질관리 조직 및 시스템 검토(품질관리수준 예측 가능)

ⓐ 품질관리실의 인원 및 경력 확인

ⓑ 품질시험장비 및 운영 System 확인

④ 콘크리트 원재료 품질 검토
시멘트, 혼화재료, 골재의 제조사 및 실제 품질 확인 필요

3) 콘크리트 품질관리

(1) 구조체 콘크리트의 압축강도에 의한 품질관리

항목	시기, 횟수	판정기준	
		$f_{ck} \leq 35MPa$	$f_{ck} > 35MPa$
압축강도	• 1회/일 • 구조물의 중요도와 공사의 규모에 따라 120m³마다 1회 • 배합이 변경될 때마다 ※ 1회의 시험값은 공시체 3개의 압축강도 시험값의 평균값	• 연속 3회 시험값의 평균이 호칭강도 이상 • 1회 시험값이 (호칭강도 – 3.5MPa) 이상	• 연속 3회 시험값의 평균이 호칭강도 이상 • 1회 시험값이 호칭강도의 90% 이상
염화물량	• 해사나 염화물이 포함되었는지 의심스러운 골재를 사용한 경우는 타설초기 및 150m³당 1회 이상 • 그 외의 경우 1일에 1회 이상	KS F 4009 또는 공사시방서에서 규정한 값 이하일 것	

(2) 물 – 시멘트비(W/C)에 의한 콘크리트 관리

① 굳지 않은 콘크리트를 분석해서 얻은 물–시멘트비(W/C)에 의하여 실시한다.

② 물–시멘트비(W/C)의 1회 시험값은 동일 배치에서 취한 2개 시료의 물–시멘트비(W/C)의 평균값으로 한다.

③ 시험하기 위하여 시료를 채취하는 시기 및 횟수는 일반적인 경우 하루에 치는 콘크리트마다 적어도 1회 또는 구조물의 중요도와 공사의 규모에 따라 연속하여 치는 콘크리트의 20~150m³마다 1회 실시한다.

④ 시험값에 의하여 콘크리트의 품질을 관리할 경우에는 관리도 및 히스토그램을 사용하는 것이 좋다.

(3) 품질검사

① 시험값에 의하여 콘크리트의 품질을 검사할 경우에는 책임감리원의 지시에 따라 얻은 전부의 시험값 및 일부의 연속되는 시험값을 1개 조로 하여 검사해야 한다.

② 일반적으로 원주 공시체에 의한 압축강도의 시험값이 설계기준강도 이하일 확률이 5% 이하여야 하고 또한 압축강도의 시험값이 설계기준강도의 85% 이하일 확률이 0.13% 이하인 것을 적당한 생산자 위험률로 추정할 수 있으면 그 콘크리트는 소요의 품질을 확보한 것으로 본다. 이 검사는 일반적인 경우 재령 28일의 압축강도에 의하여 실시하는 것으로 한다.

③ 시험하기 위하여 시료를 채취하는 시기와 횟수는 하루에 치는 콘크리트마다 적어도 1회 또는 구조물의 중요도와 공사의 규모에 따라 연속하여 치는 콘크리트의 20~150m³마다 1회 실시한다.

④ 1회의 시험값은 동일 시료에서 취한 3개의 공시체의 평균값으로
한다.

(4) 강도추정을 위한 비파괴시험법

① 슈미트 해머법(타격법)

　㉠ 콘크리트 표면의 타격 시 반발 정도를 추정한다.

　㉡ 시험장치가 간단하고 편리하여 많이 쓰인다.

　㉢ N형(보통 콘크리트용), C형(경량 콘크리트형), P형(저강도 콘크
리트용), H형(매스 콘크리트용), NR형, LR형 등이 있다.

　㉣ 측정면에 가로 5개, 세로 4개의 선을 약 3cm 간격으로 긋고 교점
20곳에 대해 측정하여 산술평균으로 강도를 측정한다.

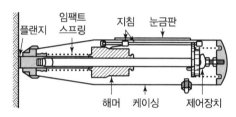

▲ 비파괴시험(슈미트 해머)

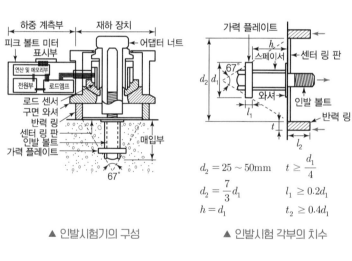

$$d_2 = 25 \sim 50\text{mm} \qquad t \geq \frac{d_1}{4}$$

$$d_2 = \frac{7}{3}d_1 \qquad\qquad l_1 \geq 0.2d_1$$

$$h = d_1 \qquad\qquad\quad t_2 \geq 0.4d_1$$

▲ 인발시험기의 구성　　　　▲ 인발시험 각부의 치수

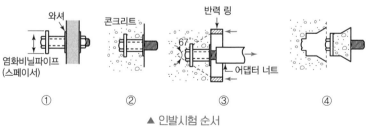

▲ 인발시험 순서

　　　　ⓜ 특징 및 주의사항
　　　　　　• 구조가 간단하여 사용이 편리하다.
　　　　　　• 비용이 저렴하다.
　　　　　　• 구조체의 습윤 정도에 따라 오차가 생길 수 있다.
　　　　　　• 측정면은 균질하고 평활한 곳에서 한다.
　　　　　　• 타격은 수직으로 해야 한다.
　　② 공진법 : 물체 간 고유진동주기를 이용하여 동적 측정치로 강도를 추정한다. 일반적으로 콘크리트의 품질변화와 침식현상을 추적하고 전단계수, 푸아송비를 구하여 동결여부를 판단하기도 한다.
　　③ 음속법
　　　　㉠ 피측정물을 전달하는 음파의 속도에 의해 강도를 측정한다.
　　　　㉡ 콘크리트의 내부강도 측정이 가능하며 타설 후 6~9시간 후 측정이 가능하다. 일반적으로 많이 사용한다.
　　④ 복합법(조합법) : 슈미트 해머법과 음속법을 병용해서 강도를 추정하며 가장 믿을 만하고 뛰어난 방법이다.
　　⑤ 인발법
　　　　㉠ 콘크리트 내부에 미리 볼트 등의 인발장치를 매입하여 인발함으로써 강도를 측정한다.
　　　　㉡ Pre－Anchor법, Post－Anchor법이 있고 PS Concrete에 사용한다.
　　⑥ 코어(Core) 채취법
　　　　㉠ 시험하고자 하는 콘크리트 부분을 코어 드릴(Core Drill)을 이용하여 채취하여 강도시험 등 제시험을 한다.
　　　　㉡ 코어(Core) 채취가 어렵고 측정치에 한계가 있다.

(5) 기타 측정법
　　① 철근 탐사법 : 철근 탐사기를 이용하여 철근의 위치 판별
　　② 관입법 : 관입용 핀을 콘크리트 표면에 박아서 관입된 깊이로 강도 측정
　　③ Break Off법 : 플라스틱 시험체를 콘크리트에 장치하여 시험하는 방법
　　④ Pull Off법 : 특수 코어를 콘크리트에 장치하여 시험하는 방법
　　⑤ 탄성파법 : 초음파법, 충격파법(반사파도 이용)
　　⑥ 적외선법 : 적외선을 방사하여 표면온도, 반사파장으로 강도를 추정하는 방법
　　⑦ X선법 : 콘크리트 내부의 철근배치 상태 확인법

4) 굳지 않은 콘크리트의 성질

① Workability(시공연도) : 반죽질기의 여하에 따르는 작업의 난이 정도 및 재료분리에 저항하는 정도를 나타내는 굳지 않은 콘크리트의 성질 (종합적 의미에서의 시공의 난이 정도)

② Consistency(반죽질기) : 주로 수량의 다소에 따르는 반죽의 되고 진 정도를 나타내는 콘크리트의 성질(유동성의 정도)

③ Plasticity(성형성) : 거푸집에 잘 채워질 수 있는 난이 정도

④ Finishability(마감성) : 굵은 골재의 최대치수, 잔골재율, 잔골재의 입 도, 반죽질기 등에 따르는 마무리하기 쉬운 정도, 도로포장 등 표면정리 의 난이 정도

⑤ Pumpability(압송성) : 펌프로 콘크리트가 잘 유동되는지의 난이 정도

⑥ Stability(안정성)

⑦ Mobility(가동성)

⑧ Compactability(다짐성)

Tip 👆

Workability 개선
① 단위시멘트양을 적절하게 한다.
② 골재의 입도와 입형이 적절해야 한다.
③ 배합을 양호하게 해야 한다.
④ 적절한 온도를 유지해야 한다.
⑤ 시멘트의 성질이 양호한 것을 사용 해야 한다.
⑥ 반죽질기를 좋게 해야 한다.
⑦ 그 외 혼화재료, 물-시멘트비, 단위 수량, 공기량, 비빔시간과 온도 등이 적절해야 한다.

(1) Workability(시공연도)에 영향을 주는 요소

요인	내용
단위수량	많을수록 시공연도는 재료분리가 발생하지 않는 범위 내에서 증가한다.
단위시멘트양	부배합이 빈배합보다 시공연도가 증가한다.
골재의 입도 및 입형	입도분포가 연속적이고 입형은 둥근 형태로 굴곡이나 모진 것이 없을수록 시공연도가 크다.
시멘트의 성질	시멘트 종류, 분말도, 풍화의 정도가 영향을 준다. (분말도 $2,860cm^2/g$ 이하는 반죽질기는 크지만 재료분리, 풍화된 시멘트는 이상응결로 시공연도가 현저히 감소한다)
공기량	• Ball Bearing 효과로 시공연도가 향상되며 빈배합일수록 개선 효과가 크다. • 공기량이 1% 증가하면 슬럼프는 2cm 증가하고, 단위수량은 3% 감소한다.
혼화재료	AE제, Fly Ash, 포졸란 등이 시공연도 향상
비빔시간	적절한 비빔시간은 시공연도를 향상시키나, 과도한 비빔은 시멘트의 수화를 촉진하여 시공연도를 나쁘게 한다.
온도	콘크리트의 온도가 높을수록 슬럼프치 감소로 시공연도는 감소한다.

(2) Workability 측정방법

① 슬럼프시험

ㄱ 콘(밑지름 : 20cm, 윗지름 : 10cm, 높이 : 30cm)에 콘크리트를 3등분하여 각각 25회씩 다진 다음 콘을 들어올렸을 때 가라앉은 높이를 측정한다. 대표적이고 많이 사용한다.

ㄴ 도구 : 슬럼프 테스트용 콘, 수밀평판, 다짐막대, 측정계기

▲ Slump시험기

▲ 흐름시험기

▲ 구관입시험기

ⓒ 순서 : 수밀평판을 수평으로 설치한다. → 슬럼프 콘을 평판 중앙에 놓는다. → 슬럼프 콘에 체적의 1/3이 되게 콘크리트를 채운다. → 다짐막대로 25회 다진다. → 위의 두 작업을 2회 되풀이하고, 윗면을 고른다. → 슬럼프 콘을 조용히 들어올린다. → 콘크리트의 주저앉은 높이를 측정한 후 30cm에서 뺀 수치가 슬럼프 치수이다.

② Flow 흐름시험 : 골재분리를 눈으로 관찰이 가능한 방법으로 묽은 콘크리트에 상하운동을 주어 콘크리트가 흐트러져 퍼지는 변형저항을 측정한다.

③ 구관입시험

　ⓐ 구의 자중에 의해 관입깊이를 측정한다.

　ⓑ 반죽질기를 측정한다.

　ⓒ 포장 콘크리트 같이 평면으로 길게 타설된 콘크리트 시험에 적합하다.

④ Remolding 시험 : 슬럼프 몰드 속에 콘크리트를 채우고 원판을 콘크리트면에 얹어 놓고 흐름시험판에 약 6mm의 상하운동을 주어 콘크리트가 유동하여 콘크리트의 표면이 내외가 동일한 높이가 될 때까지 반복하여 낙하 횟수로 반죽질기를 측정하는 것으로 슬럼프가 매우 작을 때 유효한 시험이다.

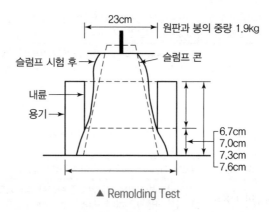

▲ Remolding Test

⑤ 드롭테이블 시험 : 슬럼프치가 매우 작은 진동다짐 콘크리트에 유효하고 콘크리트를 낙하시켜 중량비로 시공연도를 측정한다.

⑥ Vee-Bee 시험 : 진동대 위에 원통용기를 고정해 놓고 그 속에 슬럼프 시험과 같은 조작으로 슬럼프시험을 실시한 후 투명한 플라스틱 원판을 콘크리트 면 위에 놓고 진동을 주어 콘크리트가 원판 전면에 접할 때까지의 시간을 초로 측정하며 이것을 VB값이라 한다. 슬럼프시험으로는 어려운 된반죽의 콘크리트 반죽질기를 측정하는 시험이다.

▲ Vee-Bee 시험기

⑦ 다짐계수 시험 : 일정한 용기($\phi 6'' \sim 12''$)에 호퍼를 통해 낙하 충진시킨 콘크리트의 중량과 비를 구하여 다짐계수로 한다.

5) 콘크리트의 재료분리

(1) 재료분리의 원인, 문제점 및 방지책

① 원인

    ㉠ 반죽질기가 지나칠 때

    ㉡ 단위수량, 단위골재량이 많을 때

    ㉢ 골재의 입도 및 입형이 부적당한 경우

    ㉣ 굵은 골재의 최대치수가 지나치게 큰 경우

    ㉤ 물과 시멘트 페이스트로 분리(Bleeding과 Laitance)

    ㉥ 시멘트양이 부족할 때 골재와 부착력이 떨어져 발생

    ㉦ 타설 높이가 높으면 자유낙하 시 중량 차이로 인해 발생

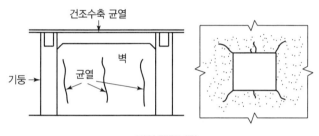

▲ 벽의 재료분리

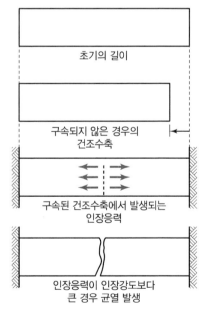

▲ 보의 재료분리

② 문제점

    ㉠ 콘크리트의 강도 및 수밀성 저하

    ㉡ 철근의 부착강도 저하

    ㉢ 수분상승으로 인한 동해 발생

    ㉣ Laitance로 인한 이음부 강도 저하 및 균열의 원인

    ㉤ 미관 손상(Honeycomb)

    ㉥ 건조수축 균열 발생

③ 방지책

    ㉠ 잔골재 세립분을 증가시켜 점성을 높임

    ㉡ 단위수량 및 물－시멘트비 조정(적정선 유지, 슬럼프를 작게 함)

    ㉢ AE제, 분산제, 플라이애시 등의 혼화제를 사용한다.

    ㉣ 시공상 주의(Paste 누출 방지, 타설속도 및 높이 준수, 철근간격 유지)

(2) 재료분리의 종류

① 블리딩

    ㉠ 정의 : 물이 과다 사용된 시멘트나 모르타르에서 콘크리트 타설 직후 비중이 무거운 골재와 시멘트는 침하되고 물은 상승하는 것으로, 일종의 재료분리 현상이다.

    ㉡ 블리딩의 영향과 방지책

        ㉮ 영향

            • 철근 부착강도 및 수밀성이 저하된다.

            • 여름철 고온 시 Bleeding 속도보다 표면수 증발이 빠를 경우 초기 건조수축이 발생한다(Drying Shrinkage Crack).

        ㉯ 대책

            • 분말도가 높은 시멘트를 사용하고 부배합으로 해야 한다.

            • W/C를 낮추고 골재 유해 함유량을 낮춘다.

            • 굵은 골재의 최대치수를 크게 해야 한다.

            • AE제, 감수제, 분산제, 포졸란 등의 혼화제를 사용한다.

            • 콘크리트 이어 치기 시 Bleeding수를 제거한다.

            • Laitance는 콘크리트 경화 후 Water Jet, Air Jet 방식으로 제거한다.

② 레이턴스

    ㉠ 정의 : Bleeding수의 상승으로 불순물 등 미세한 물질이 같이 상승하여 콘크리트 표면에 얇은 피막을 형성하며 이때 침전된 것이다. Laitance를 제거하지 않고 이음을 하면 이음이 없을 때 비해 강도가 45%밖에 되지 않는다.

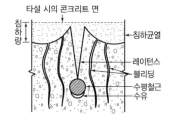

▲ 블리딩과 레이턴스 현상

ⓛ 특징
- 강도, 접착력이 없다.
- 물에 대한 저항성이 없다.
- 화학성분은 시멘트와 유사하다.

ⓒ 방지책 : Bleeding과 동일하다.

③ 스케일링 : 레이턴스 현상에 의해서 발생된 백색의 미세한 물질이 공기와 접촉하여 건조수축하며 크랙이 발생되는 현상이다.

④ 크리프
ⓖ 콘크리트에 일정한 하중을 계속 주면 하중의 증가 없이 시간의 경과에 따라 생기는 소성변형 현상이다.

ⓛ 크리프의 증가원인
- 재령이 짧을수록
- 하중이 클수록
- 물−시멘트비가 클수록
- 부재의 단면치수가 작을수록
- 부재의 건조 정도가 높을수록
- 온도가 높을수록
- 양생, 보양이 나쁠수록
- 단위시멘트양이 많을수록

(3) 침강균열(침하균열)

① 정의 : 콘크리트 타설 후, 블리딩에 의한 계속적인 침하로 철근의 위치에 따라 균열이 발생하는 것이다.

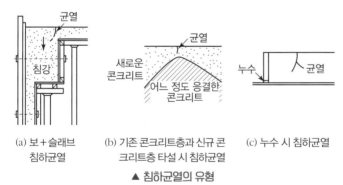

(a) 보+슬래브 침하균열 (b) 기존 콘크리트층과 신규 콘 크리트층 타설 시 침하균열 (c) 누수 시 침하균열

▲ 침하균열의 유형

② 침강균열에 대한 조치
ⓖ 보 또는 슬래브의 콘크리트가 벽 또는 기둥의 콘크리트와 연속되어 있는 경우에는 침강균열을 방지하기 위하여 벽 또는 기둥의 콘크리트 침하가 거의 끝난 후부터 보, 슬래브의 콘크리트를 쳐야 한다. 내민 부분을 가진 구조물의 경우에도 동일한 방법으로 시공한다.

ⓛ 콘크리트가 굳기 전에 침강균열이 발생한 경우에는 즉시 다짐을 하여 균열을 제거해야 한다.

6) 콘크리트 비빔

(1) 콘크리트 비빔의 종류

① 기계비빔

ⓐ 콘크리트 비빔은 기계비빔을 원칙으로 한다(믹서로 콘크리트를 비비는 것).

ⓑ 재료투입은 동시투입이 이상적이나, 실제로는 모래－시멘트－물－자갈 순이다(단, 이론적으로는 입자가 작은 순으로 물－시멘트－모래－자갈).

ⓒ 비빔시간은 1~2분 정도로 1시간의 비빔횟수는 최대 20회, 1일 150~160회이다.

ⓓ 믹서의 외주 회전속도는 1초에 1m 정도이다.

② 손비빔

ⓐ 재료투입 순서 : 모래－시멘트－자갈－물

ⓑ 건비빔 3회, 물비빔 4회 이상 비빈다.

ⓒ 보통철판 1.2×2.4m 또는 1.5×5m 철판, 두께 1.5~3mm 정도 철판에서 두 명씩 마주보고 행하며 소규모나 중요하지 않은 콘크리트 타설에 행한다.

(2) 콘크리트 비빔 믹서

① 믹서의 종류

믹서(Mixer)에는 이동식과 고정식이 있으며, 비빔 콘크리트를 배출할 때 그 동체를 기울이는 가경식(可傾式, Tilting Type)과 기울이지 못하는 불경식(不傾式, Non－Tilting Type)이 있다.

ⓐ 이동식 믹서 : 공장건물 기초같이 콘크리트를 부어넣을 장소가 부분적으로 떨어져 있고 부어넣은 양이 적고 건물길이가 길 때 유리하다. 0.22m³(8절) 이하의 소형 Mixer로 전동기가 아니고 가솔린엔진 같은 것이 많다.

ⓑ 고정식 믹서 : 건축공사에서 불경식, 정치식이 많이 쓰이고 재료 투입구와 배출구가 앞뒤에 따로 있는 Drum형과 용량은 0.4m³ [14절~0.60m³(21절)]인 것이 많이 쓰인다.

② 믹서의 1일 비벼내기량[단, 1절＝0.3m×0.3m×0.3m＝0.027(m³)]

믹서의 공칭용량		1일 비벼내기량	
m³	절	m³	입평
0.40	14	65~85	10~14
0.45	16	75~95	12~16
0.60	21	95~120	16~20

③ 믹서 윈치용 동력

믹서용량(절)	6, 8, 10	12, 14, 16	21	비고
믹서용 동력(HP)	7.5	10	15	1HP＝0.746kW
윈치용 동력(HP)	10	15	20~25	－

(3) 비빔설비

종류	내용
배처 플랜트	• 물, 시멘트, 골재 등을 정확하고 능률적으로 자동 중량계량으로 혼합하여 주는 기계설비이다. • 재료를 합쳐서 계량하는 것과 재료를 따로 계량 투입하는 것이 있다. • 조작방법에 따라 수동식, 반자동식이 있다. • 높이 10m 이상, 너비 7m, 옆길이 6m 정도이고 강도 편차가 작고 고급 콘크리트를 얻는 데 유리하다.
간이 배처 플랜트	• 믹서 위에 시멘트, 모래, 자갈을 중량계량 할 수 있도록 5단 이상의 Hopper를 철골조나 목조 등으로 가설대 위에 설치한 것으로, 현장 비빔 콘크리트를 사용할 경우 설치한다. • 골재는 지상에서 계량대의 높이에 따라 Belt Conveyor, Bucket Conveyor, Screw Conveyor로 운반투입한다.

(4) 각종 계량장치

① 물의 계량장치 : 오버플로식(Overflow System), 사이펀식(Siphon System), 플로트식(Float System), 양수계식 등이 있고 오버플로식이 가장 많이 쓰이며 실용적이다.

② 디스펜서(Dispenser) : AE제를 계량하는 분배기로 자동식과 수동식이 있다.

③ 이넌데이터(Inundator)

　　㉠ 모래의 용적계량장치로, 모래를 수중에 완전침수시키면 그 용적이 표준계량일 때와 같아지는 것을 이용한다.

　　㉡ 능률이 좋지 않으므로 현재는 거의 사용하지 않는다.

④ 워싱턴 미터(Washington Meter) : AE제의 공기량을 측정한다.

⑤ 에어 미터(Air Meter) : 콘크리트 속에 함유된 공기량을 측정한다 (자연 공기량 1~2%).

⑥ 배칭 플랜트(Batching Plant) : 물, 시멘트, 골재의 자동중량계량장치이다.

　　※ Batcher Plant＝Batching plant＋Mixing Plant

7) 콘크리트 운반

(1) 콘크리트 타워

① 콘크리트 타워의 높이 산출

$$H = h + \frac{l}{2} + 12\text{m} \leq 70\text{m}$$

여기서, h : 타워 높이(지하부 포함)
l : 타워에서 호퍼까지 수평거리
h : 부어넣은 콘크리트의 최고부 높이

② 최고 70m 이하, 15m마다 4개의 당김줄로 지지한다.

③ 슈트의 길이는 10m 이내, 경사는 4/10~7/10 정도이다.

④ 타설 순서 : 믹서 → 버킷 → 엘리베이터 → 타워 호퍼 → 슈트 → 플로어 호퍼 → 손차(Cart) → 타설 순이다.

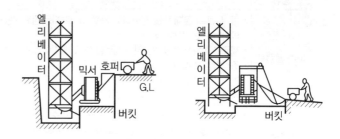

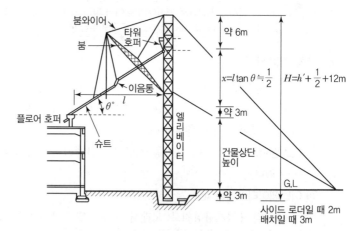

▲ 믹서 및 콘크리트 타워

(2) 콘크리트 펌프(펌프 콘크리트, 슈크리트, 펌프카)

① 종류

㉠ 압축공기식(Concrete Placer)

㉡ 피스톤 압송식(유압, 수압 피스톤식)

㉢ 스퀴즈식(짜내는 방법)

콘크리트 펌프의 종류

① 스퀴즈식

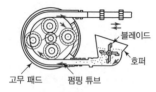

② 유압식 피스톤형

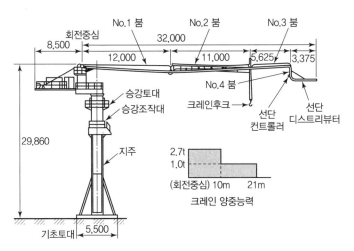

▲ 프레싱 크레인 예

② 굵은 골재의 최대치수에 대한 압송관의 최소 호칭치수, 압송거리

굵은 골재의 최대치수(mm)	압송관의 호칭치수(mm)	압송 거리	수평방향(m)	수직방향(m)
20	100 이상	소형	100	30
25	100 이상	중형	200~300	40~60
40	125 이상	대형	400~600	80~100

③ 최대 토출량 계산식

$$Q = \frac{\pi (\text{실린더 내경})^2}{4} \times \text{스트로크의 길이}(m)$$
$$\times \text{회전수}(회/분) \times 60분 (m^3/hr)$$

④ 시공 시 주의사항

㉠ 실제 공칭압송 능력보다 능률이 작고 슬럼프값은 2cm 정도, 공기량은 0.5 ~1.0% 정도 저하된다.

㉡ 풍속이 16m/sec 이상이면 펌프카 사용은 중지해야 한다.

㉢ 사용 후 물세척을 해야 하며 압송 중 중단하지 말아야 한다.

㉣ 압송 후 콘크리트의 슬럼프와 공기량이 저하하므로 압송 전 배합을 조절해야 한다.

⑤ 콘크리트 펌프의 장단점

㉠ 장점

- 기계화에 따른 노동력 절감
- 작업의 연속화 가능
- 운반성능 향상
- 기동성 및 작업의 능률 향상

ⓛ 단점
- 압송, 수평거리 및 수직높이 제한
- 압송관의 폐쇄 사고
- 품질의 열화, 변화 발생
- 투입 구획의 제약
- 된비빔 압송 시 슬럼프가 저하된다.

(3) 운반계획 수립 시 검토사항

① 전 공종 중의 콘크리트 작업의 공정
② 1일에 쳐야 할 콘크리트양에 맞추어 운반, 치기방법 등의 설비 및 인원배치
③ 운반로, 운반경로
④ 타설구획, 시공이음의 처리방법, 시공이음의 위치
⑤ 콘크리트 타설 순서
⑥ 콘크리트 비빔에서 타설까지의 소요시간
   ㉠ 외기온도 25℃ 미만 시 : 90~120분
   ⓛ 외기온도 25℃ 이상 시 : 60~90분
⑦ 온도, 습도, 풍속, 직사광선 등의 기상조건

8) 콘크리트 타설

(1) 일반사항

① 콘크리트를 부어넣기 전에 철근배근, 배관, 거푸집 등을 점검하고 청소, 물축이기를 한다.
② 비빔장소나 플로어 호퍼(Floor Hopper)에서 먼 곳부터 가까운 곳으로 부어넣으며 될 수 있으면 가까이에서 수직으로 붓는다.
③ 낮은 곳에서 높은 곳으로 타설한다(기초 → 기둥 → 벽 → 계단 → 보 → 바닥판 → 패러핏의 순서로 부어나간다).
④ 기둥이 연결된 보, 바닥은 기둥 콘크리트가 침하한 후 Bleeding수 제거 후 타설한다.
⑤ 부어넣기 전에 미리 계획된 구역 내에서는 연속적인 붓기를 하며 한 구획 내에서는 콘크리트 표면이 수평이 되도록 넣는다(필요시 타설계획 도면 작성).
⑤ 슈트, 펌프배관, 버킷, 호퍼 등의 배출구와 치기면까지의 높이는 1.5m 이하를 원칙으로 한다(재료분리 방지).
⑥ 콘크리트를 2층 이상으로 나누어 칠 경우, 상층의 콘크리트 치기는 원칙적으로 하층의 콘크리트가 굳기 시작하기 전에 해야 하며 상층과 하층이 일체가 되도록 시공해야 한다.

⑦ 깊이가 깊은 곳은 하부에 묽은비빔, 상부에 올라갈수록 된비빔으로 하여 Bleeding 및 Laitance의 영향을 예방한다.

⑧ 위치별 부어넣기 방법

   ㉠ 기둥은 한 번에 넣지 말고 다지면서 보통 1시간에 2m 이하로 천천히 타설한다.

   ㉡ 벽은 양단에서 중앙으로 수평 타설한다(1.5~1.8m 내외 간격).

   ㉢ 보 및 바닥판은 양단에서 중앙으로 부어넣는다.

   ㉣ 계단은 하단부터 상단으로 올라가며 콘크리트를 타설한다.

⑨ 부어넣기 시에는 재료의 분리, 거푸집의 변형, 철근의 이동, 콘크리트의 표면처리, 내부 공극 등에 주의한다.

⑩ 부어넣기를 계속할 때의 이어 치기 시간 간격

이어 치기 시간 간격		비빔에서 부어넣기 종료까지	
외기온도 25℃ 이상	2시간 이내	외기온도 25℃ 이상	1.5시간 이내
외기온도 25℃ 미만	2.5시간 이내	외기온도 25℃ 이하	2시간 이내

(2) 콘크리트 이어 붓기

① 콘크리트 시공이음 처리방법(이어 붓기 시 주의사항)

   ㉠ 될 수 있는 대로 전단력이 작은 곳에 설치한다.

   ㉡ 시공이음은 부재의 압축력이 작용하는 방향과 직각이 되게 하는 것이 원칙이다.

   ㉢ 부득이 전단력이 큰 위치에 시공이음을 설치할 경우에는 시공이음에 장부 또는 홈을 만들거나 적절한 강재를 배치하여야 한다(슬립바).

   ㉣ 시공이음부 철근의 정착길이는 철근지름의 20배 이상으로 하고 원형철근의 경우에는 갈고리를 붙여야 한다.

   ㉤ 시공이음을 계획할 경우에는 온도 변화, 건조수축 등에 의한 균열의 발생에 대해서 고려해야 한다.

   ㉥ 시공이음부에 다음 콘크리트를 치기 전에 고압 분사로 청소한 후 물로 충분히 흡수시킨 후 시멘트풀, 부배합의 모르타르, 양질의 접착제 등을 바른 후 이어 치기를 하여야 한다.

② 콘크리트 이어 붓기 위치 및 방법

   ㉠ 보, 바닥 : 스팬의 1/2 이내에서 수직, 전단력이 가장 작은 곳에서 수직

   ㉡ 중앙부에 작은보가 있는 바닥 : 작은보 너비의 2배 떨어진 곳에서 수직

   ㉢ 기둥 : 보, 바닥판, 기초의 윗면에서 수평

   ㉣ 벽 : 개구부 주위에서 수직, 수평

   ㉤ 아치 : 아치 축에 직각

※ 단, 양질의 지연제 등을 사용하여 응결을 지연시키는 등의 특별한 조치를 강구한 경우에는 콘크리트의 품질변동이 없는 범위 내에서 책임감리원의 승인을 받아 상기 시간제한을 변경할 수 있다.

Tip 👍

기타 타설방법

① Tremie Pipe에 의한 방법
Concrete 타설 시 Tremie Pipe를 통해 Concrete의 중력으로 안정액을 치환하면서 타설하거나 수중 콘크리트를 타설할 때 사용한다.

② VH 분리 타설방법
수직부재와 수평부재를 분리하여 타설하는 방법으로, 침하균열을 방지하기 위하여 기둥, 벽 등 수직부재를 먼저 타설하고, 수평부재를 나중에 타설한다. 주로 Half PC Slab 공법에 적용한다.

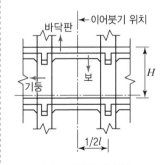

▲ 부어넣기 이음위치

ㅂ 캔틸레버 : 이어 붓지 않음을 원칙으로 한다.

③ 이어 붓기 시 이어 부은 자리에서 발생할 수 있는 결함과 대책

ㄱ 결함
- 콘크리트 강도의 저하
- 수밀성 저하(누수발생)
- 마무리재의 균열
- 내구성의 저하(크랙 발생)
- 부착력 저하

ㄴ 이음새의 전단력 보강방법
- 이어 붓기 이음새에 촉 또는 홈을 둔다.
- 석재나 자갈 등을 삽입보강한다.
- 철근을 삽입, 보강한다.

(3) 콘크리트 다짐

다짐목적	• 공극을 제거하여 밀실하게 충전시킴 • 소요강도 확보 • 수밀한 Concrete 확보 • 재료분리 및 곰보 방지
다짐법	• 손다짐　　• 진동다짐　　• 거푸집 두드림 • 가압다짐법　• 원심력다짐법　• 진공다짐법
일반사항	• Slump가 15cm 이하인 된비빔 콘크리트에 사용하는 것이 원칙 • 콘크리트 붓기(진동다짐 1회) 높이는 30~60cm가 표준 • $20m^3$마다 1대 표준(3대를 사용할 때 예비 진동기 1대)
진동기의 종류	• 거푸집진동기 • 표면진동기 • 봉상(꽂이식)진동기
진동기 사용 시 주의사항	• 수직으로 사용할 것 • 철근 및 거푸집에 직접 닿지 않도록 할 것 • 간격은 진동이 중복되지 않게 500mm 이하로 할 것 • 1개소당 진동시간 : 5~15초 • 콘크리트에 구멍이 남지 않게 서서히 뺄 것 • 굳기 시작한 콘크리트에는 사용하지 않을 것
진동기효과가 큰 콘크리트	빈배합 된비빔 → 빈배합 묽은비빔 → 부배합 묽은비빔

(4) 콘크리트 각종 이음부

① 개요

ㄱ 콘크리트 구조물은 시공상 필요에 의해서 공사 완료 후의 다양한 변형(Movement)에 대응하기 위한 기능상 줄눈이 필요하다.

ㄴ Joint 누락으로 인한 하자보수 사항이 없도록 줄눈시공과 계획을 철저히 한다.

② 줄눈(Joint)의 종류

　㉠ Construction Joint(시공줄눈)

　　㉮ 한 번에 계속하여 부어나가지 못할 곳에 계획적으로 만드는 줄눈으로 콘크리트의 타설 능력, 레미콘 공급능력을 감안하여 1회 타설량을 정하고 시공이음 줄눈을 만든다.

　　㉯ 기능상 필요 없는 경우는 물론 그 개소를 최대한 줄인다.

　　㉰ 대규모 공사 시에는 반드시 시공줄눈 계획도를 작성하여 차질 없는 콘크리트 타설계획을 세운다.

　　㉱ 줄눈의 위치는 이음 위치와 같게 한다.

　　㉲ 시공상 주의사항

　　　• Laitance를 완전히 제거한다.

　　　• 수밀 콘크리트 : 지수판(Water Stop)을 설치한다.

　　　• 접착력 증대를 위해 Cement Paste나 Epoxy Bond 등을 도포한다.

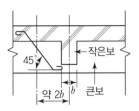

▲ 큰보 시공줄눈의 보강

　㉡ Expansion Joint(신축줄눈)

　　㉮ 정의 : 콘크리트의 양생 중이나 구조물 사용 중 발생되는 콘크리트 팽창과 수축에 대한 저항줄눈이다. 건물의 증축, 구조물의 팽창수축, 부동침하, 지진 등에 의한 응력이 유해한 크기로 생기지 않도록 구조체를 끊어주어 변형을 흡수하는 것이 목적이다.

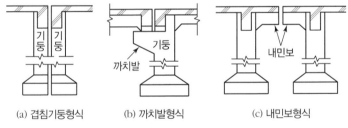

(a) 겹침기둥형식　　(b) 까치발형식　　(c) 내민보형식

▲ 신축줄눈의 구조

　　㉯ 설치위치

　　　• 온도변화가 큰 지역은 60m 이내에 설치하고, 작은 지역은 90m 이내마다 설치 고려

　　　• 중량배분이 상이한 곳

　　　• 기존 건물 증축 시

　　　• 이질 지정

　　　• 평면이 복잡한 곳 : 진동주기가 변하는 곳

　　㉰ 종류

　　　• Closed Joint

　　　• Butt Joint

- Clearance Joint(트인 줄눈)
- Settlement Joint(침하줄눈) : 침하를 방지하기 위해 지하 기초부터 분리

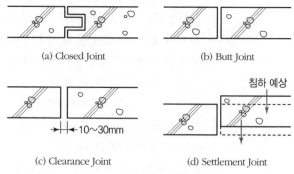

(a) Closed Joint (b) Butt Joint

(c) Clearance Joint (d) Settlement Joint

▲ 신축줄눈의 종류

ⓒ Control Joint(조절줄눈)

건조수축, 온도차로 발생한 인장응력에 따른 균열 발생을 방지하기 위해 예상 균열부에 미리 줄눈을 그어 콘크리트 균열을 방지할 목적으로 설치한다.

- 간격 : 벽 6~7.5m, 바닥 3m 간격
- 전단력 전달을 위하여 Dowel Bar(연결 철근)를 설치한다.
- 설계 시에 보통 Expansion Joint와 겸하도록 계획한다.

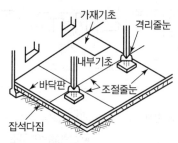

(a) 1층 바닥 콘크리트 조절줄눈 배치

(b) 맞댄시공줄눈 (c) 쇠촉끼움 시공줄눈 (d) 톱자르기 시공줄눈

(e) 흠·허 물리기 시공줄눈 (f) 격리줄눈(Isolation Joint)

▲ 바닥 조절줄눈

• 이음새 보강방법 : 슬립바, 줄눈판, 코킹(Caulking) 등을 처리한다.

㉣ Shrinkage Strip[줄눈대(帶)] : 시공 중 건조수축에 의한 응력 방지용의 임시줄눈(Temporary Joint)으로, 수축균열을 감소시킨다.

㉤ Slip Joint

• 정의 : 조적벽체와 콘크리트 구조체는 온도, 습도, 환경의 차이로 인하여 각각의 움직임이 다르게 되는데 이때 조적벽과 콘크리트 바닥 사이에 접합을 방지하고 상호 자유로운 움직임을 위하여 Slip Joint를 설치한다.
• 내력벽의 수평 균열방지
• 이질재와의 온도변화에 대한 대응

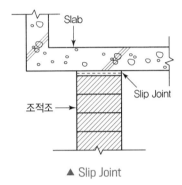

▲ Slip Joint

㉥ Sliding Joint(미끄럼줄눈)

㉮ 정의 : 보, 바닥의 지지를 단순지지(Roller, Free)로 하여 자유롭게 미끄러지게 한 것으로, Joint의 직각방향에서 하중이 발생할 우려가 있는 곳에 필요하며 Creep, Shrinkage, 온도변화에 의한 응력구속을 해제할 목적으로 설치한다.

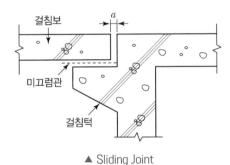

▲ Sliding Joint

        ④ 재료
- Neoprene Felt
- Bituminous Compound

        ④ 시공 시 주의사항
- Bearing Pad의 재질 및 두께 구조적 검토 후 사용
- 줄눈 폭(d) 검토
- 줄눈 방수를 고려한 Sealing재 선택

      ⊗ Cold Joint(콜드 조인트)

        ㉮ 시공과정 중 휴식시간 등으로 응결하기 시작한 콘크리트에 새로운 콘크리트를 이어 칠 때 일체화가 저해되므로 현장에서 경계하는 줄눈이다. 신 · 구 콘크리트 사이에 일체화 저해로 인해 형성된 불연속 층을 말하고 25℃ 이상에서는 2시간 이내에 콘크리트를 타설하고, 25℃ 미만에서는 2.5시간 이내에 콘크리트를 타설해야 불연속 층이 생성되지 않는다.

        ㉯ 콜드 조인트가 구조물에 미치는 영향과 방지 대책
          ⓐ 영향
- Laitance 등으로 이음부의 일체화가 저하되어 강도 저하
- Creep, 크랙 발생 증가
- 누수 발생에 의한 철근 부식
- 전단력 저하 우려

          ⓑ 방지 대책
- 야간을 이용한 타설 및 연속 타설 계획
- 시방서에 표시된 타설시간과 이어 붓기 시간의 간격 준수

9) 콘크리트 표면의 마감처리

① 콘크리트 타설 및 다짐 후에 콘크리트의 표면은 요구하는 정밀도와 물매에 따라 평활한 표면마감을 해야 한다.

② 블리딩, 들뜬 골재, 콘크리트의 부분침하 등의 결함은 콘크리트 응결 전에 수정해야 한다.

③ 기둥, 벽 등의 수평이음부의 표면은 소정의 물매와 거친 면으로 마감한다.

10) 콘크리트 양생

콘크리트를 타설한 후 소요시간까지 경화에 필요한 온도, 습도조건을 유지하며 유해한 작용의 영향을 받지 않도록 충분히 양생해야 한다. 구체적인 방법이나 필요한 일수는 각각 해당하는 조항에 따라 구조물의 종류, 시공조건, 입지조건, 환경조건 등 각각의 상황에 따라 정한다.

Tip

타설 이음면의 레이턴스 제거, Dowel Bar 시공, Key Joint 설치, 지수판 설치 등 일체화에 유의해야 한다.

---

(1) 양생 시 주의사항

① 콘크리트를 부어넣은 후 3일간은 보행을 금지하고 중량물을 올려 놓지 않는다(부득이한 경우에는 1일간).

② 콘크리트를 친 후 경화를 시작할 때까지는 직사일광이나 바람에 의해 수분이 증발하지 않도록 한다.

③ 보통 포틀랜드 시멘트를 사용할 경우 5일 이상 습윤양생하고, 조강 포틀랜드 시멘트는 3일 이상 습윤상태를 유지한다.

④ 거푸집판이 건조할 염려가 있을 때에는 살수해야 한다.

⑤ 피막양생을 할 경우에는 충분한 양의 피막양생제를 적절한 시기에 균일하게 살포해야 한다.

⑥ 수화열에 의해 부재 단면의 중앙부 온도가 외부기온보다 25℃ 이상 높아질 우려가 있을 때는 거푸집을 장기간 존치한다.

(2) 양생방법

① 습윤양생(Moist Curing) : 수중보양, 살수보양 하는 대중적인 방법으로 충분하게 살수하고 방수지를 덮어서 **봉함양생**한다. 수축균열을 작게 하기 위한 보양이다.

② 증기양생(Steam Curing) : 단기간에 소요강도를 얻기 위해 고온, 고압증기로 양생하는 것으로 한중기 콘크리트 PC, PS 부재에는 적합하나, 알루미나 시멘트는 하지 않는다.

③ 전기양생(Electric Curing) : 콘크리트 내에 직접 배선한 도선에 저압교류에 의해 전기저항의 발열을 유발하여 콘크리트에 열을 주어 콘크리트를 경화, 촉진 및 보온하는 보양법이다.

- 철근부식의 우려
- 부착강도 저하(전기 유출)의 우려
- 한중 콘크리트에 이용

④ 피막양생(Membrane Curing)

- 피막양생제를 살포하여 방수막을 형성시켜 수분증발 방지
- 포장 콘크리트, 대규모 Span Slab에 적당함
- 표면 1~3m³당 0.4~0.6L의 비닐유제나 1L 정도의 아스팔트 유제 살포

⑤ 고압증기 양생(High Pressure Steam Curing, 오토클레이브 양생)

- 대기압이 넘는 압력용기(Autoclave 가마)에서 양생한다.
- 24시간에 28일 압축강도 달성(높은 고강도화)
- 내구성 향상, 동결융해 저항성, 백화현상 방지
- 건조수축, Creep 현상 감소, 수축률도 1/6~1/3로 감소
- 실리카 시멘트도 적용 가능, 수축률도 1/2 정도

>>> **봉함양생**
콘크리트 표면으로부터 수분의 증발을 방지하기 위하여 시행하는 양생방법으로 Plastic Sheet 또는 피막양생제 등이 있다.

11) 철근 콘크리트 내구성 저하원인과 대책

(1) 내구성 저하원인

① 외적 요인

ㄱ 하중작용 : 피로, 부동침하, 지진, 과적(Over Load)

ㄴ 온도 : 동결융해, 기상, 화재, 온도변화

ㄷ 기계적 작용 : 마모(Cavitation)

ㄹ 화학적 작용 : 중성화, 염해, 산성비, 황산염

ㅁ 전류 작용 : 전해, 전식(電蝕 : 직류전류가 원인)

② 내적 요인

ㄱ 골재반응 : 알칼리 골재반응, 점토광물

ㄴ 강재부식 : 중성화, 염분(염사, 염분혼입, 침입 등)

(2) 중성화(中性化, Carbonation)

① 정의

콘크리트가 경화할 때 규산칼슘 수화물과 수산화칼슘($Ca(OH)_2$)이 생성된다. 수화반응으로 생성된 수산화칼슘에 의해 콘크리트가 강알칼리성(약 ph 12.5)을 나타내는데, 일반적으로 ph 11 이상의 환경에서는 철이나 강재의 표면에 치밀한 부동태피막이 생겨 철근의 부식으로부터 자연스럽게 보호된다. 그러나 시간의 경과에 따라 공기 중 탄산가스의 작용을 받아 콘크리트의 수산화칼슘이 서서히 탄산칼슘으로 되어 콘크리트가 알칼리성을 상실하게 되는데 이것을 중성화라 한다.

② 반응식

$$Ca(OH)_2 + CO_2 \xrightarrow{\text{Carbonation}} CaCO_3 + H_2O \uparrow$$

(강알칼리에서 중성으로)

(ph 12~13 → ph 8.5~10)

③ 중성화에 영향을 주는 요인

ㄱ 시멘트의 종류(혼합 시멘트)

ㄴ 골재의 종류(경량 골재)

ㄷ 혼화재료(AE제, 플라이애시, 표면활성제)

ㄹ 물－시멘트비(W/C)

ㅁ 온도

④ 중성화 대책

ㄱ 피복두께를 증가시킨다.

ㄴ W/C를 작게 한다.

ㄷ 밀실한 콘크리트로 타설(CO_2 침입 방지)한다.

ㄹ 시멘트는 알칼리 함량이 시방범위 내에 있는 것을 사용한다.

>>> 중성화

철근 콘크리트의 내구연한은 중성화와 관계가 깊다. 중성화란 콘크리트 중의 알칼리 성분과 대기 중의 탄산가스가 반응하여 수분이 증발되고 균열이 발생되어 콘크리트의 노후화가 되어가는 현상으로 탄산화라고도 한다.

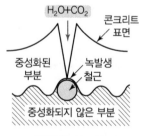

▲ 콘크리트 중성화 발생

ⓜ 방청철근(Epoxy Coated Re−bar)을 사용한다.

ⓗ AE제나 감수제를 사용한다.

⑤ **중성화 판정** : 페놀프탈레인 1%의 에탄올용액(알코올용액)을 스프레이로 뿌려 색깔의 변화로 판명하며 중성화가 안 된 부분은 적자색으로 나타난다.

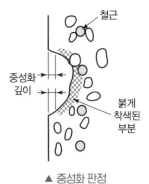

▲ 중성화 판정

(3) 동결융해(Freezing & Thawing)

① **원인**

ⓐ 콘크리트 중의 자유수가 동결하여 체적이 팽창(9%)하면서 균열이 발생하고 수분 침투, 동결융해의 반복으로 콘크리트의 강도, 내구성, 수밀성이 현저히 저하된다.

ⓑ Pop−Out : 콘크리트 다짐 불량, 재료분리로 발생되는 허니콤에 물이 차서 동결되어 콘크리트에 균열이 발생하여 떨어져 나간다.

ⓒ 초기 양생 불량 : 콘크리트의 초기 동해에 대한 저항성은 강도, 함수량, 기포(공기연행량)의 크기와 분포에 따라 다르나 일반적으로 압축강도가 40kgf/cm² 이상이면 동해를 받지 않는다.

② **대책**

ⓐ AE제를 사용하여(4~6%) 밀실한 콘크리트로 한다. 미세 독립 기포가 수압의 완충작용을 한다.

ⓑ W/C, 단위수량을 작게 한다(감수제 사용).

ⓒ 흡수율이 작은 골재를 사용한다.

ⓓ 진동다짐, 재료분리 방지, 콘크리트 타설 시 이음부를 적게 한다.

(4) 알칼리 골재반응(Alkali Aggregate Reaction)

① **알칼리 골재반응의 종류**

ⓐ 알칼리−실리카 반응 : 시멘트의 알칼리 금속이온(Na^+, K^+), 수산이온(OH^-)이 실리카와 반응하여 실리카 겔(Silica Gel)이 형성되어 수분을 계속 흡수팽창한다(대부분 이 반응이다).

ⓑ 알칼리−탄산염 반응 : 점토질의 Dolomite 석회석과 시멘트 알칼리와의 유해한 반응으로, 실리카 겔(Silica Gel) 형성이 없고, 점토질이 수분을 흡수팽창한다.

ⓒ 알칼리−실리게이트 반응 : 운모(Vermiculite)를 함유하는 암석과 알칼리가 수분과 결합팽창하며 Gel 생성이 적다.

② **알칼리 골재반응의 원인 및 문제점**

ⓐ 시멘트의 알칼리성분과 골재중의 Silica, 탄산염 등의 광물이 화합하여 알칼리 Silica Gel을 생성한다. 이것이 팽창하여 균열, 조직붕괴 현상을 일으킨다.

ⓛ 균열, 이동 등 성능의 저하가 발생한다.

ⓒ 무근 콘크리트는 거북이 등처럼 생긴 균열(Map Crack)이 발생하고 철근 콘크리트는 주근방향으로 균열이 발생한다.

ⓔ 동해, 화학적 침식의 저항성 등이 약화된다.

ⓜ 철근부식 후 내구성이 저하된다.

③ 알칼리 골재반응 대책

ㄱ 반응성골재, 알칼리 성분, 수분 중 한 가지는 배제시킨다.

ㄴ 반응성 골재의 사용을 금하고 알칼리 공급원인 염분의 사용을 금지한다.

ㄷ 저알칼리형의 포틀랜드 시멘트를 사용한다(알칼리 함량 0.6%).

ㄹ 고로시멘트, 플라이애시 등을 사용한다(양질의 포졸란에 의해 반응이 억제된다).

ㅁ 방수제를 사용하여 수분 침투를 억제한다.

ㅂ 방청제(아황산소다, 인산염)를 사용하면 염분 함유량을 10배 정도 늘리는 효과가 있다.

(5) 염해

① 콘크리트 중에 염화물이 존재하여 강재가 부식하고 이때 생긴 녹(수산화제2철, $Fe(OH)_3$)의 체적팽창으로 균열이 발생하는 현상이다. 즉, 콘크리트 내부에 염화물이온이 일정량 존재하면 부동태피막이 파괴되어 강재표면의 화학적 불균일성 때문에 강재표면의 전위는 매크로적으로 불균일하게 되어 어노드부(Anode, 양극)와 캐소드부(Cathode, 음극)가 생겨 전류가 흘러 부식이 발생된다.

② 균열이 발생되면 산소와 물이 삽입되어 콘크리트의 박리, 탈락, 강재표면적 감소에 의한 내력의 저하가 우려된다.

③ 방지대책

ㄱ 피복두께를 증가시킨다.

ㄴ 콘크리트 중의 염소이온량을 적게 한다.

ㄷ 밀실한 콘크리트 시공을 한다.

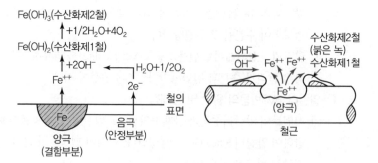

▲ 철근부식의 반응 기구

12) 콘크리트의 균열

(1) 균열 발생원인

① 굳지 않은 콘크리트의 균열
  ㉠ 소성수축 균열
  ㉡ 침하균열
  ㉢ 소성침하 균열
  ㉣ 시공 중 균열

② 굳은 콘크리트의 균열
  ㉠ 건조수축으로 인한 균열
  ㉡ 열응력으로 인한 균열
  ㉢ 화학적 반응으로 인한 균열
  ㉣ 자연 기상작용으로 인한 균열
  ㉤ 철근부식으로 인한 균열
  ㉥ 시공 불량으로 인한 균열
  ㉦ 설계 잘못으로 인한 균열

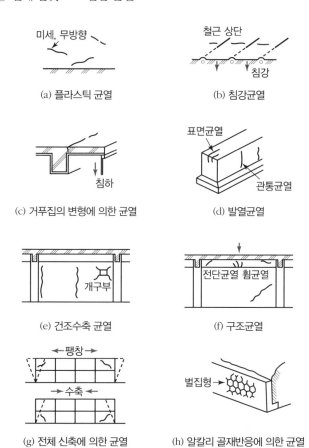

(a) 플라스틱 균열   (b) 침강균열

(c) 거푸집의 변형에 의한 균열   (d) 발열균열

(e) 건조수축 균열   (f) 구조균열

(g) 전체 신축에 의한 균열   (h) 알칼리 골재반응에 의한 균열

▲ 균열 발생의 패턴

(2) **균열의 보수 및 보강공법**

① 표면처리 방법[표면을 밀봉(Seal)하는 방법]

　㉠ 진행이 정지된 균열폭 2mm 이하의 콘크리트에 사용한다.

　㉡ 구조적인 강도 회복이 불필요한 부위에 시공한다.

　㉢ 사용재료 : Epoxy 수지, Cauking재, Sealant제, Asphalt, Mortar 등

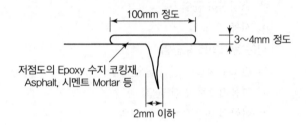

② **충진 및 주입공법**

　㉠ 균열폭이 0.3~5mm 범위로 균열이 관통되었을 때가 효과적이다.

　㉡ 구조적 강도회복 및 내구성, 방수성을 회복할 목적으로 한다.

　㉢ 충진공법 : 균열선에 U/V Cutting을 하고 수지 모르타르나 팽창
　　성 모르타르를 충진해서 보수한다.

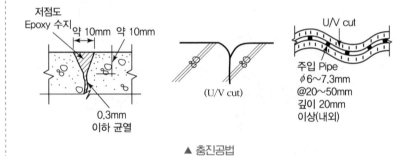

▲ 충진공법

　㉣ 주입공법 : 저점도 에폭시수지를 이용하여 펌프로 내부까지 주
　　입하여 강도 보강을 한다(20~30cm 간격으로 깊이 20mm 정도
　　주입한다).

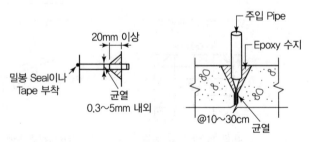

▲ 주입공법

③ 강재 앵커 보강방법

    ㉠ 구조적 보강방법으로, 드릴로 구멍을 뚫고 강봉 삽입 후 수지를 주입하여 균열의 진행을 방지한다.

    ㉡ 강봉길이는 구멍길이의 10배 이상으로 한다.

    ㉢ 균열처리 및 주입은 주입공법과 동일하다.

④ Prestress 공법

    ㉠ 균열에 직각방향으로 Prestressing PC 강선을 배근하면서 주입공법과 병용하는 공법으로 균열의 깊이가 깊고 구조체 절단의 염려 시 적용한다.

    ㉡ PC 강재용 구멍은 보링하며 부재의 외측에 설치할 때도 있다.

⑤ 강판부착법

    ㉠ 강판을 수지접착제로 접착하는 방법

    ㉡ 강판을 볼트를 사용하여 고정하는 방법

(a) 평면

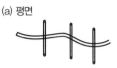

(b) 단면

▲ 강재 앵커 보강방법

    (a) 수지접착   (b) 볼트 사용

▲ 강판부착법

(3) 보수 후의 검사법

① 접착강도와 압축강도의 확인은 코어를 채취하여 시험한다.

② 균열 안의 주입재료에 대한 확인이 어려우므로 철저히 시공한다.

③ 보수보다는 사전예방을 위해 더욱 노력한다.

(4) 콘크리트 구조물의 균열발생 저감 대책

① 슬럼프값을 내린다.

② 골재는 굵고 둥근 입형의 것을 사용한다.

③ 실적률이 큰 골재를 사용한다.

④ 가는 골재율(세골재율)을 작게 한다.

⑤ 감수효과가 큰 혼화재를 사용한다.

⑥ 가는 골재(세골재)의 입도가 큰 것을 사용한다.

⑦ 시멘트의 사용량을 줄이고 발열량이 작은 시멘트를 사용한다.

⑧ 수화열을 억제하는 혼화재를 사용한다.

⑨ 콘크리트 표면과 내부의 온도차를 줄인다.

6. 각종 콘크리트

1) 한중 콘크리트

① 개요

콘크리트 타설 후 4주간의 평균예상기온이 약 5℃ 이하에서 시공하는 콘크리트 또는 하루의 평균기온이 4℃ 이하가 되는 기상조건에서 응결 경화 반응이 몹시 지연되어 밤중이나 새벽뿐만 아니라 낮에도 콘크리트가 동결할 염려가 있는 경우는 한중 콘크리트로 시공한다. 2~10℃일 때를 한랭기라고 하고, 2℃ 이하일 때를 극한기라고 한다.

② 계획배합 양생 및 일반사항

㉠ W/C : 60% 이하

㉡ AE 콘크리트를 사용하는 것을 원칙으로 한다(AE제, AE 감수제 및 고성능 AE 감수제 중 하나는 반드시 사용한다).

㉢ 믹서 내의 온도는 40℃ 이하가 되게 한다.

㉣ 재료의 가열온도는 60℃(시멘트는 절대 가열하지 않음) 이하로 한다.

Tip 👆

믹서 내의 재료 투입 순서

믹서 투입 : 굵은 골재－물－시멘트

재료 가열 : 물－모래－자갈

2) 서중 콘크리트

하루 평균기온이 25℃를 넘는 시기 또는 최고온도가 30℃를 넘는 시기에 시공하는 콘크리트이다. 일반적으로 슬럼프값 저하와 수분증발로 시공성이 저하된다.

① 외기온도가 25℃ 이상이 되면 콘크리트 온도도 30~35℃로 상승하며 Cold Joint 발생, 표면수의 급격한 증발로 인한 균열, 온도 균열, 장기강도 저하가 발생한다.

② 일반적으로 콘크리트 온도가 10℃ 상승하면 단위수량이 3~5% 증가하며 단위시멘트양도 증가한다(슬럼프값은 2.5cm 감소, 공기량은 2% 감소).

▼ 서중 콘크리트와 한중 콘크리트 비교

내용	서중 콘크리트	한중 콘크리트
사용 시기	하루 평균 25℃ 초과 시	하루 평균 4℃ 이하 시
사용 시멘트	중용열 시멘트	조강 포틀랜드 시멘트
사용 혼화제	응결 지연제	응결 촉진제
양생방법	Cooling 양생	가열보온 양생

③ 문제점 및 대책

문제점	대책
• 온도상승에 따른 단위수량이 증가한다. • 운반 중 슬럼프값이 저하된다. • 급격한 응결이 진행된다. • 수분증발에 의한 균열이 발생한다. • 공기연행이 어렵고 공기량 조절이 곤란하다. • Cold Joint가 발생하기 쉽다. • 초기강도는 빠르지만 장기강도의 증진이 느리다.	• 재료의 온도가 높지 않도록 한다. • AE 감수제, 감수제 사용 시 지연형을 사용한다. • 슬럼프 저하에 대비하여 시멘트 페이스트양을 증가시킨다. • 운반 중 Consistency 저하를 방지한다. • 수분증발에 대비한다(살수 및 젖은 거적 사용).

3) 경량 콘크리트

천연 또는 인공경량 골재를 사용하여 구조물의 경량화나 비구조용 부재로 단열특성을 이용하기 위해 만든 설계기준강도 15MPa 이상, 기건단위용적중량이 2,100kg/m³의 범위에 속하는 콘크리트이다.

(1) 일반사항

슬럼프값	단위시멘트양	물-시멘트비	굵은 골재 최대치수	공기량
80~210mm	최소 300kg/m³	최대 60%	최대 20mm	5.5±1.5%

① 흡수율
 ㉠ 일반적으로 흡수율이 크고 또한 흡수시간에 의해서 흡수량이 다르다.
 ㉡ 보통은 24시간 수중에 침수시켰을 때의 값을 흡수율로 한다.
 ㉢ 비빔, 운반 시에 흡수에 의해서 워커빌리티가 변화하지 않도록 충분히 살수시켜 표건내포상태에 가까운 상태로 사용함이 원칙이다.
 ㉣ 특히 펌프압송의 경우에는 압송에 의한 흡수도 가중되어 인공경량골재는 24시간 흡수의 2배 정도로 흡수시켜 둘 필요가 있다(인공경량골재는 24시간이라도 충분히 포수되지 않기 때문이다).
② 굵은 골재 중의 부립률은 10% 정도로 한다.
③ 잔골재 씻기시험의 손실량은 10% 이하로 한다.
④ 경량골재 콘크리트는 AE 콘크리트 사용을 원칙으로 한다.
⑤ 수밀성을 기준으로 물-시멘트비는 55% 이하로 한다.

Tip 👆

경량골재 취급 시 주의사항

① 골재의 짐부리기, 물뿌리기 및 쌓아
올리기 시 굵은 자갈과 잔자갈이 분
리되지 않도록 한다.

② 간간이 물을 뿌려 항상 같은 습윤상
태를 유지한다.

③ 부어넣기는 하부에는 묽은비빔, 상
부에는 된비빔으로 한다.

Tip 👆

경량 콘크리트 시공 시 유의사항

① 품질의 균등성을 확보하기 위해 운
반거리를 짧게 한다.

② 2일간 살수하고, 타설 후 7일 이상
장기 습윤양생시킨다.

③ 조기건조를 방지하고, 흙이나 물 등
의 접촉부위 사용을 금지한다.

≫ 오토클레이브 양생

① 고온고압 양생이라고도 하며, 지름
2.5~4m, 길이 40~60m 정도의
기밀한 고온고압 용기에 제품을 넣
고 180℃ 전후, 증기압 7~15기압
의 고온고압 처리를 하는 방법이다.

② 오토클레이브 양생으로 표준양생
28일 강도를 양생 직후에 얻을 수
있어 석면 시멘트관, 기포콘크리트
제품, 말뚝 등의 양생에 사용된다.

(2) **장단점**

장점	단점
• 자중이 적어 건물중량이 경감된다. • 운반, 부어넣기의 노력이 절감된다. • 내화성이 크다. • 열전도율이 작고 방음, 단열효과가 우수하다.	• 시공이 번거롭고 사전에 재료처리가 필요하다. • 강도가 작다 • 건조수축이 크다. • 다공질이어서 투수성이 크고 중성화가 빠르다. • 흡수성이 크고, 동해에 약하다.

(3) **종류**

사용 골재에 의한 콘크리트의 종류	사용 골재	기건 단위질량 (kg/m³)	레디믹스트 콘크리트로 발주 시 호칭강도(MPa)
경량골재 콘크리트 1종	굵은 골재를 경량골재로 사용하여 제조	1,800~2,100	18, 21, 24, 27, 30, 35, 40
경량골재 콘크리트 2종	굵은 골재와 잔골재를 주로 경량골재로 사용하여 제조	1,400~1,800	18, 21, 24, 27

※ 레디믹스트 경량골재 콘크리트의 굵은 골재 최대치수는 15mm 또는 20mm로 지정한다.

(4) **기타 경량 콘크리트의 종류**

① 경량기포 콘크리트(ALC)

② 서모콘 : 모래, 자갈을 사용하지 않고 시멘트, 물, 발포제를 배합하여 제작한다.

③ 다공질 콘크리트

④ 신더 콘크리트

⑤ 톱밥 콘크리트

4) ALC(Autoclaved Light Weight Concrete, 경량기포 콘크리트)

(1) **정의**

건축물의 대형화, 고층화, 경량화, 공업화 추세가 확산되면서 사용이 늘고 있는 경량기포 콘크리트는 규사, 생석회, 시멘트 등 발포제인 알루미늄 분말과 기포안정제 등을 넣어 오토클레이브 양생(고온고압 증기양생)을 거쳐 건물의 내외벽체, 지붕 및 바닥재 등에 사용되는 콘크리트 제품이다.

(2) **특징**

① 경량성 : 기건비중이 보통 콘크리트의 1/4이다.

② 단열성 : 기포에 의한 단열성이 보통 콘크리트의 10배 정도로 별도의 단열재가 불필요하다.

③ 무기질로 불연, 내화성능이 높다.
   ㉠ 지붕 : 30분
   ㉡ 내화, 바닥 : 1~2시간
   ㉢ 내화, 외벽 : 2시간 내화
④ 흡음(흡음률 10~20%), 차음효과가 좋다.
⑤ 고온고압 증기양생으로 제품의 변형이 없다(치수 정밀도가 높다).
⑥ 동해에 대해 방수·방습 처리가 필요하고 다공질로서 중성화속도가 빨라 보강철근은 반드시 방청처리를 해야 한다.
⑦ 오토클레이브에서 180℃, 10kgf/cm²의 압력으로 포화증기에서 10~20시간 양생 직후 28일 강도를 얻는다.
⑧ 절건비중은 0.5, 압축강도는 40~50kgf/cm²이다.

(3) 장단점
① 대패, 못, 드릴 등의 사용이 가능하고 가공이 용이하다.
② 기계화 시공(대형 패널)이 가능하고 공기단축과 공사비 절감효과가 탁월하다.
③ 강도탄성이 작고, 충격에 약하다(내충격성이 작다).
④ 체적비 80%가 기포로 다공질이며 흡수성이 높아 중성화가 빠르다.
⑤ 염류에 의한 철근 부식이 우려된다(시멘트 라텍스 코팅을 한다).

5) 무근 콘크리트

(1) 일반사항
보강철근이 필요 없는 버림 콘크리트, 바닥 콘크리트 등 현장시공에 적용되는 콘크리트이다.

설계기준강도	슬럼프값	배합, 양생
18MPa 이상	18cm	내구성이 필요한 경우 특기시방서에 따름

(2) 자재
① 골재 : 담당원 승인하에 체가름하지 않은 골재, 굵은 골재, 염분함유량이 많은 골재의 사용이 가능하다.
② 물 : 담당원 승인하에 해수 사용이 가능하나, 장기강도, 동결융해, 골재반응 등 내구성에 주의해야 한다.

6) 쇄석 콘크리트(깬자갈 콘크리트)
강자갈 대신 인공적으로 깬자갈을 사용한 콘크리트로 원석으로는 현무암, 안산암, 석회암, 경질사암, 경석 등이 사용된다.

(1) 강도

보통 콘크리트보다 10~20% 증가하며(부착성 증대) 시공연도, 유동성 개선을 위해 반드시 AE제를 사용한다.

(2) 배합설계(보통 강자갈 사용의 경우와 비교)

시멘트	모래양(강모래)	모르타르양	자갈양
보정하지 않는다.	가는 모래 15% 증가	8% 증가	15% 감소

(3) 특징

① 쇄석과 모르타르의 부착력이 좋아 강자갈보다 강도가 커지는 장점이 있다.

② AE제를 사용해서 시공연도를 개선해야 한다.

③ 단위수량이 10~20kg/m³ 증가한다.

④ 강자갈보다 실적률이 작다(실적률 : 55% 이상).

⑤ 실적률을 3~5% 증가시키기 위해 잔골재율과 단위수량을 증가시켜야 한다.

7) 유동화 콘크리트

(1) 개요

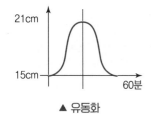

▲ 유동화

된비빔, 중간비빔 콘크리트에 분산성이 좋은 유동화제를 첨가하여 유동성을 일시적으로 증가시켜 단위수량이 적고 슬럼프값이 작은 콘크리트를 슬럼프값이 큰 콘크리트와 동일한 시공성을 갖도록 하는 콘크리트이다.

유동화제 첨가 후 60분 정도에서 그 효과가 상실되어 베이스 콘크리트의 슬럼프값으로 되돌아가는 경향 때문에 유동화제 첨가 후 30분 이내에 치기를 완료할 필요가 있다. 슬럼프는 작업에 적절한 범위로서 우선적으로 21cm 이하로 한다.

(2) 콘크리트의 유동화

① 콘크리트의 유동화방법(제조방법)

ⓐ 현장 첨가 유동화 : 공사현장에서 유동화제를 배처 플랜트에서 운반한 콘크리트에 첨가하여 균일하게 될 때까지 휘저어 유동화한다.

ⓑ 공장 첨가 유동화 : 배처 플랜트에서 트럭 애지데이터에 유동화제를 첨가하여 즉시 고속으로 휘저어 유동화한다.

ⓒ 공장 첨가 현장유동화 : 배처 플랜트에서 트럭 애지데이터에 유동화제를 첨가하여 저속으로 휘저으면서 운반하고 공사현장 도착 후에 고속으로 휘저어 유동화한다. 일반적으로 현장 첨가 유동화방법으로 제조한다.

첨가방법	공장첨가방법	현장첨가방법
베이스 콘크리트	AE 감수제 혼입 콘크리트	AE 감수제 혼입 콘크리트
플랜트	분산첨가	
운반	교반	교반
현장	• 고속회전 • 콘크리트 배출	• 현장첨가 • 고속회전 • 콘크리트 배출

② 유동화 콘크리트의 재유동화는 유동화제의 허용한도를 초과해서 첨가할 염려가 있을 뿐만 아니라 과잉 첨가에 의한 재료분리 또는 콘크리트의 응결, 지연, 내구성, 장기강도 등에 나쁜 영향을 미칠 수 있으므로 원칙적으로 해서는 안 된다.

③ 유동화제는 원액 사용, 중량 또는 용적으로 계량하여 정해진 양을 한번에 첨가함을 원칙으로 하고 유동화제 첨가 후 즉시 콘크리트를 타설한다.

④ 슬럼프의 증가량은 10cm 이하를 원칙으로 하고, 5~8cm를 표준으로 한다.

⑤ 슬럼프 및 공기량 시험은 50m³마다 1회씩 실시하는 것을 표준으로 한다.

(3) 유동화제의 특징

① 시멘트 입자의 높은 분산성능을 갖고, 다량 사용해도 이상응결 지연이나 경화불량, 과잉 공기연행성 등을 발생시키지 않는다.

② 반죽질기가 크더라도 재료분리에 대한 저항성이 크다.

(4) 유동화제의 품질

① 베이스 콘크리트에 사용되는 AE제와 AE 감수제의 상호작용에 의하여 각기의 효과에 나쁜 영향을 미쳐서는 안 된다.

② 보통 액체상태이지만 특수한 목적에 의해 분말상, 과립상이 쓰일 때도 있다.

③ 액체상태의 유동화제는 동결하면 분리될 수 있다.

④ 수분이 증발하면 농도가 변하여 정확한 계량이 어렵다.

⑤ 밀봉해서 5~35℃ 범위에서 1년 이내로 저장한다.

⑥ 계량오차는 1회에 3% 이내로 한다.

(5) 유동화 콘크리트의 특징

① 묽은 반죽 콘크리트의 품질개선 : 내구성 증대, 건조수축 감소, Bleeding 감소

② 된반죽, 보통반죽 콘크리트의 시공성 개선 : 묽은 반죽에 가까운 시공성을 얻음

③ 고강도, 고품질 콘크리트 : 낮은 물－시멘트비의 고강도, 고품질의 제품을 얻음

④ 매스 콘크리트의 수화발열량 감소 : 단위시멘트양 감소효과

⑤ 수밀성, 기밀성 향상

⑥ 철근의 부착력 향상

8) 고강도 콘크리트

건물의 다양화, 대형화, 고층화 추세에 따라 콘크리트의 내구성 증진, 부재 단면의 축소 및 이로 인한 자중감소의 효과를 목적으로 하는 콘크리트이며, 설계기준강도는 40MPa 이상으로 하고 콘크리트의 강도는 재령 28일의 강도를 표준으로 한다.

(1) 고강도 콘크리트의 시방서 기준

① 설계기준강도는 40MPa 이상으로 한다.

② 슬럼프치는 15cm 이하로 한다.

③ 물－시멘트비는 50% 이하로 한다.

④ 단위시멘트는 가능한 한 적게 사용한다.

⑤ 혼화재는 시험배합을 거쳐 확인한 후 사용한다.

⑥ 사용골재는 25mm 이하로 시멘트풀이 최소가 되도록 한다(부재 최소치수의 1/5 이내, 철근 수평순간격의 3/4 이내).

⑦ 콘크리트에 함유된 염화물량은 염소이온양으로 $0.3kg/m^3$ 이하이어야 한다.

⑧ 콘크리트 부어넣기 낙하고는 1m 이하로 재료분리가 생기지 않게 취급한다.

⑨ 잔골재율은 가능한 한 적게 한다.

⑩ 품질관리시험은 $100m^3$당 1회 이상으로 한다.

⑪ 단위수량은 180kg/m³ 이하로 가능한 한 적게 한다.

⑫ 유동화제를 첨가할 경우의 슬럼프치는 21cm 이하로 한다.

⑬ 고성능감수제는 시험 후 사용한다.

⑭ 실적률은 59% 이상이어야 한다.

⑮ 소요공기량은 동결융해대책이 필요한 경우를 제외하고는 공기연행제를 사용하지 않는 것을 원칙으로 한다.

(2) 콘크리트의 고강도화 방안

① 골재 강도의 개선 : 양질의 골재 사용, 인공골재 사용

② 골재와 결합재의 부착성능 개선 : 골재코팅, 활성골재(클링커 골재)

(3) 골재의 품질

항목 종류	절건 비중	흡수율 (%)	실적률 (%)	점토량 (%)	마모율 (%)	유기 불순물	염분(NaCl) (%)	안전성 (%)
굵은 골재	2.5 이상	3.0 이하	59 이상	0.25 이하	40 이하	–	–	12 이하
잔골재	2.5 이상	3.0 이하	–	1.0 이하	–	표준색 이하	0.02 이하	10 이하

(4) 특징

① 응력 변형곡선이 최대강도에 이르기까지 직선형에 가깝다.

② 취성파괴(Brittle Failure)의 우려가 있다.

③ 보통 콘크리트보다 최대강도 시의 변형, 크리프 변형이 작다.

(5) 고강도 콘크리트의 장단점

① 장점

  ㉠ 자중 감소(경량화), 재료 감소

  ㉡ 고성능감수제 이용, 시공성 향상

  ㉢ 부재단면 감소로 임대면적 증가

  ㉣ 강성의 증가로 인한 횡변형 감소

  ㉤ 거푸집 존치기간 감소(공기단축)

② 단점

  ㉠ 시공방법에 따라 강도, 품질변동이 큼

  ㉡ 연성이 낮고 취성파괴 우려가 있음(Spiral Hoop로 해결)

  ㉢ 품질보증(Q/A), 품질관리(Q/C)가 어려움

  ㉣ 고성능감수제, 혼화제의 확실한 시방 부재(제품회사의 시방에 의존)

9) 레디믹스트 콘크리트(Ready Mixed Concrete)

콘크리트 전문공장의 배처 플랜트에서 공급되는 콘크리트이다.

(1) 종류

종류	내용
Central Mixed Concrete	믹싱 플랜트에서 고정믹서로 비빔이 완료된 콘크리트를 트럭 애지데이터나 트럭 믹서로 현장까지 운반
Shrink Mixed Concrete	믹싱 플랜트에서 고정믹서로 어느 정도 비벼진 것을 트럭믹서에 실어 운반 도중에 비벼 현장에 반입
Transit Mixed Concrete	트럭 믹서에서 모든 재료를 공급만 하고 운반 도중에 비빔을 하여 현장에 반입

(2) 수입과 운반

← 공장 →		← 평균 60분 (최대 90분) →		
비빔시간	적재시간	주행시간	대기시간	처리시간
약 1분	약 2~3분	약 28분	약 20분	약 12분

(3) 장단점

① 장점

　㉠ 협소한 장소에서 대량의 콘크리트를 얻을 수 있다.

　㉡ 품질이 균일하고 우수하다.

　㉢ 공사추진을 정확히 할 수 있다.

　㉣ 원가가 확실하고 여러 측면에서 공사비를 절감한다.

② 단점

　㉠ 운반 중 재료분리가 우려된다.

　㉡ 운반차량의 운반로 확보와 시간 지연 시 대책을 강구해야 한다.

　㉢ 현장과 제조자의 충분한 협의가 필요하다.

(4) 레미콘에 의해 생길 수 있는 균열의 원인

불연속 타설로 인한 Cold Joint, 운반시간 초과로 인한 재료분리 등이 있다.

① 현장 가수로 인한 문제점 : 강도 저하, 재료분리 현상, 블리딩 증가, 수축 및 팽창에 의한 균열

② 원인 : 혼합물에 의한 층이 생기고 시멘트풀 농도 저하

(5) 트럭 애지데이터와 트럭 믹서

① 트럭 애지데이터

　㉠ Central Mixed Concrete에 사용된다.

　㉡ 믹싱 플랜트에 설치된 믹서에서 반죽이 완료된 콘크리트를 휘저으며 현장까지 운반한다.

② 트럭 믹서

　　㉠ Shrink Mixed Concrete와 Transit Mixed Concrete에 사용된다.

　　㉡ 믹싱 플랜트의 믹서에 약간 혼합됐거나 계량만 된 콘크리트를 운반하는 중에 비빈다.

　　㉢ 공장과 현장 간 거리가 멀 경우에 채택한다.

10) 프리스트레스트 콘크리트(Prestressed Concrete)

콘크리트의 인장응력이 생기는 부분에 미리 인장력을 주어 콘크리트의 인장강도를 증가시켜 휨저항을 크게 한 콘크리트이다.

(1) 특징

① 장 스팬구조가 가능하고 균열발생이 없다.
② 구조물의 자중 경감, 부재단면을 줄일 수 있다.
③ 내구성, 복원성이 크고 공기단축이 가능하다.
④ 항복점 이상에서 진동 및 충격에 약하다.
⑤ 열에 약하여 내화피복(5cm 이상)이 필요하다.
⑥ 공사가 복잡하고 고도의 품질관리가 요구된다.
⑦ 고도의 기술력이 필요하다.

(2) 종류

① 프리텐션 공법

프리스트레스트 콘크리트에는 프리텐션(Pre-tension) 공법과 포스트텐션(Post-tension) 공법이 있다.

구분	Pre-tension	Post-tension
콘크리트 설계기준강도	350kg/cm² 이상	300kg/cm² 이상
Pre-Stress 도입 시 콘크리트 압축강도	300kf/cm² 이상	200kg/cm² 이상
	최대 압축 응력도의 1.7배 이상	
잔골재의 염화물량	0.02% 이상	0.04% 이상
콘크리트의 염화물량	0.20kg/m³ 이하	0.30kg/m³ 이하
충진재의 W/C	40% 이하(보통 30~50%)	
슬럼프값	15cm 이하	

㉠ 인장력을 준 PC 강재의 주위에 콘크리트를 치고 완전경화 후 PC 강재의 정착부를 풀어 콘크리트와 PC 강재의 부착력에 의해 Prestress를 주는 것이다.

㉡ 특징
• 공장제조, 대량제조가 가능하다.
• 강재를 곡선으로 배치하기가 어려워 대형 부재의 제작에는 불리하고 소형 구조물에 적합하다.

ⓒ 순서 : 강재의 긴장 → 콘크리트 타설 경화 → 강재와 콘크리트 부착 → 프리스트레싱 포스를 콘크리트에 전달

ⓔ PC 강재의 간격 : 공칭지름의 3배 이상, 골재 최대지름의 1.25배 이상

ⓜ 공법의 종류
- Long Line Method(연속식 공법) : 넓은 면적과 설비가 필요하고 지지대와 긴장재를 이용하여 한 번에 여러 개의 제품을 생산하는 방법이다.
- Individual Mold Method(단독식 공법) : 거푸집 제작비용이 많이 들고 반복 사용할 수 있으며 공장 면적이 작아도 된다. 별도의 긴장재 시설 없이 철제 거푸집 등을 이용해 1개씩 제작하는 방법이다.
- Anchored Pretensioning System

② **포스트텐션 방법**

ⓐ 콘크리트 타설, 경화 후 미리 묻어둔 시스(Sheath) 내에 PC 강재를 삽입하여 긴장시킨 후 정착하고 그리우팅하는 방법이다.

ⓑ 특징
- 현장 제조
- 강재를 곡선으로 배치할 수 있어 대형 구조물에 적합하다.
- 별도의 지주가 필요 없고 현장에서 쉽게 프리스트레스를 도입할 수 있다.

ⓒ 순서 : 시스(Sheath) 설치 → 콘크리트 타설 → 콘크리트 경화 → 강현재 삽입 → 강현재 긴장 → 강현재 고정 → 그라우팅

ⓓ 시스(Sheath) 상호 간격 : 3cm 이상, 굵은 골재 최대 지름의 1.25배 이상

ⓔ 공법의 종류
- 부착된 포스트텐션 : 시스 속을 시멘트 모르타르로 그라우팅한 경우 부재가 일체감이 있어 강성이 좋아지고 강재가 부식되지 않는다.
- 부착되지 않은 포스트텐션 : 시스 속을 그라우팅 하지 않아 강재가 부식될 염려가 있지만 강재의 재긴장이 가능하다.

(3) **정착구의 정착공법**

① **쐐기식(Wedge System)** : PC 강선의 단부를 쐐기로 고정하는 법

② **나사식(Screw System)** : PC 강봉의 단부에 나사를 달아 너트로 정착하는 법

③ **압착나사식(Press Screw System)** : 슬리브(Sleeve)를 다이(Die)를 통하여 죄고 압착하여 정착너트로 고정하는 법

④ 버튼헤드식(Button Head System) : PC 강선의 단부를 못머리 모양으로 가공하여 정착장치에 대고 이것을 너트나 심(Seam)으로 정착하는 법

⑤ 루프식(Loop System) : PC 강선을 소켓, 슬리브 등을 용융합금 또는 드라이 모르타르로 고정하는 법

(4) 긴장재의 종류

① PC 강선　　　　② PC 강연선

③ PC 강봉　　　　④ 피아노선

11) 프리캐스트 콘크리트(Precast Concrete)

공장에서 부재를 미리 만들어 현장에서 조립하는 건식공법

(1) 콘크리트 붓기

① 30cm 이상 두께의 콘크리트 제품에서는 두 번으로 나누어 타설하는 것을 원칙으로 한다.

② 부어넣을 때의 온도는 $10 \sim 30 ℃$ 범위에서 하고 적정온도는 $20 ℃$로 한다.

③ $30 ℃$를 초과하는 콘크리트의 타설은 피해야 한다.

④ 초기 보양과 2차 보양으로 나누어 양생하되 초기 보양은 20시간 미만으로 한다.

⑤ 탈형 이후 설계기준강도가 21MPa 이상이 될 때까지 습윤상태에서 보양한다.

(2) 철근

① 판재의 두께가 15cm 미만일 때에는 단근으로 할 수 있으나 균열의 염려가 있을 때에는 복근으로 배근하여야 한다.

② 경화된 콘크리트에서 연장된 철근을 구부려서는 안 되나 $650 ℃$를 넘지 않는 범위 내에서 예열을 가하여 구부릴 수 있다.

③ 가열하여 구부리는 곳에 15cm 이내에 콘크리트가 있을 때에는 차단재를 설치하여야 한다.

(3) 굵은 골재의 제한

① 굵은 골재의 최대치수는 40mm 이하

② 공장제품 최소두께의 2/5 이하

③ 강재의 최소간격의 4/5를 넘어서는 안 된다.

12) 매스(Mass) 콘크리트

콘크리트 단면이 건축공사에서는 80cm, 토목공사는 1m 이상인 것과 콘크리트 내부의 최고 온도와 외부기온 차가 25℃ 이상으로 예상되는 콘크리트는 Mass Concrete로 검토한다.

(1) 문제점

① 과도한 수화열 발생에 따른 온도균열 발생의 우려가 있다.
② 단면치수 및 구속조건 등이 상이한 경우 균열이 발생된다.
③ 내외부의 온도 차에 의한 수축 · 팽창 균열이 발생된다.

(2) 일반사항

① 단위시멘트양 : 소요강도 및 워커빌리티를 얻는 범위에서 될 수 있는 대로 작게 한다.
② 시멘트 선정 : 수화열이 낮은 중용열 시멘트를 사용한다.
③ 내부온도 상승 : 단위시멘트양 $10kg/m^2$당 1℃ 비율로 증가한다.
④ 굵은 골재의 최대치수를 크게 하고 잔골재율을 작게 한다(내부온도 감소).
⑤ 가능한 한 슬럼프를 작게 하고 AE제 및 감수제 표준형을 사용한다.
⑥ 내외부의 온도에 의한 수축방지 조치를 강구한다.
⑦ 슬럼프값 : 시방서를 기준(된비빔)으로 하여 15cm 이하로 작게 한다.
⑧ 부어넣는 콘크리트 온도 : 35℃ 이하로 한다.
⑨ 이어 붓기 시간 간격 : 최대한 빨리 이어 붓기한다.
⑩ 온도균열 제어방법 : 방열성이 높은 거푸집을 사용한다.

(3) 냉각법

① 프리 쿨링 방식(Pre – cooling) : 콘크리트 재료의 일부 또는 전부를 미리 냉각하여 콘크리트의 온도를 저하시켜 균열을 방지하는 방법이다.
② 포스트 쿨링 방식(Post – cooling, Pipe cooling) : 콘크리트 타설 전에 Cooling용 파이프를 배관하고 관 내에 냉각수나 찬 공기를 순환시켜 콘크리트를 냉각하여 콘크리트의 균열을 방지하는 방법이다.

13) 중량 콘크리트(차폐용 콘크리트)

중량이 $2.5t/m^3$ 이상(비중 2.5~6.9)인 콘크리트를 말하며 방사선 차폐를 목적으로 하는 원자로 관련 시설, 의료용 조사실 등에 쓰인다.

(1) 일반사항

Slump	W/C	시멘트 사용량	사용골재
15cm 이하	60% 이하	300~350kg/m³	• 중정석(Barite : 비중 4.0~4.7) • 자철광(Magnetite : 비중 3.2~5.0)

(2) 방사선 차폐방법

① 밀실한 콘크리트를 타설하는 방법
② 중량 콘크리트를 타설하는 방법

(3) 시공 시 유의사항

① 시멘트는 보통 포틀랜드 시멘트, 중용열 시멘트, Fly Ash 등을 사용한다.
② 조골재의 사용량을 가급적 늘린다.
③ 재료의 비중차가 크므로 슈트(Chute) 등에 흘러내리지 않게 할 것 (재료분리 방지)
④ 1회 타설 높이 : 30cm 이하
⑤ 방사선 조사부분 타설 시 세퍼레이터나 긴결 철선을 사용하지 않는다.
⑥ Barite Mortar : 중원소 바륨($BaSO_4$) 분말＋모래＋시멘트의 혼합물로 방사선 차단용으로 쓰인다.
⑦ 운반 시에는 중량차에 의한 재료분리에 유의하고 압송파이프의 막힘현상을 고려해야 한다.

14) 수밀 콘크리트

콘크리트 자체를 밀도가 높게 내구적, 내수적으로 만들어 물의 침입을 방지하는 데 쓰인다.

(1) 일반사항

W/C	슬럼프값	공기량	부어넣기 온도	진동기	비빔시간
50% 이하	18cm 이하	4% 이하	30℃ 이하	원칙적으로 사용	3분 이상 충분히

(2) 시공 시 유의사항

① 배합 시 단위수량, 시멘트양은 최소화하고 굵은 골재량을 늘린다.
② 혼화제는 표면활성제(AE제)와 포졸란 사용을 원칙으로 한다.
③ 될 수 있는 한 이어 치기 하지 말고 부득이 이어 붓기 할 때는 지수판(Water Stop), 팽창성 지수판, 동판 등으로 방수처리 한다.
④ 부어넣기 콘크리트 온도 : 30℃ 이하, 연속 부어넣기 시간 간격 : 90분(25℃ 미만 시)

프리팩트 콘크리트의 종류

① CIP 공법

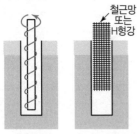

㉠ 지반 굴착　　㉡ 철근망 삽입

㉢ 골재 충전　　㉣ 모르타르 주입

② PIP 공법

㉠ 지반 굴착　　㉡ 모르타르 주입

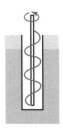

㉢ 주입 완료　　㉣ 철근망 삽입

③ MIP 공법

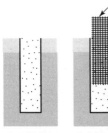

㉠ 굴진 삽입　　㉡ 모르타르 주입

15) 해수작용을 받은 콘크리트

해수에 접하는 콘크리트 및 물거품, 해풍에 노출된 콘크리트에 적용한다.

(1) 일반사항

해수작용 구분	적용장소	W/C 최댓값	보통 철근 피복두께	방청 철근 피복두께
A	물보라지역	40%	90mm	보통 피복+20mm
B	해중	50%	80mm	보통 피복+10mm
C	해상 대기 중	45%	70mm	보통 피복두께 적용

(2) 시공 시 유의사항

① 피복두께는 5cm 이상, 해수에 접하는 면은 8cm 이상으로 한다.

② 해수작용 구분 A, B의 콘크리트는 원칙적으로 이어붓지 않는다.

③ 해수작용 구분 C의 콘크리트면은 염분 침투억제 마감을 한다.

④ 최고 조위에서 위로 60cm 부분은 원칙적으로 연속 작업으로 부어 넣는다.

⑤ 재령 4일까지는 직접 접하지 않도록 한다.

⑥ 중용열 시멘트, 고로 시멘트 등 해수저항이 큰 시멘트를 사용한다.

⑦ 혼화재를 사용하여 밀실한 콘크리트가 되도록 한다(단위시멘트양 : 300kg/m³ 이상).

16) 프리팩트(Prepacked) 콘크리트

(1) 정의

골재를 먼저 다져 넣고 파이프를 통하여 그 속에 시멘트 페이스트를 적당한 압력으로 주입하여 만드는 콘크리트로 재료분리, 수축이 작다(보통 콘크리트의 1/2).

(2) 일반사항

① 수밀성이 높고, 내구성도 크다.

② 부착강도가 커서 수리 및 개조에 유리하다.

③ 염류에 대한 저항성이 크다.

④ 시공이 용이하고 설비비 및 공사비가 절약된다.

⑤ 조기강도는 작으나 장기강도는 보통 콘크리트와 비슷하다.

⑥ **재료 투입 순서** : 물－주입보조제－플라이애시－시멘트－모래

⑦ 지수벽, 보수공사, 기초파일(PIP, CIP 파일), 수중콘크리트, 원자로 차폐용 콘크리트 등에 이용된다.

⑧ 굵은 골재의 최소치수는 15mm 이상을 사용하고 잔골재는 12mm 이하의 것을 사용한다.

⑨ 주입관 설치간격

  ㉠ 수직방향 설치 시 : 방향간격은 2m 이하가 표준

  ㉡ 수평방향 설치 시 : 수평간격 2m 이하, 상하간격 1.5m 이하

⑩ 용도 : 건축물의 보수 · 보강, 수중 콘크리트, 프리팩트 콘크리트 파일, 주열식 지하 흙막이벽 등에 사용

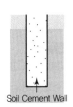

ⓒ 혼합 교반 ⓓ 주열벽 형성

17) 제물치장 콘크리트(Exposed Concrete)

외장마감을 별도로 하지 않고 노출된 콘크리트면 자체가 치장되게 마무리하는 콘크리트이다.

(1) 목적

① 모양의 간소함을 탐미한다.

② 고강도의 콘크리트를 추구한다(내구성, 수밀성 포함).

③ 외장재료의 절약과 마감의 다양성을 부여한다.

④ 외장부분의 건물 중량 경감, 공사내용을 단일화하여 안전하고 경제적인 건물을 이루려는 목적이 있다.

⑤ 공사내용의 단일화로 안전, 경제성을 추구한다.

(2) 장단점

장점	단점
• 자재절감에 의한 경제성 확보 • 자중 감소 • 고강도 콘크리트 구축	• 인건비 상승 • 정확성 유지가 어려움

(3) 시공 시 유의사항

① 색상의 변화가 없어야 하므로 동일한 회사의 제품을 사용한다.

② 콘크리트는 부배합, 된비빔을 하며(20MPa 이상 강도 때 마무리가 좋다) 진동다짐 AE제를 사용하며 이어 붓기 하지 않는 것을 원칙으로 한다.

③ 골재는 20mm 이하를 사용하고 가능하면 잔 것을 사용한다.

④ 표면 마무리 시공을 철저하게 한다(혼화제, 거푸집 진동기 사용).

⑤ 철근 콘크리트와의 피복두께는 1cm 이상 증가시킨다.

⑥ 부어넣기 시 슈트나 손차로 하지 않고 비빔판에 받아 각삽으로 떠 넣는다.

⑦ 벽, 기둥은 한꺼번에 꼭대기까지 부어넣는다.

⑧ 거푸집은 이음의 틈새가 없게 Metal Form이나 Euro Form 등을 사용한다.

⑨ 배합 시 물 – 시멘트비는 작게 하고 슬럼프는 15cm 이하, 굵은 골재 최대치수는 25cm이하로 하며 잔골재율은 가능한 한 크게 한다.

18) 진공 콘크리트(Vacuum Concrete)

(1) 정의

콘크리트가 경화하기 전에 진공 매트, 진공 펌프로 콘크리트로부터 시멘트 수화작용에 필요한 수분 이외의 수분과 공기를 흡수하고 대기의 압력으로 콘크리트를 다지는 방법으로 콘크리트의 조기강도가 커지고 소성 수축균열 및 침하균열이 작아지고 콘크리트의 표면경도가 증대된다.

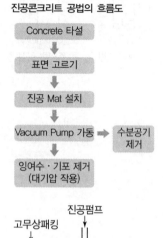

(2) 일반사항

① 초기강도 및 장기강도가 우수하며 동해에 대한 저항성도 우수하다.
② 용도 : 도로포장, 댐, PC 제품(공장제작 제품), 한중 콘크리트 타설 등에서 사용한다.
③ 진공처리로 인하여 W/C가 작게 되고 표면공극이 줄어든다(토공사에서는 Sand Drain Vacuum 공법이 쓰인다).
④ 내구성, 내마모성, 동결융해의 저항성이 커지면 건조수축이 감소한다.
⑤ 진공 매트 : 토공사 시 배수공법의 일종으로 과잉수 제거와 다짐으로 표면경도와 조기강도를 크게 하는 진공 콘크리트용 매트이다.

19) 숏크리트(Shotcrete)

(1) 정의

모르타르를 압축공기로 분사하여 바르는 것으로 건나이트(Gunnite)라고도 한다.

(2) 특징

① 여러 재료의 표면에 시공하면 밀착이 잘되며 수밀성, 강도, 내구성이 커진다.
② 표면 마무리, 얇은 벽바름, 강재의 녹막이 등에 유효하다.
③ 다공질이며 외관이 좋지 못하고 균열이 생기기 쉽다.

(3) 시공

① 굵은 골재의 최대치수를 10~16mm로 제한한다.
② 잔골재율을 작게 하고, 단위시멘트양을 크게 한다.
③ 먼저 시공한 층이 굳기 전에 다음 층을 시공해야 한다.

20) AE 콘크리트

(1) 정의

콘크리트에 혼화제인 AE제(표면활성제)를 첨가하여 콘크리트 중에 미세한 기포를 발생하여 단위수량을 적게 하고 시공연도, 내구성을 개선시킨 콘크리트이다.

(2) 특징

① 공기량이 많을수록 슬럼프는 증대하고 공기량이 많을수록 강도는 감소(공기량 1%에 압축강도 3~5% 감소)한다.

② 동일 슬럼프의 콘크리트를 얻으려면 W/C를 작게 하여 같은 강도를 얻을 수 있도록 한다.

③ 적당한 AE 공기량(약 5%)은 내구성을 증대시키나 지나친 공기량(6% 이상)은 강도와 내구성을 저하시킨다.

④ AE 콘크리트 공기량의 표준 : AE제, AE 감수제 또는 고성능 AE 감수제를 사용한 콘크리트의 공기량은 굵은 골재 최대치수, 기타에 따른 콘크리트 용적의 4~7%를 표준으로 한다.

⑤ 공기량 측정

ㄱ AE제의 공기량 측정 : 워싱턴 미터

ㄴ 콘크리트의 공기량 측정 : 에어 미터

ㄷ AE제의 계량장치 : 디스펜서

⑥ AE제 콘크리트의 특징 및 공기량의 성질

AE제 콘크리트의 특징	공기량의 성질
• 시공연도가 향상된다. • 단위수량이 감소한다. • 동결융해에 대한 저항성이 증대된다 (동기공사 가능). • 수화열이 작다. • 내구성, 수밀성이 크다. • 재료분리, 블리딩 현상이 감소한다. • 화학작용에 대한 저항성이 크다. • 부착강도가 저하된다.	• 온도가 높으면 공기량은 감소한다. • 진동을 주면 공기량은 감소한다. • 시멘트 사용량이 많으면 공기량은 감소한다. • 시멘트 분말도가 크면 공기량은 감소한다. • 슬럼프가 17~18cm까지는 공기량이 증가하나 그 이상이 되면 감소한다. • 기계비빔이 손비빔보다 증가한다. • AE제를 넣을수록 증가한다. • 잔골재율, 가는 입자가 많을수록 공기량은 증가한다.

⑦ 공기량 구분

ㄱ 인트랩트 에어(Entrapped Air) : 일반콘크리트에 자연적으로 상호 연속된 부정형의 기포가 1~2% 정도 함유된 것

ㄴ 인트레인드 에어(Entrained Air) : AE제의 사용으로 볼베어링 역할을 하는 미세한 구형의 기포가 3~6% 정도 함유된 것

21) FRC(Fiber Reinforced Concrete, 섬유 보강 콘크리트)

(1) 정의

콘크리트의 인장강도와 균열에 대한 저항성을 높이고 인성을 개선시킬 목적으로 콘크리트 속에 금속, 유리, 합성수지 등의 강섬유나 유리섬유, 폴리머섬유 등을 넣어서 시공하는 콘크리트이다.

(2) 용도

칸막이벽, 내화벽, 구조용 패널

(3) 특징

① 인장강도, 압축강도 증대
② 성형성 우수
③ 불연성, 내충격성, 동결융해에 대한 저항성 우수

22) GRC(Glass Fiber Reinforced Concrete, 유리섬유 보강 콘크리트)

(1) 정의

유리섬유(직경 : 0.1~0.3mm, 길이 : 30~50mm, 용적비 : 1~2%)를 사용하고 시멘트, 골재와 혼화재료는 고성능 감수제를 사용하여 Concrete Matrix 조직의 취성의 약점을 보완하여 휨, 전단, 압축, 인장, 신축, 인성 등을 향상시킨 복합재료이다.

(2) 종류

① 강섬유 보강 콘크리트(SFRC)
② 유리섬유 보강 콘크리트(GRC, GFRC)
③ 탄소섬유 보강 콘크리트(CFRC)
④ 아라미드섬유 보강 콘크리트(AFRC)
⑤ 비닐론섬유 보강 시멘트 복합체(VFRC)
⑥ 천연섬유 보강 콘크리트(NSFRC)

(3) GRC의 특성

① 원천적으로 완전불연재이다.
② 충격, 파손에 대한 저항성, 동결융해에 대한 저항성이 크다.
③ 기계적 강도가 우수하다(압축강도 : 800~1,000kg/cm², 인장강도 : 100~130kg/cm²).
④ 방식성, 내구성이 우수하다.
⑤ 온도철근이 불필요하며, 수축균열이 없다.
⑥ 성형성이 우수하다(Design 자유도가 크다).
⑦ 박판, 고강도 Sheet재로 성형이 가능하다.

(4) GRC의 활용방안

① 재료 : 시멘트＋골재＋혼화재＋섬유

② 외장재 : 커튼월, 외벽패널(내충격성 및 연성이 크고, 부재의 비산이 없다)

③ 내장재 : 벽체, 천장, 원형기둥 등

④ 거푸집 : 치장용과 영구 거푸집

⑤ SFRC나 GRC는 토목, 건축에 활용도가 크다.

⑥ 기타 : 패러핏, 창틀, 인방에 사용한다.

(5) 섬유

① 섬유혼입량 및 섬유길이가 증가할수록 충격강도는 증가하나, 섬유 혼입량이 6% 이상 되면 다공성이 증대되어 인장강도가 다소 저하되므로 5~6% 정도가 적당하다.

② 섬유길이 40mm까지는 길수록 비례적으로 휨강도도 증가한다.

(6) 제조법

① Primix법 : 가장 많이 사용한다. 믹서에서 골재, 시멘트, 섬유에 물을 첨가하여 Mixing(교반)한다.

② 그 밖에 박판제조법, 압출성형법, Spray법 등이 있다.

23) 플라스틱 콘크리트(Plastic Concrete)

(1) 정의

콘크리트를 구성하고 있는 복합재료 중 물, 시멘트의 일부나 전부를 Polymer(유기 고분자 재료 중합체) 물질로 대체하여 결합재료 대신 Plastic과 시멘트를 혼합하거나 액체 Plastic만을 사용하여 골재와 함께 경화시킨 복합재료이다.

(2) 플라스틱 콘크리트의 종류

① PCC : Polymer Cement Concrete

② PIC : Polymer Impregnated Concrete

③ PRC : Polymer Resin Concrete

(3) 플라스틱 콘크리트의 특징

① 단기에 고강도를 발현하고 경량화를 실현할 수 있다.

② 수밀성, 방수성이 우수하다.

③ 휨, 인장강도, 신장능력이 증대된다.

④ 내산성, 속결성이 우수하다.

⑤ 내약품성, 내마모성이 증대된다.

⑥ 각종재료와의 접착력이 우수하다.

⑦ 내충격성, 전기절연성이 우수하다.

⑧ 난연성, 내화성은 좋지 않다.

24) 고성능 (High Performance Concrete) 콘크리트

(1) 정의

① 콘크리트 압축강도가 150~230MPa 범위이며 공기연행을 하지 않아도 동결융해에 대한 저항성을 갖고 조강 포틀랜드 시멘트에 6%의 실리카흄을 혼입하여 물 – 결합재비 28~30% 범위인 고강도 · 고염해 저항성을 갖는 콘크리트(1899년 ACI포럼)이다.

② 1990년에 ACI는 고성능 콘크리트 워크숍에서 고성능 콘크리트를 재료분리 없이 타설 및 다짐이 쉬운 것, 장기적인 역학적 특성이 개선된 것, 초기 재령강도가 높은 것, 체적 안정성과 높은 탄성을 가진 것 그리고 열악한 환경에서 구조물의 수명을 개선할 것 등으로 그 특성을 정의하였다.

(2) 일반사항

① **고강도** : 설계기준강도 40MPa 이상

② **고유동화** : 슬럼프 플로 60±5cm 이상

③ **고내구성** : 내구성 지수 85% 이상

1. **온도 조절 철근** — 온도 변화에 따른 콘크리트의 신축으로 인하여 발생하는 신축 균열을 최소화하기 위하여 부재의 전면에 걸쳐 넣는 철근이다.

2. **철근 공작도 (Shop Drawing)** — 철근 구조도에 의거하여 현장에서 실제로 철근 절단, 구부리기 등의 공작을 하기 위하여 철근 모양, 각부 치수, 구부림 위치, 규격, 개수를 기입하여 시공에 편리하도록 한 것이다.

3. **와이어 클리퍼 (Wire Clipper)** — 콘크리트 경화 후 거푸집 긴결철선(직경이 작은 철근과 철선)을 절단하는 절단기이다.

4. **굽힘기(Bar Bend)** — 철근 중간부를 구부릴 때 사용하는 기구이다.

5. **피복두께** — 콘크리트 표면에서 제일 가까운 철근의 표면까지의 거리를 말하며 RC조의 내화성, 내구성을 정하는 중요한 요소이다.

6. **슬립 바(Slip Bar)** — 슬래브에서 두 부재의 하중을 전달하고 두 슬래브를 동일 평면에 두는 것을 목적으로 삽입한 신축줄눈의 미끄럼 철근이다.

7. **스페이서(Spacer)** — 철근과 거푸집 사이의 간격을 일정하게 유지하기 위한 간격재이다.

8. **폼타이(Form Tie)** — 거푸집의 간격을 유지하며 벌어지는 것을 막는 긴결재이다.

9. **격리재(Separator)** — 벽 거푸집이 오므라지는 것을 방지하고 간격을 유지하기 위한 부재이다.

10. **박리제(Form Oil)** — 거푸집을 떼어내기 쉽게 바르는 물질로 중유, 석유, 동·식물유, 아마유, 파라핀, 합성수지 등을 사용한다.

11. **크램프(Cramp Iron)** — 양끝이 구부러진 꺾쇠 모양의 접합용 철물로 거푸집, 석재 등에 사용되며 거멀못, 은장, 꺾쇠라고도 한다.

12. **콘크리트 헤드** — 콘크리트를 연속 타설하면 측압은 높이의 상승에 따라 증가하나 시간의 경과에 따라 어느 일정한 높이에서 증가하지 않는다. 즉, 이렇게 측압이 최대가 되는 점(기둥 : 1.0m, 벽 : 0.5m)

13. **드롭 헤드** — 철재 지주(Support)의 상부에 부착하여 지주를 바꿔세우기 하지 않고 거푸집 제거가 가능하도록 된 것으로 유로폼에 주로 이용되고 공기 단축에 효과적이다.

14. **지주(Support)** — 장선받이, 멍에 등을 받아 그 하중을 지반 또는 밑층의 바닥판에 전달하는 것으로 동바리라고도 한다.

15. 쐐기(Camber)

높이 조절용 쐐기로 처짐을 고려하여 미리 보나 슬래브의 중앙부를 1/300~1/500 정도 치켜올리는 것이다.

16. 요크(York)

슬라이딩폼 사용 시 거푸집을 수직으로 끌어올리는 기구이다.

17. 인서트(Insert)

콘크리트조 바닥판 밑에 달대의 걸침이 되는 것으로 거푸집 바닥에 고정시공한다 (철근, 철물, Pin, Bolt 등도 사용).

18. 드롭 패널(Drop Panel)

플랫 슬래브 구조에서 기둥머리 둘레의 바닥을 특히 두껍게 보강한 부분이다.

19. 절건상태

건조기 내에서 일정 중량이 될 때까지 온도 110℃ 이내로, 24시간 정도 가열건조한 상태로 노건조상태라고도 한다.

20. 기건상태

골재 내부에 약간의 수분이 있는 상태로, 대기 중 건조상태라고도 한다.

21. 수화작용(Hydration)

시멘트에 물을 부어 반죽할 때 시간이 지날수록 점차 유동성이 줄어들면서 응결 (Setting), 경화(Hardening)가 진행되는 현상으로 수화작용은 온도가 높을수록 시멘트의 분말도가 높을수록 빨리 진행된다.

22. 헛응결(False Setting, 이상응결, 이중응결)

가수 후 발열하지 않고 10~20분 사이에 급격히 굳어지고 다시 묽어지며 이후 순조로운 경과로 굳어가는 현상으로 석고에 기인한다.

23. 블리딩(Bleeding)

W/C가 60~70% 정도일 때 콘크리트 타설 직후 비중이 무거운 골재와 시멘트는 침하되고 물은 상부로 참출되는 현상이다.

24. 레이턴스(Laitance)

W/C가 70% 이상일 때 수분량이 많아 콘크리트를 부어넣은 후 물과 함께 시멘트와 미립자까지 상승하고 블리딩 현상에 의해서 솟아오른 물이 증발하여 콘크리트 표면에서 나오는 백색의 미세물질이다.

25. 스케일링(Scailing)

레이턴스 현상에 의해서 발생된 백색의 미세한 물질이 공기와 접촉, 건조수축하여 크랙이 발생되는 현상이다.

26. 침강균열(침하균열)

콘크리트 타설 후 블리딩에 의한 계속적인 침하로 철근의 위치에 따라 생기는 균열이다(VH 공법으로 방지).

27. VH(Vertical Horizontal) 분리타설 공법

기둥, 벽 등 수직부재를 먼저 타설하여 완전침하 후 보 상단, 슬래브 등 수평부재를 나중에 타설하는 공법이다.

28. 애지데이터 트럭

믹싱 플랜트로부터 콘크리트를 받아 수송 도중 애지데이터로 교반하여 운반하는 레미콘 전용 운반트럭이다.

29. 인트랩트 에어 일반 콘크리트에 자연적으로 연행되는 1~2% 정도 함유된 상호 연속된 부정형의 기포로, 갇힌 공기라고도 한다.

30. 인트레인드 에어 표면활성 작용을 하는 AE제의 독립된 미세기포로 볼베어링 역할을 하며 기포가 3~6% 정도 들어 있는 균일한 공기기포이다. 연행공기라고도 한다.

31. 포졸란 잠재 수경성의 규산질 미립분이 수산화칼슘과 반응하여 불용성 화합물을 만드는 작용으로 시공연도와 수밀성이 향상되고 블리딩 및 재료분리 현상이 감소한다.

32. 표면활성제 콘크리트 중에 미세기포를 연행하여 콘크리트의 워커빌리티와 내구성을 향상시킨다. 또한 시멘트 입자를 분산하여 표면장력을 감소시킨다.

33. 플라이애시(Fly Ash) 화력발전소에서 완전연소한 재(Ash)를 전기집진기로 채집한 것으로 표면이 매끄러운 구형의 미세립 분말이다. 시공연도와 수밀성 향상을 위한 인공 포졸란의 대표적인 예이다.

34. 고로슬래그 제철작업 시 선철을 제조하는 과정에서 발생되는 부유물질인 슬래그를 냉각시켜 분말화한 것이다. 잠재 수경성의 규산질 미립분이 수산화칼슘과 반응하여 불용성의 화합물을 만드는 실리카 물질을 함유하는 미세분의 시멘트 혼화제이다.

35. 공기량 부어넣기 직후의 콘크리트 시멘트 풀 속에 포함된 공기의 콘크리트에 대한 용적 백분율이다.

36. 발포제 모르타르 또는 콘크리트에 알루미늄 또는 아연의 분말을 혼입하면 시멘트 중의 알칼리와 반응하여 수소가스가 발생하고 기포로 되어 콘크리트 중에 함유된다.

37. 크리프 현상 콘크리트에 일정한 하중을 계속 주면 하중의 증가 없이 시간의 경과에 따른 소성변형의 증가현상이다.

38. 건조수축 현상 공기 중에서 수분의 증발로 인해 콘크리트가 수축하는 것으로 콘크리트의 단위수량, 단위시멘트양, 콘크리트의 질 등에 따라 다르며, 특히 양생방법에도 큰 영향이 있다. 즉, 습한 공기는 수축을 감소시키며 바람, 일사에 노출되거나 습도가 낮으면 수축은 증가된다. 또한 수축변형은 건조 초기에 크며 시간에 따라 감소한다.

39. 봉함양생 (Sealed Curing) 콘크리트 표면으로부터 수분의 증발을 방지하기 위하여 시행하는 양생방법으로 Plastic Sheet 또는 피막양생제 등이 있다.

40. 피막양생 (Membrane Curing) 콘크리트 중의 수분증발을 방지하기 위해 콘크리트 표면에 피막양생제를 뿌려 양생하는 방법이다.

41. 배처 플랜트
(Batcher Plant)

물, 시멘트, 골재 등을 정확하게 중량 개량하여 혼합하는 설비이다.

42. 간이 배처 플랜트

현장 비빔 콘크리트를 사용할 때 믹서 위에 철골, 목조 등으로 가설치한 것

43. 물－시멘트비
(W/C)

부어넣기 직후의 모르타르 또는 콘크리트에 포함된 시멘트 풀 속의 시멘트에 대한 물의 중량 백분율을 말한다.

44. 물－결합재비
[$W/(C+F)$]

프리팩트 콘크리트에 있어서 플라이애시 또는 기타의 혼화재를 사용하여 비빈 모르타르 또는 콘크리트에서 골재가 표면건조 포화상태에 있다고 보았을 때 풀(Paste) 속에 있는 물과 시멘트 및 플라이애시, 기타 혼화재와의 중량비이다.

45. 되비빔(Retempering)

응결을 시작한 콘크리트를 다시 비벼쓰는 것으로 응결되기 시작한 콘크리트를 부어넣어서는 안 되기 때문에 좋지 않은 방법이다.

46. 다시비빔(Remixing)

상당한 시간이 경과되거나 재료분리가 일어난 경우 아직 엉키지 않은 콘크리트를 다시 비벼쓰는 것으로 응결이 시작되기 전이므로 강도상 영향이 없다.

47. 시공연도(Workability)

컨시스턴스에 의한 묽기 정도 및 재료분리에 저항하는 정도 등 복합적인 의미에서의 시공난이 정도로 굳지 않은 콘크리트 및 모르타르의 성질이며 정성적(定性的)으로 표시한다.

48. 반죽질기(Consistency)

주로 수량의 다소에 따르는 반죽이 되고 진 정도를 나타내는 콘크리트의 성질(유동성의 정도)로 정량적(定量的)으로 표시한다.

49. 성형성(Plasticity)

거푸집 등의 형상에 순응하여 채우기 쉽고 분리가 일어나지 않는 성질이다.

50. 마감성(Finishability)

굵은 골재의 최대치수, 잔골재율, 잔골재의 입도, 반죽질기 등에 따르는 마무리하기 쉬운 정도, 도로포장 등 표면정리의 난이 정도이다.

51. 압송성(Pumpability)

펌프 시공 콘크리트의 경우 펌프에 콘크리트가 잘 유동되는지의 난이 정도이다.

52. 슬럼프 손실(Slump Loss)

시간이 경과함에 따라 콘크리트의 반죽질기가 감소하는 현상으로 초기 수화작용, 수분 증발 등으로 자유수가 감소함에 따라 발생한다.

53. 펌프크리트

펌프의 피스톤으로 혼합장소에서 타설하는 곳까지 관을 통하여 보내진 콘크리트를 말한다.

54. 콘크리트 플레이서

수송관 안의 콘크리트를 압축공기로 압송하는 것으로 콘크리트 수송기의 한 종류이다.

55. 압입공법(압입채움공법)   PC 제품이나 내진 보강벽 등 폐쇄공간의 콘크리트를 타설하기 위해 콘크리트 펌프 등의 압송기계에 연결된 배관을 구조체 하부의 거푸집에 설치된 압입부에 직접 연결해서 유동성있는 콘크리트를 타설하는 공법이다.

56. 숏크리트   모르타르를 고압 공기로 분사하여 바르는 공법으로 건나이트(Gunnite)라고도 한다.

57. 프리팩트 콘크리트 (Prepacked Concrete)   거푸집에 골재를 먼저 다져넣고 파이프를 통하여 그 속에 시멘트 페이스트(특수 모르타르)를 적당한 압력으로 주입하여 만드는 콘크리트로 재료분리, 수축이 작다(보통 콘크리트의 1/2).

58. 슈미트 해머   콘크리트 압축강도시험 중 비파괴시험기로서 콘크리트 표면에서 눌러 그 반발치에 의하여 강도를 측정하는 것이다.

59. 진공 콘크리트   콘크리트 경화 전에 진공 매트, 진공 펌프로 콘크리트로부터 수화작용에 필요한 수분 이외의 수분과 공기를 흡수하고 대기의 압력으로 다진 콘크리트이다.

60. 진공 매트   토공사 시 배수공법의 일종으로 과잉수 제거와 다짐으로 표면경도와 조기강도를 크게 하는 진공 콘크리트용 매트이다.

61. 리탬핑(Retamping)   콘크리트를 부어넣은 후 침강균열을 방지하기 위하여 콘크리트의 표면을 다지는 것이다.

62. 보우빔(Bow Beam)   천장이 높을 때 받침기둥 없이 슬래브 거푸집을 지지하는 무신축 철골 트러스이다.

63. 페코빔(Pecco Beam)   신축이 가능한 무지주 공법의 수평지지보이다(2.9~6.4m까지).

64. 콜드조인트   시공과정 중 휴식시간 등으로 응결이 시작된 콘크리트에 새로운 콘크리트를 이어칠 때 신·구 콘크리트 사이에 일체화 저해로 인해 형성된 불연속 층이다. 25℃ 이상에서는 2.0시간 이내에 콘크리트를 타설하고, 25℃ 이하에서는 2.5시간 이내에 콘크리트를 타설해야 불연속 층이 생성되지 않는다(현장에서 경계하는 줄눈).

65. 시공줄눈   시공상 콘크리트를 한 번에 붓지 못할 때 생기는 줄눈이다.

66. 신축줄눈   부동침하, 온도에 의한 신축팽창으로 발생하는 전체적인 불규칙 균열을 한 곳에 집중시키도록 설계 및 시공시 고려되는 줄눈이다(건물 전체를 수직으로 나눔).

67. 조절줄눈   바닥판의 수축에 의하여 표면에 균열이 생길 수 있는데 이를 막기 위하여 바닥판의 건조수축 균열을 한 곳에 집중시키는 줄눈이다.

68. 한중 콘크리트

콘크리트 타설 후 4주간의 평균예상기온이 약 5℃ 이하에서 시공하는 콘크리트 또는 하루의 평균기온이 4℃ 이하가 되는 기상조건에서는 응결 경화 반응이 몹시 지연되어 밤중이나 새벽뿐만 아니라 낮에도 콘크리트가 동결할 염려가 있으므로 한중 콘크리트로 시공한다.

69. 프리 쿨링(Pre Cooling)

콘크리트 재료의 일부 또는 전부를 미리 냉각하여 콘크리트의 온도를 저하시켜 균열을 방지하는 방법이다.

70. 포스트 쿨링(Post Cooling, Pipe Cooling)

콘크리트 타설 전에 Cooling용 파이프를 배관하고 관 내에 냉각수나 찬 공기를 순환시켜 콘크리트를 냉각하여 콘크리트의 균열을 방지하는 방법이다.

71. 염해

콘크리트 속의 염분이나 대기중 염소이온의 침입으로 철근이 부식되어 콘크리트 구조체에 손상을 주는 현상으로 내구성이 저하된다.

72. 중성화

콘크리트 중의 알칼리 성분과 공기 중의 탄산가스가 결합하여 수분이 증발되고 균열이 발생되어 콘크리트가 노후화 되어가는 현상으로, 알칼리성이 중성화하면서 철근의 부동태피막이 파괴된다.

73. 동결융해

자유수가 동결에 의해 9%의 체적팽창을 하면 모세관 수의 압력에 의해서 시멘트 경화체가 파괴되는 것이다.

74. 알칼리 골재반응

포틀랜드 시멘트 중의 알칼리 성분과 골재의 실리카질 광물이 화학반응을 일으켜 팽창을 유발시키는 반응으로, 균열은 120°로 발생한다.

75. 적산온도(積算溫度)

콘크리트가 초기양생 될 때까지 필요한 온도 누계의 합으로 초기 콘크리트 경화 정도를 평가하는 지표이다.

76. 매스 콘크리트

부재단면의 최소치수가 80cm 이상이고 내외부의 온도차가 25℃ 이상으로 예상되는 경우에 사용되는 콘크리트이다.

77. 고강도 콘크리트

내구성 증진, 부재단면의 축소 및 그로 인한 자중감소의 효과를 목적으로 하며, 강도는 40MPa 이상으로 한다.

78. 섬유보강 콘크리트

콘크리트의 인장강도와 균열에 대한 저항성을 높이고 인성을 개선할 목적으로 콘크리트 속에 금속, 유리, 합성수지 등의 강섬유나 유리섬유, 폴리머 섬유 등을 넣어서 시공하는 콘크리트이다.

79. 침투제

수밀성 물질을 주성분으로 모르타르에 플라이애시, 알루미늄 분말 등을 혼합하여 모르타르 조기강도 억제와 펌프 주입을 용이하게 하며 조골재의 완전부착을 유도한다.

01 철근 콘크리트조 건축물에서 철근에 대한 콘크리트 피복두께를 유지해야 하는 주요 이유를 3가지 쓰시오. (3점) [93, 96, 97, 02, 06, 08]

① _____
② _____
③ _____
④ _____

➡ ① 소요의 내구성 확보
② 소요의 내화성 확보
③ 소요의 강도 확보
④ 콘크리트와의 부착력 확보
※ 콘크리트의 유동성 확보

02 피복두께의 정의를 쓰시오. (4점)   [10, 20]

_____
_____

➡ 철근의 가장 외측 표면에서 이를 감싸고 있는 콘크리트 표면까지의 최단 거리이다.

03 철근 콘크리트 공사를 하면서 철근간격을 일정하게 유지해야 하는 이유을 3가지 쓰시오. (3점)   [03, 07, 10, 12, 13, 14]

① _____
② _____
③ _____

➡ ① 콘크리트의 유동성(시공성) 확보
② 재료분리 방지
③ 소요강도 확보

04 철근 콘크리트 구조에서 보의 주근으로 4 – D25를 1열로 배근할 경우 보 폭의 최솟값을 구하시오(단, 피복두께 40mm, 굵은 골재의 최대치수 18mm이고, 스터럽은 D13 사용). (4점)   [13]

_____
_____

➡ (1) 철근 순간격 결정 : ①, ②, ③ 중 큰 값 : 25mm
① 25mm 이상
② 25mm×1.0=2.5mm
③ $18mm \times \frac{4}{3} = 24mm$
(2) 보(B) 폭의 결정
$B = (40 \times 2) + (13 \times 2) + (25 \times 4) + (25 \times 3) = 281mm$

05 표준시방서에서 규정하고 있는 일반적인 철근간격 결정 원칙에서 ( ) 안에 들어갈 알맞은 수치를 쓰시오. (3점) [09, 16]

> 철근과 철근의 순간격은 굵은 골재 최대치수의 (①)배 이상, (②)mm 이상, 이형철근 공칭지름의 (③)배 이상으로 한다.

① _____ ② _____ ③ _____

① 4/3
② 25
③ 1.0

06 다음 그림과 같은 철근 콘크리트 T형보에서 하부의 주근 철근이 1단으로 배근될 때 배근 가능한 개수를 구하시오(단, 보의 피복두께는 3cm이고, 늑근은 D10 - ⓐ200이며, 주근은 D16을 이용하고, 사용 콘크리트의 굵은 골재의 최대치수는 18mm이며, 이음정착은 고려하지 않는 것으로 한다). (3점) [92, 95, 04, 07]

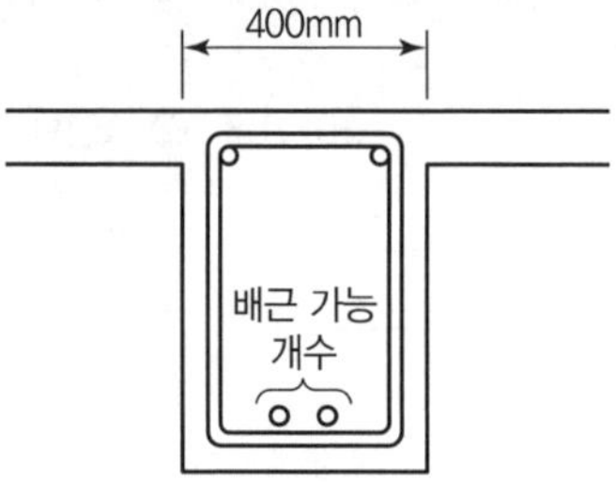

(1) 철근간격 결정 : 2.5cm
　　①, ②, ③ 중 큰 값
　　① 2.5cm
　　② 1.0×주근직경
　　　1.0×1.6cm=1.6cm
　　③ 1.33×굵은 골재 직경
　　　1.33×1.8cm=2.4cm
(2) 배근 가능 범위
　40cm−(3+3+1+1+)=32cm
(3) 철근개수(x)
　$1.6x +(x-1)×2.5=32$cm
　$4.1x =34.5$cm　∴　$x=8.4$
　→ 8개 배근 가능

07 철근 콘크리트 구조의 기둥에서 띠철근(Hoop Bar)의 역할을 2가지만 쓰시오. (2점) [09, 11]

① _____
② _____

① 기둥 주철근의 좌굴 방지
② 수평력에 대한 전단 보강
③ 주근의 위치 고정, 피복두께 유지

08 철근공사 순서를 보기에서 골라 기호를 쓰시오. (5점) [87]

ⓒ−ⓜ−ⓛ−ⓐ−ⓖ−ⓗ−ⓔ

> ㉠ 가공　　　　㉡ 저장　　　　㉢ 공작도 작성
> ㉣ 조립검사　　㉤ 철근의 반입　㉥ 조립
> ㉦ 검사 및 시험

09 철근의 단부에 갈고리(Hook)를 만들어야 하는 철근을 모두 골라 기호를 쓰시오. (3점) [13]

> ㄱ, ㄴ, ㄷ, ㅁ

[보기]
ㄱ 원형철근   ㄴ 스터럽
ㄷ 띠철근   ㄹ 지중보의 돌출부 부분의 철근
ㅁ 굴뚝의 철근

_____

10 철근이음에 관한 내용 중 (   ) 안에 알맞은 용어를 쓰시오. (3점) [02, 05]

> ① 겹침이음
> ② 용접이음(가스압접이음)
> ③ 기계적 이음(Sleeve 압착이음), Coupler에 의한 나사식 이음

철근의 이음방법에는 콘크리트와의 부착력에 의한 (①) 외에 (②) 또는 연결재를 사용한 (③)이 있다.

① _____
② _____
③ _____

11 철근배근 시 철근이음방식의 종류를 4가지 쓰시오. (4점) [96, 97, 99, 13, 16, 20]

> ① 겹침이음
> ② 용접이음(가스압접이음)
> ③ 기계적 이음(Sleeve 압착이음)
> ④ Coupler에 의한 나사식 이음

① _____
② _____
③ _____
④ _____

12 철근배근 시 용접이음방식의 이점을 3가지만 쓰시오. (3점) [93, 99]

> ① 재료를 절약한다.
> ② 콘크리트 타설이 용이하다.
> ③ 소음 및 진동이 없다.

① _____
② _____
③ _____

13 철근 콘크리트 공사에서 철근이음을 하는 방법으로 가스압접이 있는데 가스압접으로 이음할 수 없는 경우를 3가지 쓰시오. (3점)

[02, 09, 13, 17]

① _____

② _____

③ _____

⊙ ① 철근의 지름차이가 6mm 이상인 경우
② 철근의 재질이 서로 다른 경우
③ 0℃ 이하 작업 중지
④ 지름 1/5 이상 금지

14 철근공사에서 이음위치의 선정 시 주의사항을 3가지만 쓰시오. (3점)

[99]

① _____

② _____

③ _____

⊙ ① 큰 응력을 받는 곳은 피하며 이음의 1/2 이상을 한곳에 집중시키지 말아야 한다.
② 기둥, 벽 철근이음은 2/3 하부에서 바를 엇갈리게 한다.
③ 보철근 이음은 중앙 하부근, 단부 상부근은 인장력이 작은 곳에서 이음한다.

15 다음 철근의 정착위치를 쓰시오. (5점)

[88, 90, 97, 06]

(1) 기둥의 주근 : _____

(2) 큰보의 주근 : _____

(3) 지중보의 주근 : _____ 또는 _____

(4) 벽철근 : _____, _____ 또는 _____

(5) 바닥철근 : _____ 또는 _____

⊙ (1) 기초
(2) 기둥
(3) 기초 또는 기둥
(4) 기둥, 보 또는 바닥판
(5) 보 또는 벽체

16 그림에서 철근의 정착길이에 해당하는 부분을 굵은 선으로 표시하시오. (6점)

[89, 96, 99]

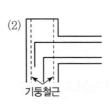

(1) 기둥철근

(최상층 보의 단부)

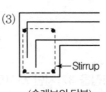

(2) 기둥철근

(일반층 보의 단부)

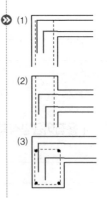

(3) Stirrup

(슬래브의 단부)

⊙ (1)

(2)

(3)

17 철근 콘크리트조 보의 최상층 보와 중간층 보 단부의 철근(상, 하부근) 정착길이와 위치를 ①~④로 표시하여 도해하시오(단, 철근지름 : D). (4점)　　　　　　　　　　　　　[96, 99]

(1) 최상층 보

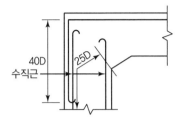

① 상부근 : ─────────　② 하부근 : ------------

(2) 중간층 보

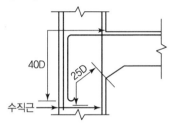

③ 상부근 : ─────────　④ 하부근 : ------------

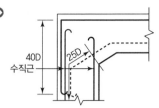

① 상부근 : ─────────
② 하부근 : ------------

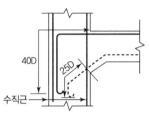

③ 상부근 : ─────────
④ 하부근 : ------------

❯❯ ㉡-㉠-㉣-㉢-㉥-㉤

18 일반적인 건축물의 철근 조립 순서를 보기에서 골라 기호를 쓰시오. (4점)　　　　　　　　　　　　　[95, 98, 18]

[보기]
㉠ 기둥철근　　㉡ 기초철근　　㉢ 보철근
㉣ 바닥철근　　㉤ 계단철근　　㉥ 벽철근

❯❯ ㉦-㉡-㉥-㉢-㉤-㉠-㉣

19 기초철근 조립 순서를 보기에서 골라 기호를 쓰시오. (4점) [00, 05]

[보기]
㉠ 기둥주근 설치　　㉡ 철근간격 표시
㉢ 대각선 철근 배근　　㉣ 띠근(Hoop) 끼우기
㉤ 스페이서 설치　　㉥ 직교철근 배근
㉦ 거푸집 위치 먹줄치기

20 철근 콘크리트 공사에서 철근의 간격재(Spacer)를 3가지 쓰시오. (3점) [00]

① _____

② _____

③ _____

① 모르타르 재료의 간격재
② 철근을 조립한 간격재
③ 강화플라스틱 간격재

21 다음은 거푸집공사에 관계되는 용어 설명이다. 알맞은 용어를 보기에서 골라 기호를 쓰시오. (5점) [88, 09]

[보기]
ⓐ 인서트(Insert) ⓑ 후커(Hooker)
ⓒ 와이어 클리퍼(Wire Cliper) ⓓ 폼타이(Form Tie)
ⓔ 세퍼레이터(Seperator) ⓕ 요크(Yoke)
ⓖ 클램프(Clamp) ⓗ 스페이서(Spacer)

(1) 슬래브에 배근되는 철근이 거푸집에 밀착되는 것을 방지하기 위한 간격재(굄재) (   )

(2) 벽거푸집이 오므라드는 것을 방지하고 간격을 유지하기 위한 격리재 (   )

(3) 콘크리트 경화 후 거푸집 긴장철선을 절단하는 절단기 (   )

(4) 콘크리트에 달대와 같은 설치물을 고정하기 위하여 매입하는 철물 (   )

(5) 거푸집의 간격을 유지하며 벌어지는 것을 막는 긴장재 (   )

(1) ⓗ
(2) ⓔ
(3) ⓒ
(4) ⓐ
(5) ⓓ

22 콘크리트에서 이용되는 거푸집의 역할을 3가지 쓰시오. (3점) [92]

① _____

② _____

③ _____

① 콘크리트의 일정한 형상과 치수로 유지
② 경화에 필요한 수분누출 방지
③ 외기 영향 최소화

23 거푸집이 갖추어야 할 구비조건을 3가지 쓰시오. (3점) [91, 96, 06, 07]

① _____

② _____

③ _____

① 수밀성
② 외력, 측압에 대한 안전성
③ 충분한 강성과 변형이 없고 정확한 치수
④ 조립, 해체 간편성

24 다음 거푸집 설계에서 고려하는 하중을 각각 2가지만 쓰시오. (4점)

    (1) 바닥판, 보 밑 거푸집 : ① _____, ② _____

    (2) 벽, 기둥, 보 옆 거푸집 : ① _____, ② _____

        ▶ (1) ① 작업하중
              ② 충격하중
           (2) ① 생콘크리트 중량
              ② 측압력

25 다음의 거푸집을 계산할 때 고려하여야 할 것을 보기에서 모두 골라 기호를 쓰시오. (4점)   [03]

        ▶ (1) ㉡, ㉢, ㉣
           (2) ㉡, ㉮

> [보기]
> ㉠ 적재하중   ㉡ 생콘크리트의 중량
> ㉢ 작업하중   ㉣ 안전하중
> ㉤ 충격하중   ㉮ 생콘크리트의 측압력
> ㉯ 고정하중

    (1) 보, 슬래브 밑면 _____

    (2) 벽, 기둥, 보 옆 _____

26 다음 항목이 콘크리트의 측압이 크게 걸리는 경우의 번호를 쓰시오. (5점)   [92, 94, 96, 07]

    (1) 슬럼프 : ① 크다 ② 작다   (   )

    (2) 배합 : ① 부배합 ② 빈배합   (   )

    (3) 벽두께 : ① 두껍다 ② 얇다   (   )

    (4) 부어넣기 속도 : ① 빠르다 ② 늦다   (   )

    (5) 대기 중의 습도 : ① 높다 ② 낮다   (   )

        ▶ (1) : ①
           (2) : ①
           (3) : ①
           (4) : ①
           (5) : ①

27 콘크리트를 타설할 때 거푸집의 측압이 증가되는 요인을 4가지 쓰시오. (4점)   [10, 12, 20]

    ① _____

    ② _____

    ③ _____

    ④ _____

        ▶ ① 콘크리트 타설속도가 빠를수록
         ② 슬럼프값이 클수록
         ③ 콘크리트의 비중이 클수록
         ④ 부배합의 콘크리트일수록
         ⑤ 온도가 낮고 습도가 높을수록
         ⑥ 바이브레이터를 사용하여 다질수록
         ⑦ 거푸집의 강성이 클수록
         ⑧ 철골 또는 철근 사용량이 적을수록

28 RC조 일반적인 건축물 1개 층의 시공 순서를 보기에서 골라 기호를 나열하시오. (4점) [84, 85, 86, 87, 88, 91]

> ㉠-㉑-㉒-㉔-㉓-㉜-㉗-㉕-㉞-㉛-㉝-㉖

[보기]
㉠ 기초 옆, 지중보 거푸집 설치
㉡ 보의 철근배근
㉢ 기둥 철근배근
㉣ 보 밑창판, 옆판 및 바닥판 거푸집 설치
㉤ 바닥판 철근배근
㉥ 기초판 철근배근, 지중보 철근배근
㉦ 기초판(지하실 바닥판, 지중보) 콘크리트 타설
㉧ 기둥, 벽, 보, 바닥판 콘크리트 타설
㉨ 기둥철근 기초에 정착
㉩ 벽의 철근배근
㉪ 기둥 거푸집, 벽 한쪽 거푸집 설치
㉫ 벽의 딴편 거푸집 설치

---

29 거푸집 존치기간에 영향을 미치는 것을 4가지 쓰시오. (4점) [04]

① _____ ② _____
③ _____ ④ _____

> ① 부재의 종류, 위치
> ② 콘크리트의 강도
> ③ 시멘트의 종류
> ④ 평균온도(기온)

---

30 건축공사 표준시방서에서 정한 거푸집의 존치기간에 대한 내용이다.
( ) 안을 채우시오. (3점) [07]

> ① 5 ② 100 ③ 14

기초, 보 옆, 기둥 및 벽의 거푸집널 존치기간은 콘크리트의 압축강도가
(①)N/mm² 이상에 도달한 것이 확인될 때까지이며, 받침기둥의 존치
기간은 슬래브 밑 및 보 밑 모두 설계기준 강도의 (②)% 이상의 콘크리
트 압축강도가 얻어진 것이 확인될 때까지이며, 계산결과에 관계없이 받침
기둥 해체 시의 콘크리트의 압축강도는 (③)N/mm² 이상이어야 한다.

① _____ ② _____ ③ _____

31 다음의 건축공사 표준시방서에 관한 내용 중 빈칸을 적절히 채워 넣으시오. (4점) [09, 15]

(1) 기초, 보 옆, 기둥 및 벽의 거푸집널 존치기간은 콘크리트의 압축강도가 (   ) 이상에 도달한 것이 확인될 때까지로 한다.

(2) 다만, 거푸집널 존치기간 중의 평균기온이 10℃ 이상이고, 보통 포틀랜드 시멘트를 사용할 경우 재령 (   )일 이상이 경과하면 압축강도시험을 행하지 않고도 거푸집을 제거할 수 있다.

(1) 5MPa(5N/mm²)
(2) 4

32 다음은 건축공사 표준시방서에 따른 거푸집널 존치기간 중의 평균기온이 10℃ 이상인 경우에 콘크리트의 압축강도시험을 하지 않고 거푸집을 떼어낼 수 있는 콘크리트의 재령(일)을 나타낸 표이다. 빈칸에 알맞은 날수를 표기하시오. (4점) [09, 12, 17, 18, 19, 20]

① 2일
② 3일
③ 4일
④ 8일

시멘트의 종류 평균기온	조강 포틀랜드 시멘트	보통 포틀랜드 시멘트 고로슬래그 시멘트 1종	고로슬래그 시멘트 2종 포틀랜드 포졸란 시멘트 2종
20℃ 이상	①	③	5일
20℃ 미만 10℃ 이상	②	6일	④

① _____ ② _____ ③ _____ ④ _____

33 다음에서 설명하는 용어를 보기에서 골라 기호를 쓰시오. (5점) [01, 07, 09]

(1) ㉠
(2) ㉡
(3) ㉢
(4) ㉣
(5) ㉤

[보기]
㉠ 격리재   ㉡ 박리제   ㉢ 콘크리트헤드
㉣ 페코빔   ㉤ 갱폼

(1) 거푸집 간격을 유지 (   )
(2) 거푸집을 쉽게 떼어낼 수 있도록 거푸집면에 칠하는 약제 (   )
(3) 타설된 콘크리트 윗면으로부터 최대측압면까지의 거리 (   )
(4) 신축이 가능한 무지주공법 (   )
(5) 사용할 때마다 작은 부재의 조립, 분해를 반복하지 않고 대형화, 단순화하여 한 번에 설치하고 해체하는 거푸집 시스템 (   )

34 다음 설명이 뜻하는 용어를 쓰시오. (4점)　　　　　[07]　　　▶▶ 콘크리트 헤드(Concrete Head)

타설된 콘크리트 윗면으로부터 최대측압면까지의 거리이다.

---

35 건축시공현장 담당원의 승인하에 철근 콘크리트의 거푸집 받침기둥을 바꾸어 세우는 순서를 쓰시오. (5점)　　　　　[84]

▶▶ ① 큰보-② 작은보-③ 바닥판
※ 시방서 개정 전 문제

---

36 철근 콘크리트 공사의 거푸집 조립 순서를 보기에서 골라 기호를 쓰시오. (5점)　　　　　[84, 87, 05]

▶▶ ②-⑪-⑥-⑩-⑦-⑥

> [보기]
> ㉠ 바닥　　　　　㉤ 큰보　　　　　㉢ 외벽
> ㉣ 기둥　　　　　㉥ 작은보　　　　㉦ 보받이 내력벽

※ 외벽 거푸집 중 내부면은 기둥과 동시에, 또는 기둥 다음에 한다. 외벽 거푸집을 맨 나중에 대는 이유는 철근배근을 검사하기 위함인데 철근배근 후 즉시 검사가 가능한 경우는 기둥 다음에 하여도 좋다.

---

37 건축시공 순서에 관한 사항 중에서 RC조 건축물 독립기초의 일반적인 시공 순서를 보기에서 골라 기호를 쓰시오. (6점)　　　　　[88]

▶▶ ⑩-㈆-⑥-⑪-⑥-⑦-②-⑩

> [보기]
> ㉠ 기둥철근 기초에 정착　　　㉤ 기초 거푸집 위치 먹줄 놓기
> ㉢ 기초판 철근배근　　　　　　㉣ 콘크리트 부어넣기
> ㉥ 잡석다짐　　　　　　　　　　㉦ 기초 옆면 거푸집 설치
> ㉧ 밑창 콘크리트 타설　　　　　㉨ 양생

---

38 다음에서 설명하는 거푸집을 보기에서 골라 기호를 쓰시오. (5점)　　　　　[96, 18]

▶▶
(1) ②
(2) ㉠
(3) ㉤
(4) ㉢
(5) ⑩

> [보기]
> ㉠ Slip Form　　　㉤ Traveling Form　　　㉢ Deck Plate
> ② Sliding Form　　㉤ Waffle Form

(1) 사일로, 교각, 건물의 코어부분 등 단면형상의 변화가 없는 수직으로 연속된 콘크리트 구조물에 사용 (   )

(2) 전망탑, 급수탑 등 단면형상에 변화가 있는 수직으로 연속된 콘크리트 구조물에 사용 (   )

(3) 장선, 멍에, 동바리 등이 일체로 유니트화한 대형, 수평이동 거푸집 (   )

(4) 철골조 보에 걸어 지주 없이 쓰이는 바닥판 (   )

(5) 격자천장 형식을 만들 때 사용하는 거푸집 (   )

39 돔팬(Dome Pan)으로서 2방향 장선 바닥판 구조가 가능한 거푸집 명칭은? (1점)   [89, 90, 92, 94, 96, 97]

➡️ 와플폼(Waffle Form)

40 다음 설명에 알맞은 용어를 쓰시오. (6점)   [92, 93, 95]

(1) 철제 거푸집으로 표면이 매끄러워 제치장용 거푸집으로 사용된다. (   )

(2) 연속적으로 끌어올리는 거푸집으로 사일로 등에 사용되는 거푸집이다. (   )

(3) ㄱ자, ㄷ자형의 기성재 거푸집으로 아파트 공사에 주로 사용되는 거푸집이다. (   )

➡️ (1) 메탈폼
(2) 슬라이딩폼
(3) 터널폼

41 다음 용어를 설명하시오. (6점)   [92]

① 보우빔(Bow Beam)

_____

_____

② 와플폼(Waffle Form)   [14]

_____

_____

③ 드롭 헤드(Drop Head)

_____

_____

➡️ ① 보우빔(Bow Beam) : 천장이 높을 때 받침기둥 없이 슬래브 거푸집을 지지하는 무신축 철골 트러스이다.
② 와플폼(Waffle Form) : 무량판 구조 또는 평판 구조에서 2방향 장선 바닥판 구조가 가능하도록 특수 상자 모양으로 된 기성재 거푸집이다.
③ 유로폼에서 지주를 제거하지 않고 슬래브 거푸집만 제거할 수 있도록 사용되는 보조철물이다.

42 다음 거푸집 공법을 비교 설명하시오. (6점) [96, 14, 15, 16, 18, 20]

(1) 트래블링폼 공법 :

_____

(2) 슬라이딩폼 공법 :

_____

(3) 대형 패널 공법 :

_____

> (1) 거푸집 전체를 그대로 떼어 다음 장소로 이동시켜 사용할 수 있는 수평 이동 거푸집이다.
> (2) 콘크리트를 부어넣으며 거푸집을 수직방향으로 이동시켜 연속작업을 할 수 있는 거푸집이다.
> (3) 연속하여 사용할 수 있는 구체부위의 거푸집 시공을 대형 패널로 거푸집과 지주를 유닛화하여 한 구획 전체를 타설할 수 있고 또한 반복 사용하는 것을 말한다.

43 다음에서 설명하는 용어를 쓰시오. (3점) [94, 04, 08, 11, 12]

(1) 신축이 가능한 무지주공법의 수평지지보   ( )
(2) 무량판 구조에서 2방향 장선 바닥판 구조가 가능하도록 된 기성재 거푸집   ( )
(3) 한 구획 전체의 벽판과 바닥판을 ㄱ자형 또는 ㄷ자형으로 짜는 거푸집   ( )

> (1) 페코빔(Pecco Beam)
> (2) 와플폼(Waffle Form)
> (3) 터널폼(Tunnel Form)

44 다음에서 설명하는 용어를 쓰시오. (3점) [97, 01]

(1) RC조 구조방식에서 보를 사용하지 않고 바닥슬래브를 직접 기둥에 지지시키는 구조방식   ( )
(2) 대형 형틀로서 슬래브와 벽체의 콘크리트 타설을 일체화하기 위한 것으로 Twin Shell Form과 Mono Shell Form으로 구성되는 형틀   ( )
(3) 콘크리트 표면에서 제일 외측에 가까운 철근의 표면까지의 치수를 말하며 RC조의 내화성, 내구성을 정하는 중요한 요소 ( )

> (1) 무량판 구조
> (2) 터널폼
> (3) 피복두께

45 대형 System 거푸집 중 터널폼(Tunnel Form)을 설명하시오. (3점)
[10, 14, 16, 18, 20]

_____

_____

_____

> 대형 형틀로서 슬래브와 벽체의 콘크리트 타설을 일체화하기 위한 것으로, 한 구획 전체의 벽판과 바닥판을 ㄱ자형 또는 ㄷ자형으로 짜서 아파트 공사 등에 사용하는 거푸집이다.

46 다음에 설명된 공법의 명칭을 쓰시오. (4점)   [99]

(1) 사용할 때마다 작은 부재의 조립, 분해를 반복하지 않고 대형화, 단순화하여 한번에 설치하고 해체하는 거푸집 시스템   (   )

(2) 벽체용 거푸집으로 거푸집과 벽체 마감공사를 위한 비계틀을 일체로 조립하여 한꺼번에 인양시켜 설치하는 공법   (   )

(3) 바닥에 콘크리트를 타설하기 위한 거푸집으로서 장선, 멍에, 서포트 등을 일체로 제작하여 부재화한 거푸집 공법   (   )

(4) 수평적 또는 수직적으로 반복된 구조물을 시공이음 없이 균일한 형상으로 시공하기 위하여 거푸집을 연속적으로 이동시키면서 콘크리트를 타설하여 구조물을 시공하는 거푸집 공법   (   )

▶▶ (1) Gang Form
(2) Climing Form
(3) Flying Form(Table Form)
(4) Sliding Form(Slip Form)

47 시공이 빠르고 이음이 없는 수밀한 콘크리트 구조물을 완성할 수 있는 벽체 전용 System 거푸집의 종류를 4가지 쓰시오. (3점)   [10]

① _____   ② _____

③ _____   ④ _____

▶▶ ① 갱폼(Gang Form)
② 클라이밍폼(Climing Form)
③ 슬라이딩폼(Sliding Form)
④ 슬립폼(Slip Form)

48 대형 시스템거푸집 중에서 테이블폼(Table Form)의 장점을 3가지 쓰시오. (3점)   [00, 02, 05]

① _____

② _____

③ _____

▶▶ ① 가설발판 공정이 없어 공기단축이 가능하다.
② 반복 사용으로 경제적이다.
③ 설계단계에서 계산된 응력으로 안전성을 확보한다.

49 거푸집에서 시멘트 페이스트의 누출을 발견하였을 때 현장에서 취할 수 있는 조치를 쓰시오. (2점)   [06]

_____

_____

_____

▶▶ 넝마 등으로 신속히 메운 다음 급결모르타르나 석고 등과 같은 급경성 재료로 누출부위를 막거나, 각목이나 철판 또는 판자를 붙여 막는다.

50 대형 시스템 거푸집 중에서 갱폼(Gang Form)의 장단점을 각각 2가지씩 쓰시오. (4점)   [00, 01, 03, 09, 11, 13, 15, 19]

  (1) 장점 : ① _____

          ② _____

  (2) 단점 : ① _____

          ② _____

> (1) ① 조립과 해체작업이 생략되어 시간과 인력의 단축이 가능하다.
> ② 강성이 크다.
> (2) ① 중량물이므로 운반 시 대형 양중 장비가 필요하다.
> ② 거푸집 제작비용이 크므로 초기 투자비용이 증가된다.

51 무지주공법의 수평지지보에 대하여 간단히 기술하고, 수평지지보의 종류를 2가지 쓰시오. (4점)   [01]

  (1) 수평지지보 : _____

  (2) 종류 : ① _____

       ② _____

> (1) 받침기둥 없이 보를 걸어서 거푸집(널)을 지지하는 방식이다.
> (2) ① 보우빔(Bow Beam)
> ② 페코빔(Pecco Beam)

52 다음에서 설명하는 거푸집 명칭을 적으시오. (2점)   [19]

조립, 분해를 반복하지 않고 대형틀을 단순화하여 한번에 연결하고, 해체할 수 있는 판중, 장선, 멍에, 서포트 등을 일체로 제작하여 부재화한 바닥판 전용 거푸집의 명칭은?

_____

> Table Form(Flying Form)

53 KS L 5201에서 규정하는 포틀랜드 시멘트의 종류를 5가지 쓰시오. (5점)   [08, 10, 17]

  ① _____   ② _____

  ③ _____   ④ _____

  ⑤ _____

> ① 1종 : 보통 포틀랜드 시멘트
> ② 2종 : 중용열 포틀랜드 시멘트
> ③ 3종 : 조강 포틀랜드 시멘트
> ④ 4종 : 저열 포틀랜드 시멘트
> ⑤ 5종 : 내황산염 포틀랜드 시멘트

54 시멘트의 응결시간에 영향을 미치는 요소를 3가지 설명하시오. (3점)   [05, 18]

  ① _____

  ② _____

  ③ _____

> ① 시멘트의 분말도가 크면 응결이 빠르다.
> ② 온도가 높고, 습도가 낮을수록 응결이 빠르다.
> ③ 시멘트의 화학성분 중 C_3A(알루민산3석회)가 많을수록 응결이 빠르다.
> ④ 물－시멘트비가 클수록 응결이 느리다.
> ⑤ 풍화된 시멘트일수록 응결이 느리다.

55 시멘트 주요 화합물을 4가지 쓰고, 그중 28일 이후 장기강도에 관여 하는 화합물을 쓰시오. (5점)   [12, 16]

(1) 주요 화합물

① _____

② _____

③ _____

④ _____

(2) 콘크리트의 28일 이후의 장기강도에 관여하는 화합물

_____

❯❯ (1) ① 규산3석회(C_3S)
    ② 규산2석회(C_2S)
    ③ 알루민산3석회(C_3A)
    ④ 알루민산철4석회(C_4AF)
  (2) 규산 이석회(C_2S)

56 다음 설명에 해당하는 시멘트를 보기에서 고르시오. (3점)   [11, 14]

[보기]
조강 시멘트, 실리카 시멘트, 내황산염 시멘트, 중용열 시멘트, 백색 시멘트, 콜로이드 시멘트, 고로슬래그 시멘트

(1) ① 특성 : 조기강도가 크고 수화열이 많으며 저온에서 강도의 저하율이 낮다.
  ② 용도 : 긴급공사, 한중공사

(2) ① 특성 : 석탄 대신 중유를 원료로 쓰며, 제조 시 산화철분이 섞이지 않도록 주의한다.
  ② 용도 : 미장재, 인조석 원료

(3) ① 특성 : 내식성이 좋으며 발열량 및 수축률이 작다.
  ② 용도 : 대단면 구조재, 방사성 차단물

(1) _____   (2) _____   (3) _____

❯❯ (1) 조강 시멘트
  (2) 백색 시멘트
  (3) 중용열 시멘트

57 콘크리트에 사용되는 각종 혼화재료는 콘크리트의 성능, 성질을 보완, 증가시키기 위한 것이다. 이러한 혼화재료의 사용목적을 4가지만 적으시오. (4점)   [09]

① _____

② _____

③ _____

④ _____

❯❯ ① 시공연도의 증진 및 조절
  ② 동결융해 저항성 증가
  ③ 단위수량 감소효과
  ④ 내구성 및 수밀성 증대
  ⑤ 재료분리, 저항성, Bleeding 현상 감소
  ⑥ 응결시간 조절

58 혼화재(混和材)와 혼화제(混和劑)를 구분하여 설명하고, 혼화재 및 혼화제의 종류를 3가지씩 쓰시오. (6점) [99, 01, 07, 13]

(1) 혼화재의 정의 : _____
_____

(2) 혼화재의 종류 : ① _____
② _____
③ _____

(3) 혼화제의 정의 : _____
_____

(4) 혼화제의 종류 : ① _____
② _____
③ _____

(1) 혼화재(混和材) : 플라이애시 등과 같이 비교적 다량으로 사용되고 콘크리트의 성질을 개선하기 위해서 사용하는 것으로 증량재라고도 한다.
(2) 플라이애시, 규조토, 화산회, 고로슬래그, 포졸란, 실리카흄
(3) 혼화제(混和劑) : AE제, 염화칼슘 등과 같이 비교적 소량(시멘트양의 1% 이하)으로 사용되고 콘크리트의 성질을 개선한다.
(4) AE제, 촉진제, 지연제, 방수제, 방청제, 발포제

---

59 다음 용어를 설명하시오. (6점) [96]

(1) 포졸란 반응 : _____
_____
_____

(2) 플라이애시 : _____
_____
_____

(3) 고로슬래그 : _____
_____
_____

(1) 실리카 재료가 물속에서 용해하여 수산화칼슘과 화합하여 불용성의 화합물을 만들어 경화하도록 하는 반응이다.
※ 규산칼슘 수화물을 생성하는 것이 포졸란 반응이다.
(2) 시공연도와 수밀성 향상을 위해 화력발전소에서 완전연소한 재(Ash)를 집진기로 포집한 것으로 대표적인 인공 포졸란의 종류이다.
(3) 선철을 제조하는 과정에서 발생하는 부유물질을 냉각하여 분말화한 것이다.

▲ 콘크리트 내 조직형태

---

60 콘크리트에 포졸란을 넣었을 때 성질 4가지를 쓰시오. (4점) [92]

① _____
② _____
③ _____
④ _____

① 시공연도 증진
② 재료분리 감소
③ 해수에 대한 화학적 저항성 증대
④ 초기강도 감소, 장기강도 증진

61 혼합시멘트 중 플라이애시 시멘트의 특징을 3가지 쓰시오. (3점)

[00, 16]

① _____
② _____
③ _____

> ① 시공연도가 개선된다.
> ② 수화발열량이 작아서 초기강도는 작아지며 장기강도가 증대된다.
> ③ 화학적 저항성을 증진시킨다.
> ※ 기타 : 수밀성이 향상된다. 알칼리 골재반응을 억제하는 효과가 있다.

62 다음에서 설명하는 혼화제의 명칭을 쓰시오. (3점)　　[96, 99, 05]

(1) 공기 연행제로서 미세한 기포를 고르게 분포시킨다.　　(　　　)
(2) 시멘트와 물의 화학반응을 촉진한다.　　(　　　)
(3) 화학반응이 늦어지게 한다.　　(　　　)

> (1) AE제
> (2) 응결경화 촉진제
> (3) 지연제

63 AE 콘크리트의 특징을 6가지만 쓰시오. (4점)　　[90, 00, 12, 17]

① _____　　② _____
③ _____　　④ _____
⑤ _____　　⑥ _____

> ① 워커빌리티(시공연도) 증진
> ② 단위수량 및 Bleeding 현상 감소
> ③ 수밀성 증가
> ④ 내구성 증가
> ⑤ 동결, 융해 저항성 향상
> ⑥ 철근과의 부착강도, 압축강도 감소

64 다음 설명이 뜻하는 혼화제의 명칭을 쓰시오. (3점)　　[08, 12]

(1) 공기연행제로서 미세한 기포를 고르게 분포시킨다.　　(　　　)
(2) 염화물에 대한 철근의 부식을 억제한다.　　(　　　)
(3) 기포작용으로 인해 충전성을 개선하고 중량을 조절한다. (　　　)

> (1) AE제
> (2) 방청제, 제염제
> (3) 기포제, 발포제

65 다음은 콘크리트 중의 공기량의 변화에 대한 설명이다. 빈칸을 완성하시오. (5점)　　[94]

(1) AE제의 혼입량이 증가하면 공기량은 (　　　)한다.
(2) 시멘트의 분말도 및 단위시멘트양이 증가하면 공기량은 (　　　)한다.
(3) 잔골재 미립분이 많으면 공기량은 (　　　)하고, 잔골재율이 커지면 공기량은 (　　　)한다.
(4) 콘크리트의 온도가 낮아지면 공기량은 (　　　)한다.
(5) 컨시스턴스가 커지면, 즉 슬럼프가 커지면 공기량은 (　　　)한다.

> (1) 증가
> (2) 감소
> (3) 증가, 증가
> (4) 증가
> (5) 증가

66 AE 콘크리트의 공기량에 대하여 기술하시오. (4점)   [95]

_____

_____

_____

> ▶▶ AE 공기량은 AE제를 사용할수록, 잔골재율이 높을수록 증가하고 빈배합, 슬럼프가 클수록 증가하여 온도가 높고, 진동을 주면 감소한다. 이 공기량은 시공연도를 증진시키고 동결융해 피해를 감소시킨다.

67 유동화 콘크리트의 제조방법을 3가지 쓰시오. (3점)
                                        [97, 99, 02, 07, 11]

① _____

② _____

③ _____

> ▶▶ ① 현장첨가
> ② 공장첨가
> ③ 공장첨가 후 운반 중 교반

68 다음에서 설명하는 용어를 쓰시오. (2점)   [13]

전기로에서 페로 실리콘 등 규소합금의 제조 시에 발생하는 폐가스를 집진하여 얻어지는 부산물의 일종으로, 이산화규소(SiO_2)를 주성분으로 하는 초미립자이다.   (   )

> ▶▶ Silica Fume(실리카흄)

69 철근 콘크리트 공사에서 표면활성제에 대해 기술하시오. (4점)
                                        [93, 95]

_____

_____

_____

> ▶▶ 표면활성제는 콘크리트 중에 미세기포를 연행하여 콘크리트의 워커빌리티와 내구성을 향상시킨다. 또한 시멘트 입자를 분산시켜 표면장력을 감소시킨다.

70 주어진 색에 알맞은 콘크리트용 착색제를 보기에서 골라 기호를 쓰시오. (3점)   [13, 16]

[보기]
㉠ 카본블랙	㉡ 군청	㉢ 크롬산 바륨
㉣ 산화크롬	㉤ 산화제2철	㉥ 이산화망간

(1) 초록색 _____   (2) 빨간색 _____

(3) 노란색 _____   (4) 갈색 _____

> ▶▶ (1) ㉣
> (2) ㉤
> (3) ㉢
> (4) ㉥

71 콘크리트용 골재의 요구품질(조골재 요구조건)을 4가지만 쓰시오. (4점)   [90, 99, 16]

    ① _____

    ② _____

    ③ _____

    ④ _____

▶ ① 입형은 구형으로 표면이 거친 것(부착강도 확보)
② 견고하고, 내구성, 내화성이 클 것(시멘트강도 이상일 것)
③ 입도가 적당할 것(실적률이 55% 이상으로 클 것)
④ 입도가 좋을 것(세조립이 적당할 것)

72 콘크리트 내의 Cl^-에 대한 규정을 기술하시오. (4점)   [99]

    (1) _____

    (2) _____

▶ (1) 잔골재의 염분 함유량 : 0.04% 이하(NaCl 기준)
※ 염소이온(Cl^-) 기준 시 0.02% 이하
(2) 콘크리트 내부의 염소 이온량 : 0.3kg/m³ 이하

73 콘크리트 내부의 철근이 부식되기 위해 필요한 3요소와 이에 대한 대책을 3가지씩 쓰시오. (6점)   [95, 99, 01, 03, 05, 09, 13, 18, 20]

    (1) 철근 부식의 요소 : ① _____

                   ② _____

                   ③ _____

    (2) 방지 대책 : ① _____

           ② _____

           ③ _____

▶ (1) ① 물 ② 공기 ③ 염분
(2) ① 물-시멘트비를 작게 하여 수밀한 콘크리트를 타설한다.
② 피복두께를 크게 하여 투기성을 감소시켜 탄산가스의 접촉을 방지한다.
③ 바다모래 사용 시 잘 세척하여 염분을 제거하고, 방청제, 제염제를 투입하여 염분 영향을 방지한다.
④ 철근표면을 도금처리하거나 수지 코팅 철근을 사용한다.

1. 철골공사의 일반사항

1) 철골구조의 장단점

장점	단점
• 큰 스팬의 구조물에 유리하다. • 고층 건물에 유리하다. • 가구식 구조로 공기가 단축된다. • 재질이 균일하다. • 재료의 인성이 크다. • 공법이 자유롭다.	• 비내화적이다(피복에 유의). • 녹이 슨다. • 고가이다. • 정밀한 가공 및 조립이 요구된다.

2) 사용 재료

(1) 종류

형강, 강판, 평강, 봉강(원형관), 각강(4각, 6각, 8각 등)리벳, 볼트, 너트 등이 있으며, KSD 3503(일반 구조용 압연강재), KSD 3515(용접 구조용 열간 압연강재), KSD 3530(일반 구조용 경량강재), KS B 1102(열간 성형 리벳) 등의 규격 합격품을 사용한다.

(2) 일반 강재의 종류

등변 ㄱ형강(Equal Angle), 부등변 ㄱ형강(Unequal Angle), 부등변 부등두께 ㄱ형강, I형강(I Beam), ㄷ형강, C형강(Channel), T형강(T − Shape Steel), H형강(H − Shape Steel, Wide Flange Shape), Z형강

(3) 치수 표기의 예

종류	단면모양	기재방법	표준단면치수 범위(mm)
H형강		H−H×B ×t_1×t_2	• 최소 : 100×50×5×7 • 최대 : 900×300×16 ×28
리프(Lip) ㄷ형강		H×A× C×t	• 단면 : 500×100×20 • 두께 : 3.2~2.3

Tip

철재면의 유류 녹 제거에 쓰이는 도구와 용제
① 도구 : 샌드 블라스트, 와이어 브러시, 연마지
② 용제 : 휘발유, 솔벤트, 벤졸, 나프타

Tip

경량 형강의 종류
ㄷ형강, Z형강, ㄱ형강, T형강, H형강, I형강, 리프 ㄷ형강, 모자(ㄇ)형강

(4) 재료의 시험

재료	시험	조건
강재	인장 및 상온 휨 시험	단면이 상이할 때마다, 중량 20t마다 1개씩 시험한다.
리벳	인장 및 상온 휨 시험, 종 압축시험(KS 제품 생략)	지름이 다를 때마다, 중량 2t마다 1개씩 시험한다.

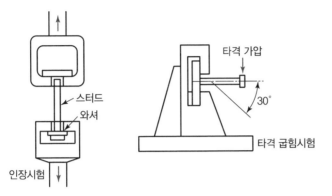

▲ 강재의 시험

3) 철골의 공장 가공

(1) 원척도 및 공작도 작성

① 원척도
  ㉠ 공작도 및 시방서에 따라 각부 상세 및 강재의 길이 등을 원척으로 그린 것이다.
  ㉡ 원척장 바닥 원척작업과 정규 및 형판작업이 있고, 이중바닥 원척작업은 공작도로서 그 일부 또는 전부를 생략하여도 된다.
  ㉢ 바닥 원척작업을 하는 경우에는 금긋기방법, 내용 등을 특기시방서에 명시하여야 한다.

② 공작도(Shop Drawing)
  ㉠ 기본설계도를 바탕으로 시공도면에 적합하게 그린 도면이다. 건축물의 복잡화로 마무리 재료의 설치, 설비, 전기공사와의 관련성 등 검토사항이 많아져 공작도 작성 및 검토의 중요성이 증대되고 있다.
  ㉡ 설계도서로 설계의도를 충분히 파악하여 작성하고 담당원의 승인을 받는다.
  ㉢ 설계도서를 대신하여 제작 또는 설치에 대한 지시서의 역할도 수행한다.

> 원척도 작성 → 본뜨기 → 변형 바로잡기 → 금매김 → 절단 및 가공 → 구멍뚫기 → 가조립 → 리벳치기(본조립) → 검사 → 녹막이칠 → 운반

▲ 공장 가공 제작 순서

Tip
원척도에 표시하는 사항
① 이음, 층높이, 길이, 경간(Span)
② 강재의 형상, 치수, 물매, 구부림 정도
③ 중도리 나누기, 띠장 나누기, 처마 마무리
④ 리벳피치, 개수, 게이지 라인, 클리어런스

Tip
공작도 종류
① 기초 상세도
② 기둥 상세도
③ 벽 상세도
④ 보 상세도
⑤ 슬래브 상세도

(2) 본뜨기

① 원척도에서 얇은 강판(0.3~0.5mm)에 강필로 본뜨기를 하여 본판에 정밀하게 작성한다.
② 본판의 종류에는 절단본과 구멍뚫기본이 있다.
③ 본판에 용재의 두께, 장수, 부호, 기타 주의사항 등을 기록한다.

(3) 변형 바로잡기

① 강재에 변형이 있으면 공작이 곤란하고, 리벳이 죄어지지 않으므로 금매김 전에 시행한다.

재료의 종류	변형 바로잡기 기계
강판	플레이트 스트레이닝 롤(Plate Straining Roll)
철강	• 스트레이닝 머신(Straining Machine) • 프릭션 프레스(Friction Press) • 파워 프레스(Power Press)
경미한 단척, 소물	모루 위에 놓고 해머(Hammer) 치기

② 가열로 교정하는 경우는 아래 표를 표준으로 한다.

상온교정	프레스 또는 롤러 사용	가열온도 표준
가열 교정하는 경우	가열 후 공랭하는 경우	850~900℃
	가열 후 즉시 수랭하는 경우	600~650℃
	공랭 후 수랭하는 경우	800~900℃
	수랭 개시 온도	500℃ 이하

(4) 금매김(Marking)

① 형판과 자를 이용하여 강재 위에 구멍위치, 절단개소 등을 기입하는 것으로 제작 중에 발생하는 수축, 변형, 마무리 손실 등을 고려해야 한다.
② 명료하게 하여 원척도와 일치되고 가공·조립에 지장이 없게 한다.

(5) 부재의 절단 및 가공

① 부재의 절단 : 기계절단법, 가스절단법, 플라스마 절단법을 이용한다.
　㉠ 기계절단법
　　㉮ 전단 절단 : 채움재, 띠철, 형강, 판두께가 13mm 이하일 때 사용한다. 시빙 머신(Sheaving Machine), 플레이트 시어링 머신(Plate Shearing Machine)을 이용하고 그라인더로 수정한다.
　　㉯ 톱 절단 : 판두께가 13mm 이상일 때 정밀절단 시 사용한다.
　㉡ 가스절단법 : 변형이 우려되므로 주변부를 3mm 정도 여유 있게 절단하고 원칙적으로 자동가스 절단기를 이용한다.
　㉢ 플라스마 절단법 : 용융온도가 높은 합금강 절단 시 사용한다.

② 절단 시 변형
- ㉠ 뒤꺾임(Burr) : 전단 또는 톱절단 등의 기계적 절단 시 직각으로 절단되지 못해서 생기는 강재 끝의 꺾임 부분을 말한다.
- ㉡ 노치(Notch) : 가스절단 시 절단선이 고르지 못하고 울퉁불퉁한 잔자국의 거치렁이 부분을 말하고, 정밀도의 확보를 위해서 그라인더 등으로 수정한다.

③ 휨가공
- ㉠ 상온가공 또는 가열가공으로 한다.
- ㉡ 가열가공은 800~1,100℃의 적열상태에서 가공한다.
- ㉢ 청열 취성 범위(200~400℃)에서는 가공을 금지한다.
- ㉣ 상온가공에서 구부림의 안치수(내반경)는 판두께의 2배 이상으로 한다.

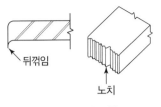
▲ 뒤꺾임과 노치

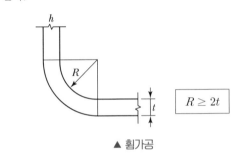

$$R \geq 2t$$

▲ 휨가공

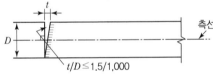

마감가공면 50S 정도
t/D : 마감가공면의 측선에 대한 직각도
D : 마감가공면의 단면폭

$t/D \leq 1.5/1,000$

▲ 마감면의 정밀도(Metal Touch 가공 시)

(6) 구멍뚫기

① 일반사항
- ㉠ 고력볼트용 구멍뚫기 : 드릴뚫기, 샌드 블라스트(Sand Blast) 전 구멍을 뚫는다.
- ㉡ 볼트, 앵커 볼트, 철근 관통 구멍(철근지름＋10mm) : 드릴뚫기 원칙
- ㉢ 가스 구멍뚫기 : 거푸집 격리재, 설비배관용 관통 구멍, 콘크리트 타설용 부속철물, 구멍 30mm 이상일 때
- ㉣ 절단면 거칠기 : 100S 이하, 구멍지름 허용차 ±2mm 이하

② 방법
- ㉠ 펀칭(Punching)
  - 부재두께가 볼트, 리벳공칭 직경의 ＋3mm 이하 시 사용한다.

- 보통 부재두께 13mm 이하, 리벳지름 9mm 이하 시 사용한다.
- 예정 직경보다 3mm, 6mm 적게 서브펀치(Sub Punch)하고 리머 (Reamer)로 넓힌다(균열 제거).

ⓒ 송곳뚫기(Drilling)
- 부재두께가 리벳지름 +3mm 이상 주철재일 때(펀칭으로 하면 균열 발생) 사용한다.
- 수조나 유조 등 수밀성을 요할 때, 기밀성을 요할 때 사용한다.
- 보통 판두께 13mm 초과 시 사용한다.

ⓒ 구멍가심(Reaming)
- 조립 시 구멍 위치가 다를 때 리머로 구멍을 깎아 수정한다.
- 부재가 3장 이상 겹칠 때 송곳으로 구멍지름보다 1.5mm 정도 작게 뚫어 놓고 드릴 또는 리머로 조정한다(최대 편심거리 : 1.5mm 이하).

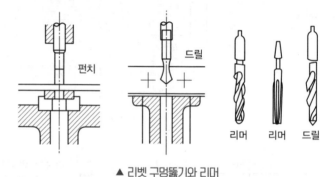

▲ 리벳 구멍뚫기와 리머

③ 구멍지름의 허용치

종류		지름(mm)	허용치
리벳		φ20 미만	D+1.0mm 이하
		φ20 이상	D+1.5mm 이하
볼트	고력	20mm 미만(16mm)	D+2.0mm 이하
		20mm 이상(20~24mm)	D+3.0mm 이하
	보통	각종 지름	D+0.5mm 이하
	앵커	각종 지름	D+5.0mm 이하
핀(Pin)		130mm 미만	D+0.5mm 이내
		130mm 이상	D+1mm 이내

(7) 가조립

본조립 또는 현장용접 전까지의 예상되는 외력에 대하여 설치된 부재의 변형 또는 도괴를 방지할 목적으로 행한다.

① 뒤틀림이 생기지 않게 조립하고 각 부재를 1~2개의 볼트 또는 핀으로 가조립한다.

② 드리프트 핀(Drift Pin)으로 부재구멍을 맞춘다.

③ 가볼트 조임은 임팩트 렌치(Impact Wrench)나 토크 렌치(Torque Wrench)를 사용한다.

④ 전 응력의 80% 정도를 조인다.

⑤ 리벳 수와 가조립 볼트 수

- 현장치기의 리벳 수 : 전 리벳 수의 1/3
- 가조립 볼트 수 : 전 리벳 수의 1/3 이상
- 세우기용 가볼트의 수 : 전 리벳 수의 20~30% 또는 현장치기 리벳 수의 1/5 이상
- 공장치기 리벳 수 : 전 리벳 수의 2/3

(8) 녹막이칠

현장 반입 전 녹막이칠을 1회 실시하고 조립 후 칠할 수 없는 부분은 2회, 그 외는 현장반입 조립 후 1회 칠한다. 콘크리트에 묻히더라도 매립 전까지 장시간 보관될 경우는 그래파이트 페인트(Graphite Paint)를 칠한다.

① 녹막이칠을 하지 않는 부분

- 현장용접을 하는 부위 및 그곳에 인접하는 양측 100mm 이내, 초음파 탐상검사에 지장을 미치는 범위
- 고력볼트 마찰접합부의 마찰면
- 콘크리트에 묻히는 부분
- 핀, 롤러 등 밀착하는 부분과 회전면 등 절삭 가공한 부분
- 조립에 의하여 맞닿는 면
- 밀폐되는 내면(폐쇄형 단면의 밀폐면 포함)
- 마감된 금속표면이나 도금된 표면(스테인리스강, 크롬판, 동판)

② 조립이 완료된 부재는 밀 스케일(Mill Scale), 슬래그(Slag), 스패터(Spatter), 기름, 녹, 오염물질을 제거하는 것이 원칙이다.

③ 철골의 방청법

㉠ 1차적 방청법(합금법)

- 스테인리스 스틸(Stainless Steel)이나 크롬니켈 스틸(Chrome Nickel Steel) 등을 합금한다.
- 고가이다.

㉡ 2차적 방청법(피막법)

- 도료로 도포하는 방법
- 인산염 피막법
- 법랑 마감법

≫≫ 드리프트 핀
강재 접합부의 구멍 중심을 맞추는 끝이 가늘게 된 공구로 강재 접합부의 구멍이 맞지 않을 경우 그 구멍에 박아 당겨 맞춤에 쓰이는 것이다.

내화 피복 부분의 칠 여부는 특기시방서에 따른다.

4) 마찰면의 처리

① 미끄럼계수가 0.5 이상이 되는 거친 면으로 해야 한다.

   ㉠ 자연 발생 녹처리 : 디스크 그라인더 등으로 와셔 외경의 2배 이상 범위까지 흑피를 제거한 후 옥외방치하여 붉은 녹상태를 확보한다.

   ㉡ 숏 블라스트 · 그릿 블라스트 처리 : 모래 등을 강력한 바람으로 투사하는 방법으로 표면 거칠기는 50S 이상으로 하고 붉은 녹은 발생시키지 않아도 좋다.

② 마찰면 및 와셔가 닿는 면의 들뜬 녹, 먼지, 기름, 도료, 용접 스패터(Spatter) 등은 제거한다.

③ 두께 6mm 미만 경량 형강을 사용 시 미끄럼계수가 0.23(0.45/2) 정도인 경우 마찰면 흑피는 제외하고, 들뜬 흑피만 제거한다.

5) 철골의 내화 피복 공사

철골의 강재는 용융점이 1,400~1,500℃이지만, 온도가 500~600℃로 높아지면 강도와 탄성계수가 상온의 50% 정도로 떨어진다. 그러므로 철골 구조의 변형에 따른 파괴를 막기 위해 철골의 내화피복이 필요하다.

(1) 공법의 종류

① 습식공법

  ㉠ 타설공법

▲ 타설공법

    • 강재의 주위에 거푸집을 설치하고 보통 콘크리트, 경량 콘크리트 등 내화, 단열성능이 좋은 재료를 타설(두께 5cm 이상)하여 내화피복한다.

    • 시공시간이 길고 소요중량이 크다.

    • 필요치수 제작 및 표면마감이 용이하다.

    • 구조체와 일체화로 시공성이 양호하다.

  ㉡ 조적공법

▲ 조적공법

    • 콘크리트 블록, 경량 콘크리트 블록, 돌, 벽돌 등을 강재 표면에 조적하여 내화피복하는 것으로 거의 사용되지 않는다.

    • 시공시간이 길며 중량이다.

    • 충격에 강하며 박리현상의 우려가 없다.

  ㉢ 미장공법

▲ 미장공법

    • 강재의 주위에 메탈 라스(Metal Lath) 등을 시공설치하고 철망 모르타르, 철망 펄라이트 모르타르, 플라스터 등을 바르는 공법으로 표면 마무리와 동시에 할 수 있다.

    • 작업 소요시간이 길며 기계화 시공이 곤란하다.

    • 부착성, 균열, 방청에 대한 검토가 필요하다.

ⓔ 뿜칠공법
- 접착제로 도장한 철골 부재의 표면에 내화 피복재(뿜칠암면, 뿜칠 모르타르, 뿜칠 플라스터 등)를 뿜칠하여 피복하는 공법이다.
- 짧은 시간에 시공이 가능하고 가격이 저렴하여 현재 가장 많이 사용한다.
- 단면형상의 영향이 적어 복잡한 형상의 시공이 가능하다.
- 피복두께, 비중 등의 관리가 곤란하다.
- 접착제로 시멘트, 석고, 석회 등을 사용한다.
- 암면 뿜칠공법에는 현장배합 건식공법과 현장배합 반건식공법이 있다.

▲ 뿜칠공법

② 건식공법
- ㉠ 성형판 붙임공법
  - 내화 단열성능이 우수한 경량의 각종 성형판(무기질 혼입 규산칼슘판, ALC판, 석고보드, 석면시멘트판, PC 콘크리트판 등)을 철골 주위에 붙이는 공법이다.
  - 시공정밀도에 따라 성능의 저하가 우려된다.
  - 가공성이 풍부하나 재료손실이 크다.
- ㉡ 멤브레인공법
  - 천장이 내화피복 역할을 하도록 설치하여 슬래브, 작은보의 내화피복을 생략하는 공법으로 막구조공법, 매달기공법이라고도 한다.
  - 암면 흡음판을 이용한다.

▲ 건식공법

③ 합성공법(복합공법)
- ㉠ 2종류 이상의 내화피복재를 조합시켜 구성하는 공법이다.
- ㉡ 천장판, PC판 등 마감재와 동시에 피복공사를 한다.
- ㉢ 마감처리를 동시에 해결한다.

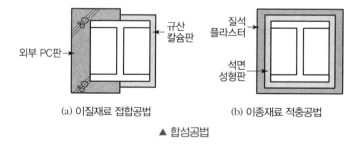

(a) 이질재료 접합공법   (b) 이종재료 적층공법

▲ 합성공법

④ 내화 피복공법에 사용되는 일반적인 재료

내화 피복공법의 종류	사용되는 재료
타설공법	콘크리트, 경량콘크리트
조적공법	벽돌, 콘크리트 블록, 경량콘크리트 블록 돌
미장공법	철망 모르타르, 철망 펄라이트 모르타르
뿜칠공법	뿜칠암면, 습식 뿜칠암면, 뿜칠 모르타르, 뿜칠 플라스터, 실리카, 알루미나계열 모르타르
성형판 붙임공법	무기섬유 혼입 규산 칼슘판, ALC판, 무기섬유강화 석고보드, 석면 시멘트판, 조립식 패널, 경량콘크리트 패널, 프리캐스트 콘크리트판
합성공법	질석 플라스터, 프리캐스트 콘크리트판, ALC판

(2) 검사 및 보수

① 미장 및 뿜칠공법의 경우 : 5m² 1개소 단위로 두께를 검사한다.

② 뿜칠공법의 코어 채취 : 각 층마다 또는 바닥면적 1,500m² 미만은 2회 이상 실시한다.

③ 조적, 붙임공법, 멤브레인공법의 경우
  • 재료 반입 시 두께 및 비중을 확인한다.
  • 각 층마다 또는 바닥면적 1,500m²마다 1회 실시하고 1회에 3개를 검사한다.
  • 연면적 1,500m² 미만 건물은 2회 이상 실시한다.

6) 철골 공사용 기계 기구

용도	기계공구	비고
변형 바로잡기용	• 플레이트 스트레이닝 롤(Plate Straining Roll)	강판용
	• 스트레이닝 머신(Straining Machine) • 프릭션 프레스(Friction Press) • 파워 프레스(Power Press)	형강용
	• 바탕틀 위에서 해머(Hammer)치기	경미한 것
절단용	• 시빙 머신(Sheaving Machine) • 플레이트 시어링 머신(Plate Shearing Machine)	전단
	• 앵글 커터(Angle Cutter) • 핵 소우(Hack Saw) • 프릭션 소우(Friction Saw)	톱절단
	• 가스 절단기	가스절단
구멍 뚫기용	• 펀칭 해머(Punching Hammer)	얇은 강판용(12mm 이하)
	• 드릴(Drill)	두꺼운 강판용 (13mm 이상 주철재)
	• 리머(Reamer)	구멍가심용

용도	기계공구	비고
리벳치기	• 조 리벳터(Jaw Riveter) • 뉴매틱 리벳팅 해머(Pneumatic Rivetting Hammer)	공장용(주)
	• 치핑 해머(Chipping Hammer) • 리벳 커터(Rivet Cutter)	불량리벳 따내기용
볼트조임	• 임팩트 렌치(Impact Wrench) • 토크 렌치(Torque Wrench)	볼트 조이기용

2. 각종 접합

1) 리벳(Rivet) 접합

약 800~1,100℃ 정도로 가열된 리벳의 구멍을 막고 머리를 만들어 냉각 수축력을 이용하여 접합하는 것이다.

(1) 리벳의 종류 및 표기법

① 머리모양에 따른 리벳의 종류
- 둥근머리 리벳
- 민머리(접시머리) 리벳
- 둥근접시머리 리벳
- 평머리(납작머리) 리벳

▲ 둥근머리 리벳   ▲ 민머리 리벳   ▲ 둥근접시머리 리벳   ▲ 평머리 리벳

② 각종 리벳의 도면 표기법

구분	종류	둥근머리 리벳	민머리 리벳			평머리 리벳		
기호	공장 리벳	○	◎	⊙	⊘	⊘	⊘	⊘
	현장 리벳	●	●	●	●	●	●	●

(2) 리벳치기

① 가열온도 : 800~1,100℃ 범위이고 800℃ 정도가 적당하며 백열색이 되게 가열하는 것은 부적당하다. 리벳은 암적색으로 식을 때까지 치고 재타입해서는 안 된다(600℃ 이하는 타격 금지).

② 리벳치기 인원 : 3인 1조(달구기, 받침대기, 해머공)

③ 1일 타설량 : 3인 1조로 500~700개 타설

④ 리벳치기용 공구

- 조 리벳터(공장), 뉴매틱 해머(현장), 쇠메치기, 리벳홀더, 스냅 등이 있다.
- 조 리벳터(공장) > 뉴매틱 해머(현장) > 쇠메치기 순으로 많이 사용한다.

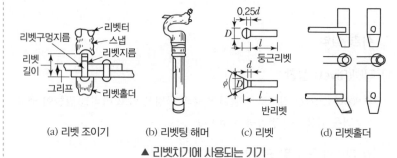

(a) 리벳 조이기   (b) 리벳팅 해머   (c) 리벳   (d) 리벳홀더

▲ 리벳치기에 사용되는 기기

⑤ 불량리벳 판정

- 건들거리는 것
- 머리모양이 틀린 것
- 머리와 축선이 불일치하는 것
- 머리가 갈라진 것(Crack)
- 머리가 강재에 밀착되지 않은 것
- 강재 간에 틈이 있는 것

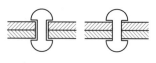

(a) 체결 부족   (b) 머리의 밀착 부족

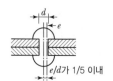

e/d가 1/5 이내

(c) 두심과 축심의 불일치

▲ 불량 리벳

⑥ 검사 및 조치 : 외관 관찰과 타격음으로 판정하고 불량리벳 발견 시 치핑해머, 리벳 커터, 드릴 등을 이용하여 머리를 따내고 다시 친다.

⑦ 리벳 접합 순서 : 접합부 → 가새 → 귀잡이 순으로 타정한다.

⑧ 리벳 다시 치기의 순서

- 리벳 따내기용 공구로 접합부에 손상이 가지 않도록 리벳 머리를 따낸다.
- 드릴을 이용해 구멍을 다시 뚫는다.
- 뚫은 구멍을 리머로 가심질한다.
- 리벳을 다시 치고 점검한다.

(3) 리벳 접합 관련 용어

① 피치(Pitch) : 리벳, 볼트의 상호 구멍 중심 간 직선거리

② 연단거리 : 리벳구멍, 볼트구멍 중심에서 부재 끝단까지의 거리

③ 그립(Grip) : 리버(River)로 접합하는 판의 총두께

④ 클리어런스(CLR : Clearance) : 리벳과 수직 재면과의 거리, 일반적으로 작업 여유거리

⑤ 게이지 라인(Gage Line) : 리벳의 중심축 선을 연결하는 선, 리벳을
치는 기준선

⑥ 게이지(Gage) : 게이지 라인 간 거리

⑦ 피치 · 연단거리 · 그립의 거리

최소 피치	표준 피치	최대피치		연단거리		그립
		인장재	압축재	최소	최대	
2.5d	4.0d	12d, 30t 이하	8d, 15t 이하	2.5d 이상	12t, 15cm 이하	5d 이하

여기서, d : 리벳지름
t : 얇은 판의 두께

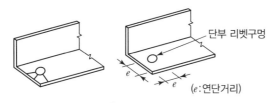

▲ 연단거리

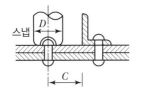 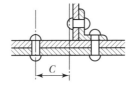

▲ 클리어런스 기준도

  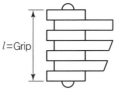

(a) 정렬 배치　　　　(b) 엇모 배치　　　　(c) 그립

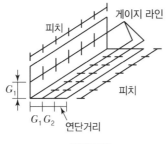

▲ 리벳 배치

(4) 리벳 접합의 장단점

장점	단점
• 접합부 응력이 확실하다.	• 타정 시 소음이 크다.
• 결함부의 발견 및 측정이 용이하다.	• 온도 측정이 어렵다.
• 전단접합이다.	• 강재가 중복되어 강재의 소모가 많다.
• 수정이 용이하다.	• 화재의 위험이 있다.

2) 볼트(Bolt) 접합

(1) 볼트의 종류

① 흑볼트(Unfinish Bolt)
- 가조임 볼트용
- 나사부분만 가공되어 있고 그외 부분은 흑피로 되어 있다.

② 중볼트
- 두부, 간부를 동시에 다 마무리한 것이다.
- 진동 및 충격이 없는 내력부에 사용한다(인장 : $1.2tf/cm^2$, 전단 : $0.9tf/cm^2$).

③ 상볼트
- 표면을 모두 마무리한 것이다.
- 주로 핀(Pin) 접합에 사용된다.

(2) 볼트 접합의 특징

① 볼트 사용건물
- 처마높이 9m 이하, 간사이 13m 이하, 연면적 $3,000m^2$ 이하의 건물에 사용한다.
- 진동, 충격, 반복응력 부분, 중요내력 부분은 사용을 금지한다.

② 사용장소 : 리벳치기가 불가능한 곳에 사용한다.

③ 너트풀림 방지법
- 이중너트를 사용한다.
- 스프링 와셔(Spring Washer)를 사용한다.
- 너트를 용접한다.
- 콘크리트에 매립한다.

④ 볼트의 길이 : 조임 종료 후 나사선이 너트 밖으로 3개 이상 나와야 한다.

⑤ 볼트 구멍 조정 : 0.5mm 이상 어긋난 것은 리머로 수정하지 않고 이음판을 교체한다.

3) 핀(Pin) 접합

① 아치의 지점이나 트러스의 단부, 주각 또는 인장재의 접합부에 주로 사용되고 회전 및 자유절점으로 구성된다.

② 핀은 최대 휨 모멘트, 전단력 및 지압에 안전하게 설계하고 작은 핀은 전단력을 고려한다.

③ 핀구멍은 리벳치기가 완료된 후에 뚫고 핀지름보다 0.5~1mm 정도 크게 한다.

4) 고력볼트(High Tension Bolt) 접합

고탄소강 또는 합금강을 열처리하여 만든 인장력과 전단력이 큰 고력볼트를 임팩트 렌치나 토크 렌치로 강하게 조임하여 두 접합재 상호 간의 마찰력을 통하여 응력을 전달하는 방법이다. 접합면은 마찰력을 얻기 위해 미끄럼계수가 0.45 이상의 거친 면으로 하며, 구멍의 주위 면은 와셔지름의 2배까지 자연녹을 발생하게 한다.

(1) 일반사항

① 접합방식

ㄱ 마찰접합 : 고력볼트가 강력히 체결하며 생기는 마찰력을 이용하는 접합

ㄴ 지압접합 : 부재 사이의 마찰력과 고력볼트 자체의 축부 전단력 및 부재의 지압력이 볼트축과 직각방향으로 전달되는 접합

ㄷ 인장접합 : 고력볼트 축방향력의 응력을 전달하는 방법

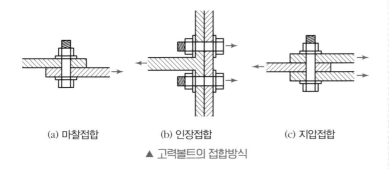

(a) 마찰접합   (b) 인장접합   (c) 지압접합

▲ 고력볼트의 접합방식

② **재료** : 고탄소강, 합금강을 열처리해서 만든다.

③ **볼트 조임**

ㄱ 원칙적으로 필요한 장력의 계측을 위해 토크 컨트롤러(Torque Controller)식 임팩트 렌치, 토크 렌치를 사용한다(토크 렌치 사용 시 3% 오차범위가 되도록 수시로 점검한다).

ㄴ 보통 1차 조임은 80%, 2차 조임에서는 볼트의 표준장력을 얻는다.

④ **고력볼트의 종류**

ㄱ 재질에 따른 분류 : F8T, F10T, F13T

ㄴ 크기에 따른 분류 : M16, M20, M22, M24

ㄷ 조임 형태에 따른 분류

㉮ 보통 고력볼트 : 토크 컨트롤(Torque Control)법

ⓝ 특수 고력볼트
- TS 볼트(Torque Shear Bolt)식(볼트 축전단형) : 볼트 축부 선단에 체결하는 토크(Torque)의 반력을 받는 6각형의 핀 테일이 있고, 이 반력에 의해서 홈부분이 절단되는 방식으로 이것이 절단되면 표준 응력이 전달된 것으로 한다(너트의 회전반력을 이용하여 체결).
- PI 볼트식(너트 전단형) : 표준너트와 짧은 너트인 두 겹 너트를 특수소켓을 사용하여 얇은 너트를 조여서 일정 토크치에 도달하면 너트의 중간에 단면이 작은 부분이 절단될 때 조임이 끝나게 된다.
- 그립 볼트식(일명 고장력 핵 볼트) : 일반 고장력 볼트를 개량한 것으로 볼트를 신속하게 조일 수 있고 볼트의 장력을 일정하게 조일 수 있으며, 소성 가공이 되도록 고안되어 부재와 완전 밀착이 가능하다. 너트 대신 칼라를 이용하여 테일에 반력을 받아 테일이 떨어지게 된 것이다.

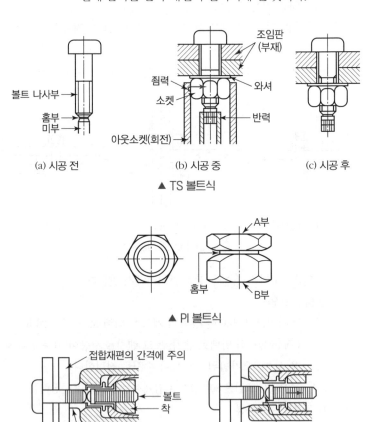

(a) 시공 전　　　　(b) 시공 중　　　　(c) 시공 후

▲ TS 볼트식

▲ PI 볼트식

▲ 그립 볼트식

⑤ 조이는 순서

　　㉠ 볼트군마다 중앙에서 단부로 조인다.

　　㉡ 본조임(너트 회전법)은 1차 조임 후 너트를 120° 회전시킨다.

　　㉢ 1차 조임 후에 볼트, 너트, 와셔 및 부재의 금매김을 한다.

⑥ 조임부 검사 : 볼트 수의 10% 이상, 각 볼트군의 1개 이상

⑦ 조임 후 검사

　　㉠ 너트 회전법 : 너트 소요량을 회전시켜 소요압력을 얻는 방법으로 1차 조임 후 너트의 회전량이 $120 \pm 30°$(M12는 $60 \sim 90°$) 범위의 것은 합격이고, 초과하는 볼트는 교체한다.

　　㉡ 토크 관리법 : 볼트치수에 따른 표준볼트 인장력을 얻을 수 있도록 너트를 소요 토크로 죄는 방법으로 평균 토크값의 $\pm 10\%$ 이내의 것은 합격이다.

⑧ 마찰면 처리

　　㉠ 표면의 녹, 유류, 칠 등 마찰력 저해 요소를 제거한다.

　　㉡ 붉은 녹 상태를 유지한다.

　　㉢ 마찰계수 0.5 이상이 되는 거친 면으로 한다.

⑨ 경사면 처리 끼움판

　　㉠ 볼트와 너트 접촉면의 경사가 1/20 이상일 때는 경사 와셔를 사용한다.

　　㉡ 접합부 두께차로 생긴 1mm 이상의 틈새는 끼움판(Filler Board)을 끼운다.

⑩ 허용차 및 정밀도

　　㉠ 임팩트 렌치의 측정치 허용차 : $\pm 8\%$로 한다.

　　㉡ 토크 렌치 정밀도 : 조임용은 5% 이내, 검사용은 3% 이내 오차로 한다.

　　㉢ 축력계 : 토크치 계수시험, 죄기구 조정, 볼트도 압축력의 점검 등에 쓰인다. 축력계의 정밀도는 3% 이내이다.

▲ 금매김

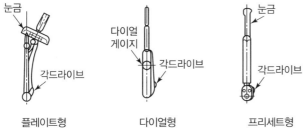

플레이트형　　　다이얼형　　　프리세트형

(a) 수동식 토크 렌치(고장력 볼트체결구)

압착공기구

각드라이브

(b) 압착공기식 임팩트 렌치

▲ 토크 렌치와 임팩트 렌치

⑪ 토크값 측정방식

(Touque Value : T) $= K$(마찰계수)$\times d$(볼트 지름)$\times N$(볼트의 축력)

⑫ 고력볼트 조임 시 주의사항

    ㉠ 피치나 게이지의 간격을 적절히 하고 볼트 구멍을 약간 여유 있게 뚫는다(볼트 구멍의 크기는 리벳에 준한다).

    ㉡ 볼트의 길이는 여유 있게 한다.

    ㉢ 마찰면의 상태는 약간 거칠게 한다.

    ㉣ 접합면은 1mm 이내로 밀착시킨다.

    ㉤ 볼트를 조임할 때는 전량의 볼트를 소요인장력의 80% 정도 죄고 난 후에 전체를 2회로 구분하여 최종죔을 한다.

    ㉥ 볼트의 조임은 중앙부에서 좌우로 향하여 조인다.

⑬ TS 볼트 조임 순서

그림	내용
	핀 테일(Pin Tail)에 내측 소켓을 끼우고 렌치를 살짝 걸어 너트에 외측 소켓이 맞춰지도록 한다.
	렌치의 스위치를 켠다. 그러면 외측 소켓이 회전하며 핀 테일 절단 시까지 볼트를 체결한다.
	핀 테일이 절단되었을 때 스위치를 끄고 외측 소켓이 너트로부터 분리되도록 렌치를 잡아당긴다.
	팁 레버를 잡아당겨 내측 소켓에 들어 있는 핀 테일을 제거한다.

3. 용접 접합

1) 용접 접합의 장단점

(1) 장점

    ① 공해(소음, 진동)가 없다.

② 강재의 양을 절약할 수 있어 건물이 경량화된다.

③ 접합부의 일체성과 강성이 보장되며 응력의 전달이 확실하다.

④ 수밀성 유지가 용이하다.

⑤ 단면의 이음이 간단하고 자유롭다.

(2) 단점

① 용접 시 숙련공이 필요하다.

② 용접부 결함 검사가 어렵고 장비가 많이 필요하며, 비용 및 시간이 많이 소요된다.

③ 용접열로 변형이 발생할 수 있다.

④ 모재의 재질상태에 따라 응력의 영향이 크다.

⑤ 일체식 구조가 되므로 응력집중이 민감하다.

2) 용접 접합의 종류

(1) 가스압접

접합하는 두 부재에 2.5~3kg/mm²의 압력을 가하면서 1,200~1,300℃ 의 열을 가하여 접합하는 것이다.

(2) 가스용접

산소, 공기, 아세틸렌 용접, 가스불꽃의 열을 이용하여 접합하는 것으로 구조용으로는 사용되지 않는다.

(3) 전기저항압접(Flush Butt Welding)

① 정의 : 전기저항을 통해 접촉부를 용융시켜 용접하는 것으로 스폿 (Spot)용접, 봉합용접이 이 원리에 해당된다.

② 특징

• 용접속도가 빠르고 용접조작이 간단하다.

• 용접 후 뒤틀림이 적다.

• 피복제(Flux)에 합금원소를 가하기가 용이하다.

• 수분, 기름, 녹 등의 불순물에 둔감하여 용접결함의 발생이 거의 없다.

• 열효율이 높고 모재가 광범위하게 가열되어 자기예열 효과가 있다.

• 용접부의 충격강도가 저하된다.

• 모재에 대한 열영향이 크다.

• 용접 중에 아크(Arc)의 발생이 없다.

(4) 아크(Arc) 용접

용접봉과 모재 사이에 교류 또는 직류의 전압이 통하면 그 사이에서 아크가 발생하여 그 열이 모재와 용접봉을 녹여서 융합 접합하는 방식으로 철골공사에 가장 많이 사용된다.

① 수동용접(피복 아크 용접, Shield Metal Welding)
- 용접봉과 용접될 금속에 전류를 보내어 발생시킨 전기 아크열로 용접봉과 모재를 동시에 녹이면서 용접봉의 녹는 쇳물이 모재에 결합되도록 하는 방식이다.
- 설비비가 싸고 간단하며 용접상태를 눈으로 확인할 수 있다.
- 좁은 공간에서도 작업이 가능하다.
- 용접봉의 소모가 커 수시로 교체해야 한다.
- 용접공의 숙련도에 의존하며 용접 정밀도가 떨어진다.
- 모든 금속재료에 사용할 수 있다.

② 반자동용접(CO_2 아크 용접, Gas Shield Arc Welding)
- CO_2로 실드(Shield)해서 작업하는 반자동 용접방법으로 자동용접에 비해 기계설치가 간단하고, 피복 아크 용접에 비해 2배 이상의 고능률이다.
- 용접속도가 비교적 빠르다.
- 용접결함의 발생률이 낮으며 시공이 용이하다.
- 탄산가스를 사용하므로 풍속의 영향을 받으며 환기가 필요하다.

③ 자동용접(Submerged Arc Welding)
- 이음표면에 피복제(Flux)를 쌓아올려 그 속에 와이어를 연속하여 보내면서 용접하는 방법이다.
- 자동용접이므로 안정된 용접과 이음의 신뢰도가 있다.
- 설비비가 많이 들며 용접의 양부를 확인하면서 작업진행이 곤란하다.
- 용융속도를 높여 고능률 용접이 가능하다.

- 잠호용접 : 용접금속의 공급과 용접의 진행을 자동화한 자동 금속 아크 용접법의 일종이다(상품명 : Union Melt).
- 심선(금속봉)에 피복제(Flux)를 도포한 용접봉을 사용하는 방법으로 손작업으로 용접하는 데 많이 쓰인다.

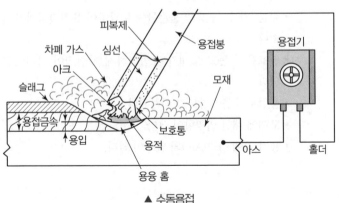

▲ 수동용접

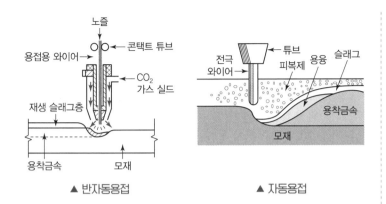

▲ 반자동용접　　　　　　▲ 자동용접

용접기의 종류
• 직류아크용접 : 작업이 용이하고, 공장
용접에 사용되며, 전류가 안정적이다.
• 교류아크용접 : 가격이 저렴하고, 고장
이 적으며, 현장용접에 많이 사용된다.

3) 용접봉

① 용접봉의 피복제

　㉠ 금속산화물, 탄산염, 셀룰로오스, 탈산제 등을 심선에 도포한 것이다.

　㉡ 철골 자동용접 시 용접봉의 피복제 역할을 하는 분말상의 재료이다.

② 피복제의 역할

　㉠ 유기물이 가스화하며 아크 주변을 감싸서 공기를 차단하여 용적의 산화 또는 질화를 막는다.

　㉡ 함유원소를 이온화하여 아크를 안정시킨다.

　㉢ 용융금속을 탈산·정련한다.

　㉣ 용착금속에 합금원소를 가한다.

　㉤ 용착금속 내 불순물을 정련하여 슬러그로 떠오르고 응고하면 용착 금속의 표면을 덮는다. 이로써 고온에서의 금속 표면 산화방지와 냉각, 응고속도를 느리게 한다.

　㉥ 수소가 용융금속에 혼입되어 은점갈림의 원인이 된다.

③ 용접봉의 심선

　용착금속으로 홈을 메우며 모재의 일부와 융합하여 접합하는 것으로 모재와 동질이거나 순도가 높은 것이 좋다. 심선의 지름은 모재의 두께와 홈의 형태에 따라 적당히 결정한다.

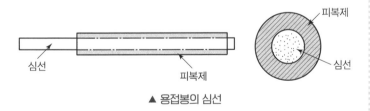

▲ 용접봉의 심선

4) 용접 접합방식

(1) 맞댄 용접(Butt Welding)

① 길이방향으로 길게 맞대어 용접하는 방법으로 접하는 두 부재 사이를 트이게 하여 그루브(Groove)를 만들고 그 사이에 용착금속을 채워 용접한다.

② 맞댄 용접은 특히 정한 것을 제외하고는 최소 보강살 붙임으로 하고 보강살 붙임(Reinforcement of Weld)의 두께는 손용접일 때 3mm, 서브머지드 자동 아크 용접인 경우 4mm를 초과하여서는 안된다.

③ 양쪽에서 용접하지 않을 때는 뒷받침을 대고 특히 루트(Root) 부분의 용입 불량이 되지 않도록 주의한다(같은 두께의 엔드탭을 반드시 사용).

④ 용접하는 재의 두께 차이가 손용접일 때 4mm, 서브머지드 자동 아크 용접일 때 3mm 이상이면 높은 쪽의 재는 그루브 부분에서 낮은 쪽과 동일한 높이로 하고 고저차가 6mm 이상이면 1/5의 경사로 표면을 깎아 마무리한다.

⑤ 유효단면 목두께는 얇은 재의 판두께로 한다.

⑥ 유효목두께는 개선형상에 의하지 않고 개선의 깊이로부터 3mm를 감하는 것으로 한다.

Tip 👍

기울기를 주지 않아도 되는 경우
① 철골 철근 콘크리트 구조에서 보가 통과하는 접합부의 플랜지 이음을 양측 용접하는 경우
② 판두께가 10mm를 넘더라도 보강 모살용접만으로 충분할 경우

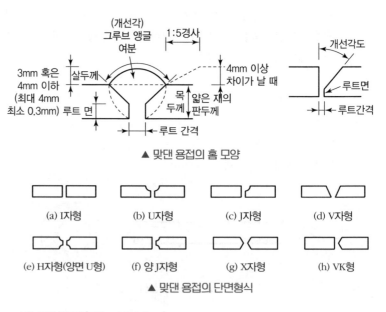

▲ 맞댄 용접의 홈 모양

(a) I자형 (b) U자형 (c) J자형 (d) V자형

(e) H자형(양면 U형) (f) 양 J자형 (g) X자형 (h) VK형

▲ 맞댄 용접의 단면형식

(2) 모살용접(Fillet Welding)

① 목두께의 방향이 목재의 면과 45° 또는 거의 45°의 각을 이루면 용접한다. 겹침용접이라고도 하며, 단속용접(Spot Welding)과 연속용접(Continuous Welding)이 있다.

② 맞댄 용접은 단속용접이 없고 모살용접은 등각 용접, 부등각 용접이 있다(보통 45~90°).

③ T형 이음을 이루는 각도가 60° 이하 120° 이상은 맞댄 이음으로 판별하고 60° 이상 120° 이하는 모살용접으로 판별한다.

④ 보통 다리 길이는 용접 치수보다 크게 하고 유효단면 목두께는 다리 길이의 0.7배이다.

⑤ 부등변 모살용접이면 짧은 변 길이를 다리길이(S)로 한다.

⑥ 보강살 붙임은 0.1S+1mm 이하 또는 3mm 이하로 한다.

⑦ 유효용접 길이는 실제 용접길이에서 유효 목두께의 2배를 감한 것으로 한다.

⑧ 응력을 전달하는 모살용접의 유효길이는 각 길이의 10배 이상이며 40mm 이상으로 한다.

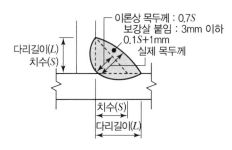

▲ 모살용접의 표기

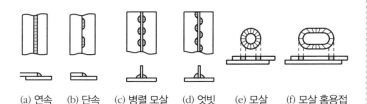

| (a) 연속
모살용접 | (b) 단속
모살용접 | (c) 병렬 모살
용접(T형) | (d) 엇빗
모살용접 | (e) 모살
구멍용접 | (f) 모살 홈용접 |

▲ 각종 모살용접방법

5) 용접기호

(1) 용접기호와 보조기호

비드 용접	모살용접		Groove(凹형＝開先)용접					점용접 (Plug & Spot)
	연속	단속	I형 (Square)	V형 X형	V형 K형 (bevel)	U형 H형	J형 양면 J형	
⌒	◁	◿	‖	∨	⋁	⋎	⊢	▽

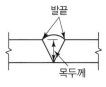

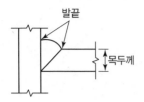

▲ 용접부 명칭

용접부의 표면형상			용접부의 다듬질 방법			용접장소		
평판	볼록	오목	Chipping	Grinding	Cutting	현장 용접	전둘레 (공장) 용접	전둘레 현장 용접
─	⌒	⌣	C	G	M	•	◯	⊙

(2) 융합부의 명칭

융합부(Fusion)란 용착금속부와 모재가 접합되는 부위를 말한다.

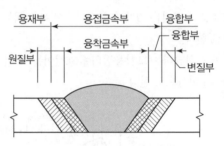

▲ 용접 시 융합부와 영향 부위

(3) 용접기호 표시의 예

용접부		실제모양 및 도면표시
V형 홈용접	판두께 19mm, 홈깊이 16mm 홈각도 60˚ 루트간격 2mm	
맞대기 용접부를 치핑 다듬질하는 경우		
모살 용접	양쪽 다리길이가 다를 때	
모살 용접	(다리길이 : 12mm) 병렬용접 용접 길이 : 50mm 피치 : 150mm 의 경우	

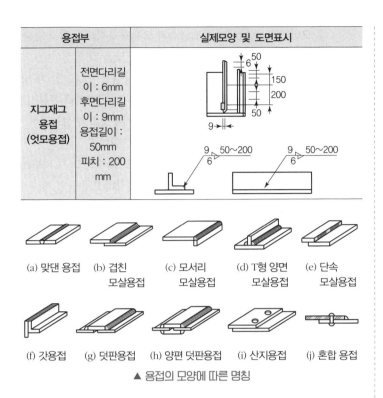

용접부		실제모양 및 도면표시
지그재그 용접 (엇모용접)	전면다리길이 : 6mm 후면다리길이 : 9mm 용접길이 : 50mm 피치 : 200 mm	

(a) 맞댄 용접   (b) 겹친 모살용접   (c) 모서리 모살용접   (d) T형 양면 모살용접   (e) 단속 모살용접

(f) 갓용접   (g) 덧판용접   (h) 양편 덧판용접   (i) 산지용접   (j) 혼합 용접

▲ 용접의 모양에 따른 명칭

(4) 용접자세 표현기호

F(하향), H(수평), V(수직), O(상향)

6) 용접결함

(1) 용접결함의 원인

① 용접전류가 높거나 낮을 때
② 용접속도가 적당하지 않을 때(운봉시간의 과다, 과소)
③ 용접봉의 선택이 잘못될 때
④ 용접봉에 습기가 있을 때
⑤ 모재가 불량할 때(트임새 모양, 각재불량, 오물, 오손, 청소불량)
⑥ 부적절한 구속법, 자세
⑦ 급랭(낮은 온도에서 용접작업)

(2) 용접결함의 종류

① 슬래그 감싸들기 : 용접봉의 피복재 심선과 모재가 변하여 생긴 용해물인 슬래그(Slag, 회분)가 용착금속 내에 혼입된 것으로 강도가 약화되고 내식성이 저하된다.
② 언더컷(Under Cut) : 용접 상부에 모재가 녹아 용착금속이 채워지지 않고 홈 등으로 남게 된 부분이다. 원인은 전류의 과대, 용접봉의 부적당, 운봉속도가 빠를 때, 용접각도의 불량 등에 기인하며 모재를 손상시키고 강도에 큰 영향을 미친다.

③ **오버랩(Over Lap)** : 용접금속과 모재가 융합되지 않고 단순히 겹쳐지는 것으로 용접속도가 늦고 전류가 낮을 때 발생한다.

④ **공기구멍(Blow Hole, 선상조직)** : 용융금속이 응고할 때 방출되었어야 할 가스가 남아서 생기는 용접부의 빈자리로 운봉시간 부족, 모재불량, 급랭 등으로 길쭉하게 공기구멍과 선상조직이 생긴다. 용착물을 부식시키고 탈락현상이 나타난다.

⑤ **크랙(Crack)** : 용접 후 냉각, 과대전류, 과대속도 시 비드(Bead)가 작을 때 생기는 갈라짐으로 외관이 불량하고 종균열, 횡균열, 사방균열 등으로 나타난다.

⑥ **위핑 홀(Weeping Hole)** : 운봉 미숙으로 용접부에 용착금속이 채워지지 않아 생기는 미세한 구멍이다.

⑦ **스패터(Spatter)** : 용접 시 튀어나온 금속입자(Slag)가 굳으며 표면에 붙은 형상이다.

⑧ **피시아이(Fish Eye, 은점)** : 수소의 영향으로 용착금속 단면에 생기는 은색 원점으로 응력에 취약하다.

⑨ **크레이터(Crater)** : 용접 시 모재가 녹아 용접길이의 끝부분에 오목하게 파진 부분(항아리 모양)으로 운봉 부족, 과대전류로 인하여 발생하고 용접부 외관이 불량하다. 엔드탭(End Tab)을 사용하여 방지한다.

⑩ **피트(Pit)** : 모재의 화학성분 불량 등으로 생기는 용접 비드 표면에 뚫린 미세한 흠으로 용착물 부식 및 탈락현상 등이 나타난다.

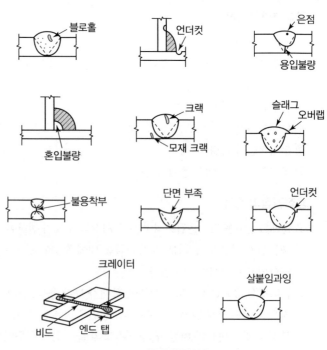

▲ 용접결함의 예

≫ 위핑
스프링(Spring) 운봉법이라고 하며, 용접부 과열로 인한 언더 컷을 예방하기 위해 위핑 운봉의 끝에서 위쪽으로 아크를 빼는 방법이다.

7) 용접 시 주의사항

① 용접부 표면의 페인트, 유류, 습기, 녹, 기타 불순물은 완전히 제거한다.

② 강풍, 눈, 비가 올 때는 야외 용접을 하지 않는다.

③ 기온이 0℃ 이하일 때는 용접을 피하고, 0~15℃일 때 10cm 이내에서 36℃ 이상 예열을 한 후에는 무방하다.

④ 용접 소재는 용접에 의한 수축변형 및 마무리 작업을 고려하여 치수에 여분을 둔다.

⑤ 현장용접 시 그 용접선에서 10cm 이내에는 엷은 보일드유 이외의 칠을 해서는 안 된다.

⑥ 용접봉 교환 시 또는 완료된 후에 슬래그나 스패터는 제거한다.

⑦ 용접에 의한 수축변형과 잔류응력을 감소시키기 위하여 용접순서를 지켜 관리한다.

  ㉠ 건물중앙에서 외주부로 실시한다.

  ㉡ 대칭으로 실시한다.

  ㉢ 다 스팬(Span)인 경우 공구별로 스팬을 조정한다.

  ㉣ 수량이 큰 것부터 먼저 실시하고 작은 것은 나중에 실시한다(맞댄 용접 후 → 모살용접).

⑧ 유효단면을 유지할 때에는 동일형상의 보조판을 가붙임하고 양 끝을 연장용접한 후 보조판을 제거한다.

⑨ 아크는 용접 시작점에서 모재 또는 용착금속에 따라 전진하고 아크를 끌 때에는 그로 인한 모재의 우묵패임(Crater)은 용착금속으로 메운다.

⑩ 용접봉의 교환, 다층 용접 시 슬래그를 제거하고 용접한다.

⑪ 용접설비는 누전, 전기 등의 위험이 없고 화재 및 아크광에 대한 장해 등의 방지에 주의한다.

⑫ 용접이 완료되면 슬래그 및 스패터는 제거한다.

⑬ 용접부 변형(횡수축, 종수축, 회전변형, 각변형, 종굽힘 변형 등)을 방지하기 위한 용접법을 실시한다. 용접 변형 방지법은 다음과 같다.

  ㉠ 대칭법 : 좌우대칭으로 용접

  ㉡ 후퇴법 : 용접방향에 대해 후진한다.

  ㉢ 비석법 : 한 칸씩 건너서 용접한다.

  ㉣ 교호법 : 각 구간의 용접순서는 교대로 진행하면서 전체 용접방향은 반대로 한다.

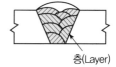

층(Layer)

▲ 다층 용법

8) 용접부 검사사항

① 용접 착수 전
- ㉠ 홈의 각도
- ㉡ 홈 간격의 치수
- ㉢ 용접면 청소상태 및 부재의 밀착 정도
- ㉣ 방법 : 트임새 모양, 모아 대기법, 구속법, 자세의 적부

② 용접 착수 중
- ㉠ 용접순서, 심선 및 와이어의 지름
- ㉡ 용접전류
- ㉢ 아크전압
- ㉣ 용접속도
- ㉤ 운봉법
- ㉥ 아크의 길이
- ㉦ 각 층 간 슬래그 청소 및 밑면 따내기
- ㉧ 방법 : 제1층 용접 완료 후, 뒤 용접 전

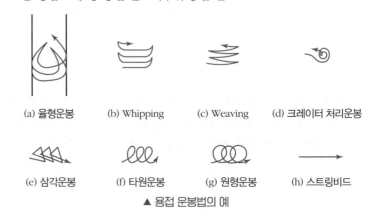

(a) 율형운봉 (b) Whipping (c) Weaving (d) 크레이터 처리운봉

(e) 삼각운봉 (f) 타원운봉 (g) 원형운봉 (h) 스트링비드

▲ 용접 운봉법의 예

③ 용접 착수 후
- ㉠ 비드(Bead) 표면의 정부
- ㉡ 유해한 결함(균열, 불용착, 용입 부족, 슬래그 감싸들기, 피트, 블로홀, 언더컷, 오버랩 등)의 유무
- ㉢ 크레이터(Crater)의 상태
- ㉣ 슬래그, 스패터 제거의 양부
- ㉤ 필렛(Fillet)의 크기, 맞대기 용접 덧붙임의 치수 및 엔드탭의 처치
- ㉥ 방법 : 외관 판단, X선 및 γ선 투과검사, 자기초음파, 침투수압 등의 검사시험법(절단검사는 될 수 있는 한 피한다)

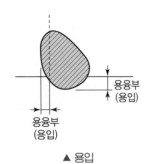

용융부 (용입)

용융부 (용입)

▲ 용입

9) 용접부의 비파괴 검사법

용접 종료 후 용접부의 안전성을 확인하기 위해 실시한다.

구분	종류 및 특징
표면결함에 대한 비파괴검사	① 육안이나 여러 가지 게이지를 사용하여 실시하는 외관검사 (건축철골세우기 공사현장) ② 침투탐상검사 : 강관구조의 용접부 검사 ③ 자분탐상검사 : 현재 거의 사용하지 않고 있다.
맞댄 용접 부위의 내부결함에 대한 비파괴검사	① 초음파탐상검사 : 인간의 귀로 들을 수 없는 20kHz 이상의 주파수를 이용해서 검측한다. ② 방사선검사 : 인체에 유해하며 취급이 번잡하고 방사선원을 배치하기 어렵다.

① 방사선 투과검사(Radiograph Test) : X선 및 γ선을 투과 후 필름(Film)에 감광시켜 내부결함을 조사하는 것으로, 크랙, 블로 홀, 선상조직, 슬래그 감싸들기, 용입불량 등을 검출한다.
  ㉠ 필름을 사용하므로 검사장소가 제약된다.
  ㉡ 필름을 사용하여 기록으로 남길 수 있다.
  ㉢ 판두께 100mm 이상도 검사가 가능하다.
② 초음파탐상법(Ultrasonic Test) : 0.4~10kHz 사이의 초음파를 용접부에 투입하여 브라운관에 나타난 화면의 상태로 파악한다. 용접결함이 생기면 화면이 흐트러진다.
  ㉠ 필름이 없고 기록성이 없다.
  ㉡ 검사속도가 빠르며 넓은 면을 검사할 수 있다.
  ㉢ 판두께 5mm 이상은 검사가 불가능하다.
③ 자기분말탐상법(Magnetic Particle Test) : 자력선을 용접부에 통과시켜 자장을 통해 결함을 발견하며, 용접부 표면을 검출하는 방식이다.
  ㉠ 5~15mm 정도 내부결함 및 눈에 안 보이는 미세한 부분도 검사가 가능하다.
  ㉡ 내부결함 시 자력선이 누출되면서 덩어리가 된다.
  ㉢ 유사결함이 포착될 수 있고 자화력 장치가 비교적 크다.
  ㉣ 깊은 용접부위의 결함은 분석하기 어렵다.
  ㉤ 결과의 신뢰성은 양호하다.
④ 침투탐상법(Penetration Test) : 용접부에 짙은 적색 침투액을 도포하여 표면을 닦아낸 후 백색 현장제를 도포하여 검출하는 방법이다.
  ㉠ 검사가 간단하다.
  ㉡ 비용이 저렴하다.
  ㉢ 넓은 범위의 검사가 가능하지만 내부결함의 검출이 불가능하다.
  ㉣ 비철금속도 가능하다.

10) 각종 접합 시 응력 분담

① 리벳과 볼트 접합 시 : 리벳이 전 응력 부담
② 리벳과 용접 접합 시 : 용접이 전 응력 부담
③ 리벳과 고력볼트 접합 시 : 각각 허용응력 분담
④ 고력볼트 먼저 체결 후 용접 접합 시 : 각각 허용응력 분담
⑤ 용접 먼저 체결하고 고력볼트 사용 시 : 용접만이 응력 부담
⑥ 고력볼트, 리벳, 볼트, 용접 혼용 시 : 용접만이 응력 부담
⑦ 응력 분담의 크기 순서 : 용접 접합≥고장력 볼트 접합=리벳 접합>
   볼트 접합

4. 현장 철골세우기 작업

1) 주각부

① 주각부 부재의 용어는 다음과 같다.

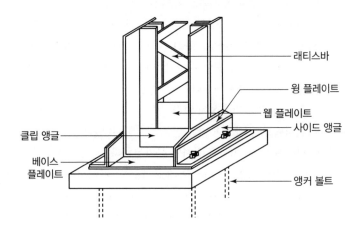

② 시공 순서 : 기초에 중심선 먹매김 → 기초볼트 재점검 → 베이스 플레
   이트(Base Plate)의 높이 조정용 라이너 플레이트(Liner Plate) 고정 →
   기둥 세우기 → 주각부 모르타르 채움

2) 리벳 접합 시 현장 철골세우기 작업 순서

Tip 😊

철골세우기 상세 작업 순서
기초 주각부 중심 먹매김(먹줄치기) → 앵커볼트 설치 → 콘크리트 타설 → 기초 윗면 고르기 → 철골세우기 → 가조립 → 변형 바로잡기 → 정조립(본조립) → 리벳접합 → 접합부 검사 → 도장(칠작업)

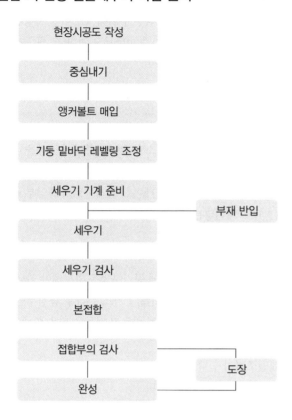

3) 앵커볼트 매입법

① **고정매입법** : 기초 공사 시 앵커볼트를 고정시키고 콘크리트를 타설하는 공법으로 중요공사, 앵커볼트 지름이 클 때, 시공정밀도가 요구되는 곳에 사용하며 위치수정이 불가능하다.

② **가동매입법** : 함석깔때기(얇은 철판통)를 끼워두고 콘크리트를 타설하며 다소 위치수정이 가능한 공법으로 경미한 공사나 앵커볼트 지름이 작을 때 사용한다.

③ **나중매입법** : 앵커볼트 묻을 자리를 내두었다가 콘크리트를 타설 후 나중에 고정하는 방법으로 경미한 공사에 사용되며 위치수정이 가능하다.

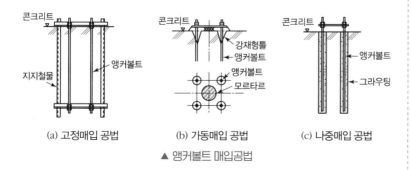

(a) 고정매입 공법　　(b) 가동매입 공법　　(c) 나중매입 공법

▲ 앵커볼트 매입공법

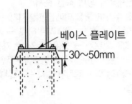

베이스 플레이트
30~50mm

▲ 전면바름 마무리법

4) 기초 상부 고름질(Leveling) 방법

① 전면바름 마감공법 : 기초 주각부 주위에 3cm 이상 지정된 높이로 수평이 되게 전면 모르타르(1 : 2)를 펴바르고 경화 후 세우기를 하는 공법이다.

　㉠ 시공이 간단하다.

　㉡ 높은 정밀도가 요구된다.

　㉢ 경미한 구조물에 주로 사용한다.

② 나중 전체 채워넣기법 : 베이스 플레이트 중앙에 구멍을 내고 기초 위의 베이스 플레이트 4귀에 와서 등 철판제 굄을 써서 높이 및 수평조절을 하고 주각을 세운 후 나중에 베이스 플레이트의 중앙부 구멍에 모르타르(1 : 1)로 채워넣는 방법이다.

　㉠ 경미한 공사에 적합하다.

　㉡ 너트로 레벨조정이 가능하다.

　㉢ 베이스 플레이트 중앙부에 공기구멍을 확보해야 한다.

③ 나중 부분 채워넣기법(중심바름) : 기초 주각부 중심부만 지정된 높이만큼 된비빔 모르타르(1 : 1)로 바르고 기둥을 세운 후 주위를 채워넣는 방법이다.

　㉠ 레벨조절이 쉽다.

　㉡ 수정할 때 작업이 용이하다.

　㉢ 대규모 공사에 적합하다.

④ 나중 부분 채워넣기법(+자 바름) : 기초 주각부에 대각선 방향 +자형으로 지정된 높이만큼 수평으로 모르타르를 바르고 기둥을 세운 후 주위를 채워넣는 방법이다.

　㉠ 그라우팅할 때 공극이 발생할 우려가 있다.

　㉡ 중앙부에 +자형 패드모르타르를 설치해야 한다.

　㉢ 고층 철골공사에 적합하다.

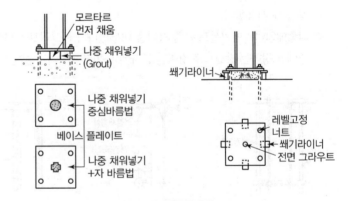

▲ 나중 채워넣기법

5) 세우기용 기계

① 가이데릭(Guy Derrick) : 가장 많이 이용되는 기중기의 일종으로 용량
   은 5~10ton 정도이며 설치는 15일, 해체는 7일 정도가 소요된다.
   ㉠ 가이(Guy)의 수 : 6~8개
   ㉡ 붐(Boom)의 회전범위 : 360°[불 휠(Bull Wheel)이 있어 회전이 가능
      하다]
   ㉢ 7.5ton 데릭으로 1일 세우기 능력 : 철골재 15~20ton
   ㉣ 붐의 길이는 마스트(Mast)보다 3~5m 짧게 한다.
   ㉤ 가이의 당김줄과 지반면과의 각도는 45° 이하가 되도록 한다.

② 스티프레그 데릭(Stiff-leg Derrick, 삼각 데릭) : 삼각형 토대 위에는
   철골재 3개를 놓고 이것으로 붐을 조종하며, 삼각형 토대 밑에는 바퀴
   를 달아 수평 이동이 가능하고 낮고 긴 평면에 유리하다.
   ㉠ 당김줄을 이음대로 맬 수 없을 때 사용한다.
   ㉡ 회전범위 : 270°(작업범위 180°)
   ㉢ 붐의 길이는 마스트보다 길다.

▲ 가이데릭

▲ 스티프레그 데릭

③ **타워 크레인(Tower Crane)** : 타워 위에 수평지브가 있는 크레인을 설치한 것으로 정치식과 주행식이 있으며 고층의 공사, 광범위한 작업에 효과적이다.

  ㉠ Climding에 따라 Crane Climding, Mast Climding 방식이 있다.

  ㉡ Jib형식에 따라 경사 Jib, 수평 Jib 형식이 있다.

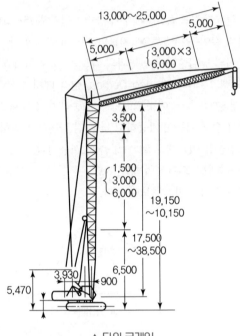

▲ 타워 크레인

④ **트럭 크레인(Truck Crane)** : 트럭에 설치된 크레인으로 이동이 용이하고 작업 능률이 높다.

  ㉠ 자립이 가능하다.

  ㉡ 기동력이 좋고 대규모 공장건축에 적합하다.

  ㉢ 넓은 장소에 용이하다.

  ㉣ 사용장소 : 대형화물 이동, 전주세우기, 가로 수심기 등

⑤ **크롤러 크레인** : 셔블을 기본으로 크레인 연결부를 본체에 부착시킨다.

⑥ **유압식 크레인** : 레커차(Wrecker Truck)라고 불리며 50t까지 양정한다.

⑦ **진 폴(Gin Pole)** : 1개의 기둥을 세워 철골을 메달아 세우는 가장 간단한 설비이다.

  ㉠ 소규모 철골공사에 이용된다.

  ㉡ 펜트 하우스(Pent House) 등의 돌출부에 쓰이고 중량재료를 달아 올리기에 편하다.

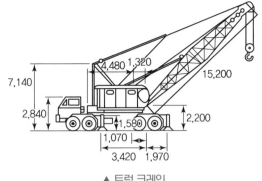

▲ 트럭 크레인

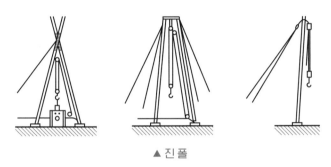

▲ 진 폴

5. 기타 공사 및 기타 사항

1) 경량 철골 공사

주요 구조부를 두께가 얇고 너비가 일정한 강판(Slitter)을 휨에 대한 단면성능이 좋도록 냉각 성형한 경량형 강재로 시공하는 공사이다. 1.6~4.0mm 두께의 종류가 쓰인다.

(1) 장단점

장점	단점
• 두께가 얇고 강재량이 적은 반면 휨강도, 좌굴강도에 유리하다. • 단면 계수, 단면 2차 반경 등 단면 효율이 좋다. • 경량이므로 경제적이다.	• 판두께가 얇아서 국부좌굴이 생기며 비틀림에 약하다. • 국부 변형, 처짐에 약하다. • 부식에 약해 방청도료를 사용한다. • 외부사용이 어렵고 접합이 어렵다.

(2) 가공과 접합

① 절단은 커터(Cutter), 소우(Saw), 마찰톱, 수동가스 절단기를 사용한다.

② 접합은 용접, 볼트, 고력볼트, 리벳, 드라이비트(Drivit) 등으로 결합한다.

③ 용접은 아크 용접을 쓰고 유효용접 목두께는 판두께 이하나 3.2mm
보다 작게 한다.
④ 변형 조정 시 600~650℃로 가열 교정한다.
⑤ 리벳 접합은 드라이비트 접합 시 1장의 판두께가 4.5mm 이하, 두께
의 합계가 13mm 이하로 하고 구멍뚫기는 펀칭, 드릴 등으로 하며
변형에 유의한다.

(3) 경량 철골 가공 순서

재료 반입 → 절단 → 용접 조립재의 가공 → 녹막이 칠 순서이다.

(4) 경량 철골 반자틀 시공 순서

인서트 매입 → 달대 설치 → 행거 → 천장틀 받이 → 천장틀 설치 → 텍
스 붙이기 순서이다.

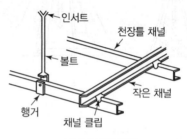

▲ 경량 철골 반자틀

2) 강관 파이프 구조 공사

대규모 공장, 창고, 체육관, 동·식물원, 각종 파이프 트러스(Pipe Truss)
등 의장적 요소, 구조적 요소로 사용된다. 경량이며 외관이 경쾌·미려하
고 부재형상이 단순하여 도장면적도 적어 공사비가 절감된다.

(1) 장단점

장점	단점
• 폐쇄형 단면이어서 강도는 어느 방향에 대해서도 균등하다. • 휨강성 및 비틀림 모멘트에 강하다. • 국부좌굴, 가로좌굴에 강하고 살두께가 적으며 휨 효과가 큰 단면을 얻을 수 있다. • 조립 및 세우기가 안전하다. • 공사비 절감 효과가 있다. • 외관이 경쾌하고 미려하다.	• 파이프 맞춤새, 관끝의 절단가공이 신속지 못하다. • 볼트, 리벳 접합은 곤란하다. • 접합이음이 복잡하고 위치오차, 변형방지를 위해 조립틀을 이용해야 한다.

(2) 조립 순서

가공원척도 → 본뜨기 → 금매김 → 절단 → 조립 → 세우기 순서이다.

(3) 가공 및 조립

① 절단기에는 자동강관절단기, 수동가스절단기가 있다.

② 강관조립은 강관위치의 오차와 용접열 변형 방지를 위해서 조립틀을 쓴다.

③ 이음부 및 관 끝은 신속한 절단 가공이 어렵고 리벳 접합이 곤란하므로 용접, 마찰 램프, 볼트 등으로 긴결한다.

1. **압연강재**

   모양과 치수가 통일된 규격을 갖는 것으로 철골구조에 쓰이는 구조용 강재이다.

2. **흑연**
   (Graphite, Plumbago)

   탄소의 동소체 중 하나이며, 피치, 코크스를 고온으로 가열하여 만든 일종의 인조 흑연이다.

3. **흑연 페인트**
   (Graphite Paint)

   인조 흑연에 아마유(Linseed Oil)를 혼합한 것으로 도막이 수분의 통과를 적게 하여 녹막이의 정벌칠에 이용된다.

4. **금매김**

   철골공작에서 본판 및 리벳간격을 그린 장척을 이용하여 강재면에 금매김기(강필)로 리벳구멍의 위치, 절단개소, 게이지 라인 등을 표시하며 금을 그리는 것이다.

5. **공작도**

   현장에서 실제 시공하도록 하는 기준이 되는 도면으로 건축물이나 물품을 제조하는 데 소요되는 치수, 내용 등을 세밀히 나타내는 것이다.

6. **구멍가심(Reaming)**

   리머로 구멍을 깎아 수정할 때 사용한다.

7. **드리프트 핀(Drift Pin)**

   강재 접합부의 구멍 중심을 맞추는 끝이 가늘게 된 공구로 강재 접합부의 구멍이 맞지 않을 경우 그 구멍에 박아 당겨 맞춤에 쓰이는 것이다.

8. **뒤꺾임(Burr)**

   전단 또는 톱절단 등의 기계적 절단 시 직각으로 절단되지 못해서 생기는 꺾임 부분을 말한다.

9. **노치(Notch)**

   가스절단 시 절단선이 고르지 못하고 울퉁불퉁한 잔자국 거치렁이 부분을 말하고 정밀도의 확보를 위해서 그라인더 등으로 수정한다.

10. **리벳홀더**

    리벳치기 공구의 일종으로 불에 달군 리벳을 판금의 구멍에 넣고 그 머리를 누르면서 받쳐주는 공구이다.

11. **스냅**

    리벳해머 끝에 끼워 리벳머리를 만드는 데 쓰는 공구이다.

12. **임팩트 렌치**
    (Impact Wrench)

    압축공기를 사용하여 볼트를 강력하게 조이는 기계이다.

13. **토크 렌치**
    (Torque Wrench)

    고력볼트와 같이 일정한 값 이상의 연결력을 요하는 볼트의 연결 또는 검사에 사용하는 공구이다.

14. **치핑해머**

    용접할 때 슬래그 및 스패터의 제거, 용착금속의 열간 충격, 용접부의 뒷면 손질 등 불량리벳 머리를 따내는 공구이다.

15. **플럭스(Flux)**

    철골 자동용접 시 용접봉의 피복제 역할을 하는 분말상의 재료이다.

16. 시어 커넥터
    (Shear Connector)

구조물에서 외력이 작용하면 축력, 전단력, 휨 모멘트 등의 응력이 생기는데 이 중 전단력에 저항하는 부재를 말한다.

17. 스터드볼트(Stud Bolt)

둥근 쇠막대의 양 끝에 나사가 있고 너트를 사용하여 죄어야 할 때 사용하는 볼트이다.

18. 앵커볼트(Anchor Bolt)

토대, 기둥, 보, 도리 또는 기계류 등을 기초나 돌, 콘크리트 구조체에 정착시킬 때 쓰이는 본박이 볼트이다.

19. 스캘럽(Scallop)

철골부재의 접합 및 이음 중 용접 접합 시에 H형강 등의 용접부위가 타부재 용접접합 시 용접되어서 열영향 부위의 취약화를 방지하는 목적으로 모따기를 하는 방법을 말하고 가공 시 절삭 가공기나 부속장치가 딸린 수동 가스절단기를 사용한다. (반지름 30mm 표준)

20. 드라이 비트

소량의 화약을 써서 콘크리트, 벽돌벽, 강재 등에 드라이브 핀을 순간적으로 박는 기계이다.

21. 인서트

콘크리트조 바닥판 밑에 달대의 걸침이 되는 것으로 거푸집 바닥에 고정 시공한다.

22. 팽창볼트

콘크리트에 묻어두고 나중에 볼트, 나사못을 틀어박으면 양쪽으로 벌어지게 되는 것이다.

23. 테이퍼 스틸 구조
    (Taper Steel Frame)

기둥과 보를 기성재로 만들어 조립하는 것으로 고장력 볼트로 접합하는 철골부재이다.

24. 스페이스 구조
    (Space Frame)

여러 부재를 입체적으로 짜서 구성하는 판구조로 대공간의 집회장 등 긴 스팬의 구조물에 주로 이용된다.

25. 데크 플레이트

철골조 보에 걸어 지주 없이 쓰이는 바닥판으로 골함석 모양의 큰 홈을 가진 철판 바닥판이다. 지주가 필요 없으며 바닥편 강성을 증진시킨다.

26. 샌드 블라스트

강재 표면의 모래를 컴프레서를 이용해 고속으로 뿜어 밀 스케일, 녹 등을 없애는 방법이다.

27. 흑피(Mill Scale)

압연 강재가 냉각될 때 표면에 생기는 산화철의 표피이다.

28. 좌굴

가는 기둥이나 얇은 판 등을 압축하면 어떤 하중에 이르러 갑자기 가는 방향으로 휘어지며 이후 그 휘어지는 정도가 급격히 증가하는 현상으로 좌굴은 보통의 단면적에 비해 재장이 긴 경우에 일어나기 쉽다.

29. 가스가우징   산소 아세틸렌 불꽃으로 홈을 판 후 모재의 홈 뒷부분을 깨끗하게 깎는 것이다.

30. 매달림   상향용접 시 용착금속이 처지는 현상이다.

31. 엔드탭(End Tab)   용접결함 방지를 위해 용접 끝부분에 붙이는 작은 조각(크레이터 방지를 위해 붙인다)이다.

32. 다층 용접   용접할 모재의 두께가 두꺼울 때 여러 층 겹쳐서 용접하는 방법이다.

33. 브래킷형 접합   기둥과 보의 절점 접합 공장에서 직접 성형하고 현장에서는 보의 길이의 1/4지점에서 보부재끼리 연결시키는 공법이다.

34. 융합부(Fusion)   용착금속부와 모재가 접합되는 부위이다.

35. 개선(Berieling)   용접부재의 두께가 커서 완전한 용접이 곤란할 경우 충분히 내부로부터 용융시키기 위하여 모재의 끝부분을 경사지게 자르는 것이다.

36. 용입(Penetration)   용접 전 모재면에서 잰 용접부의 깊이다.

37. 유효치수 (Effective Length)   접합의 전 길이에서 아크의 앞끝 종단 등 불완전하게 되기 쉬운 부분을 제거한 전 길이를 말한다.

38. 목두께(Throat)   용접단면에서 바닥을 통하는 직선부터 잰 용접의 최소두께(용접부의 최소 유효폭, 구조계산용 용접이음 두께)이다.

39. 모살용접(Fillet Welding)   목두께의 방향이 모재의 면과 45°각을 이루는 용접이다.

40. 맞댄 용접(Butt Welding)   모재의 마구리와 마구리를 맞대어서 행하는 용접이다.

41. 가용접(Tack Welding)   본용접 전에 위치 유지를 위한 짧은 길이의 용접이다.

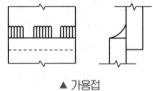

▲ 가용접

42. 밑바닥(Root)   맞댄 용접에서 트임새 끝의 최소간격(용접이음부 홈 아랫부분)이다.

43. 발길이(Leg)   모살용접에서 한쪽 용착면의 폭이다.

44. 비드(Bead)	용착금속이 열상을 이루어 용접된 용접층이다.
45. 위빙(Weaving)	용접방향과 직각으로 용접봉 끝을 움직여 용착너비를 증가시켜 용접 층수를 작게 하여 능률적으로 용접을 행하는 운봉법으로 용착너비 증가, 블로 홀(Blow Hole) 방지 등을 목적으로 행하고 위빙 폭은 봉 지름의 3배 이하(2배가 적당)로 한다.
46. 위핑(Whipping 혹은 Weeping)	스프링(Spring) 운봉법이라고 하며, 용접부 과열로 인한 언더 컷을 예방하기 위해 위핑 운봉의 끝에서 위쪽으로 아크를 빼는 방법이다.
47. 스패터(Spatter)	아크용접이나 가스용접에서 용접 중 비산하는 슬래그 및 금속입자가 경화된 것이다.
48. 비드 크랙(Bead Crack)	용접비드에 발생한 균열이다.
49. 발끝(Toe)	용접표면과 모재면과의 교차선이다.
50. 미장공법	강재 주위에 메탈라스 등을 시공설치하고 철망 모르타르, 철망 펄라이트 모르타르, 플라스터 등을 바르는 공법으로 표면 마무리와 동시에 할 수 있고 작업 소요시간이 길며 기계화 시공이 곤란하다.
51. 타설공법	강재 주위에 거푸집을 설치하고 보통 Concrete, 경량 Concrete 등 내화, 단열성능이 좋은 재료를 타설(두께 5cm 이상)하여 내화피복한 공법으로, 시공시간이 길고 소요 중량이 크며 필요치수 제작 및 표면마감이 용이하고 구조체와 일체화로 시공성이 양호하다.
52. 조적공법	Concrete 블록, 경량 Concrete 블록, 돌, 벽돌 등을 강재 표면에 조적하여 내화피복하는 것으로 거의 사용되지 않는다. 시공시간이 길며 중량이고 충격에 강하며 박리 현상의 우려가 없다.
53. 뿜칠공법	접착제로 도장한 철골 부재의 표면에 내화 피복제(뿜칠암면, 뿜칠 모르타르, 뿜칠 플라스터 등)를 뿜칠하여 피복하는 공법으로 짧은 시간에 시공이 가능하고 가격이 저렴하여 현재 가장 많이 사용한다. 단면형상의 영향이 적어 복잡한 형상의 시공이 가능하나 피복두께, 비중 등의 관리가 곤란하다.
54. 성형판 붙임공법	내화 단열성능이 우수한 경량의 각종 성형판(무기질 혼입 규산칼슘판, ALC판, 석고 보드, 석면시멘트판, PC Concrete판 등)을 철골 주위에 붙이는 공법으로 시공정밀도에 따라 성능의 저하가 우려되고 가공성이 풍부하나 재료손실이 크다.
55. 멤브레인 공법	천장이 내화피복 역할을 하도록 설치하여 슬래브, 작은보의 내화피복을 생략하는 공법으로 막구조 공법, 매달기 공법이라고도 한다.

56. 합성공법(복합공법) 2종류 이상의 내화 피복제를 조합시켜 구성하는 공법으로 천장판, PC판 등 마감재와 동시에 피복공사를 한다.

57. 가이 데릭(Guy Derrick) 가장 많이 이용되는 기기의 일종으로 용량은 5~10ton 정도이다.

58. 스티프레그 데릭 (Stiff-leg Derrick) 삼각형 토대 밑에 바퀴를 달아 수평 이동이 가능하고 낮고 긴 평면에 유리하다.

59. 트럭 크레인 (Truck Crane) 이동이 용이하고 작업 능률이 높다.

60. 타워 크레인 (Tower Crane) 정치식과 주행식이 있으며 고층의 공사에 효과적이다.

61. 진 폴(Gin Pole) 소규모 철골공사에 이용되며 중량재료를 달아올리기에 편리하다.

62. 고정매입 기초공사 시 앵커볼트를 고정시키고 콘크리트를 타설하는 공법으로 시공정밀도가 요구되는 곳에 사용하며 위치수정이 불가능한 앵커볼트 매입방법이다.

63. 가동매입 함석깔때기(얇은 철판통)를 끼워두고 콘크리트를 타설하며 다소 위치수정이 가능한 앵커볼트 매입방법이다.

64. 나중매입 앵커볼트 묻을 자리를 내두었다가 콘크리트를 타설한 후 나중에 고정하는 방법으로 경미한 공사에 사용되며 위치수정이 가능한 앵커볼트 매입방법이다.

65. 전면바름 마감공법 철골기초 상부 고름질(Levelling)공법 중 하나로 기초주각부를 전면 모르타르(1 : 2)로 발라서 마무리하는 공법이다.

66. 나중 전체 채워넣기법 철골기초 상부 고름질공법 중 하나로 베이스 플레이트를 수평으로 조정하고 주각을 세운 후 나중에 기초주각부 틈을 모르타르(1 : 1)로 채워넣는 방법이다.

67. 나중 부분 채워넣기법 (중심바름) 철골기초 상부 고름질공법 중 하나로 기초주각부의 중앙을 바르고 나중에 주위를 채워넣는 방법이다.

68. 나중 부분 채워넣기법 (십자(十)바름) 철골기초 상부 고름질공법 중 하나로 기초주각부에 +자형으로 바르고 나중에 주위를 채워넣는 방법이다.

69. 밀 시트(Mill Sheet) 강재의 역학적 · 물리적 시험을 통하여 성분과 특성을 나타내는 시험 성적표로서 공인된 시험기관의 것이어야 한다.

70. 허니콤 보
   (Honeycomb Beam)

H형강의 Web를 반으로 잘라서 6각형 구멍을 여러 개 생기도록 하여 다시 Web를 용접하여 만든 보로서 단면 2차 모멘트가 높아져서 휨강성이 커지면 구멍(Honey Comb)이 설비 덕트용 개구부로 활용되어서 천장고를 낮출 수 있고 슬래브 두께도 줄일 수 있다.

71. 메탈 터치(Metal Touch)

철골기둥의 이음부가 가공되어서 상하부 기둥이 밀착될 때 축응력과 휨 모멘트의 25% 정도까지의 응력을 밀착면에서 직접 전달시키는 이음 방법이다. 설계도서에 이 방법이 지정된 경우는 페이싱 머신(Facing Machine)이나 로터리 플래너(Rotary Planer) 등의 절삭가공기를 사용하며 충분히 밀착 가공한다.

72. 하이브리드 보
   (Hybrid Beam)

휨 모멘트를 부담하는 플랜지에는 고강도 강을 이용하고, 전단력을 부담하는 웨브 (Web)에는 연강을 이용한 보를 말한다.

73. 자기 불기
   (Magnetic Blow)

아크가 전류의 자기작용에 의해 동요되는 것이 직류에 심하며 특히 나봉(裸棒)이 심하다.

01 다음 보기 중 철골구조에 이용되는 일반적인 형강명을 모두 골라 기호를 쓰시오. (4점)   [97, 99]

❯❯ ㉡, ㉣, ㉤, ㉥, ㉨, ㉩

> [보기]
> ㉠ B형강   ㉡ C형강   ㉢ E형강   ㉣ H형강
> ㉤ I형강   ㉥ K형강   ㉦ L형강   ㉧ N형강
> ㉨ T형강   ㉩ Z형강

_____

02 일반적인 철골공사의 공장가공제작에 관한 사항이다. 작업 순서를 보기에서 골라 기호를 쓰시오. (5점)   [85, 95, 97, 02]

❯❯ ㉣-㉥-㉦-㉢-㉨-㉤-㉡-㉠-㉧-㉩

> [보기]
> ㉠ 검사   ㉡ 리벳치기   ㉢ 절단   ㉣ 원척도 작성
> ㉤ 가조립   ㉥ 본뜨기   ㉦ 금매김   ㉧ 녹막이칠
> ㉨ 구멍뚫기 ㉩ 운반

_____

03 철골공사 공장가공 순서를 보기에서 골라 쓰시오. (7점)   [87, 04]

공작도 작성−(①)−(②)−(③)−금긋기−(④)−(⑤)−
가조립−(⑥)−(⑦)−현장반입

❯❯
① 원척도 작성
② 형판뜨기
③ 변형 바로잡기
④ 절단
⑤ 구멍뚫기
⑥ 리벳치기
⑦ 녹막이칠

> [보기]
> 구멍뚫기, 절단, 기초철근, 원척도 작성, 리벳치기, 변형 바로잡기, 거푸집 설치, 형판뜨기, 녹막이칠

① _____   ② _____   ③ _____
④ _____   ⑤ _____   ⑥ _____
⑦ _____

04 철근공작도(Shop Drawing)의 정의를 간단하게 설명하고 그 종류를 쓰시오. (4점)　　　　　　　　　　　　　　　　　　　　[93, 94]

(1) 정의 : _____
(2) 종류 : _____

▶ (1) 정의 : 철근구조도면에 따라 철근의 절단, 구부림공작을 하기 위한 시공도면으로 철근의 모양, 치수, 구부림 위치 등을 기입, 산출한다.
(2) 종류 : 기초, 기둥, 벽, 보, 바닥판, 계단 배근도 및 라멘도 등

05 철골공사의 절단가공에서 절단방법의 종류를 3가지 쓰시오. (7점)
　　　　　　　　　　　　　　　　　　　[98, 99, 06, 12, 15, 20]

① _____　② _____　③ _____

▶ ① 전단절단, ② 톱절단, ③ 가스절단

06 철골부재의 송곳 구멍뚫기를 실시하는 경우에 대하여 3가지 쓰시오. (3점)　　　　　　　　　　　　　　　　　　　　[92, 94]

① _____
② _____
③ _____

▶ ① 부재 두께가 13mm를 초과할 때
② 주철재인 경우
③ 유조, 수조인 경우(기밀성을 요할 때)

07 철골공사에서 철골에 녹막이칠을 하지 않는 부분을 4가지 쓰시오. (4점)　　　　　　　　[92, 97, 98, 99, 01, 03, 06, 14, 18, 19]

① _____
② _____
③ _____
④ _____

▶ ① 고력볼트 접합부의 마찰면
② 콘크리트에 매립되는 부분
③ 기계 절삭 마무리면
④ 용접부위 인접 100mm 부분과 초음파 탐상검사에 영향을 미치는 범위

08 철(鐵)재면의 도장공사 시에 금속 표면에 붙어 있는 유지(油脂)나 녹, 흑피, 기계유 등 여러 종류의 오염물을 닦아내는 도구 및 용제의 이름을 각각 2가지씩 기입하시오. (4점)　　　　　　[99, 01]

(1) 도구 : _____, _____
(2) 용제 : _____, _____

▶ (1) 와이어 브러시, 사포(연마지, 샌드페이퍼, 마대)
(2) 휘발유, 벤젠, 솔벤트, 나프타

09 철골 운반 시 조사 및 검토사항을 4가지 쓰시오. (4점)   [98]

① _____   ② _____
③ _____   ④ _____

> ① 운반차의 용량
> ② 길이제한
> ③ 수송 중 장애물
> ④ 교량, 도로의 용량과 운반 제한사항

10 철골재 접합의 종류를 3가지만 들고 주의사항을 간단히 기술하시오. (6점)   [91, 93, 96, 97]

① _____
_____
② _____
_____
③ _____
_____

> ① 리벳 접합의 주의사항
> • 리벳지름에 따른 구멍 지름크기를 정확하게 뚫는다.
> • 리벳치기 시 가열온도는 800~1,100℃ 정도를 유지한다.
> • 리벳 배치에 따른 간격, 게이지, 클리어런스, 그립 등을 지켜야 한다.
> ② 용접 접합의 주의사항
> • 용접결함이 생기지 않도록 주의한다.
> • 용접할 면의 불순물을 제거한다.
> ③ 고장력 볼트 접합의 주의사항
> • 고력볼트 접합면을 거칠게 해야 한다.
> • 조임에 의한 장력(토크치)을 측정하여 표준 볼트장력이 얻어지게 한다.

11 철공공사 중 접합에 이용되는 머리모양에 따른 리벳 종류를 3가지 쓰시오. (3점)   [92, 04]

① _____   ② _____   ③ _____

> ① 둥근 리벳
> ② 민머리 리벳
> ③ 평머리 리벳

12 리벳치기 검사에서 다시 치기를 하여야만 하는 불량사항을 3가지만 쓰시오. (3점)   [91, 94]

① _____
② _____
③ _____

> ① 건들거리는 것
> ② 머리모양이 틀린 것
> ③ 축선이 불일치하는 것
> ④ 머리가 갈라진 것(Crack)
> ⑤ 강재 간 틈이 발생된 것

13 리벳치기에 이용되는 공구 및 기구를 4가지만 쓰시오. (2점)   [90, 93]

① _____
② _____
③ _____
④ _____

> ① 조 리벳터(공장용), 뉴매틱해머(현장용), 쇠메 : 리벳치기에 사용
> ② 스냅(Snap) : 리벳 해머 끝에 끼워 리벳머리 만드는 데 쓰이는 공구
> ③ 리벳홀더(Rivet Holder) : 리벳머리를 받쳐주는 공구
> ④ 펀치(Punch), 드릴(Drill) : 리벳구멍 뚫을 때 사용되는 공구
> *치징해머 (chipping hammer), 리벳카터기 : 불량리벳 머리따내는 공구

14 다음 설명이 뜻하는 용어를 쓰시오. (2점)   [88]

철골공사의 리벳 접합 시 리벳이 박힌 게이지 라인(Gauge Line)과 게이지라인의 거리를 무엇이라고 하는가? _____

▶ 게이지(Gauge)

15 가설공사 등에 쓰이는 일반볼트의 경우, 너트의 풀림을 방지할 수 있는 방법에 대하여 3가지만 쓰시오. (3점)   [97, 99, 04]

① _____
② _____
③ _____

▶ ① 이중너트를 사용한다.
  ② 스프링 와셔를 사용한다.
  ③ 너트를 용접한다.
  ④ 콘크리트에 매립한다.

16 다음 물음에 답하시오. (2점)   [07]

철골구조의 여러 접합방식 중에서 부재를 접합할 때 접합부재 상호 간의 마찰력에 의하여 응력을 전달시키는 접합방식은?

_____

▶ 고력볼트 접합 혹은 고력볼트 마찰접합

17 철골공사 시 각 부재의 접합을 위해 사용되는 고장력볼트 중 특수형의 볼트 종류 4가지를 쓰시오. (4점)   [02]

① _____   ② _____
③ _____   ④ _____

▶ ① 볼트축전단형(TC Bolt식)
  ② 너트전단형(PI 너트식)
  ③ 고장력 그립볼트(Grip Bolt)식
  ④ 지압형 볼트식

18 철골공사에서 고력볼트 접합의 종류에 대한 설명이다. ( ) 안에 알맞은 용어를 쓰시오. (4점)   [04, 10]

(1) Torque Shear 볼트로서 일정한 조임 토크치에서 볼트축이 절단   ( )

(2) 2겹의 특수너트를 이용한 것으로 일정한 조임 토크치에서 너트(Nut)가 절단   ( )

(3) 일반 고장력볼트를 개량한 것으로 조임이 확실한 방식   ( )

(4) 직경보다 약간 작은 볼트구멍에 끼워 너트를 강하게 조이는 방식   ( )

▶ (1) TS Bolt(Torque Shear Bolt), 볼트축 전단형 고력볼트
  (2) 너트 전단형 고력볼트
  (3) 그립형 고력볼트
  (4) 지압형 고력볼트

19 TS(Torque Shear)형 고력볼트의 시공 순서 기호를 나열하시오. (3점)   ⊙ ⓔ → ⓛ → ⓒ → ⊙

[12, 19]

> ⊙ 팁 레버를 잡아당겨 내측 소켓에 들어 있는 핀테일을 제거
> ⓛ 렌치의 스위치를 켜 외측 소켓이 회전하며 볼트를 체결
> ⓒ 핀테일이 절단되었을 때 외측 소켓이 너트로부터 분리되도록 렌치를 잡아당김
> ⓔ 핀테일에 내측 소켓을 끼우고 렌치를 살짝 걸어 너트에 외측 소켓이 맞춰지도록 함

---

20 철골공사에서 고장력 볼트조임의 장점에 대하여 4가지 쓰시오. (4점)

[95, 99, 07, 09, 12]

① _____
② _____
③ _____
④ _____

⊙
① 접합부의 강성이 높다.
② 노동력이 절감되고, 공기가 단축된다.
③ 마찰접합, 소음이 없다.
④ 화재, 재해의 위험이 적다.
⑤ 피로강도가 높다.
⑥ 현장시공 설비가 간단하다.
⑦ 불량부분 수정이 쉽다.

---

21 철골공사에서 고장력 볼트 조임에 쓰는 기기 2가지와 일반적으로 각 볼트군에 대하여 조임검사를 행하는 표준볼트의 수에 대해 쓰시오. (3점)

[93, 05]

(1) 조임기기 : _____, _____
(2) 조임검사를 행하는 표준볼트의 수 : _____

⊙
(1) 임팩트 렌치나 토크 렌치
(2) 전체 볼트 수의 10% 이상 혹은 각 볼트군에 1개 이상

---

22 다음 물음에 답하시오. (2점)

[07]   ⊙ 10tonf/cm² 또는 1kN/mm²

고장력 볼트의 조임은 표준볼트의 장력을 얻은 수 있도록 1차 조임, 금 매김, 본조임의 순서로 행한다. 표준볼트의 장력을 얻을 수 있는 볼트의 등급인 고장력볼트 F10T에서 10이 가리키는 의미는?

---

23 철골공사에서 활용되는 표준볼트장력을 설계볼트장력과 비교하여 설명하시오. (2점)   [09, 10, 13, 16]

_____

_____

▶ 설계볼트 장력이란 고력볼트 내력 산정 시 허용전단력을 정하기 위한 고려값이고, 표준볼트 장력은 설계볼트 장력에 10%를 할증한 것으로서 현장시공 시 조임 표준값으로 사용된다.

24 철골의 접합방법 중 용접의 장점을 4가지 쓰시오. (4점)   [96, 14]

① _____ ② _____

③ _____ ④ _____

▶ ① 소음, 진동(공해)이 없다.
② 중량이 감소(강재량 절약)한다.
③ 접합부 강성이 크다.
④ 일체성, 수밀성이 보장된다.

25 철골재 아크용접에 대한 설명 중 직류와 교류를 사용할 경우의 특징을 보기에서 골라 기호를 쓰시오. (4점)   [97, 99, 01, 04]

> [보기]
> ㉠ 고장이 작다.   ㉡ 일하기 쉽다.
> ㉢ 가격이 싸다.   ㉣ 공장용접에 많이 쓰인다.
> ㉤ 현장용접에 많이 쓰인다.

(1) 직류아크 용접 : _____

(2) 교류아크 용접 : _____

▶ (1) ㉡, ㉣
(2) ㉠, ㉢, ㉤

26 수동아크용접에서 피복제의 역할에 대하여 4가지만 쓰시오. (4점)   [91, 94, 97, 99, 06, 12]

① _____

② _____

③ _____

④ _____

▶ ① 산화, 질화 등 모재의 변질을 방지한다.
② 함유원소를 이온화해 아크를 안정시킨다.
③ 용착금속에 합금원소를 가한다.
④ 용융금속의 탈산 정련을 한다.
⑤ 표면의 냉각, 응고 속도를 낮춘다.

27 다음 설명에 해당되는 답을 기재하시오. (4점)   [08]

(1) 접하는 두 부재 사이를 트이게 홈(Groove)을 만들고 그 사이에 용착 금속을 채워 두 부재를 결합하는 용접 접합방식 : _____

(2) 필렛용접에서 유효용접길이는 실제 용접길이에서 유효목두께의 몇 배를 감한 것으로 하는가? _____

▶ (1) 맞댐(맞댐) 용접접합, 그루브 용접접합, 맞대기(Butt) 용접접합
(2) 2배

28 다음 맞댄 용접의 각부 모양에 대한 명칭을 쓰시오. (4점)   [00]

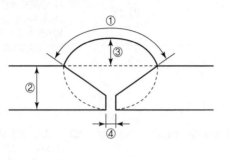

① _____   ② _____

③ _____   ④ _____

▶ ① 개선각(Groove Angle)
② 목두께
③ 보강살두께(살올림두께)
④ Root(Root 간격)

29 다음의 용접기호로써 알 수 있는 모든 사항을 쓰시오. (4점)

[92, 94, 98, 04]

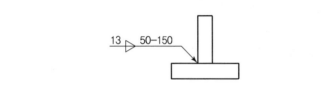

① _____   ② _____

③ _____   ④ _____

▶ ① 병렬 단속 모살용접이다.
② 다리길이는 13mm이다.
③ 용접길이는 50mm이다.
④ 용접 피치는 150mm이다.

30 그림과 같은 용접부의 기호에 대해 기호의 수치를 모두 표시하여 제
작 상세를 도시하시오(단, 기호와 수치를 모두 표기해야 함). (4점)

[14, 21]

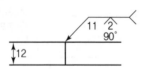

▶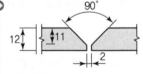

보충설명
① v형 맞댐 용접임(개선각 : 화살표 쪽
으로 90°)
② 목두께 12mm
③ 홈깊이(개선깊이) 11mm
④ Root 간격 2mm

31 그림과 같은 철골조 용접부위 상세에서 ①, ②, ③의 명칭을 기술하시오. (3점) [02, 11]

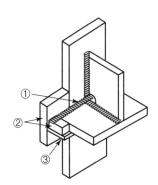

① _____
② _____
③ _____

② 엔드탭(End Tap, 보조강판)

▶ ① 스캘럽(Scallop, 곡선모따기)
② 엔드탭(End Tap, 보조강판)
③ 뒷댐재(Back Strip, 뒷괌재)

32 다음 철골구조에서 용접모양에 따른 명칭을 쓰시오. (4점) [98, 00]

(1)　　　(2)　　　(3)　　　(4)　　　(5)

(6)　　　(7)　　　(8)　　　(9)

(1) _____ (2) _____ (3) _____
(4) _____ (5) _____ (6) _____
(7) _____ (8) _____ (9) _____

▶ (1) 맞댄 용접
(2) 겹친 모살용접
(3) 모서리 모살용접
(4) T형 양면 모살용접
(5) 단속 모살용접
(6) 갓용접
(7) 덧판용접
(8) 양편 덧판용접
(9) 산지용접

33 용접자세 표현기호가 의미하는 방향은? (4점) [00]

(1) F : _____　(2) H : _____
(3) V : _____　(4) O : _____

▶ (1) F : 하향자세 용접
(2) H : 수평자세 용접
(3) V : 수직자세 용접
(4) O : 상향자세 용접

34 다음 설명에 해당되는 용접결함의 용어를 쓰시오. (4점)

[93, 97, 05, 09, 19]

(1) 용접금속과 모재가 융합되지 않고 단순히 겹치는 것 (　　　)

(2) 용접 상부에 모재가 녹아 용착금속이 채워지지 않고 흠으로 남게 된 부분 (　　　)

(3) 용접봉의 피복제 용해물인 회분이 용착금속내에 혼입된 것 (　　　)

(4) 용융금속이 응고할 때 방출되었어야 할 가스가 남아서 생기는 용접부의 빈자리 (　　　)

→ (1) 오버랩(Overlap)
(2) 언더컷(Under Cut)
(3) 슬래그 감싸들기
(4) 블로 홀(Blow Hole)

35 철골 용접접합에서 발생하는 결함 항목을 6가지만 쓰시오. (3점)

[91, 92, 96, 98, 08, 12, 13, 14, 15]

① _____　② _____　③ _____
④ _____　⑤ _____　⑥ _____

→ ① 슬래그 감싸들기
② 언더컷
③ 오버랩
④ 블로 홀
⑤ 크랙
⑥ 용입불량
⑦ 크레이터
⑧ 은점

36 철골공사 시 용접결함의 원인을 4가지 쓰시오. (4점)　[96, 98]

① _____　② _____
③ _____　④ _____

→ ① 전류의 과대, 과소(전압과도 관계)
② 운봉의 과대, 과소(운봉속도와도 관계)
③ 젖은 용접봉을 사용할 때(용접봉의 습기)
④ 낮은 온도에서 용접(급랭)

37 보기에 주어진 철골공사에서의 용접결함 종류 중 과대전류에 의한 결함을 보기에서 모두 골라 해당 기호를 적으시오. (3점)　[10, 17]

[보기]
㉠ 슬래그 감싸기　ⓛ 언더컷　ⓒ 오버랩
㉣ 블로 홀　ⓜ 크랙　ⓗ 피트
ⓢ 용입 부족　ⓞ 크레이터　ⓩ 피시아이

→ ⓛ, ⓜ, ⓞ

38 다음 보기는 용접부의 검사 항목이다. 보기에서 골라 알맞은 공정에 해당 기호를 써넣으시오. (6점, 3점)   [88, 93, 96, 97, 99, 11]

> ≫ (1) 용접 착수 전 : ㉠, ㉢, ㉯
> (2) 용접 작업 중 : ㉡, ㉣, ㉤
> (3) 용접 완료 후 : ㉢, ㉺, ㉦, ㉧

```
[보기]
㉠ 트임새 모양        ㉡ 전류           ㉢ 침투수압
㉣ 운봉              ㉤ 모아대기법       ㉥ 외관판단
㉯ 구속              ㉤ 용접봉          ㉦ 초음파검사
㉧ 절단검사
```

(1) 용접 착수 전 : _____

(2) 용접 작업 중 : _____

(3) 용접 완료 후 : _____

39 용접 착수 전의 용접부 검사 항목 3가지를 쓰시오. (3점)   [13]

> ≫ ① 트임새 모양
> ② 모아대기법
> ③ 구속법

① _____   ② _____   ③ _____

40 다음 보기는 용접부의 검사 항목이다. 보기에서 골라 알맞은 공정에 해당 기호를 써넣으시오. (6점)   [13, 16, 20]

> ≫ (1) 용접 착수 전 : ㉢, ㉣, ㉤
> (2) 용접 작업 중 : ㉠, ㉡, ㉤
> (3) 용접 완료 후 : ㉥, ㉯

```
[보기]
㉠ 아크전압              ㉡ 용접속도
㉢ 청소상태              ㉣ 홈의 각도, 간격 및 치수
㉤ 부재의 발단           ㉥ 필렛의 크기
㉯ 균열, 언더컷 유무      ㉤ 밑면 파내기
```

(1) 용접 착수 전 : _____

(2) 용접 작업 중 : _____

(3) 용접 완료 후 : _____

41 철골공사에서 용접부의 비파괴 시험방법의 종류를 3가지 쓰시오. (3점)   [99, 03, 06, 08, 11, 14, 17, 20]

> ≫ ① 방사선 투과시험
> ② 초음파 탐상법
> ③ 자기분말 탐상법

① _____

② _____

③ _____

42 철골접합에 보기와 같은 여러 가지 접합방식이 혼용되어 있는 경우 내력계산에서 먼저 고려해야 할 사항부터 순서대로 기호를 쓰시오. (단, 같은 차원에서 고려하는 것은 =로 표기한다.) (3점)　　[91]

> ⓛ>ⓒ=㉠>㉣

[보기]
㉠ 리벳　　　　　　　　　ⓛ 용접
ⓒ 고장력볼트　　　　　　㉣ 일반볼트

CHAPTER 07 조적공사(벽돌 · 블록 · ALC블록 · 돌공사)

Engineer Architecture **PART 01**

1. 벽돌공사

1) 공사내용

(1) 벽체의 종류

① **내력벽**(Bearing Wall) : 벽체, 바닥, 지붕 등 상부 구조물의 모든 하중을 받아서 그 밑층의 벽이나 기초에 전달하는 벽(RC조의 기둥 역할)으로 일반적으로 외측벽은 물론 내부 칸막이벽이라도 내력벽으로 할 때가 있다.

② **장막벽**(Curtain Wall) : 벽체 자체의 하중만을 받고 자립하면 되는 벽체로서 칸막이(Partition)의 역할과 내 · 외부의 의장적 역할을 하는 벽체, 철근 콘크리트 구조체의 라멘조에 쌓거나 또는 경미한 칸막이벽일 경우 쓰인다.

③ **중공벽**(Cavity Wall) : 주로 외벽에 사용하여 방습, 보온, 방음의 역할을 하는 벽체로 중간부에 공간을 두어 이중벽으로 쌓는다. 중공벽에 대하여 속이 찬 것을 속찬벽(Solid Wall)이라 할 때도 있다.

(2) 벽돌의 종류

① **보통 벽돌**
   ㉠ 붉은 벽돌(소성 벽돌) : 완전 연소로 구운 것
   ㉡ 시멘트 벽돌 : 시멘트와 모래로 만든 벽돌로 치수와 형상은 붉은 벽돌과 같다.

② **특수 벽돌**
   ㉠ 이형 벽돌 : 특별한 곳에 사용할 목적으로 만든 특별한 모양(홍예 벽돌, 원형 벽돌, 둥근모 벽돌 등)의 것
   ㉡ 오지 벽돌 : 벽돌의 표면에 오지물을 올린 치장 벽돌
   ㉢ 검정 벽돌(치장용) : 불완전 연소로 구운 것
   ㉣ 보도용 벽돌 : 흡수율이 적고 마모성과 강도가 큰 것(보도블록)

③ **경량 벽돌** : 공동 벽돌(Hollow Brick), 다공 벽돌이 있으며 중량이 가볍고 보온, 방음, 방열성능이 큰 벽돌을 말한다. 못치기 용도로 쓰인다.

④ **내화 벽돌** : 고온에 견디는 점토질의 벽돌로 산성 내화, 염기성 내화, 중성 내화 벽돌 등이 있다(재료 : 기건성).

(3) 벽돌의 규격

▼ 규격에 따른 벽돌의 종류   (단위 : mm)

구분	길이	너비	두께
재래형	210	100	60
표준형	190	90	57
내화 벽돌	230	114	65

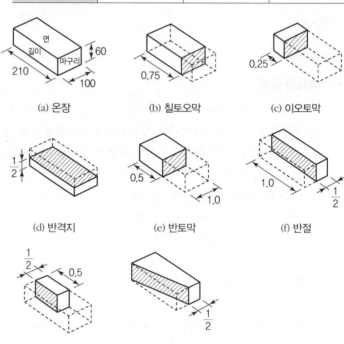

(a) 온장	(b) 칠토오막	(c) 이오토막
(d) 반격지	(e) 반토막	(f) 반절
(g) 반반절	(h) 경사반절	

(4) 벽돌의 품질

품질	종류		기타
	1종	2종	
흡수율(%)	10 이하	15 이하	• 1종 : 내 · 외장용
압축강도(MPa)	24.50 이상	14.70 이상	• 2종 : 내장용

※ 1종 벽돌의 강도
$250 \times 9.8 = 2,450 N/cm^2 = 24.50 N/mm^2 = 24.50 MPa$

① 붉은 벽돌의 소성온도는 900~1,000℃으로 일반 조적구조재에 사용한다.

② 내화 벽돌의 내화도

등급	S · K − NO	내화도
저급	26~29	1,580~1,650℃
보통	30~33	1,670~1,730℃
고급	34~42	1,750~2,000℃

Tip

시멘트 벽돌의 압축강도는 8N/mm 이상, 골재 최대치수는 10mm 이하이며, 진동 · 압축을 병용하여 성형한다.

ⓐ 굴뚝, 벽난로, 부뚜막 등에 쓰이는 내화 벽돌은 보통 1,000~1,100℃에 견디는 산성내화 벽돌을 사용한다(S·K−NO. 26~29).

ⓑ 일반적으로 내화 벽돌의 온도는 제게르 추(Seger−Keger Cone : S·K)를 이용하여 측정한다. 제게르 추는 세모뿔형으로 된 것으로서 600~2,000℃까지 측정한다.

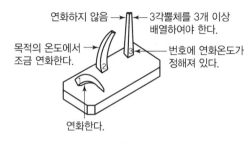

연화하지 않음 → 3각뿔체를 3개 이상 배열하여야 한다.
목적의 온도에서 조금 연화한다. → 번호에 연화온도가 정해져 있다.
연화한다.

▲ 제게르 추

2) 벽돌 쌓기법

(1) 각종 벽돌쌓기

① 영국식(영식) 쌓기
  ⓐ 한 켜는 길이 쌓기, 다음 켜는 마구리 쌓기로 한다(마구리 쌓기와 길이 쌓기를 교대로 하여 쌓는다).
  ⓑ 벽 모서리와 끝 벽에는 마구리켜에 반절이나 이오토막을 사용한다.
  ⓒ 통줄눈이 생기지 않아 구조적으로 가장 안전하다.
  ⓓ 가장 튼튼한 쌓기법이며 내력벽에 사용한다.

② 네덜란드식(화란식) 쌓기
  ⓐ 쌓는 방법은 영식 쌓기와 거의 같다.
  ⓑ 벽 모서리의 끝 벽에는 길이켜에 칠오토막을 사용한다.
  ⓒ 우리나라에서 가장 많이 쓰인다.

③ 프랑스식(불식) 쌓기
  ⓐ 입면상 매 켜에 길이와 마구리가 번갈아 보인다.
  ⓑ 통줄눈이 많이 생겨 구조적으로 튼튼하지 못하다.
  ⓒ 구조적으로 강도가 필요치 않은 벽돌담과 같은 치장용으로 쓰인다.
  ⓓ 가장 아름답다(반복의 미).
  ⓔ 표면은 불식 쌓기로 이용되고 뒷면은 영식 쌓기로 이용된다.

④ 미국식(미식) 쌓기
  ⓐ 5켜는 치장벽돌로 길이 쌓기를 하고 다음 켜는 마구리 쌓기로 본 벽돌에 물리고 뒷면은 영식 쌓기로 한다.

ⓛ 보통 외부는 붉은 벽돌, 내부는 시멘트 벽돌을 사용한다.

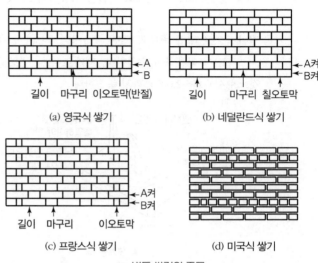

(a) 영국식 쌓기   (b) 네덜란드식 쌓기

(c) 프랑스식 쌓기   (d) 미국식 쌓기

▲ 벽돌 쌓기의 종류

⑤ 한편 불식 쌓기(한면 불식 쌓기)
　　㉠ 전면은 불식 쌓기를 하고 뒷면은 영식 쌓기를 한다.
　　ⓛ 구조, 치장을 겸할 수 있다.
⑥ 마구리 쌓기
　　㉠ 벽두께 1.0B 이상 쌓을 때 쓰인다.
　　ⓛ 원형굴뚝, 사일로 등에 사용한다.

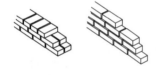

▲ 마구리 쌓기   ▲ 길이 쌓기

⑦ 길이 쌓기
　　㉠ 길이 방향으로 보통 0.5B 두께로 쌓는다.
　　ⓛ 칸막이, 벽체 등에 사용한다.
⑧ 장식 쌓기 : 엇모 쌓기, 영롱 쌓기, 무늬 쌓기, 장식벽으로 이용한다.

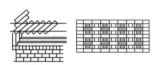

▲ 엇모 쌓기   ▲ 영롱 쌓기

⑨ 내쌓기
　　㉠ 한 켜씩 내쌓을 때는 1/8B, 두 켜씩은 1/4B를 내쌓고 맨 위는 두
　　　 켜 내쌓기로 한다.
　　ⓛ 최대 내미는 한도는 2.0B 이하로 한다.
　　㉢ 내쌓기는 마구리 쌓기가 강도나 시공상 유리하다.

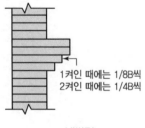

1켜인 때에는 1/8B씩
2켜인 때에는 1/4B씩

▲ 내쌓기

⑩ 기초 쌓기
　　㉠ 1/4B씩 한 켜 혹은 두 켜씩 내어 쌓고, 기초 맨 밑너비는 벽돌벽
　　　 두께의 2배로 쌓고 밑켜는 길이 쌓기를 한다.
　　ⓛ 벽 폭넓이기 경사는 60° 이상이다.
　　㉢ 지면에 접하는 벽돌면은 지중습기가 벽돌벽체로 상승하는 것을
　　　 막기 위하여 지반선과 1층 바닥 사이의 적당한 위치에 수평으로
　　　 방습층을 설치한다.

② 방습층은 아스팔트 모르타르나 방수 모르타르를 1~3cm 정도의 두께로 바른다.

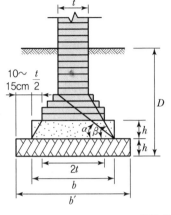

$b = 2t = 20{\sim}30cm$
$b' = b + 20{\sim}30cm$
$h = b/3$ 정도
$h' = b/3$ 정도
α : 45° 이하
β : 60° 이하

▲ 기초 쌓기

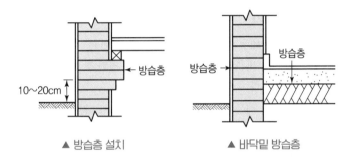

▲ 방습층 설치   ▲ 바닥밑 방습층

⑪ 공간 쌓기

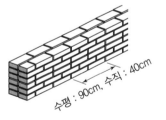

▲ 공간 쌓기

　㉠ 방습, 방열, 방한, 방음을 목적으로 한다.

　㉡ 외벽을 0.5B로 치장 쌓기한다.

　㉢ 보강재(벽돌, #8~#10 철선, 띠쇠, 꺾쇠)의 간격은 60cm 정도, 벽면적 0.4cm²마다 설치한다.

　㉣ 내벽은 1.0B 시멘트 벽돌로 한다.

　㉤ 공간은 0.5B 이내로 보통 5~7cm 정도이다.

　㉥ 물 빠짐 구멍은 10mm 파이프를 2m 간격으로 배치한다.

　㉦ 축조방식

　　• 외부 치장을 목적으로 내부를 1.0B로 쌓고 외부를 0.5B로 쌓는 방법

　　• 내부 벽면의 의장적 효과를 위해서 내부를 0.5B로 쌓고 외부를 1.0B로 쌓는 방법

　　• 저층인 경우 내·외부를 각각 0.5B로 쌓아 둘 다 하중을 지지하게 하는 방법

⑫ 모서리 교차부 쌓기

　　㉠ 통줄눈, 토막 벽돌은 사용을 금지한다.

　　㉡ 교차부는 1/4B씩 켜걸음 들여쌓기로 한다.

　　㉢ 사춤 모르타르는 충분히 한다.

⑬ 층단 떼어 쌓기 : 긴 벽돌벽 쌓기의 경우 벽 중간 일부를 쌓지 못하게 될 때 점점 쌓는 길이를 줄여오는 방법이다.

⑭ 켜걸음 들여 쌓기 : 6벽돌벽의 교차벽에서 하루에 다 쌓을 수 없을 때 한쪽 벽을 남겨두는 방식으로 교차부에서 한 켜 걸러서 1/4B~2/4B를 들여 쌓는다.

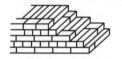 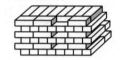

▲ 층단 떼어 쌓기(도중 쌓기 중단 외)　　▲ 켜걸음 들여 쌓기(교차되는 벽)

(2) 개구부 쌓기

① 창문틀 세우기 : 먼저 세우기를 주로 한다.

　　㉠ 먼저 세우기 : 문틀까지 쌓고 1일 경과 후 창문을 세우고 옆 벽을 쌓는다.

　　㉡ 나중 세우기 : 조적중 60cm 간격으로 나무벽돌, 연결철물을 묻고 나중에 끼운다.

② 창대 쌓기

　　㉠ 창대의 윗면을 15° 정도 경사지게 옆세워 쌓는다.

　　㉡ 문 위는 1/8~1/4B 정도 내쌓거나 벽면에 일치시킨다.

　　㉢ 창대벽돌 위끝은 창대 밑에 15mm 정도 물리게 하고 좌우 끝은 옆벽에 맞대거나 1/4~1/2B 물려 쌓는다.

　　㉣ 창문 주위는 거멀접기(Flashing)로 완전 방수한다.

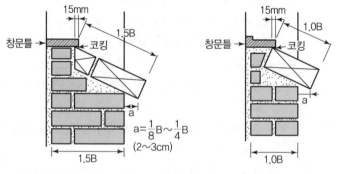

▲ 창대 쌓기

③ 창문틀 옆쌓기

　㉠ 창문의 상하, 가로틀은 뿔을 내고 옆벽에 물린다.

　㉡ 중간 60cm 간격으로 한다.

　㉢ 꺾쇠나 팽창 볼트, 대못 중 한 가지를 선택하여 고정한다.

　㉣ 수직, 수평을 점검한다.

　㉤ 사춤을 철저히 한다.

　㉥ 고임목, 쐐기는 완전히 제거한다.

(3) 아치 쌓기

① 개구부 상부에서 오는 수직하중을 아치축 선에 따라 좌우로 나누어 직압력을 전달하게 하고 부재의 하부에 인장력을 생기지 않게 하는 것이다.

② 너비 1m 정도의 평아치로 하고 1.8m 이상일 때는 철근 콘크리트조의 인방보를 설치한다.

③ 아치줄눈의 방향이 중심에 모이게 한다(원호의 중심).

④ 벽돌을 쌓을 경우 좌우에서 균등하게 쌓아 올라간다.

⑤ 조적벽은 비록 작은 개구부도 평아치(옆세워 쌓기)나 둥근 아치로 한다.

⑥ 양측 벽면에 20cm 이상 물린다.

⑦ 조적조 개구부의 상부에는 폭이 아무리 좁더라도 아치 쌓기를 한다.

⑧ 아치 쌓기 종류

　㉠ 본아치 : 아치 벽돌을 사다리꼴로 주문 제작한 것을 이용한 아치

　㉡ 막 만든 아치 : 보통 벽돌을 쐐기모양으로 다듬어 만든 아치

　㉢ 거친 아치 : 보통 벽돌을 사용하고 줄눈을 쐐기모양으로 하여 만든 아치

　㉣ 층두리 아치 : 아치 너비가 넓을 때 여러 겹으로 겹쳐 쌓는 아치

(a) 본아치　　　(b) 막 만든 아치　　　(c) 거친 아치

▲ 아치 쌓기 종류

Key Stone(Key Block)
(이맛돌)

Spring Line

▲ 이맛돌의 위치

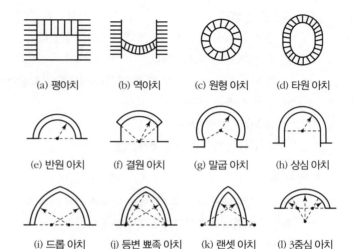

(a) 평아치　　(b) 역아치　　(c) 원형 아치　　(d) 타원 아치

(e) 반원 아치　　(f) 결원 아치　　(g) 말굽 아치　　(h) 상심 아치

(i) 드롭 아치　　(j) 등변 뾰족 아치　　(k) 랜셋 아치　　(l) 3중심 아치

▲ 아치의 종류

3) 벽돌 쌓기 일반사항

① 쌓기 순서 : 청소 → 물축이기 → 건비빔 → 세로규준틀 설치 → 벽돌나누기 → 규준벽돌 쌓기 → 수평실 치기 → 중간부 쌓기 → 줄눈누름 → 줄눈파기 → 치장줄눈 → 보양

② 물축이기

　㉠ 붉은 벽돌 : 쌓기 전에 물축이기를 한다.

　㉡ 시멘트 벽돌 : 쌓으면서 쌓기 바로 전에 물축이기를 한다.

　㉢ 내화 벽돌 : 물축이기를 하지 않는다.

③ 모르타르 배합비

　㉠ 치장용 ⇒ 1 : 1

　㉡ 아치용, 특수용 ⇒ 1 : 2

　㉢ 조적용 ⇒ 1 : 3〜1 : 5

④ 모르타르 강도

　㉠ 벽돌강도와 동일

　㉡ 경화시간 : 1〜10시간(1시간 이내에 사용)

　㉢ 동기공사 : 내한제를 섞는다.

　㉣ 내화 벽돌 : 내화 모르타르를 사용한다.

⑤ 조적조의 줄눈시공 시 주의사항

　㉠ 가로줄눈의 두께는 10mm를 기준(내화 벽돌은 6mm)으로 한다.

　㉡ 조적조의 줄눈은 응력분산을 목적으로 막힌줄눈을 원칙으로 한다.

　㉢ 보강 블록조와 치장용은 통줄눈으로 한다.

　㉣ 가로줄눈은 수평실을 이용하여 일직선이 되도록 한다.

　㉤ 세로줄눈은 다림추를 이용하여 일직선이 되도록 한다.

　㉥ 수평실은 5〜10켜마다 안팎으로 치고 나머지는 한쪽에만 친다.

ⓐ 사춤 모르타르는 5켜 이내마다 한다.
⑥ 치장줄눈
  ㉠ 모르타르가 굳기 전 쇠손으로 눌러 8~10mm를 파낸다.
  ㉡ 치장줄눈은 모르타르가 굳은 후 깊이 6mm를 표준으로 한다.
  ㉢ 치장줄눈의 종류(벽돌 조적조의 줄눈 명칭)

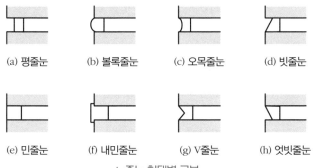

| (a) 평줄눈 | (b) 볼록줄눈 | (c) 오목줄눈 | (d) 빗줄눈 |
| (e) 민줄눈 | (f) 내민줄눈 | (g) V줄눈 | (h) 엇빗줄눈 |

▲ 줄눈 형태별 구분

⑦ 치장벽돌 쌓기 후에 시행하는 치장면의 청소방법
  ㉠ 물 씻기 청소
  ㉡ 주걱, 솔, 헝겊 닦기
  ㉢ 염산 등 희석액을 사용해 청소한 후 물 씻기
⑧ 1일 쌓기 단수
  ㉠ 1.2~1.5m(18~22켜)로 하며 벽면 전체를 균일한 높이로 쌓아 올린다.
  ㉡ 영식, 화란식으로 쌓는다.
⑨ 내력벽 구조제한
  ㉠ 높이≤4m
  ㉡ 길이≤10m
  ㉢ 둘러싸인 면적≤80m²
⑩ 보양
  ㉠ 12시간 내 등분포 하중 금지(3일 동안) : 집중하중 금지
  ㉡ 벽돌 및 쌓기용 재료의 표면온도 : 영하 7℃ 이하 금지
⑪ 벽돌벽의 균열 원인
  ㉠ 벽돌조 건물의 계획 설계상의 결함
    • 불균형 하중, 큰 집중하중, 횡력 및 충격
    • 벽돌벽의 길이, 높이에 비해 두께가 부족하거나 벽체의 강도 부족
    • 기초의 부동침하
    • 건물의 평면, 입면의 불균형 및 벽의 불합리한 배치
    • 문꼴 크기의 불합리 및 불균형 배치(개구부 크기의 불합리)

ⓛ 시공상의 결함
- 이질재와의 접촉부, 불완전 시공(코킹)
- 콘크리트보 밑의 모르타르 다져 넣기의 부족(장막벽의 상부)
- 재료의 신축성(온도 및 흡수에 의한)
- 벽돌 및 모르타르의 접착강도 부족
- 모르타르, 회반죽 바름의 신축 및 들뜨기
- 온도 변화와 신축을 고려한 컨트롤 조인트(Control Joint) 설치 미흡 (보통 6m마다 설치)

⑫ 조적조 벽체에서 물이 새는 원인
ⓐ 이질재 접촉부의 모르타르 사춤불량에 의한 누수
ⓑ 치장줄눈 시공불량에 의한 누수
ⓒ 비계장선 구멍의 보수불량에 의한 누수
ⓓ 벽돌벽의 균열에 의한 누수
ⓔ 벽돌 자체의 투과에 의한 누수
ⓕ 창호재와의 접합부 처리불량에 의한 누수
ⓖ 물끊기, 비흘림 등의 설계, 시공불량에 의한 누수

⑬ 백화현상
벽에 침투하는 빗물에 의해서 모르타르 중의 석회분과 벽돌의 황산나트륨이 공기 중의 이산화탄소와 결합하여 탄산석회로 유출되어 조적 벽면을 하얗게 오염시키는 현상으로 백화물질의 96.6% 이상이 $CaCO_3$이다.

$$Ca(OH)_2 + CO_2 = CaCO_3 + H_2O$$
$$Na_2SO_4 + CaCO_3 = Na_2CO_3 + CaSO_4$$

ⓐ 백화 발생원인
- 벽체의 균열발생으로 빗물 침투
- 벽돌 자체의 소성부족과 흡수율이 높은 것 등의 재료 결함
- 모르타르의 배합이 불량한 것
- 줄눈의 불량시공
- 양생 불량

ⓑ 방지대책
- 흡수율이 적고 소성이 잘된 품질이 우수한 벽돌(소성온도 1,200℃ 이상, 흡수율 20% 이하)을 사용한다.
- 풍화되지 않은 시멘트를 사용한다.
- 재료 배합 시 모르타르의 W/C를 적게 하고 조립률이 큰 모래를 사용한다.
- 경화된 모르타르는 사용을 금지한다.
- 벽체의 균열 방지와 줄눈의 긴밀한 시공(방수제 사용, 충분히 사춤)으로 방수처리를 철저히 한다.

- 벽돌 표면에 파라핀 도료를 발라 벽면에 방수처리를 함으로써 염류의 유출을 막는다.
- 차양, 루버, 돌림띠 등 비막이를 설치하여 빗물이 침입하지 않도록 한다.

⑭ 기타 사항
　㉠ 나무벽돌 묻기
　　- 벽체에 못을 박기 위해 반장 규격인 9×9×5.7cm 규격의 나무 벽돌을 방부제를 칠하여 건조한 것을 벽돌벽 쌓을 때에 90cm 간격으로 동시에 쌓는다.
　　- 벽돌면에서 2mm 정도 내밀어 쌓고 벽돌과 동시 쌓기하고 사춤을 철저히 한다.
　㉡ 앵커 Bolt 묻기 : 벽돌벽에 세워 대는 기둥의 앵커 Bolt는 상하 및 중간 90cm 간격이 되게 수직으로 위치를 정확히 배치한다.
　㉢ 배관 홈파기
　　- 부득이한 경우에만 행한다.
　　- 가로홈 : 홈깊이는 벽두께의 1/3 이하, 홈의 길이는 3m 이하
　　- 세로홈 : 층높이의 3/4 이상 연속된 홈일 때 홈깊이는 벽두께의 1/3 이하
　　- 벽돌벽에 배관, 전기배전반, 소화전 박스 등으로 연속된 홈을 둘 때에는 미리 홈을 두어 쌓는 것이 좋다.

2. 블록공사

1) 블록구조의 종류

① 조적식 블록조
　㉠ 블록을 단순히 모르타르로 접착하여 쌓아올려 벽체를 구성하는 것으로 바닥, 지붕 등은 목조, 철골조 또는 철근 콘크리트조로 한다.
　㉡ 이 벽은 상부에서 오는 하중을 받아 기초에 전달하는 내력벽으로 블록을 쌓은 것으로서 소규모 건물이나 2층 정도를 한도로 하며 큰 건물에는 부적당하다.
② 블록 장막벽
　㉠ 철근 콘크리트조 또는 철골조 등의 구조체 내에 장막벽으로 블록을 쌓는 것이다.
　㉡ 상부에서 오는 하중을 받지 않고 벽 자체의 하중만을 받도록 한 것이다.
③ 보강 블록조
　㉠ 블록의 빈 속에 철근을 배근하고 콘크리트를 부어넣어 보강한 것이다.

ⓛ 수직하중 또는 수평하중에도 튼튼하여 가장 이상적인 블록 구조로서 3층은 물론 4~5층까지도 가능하다.

④ 거푸집 블록조

㉠ 블록을 ㄱ자형, ㄷ자형, ㅁ자형 등으로 살(Shell) 두께가 적고 속이 없는 블록을 거푸집으로 쓰고 그 안에 철근을 배근하고 콘크리트를 부어넣는 것이다.

㉡ 이것은 3층까지 할 수 있으나 2층 정도가 가장 적당하다.

㉢ 일반 RC조와 비교할 때 시공 및 구조적으로 불리한 점

- 블록 내 작은 빈 공간 속에 콘크리트를 부어넣어야 하므로 다짐의 불량, 시멘트풀 누설 등의 우려가 있다.
- 블록은 살이 얇고 쌓는 것이 불안정하여 콘크리트를 부어넣으면 볼록해져서 충분한 다짐이 불가능하다.
- 목재 거푸집처럼 제거되지 아니하므로 그 결과의 판단이 불명확하다.
- 콘크리트를 여러 차례 나누어 부어넣음으로써 이음새가 많아지고 강도가 좋지 않다.

2) 블록 일반사항

(1) 블록의 제작

① 제작용 모르타르 배합 : 시멘트 : 골재＝1 : 7 이하(시멘트 1포대당 15매)

② 골재 : 블록 살두께의 1/3 이하, 10mm 이하

③ W/C : 40% 이하, 단위시멘트양 40% 이하

④ 습윤보양 : 실내 100%의 습도, 500℃ 이상(온도×시간＝500℃), 통상 4,000℃ 이상 다습상태 보양(7일 정도 보양 후 사용)

⑤ 증기보양 : 5,000℃ 이상에서 출하 사용(4일 정도 보양 후 사용)

(2) 블록의 종류(기본 블록)

블록은 유형별로 분류하면 기본형, 이형, 특수형으로 구분되며, 기본형에는 BI형, BM형, BS형이 있으나 BI형이 많이 쓰인다.

▼ 시멘트 블록의 치수

형상	치수(mm)			허용값	
	길이	높이	두께	길이·두께	높이
기본형 블록 (BI형)	390	190	190 150 100 210	±2	
이형블록	길이, 높이, 두께의 최소 치수를 90mm 이상으로 한다.				

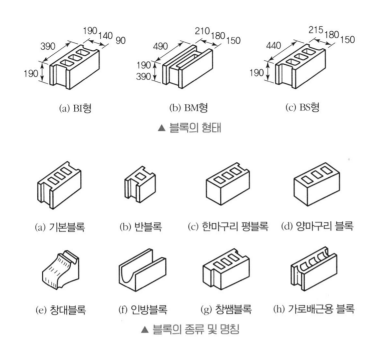

(a) BI형	(b) BM형
(c) BS형	

▲ 블록의 형태

| (a) 기본블록 | (b) 반블록 | (c) 한마구리 평블록 | (d) 양마구리 블록 |

| (e) 창대블록 | (f) 인방블록 | (g) 창쌤블록 | (h) 가로배근용 블록 |

▲ 블록의 종류 및 명칭

(3) 이형블록의 종류

① **창대블록** : 창문틀의 밑에 대어 쌓는 창대모양의 블록이다.

② **인방블록** : 문꼴 위에 쌓아 철근과 콘크리트를 다져 넣어 보강하는 U자형 블록으로 테두리보나 상부 인방보의 역할을 하며 가로근을 배근할 수 있다.

③ **창쌤블록** : 창문틀 옆에 창문이 잘 끼워질 수 있는 형상으로 특별히 만들어진 블록이다.

| (a) 한마구리 평블록(SSB) | (b) 인방블록(LB) | (c) 인방블록(LB) |

| (d) 양마구리 평블록(SB) | (e) 창대블록(WSB) | (f) 인방블록(LB) |

| (g) 위 막힌 가로근용 블록 | (h) 창쌤블록(WJB) | (i) 가로근용 블록 |

▲ 이형블록의 종류

(4) 비중에 따른 종류

① 중량 블록 : 비중 1.8 이상

② 경량 블록 : 비중 1.8 미만

3) 보강 콘크리트 블록조

세로근의 배근(벽 끝, 모서리, 교차부, 개구부, 갓둘레 등)	• 기초보 하단에서 위층까지 잇지 않고 40d 이상 정착 • 벽, 모서리 부분 : D13 이상, 기타 : D10 이상 철근 사용 • 상단부 180° 갈고리, 벽 상부 보강근에 걸침 • 피복두께 2cm 이상
가로근의 배근	• 단부는 180° 갈고리 내어 세로근에 연결 • 모서리 부분 ϕ9mm 이상 철근을 수직으로 구부려 60cm 간격 배근 40d 이상 정착. 피복두께 2cm 이상 ※ 횡근 배근용 블록 사용이 바람직
보강근, 보강철물	• 굵은 철근보다는 가는 철근을 많이 넣음(철근주장을 증가) • 와이어 메시 : (#8~#10번 철선용접이음) 2~3단마다 보강
사춤	콘크리트 또는 모르타르 사춤은 매단이나 2단 걸음으로 하고, 이어 붓기는 블록 윗면에서 5cm 하부에 둠

4) 벽체의 종류

(1) 내력벽

내력벽 길이의 총합계를 그 층의 바닥면적으로 나눈 값을 말하며 큰 건물일수록 벽량을 증가시켜 횡력에 저항하는 힘을 크게 한다.

내력벽의 제한사항은 다음과 같다.

• 길이 : 10m 이하

• 높이 : 4m 이하(최상층)

• 벽두께 : 15cm 이상, 상층벽보다 두껍게, 내력상 중요한 지점 간의 평균거리의 1/50 이상 되도록 한다.

• 내력벽으로 둘러싸인 부분의 바닥면적은 80m²를 넘을 수 없다.

• 실길이 : 55cm 이상, 양측 개구부 평균높이의 30% 이상

• 내력벽의 길이는 그 방향으로의 내력벽 길이의 합계가 그 층 바닥면적 1m²에 대하여 15cm 이상 되도록 한다.

(2) 장막벽

라멘조 등의 하중을 받지 않는 내·외벽체이다.

(3) 이중벽(중공벽, Cavity, Hallow Wall)

주로 외벽에 사용하며 보온, 방습, 차음이 목적이다.

5) 인방보 · 테두리보

① 인방보와 테두리보

    ㉠ 인방보(Bond Beam)는 보강 블록조의 가로근을 배근하는 것으로 테두리보(Wall Girder)의 역할도 한다.

    ㉡ 인방블록인 경우는 좌우 벽면에 20cm 이상 걸치고 철근은 40d 이상 정착한다.

    ㉢ 기성 콘크리트 인방보는 양끝 20cm 이상 걸친다.

    ㉣ 테두리보의 춤은 벽두께의 1.5배 이상, 30cm 이상이다.

    ㉤ 테두리보의 모서리 철근정착은 서로 직각으로 구부려 겹치거나 밑에 있는 블록의 빈 속에 정착하고 콘크리트로 사춤한다.

② 인방보의 설치방법

    ㉠ 횡근용 블록 또는 인방용 블록을 쓴다.

    ㉡ 기성 콘크리트보 또는 철보를 쓴다.

    ㉢ 철근 콘크리트보를 제자리에서 만든다.

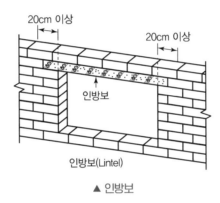

▲ 인방보

③ 테두리보의 설치목적

    ㉠ 분산된 벽체를 일체화하여 하중을 균등히 분포한다(수축균열을 최소화한다).

    ㉡ 집중하중을 균등히 분산하여 보강한다.

    ㉢ 세로 철근을 정착시킨다(제자리 콘크리트 보 타설 시).

    ㉣ 기둥 슬래브의 하중을 보강한다.

    ㉤ 수직균열을 방지한다.

6) 블록쌓기 일반사항

① 시공도에 기입해야 할 사항

    ㉠ 벽 중심 간의 치수를 표기한다.

    ㉡ 창문틀 및 개구부의 안목치수를 표기한다.

    ㉢ 철근 삽입 및 철근 이음위치를 표기한다.

ㄹ 매입 철물의 종류, 철근 지름 및 개수를 표기한다.

ㅁ 나무벽돌, 앵커볼트, 급·배수관, 전기 배선관의 위치를 표기한다.

ㅂ 블록의 평면, 입면 나누기 및 블록의 종류를 표기한다.

ㅅ 콘크리트 사춤개소를 표기한다.

ㅇ 철근 가공상세, 정착방법 및 위치를 표기한다.

② **세로규준틀 설치** : 10cm 각 목재를 양면 대패질하고 시공도 사항을 기입한다.

③ **접착 모르타르**

ㄱ 강도 : 블록 강도의 1.3~1.5배 이상

ㄴ 시멘트 : 석회 : 모래를 1 : 1 : 3(석회는 수분 유지, 점도 증가)으로 배합

ㄷ W/C : 60~70%(가수 후 2시간 이내에 사용)

④ **사춤 모르타르(보강 블록조 중공부 사춤)**

ㄱ 시멘트 : 모래=1 : 3

ㄴ 시멘트 : 모래 : 콩자갈=1 : 2.5 : 3.5~1 : 3 : 6(가수 후 1시간 이내의 것은 다시 비벼서 사용하고 굳기 시작한 것은 사용하지 않는다)

⑤ **살두께** : 두꺼운 쪽이 위로 가게 쌓는다(전면 살두께 : 25mm, 중간 살두께 : 20mm).

⑥ **줄눈**

ㄱ 일반 블록조 : 막힌줄눈

ㄴ 보강 블록조 : 통줄눈

⑦ **일일 쌓기 단수** : 1.2~1.5m 이내(6~7켜) 블록과 모르타르의 접촉면은 물축이고 모르타르는 충분히 깐다.

⑧ **치장줄눈**

ㄱ 줄눈 너비는 10mm를 표준으로 한다.

ㄴ 2~3켜 블록쌓기 직후 줄눈을 누르고 줄눈파기 하고 치장줄눈 한다.

⑨ **모서리, 교차부**

ㄱ 모서리, 마구리는 이형블록을 사용한다.

ㄴ 보강철물 및 철근을 삽입해 보강한다.

ㄷ 사춤 모르타르 및 조인트 구성

ㄹ 와이어 메시로 3단마다 보강

⑩ **일반적인 벽돌 및 블록 쌓기의 시공 순서** : 접착면 청소 → 물축이기 → 규준 쌓기 → 중간부 쌓기 → 줄눈 누르기 → 줄눈 파기 → 치장 줄눈 → 보양

⑪ **콘크리트 블록 쌓기 순서** : 먹매김 → 하부 고르기 및 물축이기 → 세로규준틀 설치 → 와이어 메시 및 철근 세우기 → 블록 쌓기 → 사춤 콘크리트 채우기

7) 각부 구조

① 인방보

㉮ 횡근용 블록 또는 인방용 블록을 사용한다.

㉯ 기성 콘크리트보 또는 철골보를 사용한다.

㉰ 철근 콘크리트보를 제자리에서 만들어 사용한다.

㉱ 좌우 벽면에 20cm 이상 걸치고 철근은 40d 이상 정착한다.

② 기초보(Footing Beam)

㉠ 기초의 부동침하 억제, 내력벽을 연결하여 벽체를 일체화, 상부하중을 균등히 지반에 분포시키는 지중보를 말한다.

㉡ 기초판의 두께는 15cm 이상으로 한다.

㉢ 두께 : 벽체두께 이상 또는 ±3cm

㉣ 춤 : 건물높이의 1/12 이상, 단층 : 45cm 이상, 2~3층 : 60cm 이상

㉤ 너비 : 단층 : 30~40cm, 2~3층 : 60~90cm

㉥ 배근

• 주근은 $\phi 9 \sim \phi 12$로 하되 중요 부분은 $\phi 12$ 이상으로 4가닥 이상의 복근으로 배근한다.

• 늑근은 $\phi 6$ 이상을 30cm 이하의 간격으로 배근한다.

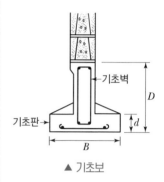

▲ 기초보

3. 석공사

1) 석재의 종류

(1) 성인에 따른 분류

종류	성인(成因)	암석의 종류	건축용 석재
화성암 (火成岩)	마그마(Magma)가 지표 또는 부근에서 냉각 고결되어 굳어서 생김	심성암(섬록암)	화강암, 안산암,
		화산암	화산암
수성암 (水成岩)	기존 암석이 풍화침식작용으로 물, 바람에 의해서 다른 곳으로 운반, 퇴적 후 응고된 것	화산암	응회암
		쇄설암	사암, 점판암
		석회질암	석회암, 석고 등
변성암 (變成岩)	화강암이나 수성암이 지하에서 열과 압력을 받아 변화한 암석	수성암계	대리석
		화성암계	사문암

(2) 건축용 석재의 종류 및 특성

종류		내용
화성암	화강암	① 장점 　• 조직이 균일하며 경도, 강도, 내마모성이 우수하다. 　• 색채와 광택이 우수하다. 　• 큰 재료를 얻을 수 있다. 　• 압축강도가 높다. ② 단점 　• 내화성이 약하다. 　• 300℃에서 변색한다. 　• 500℃에서 박리가 진행된다. 　• 700~800℃에서 붕괴한다. ③ 용도 : 구조재, 내·외장재
	안산암	① 장점 　• 경도, 강도, 내구성, 내화성이 높다. 　• 가공하기 쉽다. ② 단점 : 큰재를 얻기 어렵다.
수성암	점판암	① 방수성이 있어 지붕 재료로 사용한다. ② 색상이 미려하고 외관이 아름답다.
	응회암	① 연질, 다공질이어서 중량이 가볍고 가공성이 좋다. ② 내화성이 좋다. ③ 강도와 내구력이 약하다. ④ 흡수율이 크므로 동해 피해의 염려가 있다. ⑤ 용도 : 내장용, 경량 골재용
	사암	① 조직이 치밀하고 규산질 사암 등 경질의 것은 내구성이 있다. ② 내화성이 우수하나 흡수율이 크고 내구력이 약하다. ③ 용도 : 내장용, 경량 골재용
변성암	대리석	① 내화, 내산성이 약하고 풍화되기 쉽다. ② 열과 산에 약하다. ③ 실외 사용은 드물고 실내장식용으로 많이 쓰인다. ④ 마무리는 헝겊으로 닦고 왁스칠을 한다.
	트래버틴	① 다공질로 무늬가 다양하다. ② 요철부가 생겨 입체감이 있다. ③ 실내장식재로 사용한다.

(3) 용도에 따른 분류

① 마감용 : 외장마감(화강암, 안산암, 점판암), 내장마감(대리석, 사문암)
② 구조용 : 화강암, 안산암, 사암

2) 석재의 성질

(1) 석재에서 흡수율과 강도가 큰 순서

① 흡수율 : 응회암 > 사암 > 안산암 > 화강석 > 대리석
② 강도 : 화강석 > 대리석 > 안산암 > 사암 > 응회암

(2) **석재의 내화도**

① 1,200℃ : 안산암, 사암, 점판암, 응회암

② 1,000℃ : 화산암(부석) (화성암 계통의 비결정질)

③ 800℃ : 화강암(석영의 변태점 : 575℃)

④ 700℃ : 대리석($CaCO_3$가 열분해 함)

(3) **석재 관련 용어**

① 절리(節理, Joint) : 암석 특유의 자연적으로 갈라진 눈(일정방향으로 갈라지기 쉬운 금 : 석물)을 말하며 화성암에 많이 생긴다.

② 층리(層理) : 퇴적암, 변성암 등에 나타나는 평행상 절리로 퇴적할 때 계절, 기후, 수류의 변화가 영향을 준다.

③ 편리(片理) : 변성암에 나타나는 불규칙하고 얇고 작게 갈라지는 성질이다.

④ 석리(石理) : 암석을 구성하고 있는 조암광물의 조성에 따라 생기는 암석 조직상 갈라지는 눈이다.

3) 석재의 시공

(1) **돌공사의 장단점**

① 장점

㉠ 다양한 색조와 광택, 외관이 장중하고 미려하다.

㉡ 내구성, 내마모성, 내수성, 내약품성이 있다.

㉢ 방한 · 방서적이고 차음성이 있다.

㉣ 압축강도가 매우 높다.

② 단점

㉠ 운반, 가공이 어렵고 고가이다.

㉡ 큰재(장대재)를 얻기 어렵다.

㉢ 인장강도가 작다.

㉣ 일체식 구조가 어려워서 내진에 문제가 있다.

(2) **석재의 시공상 주의사항**

① 석재는 균일제품을 사용하므로 공급계획, 물량계획을 잘 세운다.

② 석재는 중량이 크므로 최대치수는 운반상의 문제를 고려하여 결정한다($1m^3$ 이내).

③ 석재는 휨강도, 인장강도가 약하므로 항상 압축응력을 받는 곳에서만 사용한다.

④ $1m^3$ 이상 석재는 높은 곳에 사용하면 안 된다.

⑤ 내화가 필요한 경우는 열에 강한 석재를 사용하나 될 수 있으면 쓰지 않는 것이 좋다.

⑥ 외장 및 바닥에 사용 시에는 내수성과 산에 강한 것을 사용한다.

⑦ 석재의 가공 시 모서리는 예각을 피하고 재질에 따른 가공을 한다.

⑧ 공급에 차질이 없는 질이 균질한 것을 사용한다.

⑨ 외벽에는 강도가 크고 흡수율이 적은 것을 사용한다.

(3) 석재의 표면 마무리 방법

① 메다듬 : 쇠메를 사용해서 다듬는 것으로서 원석의 두드러진 면과 큰 요철만 없앤다. 혹의 크기에 따라 큰 혹두기, 중 혹두기, 작은 혹두기가 있다.

② 정다듬 : 정을 사용해서 평평하게 다듬는다.

③ 줄정다듬 : 정을 줄지게 쪼아 표면을 평평하게 한 것이다.

④ 도드락 다듬 : 도드락 망치로서 정다듬은 면을 더욱 평탄하게 하는 것이다. 거친 도드락, 잔 도드락, 날 도드락 망치를 사용한다.

⑤ 잔다듬 : 날망치로서 나란히 쪼아 평탄하게 한 것이다. 외날, 양날 망치를 사용하고 처음 두 번은 직교방향, 한 번은 평행방향으로 사용한다.

⑥ 물갈기 : 금강사, 모래, 카보랜덤 등을 이용하여 돌면에 물을 주어가는 것이다.

⑦ 광내기 : 돌면에 광내기 가루를 버프(Buff)로서 갈아 광내는 것이다.

⑧ 버너 피니시(Burner Finish) 마감 : 석재의 표면 마무리 방법의 일종으로 보통 톱으로 켜낸 돌면을 산소불로 굽고 물을 끼얹어 돌표면의 엷은 껍질이 벗겨지게 한 다음 비교적 거친 면으로 사용하는 마무리법이다.

⑨ 플래너 피니시(Planer Finish) 마감 : 석재의 표면 마무리 방법의 일종으로 기계로 돌면을 대패질하듯 평탄하게 마무리하며, 잔다듬 대신 사용한다.

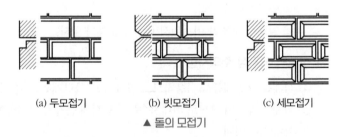

(a) 두모접기   (b) 빗모접기   (c) 세모접기

▲ 돌의 모접기

(4) 석재 가공 다듬기 순서 및 공구

혹따기(메다듬) : 쇠메 → 정다듬 : 정 → 도드락 다듬 : 도드락 망치 → 잔다듬 : 날망치 → 물갈기(광내기) : 숫돌, 금강사

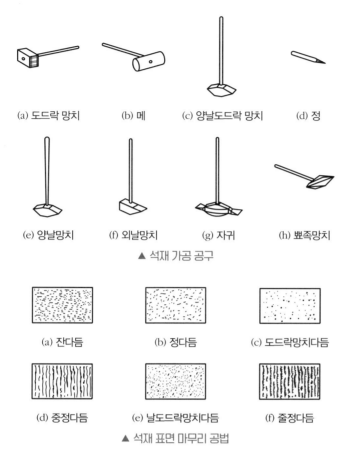

(a) 도드락 망치	(b) 메	(c) 양날도드락 망치	(d) 정
(e) 양날망치	(f) 외날망치	(g) 자귀	(h) 뾰족망치

▲ 석재 가공 공구

(a) 잔다듬	(b) 정다듬	(c) 도드락망치다듬
(d) 중정다듬	(e) 날도드락망치다듬	(f) 줄정다듬

▲ 석재 표면 마무리 공법

(5) 석공사의 돌나누기도(시공도) 작성 시 표기사항

① 돌의 형상   ② 돌의 치수   ③ 돌의 종류
④ 부착철물의 위치   ⑤ 사용장소

(6) 돌 붙이기 공법의 분류

습식 공법	• 전체 주입 공법 • 부분 주입 공법 : 대리석, 테라조 블록붙이기 상하판석 맞댄 면에 10cm 너비의 모르타르를 주입한다. • 절충 주입 공법 : 철물고정 부분만 모르타르로 사춤한다.
건식 공법	• 앵글지지 공법 • 앵글과 플레이트 지지 공법 • 트러스 시스템(Truss System) : 25mm 두께의 화강석을 스틸 트러스에 미리 붙여서 외벽에 설치하는 조립식 공법
GPC(Granite Veneer Precast Concrete) 공법	화강석에 철근, 철물, 인서트, Shear Connector 등을 연결하고 콘크리트를 타설하여 공장에서 석재와 콘크리트를 일체화시켜서 현장에서 조립식 패널 방법으로 시공하는 공법

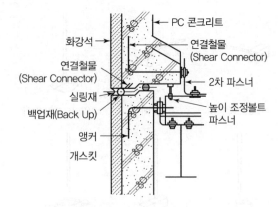

▲ GPC 공법의 단면상세도

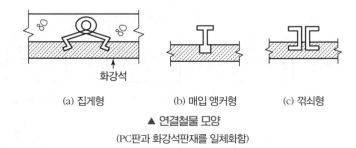

(a) 집게형 (b) 매입 앵커형 (c) 꺾쇠형

▲ 연결철물 모양
(PC판과 화강석판재를 일체화함)

④ 돌쌓기 시 일반사항

　㉠ 바탕면 청소, 맞대면 물축이기, 규준틀 설치, 돌 나누기도에 따라 줄눈, 개구부, 철물위치 등을 기입한 후 수평실을 친다.

　㉡ 수직 · 수평 확인 후 인접 돌 사이에는 줄눈 두께의 쐐기를 끼워 고정하고 모르타르를 다져 넣는다. 나무쐐기 사용 시 모르타르 경화 후 즉시 제거한다.

　㉢ 사춤 모르타르는 1 : 2로 하고 높이 1/3 정도 된비빔을 한다. 어느 정도 굳은 후 묽은 비빔 모르타르를 부어 넣는데 이때 줄눈에 헝겊을 끼우고 1~2시간 후 제거하며 줄눈 파기를 하고 청소한다.

　㉣ 돌 두께는 15cm 이내, 바탕면과 돌과의 거리는 25~30cm가 표준이다.

　㉤ 1일 시공 단수는 3~4단으로 하고 돌높이 50cm 내외는 2단 이하로 한다.

　㉥ 맞댄면 상하 좌우 뒷벽에 사춤 모르타르가 경화되면 은장, 꺾쇠, 촉 등 철물로 설치 고정한다(대리석은 1장당 2~4개소에 시공, 대리석은 황동선을 사용).

　㉦ 돌림띠, 인방보 등 바닥에서 2m 위 공사 시 지름 6mm 철선 2가닥씩 벽면에 묻고 지름 9mm 철근을 가로, 세로 줄눈에 맞추어 연결 낙하방지를 한다.

◎ 오염된 곳은 즉시 씻어내고 염산(5% 이하)으로 닦는다(대리석은 산에 약하므로 염산 사용을 금지한다).

ⓩ 보양 및 오염 방지를 위해 필요시 돌면은 벽지, 창호지 등으로 하고 모서리 돌출부는 널판을 대어 보양하며 청소는 헝겊으로 닦고 왁스칠한다.

(7) 돌쌓기, 석축쌓기

① **돌쌓기의 종류**

㉠ 허튼 쌓기 : 막돌, 잡석 등을 줄눈에 관계없이 막 쌓는다.

㉡ 다듬돌 쌓기 : 줄눈을 바르게 쌓는다.

㉢ 허튼층 쌓기 : 줄눈이 불규칙하게 형성되며, 거친돌 쌓기에 주로 사용된다.

㉣ 바른층 쌓기 : 돌 한켜 한켜의 높이가 동일하게 수평 줄눈이 일직선으로 연속된 줄눈 쌓기이다.

㉤ 층지어 쌓기 : 허튼층으로 쌓되 일정한 간격(3켜 정도)으로 수평줄눈이 형성되도록 쌓는 방법이다.

② **돌쌓기 시 주의사항**

㉠ 돌밑에 납쐐기나 나무쐐기를 이용하여 고정시킨다.

㉡ 1일 시공 단수는 3~4단 정도로 한다.

㉢ 사춤모르타르는 1 : 2 정도를 사용하며 사춤 시 줄눈부를 헝겊 등으로 막고 모르타르가 굳기 전에 헝겊을 제거한다(약 1~2시간 경과 후).

㉣ 바닥 등에 모르타르가 떨어져 돌이 얼룩지지 않도록 주의한다.

③ **줄눈** : 돌쌓기의 줄눈은 잔다듬인 경우 6~7mm 정도이다.

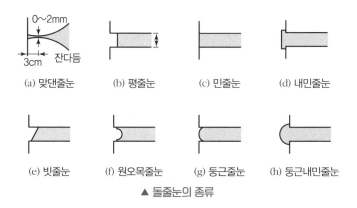

▲ 돌줄눈의 종류

Tip 👆
바닥돌 깔기의 형식 및 문양에 따른 명칭
① 자연석 깔기
② 일자 깔기
③ 빗 깔기
④ 바둑판 무늬 깔기
⑤ 원형 깔기

4) 기타 사항

(1) 모양에 따른 석재의 종류

① **잡석** : 둥근돌(호박돌), 개울가 부정형 20cm 정도의 막생긴 돌로 기초잡석 다짐용, 바닥 콘크리트 지정용이다.

② **간사** : 면이 20~30cm 정도의 네모진 돌로 간단한 석축, 돌 쌓기에 사용한다.

③ **견치돌** : 채석장에서 면이 30cm 정도의 네모뿔형으로 다듬은 돌로 석축, 방축, 흙막이에 사용한다.

④ **사고석** : 15~25cm 정도의 간석으로 한식건물의 바깥벽, 담 및 방화벽에 사용한다.

⑤ **이고석** : 사고석의 2배 정도의 돌

⑥ **각석** : 각형 단면으로 길게 된 돌

⑦ **장대돌** : 단면 30~60cm, 길이 60~150cm의 구조용 석재

⑧ **판돌** : 구들장 등에 이용되는 각형의 넓적한 돌로 두께 15~20cm, 너비 30~60cm, 길이 60~90cm의 바닥깔기 돌

⑨ **함실장** : 구들의 아랫목에 놓이는 좀 더 두꺼운 판돌

⑩ **구들장** : 두께 6cm 내외 40~60cm 화강석이나 점판암

1. 소석회   석회석을 분쇄하여 1,300℃ 정도의 고온으로 구우면 생석회가 되고 다시 물을 부어 소화시키면 소석회가 된다. 기경성이 있어 물로 반죽하여 벽에 바르면 건조하면서 굳는데 그것은 공기 중에 이산화탄소를 흡수하여 석회석의 성분으로 변하기 때문이다.

2. 생석회   산화칼슘과 석회석을 1,300℃ 정도의 고온으로 구워서 만든 분말로 물을 첨가하여 수화(水化)시켜서 소석회를 한 것을 미장마감용으로 사용한다.

3. 풍화작용   일광, 비, 바람 등 계속적인 지면의 영향을 받아 재료가 표면으로부터 변질하는 현상으로 흙은 암석의 풍화작용으로 생긴 것이다.

4. 제게르 추(Seger Cone)   노중의 온도를 측정하는 온도계로 600∼2,000℃까지 측정하는 세모뿔형의 기구다.

5. 인방블록   문꼴 위에 쌓아 철근과 콘크리트를 다져넣어 보강하는 U자형 블록이다.

6. 창대 블록   창문틀의 밑에 쌓는 블록이다.

7. 창쌤 블록   창문틀 옆에 창문이 잘 끼워질 수 있는 형상으로 특별히 만들어진 블록이다.

8. 본드 빔(Bond Beam)   보강 콘크리트 블록조에서 가로근을 배근한 횡근층을 말하고 테두리보의 역할을 겸하며 블록용적 변화의 영향을 적게 한다.

9. 본아치   아치 벽돌을 사다리꼴 모양으로 주문 제작한 것을 이용한 아치다.

10. 막 만든 아치   보통 벽돌을 쐐기모양으로 다듬어 만든 아치다.

11. 거친 아치   보통 벽돌을 사용하고 줄눈을 쐐기모양으로 하여 만든 아치다.

12. 층두리 아치   아치 너비가 클 때 아치를 여러 겹으로 둘러 아치를 만든 것이다.

13. 모치기(모접기)   나무나 석재의 줄눈 부분을 모를 접어 잔다듬하는 것이다.

14. 쇠시리   나무나 석재의 모난 면을 잔다듬하여 모양에 맞게 깎아만드는 것으로 두드러지게 또는 오목하게 하여 모양을 좋게 하는 것이다.

15. 탕개줄   붙임돌의 주위 사방 또는 윗면에 2개씩 고정하는 탕개쐐기(탕개목)에 연결하여 돌을 조일 때 사용되는 임시 당김 철선이다.

16. 성층쌓기   돌 몇 켜를 흐트려 쌓은 다음 수평 줄눈이 일직선 되게 층을 지어 쌓는 것이다.

17. 켜걸름 들여 쌓기

벽돌벽의 교차부 등의 벽돌물림 자리를 내어 벽돌 한 켜 걸름으로 1/4~2/4B를 들여 쌓는 것이다.

18. 층단 떼어 쌓기

긴 벽돌벽 쌓기의 경우 벽중간 일부를 한 번에 쌓지 못하게 될 때 점점 쌓는 길이를 줄여 마무리하는 방법이다.

19. 중공벽돌

경량벽돌로 속이 비게 된 것으로 그 질은 다공질의 것과 보통 벽돌과 같이 된 것이 있다.

20. 거푸집 블록조

속이 없고 살두께가 얇은 블록을 거푸집 대용으로 사용하여 철근을 배근하고 콘크리트를 쳐서 만든 보강 블록조이다.

21. 혹두기

돌의 표면을 한쪽 방향으로 터슬터슬하게 마무리하는 것으로 돌다듬기에서 마름돌이 두드러진 표면을 쇠메로 쳐서 대강 다듬는 정도의 돌 표면 마무리 방법이다.

22. 혹떼기

석재 가공법 중의 하나로 석재의 표면에 있는 큰 돌출부분만을 떼어버리고 작은 요철부를 그대로 남게 하는 조잡한 가공법이다. 혹떼기한 석재를 건축의 외장재로 사용하면 석조 건축의 장엄한 외관을 조성하는 데 큰 도움이 된다.

23. 견치돌

사각뿔형으로 가공된 석재로 주로 화강석, 안산암으로 만들어 석축에 쓰인다.

24. 간사

대략 한 변이 20~30cm 정도의 부정형으로 석재를 채취할 때 쪼개지고 다소 모진 막 생긴 돌로 간단한 석축이나 돌벽 쌓기에 쓰인다.

25. 석면(Asbestos)

사문석, 각섬석류에 속하는 회백색 또는 대갈색의 천연 섬유질의 결정성 광물의 분말을 이용해 솜처럼 만든 것으로 섬유 모양의 조직을 가지고 대단히 길고 부드러워 짧은 섬유로 가를 수 있다. 규산 마그네슘, 칼슘을 주성분으로 하고 내화성, 보온성, 절연성 등이 우수하다.

26. 도드락망치

석재를 두들겨 마무리하는 해머의 일종으로 머리 끝부분에 피라미드 모양의 돌기가 많이 형성되어 있다. 돌기의 수를 장이라 하며 거친 도드락망치는 5~6장, 중도드락망치는 7~8장, 고운 도드락망치는 9~10장으로 구분한다.

27. 트레버틴(Travertin)

다공질의 장식용 대리석의 일종으로 담갈색 또는 다갈색이다.

28. 버너 피니시(Burner Finish) 마감

석재의 표면 마무리 방법의 일종으로 보통 톱으로 켜낸 돌면을 산소불로 굽고 물을 끼얹어 돌표면의 엷은 껍질이 벗겨지게 한 다음 비교적 거친 면으로 사용하는 마무리법이다.

29. **플래너 피니시(Planer Finish) 마감** 석재의 표면 마무리 방법의 일종으로 기계로 돌면을 대패질하듯 평탄하게 마무리하며 잔다듬 대신 사용한다.

30. **자연석 깔기** 바깥돌 깔기의 형식 중 하나로 얄팍하고 평평한 자연석을 바닥에 깔아댄 것이다.

31. **백화현상** 모르타르 중의 석회분이 공기 중의 이산화탄소와 결합하여 탄산석회로 유출되어 조적 벽면을 하얗게 오염시키는 현상이다.

32. **내력벽(Bearing Wall)** 벽체, 바닥, 지붕 등 건물의 모든 하중을 받아 그 밑층의 벽이나 기초에 전달하는 벽(RC조의 기둥 역할)이다.

33. **장막벽(Curtain Wall)** 벽체 자체의 하중만 받고 자립하는 벽체로서 칸막이(Partition)의 역할과 내·외부의 의장적 역할을 하는 벽체다.

34. **중공벽(Cavity Wall)** 주로 외벽에 사용하여 방습, 보온, 방음의 역할을 하는 벽체다.

35. **아스벽돌(Cinder Brick)** 석탄재 강과 시멘트로 만든 벽돌이다.

36. **광재벽돌(Slag Brick)** 광재를 주원료로 한 벽돌이다.

37. **날 벽돌(Adobe)** 굽지 않은 날 흙의 벽돌이다.

38. **괄벽돌(과소품 벽돌)** 지나치게 높은 온도로 구워져 강도가 우수하고 흡수율은 적으나 모양이 좋지 않다.

01 다음 벽돌구조에서 벽돌의 마름질 토막의 명칭을 쓰시오. (6점)

[98, 00]

(1)
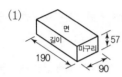

(2)
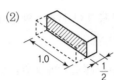

(3)
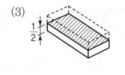

(4)
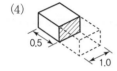

(5)
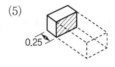

(6)

(1) _____

(2) _____

(3) _____

(4) _____

(5) _____

(6) _____

▶ (1) 온장
(2) 반절
(3) 반격지
(4) 반토막
(5) 이오토막
(6) 반반절

02 다음 벽돌 종류 및 쌓기 두께 규격별 두께를 써 넣으시오. (4점) [97]

구분	0.5B	1.0B	1.5B	2.0B
기존형 벽돌				
표준형 벽돌				

▶

구분	0.5B	1.0B	1.5B	2.0B
기존형 벽돌	100	210	320	430
표준형 벽돌	90	190	290	390

03 벽돌쌓기 방식 중 영식 쌓기 특성을 간단히 서술하시오. (4점)

[87, 08, 17]

_____

_____

▶ 영식 쌓기는 가장 튼튼한 쌓기 형식으로 내력벽에 이용된다. 한 켜는 길이, 다음 켜는 마구리 쌓기로 하며, 모서리벽 끝에 이오토막 또는 반절을 마구리켜에 사용하여 통줄눈을 방지한다.

04 벽돌쌓기 종류를 6가지 쓰시오. (2점)　　　　　　　[88]

① _____　② _____　③ _____

④ _____　⑤ _____　⑥ _____

① 영식쌓기　　② 화란식 쌓기
③ 불식쌓기　　④ 미식쌓기
⑤ 마구리쌓기　⑥ 길이쌓기
⑦ 내쌓기　　　⑧ 공간쌓기

05 다음과 같이 5단으로 된 벽돌벽이 있다. 비어 있는 난에 주어진 벽돌 쌓기 방식에 따라 벽돌표시를 직접 그리고 사용된 벽돌기호를 보기에 서 골라 벽돌 안에 직접 표시하시오. (3점)　　　　　　　[99]

[보기]

길이 A　　칠오토막 B　　마구리 C　　이오토막 D

(1)

A	A	A	

(2)

C	C	C	C	C	C

(3)

A	C	A	C

(1) 영식쌓기

C	D	C	C	C	C	C
A		A		A		
C	D	C	C	C	C	C
A		A		A		

(2) 화란식 쌓기

B		A		A	
C	C	C	C	C	C
B		A		A	
C	C	C	C	C	C

(3) 불식쌓기

C	D	A	C	A	
A		C	A		C
C	D	A	C	A	
A		C	A		C

06 조적공사 중 벽돌쌓기방법에서 사용되는 국가 명칭이 들어간 벽돌쌓 기 방법을 4가지 적으시오. (4점)　　　　　　　[08]

① _____　② _____

③ _____　④ _____

① 영식(영국식) 쌓기
② 화란식(네덜란드식) 쌓기
③ 불식(프랑스식) 쌓기
④ 미식(미국식) 쌓기

07 다음이 설명하는 용어를 쓰시오. (2점)　　　　　　　[11]

(1) 창 밑에 돌 또는 벽돌을 15° 정도 경사지게 옆세워 쌓는 방법 :

_____

(2) 벽돌벽 등에 장식적으로 구멍을 내어 쌓는 방법 : _____

(1) 창대쌓기
(2) 영롱쌓기

08 **벽돌벽을 이중벽으로 하여 공간쌓기로 하는 목적을 3가지 쓰시오. (3점)** [03, 08]

① ______ ② ______ ③ ______

» ① 방습(방수)
② 보온(방한)
③ 방음(차음)

09 **다음은 조적공사에 관한 기술이다. ( ) 안에 알맞은 말을 써넣으시오. (6점)** [87]

> 벽돌 벽면에서 내쌓기 할 때는 두 켜씩 (①)B 내쌓고, 또는 한 켜씩 (②)B 내쌓기로 하고 맨 위는 두 켜 내쌓기로 한다. 이때 내쌓기는 모두 (③)쌓기로 하는 것이 강도 및 시공상 유리하다.

① ______ ② ______ ③ ______

» ① 1/4
② 1/8
③ 마구리

10 **다음 ( ) 안에 알맞은 숫자를 쓰시오. (5점)** [89]

> 창문틀 옆벽은 좌우에서 같이 벽돌을 쌓아 올라가며, 중간(①)cm 내외의 간격으로 꺾쇠, 못 등을 박아가며 쌓고, 창대벽돌은 윗면의 수평과 (②)도 내외로 경사지게 옆세워 쌓는다. 공간쌓기는 보통 (③)cm 정도 띄워서 쌓고, 1일 벽돌쌓기 높이는 보통(④)cm 정도로 하며, 최고 (⑤)cm 이하로 한다.

① ______ ② ______ ③ ______ ④ ______ ⑤ ______

» ① 60 ② 15
③ 5 ④ 120
⑤ 150

11 **학교, 사무소 건물 등의 목재 문틀이 큰 충격력 등에 의하여 조적조 벽체로부터 빠져나오지 않게 하기 위한 보강방법의 종류를 3가지 쓰시오. (3점)** [98, 02]

① ______
② ______
③ ______

» ① 창문 상하, 가로틀은 뿔을 내어 옆벽에 물려 쌓는다.
② 중간에 60cm 간격으로 꺾쇠 볼트, 대못으로 고정한다.
③ 긴결철물을 이용하여 옆벽에 물려 쌓기하고 사춤을 철저히 한다.

12 아치(Arch)의 구성이론에 대하여 (   ) 안에 적합한 용어를 써넣으시오. [90, 96]

> ① 직압력(압축력)
> ② 인장력
> ③ 원호의 중심

> 벽돌의 아치쌓기는 상부에서 오는 하중을 아치 축선을 따라 (①)(으)로 작용하도록 하고, 아치 하부에는 (②)이(가) 작용하지 않도록 하는데, 이때, 아치쌓기의 모든 줄눈은 (③)에 모이도록 한다.

① _____ ② _____ ③ _____

13 벽돌공사에서 사용 용도와 서로 연관 있는 모르타르 용적배합비를 고르시오. (3점) [99]

> ① ⓐ
> ② ⓒ
> ③ ⓑ

> | 용도 | 모르타르 용적배합비 |
> |---|---|
> | ① 조적용 | ⓐ 1 : 3~1 : 5 |
> | ② 아치용 | ⓑ 1 : 1 |
> | ③ 치장용 | ⓒ 1 : 2 |

① _____ ② _____ ③ _____

14 다음 (   ) 안에 알맞은 말을 써넣으시오. [90, 95]

> ① 줄눈누름
> ② 줄눈파기
> ③ 치장줄눈
> ④ 평줄눈

> 1일 벽돌쌓기 작업이 끝나면 치장벽면일 때는 그 벽면에 묻은 모르타르 등을 완전히 청소하고, (①)을(를) 하고, (②)을(를) 시공한 다음 1 : 1 모르타르로 (③)을(를) 시공하는데, 대부분 모양은 (④)을(를) 가장 많이 시공한다.

① _____ ② _____
③ _____ ④ _____

15 조적공사 시공 시 유의할 점에 대한 사항 중 (   ) 안을 채워 쓰시오. (4점) [03]

> (1) 4, 40
> (2) 7도
> (3) 1센티미터(10밀리미터)
> (4) 5

(1) 한랭기 공사에서 모르타르 온도는 (   )~(   )도 이내가 되도록 유지한다.

(2) 벽돌 표면 온도는 영하 (   ) 이하가 되지 않도록 관리한다.

(3) 가로, 세로의 줄눈너비는 (   )를 표준으로 한다.

(4) 모르타르용 모래는 (   )mm체를 100% 통과하는 적당한 입도여야 한다.

16 벽돌벽 균열 원인 중 계획 설계상 미비 원인과 시공상 결함 원인 각각에 대하여 2가지만 쓰시오. (4점)   [90, 98]

  (1) 계획 설계상 미비

    ① _____ ② _____

  (2) 시공상 결함

    ① _____ ② _____

(1) ① 기초의 부동침하
> (1) ① 기초의 부동침하
    ② 불균형 하중, 큰 집중하중
  (2) ① 벽돌, 모르타르의 강도 부족
    ② 이질재 접촉부 불완전 시공(코킹)

---

17 다음 용어를 간단히 설명하시오. (3점)   [89, 19]

  백화현상

  _____

  _____

  _____

> 벽에 침투하는 빗물에 의해서 모르타르 중의 석회분과 벽돌의 황산나트륨이 공기 중의 이산화탄소와 결합하여 탄산석회로 유출되어 조적 벽면을 하얗게 오염시키는 현상

---

18 벽돌벽의 표면에 생기는 백화의 발생원인과 대책을 각각 2가지씩 쓰시오. (4점)   [93]

  (1) 발생원인

    ① _____

    ② _____

  (2) 대책

    ① _____

    ② _____

> (1) 발생원인
    ① 벽에 침투하는 빗물 침투
    ② 벽돌 자체의 소성 부족과 모르타르의 배합불량
    ③ 줄눈의 불량시공
  (2) 대책
    ① 흡수율 적고 소성 잘 된 우수벽돌 사용
    ② 경화된 모르타르 사용 금지
    ③ 벽체의 균열 방지와 줄눈의 긴밀한 시공으로 철저한 방수처리 실시
    ④ 차양, 루버 등 비막이 설치로 빗물 침입 차단

---

19 조적 블록벽체의 결함 중 습기, 빗물침투 등 물이 새는 원인을 4가지만 적으시오. (4점)   [94, 98, 15, 20]

  ① _____

  ② _____

  ③ _____

  ④ _____

> ① 줄눈의 시공 불량 및 균열
  ② 재료 자체의 방수성 결여 및 보양 불량
  ③ 물흘림, 물끊기, 비막이 미설치
  ④ 개구부 창호재 접합부의 시공 불량

20 다음 설명에 해당되는 용어를 쓰시오. (3점)   [02]

  (1) 보의 응력은 일반적으로 기둥과 접합부 부근에서 크게 되어 단부의 응력에 맞는 단면으로 보 전체를 설계하면 현저하게 비경제적이기 때문에 단부에만 단면적을 크게 하여 보강한 것을 무엇이라고 하는가?
                                          (   )

  (2) 조적조 건물에서 내력벽 길이의 합(cm)을 그 층의 바닥면적(m²)으로 나눈 값을 무엇이라고 하는가?   (   )

  (3) 조적조에서 벽체의 길이를 규제하기 위해 설정한 것으로 서로 마주보는 벽을 무엇이라고 하는가?   (   )

▶ (1) 헌치(Haunch)
(2) 벽량
(3) 대린벽

---

21 조적구조의 안전규정에 대한 다음 문장 중 (　　) 안에 적당한 내용을 쓰시오. (2점)   [10, 12, 18]

> 조적조 대린벽으로 구획된 벽길이는 (①) 이하이어야 하며, 내력벽으로 둘러싸인 바닥면적은 (②) 이하이어야 한다.

① _____　　② _____

▶ ① 10m
② 80m²

---

22 치장 벽돌쌓기 순서를 쓰시오. (10점)

(1) _____　　(2) 물 축이기　　(3) 건비빔
(4) _____　　(5) _____　　(6) _____
(7) 수평실치기　　(8) _____　　(9) 줄눈누름
(10) _____　　(11) _____　　(12) 보양

▶ (1) 청소
(4) 세로규준틀 설치
(5) 벽돌나누기
(6) 규준벽돌 쌓기
(8) 중간부 쌓기
(10) 줄눈파기
(11) 치장줄눈

---

23 세로규준틀이 설치되어 있는 벽돌조 건축물의 벽돌쌓기 순서를 보기에서 골라 기호를 쓰시오. (4점)   [95, 02, 04, 05, 08]

> [보기]
> ㉠ 기준 쌓기　　　　　ㄴ 벽돌 물 축이기
> ㄷ 보양　　　　　　　ㄹ 벽돌 나누기
> ㅁ 재료 건비빔　　　　ㅂ 벽돌면 청소
> ㅅ 줄눈파기　　　　　ㅇ 중간부 쌓기
> ㅈ 치장 줄눈　　　　　ㅊ 줄눈 누름

▶ ㅂ-ㄴ-ㅁ-ㄹ-㉠-ㅇ-ㅊ-ㅅ-ㅈ-ㄷ

24 세로규준틀에 기입해야 할 사항 4가지를 쓰시오. (4점)

[95, 97, 98, 16]

① _____

② _____

③ _____

④ _____

▶▶ ① 쌓기단수 및 줄눈표시
② 창문틀의 위치, 치수 표시
③ 앵커볼트 및 매립철물 위치 표시
④ 테두리보(인방보) 설치 위치 표시

25 조적재 쌓기 시공 시 기준이 되는 세로규준틀의 설치 위치에 대하여 2가지만 쓰시오. (2점)

[98]

① _____

② _____

▶▶ ① 건물 모서리(구석) 등 기준이 되는 곳에 설치
② 벽이 긴 경우는 중앙부, 기타 요소에 설치

26 세로규준틀 설치와 관련된 다음 물음에 답하시오. (3점)

[15]

(1) 세로규준틀을 설치하는 위치 1가지

_____

(2) 세로규준틀에 기입하는 항목 2가지

① _____ ② _____

▶▶ (1) 건물 모서리(구석) 등 기준이 되는 곳에 설치
(2) ① 쌓기단수
② 앵커볼트 위치

27 일반적인 벽돌 및 블록쌓기 순서를 보기에서 골라 기호를 쓰시오. (4점)

[95]

[보기]
ㄱ 중간부 쌓기   ㄴ 접착면 청소   ㄷ 보양
ㄹ 줄눈파기   ㅁ 물축이기   ㅂ 규준쌓기
ㅅ 치장줄눈

_____

▶▶ ㄴ-ㅁ-ㅂ-ㄱ-ㄹ-ㅅ-ㄷ

28 치장벽돌 쌓기 후에 시행하는 치장면의 청소방법을 3가지 쓰시오. (3점)

[00]

① _____ ② _____ ③ _____

▶▶ ① 물 씻기 청소
② 세제 세척
③ 산 세척 후 물 씻기

1. 타일공사

1) 점토제품의 분류와 특성

종류	소성온도(℃)		소지		투명성	건축재료	특성
	1회	2회	흡수성	유색			
토기 (Terre Cuite)	500~ 800℃	600~ 800℃	크다.	유색 백색	불투명	기와, 벽돌, 토관	최저급 원료(전답토). 취약하다.
도기(陶器, Faience)	1,200~ 1,300℃	1,000~ 1,100℃	약간 크다. (15~20% 이하)	유색 백색	불투명	내장타일, 테라초 타일	• 다공질로서 흡수성이 있고, 질이 굳으며, 두 드리면 탁음이 난다. • 유약을 사용한다.
석기(石器, Stone Ware)	900~ 1,100℃	1,300~ 1,400℃	작다. (8% 이하)	유색	불투명	클링커 타일	시유약을 안 쓰고 식염 수를 쓴다.
자기(瓷器, Poreclain)	900~ 1,200℃	1,300~ 1,400℃	아주 작다. (1% 이하)	백색	반투명	외장, 바닥 타일, 모자 이크타일, 위생도기	양질 도토 또는 장석분 을 원료로 하고 금속음 이 난다.

① 점토제품에서는 원료조성, 성형과
소성과정이 가장 중요하다.
② 점토는 소성하면 그 일부 또는 대부
분이 용해하여 비중 및 색조가 변화
하며 냉각과 더불어 서로 밀착하여
강도가 현저히 증가한다.

2) 타일의 분류

(1) 제조방법에 의한 분류

명칭	성형방법	제조 가능한 형태	정밀도	용도
건식 타일	프레스성형법 (원재료를 건조분말로 하여 약간의 습기를 주어 만듦)	보통타일 (간단한 형태)	치수 · 정밀도가 높고, 고능률이다.	내장타일, 바닥타일, 모자이크타일
습식 타일	압출성형법 (형틀에 넣어 형성하는 방법)	보통타일 (복잡한 형태도 가능)	프레스성형에 비해 정밀도가 낮다.	외장타일, 바닥타일

(2) 용도에 따른 분류

외부용 타일	① 흡수성이 적고 외기에 저항력이 커야 한다.
	② 단단하고 강도가 커야 한다.
	③ 정사각형, 마구리형, 길이형이 많이 쓰인다.
	④ 외장타일의 결점
	  • 치수불량 및 형태의 오차
	  • 색상(빛깔)의 차이
	  • 표면에 구멍(공기구멍 혼입)
	  • 유약처리의 미숙

내부용 타일	① 흡수성이 다소 있고 외기에 저항성이 적은 것이 쓰인다. ② 미려하고 위생적이며 청소가 용이하다.
내부 바닥용 타일	① 단단하고 마모에 강하며 흡수성이 적어야 한다. ② 표면이 미끄럽지 않아야 한다. ③ 자기질, 석기질의 무유 또는 엷은 시유품으로 직각형, 다각형 타일이 쓰인다.

(3) 형상에 따른 종류

① 모자이크 타일 : 4cm 이하의 소형으로 된 타일로서 30cm 하트론지에 줄눈을 일정하게 나눈 것을 모아 붙여 바닥에 쓰인다.

② 아트모자이크 타일 : 4mm 각 이하의 극히 작은 타일로 무늬모양, 회화 등에 쓰인다.

③ 유닛 타일 : 30cm 각 또는 30×60cm 정도의 나일론 망사를 타일의 뒷면에 강력접착제로 붙여 시공한다.

④ 이 외에 정사각형, 직사각형, 정육각형, 팔각형 타일 등이 쓰인다.

(4) 특수형 타일

① 보더 타일(Border Tile) : 가늘고 길게 된 것으로 걸레받이, 징두리에 사용된다.

② 모서리용 타일

③ 둥근모 방 타일

④ 반원형 타일

⑤ 블록형 타일

⑥ 면접기용 타일

⑦ 창대용(창인방용) 타일

⑧ 계단 미끄럼막이(Non-slip)

(5) 면처리한 타일

① 스크래치 타일(Scratch Tile)

② 태피스트리 타일(Tapestry Tile)

③ 천무늬 타일

④ 클링커 타일(Clinker Tile)

(a) 스크래치 타일　(b) 태피스트리 타일

(c) 천무늬 타일　(d) 클링커 타일

▲ 면처리한 타일

(6) 유약의 유무

① 시유 도기질 타일 : 표면에 유약을 바른 것으로 주로 외장용이다.

② 자기질 타일 : 종류에 따라 다르며 유약을 바르지 않은 것은 주로 내부바닥에 쓰인다.

③ 무유 석기질 타일 : 표면에 유약을 바르지 않은 것으로 주로 바닥용이다.

(7) 크기별 분류

대형, 중형, 소형 타일과 경질, 연질 타일이 있다.

3) 타일 붙이기의 시공 일반사항

(1) 타일 붙임 재료

① 시멘트 : 보통, 백색 포틀랜드 시멘트 사용

② 모래 : 2.5mm체에 100% 통과한 것(모자이크 타일 붙이기는 1.2mm 체에 100% 통과한 모래 사용)

③ 모르타르 : 건비빔 후 3시간 이내, 물반죽 후 2시간 이내에 사용

(2) 모르타르 표준배합

① 벽체

㉠ 떠붙임공법 시에는 1 : 3으로 한다.

㉡ 기타 공법 시에는 1 : 2로 한다.

② 바닥

㉠ 클링커 타일은 1 : 3으로 한다.

㉡ 판형붙임, 일반타일은 1 : 2로 한다.

③ 일반적으로 경질타일은 1 : 2, 연질타일은 1 : 3 정도로 한다.

④ 치장줄눈 배합비는 1 : (0.5~15) 정도로 한다.

(3) 줄눈너비의 표준

타일 구분	대형 벽돌형(외부)	대형(내부 일반)	소형	모자이크
줄눈너비	9mm	5~6mm	3mm	2mm

단, 창문선(개구부 주위), 설비기구류의 마무리 줄눈너비는 10mm 정도이다.

(4) 치장줄눈

① 줄눈파기는 타일을 붙이고 24시간 경과 후 치장줄눈을 시공하되 작업 직전 줄눈의 표면에 물을 뿌려 습윤하게 유지한다.

② 타일면이 넓은 경우 간격 3m 이내마다 신축줄눈을 시공한다(이질재 접합부, 수평이어 붓기 부분).

③ 개구부나 바탕 모르타르에 신축줄눈 시공 시 실링(Sealing)재로 빈틈없이 채운다.

④ 치장줄눈의 너비가 5mm 이상일 때는 고무흙손을 사용하여 빈틈이 생기지 않게 누르되 2회로 나누어 줄눈을 채운다.

⑤ 치장줄눈은 세로줄눈을 먼저 하고 가로줄눈의 순서로 위에서 밑으로 마무리한다.

(5) 바탕처리

① 타일 부착이 잘 되게 표면은 약간 거칠게 하며 바탕면의 평활도는 3m당 ±3mm로 한다(떠붙이기는 ±5mm).

② 바탕고르기 모르타르 바름을 1회 10mm 이하로 하며 타일의 두께와 붙임 모르타르의 두께를 고려하여 2회에 나누어 한다.

③ 바탕면의 들뜸, 균열 등을 검사하여 불량부분은 반드시 보수한다. 바탕면은 불순물을 제거하고 타일부착이 잘 되게 거친 면으로 마감한다. 바탕처리 후 1주일 이상 경과 후 타일붙임이 원칙이다.

④ 흡수성이 있는 타일은 미리 물을 뿌리고 바탕면도 적당히 물을 축여 사용한다.

⑤ 여름철에 외장타일을 시공할 경우에는 하루 전 바탕면에 물을 충분히 적셔둔다.

(6) 타일 선별 및 타일 나누기

① 타일 나누기는 외관에 직접 영향을 주므로 세밀히 계획한다.

② 가급적 타일과 줄눈치수를 합해서 한 장 치수로 하며 온장을 쓰도록 한다.

③ 부분면적, 전체면적에 대한 타일 나누기 실시 후 실수요 장수를 산출한다.

④ 시공면 높이, 문꼴주의, 교차벽 좌우 등의 타일이 정수 배로 나뉘도록 하며 매설물 위치를 확인한다.

⑤ 치수, 형태, 색조가 같은 것을 사용하고 유약이 일부라도 안 묻은 것은 흡수, 동결균열의 피해가 우려되므로 쓰지 말고 치수오차가 심한 것은 제외시킨다.

⑥ 시공도에는 타일 매수, 토막 크기, 이형물 및 매설물 위치 등이 명시되어야 한다.

(7) 타일의 보양 및 유의사항

① 백화현상 방지를 위하여 품질이 좋은 타일을 사용하고 물침투를 방지하기 위한 대책을 수립해야 한다.

② 모르타르 배합은 일반적으로 경질타일은 1 : 2, 연질타일은 1 : 3으로 한다.

③ 붙임바탕은 거칠게 마감하고 바탕청소를 하고 배수구 주의는 물흘림 경사를 둔다.

④ 치장줄눈 배합비는 1 : (0.5~1.5) 정도로 한다.

⑤ 시유타일(유약타일)은 염산사용을 금하고 부득이 공업용 염산을 사용하였을 경우 30배 용액을 쓰고 산분은 완전히 물로 제거한다.

⑥ 기온이 2℃ 이하일 때는 작업장 내 온도가 10℃ 이상이 되도록 임시 난방, 보온 등으로 시공부분을 보양한다.

⑦ 바닥타일은 톱밥으로 보양하고 3일간은 진동이나 보행을 금한다.

⑧ 시유타일(유약타일)은 염산 사용을 금하고 부득이한 경우 30배 용액을 쓴다. 산분은 완전히 물로 제거한다.

⑨ 이질재 접합부, 수평이어 붓기 부분 등 수축균열 우려부분에서 3m 이내에 신축줄눈을 설치한다.

⑩ 모르타르는 건비빔 후 3시간 이내 사용하며, 반죽한 것은 1시간 이내에 사용한다..

4) 벽타일 시공법

① 발라붙임공법(적재붙임공법＝떠 붙이기)

ㄱ 종류

종류	내용
재래공법	타일의 뒷면에 붙임 모르타르를 10~15mm 정도를 평평하게 얹어서 1장씩 붙이는 방법
개량공법	바탕면에 모르타르를 발라 놓고 그 위에 타일 붙이기를 하는 방법

ㄴ 6시간 경과 후 줄눈파기를 한다.

ㄷ 모르타르 배합비는 1 : 3 정도로 한다.

ㄹ 1일 붙임 높이는 대형타일은 0.7~0.9m, 소형타일은 1.2~1.5m로 한다.

ㅁ 붙임 모르타르 두께는 12~24mm를 표준으로 한다.

② 압착공법

ㄱ 종류

종류	내용
붙임 압착공법	바탕면을 미리 미장바름하고 그 위에 접착 모르타르를 얇게 바른 뒤에 한 장씩 붙이는 방법
유닛 타일 압착공법	낱장 붙이기와 같이 유닛으로 된 타일들을 붙이는 방법

Tip 👆
벽타일 붙이기 시공 순서
시공도 작성－바탕처리－타일 나누기 －벽타일 붙이기－치장줄눈－보양

ⓛ 붙임 모르타르의 두께는 5~7mm(원칙적으로 타일 두께의 1/2 이상) 정도로 하고 빗자국을 내어 타일이 잘 부착되도록 한다.

ⓒ 붙이기는 상부로부터 가로방향으로 한다.

ⓔ 한 장씩 붙이고 충분히 타격하여 줄눈 부위 모르타르가 타일 두께의 1/3 이상 올라오게 한다.

ⓜ 붙임 면적은 낱장붙이기는 1.5~2m², 모자이크 타일은 3~4m², 접착제 붙임은 2m²가 표준이다.

ⓑ 붙임 모르타르의 두께는 12~24mm를 표준으로 한다.

ⓢ 창문, 출입구, 모퉁이의 이형 타일을 먼저 붙인다.

③ 접착공법(접착제 이용)

ⓖ 유기질 접착제, 수지 모르타르를 바탕면에 바르고 그 위에 타일을 붙여대는 공법이다.

ⓛ 합판, 석고판, 슬레이트판에도 붙일 수 있다.

ⓒ 시공이 간단하며 짧은 시간에 충분한 강도를 낼 수 있다.

ⓔ 습기가 있는 곳에서는 접착불량, 강도저하 등의 우려가 있으므로 바탕면을 충분히 건조시킨다(여름 : 1주 이상, 기타 : 2주 이상).

ⓜ 접착제를 바탕에 2~3mm 정도 바르고 타일을 붙인다.

ⓑ 접착제의 1회 바름 면적은 2m² 이하이다.

접착제의 종류

종류	내용
합성 수지계	용제형 접착제, 에멀션 접착제, 반응성 접착제
합성 고무계	용제형 접착제, 라텍스형 접착제

5) 바닥 타일 붙이기 시공방법

① 바닥용 타일 붙이기

ⓖ 벽타일 붙이기나 징두리의 판벽, 걸레받이의 마무리가 끝난 후 시공한다.

ⓛ 물흐름 경사를 고려하여 된반죽 모르타르를 바르고 규준대 밀기로 하여 평탄하게 한다.

ⓒ 모르타르 배합비는 1 : 2 정도로 하고 마감면에서 2mm 정도 높게 10mm 정도의 모르타르를 깐다.

ⓔ 붙임 모르타르 깔기 면적은 6~8m²를 표준으로 하고 붙임면적이 크면 2~2.5m 내외의 규준타일을 먼저 깐다. 타일을 붙일 때 타일에 시멘트풀을 3mm 정도 바르고 가볍게 두드려 평평하게 만든다.

ⓜ 신축줄눈 : 옥상난간벽 주위나 기타 부분에 방수누름을 한다. 콘크리트 면에서 타일 붙임면까지 완전 절연된 신축줄눈을 둔다.

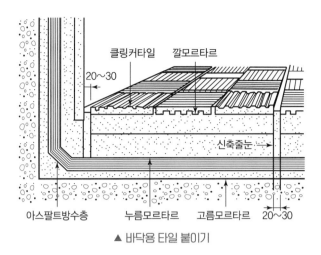

클링커타일　깔모르타르

20~30

신축줄눈

아스팔트방수층　누름모르타르　고름모르타르　20~30

▲ 바닥용 타일 붙이기

② 판형 붙이기(바닥 모자이크 타일 붙이기)
  ㉠ 모르타르 배합비는 1 : 2 정도로 하고 붙인 즉시 종이를 제거하고 줄눈을 교정한다.
  ㉡ 붙임 3시간 후 줄눈 갓둘레와 기타 부분의 모르타르를 제거하고 헝겊이나 톱밥 등으로 깨끗이 닦아낸다.
③ 클링커 타일 붙이기
  ㉠ 마감면에서 2mm 정도 높게 여유를 두고 모르타르를 깐 후 물매를 잡는다.
  ㉡ 모르타르 배합비는 1 : 3 정도로 하고 바닥 모르타르의 1회 깔기 면적은 6~8m²를 표준으로 한다.
  ㉢ 타일에 3mm 정도의 시멘트풀을 칠한다.

6) 타일의 탈락(박락) 원인과 대책

타일의 접착부에서는 모르타르의 인장강도의 부족보다는 접착강도의 부족, 시공정밀도의 부족, 수축 및 팽창에 의한 탈락이 주로 발생한다.

(1) 타일의 탈락 원인
  ① 붙임 모르타르의 자체 접착강도의 부족
  ② 바름두께의 불균형(타일공의 기능도 부족)
  ③ 붙임시간(Open Time)의 불이행(내장 : 10분, 외장 : 20분 이내)
  ④ 바탕재와 타일 간의 신축, 변형, 팽창도의 차이(남측벽에 하자가 많다.)
  ⑤ 급속한 경화 및 건조에 의한 붙임 모르타르의 피막 발생으로 접착력이 약화
  ⑥ 모르타르의 충진 불충분
  ⑦ 붙임 후 보양, 양생의 불량(진동, 충격 등)

(2) **대책**

　① 접착면적이 넓은 압축형 타일을 사용한다.

　② 흡수성이 적고 내동해성 타일을 사용한다.

　③ 모르타르 배합비는 1 : 2 정도로 하고 내열, 내알칼리성의 혼화제를
　　사용한다.

　④ 모래는 입도가 좋은 것을 사용한다.

　⑤ 접착제의 선택에 유의한다.

7) 보양 및 청소

　① 기온이 2℃ 이하일 때에는 방동제를 쓰거나 임시 난방 및 보온 등으로
　　시공한 부분을 보양한다.

　② 바닥타일을 시공한 후 7일 간은 진동이나 보행을 금하고 톱밥으로 보양
　　한다.

　③ 치장줄눈 시공완료 후 손, 헝겊, 스펀지 등으로 청소한다.

　④ 줄눌시공 후 경화불량의 우려가 있거나 24시간 이내에 비가 올 우려가
　　있으면 시트(Sheet) 등으로 덮어 보양한다.

　⑤ 시유타일은 염산 사용을 금하고 부득이 사용할 경우 30배 용액을 쓰며
　　이때 산분은 완전히 물로 제거한다.

　⑥ 온도, 직사일광, 풍우에 손상되지 않도록 한다.

8) 타일의 검사

　① 타일은 600m²당 한 장씩 현장 접착력 시험을 한다.

　② 시험은 타일 시공완료 후 4주 이상일 때 하고 접착강도가 0.4MPa 이상
　　이어야 합격한다.

　③ 두들김 검사

　　㉠ 모르타르 경화 후 검사봉으로 두들겨 확인한다.

　　㉡ 들뜸, 균열 발생 시에는 다시 시공한다.

9) 각종 벽 타일 시공법

① 떠붙이기	② 개량 떠붙임
③ 압착공법	④ 개량압착공법
⑤ 판형 붙이기	⑥ 접착공법
⑦ 밀착공법	⑧ 거푸집면 타일 먼저 붙이기
⑨ PC판 타일 먼저 붙이기	

2. 테라코타 공사

1) 제품

속이 빈 대형의 장식용 점토제품으로 고급 점토와 도토를 소성한 것이다. 단순한 것은 기계로 가압성형 혹은 압출성형 하지만 복잡한 형상의 주문품은 석고형으로 주조한다.

① 구조용 : 칸막이 벽 등에 사용되는 공동벽돌이다.
② 장식용 : 대개 장식용으로 쓰이며 주문제작한다. 난간벽, 주두, 돌림띠, 창대 등에 사용한다.

2) 특징

① 일반 석재보다 가볍고 색이 다양하며 형상, 치수 등을 여러 가지 모양으로 만들 수 있어 미술품, 회화 등에 이용된다.
② 압축강도는 78.4~88.2N/mm²이다.
③ 화강암보다 내화력이 강하고 대리석보다 풍화에 강하므로 외장에 적당하다.
④ 현장절단, 구멍뚫기가 불가능하므로 미리 연결구멍을 뚫어서 제작한다.
⑤ 테라코타는 형상이 너무 크면 제작이 곤란하므로 0.5m²(평물), 0.1m²(형물)를 한도로 설계 시에는 이 크기의 반 정도로 한다.

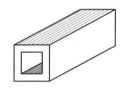

▲ 테라코타 중공 벽돌

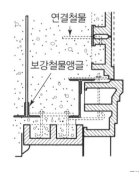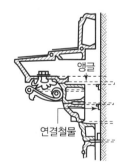

▲ 테라코타 붙이기

3. 미장공사

1) 미장재료 및 일반사항

(1) 미장재료의 구분 및 특성

구분		종류	구성재료 및 특징
기경성	진흙질	진흙	• 진흙＋모래＋짚여물을 섞어서 물반죽한 것이다. • 외엮기 바탕의 흙벽으로 초벽, 재벽바름에 사용한다.
		새벽흙	• 새벽흙＋모래＋마분여물＋해초풀을 섞어 만든다. • 흙벽의 재벌바름, 정벌바름에 쓰인다.
	석회질	회반죽 (Lime Plaster)	• 소석회＋모래＋여물을 해초풀로 반죽한 것으로 물은 사용하지 않는다. • 해초풀은 접착력을 증대시키고 여물은 균열을 방지한다.
		회사벽	• 석회죽＋모래(시멘트, 여물 등도 섞는다.) • 흙벽의 정벌바름, 회반죽 고름, 재벌바름(회사물)에 쓰인다.
		돌로마이트 플라스터 (Dolomite Plaster, 마그네시아 석회)	• 돌로마이트 석회＋모래＋여물의 물반죽으로 해초풀은 쓰지 않는다. • 건조수축이 커서 균열이 발생하므로 지하실에서는 사용하지 않는다(물에 약함).
수경성	석고질	순석고 플라스터 (Gypsum Plaster)	• 순석고＋모래＋여물＋물을 섞어 만든다. • 경화속도가 빠르고 중성이다.
		혼합석고 플라스터	• 혼합석고＋모래＋여물＋물을 섞어 만든다. • 약알칼리성이고 경화속도는 보통이다. • 현장에서 정벌용은 물만을 첨가해 사용하고 초벌용은 물＋모래를 혼합해 사용한다.
		경석고 플라스터 (Keen's Cement)	• 무수석고＋모래＋여물＋물을 섞어 만든다. • 경화가 빠르고 강도가 크며 수축균열이 거의 없다. • 벽, 바닥의 바름재료로 사용한다. • 석회계나 다른 소석고와 혼합사용을 금한다. • 산성이어서 철을 녹슬게 하므로 아연도금 황동제 못을 사용한다.
	시멘트질	모르타르	• 시멘트＋모래＋(안료, 돌가루)＋물을 섞어 만든다.
용액성 간수 (MgCl₂)	고토질	마그네시아 시멘트	• 착색이 용이하고 물을 가해도 경화하지 않는다. • MgCl₂(염화마그네슘)을 물 대신 사용하고 철재를 녹슬게 하며 리그노이드의 원료가 된다.

>>> 기경성
공기 중 탄산가스와 작용하여 경화하는 것으로 일반적으로 수축성을 가진다.

>>> 수경성
가수에 의해 경화하는 것으로 팽창성을 가진다.

>>> 리그노이드(Lignoid)
마그네시아 시멘트 모르타르에 탄성재료인 코르크분말, 안료 등을 혼합한 미장재료로서 주로 바닥마감 시 포장재료에 쓰인다.

>>> 알칼리성 재료
회반죽, 돌로마이트 플라스터, 시멘트 모르타르

(2) 혼화제

① 여물
- ㉠ 건조, 수축, 균열을 방지한다.
- ㉡ 바를 때 재료의 끈기를 돋우고 처져 떨어짐을 방지한다.
- ㉢ 짚여물, 삼여물, 종이여물, 마분여물, 털여물 등이 있다.

② 해초풀
- ㉠ 물에 끓인 용액의 해초를 체로 걸러 회반죽 등에 혼합하면 점도가 증대된다.
- ㉡ 바르기 좋게 물기를 유지하여 바탕재의 흡수를 방지한다.
- ㉢ 건조 후의 강도를 높인다.
- ㉣ 부착력(점착력)을 증대시킨다.
- ㉤ 바닷말, 풀가사리, 은행초 등이 있다.

③ 수염
- ㉠ 초벌바름과 재벌바름에 각기 한 가락씩 묻혀 발라 바름벽이 바탕에서 떨어지는 것을 방지한다.
- ㉡ 졸대 바탕 등에 거리, 간격을 20~30cm 마름모로 배치하여 못을 박아댄다.

(3) 바름 바탕

① 메탈 라스 바탕 ② 와이어 라스 바탕 ③ 졸대 바탕
④ 외엮기 바탕 ⑤ 목모시멘트 바탕 ⑥ 석고보드 바탕

2) 미장공법

(1) 시멘트 모르타르 바름

① 모르타르 바름 종류와 용도

종류			구성재료	용도
시멘트	보통 모르타르	보통시멘트 모르타르	포틀랜드 시멘트, 모래	구조용, 일반수장용
		백시멘트 모르타르	백시멘트, 모래, 돌가루, 무기안료	치장용, 줄눈용
	방수 모르타르	액체방수 모르타르	시멘트, 염화칼슘, 물유리	간이 방수용
		발수성 모르타르	시멘트, 지방산비누, 아스팔트	충진제, 방수용
		규산질 모르타르	시멘트, 규산분말, 모래	방사선 차단용

Tip 👆

① 바탕처리 : 요철 또는 변형이 심한 개소를 고르게 덧바르거나 깎아내어 마감두께가 균등하게 되도록 조정하는 것. 또는 바탕면이 지나치게 평활할 때 거칠게 하여 미장바름의 부착이 양호하도록 표면을 처리하는 것

② 덧먹임 : 바르기의 접합부 또는 균열의 틈새, 구멍 등에 반죽된 재료를 밀어넣어 때우는 것

③ 고름질 : 바름두께 또는 마감두께가 고르지 않거나 요철이 심할 때 초벌바름 위에 발라서 면을 고르는 것

종류			구성재료	용도
시멘트	특수 모르타르	바라이트 모르타르	시멘트, 바라이트, 모래	방사선 차단용
		질석 모르타르	시멘트, 질석(펄라이트)	경량 구조용
		석면 모르타르	시멘트, 석면, 모래	균열 방지용
		합성수지 모르타르	시멘트, 합성수지, 모래	특수 치장용
석회 모르타르		생석회 모르타르	생석회 페이스트, 모래(백토)	재래용
		소석회 모르타르	소석회, 백토(진흙)	재래용
아스팔트 모르타르			아스팔트, 규산분말, 모래	내산 바닥용

② 재료의 배합
　㉠ 시멘트 : 보통 포틀랜드 시멘트, 고로 시멘트, 실리카질 시멘트, 백색 시멘트 등을 사용한다.
　㉡ 모래 : 유해물이 없는 것으로 보통 5mm 이하를 쓰고 0.15mm 이하는 사용하지 않는다.
　　• 초벌, 재벌용 : 5mm체를 100% 통과하는 것
　　• 정벌용 : 2.5mm체를 100% 통과하는 것
　㉢ 소석회 : 정벌용의 소석회 혼합은 시공성 향상을 위해 섞는다.
　㉣ 모르타르 용적배합비

바탕	바르기 부분	초벌, 라스먹임	재벌, 고름질	정벌
		시멘트 : 모래	시멘트 : 모래	시멘트 : 모래 : 소석회
콘크리트 속빈시멘트 블록 및 벽돌면	바닥	–	–	1 : 2 : 0
	안벽	1 : 3	1 : 3	1 : 3 : 0.3
	천장, 차양	1 : 3	1 : 3	1 : 3 : 0
	바깥벽, 기타	1 : 2	–	1 : 2 : 0.5
각종 라스바탕	안벽	1 : 3	1 : 3	1 : 3 : 0.3
	천장, 차양	1 : 3	1 : 3	1 : 3 : 0.5
	바깥벽	1 : 2	1 : 3	1 : 3 : 0
	기타	1 : 3	1 : 3	1 : 3 : 0

　• 모르타르에 물을 부은 후 1시간 이내에 사용한다.
　• 시멘트 : 모래의 배합을 진한 배합일 때는 1 : 2, 보통 배합일 때는 1 : 3, 약한 배합일 때는 1 : 4 이하로 한다.
　• 바탕에 가까울수록 부배합, 정벌에 가까울수록 빈배합하는 것을 재료배합의 원칙으로 한다.

③ 모르타르 바름 두께

※ 1회의 바름두께는 바닥을 제외하고
6mm를 표준으로 한다.

바름바탕	바름위치	바름두께
콘크리트 블록 · 벽돌 목모시멘트판	바닥면	24mm
	내벽면	18mm
	천장 · 채양	15mm
	외벽면	24mm
각종 라스바탕	내벽면	18mm
	천장 · 채양	15mm
	외벽면	24mm

④ 모르타르 바름 시공

㉠ 바르기 순서는 위에서 밑으로 한다.

부위	방법
실내	천장 → 벽 → 바닥
외벽	옥상난간 → 지하층으로 하고 처마밑면, 반자, 채양부를 먼저 바른다. 바탕이 미끈하여 미장 탈락이 우려될 때에는 합성수지 에멀션을 먼저 도포해서 합성수지계, 혼화제를 주입한 페이스트(Paste)를 먼저 바른 후 초벌작업을 시작한다.
수직과 수평이 만나는 곳	천장돌림, 벽 모서리 등 기준이 되고 중요한 곳부터 먼저 바르고 수직과 수평이 만나는 부분은 수평 → 수직면의 순서로 바른다.

㉡ 시공 순서

구분	순서
벽, 시멘트 모르타르 3회 바름	바탕처리 → 바탕청소 → 재료비빔 → 초벌바름 및 라스먹임 → 초벌바름 방치기간 → 고름질 → 재벌바름 → 정벌바름 → 마무리 → 보양
바닥바름	청소 및 물씻기 → 시멘트 페이스트 도포 → 모르타르 바름 → 규준대 대기 → 나무 흙손 고름질 → 쇠흙손 마무리

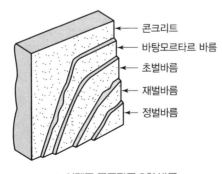

▲ 시멘트 모르타르 3회 바름

콘크리트
바탕모르타르 바름
초벌바름
재벌바름
정벌바름

⑤ 표면 마무리 방법

㉠ 시멘트 뿜칠(Cement Spray)

- 백색 시멘트와 보통 포틀랜드 시멘트에 가는 모래, 석고 플라스터, 돌로마이트, 안료, 방수제 등을 혼합하여 뿜칠하는 것이다.
- 노즐은 벽면에 직각으로 하며 평행으로 이동 운행한다.
- 직사일광, 급격한 건조를 피한다.
- 압송뿜칠에 사용되는 재료의 비빔은 기계비빔이 원칙이고 시공연도는 슬럼프콘으로 관리한다.
- 두께가 20mm를 초과할 때는 초벌, 재벌, 정벌의 3회 뿜칠 바름을 한다.
- 20mm 이하는 재벌을 생략한다.
- 초벌뿜칠 후 재벌을 하고 3시간 이내에 5℃ 이하로 기온이 떨어지면 시공을 중지한다.

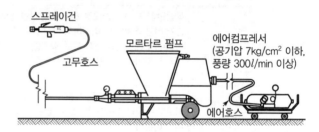

▲ 스네이크식 모르타르 펌프의 기구

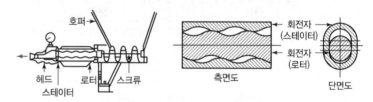

▲ 뿜칠공법에 사용하는 기기

㉡ 긁어내기(줄긋기, Scratch) : 정벌바름을 두껍게 바르고(6mm 이상) 어느 정도 굳은 다음 쇠주걱, 쇠빗 등으로 긁어 거친면으로 한 것이다.

㉢ 리신(규산 석회) : 백색시멘트, 흰 돌가루, 안료 등을 혼합하여 모르타르를 6mm 정도 바르고 12시간 경과 후 쇠빗으로 긁어 마무리한다.

㉣ 시멘트 물칠(물솔질) : 정벌바름 직후 흙손으로 표면을 평활하게 마무리하고 솔에 물을 적셔 세로로 벽면을 쓸어 흙손자국이 없게 하는 방법이다.

㉺ 색 모르타르
　　　　• 백색시멘트에 무기안료를 섞어서 정벌바름(두께 6mm 정도)
　　　　　한 것이다.
　　　　• 색조의 효과는 백색시멘트가 좋고 보통시멘트는 짙은색 이외
　　　　　에는 불가능하다.
　　　㉻ 방수모르타르 : 모르타르에 방수제를 혼합하여 바르는 것이다.
　　⑥ 바닥바르기 방법
　　　㉠ 바닥에 고인 레이턴스, 부착물을 제거한다. 물축이기 후 시멘트
　　　　풀을 바른다.
　　　㉡ 바닥 콘크리트제품 마무리는 된비빔 콘크리트로 하고 탬퍼나 진
　　　　동기로 다지며 잣대, 나무흙손, 쇠흙손 등으로 마무리한다.
　　⑦ 모르타르 균열방지 대책
　　　㉠ 시멘트 사용량을 줄인다. 즉, 빈배합한다.
　　　㉡ 조골재 사용량을 늘인다.
　　　㉢ 바름층의 두께를 두껍게 한다.
　　　㉣ 급격한 건조를 피한다.
　　　㉤ 초벌 바름면을 완전 건조한 후 재벌바름을 실시한다.
　　⑧ 모르타르 박락방지 대책
　　　㉠ 바름층의 두께를 6mm 이하로 얇게 한다.
　　　㉡ 바탕면을 거칠게 처리한다.
　　　㉢ 부배합으로 인한 부착강도를 키우기 위해 시멘트의 사용량을 늘
　　　　린다.

(2) **인조석바름과 테라조 현장 바름**
　　① 재료
　　　㉠ 종석 : 화강석, 백회석, 대리석
　　　㉡ 안료 : 퇴색하지 않은 안정된 것으로 내알칼리성이어야 한다.
　　　㉢ 줄눈대 : 바름구획, 균열방지, 보수용이를 목적으로 하고 황동
　　　　줄눈대와 목조줄눈대가 있다.
　　　㉣ 돌가루(석분) : 부배합의 시멘트가 건조, 수축할 때 생기는 것으
　　　　로 균열을 방지하여 시멘트와 종석을 함께 밀실하게 한다.
　　② 인조석 바름
　　　㉠ 바르기
　　　　• 바름벽체의 경우 재벌바름까지는 모르타르 바름과 동일하게
　　　　　시공한다.
　　　　• 재벌이 굳은 후 시멘트풀 또는 배합비가 1 : 1인 모르타르를
　　　　　7.5mm 정도 바르고 정벌바름을 한다.

- 바닥은 모르타르 배합비가 1 : 3인 것으로 두께 35mm 정도의 초벌바름을 하고 정벌바름을 실시한다.

ⓒ 마무리

마무리	내용
인조석 씻어내기	인조석 정벌바름 후 물손질을 2회 이상하고 물걷히기를 보아 분무기로 시멘트풀을 씻어낸다.
인조석 잔다듬	정벌바름(9mm) 인조석을 바르고 경화 후 석공구로 잔다 듬하여 마무리한 것을 캐스트 스톤이라 한다.
인조석 갈기	정벌바름 후 경화 정도를 보아 초벌갈기하고 시멘트풀칠 후 재벌갈기를 한다. 재벌 후 다시 시멘트풀을 먹이고 정 벌갈기 후 왁스칠을 한다.

ⓒ 시공 순서

순서	내용
바탕처리	청소하고 줄눈나누기, 먹줄을 친다.
줄눈대 대기	간격 : 60~120cm (보통 90cm, 최대 2m) 목적 : 수축균열을 방지, 바름구획, 보수용이
초벌바름	배합비는 1 : 3, 바름두께는 2~3cm 정도로 한다.
정벌바름	두께 9~15mm 정도를 된비빔으로 한다.
양생 및 경화	여름은 3일, 기타는 7일 정도로 하고 손갈기는 3일, 기계갈 기는 7일 정도로 한다.
초벌갈기	거친 카보랜덤 숫돌로 돌알이 균등하게 나타나도록 간다.
시멘트 풀먹임	물씻기 후 잔구멍 및 돌알이 흰 부분을 시멘트풀로 메꾼다.
중갈기	시멘트풀먹임 이후에 다시 중갈기를 하는데 이것은 2~3 회 반복한다.
정벌갈기	고운숫돌로 마무리한다.
왁스칠	수산을 써서 시멘트액을 빼고 광내기 왁스칠을 한다. 왁스칠은 시간을 두고 얇게 여러 번 하는 것이 좋다.

Tip 👆

테라조 현장갈기 시공 순서
바탕처리 → 줄눈대 대기 → 초벌 모르 타르 바름 → 정벌바름 → 양생 → 초벌 갈기 → 시멘트풀먹임 → 중갈기 → 정 벌갈기 → 왁스칠

③ 테라조 현장갈기

㉠ 바르기에서 초벌바름에는 접착공법(밀착공법)과 절연공법이 (유리공법)이 있다.

㉡ 줄눈나누기는 1.2m 이내로 하고 줄눈 최대간격은 2m 이하로 한다.

㉢ 초벌의 굳기 정도를 보고 정벌 바르고 바닥과 벽의 경계에 미리 펠트로 절연한다.

㉣ 갈기 시 손갈기는 1일 이상, 기계갈기는 여름 3일, 기타 7일 이상 경과 후 실시한다.

㉤ 초벌갈기는 돌알이 균등하게 나타나게 하고 잔구멍을 시멘트 페 이스트(Cement Paste)로 메운 후 굳은 다음 중갈기하고 중갈기 완료 후 시멘트 페이스트를 2~3회 먹인 후 정벌한다.

ⓗ 수산을 써서 시멘트액을 빼고 광내기 왁스칠을 한다. 왁스칠은 시간을 두고 엷게 여러 번 하는 것이 좋다.

ⓧ 줄눈은 균열을 방지하고 바름구획을 분할하며 보수를 용이하게 하기 위한 목적으로 설치한다.

(3) 석고 플라스터 바름

① 종류 및 특성

순석고 플라스터	• 현장에서 석고 플라스터에 석회죽이나 돌로마이트를 배합 사용한다. • 중성이고 경화가 빠르므로 혼합 후 즉시 사용한다.
혼합석고 플라스터	• 석고 플라스터와 석회가 혼합되어 제품으로 된 것으로 초벌용과 정벌용 2가지가 있다. • 초벌용은 물과 모래만 혼합하면 즉시 사용이 가능하고 정벌용은 물만 혼합하면 즉시 사용이 가능(혼합 후 24시간)하다.
경석고 플라스터 (무수석고 플라스터, 킨즈시멘트)	• 응결이 대단히 느리므로 명반 등을 촉진제로 배합한다. 이 촉진제 때문에 산성을 나타내며 철을 녹슬게 한다(스테인리스 사용). • 석회나 다른 석고 플라스터와 혼합을 금지한다. • 여물을 사용할 수 없는 등 시공이 까다롭고 고가이다. • 경석고를 주성분으로 한 것을 일괄하여 킨즈시멘트(Keen's Cement)라 총칭한다. • 킨즈시멘트는 석고계 플라스터 중 가장 경질이고 광택이 나며 경도가 크고 바르기 쉽다. • 재벌, 정벌 혹은 정벌만을 한다. • 경화되면 강도가 매우 우수하여 바닥에도 사용한다.

② 시공 및 특징

㉠ 수경성이고 경화가 빠르므로 혼합 즉시 사용한다.

• 초벌용은 2시간 이내, 정벌용은 1시간 30분 이내에 사용한다.

• 초벌바름 두께는 벽은 6~9mm, 천장은 6mm이다.

• 초벌배합은 벽, 천장 모두 1(시멘트) : 1.5(모래)로 한다.

㉡ 팽창성이 있으며 초벌바름에는 반드시 거치름눈(작살긁기)을 넣는다.

㉢ 재벌바름은 초벌 후 1~2주일 후(콘크리트 바탕일 때), 정벌은 재벌이 반건조되었을 때 마무리 흙손질을 한다. 고름질, 재벌바름 두께는 5~7mm(벽, 천장)이다.

• 고름질 및 재벌바름의 배합은 벽은 1 : 2, 천장은 1 : 1.5로 한다.

• 정벌바름 두께는 1.5mm, 페인트칠 및 벽지 마감 시 두께는 3~4mm로 한다.

㉣ 졸대 바탕일 경우는 초벌바름 후 3~6일 경과, 완전건조 후 재벌바름한다.

ⓜ 가수 후 초벌용은 4시간 이상, 정벌용은 2시간 이상 경과된 것은 사용하지 않는다. 부득이 사용할 때는 완결제를 넣어 시간을 연장한다.

ⓗ 작업 중에는 통풍을 금지하고 작업 후에는 서서히 통풍한다(동절기에 시공할 때는 보온장치를 설치).

ⓢ 석고 플라스터에 시멘트, 소석회, 돌로마이트 플라스터를 혼합 사용하면 안 된다.

(4) 돌로마이트 플라스터(Dolomite Plaster) 바름

① 주의사항

㉠ Dolomite(마그네시아 석회) + 모래 + 여물(초벌, 재벌용으로는 백모여물을, 정벌용으로는 삼여물을 사용한다.)

㉡ 정벌용은 가수 후 12시간 정도 지난 다음 사용하며 시멘트와 물을 혼합한 것은 2시간 이상 경과하면 사용하지 않는다.

㉢ 재료를 반죽하여 24시간 이상 놓아둔다.

㉣ 재벌, 교정 바름 두께와 천장은 5mm, 벽은 7.5mm, 정벌바름 두께는 1.5mm 정도로 한다.

㉤ 고름질은 초벌바름은 10일 후, 재벌바름은 초벌바름 후, 균열이 없을 때는 5일 후, 균열이 있을 때는 10일 후 재벌바름하며 정벌은 재벌이 반 정도 건조된 후 적당히 물을 축여 바른다.

② 특징

㉠ 돌로마이트 플라스터는 소석회보다 접착력이 우수하여 해초풀을 사용하지 않아도 되기 때문에 변색, 냄새, 곰팡이가 없다. 또한 보수성이 크고 응결시간이 길어 바르기 쉽고 회반죽에 비하여 조기강도 및 최종강도가 크다.

㉡ 건조수축이 커 균열이 생기기 쉽고 수증기나 물에 약하다(지하실 사용 금지).

(5) 회반죽 바름

① 재료

종류	내용
소석회	공기 중 탄산가스에 의해 굳는다(기경성).
해초풀	• 은행초, 미역, 해초를 끓여 1~2회 체로 걸러 사용한다. • 1일 지난 것은 사용하지 않고 부득이하게 사용할 때에는 부패를 방지하기 위해서 표면에 석회를 뿌려 둔다(이 경우도 2일 이내에는 사용해야 한다).
여물	회반죽이 경화 시 건조하여 균열이 생기는 것을 방지한다.
모래	• 바름 두께가 클수록 많이 사용한다. • 2.5mm체에 100% 통과한 것을 쓰고 젖은 모래는 쓰지 않는다.

Tip 👆
돌로마이트 플라스터 바르기 순서
바탕처리 - 반죽 - 초벌바름 및 라스먹임 - 고름질 - 재벌바름 - 정벌바름

종류	내용
수염	수염은 잘 건조된 것을 사용하고 벽용은 70cm, 천장용은 55cm로 2등분해서 아연도금 못에 고정하여 사용한다(수염간격 : 벽은 30cm 이하, 천장차양은 25cm 이하).

② 바름 두께 : 바름 두께는 벽은 15mm, 천장차양은 12mm 정도로 하고 초벌 바름 후 5일이 경과하면 고름질하고 10일 이상 지나 재벌바름하며 반 건조 시 정벌을 한다(12mm 이하는 고름질 생략).

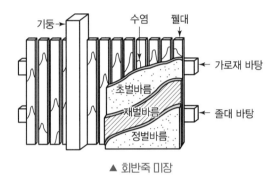

▲ 회반죽 미장

Tip 👆

바르기 시공 순서
바탕처리 → 재료의 조정 및 반죽 → 수염 붙이기 → 초벌바름 → 고름질 및 덧먹임 → 재벌바름 → 정벌바름 → 마무리 및 보양

③ 시공 시 주의사항

　㉠ 목조바탕, 콘크리트벽돌 및 벽돌바탕에 바른다.

　㉡ 일반적으로 연약하고 비내수적이며 경화건조에 의한 수축률은 미장바름 중 가장 크나 여물로써 균열을 분산ㆍ경감시킨다.

　㉢ 강렬한 일사광선을 피하며 한랭기에는 2℃ 이하가 되면 공사를 중지하고 5℃ 이상 유지하여 보양한다.

　㉣ 건조시일이 많이 걸리고 연질이나 외관이 온유하며 시공을 잘하면 균열, 탈락의 우려가 없는 값싼 재료이다.

　㉤ 회반죽은 기경성이므로 작업 중에는 가능한 한 통풍을 억제한다. 단, 초벌, 고름질, 정벌바름 후에는 적당한 통풍이 되게 한다.

　㉥ 미세한 수축균열이 생겨 풍화하기 쉽고 습기에 약하므로 내부에만 사용한다.

1. 테라코타

장식용 점토 제품으로 고급점토와 도토를 소성한 것으로 단순한 것은 기계로 가압 성형 혹은 압출성형 하지만 복잡한 형상의 주문품은 석고형으로 주조한다. 구조용 은 칸막이 벽 등에 사용되는 공동벽돌이고 장식용은 난간벽, 주두, 돌림띠, 창대 등 에 사용한다.

2. 내장타일

건물의 내부용(5.4cm 각 이상의 대형, 중형) 타일로 도기질, 석기질, 또는 자기질 타 일이 있다.

3. 외장타일

건물의 외부용(대형, 중형) 타일로 자기질, 석기질 타일이 있고 내동해성이 우수한 것으로 한다.

4. 바닥 타일

바닥용(5.4cm 각 이상의 중형, 논슬립 타일) 타일로 원칙적으로 무유하고 자기질, 석기질, 또는 유약경질 타일이 있다.

5. 모자이크 타일

내 · 외벽 바닥용(5.4cm 각 이하의 소형 30×30cm 종이 붙임 사용) 타일로 자기질 이다.

6. 클링커 타일(Clinker Tile)

고온 소성 타일로 석기질이며, 시약으로는 식염유사용, 바닥, 옥상용 등이 있다.

7. 떠붙임공법(적재붙임 = 발라붙임 공법)

가장 오래된 타일 붙이기 방법으로 타일 뒷면에 붙임 모르타르를 얹어 바탕 모르타 르에 누르듯이 하여 1매씩 붙이는 방법이다.

8. 압착붙임공법(압착공법)

평평하게 만든 바탕 모르타르 위에 붙임 모르타르를 바르고 그 위에 타일을 두드려 누르거나 비벼넣으면서 붙이는 공법이다.

9. 개량압착 붙임공법 (개량압착공법)

평평하게 만든 바탕 모르타르 위에 붙임 모르타르를 바르고 타일 뒷면에 붙임 모르 타르를 얇게 발라 두드려 누르거나 비벼 넣으면서 붙이는 방법이다.

10. 접착제 붙임공법 (접착제 공법)

유기질 접착제, 수지 모르타르를 바탕면에 바르고 그 위에 타일을 붙여대는 공법 이다.

11. 동시줄눈공법(밀착공법)

접착력이 우수하고 접착 편차가 적으며 타일의 입체감을 100% 발휘할 수 있고 공기 단축과 공비절감 효과가 있다.

12. 타일공사에서의 붙임시간 (Open Time)

모르타르를 타일에 바른 다음 다른 한쪽 면에 접착하기 전까지 걸리는 시간으로 가 장 적합한 붙임시간은 피착재료, 접착재, 기온, 작업상황 등에 따라 다르다(내장타 일 : 10분, 외장타일 : 20분).

13. 여물

미장재료에 혼입하여 보강균열의 방지역할을 하는 섬유질 재료로서 재료분리가 되 지 않고 흙손질이 잘 퍼져 나가는 효과가 있다.

14. 해초풀 미역 등의 바닷풀을 끓여서 만든 풀물로, 말린 해초를 끓여 체에 걸른 물풀기가 있어 회반죽에 섞으면 점성이 좋아 부착이 잘 되고 균열을 방지한다.

15. 황동줄눈대 테라조 현장갈기의 줄눈에 사용된다.

16. 바탕처리 요철 또는 변형이 심한 부분을 고르게 덧바르거나 깎아내어 마감 두께가 균등하게 되도록 조정하는 것, 또는 바탕면이 지나치게 평활할 때 거칠게 하여 미장바름의 부착이 양호하도록 표면을 처리하는 것이다.

17. 고름질 바름두께 또는 마감두께가 고르지 않거나 요철이 심할 때 초벌바름 위에 발라서 면을 고르는 것이다.

18. 덧먹임 바르기의 접합부 또는 균열의 틈새나 구멍 등에 반죽된 재료를 밀어넣어 떼우는 것이다.

19. 바라이트 모르타르 바라이트 분말에 시멘트, 모래를 혼합한 방사선 차단용 모르타르다.

20. 리그노이드 스톤 마그네시아 시멘트에 코르크분말, 안료 등을 혼합한 것으로 바닥포장재에 쓰인다.

21. 캐스트 스톤 인조석 잔다듬이라고 하며 인조석을 바른 후 경화시켜 날망치로 잔다듬하여 마무리한 것이다.

01 타일의 종류를 소지 및 용도에 따라 분류하시오. (2점) [00, 03, 08]

(1) 소지 : _____

(2) 용도 : _____

≫ (1) 소지 : 도기질, 석기질, 자기질 타일
(2) 용도 : 내장타일, 바닥타일, 외장타일

02 도면 또는 특기시방에서 정한 바가 없을 경우, 타일 붙이기의 줄눈너비에 대해 아래 구분에 따라 쓰시오. (4점) [92]

(1) 대형 벽돌형(외부) _____

(2) 대형(내부 일반) _____

(3) 소형 _____

(4) 모자이크 _____

≫ (1) 9mm   (2) 6mm
(3) 3mm   (4) 2mm

03 타일 종류 중에서 면을 처리한 타일의 종류를 3가지만 쓰시오. (3점) [94, 95]

① _____   ② _____   ③ _____

≫ ① 스크래치 타일
② 태피스트리 타일
③ 천무늬 타일

04 타일공사에서의 Open Time을 설명하시오. (3점) [95, 97, 01]

_____

_____

≫ 모르타르를 타일에 바른 다음 다른 한쪽 면에 접착하기 전까지 걸리는 시간으로 가장 적합한 Open Time은 피착재료, 접착재, 기온, 작업상황 등에 따라 다르다(내장타일 : 10분, 외장타일 : 20분).

05 벽타일 붙이기 시공 순서를 쓰시오. (4점) [85, 10, 14]

(1) 바탕처리   (2) _____   (3) _____

(4) _____   (5) _____

≫ (2) 타일 나누기
(3) 벽타일 붙임
(4) 치장줄눈
(5) 보양

06 벽타일 붙이기 공법의 종류를 4가지 적으시오. (4점)

[99, 99, 00, 08, 10, 16]

① _____ ② _____
③ _____ ④ _____

➡ ① 떠붙임공법
② 압착공법
③ 개량압착공법
④ 밀착공법(동시줄눈공법)

07 다음에 설명된 타일붙임공법의 명칭을 쓰시오. (3점) [00, 02, 06]

(1) 가장 오래된 타일 붙이기 방법으로 타일 뒷면에 붙임 모르타르를 얹어 바탕 모르타르에 누르듯이 하여 1매씩 붙이는 방법 (   )

(2) 평평하게 만든 바탕 모르타르 위에 붙임 모르타르를 바르고 그 위에 타일을 두드려 누르거나 비벼넣으면서 붙이는 방법 (   )

(3) 평평하게 만든 바탕 모르타르 위에 붙임 모르타르를 바르고 타일 뒷면에 붙임 모르타르를 얇게 발라 두드려 누르거나 비벼 넣으면서 붙이는 방법 (   )

➡ (1) 떠붙임공법
(2) 압착공법
(3) 개량압착공법

08 다음은 타일붙임공법에 대한 설명이다. (   ) 안에 알맞은 공법을 보기에서 골라 기호를 쓰시오. (3점) [01, 07]

[보기]
㉠ 개량압착공법   ㉡ 압착공법
㉢ 떠붙임공법   ㉣ 개량떠붙임공법
㉤ 밀착공법(동시줄눈공법)

(1) 타일 뒷면에 붙임용 모르타르를 바르고 바탕에 누르듯이 하여 1매씩 붙이는 방법으로, 벽면의 아래에서 위로 붙여 가는 종래의 일반적인 공법은 (   )이다.

(2) 원칙적으로 타일두께의 1/2 이상으로 붙임 모르타르를 5~7mm 바르고 그위에 타일을 수평막대 등으로 타일을 눌러 붙이는 공법은 (   )이다.

(3) 바탕면에 붙임 모르타르를 5~8mm 발라 타일을 눌러 붙인 다음 충격공구(Vibrator)로 충격하여 붙이는 공법은 (   )이다.

➡ (1) ㉢
(2) ㉡
(3) ㉤

09 타일시공법 중 붙임재 사용법에 따른 공법을 1가지씩 쓰시오. (4점)

[10]

　(1) 타일 측에 붙임재를 바르는 공법 : ＿＿＿＿＿＿＿＿＿＿＿

　(2) 바탕 측에 붙임재를 바르는 공법 : ＿＿＿＿＿＿＿＿＿＿＿

≫ (1) 떠붙임공법
(2) 압착공법 혹은 밀착공법
　(동시줄눈공법)

10 타일공사에서 압착붙임공법의 단점인 오픈타임(Open Time) 문제를 해결하기 위해 개발된 공법으로, 압착붙임공법과는 달리 타일에도 붙임 모르타르를 바르므로 편차가 작은 양호한 접착력을 얻을 수 있고 백화도 거의 발생하지 않는 타일붙임공법은? (2점)

[15]

＿＿＿＿＿＿＿＿＿＿＿＿＿＿＿＿＿＿＿＿＿＿

≫ 개량압착공법

CHAPTER 09 목공사

1. 목재의 성질과 종류 및 특성

1) 개요

(1) 목구조의 장단점

장점	단점
• 가볍고 가공이 용이하며 감촉이 좋다. • 비중에 비하여 강도, 탄력성, 인성이 크다. • 색채 또는 무늬가 미려하여 가구재, 내장재로 유리하다. • 내산, 내약품성이 있고 염분에 강하다. • 수종이 다양하고 생산량이 비교적 많다. • 열전도율이 작다(보온효과, 방한, 방서적이다).	• 고층 건물이나 큰 스팬의 구조가 불가능하다. • 착화점이 낮아서 비내화적이다(250℃에서 인화되어 450℃에서 자연 발화한다). • 습기가 많은 곳에서는 부식하기 쉽다. • 함수율에 따른 목재의 성질 변화가 크다. • 충해나 풍화로 내구성이 저하된다.

(2) 목재의 분류

① 외장수

  ㉠ 침엽수

    • 송백과(松柏科)에 속한다.

    • 연한 목질의 큰 재를 구하기 쉽고 가공이 용이하며 경량이다.

    • 소나무, 전나무, 잣나무, 낙엽송 등이 있고 구조재 및 장식재로 사용한다.

  ㉡ 활엽수

    • 송백과 이외의 목재

    • 견고한 나무가 많다.

    • 참나무, 느티나무, 오동나무, 밤나무, 떡갈나무, 참나무, 박달나무 등 종류가 다양하다.

    • 성질이 일정하지 않아 장식재로만 사용한다.

② 내장수 : 대나무, 야자수

③ 사용 부위별 구분

  ㉠ 구조재

    • 강도가 커야 하며 곧고 직대재(直大材)를 얻을 수 있어야 한다.

    • 건조변형, 수축성이 적어야 하고 잘 썩지 않아야 한다.

    • 소나무, 낙엽송, 미송 등의 충해에 저항이 큰 것이 좋다.

Tip 👆

구조용 목재의 조건
① 함수율이 25% 이하일 것
② 산출량이 많고, 구득이 용이할 것
③ 옹이, 부식, 엇결 등 흠이 적을 것
④ 가볍고 가공하기 좋을 것
⑤ 곧고 긴 재료일 것

   ⓛ 수장재
    • 나뭇결이 좋고 무늬가 고우며 뒤틀림이 적어야 한다.
    • 적송, 홍송, 느티나무, 나왕, 단풍나무 등이 있다.
   ⓒ 창호재 및 가구재
    • 수장재보다 흠이 없는 곧은결의 기건재를 사용하여야 한다.
    • 창호재로는 나왕, 전나무, 졸참나무, 느티나무, 벚나무, 티크 등이 있다.
    • 가구재로는 나왕, 자단, 흑단, 티크, 호도나무, 마호가니 등이 있다.

2) 목재의 성질

(1) 목재의 함수율

함수율	전건재	기건재	섬유포화점	비고
	(절대건조) 0%	(공기 중) 15%	30%	
수장재 함수율	A종	B종	C종	함수율은 전단면에 대한 평균치
	18% 이하	20% 이하	24% 이하	
구조재 함수율	18~24% 내의 것을 사용한다.			

 ① **기건재** : 대기 중의 습도와 균형상태의 함수율이 15%가 된 상태이다.
 ② **섬유포화점** : 세포 내의 빈 부분 혹은 세포 사이의 중간부분이 증발하고 세포막이 흡수되어 있는 수분의 상태를 말한다. 생나무가 건조하여 목재의 함수율이 약 30% 정도일 때로 목재는 이 점을 경계로 하여 수축, 팽창 등의 재질변화가 현저하게 나타나고 강도, 신축성 등도 달라진다. 목재의 세포막이 결합수만으로 포화된 상태이다.
 ③ **전건재** : 기건재가 더욱 건조하여 함수율이 0%가 된 상태이다.

(2) 목재의 수축률

목재는 건조수축하여 변형하고 연륜방향의 수축은 직각에 약 2배가 된다. 또 수피부는 수심부보다 수축이 크다. 수심부는 조직이 경화되나, 수피부는 조직이 여리고 함수율이 크며 재질도 무르기 때문이다.

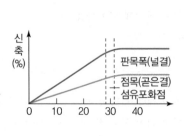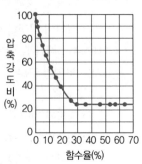

▲ 함수율과 압축강도의 관계

① 전수축률
- 무늿결, 너비방향이 가장 크다(6~10%).
- 곧은결, 너비방향은 무늬결의 1/2이다(2.5~4.5%).
- 길이방향은 곧은결의 1/20이다(0.1~0.3%).
② 목재의 방향성에 따른 수축률
- 축방향 : 0.35%
- 지름방향 : 8%
- 촉방향 : 14%

Tip
목재는 건조에 따라 수축하는데 연륜방향(촉방향)의 수축은 연륜의 직각방향(지름방향)의 약 2배이며, 수피부(변재)는 수심부(심재)보다 수축이 크다.

(3) 목재의 강도

① 섬유방향에 평행하게 가한 힘에 대해서는 가장 강하고 이에 직각으로 가한 힘에 대해서는 가장 약하다(길이방향에 대한 세로의 저항성이 폭방향보다 크다).

종류 \ 방향	섬유에 평행	섬유에 직각
압축강도	100	10~20
인장강도	약 200	7~20
휨강도	약 150	10~20
전단강도	18	활엽수 19

② 목재의 힘의 종류에 따른 강도 크기 : 인장강도 > 휨강도 > 압축강도 > 전단강도
③ 목재의 강도는 불균일하므로 최대강도의 1/7~1/8을 목재의 허용강도값으로 한다.
④ 함수율과 비중에 따른 목재의 강도
- 목재의 강도는 비중이 클수록 증가한다.
- 섬유 포화점 이하에서는 함수율이 낮을수록 강도가 증가한다(생나무의 강도에 비해 기건재는 1.5배, 전건재는 약 3.0배 정도 크다).
- 섬유 포화점 이상에서는 강도의 변화가 없다.
- 섬유 포화점 이상에는 팽창수축이 생기지 않으나 섬유 포화점 이하에서는 함수율의 감소에 비례하여 수축한다.
- 일반적으로 심재가 변재보다 강도가 크다.
- 일반적으로 변재가 심재보다 수축률이 크다.

(4) 목재의 비중

① 세포 자체의 비중은 나무의 종류에 관계없이 1.54이다(기건비중 : 0.3~1.0).
② 비중은 대체로 0.4~0.8이고 실용적으로 큰 차이는 없다(활엽수 > 침엽수).

(5) **심재와 변재**

목재 단면의 수심에 가까운 중앙부를 심재라 하고, 목재 단면의 수피에 가까운 목질부를 변재라 한다.

비교 항목	심재	변재
비중	크다.	작다.
신축성(수축률)	적다.	크다.
내후, 내구성	크다.	작다.
강도	크다.	약하다.
목재의 흠	거의 없다.	많이 발생한다.

(6) **목재의 흠**

① 옹이 : 나뭇가지의 밑동이 남은 것을 말한다.

② 썩음(썩정이) : 국부적 또는 전체적으로 썩은 것이 있다.

③ 갈라짐(갈램) : 건조수축에 따라 생긴다.

④ 껍질박이[入皮] : 목질 내부에 껍질이 남아 있는 부분이다.

⑤ 혹 : 섬유가 집중되어 볼록하게 된 부분이다.

⑥ 죽 : 제재목의 일부에 피죽이 남아 수피가 붙은 것이다.

⑦ 이 외에 송진구멍(수지공), 엇결, 찢김 등이 있다.

(7) **목재의 흠과 강도의 관계**

① 목재의 옹이, 갈램, 썩음 등은 강도저하를 유발한다(특히 옹이, 썩음의 영향이 크다).

② 섬유방향에서 압축력은 영향이 작으나 인장력인 경우는 영향이 현저하다.

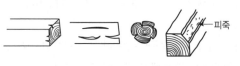

(a) 마무리 갈램　　(b) 겉 갈램　　　　(c) 죽　　(d) 껍질 박이　(e) 테갈램

▲ 목재의 흠

(8) **목재의 건조법**

자연건조법 (대기건조법)	• 직사광선이나 비를 막고 오랜 기간 동안 대기 중의 그늘에서 통풍만으로 자연적으로 건조시킨다. • 20cm 이상 굄목을 받친다. • 정기적으로 바꾸어 쌓는다. • 마구리면 유성페인트 칠은 급결건조와 균열을 방지한다. • 오림목 고루괴기 : 뒤틀림 방지 • 재질의 변질이 적다. • 건조기간이 길지만 건조비는 적게 든다. • 변형이 생기기 쉽다.

수액건조법(침수법) = 건조전처리 (수액제거법)	• 원목을 1년 이상 방치, 비와 이슬을 통해 수액을 제거한다. • 뗏목으로 6개월 이상 방치, 물이 흡수되고 수액이 제거된다. • 열탕 가열하면 수액이 빨리 제거되어 건조기간이 단축된다.
인공건조법	• 증기법(가장 많이 사용), 열기법(대기법), 송풍법, 훈연법 등이 있다. • 건조가 빠르고 변형이 적으나 시설비, 가공비가 많이 든다. • 증기 또는 열기에 의해서 단기간 내에 인공적으로 건조시킨다.
특수건조법	진공건조법, 고주파 건조법, 약품건조법이 있다.

건조의 이점
① 수축 균열이나 변형을 방지한다.
② 자중 경감, 운반 및 가공이 용이하다.
③ 부패균의 발생과 성장을 막는다.
④ 강도가 우수하다.
⑤ 접착성과 도장성이 우수하다.

(9) 목재의 방부법

부패균, 충해(흰개미, 굼벵이) 등의 내구성 저감원인을 제거한다.

① 표면탄화법 : 목재의 표면 3~4mm를 불로 태워서 수분을 제거하는 공법으로 탄화부분의 흡수성은 증가한다.

② 방부제칠

구분	종류
유성 방부제	크레오소트, 콜타르, 아스팔트, 유성페인트
수용성 방부제	황산동, 염화아연, 염화제이철, 불화소다 용액 등
유용성 방부제	PCP(펜타클로르 페놀), 유기계 방충제

③ 방부제 처리법

㉠ 방부제 칠하기(도포법) : 크레오소트 등 방부제를 표면에 도포하며, 깊이 5~6mm 정도로 가장 간단한 방식이다.

㉡ 침지법 : 방부제 액 속에 7~10일 정도 담근다. 침투깊이는 10~15mm 정도이다.

㉢ 상압주입법 : 방부액을 가열하여 목재에 담그고 다시 상온의 액에 담그는 방법이다.

㉣ 가압주입법 : 방부약액을 7~10기압의 압력을 주어 목재의 내부에 주입시키는 방법으로 가장 고가이다.

㉤ 생리적 주입법 : 벌목 전 뿌리에 약액을 주입하는 방법으로 지속성이 적다.

㉥ 도포법 : 방부제칠, 유성 페인트, 니스, 아스팔트, 콜타르 칠

⑩ **목재의 난연처리**

① 방화약재를 주입하여 방화막을 만든다(인산암모늄, 황산암모늄, 탄산칼륨, 탄산나트륨, 붕산 등을 단독 또는 혼합 사용한다).

② 표면에 난연약재를 도포하고 불연방화 도료칠을 한다(규산소다, 붕산카세인, 합성수지 도료).

③ 목재표면을 단열성이 크고 불연재료인 모르타르 벽돌 등으로 피복한다.

⑾ **목재의 방화법**

완전하지는 않지만 연소시간을 지연시킨다.

① 불연성 도료를 도포하여 방화막을 만든다.

② 방화제를 주입하여 인화점을 높인다.

③ 목재표면을 단열성이 크고 불연재료인 모르타르나 벽돌 등으로 피복한다.

불연성 도료에는 인산암모늄, 황산암모늄, 탄산칼륨, 탄산나트륨, 붕산 등이 있으며, 단독 또는 혼합하여 사용한다.

2. 목재의 제재

1) 제재목의 종류

① 널재 : 두께는 60mm 미만, 너비는 두께의 3배 이상인 것

② 오림목 : 보통 6×6cm의 각재로 너비는 두께의 3배 미만인 것

③ 각재 : 두께는 75mm 미만, 너비는 두께의 4배 미만 또는 두께, 너비가 75mm 이상인 것

2) 규격 및 치수에 따른 구분

① 제재치수 : 제재소에서 톱켜기한 치수로 구조재와 수장재에 쓰인다(마무리치수보다 약간 여유 있게 된 치수로 적산 시 중심간격으로 산정한다).

② 마무리치수 : 제재소에서 톱켜기한 것을 대패로 깎아 마무리한 치수로 창호재, 가구재 등에 쓰인다(톱질과 대패질로 인한 치수를 고려한다).

③ 정치수 : 제재목을 지정 치수대로 한 것이다.

3) 목재의 정척길이

① 정척물 : 길이가 1.8m(6자), 2.7m(9자), 3.6m(12자)인 것

② 장척물 : 길이가 정척물보다 0.9m(3자)씩 길어진 것

③ 단척물 : 길이가 1.8m 미만인 것

④ 난척물 : 정척물 외의 길이로 2.1m, 2.4m, 3.0m인 것

3. 목재의 접합

1) 정의

① 이음 : 재의 길이방향으로 두 부재를 접합하는 것

② 맞춤 : 재와 서로 직각 또는 일정한 각도로 접합하는 것

③ 쪽매 : 재를 섬유방향과 평행으로 옆대어 붙이는 것

2) 이음 및 맞춤 시 주의사항

① 이음 및 맞춤의 공작은 모양에 치중하지 말고 응력에 견디도록 한다.

② 이음 또는 맞춤의 단면 방향은 응력에 직각이 되게 한다.

③ 이음 및 맞춤의 위치는 응력이 작은 곳에 둔다. 보 또는 도리의 중앙은 응력이 가장 크므로 이런 곳에서 이음하는 것은 피하도록 한다.

④ 접합면은 정확히 가공하고 단순한 모양으로 완전 밀착시켜 빈틈이 없게 한다.

⑤ 재는 가급적 적게 깎아내어 약하게 되지 않도록 하고 또 국부적으로 큰 응력이 작용하지 않도록 한다.

⑥ 이음의 마무리는 작용하는 응력이 균등하게 전달되도록 한다.

3) 목재의 이음

(1) 위치별 이음의 종류

① 심이음 : 부재의 중심에서 이음하는 것

② 베개이음 : 가로받침을 대고 이음하는 것

③ 내이음 : 중심에서 벗어난 위치에서 이음하는 것

④ 보아시 이음 : 심이음에 보아시를 댄 것

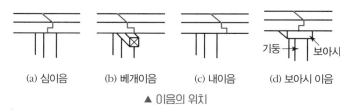

(a) 심이음   (b) 베개이음   (c) 내이음   (d) 보아시 이음

▲ 이음의 위치

(2) 큰 부류의 이음의 종류

① 맞댄 이음(Butt Joint)
  - 큰 인장력이나 압력을 받는 곳에서 한다.
  - 2개의 부재가 동일면 내에서 접합하는 이음이다.
  - 목재의 옆면이나 마구리면이 서로 맞대어 이어지는 것이다.
  - 철판, 볼트, 듀벨, 산지 등을 병용한다(평보 : 맞댄 덧판 이음).
② 겹친 이음(Lap Joint)
  - 볼트, 못, 산지 등을 이용해 단순히 겹쳐댄다.

- 큰 응력이 작용하는 부위는 쓰지 않는다.
- 볼트, 듀벨을 병용하면 큰 트러스(Truss) 구조도 가능하다.

4) 쪽매

좁은 폭의 널을 옆으로 붙여 그 폭을 넓게 하는 것으로 마룻널이나 양판문의 양판제작에 사용한다.

① **맞댄 쪽매** : 툇마루 등에 틈서리가 있게 의장하여 깔 때, 또는 경미한 구조에 사용한다.
② **오니 쪽매** : 솔기를 살 촉방향으로 한 것으로 흙막이 널말뚝에 사용한다.
③ **반턱 쪽매** : 거푸집 등 15mm 미만의 널은 세밀한 공작물이 아니고서는 제혀 쪽매로 할 수 없으므로 얇은 널은 이 방법으로 한다.
④ **딴혀 쪽매** : 널의 양옆에 홈을 파서 혀를 다른 쪽으로 끼워대고 홈 속에서 못질하는 방법이다.
⑤ **빗 쪽매** : 간단한 지붕, 반자널에 사용한다.
⑥ **틈막이 쪽매** : 널에 반턱을 내고 따로 틈막이대를 깔아 쪽매하는 것으로 천장, 징두리 판벽에 사용한다.
⑦ **제혀 쪽매** : 가장 많이 사용되며 널 한쪽에 홈을 파고 다른 쪽에 혀를 내어 물리고 혀 위에서 빗못질하므로 진동 있는 마룻널에도 못이 빠져나올 우려가 없는 것이다.

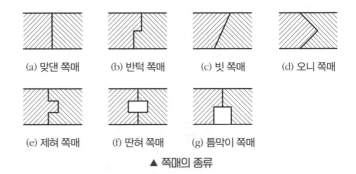

(a) 맞댄 쪽매　(b) 반턱 쪽매　(c) 빗 쪽매　(d) 오니 쪽매

(e) 제혀 쪽매　(f) 딴혀 쪽매　(g) 틈막이 쪽매

▲ 쪽매의 종류

4. 목재의 가공

1) 목재의 가공 순서

① **먹매김** : 마름질, 바심질을 하기 위해서 먹매김을 하고 가공형태를 그린다.
② **마름질** : 재료를 소요의 치수로 자르는 작업으로 재료가 많을 경우 공작도를 작성한다.
③ **바심질** : 구멍뚫기, 홈파기, 자르기, 대패질 등 기타 다듬질하는 마무리 작업(맞춤 장부 깎아내기, 볼트 구멍뚫기 등)

④ 세우기

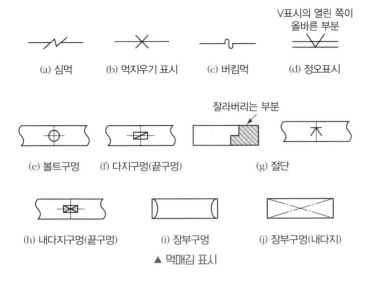

(a) 심먹   (b) 먹지우기 표시   (c) 버킴먹   (d) 정오표시

V표시의 열린 쪽이
올바른 부분

잘라버리는 부분

(e) 볼트구멍   (f) 다지구멍(끝구멍)   (g) 절단

(h) 내다지구멍(끝구멍)   (i) 장부구멍   (j) 장부구멍(내다지)

▲ 먹매김 표시

2) 대패질 및 모접기

(1) 대패질

① 막대패질(거친 대패) : 제재톱 자국이 간신히 없어질 정도의 거친 대패질로서 기계대패는 거친 대패로 본다.

② 중대패질 : 제재톱 자국이 완전히 없어지고 평활한 정도이다.

③ 마무리 대패질(고운 대패) : 경사지게 비추어 완전 평면으로 미끈한 상태이다.

(2) 모접기, 쇠시리

대패질한 재는 모두 모접기를 하고 필요에 따라서 개탕(반턱, 홈 또는 턱솔치기), 쇠시리(Moulding) 등으로 마무리한다. 보통 실모접기로 하며 원척도에 따라 모양, 치수, 크기 등을 접는다.

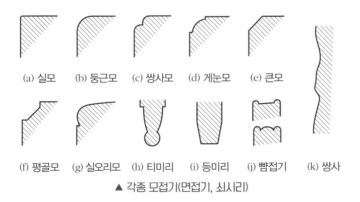

(a) 실모   (b) 둥근모   (c) 쌍사모   (d) 계눈모   (e) 큰모

(f) 평골모   (g) 실오리모   (h) 티미리   (i) 등미리   (j) 빰접기   (k) 쌍사

▲ 각종 모접기(면접기, 쇠시리)

3) 가공 시 주의사항

① 엇결, 옹이, 갈라짐 등의 결점이 있는 곳에서 이음 또는 맞춤을 피한다.

② 이음 또는 맞춤은 응력이 작은 곳에서 행한다.

③ 심재, 변재 등 목재의 건조 변형을 고려한다.

④ 치장 부분은 먹줄이 남지 않게 대패질한다.

⑤ 끌구멍, 볼트 구멍은 깊이를 정확한 위치, 깊이로 하고 볼트 구멍 지름
은 3mm 이상 크게 뚫는 것은 금지한다.

4) 세우기

(1) 토대

① 목조 건축물의 기초 위에 가로로 대어 기둥을 고정하는 벽체의 최
하부의 수평부재를 토대라고 한다.

② 기초 콘크리트에 앵커볼트를 매입한 다음 윗바탕 모르타르를 고름
질하여 방습에 유의한다.

(2) 기둥

① 통재기둥 : 목구조에서 밑층에서 윗층까지 1개의 부재로 된 기둥으
로 5~7m 정도의 길이로 타 부재의 설치기준이 되는 기둥이다. 모
서리나 벽의 중간 기둥이 되는 곳에는 통재기둥을 세운다.

② 평기둥 : 한 층마다 설치하는 기둥으로 간격은 1.8~2.0m 정도이
며 평기둥은 가로재에 의해서 구획된다.

③ 샛기둥 : 기둥과 기둥 사이에 설치하는 가새의 옆 휨을 막고 뼈대
역할을 하는 기둥으로 샛기둥은 평기둥의 사이에서 벽체를 이룬다.

(3) 가새

① 배치

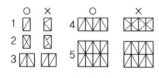

▲ 가새의 배치

- 최대 10m 간격, 45°, ㅅ자형, X자형 배치
- 압축가새 : 기둥단면의 1/3 이상
- 인장가새 : 기둥단면의 1/5 이상
- 인장가새는 ϕ9mm 이상 철근으로 대용
- 가새와 샛기둥이 만나는 곳에서는 가새는 따내지 않고 샛기둥을
따내거나 큰 못을 친다.

② 가새는 그 끝부분을 기둥과 보, 기타의 횡부재와의 맞춤부분에 접
근하여 볼트, 꺾쇠, 못, 기타의 철물로 긴결하여야 한다.

③ 가새는 수평력에 견디게 하고 안정한 구조로 하기 위한 목적으로
쓰인다.

5) 각부 조립 순서

(1) 목부 구조체 세우기 순서

토대 → 1층 벽체 뼈대 → 2층 마루틀 → 2층 벽체 뼈대 → 지붕틀

(2) 목공사의 일반적인 시공 순서

수평규준틀 → 기초 → 주체공사(세우기) → 지붕 → 수장 → 미장 →
건조

(3) 한식 또는 절충식 지붕틀 뼈대 세우기 순서

깔도리 → 지붕보 → 처마도리 → 동자기둥 → 대공 세우기 → 중도리
→ 마룻대 걸기 → 가새 및 버팀대 → 귀잡이 → 검사 → 수정

(4) 지붕널 깔기 순서

평보, 왕대공, ㅅ자보 → 빗대공 → 달대공 → 중도리 → 변형 바로잡기
→ 본가새, 버팀대, 귀잡이 → 서까래 걸기 → 지붕널 깔기(방수지 →
기와걸이 → 기와잇기)

각 부재의 간격
• 평기둥 간격 : 1.2~2.4m(보통 1.8m)
• 서까래 간격 : 40~60cm(보통 45cm)
• 샛기둥 간격 : 40~60cm(보통 45cm)
• 중도리 간격 : 1m 내외

(5) 수장공사

① 1층 마루
  • 동바리 마루 : 동바리돌 → 동바리 → 멍에 → 장선 → 마룻널
  • 납작마루 : 동바리돌 → 멍에 → 장선 → 마룻널

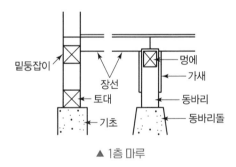

▲ 1층 마루

② 2층 마루
  • 홑마루(장선마루) : 스팬이 2m 이내일 때에 사용하고 장선 → 마
    룻널의 순서로 한다.
  • 보마루 : 스팬이 2.4m 이상일 때에 사용하고 보 → 장선 → 마룻
    널의 순서로 한다.
  • 짠마루 : 스팬이 6m 이상일 때에 사용하고 큰보 → 작은보 → 장
    선 → 마룻널의 순서로 한다.

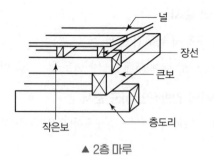

▲ 2층 마루

③ 목조 반자틀 시공 순서 : 달대받이 → 반자돌림대 → 반자틀받이 →
반자틀 → 달대 → 반자널(천장판 붙이기)

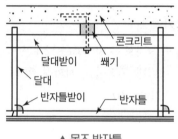

▲ 목조 반자틀

④ 목조계단 설치 시공 순서 : 1층 멍에 → 계단참 → 2층 받이보 → 계
단 옆판, 난간 어미(엄지)기둥 → 디딤판, 챌판 → 난간동자 → 난간
두겁

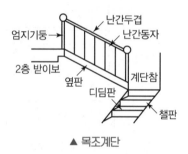

▲ 목조계단

5. 목재의 철물과 접착제

1) 목재의 철물

(1) 못

① 못의 지름은 널두께의 1/6 이하로 하고 가시못의 지름은 6mm 이상
으로 한다.

② 못길이는 널두께의 2.5~3배, 널두께가 10mm 이하일 때는 4배를
표준으로 하고 부재의 마구리에 박는 것은 3.0~3.5배 정도이다. 한
곳에 최소 4개 이상 박는다(경미한 부분은 제외).

③ 널두께는 못지름의 6배 이상으로 하고 15° 정도 기울여 박는다.

④ 사용 철물의 구멍지름은 못지름보다 0.5mm 이상 크게 해서는 안 된다.

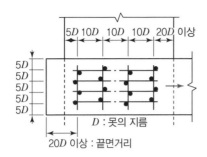

D : 못의 지름

$20D$ 이상 : 끝면거리

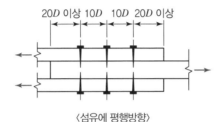

〈섬유에 평행방향〉

▲ 못배치의 최소 간격(구멍을 뚫지 않은 경우)

▼ 못접합부에 대한 최소 끝면거리, 연단거리 및 간격

구분	미리 구멍을 뚫지 않는 경우	미리 구멍을 뚫는 경우
끝면거리	$20D$	$10D$
연단거리	$5D$	$5D$
섬유에 평행한 방향으로 못의 간격	$10D$	$10D$
섬유에 직각방향으로 못의 간격	$10D$	$5D$

※ D=못의 지름(mm)

(2) 나사못 및 코치 스크루

① 나사못 지름의 1/2 정도의 구멍을 뚫고 나사못 길이의 1/3 이상은 틀어박아야 한다.

② 큰 응력을 받을 때 쓰이는 네모머리의 코치 스크루는 1/2은 틀어서 조인다.

(3) 꺾쇠

① 적용길이는 9~12cm(보통 10cm), 갈구리는 4~5cm 정도이다.

② 원형 단면을 많이 사용한다.

③ 압축력을 받는 곳에 사용한다.

④ 보통꺾쇠, 엇꺾쇠, 주걱꺾쇠 등이 있다.

(4) **볼트**

① 구조용은 12mm 이상, 경미한 곳은 9mm 정도의 지름을 사용한다 (볼트 상호 간 배열 : 볼트 지름의 7배 이상).

② 목재의 볼트구멍은 볼트지름보다 3mm 이상 크게 해서는 안 된다.

③ 볼트의 구멍은 전 단면적의 1/2 이상 결손되지 않도록 한다.

(5) **듀벨**

① 목재의 두 부재의 접합에 끼워 볼트와 같이 사용해서 전단력에 걸리도록 하는 일종의 산지이다.

② 듀벨은 주로 전단력 보강철물로서 접합부재 상호 간의 변위를 방지하기 위한 접합재이다.

(6) **띠쇠**

① 두께는 3~6mm, 너비는 20~60mm 정도를 사용한다.

② 보통 띠쇠, ㄱ자쇠, 감잡이쇠, 안장쇠 등이 있다.

ㄱ 보통 띠쇠 : 기둥과 층도리, ㅅ자보와 왕대공 맞춤부에 사용

ㄴ ㄱ자쇠 : ㄱ자 형태로 만든 띠쇠로, 보강철물이다.

ㄷ 감잡이쇠 : 왕대공과 평보의 연결 부분에 사용

ㄹ 안장쇠 : 큰보와 작은보의 연결 부분에 사용

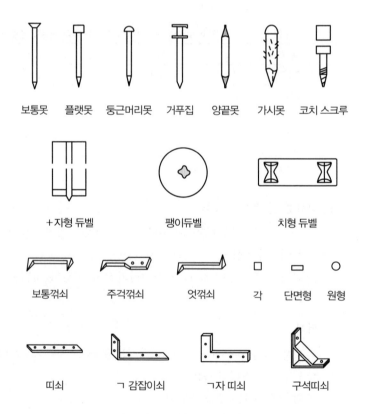

| 보통못 | 플랫못 | 둥근머리못 | 거푸집 | 양끝못 | 가시못 | 코치 스크루 |

| +자형 듀벨 | 팽이듀벨 | 치형 듀벨 |

| 보통꺾쇠 | 주걱꺾쇠 | 엇꺾쇠 | 각 | 단면형 | 원형 |

| 띠쇠 | ㄱ 감잡이쇠 | ㄱ자 띠쇠 | 구석띠쇠 |

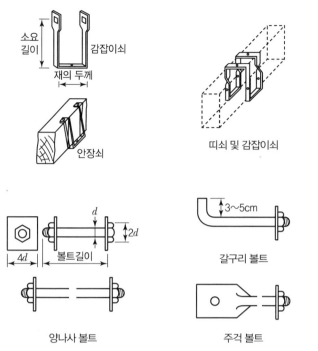

소요 길이
감잡이쇠
재의 두께

안장쇠

띠쇠 및 감잡이쇠

d
$2d$
$4d$
볼트길이

갈구리 볼트
3~5cm

양나사 볼트

주걱 볼트

▲ 각종 보강철물

2) 대표적 접합부의 철물

접합부	철물	접합부	철물
토대와 기둥	감잡이쇠, 꺾쇠, 띠쇠	평보와 왕대공	감잡이쇠
층도리와 기둥	ㄱ자띠쇠, 띠쇠	ㅅ자보와 평보	볼트
보와 처마도리	주걱볼트	왕대공과 ㅅ자보	띠쇠, 가시못, 볼트
처마도리와 지붕보	주걱볼트	빗대공과 ㅅ자보	양면 꺾쇠
처마도리와 깔도리	양나사볼트	달대공과 ㅅ자보	볼트, 엇꺾쇠

3) 목재의 접착제

① 종류 : 아교, 카세인, 밥풀 및 합성수지계(요소, 멜라민, 초산비닐, 페놀 등)

② 내수성의 크기 순서 : 실리콘 > 에폭시 > 페놀(석탄산계) > 멜라민 > 요소 > 아교

③ 접착력의 크기 순서 : 에폭시 > 요소 > 멜라민 > 페놀(석탄산계)의 에테르수지

1. 제재치수	제재소에서 톱켜기한 치수로 구조재와 수장재에 쓰인다.
2. 마무리치수	제재소에서 톱켜기한 것을 대패로 깎아 마무리한 치수로 창호재, 가구재에 쓰인다.
3. 섬유포화점	목재의 함수율이 약 30% 정도일 때이며 목재는 이 점을 경계로 하여 수축, 팽창 등의 재질변화가 현저하게 나타나고 강도, 신축성 등도 달라진다. 목재의 세포막이 결합 수만으로 포화된 상태이다.
4. 집성재	두께 1~5cm의 얇은 판재를 충분한 제조조건을 구비시켜 공장이나 작업장에서 우수한 접착제를 써서 각 판재 등을 같은 섬유방향으로 집성 접착하여 가공한 목재다.
5. 수장재	치장이 되는 부분에 쓰이는 목재다. 일반적으로 신축, 변형, 균열 등의 결함이 없다. 치수, 각도 등도 정확히 절단 가공되어야 한다.
6. 표면탄화법	목재의 표면을 불로 태워서 처리하는 공법이다.
7. 방부제 침지법	크레오소트, 콜타르 등의 방부약액 속에 장기간 담가두는 것이다.
8. 방부제 가압주입법	방부약액을 압력을 주어 목재의 내부에 주입시키는 것이다.
9. 방부제 칠하기(도포법)	크레오소트, 콜타르, 유성페인트 등을 표면에 바르는 것이다.
10. 구조적인 방부법	통풍과 방습이 잘 되는 구조로 한 것이다.
11. 이음	재의 길이 방향으로 두 재를 길게 접하는 것이다.
12. 맞춤	두 부재가 직각 또는 경사로 물려 짜이는 것으로, 두 부재를 각각 장부와 장부구멍으로 만들어 맞추는 형식이 많다.
13. 연귀맞춤	두 부재를 끝맞춤할 때 모서리 구석 등에 마무리가 보이지 않게 귀를 45°로 접어서 맞추는 것으로 창호, 수장재 등의 표면 마무리를 감추면서 튼튼한 맞춤을 할 때 쓰인다.
14. 쪽매	마룻널, 양판문의 양판제작에 쓰이는 것으로 좁은 폭의 널을 옆으로 붙여 그 폭을 넓게 하는 것이다.
15. 산지	장부를 원 부재에 만들지 않고 따로 끼워, 맞춤을 더욱 튼튼히 하는 데 쓰이는 것으로 장부, 촉 등의 옆으로 꿰뚫어 박는 가늘고 긴 촉이다.
16. 은장	두 부재의 쪽매 또는 맞댄 자리가 벌어지지 않게 그 사이에 걸쳐 끼워넣는 나비모양의 나무쪽이다.

17. 막대패질	제재톱 자국이 간신히 없어질 정도의 거친 대패질이다.
18. 중대패질	제재톱 자국이 완전히 없어지고 평평해질 정도의 대패질이다.
19. 마무리 대패질	완전 평면으로 미끈한 상태를 만드는 대패질이다.
20. 모접기	나무나 석재의 모나 면을 깎아 밀어서 두드러지게 또는 오목하게 하여 모양지게 하는 것이다.
21. 통재기둥	목구조에서 밑층에서 위 층까지 1개의 부재로 된 기둥으로 5~7m 정도의 길이로 타 부재의 설치기준이 되는 기둥이다.
22. 평기둥	한 층마다 설치하는 기둥으로 간격은 1.8~2.0m 정도이다.
23. 샛기둥	기둥과 기둥 사이에 설치하는 가새의 옆 휨을 막고 뼈대 역할을 하는 기둥이다.
24. 깔도리	기둥 맨 상단의 처마 부분에 수평으로 걸어 기둥 상단을 고정하면서 지붕틀을 받아 지붕의 하중을 기둥에 전달하는 부재이다.
25. 마룻대	지붕마루(용마루) 밑에 서까래가 얹히게 된 도리이다.
26. 코펜하겐 리브(Rib)	두께 3cm, 넓이 10cm의 긴 판, 자유곡선형 리브(Rib)를 파 만든 것으로 음향효과(분산, 소거) 등의 목적으로 다양한 형태로 만들어 벽에 붙여대는 목재다. 면적이 넓은 강당, 극장의 안벽에 음향조절, 장식효과로 사용한다.
27. 듀벨	목구조에서 접합부 보강용 철물로 사용되며 전단력에 저항하는 보강철물이다.
28. 코치 스크루	머리가 네모 너트형으로 된 나사못으로 큰 응력이 걸리는 곳에 사용된다.

01 건설재료 중 구조용 목재의 요구조건을 4가지만 쓰시오. (4점)

[94, 99, 02]

① _____

② _____

③ _____

④ _____

➤ ① 강도가 크고 건조변형, 수축성이 적을 것
② 직대재(直大材)를 얻을 수 있을 것
③ 산출량이 많고, 구득이 용이할 것
④ 흠이 없고, 내구성이 우수할 것

02 목공사에서 목재의 제재치수와 마무리치수를 간단히 설명하시오. (4점)

[88]

(1) 제재치수 : _____

(2) 마무리치수 : _____

➤ (1) 제재소에 톱켜기로 한 치수, 수장재, 구조재
(2) 치수 톱질과 대패질로 마무리한 치수(창호재, 가구재)

03 다음은 목공사의 단면치수 표기법이다. (   ) 안에 알맞은 말을 써 넣으시오. (3점)

[89, 96, 05]

목재의 단면을 표시하는 치수는 특별한 지침이 없는 경우 구조재, 수장재는 모두 (①)치수로 하고 창호재, 가구재는 (②)치수로 한다. 또 제재목을 지정치수대로 한 것을 (③)치수라 한다.

① _____   ② _____   ③ _____

➤ ① 제재
② 마무리
③ 정

04 목재에 관계되는 용어를 설명하시오. (4점)

[97, 99, 02]

(1) 섬유포화점 : _____

(2) 집성재 : _____

➤ (1) 생나무가 건조하여 목재의 함수율이 약 30% 정도일 때이다. 목재는 이 점을 경계로 하여 수축, 팽창 등의 재질변화가 현저하게 나타나고 강도, 신축성 등도 달라진다. 목재의 세포막이 결합수만으로 포화된 상태이다.
(2) 두께 1.5~5cm 정도의 나무를 섬유평행 방향으로 몇 장, 몇 겹 접착하여 한 개로 한 것이다(기둥, 보에 사용). 곡면재도 가능하다.

05 목재의 섬유포화점을 설명하고 함수율 증가에 따른 목재의 강도 변화에 대하여 설명하시오. (3점)   [09, 16, 20]

_____
_____
_____
_____

▶ 생나무가 건조하여 목재의 함수율이 약 30% 정도일 때이다. 목재는 이 점을 경계로 하여 수축, 팽창 등의 재질변화가 현저하게 나타나고 강도, 신축성 등도 달라진다. 목재의 세포막이 결합수만으로 포화된 상태이다.
※ 섬유포화점 이상의 함수율에서는 목재의 수축, 팽창과 강도는 변함이 없고 그 이하에서는 함수율이 감소함에 따라 목재의 강도는 증가되며, 수축도 증가된다.

06 다음 목재의 수축변형에 대한 설명 중 (　　) 안에 알맞은 말을 써넣으시오. (3점)   [00]

목재는 건조수축하여 변형하고 연륜방향의 수축은 연륜의 (①)에 약 2배가 된다. 또 수피부는 수심부보다 수축이 (②)다. (③)는 조직이 경화되고. (④)는 조직이 여리고 함수율도 (⑤)고 재질도 무르기 때문이다.

① _____　② _____　③ _____
④ _____　⑤ _____

▶ ① 직각방향
② 크(많)
③ 심재부(중심부)
④ 변재부(수피부)
⑤ 크(많)

07 목재의 품질검사는 건축공사 시 사용되는 목재의 변형, 균열 등의 발생으로부터 미연에 방지하기 위하여 실시한다. 목재의 품질검사 항목을 3가지 쓰시오. (3점)   [02]

① _____
② _____
③ _____

▶ ① 목재의 평균나이테 간격, 함수율 및 비중측정방법(KSF 2002)
② 목재의 수축률 시험방법(KSF 2003)
③ 목재의 흡수량 측정방법(KSF 2004)
④ 목재의 압축, 인장강도 시험방법(KSF 2206, KSF 2207)

08 목재에 가능한 방부제 처리법을 4가지 쓰시오. (4점)
    [92, 93, 94, 95, 99, 11, 15, 18]

① _____　② _____
③ _____　④ _____

▶ ① 도포법(방부제칠)
② 주입법(가압주입법)
③ 침지법
④ 표면탄화법

09 목재의 방부처리방법을 3가지 쓰고, 그 내용을 설명하시오. (3점)

[05, 10, 14, 16, 18, 19, 21]

① _____

② _____

③ _____

① 주입법 : 방부제를 상압주입이나 가압하여 나무 깊이 주입하는 방법
② 도포법 : 방부제나 유성페인트, 아스팔트 재료 등을 칠하는 방법
③ 표면탄화법 : 목재 표면 3~4mm 정도를 태워 수분을 제거하는 방법

10 목재의 방화성능 향상을 위한 난연처리방법을 3가지 쓰시오. (3점)

[16]

① _____

② _____

③ _____

① 방화도료를 칠하는 방법(난연도료 도포법)
② 방화재료를 주입하는 방법(난연재료 주입법)
③ 금속판으로 피복하는 방법

1. 지붕공사

1) 일반사항

(1) 지붕재료에 요구되는 사항

① 수밀하고 내수적이며 습도에 의한 신축이 적을 것
② 방화적이고 내한, 내열적이며 단열성이 클 것(열전도율이 작을 것)
③ 외관이 미려하고 건물색조에 조화를 이룰 것
④ 시공이 용이하고 부분적 보수가 가능하며 가격이 비교적 저렴할 것
⑤ 가볍고 내구성이 크며 내풍적일 것
⑥ 동해에 대해 안전할 것

(2) 지붕의 경사(물매)

지붕의 경사는 설계도면에 지정한 바에 따르되 별도로 지정한 바가 없으면 1/50 이상으로 한다(시방서 기준).

지붕재	지붕 구배
기와지붕 및 아스팔트 싱글(강풍지역이 아닐 때)	1/3 이상
기와지붕 및 아스팔트 싱글(강풍지역일 때)	1/3 미만
금속기와	1/4 이상
금속판 지붕(일반적인 금속판 및 금속패널 지붕)	1/4 이상
금속절판	1/4 이상
금속절판(금속 지붕 제조업자가 보증하는 경우)	1/50 이상
평잇기 금속지붕	1/2 이상
합성고분자시트 지붕	1/50 이상
아스팔트 지붕	1/50 이상
폼 스프레이 단열지붕의 경사	1/50 이상

(3) 지붕 형태의 분류

① 팔각 지붕(합각 지붕) : 궁궐 정문이나 대형건물에 사용됨
　　예 경복궁 근정전
② 우진각 지붕(모임 지붕) : 대문이나 주요 축조물에 사용
　　예 남대문
③ 맞배 지붕(박공 지붕) : 간이 건물이나 소규모 건물에 사용

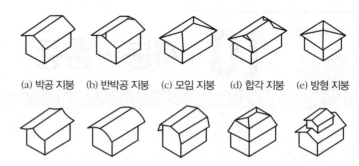

(a) 박공 지붕 (b) 반박공 지붕 (c) 모임 지붕 (d) 합각 지붕 (e) 방형 지붕

(f) 욱은 지붕 (g) 부른 지붕 (h) 꺾인 지붕 (i) 맨사드 지붕 (j) 솟을 지붕

▲ 지붕의 형태

2) 지붕의 잇기

(1) 한식기와 잇기

① 재료

    ㉠ 암키와, 수키와, 내림새, 막새, 너새, 착고, 부고, 머거블, 마룻장
등이 있다.

    ㉡ 흡수율이 적고 금속성 청음이 나며 어지러짐, 갈램, 얼룩 등이 없
는 것을 사용한다.

    ㉢ 빗깔은 보통 검정이며 오지기와, 청기와 등이 있다.

    ㉣ 보통 구운 토기와가 쓰인다.

    ㉤ 보습장 : 추녀마루 처마 끝에 암키와를 삼각형으로 다듬어 댄
것이다.

    ㉥ 와당 : 막새나 내림새 끝에 새긴 무늬다.

Tip 👆

시공 순서
① 서까래 위에 산자 엮어 대기
② 알매흙   ③ 암키와
④ 홍두깨흙   ⑤ 수키와
⑥ 착고막이   ⑦ 부고
⑧ 암마룻장   ⑨ 숫마룻장
⑩ 용마루

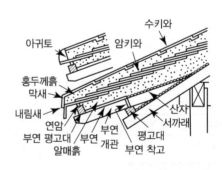

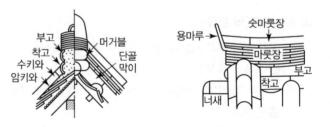

Ⓢ 암키와 : 처마 끝 연암에서 9~12cm 정도 내밀고 진흙을 알매 흙 위에 채워 가며 암키와를 잇고 기와의 이음폭은 기와 길이의 1/2~1/3 정도로 일정하게 한다.

　　　ⓞ 수키와 : 암키와 끝에서 6cm 정도 들여서 홍두깨흙으로 수키와 의 속을 채워 가면서 잇는다.

　　　ⓩ 지붕마루 : 착고, 부고 위에 암마룻장, 숫마룻장의 순서로 잇고 지붕마루의 양끝에는 용마루를 세운다.

　② 한식기와 용어

　　　㉠ 알매흙 : 산자 위나 펠트 위에 얇게 펴서 까는 암키와 밑의 진흙

　　　㉡ 발비 : 알매흙을 사용하지 않고 보통 흙을 사용할 때 산자 위에 덧대는 볏짚이나 대패밥

　　　㉢ 홍두깨흙 : 암키와 널 위에 수키와를 깔기 위해서 암키와 사이 에 홍두깨 모양으로 뭉친 수키와 밑의 흙

　　　㉣ 아귀토 : 처마 끝에 막새 대신 회, 진흙반죽으로 동그랗게 바른 흙

　　　㉤ 적심 : 지붕경사가 맞지 않는 곳에서 죽더기, 통나무 등을 채워 서 물매를 잡는 것

　　　㉥ 착고 : 지붕마루 기왓골에 맞추어 수키와를 다듬어 옆세워 대는 기와

　　　㉦ 부고 : 지붕마루에 있어서 착고막이 위에 옆세워 대는 수키와

　　　㉧ 머거블 : 용마루의 끝마구리에 수키와를 옆세워서 댄 것

　　　㉨ 너새 : 박공 옆에 직각으로 대는 암키와

　　　㉩ 단골막이 : 착고막이로 수키와 반토막을 간단히 댄 것(추녀마루 와 기와 잇기에서 착고 역할을 한다)

　　　㉿ 내림새 : 비흘림판이 달린 처마 끝의 암키와

　　　㈀ 막새 : 비흘림판이 달린 처마 끝에 덮는 수키와

(2) 걸침기와 잇기

　① 가장 널리 쓰인다.

　② 구운토기 기와와 시멘트 기와가 있다.

　③ 알매흙은 사용하지 않고 기와살을 물매방향에 직각되게 펠트를 깔 고 중간 45cm 이내마다 못박아 댄다(못길이 : 36~50mm).

　④ 기와칫수는 345×300×15mm이다.

　⑤ 서까래 위에 두께 12mm 정도의 지붕널을 깔고 겹침길이 9cm의 펠 트를 덮어 바탕을 만든다.

　⑥ 처마끝의 암키와는 처마돌림대에서 6cm 정도 밀어 간다.

　⑦ 기와는 쪼개어 사용하지 않는다.

(3) 슬레이트 잇기

① 천연 슬레이트 잇기

　ⓐ 천연 슬레이트는 흡수율이 적은 점토질의 수성암(점판암, 이판암)을 가공한 것으로 길이 35～36cm, 너비 18cm, 두께 6～9mm 정도를 쓴다(360×180×6mm).

　ⓑ 바탕 지붕널 두께 18mm 이상으로 평탄하게 하여 슬레이트의 깨짐을 방지한다.

　ⓒ 펠트(방수지)의 이음은 세로 12cm, 가로 9cm 정도 겹친다.

　ⓓ 큰머리 못에 아연도금 워셔를 끼워 이음자리 30～45cm 간격, 기타 60～90cm 간격으로 주름이 가지 않게 붙여댄다.

　ⓔ 이음의 형태로는 일자이음, 마름모이음, 각종 무늬이음 등이 있고 슬레이트 고정못은 1장에 2개씩 박는다.

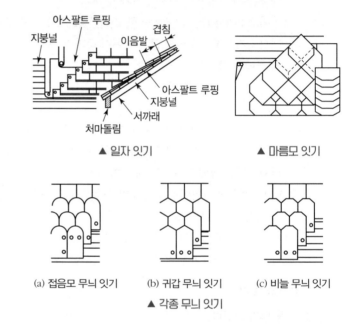

▲ 일자 잇기　　　　　　▲ 마름모 잇기

(a) 접음모 무늬 잇기　　(b) 귀갑 무늬 잇기　　(c) 비늘 무늬 잇기

▲ 각종 무늬 잇기

② 석면 슬레이트 잇기 : 시멘트와 석면에 적당한 돌가루 안료 등을 혼합하여 압착 성형한 얇은 판으로 작은 골판, 큰 골판, 작은 평판 등이 지붕에 쓰인다.

　ⓐ 작은 평판 잇기

　　• 일자 이음과 마름모 이음이 주로 쓰인다.

　　• 바탕은 지붕널 18mm 이상에 루핑이나 펠트를 깐다.

　ⓑ 골판 잇기

　　• 중도리에 직접 설치하는 경우와 지붕널에 까는 경우가 있다.

　　• 고정 시에는 고무밑판을 끼운 못을 중도리에 박는다.

- 강재 중도리일 때는 직경 5~6mm, 길이 75mm, 아연도금 갈고리 볼트를 쓴다.
- 세로 겹침은 보통 15cm 이상 겹친다.
- 가로 겹침은 큰 골판일 때는 0.5골 이상, 작은 골판일 때는 1.5 골 이상으로 한다.
- 고정 철물은 큰 골판 2개, 작은 골판은 3개로 하며 용마루 착고는 1 : 3 배합 모르타르나 코킹 채우기로 한다.
- 슬레이트의 고정용 철물은 녹막이 처리된 것을 사용하고 중도리 위에 직접 치며 골에는 박지 않는다.
- 지붕물매에 따른 석면 슬레이트의 세로 겹침

지붕물매	0.2	0.3	0.4	0.5 이상
세로 겹침(cm)	20	15	12	10

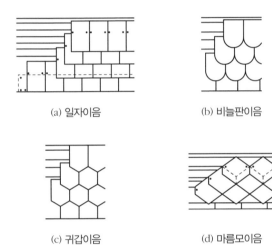

(a) 일자이음

(b) 비늘판이음

(c) 귀갑이음

(d) 마름모이음

▲ 슬레이트 잇기 방법

(4) 금속판 잇기

① 특징
  ⊙ 지붕 잇기에 쓰이는 금속판에는 함석판, 동판 및 알루미늄판 등이 있다.
  ⓛ 빗물 아물림이 좋고 경량이며 시공이 용이하다.
  ⓒ 지붕물매 2.5cm 이상이면 비가 스며들 우려가 없다.
  ⓡ 열전도율이 커서 재료의 신축성이 있는 것이 결함이며 그래서 판이음을 거멀접기(걸어감기와 감쳐감기, Flashing)로 한다.

② 금속판의 종류와 특징 : 금속 중에는 이온화 경향이 큰 금속이 먼저 부식된다.
  ⊙ 함석판 : 무연탄가스에 약하다.
  ⓛ 동판(구리판) : 암모니아 가스에 약하다.

Tip 👆
이온화 경향이 큰 순서
Mg > Al > Zn > Fe > Ni > Sn > H > Cu > Ag > Au

ⓒ 알루미늄판 : 해풍에 약하다.

ⓔ 납판(연판) : 목재나 회반죽에 닿으면 썩기 쉽다.

ⓜ 아연판 : 산과 알칼리, 매연에 약하다.

③ 잇기 방법

ⓐ 바탕 방수지(펠트)의 겹친 길이는 가로 9cm, 세로 12cm 이상으로 한다.

ⓑ 금속판은 신축에 대비하여 45cm나 60cm 정도로 잘라서 잇는다.

ⓒ 거멀접기의 너비는 6~15mm 정도이며 거멀쪽으로 연결한다.

ⓓ 누수가 우려되는 부분은 2중 거멀접기로 한다.

④ 함석판 잇기

ⓐ 평판 잇기

• 일자이음, 마름모이음 60×90cm 판을 거멀쪽, 고정못으로 고정한다.

• 금속판에 접하는 부위는 1.5~2.5cm 정도의 거멀접기에 의한 이음을 각 판마다 4곳 이상 둔다.

ⓑ 기와가락 잇기

ⓒ 골함석 잇기 : 세로겹침은 15cm 정도, 가로겹침은 대골일 때는 1.5골 이상, 소골일 때는 2.5골 이상이다.

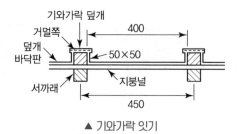

▲ 기와가락 잇기

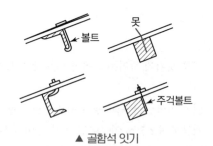

▲ 골함석 잇기

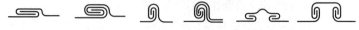

한 번 거멀접기 두 번 거멀접기   기와가락형 이음   신축 이음

▲ 함석이음

2. 홈통공사

1) 홈통재료

① 함석판 : 두께는 0.4mm(#25~#29)이며, 세로이음은 3cm 이상 겹치고 납땜한다.

② 홈통걸이 : 아연도금, 철물, 주철제를 사용한다.

③ 동판 : 0.3~0.5mm 두께를 쓴다.

④ 홈통보호관 : 주철관을 사용한다.

⑤ 경금속재 : 0.5~0.7mm 두께를 쓴다.

⑥ 경질염화 비닐수지(PVC)

  ㉠ 시중에서는 에스론 파이프라고 한다.

  ㉡ 내열성 : 80℃ 이하

  ㉢ 내수성, 내화학성, 가공성이 우수하다.

2) 홈통의 종류

① 처마홈통

  ㉠ 보통 밖홈통이라 하고 원형, 반원형, 상자형, 쇠시리형이 있다.

  ㉡ 물매는 밖홈통은 1/200~1/50 정도이고 처마 끝에 설치한 홈통으로 안, 밖 홈통이 있다.

  ㉢ 홈걸이의 간격은 90cm 정도로 하여 서까래에 못박아 대고 선홈통걸이는 1.2~0.9m 간격으로 고정시킨다.

② 선홈통

  ㉠ 처마길이 10m 이내마다 설치한다.

  ㉡ 홈걸이 간격은 90~120cm로 한다.

  ㉢ 선홈통 하부 1.5m는 철관으로 보호관을 댄다.

③ 깔때기 홈통

  ㉠ 처마홈통과 선홈통을 연결하는 홈통이다.

  ㉡ 기울기는 15°를 유지하고 깔때기 하부는 지름의 1/2 내외를 선홈통이나 장식통에 꽂아 넣는다.

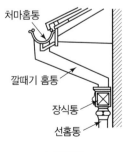

▲ 밖홈통

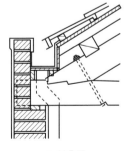

▲ 안홈통

④ 장식홈통
  ㉠ 선홈통 상부에 설치한다.
  ㉡ 유수 방향 돌리기, 넘쳐 흐름 방지 및 장식을 목적으로 한다.
  ㉢ 1cm 내외의 거멀접기를 원칙으로 한다.
  ㉣ 선홈통에 6cm 이상 꽂아 넣는다.
⑤ **누인 홈통** : 2층에서 1층 처마 홈통까지 연결한 홈통이다(1층 지붕면 따라 설치).
⑥ **지붕골 홈통** : 지붕면과 다른 지붕면, 벽이 만나는 부분에 설치한다 (Valley Gutter).

빗물의 이동 순서
처마홈통 → 깔때기홈통 → 장식통 →
선홈통 → 보호관 → 낙수받이돌

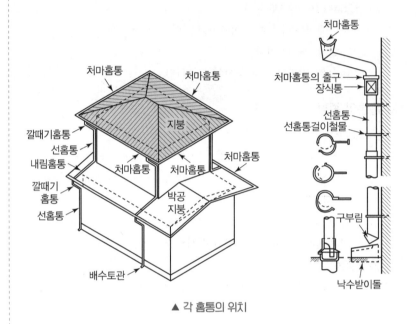

▲ 각 홈통의 위치

3. 방수공사

1) 방수공법의 종류 및 특징

① **자체 방수법(자체 수밀법)**
  ㉠ 보통 철근 콘크리트에 혼화제를 혼합하여 콘크리트 자체에 방수성이 있게 한다.
  ㉡ 물-시멘트비는 55% 이하로 유지한다.
  ㉢ 균열의 단점이 있고 시공비는 보통이다.
② **피막도포 또는 침투법**
  ㉠ 합성수지 도료나 아스팔트 용액, 파라핀 도료, 비눗물, 명반용액을 이용한다.
  ㉡ 시공비가 싸다.

③ 아스팔트 방수
　　㉠ 시공 시 가열 여부에 따라 열공법과 냉공법으로 분류한다.
　　㉡ 방수층의 수에 따라 적층공법, 단층공법이 있다.
　　㉢ 모체와 방수층과의 접착 정도에 따라 접착공법, 절연공법이 있다.
　　㉣ 시공비는 고가이다.
　　㉤ 장점
　　　• 외상에 대해 안전하다.
　　　• 시공면이 건조하면 접착성이 우수하다.
　　　• 내구성, 방수성능이 안전하다.
　　㉥ 단점
　　　• 고열처리를 해야 한다.
　　　• 균열 발생 시 추적이 어렵다.
　　　• 급·배수구 등의 처리가 어렵다.
　　　• 고가이다.
　　　• 보호누름이 필요하다.
　　　• 인건비가 많이 들며 방수효과는 보통이다.
④ **시멘트 액체방수** : 방수제, 방수액 등을 혼합한 모르타르를 발라서 피막을 형성하는 방수공법이다.
　　㉠ 방수제, 방수액 등을 혼합한 모르타르를 발라서 피막 방수층을 형성한다.
　　㉡ 시공비는 비교적 싸다.
　　㉢ 무기질 계통 : 염화칼슘제, 규산소다계, 규산질 분말계
　　㉣ 유기질 계통 : 파라핀계, 지방산계, 고분자 에멀션계
　　㉤ 장점
　　　• 공사비가 비교적 저렴하고 시공이 간편하다.
　　　• 반건조 시에도 시공이 가능하다.
　　　• 바탕면의 평활도가 없어도 시공이 가능하다.
　　　• 결함부의 발견이 용이하다.
　　㉥ 단점
　　　• 작은 모체 균열에도 방수층이 파열된다.
　　　• 외기의 영향으로 건조수축균열이 발생한다.
　　　• 시공 시 숙련을 요한다.

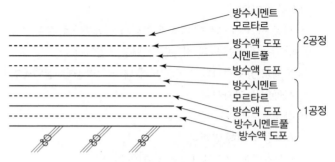

▲ 시멘트의 액체방수층

⑤ **시트(Sheet) 방수(합성고분자 루핑 방수)** : 합성고분자 재료의 얇은 시트를 바탕에 밀착하여 방수층을 만드는 공법

ㄱ 합성 고무계 : 아스팔트 고무계, 부틸고무, 네오프렌 고무계

ㄴ 합성 수지계 : 염화비닐, 폴리에틸렌(저가이나 신장력, 시공성 부족)

ㄷ 합성 고분자 재료의 얇은 시트를 바탕에 밀착하여 방수층을 만든다.

ㄹ 시공비는 비교적 고가이다.

ㅁ 장점

  • 냉공법으로 작업이 용이하고 기계화가 가능하다.

  • 내구성, 내후성, 내약품성이 좋다.

  • 신장능력이 좋고 공기단축이 가능하다.

  • 외력에 대해 비교적 안전하다.

ㅂ 단점

  • 바탕면의 정밀도가 요구된다.

  • 습윤한 면은 접착이 곤란하다.

  • 시간경과에 따른 수축이 크다.

  • 복잡한 마무리가 어렵고 고가이다.

  • 시트 찢김의 우려가 있어 방수층 보호누름이 필요하다.

  • 결함부의 발견이 매우 어렵다.

⑥ **도막방수** : 합성수지 재료를 바탕에 바르거나 뿜칠하여 방수도막을 형성하는 공법

ㄱ 합성고무계 : 네오플렌고무, 클로로 설폰화 폴리에틸렌, 아크릴 고무계

ㄴ 합성수지계 : 에폭시계, 폴리우레탄, 에멀션형

ㄷ 합성수지 재료를 바탕에 바르거나 뿜칠하여 방수도막을 형성한다.

ㄹ 보호모르타르를 바르는 경우도 있다.

ㅁ 시공비가 비교적 고가이다.

ⓑ 장점
  • 냉공법으로 작업이 용이하고 기계화가 가능하다.
  • 내구성, 내약품성이 우수하다.
  • 신장능력, 접착성이 좋고 공기단축이 가능하다.
ⓐ 단점
  • 방수층 두께가 얇아 상처가 나기 쉽다.
  • 일정 두께를 유지하기가 곤란하고 내후성이 불충분하다.
  • 바탕면이 평탄해야 한다.
  • 방수층 보호가 필요하다.

2) 시공 부위별 분류

① 외벽방수
  ㉠ 누수의 원인
    • 벽돌 벽체쌓기 마감의 불충분
    • 사춤 모르타르의 불충분
    • 치장 줄눈의 불완전 시공
    • 이질재와의 접합부
  ㉡ 방수대책
    • 구조적 처리(차양, 처마 돌림대 등 설치)
    • 벽을 두텁게 하고 이중벽 처리
    • 외벽의 수밀재 시공
    • 벽체의 방수처리는 보통방수 모르타르로 시공
  ㉢ 시공의 난이 정도나 공사비를 생각하지 않으면 아스팔트 바깥방수로 하는 것이 좋다.
② 실내방수
  ㉠ 실내에서 물을 사용하는 곳에 사용한다.
  ㉡ 실내지하, 화장실, 욕실, 부엌, 조리실 안벽은 방수공사 후 내수재료로 마감한다.
③ 옥상방수
  ㉠ 지붕층의 방수를 말한다.
  ㉡ 아스팔트 방수와 모르타르 방수, 도막방수 등이 쓰인다.
④ 지하실 방수 : 안방수와 바깥방수가 있으며, 바깥방수의 시공 순서는 다음과 같다.
  잡석 다짐 → 밑창 콘트리트 타설 → 바닥 방수층 시공 → 바닥 콘크리트 타설 → 외벽 콘크리트 타설 → 외벽 방수층 시공 → 보호누름 벽돌 쌓기 → 되메우기

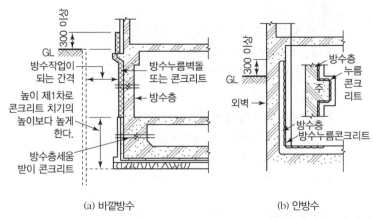

| | (a) 바깥방수 | (b) 안방수 |

▲ 지하실의 바깥방수와 안방수의 비교

⑤ 줄눈방수 : 커튼월이나 PC부재의 접합부, 조적조, 석조의 줄눈 부위 방수
⑥ 기타 관통 부분 : 슬리브(Sleeve)나 개구부 주의
  ㉠ Water Proof Membrane : 방수제
  ㉡ Fire Proof Membrane : 화재와 방수를 동시에 해결

3) 피막방수와 합성고분자 방수의 종류

피막방수의 종류	합성고분자 방수의 종류
• 아스팔트 방수 • 개량 아스팔트 방수 • 합성고분자 시트 방수 • 도막방수	• 도막방수(코팅공법, 라이닝공법) • 합성고분자 시트 방수 • 실(Seal)재 방수

4) 각 방수공법의 비교

(1) 아스팔트 방수와 시멘트 방수의 비교

비교내용/종류	아스팔트 방수	모르타르 방수
바탕처리	완전건조상태, 바탕에 모르타르 바름을 실시한다(요철을 없앤다).	다소 습윤상태, 바탕면 보수처리를 철저히 한다. 바탕에 모르타르 바름은 필요 없다.
외기의 영향	작다.	크다.
방수층 신축성	크다.	거의 없다.
균열 발생 정도	균열이 비교적 안 생기고 안전하다(잔균열).	균열이 잘 생긴다(굵은 균열).
방수층 중량	자체는 적으나 보호누름으로 커진다(크다).	비교적 적다.
시공난이도 (시공기일)	복잡하다(시공기간이 길다).	용이하다(시공기간이 비교적 짧다).
보호누름	보호누름이 꼭 필요하고 서열층 시공으로 한다.	보호누름이 필요없고 서열층 시공으로 한다.
공사비(경제성)	비싸다.	다소 싸다.

비교내용/종류	아스팔트 방수	모르타르 방수
방수 성능	신뢰할 수 있다.	약하다.
재료 취급 성능	복잡하지만 명확하다.	간단하나 신뢰성이 적다.
결함부 발견	어렵다.	쉽다.
보수범위(가격)	광범위하고 비싸다.	국부적이고 싸다.
방수층 마무리	불확실하고 난점이 있다.	확실하고 간단하다.
내구성	일반적으로 크다.	일반적으로 작다.

(2) 스트레이트 아스팔트와 블론 아스팔트의 비교

내용	스트레이트 아스팔트	블론 아스팔트
침입도	크다.	작다.
상온신장도	크다.	작다.
부착력	크다.	작다.
탄력성	작다.	크다.

(3) 안방수와 바깥방수의 비교

구분	안방수	바깥방수
사용장소	수압이 적은 지하실, 도심지 건축에서 외벽, 흙막이와의 여유가 적은 곳에 시공	수압이 큰 지하실, 중요한 공사나 확실한 방수효과 기대 시 사용
공사시기	자유로이 선택할 수 있다.	반드시 본 공사(지하실 또는 구조체) 전에 시공한다.
내수압성	수압에 약하다.	내수압 처리가 가능하다.
공사용이성	시공법이 간단하다.	상당히 세심한 주의를 요한다(복잡하다).
경제성(공사비)	비교적 저렴하다.	비교적 고가이다.
보호누름	반드시 필요하다(바닥, 벽).	없어도 무방하다 (구조체 자체가 보호가 된다).
방수층 바탕	따로 만들 필요는 없다 (기초판 위에 시공).	따로 만든다.
공사 순서	간단하다.	상당한 절차가 필요하다.

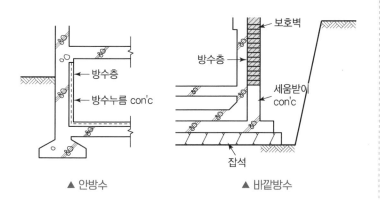

▲ 안방수   ▲ 바깥방수

5) 아스팔트 방수공사

인건비가 많이 들며 방수효과는 보통이고 보호누름이 필요하다.

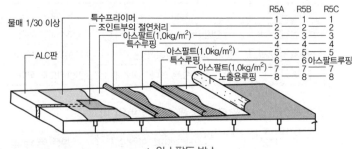

▲ 아스팔트 방수

(1) 공사의 재료

① 천연 아스팔트

레이키 아스팔트 (Laky Asphalt)	• 지하에서 용출된 액상 접착제로 방수재료의 원료이다. • 포장 역청분 : 50% • 도로포장, 내산 공사에 사용된다.
록 아스팔트 (Rock Asphalt)	• 역청분이 모래, 사암, 석회암 등 다공질 암석에 침투되어 있는 것이다. • 역청함유량은 5~40% 정도로 품질이 일정하지 않다. • 도로, 바닥, 포장, 방수, 내산 공사에 사용된다.
아스팔트 타이트 (Asphalt Tight)	• 단단하고 연화점이 높다. • 블론 아스팔트와 비슷하다. • 방수제, 포장, 페인트, 절연 바닥재료의 원료로 사용된다.

② 석유계 Asphalt

스트레이트 아스팔트 (Straight Asphalt)	• 신축이 좋고 접착력이 우수하며 방수성이 양호하다. • 연화점이 낮고 내후성이 적어 지하실 등에 사용한다. • 아스팔트나 루핑 제조에 사용한다(침투용 아스팔트로 사용).
블론 아스팔트 (Blown Asphalt)	• 휘발성분 및 연성이 적으나 비교적 연화점이 높고 온도 변화에 따른 변동이 적다. • 옥상, 지붕 방수에 가장 많이 사용된다. • 아스팔트 콤파운드나 프라이머 제조에 사용된다.
아스팔트 콤파운드 (Asphalt Compound)	• 블론 아스팔트의 내염, 내산, 내후, 점착성 보완을 위해 동·식물성 섬유나 광물성 분말을 혼합하여 유동성을 부여한 것이다. • 신축성이 가장 크고 최우량품이다. • 단가가 비교적 고가이다.
아스팔트 프라이머 (Asphalt Primer)	• 아스팔트에 휘발성 용제를 녹인 것이다. • 방수층에 침투시켜 모재와 방수층의 부착을 좋게 한다.
콜타르(Coal Tar)	• 비중은 1.1~1.3 정도이다. • 인화점은 아스팔트보다 낮다. 120℃ 이상 가열 시 인화한다. • 방수포장, 방수도료, 방수제 등으로 사용한다.

| 피치(Pitch) | • 콜타르를 증류시킨 나머지 부분이다.
• 하급품이다.
• 지하방수제로 코크스의 원료이며 비휘발성이다.
• 가열하면 쉽게 유동체가 된다. |

③ 아스팔트 제품

아스팔트 펠트 (Asphalt Felt)	유기성 섬유(양모, 폐지)를 가열하여 만든 펠트에 스트레이트 아스팔트를 침투시켜 만든다.
아스팔트 루핑 (Asphalt Roofing)	원지에 아스팔트를 침투시키고 그 양면에 피복용 아스팔트(콤파운드)를 도포한 후 광물질 분말을 살포시켜 마무리한 제품으로, 내산, 내염성이 있다.
특수 루핑	석면 아스팔트, 모래붙임, 망상, 알루미늄 루핑 등이 있다.
아스팔트 유제	스트레이트 아스팔트를 가열하여 액상으로 만들고 유화제를 혼합한 것이다. 침투용, 혼합용, 콘크리트 양생용 등이 있고 대부분 도로포장에 사용되며 스프레이 건으로 뿌려서 도포한다.
아스팔트 코킹재	틈막이나 줄눈 등의 사춤, 방수처리용이다.
아스팔트 코팅재	아스팔트, 가솔린, 석면 등을 혼입, 방수층 치켜올림부에 사용한다.
아스팔트 성형 바닥재	아스팔트 타일(아스타일), 아스팔트 블록 등이 있다.

④ 아스팔트 재료의 품질

성질 \ 종류	아스팔트 콤파운드	1급 블론 아스팔트		2급 블론 아스팔트	
침입도 (25℃, 100g, 5sec)	15~25	10~20	20~30	10~20	20~30
연화점 (구환식 25℃)	100℃ 이상	85℃ 이상	75℃ 이상	65℃ 이상	60℃ 이상
이유화탄소(CS_2) 가용분	98% 이상	98% 이상	98% 이상	98% 이상	98% 이상
감온비	3 이하	4 이하	5 이하	6 이하	7 이하
신도 (다우스미스식 25℃)	2 이하	1 이상	2 이상	1 이상	2 이상
비중	1.01 ~1.04	1.01 ~1.04	1.01 ~1.04	1.01 ~1.03	1.01 ~1.03
가열감량 (163℃, 50g, 5hrs)	0.5% 이하	0.5% 이하	0.5% 이하	0.5% 이하	0.5% 이하
인화점	210℃ 이상	210℃ 이상	210℃ 이상	210℃ 이상	210℃ 이상
고정탄소	22% 이하	22% 이하	22% 이하	22% 이하	22% 이하

㉠ 침입도 : 아스팔트 양 · 부를 판정하는 데 가장 중요한 아스팔트의 경도를 나타내는 것으로 25℃에서 100g의 추를 5초 동안 누를 때 0.1mm 들어가는 것을 침입도 1도라 한다.

ⓛ 감온비 : 0℃, 200g, 1분의 침입도에 대한 46℃, 50g, 5초의 침입
도의 비를 말하며, 기온에 따른 침입도의 변화율을 나타낸다.

ⓒ 연화점 : 아스팔트를 가열하여 액상의 점도에 도달했을 때의 온
도로 그에 따른 가소성을 평가한다.

ⓡ 인화점 : 아스팔트를 가열하여 불을 대는 순간 불이 붙을 때의
온도로 방수용 아스팔트는 210℃ 이하이다.

ⓜ 연소점 : 다시 가열하여 계속 인화한 불꽃이 5초 동안 지속될 때
의 온도로 연소점은 인화점보다 높고 차이는 25~60℃ 정도이다.

ⓗ 일반적으로 침입도가 작은 것은 연화점이 높기 때문에 온난한
지역은 침입도가 작은 것을 사용하고 한랭지는 침입도가 큰 연
화점이 낮은 것을 사용한다.

(2) 아스팔트 방수층 시공

① 시공상 유의사항

ⓖ 시공바탕의 결함부분은 보수하고 청소한 뒤 모르타르 배합 1 : 3
으로 1.5cm 정도 바르고 완전 건조시킨다(함수율 8% 이하).

ⓛ 배수구 주위를 1/100 정도 물흘림 경사를 주고 구석, 모서리의 치
켜올림 부분은 부착이 잘 되도록 둥글게 3~10cm 면접기를 한다.

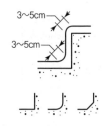

▲ 구석 및 모서리 면접기

ⓒ 아스팔트 프라이머 도포 시 PC 조인트 양쪽 10cm는 도포를 하지
않고 프라이머는 $0.4l/m^2$ 비율로 칠하며 20±3℃로 3시간 이내
에 건조시킨다.

ⓡ 아스팔트는 각층 : 1.0~2.0kg/m², 최상층 : 2.0kg/m² 이상 사
용한다.

ⓜ 아스팔트의 가열온도는 180~210℃ 정도 또는 연화점에서 +
140℃ 이내, 인화점에서 +14℃를 초과하지 않도록 한다(180℃
이하는 부착력 불량).

ⓗ 펠트의 겹침은 엇갈리게 하고 가로, 세로 90mm 이상 겹쳐댄다.
귀, 모서리는 300mm 이상 망상루핑으로 덧붙임한다.

ⓘ 파라펫 난간벽의 방수층 치켜올림은 30cm 이상 20cm 이하 금지
한다.

ⓙ 수평 방수층 보호누름은 모르타르, 신더 콘크리트, 보도 블록,

클링커 타일, 자갈 등으로 한다(자갈량 : m²당 25kg이 표준).

- ㉢ 수직부 보호누름은 방수층에서 20mm 이상 띄워 벽돌 쌓고 높이 3켜 이내마다 벽돌과 방수층 사이에 1 : 3 모르타르를 빈틈없이 채우고 흙 되메우기가 필요한 곳은 방수층 손상이 없게 거푸집을 짜고 1 : 2 : 4 콘크리트 치기로 한다.
- ㉣ 신축줄눈은 3~5m마다(모르타르 얇은 줄눈일 때는 1m마다) 너비 1.5cm 깊이는 방수층까지 자르고 마무리 3cm 밑까지 모래충진하고 그 위 줄눈은 아스팔트 콤파운드나 블론 아스팔트(Blown Asphalt)로 충진한다.
- ㉤ 옥상방수에는 연화점이 높은 재료를 사용한다.
- ㉥ 기온이 0℃ 이하가 되면 공사를 중지한다.
- ㉦ 보호모르타르는 그 두께를 6cm 이상으로 한다.

② 방수층 시공
- ㉠ 8층 방수인 경우 순서는 A.P → A → A.F → A → A.F → A → A.F → A (6층, 8층, 10층 방수층을 사용)
  - 제1층 : 아스팔트 프라이머 뿜칠 또는 솔칠(A.P)
  - 제2층 : 블론 아스팔트 도포(A)
  - 제3층 : 아스팔트 펠트를 펴서 붙인다(A.F).
  - 제4층 : 아스팔트 도포(A)
  - 제5층 : 아스팔트 루핑을 펴서 붙인다(A.F).
  - 제6층 : 아스팔트 도포(A)
  - 제7층 : 아스팔트 루핑을 펴서 붙인다(A.F).
  - 제8층 : 아스팔트 도포(A)
- ㉡ 방수층을 세분하지 않은 경우의 순서는 바탕처리 → 방수층 시공 → 방수층 누름 → 보호 모르타르 → 신축줄눈 시공

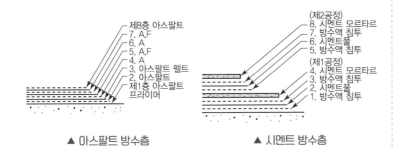

▲ 아스팔트 방수층   ▲ 시멘트 방수층

(3) 아스콘(Asphalt Mortar)시공

① 일반사항
- ㉠ 바름바탕을 청소하고 충분히 건조시킨 후 프라이머를 $0.4l/m^2$의 비율로 칠하고 아스팔트 모르타르(또는 내산 아스팔트 모르타르)를 바른다.

ⓛ 모르타르는 130℃ 이상의 온도를 유지하고 균일한 두께로 펴서 깔고 평평히 고른 후 표면을 달군 인두로 미끈하게 마무리한다.
ⓒ 특히 내산 아스팔트 모르타르는 이음 부분에 산이 스며들지 않도록 주의한다.
② 보통 아스팔트 모르타르용 종류 : 아스팔트 모르타르는 아스팔트 +모래+깬자갈(쇄석)+돌가루(석분)를 가열 후 균일 두께로 바르고 인두로 마무리한다.
ㄱ 깬자갈 : 알의 크기 3~5mm 내외의 것을 사용한다.
ⓛ 모래 : 보통 모래의 흙과 유기불순물을 포함하지 않는 것을 사용한다.
ⓒ 돌가루 : 알의 크기는 0.147mm(#100)체를 통과하고 또한 0.074 mm(#200)체로 60% 이상 통과한 것으로 한다.
③ 내산 아스팔트 모르타르
ㄱ 내산 아스팔트 모르타르는 규석분말, 모래에 아스팔트를 부어 만들고 철근 콘크리트, 방식용, 화학공장, 식품가공 공장, 축전지실 등의 바닥재로 쓰인다.
ⓛ 80℃를 넘는 황산탱크 등에는 내산 아스팔트 블록을 사용하고 그 줄눈에는 아스팔트 콤파운드로 만든 내산 모르타르를 채운다.

6) 시멘트 액체 방수

시공이 간단하며 비교적 저렴하게 시공할 수 있고 결함부의 발견이 용이하다.

(1) 방수층 시공 순서

겹수, 층수		종별	A종	B종	C종	D종
방수층	1공정	1	P1	P1	P1	P1
		2	L	L	L	L
		3	P2	P1	P2	P1
		4	M	L	M	L
	2공정	5	P1	P2	P1	P2
		6	L	M	L	M
		7	P2	P1	P2	–
		8	M	L	M	–
	3공정	9	P1	P2	–	–
		10	L	M	–	–
		11	P2	M	–	–
		12	M	–	–	–

※ • L : 방수용액 도표   • P1 : 방수시멘트 묽은 풀칠
　 • M : 방수 모르타르 바름   • P2 : 방수시멘트 된 풀칠

(2) 시공 일반사항

① 바탕처리는 수밀하고 견고하며, 평탄하게 한다(물매 : 1/200 정도).

② 배수구로 물매 1/100 정도, 깊이 6mm, 너비 9mm, 간격 1m 내외의 줄눈을 설치한다.

③ 5~10배 희석한 원액을 모체에 1~3회 침투시킨다.

④ 방수 모르타르 배합비 1 : 2~1 : 3 정도로 하고 매회 바름두께는 6~9mm, 전체 두께는 1.2~2.5cm 정도로 한다.

⑤ 방수 모르타르는 강도에 관계 없이 방수능력이 큰 것으로 하고 바름바탕은 거칠게 한다.

⑥ 방수용 각 재료의 배합은 온도, 습도에 따라 배합비를 조절한다.

⑦ 바탕처리는 모재를 완전히 건조시키고 균열을 100% 발생시킨 후에 실시한다.

⑧ 수분의 급격한 증발을 방지한다.

7) 고분자 도막방수

도료상 방수재(합성고무나 합성수지의 용액)를 바탕면에 여러 번 시공하여 방수막을 형성하는 공법으로 보호누름이 필요하다.

(1) 재료의 분류

① 유제형 도막방수(에멀션형)

㉠ 수지, 유지를 여러 번 발라서 0.5~1mm의 방수피막을 형성하는 방법

㉡ 바탕 1/50 이상의 물흘림 경사를 둔다.

㉢ 구석, 모서리는 5cm 이상 면접기를 한다.

㉣ 다소 습기가 있어도 시공이 가능하다.

㉤ 우천 시 동기시공(2℃ 이하)은 피한다.

㉥ 보호층을 둔다.

㉦ 시멘트 액체 방수와 같은 바탕처리를 한다.

② 용제형 도막방수(솔벤트형)

㉠ 합성고무를 솔벤트(Solvent)에 녹여 0.5~0.8mm의 방수피막을 형성하는 방법이다.

㉡ 시트와 같은 피막을 형성한다.

㉢ 고가품, 최상층 마무리에 사용한다.

㉣ 시공이 간단하고 착색이 자유롭다.

㉤ 충격에 약하므로 보호층이 필요하다.

㉥ 화기에 주의를 요한다.

㉦ 모재를 충분히 건조시킨 후 시공한다.

③ 에폭시계 도막방수
  ○ 에폭시수지를 여러 번 발라 0.1~0.2mm의 얇은 도막을 형성하는 방수방법이다.
  ○ 내약품성, 내마모성이 우수하다.
  ○ 화학공장 바닥 방수층에 사용한다.
  ○ 고가이고 신축성이 없으며 내구성이 적다.

(2) **시공상 문제점**
① 단열을 요하는 옥상층에는 불리하다.
② 핀홀이 생길 우려가 있고 신뢰도에 문제가 있다.
③ 균질한 방수층 시공이 어렵다.
④ 모재균열에 불리하다.

8) 시트(Sheet) 방수(고분자 루핑 방수)

시트 방수는 시트상의 합성수지나 합성고무 1겹으로 방수하는 것으로 신장률이 큰 고분자 재료로 만든 시트를 접착제로 붙여 방수층을 형성하는 공법이다. 신장률이 우수하고 내구성, 내후성이 좋으나 방수층 보호누름이 필요하고 복잡한 마무리에 어렵고 고가인 단점이 있다.

(1) **재료의 종류**
① 클로로프렌 고무시트
② 부틸시트
③ 염화비닐시트
④ 폴리에틸렌시트
⑤ 아스팔트 폴리에틸렌 합성시트
⑥ 동섬유시트
⑦ EPDM시트
⑧ 접착제

(2) **시공 순서**
바탕처리(마무리) → 프라이머 칠 → 접착제 칠하기 → 시트 붙이기 → 보호층 설치

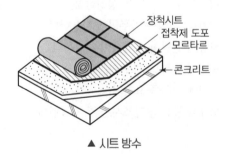

▲ 시트 방수

(3) 접착공법의 종류

온통부착(전면부착), 줄접착, 점접착, 갓접착(들뜬접착) 등이 있다.

온통접착	줄접착	점접착	갓접착

(4) 시공 시 특징

① 방수능력이 우수하고 시공이 간단하며 공기단축이 가능하다.

② 보행용 방수(콘크리트, 블록, 모르타르, 타일로 보호누름)와 비보행용 방수(도장 마무리)로 구분한다.

(a) 비보행용 방수   (b) 보행용 방수

▲ 비보행용 방수와 보행용 방수

③ 시트 상호 간의 겹침이음 길이는 5cm 이상, 맞댄이음 길이는 10cm 이상으로 한다.

④ 방수층 치켜 올림부는 3~5cm 둥글게 면접어 붙이고 접합부 및 붙임마감부는 테이프로 보강하며 실재로 충진하여 수밀하게 한다.

⑤ 방수누름층 신축줄눈 간격은 가로, 세로 4m 안팎으로 하며 또한 페러핏 및 옥탑 등 모서리와 치켜 올림면에서 0.6~1m 높이의 위치에 설치한다.

⑥ 수평면의 방수층이 완전히 덮여지도록 현장에서 5cm 깊이로 24시간 동안 침수시키는 누수시험을 행한다.

9) 침투성 방수공사

(1) 사용 범위

① 노출된 외부 콘크리트 표면

② 노출된 실내 페인트가 안 된 콘크리트 표면

③ 내·외부제 치장 콘크리트 표면

④ 내·외부 조적 표면

⑤ 내·외부 석재 가공면

⑥ 외부 시멘트나 석고 미장 표면

⑦ 기타 현장타설 콘크리트바탕 구조물

(2) **종류 및 시공법**

① 유기질 침투성 방수제

㉠ 흡수성을 갖는 모체에 도포하여 물침투 방지의 발수 목적으로 사용한다.

㉡ 실리콘계(실리콘에이트계, 실란트계), 비실리콘계(아크릴수지계, 기타)로 나눈다.

㉢ 분사기구로 바탕이 건조된 후 분사한다.

② 무기질 침투성 방수제

㉠ 흡수성을 갖는 모체의 조직을 치밀하게 변화시켜 수밀성을 향상시키는 시멘트 규산질계 미분말, 입도조정 모래 등으로 혼합된 분말형 방수재료이다.

㉡ 솔, 흙손 등으로 균일하게 도포하며 도포 후 48시간 이상 적절히 양생한다.

10) 실링(Sealing)재 방수

① 건축물의 국부적인 방수재로서 부재와 부재 간의 접착부에 사용된다.

② 창호 주위, 균열부 보수, 조립건축, 커튼월 공법에 주로 쓰인다.

③ 실링재

㉠ 퍼티, 코킹, 실링재의 총칭이다.

㉡ 충진재로 가장 적당하다.

㉢ 종류 : 2액형으로 폴리설파이드계 실링재와 실리콘계 실링재가 있다.

④ 코킹재

㉠ 유성 코킹재 : 송진, 합성수지 등에 탄산칼슘, 석면, 착색제를 혼합한 것으로 창호, 유리끼움, 퍼티재, 방수제로 쓰인다.

㉡ 아스팔트 코킹재

• 아스팔트에 석면을 충진재로 하여 만든 제품으로 값이 싸고 고온에서 용융한다.

• 세로면 시공에는 부적합하고 자외선에 노화되기 쉽다.

• 방수층 신축줄눈 충진재, 콘크리트 바닥 및 벽체의 조인트 부분에 신축줄눈으로 사용한다.

㉢ 특징

• 공기에 접하는 부분은 유연한 피막을 형성하여 점성을 유지한다.

• 수축률이 작고 내후성 및 각종 재료에 접착성이 우수하다.

• 내수, 발수성 피막으로 내산, 내알칼리성, 모재를 변질시키지 않는다.

⑤ 탄성실란트(Elastic Sealant)

㉠ 고점성 페이스트가 시간 경과 후 고무형체가 되는 특성이 있다.

㉡ 1액형과 2액형이 있으며 접착력이 우수하다.

탄성실란트의 종류
① 1액형(1성분형) : 공기 중의 수분에 의해 경화된다.
② 2액형(2성분형) : 경화제의 첨가에 따라 굳어진다.

ⓒ 급경화에 따르는 변형이 없고 내후, 내수, 내약품성이 크며 시공이
　　용이하다.
ⓔ 고층건물, 커튼월 공법의 창호 방수제로 사용된다.
⑥ 성형실링재(정형실링재)
　ⓐ 단면 형상이 일정한 줄퍼티, 개스킷(Gasket)이 있다.
　ⓑ 지퍼 개스킷 : H, Y, HC형, HF형 등이 있다.
　ⓒ 그레이징 개스킷 : 염화비닐계, 클로로프렌고무계 등 유리 고정용
　　이다.
　ⓓ 줄눈 개스킷(성형 줄눈재) : PC판, 새시 금속패널, 기타 기성부재에
　　사용된다.
⑦ 실링재의 열화원인
　ⓐ 실링재 자신의 파단 : 응집 파괴
　ⓑ 부재의 피착면에서 벗겨져버리는 접착 파괴
　ⓒ 도장의 변질, 접착부, 줄눈 부위의 오염
　ⓓ 워킹 조인트와 논워킹 조인트

실링재의 요구품질성능
접착성능, 내구성능, 비오염성능

워킹 조인트 (Working Joint)	온도변화에 의한 부재의 신축, 지진에 의한 층간 변위 바람에 의한 부재의 휨, 부재의 성분변화에 따른 변형
논워킹 조인트 (NonWorking Joint)	이동, 변동이 미소하거나 거의 생기지 않는 콘크리트 벽, RC조 새시 주위 줄눈, RC조 수축줄눈 등

11) 기타 방수공법

(1) 멤브레인 방수

① 아스팔트 방수
② 합성고분자 시트 방수
③ 도막방수

(2) 합성고분자 방수

합성고무 또는 합성수지의 재료를 써서 방수층을 형성하는 것을 말하
며 합성수지 방수라고도 한다. 주로 쓰이는 것은 도막방수와 시트 방수
이며 그 종류는 다음과 같다.

① 도막방수
② 시트 방수
③ 실재방수
④ 수지혼화시멘트 방수

1. 팔각 지붕(합각 지붕)	궁궐 정문이나 대형건물에 사용된다. 예 경복궁 근정전
2. 우진각 지붕(모임 지붕)	대문이나 주요 축조물에 사용된다. 예 남대문
3. 맞배 지붕(박공 지붕)	간이 건물이나 소규모 건물에 사용된다.
4. 알매흙	산자나 펠트 위에 얇게 펴서 까는 암키와 밑의 진흙이다.
5. 발비	알매흙을 사용하지 않고 보통 흙을 사용할 때 산자 위에 덧대는 볏짚이나 대패밥이다.
6. 홍두깨흙	암키와 널 위에 수키와를 깔기 위해서 암키와 사이에 홍두깨 모양으로 뭉친 수키와 밑의 흙이다.
7. 아귀토	처마 끝에 막새 대신 회, 진흙반죽으로 동그랗게 바른 흙이다.
8. 적심	지붕경사가 잘 맞지 않는 곳에서 죽더기, 통나무 등을 채워서 물매를 잡는 것이다.
9. 착고	지붕마루 기왓골에 맞추어 수키와를 다듬어 옆세워 대는 기와다.
10. 부고	지붕마루에 있어서 착고막이 위에 옆세워 대는 수키와다.
11. 머거블	용마루의 끝마구리에 수키와를 옆세워서 댄 것이다.
12. 적새	초가집 마루에 이엉을 물매지게 틀어 덮은 것으로 지붕용 마루, 내름마루 등을 쌓는 암키와, 암마룻장을 말하고 적새는 3, 5, 7겹으로 하되 넓게 진흙을 깔고 덮는다.
13. 이엉	풀잎, 볏짚 등을 엮어 지붕을 잇는 재료이다.
14. 단골막이	지붕마루 기와잇기에 있어 착고 대신 수키와를 기왓골에 맞게 토막내어 쓰는 것이다.
15. 보습장	추녀마루 처마 끝에 암키와장을 삼각형으로 다듬어 대는 기와로 보습모양의 세모로 다듬어 쓰는 암키와다.
16. 내림새	처마 끝에 잇는 비흘림판이 달린 수키와다.
17. 착고막이	지붕마루 수키와 사이의 골에 맞추어 수키와를 다듬어 옆세워 댄 것이다.
18. 연암	암키와를 받기 위해서 평고대 위에 덧대는 나무이다.
19. 낙수받이돌	주로 기성재 돌을 사용하고 지면에 5cm 이상 묻는다.

20. 추녀

모임지붕의 귀에 대각선 방향으로 거는 경사부재로 모서리에 오는 귀추녀와 회첨에 오는 골추녀가 있다. 윗면은 지붕경사에 맞추어 반깎기를 하고 도리보다 서까래 춤만큼 높이 올려 직교하는 도리귀에 맞추어 넣고 서까래는 추녀의 옆에 붙게 된다.

21. 서까래

처마도리와 중도리 및 마룻대 위에 지붕물매의 방향으로 걸쳐대고 산자나 지붕널을 받는 경사부재로 보통 4.5~5cm의 각재를 45cm 간격으로 도리에 큰 못질로 고정한다.

22. 거멀 띠

널이 우그러지지 않게 널 뒤에 주먹장으로 끼워 대는 띠장으로 널이 건조하면서 수축에 의해서 우그러진다. 뒤틀림을 방지하기 위해서 주먹장형으로 만들어 널에 끼워대는 띠장이다.

23. 마구리

물건이나 목재의 양쪽 끝머리의 면, 목재의 길이를 잘라낸 자리로 벽돌, 돌 등의 면 중 가장 작은 면을 마구리라고 한다.

24. 안홈통

처마 위 난간벽의 안쪽에 대는 홈통으로 난간벽 안에 목재 상자 홈통바탕을 짜고 함석을 댄 것으로 함석의 공정은 밖의 상자 홈통과 같고 벽 옆과 지붕기와 밑에는 치켜 올려 비가 새지 않도록 가공한다.

25. 물끊기, 빗물막이

물끊기는 빗물이 안쪽으로 흘러내리지 못하게 방지하는 것이고 빗물막이는 빗물이 고이거나 스며들지 못하게 하는 것으로 방수피복이나 코킹(Caulking) 처리할 수도 있다.

26. 실베스터 방수법

모르타르나 콘크리트에 명반 5% 용액, 알칼리 비누 8% 용액을 혼합하여 시간 간격을 두고 여러 번 바르는 침투성 방수법으로 콘크리트 표면 방수방법의 일종이다.

27. 아스팔트

시공 시 가열 여부에 따라 열공법과 냉공법으로 분류한다. 방수층의 수에 따라 적층공법, 단층공법이 있고 모체와 방수층과의 접착 정도에 따라 접착공법, 절연공법이 있다. 시공비는 고가이다.

28. 아스팔트 콤파운드

블론 아스팔트에 광물성, 동·식물섬유, 섬유 등을 혼입한 것으로 아스팔트 방수재료 중 가장 신축이 크며 최우량품이다.

29. 블론 아스팔트

비교적 연화점이 높고 온도에 예민하지 않으므로 지붕방수에 사용한다.

30. 스트레이트 아스팔트

신축이 좋고 접착력도 우수하지만 연화점이 낮아 주로 지하실 등에 사용한다.

31. 아스팔트 프라이머

아스팔트를 휘발성 용제로 녹인 것으로 방수공사 시 밑바탕에 도포하여 모재와 방수층의 부착을 좋게 한다.

32. 침입도

아스팔트 양·부를 판정하는 데 가장 중요한 아스팔트의 경도를 표시한 값으로 25℃에서 100g의 추를 5초 동안 누를 때 0.1mm 관입되는 것을 1도라 한다.

33. 감온비

0℃, 200g, 1min의 침입도에 대한 46℃, 50g, 5초의 침입도 비를 말하며, 기온에 따른 침입도의 변화율을 나타낸다.

34. 연소점

다시 가열하여 계속 인화한 불꽃이 5초 동안 지속될 때의 온도로 연소점은 인화점보다 높고 차이는 25~60℃ 정도이다.

35. 아스팔트 방수

인건비가 많이 들며 방수효과는 보통이고 보호누름이 필요하다.

36. 시멘트 액체 방수

시공이 간단하며 비교적 저렴하게 시공할 수 있고 결함부의 발견이 용이하다.

37. 시트 방수

시트상의 합성수지나 합성고무 1겹으로 방수하는 것으로 신장률이 큰 고분자 재료로 만든 시트를 접착제로 붙여 방수층을 형성하는 공법이다. 신장성과 내후성이 우수하고 보호누름이 필요하며 결함부의 발견이 매우 어렵다.

38. 도막방수

도료상의 방수재(합성고무나 합성수지의 용액)를 바탕면에 여러 번 칠하여 상당한 살두께를 가진 방수막을 형성하는 공법으로 유제형, 용제형, 에폭시계통이 있고 보호누름이 필요하다.

39. 에폭시계 도막방수

에폭시 수지를 발라 도막을 형성하는 것으로 내약품성, 내마모성이 우수하기 때문에 화학공장의 방수층을 겸한 바닥 마무리재로 적합하다.

40. 에폭시 수지

주형수지로 하여 전자기기의 봉입에 쓰거나 절연 바니스로 하여 적층판을 만드는 함침재로 쓰고 접착력이 우수하여 접착제로도 사용한다. 처음에는 액상이고 경화제를 첨가하면 상온, 상압에서도 중합체로 되어 갈색을 띤 투명수지로 경화된다.

41. 방수층 누름

아스팔트 방수층이나 시트 방수층을 노출시키면 온열에 대한 신축성, 자연 또는 인위적 파손 등이 생길 우려가 있으므로 그 표면을 피복하여 보호하기 위한 것이다.

42. 줄퍼티

일정한 압력을 받는 새시의 접합부 쿠션 겸 실재로 쓰이고 탄성실재와 병용될 때도 있다.

43. 수밀재 붙임법

구조체 내외에 수밀재를 붙이는 방법으로 화강암판이나 대리석판 붙임이 있고 미관과 발수효과를 기대하며 방수효과는 별로 없다.

44. 유제 아스팔트

물과 유화제를 모두 혼합하여 제조된 수용액으로 오래 보관하면 유화상태가 파괴되어 균일성을 상실한다.

45. 용제
도료에 있어서 고체의 도막결정 성분을 용해하는 것으로 도막결정 성분이 유동체인 경우에는 이것을 희석하여 점도를 낮춘다. 일반적으로 유기용제를 사용하지만 수성도료의 경우에는 물을 사용한다.

46. 지수판
지수판은 콘크리트 이음부의 수밀성을 위하여 콘크리트 속에 묻어서 누수방지 및 지수효과를 얻는 판모양의 재료로 내구성과 변형성능이 있어야 하고 콘크리트와의 부착성도 우수하여야 한다.

01 지붕이음재료에 요구되는 사항을 5가지만 쓰시오. (5점) [89]

① _____

② _____

③ _____

④ _____

⑤ _____

➤➤ ① 수밀하고 내수적이며 습도에 의한 신축이 적을 것
② 방화적이고 내한, 내열적이며 단열성이 클 것(열전도율이 작을 것)
③ 외관이 미려하고 건물색조와 조화를 이룰 것
④ 시공이 용이하고 부분적 보수가 가능하며 가격이 비교적 저렴할 것
⑤ 가볍고 내구성이 크며 내풍적일 것
⑥ 동해에 대해 안전할 것

02 한식기와 잇기공사에서 기와잇기 시공 순서를 보기에서 골라 그 기호를 쓰시오. (5점) [87]

[보기]
ⓐ 알매흙   ⓑ 수키와   ⓒ 암키와
ⓓ 홍두깨흙   ⓔ 착고막이   ⓕ 숫마룻장
ⓖ 부고   ⓗ 산자엮어대기   ⓘ 암마룻장

_____

➤➤ ⓗ-ⓐ-ⓒ-ⓓ-ⓑ-ⓔ-ⓖ-ⓘ-ⓕ

03 다음 한식 지붕공사에 이용되는 각종 기와 명칭을 번호에 맞게 쓰시오. (5점) [90]

(6)→ (5)→ (4)→ (3)→ (2)→ (1)→ →(8) →(7)

(9)→ (10) →(6) →(5) →(4) →(3) →(2) →(1)

(1) _____   (2) _____   (3) _____

(4) _____   (5) _____   (6) _____

(7) _____   (8) _____   (9) _____

(10) _____

➤➤ (1) 암키와   (2) 수키와
(3) 착고(착고막이) (4) 부고
(5) 암마룻장   (6) 숫마룻장
(7) 단골막이   (8) 머거블
(9) 용머리   (10) 너새

04 다음은 한식기와 잇기에 관한 설명이다. (   ) 안에 해당하는 용어를 써넣으시오. (2점)　　　　　　　　　　　[12]

> ① 알매흙
> ② 아귀토

> 한식기와 잇기에서 산자 위에서 펴 까는 진흙을 (①)(이)라 하며, 수키
> 와 처마 끝에 막새 대신에 회백토로 둥글게 바른 것을 (②)(이)라 한다.

① ＿＿＿＿＿＿＿＿＿　　　② ＿＿＿＿＿＿＿＿＿

05 (1) (   ) 안에 알맞게 써넣으시오. (4점)　　　　　　　　　[92]

> (1) ① 15
> ② 0.5
> ③ 1.5
> ④ 중도리
> (2) ① 15
> ② 10
> ③ 0.5
> ④ 1.5

> 골판잇기의 세로겹침은 보통 (①)cm 정도로 하고, 가로겹침은 큰 골
> 판일 때 (②)골 이상, 작은 골판일 때 (③)골 이상으로 하고 (④)
> 에 못박아댄다.

① ＿＿＿＿＿　　② ＿＿＿＿＿　　③ ＿＿＿＿＿　　④ ＿＿＿＿＿

(2) 석면 슬레이트 골판잇기에 대한 설명으로 (   ) 안에 알맞은 숫자
를 써넣으시오.　　　　　　　　　　　　　　　　　　　[95, 97]

> 골판잇기의 세로겹침은 지붕물매가 3/10~5/10일 때 (①)~(②)
> cm 정도로 하고, 가로겹침은 큰 골판일 때 (③)골, 작은 골판일 때에
> 는 (④)골 이상 겹치기로 한다.

① ＿＿＿＿＿　　② ＿＿＿＿＿　　③ ＿＿＿＿＿　　④ ＿＿＿＿＿

06 금속판지붕공사에서 금속기와의 설치 순서를 보기에서 골라 기호를
나열하시오. (4점)　　　　　　　　　　　　　　　　[12, 19]

> ⓒ → ⓔ → ⓜ → ⓐ → ⓛ → ⓗ

> [보기]
> ㉠ 서까래 설치(방부처리를 할 것)
> ㉡ 금속기와 사이즈에 맞는 간격으로 기와걸이 미송가재를 설치
> ㉢ 경량철골설치
> ㉣ 중도리(Purin) 설치(지붕 레벨 고려)
> ㉤ 부식방지를 위한 철골용접 부위의 방청도장 실시
> ㉥ 금속기와 설치

07 다음 보기의 용어 중 지붕면에서 지상으로 배수되는 일련의 과정을 보기에서 골라 기호를 나열하시오. (4점)　　　[91,92]

❥ ⓛ-ⓗ-ⓒ-ⓜ-ⓐ-ⓓ

> [보기]
> ⓐ 보호관　　　ⓛ 처마홈통　　　ⓒ 장식통
> ⓓ 낙수받이돌　ⓜ 선홈통　　　　ⓗ 깔때기홈통

1. 창호공사

1) 목재창호공사

① 재료

   ㉠ 나왕, 홍송, 미송, 삼송, 적송, 낙엽송, 가문비나무, 느티나무, 티크 등의 재료로 함수율 13~15%인 건조제를 사용한다.

   ㉡ 접착제는 페놀, 요소, 멜라민수지 등을 사용한다.

② 주문치수

   ㉠ 설계도, 시방서에 기입된 창호재의 치수는 제작 마무리치수이므로 재료주문은 지시 단면치수보다 3mm 정도 크게 정치수로 주문한다 (중대패 마무리).

   ㉡ 마름질 : 창문의 크기에 따라 각 부재 소요길이로 자르는 일로 선대는 상하에 약 3cm, 막이대는 좌우 5~10cm 정도 더 크게 자른다.

   ㉢ 바심질 : 마름질한 부재를 구멍 또는 홈파기, 장부내기, 면접기 등과 같이 다듬는 일이다.

③ 장부 : 외장부의 두께는 울거미 두께의 1/3, 쌍장부의 두께는 울거미 두께의 1/5 정도로 하고 중요한 장부는 내다지 장부로 하며 벌림쐐기 아교풀칠을 한다(울거미재의 맞춤은 장부맞춤).

④ 유리홈 깊이

   ㉠ 유리두께 6~9mm 이상 보통 7.5mm 정도로 한다.

   ㉡ 유리문의 홈깊이와 위홈은 9mm, 밑홈은 3mm, 홈대너비는 30mm 정도로 한다.

⑤ 관련 용어

   ㉠ 박배(朴排) : 창문을 창문틀에 다는 일

   ㉡ 마중대 : 미닫이 또는 여닫이 문짝이 서로 맞닿는 선대

   ㉢ 여밈대 : 미서기 또는 오르내리창이 서로 여며지는 선대

   ㉣ 풍소란 : 창호가 닫아졌을 때 마중대, 여밈대가 서로 접하는 부분에 틈새가 나지 않도록 대어주는 바람막이

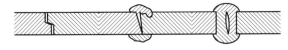

▲ 풍소란의 형태

⑩ 비막이소란 : 창문틀에 빗물이 들어치지 못하게 위 틀이나 밑막이 대에 물끊기 역할을 위하여 덧대는 부재

⑪ 웨더 스트립(Weather Strip) : 반턱, 둥근혀, 민둥혀, T자형, I자형 등으로 댄다.

⑥ 문의 종류 : 외여닫이, 쌍여닫이, 미닫이, 미서기, 자재문, 회전문, 접문 등

⑦ 창의 종류 : 붙박이, 외여닫이, 쌍여닫이, 미서기, 오르내리기, 회전미들창, 젖힘창 등

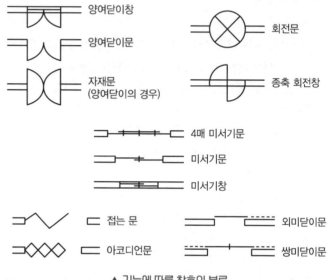

▲ 기능에 따른 창호의 분류

⑧ 널합판문 : 널문, 양판문(한 장, 두 장, 4장, 6장, 프랑스식, 징두리 양판문 등)

⑨ 기타 문 : 주름문, 유리문, 목재문, 갑창, 종이문, 망사문, 빈지문, 비닐살문

⑩ 창호 제작 순서 : 창호 평면도(공작도 작성) → 창문틀의 실측 → 재료 주문 → 마름질 및 바심질 → 창호 조립 → 마무리

⑪ 고무 사일런스(Silence) : 문의 여닫음에 의한 충격을 방지하기 위해서 부착한다.

2) 강재창호공사

① 창호의 종류 : 스틸 새시(Steel Sash), 양판 스틸 도어, 앵글, 스테인리스, 갑종·을종 방화문, 행거 도어(Hanger Door), 오버헤드 도어(Overhead Door), 접문, 셔터 등

② 창문틀 설치
  ㉠ 목재창호 : 보통 먼저 세우기

Tip 👍

① 강재창호 제작 순서 : 원척도 작성 → 신장녹 떨기 → 변형 바로잡기 → 금긋기 → 절단 → 구부리기 → 조립 → 용접 → 마무리 → 설치

② 강재창호 현장 설치 순서 : 현장반입 → 변형 바로잡기 → 녹막이칠 → 먹메김 → 구멍파기, 따내기 → 가설치 및 검사 → 묻음발 고정 → 창문틀 주의 위줌 모르타르 → 보양

- 조적벽체에서와 같이 개구부의 위치에 문틀이 자리를 잡고 벽체와 같이 구성되는 방법이다.
- 누수방지는 우수하나 공정이 까다롭다.

ⓒ 강재창호 : 보통 나중세우기
- 벽체 구성 시 개구부 위치에다 문틀 크기의 가틀을 짜놓거나 또는 일정 크기의 개구부를 열어 놓고 벽체를 구성하는 공법이다.
- 강재창호설치 공사에 주로 사용한다.

3) 창호의 종류

(1) 철재문

① 양판 스틸 도어

ⓐ 문틀 울거미는 강판을 압착 성형한다.

ⓑ 양판문, 플러시문, 강판재 형식이 있다.
- 양판문 : 울거미 중심에 넓은 널을 댄 문
- 징두리 양판문 : 상부에 유리, 높이 1m 정도 하부에만 양판을 댄 문
- 플러시문 : 울거미를 짜고 중간살 간격을 25cm 정도 배치하여 양면에 합판을 교착한 문

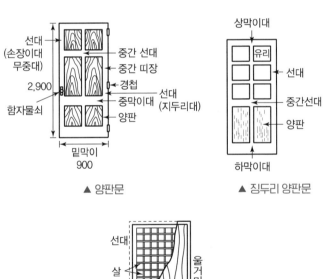

▲ 양판문   ▲ 징두리 양판문

▲ 플러시문

ⓒ 스프링힌지, 플로어힌지, 피벗힌지 등이 쓰인다.

ⓔ 용도
- 갑종방화문 : 0.5mm 강판 양면, 1.5mm 이상 강판 한 면 붙임
- 을종방화문 : 0.8mm 이상, 1.5mm 미만 강판 한 면 붙임

② 앵글 도어

ⓐ 문틀, 울거미를 앵글로 짜고 강판을 접합한다.

ⓑ 용도
- 방화문 : 0.5mm 강판 양면, 1.5mm 이상 강판 한 면 붙임
- 을종방화문 : 0.8mm 이상, 1.5mm 미만 강판 한 면 붙임

③ 행거 도어

ⓐ 대형호차를 레일 위와 문 양옆에 부착한다.

ⓑ 창고, 격납고, 차고 등 대형문에 쓰인다.

④ 오버 헤드 도어(Over Head Door)

ⓐ 각 판을 연결하여 철제 셔터식으로 조립하고 가드레일을 문틀 위까지 설치한다.

ⓑ 소방서(자동문, 반자동문), 기타 대형건물의 문에 쓰인다.

⑤ 접문(Folding Door)

ⓐ 문짝끼리는 정첩으로 연결, 상부에 도어행거를 사용한다.

ⓑ 대형개구부, 정문, 반침, 주차장용으로 쓰인다.

⑥ 무테문

ⓐ 강화유리(12mm), 아크릴판(20mm), 울거미 없이 설치한다.

ⓑ 현관용(자동개폐장치)으로 쓰인다.

⑦ 주름문(Holding Door)

ⓐ 문을 닫았을 때 창살처럼 되는 문으로 상하에 가드레일을 설치한다.

ⓑ 방범용, 방도용, 현관용으로 쓰인다.

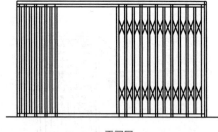

▲ 주름문

⑧ 아코디언 도어

ⓐ 상부는 행거 롤러, 하부는 중앙 지도리가 쓰인다.

ⓑ 칸막이, 여닫이문, 회의실에 쓰인다.

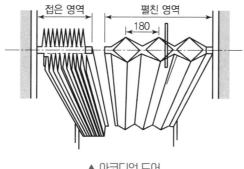

▲ 아코디언 도어

⑨ 방음문

　㉠ 철판 안에 유리섬유, 암면을 채워 여러 겹으로 구성한다.

　㉡ 차음문, 극장, 방송실 등에 쓰인다.

⑩ 금고문

　㉠ 지문이 나타나는 특수강, 고열, 고강도 특수합금으로 되어 있다.

　㉡ 은행, 방도용으로 쓰인다.

(2) 자동문

문조작기를 작동하게 하는 마이크로웨이브 스퀘어(Microwave Square)와 통행인이 완전히 통과할 때까지 문이 닫히지 않게 하는 수평적 포토셀(Photo-Cell)을 보호하는 동작감지 통제시스템 설치이다. 현관에 설치한다.

(3) 기타 창호

① 미서기, 미닫이문의 창호철물

　㉠ 오목손걸이　　㉡ 꽂이쇠　　㉢ 레일

　㉣ 호차(문바퀴)　㉤ 도어 행거

▲ 오목손걸이

▲ 도어 행거

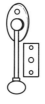

▲ 꽂이쇠

▲ 호차

② 오르내리창의 창호철물 : 크레센트, 달끈(로프), 도르래, 추, 손걸이

▲ 크레센트　　　▲ 도르래　　　▲ 손걸이

③ 회전문

　㉠ 회전지도리가 쓰인다.

　㉡ 단열, 방음, 방풍, 방도용으로 쓰인다.

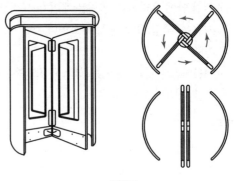

▲ 회전문

④ 에어커튼, 에어도어

　㉠ 백화점 등 출입구에 설치한다.

　㉡ 방온용으로 쓰인다.

⑤ 셔터

　㉠ 설치부품명 : 홈대(Guide Rail), 셔터 케이스, 로프 홈통, 핸들 박스

　㉡ 방화용, 방도용으로 쓰인다.

　㉢ 개폐방법에는 전동식, 수동식, 퓨즈장치식(방화셔터)이 있다.

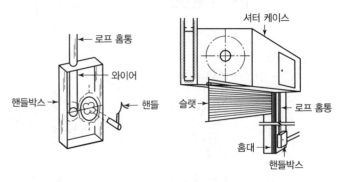

▲ 강제셔터

4) 알루미늄 창호

(1) 알루미늄 창호의 장단점

① 장점
  ㉠ 비중은 철의 약 1/3 정도이다.
  ㉡ 녹슬지 않고 사용연한이 길다.
  ㉢ 공작이 자유롭고 기밀성, 수밀성이 좋다.
  ㉣ 내식성이 강하고 착색이 가능하다.
  ㉤ 여닫음이 경쾌하고 미려하다.

② 단점 및 대책
  ㉠ 표면과 용접부는 철재에 비해 강도가 약하다.
  ㉡ 모르타르, 회반죽, 콘크리트 등의 알칼리에 대단히 약하다.
  ㉢ 스틸 새시에 비해 내화성이 약하고 염분에 약하다.
  ㉣ 강성이 적고 열팽창, 수축이 철의 2배이다.
  ㉤ 이질금속과 접하면 부식되므로 이에 쓰이는 조임못, 나사못은 동질의 것을 쓴다.
  ㉥ 접촉면에는 중성제를 도포하거나 격리제로 완전 차단하여 설치한다.

(2) 알루미늄 창호의 성능 구분 항목

① 내풍압성	② 기밀성	③ 수밀성
④ 방음성	⑤ 단열성	⑥ 개폐성

(3) 알루미늄 창호 설치 시 주의사항

① 알루미늄 표면에 부식을 일으키는 다른 금속과 접촉을 금지한다.
② 알칼리와 접촉부는 징크 크로메이트(Zinc Cromate) 도료나 내알칼리성 도장을 하여 초벌 녹막이칠을 한다.
③ 강재의 골조, 보강재, 앵커 등은 아연도금 처리한 것을 사용한다.
④ 충진 모르타르에 해사를 사용할 때에는 염화나트륨(Nacl)을 0.02% 이하로 낮춰 염분을 제거한다.
⑤ 습윤접합부는 무연도료를 사용한다.
⑥ 철재보다 강도가 약하므로 공작, 설치, 운반 시, 취급손상에 주의한다.

5) 강제 셔터

(1) 셔터의 종류

① 셔터커튼 구성에 의한 종류 : 일반 셔터, 그릴 셔터, 커넥션 셔터
② 일반 셔터의 슬랫구조에 의한 분류 : 접어 끼우기형, 리벳 조임형, 경첩 설치형, 네트형, 격자형(파이프) 셔터

강제 셔터는 폭 8m, 높이 4m 이하인 감 아널기식 셔터에 적용한다.

③ 개폐형식에 의한 분류 : 상부 감아넣기, 오버 슬라이드, 수평 셔터

④ 개폐구동방식에 의한 분류 : 수동식, 전동식, 수압열림식 셔터

⑤ 개폐속도에 의한 분류 : 보통속도 셔터, 고속 셔터

⑥ 사용목적에 의한 분류 : 방화용, 방연용, 내풍용, 차음용, 방범용, 방폭용

⑦ 기타 분류 : 내부용, 외부용

(2) 제품의 품질 및 성능

① 방화성능 : 건축법에 따른 성능에 적합하게 한다.

② 내구성 : 15년 이상, 10,000회 이상 사용에 견뎌야 한다.

③ 개폐성 : 강제 셔터의 강하 속도는 2m/min(분) 이상이 표준이다.

④ 안전장치 : 내부 폭 5m 이상, 면적 15m² 이상, 하부 수동개폐식 셔터는 와이어 절단에 따른 급격한 닫힘방지 장치를 설치해야 한다.

(3) 셔터의 설치부품

① 홈대(Guide Rail)

② 셔터 케이스(Shutter Case)

③ 로프 홈통

④ 핸들박스

⑤ 슬랫

6) 창호의 성능 표시 항목

① 강도	② 내풍압내	③ 내충격성
④ 기밀성	⑤ 수밀성	⑥ 차음성
⑦ 단열성	⑧ 방로성	⑨ 방화성
⑩ 개폐성		

7) 창호철물

① 자유정첩(Spring Hinge) : 안팎으로 개폐할 수 있는 철물로 자재문에 사용한다.

② 레버토리 힌지(Lavatory Hinge) : 공중전화 박스의 출입문, 공중화장실의 출입문에 사용하며, 저절로 닫히지만 안에서 잠그지 않는 경우 15cm 정도 열려 있게 된다.

③ 플로어 힌지(Floor Hinge, 지도리) : 정첩으로 지탱할 수 없을 만큼 중량이 큰 여닫이 문에 사용되고 힌지장치를 한 철틀함이 바닥에 설치된다.

④ 피벗 힌지(Pivot Hinge) : 중량문에 사용되는데 용수철을 사용하지 않고 볼베어링이 들어 있다. 자재 여닫이 중량문에 사용한다.

⑤ 도어 클로저(Door Closer) · 도어 체크(Door Check) : 문틀과 문짝의 상부에 설치하여 자동으로 문을 닫는 장치다.

⑥ **함자물쇠** : 래치 볼트(손잡이를 돌리면 열리는 자물통)와 열쇠로 회전시켜 잠그는 데드 볼트가 함께 있다.

⑦ **실린더 자물쇠** : 실린더 록(Cylinder Lock), 핀 텀블러 록(Pin Tumbler Lock), 자물통이 실린더로 된 것으로, 텀블러 대신 핀을 넣은 실린더 록으로 고정한다.

⑧ **나이트 래치(Night Latch)** : 밖에서는 열쇠, 안에서는 손잡이로 여는 실린더 장치다.

⑨ **엘보 래치(Elbow Latch)** : 팔꿈치 조작식 문 개폐장치로 병원수술실, 현관 등에 사용한다.

⑩ **크레센트** : 오르내리창이나 미서기창의 잠금 장치다.

⑪ **도어 홀더** : 문열림 방지장치다.

⑫ **도어 스톱(Door Stop)** : 여닫이 창호를 벽측까지 완전히 열었을 때 실린더 도어 록과 벽이 충돌하여 벽이 파손되는 것을 방지하고 문짝을 보호하기 위하여 벽체에 부착하는 철물을 말한다. 문짝이 달린 아래쪽 문틀의 턱을 도어 실(Door Sill)이라 하며 문을 경계로 바닥의 수평조정 역할을 한다.

⑬ **멀리온(Mullion)** : 창면적이 클 때에는 스틸바만으로는 약하며 또 여닫을 때의 진동으로 유리가 파손될 우려가 있으므로 이것을 보강하고 외관을 꾸미기 위하여 강판을 중공형으로 접어 가로 또는 세로로 댄다. 커튼월 구조에서는 버팀대, 수직지지대로도 불린다.

보통 정첩　외쪽 자유정첩　양쪽 자유정첩　왼편달기의 올리브 너클 정첩　오른편달기의 올리브 너클 정첩

돌쩌귀　　　　지도리　　　　피벗 힌지

바퀴

플로어 힌지　손걸이　꽂이쇠　레일　오르내리 꽂이쇠

▲ 미서기 창문용 철물

크레센트　　　　　오르내리 창고패　　　　손걸이　　　　　꽂이쇠

갈고리 도어 홀더　　갈고리 도어 홀더　　벽붙이식 도어　　도움형 도어　　바닥붙이식
(벽붙이식)　　　　(바닥붙이식)　　　　　스톱　　　　　스톱　　　　도어 스톱

▲ 각종 창호철물

2. 유리공사

1) 유리의 성질

(1) 유리의 강도(보통 소다유리의 경우)

비교항목	압축강도	인장강도	휨강도	탄성계수	경도
강도 (kg/cm²)	8,000~9,300	400~600	500~750	720,000	6 (모스경도)

① 보통 창유리 강도는 휨강도를 말하며 유리의 용도상 가장 중요하다
(반투명 유리 : 투명유리의 80%, 망입유리의 90%).
② 판유리는 두께에 따라 휨강도가 다르다.
③ 두께에 따른 창유리의 휨강도

두께(mm)	1.9	3.0	5.0	6.0
휨강도(kg/cm²)	700	650	500	540

(2) 열에 대한 성질

① 열전도율
　㉠ 철, 대리석, 타일보다 작고 콘크리트의 1/2 정도이다.
　㉡ 보통유리는 0.4kcal/mh℃
② 연화온도
　㉠ 보통유리 : 740℃ 정도이다.
　㉡ 칼리유리 : 1,000℃ 정도이다.
③ 내열성
　㉠ 2mm 두께는 105℃, 3mm 두께는 80~100℃ 정도이고 60° 이상
　　의 온도 차이가 나면 파괴된다. 즉, 유리는 열에 약하다.

ⓛ 알칼리를 줄이면 내열성이 증대된다.

(3) 투광률

투사각이 0℃일 때 최고 92%(파장이 작은 자외선은 투광률이 작다)
이다.

2) 유리의 제법

1,500℃ 이상 가열한 후 액체상태에서 원하는 형틀에 주입한다.

① 판인법(敮引法) : 유리물을 좁은 틈에 통과시켜 냉각탑에서 냉각시킴
   (6mm 이하)
② 롤러(Roller)법 : 두 개의 롤러로 압축통과시킴(두께 6mm 이상 유리 제조)

3) 유리의 장단점

① 장점
   ㉠ 반영구적이고 내구성이 좋다.
   ⓛ 불에 잘 타지 않는다.
   ⓒ 빛과 시선의 투과력이 좋다.
② 단점
   ㉠ 충격에 약해 파손되기 쉽다.
   ⓛ 불에 약하다.
   ⓒ 두께가 얇아서 단열, 차음효과가 적다.

4) 유리의 종류

(1) 화학성분에 의한 분류

종류	특징
크라운 유리 (Crown Glass)	• 건축일반 창유리, 기타 병, 일반가구, 채광창, 판유리에 사용 된다. • 산에 강하나 알칼리에 약하다. • 투광률이 크며 용융이 쉽고, 팽창률과 강도가 크다.
보헤미아 유리	• 프리즘, 이화학기구, 장식품, 두꺼운 판유리 제작에 사용된다. • 용융하기 어렵다. • 내약품성이 높고 투명도가 높다. • 경질유리이다.
프린트 유리	• 빛 굴절률이 크므로 광학기구, 모조보석, 고급식기, 진공관에 사용된다. • 소다유리, 칼륨유리보다 용융이 쉽다. • 비중이 크고 가공이 용이하나 산과 열에 약하다.
물유리	• 방수, 보색, 접착제, 방화도료, 내산도료에 사용된다. • 물에 용해된다. • 점성액체이다.

(2) 보통 판유리의 종류

종류	특징
보통 판유리	• 정일품유리 : 3mm, 9.29m²(100ft²) 한 상자단위로 판매 • 강도 : 압축 686N/mm², 인장 49N/mm², 휨 68.6N/mm²
플로트 유리 (Float Glass)	플로트 방식에 의해 생산되는 맑은 유리. 거울, 강화유리, 접합유리, 복층유리 등에 사용. 폭 3m, 길이 10m의 대형 제작 가능
무늬유리	롤 아웃방식으로 제조되는 판유리. 투명한 유리. 한 면에 여러 가지 무늬를 넣은 것(완자, 플로라, 미스트라이트 등)
U형 유리	U형 단면을 가진 좁고 긴 판유리. 큰 채광창, 채광지붕에 쓰임
내열유리	규산분이 많은 유리로 성분은 석영유리에 가까움. 금고실, 난로 앞 가리개, 방화용 창에 이용
색유리	판유리에 착색제를 넣어 만든 유리. 투명, 불투명 상품이 있으며 스테인드 글라스창, 벽, 천장의 장식용으로 사용
스팬드럴 글라스 (Spandral Glass)	플로트 판유리의 한쪽 면에 세라믹질 도료를 코팅한 후 고온 용착, 반경화시킨 불투명 색유리로 커튼월 스팬드럴 부분을 감추기 위해 사용

(3) 기타 유리의 종류

▼ 판유리 가공품

종류	특징
갈은 유리 (마판유리)	후판유리의 한 면, 양면을 간 것. 쇼윈도나 고급 건축물, 거울 등에 사용
흐린 유리 (Sand Blast Glass)	금강사, 모래 등을 분사기로 뿜거나 거칠게 가공. 장식용창, 스크린 등에 사용
부식, 에칭유리 (Tapestry 가공)	5mm 이상 유리에 파라핀을 바르고 철필로 무늬를 새긴 후 그 부분을 부식시킴. 조각유리, 실내 장식용으로 사용
골판유리	유리 한 면에 골지게 무늬를 돋힌 것. 천장, 공장 지붕깔기 등에 사용
결상유리	젤라틴 용액을 이용해 결상(結霜)형 무늬를 돋힌 것
컷 글라스 (Cut Glass)	표면에 광택이 있는 홈줄을 새겨넣은 것
스테인드 글라스 (Stained Glass)	색유리나 색칠한 판유리를 도안에 맞게 H자형 납제끈으로 맞추어서 모양을 낸 것. 장식창에 사용
매직유리 (반사유리)	밝은 쪽에서는 거울로 보이고 어두운 곳에서는 밝은 쪽을 투시할 수 있음

▼ 안전유리

종류	특징
접합유리 (접합안전유리)	• 2장 또는 그 이상의 판유리 사이에 폴리비닐부티랄을 넣고 150℃의 고열로 강하게 접합되어 파손 시 파편이 떨어지지 않도록 한 것 • 평면접합, 곡면접합 유리가 있고 4.4~9.8mm까지 9종류가 있다. • 방탄유리, 고층건물 등에 사용한다.
강화유리 (강화안전유리)	• 평면 및 곡면, 판유리를 600℃로 가열하여 급랭시킨 안전유리(파편은 둥근입상)이다. • 내충격, 하중강도가 보통 판유리의 3~5배, 휨 강도는 6배 정도이다. • 200℃ 이상 고온에도 견디므로 강철유리라고도 한다. • 무테문, 자동차, 선박 등에 쓰이며 커튼월에 쓰이는 착색 강화유리도 있다.
망입유리 (그물유리)	• 유리 내부에 금속망(철, 놋쇠, 알루미늄망)을 삽입해 롤러로 압착성형하여 만든 것이다. • 유리 속에 봉입된 철망에 의하여 방화성을 유지할 수 있다. • 열을 받아서 유리가 파손되어도 떨어지지 않으므로 2종 방화문에 사용되고 사용 두께는 6.8mm이다. • 유류창고, 방도용, 방화용으로 사용된다.

▼ 특수유리

종류	특징
복층유리	• 2개의 판유리 중간에 건조공기를 봉입한 것이다. • 단열, 방음, 결로 방지용으로 우수하다. • 차음(遮音)에 대한 성능은 보통 판유리와 비슷하다. • 12mm, 16mm, 18mm, 22~24mm가 있다. 예 16mm : 5+6mm air+5mm
열선흡수유리 (적외선 차단유리)	• 철, 니켈, 크롬, 셀레늄 등을 첨가한 유리로 단열유리라고도 한다. • 파장이 긴 열선을 흡수(적외선 흡수)해 착색이 되게 한다. 청색, 회색, 갈색이 있다. • 실내 냉방효과를 좋게 하기 위해 열선을 흡수한다. • 태양광선 중의 열선을 흡수하므로 주로 서향의 창이나, 차량의 창 등에 쓰인다. • 자외선이 보통 유리보다 20~30% 정도 크다.
열선반사유리	• 한쪽 표면에 얇은 반사막을 입혔다. • 단열효과가 우수하고 유리의 온도 상승도 적다.
자외선 투과유리	• 자외선을 50~90% 이상 투과한다. • 병원의 선 룸(Sun Room), 온실, 요양소 등에 사용한다. • 자외선을 필요로 하는 종류로는 병원·요양소에서 사용되는 유리, 헬리오유리, 바이타유리가 있다. 보통유리는 자외선을 투과하지 못한다. • 유리에 함유되어 있는 성분 가운데에서 산화제이철은 자외선을 차단하는 주성분이다.

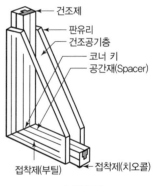

▲ 복층유리

건조제
판유리
건조공기층
코너 키
공간재(Spacer)
접착제(부틸)
접착제(치오콜)

종류	특징
자외선 흡수유리 (자외선 차단유리)	• 자외선 투과유리와는 반대로 약 10%의 산화제이철을 함유하고 있다. 그 밖에 크롬, 망간, 세슘, 티타늄, 바나듐 등의 금속산화물도 함유한 유리이다. • 주로 직물과 같은 염색 제품의 퇴색을 방지해야 할 필요가 있는 상점의 진열창 또는 용접공의 보안경 등에 쓰인다.
X선 차단유리 (방사선 차단유리)	• 의료용 X선이나 원자력 관련 방사선을 차단한다. • 산화연(PbO)을 함유한 유리이다. • 연하여 강화유리로 보호한다. • 방사선실 등에 쓰인다.

(4) Low−E 유리(Low−Emissivity Glass)

일반유리의 표면에 장파장 적외선 반사율이 높은 금속(일반적으로는 은)을 코팅시킨 것으로 어느 계절이나 실내·외 열의 이동을 극소화시켜주는 에너지 절약형 유리이다(일종의 열선 반사유리).

① **냉방효과** : 여름에는 태양 복사열 중의 적외선 및 지표면으로부터 방사되는 장파장 적외선을 실외로 반사시켜 실내로 유입되는 열기를 차단한다.
② **난방효과** : 겨울에는 실내의 난방기구에서 나오는 적외선을 다시 실내 측으로 재반사시켜 실내의 온기가 빠져 나가지 않도록 차단한다.
③ 열선 차단, 자외선 차단효과 및 낮은 열관류율이 특징이다.
④ Soft Low−E 유리는 기재단된 판유리에 금속다중막을 코팅하여 여러 색상이 가능하다.
⑤ 투과율, 반사율 조절이 가능하다.

(5) 유리의 2차 제품의 종류

유리블록 (Glass Block)	• 사각형, 원형 모양을 잘 맞추어 600℃에서 용착시켜서 일체로 한다. • 의장용, 방음, 단열용, 열전도율이 벽돌의 1/4 정도이고 실내 냉·난방효과가 있다. • 접착제는 물유리를 사용한다. • 채광과 의장을 겸한 유리벽돌이다.
유리벽돌 (Glass Brick)	• 벽돌모양의 유리 성형품 패턴이다. • 형상, 치수, 색채가 다양하다. • 채광용이 아니라 장식용으로 쓰인다.
유리타일 (Glass Tile)	• 색유리를 작은 조각으로 잘라 타일형으로 만든 것으로 색채가 다양하고 불흡수성이다. • 절단, 가공이 자유롭다. • 장식용이다.

프리즘 타일 (Prism Tile)	• 외부에 면한 지하실, 반자 또는 지붕 등의 채광용이다. • 투과광선의 방향을 변화시키거나 집중 확산시킬 목적으로 프리즘 이론을 응용해서 만든 평면은 사각형이나 원형이고 단면은 프리즘(3각형)형인 특수형의 유리블록이다. • 3~15mm 두께, 덱 글라스(Deck Glass), 톱 라이트(Top Light), 포도유리라고도 한다.
발포유리 (Form Glass)	• 유리를 가는 분말로 하여 카본, 발포제를 섞어서 제조, 폼 글라스(Form Glass)라고도 한다. • 단열, 보온, 방음재료로 벽, 반자 등에 붙인다.
유리섬유 (Glass Wool)	• 암면과 같은 단열, 흡음재로 사용된다. • 불연성 직물로도 사용된다. • 흡음률은 광물섬유 중 최고인 약 85%이다.

5) 유리의 가공

유리의 종류	가공방법
일반 보통유리	유리칼, 포일 커터(Foil Cutter)로 절단한다.
합판유리	양면을 유리칼로 자르고 필름은 면도칼로 절단한다.
철망입유리	유리는 유리칼로 갈고 깎기를 반복하여 철을 절단한다.
겹유리, 강화유리	절단이 불가능하므로 사용치수로 주문 제작한다.

1. 창호   문꼴에 달아 채광, 환기, 출입에 쓰이는 것으로 목재창호와 강재창호가 있다.

2. 박배   창문을 창문틀에 다는 일이다.

3. 마중대   미닫이 또는 여닫이 문짝이 서로 맞닿는 선대이다.

4. 여밈대   미서기 또는 오르내리창이 서로 여며지는 선대이다.

5. 풍소란   창호가 닫혔을 때 각종 선대 등 접하는 부분에 틈새가 나지 않도록 대어주는 것이다.

6. 비막이소란   창문틀에 빗물이 들어치지 못하게 위 틀이나 밑막이대에 물끊기 역할을 위하여 덧대는 부재이다.

7. 플러시문   울거미를 짜고 중간살 간격을 25cm 정도로 배치하여 양면에 합판을 교착한 문이다.

8. 징두리 양판문   상부에 유리, 높이 1m 정도 하부에만 양판을 댄 문이다.

9. 양판문   울거미 중심에 넓은 널을 댄 문이다.

10. 합판문   문 울거미 중간에 합판 또는 얇은 널을 끼워 댄 문이고 그 양면 또는 한 면에 가는 살을 대기도 한다.

11. 자유정첩(Spring Hinge)   안팎으로 개폐할 수 있는 철물로 자재문에 사용한다.

12. 레버토리 힌지   스프링 힌지의 일종으로 공중전화 박스의 출입문, 공중화장실의 출입문에 사용하며, 저절로 닫히지만 안에서 잠그지 않는 경우 15cm 정도 열려 있게 된다.

13. 플로어 힌지   경첩으로 지탱할 수 없을 만큼 중량이 큰 여닫이문에 사용되고 힌지장치를 한 철틀함이 바닥에 설치된다. 예 현관철물

14. 피벗 힌지   지도리로서 용수철을 쓰지 않고 문장부식으로 된 창호철물로 플로어 힌지와 더불 (Pivot Hinge, 지도리)   어 쓰이는 일반 방화문이다. 자재 여닫이 중량문에 사용한다.

15. 도어 체크(Door Check)   여닫이문의 위 틀과 문짝에 설치하여 열린 문이 자동으로 닫히게 하는 장치이다.

16. 행거 도어(Hanger Door)   위 틀에 레일을 대고 문에 행거 롤러를 달아 굴러가게 한 것이다.

17. 함자물쇠   래치 볼트(손잡이를 돌리면 열리는 자물통)와 열쇠로 회전시켜 잠그는 데드 볼트가 함께 있다.

18. **실린더 자물쇠** 실린더 록(Cylinder Lock), 핀 텀블러 록(Pin Tumbler Lock), 자물통이 실린더로 된 것으로 텀블러 대신 핀을 넣은 실린더 록으로 고정한다.

19. **나이트 래치(Night Latch)** 밖에서는 열쇠, 안에서는 손잡이로 여는 실린더 장치이다.

20. **엘보 래치(Elbow Latch)** 팔꿈치 조작식 문 개폐장치로 병원수술실, 현관 등에 사용한다.

21. **창개폐 조절기** 창 수위조절기라고도 한다. 여닫이창, 젖힘창의 개폐조절을 한다.

22. **도어 스톱(Door Stop)** 여닫이 창호를 벽측까지 완전히 열었을 때 실린더 도어 록과 벽이 충돌하여 벽이 파손되는 것을 방지하고 문짝을 보호하기 위하여 벽체에 부착하는 철물을 말한다. 문짝이 달린 아래쪽 문틀의 턱을 도어 실(Door Sill)이라 하며 문을 경계로 바닥의 수평조정 역할을 한다.

23. **오르내리 꽂이쇠** 쌍여닫이문(주로 현관문)에 상하 고정용으로 달아서 개폐를 방지한다.

24. **크레센트** 오르내리창이나 미서기창의 잠금장치이다.

25. **접합유리** 두 장 이상의 유리를 합성수지로 겹붙여댄 것이다.

26. **망입유리** 방도용 또는 화재나 기타 파손 시에 산란을 방지하기 위하여 철망을 삽입한 유리이다.

27. **강화유리** 평면 및 곡면, 판유리를 600℃ 가열하여 급랭시킨 안전유리(파편은 둥근입상)로 내충격, 하중강도가 보통 판유리의 3~5배, 휨 강도는 6배 정도이고 200℃ 이상 고온에도 견디므로 강철유리라고도 한다. 무테문, 자동차, 선박 등에 쓰이며 커튼월에 쓰이는 착색 강화유리도 있다.

28. **서스펜션 공법** 대형의 판유리를 수직 멀리온 없이 유리만을 이용해서 세우는 공법이다.

29. **멀리온(Mullion)** 창면적이 클 때에는 스틸 바만으로는 약하며 또 여닫을 때의 진동으로 유리가 파손될 우려가 있으므로 이것을 보강하고 외관을 꾸미기 위하여 강판을 중공형으로 접어 가로 또는 세로로 댄다. 커튼월 구조에서는 버팀대, 수직지지대로도 불린다.

01 다음은 창호공사에 관한 용어 설명이다. 설명이 의미하는 용어명을 쓰시오. (4점)   [94, 05, 08]

① 창문을 창문틀에 다는 일
② 미닫이 또는 여닫이 문짝이 서로 맞닿는 선대
③ 미서기 또는 오르내리창이 서로 여며지는 선대
④ 창호가 닫혔을 때 각종 선대 등 접하는 부분에 틈새가 나지 않도록 대어주는 것

① _____   ② _____   ③ _____   ④ _____

> ① 박배   ② 마중대
> ③ 여밈대   ④ 풍소란

02 강제 창호의 제작순서를 보기에서 골라 기호를 쓰시오. (4점)   [85, 90, 07]

[보기]
ㄱ 원척도   ㄴ 구부리기   ㄷ 용접
ㄹ 녹떨기   ㅁ 접합부 검사   ㅂ 절단
ㅅ 변형 바로잡기   ㅇ 금매김   ㅈ 조립

_____

> ㄱ-ㄹ-ㅅ-ㅇ-ㅂ-ㄴ-ㅈ-ㄷ-ㅁ

03 강제 창호의 설치 시공 순서를 쓰시오. (4점)   [91, 04]

(1) 현장 반입   (2) _____   (3) _____
(4) _____   (5) 구멍파기, 따내기   (6) _____
(7) _____   (8) 창문틀 주위 사춤   (9) _____

> (2) 변형 바로잡기
> (3) 녹막이칠
> (4) 먹매김
> (6) 가설치 및 검사
> (7) 묻음발 고정
> (9) 보양

04 다음 설명이 의미하는 문의 명칭을 쓰시오. (3점) [00]

(1) 문을 닫았을 때 창살처럼 되는 문으로 방범용으로 쓰임 (　　　)

(2) 울거미를 짜고 중간살 간격을 25cm 정도로 배치하여 양면에 합판을 교착한 문 (　　　)

(3) 상부에 유리, 높이 1m 정도 하부에만 양판을 댄 문 (　　　)

(4) 울거미 중심에 넓은 널을 댄 문 (　　　)

▶ (1) 주름문
(2) 플러시문(Flush Door)
(3) 징두리 양판문
(4) 양판문(Panel Door)

05 다음 용도에 가장 적합한 창호명 1가지만 보기에서 골라 기호를 쓰시오. (5점) [91, 93]

[보기]
㉠ 셔터　　　㉡ 주름문　　　㉢ 회전문
㉣ 아코디언 도어　　　㉤ 무테문

(1) 방도용 (　　　)　　(2) 칸막이용 (　　　)　　(3) 현관 방풍용 (　　　)

(4) 방화용 (　　　)　　(5) 현관용 일반 (　　　)

▶ (1) ㉡　　　　(2) ㉣
(3) ㉢　　　　(4) ㉠
(5) ㉤

06 다음 표에 제시된 창호재료의 종류 및 기호를 참고하여, 아래의 창호 기호표를 표시하시오. (3점) [13]

기호	재료 종류
A	알루미늄
P	플라스틱
S	강철
W	목재

영문기호	창호 구별
D	문
W	창
S	셔터

구분	창	문
철제	3	4
목재	1	2
알루미늄제	5	6

▶

구분	창	문
철제	3/SW	4/SD
목재	1/WW	2/WD
알루미늄제	5/AW	6/AD

07 알루미늄 창호를 철제 창호와 비교한 장점 3가지를 쓰시오. (3점)

[92, 14]

① _____

② _____

③ _____

> ① 비중이 철의 1/3 정도로 가볍다.
> ② 녹슬지 않고, 사용연한이 길다.
> ③ 내식성이 강하고 착색이 가능하다.
> ④ 공작이 자유롭다.

08 알루미늄 창호공사 시 주의할 사항에 대하여 3가지만 쓰시오. (3점)

[98]

① _____

② _____

③ _____

> ① 알루미늄 표면에 부식을 일으키는 다른 금속과 접촉을 금지한다.
> ② 강재의 골조, 보강재, 앵커 등은 아연도금 처리한 것을 사용한다.
> ③ 철재보다 강도가 약하므로 공작, 설치, 운반 시 취급손상에 주의한다.

09 다음 유리 및 창호 철물에 관한 설명 중 틀린 것을 골라 번호를 쓰시오. (4점)

[93]

(1) 두 장 이상의 유리를 합성수지로 겹붙여 댄 것을 복층유리라 한다.

(2) 방도용 또는 화재 기타 파손 시에 산란을 방지하기 위해 철망을 삽입한 유리를 형판유리라 한다.

(3) 문지도리로서 용수철을 쓰지 않고 문장부식으로 된 것을 플로어 힌지라고 한다.

(4) 스프링 힌지의 일종으로 공중화장실, 전화실출입문에 쓰이며 저절로 닫히지만 안에서 잠그지 않는 경우 15cm 정도 열려 있게 된 것을 레버토리 힌지라 한다.

_____

> (1), (2), (3)
> (1)-접합유리
> (2)-망입유리
> (3)-피봇 힌지

10 일반적으로 넓은 의미의 안전유리(Saftey Glass)로 분류할 수 있는 성질을 가진 유리의 명칭을 3가지만 쓰시오. (3점) [93, 96, 98, 00]

① _____ ② _____ ③ _____

> ① 강화유리
> ② 접합유리
> ③ 망입유리

11 공사 현장에서 절단이 불가능하여 사용치수로 주문 제작해야 하는 유리의 명칭 3가지를 쓰시오. (3점) [01, 18]

① _____ ② _____ ③ _____

➡ ① 강화유리
② 복층유리
③ 스테인드글라스
④ 유리블록

12 다음 용어를 설명하시오. (6점) [13, 17]

(1) 복층유리 : _____

(2) 배강도유리 : _____

➡ (1) 2개의 판유리 중간에 건조공기를 봉입한 것(단열, 방음, 결로방지 우수)
(2) 유리를 연화점 이하로 가열 후 찬 공기를 약하게 불어주어 냉각시켜 만든 건축용 유리(반강화 유리)

1. 도장(칠)공사

1) 칠의 목적

칠의 목적은 크게 건물의 보호, 미적 효과, 성분의 부여 등으로 나눌 수 있다. 도장을 하면 내수성(방수, 방습), 방부성(살균, 살충), 내후성, 내화성, 내열성, 내구성, 내화학성이 향상되고 내마모성을 높이며 발광효과, 전기절연 등의 효과가 있다.

2) 칠의 종류와 특징

(1) 페인트의 종류와 특징

칠의 종류		칠의 성분	성질 및 특징
페인트	유성	안료+건성유+희석+건조제	• 예부터 많이 사용한 칠로서 건물의 내·외부에 널리 쓰인다. • 내후성, 내마모성이 좋고 건조가 늦으며 내약품성이 떨어진다. • 합성수지도료와 대별된다. 조합 페인트도 있다.
	수성	안료+아교 또는 전분+물 (희석제로 사용)	• 내알칼리성 및 내수성이 좋으나 광택이 떨어진다. • 모르타르면, 회반죽면 등에 사용하고 취급이 간편하며 작업성이 좋다. • 독성과 화재 발생 위험이 없어 저공해 도료로 인정된다.
	에나멜 (Enamel)	안료+유바니시 (+건조제) (유성 페인트와 유성 바니시의 중간)	• 합성수지 에나멜, 래커에나멜은 합성수지, 바니시, 클리어래커에 안료를 혼합한 것이다. • 도막이 견고하고 착색이 선명하며 내후성, 내수성, 내열성, 내약품성이 우수하다. • 페인트와 바니시의 중간품이다. • 옥내의 목부, 금속면에 사용된다. • 보통 페인트보다 건조가 빠르기 때문에 솔칠은 얼룩질 우려가 있으므로 뿜칠로 하는 것이 좋다.
	에멀션 (Emulsion)	수성 페인트에 합성수지와 유화제를 섞은 것	• 수성과 유성 페인트의 특징을 겸비한 유화 액상 페인트이다. • 광범위하게 사용된다. • 수성 페인트의 일종으로 발수성이 있어 실·내외 어느 곳에도 사용된다. • 합성수지 에멀션 페인트라고도 한다. • 목재, 섬유판에 사용된다.

칠의 종류		칠의 성분	성질 및 특징
페인트	아스팔트	아스팔트, 휘발성 용제	내수, 내산에 알칼리성, 전기절연성, 방수, 방청, 전기절연용으로 사용한다.
	알루미늄	알루미늄 분말과 스파 바니시를 한 조로 한 제품	• 은색 에나멜과 거의 같다. • 금속 광택이 있다. 냉장고의 온도상승을 막고 라디에이터의 열을 발산시킨다. • 녹막이재료, 내수도료로 사용하며 내구성이 향상된다.
	조합 페인트	–	• 도장에 직접 사용할 수 있도록 각 재료를 알맞게 배합하여 제조된 도료로 도장을 하기 전에 보일드 유를 가할 필요가 없다. • 용해페인트라고도 한다.

(2) 바니시의 분류

칠의 종류	칠의 성분	성질 및 특징
유성 바니시	유용성 수지＋건성유＋(희석제) 유성 색올림(착색제, Stain)을 첨가한 것이 니스 스테인이다.	• 유성 페인트보다 내후성이 작아서 옥외에는 사용하지 않고 일반적으로 목재부의 내부 도장용으로 쓰이며, 건조가 더디다. • 오일의 종류와 수지의 종류에 따라서 종류가 나뉜다.
휘발성 바니시	수지류＋휘발성 용제, 에틸알코올을 사용하므로 도료나 주정 바니시라고 한다.	• 래크 : 천연수지가 주체가 되고 정 바니시라고도 하며 목재, 내부용, 가구용에 사용된다. • 래커 : 합성수지가 주체가 되고 목재, 금속연 등 외부용으로 쓰인다. 내후성 내유성, 내화성이 우수하다.

(3) 바니시의 종류와 특징

칠의 분류		칠의 성분	성질 및 특성
유성 바니시	스파 (Spar)	내알칼리성 에스테르이다. 내수성, 내마모성이 우수하고, 목부 외부용으로 쓰이며, 보디 바니시라고도 한다.	
	코펄 (Copal)	• 중유성 바니시, 코펄과 건성유를 가열 반응으로 제조한다. • 담색으로 목부 내부용이다.	
	골드 사이즈	코펄 바니시의 초벌용. 단, 유성으로 건조가 빠르고 도막이 굳고 연마성이 좋다.	
	흑	• 콜타르와 건성유를 섞은 바니시로 건조가 가장 빠르다. • 기름 함량이 많으면 건조가 늦어진다. • 미관을 고려하지 않는 방청, 내수, 내약품용으로 전기절연성이 있고 가격도 싸다.	

Tip

① 하이 솔리드 래커(High Solid Lacquer) : 래커에나멜과 합성수지 에나멜의 장점을 살린 자동차 의장용 도료이다.

② 핫 래커(Hot Lacquer) : 하이 솔리드 래커의 일종으로 70~80℃로 가열하여 스프레이로 도장한다.

칠의 분류		칠의 성분	성질 및 특성
휘발성 바니시			• 안료를 가하지 않은 것을 투명래커(Clear Lacquer)라 하고 안료를 가한 것을 에나멜래커라고 한다. 보통 래커는 클리어 래커를 말한다. • 래커는 건조가 빠르고 도막이 견고하며 광택이 좋고 연마가 용이하다. 내마모성, 내수성, 내후성이 강한 고급도료로 도막이 얇고 부착력이 약하다는 결점이 있다. • 초벌 공정이 필요하다. 스프레이로 뿌린다. 건조가 빠르기 때문에 고가이다.
	래커 (투명래커)	소화섬유소+수지 +휘발성 요제	• 목재면의 투명도장에 쓰이며, 담색의 우아한 광택이 있다. • 내수성이 적어서 보통 내부에 사용한다.
	에나멜래커	투명래커+안료	연마성이 특히 좋고 자동차 외장용으로 사용한다(내후성 보강).

(4) 합성수지 도료의 특성

① 건조시간이 빠르며 도막성이 크고 견고하다.

② 내산, 내알칼리성이고 내인화성이 있어 페인트와 바니시보다 내방화성이다.

③ 투광성이 우수하고 색이 선명하여 콘크리트, 회반죽면에 도장이 가능하다.

④ 투명한 합성수지를 사용하면 극히 선명한 색을 낼 수 있다.

3) 칠의 원료

① 용제 : 도막 구성 요소를 녹여서 유동성을 갖게 만드는 물질이다.

　㉠ 건성유 : 건조성이 있는 기름의 총칭(유성페인트의 도막)으로 아마인유, 동유, 임유, 마실유 등이 있다.

　㉡ 반건성유 : 대두유, 채종유, 어유

② 건조제

　㉠ 연·망간, 코발트의 수지산, 지방산 염류(가열하여 기름에 용해)

　㉡ 연단, 초산염, 이산화망간, 수산화망간(상온에서 기름에 용해)

　㉢ 금속 산화물, 공기 중의 수분을 흡수하여 건조를 촉진시키는 물질

③ 희석제(신전제)

　㉠ 도료 자체를 희석, 솔질이 잘 되게 하고 적당한 휘발, 건조속도를 유지

　㉡ 휘발유, 석유, 테레핀유, 벤졸, 알코올, 아세톤 등을 사용

　㉢ 래커의 희석제 : 벤졸, 알코올, 초산 에스터 등을 사용

④ 수지 : 천연수지와 합성수지를 사용

⑤ 안료 : 광물질 또는 유기질의 백색 또는 유색의 고체분말로 물에 녹지 않는 착색제

　㉠ 유채안료 : 착색 목적으로 사용된다.

　㉡ 무기(無機)안료 : 착색력이 적으나 변색되지 않고 화학적으로 안정되어 있어 가장 많이 사용한다.

ⓒ 유기(有機)안료 : 색상이 선명하고 착색력이 크나 고가이다.

ⓔ 체질(體質)안료 : 무색투명하여 착색과는 무관하고 피복에 은폐력을 부여한다. 주로 증량제로 사용된다.

⑥ 착색제 : 바니시 도장 전에 색을 내기 위하여 사용한다.

ⓐ 바니시 스테인, 수성 스테인 : 작업성이 우수하고 색상이 선명하나 다른 스테인에 비하여 건조가 늦다.

ⓑ 알코올 스테인 : 퍼짐성이 우수하며 건조가 빠르고 색상이 선명하다.

ⓒ 유성 스테인 : 작업성이 우수하고 건조가 빠르나 얼룩이 생길 우려가 있으므로 작업에 주의하여야 한다.

⑦ 가소제

ⓐ 도료의 영구적 탄성이 가능하다.

ⓑ 교착성, 가소성이 부여된다.

ⓒ 프탈산, 에스테르 등이 있다.

4) 방청법 및 방청도료

① 화학적 처리에 의한 방법

ⓐ 산 처리법 : 인산으로 씻어 닦거나 황산 또는 인산에 침지시킨다.

ⓑ 알칼리에 의한 법 : 안전하고 효과적이지만 물씻기, 산씻기 등을 해야 한다.

ⓒ 용제에 의한 법 : 용제를 헝겊에 묻혀 닦거나 침지시킨다. 효과가 좋으나 고가이고 화재에 위험하다.

ⓓ 워시 프라이머(Wash Primer)법 : 에칭 프라이머라고도 하며 인산염을 활성제로 하여 부치탈 수지, 알코올, 합성 액제, 물, 징크로메이드 안료 등을 배합하여 금속면에 칠하면 인산 피막을 형성함과 동시에 부치탈 수지의 피막이 형성된다. 녹막이 효과와 표면을 거칠게 처리하는 효과가 있다. 인산 닦아내기와 함께 현장에서 많이 쓰인다.

ⓔ 인산 피막법 : 철에 인산염 피막을 만들어 녹막이 목적으로 사용하고 그 일종으로 인산염의 열용액 중에 침지하여 인산철 피막을 만드는 법을 파커라이징, 본더라이징 법이라고도 한다.

② 도료에 의한 방법

ⓐ 광명단칠 : Pb_3O_4(광명단)을 보일드 유에 녹인 유성 페인트의 일종이다. 철부 바탕용으로 가장 많이 쓰이며 비중이 크고 저장이 곤란하다.

ⓑ 방청, 산화철 안료 : 산화철에 아연화, 아연분말 등을 가한 것을 안료로 오일 스테인이나 합성수지에 녹인 것으로 광면단과 같이 널리 쓰이며 내구성이 좋고 마무리칠에 사용한다.

ⓒ 알루미늄 도료 : 방청효과 이외에 광선, 열반사 효과가 좋고 알루미늄 분말을 안료로 한다.

ㄹ 역청질 도료 : 아스팔트, 타르, 피치 등 역청질 원료+건성유, 수지
유 첨가, 일시적인 방청효과를 기대할 수 있다.

ㅁ 징크로메이트 칠 : 크롬산 아연+알키드 수지, 녹막이 효과가 좋고
경금속 바탕용으로 알루미늄판이나 아연철판의 초벌용으로 가장
적합하다.

ㅂ 규산염 도료 : 규산염과 아마인유를 혼합하였고 내수성이 약하여
실내에 사용하며, 주로 내화도료로 이용된다.

ㅅ 연시안아미드 도료 : 녹막이 효과가 좋아 주철제품의 녹막이 칠에
쓰인다.

ㅇ 이온 교환 수지 : 전자제품, 철제면 녹막이 도료로 쓰인다.

ㅈ 그라파이트 칠 : 정벌칠에 쓰이나 자체는 녹막이 효과가 있다.

5) 칠하기(도장)

(1) 공법의 종류

① 달굼칠(인두법)
② 롤러칠(Roller Paint)
③ 문지름칠(Pad Paint)
④ 솔칠(Brushing)
⑤ 침지법
⑥ 뿜칠(Spraying, 분사칠)

(2) 도장 시 요령과 주의사항

① 솔칠은 위에서 밑으로, 왼편에서 오른편으로, 재의 길이 방향으로
한다.

② 칠의 횟수(정벌, 재벌)를 구분하기 위해 색을 다르게 칠한다.

③ 바람이 강하면 칠 작업을 중지하고 칠막은 얇게 여러 번 도포하며
충분히 건조시킨다.

④ 온도는 5℃ 이하, 35℃ 이상, 습도는 80% 이상일 때는 작업을 중단
한다.

⑤ 칠막 형성 조건 : 온도 20℃, 습도 75%

(3) 각종 바탕 만들기 및 주의사항

① 목부바탕 처리방법

㉠ 오염, 부착물을 제거한다.
㉡ 송진 긁어내기, 인두지짐, 휘발유 닦기 등으로 처리해야 한다.
㉢ 연마지는 닦아낸다(대팻자국, 엇거스름 제거 등).
㉣ 옹이땜은 셸락니스칠로 2회 정도 칠하며 1회 칠한 후 1시간 이상
방치하여 건조시킨다.

달굼칠은 가열건조도료로 이용된다.

뿜칠 요령
• 칠 폭의 1/3 정도가 겹치도록 칠하고
칠면과의 뿜칠거리는 약 30cm 정도
로 한다.
• 다음 회의 스프레이 건(Spray Gun)의
운행방향은 전 회의 방향과 직각이
되도록 하고 폭은 30cm 정도로 유지
한다.
• Gun은 연속적으로 운행하고 평행이
동하며 뿜칠압력은 $0.2 \sim 0.4 N/mm^2$
이상 유지한다(낮으면 뿜칠이 거칠어
지고 높으면 칠의 유실이 많아진다).
• 건(Gun)의 운행속도는 30m/min 정도
로 한다.
• 칠이 너무 묽으면 칠오름이 나빠진다.

ⓜ 틈서리, 갈램 등에는 목재와 비슷한 색으로 구멍땜(퍼티먹임) 및 눈메움하여 24시간 이상 방치하여 두어야 한다.

ⓗ 함수율 13~18% 정도까지 건조시켜야 한다(기건상태 유지).

② 철부바탕 처리방법

　　ⓐ 오염, 부착물 제거 : 스크레이퍼, 와이어 브러시

　　ⓑ 유류 제거 : 휘발유, 비눗물 닦기

　　ⓒ 녹 제거 : 샌드블라스트, 산 담그기

　　ⓓ 화학처리(인산염 처리)

　　ⓔ 피막마무리(스틸울, 와이어버프, 연마지, 천)

　　ⓕ 아연도금은 1개월 이상 옥외 방치하거나 금속 바탕처리용 프라이머 도포

③ 플라스터 회반죽, 모르타르 콘크리트, 면처리 : 바탕은 3개월 이상 건조(비닐계, 에나멜계, 합성수지 페인트는 3주 이상)

　　ⓐ 건조

　　ⓑ 오염, 부착물 제거

　　ⓒ 구멍땜(석고)

　　ⓓ 연마지 닦기

　　ⓔ 콘크리트 바탕면 만들기

④ 인산염 피막법(파커라이징법)

　　철에 인산염피막을 만들어 녹막이를 목적으로 쓰이는 방법이다.

⑤ 워시 프라이머법(에칭 프라이머)

　　인산염과 크롬산염을 활성제로 하여 폴리비닐부틸산수지, 알코올 합성액체, 물, 징크로메이트 안료 등을 배합 후 금속면에 칠하여 도료의 부착성을 높이고, 바탕방식성을 증가시킨다.

⑷ **가연성 도료의 보관 및 도장의 균열 원인**

① **가연성 도료의 보관(도료창고)**

　　ⓐ 독립된 단층건물에 보관하며, 채광창 설치는 금지한다.

　　ⓑ 주위 건물과 1.5m 이상 이격거리를 유지한다.

　　ⓒ 천장설치를 금지하고, 화기엄금 표지를 부착한다.

　　ⓓ 환기가 잘 되게 하고 직사광선은 피하며 소방기구를 설치한다.

　　ⓔ 도료 보관 시 밀봉하고, 바닥은 내화재료를 사용한다.

② **도장공사 균열 발생원인**

　　ⓐ 건조제 과다 사용

　　ⓑ 안료에 유성분 비율이 작을 때

　　ⓒ 초벌 건조 불충분

　　ⓓ 초벌이 약하고 재벌 피막이 강할 때

　　ⓔ 금속면에 탄력성이 적은 도료를 사용할 때

(5) 각종 칠의 순서

① 목부 바탕 만들기 공정 순서 : 오염, 부착물의 제거 → 송진처리 → 연마지 닦기(사포질) → 옹이땜 → 구멍땜

② 목부 유성페인트 시공 순서 : 바탕 만들기 → 연마지 닦기(사포질) → 초벌 → 퍼티 먹임 → 연마지 닦기(사포질) → 재벌칠 1회 → 연마지 닦기(사포질) → 재벌칠 2회→ 연마지 닦기(사포질) → 정벌

③ 철부 유성페인트 시공 순서 : 바탕 손질→ 녹막이칠 초벌 1회 → 연마지 닦기(사포질) → 녹막이칠 초벌 2회 → 구멍땜 퍼티 먹임 → 연마지 닦기(사포질) → 재벌칠 1회 → 연마지 닦기(사포질) → 재벌칠 1회 → 연마지 닦기(사포질) → 정벌

④ 수성페인트칠 공정 순서 : 바탕 만들기 → 바탕 누름 → 초벌칠 → 연마지 닦기(사포질) → 정벌칠

⑤ 바니시칠 시공 순서 : 바탕 만들기 → 눈먹임 → 색올림 → 왁스문지름

(6) 도장의 결함 종류와 방지대책

Tip

기타 도장의 결함(하자 유형)
① 붓 자국
② 건 자국
③ 색분리(색얼룩)
④ 광택불량
⑤ 건조불량
⑥ 되뭉침(끈적거림)
⑦ 부풀어오름
⑧ 오그라듦
⑨ 방울맺힘
⑩ 오염, 오손

결함 종류	발생원인	방지대책
브러싱	• 습도가 높을 때는 도면이 식어 물이 응집 • 도장 시 기온이 낮아지는 경우 공기 중의 수분이 도면에 응집	기온이 5℃ 이하이거나 습도 85% 이상, 환기가 불충분할 경우 작업 중지
번짐 (브리트)	• 초벌바름에 염료가 들어 있을 때 • 바탕재 기름이 묻어 있을 때 • 역청질 도료를 초벌바름한 위에 도장 시	• 바탕 청소, 건조 철저 • 유류 기름은 휘발유로 제거 • 초벌도막을 얇게 바름
리프팅	재벌도료의 용제가 초벌도료에 침투되어 도막수축, 박리 발생	초벌 완전 건조 후 재벌 바름
흘러내림 (흐름)	• 너무 두터운 도장 • 희석제의 과다 사용	• 얇고 여러 번 도장 • 희석제 배합량 조정
주름	• 유성도료를 너무 두껍게 도장 시 • 건조 시 온도 급상승 • 초벌바름의 건조 불충분	• 얇게 여러 번 도장 • 바탕 건조 철저 • 건조 시 균일 온도 유지
거품 (핀홀)	• 용제의 증발속도가 너무 빠른 경우 • 솔질을 너무 빨리한 경우	• 바탕재의 온도를 낮추기 • 균일 속도로 시공
들뜸	• 바탕에 기름 성분이 있을 때 • 초벌 연마불량	• 바탕을 충분히 청소, 건조 • 바탕의 연마를 평활하게 유지
균열	• 초벌 건조불량 • 도료의 질이 서로 다른 경우 • 기온 차이가 심한 경우	• 초벌 후 충분한 건조 • 초벌에서 마감까지 동일 제품 사용

2. 플라스틱(합성수지)공사

1) 플라스틱의 정의 및 장단점

(1) 플라스틱의 정의
① 플라스틱이란 어떤 온도 범위에서는 가소성을 유지하는 물질이라는 뜻으로 쓰이며 가소성을 가진 고분자 화합물을 총칭한다.
② 합성수지는 석탄, 석유, 천연가스 등의 원료를 인공적으로 합성시켜 얻는 물질로 가소성이 풍부하여 플라스틱과 같은 뜻으로 쓰인다.

(2) 플라스틱의 장단점
① 장점
　㉠ 우수한 가소성으로 성형, 가공이 쉽다.
　㉡ 경량이고 착색이 용이하며 비강도값이 크다.
　㉢ 내구성, 내수성, 내식성, 내충격성이 강하고 내산, 내알칼리 등 내화학성, 전기절연성이 우수하다.
　㉣ 접착성이 강하고 기밀성, 안전성이 크다.
　㉤ 전성, 연성이 크고 피막이 강하며 광택이 있다.
　㉥ 마찰계수가 작고 마모에 강하며 탄력성이 크다.
② 단점
　㉠ 내마모성과 표면 강도가 약하다.
　㉡ 열에 의한 신장(팽창, 수축)이 크며 비교적 저온에서 연화, 연질된다.
　㉢ 내열성, 내후성은 약하다.
　㉣ 압축강도 이외의 강도와 탄성계수가 작다.
　㉤ 장기 사용 시 유해물질을 침출한다.
　㉥ 연소 시 연기가 많이 나오고 유독성 물질이 발생한다.

2) 열가소성 수지와 열경화성 수지

(1) 열가소성 수지와 열경화성 수지의 장단점
① 열가소성 수지 : 단량체(Monomer)가 상호 결합하는 중합반응으로 고분자화된 것으로, 일반적으로 무색투명의 중합체이고 열에 의해 연화하여 유기용제에 녹고 2차 성형이 가능하다. 제품으로는 염화비닐수지, 초산비닐수지, 폴리비닐수지, 메타아크릴수지, 폴리아미드수지, 폴리카보네이트수지, 불소수지, 스티롤수지, 폴리에틸렌수지 등이 있다.
　㉠ 장점
　　• 자유로운 형상 제작이 가능하다.

- 투광성이 우수하고 가격이 저렴하다.
- 마감재로 이용이 가능하다.

ⓛ 단점
- 강도가 낮다.
- 연화점이 낮다.

② 열경화성 수지 : 원료가 결합할 때 물, 염산, 알코올 등을 부생시키며 축합반응으로 고분자화한다. 제품으로는 페놀수지, 요소수지, 멜라민수지, 알키드수지, 폴리에스텔수지, 에폭시수지, 우레탄수지, 카실렌수지, 실리콘수지, 프란수지 등이 있다.

㉠ 장점
- 강도, 열경화점이 높다.
- 유리섬유 보강 시 충분한 구조적 재료가 되며, 내후성이 우수하다.

ⓛ 단점
- 가격이 비싸다.
- 2차 성형이 불가능하다.

(2) 열가소성 수지의 종류 및 특징

① 아크릴수지

㉠ 아크릴산으로 합성한 에스테르의 중합에 의해서 만들어진 수지이다.

ⓛ 투광성이 크고 내후성이 양호하며 착색이 자유롭다.

ⓒ 자외선 투과율이 크다.

ⓡ 채광판, 유리 대용품으로 쓰인다.

ⓜ 내충격 강도가 유리의 10배이다.

ⓗ 가공이 용이하고 마찰이 생기면 정전기가 발생한다.

② 염화비닐수지(PVC)

㉠ 아세틸렌과 염화수소가스에서 만들어지는 염화비닐의 단량체가 부가중합하여 이루어진 쇄상의 중합체이다.

ⓛ 강도 · 전기절연성 · 내약품성이 양호하고 고소제에 의하여 유연고무와 같은 품질이 되며 고온 · 저온에 약하다.

ⓒ 바닥용 타일, 시트, 조인트 재료, 파이프, 접착제, 도료 등에 사용된다.

ⓡ 방풍유리, 조명기구, 장식재에 사용된다.

③ 스티롤수지(폴리스티렌)

㉠ 무색투명하고 전기절연성, 내수성, 내약품성이 크다.

ⓛ 창유리, 파이프, 발포보온판, 벽용 타일, 채광용에 사용된다.

ⓒ 유기용제에 침해되기 쉬우며 취약한 것이 결점이다.

④ 폴리에틸렌수지
  ㉠ 천연가스 또는 석유 분해가스에서 얻은 에틸렌을 지글러법으로 중합하여 만든 수지이다.
  ㉡ 유백색의 불투명한 수지로 물보다 가볍고, 유연 · 내열성이 결핍된 것도 있다.
  ㉢ 내화학 약품성, 전기절연성, 내수성이 대단히 양호하다.
  ㉣ 내충격성도 일반 플라스틱의 5배 정도이다.
  ㉤ 건축용 성형품, 방수필름, 벽재, 발포 보온판으로 사용된다.
⑤ 셀룰로이드
  ㉠ 무색투명하고, 가소성, 가공성이 양호하나 내열성, 내화학성이 부족하다.
  ㉡ 대부분의 자외선을 투과시키나 적외선은 차단한다.
  ㉢ 유리 대용품으로 사용된다.

(3) 열경화성 수지의 종류 및 특징
  ① 페놀수지
    ㉠ 강도, 전기절연성, 내산성, 내열성, 내수성 모두 양호하나 내알칼리성이 약하다.
    ㉡ 용제에 대해서 강하다.
    ㉢ 벽, 덕트, 파이프, 발포 보온관, 접착제, 배전판에 사용된다.
    ㉣ 전기절연성이 커서 전기통신자재 수요량의 60%를 차지한다.
    ㉤ 내약품성은 알칼리나 산화성 산 등을 제외하고는 양호하다.
  ② 요소수지
    ㉠ 대체로 페놀수지의 성질과 유사하나 무색으로 착색이 자유롭고 내수성이 약간 약하다.
    ㉡ 내열성은 100℃ 이하에서 연속사용이 가능하다.
    ㉢ 노화성이 있고 백화나 균열의 결점이 있다.
    ㉣ 마감재, 조작재, 가구재, 도료, 접착제로 사용된다.
  ③ 멜라민수지
    ㉠ 요소수지와 같으나 특히 경도가 크고 내수성, 내약품성, 내용제성이 뛰어나게 우수하다.
    ㉡ 무색투명하여 착색이 자유롭다.
    ㉢ 마감재, 조작재, 가구재, 전기부품 등으로 사용된다.
  ④ 실리콘수지
    ㉠ 열절연성이 크고 내약품성, 내후성이 좋으며 전기적 성능이 우수하다.
    ㉡ 다른 수지와의 혼합용, 방수용 재료, 성형품의 제조에도 사용된다.

ⓒ 절연니스, 공업용 페인트 등과 같은 표면 처리제로 많이 사용된다.

ⓔ 방수피막, 발포 보온관, 도료, 접착제 등으로 사용된다.

⑤ 에폭시수지

ⓐ 금속의 접착성이 매우 크고 내약품성, 내용제성이 양호하며 산, 알칼리, 염류 등에 안정하나 다소 고가이다.

ⓑ 금속도료 및 접착제, 보온보냉제, 내수피막제, 바닥, 벽, 천장재료로도 사용된다.

ⓒ 200℃ 이상 열에 견딘다.

ⓓ 경화시간이 길고 경화할 때 휘발물의 발생이 없다.

ⓔ 용적의 감소가 극히 적고 알루미늄과 같은 경금속의 접착에 가장 좋다.

3. 접착제

1) 단백질 및 전분 계통 접착제의 종류 및 특성

① 카세인(Casein)

ⓐ 우유 중의 카세인을 작산, 왕산 등을 써서 제조한다.

ⓑ 카세인에 소석회, 소다염을 가해 물에 혼합해서 사용한다.

ⓒ 접착성이 좋고 내수성도 약간 있다.

ⓓ 수성도료의 접착제로 쓰인다.

② 콩풀

ⓐ 카세인보다 내수성이 좋고 접착력이 떨어진다.

ⓑ 값이 싸서 카세인, 요소수지의 증량재(增量材)로 쓰인다.

③ 알부민(아교)

ⓐ 알부민을 물에 용해 후 암모니아수나 석회수를 가하여 혼합한다.

ⓑ 합성수지 재료 이후 사용이 급격히 줄었다.

ⓒ 접착력은 좋으나 내수성이 부족하다.

ⓓ 목재, 창호, 가구 접합에 사용한다(습기에 닿지 않도록 주의해야 한다).

2) 합성수지계 접착제의 종류 및 특성

① 에폭시수지

ⓐ 내수성, 내습성, 내약품성, 전기절연성이 우수하다.

ⓑ 접착력이 강하다.

ⓒ 피막이 단단하고 유연성이 부족하며, 값이 비싸다.

② 페놀수지

ⓐ 접착력, 내열성, 내수성이 우수하다.

ⓑ 유리나 금속의 접착에는 적당하지 않다.

③ 요소수지
  ㉠ 목재 접합, 합판 제조 등에 사용되며 가장 값이 싸고 접착력이 우수하다.
  ㉡ 상온에서 경화되어 합판, 집성목재, 파티클 보드에 많이 쓰인다.
④ 멜라민수지
  ㉠ 내수성, 내열성이 좋고 목재와의 접착성이 우수하다.
  ㉡ 값이 비싸다.
  ㉢ 착색될 염려가 없다.
⑤ 실리콘수지
  ㉠ 내열성, 내연성, 전기 절연성이 좋고, 특히 내수성이 우수하다.
  ㉡ 유리섬유판, 텍스, 피혁류 등에 모두 접착 가능하다.
  ㉢ 방수제로 사용된다.

1. 희석제

신전제라고도 하며, 도료 자체를 희석하여 솔칠이 잘 되게 하고 적당한 휘발로 건조 속도를 유지한다. 칠바탕에 침투하여 교착이 잘되게 하는 것으로 비활성 물질이다.

2. 유성 착색제

오일 스테인이라고도 하며, 유용성 염료 또는 길소나이트를 용제에 용해한 것으로 기름 바니시를 혼입한다. 침투성이 크고 퇴색이 적으며 재면을 손상하지 않으나 목재에 물이 스며들어 그 흡수차에 의한 얼룩이 생기기 쉽다.

3. 래커(Laker)

질산 섬유소, 초산 섬유소, 벤젠 섬유소 등의 섬유소 유도체를 용제에 용해하여 수지, 가소제, 연화제 등을 가한 도료를 말한다.

**4. 클리어 래커
(Clear Laker)**

투명 래커로서 안료를 가하지 않은 것을 말한다. 주로 목재면의 투명도장에 쓰이고 유성바니시에 비해 도막은 얇으나 견고하고 우아한 광택이 있다. 부착성이 좋고 내수성, 내열성, 내알코올, 내충격성이 크다. 그러나 내후성이 좋지 않아 주로 내부용으로 사용된다.

**5. 래커에나멜
(Laker Enamel)**

불투명 도료로서 클리어 래커에 안료를 가하여 조합한 것을 말한다. 광택이 좋고 내수성이 있으며 내후성에 따라 내부용과 외부용으로 나뉘며 그 조성에도 차이가 있다.

6. 래크

천연수지를 주체로 한 것으로 마감용으로 부적당하고 내장, 가구 등에 쓰인다.

7. 래커

합성수지를 주체로 한 것으로 건조가 약 20분 정도로 빠르고 내후성, 내수성, 내유성이 우수하나 도막이 얇고 부착력이 약하다.

8. 알키드 수지

무수프탈산과 글리세린의 순수수지를 각종 지방산, 유지, 천연수지로 변성한 포화 폴리에스테르 수지로 일컫는 것으로 내후성, 밀착성, 가소성이 좋고 내수 내알칼리성이 부족하다.

9. 아세틸렌

삼중 결합을 가진 물질의 기본체로 등화용, 고열원으로 용접에 사용하고 카바이드에 물을 가하여 발생하는 특유의 냄새가 있는 무색의 가연성이다.

10. 조합 페인트

도장에 직접 사용할 수 있도록 각 재료를 알맞게 배합하여 제조된 도료로 용해 페인트라고도 하고 도장하기 전에 보일드유를 가할 필요가 없다.

11. 에멀션 페인트

수성 페인트에 합성수지와 유화제를 섞은 것으로 수성 페인트로 볼 수 있다. 유성 페인트와 수성 페인트의 특징을 지니며, 실내·외 어느 곳에서도 사용할 수 있다.

12. 스파니스

장유성 니스로서 기름은 등유, 아마인유, 수지는 요소 변성 페놀수지가 많이 사용되며 내수성, 내마멸성이 우수하여 목부 외부용으로 쓰인다.

13. 코펄니스　　　중용성 니스로서 코펄과 건성유를 가열 반응시켜 만든 것으로 건조가 비교적 빠르고 담색으로서 목부 내부용으로 사용된다.

14. 셸락니스　　　셸락에 주정, 목정, 테레빈유 등을 일정한 비율로 용해한 것으로 건조가 빠르고 광택이 있으나 내열성, 내광성이 없으므로 화장용으로는 부적합하고 내장 또는 가구 등에 사용된다.

15. 인산피막법　　　녹막이의 목적으로 철에 인산염 피막을 만들어 사용하는 방법이다. 인산염의 열용액 중에 침지하여 인산철의 피막을 만드는 방법이 있는데 이를 파커라이징, 본더라이징이라 한다.

16. 파커라이징(Parkerizing)　　　제일이산화철과 제이인산철의 혼합피막을 표면에 형성시키는 강제창호의 녹막이칠 공법이다.

17. 본더라이징(Bonderizing)　　　파커라이징의 일종으로 강재의 표면을 녹막이 화합물로 변질시켜 녹막이칠이 밑바름을 겸하는 방법이다.

18. 재벌 정바름　　　정배지 바로 밑에 바르는 것으로 정배지가 어느 정도 투명일 때에는 재배지는 깨끗한 흰 종이를 쓰고 이음새의 위치도 일정한 간격으로 한다.

19. 수장공사　　　건축물의 내부 치장을 하는 마무리에 관한 공사를 말한다. 수장은 구조체의 바탕을 만드는 일과 수장재를 꾸미는 일로 나누어진다.

01 유성페인트의 구성요소를 3가지 쓰시오. (3점) [93]

① _____ ② _____ ③ _____

➤ ① 건성유
② 건조제
③ 희석제

02 도장(철)공사의 시공요령과 주의사항을 적은 다음 글에서 ( ) 안
에 들어갈 숫자를 알맞게 써넣으시오. (3점) [91, 09]

> 뿜칠 시공 시 뿜칠의 노즐 끝에서 도장면까지의 거리는 (①)mm를 유
> 지해야 하며, 시공각도는 (②)°로 하고 (③)℃ 이하에서는 도장작업
> 을 중단해야 한다.

① _____ ② _____ ③ _____

➤ ① 300
② 90
③ 5

03 도장공사를 위한 목부 바탕만들기 공정 순서를 보기에서 골라 기호를
나열하시오. (4점) [92, 94]

> [보기]
> ㉠ 송진처리   ㉡ 구멍땜
> ㉢ 옹이땜   ㉣ 오염, 부착물 제거
> ㉤ 연마지 닦기

➤ ㉣-㉠-㉤-㉢-㉡

04 목부 유성페인트 시공을 하고자 한다. 공정 순서를 아래 보기에서 골
라 기호를 쓰시오. (4점) [85, 91, 98]

> [보기]
> ㉠ 정벌칠   ㉡ 초벌칠   ㉢ 재벌칠 1회
> ㉣ 연마   ㉤ 바탕만들기   ㉥ 퍼티작업
> ㉦ 재벌칠 2회

➤ ① ㉤   ② ㉡   ③ ㉥
④ ㉣   ⑤ ㉢   ⑥ ㉦
⑦ ㉣   ⑧ ㉠

(①) − 연마 − (②) − (③) − (④) − (⑤) − 연마 − (⑥) −
(⑦) − (⑧)

① _____ ② _____ ③ _____ ④ _____
⑤ _____ ⑥ _____ ⑦ _____ ⑧ _____

05 수성페인트칠의 공정을 3가지로 나누어 순서대로 쓰시오. (3점)

[93]

_____

» 바탕만들기 − 초벌 − 정벌

06 목재면 바니시칠 공정의 작업 순서를 보기에서 골라 기호를 쓰시오.
(4점)

[92, 99, 06, 16]

[보기]
㉠ 색올림   ㉡ 왁스문지름
㉢ 바탕처리   ㉣ 눈먹임

_____

» ㉢ − ㉣ − ㉠ − ㉡

07 금속재료의 녹을 방지하는 방청도장 재료의 종류를 2가지만 적으시
오. (2점)

[09, 12, 16]

① _____   ② _____

» ① 광명단
② 방청 산화철 도료
③ 알루미늄 도료
④ 이온교환 수지

08 다음 보기의 합성수지를 열경화성 및 열가소성으로 분류하여 기호를
쓰시오. (4점)

[91, 94, 00, 02]

[보기]
㉠ 염화비닐수지   ㉡ 폴리에틸렌수지   ㉢ 페놀수지
㉣ 멜라민수지   ㉤ 에폭시수지   ㉥ 아크릴수지

(1) 열경화성 : ① _____ , ② _____
(2) 열가소성 : ① _____ , ② _____

» (1) ㉢, ㉣, ㉤
(2) ㉠, ㉡, ㉥

09 다음 보기의 합성수지를 열경화성 및 열가소성 수지로 분류하시오. (4점) [00]

> (1) ㉠, ㉣, ㉤, ㉥
> (2) ㉡, ㉢, ㉦

[보기]
㉠ 페놀수지   ㉡ 아크릴수지   ㉢ 폴리에틸렌수지
㉣ 폴리에스테르수지   ㉤ 멜라민수지   ㉦ 염화비닐수지
㉥ 프란수지

(1) 열경화성 수지 : _____

(2) 열가소성 수지 : _____

10 최근 건축공사에서 사용되고 있는 합성수지재료의 물성에 관한 장단점을 각각 2가지 쓰시오. (4점) [99]

(1) 장점

① _____

② _____

(2) 단점

① _____

② _____

> (1) 장점
> ① 우수한 가공성으로 성형이 자유롭다.
> ② 경량이고 착색이 용이하며 접착성이 강하다.
> (2) 단점
> ① 내마모성과 표면강도가 약하다.
> ② 열에 의한 신창이 크며 내열성, 내후성이 약하다.

1. 금속공사

1) 금속재료의 성질을 나타내는 용어

① 항복비(降伏比, Yield Ratio) : 항복점 또는 내력과 인장강도의 비를 항
복비라 한다.

② 경도(硬度, Hardness)

   ㉠ 경도란 재료의 긁기, 국부적 전단력, 마모 등에 대한 저항성으로 강
재의 기본적 성질의 하나이다.

   ㉡ 보통 브리넬 경도로 표시하고 인장강도값의 약 2.0배이다.

③ 인성(靭性, Toughness)

   ㉠ 충격에 대한 재료의 저항성으로 하중을 받아 파괴 시까지의 에너지
흡수능력으로 나타낸다.

   ㉡ 높은 응력에 견디고 또한 큰 변형을 나타내는 성질을 말한다(재료가
질긴 성질).

   ㉢ 샤르피 충격시험기, 아이조드 충격시험기로 시험한다.

④ 취성(脆性, Brittleness)

   ㉠ 어떤 재료에 외력을 가했을 때 작은 변형에도 파괴되는 성질로서 일
반적으로 주철, 유리 등 영계수가 큰 재료가 취성이 크고 충격강도와
도 밀접한 관계가 있다.

   ㉡ 취성파괴는 저온에서 일어나기 쉽고 용접 불량 부분에서 나타나기
쉽다.

   ㉢ 구조물이 취성을 가지면 갑자기 파괴될 우려가 있다.

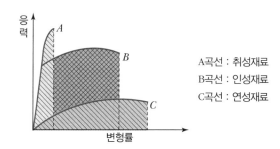

A곡선 : 취성재료
B곡선 : 인성재료
C곡선 : 연성재료

⑤ 강성(剛性, Rigidity)
  ㉠ 부재나 구조물이 외력을 받았을 때 변형에 저항하는 성질이다.
  ㉡ 강도와 직접 관계는 없고 탄성계수가 크거나, 변형이 작은 재료가 강성이 크다.
⑥ 연성(延性, Ductility)
  ㉠ 재료가 탄성한계 이상의 힘을 받아도 파괴되지 않고 가늘고 길게 늘어나는 성질이다.
  ㉡ 연성의 크기 : 금<은<알루미늄<철<니켈<구리<아연<주석<납
⑦ 전성(塵性, Malleability)
  ㉠ 압력과 타격에 의해 금속을 가늘고 넓게 판상으로 소성변형시킬 수 있는 성질이다.
  ㉡ 가단성(可鍛性)이라고도 하며 납이 가장 전성이 좋다.
⑧ 피로강도(Fatique Strength) : 강재에 반복하중이 작용하면 항복점 이하의 범위에서도 물체가 파괴되는 현상으로 이때 하중을 피로하중이라 한다.

2) 철강재의 제법

(1) 철의 제철과정
① 전로법(베세머법)
② 평로법(지멘스마틴법)
③ 전기로법
④ 도가니법

(2) 철재의 방식(防蝕)처리
① 표면가공법
  ㉠ 표면을 균질로 가공하고 청결하게 유지할 것
  ㉡ 이중금속을 접촉시키지 말 것
  ㉢ 습기나 수분을 접촉시키지 말 것
  ㉣ 큰 변형을 주지 말 것(변형을 준 것은 풀림해서 사용)
② 표면처리법
  ㉠ 내식성 금속으로 도금(아연, 주석, 니켈, 크롬 등)
  ㉡ 시멘트 제품으로 피복 또는 인산염 피막법
  ㉢ 페인트, 아스팔트, 합성수지 도료 등 도포
  ㉣ 표면에 SiO_2 유약 도포

(3) 철의 열처리 방법
① 풀림[소둔(燒鈍, Annealing)]
② 불림[소준(燒準, Normalzing)]

Tip 👆
비철금속의 종류
① 알루미늄 ② 두랄루민
③ 구리   ④ 황동
⑤ 청동   ⑥ 아연
⑦ 납   ⑧ 주석
⑨ 스테인리스 강

③ 담금질[소입(燒入, Quenching, Hardening)]

④ 뜨임질[소려(燒戾, Tempering)]

3) 철물의 종류

(1) 기성재 철물

① 미끄럼막이(Non Slip)

　　㉠ 정의 : 계단의 디딤판 모서리 끝부분의 보강 및 미끄럼막이를 목적으로 대는 것이다.

　　㉡ 황동제, 타일제품, 석재, 접착 시트 등 다양하다.

　　㉢ 계단 논슬립 나중 설치 순서 : 가설나무 설치 → 콘크리트 타설 → 나무벽돌 제거 및 청소 → 다리철물 설치 → 사춤모르타르 구멍 메우기 → 논슬립 고정 → 보양

② 코너비드(Corner Bead) : 기둥, 벽 등의 모서리에 대어 미장바름을 보호하기 위한 철물이다.

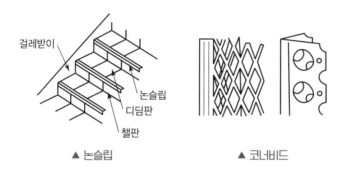

걸레받이

논슬립

디딤판

챌판

▲ 논슬립　　　　　▲ 코너비드

③ 계단 난간 : 황동제, 철제, 스테인리스, 각관 등을 용접 또는 소켓 접합한다.

④ 플라스터 스톱(Plaster Stop) : 미장바름과 다른 마감재와의 접촉부에 넣는 줄눈대이다.

⑤ 바닥용 줄눈대(황동 줄눈대)

　　㉠ 인조석 테라조 갈기에 쓰이는 황동압출재로 I 자형이다.

　　㉡ 두께 4~5mm, 높이 12mm, 길이 90cm가 표준이다.

　　㉢ 크랙 방지, 보수 용이, 바닥 레벨의 조정 등을 목적으로 사용한다.

⑥ 철망(Wire Lath)

　　㉠ 철선을 꼬아 원형이나, 마름모형, 귀갑형 등의 철망을 만든 것이다.

　　㉡ 벽, 천장의 미장공사에 쓰인다.

⑦ 메탈 라스(Metal Lath)

　ⓐ 얇은 철판(#28)에 자름금(마름모꼴의 구멍)을 연속적으로 내어서 당겨 늘려 그물처럼 만든 것이다.

　ⓑ 벽, 천장의 미장 바탕에 쓰인다.

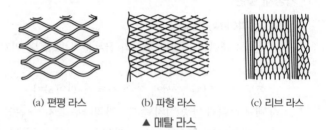

| (a) 편평 라스 | (b) 파형 라스 | (c) 리브 라스 |

▲ 메탈 라스

(a) 원형 철망　(b) 단면　(c) 마름모형

▲ 와이어 라스

⑧ 와이어 메시(Wire Mesh)

　ⓐ 연강 철선을 서로 직교시켜 전기 용접해 정방형 또는 장방형으로 만든 것이다.

　ⓑ 콘크리트 바닥판, 콘크리트 포장 등에 쓰인다.

⑨ 블록 메시(Block Mesh) : 블록 보강용 와이어 메시를 15cm 간격으로 전기 용접한 것이다.

⑩ 조이너(Joiner)

　ⓐ 천장, 벽, 금속판, 합성 수지판 등의 이음새를 감추고 누르는 것이다.

　ⓑ 아연도금 철판제, 알루미늄제, 플라스틱제, 황동제 등이 많고 못박기나 나사 죄이기로 된 것이 많다.

　ⓒ 대부분이 마감재료의 부속품으로서 그 재료와 합치된 형의 것이 제조되고 있다.

(2) 고정철물

① 인서트(Insert) : 콘크리트조 바닥판 밑에 달대의 걸침이 되는 것으로 미리 거푸집 바닥에 고정 시공한다(철근, 철물, 핀, 볼트 등도 사용).

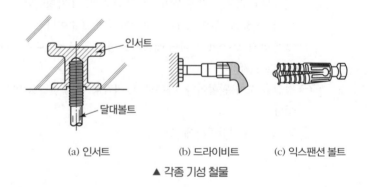

(a) 인서트　(b) 드라이비트　(c) 익스팬션 볼트

▲ 각종 기성 철물

② **드라이비트(Drivit)** : 소량의 화약의 폭발력을 이용하여 콘크리트, 벽돌벽, 강재 등에 드라이브 핀(특수가공한 못)을 순간적으로 박는 기계로 H형, T형 못이 있다.

③ **팽창볼트(Expansion Bolt)** : 삽입된 연결 플러그에 나사못을 채운 것으로 콘크리트에 묻어두고 나중에 볼트, 나사못을 틀어박으면 양 쪽으로 벌어지게 된다(인발력 270~500kg).

④ **스크루 앵커** : 익스팬션 볼트와 같은 원리이다(인발력 50~115kg).

(3) 수장 · 장식용 철물

① **메탈 실링** : 박강판의 천장판으로 여러 무늬가 박혀지거나 펀칭된 것

② **법랑 철판** : 0.6~2.0mm 두께의 저탄소 강판에 법랑(유기질 유약)을 소성한 것으로 주방용품, 욕조 등에 쓰인다.

③ **타일가공 철판** : 타일면의 감각을 나타낸 철판이다.

④ **펀칭 메탈(Punching Metal)**
　　㉠ 판두께 1.2mm 이하의 얇은 철판에 각종 모양의 구멍을 도려낸 것이다.
　　㉡ 라디에이터 커버 등 장식용, 차면시설용, 환기공으로 쓰인다.

▲ 펀칭 메탈

2. 프리캐스트 공사(공업화 건축)

건축생산의 다양화, 활성화, 합리화, 경제성 추구를 목적으로 골조의 전부 혹은 대부분을 공장작업(Pre-Fab)화하여 현장에서 조립 접합하는 시공방식이며 건축생산을 위한 계획, 설계, 부재생산 시공 유지 관리에 이르는 공업화 생산을 위한 일괄된 시스템을 말한다.

1) PC(공업화)건축의 장단점

장점	단점
• 품질수준의 향상	• 다양성 부족
• 원가절감	• 접합부의 강도부족
• 건식공법화	• 운반거리의 제약
• 기계화 시공 가능	• 이중운반에 따른 파손
• 건설공해 감소	• 양중작업 시 주의
• 현장작업 감소	• 수요자의 선호도 낮음

Tip 👆
공장제작 PC제품 제작 순서
거푸집 청소 → 거푸집 조립 → 창문틀 설치 → 철근 조립 → 설비재 설치 → 중간검사 → 콘크리트 타설 → 표면 마무리 → 양생 → 거푸집 탈형 → 적재(보관) → 현장운반

2) Open System과 Close System

① Open System : 각종 새시, 창문틀, 유닛화된 하수구 설비, 화장실 설비, 각종 장막벽 시스템, 파티션월, 유닛 천장 시스템, 자동칸막이 시스템 등 부재, 부품을 불특정 다수의 건물에 조립·사용할 수 있게 생산하는 방식

    ㉠ 대량생산이 가능하여 시장에 공급하는 방식이다.

    ㉡ 계획 및 설계 당시부터 평면의 자유로움이 적용된다.

    ㉢ 부재, 부품 간의 상호 호환이 뛰어나다.

② Close System : 호텔용 욕실 시스템, 병원의 수술실 설비, 기타 장비, 조립식 주택 등 특정 건물의 성격에 맞추어 부재, 부품을 생산하는 방식

    ㉠ 전체적으로 건물이 단조롭다.

    ㉡ 부재, 부품 간의 상호 호환이 어렵다.

    ㉢ 대형건물 또는 상징적인 건물에 적용된다.

    ㉣ 특정 건물에 필요한 부재와 부품의 주문에 의한 생산방식이다.

3) 프리캐스트 철근 콘크리트 공사의 시방서 기준 정리

(1) 용어의 정의

① 프리캐스트 콘크리트 골조구조(Precast Concrete Frame Structure) : 보 및 기둥부재로 접합 조립하여 구성한 구조방식

② 프리캐스트 콘크리트 입체구조(Precast Concrete Unit Box Structure) : 바닥판 및 벽판을 일체로 구성한 입체식 구조방식

③ 프리캐스트 콘크리트 판구조(Precast Concrete Panel Structure) : 바닥판 및 벽판 등을 분리 제작한 후 유효하게 접합 조립하여 구성한 구조방식

④ 닫힘조인트 형식(Closed Joint Type) : 수직접합부의 벽두께 방향 외벽이 프리캐스트 부재로 둘러싸인 접합형식

⑤ 열림조인트 형식(Opened Joint Type) : 수직접합부의 벽두께 방향이 프리캐스트 부재로 둘러싸이지 않는 접합형식

⑥ 건식 접합(Dry Joint)

    ㉠ 콘크리트 또는 모르타르를 사용하지 않고 용접접합 또는 기계적 접합 강재 등에 의해 응력이 전달되도록 부재상호를 접합하는 방식이다.

    ㉡ 벽판의 상하연결과 수직부재와 수평부재의 접합에 이용되나 수직부재와 수직부재의 국부적인 접합에도 이용된다.

    ㉢ 접합부의 시공오차 수정이 어려우나 시공은 간편하다.

⑦ 습식 접합(Wet Joint)

    ㉠ 현장에서 콘크리트 또는 모르타르 등으로 프리캐스트 부재 상호를 접합하는 방법이다.

ⓛ 주로 수직접합부에 이용되고 시공이 번거로우나 접합부의 시공
오차 조정이 용이하다.

(2) 시공계획 시 고려사항

① 공정계획 : 공장의 작업공정, 운반공정, 현장작업 공정

② 부재제작 계획

③ 현장가설 계획 : 크레인 주행로, 반입도로, 가설비 등

④ 운반계획

⑤ 조립계획 및 현장조립 : 와이어 각도는 수면에서 $60°$ 이상

(3) 내구성 확보를 위한 재료규정

① PC판에 요구되는 성능항목 : 강도, 방수성, 차음성, 내화성, 단열
성, 내구성

② 콘크리트 배합규정

단위수량	소요성능이 얻어지는 범위 내에서 가능한 한 작게 한다.				
W/C	60% 이하	슬럼프값	15cm 이하	단위 시멘트양	최소 300kg/m³
염분함유량	세골재의 0.04% 이하. 염소이온량 0.3kg/m³(NaCl 0.5kg/m²) 이하				

③ 보강재료

㉠ 철근 : 철근 콘크리트용 봉강 및 재생봉강(단, 용접재소에 재생
봉강 사용 금지)

㉡ 구조용 철망

• 인장강도 : 5,500kgf/cm² 이상

• 연신율 : 12% 이상

㉢ 충진용 모르타르

• 물 시멘트비 : 60% 이하

• 슬럼프값 : 21cm 이하

④ 피복두께

흙에 접하거나 외기에 면하는 PC 콘크리트	벽체	D35 초과 철근, 철망	4.0cm
		D35 이하 철근, 철망	2.0cm
	기타	D35 초과 철근, 철망	5.0cm
		D19~D35 이하	4.0cm
		D16 이하 철근, 철망	3.0cm
외기나 흙에 접하지 않는 PC 콘크리트	슬래브, 벽체 장선	D35 초과 철근, 철망	3.0cm
		D35 이하 철근, 철망	1.5cm
	보, 기둥	주근 : 15cm 이상 4.0cm 이하, 철근직경 이상	
		띠근, 늑근, 나선근	1.0cm
	쉘, 절판부재	D19 이상 철근, 철망	1.5cm
		D16 이하 철근, 철망	1.0cm

특별히 내화를 필요로 하는 부재	슬래브 : 3cm 이상	기둥 및 보 : 5.0cm 이상
화학적 작용, 또는 침식 우려 부재	벽체 및 슬래브 : 5.0cm	기타 부재 : 6.0cm

⑤ 시공 및 양생

　㉠ 30cm 이상 두께의 콘크리트는 두 번에 나누어 타설함이 원칙이다.

　㉡ 믹서드럼이 회전하는 상태에서 재료를 투입하고 타설 시 콘크리트의 온도는 20℃를 유지한다.

　㉢ 양생은 거푸집에서의 초기양생과 2차양생으로 나누어 한다.

　㉣ 양생온도는 10℃ 이상으로 하고 통상 콘크리트는 3일간 최소온도를 유지해야 한다.

　㉤ 탈형강도는 100kgf/cm² 이상으로 하고 출하 시 강도는 설계기준강도 이상(고강도 : 70% 이상)으로 한다.

　㉥ 표면 마무리는 콘크리트 표면이 초기응결을 시작하기 전에 표면 콘크리트를 타설하여 쇠흙손으로 마감한다.

　㉦ 콘크리트 타설 시 봉상 진동기를 사용하여 균일하게 다짐한다.

⑥ 부재 운반 시 주의사항

　㉠ 가능한 한 부재는 세워서 운반한다.

　㉡ 부재와 부재 사이에는 보양재를 끼워 고정하고 균열 또는 파손 및 변형 등의 방지에 주의한다.

　㉢ 공장에서 현장까지의 운반거리는 50~100km 정도로 하는 것이 경제적이다.

⑦ 부재시험

　㉠ 비파괴 시험

　　• 고정하중과 적재하중의 1.3배를 더한 하중을 5분간 가한다.

　　• 5분 경과 후 동일 하중 시 처짐 복원율이 90% 이상 되어야 한다.

　㉡ 파괴 시험

　　• 극한설계 하중재하 후 15분 이내에 파괴를 금지한다.

　　• 처짐이 스팬의 1/40 초과 시 파괴된 것으로 간주한다.

4) 각종 공법 소개

(1) **SPH(Standard Public Housing)** : PC대형 패널공법(LP : Large Panel)

　① 벽식, RC조의 벽, 바닥 등을 룸 사이즈(Room Size)로 제작, 현장에서 조립·접합한다.

　② 건식, 습식공법이 있고 벽판은 3×6m, 바닥지붕판은 10~20m² 정도이다.

③ 중, 고층 APT에 많이 사용하고 부재가 커서 방수결함이 작고 창문틀, 배관 파이프를 미리 설치한다.

(2) RPC공법(Rahman PC공법) : 응력이 큰 기둥, 보의 접합부는 공장 PC로 생산

① 라멘구조의 주요 구조부(기둥, 보)를 SRC(철골 철근 콘크리트)나 RC(철근 콘크리트)로 PC부재화하여 현장에서 조립 접합하여 건물을 축조하는 방법이다.

② 신뢰도가 높고, 안전성이 뛰어나다.

③ PC부재의 대형화로 운반, 양중에 유의한다.

④ 철근은 강판 슬리브이음, 철골은 고력볼트접합으로 한다.

⑤ 건물의 공업화 효율이 높아 공기단축 및 시공정도의 확보에 유리하다.

(3) HPC공법(H형강＋PC판) : 내화피복을 겸한 현장 콘크리트타설 공법

① 기둥은 H형강을 사용하고 보, 바닥, 내력벽 등 다른 구조부재는 PC부재화하여 현장에서 조립 접합하여 건물을 축조하는 공법이다.

② 기둥은 SRC조로 현장타설, 조립과 현장 병행작업한다.

③ 접합은 고력볼트, 용접으로 하며 드라이 조인트(Dry Joint)방법이고 공업화율이 높다.

④ 고층의 공동주택에 적합하게 적용되고 있다.

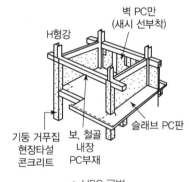

▲ HPC 공법

▲ RPC 공법

(4) 기타 공법

① 적층공법(TSA 공법)

  ㉠ Pre-Fab화 된 SRC 구조체 및 외벽 등을 한 층씩 조립함과 동시에 설비를 포함한 마감도 각 층씩 끝내면서 세워가는 공법이다.

  ㉡ 건설노무자의 부족에 따른 대책으로 공기단축을 주목적으로 하여 건축물의 품질 향상, 건축물의 안전성, 공해의 심각성 등 재래적인 공법이 갖는 한계점을 탈피하여 구조체에 PC를 많이 포함시킨 공업화 공법이다(고층건물에 적당).

  ㉢ SRC 적층공법 : 1층 분의 철골조를 세워 PC부재화된 보, 바닥판, 외벽을 조립·접합하여 기둥은 현장 타설 콘크리트로 1층 분씩 조립해 가는 적층공법

② 하프 슬래브 공법(Half Slab 공법 = 합성 슬래브 공법)

  ㉠ 얇은 PC판, 반 PC판 공법이라고도 하며 얇은 PC판을 바닥 거푸집으로 설치하고 그 상부에 적절한 철근을 배근한 후 현장 콘크리트로 타설하는 방법으로 일체성이 확보되는 합성 슬래브를 뜻한다.

  ㉡ PC의 장점과 결점을 보완한 공법이다.

  ㉢ 공기 단축 및 품질이 향상된다.

  ㉣ 인건비의 절감 효과가 있고 장 스팬이 가능하다.

  ㉤ 타설 접합면의 일체화가 부족하다.

③ VH 공법 : 건물의 수직부재와 수평부재를 나누어 시공하는 방법

④ 내력벽식 공법 : 창호 등이 설치된 건축물의 대형판 벽체를 아파트 등의 구조체에 이용하는 방법

⑤ BOX식 공법(박스프레임 공법) : 건축물의 1실 혹은 2실 등의 구조체를 박스형으로 지상에서 제작한 후 이를 인양 조립하는 방법

⑥ 틸트 업(Tilt up) 공법 : 지상의 평면에서 벽판 및 구조체를 제작한 후 이를 일으켜서 건축물을 구축하는 방법

⑦ 리프트 슬래브(Lift Slab) 공법 : 지상에서 여러 층의 슬래브를 제작한 후 이를 순차적으로 들어올려 구조체를 축조하는 공법

⑧ 커튼월 공법 : 창문틀 등을 건축물의 벽판에 설치한 후 고조체에 붙여대어 이용하는 방법

(5) PC공사의 접합부 처리법

① 접합부의 요구성능

  ㉠ 응력전달   ㉡ 방수성
  ㉢ 기밀성   ㉣ 내구성

② 접합부 누수원인

  ㉠ 재료불량   ㉡ 바탕처리 미흡
  ㉢ 시공불량   ㉣ 구조체의 변형

③ PC판과 커튼월의 우수침입 원인 및 대책

	우수침입 유형		대책	
중력에 의한 침투	이음새가 하부로 되어 중력으로 침투	틈새가 하부로	이음새 방향을 상향으로 조정하거나 물턱을 만든다.	상향구배 물턱
표면장력	표면을 타고 유입		물끊기를 설치한다.	물 끊기
모세관 현상	0.5mm 이하의 틈새	0.5mm 이하	이음부 내부를 넓게, 틈새를 크게 한다.	에어포켓
운동 에너지에 의해 침투	바람에 의해 운동 에너지를 받음		내부를 미로로 만들어 운동에너지를 소멸시킨다.	미로
기압차	내외부 기압차로 물이 이동		등압원리를 이용하여 내부 기압차를 제거한다. $P_A = P_B$	(외) P_B (내) P_A → ● ← Seal P_C

3. 커튼월 공법

커튼월 공사는 건축물의 외주벽을 구성하는 비내력벽으로 건축골조에 고정 철물을 사용하여 부착하는 공법이다.

1) 재료에 따른 커튼월의 분류

① 금속재 커튼월(Metal Curtain Wall)

② PC 커튼월(Precast Concrete Curtain Wall)

③ ALC 패널, PALC 패널

　㉠ 경량이고 내화, 단열, 차음성능이 우수하다.

　㉡ 흡음성이 크다.

　㉢ 시공이 용이하고, 표면수정이 용이하나 충격에 의한 파손 우려가 있다.

　㉣ 부착방법에는 철근 매입법, 슬라이드법, 볼트 고정법, 커버 플레이트법이 있다.

④ GPC 공법 : 석재와 콘크리트를 일체화시킨 PC를 공장제작하여 현장에서 건축물의 외벽 등에 부착하는 공법이다.

⑤ 성형판 공법 : FRP 성형판을 사용하며, 마모강도가 크고 질감 변색이 문제이다.

⑥ **복합커튼월** : 금속을 사용한 부재 및 PC 콘크리트를 사용한 부재나 기타 재료를 조합하여 구성한 커튼월이다.
  - ㉠ 수평방식 : 외벽 부분에 PC 패널을 부착하는 방식으로 수평선을 강조한다.
  - ㉡ 연직방식 : 메탈 커튼월(Metal Curtain Wall)의 멀리온을 PC부재로 하는 방식으로 연직의 선을 강조한다.

2) 조립공법에 의한 분류

① **유닛월 공법** : 커튼월 구성부재를 공장에서 완전히 조립하고 유닛화하여 현장에 반입, 부착하는 방법으로 외국에서는 유리끼우기 작업까지 함께하는 경우가 많다.
② **녹다운 공법** : 구성부재를 현장에서 조립하여 창틀을 형성하는 공법이다.

3) 커튼월의 성능시험방법

① **목업 테스트(Mock Up Test, 실물대 모형시험)**
   풍동시험을 근거로 설계, 제작한 실물 모형에 건축 예정지 최악의 외기 조건으로 커튼월의 변위를 측정하여 온도 변화에 따른 변형, 형상, 줄눈, 누수 등의 검토와 창문의 열손실 등을 실험하는 것이다.
② **풍동시험(Wind Tunnel Test)**
   건축물을 완공한 후 나타날지도 모르는 문제점을 사전에 파악하고 설계에 반영할 목적으로 실시하는 시험이다. 건물 주변의 기류를 파악하여 풍해에 의한 피해예측 및 그에 따른 대책을 수립하는 시험으로 건물의 주변지름 1.2km의 지형 및 건물배치를 축척모양으로 만들어 과거 100년간의 최대풍속을 가하여 풍압 및 이에 대한 영향을 평가한다.
③ **시험 종목**
   - ㉠ 예비시험 : 설계풍압력의 50%를 일정기간(30초) 동안 가압하여 시료의 상태를 일시적으로 점검·시험실시 가능 여부를 판단한다.
   - ㉡ 기밀시험 : 지정된 압력차에서 유속측정 뒤 시험체에서 발생하는 공기누출량을 측정한다.
   - ㉢ 정압수밀시험 : 설계풍압력의 20% 압력 아래에서 $3.4l/min \cdot m^2$의 유량을 15분간 살수(Water Spray)하고 누수를 관찰한다.
   - ㉣ 동압수밀시험 : 규정압력의 상한 값까지 1분간 예비 가압한 후 시료 전면에 $4l/min \cdot m^2$의 유량을 균등히 살수하면서 KS규준의 맥동압을 10분 동안 가한 상태에서 누수가 없어야 한다.
   - ㉤ 구조시험 : 설계풍압력 100%, ±100%에서 설계기준을 만족시키고 설계풍압 150%에서 변위가 L/1,000 미만이어야 한다.
   - ㉥ 층간변위시험 : 수평변위를 주어 변형 정도를 측정한다.

4) 커튼월 구조의 요구 성능

① 내화성 : 열팽창 흡수성능

② 내풍압성 : 풍압으로부터 내력 확보(풍동시험으로 문제점 파악)

③ 내구성 : 50년 이상 성능의 저하 없이 내구성 유지

④ 방수, 수밀성 : 누수의 발생 차단

⑤ 차음, 기밀성 : 정밀시공하여 내·외부 소음으로부터 차음성능을 확보
하고 마감 후 부재 간의 접합부에 대한 기밀성능을 확보

⑥ 시공용이성 : 시공이 용이한 재료와 구조방식 및 보수, 보강이 쉬운 방식

⑦ 단열성 : 접합부 및 코너부위 기밀성 유지

⑧ 결로방지성능 : 내·외부 온도차에 의한 접합부 결로방지가 가능한 공법

가구와 커튼월의 관계	커튼월			준커튼월
	분리타입	중간타입	피복타입	외장타입
패널 방식계	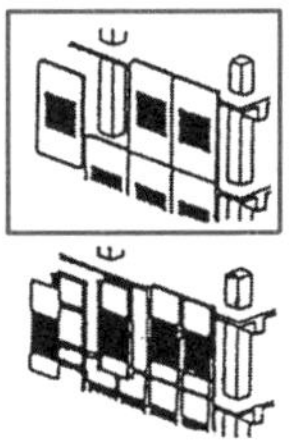	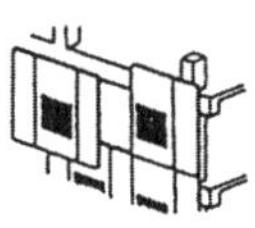	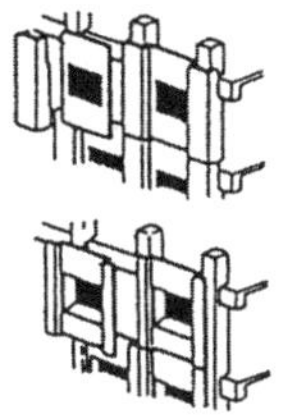	
방립 방식계	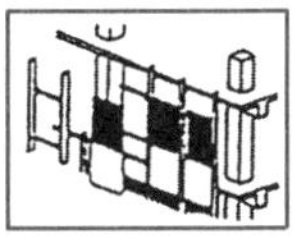	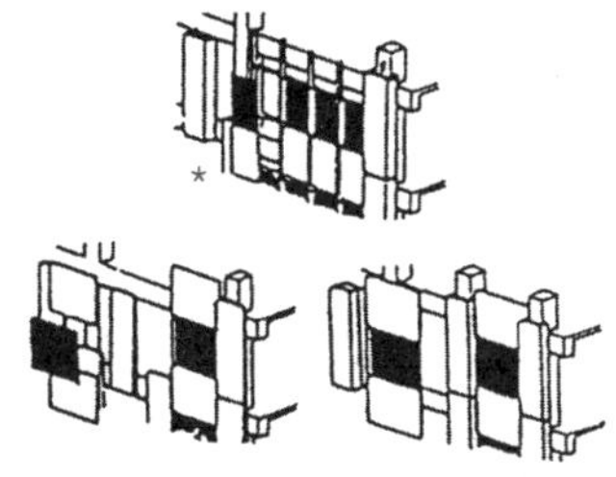		
커버 방식계	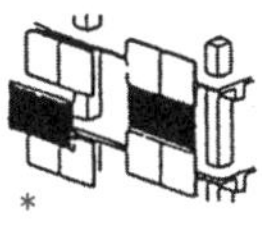	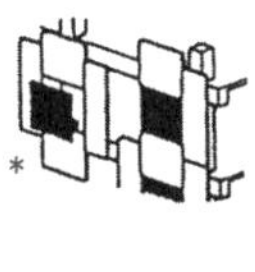	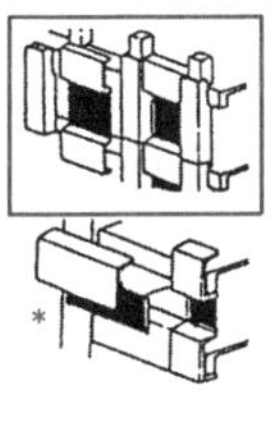	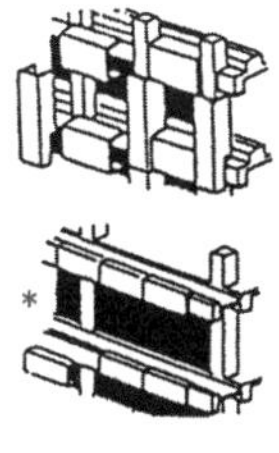

[범례]
☐ : 실례가 많은 방식 / * : 실례가 적은 방식

5) 커튼월 방식의 분류

(1) 외관 및 형태 디자인별 분류

① 선대(샛기둥) 방식(Mulion Type) : 수직선 강조, 수직지지대 사이에 패널을 끼워 수직지지대가 노출되는 방식

② 스팬드럴 방식(Spandrel Type) : 수평선 강조, 창과 spandrel의 조합구성

③ 격자 방식(Gride Type) : 수직, 수평의 격자형 외관 표현방식

④ 피복(은폐)방식(Sheath Type) : 구조체를 패널로 은폐, 새시가 패널 안으로 은폐되는 형식

(2) 조립방식에 의한 분류

① 유닛월(Unit Wall) 방식

㉠ 건축 모듈을 기준으로 하여 취급이 가능한 크기로 구분하며, 구성 부재 모두가 공장에서 조립된 프리패브(Pre-fab)형식

㉡ 시공 속도나 품질관리에 업체 의존도가 높아 현장상황에 융통성을 발휘하기가 어려움

㉢ 창호＋유리＋패널의 일괄발주방식

㉣ 양중 용이성은 불리, 비용은 고가임

② 스틱월(Stick Wall) 방식

㉠ 구성부재를 현장에서 조립·연결하여 창틀이 구성되는 형식으로, 유리끼움 작업은 보통 현장에서 실시

㉡ 현장 적응력이 우수하여 공기조절이 가능한 방식

㉢ 창호＋유리/패널의 분리발주방식

㉣ 양중 용이성은 유리, 비용은 증가함

③ 윈도월(Window Wall) 방식

㉠ 스틱월 형식과 유사하지만, 창호 주변이 패널로 구성됨으로써 창호의 구조가 패널 트러스에 연결되는 점이 스틱월과 구분되는 차이임

㉡ 재료의 사용 효율이 높아 비교적 경제적인 시스템 구성이 가능

㉢ 창호와 유리, 패널의 개별발주방식

㉣ 양중 용이성은 유리, 비용은 저가임

(3) 구조방식에 의한 분류

① 멀리온(Mullion, 샛기둥) 방식

㉠ 멀리온 방식은 금속 커튼월에 주로 사용한다.

㉡ 수직선을 강조한 큰 요철이 없는 평면적인 의장에 적용한다.

㉢ 멀리온 방식은 통상 고정방식 파스너를 사용한다.

② 패널(Panel) 방식

    ㉠ 패널 방식은 외관 및 프리패브리케이션(Prefabrication) 측면이 강조되는 경우에 사용된다.

    ㉡ 여러 가지 형태의 다양한 디자인이 가능하다.

    ㉢ 커튼월 부재를 공장에서 제작, 유닛화하여 현장반입 후 설치하는 방법이다.

    ㉣ 풍압력 및 지진력에 대한 변위는 파스너 형식에 따라 패널의 거동에 따라 흡수된다.

    ㉤ 패널 방식은 파스너를 수평이동, 회전, 고정방식으로 나누어 패널 변위에 따라 선정하여 사용한다.

6) 커튼월의 특징

① 외벽의 경량화를 추구할 수 있다.

② 가설비계의 생략 또는 절감 효과가 있다.

③ 외장마무리의 다양화를 추구할 수 있다.

④ 현장시공의 기계화에 따른 성력화를 추구할 수 있다.

7) 커튼월 부착 시 주의사항

① 현장에서 부착시키는 경우 중량물로서 특히 안전에 유의한다.

② 용접접합 시에는 고도의 기능이 요구됨에 따라 상향용접이 되는 부분에 대해서는 마찰접합하는 것이 바람직하다.

③ 부재치수의 허용오차 표준치 및 부착위치의 허용오차범위 내에서 시공한다.

8) 금속 커튼월의 파스너 부착 방식

(1) 파스너(Fastener)의 기능

① 응력 전달 : 커튼월에 가해지는 자중지지, 횡력(풍력, 지진력), 열팽창에 의한 면 내외의 힘에 충분히 대응할 수 있는 강도를 가질 것

② 오차 흡수 : 시공허용오차 흡수

③ 변형 흡수 : 내화성능과 열팽창 흡수, 층간변위 흡수

④ 시공성 : 조립이 단순하고 시공이 용이할 것

(2) 파스너의 부착방식

변화형태		파스너 − 지지상태	특징
회전방식	핀지지 타입	• 상부 : 핀지지단 • 하부 : Loose 단	• 패널면 외에 무리한 응력을 발생시키지 않고 층간변위에 대하여 적응성이 좋다. • 층간 일체 패널에 적합하며 시공실적도 많다.
	브래킷 이용 타입	• 상부 : 브래킷 • 하부 : Loose 단	• 시공이 비교적 간단하고 또한 슬라이드(Slide), 파스너와 같이 볼트의 조임력 관리에 주의할 필요가 없다. • 기둥, 보, 커버 패널 방식에 많이 쓰인다.
슬라이드 방식		• 상부 : 1단 고정 1단 Loose • 하부 : 슬라이드 단	• 횡방향(Panel)으로의 열신축 흡수가 용이하다. • 기둥, 보, 커버 패널 방식에 채용되지만 층간형 패널에 채용되는 예는 많지 않다.
고정방식		• 상부 : 고정단 • 하부 : 고정단	• 파스너의 형식이 단순하고 시공관리가 용이하지만 패널에 면내응력이 생기므로 패널의 형상 파스너의 고정도 등에 대하여 충분한 검토가 필요하다. • RC조 등의 면내 변형이 적은 건물에 주로 사용이 가능하다.

9) 커튼월의 부착 순서

파스너 설치 → 멀리온 부착 → 횡재의 부착 → 패널 끼우기 → 유리 끼우기 → 실링재 처리 → 청소 및 보양

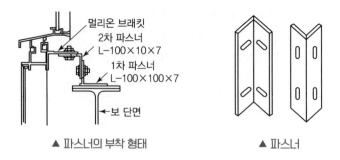

▲ 파스너의 부착 형태   ▲ 파스너

10) 커튼월의 누수처리 대책

① Close Joint System : 커튼월 유닛의 이음새를 실링재로 완전히 밀폐
시켜 홈을 없애는 방식으로 누수의 원인 중 하나인 틈을 없애는 것을 주
목적으로 외부 누수에 대비하여 내부에 배수구를 설치한다. 고층건물
에 주로 사용된다.

② Open Joint System : 등압이론에 의해 벽의 외부면과 내부면 사이에
공기층을 만들어 실외의 기압을 유지하게 하여 배수하는 방식으로 틈
을 통해서 물을 이동시켜 압력차를 없애는 방식. 기밀층은 풍압에 충분
히 견딜 수 있는 구조로 하고 초고층 건물에 주로 사용된다.

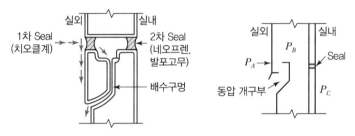

▲ Closed Joint System(2중 seal 방식)   ▲ Open Joint System

1. **항복비(降伏比, Yield Ratio)** 항복점 또는 내력과 인장강도의 비를 항복비라 하고 보통강재($41kgf/mm^2$)는 $0.6 \sim$ 0.9, 고장력강($80kgf/mm^2$)은 0.9 정도이다.

2. **경도(硬度, Hardness)** 경도란 국부적 전단력, 마모 등에 대한 저항성으로 강재의 기본적 성질의 하나이고 보통 브리넬 경도로 표시하며 인장강도값의 약 2.0배이다.

3. **인성(靭性, Toughness)** 충격에 대한 재료의 저항성으로 하중을 받아 파괴 시까지의 에너지 흡수능력으로 나타내고 높은 응력에 견디고 또한 큰 변형을 나타내는 성질을 말한다(재료가 질긴 성질). 샤르피 충격시험기, 아이조드 충격시험기로 시험한다.

4. **취성(脆性, Brittleness)** 어떤 재료에 외력을 가했을 때 작은 변형에도 파괴되는 성질이다. 일반적으로 주철, 유리 등 영계수가 큰 재료가 취성이 크고 충격 강도와도 밀접한 관계가 있다. 취성 파괴는 저온 및 용접 불량 부분에서 나타나기 쉽다.

5. **강성(剛性, Rigidity)** 부재나 구조물이 외력을 받았을 때 변형에 저항하는 성질로 강도와 직접관계는 없고 탄성계수가 큰 재료, 변형이 작은 재료가 강성이 크다.

6. **연성(延性, Ductility)** 재료가 탄성한계 이상의 힘을 받아도 파괴되지 않고 가늘고 길게 늘어나는 성질로 연성의 크기는 금 < 은 < 알루미늄 < 철 < 니켈 < 구리 < 아연 < 주석 < 납 의 순서이다.

7. **전성(廛性, Malleability)** 압력과 타격에 의해 금속을 가늘고 넓게 판상으로 소성변형시킬 수 있는 성질로 가 단성(可鍛性)이라고도 하며 납이 가장 전성이 좋다.

8. **피로강도 (Fatique Strength)** 강재에 반복하중이 작용하면 항복점 이하의 범위에서도 물체가 파괴되는 현상으로 이때 하중을 피로하중이라 한다.

9. **클로즈 시스템 (Close System)** 호텔용 욕실 시스템, 병원의 수술실 설비, 기타 장비, 조립식 주택 등 특정건물의 성격에 맞추어 부재, 부품을 생산하는 방식이다.

10. **오픈 시스템 (Open System)** 각종 새시, 창문틀, 유닛화 된 하수구 설비, 화장실 설비, 각종 장막벽 시스템, 파티션월, 유닛 천장 시스템, 자동칸막이 시스템 등 부재, 부품을 불특정 다수 건물에 조립하여 사용할 수 있게 생산하는 방식이다.

11. **미끄럼막이 (Non Slip)** 계단의 디딤판 모서리 끝부분에 대어 오르내릴 때 미끄럼 방지를 위해 설치한 것으로 황동제, 타일제품, 석재, 접착 시트 등 다양하다.

12. **코너, 앵글비드** 기둥, 벽 등의 모서리에 대어 미장 바름을 보호하기 위한 철물이다.

13. **플라스터 스톱**
    (Plaster Stop)

미장바름과 다른 마감재와의 접촉부에 넣는 줄눈대이다.

14. **철망(Wire Lath)**

철선을 꼬아 만든 철망으로 벽, 천장의 미장공사에 쓰이며, 원형, 마름모, 갑형 등 3종류가 있다.

15. **메탈 라스(Metal Lath)**

얇은 철판(#28)에 자름금을 내어서 당겨 늘린 것으로 벽, 천장의 미장 바탕에 쓰인다.

16. **와이어 메시(Wire Mesh)**

연강 철선을 서로 직교시켜 전기 용접한 철선망으로 정방형, 장방형 등이 있고 콘크리트 바닥판, 콘크리트 포장 등에 쓰인다.

17. **블록 메시(Block Mesh)**

블록 보강용 와이어 메시를 15cm 간격으로 전기 용접한 것이다.

18. **인서트(Insert)**

콘크리트조 바닥판 밑에 달대의 걸침이 되는 것으로 거푸집 바닥에 고정 시공한다 (철근, 철물, 핀, 볼트 등도 사용).

19. **드라이비트(Drivit)**

소량의 화약의 폭발력을 이용하여 콘크리트, 벽돌벽, 강재 등에 드라이브 핀(특수 가공한 못)을 순간적으로 박는 기계로 H형, T형 못이 있다.

20. **팽창 볼트**
    (익스팬션 볼트)

삽입된 연결 플러그에 나사못을 채운 것으로 콘크리트에 묻어두고 나중에 볼트, 나사못을 틀어박으면 양쪽으로 벌어지게 된다(인발력 270~500kg).

21. **펀칭 메탈**
    (Punching Metal)

판두께 1.2mm 이하의 얇은 철판에 각종 무늬의 구멍을 천공한 것으로 장식용, 라디에이터 커버 등에 쓰인다.

22. **메탈 실링**

박강판의 천장판으로 여러 무늬가 박혀지거나 펀칭된 것이다.

23. **법랑 철판**

0.6~2.0mm 두께의 저탄소 강판에 법랑(유기질 유약)을 소성한 것으로 주방용품, 욕조 등에 쓰인다.

24. **프리캐스트 콘크리트 골조 구조(Precast Concrete Frame Structure)**

보 및 기둥부재로 접합·조립하여 구성한 구조방식이다.

25. **프리캐스트 콘크리트 입체 구조(Precast Concrete Unit Box Structure)**

바닥판 및 벽판을 일체로 구성한 입체식 구조방식이다.

26. **프리캐스트 콘크리트 판구조**(Precast Concrete Panel Structure)

바닥판 및 벽판 등을 분리·제작한 후 유효하게 접합·조립하여 구성한 구조방식이다.

27. **닫힘조인트 형식** (Closed Joint Type)

수직접합부의 벽두께 방향 외벽이 프리캐스트 부재로 둘러싸인 접합형식이다.

28. **열림조인트 형식** (Opened Joint Type)

수직접합부의 벽두께 방향이 프리캐스트 부재로 둘러싸이지 않는 접합형식이다.

29. **건식 접합**(Dry Joint)

콘크리트 또는 모르타르를 사용하지 않고 용접접합 또는 기계적 접합 강재 등에 의해 응력이 전달되도록 부재상호를 접합하는 방식이다.

30. **습식 접합**(Wet Joint)

현장에서 콘크리트 또는 모르타르 등으로 프리캐스트 부재 상호를 접합하는 방법이다.

31. **목업 테스트**(Mock Up Test, 실물대 모형시험)

풍동시험을 근거로 설계·제작한 실물 모형에 건축 예정지의 최악의 외기조건으로 커튼월의 변위 측정, 온도 변화에 따른 변형, 형상, 줄눈, 누수 등의 검토와 창문의 열손실 등을 실험하는 것이다.

32. **풍동시험** (Wind Tunner Test)

건축물을 완공한 후 나타날지도 모르는 문제점을 사전에 파악하고 설계에 반영할 목적으로 실시하는 시험이다. 건물 주변의 기류를 파악하여 풍해에 의한 피해예측 및 그에 따른 대책을 수립하는 시험으로 건물의 주변지름 1.2km의 지형 및 건물배치를 축척모양으로 만들어 과거 100년간의 최대풍속을 가하여 풍압 및 이에 대한 영향을 평가한다.

과년도 기출문제

01 (1) 다음 용어를 설명하시오. (3점) [90, 97, 10]

코너비드 : _____

(2) 벽, 기둥 등의 모서리는 손상되기 쉬우므로 별도의 마감재를 감아 대거나 미장면의 모서리를 보호하면서 벽, 기둥을 마무리하는 보호용 재료를 무엇이라고 하는가? (2점) [05, 20]

_____

>> (1) 기둥, 벽 등의 모서리에 대어 미장 바름을 보호하는 철물
(2) 코너비드(Conner Bead)

02 다음 설명이 의미하는 철물명을 쓰시오. (2점) [90]

(1) 철선을 꼬아 만든 철망 (   )
(2) 얇은 철판에 각종 모양을 도려낸 것 (   )
(3) 얇은 철판에 자름금을 내어 당겨 늘린 것 (   )
(4) 연강선을 서로 직교시켜 전기 용접한 철선망 (   )

>> (1) 와이어 라스
(2) 펀칭 메탈
(3) 메탈 라스
(4) 와이어 메시

03 다음 금속공사에 이용되는 철물이 뜻하는 용어설명을 보기에서 골라 기호를 쓰시오. (4점) [90, 12, 15]

[보기]
㉠ 철선을 꼬아 만든 철망
㉡ 얇은 철판에 각종 모양을 도려낸 것
㉢ 벽, 기둥의 모서리에 대어 미장바름을 보호하는 철물
㉣ 테라조 현장갈기의 줄눈에 쓰이는 것
㉤ 얇은 철판에 자름금을 내어 당겨 늘린 것
㉥ 연강 철선을 직교시켜 전기 용접한 것
㉦ 천장, 벽 등의 이음새를 감추고 누르는 것

(1) 와이어 라스 : _____
(2) 메탈 라스 : _____
(3) 와이어 메시 : _____
(4) 펀칭 메탈 : _____

>> (1) ㉠
(2) ㉤
(3) ㉥
(4) ㉡

04 다음에서 설명하는 용어를 쓰시오. (2점)   [11, 18, 20]

> 드라이비트라는 일종의 못박기총을 사용하여 콘크리트나 강재 등에 박
> 는 특수못 머리가 달린 것을 H형, 나사로 된 것을 T형이라고 한다.

⬦ 드라이브 핀(Drive Pin)

---

05 다음 금속공사에서 사용되는 철물이 뜻하는 용어를 설명하시오. (2점)
    [08, 18, 20]

(1) Metal Lath : _____

(2) Punching Metal : _____

⬦ (1) 얇은 철판에 자름금을 내어서 당겨
만든 것으로 벽, 천장의 미장 바름에
사용되는 철물
(2) 판두께 1.2mm 이하의 얇은 판에 각
종 무늬의 구멍을 천공하는 것으로
장식용, 라디에이터 커버 등에 사용
되는 철물

---

06 공장제작 PC 제품 제작 순서를 보기에서 골라 기호를 쓰시오. (6점)
    [90]

[보기]
㉠ 거푸집 청소	㉡ 콘크리트 타설	㉢ 표면 마무리
㉣ 거푸집 탈형	㉤ 양생	㉥ 중간 검사
㉦ 창문틀 설치	㉧ 철근 조립	㉨ 설비재 설치
㉩ 거푸집 조립		

⬦ ㉠-㉩-㉦-㉧-㉨-㉥-㉡-㉢-
㉤-㉣

---

07 프리패브 콘크리트 공사 작업 순서를 보기에서 골라 기호를 쓰시오.
(4점)   [96, 98, 01]

[보기]
㉠ 양생 후 탈형	㉡ 개구부 프레임 설치
㉢ 표면마감	㉣ 철근, 철물류 삽입
㉤ 중간검사	㉥ 거푸집 조립

베드 거푸집 청소-(   )-(   )-(   )-설비, 전기배관-(   )-
콘크리트타설-(   )-(   )-보수와 검사-야적

⬦ 베드 거푸집 청소-(㉥)-(㉡)-
(㉣)-설비, 전기배관-(㉤)-콘크
리트타설-(㉢)-(㉠)-보수와 검
사-야적

08 다음은 조립식 공법에 대한 설명이다. 설명에 해당하는 용어를 쓰시오. (5점)   [91, 96, 00, 07]

    (1) 창호 등이 설치된 건축물의 대형판을 아파트 등의 구조체에 이용하는 방법   (   )

    (2) 건축물의 1실 혹은 2실 등의 구조체를 박스형으로 지상에서 제작한 후 이를 인양조립하는 방법   (   )

    (3) 지상의 평면에서 벽판 및 구조체를 제작한 후 이를 일으켜서 건축물을 구축하는 공법   (   )

    (4) 지상에서 여러 층의 슬래브를 제작한 후 이를 순차적으로 들어 올려 구조체를 축조하는 공법   (   )

    (5) 창문틀 등을 건축물의 벽판에 설치한 후 구조체에 붙여대어 이용하는 공법   (   )

➤➤ (1) 내력벽식 공법(대형패널공법)
(2) 박스식 공법(박스프레임공법)
(3) 틸트업(Tilt Up) 공법
(4) 리프트 슬래브(Lift Slab) 공법
(5) 커튼월 공법

---

09 커튼월 공사에서 구조체의 층간변위, 커튼월의 열팽창, 변위 등을 해결하는 간결방법 3가지를 쓰시오. (3점)   [04, 09 ,11, 14]

    ① _____   ② _____   ③ _____

➤➤ ① 회전방식(Locking Type)
② 슬라이드방식(Slide Type)
③ 고정방식(Fixed Type)

---

10 ALC(Autoclaved Lightweight Concrete) 패널의 설치공법을 4가지 기술하시오. (4점)   [01, 02, 05, 11]

    ① _____   ② _____
    ③ _____   ④ _____

➤➤ ① 수직철근 보강공법
② 슬라이드(Slide) 공법
③ 볼트조임공법
④ 타이플레이트 공법
⑤ 커버플레이트 공법
⑥ 부설근공법

---

11 커튼월 공사는 주 프레임 재료를 기준으로 크게 3가지로 분류할 수 있는데 그 3가지의 커튼월을 쓰시오. (3점)   [05]

    ① _____
    ② _____
    ③ _____

➤➤ ① 금속제 커튼월(Metal Curtain Wall)
② PC 커튼월(Precast Concrete Curtain Wall)
③ 복합 커튼월

12 건축구조의 신축공사를 하기 전에 실시하는 각종 시험 중에서 Mock - up Test 또는 실물대 모형실험(Full Size Model Test)에 관한 정의를 쓰시오. (3점) [99]

_____

_____

풍동시험을 근거로 설계, 제작한 실물 모형에 건축 예정지 최악의 외기 조건으로 커튼월의 변위를 측정하여 온도 변화에 따른 변형, 형상, 줄눈, 누수 등의 검토와 창문의 열손실 등을 실험하는 것

13 커튼월 공사의 성능 시험 항목을 4가지 쓰시오. (4점)
[04, 07, 08, 13, 16, 18, 19, 21]

① _____   ② _____
③ _____   ④ _____

① 예비시험
② 기밀시험
③ 정압수밀시험
④ 동압수밀시험

14 다음은 커튼월 공법의 외관형태별 분류방식에 대한 설명이다. 보기에서 그 명칭을 골라 기호를 쓰시오. (4점) [02]

> [보기]
> ㉠ 격자 방식   ㉡ 샛기둥 방식
> ㉢ 피복 방식   ㉣ 스팬드럴 방식

(1) 수평선을 강조하는 창과 스팬드럴 조합으로 이루어지는 방식
(   )

(2) 수직기둥을 노출시키고, 그 사이에 유리창이나, 스팬드럴 패널을 끼우는 방식
(   )

(3) 수직, 수평의 격자형 외관을 보여주는 방식   (   )

(4) 구조체를 외부에 노출시키지 않고 패널로 은폐시키고 새시는 패널 안에서 끼워지는 방식
(   )

(1) ㉣
(2) ㉡
(3) ㉠
(4) ㉢

15 대표적인 고층건물의 비내력벽 구조로서 사용이 증가되고 있는 커튼월 공법은 재료에 의한 분류, 구조형식, 조립방식별 분류 등 다양한 분류방식이 존재한다. 이 중 구조형식과 조립방식에 의한 커튼월 공법을 각각 2가지씩 쓰시오. (4점) [09, 12, 16]

(1) 구조형식에 따른 분류 2가지 : ① _____, ② _____
(2) 조립방식에 의한 분류 2가지 : ① _____, ② _____

(1) ① 패널방식
② 샛기둥방식
(2) ① 유닛월 방식
② 스틱월 방식

16 커튼월 조립방식에 의한 분류에서 각 설명에 해당되는 방식을 보기에서 골라 기호를 쓰시오. (3점)　　　　[11, 13, 17, 20]

> (1) ©
> (2) ㉠
> (3) ©

> [보기]
> ㉠ Stick Wall 방식　　　© Window Wall 방식　　　© Unit Wall 방식

(1) 구성 부재 모두가 공장에서 조립된 프리패브(Pre-fab)형식으로 창호와 유리, 패널의 일괄발주 방식임. 이 방식은 업체의 의존도가 높아서 현장상황에 융통성을 발휘하기가 어려움　　　(　　　)

(2) 구성 부재를 현장에서 조립·연결하여 창틀이 구성되는 형식으로 유리는 현장에서 주로 끼운다. 현장 적응력이 우수하여 공기조절이 가능　　　(　　　)

(3) 창호와 유리, 패널의 개별발주 방식으로 창호 주변이 패널로 구성됨으로써 창호의 구조가 패널 트러스에 연결할 수 있어서 재료의 사용효율이 높아 비교적 경제적인 시스템 구성이 가능한 방식 (　　　)

1. 단열공법의 종류

(1) 벽단열공법

외벽단열법	• 단열재를 구조체 외측, 외벽에 설치하는 공법이다. • 단열효과가 우수하다. • 시공이 어렵고 복잡하나 한랭지에 시공한다. • 우수한 기성재의 개발과 의장을 겸한 공법들이 많이 개발되어 활발하게 시공되고 있다.
내벽단열법	• 단열재를 구조체 내부에 설치하는 공법이다. • 결로 발생 우려가 있다. • 단열성능은 적다. • 구조체의 동시시공이 가능하다. • 공사비가 저렴하다.
중공벽단열법	• 단열재를 구조체 중간에 설치하는 공법이다. • 조적벽, 공간쌓기 사이 PC판의 단열 공사용으로 단열효과는 우수하다. • 공사비가 많이 든다.

(2) 시공법에 따른 분류

성형단열재 붙임공법	• 구조체의 동시타설이 가능하다. • 접합부의 수가 적으므로 습기투과 방지 기능을 한다. • 구조체로부터의 탈락방지용 철물을 장치한다.
현장발포공법	• 발포수지(우레아폼)가 대표적이다. • 복잡한 형상의 공간에도 골고루 압입주입이 가능하다. • 표면 마무리, 유동성 개선, 시공 후 공극 발생 염려가 없다.
뿜칠공법	• 어떤 복잡한 형상의 단면에도 고루 시공이 가능하다. • 아스베스토스가 대표적이다. • 방화적인 측면에서도 우수하다.

2. 단열재료의 분류

(1) 섬유질 재료

암면(암면판, 펠트, 보온통), 글라스 울(Glass Wool, 유리면) 텍스, 코르크

(2) 다포질 재료

기포유리, 단열 모르타르, 기포 콘크리트, 경량골재, 기포 플라스틱 등

(3) 반사성 재료

다층알루미늄박 및 방수지, 알루미늄박 및 아스팔트 펠트

3. 단열재의 요구 조건

① 열전도율은 0.06~0.07kcal/mh℃ 이하일 것
② 열전도율이 낮을 것
③ 흡수성이 낮을 것
④ 투습성이 적고 내화성이 있을 것
⑤ 비중이 작고 상온에서 시공성(가공성, 접착성)이 좋을 것
⑥ 내후성, 내산성, 내알칼리성 재료로 부패되지 않을 것
⑦ 균질한 품질, 가격이 저렴할 것
⑧ 유독가스 발생이 적고 인체에 유해하지 않을 것

4. 흡음재와 차음재의 종류

(1) 흡음재

텍스류처럼 비중이 가볍고 음을 통과시켜 차음성이 없다. 음에너지를 열에너지로 바꾸는 과정에서 소리를 흡수한다.

(2) 차음재

유리처럼 비중이 크고 음의 통과를 저지해 흡음성이 없다.
예 콘크리트

(3) 거친 면 흡음판

단열재 중 텍스(Tex)류가 여기에 속한다.

(4) 반유공(구멍) 흡음판

암면, 유리면 텍스류에 반관통의 작은 구멍을 만든 것이다.

(5) 유공 흡음판

표면에 작은 구멍이 있고 그 뒤에 흡음재료를 부착한 것이다.
① 석면 시멘트 흡음판   ② 석고보드
③ 알루미늄   ④ 합판제
⑤ 하드보드 흡음판

(6) 플라스틱제 흡음판

① 기포 스틸렌 흡음판
② 발포 폴리우레탄 흡음판
③ 골형 적층 흡음판

Tip
흡음률의 크기 순서
유리섬유 > 암면 > 텍스 > 유공보드
> 연질섬유판 > 경질섬유판

5. 도배공사

(1) 벽도배 시공 순서

바탕처리 → 초배지바름 → 재배지바름 → 정배지바름

(2) 풀칠방법

① 온통바름(온통 풀칠) : 종이에 온통 풀칠하여 바르는 것
② 봉투바름(갓둘레 풀칠) : 종이 주위에 풀칠하여 바르는 것
③ 비늘바름(한쪽 풀칠) : 종이의 한쪽 면만 풀칠하여 바르는 것

6. 내벽마무리

① 경량철골벽 마무리 : 석고판을 붙이거나 라스(Lath) 바탕의 미장 마무리
② 합판 붙이기
③ 석면시멘트판 붙임
④ 목모시멘트판 붙임
⑤ 금속판 붙이기
⑥ 보온, 보냉, 흡음판 붙임 등이 있다.

7. 바닥마무리

(1) 목재류의 시공

① 플로어링 보드(Flooring Board) : 두께 9mm, 너비 60mm, 길이 600mm 정도이며, 제혀쪽매로 연결한다.
② 플로어링 블록(Flooring Block) : 정사각형 블록으로 쪽매널 블록이라고도 한다.
③ 쪽매널 깔기 : (Wood Mosaic Parquetry) Parquetry Board, Panel, Block 등이 쓰인다.
④ 파티클 보드(Particle Board) : 칩 보드(Chip Board)라 하며 선반, 마룻널, 칸막이 가구 등에 사용한다.
⑤ 마루의 보행 소음방지 처리
  ㉠ 이중 마룻널을 깔고 마룻널 사이에 코르크판, 텍스, 펠트, 암면, 유리면, 톱밥 등을 넣는다.
  ㉡ 바닥에 코르크판이나 리놀륨, 비닐타일 등을 시공한다.

(2) 섬유질류 및 플라스틱 계통

① 합성수지 타일 깔기 : 플라스틱, 아스팔트 타일 등을 시공한다.
② 합성수지 시트 깔기 : 리놀륨(Linolium), 고무판(Rubber Sheet) 등을 시공한다.

③ **전도 바닥깔기** : 병원 수술실, 가연성 가스 취급공장, 전도 비닐타일, 전도 모르타르를 사용한다.

④ **방음바닥 구조** : 바탕과 마감 사이에 공기층 흡음재, 고무판 등을 넣는다.

⑤ **방충구조** : 목조의 충해 방지로 콘크리트 토대 위에 동판을 깐다.

⑥ **기타** : 양탄자(Carpet)를 깐다.

(3) 기타

① **리놀륨 바닥깔기**

시트류의 신축이 끝날 때까지 충분한 기간 동안 임시로 펴놓은 다음 접착제를 바탕면에 발라 들뜸이 없이 펴 붙인다.

② **아스팔트타일 및 비닐타일 붙임**

바탕은 평평하게 하고 충분한 건조 후 다음 프라이머를 바르고 건조시킨다. 그 후 접착제를 바르고 실재 중심선에 따라 먼저 십자형(十字形)으로 붙이고, 그곳을 기준으로 하여 붙여 나간다

③ **이중바닥**

일정한 공간을 두고 떠 있게 한 이중바닥 시스템을 'Free Access Floor'라 하며, 공조, 배관, 전기 · 전자, 컴퓨터 설치와 유지 관리, 보수의 편리성 등으로 사용된다. 주로 장방형의 바닥 패널(Floor Panel)을 받침대로 지지시켜 만들며 I.B, EDPS, 전화교환실 등에 사용된다.

8) 천장 만들기

방한, 방서, 보온, 차음을 위하여 천장을 설치하며 달반자, 제물반자가 있다.

(1) 목조 천장의 조립 순서

① 인서트 묻기　　　　　② 달대받이 설치
③ 달대 설치　　　　　　④ 반자돌림대 설치
⑤ 반자틀 받이　　　　　⑥ 반자틀
⑦ 마감재 부착(텍스나 기타 마감재)

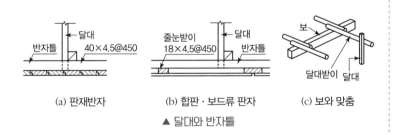

(a) 판재반자　　　　(b) 합판 · 보드류 판자　　　　(c) 보와 맞춤
▲ 달대와 반자틀

시공 순서
바탕처리 → 깔기계획 → 임시깔기 → 정깔기 → 마무리

시공 순서
콘크리트 바탕 마무리 → 바탕건조 → 프라이머 도포 → 먹줄치기 → 접착제 도포 → 타일 붙이기 → 타일면 청소 → 왁스 먹임

지지방식
지지각 분리방식, 지지각 일체방식, 조정 지지각 방식, 트렌치 구성방식

(2) 경량철골 반자틀 시공 순서

인서트 매입 → 행거볼트 및 행거 설치(달대 설치) → 벽 반자돌림대 설치 → 찬넬 설치 → M Bar 혹은 T Bar 설치(천장틀 설치) → 마감재 부착 (천장판 붙임)

(3) 경량철골 반자틀 시공 순서

앵커 설치 → 달대 설치 → 천장틀 설치 → 텍스 붙이기

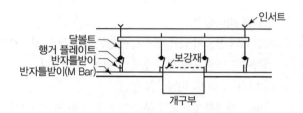

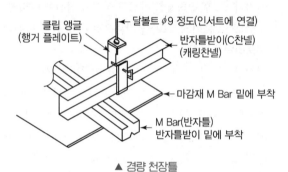

▲ 경량 천장틀

9. 각종 마감공사 시공 순서

온수 난방 온돌공사 시공 순서	바닥 콘크리트 → 방습층 설치 → 단열재 깔기 → 자갈 채움 → 버림 콘크리트 → 파이프 설치 → 미장 모르타르 → 장판지 바름	
바닥 플라스틱재 타일 붙이기의 시공 순서	콘크리트 바탕마무리 → 콘크리트 바탕건조 → 프라이머 도포 → 먹줄치기 → 접착제 도포 → 타일 붙이기 → 타일면 청소 → 타일면 왁스 먹임	
마감 시공 순서	위 → 아래	외벽미장, 외벽타일, 실내(외)도장
	아래 → 위	실내타일, 수직부 용접
내부 마감 순서	① 창, 출입구(새시) → ② 벽, 천장(회반죽바름) → ③ 징두리(인조대리석판) → ④ 걸레받이(인조대리석판) → ⑤ 마루(비닐타일)	
계단 논슬립 나중 설치 순서	① 가설 나무벽돌 설치 → ② 콘크리트 타설 → ③ 가설 나무벽돌 제거 및 청소 → ④ 다리철물 설치 → ⑤ 사춤 모르타르 구멍 메우기 → ⑥ 논슬립 고정 → ⑦ 보양	

1. 석면(Asbestos)

천연 무기섬유로 사문석, 규석 등을 용융 압축분사하여 만든 섬유물질이다. 불연성 경량 단열재로 널리 사용되며 석면 보온판, 관, 매트, 슬레이트(Slate) 등의 제품이 있다.

2. 발포폴리스티렌(스티로폼)

전기절연성(고주파절연성 우수), 단열효과가 크고 흡수율, 비중이 작으며 내부식성이 우수하고, 시공성이 좋다. 보온판, 보온관 등에 널리 사용된다.

3. 흡음재와 차음재

흡음재는 텍스처럼 비중이 가볍고 음을 통과시켜 차음성이 없고, 차음재는 유리처럼 비중이 크고 음을 통과시키지 않아 흡음성이 없다. 그러므로 차음량이 큰 것은 흡음률이 작고 흡음률이 큰 것은 차음량이 작다.

4. 도배공사 중 봉투마름

종이둘레에만 풀칠하여 찢어짐을 방지하는 마름법이다.

5. 징두리벽

징두리란 사람이나 다른 물체가 벽이나 문에 닿는 정도까지의 높이 부분을 말하는 것으로 징두리벽은 실내 벽면의 하부와 상부가 구별되어 있을 때 그 아랫부분을 말한다.

과년도 기출문제

E n g i n e e r A r c h i t e c t u r e PART 01

01 건축공사의 단열공법에서 단열부위의 위치에 따른 벽단열공법의 종류를 쓰시오. (3점)　　　　　　　　　　　　　　　　[99, 02, 06, 16]

① _____　　② _____　　③ _____

▷▷ ① 외벽(외부) 단열공법
② 내벽(내부) 단열공법
③ 중공벽 단열공법

02 일반적인 단열재의 요구조건을 4가지만 쓰시오. (4점)　　　[07]

① _____
② _____
③ _____
④ _____

▷▷ ① 열전도율이 낮을 것
② 흡수성이 낮을 것
③ 투습성이 적고 내화성이 있을 것
④ 비중이 작고 상온에서 시공성이 좋을 것

03 일반적인 벽도배의 시공 순서를 쓰시오. (5점)　　　　　　[86]

① _____　　② _____
③ _____　　④ _____

▷▷ ① 바탕처리
② 초배지바름
③ 재배지바름
④ 정배지바름

04 다음 용어를 설명하시오. (2점)　　　　　　　　　　　[88, 94]

도배 공사 중 봉투바름

_____

▷▷ 종이 주위에 풀칠하여 바르는 것이 봉투바름이며, 찢어지지 않게 하는 효과가 있다.

05 리놀륨 바닥깔기의 시공 순서를 쓰시오. (5점)　　　　[86, 00]

① 바탕 고르기　　② _____　　③ _____
④ _____　　⑤ 마무리

▷▷ ② 깔기 계획
③ 임시깔기
④ 정깔기

06 바닥 플라스틱제 타일 붙이기의 시공 순서를 보기에서 골라 기호를 쓰시오. (5점) [86]

> ⓑ-ⓜ-ⓢ-ⓞ-ⓛ-ⓖ-ⓒ-ⓔ

[보기]
ⓖ 타일 붙이기　　　　　ⓛ 접착제 도포
ⓒ 타일면 청소　　　　　ⓔ 타일면 왁스 먹임
ⓜ 콘크리트 바탕건조　　ⓑ 콘크리트 바탕마무리
ⓢ 프라이머 도포　　　　ⓞ 먹줄치기

---

07 인텔리전트 빌딩의 Access 바닥에 관하여 서술하시오. (4점)
[00, 09, 19]

> 일정한 공간을 두고 떠 있게 한 이중바닥 시스템을 'Free Access Floor'라 하며, 공조, 배관, 전기·전자, 컴퓨터 설치와 유지 관리, 보수의 편리성 등으로 사용된다. 주로 장방형의 바닥패널(Floor Panel)을 받침대로 지지시켜 만들며 I.B, EDPS, 전화교환실 등에 사용된다.

---

08 2중바닥 구조인 Access Floor의 지지방식을 4가지 쓰시오. (4점)
[10]

① _____　② _____
③ _____　④ _____

> ① 지지각 분리방식
> ② 지지각 일체방식
> ③ 조정 지지각 방식
> ④ 트렌치 구성방식

---

09 경량철골 천장틀 설치 순서를 보기에서 골라 기호를 쓰시오. (3점)
[87]

> ⓔ-ⓒ-ⓖ-ⓛ

[보기]
ⓖ 천장틀 설치　　　　　ⓛ 텍스 붙이기
ⓒ 달대 설치　　　　　　ⓔ 앵커 설치

10 경량철골 반자틀 시공 순서를 천장판 시공까지 쓰시오 (4점)

[94, 95, 97, 02]

인서트 매입 – (①) – (②) – (③) – (④) – (⑤)

① _____

② _____

③ _____

④ _____

⑤ _____

① 행거 볼트 및 행거 설치(달대 설치)
② 벽 반자돌림대(Moulding) 설치
③ 찬넬 설치(천장틀받이 설치)
④ M Bar 설치(천장틀 설치)
⑤ 마감재 부착(천장판 붙임)

11 온수난방 온돌공사의 시공 순서를 보기에서 골라 기호를 쓰시오. (4점)

[92]

Ⓢ–Ⓛ–Ⓗ–Ⓒ–Ⓜ–㉠–ⓞ–㉣

> [보기]
> ㉠ 파이프 배관　　　㉡ 방습층 설치　　　㉢ 자갈채움
> ㉣ 장판지 마감　　　㉤ 버림콘크리트　　　㉥ 단열재 깔기
> ㉦ 바닥콘크리트　　　㉧ 미장 모르타르

_____

12 다음 공사의 시공 순서가 위에서부터 아래인지 혹은 아래에서부터 위인지 적으시오. (5점)

[85, 95]

(1) 외벽미장 : _____ 에서부터 _____

(2) 실내타일 붙이기 : _____ 에서부터 _____

(3) 수직부 용접 : _____ 에서부터 _____

(4) 외벽타일 붙이기(고층압착공법) : _____ 에서부터 _____

(5) 실외도장 : _____ 에서부터 _____

(1) 위, 아래　　　(2) 아래, 위
(3) 아래, 위　　　(4) 위, 아래
(5) 위, 아래

13 다음 보기에서 마감공사 항목을 시공 순서에 따라 기호를 쓰시오. (5점)

[90, 95, 06]

㉣–㉠–㉢–㉤–㉡

> [보기]
> ㉠ 벽미장(회반죽)마감　　　㉡ 빠닥깔기(비닐타일)
> ㉢ 징두리 설치(인조 대리석판)　　　㉣ 창 및 출입문(새시)
> ㉤ 걸레받이 설치(인조 대리석판)

_____

14 계단 논슬립(Non Slip) 설치에서 나중 설치 순서를 쓰시오. (3점)

[93]

(①)-콘크리트 타설-(②)-(③)-사춤모르타르 구멍메우기
-(④)-(⑤)

① ＿＿＿＿＿＿＿＿＿＿＿　② ＿＿＿＿＿＿＿＿＿＿＿

③ ＿＿＿＿＿＿＿＿＿＿＿　④ ＿＿＿＿＿＿＿＿＿＿＿

⑤ ＿＿＿＿＿＿＿＿＿＿＿

① 가설 나무벽돌 설치
② 나무벽돌 제거 및 청소
③ 다리 철물 설치
④ 논슬립 고정
⑤ 보양

MEMO

ENGINEER
ARCHITECTU

공정관리

CHAPTER 01 총론

E n g i n e e r A r c h i t e c t u r e PART 02

1. 공정표

1) 공정표의 목적

① 공사의 공정계획과 진척 상황을 알기 쉽게 한다.
② 공사의 여러 가지 문제점 등을 파악하여 공기단축, 양질시공을 이룬다.

2) 공정표의 종류

Tip
횡선식 공정표의 개념과 장단점을 반드시 체크해야 한다.

(1) 횡선식 공정표(Bar Chart, Gantt Chart)

공사종목을 세로축에, 월일은 가로축에 적어 공정을 막대그래프로 표시한다. 예정공정과 실시공정을 비교하며 공정관리에 이용하는 가장 일반적인 공정표이다.

① 장점
㉠ 각 공정별 공사와 전체 공정시기 등이 일목요연하다.
㉡ 착수 및 완료일이 명시되어 판단이 용이하다.
㉢ 공정표가 단순하여 경험이 적은 사람도 이용하기 쉽다.

② 단점
㉠ 작업 상호 간의 관계가 불분명하다.
㉡ 공사기일에 맞추는 단순한 작도를 꾸미는 결함이 있다.
㉢ 주 공정선을 파악하기 어려워 관리 및 통제가 어렵다.

▼ 횡선식 공사 공정표 예

공사종목 (Activity)	1	2	3	4	5	6	7	8	9	10	11	12	13	14	15	16	17	18	19	20	21	22	23	비고
1. 대지정리 · 측량 · 규준틀	■																							
2. 터파기		■																						
3. 줄기초 · 잡석다짐 · 틈막이 자갈			■																					
4. 밑창 콘크리트				■																				약 0.7m³
5. 거푸집 설치				■	■																			패널 사용
6. 철근가공 · 조립배근					■	■																		약 2.8m³
7. 기초 콘크리트 · 보양						■	■																	
8. 세차용 배수관 설치			■																					
9. 되메우기 · 바닥 자갈다짐																								거푸집 제거 포함
10. 철골가공 · 검사 · 반입		■	■	■	■	■	■	■	■															중도리 · 가새 포함
11. 철골 세우기 · 볼트 조이기													■											경미한 볼트
12. 스틸섀시 · 셔터 가공 · 운반 · 설치		■	■	■	■	■	■	■	■	■	■	■	■	■										보통품
13. 슬레이트(지붕 · 벽) 설치		■	■	■	■	■	■	■	■	■	■	■	■	■										약 6m³
14. 바닥 콘크리트 · 보양																■								에스론 파이프
15. 홈통(처마 · 선홈통) 설치																■								
16. 수도배관																■								
17. 전기배관 배선 · 기구																	■							콘디트 튜브
18. 모르타르 바름 (바닥 · 징두리)																			■	■				
19. 유리 끼우기																	■							
20. 페인트칠																						■		
21. 청소 완성																							■	

(2) **사선공정표(절선공정표)**

기성고, 자재 반입량, 노무자 수 등은 세로축, 월일은 가로축으로 하여 공사 진척사항을 그래프로 표시한 것이다.

① 장점

    ㉠ 공사의 기성고를 표시하는 데 편리하다.

    ㉡ 공사지연에 따라 조속한 대처가 가능하다.

② 단점 : 작업의 관련성을 나타낼 수 없다.

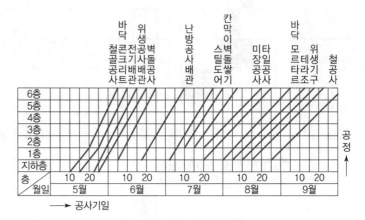

▲ 사선식 공정표

③ 바나나 곡선[진도관리 곡선(S－curve)]

    ㉠ 개요

        공정계획선의 상하에 허용한계선을 표시하여 그 한계 내에 들어가게 공정을 조정하는 것으로, 공정의 진척 정도를 표시하는 데 활용된다.

    ㉡ 분석

분석	작성 예
• A점 : 예정보다 빨리 건축되었으나 허용한계 외에 있으니 비경제적 시공이다. • B점 : 예정에 근접하므로 그 속도로 진행하면 된다. • C점 : 허용한계를 벗어나 늦어졌으므로 공정을 촉진시켜야 한다. • D점 : 허용한계선에 있고 준공이 가까우므로 더욱 촉진시켜야 한다.	

⑶ 열기식 공정표

재료, 노무자 수, 현치도 작성 등 필요한 기일 및 재료 주문 기일 등을 글자로 나열한 것이다.

① 장점 : 노무자와 재료 수배에 알맞다.
② 단점 : 각 부분공사와 상호 간의 지속관계를 알 수 없다.

⑷ 일순공정표

1주 또는 10일을 단위로 그 기간 중의 공정을 상세하게 나타낸 공정표로 '마무리 공정표'라고도 한다.

⑸ Network 공정표

① 개개의 작업을 ○와 →로 구성하는 망상도이다.
② 각 화살표나 ○표시에는 작업의 명칭, 소요시간, 자재, 코스트 등을 기입하여 프로젝트 수행과 관련해 발생하는 공정상의 여러 문제를 도해나 수리적 모델로 해명하고, 진척 관리하는 것이다.
③ 특성
  ㉠ 공사계획의 전모와 공사 전체의 파악을 용이하게 할 수 있다.
  ㉡ 각 작업의 흐름과 공정이 분해됨과 동시에 작업의 상호관계가 명확하게 표시된다.
  ㉢ 공사의 진척 사항을 누구나 알 수 있다.
④ 장점
  ㉠ 개개의 작업 관련 내용이 도시되어 있어 파악이 용이하다.
  ㉡ 재래의 개념적인 공정표가 숫자화되고 계획 및 관리면에서 신뢰도가 높으며, 전자계산기의 이용이 가능하다.
  ㉢ 크리티컬 패스 또는 이에 따르는 공정에 주의하면 다른 작업에 계획 누락이 없는 한 공정배치가 가능하다.
  ㉣ 작성자가 아니더라도 이해하기 쉬우므로 건축주나 관련 업자와의 공정 회의에 대단히 편리하다.
⑤ 단점
  ㉠ 다른 공정표에 비해 작성시간이 길다.
  ㉡ 작성과 검사에 특별한 기능이 요구된다.
  ㉢ Network 기법의 표시상 제약으로 작업의 세분화 정도에는 한계가 있다.
  ㉣ 공정표의 표시나 수정이 어렵다.

 Tip

Networkr 공정표의 장단점을 다음 챕터의 실제 Network 공정표를 보면서 반드시 체크해야 한다.

Tip 👆

PERT와 CPM의 차이 중 특히 소요시간 추정(t_e)에 대해 체크해야 한다.

PERT와 CPM의 차이점
① PERT : 1958년에 미국 해군의 특별 계획실에 의해 Polaris 핵잠수함 건조계획 시 개발과정에 있어서의 이 정계획과 그 컨트롤 기법으로서 고안해 낸 것이며, Program Evaluation and Review Technique의 약자이다.
② CPM : PERT 개발과 같은 무렵 민간회사인 듀폰 사와 레민트랜트 사의 일정과 코스트의 관리를 위한 기법이며, Critical Path Method의 약자이다. 공기설정에 있어서 최소비용 조건으로 최적의 공기를 구하는 것을 목적으로 하고 있다.

▼ PERT와 CPM의 차이점

구분	PERT	CPM
대상으로 하는 계획 및 사업 종류	신규사업, 비반복사업 : 경험이 없는 사업	반복사업 : 경험이 있는 건설공사
소요시간 추정	• 경험이 없는 사업을 대상으로 하므로 소요시간을 세 가지 방법으로 산정한 후 확률계산을 통해 계획달성 확률을 사전에 계산 • 3점 추정 $$t_e = \frac{t_o + 4t_m + t_p}{6}$$ t_e : 평균 기대시간 t_o : 낙관 시간치 t_m : 정상 시간치 t_p : 비관 시간치	• 경험이 있는 사업을 대상으로 하므로 한 점의 시간 추정으로 그린다. • 1점 추정 $$t_e = t_m$$
MCX(최소비용)	이론이 없다.	CPM의 핵심이론이다.
일정계획	• 일정계산이 복잡하다. • 단계 중심의 이완도 산출	• 일정계산이 단순하고, 작업 간 조정이 가능하다. • 활동재개에 대한 이완도 산출
수법 개발	1958년 미해군 Polaris 핵잠수함 건조계획 시 개발	1956년 미국의 듀폰 사에서 연구개발

2. 공정관리

1) Network 표시 원칙

① 작업에 대응하는 결합점이 표시되어야 하고, 그 작업은 하나로 한다.
② 결합점에 들어오는 작업군이 완료되지 않으면 그 결합점에서 나가는 작업은 개시할 수 없다.
③ Network의 개시, 종료 결합점은 각기 하나씩이어야 한다.
④ Network상의 화살표 방향은 역진 또는 회송되어서는 안 된다.
⑤ 결합점 번호는 임의대로 작업의 진행에 맞추어 부여한다.
⑥ 가능한 한 요소 작업 상호 간의 교차는 피한다.
⑦ 무의미한 더미는 피한다.

Tip 👆

Network의 표시 원칙 예

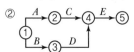

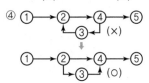

※ E 작업은 C, D 작업이 종료되어야 개시된다.

2) Network 기본원칙

(1) 공정원칙

Network 공정표상에 표시된 모든 공정은 독립된 공정으로 간주되어야 하며, 모든 공정은 수행, 완료되어야 한다.

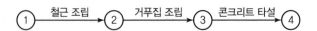

(2) 단계원칙

Network 공정표의 결합점(Event)은 그 이전의 모든 작업이 완료되어야만 후속작업을 개시할 수 있는 단계를 표시한다. 즉, 어떤 결합점으로 연결 유도된 모든 활동(Activity)이 완수될 때까지 그 Event에서 후속되는 모든 작업은 그 시점에 발생할 수 없다.

(3) 활동원칙

Network 공정표의 각 Activity는 자원과 시간을 소비하는 공정활동으로 어떤 활동(Activity)이 시작될 때 이에 선행하는 모든 작업활동은 완료되어야 하며, 필요에 따라 명목상 활동(Dummy)을 도입해야 한다.

(4) 연결원칙

Network 공정표의 Event는 Activity들 간의 관계로서 공정망이 구성되어져 모두 연결되어 있어야 한다는 원칙이며, 이때의 연결은 좌측에서 우측으로 화살선을 한쪽 방향으로만 표시한다.

(5) 용어정리 및 공정계획

No.	용어	영어	기호	내용
1	프로젝트	Project	–	네트워크에 표현하고자 하는 대상 공사
2	공정망	Network	–	작업의 순서관계를 →와 ○로 표현하는 망상도
3	공정계획	Planning of Progress	–	프로젝트의 공정을 계획하는 일, 수순계획과 일정계획
4	수순계획	Planning	–	작업순서·시간 및 자원 등을 정하는 계획

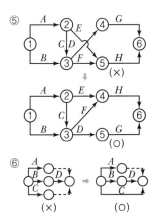

※ 더미는 가능한 한 일수가 적은 곳에서 사용한다.

No.	용어	영어	기호	내용
5	일정계획	Scheduling	–	지정공기·소유자원의 제약하에 계획 달성에 필요한 일정의 계획
6	작업	Job, Activity	–	프로젝트를 구성하는 작업단위
7	더미	Dummy	–	화살표형 네트워크에서 정상표현으로 할 수 없는 작업의 상호관계를 표시하는 화살표
8	결합점	Node, Event	–	화살표형 네트워크의 작업과 작업을 결합하는 점 및 개시점·종료점
9	소요기간	Duration	D	작업을 수행하는 데 필요한 시각
10	가장 빠른 개시 시각	Earliest Starting Time	EST	작업을 시작하는 가장 빠른 시각
11	가장 빠른 종료 시각	Earliest Finishing Time	EFT	작업을 끝낼 수 있는 가장 빠른 시각
12	가장 늦은 개시 시각	Latest Starting Time	LST	공기에 영향이 없는 범위에서 작업을 가장 늦게 개시하여도 좋은 시각
13	가장 늦은 종료 시각	Latest Finishing Time	LFT	공기에 영향이 없는 범위에서 작업을 가장 늦게 종료하여도 좋은 시각
14	결합점 시각	Node Time	NT	화살표형 네트워크에서 시간 계산이 된 결합점 시각
15	가장 빠른 결합점 시각	Earliest Node Time	ET	최초의 결합점에서 대상의 결합점에 이르는 경로 중 가장 긴 경로를 통과해야 가장 빨리 도달되는 결합점 시각
16	가장 늦은 결합점 시각	Latest Node Time	LT	임의의 결합점에서 최종 결합점에 이르는 경로 중 시간적으로 가장 긴 경로를 통과하여 종료 시각에 될 수 있는 개시시각
17	지정공기	–	T.	미리 지정된 공기
18	계산공기	–	T	네트워크의 시간 계산으로 구한 공기
19	간공기	–	–	화살표 네트워크에서 어느 결합점에서 종료 결합점에 이르는 최상 패스의 소요시간·서클 네트워크에서 어느 작업에서 최후 작업에 이르는 최장 패스의 소요시간
20	패스	Path	–	네트워크 중 둘 이상의 작업의 이어짐
21	최장 패스	Longest Path	LP	임의의 두 결합점 간의 패스 중 소요시간이 가장 긴 패스
22	크리티컬 패스	Critical Path	CP	개시 결합점에서 종료 결합점에 이르는 가장 긴 패스
23	슬랙	Slack	SL	결합점이 가지는 여유시간
24	플로트	Float	–	작업의 여유시간
25	토털 플로트	Total Float	TF	가장 빠른 개시시각에 시작하여 가장 늦은 종료시각으로 완료될 때 생기는 여유시간

No.	용어	영어	기호	내용
26	프리 플로트	Free Float	FF	가장 빠른 개시시각에 시작하여 후속하는 작업을 가장 빠른 개시시각에 시작하여도 존재하는 여유시간
27	디펜던트 플로트	Dependent Float	DF	후속작업의 TF에 영향을 주는 플로트
28	랙 타임	Lag Time	–	한 작업의 EST와 선행작업의 시간차를 의미하는 자연시간
29	리드 타임	Lead Time	–	건설공사 계약 체결 후 실제 현장공사 착수 시까지 준비기간

(6) 더미(Dummy)의 종류

넘버링 더미 (Numbering Dummy)	논리적 순서와는 관계없이 요소작업의 중복을 피하기 위한 더미
로지컬 더미 (Logical Dummy)	요소작업 간의 전후관계를 규정하거나 연결관계의 제약을 나타내기 위한 더미
커넥션 더미 (Connection Dummy)	작업과 작업 간에 연결의미만을 가지고 있을 뿐 삭제 또는 생략시킬 수 있는 더미
타임 랙 더미 (Time Lag Dummy)	연결더미에 시간(Time Scale)을 표시한 더미

(7) 공정계획 순서

공정계획	수순계획	1. 프로젝트를 단위작업으로 분해한다. 2. 각 작업에 순서를 붙여서 네트워크로 표시한다. 3. 각 작업시간을 견적한다. 4. 시간 계산을 실시한다. 5. 공기조정을 실시한다.
	일정계획	6. 공정표를 작성한다.
공정관리		7. 공정관리를 실시한다.

3. EVMS(비용공정 통합관리)

EVMS(Earned Value Management System) 기법은 프로젝트에 있어서 현재의 정확한 성과측정과 향후 예측을 위한 비용(Cost)과 공정(Time)의 통합관리기법이다.

EV(Earned Value)란 어떤 노력을 통해 획득된 가치를 말하는 것으로 사업의 특정 시점에서 실제 수행된 작업량 또는 진도율과 유사한 개념이며, 미국 예산 관리처에서는 EVMS를 "프로젝트 사업비용, 일정 그리고 수행목표의 기준 설정 및 실 진도측정을 통한 성과 위주의 관리체계"라고 정의하고 있다.

과년도 기출문제

01 다음 설명 중 보기에서 알맞은 말을 골라 기호를 쓰시오. (8점) [92]

> [보기]
> ㉠ PERT Network   ㉡ CPM Network
> ㉢ 사선식 공정표   ㉣ 횡선식 공정표
> ㉤ 전체공정표   ㉥ 세부공정표

(1) 경험이 있는 공사에 사용되며, 전자계산기 이용이 가능하다. (　)

(2) 기성고를 파악하는 데 유리하고, 공사지연에 대한 조속한 대처가 가능하다. (　)

(3) 공사의 공정이 일목요연하며, 경험이 없는 사람도 쉽게 이해한다. (　)

(4) 경험이 없는 공사에 사용되며 전자계산기 이용이 가능하다. (　)

> (1) ㉡
> (2) ㉢
> (3) ㉣
> (4) ㉠

02 공정관리에 대한 기술 중 (　　) 안에 알맞은 말을 쓰시오. (3점) [94]

> 네트워크에서 공기는 계약 시 주어진 (　①　)와/과 일정 산출 시 구하여진 (　②　)으로/로 구분할 수 있는데, 이 두 공기를 일치시키는 작업을 (　③　)이라/라 한다. 이 단계에서 계획에 수정이 있을 때에는 전체 공정의 일정 계산을 다시 해야 한다.

① _____ ② _____ ③ _____

> ① 지정
> ② 계산
> ③ 공기 조정

03 다음 네트워크 공정표 작성에 관한 기본원칙 중 설명이 틀린 것을 모두 골라 번호를 쓰시오. (4점) [93]

> ① 개시 및 종료 결합점은 반드시 하나로 되어야 한다.
> ② 요소작업 상호 간에는 절대 교차하여서는 안 된다.
> ③ ① 이벤트에서 ① 이벤트로 연결되는 작업은 반드시 하나이어야 한다.
> ④ 개시에서 종료 결합점에 이르는 주 공정선은 반드시 하나이어야만 한다.
> ⑤ 네트워크 공정표에서 어느 경우라도 역진 또는 회송되어서는 안 된다.

> ②, ④

04 PERT/CPM 계획공정표의 기본원칙 4가지를 쓰시오. (4점)

① _____ ② _____

③ _____ ④ _____

① 공정원칙
② 단계원칙
③ 활동원칙
④ 연결원칙

05 횡선식 공정표의 장점을 3가지 쓰시오. (4점) [91]

① _____

② _____

③ _____

① 각 공정별 공사와 전체 공정시기 등이 일목요연하다.
② 작업의 착수 및 완료일이 명시되어 판단이 용이하다.
③ 공정표가 단순하여 경험이 적은 사람도 이용이 쉽다.

06 (1) 횡선식 공정표의 단점을 3가지 쓰시오. (3점)

① _____

② _____

③ _____

① 작업 상호 간의 관계가 불분명하다.
② 공사기일에 맞추는 단순한 작도를 꾸미는 결함이 있다.
③ 주 공정선을 파악하기 어려워 관리 및 통제가 어렵다.

(2) 공정관리 중 진도관리에 사용되는 S-curve(바나나 곡선)는 주로 무엇을 표시하는 데 활용되는지 설명하시오. (4점)
[04, 10, 13]

_____

_____

_____

S-curve는 공정계획선의 상하에 허용한계선을 표시하여 그 한계 내에 들어가게 공정을 조정하는 것으로 공정의 진척도를 표시하는 데 활용된다.

07 실제적으로는 시간과 물량이 없는 명목상의 작업으로서 이벤트 간의 제약 조건을 표시하고, 공정의 전후관계를 명확히 규정하는 액티비티는? (2점)

_____

더미(Dummy)

08 네트워크 공정표에서 작업 상호 간의 연관관계만을 나타내는 명목상의 작업인 더미(Dummy)의 종류를 3가지 쓰시오. (3점)
[02, 11, 17]

① _____ ② _____ ③ _____

① 넘버링(Numbering) 더미
② 로지컬(Logical) 더미
③ 커넥션(Connection) 더미
④ 타임랙(Time-Lag) 더미

09 네트워크(Network) 공정관리기법 중 서로 관계있는 항목을 연결하
시오. (4점)　　　　　　　　　　　　　　　　　　　　　　　[86, 12]

① 계산공기

② 패스(Path)

③ 더미(Dummy)

④ 플로트(Float)

㉠ 네트워크 중의 둘 이상의 작업이
연결된 작업의 경로

㉡ 네트워크 시간산식에 의하여
얻은 기간

㉢ 작업의 여유시간

㉣ 네트워크에서 작업의 상호관계를
나타내는 점선 화살선

㉤ 작업관리상 생략이 가능한 경로

㉥ 미리 공기를 예측한 것

> ①-㉡
> ②-㉠
> ③-㉣
> ④-㉢

10 다음은 Network 공정표에 사용되는 용어를 설명한 것이다. (　)
안에 알맞은 용어를 보기에서 골라 써넣으시오. (3점)　　　[86]

[보기]
EFT, CP, 계획공정, LFT, LP, EST

(①)는 작업을 끝낼 수 있는 가장 빠른 시각을 말하고, 개시 결합점에
서 종료 결합점에 이르는 가장 긴 패스를 (②)라 한다. (③)는 임의
의 두 결합점에 이르는 가장 긴 패스를 말한다.

①　＿＿＿＿＿＿＿　　②　＿＿＿＿＿＿＿　　③　＿＿＿＿＿＿＿

> ① EFT
> ② CP
> ③ LP

11 공정계획의 요소를 5가지 쓰시오. (5점)　　　　　　　　[93]

①　＿＿＿＿＿＿＿＿＿＿　　②　＿＿＿＿＿＿＿＿＿＿

③　＿＿＿＿＿＿＿＿＿＿　　④　＿＿＿＿＿＿＿＿＿＿

⑤　＿＿＿＿＿＿＿＿＿＿

> ① 공사시기　② 공사내용
> ③ 공사규모　④ 노무수배
> ⑤ 재료의 수배　⑥ 시공기기 수배
> ⑦ 동력가설

12 Network에서 얻어지는 정보의 활용을 4가지만 쓰시오. (4점) [89]

① _____
② _____
③ _____
④ _____

❯❯ ① 개개의 작업순서와 상호관계의 파악
② 주 공정선과 중점작업의 파악
③ 여유의 종류와 특성 파악
④ 계획단계에서 만든 여러 데이터의 수집
⑤ 변경이 있을 때 전체 작업에 대한 영향의 파악
⑥ 경험자료 등의 정리, 다음에 활용 가능

13 공사관리의 3대 요소를 쓰시오. (3점)　　　　　[89, 91, 98, 01, 04]

_____

❯❯ 품질관리, 원가관리, 공정관리

14 다음 보기의 네트워크 공정표에서 공기단축에 관한 설명 중 틀린 것을 모두 골라 기호를 쓰시오. (2점) [93]

❯❯ ⓛ, ⓜ

[보기]
㉠ 최초의 공기단축은 반드시 주 공정선에서부터 단축하여야만 한다.
㉡ 여러 작업 중 공기단축 작업의 결정은 비용구배(Cost Slope)가 최대인 것에서부터 실시한다.
㉢ 한 개의 작업이 공기단축할 수 있는 범위는 급속시간(Crash Time)보다 더 작게 하여서는 안 된다.
㉣ 급속시간 조건을 만족시키는 조건에서 하나의 작업이 최대한 공기단축 가능한 시간은 주 공정선이 그대로 존재하거나 혹은 주 공정선이 아니던 작업에서 주 공정선이 병행하여 발생한 그 시점까지이다.
㉤ 요구된 공기단축이 최종공정표에서의 주 공정선을 최초의 주 공정선과 달라져야만 한다.

_____

15 퍼트(PERT)에 사용되는 3가지 시간 견적치를 쓰고, 기대시간차를 구하는 식을 쓰시오. (4점) [97, 02]

_____

① _____　② _____　③ _____

❯❯ $t_a = \dfrac{t_0 + 4t_m + t_p}{6}$
① t_0 : (Optimistic Time) 낙관적 시간
② t_m : (Most Time) 정상시간
③ t_p : (Pessimistic Time) 비관적 시간

16 퍼트(PERT)에 의한 공정관리 방법에서 낙관시간이 4일, 정상시간이 5일, 비관시간이 6일일 때, 공정상의 기대시간(T)을 구하시오. (4점)

[09, 17]

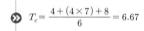

$$t_a = \frac{t_0 + 4t_m + t_p}{6}$$
$$= \frac{4 + (4 \times 5) + 6}{6}$$
$$= 5\,(\text{일})$$

---

17 퍼트(PERT)에 의한 공정관리 방법에서 낙관시간이 4시간, 정상시간이 7시간, 비관시간이 8시간일 때, 공정상의 기대시간(T)을 구하시오. (4점)

[09]

$$T_c = \frac{t_0 + 4t_m + t_p}{6}$$
$$= \frac{4 + (4 \times 7) + 8}{6}$$
$$= 6.67\,(\text{시간})$$

---

18 PERT 기법에 의한 기대시간(Expected Time)을 구하시오. (4점)

[14, 17]

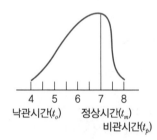

낙관시간(t_o)   정상시간(t_m)
비관시간(t_p)

$$T_c = \frac{4 + (4 \times 7) + 8}{6} = 6.67$$

---

19 다음 보기의 공정계획 순서의 기호를 순서대로 바르게 나열하시오. (4점)

[93]

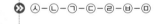

ⓐ-ⓛ-ⓖ-ⓒ-ⓔ-ⓗ-ⓜ

[보기]
ⓖ 각 작업의 작업시간 산정
ⓛ 전체 프로젝트를 단위작업으로 분해
ⓒ 네트워크의 작성
ⓔ 일정계산
ⓜ 공정도 작성
ⓗ 공사기일의 조정
ⓐ 네트워크 작성 준비

20 다음 통합공정관리(EVMS : Earned Value Management System) 용어를 설명한 중 옳은 것을 보기에서 선택하여 기호를 쓰시오. (3점)

[05, 08, 12, 16]

> (1) Ⓐ
> (2) ㅂ
> (3) ㅁ

[보기]
㉠ 프로젝트의 모든 작업내용을 계층적으로 분류한 것으로 가계도와 유사한 형상
㉡ 성과측정시점까지 투입예정된 공사비
㉢ 공사착수일로부터 추정준공일까지의 실 투입비에 대한 추정치
㉣ 성과측정시점까지 지불된 공사비(BCWP)에서 성과측정시점까지 투입예정된 공사비를 제외한 비용
㉤ 성과측정시점까지 실제로 투입된 금액
㉥ 성과측정시점까지 지불된 공사비(BCWP)에서 성과측정시점까지 실제로 투입된 금액을 제외한 비용
Ⓐ 공정, 공사비 통합, 성과측정, 분석의 기본단위

(1) CA(Control Account)　　　　　　　(　　)
(2) CV(Cost Variance)　　　　　　　　(　　)
(3) ACWP(Actual Cost for Work Performed)　(　　)

21 용어 WBS(Work Breakdown Structure)를 간단하게 기술하시오. (4점)

[17, 22]

> 프로젝트의 모든 작업내용을 계층적으로 분류한 것이다.

Tip

일정표기 방법
① A의 EST   ② A의 LFT
① A의 LST   ② A의 EFT

```
 ↓   ↓                      ↓  ↓
┌──┬──┐                    ┌──┬──┐
│20│25│      A(작업명)       │30│25│
└──┴──┘  ─────────────→    └──┴──┘
  ①         5(작업일수)       ②
```

1. 공정표 일정 계산

1) Network 공정표 일정 계산

(1) CPM 기법에 의한 일정 계산

① 일정의 종류

㉠ EST(Earliest Starting Time, 최조개시시각) : 작업을 시작할 수 있는 가장 빠른 시각이다.

㉡ EFT(Earliest Finishin Time, 최조완료시각) : 작업을 종료할 수 있는 가장 빠른 시각이다.

㉢ LST(Latest Starting Time, 최지개시시각) : 가장 늦은 시작시각이다.

㉣ LFT(Latest Finish Time, 최지완료시각) : 가장 늦은 완료시각이다.

② 계산방법

㉠ EST, EFT의 계산방법

- 작업의 흐름에 따라 전진계산을 한다.
- 개시 결합점에서 나간 작업의 EST는 0으로 한다.
- 어느 작업의 EFT는 그 작업의 EST에 소요일수를 가산하여 구한다.
- 복수의 작업에 종속되는 작업의 EST는 선행작업 중 EFT의 최대치로 한다.
- 네트워크의 최종 결합점에서는 그 결합점에서 끝나는 작업의 EFT의 최댓값으로 하고, 이 EST의 값이 계산 공기에 해당한다.

㉡ LST, LFT의 계산방법

- 역진계산으로 한다.
- 종료 결합점에서는 지정공기로 LFT를 넣으면 지정 공기에 대한 LST, LFT가 구해지고, 반대로 역진계산의 초기값을 계산공기로 하였을 때에는 계산공기에 대한 LST, LFT가 구해진다.
- 어떤 작업의 LST는 그 작업의 LFT에서 소요일수를 감하여 구한다.
- 종속작업이 복수일 경우에는 종속작업의 LST의 최솟값이 그 작업에서 LFT가 된다.

- LST, LFT의 계산을 개시 결합점까지 행하면 그 값을 최종 결합점에 넣은 LFT가 계산공기(T)의 0이 되고, 지정공기(T.)와의 관계로 T. < T의 경우는 -(Minus), T. > T일 때는 +(Plus) 값이 된다.

(2) PERT 기법에 의한 일정 계산

① 일정의 종류

㉠ ET(Earliest Time ; 최조시각, TE) : 어떤 결합점을 중심으로 개시 결합점으로부터 그 결합점에 이르는 여러 경로 중 가장 긴 경로를 거쳐 가장 빨리 도달하고, 또한 가장 빨리 시작할 수 있는 결합점 시각이다.

㉡ LT(Latest Time ; 최지시각, TL) : 어떤 결합점을 중심으로 종료 결합점까지 이르는 여러 경로 중 가장 긴 경로를 거쳐 Project의 종료시각에 알맞은 여유가 전혀 없는 가장 늦은 개시 또는 종료 결합점 시각이다.

② 계산방법

㉠ ET의 계산방법

- 전진계산으로 한다.
- 개시 결합에서 나오는 ET는 0으로 한다.
- 두 작업 이상이 합류하는 어떤 결합점의 ET는 그 선행 결합점들의 ET에 각 작업공기를 합한 값 중에서 최대치로 한다.

㉡ LT의 계산

- 역진 계산으로 한다.
- 종료 결합점의 LT는 Project의 완료 목표일, 즉 지정공기가 정해져 있을 경우 그 일자가 LT가 되나, 아무런 지시가 없는 경우에는 종료 결합점의 ET가 LT로 된다.
- LT는 그 뒷작업의 LT에서 공기를 빼어 구한다.
- 두 작업 이상으로 분기되는 어떤 결합점의 LT에서 각 작업공기를 뺀 값 중 최소치로 한다.

2) 여유시간

(1) 여유시간의 종류

① TF(Total Float ; 총여유) : 어떤 작업이 그 전체 공사의 최종 완료일에 영향을 주지 않고 지연될 수 있는 최대여유시간이다.

② FF(Free Float ; 자유여유) : 모든 후속작업이 가능한 한 빨리 개시될 때 어떤 작업이 이용 가능한 여유시간을 말하며, 후속작업에는 영향을 주지 않는다.

Tip

표기방법

① Event의 ET ① Event의 LT ② Event의 ET ② Event의 LT

2025 2530

① —A(작업명)→ ②
5(작업일수)

Tip

PERT 기법의 계산도 CPM 기법과 같은 방법으로 하면 된다.

③ DF(Dependent Float ; 간섭여유) : 후속작업의 총여유(TF)에 영향을 미치는 어떤 작업이 갖는 여유시간이다.

④ INDF(Independent Float ; 독립여유) : 어떤 최악의 사태, 즉 선행작업이 가장 늦은 개시시간에 착수되고, 후속작업이 가장 빠른 개시시간에 착수된다 하더라도 그 작업기일을 수행한 후에 발생되는 여유시간이며, 정상적인 작업조건하에 발생하지 않으므로 일반적으로 생략되고 있다.

Tip 👆
여유시간
① TF=LFT−EFT
② FF=후속작업의 EST−EFT
③ DF=TF−FF

(2) 여유시간 계산

① TF(Total Float=LFT−EFT) : 작업을 EST로 시작하고 LFT로 완료할 때 생기는 여유시간이다.

② FF(Free Float=**후속** EST−그 작업의 EFT) : 작업을 EST로 시작한 다음 후속작업을 EST로 시작하여도 존재하는 여유시간이다.

③ DF(Dependent Float=TF−FF) : 후속작업의 토털 플로트에 영향을 미치는 여유시간이다.

3) CP(Critical Path)

① 작업을 완성시키는 데 여유시간을 전혀 포함하지 않는 최장경로를 말한다.

② TF=0인 작업을 굵은 선으로 표시하여 연결하면 크리티컬 패스가 결정된다.

③ 이 경로는 전체 공기를 지배하므로 공정계획 및 공정관리상 가장 중요한 것이다.

④ Dummy도 주 공정선이 될 수도 있다.

4) 더미(Dummy)

(1) 정의

실현적으로 시간과 물량이 없는 명목상의 작업으로서 이벤트 간의 제약조건을 표시하고, 공정의 전후 관계를 명확히 한다.

Tip 👆
출제된 Network 공정표의 Data 유형
① Event No.만 주어진 경우
② 선후 관계만 주어진 경우
③ Event No.와 선후 관계가 함께 주어진 경우
④ Bar Chart가 주어진 경우

(2) 특성

① 점선화살표로 표시한다.

② 소요시간은 0이다.

③ CP가 될 수 있다.

④ 병행작업이 끝나야 시작할 수 있을 때 사용한다.

5) Network 기본작성법 예

①

작업	작업일수	선행작업
A	5	없음
B	3	없음
C	2	없음
D	2	A, B
E	5	A, B, C
F	4	A, C

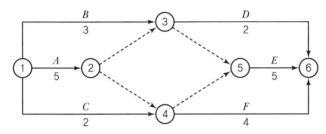

※ 후속작업이 가장 많은 A작업을 중앙에 배치

②

작업	작업일수	선행작업
A	3	없음
B	2	없음
C	1	A, B
D	1	B

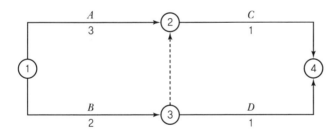

※ 선행작업이 적은 D부터 작성. 더미는 일수가 적은 곳에서 사용

③

작업	작업일수	선행작업
A	2	없음
B	4	없음
C	6	없음
D	3	A, B, C
E	2	B, C
F	2	C

Tip 👆

③의 예에서 A, B, C 작업은 선행작업이 없어 최초의 작업이다.

위와 같이 같은 선행작업을 묶어 보면 두 개의 묶음이 나오는데 보통 묶음의 개수만큼 더미가 나온다.

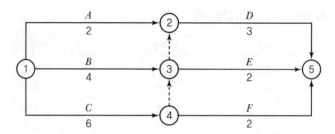

※ 선행작업이 적은 F작업에서부터 작성. 묶어진 개수만큼 더미가 생긴다.

④

작업	작업일수	선행작업
A	5	없음
B	4	없음
C	2	없음
D	3	A, B, C

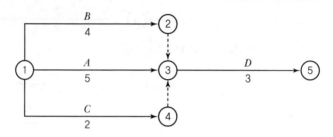

※ 작업 일수가 적은 작업에 더미를 사용한다.

⑤

작업	작업일수	선행작업
A	5	없음
B	6	없음
C	5	A, B
D	7	A, B
E	3	B
F	4	B
G	2	C, E
H	4	C, D, E, F

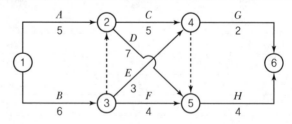

※ 본래는 일수가 적은 쪽에 더미를 사용하나 여기서는 선행작업을 보고, Dummy를 예상하고, 반복적으로 Network를 작성해야 한다.

⑥ AB의 후속작업은 D작업이며, AC작업의 후속작업은 F작업이고, ABC의 후속작업은 E작업이다.

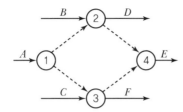

⑦ AB의 후속작업은 D작업이고, B의 후속작업은 E작업이며, BC의 후속작업은 F작업이다.

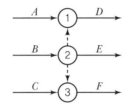

⑧ A의 후속작업은 C작업이고, AB의 후속작업은 D작업이며, B의 후속작업은 E작업이다.

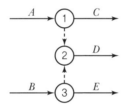

⑨ A의 후속작업은 D작업이고, ABC의 후속작업은 E작업이며, C의 후속작업은 F작업이다.

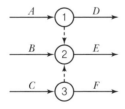

⑩ AB의 후속작업은 E, D작업이고, BC의 후속작업은 G, F작업이며, DG의 후속작업은 H작업이다.

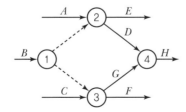

과년도 기출문제

01 네트워크 공정표에 사용되는 다음 용어에 대해 설명하시오. (4점)
[10]

(1) TF(전체여유) : _____

_____

(2) FF(자유여유) : _____

_____

>> (1) 어떤 작업이 그 전체 공사의 최종 완료일에 영향을 주지 않고 지연될 수 있는 최대여유시간
(2) 모든 후속작업이 가능한 한 빨리 개시될 때 어떤 작업이 이용 가능한 여유시간

02 다음 조건의 Network 공정표를 작성하고 여유시간을 계산하시오 (단, 주 공정선은 굵게 표시하고, 각 결합점에서 표시는 다음과 같이 하시오). (10점)
[85]

작업명	공기	EST	LST	EFT	LFT	TF	FF	DF	CP
① → ②	5								
① → ③	8								
② → ③	6								
② → ⑤	9								
③ → ④	4								
③ → ⑤	5								
④ → ⑥	4								
⑤ → ⑥	7								

※ 문제에서 Event No.가 주어진 경우는 Event No.를 따라 그대로 그려주면 된다.

(1) 공정표

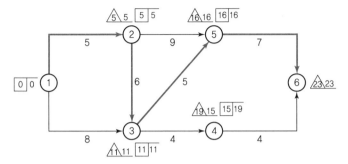

(2) 여유시간

작업명	공기	EST	EFT	LST	LFT	TF	FF	DF	CP
① → ②	5	0	5	0	5	0	0	0	*
① → ③	8	0	8	3	11	3	3	0	
② → ③	6	5	11	5	11	0	0	0	*
② → ⑤	9	5	14	7	16	2	2	0	
③ → ④	4	11	15	15	19	4	0	4	
③ → ⑤	5	11	16	11	16	0	0	0	*
④ → ⑥	4	15	19	19	23	4	4	0	
⑤ → ⑥	7	16	23	16	23	0	0	0	*

여유시간 계산 순서
① 공정표를 보고 EST, LFT를 기입한다.
② LST(LFT−일수)와 EFT(EST+일수)를 계산하여 기입한다.
③ TF(LFT−EFT)를 기입한다.
④ FF(후속작업의 EST−EFT)를 기입한다.
⑤ DF(TF−FF)를 기입한다.

03 다음 데이터를 보고 Network 공정표를 작성하시오(단, 주 공정선은 굵게 표시하고, 각 결합점에서 표시는 다음과 같이 하시오). (6점)

[90]

작업명	작업일수	선행작업
A	2	없음
B	4	없음
C	6	없음
D	3	A, B, C
E	2	B, C
F	2	C

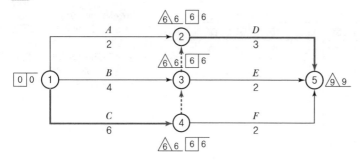

04 다음 데이터를 이용하여 네트워크 공정표를 작성하고 각 작업의 여유 시간을 계산하시오. (10점) [90, 95, 04, 07, 10, 14, 15, 20]

작업명	작업일수	선행작업	비고
A	5	없음	다음과 같이 일정 및 작업을 표기하고, 주 공정선은 선으로 표기한다. 또한 여유시간 계산 시 각 작업의 실제적인 의미의 여유시간으로 계산한다(단, 더미의 여유시간은 고려하지 않을 것).
B	2	없음	
C	4	없음	
D	4	A, B, C	
E	3	A, B, C	
F	2	A, B, C	

$$\boxed{EST \mid LST} \quad \triangle{\widehat{LFT}\ EFT}$$

$$\xrightarrow[\text{작업일수}]{\text{작업명}}$$

해설

(1) 공정표

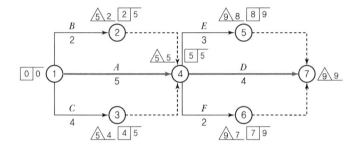

(2) 여유시간

작업명	EST	LST	EFT	LFT	TF	FF	DF	CP
A	0	5	0	5	0	0	0	*
B	0	2	3	5	3	3	0	
C	0	4	1	5	1	1	0	
D	5	9	5	9	0	0	0	*
E	5	8	6	9	1	1	0	
F	5	7	7	9	2	2	0	

Tip

• Event ③의 후속작업 EST는 4일이 아니라 5일임에 주의해야 한다.
• Event 뒤에 독립된 더미가 있을 때는 더미가 끝나는 다음 Event의 EST가 후속작업의 EST가 된다.

05 다음 데이터로 네트워크 공정표를 작성하고, 각 작업의 여유시간을
구하시오. (8점)   [02, 04, 14]

작업명	작업일수	선행작업	비고
A	5	없음	다음과 같이 표기하고, 주 공정선은 굵은 선으로 표기하시오.
B	6	없음	
C	5	A, B	
D	7	A, B	
E	3	B	
F	4	B	
G	2	C, E	
H	4	C, D, E, F	

해설

(1) 공정표

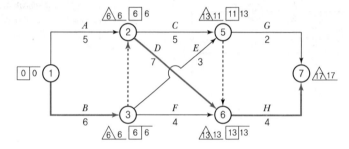

Tip ☝
① 선행작업을 보고 Dummy를 예상하며, 반복작업으로 Network를 작성해야 한다.
② Dummy에도 주 공정선은 굵은 선으로 표시함에 주의한다.

(2) 여유시간

작업명	EST	EFT	LST	LFT	TF	FF	DF	CP
A	0	5	1	6	1	1	0	
B	0	6	0	6	0	0	0	*
C	6	11	8	13	2	0	2	
D	6	13	6	13	0	0	0	*
E	6	9	10	13	4	2	2	
F	6	10	9	13	3	3	0	
G	11	13	15	17	4	4	0	
H	13	17	13	17	0	0	0	*

06 다음 데이터로 네트워크 공정표를 작성하고, 각 작업의 여유시간을 구하시오. (10점) [90, 94, 96, 05, 19]

작업명	작업일수	선행작업	비고
A	5	없음	다음과 같이 표기하고, 주 공정선은 굵은 선으로 표기하시오.
B	3	없음	
C	2	없음	
D	2	A, B	
E	5	A, B, C	
F	4	A, C	

해설

(1) 공정표

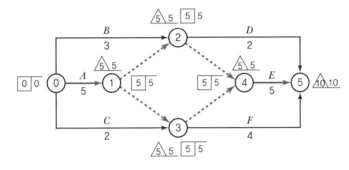

(2) 여유시간

	구간	작업일수	EST	EFT	LST	LFT	TF	FF	DF	CP
A	0 → 1	5	0	5	0	5	0	0	0	*
B	0 → 2	3	0	3	2	5	2	2	0	
C	0 → 3	2	0	2	3	5	3	3	0	
D	2 → 5	2	5	7	8	10	3	3	0	
E	4 → 5	5	5	10	5	10	0	0	0	*
F	3 → 5	4	5	9	6	10	1	1	0	

07 다음 데이터로 네트워크 공정표를 작성하고, 각 작업의 여유시간을 구하시오(단, 주 공정선은 굵은 선으로 표기하고, 네트워크 공정표는 다음과 같이 표기한다). (10점)　　　　　　　　　　　　[91]

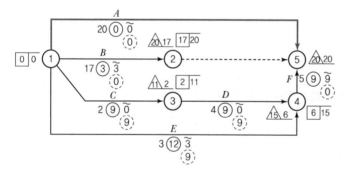

작업명	작업일수	선행작업	비고
A	20	없음	더미는 작업이 아니므로 여유시간 계산에서는 제외
B	17	없음	하고, 실제적인 여유에 대하여 계산한다.
C	2	없음	
D	4	C	
E	3	없음	
F	5	D, E	

해설

먼저 네트워크를 작성하고 여유를 계산한 후에 최종 네트워크 공정표를 작성한다.

※ Network는 주 공정선 위주로 작성되어 나머지 공정의 여유 등을 알 수 없다. 그래서 최근 이와 같이 액티비티에 ⓣⒻ, F̃F̃, (D̃F̃)를 기입하는 Network가 출제된다.

(1) 공정표

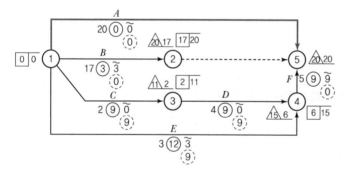

(2) 여유시간

작업명	EST	LST	EFT	LFT	TF	FF	DF	CP
A	0	0	20	20	0	0	0	*
B	0	3	17	20	3	3	0	
C	0	9	2	11	9	0	9	
D	2	11	6	15	9	0	9	
E	0	12	3	15	12	3	9	
F	6	15	11	20	9	9	0	

08 다음 데이터로 네트워크 공정표를 작성하시오. (10점)   [92, 95]

작업명	작업일수	선행작업	비고
A	5	없음	주 공정선은 굵은 선으로 표시하고, 각 결합점 일정
B	7	없음	계산은 PERT 기법에 따라 다음과 같이 계산한다.
C	3	없음	(단, 결합점 번호는 규정에 따라 반드시 기입한다)
D	4	A, B	
E	8	A, B	
F	6	B, C	
G	5	B, C	

해설

공정표

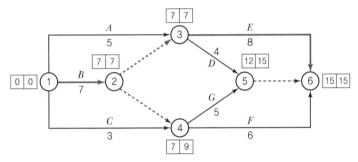

※ D, E, F, G의 선행작업 B가 공통임에 유의한다.

09 다음 데이터로 네트워크 공정표를 작성하고, 각 작업의 여유시간을 구하시오. (10점)   [91, 95]

작업명	작업일수	선행작업	비고
A	2	없음	다음과 같이 표기하고, 주 공정선은 굵은 선으로 표
B	3	없음	기하시오.
C	5	없음	
D	4	없음	
E	7	A, B, C	
F	4	B, C, D	

(1) 공정표

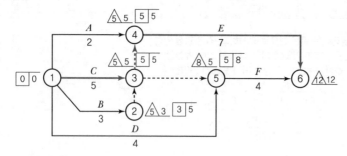

(2) 여유시간

작업명	작업일수	TF	FF	DF	CP
A	2	3	3	0	
B	3	2	2	0	
C	5	0	0	0	*
D	4	4	1	3	
E	7	0	0	0	
F	4	3	3	0	*

10 다음 조건을 보고 네트워크 공정표를 작성하고 여유시간을 구하시오 (단, 주 공정선은 굵은 선으로 표시하고, 소요일정 계산은 다음과 같이 표시한다). (10점) [92, 95]

작업명	공기	선행작업
A	3	없음
B	5	없음
C	2	없음
D	3	B
E	4	A, B, C
F	2	C

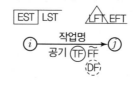

해설

(1) 공정표

※ C작업의 후속작업에 유의한다.

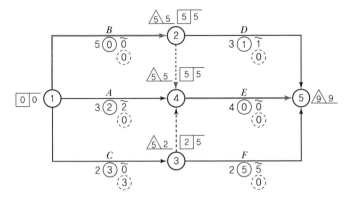

참고 공정표

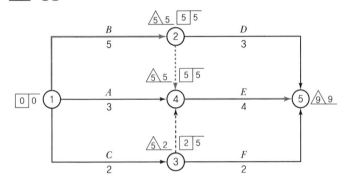

(2) 여유시간

작업명	TF	FF	DF	CP
A	2	2	0	
B	0	0	0	*
C	3	0	3	
D	1	1	0	
E	0	0	0	*
F	5	5	0	

11 다음 데이터로 네트워크 공정표를 작성하고, PERT 기법으로 각 결합점 여유시간을 계산하며, CPM 기법으로 각 작업 여유시간을 계산하시오. (10점)

[94, 96, 04]

작업명	작업일수	선행작업	비고
A	4	없음	주 공정선은 굵은 선으로 표시하며, 결합점 번호는 작성원칙에 따라 부여한다(단, 더미의 여유시간을 계산하지 않는다).
B	2	없음	
C	4	없음	
D	2	없음	
E	7	C, D	
F	8	A, B, C, D	
G	10	A, B, C, D	
H	5	E, F	

해설

(1) 공정표

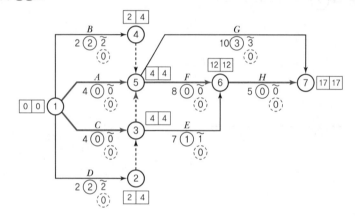

(2) 여유시간

작업명	작업일	EST	LST	EFT	LFT	TF	FF	DF	CP
A	4	0	0	4	4	0	0	0	*
B	2	0	2	2	4	2	2	0	
C	4	0	0	4	4	0	0	0	*
D	2	0	2	2	4	2	2	0	
E	7	4	5	11	12	1	1	0	
F	8	4	4	12	12	0	0	0	*
G	10	4	7	14	17	3	3	0	
H	5	12	12	17	17	0	0	0	*

12 다음 데이터로 네트워크 공정표를 작성하시오. (10점)

[93, 12, 17, 20]

작업명	작업일수	선행작업	비고
A	5	없음	주 공정선은 굵은 선으로 표시하고, 각 결합점 일정
B	2	없음	계산은 PERT 기법에 따라 다음과 같이 계산한다(단,
C	4	없음	결합점 번호는 반드시 기입한다).
D	5	A, B, C	
E	3	A, B, C	
F	2	A, B, C	
G	2	D, E	
H	5	D, E, F	
I	4	D, F	

$$\begin{array}{|c|c|} \hline ET & LT \\ \hline \end{array}$$

$$\xrightarrow[\text{작업일수}]{\text{작업명}} \underset{}{\textcircled{i}} \xrightarrow[\text{작업일수}]{\text{작업명}}$$

해설

공정표

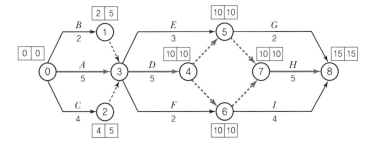

13 다음 데이터로 네트워크 공정표를 작성하고, 각 작업의 여유시간을 구하시오. (10점)

[05, 07, 12, 18, 21]

작업명	작업일수	선행작업	비고
A	5	없음	결합점에서는 다음과 같이 표시하고, 주 공정선은 굵은 선으로 표시한다.
B	8	A	
C	4	A	
D	6	A	
E	7	B	
F	8	B, C, D	
G	4	D	
H	6	E	
I	4	E, F	
J	8	E, F, G	
K	4	H, L, J	

해설

(1) 공정표

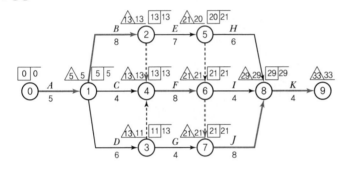

(2) 여유시간

작업명	TF	FF	DF	CP
A	0	0	0	*
B	0	0	0	*
C	4	4	0	
D	2	0	2	
E	1	0	1	
F	0	0	0	*
G	6	6	0	
H	3	3	0	
I	4	4	0	
J	0	0	0	*
K	0	0	0	*

14 다음 데이터로 네트워크 공정표를 작성하고, 요구작업에 대하여는 여유시간을 계산하시오(단, 주 공정선은 굵은 선으로 표시할 것). (10점)

[01, 03]

(1) 공정표

작업명	공정관계	작업일수	선행작업	비고
A	0 → 1	5	없음	결합점의 위에는 다음과 같이 표시 한다.
B	0 → 2	4	없음	
C	0 → 3	6	없음	
D	1 → 4	7	A, B, C	
E	2 → 5	8	B, C	
F	3 → 6	4	C	
G	4 → 7	6	D, E, F	
H	5 → 7	4	E, F	
I	6 → 7	5	F	
J	7 → 8	2	G, H, I	

(2) 여유시간

작업명	TF	FF	DF
B			
D			
F			
G			
I			

해설

(1) 공정표

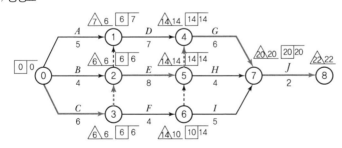

(2) 여유시간

작업기호	TF	FF	DF
B	2	2	0
D	1	1	0
F	4	0	4
G	0	0	0
I	5	5	0

15 다음 데이터로 네트워크 공정표를 작성하고, 각 작업의 여유시간을 구하시오. (10점)

[08, 15, 21]

작업명	작업일수	선행작업	비고
A	3	없음	결합점에서는 다음과 같이 표시하고, 주 공정 선은 굵은 선으로 표시한다.
B	4	없음	
C	5	없음	
D	6	A,B	
E	7	B	
F	4	D	
G	5	D, E	
H	6	C, F, G	
I	7	F, G	

해설

(1) 공정표

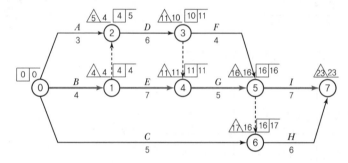

(2) 여유시간

작업기호	TF	FF	DF	CP
A	2	1	1	
B	0	0	0	*
C	12	11	1	
D	1	0	1	
E	0	0	0	*
F	2	2	0	
G	0	0	0	*
H	1	1	0	
I	0	0	0	*

16 다음 테이터로 네트워크 공정표를 작성하고, 각 작업의 여유시간을 구하시오. (10점) [01, 08, 13, 18]

작업	공사일수	선행작업	비고
A	2	없음	다음과 같이 표시하고 주 공정선은 굵은 선으로 표기하시오.
B	3	없음	
C	5	없음	
D	4	없음	
E	7	A, B, C	
F	4	B, C, D	

비고란 그림:

EST | LST ／LFT＼ EFT

ⓘ ──작업명── ⓙ
　　소요일수

해설

(1) 공정표

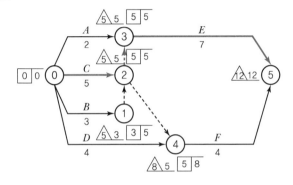

(2) 여유시간

작업기호	TF	FF	DF	CP
A	3	3	0	
B	2	2	0	
C	0	0	0	*
D	4	1	3	
E	0	0	0	*
F	3	3	0	

17 다음 데이터로 네트워크 공정표를 작성하고 각 작업의 여유시간을 구하시오. (10점)

[10, 13, 19]

작업명	선행작업	공기	비고
A	없음	5	다음과 같이 표시하고, 주 공정선은 굵은 선으로 표시하시오(단, Bar Chart로 전환하는 경우).
B	없음	6	
C	A	5	
D	A, B	2	
E	A	3	
F	C, E	4	
G	D	2	
H	G, F	3	

해설

(1) 공정표

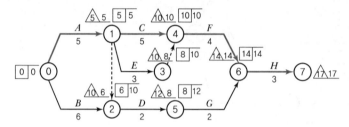

(2) 여유시간

작업기호	TF	FF	DF	CP
A	0	0	0	*
B	4	0	4	
C	0	0	0	*
D	4	0	4	
E	2	2	0	
F	0	0	0	*
G	4	4	0	
H	0	0	0	*

18 다음 데이터로 네트워크 공정표를 작성하고, 각 작업의 여유시간을 구하시오. (10점) [08, 13, 19]

작업명	작업일수	선행작업	비고
A	3	없음	결합점에서는 다음과 같이 표시하고, 주 공정선은 굵은 선으로 표시한다.
B	2	없음	
C	4	없음	
D	5	C	
E	2	B	
F	3	A	
G	3	A, C, E	
H	4	D, F, G	

해설

(1) 공정표

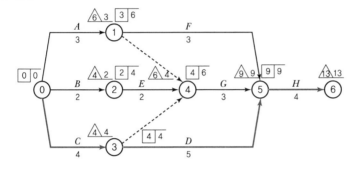

(2) 여유시간

작업기호	TF	FF	DF	CP
A	3	0	3	
B	2	0	2	
C	0	0	0	*
D	0	0	0	*
E	2	0	2	
F	3	3	0	
G	2	2	0	
H	0	0	0	*

19 다음 데이터로 네트워크 공정표를 작성하시오. (8점) [18]

작업명	작업일수	선행작업	비고
A	2	없음	결합점에서는 다음과 같이 표시하고, 주 공정선은
B	3	없음	굵은 선으로 표시한다.
C	5	A	
D	5	A, B	
E	2	A, B	
F	3	C, D, E	
G	5	E	

해설

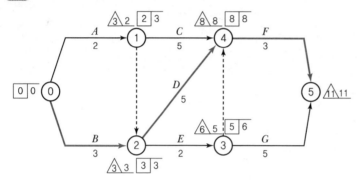

20 다음 데이터로 네트워크 공정표를 작성하시오. (6점)

작업명	작업일수	선행작업	비고
A	5	없음	결합점에서는 다음과 같이 표시하고, 주 공정
B	4	A	선은 굵은 선으로 표시한다.
C	2	없음	
D	4	없음	
E	3	C, D	

해설

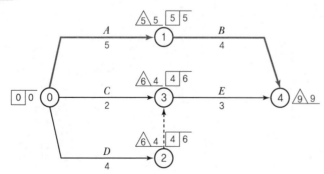

21 다음 데이터로 네트워크 공정표를 작성하시오. (8점) [10]

작업명	공정관계	작업일수	비고
A	없음	4	이벤트(Event)에는 번호를 기입하고, 주 공정선은 굵은 선으로 표기한다.
B	없음	8	
C	A	6	
D	A	11	
E	A	14	
F	B, C	7	
G	B, C	5	
H	D	2	
I	D, F	8	
J	E, H, G, I	9	

비고란 그림:
EST | LST   △LFT \ EFT
(i) ──── 작업명 ──── (j)
        소요일수

 해설

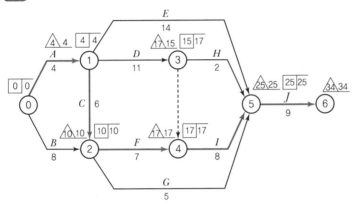

22 다음 NetWork 공정표를 보고 물음에 답하시오. (6점) [09]

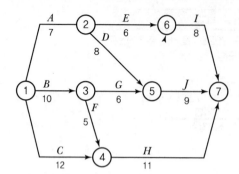

(1) Network 공정표상에 주 공정선을 굵은 선으로 표기하고 각 작업의 EST, EFT, LST, LFT를 기입하시오.

(2) D작업의 TF와 DF를 구하시오.
① TF _____
② DF _____

해설

(1)

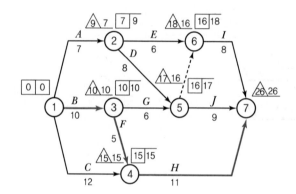

(2) ① TF＝17일－15일＝2일
    ② DF＝TF－FF
        ＝(2일)－(16일－15일)
        ＝1일

23 다음과 같은 Network 공정표의 최장 소요 일수를 구하고 CP를 표시
하시오. (4점) [11]

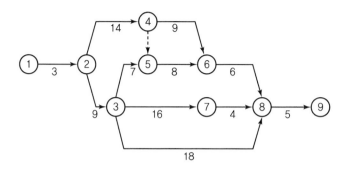

최장 소요 일수 _____

해설

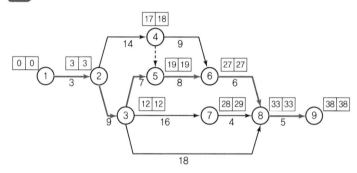

최장 소요 일수 : 3+9+7+8+6+5=38일

24 다음에 제시된 화살표형 네트워크 공정표를 통해 일정계산 및 여유시간, 주 공정선(CP)과 관련된 빈칸을 모두 채우시오(단, CP에 해당하는 작업은 * 표시를 하시오). (10점)　　　　　　[11, 17]

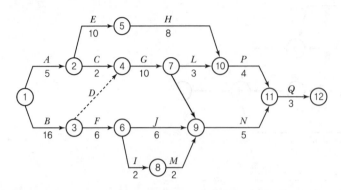

작업명	EST	EFT	LST	LFT	TF	FF	DF	CP
A								
B								
C								
D								
E								
F								
G								
H								
I								
J								
K								
L								
M								
N								
P								
Q								

해설

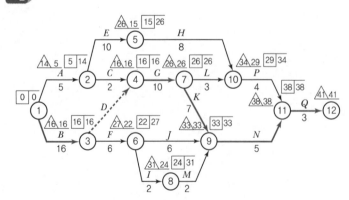

작업명	EST	EFT	LST	LFT	TF	FF	DF	CP
A	0	5	9	14	9	0	9	
B	0	16	0	16	0	0	0	*
C	5	7	14	16	9	9	0	
D	16	16	16	16	0	0	0	*
E	5	15	16	26	11	0	11	
F	16	22	21	27	5	0	5	
G	16	26	16	26	0	0	0	*
H	15	23	26	34	11	6	5	
I	22	24	29	31	7	0	7	
J	22	28	27	33	5	5	0	
K	26	33	26	33	0	0	0	*
L	26	29	31	34	5	0	5	
M	24	26	31	33	7	7	0	
N	33	38	33	38	0	0	0	*
P	29	33	34	38	5	5	0	
Q	38	41	38	41	0	0	0	*

25 다음 데이터로 네트워크 공정표를 작성하고 각 작업별 여유시간을 산출하시오. (6점) [06]

공정관계	공기	선행작업	비고
A	6	없음	크리티컬 패스는 굵은 선으로 표시하고 결합점에서는 다음과 같이 표시한다.
B	4	없음	
C	3	없음	
D	3	B	
E	6	A, B	
F	5	A, C	

해설

작업기호	TF	FF	DF	CP
A	3	0	3	
B	2	0	2	
C	0	0	0	*
D	0	0	0	*
E	2	0	2	
F	3	3	0	
G	2	2	0	
H	0	0	0	*

26 다음 데이터로 네트워크 공정표를 작성하고, 각 작업별 여유시간을 산출하시오. (8점)　　　　　　　　　　　　　　　　　[06]

공정관계	공기	선행작업	비고
A	2	없음	크리티컬 패스는 굵은 선으로 표시하고 결합점에 서는 다음과 같이 표시한다.
B	5	없음	
C	3	없음	
D	4	A, B	
E	3	B, C	

해설

(1) 공정표

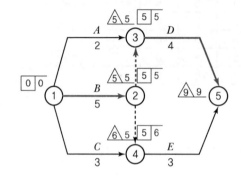

(2) 여유시간

작업기호	TF	FF	DF	CP
A	3	3	0	
B	0	0	0	*
C	3	2	1	
D	0	0	0	*
E	1	1	0	

CHAPTER 03 횡선식 공정표(Bar Chart) 작성

E n g i n e e r A r c h i t e c t u r e **PART 02**

1. 데이터에 의한 횡선식 공정표(Bar Chart) 작성

① 주어진 Data를 이용하여 Network를 작성한다.
② 일정계산을 통해서 여유계산(FF, DF)을 한다.
③ 바 차트를 작성할 때, CP는 여유가 없으나, 나머지 일정 뒤에는 FF, DF를 기입하는 것에 주의한다.

예제

다음 데이터로 바 차트를 작성하시오.   [86]

작업명	작업일수	선행작업	작업명	작업일수	선행작업	비고
A	3	없음	G	3	D, C	단, 각 작업은 가장 빠른 시간으로 하여 ▉ 로 표기하고, 네트워크 공정표로 작성하였을 경우 생기는 여유시간 중 FF는 ☐로, DF는 ⸢⸧로 표기할 것 **예** A작업 ▉☐와 같이 한다.
B	4	없음	H	3	D, C	
C	2	없음	I	3	H	
D	2	B	J	2	G, F	
E	2	A	K	2	I, J	
F	1	E				

해설

(1) 공정표

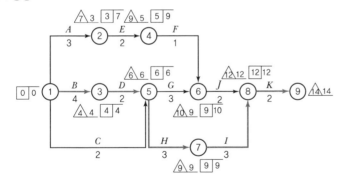

Tip 🖐

Data → 바 차트 작성법

Data ⟶ Network
⟶ FF, DF ⟶ Bar Chart

Tip 🖐

바 차트 그리는 법
① CP를 그린다.
② 나머지 일정을 기입한다.
③ 일정 뒤에 여유를 기입한다.

바 차트에서 CP를 찾는 법
① 바 차트를 맨 후속작업부터 역으로 체크한다.
② 바 차트 뒤에 여유가 없는 것을 찾는다.

데이터에 의한 바 차트 작성 순서
① 네트워크 공정표 작성 → 더미와 선행, 후행작업에 유의한다.
② 일정계산 → TF, FF, DF를 구한다.
③ 바 차트 작성 → 더미 등을 고려하지 말고, 일정 뒤에 FF와 DF를 기입한다.

(2) 여유시간

작업명	작업일수	EST	LST	EFT	LFT	TF	FF	DF	CP
A	3	0	4	3	7	4	0	4	
B	4	0	0	4	4	0	0	0	*
C	2	0	4	2	6	4	4	0	
D	2	4	4	6	6	0	0	0	*
E	2	3	7	5	9	4	0	4	
F	1	5	9	6	10	4	3	1	
G	3	6	7	9	10	1	0	1	
H	3	6	6	9	9	0	0	0	*
I	3	9	9	12	12	0	0	0	*
J	2	9	10	11	12	1	1	0	
K	2	12	12	14	14	0	0	0	*

(3) 바 차트

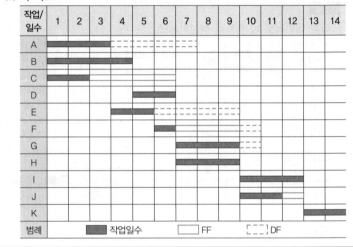

작업/일수	1	2	3	4	5	6	7	8	9	10	11	12	13	14
A														
B														
C														
D														
E														
F														
G														
H														
I														
J														
K														
범례	작업일수				FF			DF						

Tip

바 차트에 의한 네트워크 공정표 작성 요령

먼저 작업의 선후 관계를 파악한다. 이때 Event No.가 있으면 쉽게 그릴 수 있으나 Event No.가 없으면 DF를 뺀 FF까지를 선행작업으로 보고 작성한다.

2. 횡선식 공정표(Bar Chart)에 의한 Network 작성

① 주어진 바 차트에서 CP를 먼저 구한다.

② FF(Free Float)도 선행작업으로 본다.

③ Network를 작성하여 바 차트와 비교한다.

예제

다음에 주어진 횡선식 공정표(Bar Chart)로 네트워크 공정표를 작성하시오 (단, ① 주 공정선은 굵은 선으로 표기한다. ② 화살형 네트워크로 하며, 각 결합점에서의 계산은 다음과 같이 한다). [84]

LFT \ EFT   EST | LST

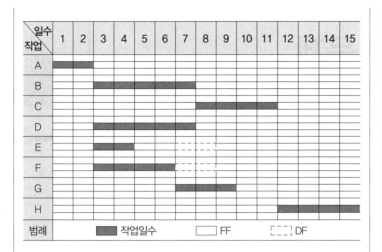

Tip 👆

E작업과 F작업 중 더미를 만들어야 하는데 이때, 작업일수가 적은 E작업에 더미를 두는 것이 좋다.

해설

(1) Data 작성

작업	소요일수	후속작업
A	2	B, D, E, F
B	5	C
C	4	H
D	5	C
E	2	G
F	4	G
G	3	H
H	4	None

(2) 공정표

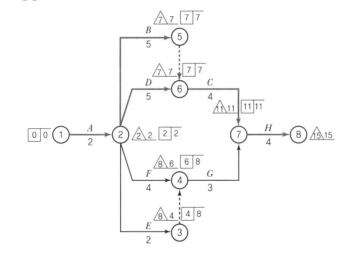

01 다음 Data를 이용하여 바 차트를 작성하시오. (6점)

Actlvlty	Event No.	Duration
A	0 → 1	4
B	0 → 2	8
C	1 → 2	6
D	1 → 4	9
E	2 → 3	4
F	2 → 4	5
G	3 → 5	3
H	4 → 5	7

해설

(1) 공정표

Event No.를 중심으로 공정표를 작성하면 다음과 같다.

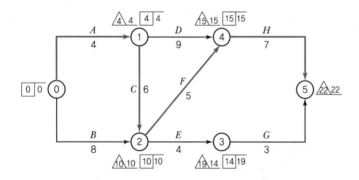

(2) 여유시간

작업명	Event No	EST	LST	EFT	LFT	TF	FF	DF	CP
A	0 → 1	0	0	4	4	0	0	0	*
B	0 → 2	0	2	8	10	2	2	0	
C	1 → 2	4	4	10	10	0	0	0	*
D	1 → 4	4	6	13	15	2	2	0	
E	2 → 3	10	15	14	19	5	0	5	
F	2 → 4	10	10	15	15	0	0	0	*
G	3 → 5	14	19	17	22	5	5	0	
H	4 → 5	15	15	22	22	0	0	0	*

(3) 바 차트

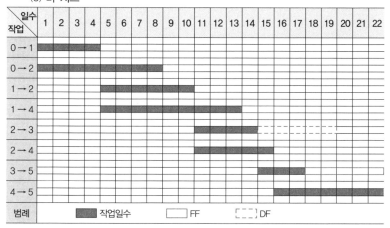

02 다음 Data를 이용하여 바 차트를 작성하시오. (6점)

Event No.	작업	Duration	선행작업	후속작업
A	0 → 1	5	None	D
B	0 → 2	4	None	D, E
C	0 → 3	6	None	D, E, F
D	1 → 4	7	A, B, C	G
E	2 → 5	8	B, C	G, H
F	3 → 6	4	C	G, H, I
G	4 → 7	6	D, E, F	J
H	5 → 7	4	E, F	J
I	6 → 7	5	F	J
J	7 → 8	2	G, H, I	None

(1) 공정표

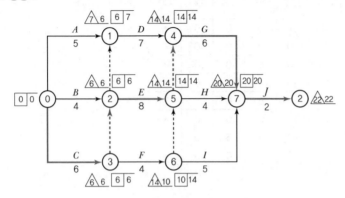

(2) 여유시간

작업명	Event No.	EST	LST	EFT	LFT	TF	FF	DF	CP
A	0 → 1	0	2	5	7	2	1	1	
B	0 → 2	0	2	4	6	2	2	0	
C	0 → 3	0	0	6	6	0	0	0	*
D	1 → 4	6	7	13	14	1	1	0	
E	2 → 5	6	6	14	14	0	0	0	*
F	3 → 6	6	10	10	14	4	0	4	
G	4 → 7	14	14	20	20	0	0	0	*
H	5 → 7	14	16	18	20	2	2	0	
I	6 → 7	10	15	15	20	5	5	0	
J	7 → 8	20	20	22	22	0	0	0	*

(3) 바 차트

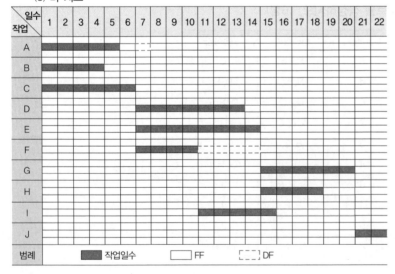

03 다음 데이터를 네트워크 공정표로 작성하고 각 작업의 여유시간을 구하시오. 또한 이를 횡선식 공정표(Bar Chart)로 전환하시오. (12점)

[01]

작업명	선행작업	공기	비고
A	없음	5	다음과 같이 표시하고, 주 공정선은 굵은 선으로 표시하시오(단, Bar Chart로 전환하는 경우).
B	없음	6	
C	A	5	
D	A, B	2	
E	A	3	
F	C, E	4	
G	D	2	
H	G, F	3	

해설

(1) 공정표

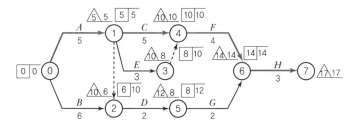

(2) 여유시간

작업명	TF	FF	DF	CP
A	0	0	0	*
B	4	0	4	
C	0	0	0	*
D	4	0	4	
E	2	2	0	
F	0	0	0	*
G	4	4	0	
H	0	0	0	*

(3) 횡선식 공정표(Bar Chart)

작업 \ 일수	1	2	3	4	5	6	7	8	9	10	11	12	13	14	15	16	17
A	■	■	■	■	■												
B	■	■	■	■	■	■	┄	┄	┄	┄	┄						
C						■	■	■	■	■	■						
D							■	■	■	┄	┄	┄	┄				
E						■	■	■									
F											■	■	■	■			
G									■	■							
H															■	■	■

04 다음 바 차트 공정표로 네트워크 공정표를 작성하시오[단, 주 공정선 (크리티컬 패스)은 굵게 표시하고, 결합점(Event)상의 표현은 다음 과 같이 한다)]. (6점) [85]

작업 \ 일수	1	2	3	4	5	6	7	8	9	10	11	12	13	14	15	16	17	18	19	20	21	22	23	24	25	비고
0→1	■	■	■	■																						
0→2	■	■	■	■	■	■	■																			
1→3					■	■	■	■	■	■	■	■														
1→4					■	■	■	■	■																	
2→3								■	■	■																
3→4													■	■	■	■	■	■								
3→5											■	■	■	■	■											
4→5																			■	■	■	■	■			

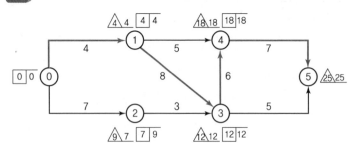

※ Event No.가 있으므로 CP와 Event No.를 병용하여 작성한다.

05 다음의 횡선식 공정표를 보고 네트워크 공정표를 작성하고, 주 공정선 (CP)을 굵은 선으로 표시하시오(단, 결합점에는 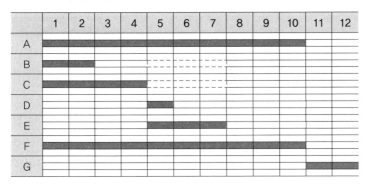 를 표시하시오). (6점)   [89]

	1	2	3	4	5	6	7	8	9	10	11	12
A												
B												
C												
D												
E												
F												
G												

해설

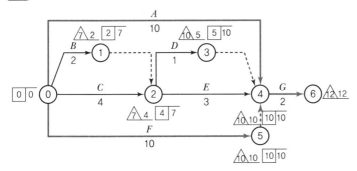

1. 개요

1) 공기단축

지정된 공기 내에 공사를 끝낼 수 없을 경우에 작업인원 및 자재의 증감으로 공기를 단축하는 것을 말하며, 보통 직접비는 증가하고, 간접비는 감소한다.

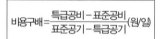
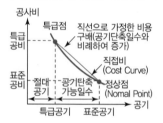
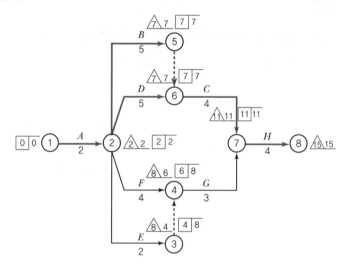

2) 공기단축의 필요성

① 지정공기보다 계산공기가 긴 경우
② 공사 도중 공기의 지연을 알았을 경우

3) 공기와 공비의 관계

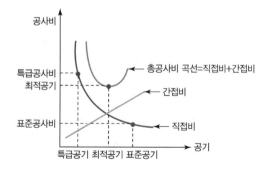

① 직접비＝경비＋노무비＋재료비＋외주비

② 간접비＝작업일수×작업일당

③ 총공사비＝직접비＋간접비

④ 공기가 짧아지면 간접비는 감소하고, 직접비는 증가한다.

⑤ **최적 시공속도** : 직접비와 간접비의 총합계가 최소가 되도록 한 시공속도다.

2. 공기단축기법

1) MCX(Minimum Cost Expediting)법

(1) 정의

각 작업을 최소의 비용으로 최적의 공기를 찾아 공정을 수행하는 공정관리기법이다.

Tip 👆

MCX법에 의한 공기단축기법에서 가장 중요한 것은 Sub CP가 생길 때 각 비용구배의 Case By Case를 모두 검토하는 것이다.

(2) 공기단축기법

① 공정표 작성

② CP 파악

③ 비용구배 계산

④ CP 내에서 비용구배가 가장 작은 작업부터 공기단축

⑤ CP를 단축하여 Sub CP가 생기면 동시에 공기단축 실시

⑥ 일정을 산출하여 추가공사비와 총공사비 산출

Tip 👆

이 문제에서 단축한 네트워크 공정표 작성 시 C작업도 CP가 됨에 주의한다.

예제

다음 데이터를 이용하여 정상공기를 산출한 결과 지정공기보다 3일이 지연되었다. 공기를 조정하여 공기를 3일 단축한 네트워크 공정표를 작성하고, 아울러 총공사금액을 산출하시오. [94, 96, 03, 06, 16, 20]

작업기호	선행작업	정상(Normal)		특급(Crash)		비용구배 Cost Slope (원/일)	비고
		공기(일)	공비(일)	공기(일)	공비(일)		
A	없음	3	7,000	3	7,000	–	단축된 공정표에서 CP는 굵은 선으로 표기하고, 각 결합점에서는 다음과 같이 표기한다(단, 정상공기는 답지에 표기하지 않고, 시험지 여백을 이용할 것).
B	A	5	5,000	3	7,000	1,000	
C	A	6	9,000	4	12,000	1,500	
D	A	7	6,000	4	15,000	3,000	
E	B	4	8,000	3	8,500	500	
F	B	10	15,000	6	19,000	1,000	
G	C, E	8	6,000	5	12,000	2,000	
H	D	9	10,000	7	18,000	4,000	
I	F, G, H	2	3,000	2	3,000	–	

해설

(1) 공정표

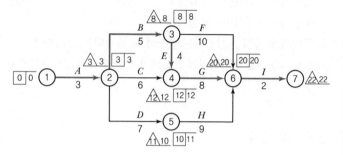

(2) CP 및 비용구배

작업(CP)	단축가능일수	비용구배
A	×	–
B	2	1,000
E	1	500
G	3	2,000
I	×	–
D	3	3,000
H	2	4,000

(3) 공기단축 총공사비

① 1차 단축 .... E×1 (Sub CP : DH)

② 2차 단축 .... <u>A</u> : <u>B+D</u> : <u>B+H</u> : <u>G+D</u> : <u>G+H</u> : <u>I</u> (Sub CP : C)
  × 4,000 5,000 5,000 6,000 ×

  ∴ (B+D)×2

③ 추가공사비

  • B×2=2,000 ⎫
  • D×2=6,000 ⎬ 8,500원
  • E×1=500 ⎭

  ∴ 총공사비＝표준공사비＋추가공사비＝69,000＋8,500＝77,500원

(4) 공기단축 공정표

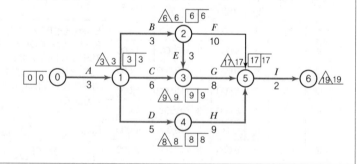

2) SAM(Siemens Approximately Method)

(1) 정의

Time-Cost Matrix의 도표에 의해 공기·비용의 최적화를 구하는 방법으로 단축방법은 MCX법과 유사하나 최초의 결합점(Event)에서 최후의 결합점에 이르기까지의 모든 경로를 찾아내어 각 경로별로 Time Cost의 최적화를 구하는 데 특징이 있다.

Tip 👆
SAM법은 Time-cost Matrix만 그릴 수 있다면 MCX법보다 빨리 공기단축이 가능하다.

(2) 공기단축기법

① 공정표를 작성한다.

② 최초의 Event에서 최후의 Event까지의 모든 경로(Path)를 작성한다.

③ 비용구배를 계산한다.

④ 경로와 작업에 해당되는 칸에는 $\dfrac{\text{비용구배}}{\text{단축가능일수}}$ 로 표기한다(이때 비용구배 표기는 전체 비용구배값을 해당 작업으로 나누어 표기한다).

⑤ 공기가 가장 긴 경로, 즉 CP에서 비용구배가 가장 작은 작업부터 단축하며, 이때 그 작업이 속해 있는 경로는 동일하게 적용한다.

예제

다음 데이터를 이용하여 정상공기를 산출한 결과 지정공기보다 3일 지연되는 결과였다. 공기를 조성하여 공기를 3일 단축한 총공사 금액을 SAM법을 이용하여 산출하시오.

작업 기호	선행 작업	정상(Normal) 공기(일)	정상(Normal) 공비(일)	특급(Crash) 공기(일)	특급(Crash) 공비(일)	비용구배 Cost Slope (원/일)	비고
A	없음	3	7,000	3	7,000	–	단축된 공정표에서 CP는 굵은 선으로 표기하고, 각 결합점에서는 다음과 같이 표기한다(단, 정상공기는 답지에 표기하지 않고, 시험지여백을 이용할 것).
B	A	5	5,000	3	7,000	1,000	
C	A	6	9,000	4	12,000	1,500	
D	A	7	6,000	4	15,000	3,000	
E	B	4	8,000	3	8,500	500	
F	B	10	15,000	6	19,000	1,000	
G	C, B	8	6,000	5	12,000	2,000	
H	D	9	10,000	7	18,000	4,000	
I	F, G, H	2	3,000	2	3,000	–	

Tip 👆
이 문제에서 단축한 네트워크 공정표 작성 시 C작업도 CP가 됨에 주의한다.

해설

(1) 공정표

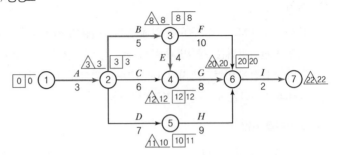

(2) 공기단축 총공사비

경로 작업	A-B- F-I	A-B- E-G-I	A-E- G-I	A-D- H-I	비용 구배	공기 단축	추가 비용
A							
B	500/2(2)	500/2(2)			1,000	2	2,000
C			1,500/2		1,500		
D				3,000/3(2)	3,000	2	6,000
E		500/1(1)			500	1	500
F	1,000/4				1,000		
G		1,000/3	1,000/3		2,000		
H				4,000/2	4,000		
I							
공기	18	19	19	19			
총공사비 : 표준공사비＋추가비용 합계＝69,000＋8,500＝77,500원							

3) LP(선형 방정식법)

공사의 총비용을 1차 방정식으로 만들어 이 식을 공기와 비용의 1차식으로 표시된 제약조건하에서 최소가 되도록 함으로써 최적해를 구하는 방법이다.

3. 최적공기

1) 정의

공기단축으로 추가되는 직접비용과 감소되는 간접비용을 함께 고려하여 최소의 비용이 되는 공기를 말한다.

2) 최적공기기법

① 총공사비가 최소인 시점, 즉 직접비용과 간접비용의 합이 최소가 될 때 최적공기가 된다.

② 표준공기(Normal Time)에서 1일씩 단축을 실시하여 도표를 만들어 직접비와 간접비의 합이 가장 최소가 되는 공기를 찾는다.

과년도 기출문제

01 다음에서 설명하는 용어를 쓰시오. (3점)   [07]

(1) 건설공사 계약 체결 후 공사착수 시까지의 준비기간

(   )

(2) 네트워크 공정표에서 지정공기와 계산공기를 일치시키는 과정

(   )

(3) 작업을 1일 단축할 때 추가되는 직접비용   (   )

» (1) 리드타임(Lead Time)
   (2) 공기조정
   (3) 비용구배(Cost Slope)

02 다음 공정관리 용어를 간략히 설명하시오. (4점)   [08]

(1) MCX : _____

(2) 특급점 : _____

» (1) 각 작업을 최소의 비용으로 최적의 공기를 찾아 공정을 수행하는 관리 기법이다.
   (2) 직접비 곡선에서 특급공사비와 특급 공기가 만나는 Point로 소요공기를 더 이상 단축할 수 없는 한계점이다.

03 다음 네트워크 공정관리기법에 사용되는 용어를 설명하시오. (4점)   [10]

(1) 최장패스(Longest Path) : _____

(2) 주 공정선 : _____

(3) 급속(특급)공기 : _____

(4) 비용구배 : _____

» (1) 임의의 두 결합점 간의 경로 중 소요 기간이 가장 긴 경로다.
   (2) 개시 결합점에서 종료 결합점에 이르는 가장 긴 경로다.
   (3) 공기를 최대한 단축할 때 발생되는 추가 직접비용이다.
   (4) 작업을 1일 단축할 때 추가되는 직접비용이다.

04 다음 (   ) 안에 들어갈 알맞은 용어를 쓰시오. (3점)   [12]

> Network 공정표는 공기단축을 위해 작업시간을 3점 추정하는 (①) 공정표와 CPM 공정표가 있다. CPM 공정표는 작업 중심의 (②), 결합점 중심의 (③) 공정표가 있다.

① _____

② _____

③ _____

» ① PERT(Program Evaluation & Review Technique)
   ② PDM(Precedence Diagram Method)
   ③ ADM(Arrow Diagram Method)

05 공기단축 MCX 이론에서 최소의 비용으로 공기단축을 하기 위해서 비용구배(Cost Slope)를 계산하게 된다. 비용구배는 공기 1일을 단축하는 데 추가되는 비용을 말한다. 비용구배를 식으로 나타내시오. (3점) [05]

$$비용구배 = \frac{특급비용 - 표준비용}{표준시간 - 특급시간}$$

06 다음과 같은 작업 Data에서 비용구배(Cost Slope)가 가장 큰 작업부터 순서대로 작업명을 쓰시오. (3점) [21]

작업명	정상계획		급속계획	
	공기(일)	비용(원)	공기(일)	비용(원)
A	2	2,000	1	3,000
B	4	3,000	2	6,000
C	8	5,000	3	8,000

(1) $A = \dfrac{3,000 - 2,000}{2 - 1} = 1,000$원/일

(2) $B = \dfrac{6,000 - 3,000}{4 - 2} = 1,500$원/일

(3) $C = \dfrac{8,000 - 5,000}{8 - 3} = 600$원/일

∴ B - A - C

07 어느 건설공사의 한 작업이 정상적으로 시공될 때 공사기일은 10일, 공사비는 700,000원이고, 특급으로 시공할 때 공사기일은 6일, 공사비는 900,000원이라 할 때 이 공사의 공기단축 시 필요한 비용구배(Cost Slope)를 구하시오. (3점) [90]

$$Cost\ Slope = \frac{특급공비 - 표준공비}{표준공기 - 특급공기}$$
$$= \frac{900,000 - 700,000}{10 - 6}$$
$$= \frac{200,000}{4}$$
$$= 50,000원/일$$

※ $Cost\ Slope = \dfrac{큰\ 공비 - 작은\ 공비}{큰\ 공기 - 작은\ 공기}$

08 다음과 같은 작업 데이터에서 비용구배(Cost Slope)가 가장 작은 작업부터 순서대로 작업명을 쓰시오. (3점) [95, 09]

작업명	정상계획		급속계획	
	공기(일)	비용(원)	공기(일)	비용(원)
A	4	6,000	2	9,000
B	15	14,000	14	16,000
C	7	5,000	4	8,000

① 산출근거

$A = \dfrac{9,000 - 6,000}{4 - 2} = 1,500$

$B = \dfrac{16,000 - 14,000}{15 - 14} = 2,000$

$C = \dfrac{8,000 - 5,000}{7 - 4} = 1,000$

② 작업순서 : C → A → B

① 산출근거

_____

_____

_____

② 작업순서 : _____

09 공기단축기법 중에서 MCX(Minimum Cost expediting) 기법의 순 ❯ ⓜ-ⓔ-ⓙ-ⓒ-ⓛ-ⓗ-ⓢ
서를 보기에서 찾아 기호를 나열하시오. (4점) [01, 10, 20]

> [보기]
> ㉠ 우선 비용구배가 최소인 작업을 단축한다.
> ㉡ 보조 주 공정선(Sub‒critical Path)의 발생을 확인한다.
> ㉢ 단축한계까지 단축한다.
> ㉣ 단축 가능한 작업이어야 한다.
> ㉤ 주 공정선(Critical Path)상의 작업을 선택한다.
> ㉥ 보조 주 공정선의 동시 단축경로를 고려한다.
> ㉦ 앞의 순서를 반복한다.

10 다음 데이터를 네트워크 공정표로 작성하고, 공기를 4일 단축한 최
종상태의 총공사비를 산출하시오(단, 최초 작성 네트워크 공정표에
서 크리티컬 패스는 굵은 선으로 표시하고, 결합점 시간은 다음과 같
이 표시한다). (10점) [91, 94, 02, 05, 06]

EST	LST	/LFT\ EFT	ⓘ 작업명 ⟶ⓙ

작업명	선행작업	표준(Normal)		급속(Crash)	
		소요일수	공사비	소요일수	공사비
A	없음	3일	70,000	2일	130,000
B	없음	4일	60,000	2일	80,000
C	A	4일	50,000	3일	90,000
D	A	6일	90,000	3일	120,000
E	A	5일	70,000	3일	140,000
F	B, C, D	3일	80,000	2일	120,000

해설

(1) 공정표

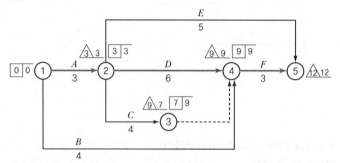

작업(CP)	단축가능일수	비용구배
A	1	60,000
D	3	10,000
F	1	40,000
C	1	40,000

(2) 공기단축 총공사비

① 1차 단축

∴ D×2(Sub CP : C)

② 2차 단축 A : C+D : F → 각각의 비용구배는 60,000 : 50,000 : 40,000

∴ F×1

③ 3차 단축 A : C+D → 60,000 : 50,000

∴ (C+D)×1(Sub CP : E)

④ 추가공사비

C=40,000×1 ⎱
D=10,000×3 ⎰110,000원
F=40,000×1 ⎰

∴ 총공사비＝표준공사비＋추가공사비＝420,000＋110,000＝530,000원

Tip

공기단축 요령

① 공정표를 작성한다.

② CP를 구한다.

③ 비용구배를 구한다.

④ CP(주 공정선) 내에서 비용구배가 가장 작은 작업부터 단축한다(원가 최소 규정원칙).

⑤ CP를 단축하여 Sub CP가 생기면 동시에 MCX를 적용하고, 이때 단축이 불가능한 공정은 제외한다.

⑥ 일정을 다시 산출한 후, 추가공사비와 총공사비를 산출한다.

11 다음 데이터를 이용하여 공기를 계산한 결과 지정공기보다 6일이 지연되었다. 공기를 조정하여 공기를 6일 단축한 공정표를 작성하고, 총공사금액을 산출하시오. (8점)　　　　　[03]

작업명	선행작업	정상(Normal)		특급(Crash)		비고
		공기(일)	공비(원)	공기(일)	공기(원)	
A	–	3	3,000	3	3,000	단축된 공정표에서 주 공정선은 굵은 선으로 표기하고, 각 결합점에서는 다음과 같이 표기한다.
B	A	5	5,000	3	7,000	
C	A	6	9,000	4	12,000	
D	A	7	6000	4	15,000	
E	B	4	8,000	3	8,500	
F	B	10	15,000	6	19,000	
G	C, E	8	6,000	5	12,000	
H	D	9	10,000	7	18,000	
I	F, G, H	2	3,000	2	3,000	

해설

(1) 공정표

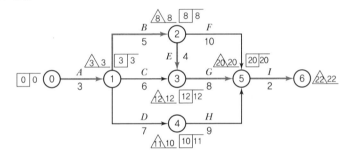

※ 이 문제에서 단축한 네트워크 공정표 작성 시 C작업도 CP가 됨에 주의한다.

(2) CP 및 비용구배

작업(CP)	단축가능일수	비용구배
A	–	–
B	2	1,000
E	1	500
G	2	2,000
I	–	–
D	3	3,000
G	3	2,000
C	2	1,500
H	2	4,000

(3) 공기단축 총공사비
 ① 1차 단축 : E×1(Sub CP : D, H)
 ② 2차 단축 : <u>A</u> : <u>B+D</u> : <u>B+H</u> : <u>G+D</u> : <u>G+H</u> : <u>I</u>
              ×   4,000 5,000 5,000 6,000 ×
   ∴ (B+D)×2(Sub CP : C)
 ③ 3차 단축 : <u>G+D</u> : <u>G+H</u>
              5,000   6,000
   ∴ (G×D)×2(Sub CP : H)
 ④ 4차 단축 : <u>F+G+H</u>
              7,000
   ∴ (F+G+H)×2
 ⑤ 추가공사비
   • B : 1,000×2일=2,000
   • D : 3,000×3일=9,000
   • E : 500×1일=500
   • F : 1,000×2일=2,000   } 27,500원
   • G : 2,000×3일=6,000
   • H : 4,000×2일=8,000
   ∴ 총공사비=표준공사비+추가공사비=66,000+27,500=93,500원

(4) 공기단축 공정표

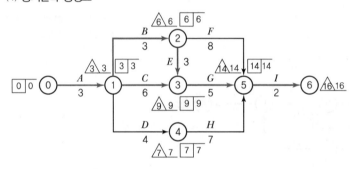

12 다음 데이터를 이용하여 Normal Time Network 공정표를 작성하고, 공기를 3일 단축한 공정표 작성 및 총공사비를 산출하시오. (8점)

[89]

Activity	Normal		Crash		Cost Slope (천 원)	비고
	Time	Cost (천 원)	Time	Cost (천 원)		
A(0 → 1)	4	21	3	28	7	① 네트워크 공정표 작성은 화살표 네트워크로 한다.
B(0 → 2)	8	40	6	56	8	② 주 공정선(Critical Path)은 굵은 선 또는 이중선으로 한다.
C(1 → 2)	6	50	4	60	5	③ 각 결합점에서는 다음과 같이 표시한다.
D(1 → 3)	9	54	7	60	3	
E(2 → 4)	4	50	1	110	20	
F(2 → 3)	5	15	4	24	9	
G(4 → 5)	3	15	3	15	*	④ 공기단축된 네트워크 공정표에서는
H(3 → 5)	7	60	6	75	15	
계		305		428		

③ 각 결합점에서는 다음과 같이 표시한다.

EST LST △LFT EFT
(i) ──작업명/작업일수──→ (j)

④ 공기단축된 네트워크 공정표에서는

EST LST △LFT EFT
는 표시하지 않는다.

해설

(1) 공정표

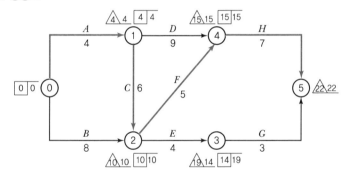

(2) CP 및 비용구배

작업(CP)	단축가능일수	비용구배
A	1	7,000
C	2	5,000
F	1	9,000
H	1	15,000
B	2	8,000
D	2	3,000

(3) 공기단축 총공사비

① 1차 단축 : C×1

② 2차 단축 : A×1(Sup CP : B)

③ 3차 단축 : F×1(Sup CP : D)

④ 추가공사비

- A×1 = 7,000
- C×1 = 5,000 } 21,000원
- F×1 = 9,000

∴ 총공사비 = 표준공사비 + 추가공사비 = 305,000 + 21,000 = 326,000원

(4) 공기단축 공정표

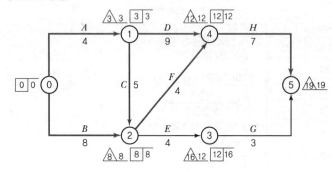

13 다음 데이터를 이용하여 Normal Time 네트워크 공정표를 작성하고, 아울러 공기를 3일 단축한 네트워크 공정표 작성 및 총공사금액을 산출하시오.(단, 3일 공기를 단축한 Network는 결합점에서 EST, LST, LFT, EFT를 표시하지 않을 것) (10점) [15]

Activity	Normal		Crash		비고
	Time	Cost (원)	Time	Cost (원)	
A(0 → 1)	3	20,000	2	26,000	표준 공정표에서의 일정은 다음과 같이 표시하고, 주 공정선은 굵은 선으로 표시한다.
B(0 → 2)	7	40,000	5	50,000	
C(1 → 2)	5	45,000	3	59,000	
D(1 → 4)	8	50,000	7	60,000	
E(2 → 3)	5	35,000	4	44,000	
F(2 → 4)	4	15,000	3	20,000	
G(3 → 5)	3	15,000	3	15,000	
H(4 → 5)	7	60,000	7	60,000	

해설

(1) 공정표

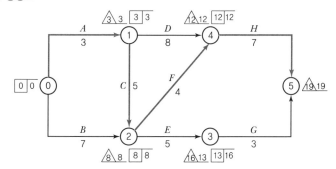

(2) CP 및 비용구배

작업(CP)	단축가능일수	비용구배
A	1	6,000
C	2	7,000
F	1	5,000
H	–	–
D	1	10,000
B	2	5,000

(3) 공기단축
  ① 1차 총공사비 단축
    F×1(Sub CP : D)
  ② 2차 단축 : <u>A</u> : C+D
              6,000 17,000
    ∴ A×1(Sub CP : B)

③ 3차 단축 : (B+C+D)
 ∴ (B+C+D)×1
④ 추가공사비
  • A : 6,000×1일=6,000
  • B : 5,000×1일=5,000
  • C : 7,000×1일=7,000 } 33,000원
  • D : 10,000×1일=10,000
  • F : 5,000×1일=5,000
∴ 총공사비=표준공사비+추가공사비=280,000+33,000=313,000원

(4) 공기단축 공정표

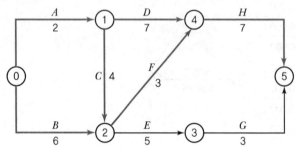

14 다음 데이터를 이용하여 공기를 3일 단축한 네트워크 공정표를 작성하고, 총공사비를 산출하시오. (8점)　　　　　　　　　　[95, 02]

작업 기호	작업 일수	선행 작업	비용구배 (원)	비고
A	3	없음	5,000	EST｜LST　⟋LFT⟍ EFT　ⓘ —작업명／소요일수→ ⓙ
B	2	없음	1,000	
C	1	없음	–	• 공기단축된 각 작업의 일정은 다음과 같이 표기하고, 결합점 번호는 원칙에 따라 부여한다.
D	4	A, B, C	4,000	
E	6	B, C	3,000	• 공기단축은 작업일수의 1/2을 초과할 수 없다.
F	5	C	5,000	• 표준공기 시 총공사비는 2,500,000원 이다.

해설

(1) 공정표

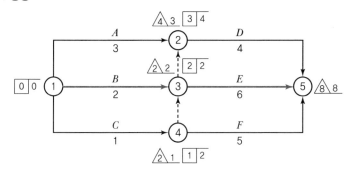

(2) 공기단축 총공사비

① 1차 단축 : B×1 (Sub CP : A, D, C)

② 2차 단축 : (C작업은 단축 불가)

A+E : D+E

8,000   7,000

∴ (D+E)×1 (Sup CP=F)

③ 3차 단축

A+E+F : D+E+F

13,000   12,000

∴ (E+D+F)×1

④ 추가공사비

$\left.\begin{array}{l} \text{B}\times1=1,000 \\ \text{D}\times2=8,000 \\ \text{E}\times2=6,000 \\ \text{F}\times1=5,000 \end{array}\right\}$ 20,000원

∴ 총공사비 = 2,500,000 + 20,000 = 2,520,000

(3) 공기단축 공정표

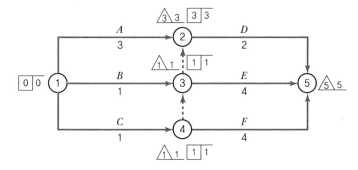

다음 데이터를 이용하여 각 물음에 답하시오. (10점) [09, 16]

작업명	선행작업	정상(Normal)		급속(Crash)		비고
		공기(일)	공비(원)	공기(일)	공기(원)	
A	없음	5	170,000	4	210,000	결합점에서의 일정은 다음과 같이 표시하고, 주 공정선은 굵은 선으로 표시한다.
B	없음	18	300,000	13	450,000	
C	없음	16	320,000	12	480,000	
D	A	8	200,000	6	260,000	
E	A	7	110,000	6	140,000	
F	A	6	120,000	4	200,000	
G	D, E, F	7	150,000	5	220,000	

(1) 표준 Network 공정표를 작성하시오.

(2) 표준공기 시 총공사비를 산출하시오.

(3) 공기를 4일 단축한 총공사비를 산출하시오.

해설

(1) 공정표

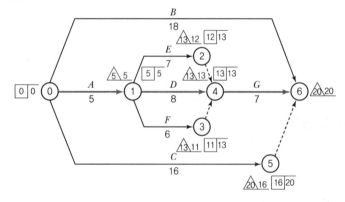

(2) 표준공기 총공사비

170,000+300,000+320,000+200,000+110,000+120,000+150,000
=1,370,000원

(3) 공기단축 총공사비
① CP 및 비용구배

작업(CP)	단축가능일수	비용구배
A	1	40,000
D	2	30,000
G	2	35,000
E	1	30,000
B	5	30,000

② 공기단축

　　㉠ 1차 단축 : <u>　A　</u> : <u>　D　</u> : <u>　G　</u>
　　　　　　　　　 40,000　30,000　35,000

　　　∴ D×1 (Sub CP : E)

　　㉡ 2차 단축 : <u>　A　</u> : <u>D+E</u> : <u>　G　</u>
　　　　　　　　　 40,000　60,000　35,000

　　　∴ G×1 (Sub CP : B)

　　㉢ 3차 단축 : <u>A+B</u> : <u>B+D+E</u> : <u>B+G</u>
　　　　　　　　　 70,000　　90,000　　65,000

　　　∴ (B+G)×1

　　㉣ 4차 단축 : <u>A+B</u> : <u>B+D+E</u>
　　　　　　　　　 70,000　　90,000

　　　∴ (A+B)×1

　　㉤ 추가공사비

　　　• A : 40,000×1일=40,000 ⎫
　　　• B : 30,000×2일=60,000 ⎬ 200,000원
　　　• D : 30,000×1일=30,000 ⎭
　　　• G : 35,000×2일=70,000

　∴ 총공사비=표준공사비+추가공사비=1,370,000+200,000=1,570,000원

16 다음 데이터를 보고 표준 네트워크 공정표를 작성하고, 공기를 7일 단축한 상태의 네트워크 공정표를 작성하시오. (10점) [12, 16]

작업명	작업일수	선행작업	비용구배 (천 원)	비고
A(① → ②)	2	없음	50	• 결합점 위에는 다음과 같이 표시한다.
B(① → ③)	3	없음	40	
C(① → ④)	4	없음	30	
D(② → ⑤)	5	A, B, C	20	
E(② → ⑥)	6	A, B, C	10	
F(③ → ⑤)	4	B, C	15	• 공기단축은 작업일수의 1/2을 초과할 수 없다.
G(④ → ⑥)	3	C	23	
H(⑤ → ⑦)	6	D, F	37	
I(⑥ → ⑦)	7	E, G	45	

비고란 그림: EST | LST △LFT EFT ⓘ ──작업명/공사일수──→ ⓙ

해설

(1) 공정표

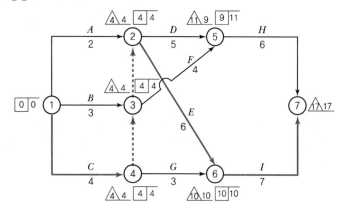

(2) 공기단축 공정표

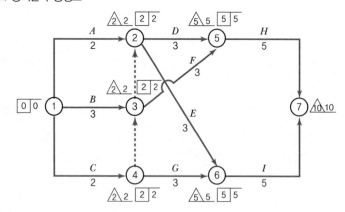

17 주어진 데이터에 의하여 다음 물음에 답하시오(단, ① Network 공정표 작성은 Arrow Network로 할 것, ② Critical Path는 굵은 선으로 표시할 것, ③ 각 결합점에서는 다음과 같이 표시할 것). (10점)

[09, 17, 21]

작업명	선행작업	Duration	공기 1일 단축 시 비용(원)	비고
A	없음	5	10,000	• 결합점에서의 일정은 다음과 같이 표시하고, 주공정선은 굵은 선으로 표시한다.
B	없음	8	15,000	
C	없음	15	9,000	
D	A	3	공기단축 불가	
E	A	6	25,000	
F	B, D	7	30,000	
G	B, D	9	21,000	• 공기단축은 Activity I에서 2일, Activity H에 3일, Activity C에서 5로 한다.
H	C, E	10	8,500	
I	H, F	4	9,500	
J	G	3	공기단축 불가	• 표준 공기 시 총공사비는 1,000,000원이다.
K	I, J	2	공기단축 불가	

(1) 표준 Network 공정표를 작성하시오.

(2) 공기를 10일 단축한 Network 공정표를 작성하시오.

(3) 공기단축된 총공사비를 산출하시오.

해설

(1) 공정표

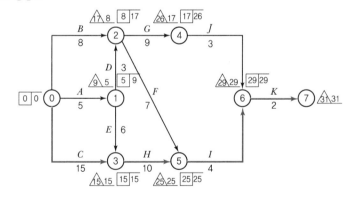

(2) 공기단축 공정표

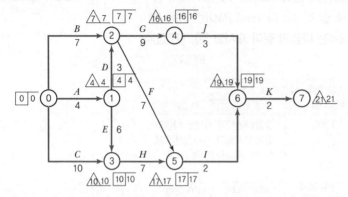

(3) 공기단축 총공사비

① CP 및 비용구배

작업(CP)	단축 가능일수	비용구배	작업(CP)	단축 가능일수	비용구배
C	5	9,000	E	–	25,000
H	3	8,500	B	–	15,000
I	2	9,500	D	–	–
K	–	–	G	–	21,000
A	–	10,000	J	–	–

② 공기단축

㉠ 1차 단축

∴ H×3일

㉡ 2차 단축

∴ C×4일 (Sup CP : A, E)

㉢ 3차 단축

$\underline{A+C}$: E+C : $\underline{\quad I \quad}$
19,000 34,000 9,500

∴ I×2일 (Sup CP : B, D, G, J)

㉣ 4차 단축

$\underline{(C+A+B)\times 1}$
34,000

㉤ 추가공사비

• A×1 = 10,000 ⎫
• B×1 = 15,000 ⎪
• C×5 = 45,000 ⎬ 114,500원
• H×3 = 25,500 ⎪
• I×2 = 19,000 ⎭

∴ 총공사비 = 표준공사비 + 추가공사비 = 1,000,000 + 114,500 = 1,114,500원

18 다음 네트워크 공정표를 작성하고, 공기를 4일 단축한 최종상태의 총공사비를 산출하시오(단, 최초 작성 네트워크 공정표에서 크리티컬 패스는 굵은 선으로 표시하고, 결합점 시간은 다음과 같이 표시한다). (10점)

[94, 02, 05]

작업명	선행작업	표준(Normal)		급속(Crash)	
		소요일수	공사비	소요일수	공사비
A	없음	3일	70,000	2일	130,000
B	없음	4일	60,000	2일	80,000
C	A	4일	50,000	3일	90,000
D	A	6일	90,000	3일	120,000
E	A	5일	70,000	3일	140,000
F	B, C, D	3일	80,000	2일	120,000

경로\작업	A-E	A-D-F	A-C-F	B-F	비용구배	공기단축	추가비용
A							
B							
C							
D							
E							
F							
공기							

총공사비 :

해설

(1) 공정표

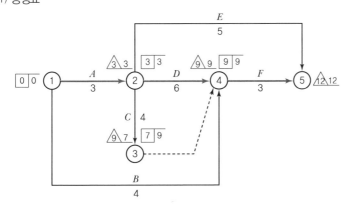

경로\작업	A-E	A-D-F	A-C-F	B-F	비용구배	공기단축	추가비용
A	20,000/1	20,000/1	20,000/1		60,000/일		
B				10,000/2	10,000/일		
C			40,000/1(1)		40,000/일	1	40,000
D		10,000/3(3)			10,000/일	3	30,000
E	35,000/2				35,000/일		
F		13,333/1(1)	13,333/1(1)	13,000/1(1)	40,000/일	1	40,000
공기	8	8	8	6			

총공사비 : 표준공사비＋추가비용 합계＝420,000＋110,000＝530,000원

---

19 다음 데이터를 이용하여 Normal Time 네트워크 공정표를 작성하고, 아울러 3일 공기단축 중 공사금액을 SAM법을 이용하여 산출하시오. (10점)

Activity	Normal		Crash		Cost Slope
	Time	Cost	Time	Cost	
A(0 → 1)	4	21,000	3	28,000	7,000
B(0 → 2)	8	40,000	6	56,000	8,000
C(1 → 2)	6	50,000	4	60,000	5,000
D(1 → 4)	9	54,000	7	60,000	3,000
E(2 → 3)	4	50,000	1	110,000	20,000
F(2 → 4)	5	15,000	4	24,000	9,000
G(3 → 5)	3	15,000	3	15,000	—
H(4 → 5)	7	60,000	6	75,000	15,000
계		305,000		428,000	

해설

(1) 공정표

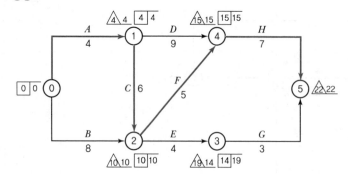

(2) CP 및 비용구배

경로\작업	A-D-H	A-C-F-H	A-C-E-G	B-F-H	B-E-G	비용구배	공기단축	추가비용
A	2,333/1(1)	2,333/1(1)	2,333/1(1)			7,000	1	7,000
B				4,000/2	4,000/2	8,000		
C		2,500/2(1)	2,500/2(1)			5,000	1	5,000
D	3,000/2					3,000		
E			1,000/3		10,000/3	20,000		
F		4,500/1(1)		4,500/1(1)		9,000	1	9,000
G								
H	5,000/1	5,000/1		5,000/1		15,000		
공기	19	19	15	19	15			

총공사비 : 표준공사비＋추가비용 합계＝305,000＋21,000＝326,000원

진도관리 및 자원배당

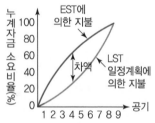
1. 진도관리(Follow Up)

1) 개요

① 진도관리란 계획 공정표에 의해 공사를 진행하며, 일정기간이 경과된
후 중간점검을 하는 관리를 말한다.
② 일반적으로 진도관리의 주기는 통상 15일(2주) 내지 30일(4주)을 기준
으로 하며, 30일을 넘지 않도록 한다.
③ 진도관리 결과 전체 공기의 사항을 체크하고, 공기 지연이 예상될 경우
공기조정을 실시한다.

2) 진도관리 방법

① 모든 작업에 대하여 현시점에서 진척사항을 체크해서 다 끝난 것을 굵
은 선으로 표기하고, 진행 중인 작업은 해당 작업의 종료까지의 소요시
간을 견적 처리한다.
② 현 시점까지의 실시선이 당일의 역일선보다 앞에 있는 경우(못 마치는
경우)에는 그 차이만큼 일정이 늦고 있다는 것을 의미하며, 이 경우 그
작업으로 인한 전체 공기의 지연사항을 체크하고, 공기지연 예상 시 공
기조정을 실시한다.

3) 진도관리 순서

① 작업이 진행되는 도중 완료 작업량과 잔여 작업량을 조사한다.
② 진도관리 시점에서 잔여 작업량을 기준으로 네트워크 일정계산을 한다.
③ 잔여공기가 당초 공기보다 지연되고 있는 경로를 찾는다.
④ 공기단축은 최소비용의 공기단축으로 한다.
⑤ 단축된 공정표를 재작성하고, 이에 따라 관리를 행한다.

2. 자원배당(Resource Allocation)

1) 개요

자원배당이란 자원소요량과 투입 가능한 자원량을 상호 조정하고, 자원의
허비시간을 제거함으로써 효율화를 기하며, 아울러 비용의 증가를 최소화
하는 데 목적이 있다.

2) 대상자원

① Man   ② Material   ③ Machine

④ Money   ⑤ Method   ⑥ Memory

3) 자원배당 시 기본 고려사항

① 인력의 변동을 가급적 피해야 한다.

② 한정된 자원을 선용하여야 한다.

③ 자원의 고정수준을 유지하여야 한다.

④ 자원의 일정계획을 효율적으로 세워야 한다.

4) 자원배당(자원평준화)의 목적

① 소요자원의 급격한 변동을 줄일 것

② 일일 동원자원을 최소로 할 것

③ 유휴시간을 줄일 것

④ 공기 내에 자원을 균등하게 할 것

5) 자원의 특성상 분류

① 내구성 자원 : 인력, 장비

② 소모성 자원 : 자재, 자금

6) 크루 밸런스(Crew Balance) 방식

어떤 작업을 수행할 때 몇 개의 작업 팀을 구성하고 공구 작업을 각 작업 팀에 균형 있게 배분하여 대기시간을 최소화하도록 계획하는 방법으로, 주로 고층건물이나 공동주택과 같이 계속적으로 반복되는 작업에 적용된다.

Tip 👆

자원배당 작성방법

① Network 공정표 작성 및 일정 계산

② 자원배당 대상 선정(인력, 장비, 자재, 자금)

③ 자원 소요량 산출
- EST에 의한 소요량
- LST에 의한 소요량
- 가장 적합한 자원배당

01 다음 네트워크에 의하여 공사를 개시한 후 24일째 진도관리(Follow
Up)한 작업의 잔여일수가 각각 표와 같다. 당초 공기를 분석하고, 그
에 대한 조치를 취하시오. (10점)

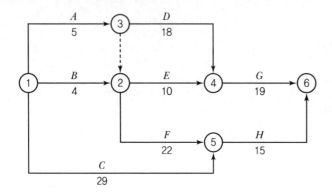

작업	당초 작업일수	잔여 소요일수	비고
A	5	0	완료
B	4	0	완료
C	29	5	작업 중
D	18	2	작업 중
E	10	0	완료
F	22	4	작업 중
G	19	19	미착수
H	15	15	미착수

해설

(1) 공정표

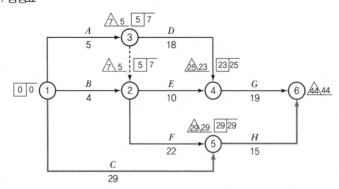

※ 진도관리는 Network에 LT(LFT,
LST)를 계산하여 진도관리일수와
비교하여 여유일수를 계산하고, 이
것을 잔여일수로 다시 비교·분석
하여 진도의 적부관계를 파악하여
체크하는 것이다.

(2) 진도관리

※ 여유일＝LT－진도관리일수

작업	여유일	잔여일
C	29－24＝5일	5일
D	25－24＝1일	2일
E	25－24＝1일	0일
F	29－24＝5일	4일

(3) 분석

- C＝5－5＝0　　　OK
- D＝1－2＝－1　　1일 지연
- E＝1－0＝＋1　　1일 빠름
- F＝5－4＝＋1　　1일 빠름

∴ D나 G에서 1일 단축한다.

02 공정관리에서 자원평준화 작업의 목적을 3가지 쓰시오. (3점) [02]

① _____

② _____

③ _____

❯❯ ① 소요자원의 급격한 변동을 줄일 것
② 일일 동원자원을 최소로 할 것
③ 유휴시간을 줄일 것
④ 공기 내에 자원을 균등하게 할 것

03 네트워크 공정표에서 자원배당(Resource Allocation)의 대상항목을 3가지만 쓰시오. (3점)　　　　　　　　　[90, 96, 05]

① _____　② _____　③ _____

❯❯ ① 인력
② 자재
③ 장비
④ 자금

04 공사관리를 실시하는 데에는 자원에 대한 배당이 매우 중요하다 할 수 있다. 이때 소요되는 자원을 아래와 같이 특성상으로 분류하면 그 대상은 무엇인지 (　　) 안에 기입하시오. (4점)　　　[00, 01, 07]

(1) 내구성 자원(Carried－forward Resource)

① _____　② _____

(2) 소모성 자원(Used－by－job Resource)

① _____　② _____

❯❯ (1) ① 인력 ② 장비
(2) ① 자재 ② 자금

05 공정관리에서 자원평준화 중 Crew Balance 방식에 관하여 기술하시오. (4점) [03, 08]

_____

_____

_____

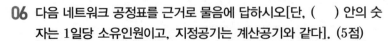 어떤 작업을 수행함에 있어 몇 개의 작업 팀을 구성하고 각 공구 작업을 각 작업 팀에 균형 있게 배분하여 대기시간을 최소화하도록 계획하는 방법으로, 주로 고층건물이나 공동주택과 같이 계속적으로 반복되는 작업에 적용된다.

06 다음 네트워크 공정표를 근거로 물음에 답하시오[단, (　) 안의 숫자는 1일당 소유인원이고, 지정공기는 계산공기와 같다]. (5점) [92, 02]

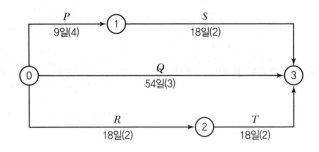

(1) 각 작업을 EST에 따라 실시할 경우 1일 최대 소요인원은 몇 명인가?

(2) 각 작업을 LST에 따라 실시할 경우 1일 최대 소요인원은 몇 명인가?

(3) 가장 적합한 계획에 의해 인원배당을 행할 경우 1일 최대 소요인원은 몇 명인가?

해설

(1) EST에 의한 산적표

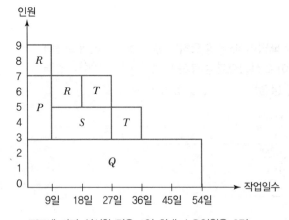

∴ EST에 따라 실시할 경우 1일 최대 소요인원은 9명

(2) LST에 의한 산적표

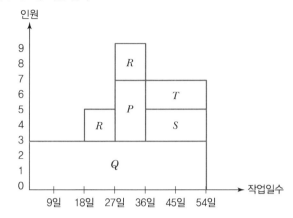

∴ LST에 따라 실시할 경우 1일 최대 소요인원은 9명

(3) 최적 계획산적표

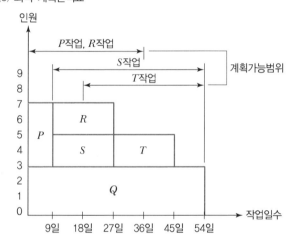

∴ 가장 적합한 계획에 의한 1일 최대 소요인원은 7명

MEMO

ENGINEER
ARCHITECTURE

PART
03

품질관리 및 재료시험

1. 품질관리

1) 품질관리의 기능

① 품질의 설계(Design)

② 공정의 관리(Make)

③ 품질의 보증(Sell)

④ 품질의 조사(Test)

2) 품질관리 사이클

① 계획(Plan)

㉠ 목적을 정하고, 공사 목적물의 품질표준을 정한다.

㉡ 목적 달성 방법을 정한다.

② 실시(Do)

㉠ 공사 시행자에게 작업 및 품질표준을 교육하고 훈련한다.

㉡ 표준에 따라 작업을 실시한다.

③ 관찰, 검사(See, Check)

㉠ 작업 표준대로 실행되고 있는지 조사한다.

㉡ 기술적 지식을 활용하여 관찰하고 시험한다.

④ 시정(Action)

㉠ 작업표준이나 설계서, 시방서와의 차이가 발견되면 시정하도록 한다.

㉡ 지정한 결과를 확인하고, 문제점에 대해 조치를 취한다.

3) 생산수단 및 5대 목표

6M	5R
자원(Material) 또는 재료	Right Product(적정한 생산율)
인력(Man) 또는 노무	Right Quality(적정한 품질)
장비(Machine) 또는 기술	Right Quantity(적정한 수량)
자금(Money)	Right Time(적정한 시기)
관리(Management)	Right Price(적정한 가격)
기억(Memory)	

Tip

PDCA Cycle

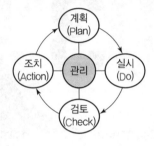

계획(Plan) / 실시(Do) / 검토(Check) / 조치(Action) / 관리

Tip

품질검사 방법

① 전수검사 : 제품을 한 개씩 모두 검사하고, 규격과 비교하여 규격에 맞는 것을 합격품으로 하는 것으로서, 제품의 품질은 보장되나, 시간이 많이 소요되므로 특별한 경우에만 사용한다.

② 발취검사 : 제품의 로트(Lot)로부터 몇 개의 시료를 뽑아내어 이것에 대해서 측정하여 검사하는 방법이다.

③ 관리시험 : 건설공사를 함에 있어서 공사에 사용되는 재료의 품질을 검사시험하고, 이를 관리하여 구조물의 질을 확보하기 위하여 실시하는 시험이다.

④ 검사시험 : 선정시험 및 관리시험의 적정 여부를 확인하기 위하여 건설공사의 품질을 조사하기 위한 시험이다.

4) 관리의 목표

① 품질관리 : 좋게 한다.

② 공정관리 : 짧게 한다.

③ 원가관리 : 싸게 한다.

④ 안전관리 : 안전하게 한다.

5) 품질관리의 순서

① 품질관리 항목 선정(품질특징)

② 품질 및 작업기준 결정(작업표준)

③ 교육 및 작업 실시

④ 품질시험 및 검사

⑤ 공정의 안정성 검토

⑥ 이상원인 조사 및 수정조치

⑦ 관리한계 재설정

Tip 👆

품질관리 시험의 종류
① 선정시험
② 관리시험
③ 검사시험
④ 수리시험
⑤ 의뢰시험
⑥ 토질시험

6) 목표와 수단에 따른 관리기능

공사관리 목표	공사의 요소
목표가 되는 관리	공정관리, 원가관리, 품질관리
수단이 되는 관리	자원관리, 설비관리, 자금관리, 인력관리

7) 공사 착공 시 첨부되는 품질관리 계획서에 포함되는 사항

① 품질관리 조직   ② 시험설비   ③ 시험담당자

④ 품질관리 항목   ⑤ 빈도   ⑥ 규격

⑦ 품질관리 실시방법

2. 통계적 품질관리

1) 관리도의 종류

계량치 관리도	$x - R_s$ 관리도	한 개 값의 계량치 Data를 개개의 값과 앞뒤 값의 범위로 관리한다.
	$\bar{x} - R$ 관리도	계량치를 평균치와 범위로 관리한다.
	$Me - R$ 관리도	계량치를 중위수와 범위로 관리한다.
계수치 관리도	P_n 관리도	계수치를 불량개수로 관리한다.
	P 관리도	계수치를 불량률로 관리한다.
	C 관리도	일정단위당 결점 수로 관리한다.
	U 관리도	결점의 크기가 일정치 않을 때 일정단위당 결점 수로 관리한다.

Tip 👆

품질관리의 종류
① SQC(Statistical Quality Control, 통계적 품질관리)
통계적인 품질관리란 보다 유용하고 시정성 있는 제품을 보다 경제적으로 생산하기 위하여 생산의 모든 단계에 통계적인 수법을 응용한 것이다.
② TQC(Total Quality Control, 전사적 품질관리)
소비자의 만족을 위한 품질 유지 및 개선의 노력을 종합적으로 조정하는 시스템이다.

≫ 계량치, 계수치
① 계량치 : 연무량으로서 특정되는 품질특성의 값이다.
② 계수치 : 불량품의 수나 결점의 수 등과 같이 개수로 셀 수 있는 품질특성의 값이다.

2) 데이터(Data)의 정리

Tip 👍

평균치와 중앙치를 비교하고 분산과 불편분산을 비교하여 정리해야 한다.

① 평균치 $X = \dfrac{X_1 + X_2 + X_3 + \cdots + X_n}{n} \dfrac{\sum\limits_{i=1}^{n} x}{n} : \bar{x}$

(X bar) Data의 산술평균

② 중앙치(중위수 : Median) : $\tilde{x}$

Data를 대소 순으로 배열하여 중앙에 위치한 Data(단, 짝수 Data에서는 중앙에 위치한 2개의 Data 평균치)

③ 범위(range) : $R = X_{max} - X_{min}$

각 Data 값의 최대치와 최소치의 차

④ 편차제곱합(편차의 2승 합, 변동) : S

각 Data와 평균치의 차를 제곱한 것의 합

$S = (X_1 - \bar{x})^2 + (X_2 - \bar{x})^2 + \ldots + (X_x - \bar{x})^2 = (X_i - \bar{x})^2$

⑤ 표본분산 $S^2 = \dfrac{S}{n-1}$: 편차제곱합(변동)을 $(n-1)$로 나눈 값

⑥ 표본표준편차 $s = \sqrt{\dfrac{S}{n-1}}$: 표본분산의 제곱근으로 데이터 1개당 산

표를 평균치와 같은 단위로 나타낸 것

⑦ 변동계수 $CV = \dfrac{s}{x} \times 100\%$: 표본표준편차를 평균치로 나눈 값

Tip 👍

변동계수에 따른 품질관리 상태

변동계수	품질관리 상태
10% 이하	우수
10~15%	양호
15~20%	보통
20% 이상	불량

※ 변동계수는 단위가 %(백분율)이므로 단위에 주의한다.

예제

다음 데이터는 일정한 산지에서 계속 반입되고 있는 잔골재의 단위용적 중량을 매 차량마다 1회씩 10대를 측정한 자료이다. 이 데이터를 이용하여 다음을 구하시오.

> Data : 1,760, 1,740, 1,750, 1,730, 1,760, 1,770, 1,740, 1,760,
> 1,740, 1,750 (산술평균 $\bar{x}$ = 1,750kg/m³)

(1) 변동(S) 　　　　　(2) 표본분산(S^2)
(3) 표본표준편차(s) 　　(4) 변동계수(CV)

해설

(1) 변동 $S = (1,760-1,750)^2 + (1,740-1,750)^2 + (1,750-1,750)^2$
　　　　　　 $+ (1,730-1,750)^2 + (1,760-1,750)^2 + (1,770-1,750)^2$
　　　　　　 $+ (1,740-1,750)^2 + (1,760-1,750)^2 + (1,740-1,750)^2$
　　　　　　 $+ (1,750-1,750)^2 = 1,400$

(2) 표본분산 $S^2 = \dfrac{S}{n-1} = \dfrac{1400}{10-1} = 155.56$

(3) 표본표준편차 $s = \sqrt{155.56} = 12.47$

(4) 변동계수 $CV = \dfrac{s}{x} \times 100 = \dfrac{12.47}{1,750} \times 100 = 0.71\%$

3. TQC(Total Quality Control)의 도구

1) 히스토그램(Histogram)

계량치의 분포가 어떠한 분포를 하는지 알아보기 위하여 작성하는 것

① 작성방법
 ㉠ 데이터를 수집한다.
 ㉡ 데이터에서 최솟값과 최댓값을 구하여 전 범위를 구한다.
 ㉢ 구간 폭을 정한다.
 ㉣ 도수분포도를 만든다.
 ㉤ 히스토그램을 작성한다.
 ㉥ 히스토그램과 규격값을 검토하여 안정상태인지 검토한다.

② 형태
 ㉠ 낙도형 : 데이터의 이력 조사
 ㉡ 이 빠진 형 : 계급 폭의 값, 최소단위의 정배수 등 조사
 ㉢ 비뚤어진 형 : 한쪽에 제한조건이 없는지 조사
 ㉣ 절벽형 : 측정방법의 이상유무 조사

③ 히스토그램과 규격

히스토그램을 작성하면 규격치가 있게 되는데, 규격치와 데이터의 관계를 여유로 판정하는 식은 다음과 같다.
 ㉠ 상한과 하한 규격치가 있을 때

$$\frac{SU - SL}{\sigma} \geq 6, \text{ 가능하면 } 8$$

 ㉡ 한쪽 규격치만 있을 때

$$\frac{S - \bar{x}}{\sigma} \geq 3, \text{ 가능하면 } 6$$

  여기서, SU : 상한 규격치
      SL : 하한 규격치
      S : 한쪽 규격치
      $\bar{x}$: 평균치
      σ : 표준편차

2) 파레토도(Pareto Diagram)

불량, 결점, 고장 등의 발생 건수를 분류 항목별로 나누어 크기 순서대로 나열해 놓은 것으로, 작성방법은 다음과 같다.

① 불량 내용(항목)의 불량개수가 많은 것 순서로 배열한다.
② 불량률, 누적불량 수, 누적(누계) %를 계산한다.

Tip 👆
TQC의 7가지 도구의 종류와 정의를 반드시 알아두도록 한다.

Tip 👆
데이터의 수와 계급의 수

데이터 수	계급의 수
50~100	5~10
100~250	7~12
250 이상	10~20

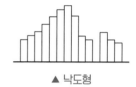
▲ 낙도형

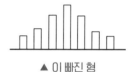
▲ 이 빠진 형

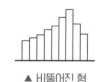
▲ 비뚤어진 형

▲ 절벽형

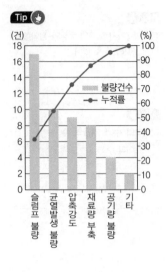

Tip

(건) (%)

불량 항목	불량건수	누적불량 수	구성백분율	누적률
슬럼프 불량	17	17	34	34
균열발생 불량	10	27	20	54
압축강도	9	36	18	72
재료량 부족	8	44	16	88
공기량 불량	4	48	8	96
기타	2	50	4	100
계	50	–	100	–

③ 가로축에 불량 내용을 크기순으로 배열한다.

④ 세로축에 불량건수를 막대그래프로 작성한다.

⑤ 누적률은 꺾은선으로 표시한다.

3) 특성요인도(Characteristics Diagram)

결과의 원인이 어떻게 관계하고 있는가를 한눈에 알아보기 위하여 작성하는 것으로, 작성방법은 다음과 같다.

① 품질의 특성을 정한다.

② 요인을 큰 가지에 공정순으로 쓰거나 4M으로 나누어 기입한다.

③ 요인이 그룹에 더 적은 요인을 써 놓는다.

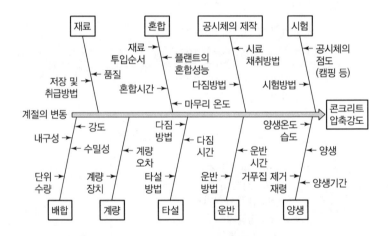

4) 체크시트(Check Sheet)

계수치의 데이터가 분류 항목별 어디에 집중되어 있는가를 알아보기 쉽게 나타낸 것으로, 종류는 다음과 같다.

① **기록용 체크시트** : Data를 몇 개의 항목별로 분류하여 표시한 표나 그림

② **점검용 체크시트** : 확인할 사항을 나열한 표

5) 그래프(Graph)

품질관리에서 얻은 각종 자료를 알아보기 쉽게 그림으로 정리한 것으로, 종류는 다음과 같다.

① 통계도표(막대 · 꺾은선 · 면적 · 점그래프 등)
② 예정도표(분임조활동 실시계획표)
③ 계통도표(공장조직도)
④ 기록도표(온도 기록표)
⑤ 계산도표(2항 확률지)

6) 산점도(Scatter Diagram)

서로 대응하는 두 개의 짝으로 된 데이터를 그래프 용지에 점으로 나타내는 것으로 상관도(相關圖)라고도 하며, 어떤 데이터의 문제인식과 상관분석에 사용된다.

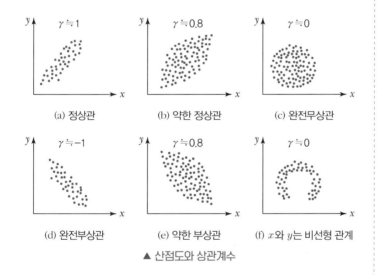

(a) 정상관   (b) 약한 정상관   (c) 완전무상관
(d) 완전부상관   (e) 약한 부상관   (f) x와 y는 비선형 관계

▲ 산점도와 상관계수

7) 층별(Stratification)

집단을 구성하고 있는 많은 데이터를 어떤 특징에 따라 몇 개의 부분집단으로 나눈 것으로, 작성방법은 다음과 같다.

① 대상을 분명히 규정한다.
② 전체 품질의 분포를 파악한다.
③ 산포의 원인을 확인한다.
④ 품질을 나타내는 Data를 산포의 원인이라고 생각되는 것에 따라 여러 개의 작은 그룹으로 구분한다.
⑤ 구분한 작은 그룹의 품질 분포를 확인한다.
⑥ 층별된 작은 그룹의 품질분포를 서로 비교하고, 또 전체의 품질분포와 대비하여 전체 품질분포의 산포가 작을수록 층별은 우수한 것으로 본다.

---

4. 품질관리의 모델화

문제의 본질을 누구나 알 수 있게 표현한 것으로, 종류는 다음과 같다.

① **구체적 모델** : 모형, 원척도 등으로 표시
② **수학적 모델** : 생산계획, 생산활동도 등
③ **그래픽 모델** : 각종 변수를 선이나 면적으로 표시한 그래프식
④ **시뮬레이션 모델** : 어떠한 현상을 훈련이나 실험용 현상으로 모의하는 것
⑤ **픽토리얼 모델** : 만화 또는 일러스트, 이미지를 환기시키는 것
⑥ **스키마틱 모델** : 정보의 흐름, 공정의 분석, 조직도 등

01 다음 (   ) 안에 알맞은 용어를 쓰시오. (4점)　　　　　　　[89]

> (1) 건축공사의 품질은 설계도와 시방서에 표시되어 있다. 건설교통부(현
> 국토교통부) 제정 건축공사 표준시방서에서는 건축자재를 KS 또는
> 동등 이상이라고 확인된 것에 한하여 사용할 것을 규정하고 있는데
> KS는 재료의 품질, (①) 등의 표준이 되며, 아울러 (②)의 기준이
> 되는 것이다.
> (2) 반입자재의 검수는 계약서를 숙독한 후, 주문서를 납품서와 대조하고,
> 명칭, (③), 규격, (④) 및 수량을 엄중히 검사하여 불합격품이 합
> 격품에 섞이지 않도록 이격시킨다.

① _____　　② _____

③ _____　　④ _____

▶▶ ① 시험방법
② 품질관리
③ 치수
④ 품질정도

02 다음 중 관계되는 것을 보기에서 찾아 기호를 쓰시오. (5점)　　[94]

> [보기]
> ㉠ TQC　　　　　　㉡ Histogram　　　　㉢ SQC
> ㉣ $\overline{x} - R$　　　　　　㉤ KS

(1) 통계적 품질관리　　　　　　　　　　　(　　　　　)

(2) 한국 공업 표준규격　　　　　　　　　　(　　　　　)

(3) 정규분포도　　　　　　　　　　　　　　(　　　　　)

(4) 전사적 품질관리(종합적 품질관리)　　　(　　　　　)

(5) 관리도　　　　　　　　　　　　　　　　(　　　　　)

▶▶ (1) ㉢　　　(2) ㉤
(3) ㉡　　　(4) ㉠
(5) ㉣

03 품질관리의 4사이클 순서인 PDCA명을 쓰시오. (4점)
　　　　　　　　　　　　　　　　　　　　　　　[90, 96, 98, 08]

_____

▶▶ 계획(Plan) → 실시(Do) → 검토(Check)
→ 조치(Action)

04 건설공사의 품질관리 순서 4가지를 보기에서 골라 순서대로 기호를 나열하시오. (4점) [90, 96, 98]

» ⓑ → ㉠ → ㉣ → ㉢

[보기]
ㄱ 실시   ㄴ 통계   ㄷ 조치
ㄹ 계측   ㅁ 방침   ㅂ 계획

05 품질관리의 순서를 보기에서 골라 순서대로 기호를 나열하시오. (5점) [93, 03]

» ㄴ → ㄱ → ㄷ → ㅁ → ㄹ

[보기]
ㄱ 작업표준   ㄴ 품질표준   ㄷ 품질조사
ㄹ 수정조치의 조사   ㅁ 수정조치

06 건설업에 있어서 일반적인 품질관리 절차를 보기에서 골라 순서대로 기호를 나열하시오. (3점) [00, 10]

» ㄱ → ㅂ → ㄴ → ㄷ → ㅁ → ㅅ → ㄹ

[보기]
ㄱ 품질관리 항목 선정   ㄴ 교육 및 작업 실시
ㄷ 품질시험 및 검사   ㄹ 관리한계선의 재결정
ㅁ 공정의 안정성 검토   ㅂ 품질 및 작업기준 결정
ㅅ 이상원인 조사 및 수정 조치

07 품질관리 등 일반관리의 제반요인(대상)이 되는 여러 M 중에서 4M 만 쓰시오. (4점)　　　　　　　　　　　　　　　　　　　　[89, 94]

　　① _____　　② _____

　　③ _____　　④ _____

❯❯ ① 자원 또는 재료(Material)
② 인력 또는 노무(Man)
③ 장비 또는 기술(Machine)
④ 자금(Money)
⑤ 관리(Management)
⑥ 기억(Memory)

※ 현대 생산관리의 요소인 5M을 잘 이용하여야 생산의 목표인 5R을 달성할 수 있다.

4M	Material, Man, Machine, Money
5M	Material, Man, Machine, Money, Method
5R	적정한 생산율(Right Product), 적정한 품질(Right Quality), 적정한 수량(Right Quantity), 적정한 시기(Right Time), 적정한 가격(Right Price)

08 시공(생산)관리 3대 목표를 쓰시오. (3점)　　　　　　[89, 94, 01, 04]

　　① _____　　② _____　　③ _____

❯❯ ① 품질관리
② 공정관리
③ 원가관리

09 다음 보기의 각종 관리 중 목표가 되는 관리와 수단이 되는 관리로 분류하여 기호를 쓰시오. (2점)　　　　　　　　　　　　　[89, 03]

[보기]
　㉠ 원가관리　　　㉡ 자원관리　　　㉢ 설비관리
　㉣ 품질관리　　　㉤ 자금관리　　　㉥ 공정관리
　㉦ 인력관리

(1) 목표가 되는 관리 : _____

(2) 수단이 되는 관리 : _____

❯❯ (1) ㉠, ㉣, ㉥
(2) ㉡, ㉢, ㉤, ㉦

10 공사 착공 시 첨부되는 품질관리 계획서에 포함되는 사항 4가지를 쓰시오. (4점)　　　　　　　　　　　　　　　　　　　　　[14, 15]

　　① _____　　② _____

　　③ _____　　④ _____

❯❯ ① 품질관리 조직
② 시험설비
③ 시험담당자
④ 품질관리 항목
⑤ 빈도
⑥ 규격
⑦ 품질관리 실시방법

11 다음 데이터의 중위수(Me), 표본분산(S^2), 표본표준편차(s)를 구하시오. (3점) [92]

> Data : 9, 4, 6, 7, 2

(1) 중위수 : _____

(2) 표본분산 : _____

(3) 표본표준편차 : _____

해설

(1) 중위 : 2, 4, 6, 7, 9 ∴ $Me = 6$

(2) ① 평균치 $\bar{x} = \dfrac{9+4+6+7+2}{5} = 5.6$

　② 변동 $S = (9-5.6)^2 + (4-5.6)^2 + (6-5.6)^2 + (7-5.6)^2 + (2-5.6)^2$
　　　　　$= 29.2$

　③ 표본분산 $S^2 = \dfrac{S}{n-1} = \dfrac{29.2}{5-1} = 7.3$

(3) 표본표준편차 $s = \sqrt{S^2} = \sqrt{7.3} = 2.70$

12 조강 포틀랜드 시멘트의 압축강도를 표준사를 이용하여 10회 시험한 결과는 다음과 같다. 이 데이터를 이용하여 시멘트 강도의 변동계수(CV)를 구하시오. (2점) [91, 96, 98, 99]

> 데이터 : 41.7, 48.0, 44.7, 42.8, 39.7, 40.0, 38.9, 42.2, 42.7, 41.9

_____

_____

_____

해설

(1) 표본산술평균치 $\bar{x} = 42.26$

(2) ① 변동 $S = (41.7-42.26)^2 + (48.0-42.26)^2 + (44.7-42.26)^2$
　　　　　　$+ (42.8-42.26)^2 + (39.7-42.26)^2 + (40.0-42.26)^2$
　　　　　　$+ (38.9-42.26)^2 + (42.2-42.26)^2 + (42.7-42.26)^2$
　　　　　　$+ (41.9-42.26)^2$
　　　　$= 62.78$

　② 표본표준편차 $s = \sqrt{\dfrac{S}{n-1}} = \sqrt{\dfrac{62.78}{10-1}} = 2.64$

∴ 변동계수 $CV = \dfrac{s}{x} \times 100(\%) = \dfrac{2.64}{42.26} \times 100 = 6.25\%$

13 다음 철근의 인장강도(N/mm²)의 시험결과 Data를 이용하여 다음 물음에 답하시오. (4점) [09, 15]

> Data : 460, 540, 450, 490, 470, 500, 530, 480, 490

(1) 산술평균($\bar{x}$) : _____

_____

(2) 변동(S) : _____

_____

(3) 표본분산(S^2) : _____
(4) 표본표준편차(s) : _____

해설

(1) 산술평균 $\bar{x} = \dfrac{460+540+450+490+470+500+530+480+490}{9} = 490$

(2) 변동 $S = (460-490)^2 + (540-490)^2 + (450-490)^2 + (490-490)^2$
$\qquad + (500-490)^2 + (530-490)^2 + (480-490)^2 + (490-490)^2$
$\qquad = 7,200$

(3) 표본분산 $S^2 = \dfrac{S}{n-1} = \dfrac{7,200}{9-1} = 900$

(4) 표본표준편차 $s = \sqrt{S^2} = \sqrt{900} = 30$

14 다음 표는 어떤 공사장에서 사용할 콘크리트 슬럼프 시험 결과이다. 이 Data를 사용하여 $\overline{X}$와 R의 관리한계를 구하시오(단, $A_2 = 1.023$, $D_4 = 2.575$, $n = 4$). (4점) [09]

조 번호	1	2	3	4	5
$\overline{X}$	7.8	6.5	8.5	7.0	7.7
R	1.2	0.8	1.3	1.0	1.2

_____

_____

_____

_____

_____

_____

해설

(1) 총 평균 $\overline{X} = \dfrac{\sum \overline{X}}{n} = \dfrac{7.8+6.5+8.5+7.0+7.7}{5} = 7.5$

(2) $\overline{R} = \dfrac{\sum R}{n} = \dfrac{1.2+0.8+1.3+1.0+1.2}{5} = 1.1$

(3) $\overline{X}$ 관리도의 관리한계
  ① 중심선(CL) $= \overline{X} = 7.5$
  ② 상한관리한계(UCL) $= \overline{X} + A_2\overline{R} = 7.5 + 1.023 \times 1.1 = 8.625$
  ③ 하한관리한계(LCL) $= \overline{X} - A_2\overline{R} = 7.5 - 1.023 \times 1.1 = 6.375$
(4) R 관리도의 관리한계
  ① 중심선(CL) $= \overline{R} = 1.1$
  ② 상한관리한계(UCL) $= D_4 \cdot \overline{R} = 2.575 \times 1.1 = 2.833$
  ③ 하한관리한계(LCL) $= D_3 \cdot \overline{R} = 0$

15 공업생산에 품질관리의 기초수법으로 이용되는 도구를 4가지 쓰시오. (4점)

[92, 95, 96, 01, 11, 15]

① 히스토그램   ② 파레토도
③ 특성요인도   ④ 층별
⑤ 체크시트   ⑥ 산점도
⑦ 그래프

① _____   ② _____
③ _____   ④ _____

16 건설업의 TQC에 이용되는 도구의 명칭을 쓰시오. (3점)

[92, 94, 95, 98, 06]

① 히스토그램   ② 특성요인도
③ 파레토도   ④ 체크시트
⑤ 각종 그래프   ⑥ 산점도
⑦ 층별

> ① 계량치의 분포가 어떠한 분포를 하는지 알아보기 위하여 작성하는 것
> ② 결과에 원인이 어떻게 관계하고 있는가를 한 눈에 알아보기 위하여 작성하는 것
> ③ 불량, 결점, 고장 등의 발생건수를 분류항목별로 나누어 크기 순서대로 나열해 놓은 것
> ④ 계수치의 데이터가 분류 항목별 어디에 집중되어 있는가를 알아보기 쉽게 나타낸 것
> ⑤ 품질관리에서 얻은 각종 자료를 알기 쉽게 그림으로 정리한 것
> ⑥ 서로 대응되는 두 개의 짝으로 된 데이터를 그래프용지에 점으로 나타낸 것
> ⑦ 집단을 구성하고 있는 많은 데이터를 어떤 특징에 따라 몇 개의 부분 집단으로 나눈 것

① _____   ② _____
③ _____   ④ _____
⑤ _____   ⑥ _____
⑦ _____

17 품질관리의 도구와 목적의 상관관계가 있는 것끼리 줄을 그으시오. (5점) [97, 99]

① 파레토도 •

② 특성요인도 •

③ 히스토그램 •

④ 관리도 •

⑤ 체크시트 •

• ㉠ 결과에 미치는 불량의 원인항목의 체계적 정리, 원인 발견

• ㉡ 작업의 상태가 설정된 기준 내에 들어가는지 판정

• ㉢ 불량항목의 발생상황 파악을 위한 데이터의 사실 파악

• ㉣ 데이터의 분포 상태 등의 살핌

• ㉤ 불량항목과 원인의 중요성 발견

① - ㉤
② - ㉠
③ - ㉣
④ - ㉡
⑤ - ㉢

18 다음은 품질관리(Quality Control)의 도구를 설명한 것이다. 해당되는 도구명을 보기에서 골라 기호를 쓰시오. (4점) [95]

[보기]
㉠ 특성요인도 ㉡ 파레토 다이어그램
㉢ 산점도 ㉣ 층별
㉤ 체크시트 ㉥ 히스토그램

(1) 불량의 발생건수를 분류, 항목별로 나누어 크기 순서대로 나열해 놓은 그림 (   )
(2) 집단을 구성하는 많은 데이터를 어떤 특징에 따라서 몇 개의 부분집단으로 나누어 측정 데이터의 산포의 발생원인을 규명할 수 있다. (   )
(3) 서로 대응되는 두 개의 짝으로 된 데이터를 점으로 나타내어 두 변수 간의 상관관계를 짐작할 수 있다. (   )
(4) 품질 특성에 영향을 주는 원인이 어떻게 관계하고 있는가를 한눈에 알 수 있도록 작성한 그림 (   )

(1) ㉡
(2) ㉣
(3) ㉢
(4) ㉠

19 보기는 QC 수법으로 알려진 도구에 대한 내용이다. 해당되는 도구명을 쓰시오. (3점)   [07, 14]

❯ ㉠ 히스토그램
㉡ 파레토도
㉢ 특성요인도

[보기]
㉠ 계량치가 어떤 분포를 하는지 알아보기 위하여 작성하는 그림
㉡ 불량 등 발생건수를 분류 항목별로 나누어 크기 순서대로 나열해 놓은 그림
㉢ 결과에 원인이 어떻게 관계하고 있는가를 한눈에 알 수 있도록 작성한 그림

㉠ _____ ㉡ _____ ㉢ _____

20 건설업의 TQC에 이용되는 도구 중 다음을 설명하시오. (4점)   [02, 06, 07, 12]

(1) 파레토도 : _____
(2) 특성요인도 : _____
(3) 층별 : _____
(4) 산점도 : _____

❯ (1) 불량 등 발생건수를 분류 항목별로 나누어 크기 순서대로 나열해 놓은 그림
(2) 결과에 원인이 어떻게 관계하고 있는가를 한눈에 알 수 있도록 작성한 그림
(3) 집단을 구성하는 많은 데이터를 어떤 특징에 따라 몇 개의 부분 집단으로 나눈 것
(4) 서로 대응되는 2개의 짝으로 된 데이터를 그래프에 점으로 나타낸 그림

21 히스토그램(Histogram)의 작성 순서를 보기에서 골라 기호를 쓰시오. (3점)   [94, 96, 97, 98, 04, 06, 09, 15, 16]

❯ ㉤ → ㉣ → ㉥ → ㉢ → ㉡ → ㉠

[보기]
㉠ 히스토그램과 규격값과 대조하여 안정상태인지 검토한다.
㉡ 히스토그램을 작성한다.
㉢ 도수분포도를 만든다.
㉣ 데이터에서 최솟값과 최댓값을 구하여 전 범위를 구한다.
㉥ 구간 폭을 정한다.
㉤ 데이터를 수집한다.

_____

22 품질관리에 이용되는 관리도명을 계량치, 계수치로 구분하여 2가지씩만 쓰시오. (4점)   [91]

(1) 계량치 : _____
(2) 계수치 : _____

❯ (1) $x - R$ 관리도, x 관리도, $\bar{x} - R$ 관리도
(2) P_n 관리도, P 관리도, C 관리도, U 관리도

23 다음은 품질관리에 이용되는 관리도의 설명이다. 설명에 맞는 관리도명을 보기에서 골라 기호를 쓰시오. (6점)　　　　[95]

[보기]
ㄱ $x - R_s$ 관리도　　ㄴ P 관리도　　ㄷ C 관리도
ㄹ $x - R$ 관리도　　ㅁ P_n 관리도　　ㅂ $\tilde{x} - R$ 관리도

(1) 계수치를 불량률로 관리한다.　　　　　　　　(　　　)
(2) 계량치를 평균치와 범위로 관리한다.　　　　(　　　)
(3) 한 개 값의 계량치 데이터를 개개의 값과 앞뒤 값의 범위로 관리한다.
　　　　　　　　　　　　　　　　　　　　　　(　　　)
(4) 계량치를 메디안과 범위로 관리한다.　　　　(　　　)
(5) 계수치를 불량개수로 관리한다.　　　　　　　(　　　)
(6) 일정단위당 결점 수로 관리한다.　　　　　　(　　　)

(1) ㄴ　　　　　　(2) ㄹ
(3) ㄱ　　　　　　(4) ㅂ
(5) ㅁ　　　　　　(6) ㄷ

24 다음은 공정관리에 이용되는 관리도의 설명이다. 해당하는 것을 보기에서 골라 기호를 쓰시오. (4점)　　　　[97, 00]

[보기]
ㄱ $x - R_s$ 관리도　　ㄴ P 관리도　　ㄷ C 관리도
ㄹ $\bar{x} - R$ 관리도　　ㅁ P_n 관리도　　ㅂ $\tilde{x} - R$ 관리도

(1) 몇 개의 계량치를 평균치와 범위로 관리함　(　　　)
(2) 계수치를 불량률로 관리함　　　　　　　　　(　　　)
(3) 일정단위중 결점수로 관리함　　　　　　　　(　　　)
(4) 계수치를 불량개수로 관리함　　　　　　　　(　　　)

(1) ㄹ　　　　　　(2) ㄴ
(3) ㄷ　　　　　　(4) ㅁ

25 품질관리의 모델화 종류를 3가지 쓰시오. (3점)　　　　[94, 95, 97]

①
②
③

품질관리의 모델화 종류
① 구체적 모델 : 모형, 원척도 등으로 표시
② 수학적 모델 : 생산계획, 생산활동 등
③ 그래픽 모델 : 각종 변수를 선이나 면적으로 표시한 그래프식
④ 시뮬레이션 모델 : 어떠한 현상을 훈련이나 실험용 현상으로 모의하는 것
⑤ 픽토리얼 모델 : 만화, 일러스틱, 이미지를 환기시키는 것
⑥ 스키미틱 모델 : 정보의 흐름, 공정의 분석 등

26 건설공사 현장에 레미콘을 납품하고 발생된 불량사항을 조사한 결과 다음 표와 같았다. 이 데이터를 이용하여 파레토도를 작성하시오. (4점) [92, 98]

불량항목	불량개수
슬럼프 불량	17
공기량 불량	4
재료량 부족 불량	8
압축강도 불량	9
균열발생 불량	10
기타	2

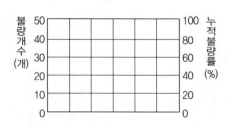

해설

파레토도의 작성방법

① 불량 내용(항목)의 불량건수가 많은 것 순으로 배열한다.

② 불량률, 누적불량 수, 누적(누계) %를 계산한다.

불량 항목	불량건수	불량률(%)	누적불량 수	누적률(%)
슬럼프 불량	17	34	17	34
균열발생 불량	10	20	27	54
압축강도	9	18	36	72
재료량 부족	8	16	44	88
공기량 불량	4	8	48	96
기타	2	4	50	100
계	50	100	–	–

③ 가로축에 불량내용을 크기순으로 배열한다.

④ 세로축에 불량건수를 막대그래프로 작성한다.

⑤ 누적률은 꺾은선으로 표시한다.

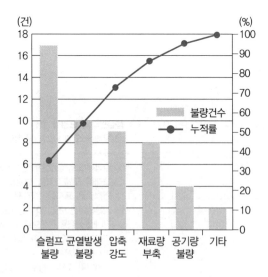

27 특성요인도에 대해 설명하시오. (2점)　　　　　　　[09, 12, 17]　　⊗　결과에 원인이 어떻게 관계하고 있는가를 한눈에 알 수 있도록 작성한 그림

_____

_____

28 다음 설명과 관계되는 TQC 도구를 쓰시오. (2점)　　　　[06]　　⊗　(1) 산점도(산포도, Scatter Diagram)
　　　　　　　　　　　　　　　　　　　　　　　　　　　　　　(2) 파레토도(Pareto Diagram)

　(1) 슈미트해머와 반발경도 사이의 상관관계를 파악

　　　　　　　　　　　　　　　　　(　　　　　　　)

　(2) 건물 누수의 원인을 분류 항목별로 구분하여 크기 순서대로 나열

　　　　　　　　　　　　　　　　　(　　　　　　　)

CHAPTER 02 재료 품질관리

E n g i n e e r A r c h i t e c t u r e **PART 03**

1. 목재

1) 연륜

Tip 👆
평균 연륜폭과 연륜밀도는 역수관계이다.

① 평균 연륜폭(mm/개) ········ $\dfrac{\overline{AB}}{n}$

② 연륜밀도(개/cm) ········ $\dfrac{n}{\overline{AB}}$

여기서, $\overline{AB}$: 연륜에 직교하는 임의의 선분길이 (mm)

n : 연륜개수(개)

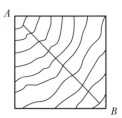

2) 함수율(%) ········ $\dfrac{W_1 - W_2}{W_2} \times 100$

※ 비중 $=\dfrac{중량}{체적}$

여기서, W_1 : 건조 전 공시체 중량(g)

W_2 : 건조중량(g)

2. 시멘트

Tip 👆
시멘트 비중시험의 기구
① 르샤틀리에 비중병
② 석유
③ 저울
④ 수조
⑤ 온도계
⑥ 마른걸레

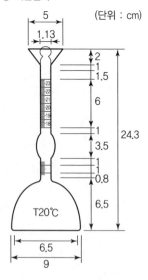

▲ 시멘트 비중시험

1) 비중 ········ $\dfrac{W}{V_2 - V_1}$

여기서, W : 시료시멘트의 무게(g)

V_1 : 시료를 넣기 전 광유를 넣은 비중병의 눈금(cc)

V_2 : 시료를 넣은 후의 눈금(cc)

2) 분말도

① 브레인법

㉠ 보통 포틀랜드 시멘트 ········ $S = S_S \sqrt{\dfrac{T}{T_S}}$

㉡ 조강 포틀랜드 시멘트 ········ $S = 1.115 S_S \sqrt{\dfrac{T}{T_S}}$

㉢ 중용열 포틀랜드 시멘트 ········ $S = 10.984 S_S \sqrt{\dfrac{T}{T_S}}$

여기서, S_s : 표준시료의 비표면적(cm²/g)

T : 시험시료에 대한 마노미터액의 B표선부터 C표선까지 낙하하는 시간(sec)

T_s : 표준시료에 대한 마노미터액의 B 표선부터 C 표선까지
낙하하는 시간(sec)

② 표준체 이용법

3) 응결시간

① **표준주도** : 시멘트 페이스트 혼합이 끝난 후 30초에 비커 장치의 플랜저 침이 처음 면에서 $10 \pm 1\mathrm{m}$ 점까지 내려갔을 때의 반죽상태

② **초결** : 표준주도로 반죽된 시멘트 페이스트 시험체를 1mm의 비커 침으로 관입시켜 30초간에 25mm의 침입도를 얻을 때까지의 가수 후 경과시간. 단, 길모어 장치로는 패드의 표면에 초결침을 가볍게 올려놓았을 때 알아볼 만한 흔적을 내지 않는 경과시간

③ **종결** : 길모어 장치로 패드의 표면에 종결침을 가볍게 올려놓았을 때 알아볼 만한 흔적을 내지 않는 경과시간

4) 안전성시험(오토클레이브 팽창도시험)

$$팽창도(\%) \cdots\cdots \frac{l_2 - l_1}{l_1} \times 100$$

여기서, l_1 : 시험 전 시험체의 유효 표점거리(mm)
l_2 : 오토클레이브 시험 후 시험체 길이(mm)

5) 압축강도시험

① 모르타르 조제

㉠ 시멘트 : 표준모래 $= 1 : 2.45$의 무게비

㉡ W/C : 48.5%

㉢ 50.8mm의 입방체 몰드 제작

② 강도시험

$$압축강도(\mathrm{N/mm^2}) = \frac{최대하중(\mathrm{N})}{시험체의\ 단면적(\mathrm{mm^2})} = \frac{P}{A}$$

6) 인장강도시험

① 모르타르 조제

㉠ 시멘트 : 표준모래 $= 1 : 2.7$의 무게비

㉡ 인장시험용 몰드 제작

② 강도시험

$$압축강도(\mathrm{N/mm^2}) = \frac{최대하중(\mathrm{N})}{시험체의\ 단면적(\mathrm{mm^2})} = \frac{P}{A}$$

Tip

시멘트 시험의 요약

시험 종류	시험기구 및 재료
비중시험	르샤틀리에 비중병, 광유, 마른걸레, 천평, 수조, 온도계 등
분말도 시험	마노미터액, 블레인 공기투과장치, 스톱워치, 천평, 시료병 등
압축강도 시험	표준모래, 혼합기, 천평, 양생수조, 캘리퍼스, 다짐대 등
인장강도 시험	인장시험기, 몰드, 천평, 표준체, 메스실린더, 브리킷(Briquette) 등
안정성 시험	오토클레이브, 몰드 등
응결시험	길모어 장치, 비커 장치

▲ 브리킷

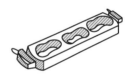

▲ 인장시험용 몰드

3. 골재

1) 체가름시험

① 조립률(FM) ……… $\dfrac{\text{각 체에 남는 양 누계 \%의 합계}}{100}$

② 정의

80mm, 40mm, 20mm, 10mm, 5mm, 2.5mm, 1.2mm, 0.6mm, 0.3mm, 0.15mm의 표준체를 따로 사용하여 체가름시험을 하였을 때 각체에 남는 골재량의 백분율(%) 누계의 합을 100으로 나눈 값을 말한다.

③ 골재의 조립률

여러 가지 입자를 포함하는 골재의 평균입경을 대략적으로 나타내는 것으로 잔골재는 2.3~3.1, 굵은 골재는 6~8 정도가 좋다.

체 뚜껑
10mm
5mm
2.5mm
1.2mm
0.6mm
0.3mm
0.15mm
접시

표준체 순서(잔골재용)

체 뚜껑
80mm
40mm
20mm
10mm
5mm
2.5mm
0.15mm
접시

표준체 순서(굵은 골재용)

④ 입도곡선 : 체눈 간격이 log 스케일로 된 도표에 작도

⑤ 골재의 최대치수 : 중량 90% 이상을 통과시키는 체 눈의 공칭치수

2) 굵은 골재의 비중 및 흡수율

① 겉보기비중 ……… $\dfrac{A}{B-C}$

② 표면 건조 포화상태의 비중 ……… $\dfrac{B}{B-C}$

③ 진비중 ……… $\dfrac{A}{A-C}$

④ 흡수율(%) ……… $\dfrac{B-A}{A} \times 100$

여기서, A : 절건중량(g)
B : 표면 건조포화상태의 중량(g)
C : 시료의 수중중량(g)

Tip

조립률(FM)의 계산방법
① 체의 크기별로 배열한다.
② 각 체에 남는 양의 누계를 구한다.
③ 각 체에 남는 양의 누계 백분율(%)을 구한다.
④ 해당되는 체(10개 체)에 누계 백분율을 이용하여 조립률을 계산한다.

Tip

① 흡수율
$= \dfrac{\text{포건내포} - \text{절건상태}}{\text{절건상태}} \times 100$

② 표면수율
$= \dfrac{\text{습윤상태} - \text{표건내포}}{\text{표건내포}} \times 100$

③ 함수율
$= \dfrac{\text{습윤상태} - \text{절건상태}}{\text{절건상태}} \times 100$

④ 유효흡수율
$= \dfrac{\text{표건내포} - \text{기건상태}}{\text{기건상태}} \times 100$

3) 함수 상태

절건상태	건조기 내에서 온도 110℃ 이내로 정중량이 될 때까지 건조하는 것
기건상태	골재 내부에 약간의 수분이 있는 대기 중의 건조상태
표면건조, 내부포수상태	골재의 표면은 건조되고 내부는 포수상태로 된 것
습윤상태	골재의 내외부에 포수상태

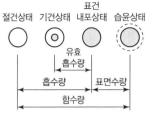

▲ 골재의 함수상태

4) 현장의 콘크리트 품질시험

① Slump 시험

② 압축강도시험

③ 공기량시험

④ 염화물시험

5) 공극률과 실적률

① 공극률(%) ········ $\dfrac{(G\times 0.999)-M}{G\times 0.999}\times 100$

여기서, G : 비중

$\quad\quad M$: 단위용적중량(t/m³)

$\quad\quad 0.999$: 표준온도 17℃에서의 물 1m³의 중량(0.999t/m³)

② 실적률 ········ $\dfrac{중량}{비중}\times 100 = 100\% - 공극률(\%)$

6) 안정성

① 골재의 안정성(%) $= \sum P_p$

(단, No.50체를 통과하는 낱알에 대하여는 0으로 계산)

② $P_p(\%) = \dfrac{W_a \times P_a}{100}$

여기서, P_P : 골재의 손실 중량백분율(%)

$\quad\quad W_a$: 각 무더기의 중량백분율(%)

$\quad\quad P_a$: 각 무더기의 손실 중량백분율(%)

4. 콘크리트

1) 슬럼프

① 슬럼프치(cm) ········ $30 - A = B$

② 시험순서

㉠ 수밀평판을 수평으로 한다.

㉡ 슬럼프콘을 수밀평판 중앙에 놓는다.

㉢ 슬럼프콘에 체적의 1/3이 되게 콘크리트를 채운다.

▲ 슬럼프 시험기구

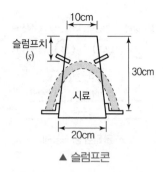

10cm

슬럼프치
(s)

30cm

시료

20cm

▲ 슬럼프콘

Tip

구조체 콘크리트의 강도 검사
① 일반적인 경우 재령 28일의 압축강도에 의하여 실시하는 것으로 한다.
② 콘크리트 관리에 사용할 압축강도 1회 실험값은 일반적인 경우 동일 배치에서 취한 공시체 3개에 대한 압축강도의 평균값으로 한다.
③ 시험횟수 및 시기는 하루에 1번 또는 구조물의 중요도와 공사의 규모에 따라 연속하여 치는 콘크리트의 20~150m³마다 1회로 한다.
④ 공시체는 ϕ150×300mm를 기준으로 하되, ϕ100×200mm의 공시체를 사용할 경우 강도보정계수 0.97을 사용하며, 이 외의 경우 적절한 강도 보정계수를 고려하여야 한다.
⑤ 공시체는 20±3℃에서 수중양생한다.

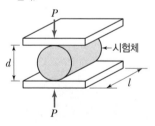

▲ 콘크리트 인장강도시험

② 다짐막대로 25회 다진다.
⑩ 위의 ⓒ과 ⓔ의 작업을 2회 되풀이하고 고른다.
⑭ 슬럼프콘을 조용히 들어올린다.
ⓘ 콘크리트의 주저앉은 높이를 측정한 후 300mm에서 뺀 수치가 슬럼프치이다.

2) 블리딩

① 블리딩양(mL/cm²) ········ $\dfrac{V_1}{A}$

② 블리딩률(%) ········ $\dfrac{B}{C} \times 100$

여기서, V_1 : 규정된 측정시간 동안에 생긴 블리딩 물의 양(ml)
A : 콘크리트의 노출된 면적(cm²)
B : 시료의 블리딩 물의 총량(ml)
C : 시료에 함유된 물의 총중량(ml)

즉, $C = \dfrac{B}{C} \times S$

W : 콘크리트 1m²에 사용된 재료의 총중량(kg)
w : 콘크리트 1m²에 사용된 물의 총중량(kg)
S : 시료의 중량(kg)

3) 압축강도 ········ $\dfrac{P}{A}$

여기서, P : 최대하중(N)
A : 시험체의 단면적(mm)

4) 인장강도 ········ $\dfrac{2P}{\pi dl}$

여기서, P : 최대하중(N)
l : 시험체의 길이(mm)
d : 시험체의 지름(mm)

5) 휨강도

① 중앙점 하중법 ········ $\sigma = \dfrac{M}{Z} = \dfrac{Pl/4}{bd^2/6} = \dfrac{3Pl}{2bd^2}$

② 삼등분점 하중법
㉠ 중앙점 파괴

$$\sigma = \dfrac{M}{Z} = \dfrac{Pl/6}{bd^2/6} = \dfrac{Pl}{bd^2}$$

㉡ 지간의 3등분의 외측부에서 파괴(하중점에서 파괴된 면까지의 거리가 지간의 5% 이내)

$$\sigma = \dfrac{M}{Z} = \dfrac{Pl/2}{bd^2/6} = \dfrac{3Pa}{bd^2}$$

6) 공기량시험

① 시험기구

    ㉠ 워싱턴형 공기량 시험기

    ㉡ 다짐봉

    ㉢ 고무망치

② 공기량 규정치

콘크리트 종류	공기량 허용오차
보통 콘크리트	4.5%±1.5%
경량 콘크리트	5%±1.5%

5. 기타 재료시험

1) 금속재료의 연신율시험

① 연신율(%) ········ $\dfrac{l - l_0}{l_0} \times 100$

    여기서, l_0 : 최초 표점거리(mm)

            l : 절단 후의 표점거리(mm)

② 항복강도(N/mm^2)

$$\frac{\text{최대항복하중(N)}}{\text{원단면적}(mm^2)} = \frac{\text{최대항복하중}}{\text{원단면적}} = \frac{P_y}{A}$$

③ 인장강도(N/mm^2)

$$\frac{\text{최대인장하중(N)}}{\text{원단면적}(mm^2)} = \frac{\text{최대인장하중}}{\text{원단면적}} = \frac{P_{\max}}{A}$$

2) 역청재료의 침입도시험

침입도란 표준조건에서 침이 관입하는 척도로서 1/10mm 관입도 1로 한다 (표준시험조건 : 온도 25℃, 하중 100g, 시간 5초).

3) 벽돌과 블록의 압축강도 시험

① 벽돌의 압축강도 ········ $\dfrac{P}{A}$

    여기서, P : 최대하중

            A : 단면적

▲ 표준침입도

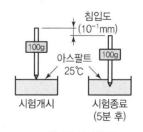

▲ 침입도 시험방법

② 블록의 압축강도

$$압축강도(MPa) = \frac{최대하중}{중공부분을 \ 포함한 \ 전단면적} = \frac{P}{A}$$

블록의 압축강도시험 시 블록의 단면적은 블록 구멍을 공제한 순단면적이 아니라 블록 구멍은 사춤되는 것으로 생각하여 블록 구멍을 포함한 전단면적을 고려한다.

4) 석재시험

① 비중시험

$$겉보기 \ 비중 = \frac{A}{B-C}$$

여기서, A : 공시체의 건조중량(g)
$\quad\quad\quad B$: 공시체의 표면건조 포화상태의 중량(g)
$\quad\quad\quad C$: 공시체의 수중중량(g)

② 흡수율시험

$$흡수율 = \frac{B-A}{A} \times 100\%$$

여기서, A, B, C는 위와 동일하다.

③ 압축강도시험

$$압축강도 = \frac{최대하중}{시료의 \ 단면적} = \frac{P}{A}$$

과년도 기출문제

01 다음 그림과 같은 목재의 AB 구간의 평균 연륜폭을 구하시오. (2점)

[90]

>> 평균 연륜폭 $= \dfrac{\overline{AB}}{n} = \dfrac{\text{선분 길이}}{\text{연륜 개수}}$

$\qquad = \dfrac{100mm}{7개}$

$\qquad = 14.29(mm/개)$

02 목재의 품질검사는 건축공사 시 사용되는 목재의 변형, 균열 등의 발생으로부터 미연에 방지하기 위하여 실시한다. 목재의 품질검사 항목을 3가지 쓰시오. (3점)

[02]

① _____

② _____

③ _____

>> ① 목재의 평균나이테 간격, 함수율 및 비중측정방법(KSF 2002)
② 목재의 수축률 시험방법(KSF 2003)
③ 목재의 흡수량 측정방법(KSF 2003)
④ 목재의 압축, 인장강도시험방법 (KSF 2206, KSF 2207)
⑤ 목재의 휨, 전단시험방법(KSF 2208, KSF 2209)

03 KSL 5201 규정에서 정한 포틀랜드 시멘트의 종류를 5가지 쓰시오.

[08, 10]

① _____ ② _____

③ _____ ④ _____

⑤ _____

>> ① 1종 : 보통 포틀랜드 시멘트
② 2종 : 중용열 포틀랜드 시멘트
③ 3종 : 조강 포틀랜드 시멘트
④ 4종 : 저열 포틀랜드 시멘트
⑤ 5종 : 내황산염 포틀랜드 시멘트

04 시멘트의 성능을 파악하기 위한 재료시험의 종류를 4가지 쓰시오. (4점)　　　　　　　　　　　　[98, 02]

① _____　　② _____

③ _____　　④ _____

> ① 분말도시험　② 안정성시험
> ③ 비중시험　④ 강도시험
> ⑤ 응결시험

05 건설공사 현장에 시멘트가 반입되었다. 특히, 시방서에 시멘트의 비중은 3.10 이상으로 규정되어 있다고 할 때 르샤틀리에 비중병을 이용하여 KS 규격에 의거 시멘트 비중을 시험한 결과에 대하여 시멘트의 비중을 구하고 자재품질 관리상 합격 여부를 판정하시오(단, 시험결과 비중병에 광유를 채웠을 때의 최소눈금은 0.5cc, 실험에 사용한 시멘트양은 100g, 광유에 시멘트를 넣은 후의 눈금은 32.2cc였다). (2점)　　　　　　　　　　　　[98, 07]

_____

_____

_____

> 비중 $= \dfrac{중량}{체적}$
> ① 시멘트 비중 $= \dfrac{W}{V_2 - V_1}$
> 　　　　　$= \dfrac{100}{32.2 - 0.5}$
> 　　　　　$= 3.15$
> ② 판정 : 합격(3.15 > 3.10)

06 시멘트의 비중시험에 이용되는 실험기구 및 재료를 보기에서 찾아 기호를 쓰시오. (4점)　　　　　　　　　　　　[00, 02]

> [보기]
> ㉠ 르샤틀리에 플라스크　　㉡ 천평
> ㉢ 칼로리 미터　　　　　　㉣ 표준체
> ㉤ 광유　　　　　　　　　㉥ 마노미터액
> ㉦ 마른걸레　　　　　　　㉧ 교반기

_____

> ㉠, ㉡, ㉤, ㉦

07 KS 규격상 시멘트의 오토클레이브 팽창도는 0.80% 이하로 규정되어 있다. 반입된 시멘트의 안정성 시험결과가 다음과 같다고 할 때 팽창도 및 합격 여부를 판정하시오(단, 시험 전 시험체의 유효 표점길이는 254mm, 오토클레이브 시험 후 시험체의 길이는 255.78mm였다). (4점)　　　　　　　　　[91, 97, 00, 21]

_____

_____

_____

> 팽창도 $= \dfrac{\ell_2 - \ell_1}{\ell_1} \times 100$
> ① 팽창도(%) $= \dfrac{255.78 - 254}{254} \times 100$
> 　　　　　　$= 0.7$
> ② 판정 : 합격(0.7 < 0.80)

08 시멘트와 표준사를 1 : 2.45의 표준배합 모르타르로 KS 규격에 의거 50.8mm 입방공시체를 만들어 28일 수중양생 후 압축강도를 시험한 결과 77.42kN에서 파괴되었다. 이 시멘트의 압축강도를 구하고, 합격 및 불합격을 판정하시오.(단, 28일 압축강도는 29MPa 이상으로 규정) (2점)   [93④]

(1) 압축강도 : _____

(2) 판정 : _____

(1) 압축강도 $f_C = \dfrac{P}{A} = \dfrac{77.42 \times 10^3}{50.8 \times 50.8}$
$= 30 \text{N/mm}^2$

(2) 판정 : $f_c = 30\text{MPa} \geq 29\text{MPa}$이므로 합격

09 KS L 5201(포틀랜드 시멘트)의 1종인 보통포틀랜드 시멘트의 28일 압축강도는 29MPa 이상으로 규정되어 있다. 납품된 시멘트로부터 표준사를 이용하여 3개의 모르타르 공시체(50.8mm 입방형체)를 제작하여 압축강도를 시험한 결과 최대하중 65kN, 59kN, 72kN에서 파괴되었다면 시멘트의 평균 압축강도를 구하고, 규정을 상회하고 있는지 여부에 따라 합격 및 불합격을 판정하시오. (2점)   [92]

(1) 평균압축강도 : _____

_____

_____

_____

_____

(2) 판정 : _____

(1) 평균압축강도
$f_1 = \dfrac{P_1}{A} = \dfrac{65 \times 10^3}{50.8 \times 50.8}$
$= 25.19\,\text{MPa}$
$f_2 = \dfrac{P_2}{A} = \dfrac{59 \times 10^3}{50.8 \times 50.8}$
$= 22.86\,\text{MPa}$
$f_3 = \dfrac{P_3}{A} = \dfrac{72 \times 10^3}{50.8 \times 50.8}$
$= 27.90\,\text{MPa}$
$\therefore f_c = \dfrac{f_1 + f_2 + f_3}{3}$
$= \dfrac{75.95}{3} = 25.32\,\text{MPa}$

(2) 판정 : $f_c = 25.32\text{MPa} < 29\text{MPa}$이므로 불합격

10 다음에 열거한 KS 규격의 시멘트 관련 시험에 쓰이는 시험기구 및 재료를 아래 보기에서 골라 기호를 쓰시오. (5점)   [93, 96]

[보기]
㉠ 르샤틀리에 비중병   ㉡ 마노미터
㉢ 표준모래   ㉣ 오토클레이브
㉤ 길모어 장치

(1) 분말도시험   (   )
(2) 압축강도시험   (   )
(3) 비중시험   (   )
(4) 응결시간시험   (   )
(5) 안정성시험   (   )

(1) ㉡
(2) ㉢
(3) ㉠
(4) ㉤
(5) ㉣

11 다음에 주어진 내용과 상호 연결성이 높은 것을 보기에서 찾아 기호를 쓰시오. (5점) [03]

> [보기]
> ㉠ 오토클레이브 ㉡ 길모어
> ㉢ 슈미트해머 ㉣ 르샤틀리에
> ㉤ 표준체

(1) 응결시험 ( )
(2) 안정도시험 ( )
(3) 강도시험 ( )
(4) 비중시험 ( )
(5) 분말도시험 ( )

> (1) ㉡
> (2) ㉠
> (3) ㉢
> (4) ㉣
> (5) ㉤

12 시멘트 분말도 시험법을 2가지 쓰시오. (2점) [08, 11, 12]

① _____
② _____

> ① 표준체에 의한 방법 또는 표준체에 의한 체가름방법
> ② 블레인(Blaine) 공기투과장치에 의한 방법

13 다음 용어를 간단히 설명하시오. (2점) [11]

(1) 잔골재율(S/a) : _____

_____

(2) 조립률(FM) : _____

_____

> (1) 잔골재율
> $$= \frac{\text{잔골재용적}}{\text{전체 골재용적}} \times 100(\%)$$
> (2) 조립률(FM)
> $$= \frac{\text{각 체에 남는 누계(\%)의 합계}}{100}$$
> 10개의 체를 1조로 하여 체가름 시험을 하였을 때 각 체에 남는 누계량의 전 시료에 대한 중량백분율의 합을 100으로 나눈 값

14 3.2의 조립률과 7의 조립률을 중량배합비 1 : 2의 비율로 섞었을 때 혼합조립률(FM)을 계산하시오. (1점) [08]

_____

> 혼합조립률(FM)
> $$= \frac{1}{(1+2)} \times 3.2 + \frac{2}{(1+2)} \times 7$$
> $$= 5.73$$

15 콘크리트용 굵은 골재가 현장에 반입되어 KS 규격에 따라 체가름시험을 실시한 결과가 다음과 같을 때 조립률(FM)을 구하시오. (2점)

[94, 95, 97]

체의 규격(mm)	각 체에 남는 양(g)
40	0
25	140
20	2,850
16	1,230
13	800
10	270
5	10
팬	0

해설

체의 규격(mm)	각 체에 남는 양(g)	체에 남는 양의 백분율(%)	백분율 누계(%)
40	0	0	0
25	140	2.64	2.64
20	2,850	53.77	56.41
16	1,230	23.21	79.62
13	800	15.09	94.71
10	270	5.09	99.8
5	10	0.19	100
팬	0	0	100

표준체에서 5mm보다 작은 2.5mm, 1.2mm, 0.6mm, 0.3mm, 0.15mm 체가 생략되어 있으므로 조립률 계산 시 5mm보다 가는 표준체의 누계 백분율의 값도 계산에 넣어야 한다.

$$\therefore \ 조립률(FM) = \frac{56.41 + 99.8 + 100 \times 6}{100} = 7.56$$

16 콘크리트용 잔골재의 체가름시험을 실시한 결과 다음과 같은 데이터를 얻었다. 이 경우의 조립률(FM)을 구하시오. (2점)

체규격	각 체에 남는 양(g)	체규격	각 체에 남는 양(g)
10mm	0	0.6mm	90
5mm	20	0.3mm	165
2.5mm	70	0.15mm	75
1.2mm	75	접시(Pan)	5

체의 규격(mm)	각 체에 남는 양(g)	체에 남는 양의 백분율(%)	백분율 누계(%)
10mm	0	0	0
5mm	20	4	4
2.5mm	70	14	18
1.2mm	75	15	33
0.6mm	90	18	51
0.3mm	165	33	84
0.15mm	75	15	99
접시(pan)	5	1	100

$$\therefore \ 조립률(FM) = \frac{각\ 체에\ 남는\ 양의\ 백분율\ 누계의\ 합}{100}$$

$$= \frac{4+18+33+51+84+99}{100} = 2.89$$

17 KS 규격의 콘크리트용 잔골재는 다음과 같은 입도규격을 규정하고 있다. 이 자료를 이용하여 실용상 허용입도범위에 속할 수 있는 최대 및 최소 조립률(FM)의 범위를 구하시오. (3점)   [93, 99]

체의 규격	10	5	2.5	1.2	0.6	0.3	0.15	Pan (접시)
체를 통과하는 양(%)	100	95~ 100	80~ 100	50~ 85	25~ 60	10~ 30	2~ 10	0

체번호	최대 조립률			최소 조립률		
	통과량 (%)	남는 양 (%)	남는 양 누계 (%)	통과량 (%)	남는 양 (%)	남는 양 누계 (%)
10mm	100	0	0	100	0	0
5mm	95	5	5	100	0	0
2.5mm	80	15	20	100	0	0
1.2mm	50	30	50	85	15	15
0.6mm	25	25	75	60	25	40
0.3mm	10	15	90	30	30	70
0.15mm	2	8	98	10	20	90
Pan(접시)	0	2	100	0	10	100

$$\therefore \ 최대\ 조립률 = \frac{5+20+50+75+90+98}{100} = 3.38$$

$$최소\ 조립률 = \frac{15+40+70+90}{100} = 2.15$$

18 콘크리트 유효 흡수량에 대해 기술하시오. (3점) [95, 07]

_____

_____

❷ 콘크리트용 골재에서 표면건조 내부포 수상태의 질량과 기건상태의 질량의 차이를 말한다.

19 골재의 상태는 절대건조상태, 기건상태, 표면건조 내부포화상태, 습윤상태가 있는데 이것과 관련 있는 골재의 흡수량과 함수량에 간단히 설명하시오. (2점) [05, 19]

(1) 흡수량 : _____

(2) 함수량 : _____

❷ (1) 표면건조 내부포수상태의 골재 중에 포함되는 물의 양
(2) 습윤상태의 골재 내외부에 함유된 전체 물의 양

20 골재 수량에 관련된 설명 중 서로 연관되는 것을 보기에서 골라 기호를 쓰시오. (5점) [09, 13]

> [보기]
> ㉠ 골재 내부에 약간의 수분이 있는 대기 중의 건조상태
> ㉡ 골재의 표면에 묻어 있는 수량으로, 표면건조 포화상태에 대한 시료 중량의 백분율
> ㉢ 골재입자의 내부에 물이 채워져 있고, 표면에도 물이 부착되어 있는 상태
> ㉣ 표면건조 내부포화상태의 골재 중에 포함되는 물의 양
> ㉤ 110℃ 정도 온도에서 24시간 이상 골재를 건조시킨 상태

(1) 습윤상태 (   )

(2) 흡수량 (   )

(3) 절건상태 (   )

(4) 기건상태 (   )

(5) 표면수량 (   )

❷ (1) ㉢
(2) ㉣
(3) ㉤
(4) ㉠
(5) ㉡

21 굵은 골재의 비중 및 흡수량 시험에서 A : 대기 중 시료의 노건조무게, B : 대기 중 시료의 표면건조 포화상태의 무게, C : 물속에서 시료의 무게를 각각 나타내고 있을 때 A, B, C의 관계를 이용하여 다음의 용어를 도식화하시오. (3점) [98]

(1) 표면건조 포화상태의 비중 : _____

(2) 겉보기비중 : _____

(3) 흡수율 : _____

❷ (1) 표면건조 포화상태의 비중
$= \dfrac{B}{(B-C)}$
(2) 겉보기비중 $= \dfrac{A}{(B-C)}$
(3) 흡수율 $= \dfrac{(B-A)}{A} \times 100\%$

22 굵은 골재의 최대치수 25mm, 4kg을 물속에서 채취하여 표면건조 내부포수 상태의 질량이 3.95kg, 절대건조 질량이 3.60kg, 수중에서의 질량이 2.45kg일 때 다음을 구하시오. (4점) [00, 11, 17, 21]

  (1) 흡수율(%) : _____

  (2) 표건비중 : _____

  (3) 겉보기비중 : _____

  (4) 진비중 : _____

▶ (1) 흡수율 $= \dfrac{3.95 - 3.6}{3.6} \times 100(\%)$
$= 9.72$

(2) 표건비중 $= \dfrac{3.95}{3.95 - 2.45} = 2.63$

(3) 겉보기비중 $= \dfrac{3.6}{3.45 - 2.45} = 2.4$

(4) 진비중 $= \dfrac{3.6}{3.6 - 2.45} = 3.13$

---

23 최대치수 25mm인 굵은 골재의 비중 및 흡수율 시험결과가 다음과 같을 때 표면건조 포화상태의 비중 및 흡수율을 소수 둘째 자리까지 구하시오. (2점) [90]

> 표면건조 포화상태의 중량 : 4,000g, 절건중량 : 3,920g, 수중중량 : 2,450g

  (1) 표면건조 포화상태의 비중 : _____

  (2) 흡수율(%) : _____

▶ (1) 표면건조 포화상태의 비중
$= \dfrac{4,000}{4,000 - 2,450} = 2.58$

(2) 흡수율
$= \dfrac{4,000 - 3,920}{3,920} \times 100 = 2.04\%$

---

24 수중에 있는 골재의 채취 시 무게가 1,000g이고, 표면건조 내부포화상태의 무게 900g, 대기건조상태 시료무게 860g, 완전건조상태 시료무게가 850g일 때 다음을 구하시오. (4점) [91, 99]

  (1) 함수량(g) : _____

  (2) 표면수율(%) : _____

  (3) 흡수율(%) : _____

  (4) 유효흡수량(g) : _____

▶ (1) 함수량 $= 1,000 - 850 = 150g$

(2) 표면수율 $= \dfrac{1,000 - 900}{900} \times 100\%$
$= 11.11\%$

(3) 흡수율 $= \dfrac{900 - 850}{850} \times 100\%$
$= 5.88\%$

(4) 유효흡수량 $= 900 - 860 = 40g$

---

25 수중에 있는 골재를 채취하였을 때의 무게가 2,000g이고 표면건조 내부포화상태의 무게는 1,920g이며 공기 중에서의 건조무게는 1,880g이었다. 또한 이 시료를 완전히 건조시켰을 때의 무게는 1,860g일 때 다음을 구하시오. (4점) [99]

  (1) 함수량(g) : _____

  (2) 표면수율(%) : _____

  (3) 흡수율(%) : _____

  (4) 유효흡수량(g) : _____

▶ (1) 함수량 $= 2,000 - 1,860 = 140g$

(2) 표면수율 $= \dfrac{2,000 - 1,920}{1,920} \times 100\%$
$= 4.17\%$

(3) 흡수율 $= \dfrac{1,920 - 1,860}{1,860} \times 100\%$
$= 3.23\%$

(4) 유효흡수량 $= 1,920 - 1,880 = 40g$

26 흡수율을 12% 이하로 규정하고 있는 골재에서 다음 조건으로 흡수율을 구하고, 합격 여부를 판정하시오(단, 시험결과 표면건조 포화상태의 중량 4.725g, 기건중량 4.46g, 절건중량 4.5g). (2점)

[92, 95, 19]

(1) 흡수율(%) : _____

(2) 판정 : _____

❯❯ (1) 흡수율

$$= \frac{\text{표면건조 포화상태의 중량} - \text{절건중량}}{\text{절건중량}} \times 100$$

$$= \frac{4.725 - 4.5}{4.5} \times 100 = 5\%$$

(2) 판정 : 합격(∵ 5% < 12%)

---

27 수중에 있는 골재의 중량이 1,300g이고, 표면건조 내부포화상태의 중량은 2,000g이며, 이 시료를 완전히 건조시켰을 때의 중량이 1,992g일 때 흡수율(%)을 구하시오. (2점)

[19]

❯❯ $\dfrac{2,000 - 1,992}{1,992} \times 100 = 0.40(\%)$

---

28 특기시방서상 화강암의 표건비중을 2.62 이상, 흡수율을 0.3% 이하로 규정하고 있다. 화강암의 비중과 흡수율을 다음 시험결과로 구하고, 합격 여부를 판정하시오(단, 공시체의 건조질량 : 5,000g, 공시체의 표면건조 내부포화상태의 질량 5,020g, 공시체의 수중질량 3,150g이었다). (3점)

[97, 00]

(1) 표건비중 : _____

(2) 흡수율(%) : _____

(3) 판정 : _____

❯❯ (1) 표건비중 $= \dfrac{5,020}{5,020 - 3,150} = 2.68$

(2) 흡수율 $= \dfrac{5,020 - 5,000}{5,000} \times 100$
$$= 0.4\%$$

(3) 판정 : 불합격(흡수율 초과)

---

29 비중이 2.6이고, 단위용적 중량이 1,750kg/m³인 굵은 골재의 공극률(%)을 구하시오. (2점)

[97, 98, 09]

❯❯ 공극률 $= \dfrac{(\text{비중} \times 0.999) - \text{중량}}{\text{비중} \times 0.999} \times 100$

$$= \frac{(2.6 \times 0.999) - 1.75}{2.6 \times 0.999} \times 100$$
$$= 32.62\%$$

---

30 비중이 2.65이고 단위용적중량이 1,600kg/m³라면 이 골재의 공극률(%)을 구하시오. (2점)

[09, 14]

❯❯ 공극률 $= \dfrac{(G \times 0.999) - M}{G \times 0.999} \times 100$

$$= \frac{(2.65 \times 0.999) - 1.6}{2.65 \times 0.999} \times 100$$
$$= 39.56\%$$

여기서, G : 비중
M : 단위용적중량

31 어떤 골재의 비중이 2.65이고, 단위용적중량이 1,800kg/m³일 때 골재의 공극률(%)을 구하시오. (2점)　　　　　　[94, 97, 00, 09, 15]

_____

_____

_____

_____

공극률 $= \dfrac{G \times 0.999 - M}{G \times 0.999} \times 100$

　　$= \dfrac{2.65 \times 0.999 - 1.8}{2.65 \times 0.999} \times 100$

　　$= 31.998\%$

∴ 32%

※ 실적률 $= \dfrac{M}{G \times 0.999} \times 100$

　　$= \dfrac{1.8}{2.65 \times 0.999} \times 100$

　　$= 68\% = (100 - 32)\%$

32 다음은 콘크리트의 슬럼프 테스트 순서를 설명한 것이다. 빈칸을 완성하시오. (4점)　　　　　　　　　　　　　　[93]

① 수밀평판을 수평으로 한다.

② _____

③ _____

④ _____

⑤ 위의 ③과 ④의 작업을 2회 되풀이하고 윗면을 고른다.

⑥ 슬럼프콘을 조용히 들어올린다.

⑦ _____

슬럼프 테스트는 시작에서 종료까지 90초 이내이어야 한다.

슬럼프 테스트 순서

① 수밀평판을 수평으로 한다.

② 슬럼프콘을 수밀평판 중앙에 놓는다.

③ 슬럼프콘에 체적의 1/30이 되게 콘크리트를 채운다.

④ 다짐막대로 25회 다진다.

⑤ 위의 ③과 ④의 작업을 2회 되풀이하고 윗면을 고른다.

⑥ 슬럼프콘을 조용히 들어올린다.

⑦ 콘크리트의 주저앉은 높이를 측정한 후 30cm에서 뺀 수치가 슬럼프치다.

33 슬럼프시험에 사용되는 기구를 4가지 쓰시오. (4점)　　　　[99]

① _____　　② _____

③ _____　　④ _____

① 슬럼프콘　　② 수밀평판

③ 다짐막대　　④ 측정계기

34 다음 용어를 간단히 설명하시오. (3점)　　　　　　　　[97]

슬럼프콘(Slump Cone)

_____

슬럼프 시험에 사용하는 원뿔형의 강제 용기

35 슬럼프치가 18cm인 레미콘을 이용하여 콘크리트를 타설하고자 한다. 건축공사 표준시방서에 슬럼프치의 허용치는 ±2.5cm로 규정되어 있다. KS 규격에 따라 슬럼프를 시험한 결과 다음과 같을 때 이 제품의 슬럼프치는 몇 cm인지 구하고, 합격 여부를 판정하시오. (2점)

[89]

(1) 슬럼프치＝30－17.5＝12.5cm
(2) 판정 : 불합격(∵ 12.5는 18cm±2.5cm의 범위에서 벗어나고 있다.)

▲ 입면도   ▲ 평면도

(1) 슬럼프치 : ＿＿＿＿＿＿＿＿＿＿＿＿＿＿＿＿＿＿＿＿

(2) 판정 : ＿＿＿＿＿＿＿＿＿＿＿＿＿＿＿＿＿＿＿＿＿＿

36 KS F 4009 규정에 의하면 레디믹스트 콘크리트의 공기량은 보통 콘크리트의 경우 (①)%이며, 경량 콘크리트의 경우 (②)%로 하되 공기량의 허용오차는 ±(③)%로 한다. 보기에서 알맞은 수를 고르시오. (3점)

[05]

① 4.5   ② 5.0   ③ 1.5

> [보기]
> 0.5, 1.0, 1.5, 2.0, 2.5, 3.0, 3.5, 4.0, 4.5, 5.0, 5.5, 6.0, 6.5, 7.0

① ＿＿＿＿＿＿＿＿＿   ② ＿＿＿＿＿＿＿＿＿   ③ ＿＿＿＿＿＿＿＿＿

37 재령 28일 콘크리트 표준공시체($\phi150\text{mm}\times300\text{mm}$)에 대한 압축강도 시험결과 파괴하중이 500kN일 때 압축강도 f_c(MPa)를 구하시오. (3점)

$f_c = \dfrac{P}{A} = \dfrac{P}{\dfrac{\pi D^2}{4}} \dfrac{(500\times10^3)}{\dfrac{\pi(150)^2}{4}}$

$= 28.294\text{MPa}$

＿＿＿＿＿＿＿＿＿＿＿＿＿＿＿＿＿＿＿＿＿＿＿＿＿＿＿＿＿＿

＿＿＿＿＿＿＿＿＿＿＿＿＿＿＿＿＿＿＿＿＿＿＿＿＿＿＿＿＿＿

38 재령 28일 콘크리트 표준공시체($\phi150\text{mm}\times300\text{mm}$)에 대한 압축강도 시험결과 400kN의 하중에서 파괴되었다. 이 콘크리트 공시체의 압축강도 f_c(MPa)를 구하시오. (3점)

[13, 15]

$f_c = \dfrac{P}{A} = \dfrac{P}{\dfrac{\pi D^2}{4}} \dfrac{(400\times10^3)}{\dfrac{\pi\times150^2}{4}}$

$= 22.635\text{MPa}$

＿＿＿＿＿＿＿＿＿＿＿＿＿＿＿＿＿＿＿＿＿＿＿＿＿＿＿＿＿＿

＿＿＿＿＿＿＿＿＿＿＿＿＿＿＿＿＿＿＿＿＿＿＿＿＿＿＿＿＿＿

39 재령 28일 콘크리트 표준공시체($\phi 150\text{mm} \times 300\text{mm}$)에 대한 압축 강도 시험결과 파괴하중이 450kN일 때 압축강도 f_c(MPa)를 구하시오. (2점) [15, 20]

$$f_c = \frac{P}{A} = \frac{P}{\frac{\pi D^2}{4}} = \frac{(450 \times 10^3)}{\frac{\pi (150)^2}{4}}$$
$$= 25.464\text{MPa}$$

40 특기시방서상 레미콘의 압축강도가 18MPa 이상으로 규정되어 있다고 할 때 납품된 레미콘으로부터 임의의 3개 공시체(지름 150mm, 높이 300mm인 원주체)를 제작하여 압축강도를 시험한 결과 최대하중 300kN, 310kN, 320kN에서 파괴되었다. 평균압축강도를 구하고 규정을 상회하고 있는지 여부에 따라 합격 및 불합격을 판정하시오. (2점) [93, 96, 05, 06]

(1) 평균압축강도 : _____

(2) 판정 : _____

(1) 평균압축강도
$$= \frac{300,000 + 310,000 + 320,000}{\frac{\pi \times 150^2}{4}} \div 3$$
$$= 17.54\text{MPa}$$
(2) 판정 : 불합격
(∵ 17.54MPa < 18MPa)

41 콘크리트의 강도시험에서 하중속도는 압축강도에 크게 영향을 미치고 있으므로 매초 $0.2 \sim 0.3\text{mm}^2$의 규정에 맞는 하중속도를 정하고자 한다. $\phi 100\text{mm} \times 20\text{mm}$ 시험체를 일정한 유압이 걸리도록 된 시험기에 걸고 1분 경과 시 하중계의 값이 몇 kN 범위에 들면 되는지 하중값을 산출하시오. (2점) [03]

① 공시체의 단면적 $= \frac{\pi \times 100^2}{4}$
$\qquad = 7,854\text{mm}$
② 초당 0.2MPa일 때 : $7,854 \times 0.2 \times$
$\quad 60 = 141,372\text{N} = 141.37\text{kN}$
∴ 하중값 : $94.25 \sim 141.37\text{kN}$

42 특기시방서상에 레미콘 설계기준 압축강도가 24MPa 이상으로 규정되어 있다고 할 때, 납품된 레미콘으로부터 임의로 3개월 공시체(원지름 100mm, 높이 200mm인 원주체)를 제작하여 압축강도를 시험한 결과 최대하중 180kN, 170kN 및 200kN에서 파괴되었다. 평균압축강도를 구하고 실제기준강도를 상회하고 있는지 여부에 따라 합격, 불합격으로 판정하시오. (2점) [90, 93, 96, 00]

(1) 평균압축강도 : _____

(2) 판정 : _____

(1) 평균압축강도
$$= \frac{180,000 + 170,000 + 200,000}{\frac{\pi \times 150^2}{4}} \div 3$$
$$= 23.34\text{MPa}$$
※ 이 문제처럼 공시체 Size가 100mm × 200mm인 경우는 Size Effect(치수효과)에 의해 평균값에 0.97을 곱한 값이 평균압축강도이므로
평균압축강도 $= 23.34 \times 0.97$
$\qquad\qquad\quad = 22.64\text{MPa}$
(2) 판정 : 불합격
(∵ 22.64MPa < 24MPa)

43 조강 포틀랜드 시멘트의 28일간의 예상평균기온의 범위가 5℃ 이상 15℃ 미만인 경우 보정값 T(N/mm²)는 얼마인가? (1점)   [09]

        ➡ 3N/mm²(=MPa)

44 직경 300mm, 길이 500mm 콘크리트 시험체의 할렬 인장강도 시험에서 최대 하중이 100kN으로 나타나면 이 시험체의 인장강도는? (2점)   [05, 20]

➡ $f_t = \dfrac{2P}{\pi dl} = \dfrac{2 \times 100 \times 10^3}{\pi \times 300 \times 500}$
        $= 0.42\,\text{MPa}$

45 특기시방서상 콘크리트의 휨강도가 5MPa 이상으로 규정하고 있다. $150 \times 150 \times 530$mm 공시체를 지간(Span) 450mm인 중앙점 하중법으로 휨강도 시험을 실시한 결과 45kN, 53kN, 35kN의 하중으로 파괴되었다면 평균 휨강도를 구하고, 평균치가 규정을 상회하고 있는지 여부에 따라 합격 여부를 판정하시오. (4점)   [92, 94, 05]

  (1) 평균휨강도 : _____

        _____

        _____

        _____

  (2) 판정 : _____

➡ 먼저 각각의 휨강도를 살펴보면,
$$f_1 = \frac{3P_1 l}{2bd^2} = \frac{3 \times 45 \times 10^3 \times 450}{2 \times 150 \times 150^2}$$
$$= 9\,\text{MPa}$$
$$f_2 = \frac{3P_2 l}{2bd^2} = \frac{3 \times 53 \times 10^3 \times 450}{2 \times 150 \times 150^2}$$
$$= 10.6\,\text{MPa}$$
$$f_3 = \frac{3P_3 l}{2bd^2} = \frac{3 \times 35 \times 10^3 \times 450}{2 \times 150 \times 150^2}$$
$$= 7\,\text{MPa}$$
$$\therefore\ f_b = \frac{f_1 + f_2 + f_3}{3} = \frac{26.6}{3}$$
$$= 8.87\,\text{MPa}$$
(1) 평균휨강도
$$f_b = \frac{f_1 + f_2 + f_3}{3} = \frac{26.6}{3}$$
$$= 8.87\,\text{MPa}$$
(2) 판정 : 합격

46 현장에서 반입된 철근은 시험편을 채취한 후 시험을 하여야 하는데, 그 시험의 종류를 2가지만 쓰시오. (2점)   [12]

  ① _____   ② _____

➡ ① 인장강도시험
  ② 휨강도시험

47 특기시방서상 철근의 인장강도는 240MPa 이상으로 규정되어 있다. 건설공사 현장에 반입된 철근을 KS 규격에 따라 중앙부 지름 14mm, 표점거리 50mm로 가공하여 인장강도를 시험하였더니 37.20kN, 40.57kN 및 38.15kN에서 파괴되었다. 평균인장강도를 구하고, 특기시방서의 규정과 비교하여 합격 여부를 판정하시오. (4점)

[94, 96, 04, 18, 20]

(1) 평균압축강도 : _____
(2) 판정 : _____

(1) 평균인장강도
$$= \left(\frac{37,200 + 40,570 + 38,150}{\frac{\pi \times 14^2}{4}} \right) \div 3$$
$= 251.01 MPa$
(2) 판정 : 합격
($\because$ 251.01MPa > 240MPa)

48 KS 규격상 시멘트 벽돌의 압축강도는 8MPa 이상으로 규정되어 있다. 현장에 반입된 $190 \times 90 \times 57$mm 벽돌의 압축강도를 시험할 때 압축강도 시험기의 하중이 얼마 이상을 지시하여야 합격인지 하중값을 구하시오. (3점)

[91]

_____
_____
_____

$f = \frac{P}{A}$
$\therefore P = A \times f$
$\quad = (190mm \times 90mm) \times 8N/mm^2$
$\quad = 136,000N$
$\therefore$ 136.8KN 이상이어야 한다.

49 시멘트벽돌의 압축강도시험결과 142kN, 140kN, 138kN에서 파괴되었다. 이 경우 시멘트벽돌의 평균압축강도를 구하고, KS 규격에 따른 합격 및 불합격 여부를 판정하시오.(단, KS 규격상 시멘트벽돌의 압축강도는 8MPa 이상으로 규정되어 있다.) (2점) [91, 98, 99]

(1) 평균압축강도 : _____
(2) 판정 : _____

(1) 평균압축강도
$$= \left(\frac{142,000 + 140,000 + 138,000}{190 \times 90} \right)$$
$\div 3 = 8.19 MPa$
(2) 판정 : 합격($\because$ 8.19MPa > 8MPa)

50 블록의 1급 압축강도는 8MPa 이상으로 규정되어 있다. 현장에 반입된 블록의 규격이 $190 \times 390 \times 190$mm일 때, 압축강도 시험을 실시한 결과 600kN, 500kN, 550kN에서 파괴되었다면 평균압축강도를 구하고, 규격을 상회하고 있는지 여부에 따라 합격 및 불합격을 판정하시오(단, 구멍부분을 공제한 중앙부의 순단면적은 460cm^{2}이다). (2점)

[91, 18]

(1) 평균압축강도 : _____
(2) 판정 : _____

(1) 평균압축강도
$$= \left(\frac{600,000 + 500,000 + 550,000}{190 \times 390} \right)$$
$\div 3 = 7.42 MPa$
(2) 판정 : 불합격($\because$ 7.42MPa < 8MPa)

51 390cm×190cm×190cm인 시멘트 블록의 압축강도 시험에서 하중속도를 매초 20MPa로 한다면 압축강도 800MPa인 블록은 몇 초에서 붕괴(파괴)되겠는지 붕괴시간을 구하시오. (3점)

[90, 98, 05, 09]

_____

_____

① 붕괴하중 = 800N/mm² × 390mm × 190mm
= 59,280,000N
② 1초당 가압하중
= 20N/mm² × 390mm × 190mm
= 1,482,000N
∴ 붕괴시간 = 59,280,000 ÷ 1,482,000
= 40초

52 블록 압축강도 시험에 대한 다음 물음에 답하시오. (2점)　　[11]

(1) 390×190×150mm인 속 빈 콘크리트 블록의 압축강도 시험에서 블록의 가압면적(mm²) : _____

(2) 압축강도 10MPa인 블록의 하중속도를 매초 0.2MPa로 할 때의 붕괴시간(sec) : _____

(1) $A = 390 \times 150 = 58,500\,mm^2$
(2) 붕괴시간(t)
$= \dfrac{압축강도(MPa)}{초당\ 가압하중(MPa/sec)}$
$= \dfrac{10}{0.2} = 50sec$

53 KS M 2252 규정에 따라 역청재료의 침입도를 시험하였다. 표준조건하에서(25℃, 100g, 5초, 표준침) 시험한 결과 25mm가 관입되었다면 침입도는 얼마인가? (3점)　　[94]

_____

관입량 0.1mm를 침입도 1로 표시하므로
∴ 침입도 = 25mm × 10 = 250mm

54 토질과 관계되는 보기의 자료를 참조하여 다음을 구하시오. (5점)

[93, 97]

[보기]
ㄱ 순토립자만의 용적 : 2m³　　ㄴ 순토립자만의 중량 : 4t
ㄷ 물만의 용적 : 0.5m³　　ㄹ 물만의 중량 : 0.5t
ㅁ 공기만의 용적 : 0.5m³　　ㅂ 전체 흙의 용적 : 3m³
ㅅ 전체 흙의 중량 : 4.5t

(1) 간극비 : _____
(2) 간극률(%) : _____
(3) 함수비(%) : _____
(4) 함수율(%) : _____
(5) 포화도(%) : _____

(1) 간극비
$= \dfrac{간극\ 부분의\ 부피}{흙입자\ 부분의\ 부피}$
$= \dfrac{(3-2)m^3}{2m^3} = 0.5$

(2) 간극률
$= \dfrac{간극\ 부분의\ 부피}{흙\ 전체\ 부피} \times 100$
$= \dfrac{1}{3} \times 100 = 33.33\%$

(3) 함수비
$= \dfrac{함수중량}{흙의\ 건조중량} \times 100$
$= \dfrac{0.5}{4} \times 100 = 12.5\%$

(4) 함수율
$= \dfrac{함수중량}{흙의\ 전체\ 중량} \times 100$
$= \dfrac{0.5}{4.5} \times 100 = 11.11\%$

(5) 포화도
$= \dfrac{물의\ 부피}{간극\ 부분의\ 부피} \times 100$
$= 0.5 \times 100 = 33.33\%$

MEMO

PART

04

ENGINEER
ARCHITECTURE

건축적산

1. 적산과 견적

1) 적산

공사에 필요한 재료 및 품의수량을 산출하는 기술활동이다.

2) 견적

공사량, 즉 적산량에 단가를 곱하여 공사비를 산출하는 기술활동이다.

2. 견적의 종류

1) 개산견적

과거의 공사실적자료, 통계자료 및 물가지수 등을 기초로 하여 개산적으로 공사비를 산출하는 것이다.

① **단위면적(또는 용적)** : 면적(m^2) 또는 용적(m^2) 등으로 개산, 견적하는 것
② **단위설비에 따른 개산견적** : 학생 1명당(학교), 병상 1Bed당(병원) 등으로 그 건물의 사용목적, 기능 등을 대표하는 어떤 단위로 하는 것
③ **부분별(요소별) 개산견적** : 기초, 바닥, 벽, 천장 등으로 나누어 그 요소 부분마다에 가격을 개산하여 견적하는 것

2) 명세견적

건물을 구성하는 각 부분의 수량(중량, 면적, 길이, 개수 등)을 각 공사별로 모아서 여기에 단가를 곱하여 전체 공사비를 산출하는 것이다.

3. 견적의 순서

수량조사 → 단가 → 가격 → 집계 → 현장경비 → 일반관리비 부담금 → 이윤 → 총공사비

Tip
적산수량은 일정한 값이 나오지만 견적은 공사개요, 계약조건, 공사기일 등에 따라 변동한다.

Tip
적산의 원칙(순서)
① 수평방향에서 수직방향으로 적산한다.
② 시공순서대로 적산한다.
③ 내부에서 외부로 적산한다.
④ 큰 곳에서 작은 곳으로 적산한다.
⑤ 단위세대에서 전체로 적산한다.

Tip
상세견적 견적 절차
① 불량 산출(수량 산출)
② 일위대가 산정(단가조사, 단가책정)
③ 공사비 계산(공사비 산출)

Tip
① 단가산정 : 일위대가를 참조하여 계산
② 가격 : 수량×단가
③ 집계 : 순공사비 산출
④ 현장경비 : 순공사비에 현장경비를 합산
⑤ 일반관리비 부담금 : 공사원가에 일반관리비 부담금 합산
⑥ 이윤 : (노무비+경비+일반관리비)×이윤율(10%)

4. 공사비의 구성

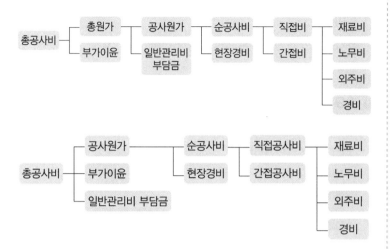

Tip 🖐
공사비의 구성

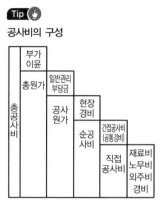

1) 재료비

① **직접재료비** : 공사목적물의 실체를 형성하는 재료
② **간접재료비** : 공사목적물의 실체를 형성하지 않으나 공사에 보조적으로 소비되는 재료
③ **부산물** : 시공 중 발생되는 부산물은 이용가치를 추산하여 재료비에 공제

2) 노무비

① **직접노무비** : 공사목적으로 완성하기 위하여 직접 작업에 종사하는 종업원 및 노무자에게 지급하는 금액
② **간접노무비** : 직접 작업에 종사하지 않으나 공사현장의 보조작업에 종사하는 노무자, 종업원, 현장사무직원에게 지급하는 금액

3) 경비

전력비, 운반비, 기계경비, 가설비, 특허권 사용료, 기술료, 시험 검사비, 지급 임차료, 보험료, 보관비, 외주 가공비, 안전관리비, 기타 경비로 계산한다.

4) 일반관리비

기업의 유지를 위한 관리활동 부분에서 발생하는 제비용이다.

5) 이윤

이윤은 영업이익을 말한다.

5. 수량의 종류

1) 정미량

설계도서의 설계치수에 의한 정확한 길이, 면적, 체적, 개수 등을 산출한 수량이다.

2) 소요량

산출된 정미량에 시공 시 발생되는 손실량, 망실량 등을 고려한 할증률을 가산하여 산출한 수량이다.

① 소요량 : 정미량 × 할증률

② 할증률

Tip

강재의 할증률
① 이형철근, 고장력 볼트, 옥외전선 : 3%
② 원형철근을 비롯한 대부분 강재 : 5%
③ 대형형강 : 7%
④ 강판, 동판 : 10%

재료별		할증률(%)	재료별		할증률(%)
원형 철근 이형 철근		5 3	타일	클링커 모자이크 도기, 자기	3
고장력 볼트(HTB) 일반 볼트 강판 강관 대형 형강 소형 형강, 봉강, 평강, 대강, 경량 형강, 각 파이프 리벳(제품) – 스테인리스 (강관, 동관) 옥외전선		3 5 10 5 7 5 5 3		테라코타 도료	3 2
			블록	시멘트 블록	4
				경계블록	3
				호안블록	5
목재	각재	5	시멘트 벽돌 붉은 벽돌 내화벽돌		5 3 3
	판재	10			
	졸대	20			
합판	일반용	3	기와 슬레이트		5 3
	수장용	5			
시스판 텍스, 석고보드, 코르크판		8 5	원석(마름돌용)		30
타일	아스팔트	5	석재판 붙임용 석재	정형돌	10
				부정형돌	30
	리놀륨		레디믹스트 콘크리트	무근구조물	2
	비닐			철근, 철골구조물	1
	비닐텍스		덕트용 금속판 위생기구 (도기 자기류)		28 2
유리		1	단열재		10

6. 수량의 계산

① 수량은 CGS 단위로 사용한다.

② 수량의 단위 및 소수위는 표준품셈 단위표준에 의한다.

③ 수량의 계산은 지정 소수위 이하 1위까지 구하고, 끝수는 4사 5입한다.

④ 계산에 쓰이는 분도는 분까지, 원주율, 삼각함수 및 호도의 유효숫자는 3자리로 한다.

⑤ 곱하거나 나눗셈에 있어서는 기재된 순서에 의하여 계산하고, 분수는 약분법을 쓰지 않으며, 각 분수마다 그의 값을 구한 다음 전부의 계산을 한다(단, 계산은 1회 곱하거나 나눌 때마다 소수 2자리까지로 한다).

⑥ 면적의 계산은 보통 수학공식에 의하는 외에 삼사법이나 삼사유치법 또는 프라니미터로 한다. 다만, 프라니미터를 사용할 경우에는 3회 이상 측정하여 그중 정확하다고 생각되는 평균값으로 한다.

⑦ 체적계산은 의사공식에 의함을 원칙으로 하나, 토사입적은 양단면적을 평균한 값에 그 단면 간의 거리를 곱하여 산출하는 것을 원칙으로 한다(단, 거리평균법으로 고쳐서 산출할 수도 있다).

⑧ 다음에 열거하는 것의 체적과 면적은 구조물의 수량에서 공제하지 아니한다.

   ㉠ 콘크리트 구조물 중의 말뚝머리

   ㉡ 볼트의 구멍

   ㉢ 모따기 또는 물구멍

   ㉣ 이음줄눈의 간격

   ㉤ 포장공종의 1개소당 $0.1m^2$ 이하의 구조물 자리

   ㉥ 강구조물의 리벳구멍

   ㉦ 철근 콘크리트 중의 철근

   ㉧ 조약돌 중의 말뚝 체적 및 책동목

   ㉨ 기타 전항에 준하는 것

Tip 👆

길이 산정(m)

① 둘레길이 $L = 2(l_x + l_y)$

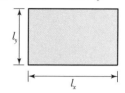

② 둘레길이 $L = 2(l_x + l_y)$

→ ①의 그림과 같게 생각한다.

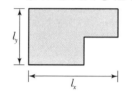

③ $L = 2(l_x + l_y + l_{y1})$

→ l_{x1}은 무시하고, l_{y1}만 고려하면 된다.

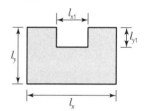

면적 산정(m^2)

① 1식 : $A = \{(l_x \times l_y) - ⓓ\}$

② 2식 : $A(ⓐ + ⓑ + ⓒ)$

개구부

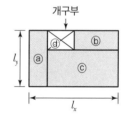

체적 산정

체적 = 면적 × 길이

예 줄기초, 터파기량, con'c 수량 산출

▼ 각 재료의 단위용적 중량(kg/m³)

종별	형상	중량
암석	화강암	2,600~2,700
	안산암	2,300~2,710
	사암	2,400~2,790
	현무암	2,700~3,200
자갈	건조	1,600~1,800
	습윤	1,700~1,800
	포화	1,800~1,900
모래	건조	1,500~1,700
	습윤	1,700~1,800
	포화	1,800~2,000
모래진흙		1,700~1,900
자갈 섞인 토사		1,700~2,000
자갈 섞인 모래		1,900~2,100
호박돌		1,800~2,000
주철		7,250
강, 주강, 단철		7,850
연철		7,800
구리		8,900
납		11,400
목재	생송재	800
소나무	건재	580
소나무(적송)	건재	590
미송	건재	420~700
시멘트		1,500
철근 콘크리트		2,400
무근 콘크리트		2,300
경량 콘크리트		1,800
시멘트 모르타르		2,100
물		1,000
해수		1,030
눈	분말상	160
	동결상	480
	수분포화	800
고로슬래그 부순돌		1,650~1,850

01 다음 용어를 설명하시오.　　　　　　　　　　　　[13, 18]

(1) 적산(積算) : _____

(2) 견적(見積) : _____

▶▶ (1) 재료 및 품의수량과 같은 공사량을 산출하는 기술활동이다.
(2) 공사량, 즉 적산량에 단가를 곱하여 공사비를 산출하는 기술활동이다.

02 상세견적의 개략적인 견적 절차 3단계를 쓰시오.　　　[01]

① _____

② _____

③ _____

▶▶ ① 물량 산출(수량 산출)
② 일위대가 산정(단가조사, 단가책정)
③ 공사비 계산(공사비 산출)

03 일반적인 건축공사의 견적 단계를 보기에서 골라 기호를 쓰시오.　　[92]

> [보기]
> ㉠ 단가(일위대가표)　　　㉡ 견적가격
> ㉢ 이윤　　　　　　　　　㉣ 수량조사
> ㉤ 일반관리비 부담금　　㉥ 가격
> ㉦ 현장경비

_____

▶▶ ㉣ → ㉠ → ㉥ → ㉦ → ㉤ → ㉢ → ㉡

04 다음 (　) 안에 알맞은 말을 쓰시오.　　　　　　　[92]

> 공사비의 구성 중 직접공사비의 산출항목 종류는 (①), (②), (③) 경비로 구성된다.

① _____　② _____　③ _____

▶▶ ① 재료비
② 노무비
③ 외주비

05 실시설계도서가 완성되고 공사물량산출 등 견적업무가 끝나면 공사 예정가격 작성을 위한 원가계산을 하게 된다. 원가 기준 중 다음 내용에 대한 답을 쓰시오. [04, 07]

(1) 공사시공 과정에서 발생하는 재료비, 노무비, 경비의 합계액 :

_____

(2) 기업의 유지를 위한 관리활동 부문에서 발생하는 제 비용 :

_____

(3) 공사계약 목적물을 완성하기 위하여 직접 작업에 종사하는 종업원 및 기능공에 제공되는 노동력의 대가 : _____

(1) 공사원가
(2) 일반관리비
(3) 직접노무비

06 다음 보기의 자료에 의한 공사원가와 총공사비를 산출하시오. [06]

[보기]
㉠ 자재비 : 60,000,000원   ㉡ 간접공사비 : 20,000,000원
㉢ 노무비 : 20,000,000원   ㉣ 일반관리비 부담금 : 10,000,000원
㉤ 현장경비 : 10,000,000원   ㉥ 이윤 : 10,000,000원

(1) 공사원가
계산식 : _____
답 : _____

(2) 총공사비
계산식 : _____
답 : _____

(1) 공사원가
계산식 : 자재비＋노무비＋현장경비＋간접경비
＝60,000,000＋20,000,000＋10,000,000＋20,000,000
답 : 110,000,000원

(2) 총공사비
계산식 : 공사원가＋일반관리비 부담금＋이윤
＝110,000,000＋10,000,000＋10,000,000
답 : 130,000,000원

07 길이가 4m, 높이가 1m인 담장을 세우려 한다. 블록 소요량을 산출하고, 일위대가표를 작성 후 재료비와 노무비를 산출하시오(단, 블록 규격 390×190×150). [09]

(1) 담장쌓기의 블록 소요량을 산출하시오.
계산식 : _____
답 : _____

(2) 다음 수량과 단가를 기준으로 일위대가표를 작성하시오.

(단위 : m²당)

구분	단위	수량	재료비		노무비		비고
			단가	금액	단가	금액	
블록							
시멘트							금액 산출 시 소수 이하 수치 버림
모래							
조적공							
보통인부							
합계							

(수량) 1. 시멘트 : 4.59Kg/m²당   (단가) 1. 블록 : 550원/매당
      2. 모래 : 0.01m³/m²당　　　　　　2. 시멘트(40Kg) : 3,800원/포대당
      3. 조적공 : 0.17인/m²당　　　　　　3. 모래 : 20,000원/m³당
      4. 보통인부 : 0.08인/m²당　　　　　4. 조적공 : 89,437원/인
　　　　　　　　　　　　　　　　　　　5. 보통인부 : 66,622원/인

(3) 작성한 일위대가표를 기준으로 담장쌓기의 재료비와 노무비를 산출하시오.

계산식 : (재료비) = _____

(노무비) = _____

(재료비 + 노무비) = _____

답 : _____

해설

(1) 계산식 : 4×1=4m² → 4m²×13=52매
답 : 52매

(2)

(단위 : m²당)

구분	단위	수량	재료비		노무비		비고
			단가	금액	단가	금액	
블록	매	13	550	7,150			
시멘트	kg	4.59	95	436			금액 산출 시 소수 이하 수치 버림
모래	m³	0.01	20,000	200			
조적공	인	0.17	–	–	89,437	15,204	
보통인부	인	0.08	–	–	66,622	5,329	
합계				7,786		20,533	

(수량) 1. 시멘트 : 4.59Kg/m²당   (단가) 1. 블록 : 550원/매당
      2. 모래 : 0.01m³/m²당　　　　　　2. 시멘트(40Kg) : 3,800원/포대당
      3. 조적공 : 0.17인/m²당　　　　　　3. 모래 : 20,000원/m³당
      4. 보통인부 : 0.08인/m²당　　　　　4. 조적공 : 89,437원/인
　　　　　　　　　　　　　　　　　　　5. 보통인부 : 66,622원/인

(3) 계산식 : (재료비) = 4×1=4m²이므로 4×7,786=31,144원
(노무비) = 4×1=4m²이므로 4×20,533=82,132원
(재료비 + 노무비) = 31,144+82,132=113,276원

08 다음은 공사비의 분류이다. ( ) 안을 채우시오. [88]

① _____ ② _____
③ _____ ④ _____

① 부가이윤
② 일반관리비 부담금
③ 현장경비
④ 간접공사비

09 다음 보기를 할증률이 작은 것부터 차례로 기호를 나열하시오. [90]

[보기]
㉠ 원형철근   ㉡ 강판
㉢ 이형철근   ㉣ 대형형강

_____

㉢ → ㉠ → ㉣ → ㉡
이형철근(3%), 원형철근(5%), 대형형강
(7%), 강판(10%), 강관(5%), 일반볼트
(5%), 고장력 볼트(3%)

10 다음 수량 산출 시 각 재료의 할증율을 ( ) 안에 쓰시오. [08]

① 유리 ( )%   ② 기와 ( )%
③ 시멘트 벽돌 ( )%   ④ 붉은 벽돌 ( )%

① _____ ② _____
③ _____ ④ _____

① 유리 : 1%
② 기와 : 5%
③ 시멘트 벽돌 : 5%
④ 붉은 벽돌 : 3%

11 다음 조건의 철근 콘크리트 부재의 부피와 중량을 구하시오. [18]

(1) 보 : 단면 300mm×400mm, 길이 1m, 150개
　　① 부피 : _____
　　② 중량 : _____

(2) 기둥 : 단면 450mm×600mm, 길이 4m, 50개
　　① 부피 : _____
　　② 중량 : _____

(1) ① 부피 : $0.3 \times 0.4 \times 1 \times 150$
　　　　 $= 18m^3$
　　② 중량 : $1.8 \times 2,400 = 43,200kg$

(2) ① 부피 : $0.45 \times 0.6 \times 4 \times 50$
　　　　 $= 54m^3$
　　② 중량 : $54 \times 2,400 = 129,600kg$

1. 시멘트 창고 필요면적(m^2)

$$A = 0.4 \times \frac{N}{n} \ (m^2)$$

여기서, A : 저장면적
N : 저장할 수 있는 시멘트양
n : 쌓기 단수(최고 13대)

1) N값의 규정

① 적산규준 : 시멘트양이 600포대 이내일 때는 전량을 저장할 수 있는 창고를 가설하고, 시멘트양이 600포대 이상일 때는 공정에 지장이 없을 정도의 양을 저장할 수 있는 것을 기준으로 한다.

② 실용식

- $N \leq 600$포 ·················· N=총량
- $600 < N \leq 1,800$포 ·················· N=600
- $N > 1,800$포 ·················· N=총량$\times \frac{1}{3}$

Tip 👆

N값의 규정은 적산규준이 600포 이상인 경우 확실하지 못하여 실용식을 사용하는 것이 좋다.

Tip 👆

실용식의 배경은 시멘트의 방습 및 강도저하 방지와 융통성 있는 현장의 활용에 있다.

2. 동력소 및 발전소 필요면적 산출

$$A = 3.3\sqrt{W}$$

여기서, A : 면적(m^2), W : 전력용량(kWh)
1HP=0.746kW, 1kW=1,000W

Tip 👆

동력소 필요면적 산출 시 W는 모두 kW로 환산하여 계산하여야 한다.

3. 수평규준틀

① 수평규준틀의 평면배치도를 작성하여 귀규준틀 또는 평규준틀로 나누어 개소 수로 계산함을 원칙으로 하되 건축면적의 규모 및 평면구조상 불가피한 경우에는 면적당으로 계산할 수도 있다.

ㄱ 면적으로 산출 시 : 중심선으로 둘러싸인 건축면적으로 계산

Tip 👆

수평규준틀의 귀규준틀과 평규준틀의 개소 수를 구하는 방법을 알아야 한다.

ⓛ 개소당 산출 시 적산규준

종류 　　 구조	RC조	조적조
평규준틀	모서리 기둥을 제외한 기둥마다 설치	모서리 부분 및 노출되는 부분의 내력벽마다 설치
귀규준틀	외관 모서리 기둥과 외부로 노출되는 기둥에 설치	모서리 부분 및 노출되는 부분에 설치

② 2층 이상의 수평보기는 먹메김품을 적용한다.
③ 수평규준틀의 목재 손율은 80%로 한다.

Tip 👆
① 동바리량은 동바리의 개수를 묻는 것이 아니라 동바리가 차지하는 체적을 산출하는 것이다.
② 동바리량 산출 시 단위는 10공 m³며, 10공 m³의 산출은 공 m³ 산출량의 1/10에 해당한다.

4. 동바리(Support)량

① 공(m³)의 체적은 상층 바닥판 면적(개소당 1m² 이상의 개구부면적은 공제)에 층높이를 곱한 것의 90%로 한다.

$$동바리 체적 = (상층 바닥판 면적 \times 층높이) \times 0.9$$

여기서, 상층 바닥판 면적 : 공제부분을 제외한 면적
층높이 : 층고에서 슬래브의 두께를 뺀 안목높이

② 단위 : 10공 m³
③ 조적조에서 테두리보 하부에 내력벽이 있는 경우는 동바리면적에서 제외한다.
④ 조적조 1층에 상층 슬래브를 먼저 시공할 경우 동바리높이는 GL에서 상층 슬래브 밑면까지로 한다.

5. 비계면적

1) 외부비계의 종류

외부비계에는 외줄비계, 겹비계, 쌍줄비계가 있다.

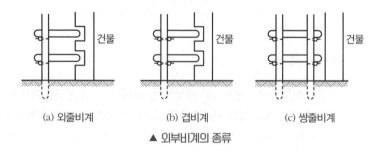

(a) 외줄비계　　　(b) 겹비계　　　(c) 쌍줄비계
▲ 외부비계의 종류

2) 외부비계 면적 기준

구분 \ 종별	쌍줄비계	겹비계, 외줄비계
목조	벽 중심선에서 90cm 거리의 지면에서 건물높이까지의 외주면적	벽 중심선에서 45cm 거리의 지면에서 건물높이까지의 외주면적
철근 콘크리트조 및 철골조	벽 외면에서 90cm 거리의 지면에서 건물높이까지의 외주면적	벽 외면에서 45cm 거리의 지면에서 건물높이까지의 외주면적

Tip 👆

목조의 기준선은 벽 중심선이고, 철근 콘크리트조 및 철골조의 기준선은 벽 외면이며 기둥과는 무관하다.

3) 외부비계 면적 산출공식

구분	공식
쌍줄비계	$A = (\sum l + 8 \times 0.9) \times H$
외줄비계, 겹비계	$A = (\sum l + 8 \times 0.45) \times H$
단관비계, 틀비계	$A = (\sum l + 8 \times 1) \times H$

여기서, $\sum l$: 건물 둘레길이(m)
$\quad\quad H$: 건물높이(m)
$\quad\quad A$: 비계면적(m^2)

Tip 👆

외부비계 면적 산출 시 건물 둘레길이($\sum l$)와 추가길이

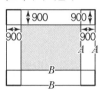

> **참고**
>
> 건물둘레 길이 산정 시 오목하게 들어간 부분은 큰 직사각형과 같이 생각하여 풀 수 있다.
>
>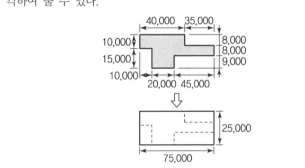

4) 내부비계 면적 산출공식

내부비계 면적 = 연면적 × 0.9

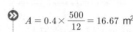

01 시멘트 500포가 있는 공사현장에서 필요한 시멘트 창고의 면적을 구하시오(단, 쌓기단수는 12단이다). [21]

▷ $A = 0.4 \times \dfrac{500}{12} = 16.67 \ \text{m}^2$

02 시멘트가 각각 500포, 1,700포, 2,400포 있다. 공사현장에서 필요한 각 시멘트 창고의 면적은 얼마인가?(단, 쌓기단수는 12단, 공사기간은 6개월이다)

▷ N값의 실용식을 물어보는 문제이다.
  ① 500포 : $A = 0.4 \times \dfrac{500}{12} = 16.6 \, \text{m}^2$
  ② 1,700포 : $A = 0.4 \times \dfrac{600}{12} = 20 \, \text{m}^2$
  ③ 2,400포 :
  $A = 0.4 \times \dfrac{(2,400 \times 1/3)}{12}$
  $= 26.6 \, \text{m}^2$

03 시멘트가 각각 500포, 1,600포, 2,400포 있다. 공사현장에서 필요한 각 시멘트 창고의 면적은 얼마인가?(단, 쌓기단수는 12단이다) [06]

▷ ① 500포 : $A = 0.4 \times \dfrac{500}{12} = 16.6 \, \text{m}^2$
  ② 1,600포 : $A = 0.4 \times \dfrac{600}{12} = 20 \, \text{m}^2$
  ③ 2,400포 :
  $A = 0.4 \times \dfrac{(2,400 \times 1/3)}{12}$
  $= 26.6 \, \text{m}^2$

04 다음 조건으로 동력소 필요면적과 1개월에 소요되는 전력량을 계산하시오.

[조건]
① 전동기 : 20kW가 2대
② 엘리베이터 : 10마력(HP)가 3대
③ 전등 : 60W가 200개
④ 1일 8시간 1개월을 25일 사용하였다.

▷ ① 변전소면적(m²)
  • 전동기 : 20kW×2 = 40kW
  • 엘리베이터 : 10HP×0.746×3
    = 22.38kW
  • 전등 : (60W×200)÷1,000
    = 12kW
  • 전력 총용량 = 40+22.38+12
    = 74.38kW
  ∴ 변전소면적(m²)
    = 3.3× $\sqrt{74.38}$ = 28.46m²
  ② 1개월 소요 전력량
    = 74.38kW×8×25
    = 14,876kWh

05 다음 조건으로 동력소면적을 산출하고 1개월 소요 전력량을 구하시오. [10]

> [조건]
> ① 20HP 전동기 5대   ② 5HP 윈치 2대
> ③ 150W 전등 10개   ④ 1일 10시간씩 30일 사용한다.

◆ ① 변전소면적(m²)
- 전동기 : (20HP×0.746kW)×5
  =74.6kW
- 엘리베이터 : (5HP×0.746kW)×2
  =7.46kW
- 전등 : 0.15×10=1.5kW
- 전력 총용량=74.6+7.46+1.5
  =83.56kW
  ∴ 변전소면적(m²)
  $=3.3 \times \sqrt{83.56}=30.165m^2$
② 1개월 소요 전력량=83.56kW×10
  시간×30일=25,068kWh

06 다음 그림에서 귀규준틀과 평규준틀의 개수를 구하시오(단, 조적조 구조이다).

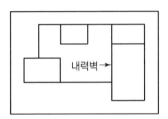

(1) 귀규준틀 : (   )개소   (2) 평규준틀 : (   )개소

◆ (1) 귀규준틀(⌐°) : 6개소
(2) 평규준틀(o–o) : 10개소

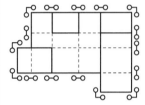

07 다음 평면도에서 평규준틀과 귀규준틀의 개수를 구하시오. [16]

(1) 평규준틀 : (   )개소   (2) 귀규준틀 : (   )개소

◆ 규준틀 설치위치

(1) 평규준틀(⌐) : 6개소
(2) 귀규준틀(–) : 6개소

08 다음 평면도에서 평규준틀과 귀규준틀의 개수를 구하시오. [20]

(1) 평규준틀 : (   )개소   (2) 귀규준틀 : (   )개소

◆ (1) 평규준틀 : 6개소
(2) 귀규준틀 : 6개소

09 다음 그림과 같은 건물의 동바리량(10공 m³)을 구하시오.

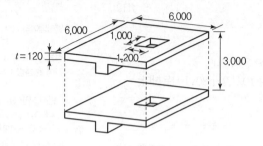

▶ 문제처럼 개구부가 주어지면 공제 여부
   를 검토해야 한다.
   [{6m×6m−(1m×1.2m)}×(3−0.12)]
   ×0.9=90.0공 m³
   ∴ 9.0(10공 m³)

10 다음 그림과 같은 건물의 동바리량(10공 m³)을 구하시오.

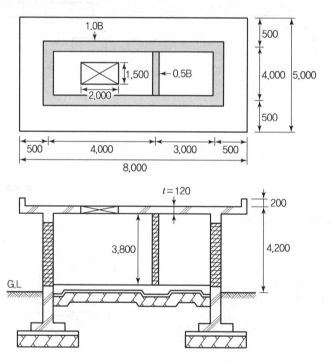

[조건]
표준형 벽돌 − 외벽 1.0B, 내벽 0.5B

▶ 동바리량
   =(상층 바닥면적×층고)×0.9
   =[(8m×5m)−{(1.5m×2m)+(7+4)
      ×2×0.19}]×(4.2−0.12)×0.9
   =120.51공 m³=12.05(10공 m³)

11 외부쌍줄비계와 외줄비계의 면적산출 방법을 기술하시오. [09, 13]

(1) 외부쌍줄비계 : _____

_____

(2) 외줄비계 : _____

_____

① 쌍줄비계면적
$A(\text{m}^2) = (\sum l + 8 \times 0.9) \times H$
벽 외면에서 90cm 거리의 지면에서
건물높이까지의 외주면적이다.
② 외줄비계면적
$A(\text{m}^2) = (\sum l + 8 \times 0.45) \times H$
벽 외면에서 45cm 거리의 지면에서
건물높이까지의 외주면적이다.

12 다음과 같은 철근 콘크리트 건축물 공사에 외부비계로 쌍줄비계 매기
할 때 비계면적을 구하시오(단, 건축물 높이는 $H = 5\text{m}$이다). [88]

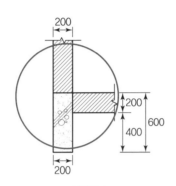

상세도 A

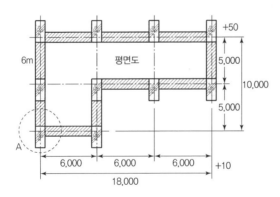

건축적산기준에서 기둥의 최외곽 돌출
부를 기준으로 하지 않고 외벽면에서부
터 산출해야 한다.
쌍줄비계이므로
$A = (\sum l + 8 \times 0.9) \times H$
$= \{(18.2 + 10.2) \times 2 + 7.2\} \times 5$
$= 320\text{m}^2$

_____

_____

13 다음 평면의 건물높이가 16.5m일 때 비계면적을 산출하시오(단, 쌍줄비계로 한다). [88, 07]

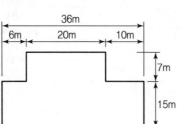

➤ 쌍줄비계면적 $A = (\sum l + 7.2) \times H$
$= (116 + 7.2) \times 16.5$
$= 2,032.8 \text{m}^2$
여기서, $\sum l = (36 + 22) \times 2 = 116$

---

14 다음 평면도와 같은 건물에 외부 쌍줄비계를 설치하고자 한다. 비계면적을 산출하시오(단, 건물높이는 27m이다). [93]

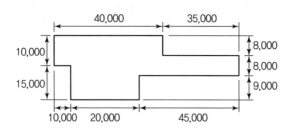

➤ 건물 둘레길이는 가능하면 계산이 용이한 직사각형의 형태로 계산한다.
$A = (\sum l + 7.2) \times H$
$= (200 + 7.2) \times 27$
$= 5,594.4 \text{m}^2$
여기서, $\sum l = (75 + 25) \times 2 = 200 \text{m}$

---

15 다음 평면의 건물높이가 13.5m일 때 비계면적을 산출하시오(단, 도면의 단위는 mm이며, 비계형태는 쌍줄비계로 한다). [12, 17]

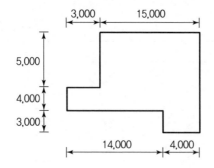

➤ $A = (\sum l + 7.2) \times H$
$= (60 + 7.2) \times 13.5$
$= 907.2 \text{m}^2$
여기서, $\sum l = (18 + 12) \times 2 = 60 \text{m}$

CHAPTER 03 토공사 및 기초공사

1. 터파기량

1) 터파기량 산출공식

① 독립기초

$$\text{터파기량}(V\text{m}^3) = \frac{h}{6}(2a+a')b + (2a'+a)b'$$

여기서, $a > b$

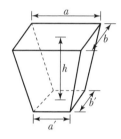

② 줄기초

$$\text{터파기량}(V\text{m}^3) = \left(\frac{a+b}{2}\right)h \times (\text{줄기초 길이 } \textstyle\sum l)$$

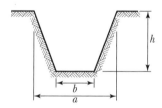

2) 터파기 여유

① 흙막이가 있는 경우

높이(H)	5.0m 이하	5.0m 이상
터파기 폭(D)	60~90cm	90~120cm

② 흙막이가 없는 경우

높이(H)	1.0m 이하	2.0 이하	4.0m 이하	4.0m 초과
터파기 폭(D)	20cm	30cm	50cm	60cm

$V = \left(\dfrac{a+a'}{2}\right) \times \left(\dfrac{b+b'}{2}\right) \times h$ 식도 있으나 적산규준에는 없으므로 가능하면 사용하지 않는 것이 좋다.

Tip 👆
토공사의 종류

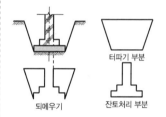

Tip 👆
줄기초 길이($\textstyle\sum l$) 산정
① 외벽기초 : 중심 간의 길이(상쇄)
② 내벽기초 : 안목 간의 길이(중복)

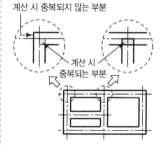

Tip 👆

일반적으로 터파기 여유는 흙막이가 있는 경우가 많으나 시험출제 시 편차가 심하여 시험에 흙막이가 없는 경우가 출제되고 있다.

Tip 👆

터파기 여유는 터파기량 산출 시 밑변의 길이를 산정하는 데 이용되며, 잡석의 끝이 아니라 기초구조물의 끝에서 산정(그림에서 D)됨에 주의해야 한다.

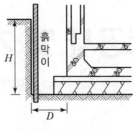

흙막이가 있는 경우   흙막이가 없는 경우

③ 특수한 토질을 제외하고는 터파기에 있어서 깊이가 1m 미만일 때 휴식각을 고려하지 않는 수직 터파기량으로 계산함을 원칙으로 한다.

3) 흙의 휴식각

Tip 👆

흙의 휴식각
① 흙의 휴식각은 터파기량 산출 시 윗면의 길이를 산정하는 데 이용되며, 흙의 휴식각이 있는 경우와 없는 경우가 모두 출제되고 있어 정리를 잘해 두어야 한다.
② 흙의 휴식각이 있는 경우는 삼각함수를 이용하여 정확히 산출하고, 휴식각이 없는 경우는 높이에 0.3을 곱하여 산출한다.

※ 터파기 경사각은 휴식각의 2배이다.

① 흙의 휴식각에 대한 적산규준

토질		휴식각(°)	비고
모래	건조	20~35	
	습기	30~45	
	포화	20~40	
보통흙	건조	20~45	※ 휴식각 = ϕ
	습기	25~45	$\dfrac{H}{L} = \tan\phi$
	포화	25~30	
진흙	건조	40~55	$\therefore L = \dfrac{H}{\tan\phi} = \cot\phi \cdot H$
	습기	35	
	포화	20~25	
자갈	일반	30~35	
	모래, 진흙, 반섞이	20~35	
자갈	연암	–	
	경암	–	

② 흙의 휴식각이 있는 경우

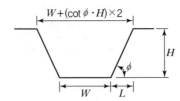

③ 흙의 휴식각이 없는 경우

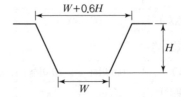

2. 되메우기량

1) 되메우기 산출공식

> 되메우기 토량 = 흙파기 체적 − 기초구조부 체적(GL 이하)

여기서, 기초구조부 체적이란 지반선 이하의 잡석다짐량, 기초 콘크리트, 지하실의 용적 등의 총합계를 말한다.

2) 지정에 관한 규정

① 지정은 공종별(모래깔기, 자갈깔기, 잡석깔기 등)로 구분하여 설계도서상에 의한 정미수량만을 산출한다.

② 잡석지정에 있어 설계도서상에 특기가 없는 경우에 목조 및 조적조 기초 측면은 10cm, 철근 콘크리트조 기초 측면은 15cm를 가산하여 잡석지정의 폭으로 한다.

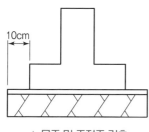

▲ 목조 및 조적조 기초

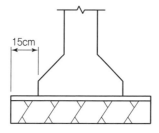

▲ 철근 콘크리트 기초

3. 잔토처리량

1) 잔토처리량 산출공식

(1) 일부 흙으로 되메우고 잔토처리할 경우

① 흙 메우고 흙 돋우기할 경우

> 잔토처리량 = {흙파기 체적 − (되메우기 체적 + 돋우기 체적)}
> $\times$ 토량환산계수(L)
> = 흙파기 체적 − $\left(되메우기 체적 \times \dfrac{1}{C}\right)$
> $\times$ 토량환산계수(L)

② 흙 되메우기만 할 경우

> 잔토처리량 = (흙파기 체적 − 되메우기 체적) × 토량환산계수(L)
> = 기초구조부 체적 × 토량환산계수(L)

(2) 흙파기량을 전부 잔토처분할 경우

> 잔토처리량 = 흙파기 체적 × 토량환산계수(L)

2) 토량환산계수 적용

토공사에서 토질을 시험하여 적용하는 것을 원칙으로 하나, 토량이 소량 인 경우에는 다음 토량환산계수표에 따를 수도 있다.

토량의 변화

$$L = \frac{\text{흐트러진 상태의 토량}(m^3)}{\text{자연상태의 토량}(m^3)}$$

$$C = \frac{\text{다져진 상태의 토량}(m^3)}{\text{자연상태의 토량}(m^3)}$$

※ L은 보통 1.2~1.3, C는 0.90이다.

4. 흙 돋우기

흙 돋우기의 준공토량은 성토설계도의 양으로 한다. 그러나 지반침하량은 지 반성질에 따라 가산할 수 있다.

흙 돋우기량 = 흙 돋우기 체적 × 토량환산계수(L)

5. 건설기계작업

1) 불도저

$$Q = \frac{60 \times q \times f \times E}{C_m}$$

여기서, Q : 시간당 작업량(m^3/h)
q : 1회 토공량(m^3)
f : 토량환산계수
E : 작업효율
C_m : 사이클타임(분)

2) 백호, 드래그라인, 파워셔블, 로더 등 셔블계

$$Q = \frac{3,600 \times q \times k \times f \times E}{C_m}$$

여기서, Q : 시간당 작업량 (m^3/h)
q : 버킷 또는 디퍼의 용량(m^3)
k : 버킷 또는 디퍼의 계수
f : 토량환산계수
E : 작업효율
C_m : 사이클타임(초)

3) 덤프트럭

$$Q = \frac{60 \times q \times f \times E}{C_m}$$

여기서, Q : 1시간당 흐트러진 상태의 작업량(m³/h)

q : 흐트러진 상태의 1회 적재량(m³)

f : 토량환산계수

E : 작업효율

C_m : 사이클타임(분)

6. 운반

1) 대운반과 소운반

대운반	재료의 원거리 운반 또는 공사장까지의 운반
소운반	공사장 내에서의 근거리 운반 또는 사용장소까지의 운반

2) 소운반 규정

건설공사 표준품셈의 품에서 규정된 소운반이란 20m 이내를 말하며 소운반이 포함된 품에서 소운반거리가 20m를 초과할 경우에는 초과분에 대하여 이를 별도 계상하며 경사면의 소운반거리는 직고 1m를 수평거리 6m의 비율로 본다.

과년도 기출문제

01 다음 조적조 기초도면을 보고 터파기량, 버림 콘크리트양, 잡석다짐량, 콘크리트양, 철근량, 거푸집량, 되메우기량, 잔토처리량을 구하시오(단, D13 = 0.995kg/m, 흙의 휴식각 30°, $C = 0.9$, $L = 1.2$, 철근의 이음 · 정착은 무시, 중복 및 누락되는 부분이 없이 정확한 양으로 산출한다).

[89, 94]

① 터파기량 : 터파기의 여유는 높이 1m 이하이므로 양측으로 20cm 내민 것을 계산하며, 이것의 기준은 기초판의 맨 끝이다. 총길이는 200m이며, 중복된 면은 50cm씩 8군데로 이것을 간편하게 1m로 환산하여 4군데로 본다.
② 버림 콘크리트양 : 설계도서상 지정이 없으면 조적조일 때는 기초판 끝에서 양측으로 각 10cm씩 더 나온 것으로 한다.
③ 거푸집량 : 기초판과 주각의 내외부를 각각 동시에 산출하며 중복되는 부분을 공제한다.
④ 되메우기량 : 콘크리트양의 주각 부분에서의 높이를 0.4로 하여 계산한다.

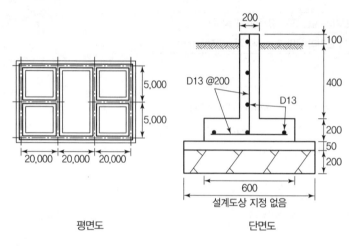

평면도   단면도

해설

(1) 터파기량(V) = $1 \times 0.85 \times (200 - 1 \times 4) = 166.6$m³

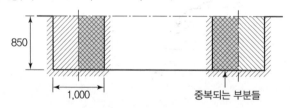

(2) 버림 콘크리트양(V) = $0.8 \times 0.05 \times (200 - 0.8 \times 4) = 7.872 ≒ 7.87$m³
(3) 잡석다짐량(V) = $0.8 \times 0.2 \times (200 - 0.8 \times 4) = 31.488 ≒ 31.49$m³
(4) 콘크리트양 ┬ 기초판 : $0.6 \times 0.2 \times (200 - 0.6 \times 4) = 23.71$m³
         └ 기초벽 : $0.2 \times 0.5 \times (200 - 0.2 \times 4) = 19.92$m³
  ∴ $V = 23.71 + 19.92 = 43.63$m³
(5) 철근량 = 길이×개수×중량 순으로 계산
  기초판(D13) : $\{200 \times 3 + 0.6 \times (200 \div 0.2)\} \times 0.995 = 1,194$kg
  기초벽(D13) : $\{200 \times 3 + \underline{1.0} \times (200 \div 0.2)\} \times 0.995 = 1,592$kg
              └ 0.1 + 0.4 + 0.2 + 0.3임에 주의
  ∴ 총철근량 = $1,194 + 1,592 = 2,786$kg

(6) 거푸집량
  ① 기초판=0.2×(200×2−0.6×8)=79.04m²
  ② 주각=0.5×(200×2−0.2×8)=199.2m²
  ∴ 총거푸집량 : 79.04+199.2=278.24m²
(7) 되메우기량 : 터파기량−기초 구조부 체적(GL 이하의 구조부에 한함)
  $V = 166.6 - (31.49 + 7.87 + 39.65) = 87.59$m²
(8) 잔토처리량=터파기량−$\left(\text{되메우기} \times \dfrac{1}{C}\right) \times 1.2$

  ∴ $V = 166.6 - (87.59 \times \dfrac{1}{0.9}) \times 1.2 = 83.13$m³

02 다음 그림과 같은 독립기초의 기초 터파기량, 되메우기량, 잔토처리량을 산출하시오(단, 소수 셋째 자리에서 반올림하고, 토량환산계수 $C = 0.9$, $L = 1.2$). [89, 94]

(1) 기초 터파기량
(2) 되메우기량
(3) 잔토처리량

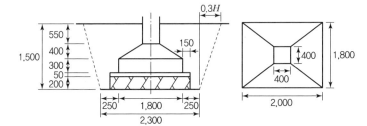

(1) 기초 터파기량
  $$V = \frac{h}{6}(2a + a')b + (2a + a)b'$$

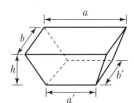

  여기서, a는 항상 큰 변의 길이를 기준으로 한다.

  ① $a' = 2 + 0.5 = 2.5$
  ② $b' = 1.8 + 0.5 = 2.3$
  ③ $a = a' + 0.6H = 2.5 + 0.6 \times 1.5 = 3.4$
  ④ $b = b' + 0.6H = 2.3 + 0.6 \times 1.5 = 3.2$
  ⑤ $h = 1.5$
  ∴ $V = \dfrac{1.5}{6}\{(2 \times 3.4 + 2.5) \times 3.2 + (2 \times 2.5 + 3.4) \times 2.3\} = 12.27$m³

(2) 되메우기량＝터파기량－기초 구조부 체적

① 기초 구조부 ┌ 잡석 : 2.1×2.3×0.2＝0.966
└ 밑창 콘크리트 : 2.1×2.3×0.05＝0.2415

② 기초 콘크리트

$$(2×1.8×0.3)+\frac{0.4}{6}(2×2+0.4)×1.8+(2×0.4+2)×0.4+(0.4$$
$$×0.4×0.55)=1.77$$

∴ 기초 구조부 체적＝2.98

∴ 되메우기량＝12.27－2.98＝9.29m³

(3) 잔토처리량＝터파기량－$\left(되메우기량×\frac{1}{C}\right)×L$

$$=12.27-\left(9.29×\frac{1}{0.9}\right)×1.2$$

$$=2.337≒2.34m^3$$

[별해]

잔토처리량＝터파기량－(되메우기량×1.111)×1.2
$$=12.27-(9.29×1.111)×1.2$$
$$=2.338≒2.34m^3$$

※ 터파기량과 되메우기량은 토량환산계수를 적용하지 않으며, 기초 구조부 체적은 GL선 이하에 한한다.

❯ 기초 구조부 체적 산정

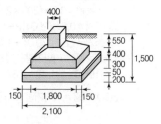

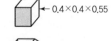

0.4×0.4×0.55

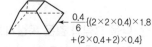

$\frac{0.4}{6}${(2×2×0.4)×1.8 +(2×0.4+2)×0.4}

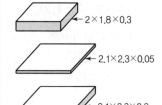

2×1.8×0.3

2.1×2.3×0.05

2.1×2.3×0.2

03 다음 조건으로 요구하는 물량을 산출하시오(단, L : 1.3, C : 0.9).

[92, 12, 16, 21]

(1) 터파기량을 산출하시오.

(2) 운반대수를 산출하시오(단, 운반대수는 1대, 적재량은 12m³).

(3) 5,000m²에 이 흙을 이용하여 다짐할 때 표고는 몇 m인지 구하시오 (비탈면은 수직으로 생각함).

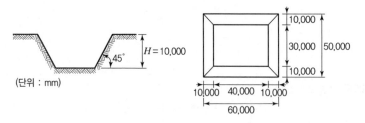

(단위 : mm)

❯ (1) 터파기량

$$V=\frac{h}{6}(2a+a')b+(2d+a)b'$$

$$=\frac{10}{6}(2×60+40)×50$$

$$+(2×40+60)×30$$

$$=20,333.33m^3$$

→ 자연상태의 토량을 의미

(2) 운반대수＝$\dfrac{터파기량×토량환산계수}{1대\ 적재량}$

$$=\frac{20,333.33×1.3}{12}$$

$$=2,202.77≒2,203\ 대$$

(3) 표고＝$\dfrac{20,333.33×0.9}{5,000}$

$$=3.659≒3.66\ m$$

04 흐트러진 상태의 흙 $10m^3$를 이용하여 $10m^2$의 면적에 다짐상태로 50cm 두께를 터돋우기할 때 시공완료된 후 흐트러진 상태로 남는 흙의 양을 산출하시오(단, 이 흙의 $L=1.2$이고, $C=0.9$이다).

$$L=\dfrac{\text{흐트러진 상태의 토량}}{\text{자연상태의 토량}} \qquad C=\dfrac{\text{다져진 상태의 토량}}{\text{자연상태의 토량}}$$

➤ ① 먼저 흐트러진 상태의 토량을 자연상태의 토량으로 환산한다.
자연상태의 토량
$$=\dfrac{\text{흐트러진 상태의 토량}}{L}=\dfrac{10}{1.2}$$
$$=8.333m^3$$
② 다시 다져진 상태로 환산한다.
다져진 상태의 토량
$$=\text{자연상태 토량}\times C$$
$$=8.33\times0.9=7.5m^3$$
∴ 다져진 상태의 남는 토량
$$=7.5-(10\times0.5)=2.5m^3$$
③ 흐트러진 상태의 토량을 구하려면 $2.5m^3$(다져진 상태 토량)를 자연상태로 환산해야 한다.
자연상태의 토량 $=\dfrac{2.5}{C}=\dfrac{2.5}{0.9}$
$$=2.77m^3$$
∴ 흐트러진 상태로 남는 토량
$$=\text{자연상태의 토량}\times L$$
$$=2.77\times1.2=3.33m^3$$

05 흐트러진 상태의 흙 $30m^3$를 이용하여 $30m^2$의 면적에 다짐상태로 60cm 두께를 터돋우기할 때 시공완료된 다음의 흐트러진 상태의 토량을 산출하시오(단, 이 흙의 $L=1.2$이고, $C=0.9$이다). [11, 15]

➤ • $L=\dfrac{\text{흐트러진 상태의 토량}}{\text{자연상태의 토량}}$
• $C=\dfrac{\text{다져진 상태의 토량}}{\text{자연상태의 토량}}$
① 먼저 흐트러진 상태의 토량을 자연상태의 토량으로 환산한다.
자연상태의 토량
$$=\dfrac{\text{흐트러진 상태의 토량}}{L}=\dfrac{30}{1.2}$$
$$=25m^3$$
② 다시 다져진 상태로 환산한다.
다져진 상태의 토량
$$=\text{자연상태 토량}\times C$$
$$=25\times0.9=22.5m^3$$
∴ 다져진 상태의 남는 토량
$$=22.5-(30\times0.6)=4.5m^3$$
③ 흐트러진 상태의 토량을 구하려면 $4.5m^3$(다져진 상태 토량)를 자연상태로 환산한다.
자연상태의 토량 $=\dfrac{4.5}{C}=\dfrac{4.5}{0.9}$
$$=5m^3$$
∴ 흐트러진 상태로 남는 토량
$$=\text{자연상태의 토량}\times L$$
$$=5\times1.2=6m^3$$

06 다음 그림과 같은 독립기초의 흙파기량, 되메우기량, 잔토처리량을 각각 산출하시오(단, 토량 변화율 $L = 1.2$). [91, 02, 07]

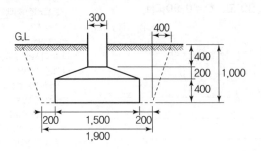

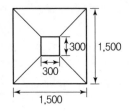

※ 이 문제는 잔토처리량을 계산할 때 C값이 주어지지 않는다.

》 (1) 흙파기량

$$V = \frac{h}{6}(2a + a')b + (2a' + a)b'$$
$$= \frac{1}{6}(2 \times 2.7 + 1.9) \times 2.7$$
$$+ (2 \times 1.9 + 2.7) \times 1.9$$
$$= 5.34\,\text{m}^3$$

(2) 되메우기량
= 흙파기량 − 기초 구조부 체적
기초 구조부 체적
$$= 1.5 \times 1.5 \times 0.4 + \frac{0.2}{6} \times \{(2 \times 1.5$$
$$+ 0.3) \times 1.5 + (2 \times 0.3 + 1.5) \times 0.3\}$$
$$+ 0.3 \times 0.3 \times 0.4$$
$$= 1.122$$
∴ 되메우기량 $= 5.34 - 1.12$
$$= 4.22\,\text{m}^3$$

(3) 잔토처리량
= (터파기량 − 되메우기)×1.2
$$= (5.34 - 4.22) \times 1.2 = 1.344\,\text{m}^3$$

07 다음 그림과 같은 온통기초에서 터파기량, 되메우기량, 잔토처리량을 산출하시오(단, 토량환산계수 $L = 1.3$으로 한다). [10, 13, 20]

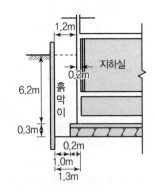

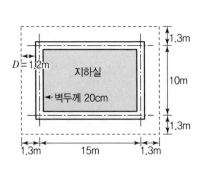

》 (1) 터파기량(m³) : $V = L_x \times L_y \times H$에서
$L_x = 15 + 1.3 \times 2 = 17.6\,\text{m}$
$L_y = 10 + 1.3 \times 2 = 12.6\,\text{m}$
$H = 6.5\,\text{m}$
∴ 터파기량 : $17.6 \times 12.6 \times 6.5$
$$= 1,441.44\,\text{m}^3$$
(2) GL 이하의 구조부 체적(m³) : 지하
건축물부피 + 기초부피
• 지하건축물 : $(15 + 0.1 \times 2) \times (10$
$+ 0.1 \times 2) \times 6.2 = 961.248\,\text{m}^3$
• 기초부피 : $\{15 + (0.1 + 0.2) \times 2\}$
$\times \{10 + (0.1 + 0.2) \times 2\} \times 0.3$
$$= 49.608\,\text{m}^3$$
∴ GL 이하의 구조부 체적
$$= 961.248 + 49.608$$
$$= 1,010.86\,\text{m}^3$$
(3) 되메우기량
= 터파기량 − GL 이하의 구조부 체적
$$= 1,441.44 - 1,010.86$$
$$= 430.584\,\text{m}^3$$
(4) 잔토처리량
= GL 이하의 구조부 체적×1.3
$$= 1,010.86 \times 1.3$$
$$= 1,314.12\,\text{m}^3$$

08 모래 $3m^3$를 다음과 같은 조건으로 소운반할 때 필요한 인부 수는 얼마인지 계산하시오. [84]

[조건]
① 1일 순작업시간 : 10시간
② 상하차 시간 : 2분
③ 질통용량 : 50kg
④ 보행속도 : 60m/분
⑤ 운반거리 : 180m
⑥ 모래무게 : 16,000kg/m³

▷ 소요 인부 수

$= \dfrac{\text{전체의 양}}{\text{인부 1명이 할 수 있는 양}}$

$= \dfrac{\text{전체의 중량}}{\text{질통용량} \times 1\text{일 왕복횟수}}$

$= \dfrac{3 \times 1,600}{50 \times \left(\dfrac{10 \times 60}{2 + \left(\dfrac{180}{60} \right) \times 2} \right)}$

$= 1.28 \fallingdotseq 2\text{인}$

09 다음과 같은 조건으로 덤프트럭의 1일 운반횟수(사이클 수)를 구하시오. [92]

[조건]
① 운반거리 : 2km
② 적재 · 적하 및 작업장 진입시간 : 15분
③ 평균 운반속도 : 40km/h
④ 1일 작업시간 : 8시간

▷ 1일 운반횟수(사이클 수)

$= \dfrac{1\text{일 작업시간}}{1\text{일 운반시간}}$

$= \dfrac{8 \times 60}{15\text{분} + \left(\dfrac{60}{40} \times 2\text{km} \right) \times 2\,(\text{왕복})}$

$= \dfrac{480}{21} = 22.85 \fallingdotseq 23\text{ 회}$

10 다음과 같은 조적조 줄기초 시공에 필요한 터파기량, 되메우기량, 잔토처리량, 잡석다짐량, 콘크리트양 및 거푸집량을 건축적산 기준을 준수하여 정미량으로 산출하시오(단, 토질의 $C = 0.9$, $L = 1.2$로 하며, 설계지반선은 원지반석과 동일하다). [94, 96, 99]

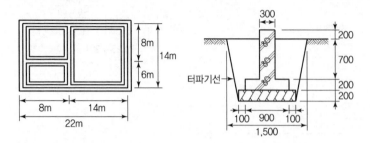

(1) 터파기량 : _____

(2) 작섭다짐량 : _____

(3) 콘크리트양

    ① 기초판 : _____

    ② 기초벽 : _____

(4) 잔토처리량 : _____

(5) 되메우기량 : _____

(6) 거푸집량

    ① 기초판 : _____

    ② 기초벽 : _____

해설

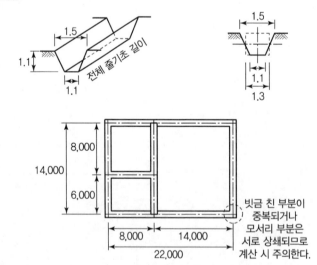

(1) 터파기량 : $\left(\dfrac{1.1+1.5}{2}\right) \times 1.1 \times (94-1.3\times2) = 130.70\text{m}^3$

(2) 작섭다짐량 : $1.1 \times 0.2 \times (94-1.1\times2) = 20.2\text{m}^3$

(3) 콘크리트양
  ① 기초판 : $0.9 \times 0.2 \times (94 - 0.9 \times 2) = 16.6 \text{m}^3$
  ② 기초벽 : $0.3 \times 0.9 \times (94 - 0.3 \times 2) = 25.22 \text{ m}^3$
  ∴ 합계 $= 16.6 + 25.22 = 41.82 \text{m}^3$
(4) 잔토처리량 : $(130.7 - 74.29) \times 1.2 = 67.70 \text{m}^3$
(5) 되메우기량 : 터파기량 − 기초 구조부 체적(GL 이하)
  $= 130.7 - \{20.2 + 16.6 + 0.3 \times 0.7 \times (94 - 0.3 \times 2)\} = 74.29 \text{m}^3$
(6) 거푸집량
  ① 기초판 : $0.2 \times (94 \times 2 - 0.9 \times 4) = 36.88 \text{m}^2$
  ② 기초벽 : $0.9 \times (94 \times 2 - 0.3 \times 4) = 168.12 \text{m}^2$
  ③ 공제부분 $= (0.9 \times 0.2 + 0.3 \times 0.9) \times 4$개소$= 1.8 \text{m}^2$
  ∴ 합계 $= 36.88 + 168.12 - 1.8 = 203.2 \text{m}^2$

11 파워셔블(Power Shovel)의 시간당 작업량을 산출하시오(단, $q = 1.26$, $k = 0.8$, $f = 0.7$, $E = 0.86$, $C_m = 40_{\text{sec}}$). [99, 06, 09]

_____

_____

_____

굴착작업량
$$Q = \frac{3,600 \times q \times k \times f \times E}{C_m}$$
여기서 q : 버킷용량
  k : 작업계수
  f : 굴착토의 용적변화계수
  E : 작업효율
$$= \frac{3,600 \times 1.26 \times 0.8 \times 0.7 \times 0.86}{40}$$
$$= 54.61 \text{m}^3/\text{h}$$

12 다음 조건으로 파워셔블의 1시간당 추정 굴착작업량을 산출하시오. [15, 19]

| • $q = 0.8\text{m}^3$ | • $k = 0.8$ | • $f = 0.7$ |
| • $E = 0.83$ | • $C_m = 40_{\text{sec}}$ | |

_____

_____

_____

굴착작업량
$$Q = \frac{3,600 \times q \times k \times f \times E}{C_m}$$
$$Q = \frac{3,600 \times 0.8 \times 0.8 \times 0.7 \times 0.83}{40}$$
$$= 33.47 \text{m}^3/\text{h}$$

13 다음 조건으로 파워쇼벨의 1시간당 추정 굴착작업량을 산출하시오 (단, 단위를 명기하시오). [05]

| • $q = 0.8\text{m}^3$ | • $f = 1.28$ | • $E = 0.83$ |
| • $k = 0.8$ | • $C_m = 40_{\text{sec}}$ | |

_____

_____

_____

굴착작업량
$$Q = \frac{3,600 \times q \times f \times E \times k}{C_m}$$
$$= \frac{3,600 \times 0.8 \times 1.28 \times 0.83 \times 0.8}{40}$$
$$= 61.19 \text{m}^3/\text{h}$$

14 토량 600m³, 사이클타임 10분, 용량 0.6m³, 토량계수 0.7, 효율 0.9일 때 불도저 2대로 작업하면 완료 시까지 작업시간은?

_____

_____

_____

⬥ 불도저의 시간당 작업량

$$Q = \frac{60 \times q \times f \times E}{C_m} \, (\text{m}^3/\text{h})$$

여기서,
Q : 시간당 작업량(m³/h)
q : 삽날(배트판, 토공판)의 용량(m³)
f : 토량환산계수
E : 작업효율
C_m : 1회 사이클 수(분)

$$= \frac{60 \times 0.6 \times 0.7 \times 0.9}{10}$$

$$= 2.268 \, \text{m}^3$$

그러므로 전체의 토량을 2대의 시간당 작업량으로 나누면 된다.

$$\therefore \text{2대의 작업시간} = \frac{600}{2 \times 2.268}$$

$$= 132.28\text{시간}$$

15 토량 2,000m³, 2대의 불도저가 삽날용량 0.6m³, 토량환산계수 0.7, 작업효율 0.9, 1회 사이클시간 15분일 때 작업완료시간을 계산하시오.

[13, 16]

_____

_____

_____

⬥ $$Q = \frac{60 \cdot q \cdot f \cdot E}{C_m} \, (\text{m}^3/\text{h})$$

여기서,
Q : 시간당 작업량(m³/h)
q : 삽날(배트판, 토공판)의 용량(m³)
f : 토량환산계수
E : 작업효율
C_m : 1회 사이클 수(분)

$$= \frac{60 \times 0.6 \times 0.7 \times 0.9}{15}$$

$$= 1.512 \, \text{m}^3/\text{hr}$$

$$\therefore \text{2대의 작업시간}$$

$$\frac{2,000}{1.512 \times 2} = 661.376$$

$$= 661.38 \, \text{hr}$$

※ 불도저가 2대인 것을 주의한다.

16 그림과 같은 줄기초를 터파기할 때 필요한 6톤 트럭의 필요 대수를 구하시오(단, 흙의 중량은 1,600kg/m³이며, 흙의 할증은 25%를 고려한다).

[18]

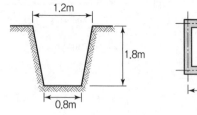
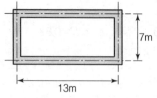

_____

_____

⬥ 줄기초 토량

$$V = \frac{1.2 + 0.8}{2} \times 1.8 \times (13 + 7) \times 2$$

$$= 72 \, \text{m}^3$$

$$\therefore \text{운반대수} = \frac{72 \times 1.25 \times 1.6}{6} = 24 \, \text{대}$$

17 $3m^3$의 모래를 운반하려고 한다. 소요 인부 수를 구하시오(단, 질통의 무게 50kg, 상하차시간 2분, 운반거리 240m, 평균운반속도 60m/분, 모래의 단위 용적중량 $1,600kg/m^3$, 1일 8시간 작업하는 것으로 가정한다). [09]

_____

_____

_____

❯❯ ① 운반할 모래의 총중량
   $3m^3 \times 1,600kg/m^3 = 4,800kg$
② 운반 질통 횟수
   $\dfrac{전체\ 중량}{질통\ 1개\ 중량} = \dfrac{4,800kg}{50kg} = 96회$
③ 질통 1회 왕복 소요시간
   = 왕복운반시간 + 상하차시간
   = (240m ÷ 60m/분) × 2(왕복) + 2
   (상하차) = 10분
∴ 소요 인원 수
   = (96회 × 10분) ÷ 60분 ÷ 8시간
   = 2인

18 터파기한 흙이 $12,000m^3$(자연상태 토량, $L = 1.25$), 되메우기를 $5,000m^3$로 하고 잔토처리를 8톤 트럭으로 운반 시 트럭에 적재할 수 있는 운반토량과 차량 대수를 구하시오(단, 암반부피에 대한 중량은 $1,800kg/m^3$). [16]

(1) 8t 덤프트럭에 적재할 수 있는 운반토량

_____

(2) 8t 덤프트럭의 대수

_____

_____

❯❯ (1) 8t 덤프트럭에 적재할 수 있는 운반
   토량 $= \dfrac{8t}{1.8t/m^3} = 4.44\ m^3$
(2) 8t 덤프트럭의 대수
   = {(12,000 − 5,000)m^3 × 1.25
   × $1.8t/m^3$} ÷ 8t
   = 1,968.75대 → 1,969대

Tip
철근 콘크리트 공사는 콘크리트, 거푸집, 철근공사로 나뉘며, 콘크리트와 거푸집은 정미량이 필요하나 철근공사는 사잇값(근삿값)이 필요하므로 숙달되도록 반복하여 연습해야 한다.

1. 콘크리트와 거푸집의 적산규준

1) 콘크리트

① 콘크리트 소요량은 품질, 배합종류, 배합비, 제치장 마무리 등의 종류별로 구분하여 산출하며, 도면 정미량으로 한다.

② 콘크리트 배합설계 재료의 할증률은 다음 표의 값 이내로 한다.

종류	정치식(%)	기타(%)
시멘트	2	3
잔골재	10	12
굵은 골재	3	5
혼화재	2	–

③ 체적 산출 순서는 일반적으로 건물의 최하부에서부터 상부, 각 층별로 구분하여 기초, 기둥, 벽체, 보, 바닥판, 계산 및 기타 세부의 순으로 산출하되 연결부분은 서로 중복이 없도록 한다.

2) 거푸집

① 거푸집 소요량은 설계도서에 의하여 산출한 정미면적으로 한다.

② 거푸집 소요량은 종류별(목재거푸집, 합판거푸집, 제치장거푸집), 사용장소별로 구분하여 그 면적을 산출한다.

③ 거푸집 수량산출 시 주의사항

다음의 접합부면적은 거푸집면적에서 빼지 않는다.

㉠ 기초와 지중보 ㉡ 지중보와 기둥 ㉢ 기둥과 보
㉣ 큰 보와 작은 보 ㉤ 기둥과 벽체 ㉥ 보와 벽
㉦ 바닥판과 기둥

기둥과 벽체

큰 보와 작은 보

보와 벽

바닥판과 기둥

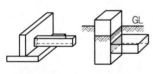
기초와 지붕보   지중보와 기둥

기둥과 보

▲ 거푸집 계산 시 공제하지 않는 면적

2. 콘크리트와 거푸집의 부위별 산출방식

1) 기초

(1) 콘크리트양(m³)

① 독립기초 $V = V_1 + V_2$
$$= (a \times b \times h_1) + \frac{h_2}{6}\{(2a + a')b + (2a' + a)b'\}$$

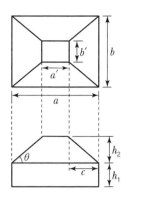 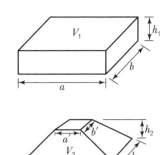

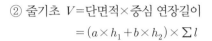

② 줄기초 V=단면적×중심 연장길이

$$= (a \times h_1 + b \times h_2) \times \sum l$$

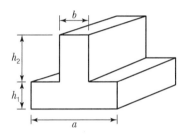

(2) 거푸집량(㎡)

① 독립기초

㉠ $\theta \geq 30°$인 경우에는 비탈면 거푸집을 계산한다.

㉡ $\theta \leq 30°$인 경우에는 기초 주위의 수직면 거푸집(D)만 계산한다.

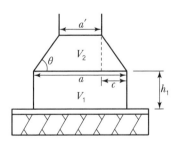

- $V_1 = (a+b) \times 2 \times h_1$

- $V_2 = \left(\dfrac{a+a'}{2} \times \sqrt{c^2 + h_2{}^2}\right) \times$ 중복개소수

② 줄기초(A)

㉠ 기초벽의 높이×(중심연장길이×2−중복길이×중복개소)

㉡ 기초판의 높이×(중심연장길이×2−중복길이×중복개소)

2) 기둥

기둥의 높이는 바닥판 안목 간의 높이로 층고에서 바닥판의 두께를 뺀 것으로 한다.

(1) 콘크리트양(m³)

기둥 단면적×안목높이(층높이－바닥판 두께)＝$a \times b \times h$

(2) 거푸집량(m²)

기둥 둘레길이×안목높이(층높이－바닥판 두께)＝$2(a+b) \times h$

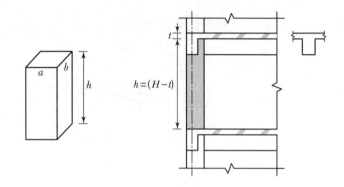

3) 보

(1) 콘크리트양(m³)

보의 단면적×안목길이＝$b \times (d-t) \times l_0$

여기서, 보의 단면적 : 보의 너비에서 바닥판 두께를 뺀 것을 곱한 면적
안목길이 : 기둥 간 안목거리

(2) 거푸집량(m²)

안목높이×양쪽×안목길이＝$(d-t) \times 2 \times l_0$

※ 보 밑 거푸집 면적은 슬래브 거푸집 면적 산출 시 포함시켜 계산하는 것이 일반적이지만 보만 단독으로 거푸집 면적 산출 시에는 양측면과 밑면을 동시에 계산한다.

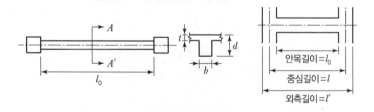

▲ 보의 산출

4) 바닥판

(1) 콘크리트양(m³)

바닥판 전면적×바닥판 두께 $= (A \times B) \times t$

※ 바닥판 전면적 계산 시 개구부면적은 제외한다.

Tip 👆

바닥판 전면적은 바닥 외곽선으로 둘러싸인 면적으로 하며, 기둥과 보가 중복되는 부분은 무시한다.

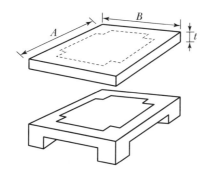

(2) 거푸집량(m²)

① 철근 콘크리트조 : 외곽선으로 둘러싸인 바닥면적
② 조적조 : 외벽의 두께를 뺀 내벽 간 바닥면적

5) 벽

(1) 콘크리트양

(벽면적 − 개구부면적)×벽두께

(2) 거푸집량

(벽면적 − 개구부면적)×2

Tip 👆

벽의 수량 산출 시 주의사항
① 벽면적은 기둥면적을 빼고, 높이는 바닥판 간의 안목거리로 한다.
② 바닥판 간의 안목거리는 보가 있는 경우는 보 밑을 의미하고, 보가 없는 경우는 슬래브 밑을 의미한다.

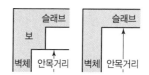

③ 개구부면적은 거푸집량을 계산할 때만 1m² 미만의 개구부는 주위의 사용재를 고려하여 거푸집면적에서 빼지 않으며, 콘크리트는 무조건 공제한다.

6) 계단

계단의 수량 산출 시 계단의 평균두께는 경사부분과 돌출부분을 함께 고려하여 계산해야 한다.

(1) 콘크리트양

경사면적×계단의 평균두께

(2) 거푸집량

경사면적 + 챌판 면적 + 옆판 면적

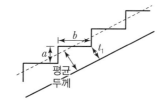

3. 콘크리트 비빔 시 재료량 산출

1) 정산식

Tip 👆

콘크리트 비빔 시 수량 산출

비중 = $\dfrac{중량}{체적}$

체적 = $\dfrac{중량}{비중}$

물 - 시멘트(x) = $\dfrac{물의\ 중량}{시멘트\ 중량}$

콘크리트 비빔 시 재료량 산출 조건
① 정산식 : 표준계량 용적 배합비, 물
 - 시멘트비가 있음
② 약산식 : 현장 용적배합비가 있고,
 물 - 시멘트비가 없음

표준계량 용적배합비가 $1 : m : n$ 이며, 물 - 시멘트비가 $x\%$로 주어질 때 (콘크리트 1m³당) 다음과 같이 계산한다.

$$V = 1 \cdot \frac{W_c}{G_c} + \frac{m \cdot W_s}{G_s} + \frac{n \cdot W_g}{G_g} + W_c \cdot x$$

여기서, V : 콘크리트의 비벼내기양(m³)
W_c : 시멘트의 단위용적중량(t/m³ 또는 kg/L)
W_s : 모래의 단위용적중량(t/m³ 또는 kg/L)
W_g : 자갈의 단위용적중량(t/m³ 또는 kg/L)
G_c : 시멘트의 비중
G_s : 모래의 비중
G_g : 자갈의 비중

① 시멘트 소요량(C) = $\dfrac{1}{V}$(m³), $\dfrac{1,500}{V}$(kg), $\dfrac{37.5}{V}$(포대)

② 모래 소요량(S) = $\dfrac{m}{V}$(m³)

③ 자갈 소요량(G) = $\dfrac{n}{V}$(m³)

④ 물 소요량(W) = $C \cdot x$(ton 또는 m³)

2) 약산식

현장 용적배합비가 $1 : m : n$ 이며, 물 - 시멘트비를 고려하지 않을 때 다음과 같이 계산한다.

$$V = 1.1m + 0.57n$$

① 시멘트 소요량(C) = $\dfrac{1,500}{V}$(kg)

② 모래 소요량(S) = $\dfrac{m}{V}$(m³)

③ 자갈 소요량(G) = $\dfrac{n}{V}$(m³)

4. 철근량 산출 시 규준

① 철근은 종별, 지름별로 총연길이를 산출하고, 단위중량을 곱하여 총중량으로 산출한다.
② 철근은 각 층별로 기초, 기둥, 보, 바닥판, 벽체, 계단, 기타로 구분하여 각 부분에 중복이 없도록 산출한다.

③ 철근수량은 이음정착길이를 정밀히 계산하여 정미량을 산정하고, 정미량에 원형철근은 5% 이내, 이형철근은 3% 이내의 할증률을 가산하여 소요량으로 한다(철근의 조건이 없을 때의 정미량 산출로 한다).

④ 철근의 가스압접개소는 철근의 정착길이에 의한 실수량으로 산정하되 개략치를 산정할 때 철근의 단위길이는 6m를 기준으로 한다.

⑤ 이형철근 지름 13mm 이하의 철근사용 시 Hook을 가산하지 않으나, 지름 16mm 이상 이형철근에서 기둥, 보, 굴뚝 등은 Hook의 길이를 산정한다(단, 조건이 제시된 경우에는 조건에 따른다).

⑥ 띠철근(Hoop), 늑근(Stirrup)의 길이 계산은 콘크리트 단면치수로 계산한다(피복두께 무시).

⑦ 철근이음길이 산정 시 이음개소는 D13mm 이하는 6m마다, D16mm 이상은 7m마다 한다(단, 조건이 제시된 경우는 조건에 따른다).

⑧ 철근량은 길이(m)로 산출하고, 산출된 길이에 단위중량(kg/m)을 곱하여 총중량으로 산출한다.

⑨ 철근 소요량 = 철근 1개의 길이 × 철근 개수 × 배수 × 단위중량 × 할증

구분 종별	호칭지름 (mm)	단위중량 (kg/m)	단면적 (cm²)	둘레 (cm)
이형철근	D10	0.56	0.713	3
	D13	0.995	1.27	4
	D16	1.56	1.98	5
	D19	2.25	2.85	6
	D22	3.04	3.88	7
	D25	3.98	5.07	8
	D29	5.04	6.41	9
	D32	6.23	7.92	10

5. 철근수량의 부위별 산출방식

1) 기초

(1) 독립기초

① 장변방향 철근(주근) $= L \times \left(\dfrac{S}{간격} + 1 \right)$

② 단변방향 철근(배력근) $= S \times \left(\dfrac{L}{간격} + 1 \right)$

③ 빗보강 철근 $= \sqrt{S^2 + L^2} \times 개수$

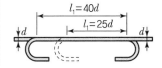
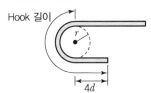

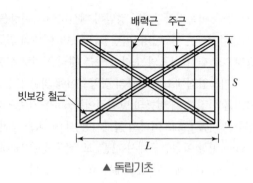

▲ 독립기초

(2) 줄기초

① 기초벽

    ㉠ 수직철근(선철근) : $(h +$ 정착길이 $0.4) \times \dfrac{줄기초\ 중심길이}{철근간격}$

    ㉡ 수평철근(점철근) : 줄기초 중심길이 × 개수

② 기초판

    ㉠ 가로철근(선철근) : $b \times \dfrac{줄기초\ 중심길이}{철근간격}$

    ㉡ 수평철근(점철근) : 줄기초 중심길이 × 개수

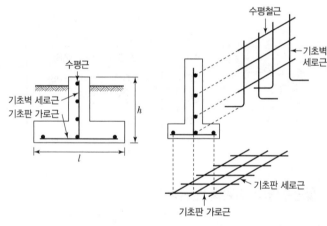

▲ 줄기초

2) 기둥

(1) 주근

    (기둥 전 높이 + 기초판 정착길이 + 이음길이) × 개수

(2) 띠철근

    $(기둥단면의\ 외주길이) \times \left(\dfrac{기둥\ 전\ 높이}{간격} + 1 \right)$

왼쪽 여백 (Tip 박스)

Tip 👆

줄기초 수량 산출 시 주의사항
① 기초판 가로근의 길이(l)는 기초판의 길이로 한다.
② 줄기초에서 기초판 가로근과 기초벽 세로근의 개수산정은 $\dfrac{배근범위}{간격}$ 로 하며, +1을 할 필요가 없고 줄기초가 직선상으로 되어 있으면 $\left(\dfrac{배근범위}{간격} -1 \right)$로 한다.
③ 기초벽 세로근의 길이는 기초벽의 높이에 기초판의 $l/2$을 더하여 계산한다.

Tip 👆

수평근 수량 산출 시 주의사항
수평근의 길이는 줄기초 전체의 길이에 앞에서 정리한 이음길이를 더하여 계산한다.

Tip 👆

기둥 수량 산출 시 주의사항
① 기둥주근
 • 기둥주근은 매 층마다 이음을 하므로 이음길이를 층높이에 가산하여 산출한다.
 • 이음길이는 특별한 조건이 없으면 $25d$로 하고, Hook의 길이($10.3d$)도 더하여 계산한다.
 • 기초판에 정착되는 길이는 규준상 $15d$ 이상이나 보통 40cm로 한다.
② 기둥 띠철근 및 보조 띠철근

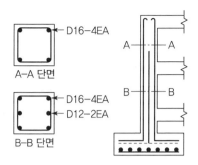

A-A 단면 — D16-4EA

B-B 단면 — D16-4EA, D12-2EA

주근
보조띠철근
띠철근

주근
띠철근
보조띠철근

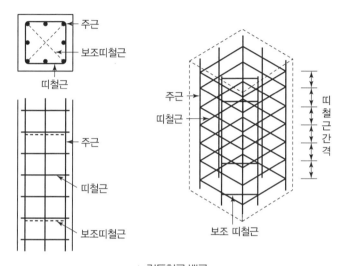

주근
띠철근
보조 띠철근

띠철근 간격

▲ 기둥철근 배근

- 띠철근 1개의 길이는 기둥단면의 외주길이로 한다.

$$\rightarrow\ (a+b)\times 2$$

- 띠철근의 개수는 기둥 전높이를 기준으로 산정하되 기둥 전높이를 띠철근 간격으로 나누어 +1을 하고, 소수 이하 반올림하여 정수풀이 한 개수를 기준으로 한다.

$$\rightarrow \left(\frac{기둥\ 전높이}{띠철근\ 간격}\right)+1$$

- 보조 띠철근도 띠철과 같은 개념으로 산정한다.
- 내진구조물인 경우 상단과 하단에 띠철근의 간격을 중앙부 띠철근 간격의 1/2로 촘촘히 넣는 경우가 있는데 이것을 전단철근이라고 한다.

3) 보

(1) 주근

① 상부근

㉠ 중간층 : {안목길이 + (정착길이 + Hook 길이) × 양쪽} × 개수
$$= \{l_0 + (40d + 10.3d) \times 2\} \times 2$$

㉡ 최상층 : {외주길이 + (정착길이 + Hook 길이) × 양쪽} × 개수
$$= \{l + (40d + 10.3d) \times 2\} \times 2$$

② 벤트근

㉠ 중간층 : {안목길이 + (정착 · Hook 길이 + Bent 연장길이)
$$\times 양쪽\} \times 개수 = \{l_0 + (50.3d + 0.414 \times h) \times 2\} \times 1$$

㉡ 최상층 : {외주길이 + (정착 · Hook 길이 + Bent 연장길이)
$$\times 양쪽\} \times 개수 = \{l + (50.3d + 0.414 \times h) \times 2\} \times 1$$

③ 하부근

{안목길이 + (정착길이 + Hook 길이) × 양쪽} × 개수
$$= \{l_0 + (25d + 10.3d) \times 2\} \times 2$$

Tip 🖐

최상층 보와 중간층 보의 길이 산정 시 안목길이와 외주길이로 구분하여 산정한다.

Tip 🖐

주근의 개수
① 상부근 : 중앙부 단면 상부의 개수
② 벤트근 : 중앙부 단면과 단부 단면에서 위치가 변화된 주근의 개수
③ 하부근 : 단부 단면 하부의 개수

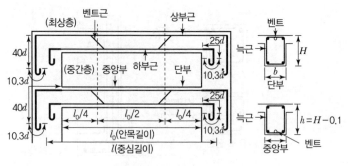

▲ 최상층 보와 중간층 보의 정착길이

Tip

벤트(Bent)근의 늘어난 길이 산정

① 벤트근의 길이는 상부근의 길이에 벤트된 부분의 길이를 더하여 산정한다.

② 벤트근의 늘어난 길이는 벤트근이 45°로 구부러진 것으로 가정하여 계산하며, 피복두께 및 늑근의 지름을 고려하여 보의 상부와 하부에서 각각 5cm씩 공제하여 산출한다.

③ 늘어난 길이 산정

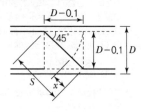

$\therefore$ 늘어난 길이

$x = \sqrt{2}(D-0.1) - (D-0.1)$
$= (\sqrt{2}-0.1) - (D-0.1)$
$= 0.414(D-0.1)$

(2) 늑근

① 단부 $=$ 보의 외주길이$\times \left(\dfrac{\text{배근범위}}{\text{배근간격}} , \text{소수 이하 반올림} \right)$

② 중앙부 $=$ 보의 외주길이$\times \left(\dfrac{\text{배근범위}}{\text{배근간격}} +1 , \text{소수 이하 반올림} \right)$

(단, 배근범위는 $\dfrac{\text{순 span}}{2}$ 이 된다)

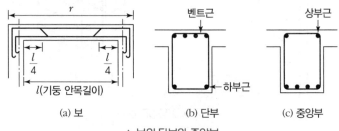

▲ 보의 단부와 중앙부

(a) 보   (b) 단부   (c) 중앙부

4) 슬래브

단변근(주근), 장변근(배력근)은 각각 다음과 같다.

(1) 단부

① 상 : 길이$\times \left(\dfrac{\text{배근범위}}{\text{간격}} +1 , \text{소수 이하 버림} \right) \times 2(\text{양쪽})$

② 하 : 길이$\times \left(\dfrac{\text{배근범위}}{\text{간격}} +1 , \text{소수 이하 버림} \right) \times 2(\text{양쪽})$

(2) 중앙부

① 벤트근 : 길이$\times \left(\dfrac{\text{배근범위}}{\text{간격}} , \text{소수 이하 반올림} \right)$

② 하부근 : 길이$\times \left(\dfrac{\text{배근범위}}{\text{간격}} -1 , \text{소수 이하 올림} \right)$

Tip

배근범위

① 중간대와 주열대로 나누어 계산하되 그 기준은 단변길이(l_x)의 1/4을 기준으로 한다.

③ Top Bar : 길이$\times\left(\dfrac{배근범위}{간격}-1\,,\,소수\,이하\,올림\right)\times 2$

(단, 중앙부 Top Bar의 길이는 $\dfrac{l_x}{4}+15d$이다)

5) 기타 철근

(1) 벽체

① 벽체의 철근은 복근과 단근으로 배근된 것을 구분하고, 도중에 단절된 철근에 주의한다.

② 세로근과 가로근의 배근간격이 같을 때는 한 방향의 철근량은 직교하는 다른 방향의 철근량과 같다.

③ 세로근은 층높이를 철근의 길이로 하고, 벽길이를 배근간격으로 나누어 개수를 산출하여 곱하면 벽 세로철근의 총연길이가 계산된다. 가로근 또한 이와 같이 한다.

(2) 계단철근

계단은 바닥판 철근 계산에 준하여 한 층분씩 산출한다.

(3) 세부철근

철근 콘크리트 라멘 구조체에 표기되지 아니한 창대, 차양, 기타 세부에 배치된 철근은 일반상세도에 표시될 때가 많으므로 라멘체의 철근 수량산출이 끝나면 반드시 세부 철근수량을 계산한다.

구분	단변근 (주근)	장변근 (부근)
단부근(상, 하)	$\dfrac{l_x}{4}$	$\dfrac{l_x}{4}$
중앙부 Bent근	$l_y - \dfrac{l_x}{2}$	$\dfrac{l_x}{2}$
중앙부 하부근	"	"
중앙부 Top Bar	"	"

② 캔틸레버 슬래브는 단부근 배근범위만 캔틸레버 끝단까지로 본다.

Tip

슬래브 수량 산출 시 주의사항

① 슬래브 Top Bar의 내민 길이(여장 길이)는 $15d$로 하고, 보통 20cm로 한다.

② 슬래브 벤트근이 구부러져 늘어난 길이는 미세하므로 고려하지 않는다.

01 다음 기초의 거푸집량을 산출하시오.

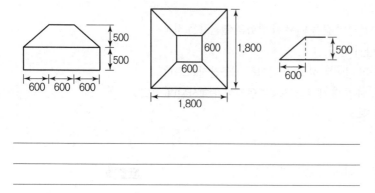

_____

_____

_____

02 다음 줄기초의 거푸집량을 산출하시오.

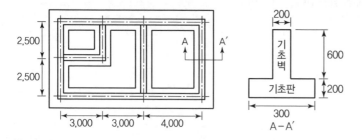

해설

(1) 줄기초의 중심선 간 길이(Σl) = $(10+5)\times2+5+2.5+3=40.5$
(2) 기초판 거푸집 : $0.2\times(40.5\times2-0.6\times4)=15.72\text{m}^2$
(3) 기초벽 거푸집 : $0.6\times(40.5\times2-0.2\times4)=47.16\text{m}^2$
∴ 거푸집량 = $15.72+47.16=62.88\text{m}^2$

① $\dfrac{H}{L}=0.833\geq0.5770$이므로 비탈면을 계산한다.

② $\dfrac{H}{L}=0.285<0.5770$이므로 비탈면을 계산하지 않는다.

∴ 거푸집면적(A)
= 수직면 + 비탈면
= $\{(1.8+1.8)\times2\times0.5)+$
$\left(\dfrac{0.6+1.8}{2}\times\sqrt{0.5^2+0.6^2}\right)\times4$
= 10.95m^2

Tip

기초판 거푸집 산출 시 다음과 같이 풀지 않도록 주의한다.
거푸집량 = $0.2\times(40.5-0.6\times4)\times2$
= 15.24m^2
이 풀이는 개념은 맞으나 수학적으로 맞지 않다.
여기서, 0.6m를 도해하면

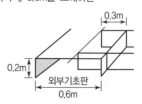

03 다음 도면의 철근 콘크리트 독립기초 2개소 시공에 필요한 소요재료량을 정미량으로 산출하시오. [91]

(1) 콘크리트양(m^3)을 구하시오.

(2) 거푸집량(m^2)을 구하시오.

(3) 시멘트양(포대 수)을 구하시오(단, 1 : 2 : 4 현장계량 용적배합이다).

(4) 물양(L)을 구하시오(단, 물 – 시멘트비는 60%이다).

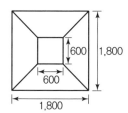

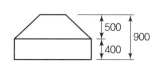

해설

(1) 콘크리트양(m^3)

$$\left[1.8 \times 1.8 \times 0.4 + \frac{0.5}{6}\{(2 \times 1.8 + 0.6) \times 1.8 + (2 \times 0.6 + 1.8) \times 0.6)\}\right] \times 2개소$$
$$= 4.15m^3$$

(2) 거푸집량(m^2)

① 수직면 : $0.4 \times 2(1.8 + 1.8) \times 2개소 = 5.76m^3$

② 경사면 : $\left(\dfrac{1.8 + 0.6}{2}\right) \times \sqrt{0.6^2 + 0.5^2} \times 4 \times 2개소 = 7.498m^2$

∴ $5.76 + 7.498 = 13.26m^2$

(3) 시멘트양(포)

콘크리트 $1m^3$당 재료량의 약산식

$V = 1.1m + 0.57n = 1.1 \times 2 + 0.57 \times 4 = 4.48$

$C = \dfrac{1}{V} \times 1,500 = \dfrac{1}{4.48} \times 1,500 = 334.82kg$

　　$= 334.82kg/m^3 \times 4.15m^3 = 1,389.5kg \div 40kg/포대$

　　$= 34.74 ≒ 35포대$

(4) 물양(L)

　　$= 1,389.5kg \times 0.6 = 833.7L(kg)$

Tip

이 문제는 현장계량 용적배합으로 약산식으로 하며, 거푸집량 산출 시 $\tan\phi = \dfrac{0.5}{0.6}$ >tan 30°이므로 급경사임에 거푸집을 산출해야 하며, 모든 수량은 독립기초가 2개소이므로 2개소의 수량을 산출해야 한다.

04 다음 그림과 같은 줄기초의 연길이가 150m일 때 요구 공사수량을 산출하시오(단, ① 철근 단위중량 : D10 = 0.56kg/m, D13 = 0.995 kg/m ② 정미량으로 할 것). [07]

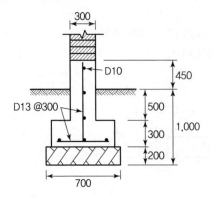

(1) 철근량
(2) 기초 콘크리트양
(3) 거푸집량

해설

(1) 철근량
　　① 수평철근(D10)
　　　$\{150 + (25 \times 0.01) \times (\frac{150}{6})\} \times 6$개 $\times 0.56 = 525$kg
　　　D13mm 이하는 6m마다 이음한다.
　　② 세로철근 + 가로철근(D13)
　　　$\{(1.25 + 0.35) \times (150 \div 0.3) + 0.7 \times (150 \div 0.3)\} \times 0.995 = 1,144.25$kg
(2) 기초 콘크리트양
　　① 기초판 : $0.7 \times 0.3 \times 150 = 31.5$m³
　　② 주각 : $0.3 \times 0.95 \times 150 = 42.75$m³
　　∴ 기초 콘크리트양 $= 31.5 + 42.75$cm³ $= 74.25$m³
(3) 거푸집량 : 연속된 줄기초는 마구리 부분의 거푸집이 불필요하다.
　　① 기초판 : $0.3 \times 2 \times 150 = 90$m²
　　② 주각 : $0.95 \times 2 \times 150 = 285$m²
　　∴ 거푸집량 $= 375$m²

Tip

철근량 산정 시 연속된 줄기초이므로 이음길이(수평철근 $= 25d$), 세로근의 길이 $\left(h + 정착길이 = \frac{l_x}{2}\right)$에 주의하고, 개수는 (전체길이 $\div$ 간격)으로 계산하고 소수점 이하는 반올림한다.

05 다음 도면을 보고 물량을 산출하시오(단, 기초 1개 공사량이고, 기초판 밑부분 터파기 여유는 30cm로 한다). [88]

(1) 잔토처리량(m³)(단, 흙파기 경사도는 60°이고, 흙의 할증률은 20%로 본다)
(2) 거푸집면적(m²)(단, 밑창 콘크리트는 제외한다)
(3) 콘크리트양(m³)(단, 밑창 콘크리트는 제외한다)

(4) 철근량(kg)(단, 기초판 철근에 부착되는 기둥철근의 정착길이는 40 cm로 하고, 기초판 대각선근 및 보조대근은 산출에서 제외하며, 철근은 Hook을 하지 않고, 피복두께는 무시한다. D19=2.25kg/m, D10=0.56kg/m)

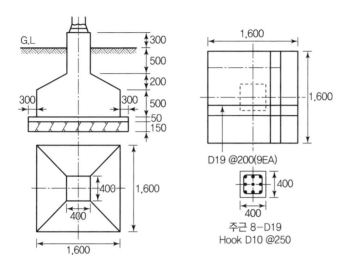

D19 @200(9EA)

주근 8-D19
Hook D10 @250

해설

(1) 잔토처리량(m³)
   기초 구조부 체적
   • 잡석량=2.2×2.2×0.15=0.726m³
   • 밑창 콘크리트양=2.2×2.2×0.05=0.242m³
   • 기초 콘크리트양=$1.6×1.6×0.5+\dfrac{0.2}{6}${(2×1.6+0.4)×1.6+ (2×0.4+1.6)×0.4}+0.4×0.4×0.5=1.584m³
   ∴ 잔토처리량=(0.726+0.242+1.584)×1.2=3.06m³

(2) 거푸집면적(m²)
   V=1.6×0.5×4EA+0.4×0.8×4EA=4.48m²

(3) 콘크리트양(m³)
   V=$1.6×1.6×0.5+\dfrac{0.2}{6}${(2×1.6+0.4)×1.6+(2×0.4+1.6)×0.4}+ 0.4×0.4×0.8=1.63m³

(4) 철근량(kg)
   ① 기초(D19)=1.6×9×2=28.8m
   ② 기둥 ┌ 주근(D19)=(1.5+0.4)×8=15.2m
          └ 대근(D10)=(0.4×4)×{(1.5÷0.25)+1}=11.2m
   ∴ 철근량=(28.8+16.2)×2.25+11.2×0.96=105.27kg

Tip

① 이 문제에서 흙의 할증률(L=1.2)을 주었으므로 잔토처리량 산정 시 기초구조부(GL 이하)에 할증률을 곱하여 계산한다.

② 거푸집면적 산정 시 경사부분의 계산은 0≥30°(주 tan30°=0.57=1/$\sqrt{3}$ 과 비교) 이상인 경우에는 계산한다는 점에 주의하며 여기서, tanθ가 0.2/0.6=0.330이며 완경사에 해당하므로 삽입하지 않는다.

06 다음과 같은 조적조 줄기초 시공에 필요한 터파기량, 잡석다짐량, 콘크리트양, 잔토처리량, 되메우기량 및 거푸집량을 건축적산 기준을 준수하여 정미량으로 산출하시오(단, 토질의 $C = 0.9$이고, $L = 1.2$로 하며, 설계지반선은 원지반선과 동일하다). [94, 96]

(1) 터파기량 : _____

(2) 잡석다짐량 : _____

(3) 콘크리트양 : ① 기초판 : _____

　　　　　　　　 ② 기초벽 : _____

(4) 잔토처리량 : _____

(5) 되메우기량 : _____

(6) 거푸집량 : ① 기초판 : _____

　　　　　　　 ② 기초벽 : _____

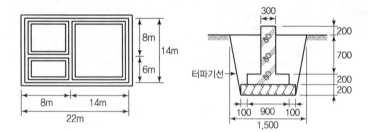

→ (1) 터파기량 : $\left(\dfrac{1.1+1.5}{2}\right) \times 1.1 \times (94 - 1.3 \times 2) = 130.70 \text{m}^3$

(2) 잡석다짐량 : $1.1 \times 0.2 \times (94 - 1.1 \times 2) = 20.2 \text{m}^3$

(3) 콘크리트양
　① 기초판 : $0.9 \times 0.2 \times (94 - 0.9 \times 2) = 16.6 \text{m}^3$
　② 기초벽 : $0.3 \times 0.9 \times (94 - 0.3 \times 2) = 25.22 \text{m}^3$
　∴ 합계 $= 41.82 \text{m}^3$

(4) 잔토처리량 : $\left(130.7 - 74.29 \times \dfrac{1}{0.9}\right) \times 1.2 = 57.79 \text{m}^3$

(5) 되메우기량 : 터파기량 $-$ 기초 구조부 체적(GL 이하)
$= 130.7 - \{20.2 + 41.82 - 0.3 \times 0.2 \times (94 - 0.3 \times 2)\}$
$= 74.28 \text{m}^3$

(6) 거푸집량
　① 기초판 : $0.2 \times 2 \times (94 - 0.9 \times 2) = 36.88 \text{m}^2$
　② 기초벽 : $0.9 \times 2 \times (94 - 0.3 \times 2) = 168.12 \text{m}^2$
　∴ 합계 $= 36.88 + 168.12 = 205 \text{m}^2$

07 다음 그림에서 한 층분의 물량을 산출하시오(단, 재료조건 : ① 부재 치수(단위 : mm), ② 전 기둥(C_1) : 500×500, ③ 슬래브 두께(t) : 120, ④ G_1, G_2 : $400 \times 600 (b \times D)$, ⑤ G_3 : 400×700, B_1 : 300×600, ⑥ 층고 : 3,600) [96]

(1) 전체 콘크리트물량(m³)

(2) 전체 거푸집면적(m²)

(3) 시멘트양(포대 수), 모래량(m³), 자갈량(m³)을 계산하시오[단, (1)항에서 산출된 물량을 이용하되 배합비는 1 : 3 : 6이며, 약산식으로 한다)].

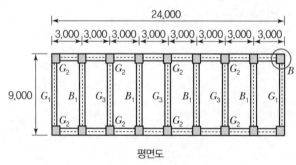

평면도

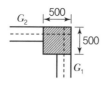

B부분 디테일

기둥 : 3.6−0.12=3.48m

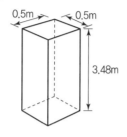

(1) 전체 콘크리트물량(m³)
　① 기둥＝0.5×0.5×3.48×10＝8.7m³
　② 보 ┬ G_1＝0.4×0.48×8.4×2＝3.2256m³
　　　　├ G_2＝0.4×0.48×(5.45×4＋5.5×4)＝8.41m³
　　　　├ G_3＝0.4×0.58×8.4×3＝5.846m³
　　　　└ B_1＝0.3×0.48×8.6×4＝4.953m³
　③ Slab＝9.4×24.4×0.12＝27.52332m³
　∴ 8.7＋3.23＋8.41＋5.85＋4.95＋27.52＝58.66m³
(2) 전체 거푸집면적(m²)
　① 기둥＝0.5×4×3.48×10＝69.6m²
　② 보 ┬ G_1＝0.48×8.4×2×2＝16.128m²
　　　　├ G_2＝(0.48×5.45×2×4)＋(0.48×5.5×2×4)＝42.048m²
　　　　├ G_3＝0.58×8.4×2×3＝29.232m²
　　　　└ B_1＝0.48×8.6×2×4＝33.024m²
　③ Slab＝9.4×24.4＋(9.4＋24.4)×2×0.12＝237.472m²
　∴ 총거푸집면적＝427.50m²
(3) 시멘트양(포대 수), 모래량(m³), 자갈량(m³)
　$V=1.1×3＋0.57×6=6.72$

　① 시멘트양(포대 수) : $C=\dfrac{37.5}{V}=\dfrac{37.5}{6.72}=5.5804$

　　∴ 시멘트양＝5.5804×58.66＝327.35포대≒328포대

　② 모래량(m^3) : $S=\dfrac{m}{V}=\dfrac{3}{6.72}=0.4464\ m^3$

　　∴ 모래량＝0.446×58.66＝26.16m³

　③ 자갈량(m^3) : $G=\dfrac{n}{V}=\dfrac{6}{6.72}=0.8926\ m^3$

　　∴ 자갈량＝0.8926×58.66＝52.36m³

Tip

도면의 치수선이 보의 중심에 있는 것에 주의한다.

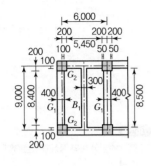

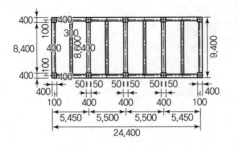

- G_1

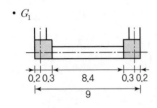

- G_2(내부 스팬)

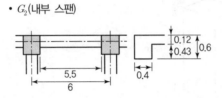

- G_2(외부 스팬)

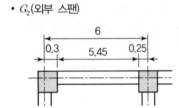

- G_3

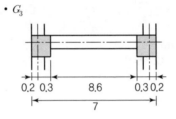

※ Slab는 철근 콘크리트조이므로 외곽선으로 바닥면적을 산출한다.

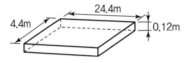

08 다음 그림에서 한 층분의 물량을 산출하시오. [06]

[조건]

① 부재치수(단위 : mm)

② 전 기둥(C_1) : 400×400, (C_2) : 500×500, 슬래브 두께(t) : 120

③ G_1 : 300×600($b×D$), G_2 : 300×700

④ 층고 : 3,300

(1) 전체 콘크리트양(m^3)

_____

(2) 전체 거푸집면적(m^2)

_____

해설

(1) 전체 콘크리트양(m^3)

① 기둥 ┌ $C_1 = 0.4×0.4×3.18×12 = 6.1056m^3$
       └ $C_2 = 0.5×0.5×3.18×3 = 2.385m^3$

② 보 ┌ $G_1(5.5m)$: $0.3×0.48×5.5×4 = 3.168m^3$
     ├ $G_1(5.55m)$: $0.3×0.48×5.55×4 = 3.1968m^3$
     ├ $G_1(5.6m)$: $0.3×0.48×5.6×4 = 3.2256m^3$
     ├ $G_2(6.5m)$: $0.3×0.58×6.5×6 = 6.786m^3$
     └ $G_2(6.55m)$: $0.3×0.58×6.55×4 = 4.5588m^3$

③ Slab $= 14.3×24.3×0.12 = 41.6988$

∴ $6.11 + 2.39 + 3.17 + 3.2 + 3.23 + 6.79 + 4.56 + 41.7 = 71.15m^3$

(2) 전체 거푸집면적(m^2)

① 기둥 ┌ $C_1 = 0.4×4×3.18×12 = 61.056m^2$
       └ $C_2 = 0.5×4×3.18×3 = 19.08m^2$

② 보 ┌ $G_1(5.5m)$: $0.48×5.5×2×4 = 21.12m^2$
     ├ $G_1(5.55m)$: $0.48×5.55×2×4 = 21.312m^2$
     ├ $G_1(5.6m)$: $0.48×5.6×2×4 = 21.504m^2$
     ├ $G_2(6.5m)$: $0.58×6.5×2×6 = 45.24m^2$
     └ $G_2(6.55m)$: $0.58×6.55×2×4 = 30.392m^2$

③ Slab $= (14.3×24.3) + (14.3×24.3)×2×0.12 = 356.754m^2$

∴ 총 거푸집면적 $= 576.458 ≒ 576.46m^2$

Tip

도면의 치수선이 보의 중심에 있는 것에 주의한다.

09 다음 도면에서 G_1, C_1, S_1 의 콘크리트양과 거푸집 수량을 계산하시오(단, 소수 셋째 자리에서 반올림한다). [85]

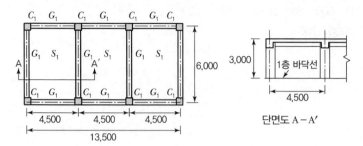

단면도 A – A'

[조건]
① 기둥 단면 : 40×40cm

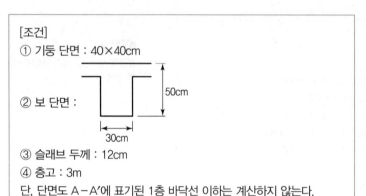

② 보 단면 :

③ 슬래브 두께 : 12cm
④ 층고 : 3m
단, 단면도 A – A'에 표기된 1층 바닥선 이하는 계산하지 않는다.

해설

(1) 기둥
　① 콘크리트양 : $(0.4×0.4×2.88)×8=3.69m^3$
　② 거푸집량 : $(0.4×4×2.88)×8=36.86m^2$
(2) 보
　① 콘크리트양 : $0.3×0.38×4.1×6+0.3×0.38×5.6×4=5.36m^3$
　② 거푸집량 : $0.38×4.1×2×6+0.38×5.6×2×4=35.72m^2$
(3) 슬래브
　① 콘크리트양 : $13.9×6.4×0.12=10.68m^3$
　② 거푸집량 : $13.9×6.4+(13.9+6.4)×2×0.12=93.83m^2$
∴ 콘크리트양 : $19.73m^3$, 거푸집량 : $166.41m^2$

Tip

계산상 필요한 길이를 미리 계산하는 것이 편리하며, 이때 A – A' 단면도에서 치수선이 기둥의 중심선을 기준으로 한 것에 주의한다.
① 순 Span 가로방향=4.5−0.4=4.1m
② 순 Span 세로방향=6−0.4=5.6m
③ 기둥의 안목높이=3−0.12=2.88m
④ 슬래브 외주길이
　• 가로방향=13.5+0.4=13.9m
　• 세로방향=6+0.4=6.4m

10 다음 그림은 철근 콘크리트조 경비실 건물이다. 주어진 평면도 및 단면도를 보고 C_1, G_1, G_2, S_2에 해당되는 부분의 1층과 2층 콘크리트양과 거푸집량을 선출하시오. [14, 20]

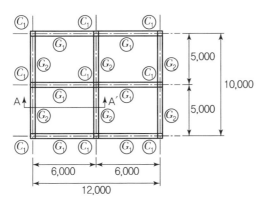

1, 2층 평면도

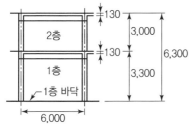

A – A′ 단면도　　　　　　G_1, G_2보 단면도

[조건]
① 기둥 단면(C_1) : 30cm×30cm
② 보 단면(G_1, G_2) : 30cm×60cm
③ 슬래브 두께(S_1) : 13cm
④ 층고 : 단면도 참고
단, 단면도에 표기된 1층 바닥선 이하는 계산하지 않는다.

해설

(1) 콘크리트양(m³)

① 기둥 C_1 ┌ 1층 : $(0.3×0.3×3.17)×9 = 2.567\text{m}^3$
　　　　　　└ 2층 : $(0.3×0.3×2.87)×9 = 2.325\text{m}^3$

② 보 ┌ G_1(1층+2층) : $(0.3×0.47×5.7)×12 = 9.644\text{m}^3$
　　　└ G_2(1층+2층) : $(0.3×0.47×4.7)×12 = 7.952\text{m}^3$

③ Slab(1층+2층) : $(10.3×12.3×0.13)×2 = 32.939\text{m}^3$

∴ 콘크리트양(m³) : $55.426\text{m}^3 ≒ 55.43\text{m}^3$

(2) 거푸집량(m²)

① 기둥 C_1 ┌ 1층 : $(0.3×4×3.17)×9 = 34.236\text{m}^2$
　　　　　　└ 2층 : $(0.3×4×2.87)×9 = 30.996\text{m}^2$

Tip 👆

이 문제에서 1층과 2층의 층고가 3.3m, 3.0m며, G_1과 G_2의 순 Span이 5.7m와 4.7m로 상이함에 주의한다.

② 보 ┌ G_1(1층+2층) : $(0.47 \times 5.7 \times 2) \times 12 = 64.296m^2$
　　　└ G_2(1층+2층) : $(0.47 \times 4.7 \times 2) \times 12 = 53.016m^2$
③ Slab(1층+2층) : $\{(10.3 \times 12.3) + (10.3 + 12.3) \times 2 \times 0.13\} \times 2 = 265.132m^2$
∴ 거푸집량(m²) : $447.676m^2 = 447.68m^2$

11 다음 그림에서 보의 콘크리트양과 거푸집량을 구하시오(단, 계산과
정을 나타내야 한다). [89]

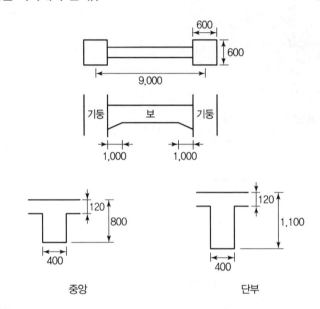

중앙　　　　　　단부

해설

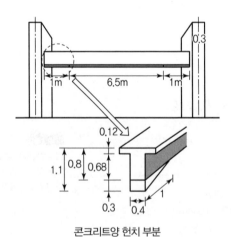

콘크리트양 헌치 부분

Tip
① 보의 콘크리트양과 거푸집량을 묻는
문제이므로 슬래브도 콘크리트양에
삽입하며 거푸집량 산출 시 보의 밑
면을 누락하지 않아야 한다.
② 슬래브와 보의 거푸집을 함께 계산할
때는 보의 밑면을 계산하지 않으나
이 문제처럼 단일보인 경우는 보 밑
면의 거푸집도 함께 계산해야 한다.

(1) 콘크리트양(m³)
① 보 : $0.4 \times 0.8 \times (9 - 0.6) = 2.69m^3$
② 헌치 : $0.4 \times 1 \times 0.3 \times 0.5 \times 2 = 0.12m^3$
∴ 콘크리트양 : $2.81m^3$

(2) 거푸집량(㎡)
　① 옆면 : 8.4×0.68×2+1×0.3÷2×4=11.62+0.6=12.02㎡
　② 밑면 : 0.4×(9-1-1-0.6)+0.4×$\sqrt{1^2+0.3^2}$×2=3.39㎡
　∴ 거푸집량 : 15.41㎡

12 다음 그림에서 보의 콘크리트양과 거푸집량을 구하시오(단, 계산과
정을 나타내야 한다). [05, 14, 20]

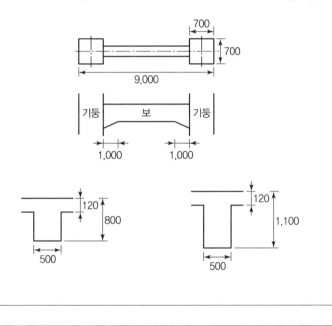

(1) 콘크리트양(㎥)
　① 보 부분 : 0.5×0.8×8.3
　　=3.32㎥
　② 헌치 부분 : $\left(0.3×0.5×1×\frac{1}{2}\right)$
　　×2=0.15㎥
　∴ 콘크리트양=3.32+0.15=3.47㎥
(2) 거푸집량(㎡)
　① 보 옆 : 0.68×8.3×2
　　=11.288㎡
　② 보 밑 : 0.5×8.3=4.15㎡
　③ 헌치 옆 : $\left(0.3×1×\frac{1}{2}\right)$×2×2
　　=0.6㎡
　∴ 거푸집량=11.288+0.6+4.15
　　=16.038㎡

13 다음 벽체의 콘크리트양과 거푸집량을 산출하시오.

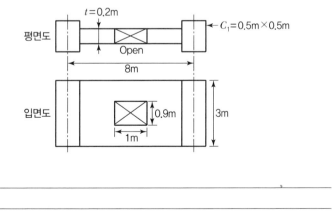

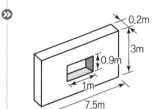

벽체의 개구부면적은 콘크리트양 산정
시는 무조건 공제하고, 거푸집 면적 산
정 시는 공제하지 않는다.
(1) 벽체의 콘크리트양 : {3m×7.5m-
　(1m×0.9m)}×0.2m=4.32㎥
(2) 벽체의 거푸집량 : (3m×7.5m)×2
　=45㎡

14 다음 그림과 같은 철근 콘크리트조 건물에서 기둥과 벽체의 거푸집량을 산출하시오. [19]

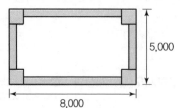

[조건]
① 기둥 : 400mm×400mm
② 벽두께 : 200mm
③ 높이 : 3m
④ 치수는 바깥치수 : 8,000m×5,000m
⑤ 콘크리트 타설은 기둥과 벽을 별도로 타설한다.

⊗ 기둥과 벽의 단위물량 산출문제이므로 Slab 두께 등은 고려하지 않는다. 또한 치수선이 설계로서 기준과 상이하게 보나 기둥의 중심선이 아니라 끝 선에 있으므로 순 Span 계산 시 주의한다.
(1) 기둥 거푸집량(m²)
    $=2(0.4+0.4)×3×4=19.2$m²
(2) 벽 거푸집량(m²)
    $=(7.2×3×2)×2+(4.2×3×2)×2$
    $=136.8$m²

15 다음 도면을 보고 계단의 콘크리트양을 도면 정미량으로 산출하시오.

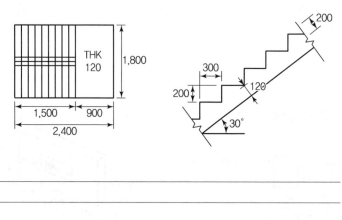

⊗ $\cos 30° = \dfrac{1.5}{l}$

∴ $l = \dfrac{1.5}{\cos 30°}$

• 계단 경사 부분의 두께
    $=0.12+\dfrac{0.2}{2}=0.22$
• 콘크리트양(m³)
    =계단참+경사 부분
    $=(0.9×1.8×0.12)+\left(\dfrac{1.5}{\cos 30°}×0.9\right.$
    $\left. ×0.22×2\right)$
    $=0.88$m³

16 다음 조건의 목제 거푸집을 구입할 경우 구입량을 산출하시오(단, 구입률 : 104%, 기초 거푸집은 1회 사용 후 폐기, 2회 전용 시 전용률 : 0.45). [90]

[조건]
① 기초 거푸집 면적 : 100m²
② 1층 거푸집 면적 : 300m²
③ 2층 거푸집 면적 : 300m²

⟩ 기초 거푸집은 전용도 1층도 되지 못하며, 2층의 거푸집은 1층의 거푸집을 전용하여 계산한다.
① 기초 거푸집 구입량 = 100 × 1.04
　　　　　　　　 = 104m²
② 1층 거푸집 구입량 = 300 × 1.04
　　　　　　　　 = 312m²
③ 2층 거푸집
　• 전용량 = 300 × 0.45 = 135m²
　• 부족량 = 300 − 135 = 165m²
　• 구입량 = 165 × 1.04 = 171.6m²
∴ 총구입량 = 104 + 312 + 171.6
　　　　　 = 587.6m²

17 그림과 같은 건축물을 완성하기 위해서 거푸집을 구입할 경우 구입량을 계산하시오(단, 거푸집 전용률 : 75%, 구입률 : 105%). [84]

```
        ┌──────────────────┐
        │  4층 거푸집면적    │
        │   (1,000m²)       │
    ┌───┴──────────────────┴───┐
    │  3층 거푸집면적(1,200m²)  │
    ├──────────────────────────┤
    │  2층 거푸집면적(1,200m²)  │
G.L ├──────────────────────────┤
XXXX│  1층 거푸집면적(1,200m²)  │XXXX
    ├──────────────────────────┤
    │ 지하층 거푸집면적(1,200m²)│
    └──────────────────────────┘
```

⟩ 지하층 → 2층, 1층 → 3층, 1층 → 4층으로 전용된다.
① 지하층 거푸집 구입량 = 1,200 × 1.05
　　　　　　　　　 = 1,260m²
② 1층 거푸집 구입량 = 1,200 × 1.05
　　　　　　　　 = 1,260m²
③ 2층 거푸집
　• 전용량 = 1,200 × 0.75 = 900m²
　• 구입량 = (1,200 − 900) × 1.05
　　　　　 = 315m²
④ 3층 거푸집
　• 전용량 = 1,200 × 0.75 = 900m²
　• 구입량 = (1,200 − 900) × 1.05
　　　　　 = 315m²
⑤ 4층 거푸집
　• 전용량 = 1,200 × 0.75 = 900m²
　• 구입량 = (1,000 − 900) × 1.05
　　　　　 = 105m²
∴ 총구입량
　 = 1,260 + 1,260 + 315 + 315 + 105
　 = 3,255m²

18 건설공사의 기초 거푸집 소요량이 100m²이고, 1, 2층의 거푸집이 각각 300m²일 때 거푸집 주문량을 산출하시오(단, 기초 거푸집은 1회 사용, 일반층은 2회 사용하는 것으로 한다. 이때, 거푸집 1m²당 1회 사용 시의 손실률은 3%이고, 2회 사용 시 전용률은 57%이다). [06]

⟩ 기초 거푸집은 전용도 1층도 되지 못하며, 2층의 거푸집은 1층의 거푸집을 전용하여 계산한다.
① 기초 거푸집 구입량 : 100 × 1.03
　　　　　　　　 = 103m²
② 1층 거푸집 구입량 : 300 × 1.03
　　　　　　　　 = 309m²
③ 2층 거푸집 전용량 : 300 × 0.57
　　　　　　　　 = 171m²
　 2층 거푸집 구입량 : (300 − 171)
　　　 × 1.03 = 132.87m²
∴ 거푸집 총구입량 : 103 + 309 +
　 132.87 = 544.87m²

19 다음과 같은 재료조건으로 표준계량용적 배합비 $1 : 2 : 4$ 콘크리트를 제조하는 데 필요한 시멘트(포대 수), 모래(m^3), 자갈(m^3), 물(kg)의 양을 구하시오. [90]

[조건]
① 시멘트 비중 = 3.15
② 모래 비중 = 2.5
③ 자갈 비중 = 2.6
④ 물 – 시멘트비 = 55%
⑤ 시멘트의 단위용적중량 = 1,500kg/m^3
⑥ 모래의 단위용적중량 = 1,700kg/m^3
⑦ 자갈의 단위용적중량 = 1,600kg/m^3

▶ · 비벼내기양(V)

$$= \frac{w_e}{g_c} + \frac{mw_s}{g_s} + \frac{nw_g}{g_g} + w_c \cdot x(m^3)$$

$$= \frac{1 \times 1.5}{3.15} + \frac{2 \times 1.7}{2.5} + \frac{4 \times 1.6}{2.6}$$
$$+ 1.5 \times 0.55$$

$$= 5.123m^3$$

· 콘크리트 1m당 각 재료소요량

(1) 시멘트 $= \frac{1}{V} = \frac{1}{5.123} \times \frac{1,500}{40}$
$$= 7.32 \fallingdotseq 8포대$$

(2) 모래 $= \frac{m}{V}(m^3) = \frac{2}{5.123} = 0.39m^3$

(3) 자갈 $= \frac{n}{V}(m^3) = \frac{4}{5.123} = 0.78m^3$

(4) 물 = 시멘트 중량 × W/C
$$= \frac{1,500}{5.123} \times 0.55 = 161.04kg$$

20 다음 조건으로 콘크리트 $1m^3$를 생산하는 데 필요한 시멘트, 모래, 자갈의 중량을 구하시오. [87]

[조건]
① 단위수량 : 160kg/m^3
② W/C : 50%
③ 잔골재율 : 40%
④ 시멘트비중 : 3.15
⑤ 모래비중 : 2.5
⑥ 자갈비중 : 2.6
⑦ 공기량 : 1%

▶ 비중 = $\dfrac{중량}{체적}$, 체적 = $\dfrac{중량}{비중}$

(1) 단위 시멘트양 = 물의 중량 ÷ W/C비
$$= 160kg ÷ 0.5$$
$$= 320kg$$

(2) 시멘트의 체적 $= \dfrac{320}{3.15 \times 1,000}$
$$= 0.102m^3$$

(3) 잔골재의 체적 = 1 – (시멘트 체적 + 물의 체적 + 공기량)
$$= 1 - (0.102 + 0.16 + 0.01)$$
$$= 0.728m^3$$

(4) 모래의 체적 = 잔골재 체적 × 잔골재율
$$= 0.728 \times 0.4$$
$$= 0.2912m^3$$

(5) 잔골재의 양 = 체적 × 비중
$$= 0.2912 \times 2.5 \times 1,000$$
$$= 728kg/m^3$$

(6) 굵은골재 체적 = 0.728 × 0.6
$$= 0.4368m^3$$

(7) 굵은골재량 = 0.4368 × 2.6 × 1,000
$$= 1,136kg/m^3$$

21 주어진 도면을 보고 철근량을 산출하시오(단, 정미량으로 하고, D16 = 1.56kg/m, D10 = 0.56kg/m며, 소수 셋째 자리에서 반올림한다. 또한 기초판 정착용 Hook은 고려하지 않는 것으로 가정한다).

[84]

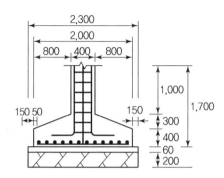

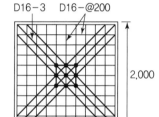

주근 8 – D16
HOOP D10@250
D – HOOP D10@750

해설 ✏️

① 기초판

• 가로근(D16) : $2 \times \left(\dfrac{2}{0.2} + 1 \right) (11개) = 22m$

• 세로근(D16) : $2 \times \left(\dfrac{2}{0.2} + 1 \right) (11개) = 22m$

• 대각선근(D16) $= \sqrt{2^2 + 2^2} \times 3 \times 2 = 16.97m$

② 기둥

• 주근(D16) : $(1.7 + 0.4) \times 8 = 16.8m$

• 대근(D10) $= (0.4 + 0.4) \times 2 \times \dfrac{1.7}{0.25} (7개) = 11.2m$

• 보조대근(D10) $= (0.4 + 0.4) \times 2 \times \dfrac{1.7}{0.75} (3개) = 4.8m$

③ 합계

• D16 철근 $= 22 + 22 + 16.97 + 16.8 = 77.77m$
   → 중량 $= 77.77 \times 1.56 = 121.32kg$

• D10 철근 $= 11.2 + 4.8 = 16m$
   → 중량 $= 16 \times 0.56 = 8.96kg$

∴ 총중량 = D16 + D10 = 121.32 + 8.96 = 130.28kg

22 다음 기초에 소요되는 철근, 콘크리트, 거푸집의 정미량을 산출하시오(단, 이형철근 D16의 단위중량은 1.56kg/m, D13의 단위중량은 0.995kg/m이다). [10]

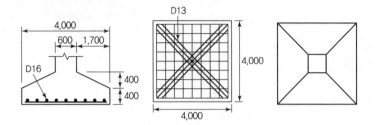

Tip

① 별도의 지시가 없으면 철근 1개의 길이는 기초판 한 변의 길이와 같게 하며 철근의 훅은 피복두께와 상쇄시킨다.
② 주어진 개수로 산출한다.
③ 거푸집량

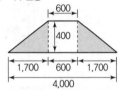

※ 밑면(1,700) : 높이(400)가 2 : 1 미만이므로 경사면은 계산하지 않는다.

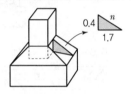

해설

(1) 철근량(kg)
　　① 가로근, 세로근(D16) : (4m×9개)×2×1.56=112.32kg
　　② 대각선근(D13) : $\sqrt{4^2+4^2}$ ×3×2×0.995=33.77kg
　　∴ 총중량=146.09kg
(2) 콘크리트양(m³)
　　밑부분+경사 부분
　　$$=(4\times4\times0.4)+\left\{\frac{0.4}{6}(2\times4+0.6)\times4+(2\times0.6+4)\times0.6\right\}=8.9m^3$$
(3) 거푸집량(m²)
　　수직 부분=4×0.4×4=6.4m²

　　※ 경사진 부분은 경사 부분의 $\dfrac{높이}{밑변}$가 0.577보다 작으므로 계산하지 않는다.

23 다음 도면과 같은 기둥주근의 철근량을 산출하시오(단, 층고는 3.6m, 주근의 이음길이는 $25d$로 하고, 철근의 중량은 D22는 3.04kg/m, D19는 2.25kg/m, D10은 0.56kg/m로 한다). [96, 98]

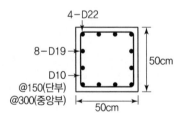

① D22(주근)
　={3.6+(25×0.022)+(10.3 ×0.022×2)}×4
　=18.41m
② D19(주근)
　={3.6+(25×0.019)+(10.3 ×0.019×2)}×8
　=35.73m
D22=18.41×3.04=55.966kg
D19=35.73×2.25=80.393kg
∴ 총중량=55.966+80.393
　　　　=136.359kg
　　　　≒136.36kg

24 다음 도면과 같은 기둥의 철근량(주근, 대근)을 산출하시오(단, 층고는 3.6m, 주근의 이음길이는 $25d$로 하고, 철근의 중량은 D22는 3.04kg/m, D19는 2.25kg/m, D10은 0.56kg/m로 한다). [05]

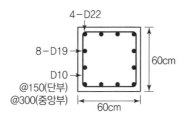

4-D22
8-D19
D10
@150(단부)
@300(중앙부)
60cm
60cm

▶ 기둥주근은 매 층마다 이음을 하는 것이 원칙이므로 이음은 한 번 해야 한다.
① D22(주근)
= {3.6 + (25×0.022) + (10.3 ×0.022×2)}×4
= 18.41m
② D19(주근)
= {3.6 + (25×0.019) + (10.3 ×0.019×2)}×8
= 35.73m
D22 = 18.41×3.04 = 55.966kg
D19 = 35.73×2.25 = 80.393kg
∴ 총중량 = 55.966 + 80.393
= 136.359kg
≒ 136.36kg

25 다음 도면에서 기초와 기둥 1개의 철근량을 산출하시오(단, 기둥철근은 기초판 밑에서 10cm 띄우고, 기초판의 정착길이는 40cm로 하며, 여유길이 10cm 가산, 기초판의 피복두께는 6cm로 하며, 철근 산정 시 고려할 것, 철근의 단위중량은 D10 = 0.56kg/m, D13 = 0.995kg/m, D16 = 1.56kg/m, D19 = 2.25kg/m이다). [96]

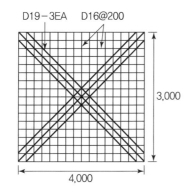

D19-3EA   D16@200
3,000
4,000

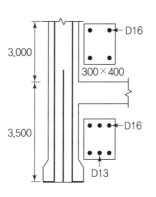

D16
3,000
300×400
3,500
D16
D13

▶ ① 기초
• 단변근(D16)
= (3 - 0.12)×{(4 - 0.12)÷0.2 + 1}
= 57.6m
• 장변근(D16)
= (4 - 0.12)×{(3 - 0.12)÷0.2 + 1}
= 58.2m
• 대각선근(D16)
= $\sqrt{(3 - 0.12)^2 \times (4 - 0.12)^2}$ ×3×2 = 28.98m
② 기둥
• 주근(D16)
= (6.5 - 0.1 + 0.4)×4
= 27.2m
• 보조근(D16)
= (3.5 - 0.1 + 0.4 + 0.1)×2
= 7.8m
∴ 철근량
• D13 = 7.8×0.995 = 7.761kg
• D16 = 14.3×1.56 = 223.08kg
• D19 = 28.98×2.25 = 65.2kg

26 다음은 최상층 철근 콘크리트 보이다. 이 보의 철근량을 구하시오 (단, 사용철근 길이 12m, 철근의 이음은 없는 것으로 하고, 정미량으로 산출한다. D19 = 2.25kg/m, D10 = 0.56kg/m, 주근 Hook 길이는 10.3d이다).   [93, 96]

(1) 주근량(D19) : _____

(2) 늑근량(D10) : _____

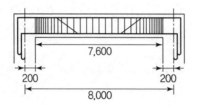

7,600

200   200

8,000

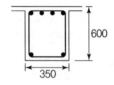

600

350

단부
상부근 : 4−D19
하부근 : 2−D19
늑근 : D10@150

중앙부
상부근 : 2−D19
하부근 : 4−D19
늑근 : D10@300

_____

_____

_____

▶ 주어진 조건에서 최상층 보이므로 정착 길이를 보의 최외측에서부터 산정한다.

① 주근량(D19)
　• 상부근
　　＝{8.4＋(50.3×0.019×2)}×2
　　＝20.62m
　• 하부근
　　＝{7.6＋(35.3×0.019×2)}×2
　　＝17.88m
　• 벤트근
　　＝{8.4＋(50.3×0.019×2)}
　　　＋(0.5×0.828)}×2
　　＝21.45m

② 늑근량(D10)
　• 중앙＝$\left\{(0.35+0.6)×2×\left(\dfrac{3.8}{0.3}\right.\right.$
　　　　$\left.\left.+1\right)\right\}$＝25.97m
　• 단부＝$\left\{(0.35+0.6)×2×\dfrac{3.8}{0.15}\right\}$
　　　　＝48.13m

∴ 총철근량
　• 주근(D19)＝59.95m×2.25
　　　　＝134.89kg
　• 늑근(D10)＝74.1×0.56
　　　　＝41.50kg
　→ 134.89＋41.50＝176.39kg

27 다음 그림과 같은 철근 콘크리트 최상층 보의 철근 중량을 산출하시오(단, D22 = 3.04kg/m, D10 = 0.56kg/m이고 주근의 Hook 길이는 고려하지 않는다). [01]

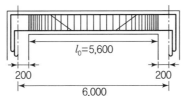

$l_0 = 5,600$

200 200

6,000

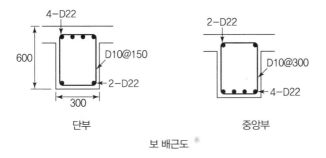

4-D22

600

D10@150

2-D22

300

단부

2-D22

D10@300

4-D22

중앙부

보 배근도

최상층 보이므로 보의 정착길이가 최외측에서부터 산정되며 Hook 길이는 고려하지 않음에 주의한다.

① 주근량
  • 상부근(D22)
    $= \{6.4 + (40 \times 0.022 \times 2)\} \times 2$
    $= 16.32$m
  • 하부근(D22)
    $= \{5.6 + (25 \times 0.022 \times 2)\} \times 2$
    $= 13.4$m
  • 벤트근(D22)
    $= \{6.4 + (40 \times 0.022 \times 2) + (0.5 \times 0.828)\} \times 2$
    $= 17.15$m
② 늑근량
  • 중앙(D10)
    $= (0.3 + 0.6) \times 2 \times \left(\dfrac{2.8}{0.3} + 1\right)$
    $= 18$m
  • 단부(D10)
    $= (0.3 + 0.6) \times 2 \times \dfrac{2.8}{0.15}$
    $= 34.2$m
∴ 총철근량
  • 주근(D22)
    $= (16.32 + 13.4 + 17.15) \times 3.04$
    $= 142.48$kg
  • 늑근(D10) $= 52.2 \times 0.56$
    $= 29.232$kg
  → $142.48 + 29.23 = 171.72$kg

---

28 다음 보의 전체 철근량을 계산하시오(단, 스트럽근은 제외하며 D22는 1m당 3.04kg, 인장근의 정착길이는 $40d$, 압축근의 정착길이는 $25d$, Hook 길이는 $10.3d$이다).

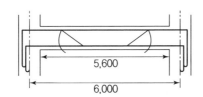

5,600

6,000

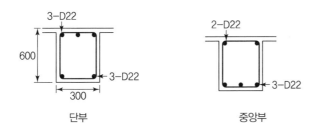

3-D22

600

3-D22

300

단부

2-D22

3-D22

중앙부

중간층 보이므로 안목길이로 산정한다.

① 상부근(D22)
    $= \{5.6 + (50.3 \times 0.022 \times 2)\} \times 2$
    $= 15.63$m
② 하부근(D22)
    $= \{5.6 + (35.3 \times 0.022 \times 2)\} \times 2$
    $= 14.31$m
③ 벤트근(D22)
    $= \{5.6 + (50.3 \times 0.022 \times 2) + (0.5 \times 0.828)\}$
    $= 8.23$m
∴ 총철근량 : $38.17 \times 3.04 = 116.04$kg

29 그림과 같은 철근 콘크리트 보의 주근 철근량을 구하시오(단, D22는 3.04kg/m, 정착길이는 인장철근은 $40d$, 압축철근은 $25d$로 하고 Hook의 길이는 $10.3d$로 한다). [07]

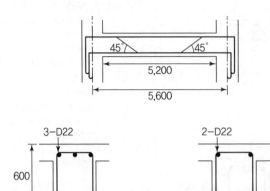

단부   중앙부

⟫ 중간층 보이므로 안목길이로 산정한다.
① 상부근(D22) : {5.2+(50.3×0.022 ×2)}×2=14.83m
② 하부근(D22) : {5.2+(35.3×0.022 ×2)}×2=13.51m
③ 벤트근(D22) : {5.2+(50.3×0.022 ×2)+(0.5×0.828)}×1=7.83m
∴ 총철근량 : (14.83+13.51+7.83) ×3.04=109.96kg

30 다음 철근 콘크리트 보의 철근 중량을 산출하시오(단, D22는 3.04 kg/m, D10은 0.56kg/m이고, 주근의 Hook 길이는 $10.3d$로 한다). [95, 97, 99]

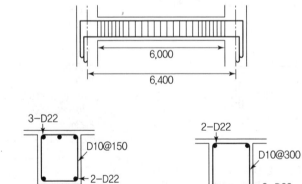

단부   중앙부

⟫ ① 상부근(D22)
=(6+50.3×0.022×2)×2
=16.426m
② 하부근(D22)
=(6+35.3×0.022×2)×2
=15.106m
③ 벤트근(D22)
=6+50.3×0.022×2+0.828
×0.5×1
=8.627m
④ 늑근(D10)
• 중앙=(0.3+0.6)×2×$\left(\dfrac{3}{0.3}+1\right)$
=19.8m
• 단부=(0.3+0.6)×2×$\dfrac{3}{0.15}$
=36m
∴ 총철근량
• D22=40.16m×3.04kg/m
=122.09kg
• D10=55.8m×0.56kg/m
=31.25kg
→ 122.09+31.25=153.34kg

31 다음 도면을 보고 Slab 철근량을 산출하시오(단, 정미량은 D13은 0.995kg/m, D10은 0.56kg/m, 상부 Top Bar 내민 길이는 20cm 이다). [96]

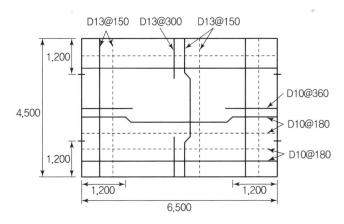

---

32 주어진 도면의 보 및 슬래브의 철근량을 산출하시오[단, ① 보 철근의 정착길이는 인장 측은 40d, 압축 측은 $25d$로 한다. ② 이음길이는 계산하지 않는다. ③ 철근의 Hook은 보 철근의 정착 부분(G_1, G_2, B_1)만 계산하며, Hook의 길이는 $10.3d$로 한다. ④ d는 철근의 공칭지름이며, 철근의 규격은 다음과 같다]. [95]

▼ 철근의 규격

구분	D10	D13	D16	D22
공칭지름(mm)	9.53	12.7	15.9	22.2
단위중량(kg/m)	0.56	0.995	1.56	3.04

① 단변근
ㄱ 단부
• 상부근(D13) : 4.5×(1.2÷0.3 +1)×2=4.5×5×2=45m
• 하부근(D13) : 4.5×(1.2÷0.3 +1)×2=4.5×5×2=45m
ㄴ 중앙부
• 벤트근(D13) : 4.5×(4.1÷0.3) =4.5×13=58.5m
• 하부근(D13) : 4.5×(4.1÷0.3 −1)=4.5×13=58.5m
• Top Bar(D13) : (1.2+0.2)× (4.1÷0.3−1)×2=1.4×14 ×2=39.2m
② 장변근
ㄱ 단부
• 상부근(D10) : 6.5×(1.2÷0.36 +1)×2=6.5×5×2=65m
• 하부근(D10) : 6.5×(1.2÷0.36 +1)×2=6.5×4×2=52m
ㄴ 중앙부
• 벤트근(D10) : 6.5×(2.1÷0.36) =6.5×5=32.5m
• 하부근(D10) : 6.5×(2.1÷0.36 −1)=6.5×6=39m
• Top Bar : {(1.2+0.2)×(2.1 ÷0.36)×2=1.4×6×2 =16.8m
∴ 총철근량
• D13=246.2m×0.995 =244.97kg
• D10=205.3m×0.56 =114.97kg
→ 244.97+114.97=359.94kg

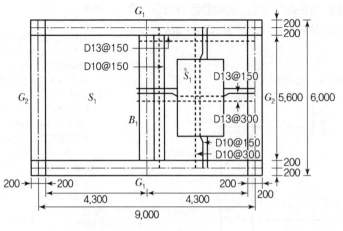

2층 바닥, 보 복도

구분	단면	상부근	하부근	늑근
G_1	단부 700	7 – D22	3 – D22	D10@150
	중앙 400	3 – D22	7 – D22	D10@300
G_2	단부 700	5 – D22	3 – D22	D10@150
	중앙 400	3 – D22	5 – D22	D10@300
B_1	단부 600	7 – D16	4 – D16	D10@150

구분	단면	상부근	하부근	늑근
B_1	중앙 300	4-D16	7-D16	D10@300

해설

(1) 보철근

① G_1

　㉠ 상부근(D22) : $\{8.6+(50.3\times0.0222\times2)\}\times3EA\times2곳=64.88m$

　㉡ 하부근(D22) : $\{8.6+(35.3\times0.0222\times2)\}\times3EA\times2곳=60.92m$

　㉢ 벤트근(D22) : $\{8.6+(50.3\times0.0222\times2)+(0.6\times0.828)\}\times4\times2곳=90.64m$

　㉣ 늑근(D10) : $(0.4+0.7)\times2\times\left\{\dfrac{2.15}{0.15}(16개)\times2+\dfrac{4.3}{0.3}(14개)\right\}\times2$
　　　　　　　　$=202.4m$

② G_2

　㉠ 상부근(D22) : $\{5.6+(50.3\times0.0222\times2)\}\times2곳=46.88m$

　㉡ 하부근(D22) : $[\{(5.6+35.3\times0.0222\times2)\}\times3EA]\times2곳=42.92m$

　㉢ 벤트근(D22) : $\{5.6+(50.3\times0.0222\times2)+0.828\times0.6\}\times2\times2$
　　　　　　　　$=33.32m$

　㉣ 늑근(D10) : $(0.4+0.7)\times2\times\left\{\dfrac{1.4}{0.15}(11개)\times2+\dfrac{2.8}{0.3}(9개)\right\}\times2$
　　　　　　　$=136.4m$

③ B_1

　㉠ 상부근(D16) : $\{5.6+(50.3\times0.0159\times2)\}\times4=28.8m$

　㉡ 하부근(D16) : $\{5.6+(35.3\times0.0159\times2)\}\times4=26.89m$

　㉢ 벤트근(D16) : $\{5.6+(50.3\times0.0159\times2)+(0.5\times0.828)\}\times3=22.84m$

　㉣ 늑근(D10) : $(0.3+0.6)\times2\times\left\{\dfrac{2.8}{0.15}(11개)\times2+\dfrac{2.8}{0.3}(9개)\right\}=55.8m$

(2) 슬래브 철근

① 단변근

　㉠ 상부주근(D13) $=\left\{(4.15+0.15+40\times0.0127)\times\dfrac{1.0375}{0.3}(5개)\right\}\times2$
　　　　　　　　$\times2개소$
　　　　　　　$=96.16m$

　㉡ 하부주근(D13) $=\left\{(4.15+0.15+25\times0.0127)\times\dfrac{5.6}{0.3}(20개)\right\}\times2개소$
　　　　　　　$=184.17m$

　㉢ 주근 벤트(D13) $=\left\{(4.15+0.15+40\times0.0127)\times\dfrac{3.525}{0.3}(12개)\right\}\times2개소$
　　　　　　　$=115.39m$

　㉣ 주근 탑바(D13) $=\{(1.0375+0.15+15\times0.0127)+(1.0375+40$
　　　　　　　　$\times0.0127+15\times0.0127)\}\times\dfrac{3.525}{0.3}(11개)\times2개소$
　　　　　　　$=68.51m$

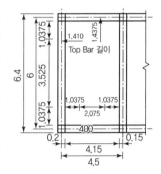

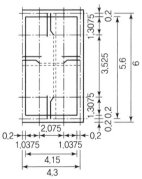

S_1 슬래브

② 장변근

  ⑦ 상부부근(D10)$= \left\{ (5.6 + 40 \times 0.00953 \times 2) \times \dfrac{1.0375}{0.3}(5개) \right\} \times 2 \times 2개소$

          $= 127.25m$

  ⓒ 하부부근(D10)$= \left\{ (5.6 + 25 \times 0.00953 \times 2) \times \dfrac{4.15}{0.3}(15개) \right\} \times 2개소$

          $= 182.30m$

  ⓒ 부근벤트(D10)$= \left\{ (5.6 + 40 \times 0.00953 \times 2) \times \dfrac{2.075}{0.3}(4개) \right\} \times 2개소$

          $= 89.07m$

  ⓔ 부근톱바(D10)$= \Big\{ (1.0375 + 40 \times 0.00953 + 15 \times 0.00953)$

            $\times \dfrac{2.075}{0.3}(6개) \Big\} \times 2 \times 2개소$

          $= 37.48m$

∴ 총철근량

- D10 $= 465.19kg \times 1.03 = 479.15kg$
- D13 $= 462.44kg \times 1.03 = 476.31kg$
- D16 $= 122.51kg \times 1.03 = 126.19kg$
- D22 $= 1,033.48 \times 1.03 = 1,064.48kg$
- → $479.15 + 476.31 + 126.19 + 1,064.48 = 2,146.13kg$

---

33 철근 콘크리트 공사의 바닥(Slab) 철근 물량 산출에서 주어진 그림과 같은 Two Way Slab의 철근 물량을 산출(정미량)하시오(단, D10은 0.56kg/m, D13은 0.995kg/m이다).   [03, 08]

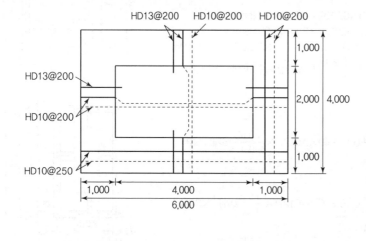

≫ 톱바의 내민 길이를 고려하지 않고 계산한 경우

① 상부
- 주근단부(D10) : $4 \times (1 \div 0.2 = 5$
  → $5개 \times 2 + 1) = 44m$
- 주근톱바(D13) : $\{1 \times (4 \div 0.2)\} \times 2$
  $= 40m$
- 부근단부(D10) : $6 \times (1 \div 0.25 = 4$
  → $4개 \times 2 + 1) = 54m$
- 부근톱바(D13) : $\{1 \times (2 \div 0.2)\} \times 2$
  $= 20m$

② 하부
- 주근(D10) : $4 \times (6 \div 0.2 + 1)$
  $= 124m$
- 주근벤트(D13) : $4 \times (4 \div 0.2)$
  $= 80m$
- 부근(D10) : $6 \times \left(\dfrac{2}{0.2} + \dfrac{2}{0.25} \right.$
  $\left. + 1 \right) = 114m$
- 부근벤트(D10) : $6 \times (2 \div 0.2)$
  $= 60m$

(D10) : $396m \times 0.56kg/m = 221.76kg$
(D13) : $140m \times 0.995kg/m = 139.3kg$
∴ $361.06kg$

CHAPTER 05 철골공사

Engineer Architecture **PART 04**

1. 일반사항

① 철골재는 층별로 기둥, 벽체, 보, 바닥 및 지붕틀의 순위로 구별하여 산출하며 주재와 부속재로 나누어 계산한다.

② 철골재는 도면 정미량에 할증률을 가산하여 소요량으로 한다.

2. 수량 산출

1) 강판재(Plate)

① 실제 면적에 가장 가까운 사각형, 삼각형, 평행사변형, 사다리꼴로 면적을 계산한다.

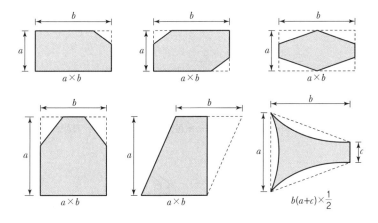

② 볼트, 리벳구멍 및 콘크리트 타설용 구멍은 면적에서 공제하지 않는다.

③ 볼트, 리벳 : 지름, 길이, 모양별로 개수 또는 중량으로 산출한다.

④ 강재의 중량 산출방법

중량은 생산자의 카탈로그(Catalog) 또는 KS품인 경우는 KS D 3502에 의한 강재 제원표에 의하여 산정한다.

⑤ 강재 발생재의 처리

소요 강재량과 도면 정미량의 차이에서 생기는 스크랩(Scrap)은 스크랩 발생량의 70%를 시중의 도매가격으로 환산하여 그 대금을 설계 당시에 미리 공제한다.

즉, (소요 강재량－도면 정미량)×70%(Scrap ton당 단가)＝공제금액

Tip

철골재의 할증률

종류	할증률(%)
대형 형강	7
소형 형강	5
강판	10
봉강	5
평강 대강	5
경량 형강	5
강관 · 각관	5
리벳(제품)	5
일반 볼트	5
고장력 볼트(HTB)	3

Tip

강판재(Plate)는 실제에 가까운 사각형 면적을 구하여 단위중량(kg/m²)을 곱하여 산정한다.

2) 형강(앵글)

① 종별 및 단면치수별로 구분하여 총연장을 산출하고, 길이당 단위중량
   (kg/m)을 곱하여 총중량을 산출한다.

② 형강의 종류

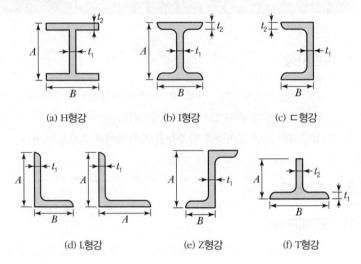

(a) H형강   (b) I형강   (c) ㄷ형강

(d) L형강   (e) Z형강   (f) T형강

③ 형강의 표기방법

웨브의 길이×플랜지의 길이×웨브의 두께×플랜지의 두께

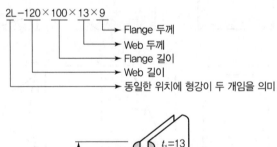

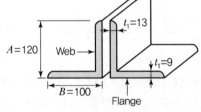

과년도 기출문제

01 다음 도면을 보고 요구하는 각 재료량을 산출하시오(단, 기둥은 고려 하지 않고, 평행 트러스보만 계산할 것). [88, 90, 95, 97, 99, 01, 05]

(1) Angle(kg)의 양

(단, $L-50\times50\times4=3.06$kg/m, $L-65\times65\times6=5.9$kg/m, $L-100\times100\times7=10.7$kg/m, $L-100\times100\times13=19.1$kg/m)

(2) PL-9의 양(kg)(단, PL-9=70.56kg/m²)

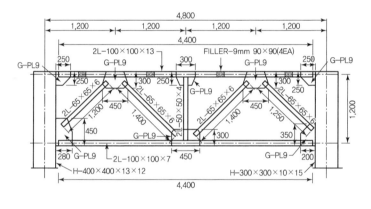

❯❯ (1) 앵글양
① 상현재(L−100×100×13)
=4.4×2×19.1kg/m
=168.08kg
② 하현재(L−100×100×7)
=4.4×2×10.7kg/m
=94.16kg
③ 빗재(L−65×65×6)
=(1.2+1.4+1.4+1.25)×2
×5.9kg/m
=61.95kg
④ 수직재(L−50×50×4)
={1.2−(0.05×2)}×2
×3.06kg/m
=6.732kg
∴ 앵글양
=168.08+94.16+61.95
+6.73
=330.92kg
(2) 플레이트양
① 거싯 플레이트
=(0.25×0.25)+(0.45×0.3)
+(0.3×0.25)+(0.45×0.3)
+(0.25×0.25)+(0.25×0.35)
+(0.45×0.3)+(0.28×0.45)
=0.8185m²×70.56kg/m²
=57.75kg
② 필러 플레이트
=0.09×0.09×4×70.56kg/m²
=2.286kg
∴ 플레이트양
=57.75+2.286
=60.036kg

※ 필러 플레이트도 계산해야 한다.

02 다음 도면을 보고 철골조 기둥과 보에 소요되는 다음과 같은 부재의 전체 강재량(kg)을 산출하시오(단, 할증률 제외, 산출범위는 기둥 2개소, 보 1개소이다).

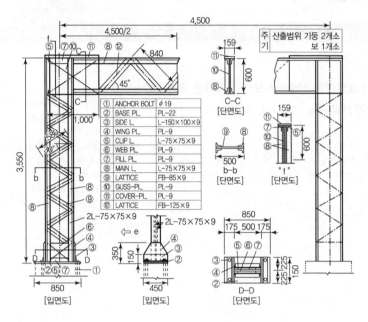

구분		단위중량
앵글	SIDE L	17.1kg/m
	MAIN L	9.96kg/m
플레이트	WING PL	70.64kg/m
	WEB PL	70.65kg/m
	FILL PL	70.65kg/m
	GUSS PL	70.65kg/m
	COVER PL	70.65kg/m
	BASE PL	172.7kg/m
플레트 바	LATTICE	6.01kg/m

(1) 앵글(Angle)

① SIDE L   ② MAIN L

(2) 플레이트(Plate)

① WING PL   ② WEB PL   ③ FILL PL

④ GUSS PL   ⑤ COVER PL   ⑥ BASE PL

(3) 플랫 바(FLAT Bar)

① LATRICE(단, FB−125×9는 제외)

---

(1) 앵글

① SIDE(L−150×100×9)
   =0.45×2×2×17.1kg/m
   =30.78kg
② MAIN(L−75×75×9)
   =(3.55×4개×2(좌우)+4m
   ×4개)×9.96kg/m
   =442.22kg
∴ 앵글양 : 473kg

(2) 플레이트

① WING PL
   =0.45×0.35×2×2
   ×70.65kg/m²
   =44.5kg
② WEB PL
   =0.35×0.5×2×70.65kg/m²
   =24.73kg
③ FILL PL
   =0.35×0.075×2×2×2
   =0.21m²×70.65kg/m²
   =14.84kg
④ GUSS PL
   =1×0.6×2×70.65kg/m²
   =84.78kg
⑤ COVER PL
   =1×0.159×2×70.65kg/m²
   =22.47kg
⑥ BASE PL
   =0.85×0.45×2×172.7kg/m²
   =132.12kg
∴ 플레이트양=323.45kg

(3) 플랫 바
LATTICE(85×9)
   =0.58×9×2×6.01
   =62.74kg

∴ 전체 강재량
   =473+323.45+62.74
   =859.19kg

03 강판을 그림과 같이 가공하여 20개의 수량을 사용하고자 한다. 강판의 비중이 7.85일 때 소요량(kg)을 산출하고, 스크랩의 발생량(kg)도 함께 산출하시오.　　　　　　　　　　　　　　　[07, 13]

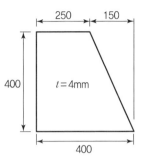

❖ 스크랩양＝소요량－도면 정미량
(1) 소요량
　＝0.4×0.4×0.004×7,850kg/m³
　　×20개×1.1
　＝110.528kg
(2) 스크랩양
　＝$\dfrac{0.15 \times 0.4}{2}$×0.004×7,850
　　×20개
　＝18.84kg
※ 스크랩을 만들지 않은 실제 정미량
　＝$\left(0.4 \times 0.25 + \dfrac{0.15 + 0.4}{2}\right)$
　　×0.004×7,850×20
　＝81.64kg

> **Tip** 👆
> 철골의 소요량은 실제 주문량을 의미하므로 스크랩양을 생각하지 말고 가장 긴 길이로 산정한다. 즉, 근사형태 면적으로 한다.

---

04 다음 철골 트러스 1개분의 철골량을 산출하시오(단, L－65×65×6 ＝5.94kg/m, L－50×50×6＝4.46kg/m, PL－6＝58.2kg/m²).　　　　　　　　　　　[93, 98, 00, 03, 07]

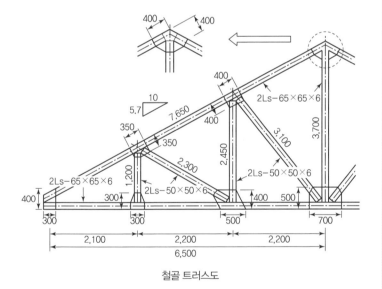

철골 트러스도

❖ (1) 앵글양(kg)
① 평보 2Ls－65×65×6
　＝(6.5+0.15)×2×2=26.6m
② 人자보 2Ls－65×65×6
　＝7.65×2×2=30.6m
③ 왕대공 2Ls－65×65×6
　＝3.7×2=7.4m
④ 대공 2Ls－50×50×6
　＝(1.2+2.3+2.45+3.1)×2×2
　＝36.2m
∴ 앵글양(kg)
• L－65×65×6＝(26.6+30.6+7.4)
　×5.94kg/m=383.72kg
• L－50×50×6＝36.2×4.46kg/m
　＝161.45kg
(2) 플레이트량(kg)
＝{(0.3×0.4+0.3×0.3×0.35
　×0.35+0.5×0.4+0.4×0.4)
　×2+0.4×0.4+0.7×0.5}
　×58.2kg/m²＝1.895×58.2
＝110.289kg

> **Tip** 👆
> ① 이 문제는 앵글과 PL의 단위중량이 조금씩 다르게 출제되고 있으며, 왕대공의 길이가 주어지는 경우와 주어지지 않은 경우가 있다.
> ② 부재별 크기를 정확히 파악한 후에 풀어야 하며, 철골 트러스 1개분임에 주의한다.

05 다음과 같은 플레이트 보의 각 부재수량을 산출하시오(단, 보의 길이는 10m로 하고 리벳은 제외한다. $L - 90 \times 90 \times 10 = 13.3kg/m$, $PL - 10 = 78.5kg/m^2$, $PL - 12 = 94.2kg/m^2$이다). [97]

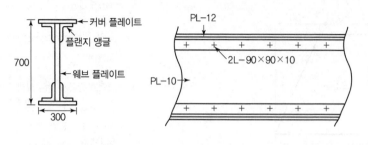

앵글	Flange	$10 \times 4 \times 13.3kg/m$ $= 532kg$
	Cover	$10 \times 0.3 \times 2 \times 94.2$ $kg/m^2 = 565.2kg$
플레이트	Web	$10 \times (0.7 - 0.024)$ $\times 78.5kg/m^2$ $= 530.65kg$

---

06 단위중량이 $13.3kg/m$인 L – 형강($2L - 90 \times 90 \times 10$) 5m의 중량 (kg)을 구하시오. [09, 12]

$5m \times 2개 \times 13.3kg/m = 133kg$

---

07 철골구조물에서 보 및 기둥에는 H형강이 많이 사용되는데 Long Span에서는 기성품인 Rolled 형강을 사용할 수 없을 정도의 큰 단면의 부재가 필요하다. 이 경우 공장에서 두꺼운 철강판을 절단하여 소요크기로 용접제작하여 현장제작(Built Up) 형강을 사용하게 되는데 $H - 1,200 \times 500 \times 25 \times 100$ 부재(L = 20m) 20개의 철강판 중량은 얼마(ton)인가?(단, 철강의 비중은 7.85로 한다). [03, 08]

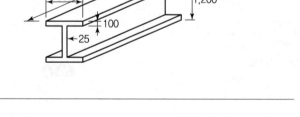

(1) 플랜지 : $0.5 \times 0.1 \times 20 \times 7.85$
　　　　　$\times 2 \times 20 = 314ton$
(2) 웨브 : $(1.2 - 0.1 \times 2) \times 0.025$
　　　　$\times 20 \times 7.85 \times 20 = 78.5ton$
∴ $314 + 78.5 = 392.5ton$

CHAPTER 06 조적공사

Engineer Architecture **PART 04**

1. 벽돌공사

1) 벽돌량

① 소요량

(벽의 길이×높이 – 개구부면적)×단위면적당 매수×할증률

② 할증률

㉠ 붉은 벽돌 : 3%

㉡ 시멘트 벽돌 : 5%

③ 두께별 단위면적당 매수(m²당)

쌓기 벽돌림	0.5B (매)	1.0B (매)	1.5B (매)	2.0B (매)	2.5B (매)	3.0B (매)
기존형	65	130	195	260	325	390
표준형	75	149	224	298	373	447

※ 벽돌치수(줄눈너비가 10mm인 경우)
- 기존형 : 21cm×10cm×6cm
- 표준형 : 19cm×9cm×5.7cm

2) 모르타르 소요량

① 벽면적을 두께별(0.5B, 1.0B, 1.5B)로 구분하여 산출한다.

② 산출된 벽면적에 단위수량을 곱하여 계산한다.

(m²당)

구분	0.5B	1.0B	1.5B
모르타르양	0.019	0.049	0.078

3) 내화벽돌량

① 내화벽돌은 도면 정미량에 할증률 3% 이내를 가산하여 소요량으로 한다. 쌓기 두께별 내화벽돌의 정미량은 다음과 같다.

0.5B(매)	1.0B(매)	1.5B(매)	2.0B(매)	2.5B(매)	3.0B(매)
59	118	177	236	295	354

※ 벽돌치수는 230cm×11.4cm×6.5cm, 줄눈너비는 6mm인 경우이다.

Tip

벽돌량 산출 시 주의사항

① 외벽 : 중심 간 길이로 산정(RC조는 안목길이로 산정)

② 내벽 : 안목 간 길이로 산정(RC조는 안목길이로 산정)

※ 별도로 주어진 조건이 있는 경우 조건에 따른다.

③ 벽의 높이와 두께는 내벽과 외벽의 높이가 다른 경우가 있으므로 주의해야 한다.

벽돌 단위면적당 매수 계산(0.5B)

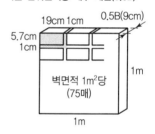

① 표준형 벽돌(19×9×5.7cm)

$$n = \frac{100cm \times 100cm}{(19+1cm) \times (5.7+1cm)}$$
$$= 74.5 \, \text{매}$$

② 기존형 벽돌(21×10×6cm)

$$n = \frac{100cm \times 100cm}{(21+1cm) \times (6+1cm)}$$
$$= 65 \, \text{매}$$

Tip

모르타르양 산출 시 주의사항

① 소모량이 아닌 정미량으로 산출한다.

② 단위수량은 정미량 1,000장당이므로 공식에서 1,000장으로 나누어 계산한다.

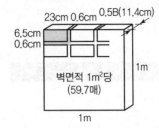

내화벽돌 단위면적당 매수 계산(0.5B)

23cm 0.6cm 0.5B(11.4cm)
6.5cm
0.6cm
벽면적 1m²당
(59.7매)
1m
1m

블록의 단위면적당 매수 계산
(기본형 390×190×190)
$$n = \frac{100cm \times 100cm}{(39+1cm) \times (19+1cm)}$$
$$= 12.5매$$
여기에 할증률 4%를 가산하여 12.5×1.04 = 13장이 된다.

타일 단위면적당 매수 계산
$$n = \frac{100cm \times 100cm}{(타일\ 한\ 변의\ 길이+줄눈) \times (타일\ 다른\ 변\ 길이+줄눈)}$$

② 내화벽돌 소요량

(벽의 길이×높이 − 개구부면적)×단위면적당 매수×할증률

4) 벽돌 바닥깔기

① 깔기방법에 따라 구분하여 도면 정미량에 붉은 벽돌은 3%, 시멘트 벽돌 5% 이내의 할증률을 가산하여 소요량으로 한다.

(m²당)

모로세워깔기	표준형(매)	74.7
	기존형(매)	65.2
평깔기	표준형(매)	50.0
	기존형(매)	41.0

※ 벽돌치수(줄눈너비가 10mm인 경우)
  • 표준형 : 19cm×9cm×5.7cm
  • 기존형 : 21cm×10cm×6cm

② 벽돌 바닥깔기 모르타르는 도면 정미량으로 한다.

2. 블록공사

1) 블록량

① 블록 소요량 = (벽의 길이×높이 − 개구부면적)×단위면적당 매수
② 단위면적당 매수

(m²당)

구분	치수	단위	수량
기본형	390×190×190 390×190×150 390×190×100	장	13 (할증 4%가 포함된 수량)
장려형	190×190×290 150×190×290 100×190×290	매	17

※ 줄눈너비가 10mm인 경우이다.

3. 타일공사

1) 타일량

① 타일 소요량 = 시공면적×단위면적당 매수×할증률
② 단위면적당 매수
  타일의 정미량은 다음과 같다.

(장/m²당)

규격 (mm)	줄눈 폭 (mm)	0	1.5	3.0	4.5	6.0	7.5	9.0	10.5
정 사 각 형	52	370	350	331	313	298	283	269	256
	55	331	314	298	283	269	256	245	233
	60	278	265	252	241	230	220	210	202
	76	174	167	161	155	149	144	139	134
	90	124	120	116	112	109	105	102	99
	97	106	103	100	97	94	92	89	87
	100	100	97	95	92	89	97	85	82
	102	96	94	91	88	86	84	81	79
	108	86	84	81	79	77	75	73	72
	150	45	44	43	42	41	41	40	39
	152	44	43	42	41	40	40	39	38
	182	31	30	30	29	29	28	28	27
직 사 각 형	57×40	439	412	388	266	345	327	310	294
	87×57	202	194	186	178	171	164	158	152
	100×60	167	161	154	149	143	138	133	129
	108×60	154	149	143	138	133	129	124	120
	152×76	87	84	82	80	77	75	73	71
	180×57	98	95	91	88	86	83	81	78
	180×87	64	63	51	60	58	57	55	54
	200×100	50	49	48	47	45	45	44	46
	227×60	74	71	69	67	65	63	62	60

③ 할증률 : 모자이크 타일, 도기 타일, 자기 타일 모두 3%

Tip 👆

타일 줄눈
① 대형 외부 : 9mm
② 대형 내부 : 6mm
③ 소형 : 3mm
④ 모자이크 : 2mm

01 벽면적 20m²에 표준형 벽돌 1.5B 쌓기 시 붉은 벽돌 소요량을 산출 하시오. [08, 10]

    ➡ 20m²×224×1.03=4,615매

02 칸막이벽 면적 20m²를 표준형 벽돌 1.5B 두께로 쌓고자 한다. 이 때 현장에 반입하여야 하는 벽돌의 수량(소요량)을 산출하시오(단, 줄눈두께는 10mm이다). [19]

    ➡ 20×224×1.05=4,704매

03 시멘트 벽돌 1.0B 두께로 가로 9m, 세로 3m 벽을 쌓을 경우 시멘트 벽돌이 소요된다. 이때 소요되는 사춤 모르타르양을 산출하시오. (단, 시멘트 벽돌은 표준형이다). [13]

    (1) 시멘트 벽돌량 : _____

    (2) 사춤 모르타르양 : _____

    ➡ (1) 시멘트 벽돌량
         9×3×149=4,023×1.05
         =4,224.15 → 4,225매
    (2) 사춤 모르타르양
         (4,023÷1,000)×0.33=1,327
         → 1.33m³

04 벽면적 100m²에 표준형 벽돌 1.5B 쌓기 시 붉은 벽돌 소요량을 산출하시오. [18]

    ➡ 100×224×1.03=23,072매

05 표준형 벽돌 1,000장으로 1.5B 두께로 쌓을 수 있는 벽면적은?(단, 할증률은 고려하지 않는다) [07, 08, 12, 15, 20]

    ➡ 1,000÷224=4.464 → 4.46m²

06 다음 평면도를 보고 벽돌 소요량과 쌓기용 모르타르양을 구하시오
(단, 벽돌 소요량은 소수 첫째 자리에서, 모르타르양은 소수 셋째 자
리에서 반올림하시오). [94, 96, 97, 02]

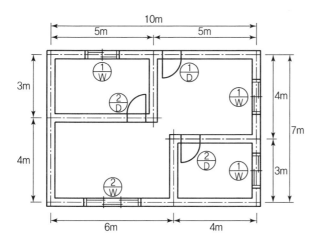

[조건]
① 벽두께 : 외벽 1.0B, 내벽 0.5B
② 벽독벽 높이 : 3m
③ 벽돌크기 : 표준형
④ 줄눈너비 : 1cm
⑤ 창호크기

$\dfrac{1}{D}$: 1.0×2.3m	$\dfrac{1}{W}$: 1.2×1.2m
$\dfrac{2}{D}$: 0.9×2.1m	$\dfrac{2}{W}$: 2.1×3.0m

⑥ 벽돌 할증률 : 5%(시멘트 벽돌 수량산출 시 길이산정은 모두 중심선
으로 한다)

(1) 시멘트 벽돌 소요량

_____

(2) 모르타르양

_____

Tip 👍

벽돌 수량 산출을 정확히 하려면 벽의
안목길이로 해야 하나 편의상 중심선을
기준으로 한다.

❷ (1) 벽돌량
　① 외벽(1.0B) : (10+7)×2×3 −
　　(1.2×1.2×3곳+2.1×3+1×
　　2.3)×149×1.05 = 13,937매
　② 내벽(1.0B) : {15×3−(0.9×2.1
　　×2)}×75 = 3,092매
　　3,092×1.05 = 3,247매
　∴ 총벽돌량 = 13,937매+3,247매
　　　　　　 = 17,184매
(2) 모르타르양
　① 외벽(1.0B) : {(10+7)×2×3 −
　　(1.2×1.2×3+2.1×3.0+1.0×
　　2.3)} = 89.08m²
　　89.08×0.049 = 4.36m³
　② 내벽(0.5B) : 15×3−(0.9×2.1
　　×2) = 41.22m²
　　41.22×0.019 = 0.78m³
　∴ 총모르타르양 = 4.36+0.78
　　　　　　　　 = 5.14m³

07 다음 도면과 같은 굴뚝공사를 하려고 할 때 각 벽돌 소요량을 정미량으로 구하시오. [92]

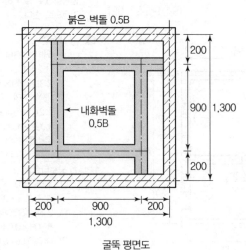

굴뚝 평면도

[조건]
① 굴뚝쌓기 높이는 3m이다.
② 붉은 벽돌의 규격은 기존형(210×100×60)이고, 줄눈의 너비는 10mm이다.
③ 내화벽돌의 규격은 230×114×65이고, 줄눈의 너비는 6mm이다.

_____
_____
_____

08 타일 108mm 각, 줄눈 5mm로 타일 6m²를 붙일 때 타일 장수를 계산하시오(단, 정미량으로 한다).

_____

Tip 🖐
내화벽돌 산출 시 정확한 정미량으로 산출한다.

≫ (1) 붉은 벽돌 $=(1.3+1.3)\times2\times3\times65$
$=1,014$매

(2) 내화벽돌
$=\left\{1.1-\left(\dfrac{0.1+0.114}{2}\right)\right\}\times4$
$\times3\times59$
$=703.04\fallingdotseq704$매

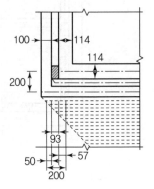

≫ $\dfrac{1\times1}{(0.108+0.005)+(0.108+0.005)}$
$\times6m^2=470$매

09 내장타일 15cm 각, 줄눈 5mm로 타일 10m²를 붙일 때 타일 장수를 정미량으로 산출하시오. [04]

$$\frac{1 \times 1}{(0.15 + 0.005) \times (0.15 + 0.005)}$$
$$\times 10\text{m}^2 = 416\text{매}$$

10 바닥마감공사에서 규격 180mm × 180mm인 클링커 타일을 줄눈너비 10mm로 바닥면적 200m²에 붙일 때 붙임 매수는 몇 장인가? (단, 할증률 및 파손은 없는 것으로 가정한다) [03]

$$\frac{1 \times 1}{(0.18 + 0.01) \times (0.18 + 0.01)}$$
$$\times 200\text{m}^2 = 5,541\text{매}$$

11 바닥 미장면적이 1,000m²일 때, 1일 10인 작업 시 작업 소요일을 구하시오(단, 아래와 같은 품셈을 기준으로 하여 계산과정을 쓰시오). [03, 15, 18]

0.05m²이므로
작업소요일 = 1,000×0.05÷10 = 5일

(m²당)

구분	단위	수량
미장공	인	0.05

12 다음 도면을 보고 벽돌 수량과 쌓기 모르타르양을 계산하시오(단, 벽돌량은 소수 첫째 자리에서, 쌓기 모르타르양은 소수 셋째 자리에서 반올림하시오).

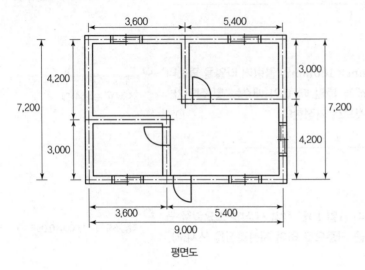

평면도

```
[조건]
① 쌓기 벽돌 : 210×60×100mm
② 벽돌 쌓기 : 1.0B
③ 창문 : 2,400×2,000mm
④ 출입문 : 1,000×2,000mm
⑤ 벽체높이 : 3m
⑥ 벽돌 할증률 : 5%
```

Tip

① 외벽과 내벽의 두께가 다른지 확인 후 풀어야 하며, 벽돌이 재래형임에 주의한다. 내벽의 길이는 안목길이로 해야 하며, 외벽은 상쇄되므로 중심간 길이로 한다.

② 모르타르양 산출 시 정미벽돌량으로 하는 것과 1,000장을 기준으로 하는 것에 주의한다.

(1) 벽돌(장)
$\{(9+7.2)\times2+(3+5.4-0.21)+(3+3.6-0.21)\}\times3-(1\times2\times3+2.4\times2\times5)=110.94m^3$
∴ 벽돌량 = $110.94\times130\times1.05$
= 15,143.3장 → 15,143장

(2) 모르타르양(㎥)
$\dfrac{14,422.3}{1,000}\times0.37=5.34m^3$

13 주어진 도면을 보고 요구하는 각 재료량을 산출하시오(단, 사용하는 벽돌은 표준형 시멘트 벽돌이며, 소수 셋째 자리에서 반올림한다).

[85, 88]

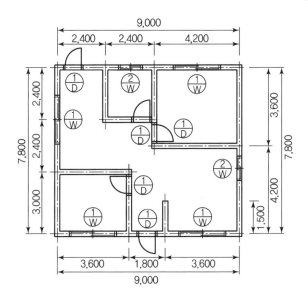

[조건]
① 벽돌벽의 높이 : 2,500
② 벽두께 : 1.0B
③ 줄눈너비 : 10
④ 창호의 크기 : $\dfrac{1}{D}$ − 1,000×2,100

$\dfrac{1}{W}$ − 2,400×1,500, $\dfrac{2}{W}$ − 1,200×1,500

⑤ 벽돌 할증률 : 5%

(1) 벽돌 소요량(장)

_____

(2) 벽돌쌓기에 필요한 모르타르양(m^3)

_____

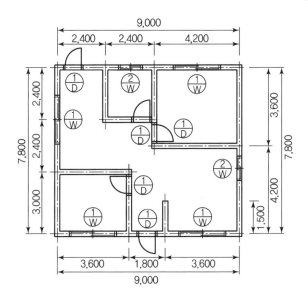

Tip

거실 부분의 날개벽을 누락하지 않고 삽입해야 한다.

(1) 벽돌량(장)
{2(9+7.8)+(3.6+3−0.19)+(1.5 −0.095)+(2.4+2.4−0.19)+(4.2 +3.6−0.19)}×2.5−(1×2.1×5 +2.4×1.5×4+1.2×1.5×2)
= 105.59m^2
105.59m^2×149개/m^2×1.05
= 16,519.6≒165,120매

(2) 모르타르양(m^3)
15,733×0.33m^3/1,000매
= 5.19m^3

14 다음과 같은 건축물 공사에 필요한 시멘트 벽돌량과 쌓기 모르타르 양을 산출하시오(단, 알루미늄 창호의 사춤은 20mm, 목재창호는 15mm로 한다). [90]

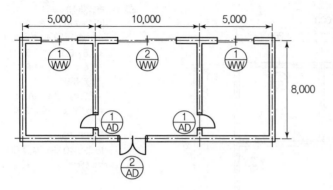

[조건]
① 벽높이는 3.6m이다.
② 외벽은 1.5B, 내벽은 1.0B이다.
③ 시멘트 벽돌할증은 5%이다.
④ 벽돌은 190×90×57이다.
⑤ 창호의 크기 : $\dfrac{1}{WW}$: 1.2×1.2m, $\dfrac{2}{WW}$: 2.4×1.2m

$\dfrac{1}{AD}$: 0.9×2.4m, $\dfrac{2}{AD}$: 2.2×2.4m

---

(1) 벽돌량(장)
 ① 외벽(1.5B)
   $=(20+8)\times2\times3.6-(2.2\times2.4$
   $+1.2\times1.2\times2+2.4\times1.2)$
   $=190.56m^2\times224매\times1.05$
   $=44,819.71\fallingdotseq44,820매$
 ② 내벽(1.0B)
   $=(8-0.29)\times2\times3.6-(0.9$
   $\times2.4\times2)$
   $=51.19m^2\times149\times1.05$
   $=8,008.67\fallingdotseq8,009매$
 ∴ 벽돌량$=44,820+8,009$
   $=52,829매$

(2) 모르타르양(m³)
 ① 외벽(1.5B)$=\dfrac{42,686}{1,000}\times0.35m^3$
   $=14.94m^3$
 ② 내벽(1.0B)$=\dfrac{7,628}{1,000}\times0.33m^3$
   $=2.52m^3$
 ∴ 모르타르양$=14.94+2.52$
   $=17.46m^3$

CHAPTER 07 목공사

E n g i n e e r A r c h i t e c t u r e **PART 04**

1. 일반사항

① 목재는 종류, 재질, 치수, 용도별로 산출하고, 설계도서상 특기가 없는 수장재, 구조재는 도면치수를 제재치수로 보고, 창호재, 가구재는 도면 치수를 마무리치수로 하여 제적을 산출한다(단, 증기건조제품을 사용하는 경우에는 수축률을 고려하여 체적을 산출한다).

② 목재는 도면 정미량에 다음 표의 값 이내의 할증률을 가산하여 소요량으로 한다.

종류	각재	합판		단열재	판재	졸대
		일반용	수장용			
할증률(%)	5~10	3	5	10	10~20	20

2. 목재 수량 산출 규준식

1) 제재목(각재, 널재, 판재)

목재의 단위는 주로 m^3를 사용한다.

단위	공식
m^3	$T \times W \times L$
재(才, 사이)	$\dfrac{치 \times 치 \times 치}{1치 \times 1치 \times 12자}$

여기서, T : 제재목의 두께(m), W : 제재목의 폭(m), L : 제재목의 길이(m)

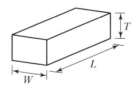

Tip 👆

목재의 취급단위

① 1치＝30.3mm≒3cm

② 1자＝303mm≒30cm

③ 1푼＝3.03mm≒3mm

④ 1간(사이)＝1치×1치×12자
＝3cm×3cm×3.6m

⑤ 1m^3≒300간

Tip 👆

목재 대패질 치수

대피질 치수는 다음을 표준으로 한다.

마무리 종별	구분	치수(mm)
한쪽	각재	2.0~3.0
	판재	1.5
양쪽	각재	3.0~5.0
	판재	3.0

2) 통나무

① 길이가 6m 미만인 것

$$D^2 \times L \times \frac{1}{10,000} \, (\text{m}^3)$$

② 길이가 6m 이상인 것

$$\left(D + \frac{L'-4}{2}\right)^2 \times L \times \frac{1}{10,000} \, (\text{m}^3)$$

여기서, D : 통나무의 말구지름(cm)
        L : 통나무의 길이(m)
        L' : 통나무의 길이로서 1m 미만의 끝수를 끊어버린 것(m)

참고

통나무 목재량 적산규준

통나무 목재량 적산규준은 위의 식과 같으나 보통 다음과 같이 사용하고
있다.

① 길이가 6m 미만인 것

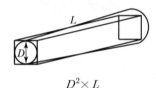

$$D^2 \times L$$

② 길이가 6m 이상인 것

$$\left(D + \frac{L'-4}{2}\right)^2 \times L$$

여기서, D : 통나무의 말구지름(cm)
        L : 통나무의 길이(m)
        L' : 통나무의 길이로서 1m 미만의 끝수를 끊어버린 것(m)

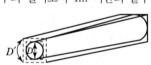

※ 통나무는 길이의 1/60씩 밑동이 굵어지며, 결국 6m를 기준으로 두
    가지로 구분하여 계산한다.

---

3. 창호재 수량 산출

① 창호재는 마무리치수이므로 도면치수에 대패질치수를 더한 치수로
   한다.
② 부재가 만나는 접합부는 연귀맞춤으로 되어 있기 때문에 창호재의 길
   이는 부재의 중심 간 길이로 하지 않고, 최외치수로 해야 한다.

과년도 기출문제

01 다음과 같은 목재가 10개 있을 때 목재량을 구하시오.

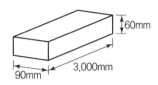

60mm

90mm   3,000mm

❯❯ 목재량
(1) m^3 단위 $= 0.06 \times 0.09 \times 3 \times 10$
$= 0.162m^3$
(2) 才 단위 $= \dfrac{2치 \times 3치 \times 10자}{12} \times 10$
$= 50$才

02 원구지름이 15cm이고, 말구지름이 10cm이며, 길이가 8.6m인 통나무가 5개 있다. 이 통나무의 재적을 산출하시오(단, 재적단위 : m^3).

[88]

❯❯ 지름 $= 10 + \dfrac{8-4}{2} = 12cm$
∴ 통나무 재적 $= (0.12)^2 \times 8.6 \times 5$
$= 0.6192m^3$

03 말구지름 16cm, 원구지름이 20cm, 길이가 10m인 통나무 10개가 있다. 제재 시 껍질을 전혀 포함하지 않는 최대 사각형 기둥으로 만들려고 할 때 제재된 전체 목재의 재적(m^3)을 구하시오. [94, 97, 03]

❯❯ $x^2 + x^2 = 16^2$에서 $2x^2 = 256$
$x = 11.31cm$
∴ 전체 목재 재적(m^3)
$= (11.31)^2 \times 10m \times 10$개
$\times \dfrac{1}{10,000}$
$= 1.28m^3$

04 다음 그림에서 목재량(m³)을 구하시오(단, 정미량으로 하며 소수 다섯째 자리까지 구한다). [88]

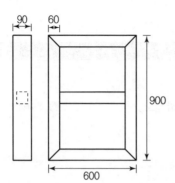

➡ 목재량은 각종 맞춤과 이음 때문에 부피의 중심길이로 하지 않는다.
∴ $0.06 \times 0.09 \times (0.6 \times 3 + 0.9 \times 2)$
　$= 0.01944\text{m}^3$

---

05 다음 마루틀의 평면도를 참고하여 전체 마루시공에 필요한 목재 소요량을 정미량으로 산출하시오(단, 동바리의 규격은 105×105mm로 하고 1개의 높이는 50cm로 한다). [91]

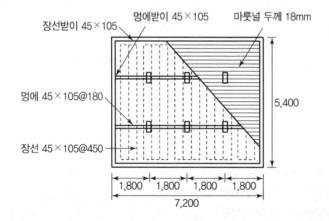

해설

부재	산출근거	합계
동바리(105×105)	$0.105 \times 0.105 \times 0.5 \times 6$개 $= 0.033\text{m}^3$	
멍에받이(45×105)	$0.045 \times 0.105 \times 5.4 \times 2$개 $= 0.051\text{m}^3$	
멍에(105×105)	$0.105 \times 0.105 \times 7.2 \times 2$개 $= 0.158\text{m}^3$	
장선받이(45×105)	$0.045 \times 0.045 \times 7.2 \times 2$개 $= 0.029\text{m}^3$	1.156m³
장선(45×105)	$0.045 \times 0.045 \times 5.4 \times \dfrac{7.2}{0.45}$ (17개) $= 0.186\text{m}^3$	
마룻널(T 18)	$0.018 \times 7.2 \times 5.4 = 0.699\text{m}^3$	

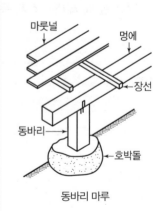

동바리 마루

06 다음 도면과 같은 목재 창문틀의 목재량을 m^3로 산출하시오. [93]

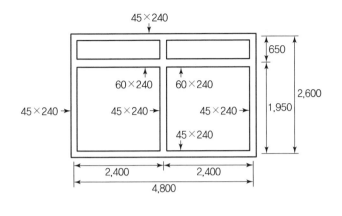

$0.045 \times 0.24 \times (4.8 \times 2 + 2.6 \times 3) + 0.06 \times 0.24 \times 4.8 = 0.26m^3$

07 다음 창호의 목재량을 산출하시오(단, 물량 산출은 m^3로 하며, 대패, 마무리 한 면당 1.5mm가 감소한다).

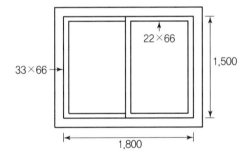

양측을 대패질하므로 더 두껍게 해야 하며, 이때 길이는 무관하다.
① 가로 : $0.025 \times 0.069 \times 1.833 \times 2$
   $= 0.00632m^3$
② 세로 : $0.036 \times 0.069 \times 1.5 \times 4$
   $= 0.0149m^3$
∴ 합계 $= 0.02122m^3$

08 트럭 적재한도의 중량이 6t일 때 비중이 0.8, 부피가 30,000才인 목재의 운반 트럭 대수를 구하시오(단, 6t 트럭의 적재가능 중량은 6t, 부피는 $9.5m^3$이며 최종 답은 정수로 표기하시오). [15, 16]

① 목재 전체의 체적 : 목재 300才를 $1m^3$로 계산하므로 $30,000 \div 300 = 100m^3$
② 목재 전체의 중량 : $100m^3 \times 0.8t/m^3 = 80t$
③ 6t 트럭 1대 적재량
   • $9.5m^3 \times 0.8t/m^3 = 7.6t ≒$ NG
   • 6t 트럭의 적재 가능 중량은 6t을 적용
∴ 운반트럭 대수 $= 80t \div 6t$
             $= 13.333$대 → 14대

1. 방수공사

① **방수면적** : 시공장소별(바닥, 벽면, 지하실, 옥상 등), 시공종별(아스팔트방수, 액체방수, 방수모르타르 등)로 구분하여 방수층의 시공면적으로 산출한다.
② **코킹 및 신축줄눈** : 시공장소별, 시공종별로 구분하여 연길이로 산정한다.

2. 지붕 및 홈통공사

1) 기와잇기

기와는 도면 정미면적을 소요면적으로 하고, 도면 정미량에 할증률 5% 이내를 가산하여 소요량으로 한다.

▼ 도면 정미량

(지붕면적 m²당)

종별		치수(mm)	평기와 매수(매)
양기와	프랑스식	–	15
	스페인식		
시멘트 기와(양식)		345×300×15	14
군기와(결침)		295×295×16~21	17
		290×285×16~21	18
		280×275×16~21	19
		290×290×16~21	22

2) 슬레이트 잇기

슬레이트는 도면 정미면적을 소요면적으로 하고, 도면 정미량에 할증률 3% 이내를 가산하여 소요량으로 한다.

▼ 도면 정미량

종별	종별	치수(mm)	슬레이트 매수(매)
천연 슬레이트	일자무늬	30.3×18.2	55.0
		36.3×18.2	45.5
	귀갑무늬	30.3×18.2	55.0
		36.3×18.2	45.5

종별	종별	치수(mm)	슬레이트 매수(매)
석면 슬레이트	일자무늬	40×40 30×30	17 29
	다이아몬드 무늬	40×40 30×30	10 17
골슬레이트	대골	182×72 212×96 242×96	0.95 0.81 0.70
	소골	182×72 212×72 242×72	0.95 0.81 0.70
	감새(m당) 각형 슬레이트(m당) 용마루(m당)	182	0.58

Tip 👆

골슬레이트의 이음겹침
㉠ 가로
• 대골 : 0.5골
• 소골 : 1.5골
㉡ 세로 : 15cm

3. 미장공사

1) 모르타르 및 회사 모르타르 바름

① 벽, 바닥, 천장 등의 장소별 또는 마무리 종류별로 면적을 산출한다. 바름 폭이 30cm 이하이거나 원주바름일 때는 별도로 계산한다.

② 도면 정미면적(마무리 표면적)을 소요면적으로 하여 재료량을 구하고, 다음 표의 값 이내의 할증률을 가산하여 소요량으로 한다.

바름바탕별	할증률(%)	비고
바닥	5	
벽, 천장	15	회사 모르타르 바름은 제외
나무졸대	20	

2) 회반죽, 플라스터(돌로마이트. 순석고), 스터코

① 벽, 바닥, 천장 등의 장소별 또한 마무리 종류별로 면적을 산출한다. 바닥 폭이 30cm 이하이거나 원주바름일 때는 별도로 계산한다.

② 도면 정미면적(마무리 표면적)을 소요면적으로 하여 재료의 소요량을 산출한다.

3) 인조석 및 테라초 현장바름

① 바름장소(바닥, 벽, 등)별, 마무리 두께별, 갈기방법(손갈기, 기계갈기) 및 갈기 횟수별로 면적을 산출한다.

② 도면 정미면적을 소요 면적으로 하여 재료의 소요량을 산출한다.

4. 유리공사

① 유리는 생산품 치수 중 정미면적에 가장 가까운 것 또는 그 배수가 되는 것으로 매수로 계산한 양을 소요량으로 한다(단, 사용량이 다량인 경우에는 주문 생산품과 경제성을 비교하여 결정한다).
② 유리 정미면적은 창호 종류별(목제창호, 강제창호, 알루미늄창호) 및 규격별 또는 유리 종류별 및 두께별로 구분하여 매수로 계산하며, 유리 끼우기 홈의 길이를 고려한다.

5. 도장공사

① 칠면적은 도료의 종별, 장소별(바탕종별, 내부, 외부)로 구분하여 산출하며, 도면 정미면적을 소요 면적으로 한다.
② 고급, 고가인 도료를 제외하고는 다음의 칠면적 배수표에 따라 소요면적을 산정한다.

▼ 칠면적 배수표

구분		소요면적 계산	비고
목제면	양관문(양면칠)	(안목면적)×(3.0~4.0)	문틀, 문선 포함
	유리양판문(양면칠)	(안목면적)×(2.5~3.0)	
	플래시문(양면칠)	(안목면적)×(2.7~3.0)	
	오르내리창(양면칠)	(안목면적)×(2.5~3.0)	문틀, 문선, 창선반 포함
	미서기창(양면칠)	(안목면적)×(1.1~1.7)	
철제면	철문(양면칠)	(안목면적)×(2.4~2.6)	문틀, 문선 포함
	새시(양면칠)	(안목면적)×(1.6~2.0)	문틀, 창선반 포함
	셔터(양면칠)	(안목면적)×(2.6~4.0)	박스 포함
징두리판벽, 두겁대, 걸레받이		(바탕면적)×(1.5~2.5)	
비늘판		(표면적)×12	
철격자(양면칠)		(안목면적)×0.7	
철제계단(양면칠)		(경사면적)×(3.0~5.0)	
파이프 난간(양면칠)		(높이×길이)×(0.5~1.0)	
기와가락 잇기(양면칠)		(지붕면적)×1.2	
큰 골함석 지붕(양면칠)		(지붕면적)×1.2	
작은 골함석 지붕(양면칠)		(지붕면적)×1.33	
철골표면적	보통 구조	33~50m²/t	
	큰 부재가 많은 구조	23~26.4m²/t	
	작은 부재가 많은 구조	55~66m²/t	

③ 도료는 정미량에 할증률 2% 이내를 가산하여 소요량으로 한다.

과년도 기출문제

01 다음 그림과 같은 모임지붕 면적의 정미량을 산출하시오(단, 지붕물매는 5/10, 처마길이는 50cm이다).

[92]

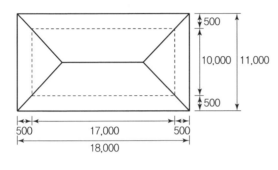

⊙ 모임지붕이지만 일반적으로 박공지붕 면적 산출방법으로 푼다.
$10 : 5 = 5.5 : h$
$h = \dfrac{5 \times 5.5}{10} = 2.75\text{m}$
경사길이 $= \sqrt{(5.5)^2 + (2.75)^2}$
$= 6.15\text{m}$
∴ 모임지붕 면적 $= 6.15 \times 18 \times 2$
$= 221.4\text{m}^2$

---

02 다음 그림과 같은 창고를 시멘트 벽돌로 신축하고자 할 때 소모량(매)과 내외벽 시멘트를 미장할 때 미장면적을 구하시오.

[95, 03, 09, 13, 20]

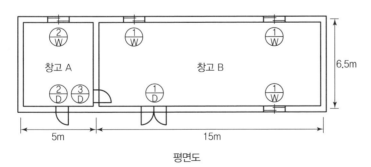

평면도

[조건]
① 벽두께 : 외벽 1.5B 쌓기, 칸막이벽 1.0B 쌓기로 하고, 벽높이는 안팎 공히 3.6m로 가정하며, 벽돌은 표준형(190×90×57)으로, 할증률은 5%다.

⊙ (1) 소모량
  ① 외벽(1.5B) : {(20+6.5)×2
    ×3.6−(2.2×2.4+0.9×2.4
    +1.2×1.2+(1.8×1.2)×3)}
    ×224×1.05=41,263.95장
  ② 내벽(1.0B) : {(6.5−0.29)×3.6
    −(0.9×2.1)}×149×1.05
    =3,201.45장
  ∴ 벽돌량 : 41,263.95+3,201.45
    =44,465.4 → 44,466매
(2) 미장면적
  ① 외벽 : {(20.29+6.79)}×2
    ×3.6−15.36=179.62m²
  ② 내벽 : $\Big\{\Big(15-\Big(\dfrac{0.29}{2}+\dfrac{0.19}{2}\Big)$
    $+6.5-0.29\Big)\times2+(4.76\times6.21)$
    $\times2\Big\}\times3.6-19.14=344.67\text{m}^2$
  ∴ 미장면적 : 179.62+344.67
    =390.45m²

② 창문틀 규격 : $\dfrac{1}{D}$: 2.2m×2.4m $\dfrac{2}{D}$: 0.9m×2.4m

$\dfrac{3}{D}$: 0.9m×2.1m $\dfrac{1}{W}$: 1.8m×1.2m

$\dfrac{2}{W}$: 1.2m×1.2m

(1) 벽돌량

_____

(2) 미장면적

_____

03 다음 그림과 같은 간이 사무실 건축에서 바닥은 테라초 현장갈기로 하고, 벽은 시멘트 벽돌바탕에 시멘트 모르타르로 바름할 때 각 공사 수량을 산출하시오.　　　　　　　　　　　　　　　　　[00, 01, 02, 05]

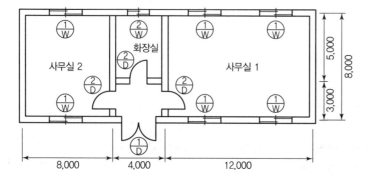

[조건]
① 벽두께 : 외벽 – 1.0B, 내벽 – 0.5B
② 벽돌의 크기 : 표준형
③ 벽돌벽의 높이 : 2.7m
④ 외벽 시멘트 모르타르 바름높이 : 3m
⑤ 사무실 내부 걸레받이 높이는 15cm이며, 테라초 현장갈기 마감
⑥ 창호의 크기 : $\dfrac{1}{D}$ – 2,200mm×2,400mm

$\dfrac{2}{D}$ – 1,000mm×2,100mm

$\dfrac{1}{W}$ – 1,800mm×1,200mm

$\dfrac{2}{W}$ – 1,200mm×900mm

⑦ 벽돌의 할증률 : 5%
⑧ 시멘트 벽돌 수량 산출 시 외벽 및 칸막이벽의 길이 산정은 모두 중심 거리로 한다.

▶▶ 벽돌벽의 높이와 외벽 시멘트 모르타르 바름높이 등을 주의하며 푼다.
(1) 시멘트 벽돌의 소요량(장)
　① 외벽(1.0B) : {(24+8)×2×2.7
　　 －(2.2×2.4+1.8×1.2×6+
　　 1.2×0.9)}×149×1.05
　　 =24,012장
　② 내벽(0.5B) : {(8×2+4)×2.7
　　 －(1×2.1×3)}×75×1.05
　　 =3,757장
　∴ 시멘트 벽돌량 : 24,012+3,757
　　 =27,769장
(2) 테라초 현장갈기 수량(m²)
　① 사무실 1 : $12-\left(\dfrac{0.19}{2}+\dfrac{0.09}{2}\right)$
　　 $\times 8-\left(\dfrac{0.19}{2}+\dfrac{0.19}{2}\right)+\{(11.86$
　　 $+7.81)\times 2-($현관 앞 부분$)\}\times$
　　 $0.15=98.38$m²
　② 사무실 2 : (8–0.14)×(8–0.19)
　　 +{(7.86+7.81)×2–1}×0.15
　　 =65.94m²
　∴ 테라초 현장갈기 수량 : 98.38+
　　 65.94=164.32m²
(3) 외벽미장(m²)
　(24.19+8.19)×2×3–(2.2×2.4
　 +1.8×1.2×6+1.2×0.9)
　 =174.96m²

(1) 시멘트 벽돌의 소요량(매)

_____

(2) 테라초 현장갈기 수량(m^2) (단, 사무실 1, 2의 경우)

_____

(3) 외벽미장(m^2)

_____

04 다음 도면을 보고 물량을 산출하시오.   [06, 08, 11, 15, 21]

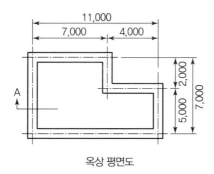

옥상 평면도

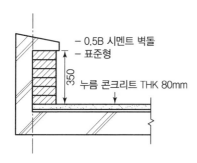

A단면 상세도

(1) 옥상방수 면적

_____

(2) 누름 콘크리트양

_____

(3) 보호벽돌 소요량

_____

(1) 옥상방수 면적 : $(7 \times 7) + (4 \times 5) +$ $\{(11+7) \times 2 \times 0.43\} = 84.48m^2$
(2) 누름 콘크리트양 : $\{(7 \times 7) + (4 \times 5)\}$ $\times 0.08 = 5.52m^3$
(3) 보호벽돌 소요량 : $\{(11 - 0.09) + (7 - 0.09)\} \times 2 \times 0.35 \times 75$매 $\times 1.05$ $= 982.3 \rightarrow 983$매

01 다음 기초도면을 보고 아래에서 요구하는 재료량을 산출하시오(단, D10 = 0.56kg/m, D13 = 0.995kg/m이고, 이음길이와 피복은 고려하지 않는다. 또한 모든 수량은 정미량으로 하고, 토량환계수 L = 1.2이다). [92, 94, 97, 00, 04, 06]

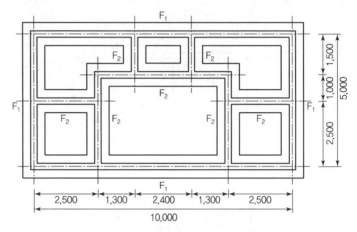

기초보 복도

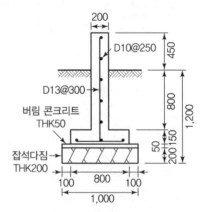

F_1 기초 단면도

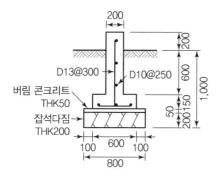

F₂ 기초 단면도

(1) 터파기(m³)   (2) 잡석다짐(m³)

(3) 버림콘크리트(m³)   (4) 거푸집(m²) (버림 콘크리트는 제외)

(5) 콘크리트(m³)   (6) 철근 D10, D13 합계(kg)

(7) 잔토처리(m³)   (8) 되메우기(m³)

해설

터파기량 산출 시 흙막이가 없는 경우 흙의 안식각을 고려한다.

2m 이하에서는 터파기 여유 폭 30cm ┐
1m 이하에서는 터파기 여유 폭 20cm ┘ 를 기초의 끝에서 후퇴하여 계산한다.

• F_1 중심 간 길이 : 30m

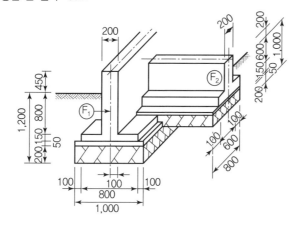

• F_2 중심 간 길이 : 20m

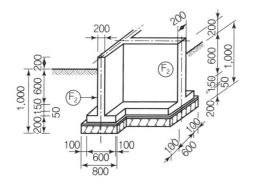

Tip 👆

산출 시 주의사항

① 터파기 여유거리 규준

② 줄기초 터파기량 계산방법

③ 중복길이와 상쇄

④ 겹침길이의 이해

⑤ 평면도와 단면도를 이용하여 3차원의 그림을 머릿속에 그릴 수 있어야 한다.

⑥ 소단위 적산의 규준을 확실히 정리하고 있어야 한다.

① 1.4

기초의 1.2m이므로 터파기 여유거리는 기초판 끝에서 각각 30cm씩 띄어야 한다.

F_1의 기초판의 길이
= 80cm + 60cm
= 140cm ≒ 1.4m

② 2.12

흙의 휴식각이 없으므로 줄기초 터파기의 뒷변의 길이는

$W + 0.6h = 1.4m + 0.6 \times 1.2m$
$= 2.12m$

(1) 터파기량(m³)

① $F_1 : \left(\dfrac{1.4+2.12}{2}\right) \times 1.2 \times 30 = 63.36m^3$

② $F_2 : \left(\dfrac{1+1.6}{2}\right) \times 1 \times \{20 - (\underline{1.76 \times 3} + \underline{1.3 \times 2})\} = 15.756m^3$

　　　　　F_1의 중복 부분 ┘　　　└ F_2의 중복 부분

∴ 터파기량 : 79.12m³

(2) 잡석다짐(m³)

① $F_1 = 1 \times 0.2 \times 30 = 6m^3$

② $F_2 = 0.8 \times 0.2 \times \left[20 - \left\{\left(\dfrac{0.8}{2} \times 4\right) + \left(\dfrac{0.8}{2} \times 6\right)\right\}\right] = 2.56m^3$

③ 공제부분 = 0.1 × 0.05 × 0.8 × 6 = 0.024m³

(3) 버림 콘크리트(m³)

① $F_1 = 1 \times 0.05 \times 30 = 1.5m^3$

② $F_2 = 0.8 \times 0.05 \times \{20 - (0.2 \times 3 + 0.8 \times 2)\} = 0.712m^3$

∴ 버림 콘크리트양 : 2.21m³

(4) 거푸집(m²)

① F_1 ┌ 기초판 : 0.15 × 30 × 2 = 9m²
　　　 └ 주각 : 1.25 × 30 × 2 = 75m²

② F_2 ┌ 기초판 : 0.15 × {20 × 2 − (0.2 × 6 + 0.6 × 4)} = 5.46m²
　　　 └ 기초벽 : 0.8 × {20 × 2 − (0.2 × 6 + 0.2 × 4)} = 30.4m²

∴ 거푸집량 : 119.86m²

(5) 콘크리트(m³)

① $F_1 : (0.8 \times 0.15 + 0.2 \times 1.25) \times 30 = 11.1m^3$

② F_2 ┌ 기초판 : 0.6 × 0.15 × {20 − (0.2 × 3 + 0.6 × 2)} = 1.638m³
　　　 └ 기초벽 : 0.2 × 0.8 × {20 − (0.2 × 3 + 0.2 × 2)} = 3.04m³

∴ 콘크리트양 : 15.78m³

(6) 철근

① F_1 ┌ 가로근(D13) : {0.8 + (1.4 + 0.4)} × (30 ÷ 0.3) = 260m
　　　 └ 수평근(D10) : 30m × 12개 = 360m

② F_2 ┌ 가로근(D13) : {0.6 + (0.95 + 0.4)} × (20 ÷ 0.3) = 130.65m
　　　 └ 수평근(D10) : 20m × 9개 = 180m

∴ 철근량 ┌ (D10) = (360 + 180) × 0.56 = 302.4kg
　　　　 └ (D13) = (260 + 130.65) × 0.995 = 388.69kg

(7) 잔토처리량(m³) = 기초 구조부 체적 × 토량환산계수(L)
　　　　　　 = [(8.54 + 2.21 + 15.78) − {0.2 × 0.45 × 30 + 0.2 × 0.2
　　　　　　 × (20 − 0.2 × 5)}] × 1.2
　　　　　　 = 27.68m³

(8) 되메우기(m³) = 터파기량 − 잔토처리량(할증 제외)
　　　　　　 = 79.12 − 23.07 = 56.05m³

02 다음 야외용 화장실 도면을 참고하여 아래에서 요구하는 수량을 산출
하시오. [92, 96, 97]

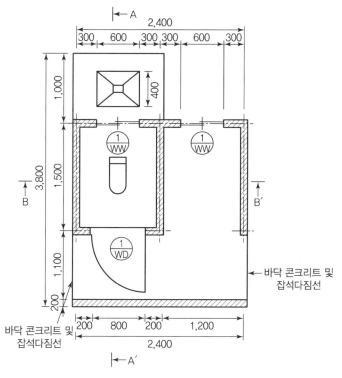

평면도

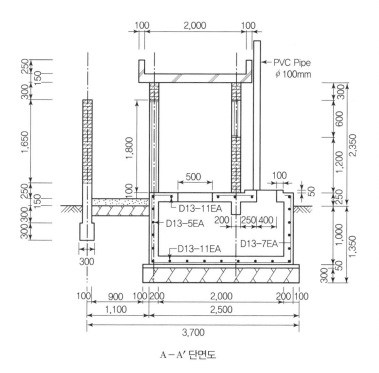

A－A′ 단면도

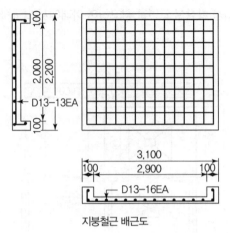

지붕철근 배근도

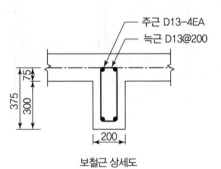

주근 D13-4EA
늑근 D13@200

보철근 상세도

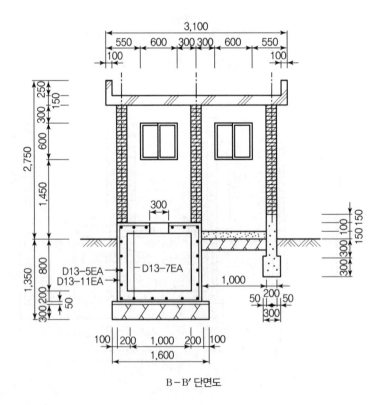

B - B' 단면도

(1) 잡석량(m³)

(2) 버림 콘크리트양(m³)

(3) 구조체 콘크리트양(m³)

(4) 거푸집량(m²)

(5) 철근량(kg) (단, D13＝0.995kg/m, 이음정착은 고려하지 않으며, 할증은 고려한다)

(6) 벽돌량(매) (단, 표준형 벽돌로 할증을 고려한다. 모든 벽돌은 시멘트벽돌이다)

해설

(1) 잡석량(m³)
- ① 부패조 밑 : 1.6×2.6×0.3＝1.248m³
- ② 통로 및 소변소 : (2.6×1＋1.5×1)×0.3＝1.23m³
- ∴ 잡석량 : 2.478m³

(2) 버림 콘크리트양(m³)＝1.6×2.6×0.05＝0.208m³

(3) 구조체 콘크리트양(m³)
- ① 부패조 : $\underset{\textcircled{㉠}}{2.4\times1.4\times0.2}$＋$\underset{\textcircled{㉡}}{\{2.4\times1.4-(0.4\times0.6+0.3\times0.5)\}\times0.15}$

  ＋$\underset{\textcircled{㉢}}{0.1\times0.05\times(0.5+0.7)\times2}$＋$\underset{\textcircled{㉣}}{0.9\times0.2\times(2.2+1.2)\times2}$＋$\underset{\textcircled{㉤}}{0.2\times0.3\times1}$

  ＝2.413m³
- ② 소변소 및 시선차단벽 기초 : (0.3×0.3＋0.2×0.7)×(1.6＋1.1)＋(0.3×0.3 ＋0.2×0.7)×2.6＝1.219m³
- ③ 바닥 : 2.6×1×0.15＋1.5×1×0.15＝0.615m³
- ④ 지붕슬래브 : 2.2×3.1×0.15＋0.1×0.25×(3＋2.1)×2＝1.278m³
- ∴ 콘크리트양 : 5.525m³

(4) 거푸집량(m²)
- ① 부패조 : $\underset{\textcircled{㉠}}{(2.4+1.4)\times2\times1.25}$＋$\underset{\textcircled{㉡}}{(2+1)\times2\times0.9}$＋$\underset{\textcircled{㉢}}{0.3\times2\times1}$＋$\underset{\textcircled{㉣}}{2\times1}$

  ＋$\underset{\textcircled{㉤}}{\{(0.4+0.6)\times2+(0.3+0.5)\times2\}\times0.15}$＝18.04m²
- ② 소변소 및 시선차단벽 기초 : $\underset{\textcircled{㉠}}{(0.3+0.7)\times(1.6+1.1)\times2}$＋$\underset{\textcircled{㉡}}{(0.3\times0.3+0.2\times0.7)}$

  ＋$\underset{\textcircled{㉢}}{(0.3+0.7)\times2.6\times2}$＋$\underset{\textcircled{㉣}}{(0.3\times0.3+0.2\times0.7)\times2}$＋$\underset{\textcircled{㉤}}{0.15\times1\times2}$＝11.59m²
- ③ 슬래브 : $\underset{\textcircled{㉠}}{2.2\times3.1-\{(1.2+1.5)\times2\times0.19+(1.1\times1.6)\times0.19\}}$

  ＋$\underset{\textcircled{㉡}}{0.4\times(2.2+3.1)\times2}$＋$\underset{\textcircled{㉢}}{0.25\times(2+2.9)\times2}$＝11.09m²
- ∴ 거푸집량 : 40.72m²

(3) **구조체 콘크리트양**
- ① 부패조
  - ㉠ 부패조 밑
  - ㉡ 부패조 위
  - ㉢ 부패조 뚜껑 부분
  - ㉣ 부패조 측면
  - ㉤ 보

(4) **거푸집량**
- ① 부패조
  - ㉠ 부패조 외부 측면
  - ㉡ 부패조 내부 측면
  - ㉢ 보의 측면
  - ㉣ 부패조 상부 슬래브
  - ㉤ 부패조 상부 슬래브의 개구부 마구리
- ② 소변소 및 시선차단벽 기초
  - ㉠ 소변소 줄기초 양면
  - ㉡ 소변소 입구의 줄기초 마구리
  - ㉢ 시선차단벽 줄기초 양면
  - ㉣ 시선차단벽 줄기초 마구리
  - ㉤ 통로 양측
- ③ 슬래브
  - ㉠ 상부 슬래브에서 테두리보 부분 공제
  - ㉡ 옥상난간 외부
  - ㉢ 옥상난간 내부

(5) **철근량**

주어진 그림을 보고 수량을 산출한다.

① 부패조
- ㉠ 부패조 측면 수평철근
- ㉡ 부패조 측면 수직철근
- ㉢ 부패조 상부와 하부의 직교 철근
- ㉣ 보의 주근(이음 및 정착 무시)
- ㉤ 보의 늑근

② 슬래브(철근의 개수가 주어져 있고, 배근전개도에서 단배근임에 주의한다)
- ㉠ 장변철근(옥상난간 부분 포함)
- ㉡ 단변철근(옥상난간 부분 포함)

(6) **벽돌량**
- ㉠ 시선차단벽
- ㉡ 화장실벽
- ㉢ 소변소벽

---

(5) 철근량(kg) (단, D13=0.995km/m이고, 이음정착은 고려하지 않으며, 할증은 고려한다)

① 부패조 : $\underline{(1.2+2.2)\times2\times5}_{㉠}+\underline{1.075\times(7+11)\times2}_{㉡}+\underline{(1.4\times11+2.4\times7)\times2}_{㉢}$

$+\underline{1\times4}_{㉣}+\underline{(0.2+0.45)\times2\times6}_{㉤}=148.9m^3$

② 슬래브 : $\underline{(3.1+0.8)\times13}_{㉠}+\underline{(2.2+0.8)\times16}_{㉡}=98.7m$

∴ 철근량 : $247.6\times0.995\times1.03=253.75kg$

(6) 벽돌량(매) (단, 표준형 벽돌로 할증을 고려하며, 모든 벽돌은 시멘트 벽돌이다)

부패조 위 및 전체 : $[\{\underline{(1.65\times2.6)}_{㉠}+\underline{\{(1.2+1.5)\times2\times2.1\}}_{㉡}+\underline{\{(1.1+1.6)\times0.95}_{㉢}-(0.6}$

$\times0.6\times2+1.8\times0.8)\}]\times149\times1.05=2,932$장

참고 화장실 도면

• 거푸집량 부패조

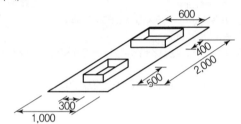

• 철근량 부패조

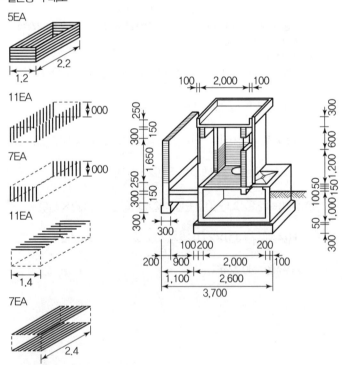

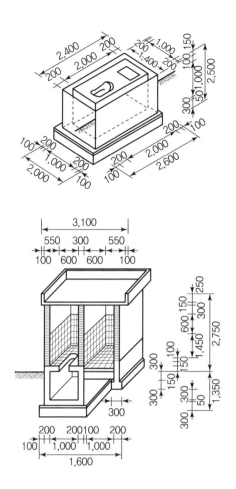

03 다음 도면을 보고 아래에서 요구하는 물량을 산출하시오. [89]

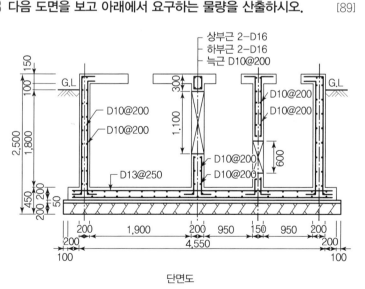

단면도

Tip 👆

산출 시 주의사항

① 주어진 조건은 대부분 철근량에 대한 것으로 철근 수량 산출 전에 반드시 숙지해야 한다.

② 특히, 이음 및 정착길이가 $40d$로 되어 있으며, 이것을 어떤 곳에 적용하는지 숙지해야 한다.

③ 내벽(Ⅰ) 산정 시 철근의 길이는 밑까지며, 보 철근의 길이는 개구부 뒤에만 있는 것이 아니다.

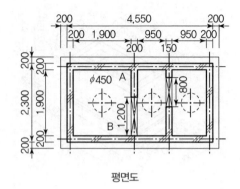

평면도

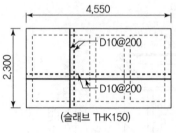

상부 슬래브 배근도
(슬래브 THK150)

슬래브 개구부 보강근

[조건]
① 계산은 소수 셋째 자리에서 반올림한다.
② 철근의 Hook 길이는 $10.3d$, 이음 및 정착길이는 $40d$로 하고, 철근의 피복두께는 고려하지 않는다.
③ 철근 단위중량 D10 = 0.56kg/m, D13 = 0.995kg/m, D16 = 1.56kg/m
④ 할증은 고려하지 않고, 정미량으로 산출한다.
⑤ 흙의 휴식각 $\phi = 45°$로 한다.

---

(1) 철근량(kg)
(2) 거푸집량(m²) (단, 버림 콘크리트 부분은 제외)
(3) 콘크리트양(m³) (단, 버림 콘크리트는 제외)
(4) 흙파기 시 흙의 되메우기량(m²)

해설

(1) **철근량**
  ① 바닥
  • 단변근(D13) : $\left\{2.7 \times \left(\dfrac{4.95}{0.25} + 1\right)\right\} \times 2 = 113.4\text{m}$

  • 장변근(D13) : $\left\{4.95 \times \left(\dfrac{2.7}{0.25} + 1\right)\right\} \times 2 = 118.8\text{m}$

  ② 외벽
  • 세로근(D10) : $\left\{(2.05 + 40 \times 0.01 \times 2) \times \dfrac{12.9}{0.2}(65개) \times 2\right\} = 370.5\text{m}$

  • 가로근(D10) : $\left\{(12.9 + 40 \times 0.01 \times 3) \times \dfrac{2.05}{0.2}(12개) \times 2\right\} = 338.4\text{m}$

③ 내벽(Ⅰ)－THK200
- 수직근 : $\left\{(1.75+40\times0.01\times2)\times\dfrac{0.7}{0.2}(5개)\right\}\times2=25.5\text{m}$
- 수평근 : $\left\{(0.7+40\times0.01)\times\dfrac{1.1}{0.2}(6개)\right\}\times2=13.2\text{m}$

④ 내벽(Ⅱ)－THK150
- 수직근 : $\left\{(1.3+40\times0.01\times2)\times\dfrac{0.8}{0.2}(5개)\right\}\times2=21\text{m}$
- 수평근 : $\left\{(1.1+40\times0.01\times2)\times\dfrac{0.6}{0.2}(4개)\right\}\times2=15.2\text{m}$

⑤ 보
- 상부주근 : $\{2.3+(40+10.3)\times0.016\times2\}\times2=7.82\text{m}$
- 하부주근 : $\{1.9+(40+10.3)\times0.016\times2\}\times2=7.02\text{m}$
- 늑근(D10) : $(0.2\times0.3)\times2\times\left(\dfrac{1.9}{0.2}+1\right)=11\text{m}$

⑥ 상판 슬래브
- 상부주근 : $(2.3+40\times0.01\times2)\times\dfrac{4.15}{0.2}(22개)=68.2\text{m}$
- 하부주근 : $(1.9+40\times0.01\times2)\times\dfrac{4.15}{0.2}(22개)=59.4\text{m}$
- 상부부근 : $(4.55+40\times0.01\times2)\times\dfrac{1.9}{0.2}(11개)=58.85\text{m}$
- 하부부근 : $(4.15+40\times0.01\times2)\times\dfrac{1.9}{0.2}(11개)=54.45\text{m}$
- 개구부 보강(D13) : $1.2\times8\times3=28.8\text{m}$

∴ D10 : $1,158.4\times0.56=648.704\text{kg}$
D13 : $261\times0.995=259.7\text{kg}$
D16 : $14.84\times1.56=23.15\text{kg}$

(2) 거푸집량(m²)
① 기초판 : $0.2\times(4.95+2.7)\times2=3.06\text{m}^2$
② 벽외부 : $2.05\times(4.55+2.3)\times2=28.09\text{m}^2$
③ 벽내부 : $1.9\times\{(1.9+1.9)\times2+(0.95+1.9)\times2+(0.95+1.9)\times2\}$
$-(1.2\times1.1\times2)+(1.2+1.1)\times2\times0.2=34.38\text{m}^2$
④ 상판 : $1.9\times1.9+(0.95\times1.9)\times2=7.22\text{m}^2$
∴ 거푸집량 : 72.75m^2

(3) 콘크리트양(m³)
① 기초판 : $4.95\times2.7\times0.2=2.673\text{m}^3$
② 외벽 : $(4.35+2.1)\times2\times1.9\times0.2=4.902\text{m}^3$
③ 내벽(Ⅰ) : $(1.9\times1.9-1.2\times1.1)\times0.2=0.458\text{m}^3$
④ 내벽(Ⅱ) : $(1.9\times1.9-0.8\times0.6)\times0.15=0.47\text{m}^3$
⑤ 상판 : $(4.55\times2.3\times0.15)-\left(\dfrac{3.14\times0.45\times0.45}{4}\right)\times3\times0.15=1.498\text{m}^3$
∴ 콘크리트양 : 10.001m^3

(4) 되메우기량(m³) = 터파기량－구조체
① 경사각 = 45°는 $x=\dfrac{1}{\tan\theta}\cdot H$에서 수직 터파기임을 알 수 있다.
② 터파기 여유는 흙막이가 없으므로 4.0m 이하인 경우 50cm이다.
③ 터파기량 : $(4.95+1)\times(2.7+1)\times2.25=49.53\text{m}^3$

④ 구조부 체적
   • 잡석+밑창 con'c : 5.15×2.9×0.25＝3.734m³
   • 기초판 : 4.95×2.7×0.2＝2.673m³
   • 벽 : 4.55×2.3×1.8＝18.837m³
∴ 구조부 체적 : 25.24m³
   되메우기량 : 49.53−25.24＝24.29m³

참고

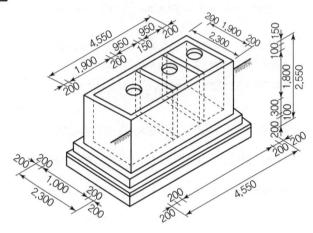

부패조 투상도

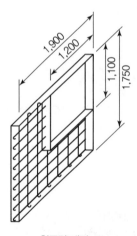

철근량 내벽 Ⅰ

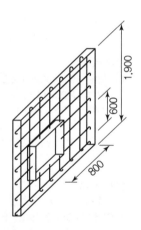

철근량 내벽 Ⅱ

04 다음 세차장 도면을 참고하여 잡석다짐량, 거푸집면적, 콘크리트양을 산출하시오(단, ① 할증률은 고려하지 않고 정미량으로 한다. ② 소수 둘째 자리까지 산출한다). [90, 92, 98]

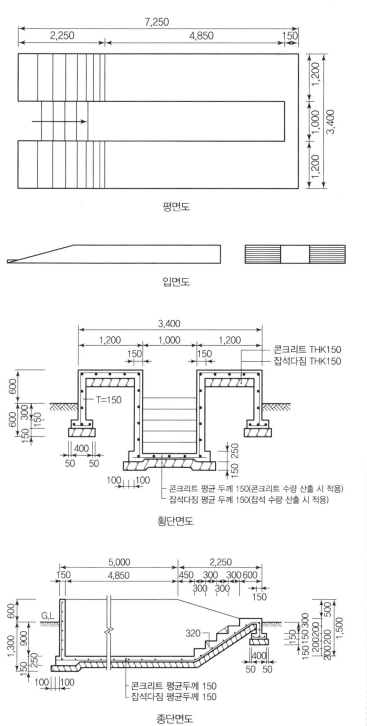

평면도

입면도

횡단면도

종단면도

해설

(1) 잡석량(m³)

① 내부 기초바닥 : $1.7 \times (0.2+5+0.45+\sqrt{0.3^2+0.2^2} \times 5 \times 0.15) \times 0.15$
$= 1.510\text{m}^3$

② 외부 줄기초 : $0.5 \times 0.15 \times [\{(3.4-0.15)+(7.25-0.15)\} \times 2 - 1.3] = 1.455\text{m}^3$

③ 상부 성토 부분 : $\{0.9 \times 0.15 \times (4.85+\sqrt{2.25^2+0.6^2}-0.15)\} \times 2 = 1.898\text{m}^3$

∴ 잡석량 : 4.86m²

(2) 거푸집면적(m²)

① 외부 줄기초 : $(0.15+0.9) \times [\{(3.25+7.1) \times 2 - 1.3\} \times 2 - (\frac{2.25 \times 0.6}{2} \times 2$
$+ 0.5 \times 3.25) \times 2 = 34.79\text{m}^2$

② 내부 안벽 : $1.5 \times \{1+(7.25-0.3) \times 2\} - (\frac{2.25-0.15 \times 0.5}{2} \times 2 + \frac{1.65 \times 1}{2}$
$\times 2) = 18.53\text{m}^2$

③ 내부 바깥벽 : $1.6 \times (1.3+7.1 \times 2) - (\frac{2.1 \times 0.5}{2} \times 2 + \frac{1.65 \times 1.15}{2} \times 2)$
$= 21.85\text{m}^2$

④ 계단 챌판 : $0.2 \times 1 \times 5\text{EA} = 1\text{m}^2$

∴ 거푸집면적 : 76.17m²

(3) 콘크리트양(m³)

① 내부 기초 : $1.5 \times (0.1+5+0.45) \times 0.15 = 1.249\text{m}^3$

② 계단 부분 : $1.5 \times (0.36 \times 5) \times (0.15+\frac{0.17}{2}) = 0.635\text{m}^3$

③ 내벽 : $\{1.5 \times 0.15 \times (1.15+7.025 \times 2)\} - \{(\frac{2.1 \times 0.5}{2}) \times 2 + (\frac{1.65 \times 1}{2})$
$\times 2\} \times 0.15 = 3.015\text{m}^3$

④ 외부 기초 : $[\{(0.15 \times 0.4)+(0.9 \times 0.15)\} \times \{(3.25+7.1) \times 2 - 1.3\}]$
$- [\{(\frac{2.1 \times 0.5}{2} \times 2)+(0.5 \times 3.25)\} \times 0.15] = 3.382\text{m}^3$

⑤ 상부 성토 부분 : $[0.9 \times \{4.85+(\sqrt{2.25^2+0.6^2}-0.15)\} \times 0.15 \times 2$
$= 1.898\text{m}^3$

∴ 콘크리트양 : 10.179m³

참고 세차장 도면

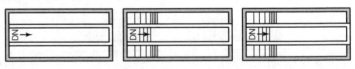

| 외부 줄기초 con'c 계단 부분 | 내부 옹벽 계단 부분 | 상부 성토 con'c 계단 부분 |

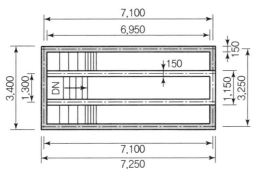

세차장 평면 상세

• 거푸집량 공제 부분

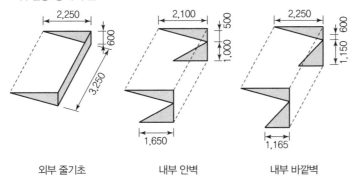

외부 줄기초   내부 안벽   내부 바깥벽

• 콘크리트양 공제 부분

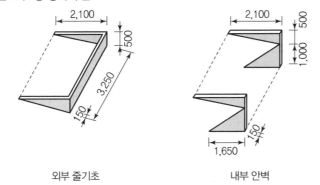

외부 줄기초   내부 안벽

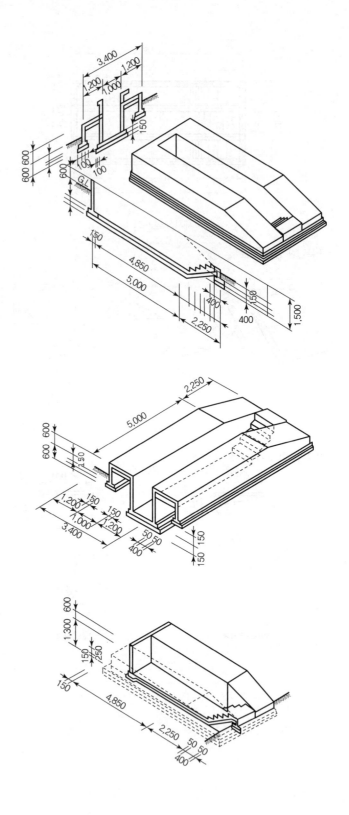

05 주어진 도면을 보고 다음에서 요구하는 각 재료량을 산출하시오(단, 소수 셋째 자리에서 반올림한다). [84]

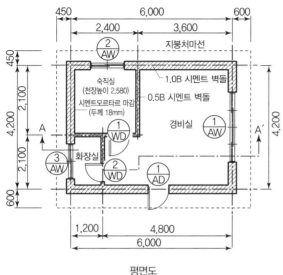

평면도

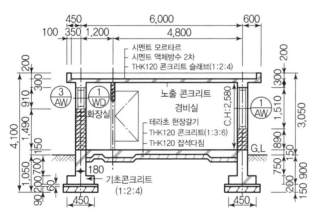

A – A′ 단면도

번호	창호규격	번호	창호규격
①AW	2,400×1,500	①AD	900×2,000
②AW	1,200×1,200	①WD	900×2,000
③AW	1,200×900	②WD	700×2,000

(1) 콘크리트양(m³) – 배합비에 관계없이 전 콘크리트양
(2) 거푸집면적(m²)
(3) 시멘트 벽돌 소요량(장) – 사용벽돌은 표준형이며 소요량은 쌓기량에 할증률을 포함한다.
(4) 숙직실 내벽 미장면적(m²)

해설

(1) 콘크리트양(m³)
 ① 버림 : 0.65×0.06×20.4＝0.8m³
 ② 기초판 : 0.45×0.2×20.4＝1.84m³
 ③ 기초벽 : 0.18×0.85×20.4＝3.12m³
 ④ 바닥 : (6－0.18)×(4.2－0.18)×0.15＝3.51m³
 ⑤ 보 : 0.2×0.18×20.4＝0.73m³
 ⑥ 슬래브 : 7.05×5.25×0.12＝4.44m³
 ⑦ 패러핏 : 0.1×0.2×(6.95＋5.15)×2＝0.48m³
 ∴ 콘크리트양 : 14.92m³

(2) 거푸집량(m²)
 ① 버림 : 0.06×2×20.4＝2.45m²
 ② 기초판 : 0.2×2×20.4＝8.16m²
 ③ 기초벽 : 0.85×2×20.4＝34.68m²
 ④ 보 : 0.18×(6＋4.2)×2×2＝7.34m²
 ⑤ 슬래브(밑) : 7.05×5.25＝37.01m²
 ⑥ 공제(보밑) : {20.4－(2.4＋1.2×2)}×0.19＝2.96m²
 ⑦ 슬래브(옆) : (7.05＋5.25)×2×0.12＝2.95m²
 ⑧ 패러핏 : 0.2×2×(6.95＋5.15)×2＝9.68m²
 ∴ 거푸집량 : 99.31m²

(3) 시멘트 벽돌 소요량(장)
 ① 외벽(1.0B)
  ＝{20.4×2.4－(2.4×1.5＋1.2×1.2＋1.2×0.9＋0.9×2)}×149×1.05
  ＝6,421매
 ② 내벽(0.5B)

$$＝\left[\left\{6.6－\left(\frac{0.19}{2}×3＋\frac{0.09}{2}\right)\right\}×2.58－(0.9×2＋0.7×2)\right]×75×1.05$$

  ＝1,022매
 ∴ 총 7,443매

(4) 미장면적(m²) : {(2.26＋1.96)×2×2.58}－(1.2×1.2＋0.9×2)＝18.54m²

06 도면과 조건에 따라 다음 공사의 소요물량을 산출하시오.

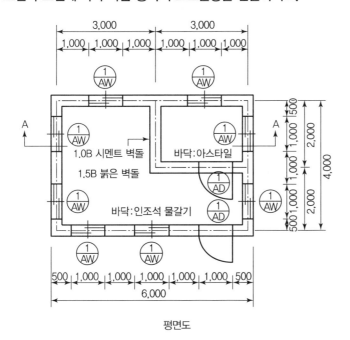

평면도

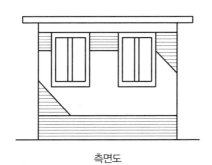

측면도

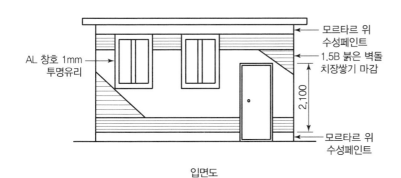

입면도

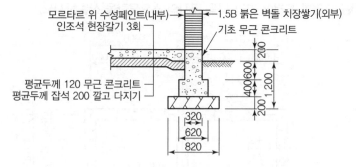

모르타르 위 수성페인트(내부) ─ ┐ ┌─ 1.5B 붉은 벽돌 치장쌓기(외부)
인조석 현장갈기 3회 ─────────── 기초 무근 콘크리트

평균두께 120 무근 콘크리트
평균두께 잡석 200 깔고 다지기

200
400 600
1,200
200

320
620
820

기초 상세도

▼ 창호일람표

번호	규격
①AW	1,000 × 1,500
①AD	1,000 × 2,100
①WD	1,000 × 2,100

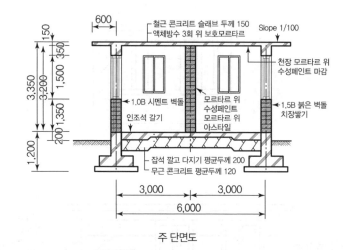

600

철근 콘크리트 슬래브 두께 150
액체방수 3회 위 보호모르타르
Slope 1/100

천장 모르타르 위
수성페인트 마감

1.0B 시멘트 벽돌

모르타르 위
수성페인트
모르타르 위
아스타일

1.5B 붉은 벽돌
치장쌓기

인조석 갈기

잡석 깔고 다지기 평균두께 200
무근 콘크리트 평균두께 120

150
350
1,500 350
3,200
3,350
200 1,350
1,200

3,000   3,000
6,000

주 단면도

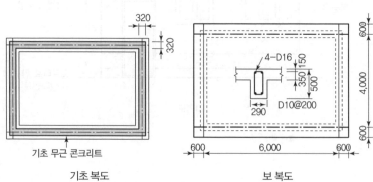

320
320

기초 무근 콘크리트

기초 복도

4-D16
350 150
500
D10@200
290

600
4,000
600

600   6,000   600

보 복도

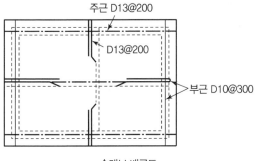

주근 D13@200

D13@200

부근 D10@300

슬래브 배근도

[조건]
① 구조 : 조적조
② 기초 : 철근 콘크리트 줄기초
③ 외벽 : 1.5B 붉은 벽돌
④ 내벽 : 1.0B 시멘트 벽돌(단, 도면치수의 단위는 mm이고, 벽돌은 표준형)

(1) 수평보기(m^2)
(2) 동바리(공 m^3)
(3) 잡석다짐(m^3)
(4) 콘크리트(m^3)
　　① 기초　　　　　② 1층 슬래브　　　③ 지붕 슬래브 및 보
(5) 거푸집(m^2)
　　① 기초　　　　　② 지붕 슬래브 및 보

해설

(1) 수평보기 : $6 \times 4 = 24m^3$

(2) 동바리량(공 m^3) : $(7.2 \times 5.2 - 0.29 \times 20) \times 3.4 \times 0.9 = 96.82$공 m^2

(3) 잡석량 ┬ 기초 : $0.82 \times 0.2 \times 20 = 3.82m^3$
　　　　　└ 바닥 : $(4-0.32) \times (6-0.32) \times 0.2 = 4.18m^3$
　　∴ 잡석량 : $3.28 + 4.18 = 7.46m^3$

(4) 콘크리트양 ┬ 기초 : $(0.4 \times 0.62 \times 20) + (0.32 \times 0.8 \times 20) = 10.08m^3$
　　　　　　├ 바닥 슬래브 : $(4-0.32) \times (6-0.32) \times 0.12 = 2.51m^3$
　　　　　　├ 지붕 슬래브 : $5.2 \times 7.2 \times 0.15 = 5.62m^3$
　　　　　　└ 보 : $0.29 \times 0.35 \times 20 = 2.03m^3$
　　∴ 콘크리트양 : $10.88 + 2.51 + 5.62 + 2.03 = 20.24m^3$

(5) 거푸집 ┬ 기초 : $1.2 \times 20 \times 2 = 48m^2$
　　　　　├ 슬래브 : $\{(5.2 \times 7.2) + (5.2 + 7.2) \times 2 \times 0.15\} - (0.29 \times 20) + 8 \times 0.29$
　　　　　│　　　$= 37.68m^2$
　　　　　└ 보 : $20 \times 0.35 \times 2 = 14m^2$
　　∴ 거푸집량 : $48 + 37.68 + 14 = 99.68m^2$

Tip

동바리량 산출 시 높이는 GL에서 슬래브 하단까지 슬래브 거푸집 산정 시 개구부(창 : 8, 문 : 1) 위에는 거푸집을 산입한다.

07 다음 평면 및 A – A′ 단면도를 보고 벽돌조 건물에 대해 요구하는 재료량을 산출하시오(단, 벽돌수량 산출은 벽체 중심선으로 하고, 할증은 무시, 콘크리트양, 거푸집량은 정미량으로 한다). [93, 03, 04]

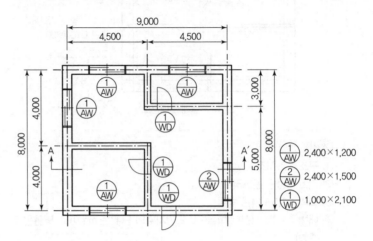

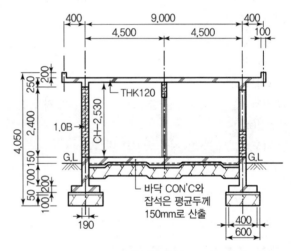

A – A′ 단면도

(1) 벽돌량[(외벽 1.0B 붉은 벽돌, 내벽 0.5B 시멘트 벽돌, 벽돌크기 (190×90×57mm), 줄눈너비(10mm)]
(2) 콘크리트양(단, 버림 콘크리트 제외)
(3) 거푸집량

해설

(1) 벽돌량
　① 1.0B(붉은 벽돌) = {34×2.4−(2.4×1.2×4+2.4×1.5+1×2.1)}×149
　　　　　　　　　　 = 9,593장
　② 0.5B(시멘트 벽돌) = {16×2.53−(1×2.1×2)}×75 = 2,721장

(2) 콘크리트양
　① 기초 = (0.2×0.4+0.19×0.85)×34 = 8.211m³
　② 바닥 = 8.81×7.81×0.15 = 10.32m³
　③ 보 = 0.19×0.13×34 = 0.839m³
　④ 슬래브 = 9.9×8.9×0.12 = 10.57m³
　⑤ 패러핏 = 0.1×0.2×(9.8+8.8)×2 = 0.744m³
　∴ 콘크리트양 = 8.211+10.32+0.839+10.57+0.744 = 30.68m³

(3) 거푸집량(조적조에서는 보 밑면적을 공제)
　① 기초 = (0.2+0.85)×34×2 = 71.4m²
　② 보 = 0.13×34×2 = 8.84m²
　③ 슬래브 밑 = 9.9×8.9−(9+8)×2×0.19+0.19×(2.4×5+1) = 84.12m²
　④ 슬래브 옆 = 0.32×(8.9+9.9)×2+0.2×(8.7+9.7)×2 = 19.39m²
　∴ 거푸집량 = 71.4+8.84+84.12+19.39 = 183.75m²

Tip

벽돌량 산정 시 중심선으로 풀어야 한다.
① 외부 중심길이 = (9+8)×2 = 34m
② 내부 중심길이 = 7.5+8.5 = 16m

08 다음 그림과 같은 건축물 시공에 필요한 소요 재료량을 산출하시오.

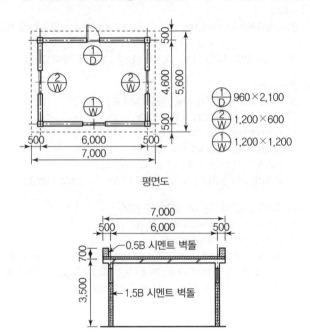

평면도

- ①D 960×2,100
- ②W 1,200×600
- ①W 1,200×1,200

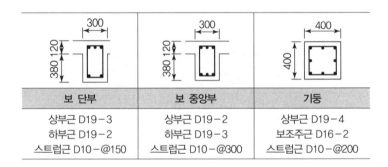

0.5B 시멘트 벽돌

1.5B 시멘트 벽돌

단면도

보 단부	보 중앙부	기둥
상부근 D19-3 하부근 D19-2 스트럽근 D10-@150	상부근 D19-2 하부근 D19-3 스트럽근 D10-@300	상부근 D19-4 보조주근 D16-2 스트럽근 D10-@200

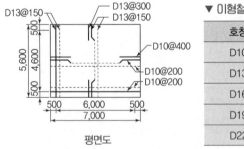

평면도

▼ 이형철근 중량표

호칭	공칭지름(mm)
D10	9.53
D13	12.7
D16	15.9
D19	19.1
D22	22.2

(1) 거푸집량(m²)

(2) 콘크리트양(m³)

(3) 철근량(단, 사용철근 길이는 9m, 철근이음은 없는 것으로 한다. 슬 래브 상부 Top Bar 내민 길이는 15cm)

(4) 시멘트 벽돌량(표준형, 할증 포함)

(5) 옥상 방수면적(단, 치켜올림 높이는 40cm로 한다.)

해설

- 조적조가 아닌 RC조 건물임에 유의한다.
- 중심 간 길이(Σl)$=(6+4.6)\times2=21.2$m
- 기둥 높이$=3.5-0.12=3.38$m

(1) 거푸집량
  ① 기둥$=(0.4+0.4)\times2\times3.38\times4$개$=21.63$m^2
  ② 보(옆면)
    ⓐ $0.38\times2\times5.6\times2$개소$=8.512$m^2
    ⓑ $0.38\times2\times4.2\times2$개소$=6.384$m^2
    ∴ ⓐ$+$ⓑ$=14.896$m^2
  ③ 슬래브(밑)$=7\times5.6=39.2$m^2
  ④ 슬래브(옆)$=(7+5.6)\times2\times0.12=3.02$m^2
  ∴ ①$+$②$+$③$+$④$=78.746$m^2

(2) 콘크리트양
  ① 기둥$=0.4\times0.4\times3.38\times4=2.163$m^3
  ② 보
    ⓐ $0.3\times0.38\times5.6\times2$개$=1.277$m^3
    ⓑ $0.3\times0.38\times4.2\times2$개$=0.958$m^3
    ∴ ⓐ$+$ⓑ$=2.235$m^3
  ③ 슬래브$=7\times5.6\times0.12=4.704$m^3
  ∴ ①$+$②$+$③$=9.102$m^3

(3) 철근량
  ① 기둥
    ⓐ 주근(D19)$=(3.5+10.3\times0.0191)\times4\times4=59.15$m
    ⓑ 보조주근(D16)$=(3.5+10.3\times0.0159)\times2\times4=29.31$m
    ⓒ 대근(D10)$=\left[(0.4+0.4)\times2\times\dfrac{3.5}{0.2}(19개)\right]\times4=121.6$m

  ② 보(5.6m)
    ⓓ 상부주근(D19)$=[6.4+(40+10.3)\times0.0191\times2]\times2\times2=33.29$m
    ⓔ 하부주근(D19)$=[5.6+(25+10.3)\times0.0191\times2]\times2\times2=27.79$m
    ⓕ 벤트근(D19)$=[6.4+(40+10.3)\times0.0191\times2+0.828\times(0.5-0.1)]$
    $\qquad\qquad\times1\times2$
    $\qquad\qquad=17.31$m
    ⓖ 늑근(D10)$=(0.3+0.5)\times2\times\left[\dfrac{2.8}{0.15}(19개)+\dfrac{2.8}{0.3}(10개)\right]\times2=92.8$m

  ③ 보(4.2m)
    ⓗ 상부주근(D19)$=[5+(40+10.3)\times0.0191\times2]\times2\times2=27.69$m
    ⓘ 하부주근(D19)$=[4.2+(25+10.3)\times0.0191\times2]\times2\times2=22.19$m
    ⓙ 벤트근(D19)$=[5+(40+10.3)\times0.0191\times2+0.828\times(0.5-0.1)]\times1\times2$
    $\qquad\qquad=14.51$m
    ⓚ 늑근(D10)$=(0.3+0.5)\times2\times\left[\dfrac{2.1}{0.15}(14개)+\dfrac{2.1}{0.3}(7개)\right]\times2=67.2$m

  ④ 슬래브
    ⓛ 주근(D13)$=5.6\times\dfrac{7}{0.15}(48개)=268.8$m

ⓜ 주근톱바(D13)$= (1.725 + 0.15) \times \dfrac{3.55}{0.3}$ (12개)$\times 2 = 45$m

ⓝ 부근(D10)$= 7 \times \dfrac{5.6}{0.2}$ (29개)$= 203$m

ⓞ 부근톱바(D10)$= (1.725 + 0.15) \times \dfrac{2.15}{0.4}$ (6개)$\times 2 = 22.5$m

∴ D10 = ⓒ + ⓖ + ⓚ + ⓝ + ⓞ = 507.1m × 0.56kg/m = 283.98kg

D13 = ⓛ + ⓜ = 313.8m × 0.995kg/m = 312.23kg

D16 = ⓑ = 29.31m × 1.56kg/m = 45.72kg

D19 = ⓐ + ⓓ + ⓔ + ⓕ + ⓗ + ⓘ + ⓙ = 201.93m × 2.25kg/m
= 454.34kg

(4) 벽돌량

① 벽체 = [(5.6 + 4.2) × 2 × 3 − (0.96 × 2.1 + 1.2 × 1.2 + 1.2 × 0.6 × 2)] × 224
× 1.05
= 12,679장

② 패러핏(0.5B) = (6.91 + 5.51) × 2 × 0.7 × 75 × 1.05 = 1,370장

∴ ① + ② = 14,049장

(5) 방수

① 바닥 = 6.82 × 5.42 = 36.96m²

② 패러핏 = (6.82 + 5.42) × 2 × 0.4 = 9.79m²

∴ ① + ② = 46.75m²

ENGINEER
ARCHITECTURE

건축구조

1. 라미의 정리(Lami's Theorem)

> **Tip** 👆
> **라미의 정리 공식**
> $$\frac{P_1}{\sin\theta_1} = \frac{P_2}{\sin\theta_2} = \frac{P_3}{\sin\theta_3}$$

한 점에 작용하는 3개의 힘이 평형을 이루고 있을 때, 이 3개의 힘이 동일 평면 상에 있다면, 각각의 힘은 다른 두 힘 사잇각의 Sine 값에 정비례한다.

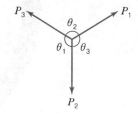 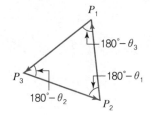

2. 구조물의 판별식

1) 모든 구조물의 판별식

> **Tip** 👆
> **구조물의 안정성 및 분류**
> ① 안정 구조물
> • 정정 구조물(적합한 구조)
> • 부정정 구조물(매우 튼튼한 구조)
> ② 불안정 구조물(취약한 구조)
>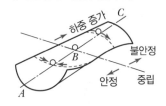

$$m = (n+s+r) - 2k$$
$$\uparrow \qquad \uparrow$$
$$증가요인 \quad 감소요인$$

여기서, m : 부정정 차수
  n : 지점 반력수
  s : 부재수
  r : 강절점수
  k : 절점수(지점과 자유단 포함)

m값	판별
$m < 0$	불안정
$m = 0$	안정이며 정정
$m > 0$	안정이며 부정정

2) 단층 구조물의 판별식(합성재는 안 됨)

$$m = (n-3) - h$$

여기서, m : 부정정 차수
  n : 반력수
  h : 힌지수(지점의 힌지는 제외)
  3 : 힘의 평형방정식의 수($\sum H = 0$, $\sum V = 0$, $\sum M = 0$)

3) 모든 구조물의 내적, 외적 부정정 차수

① 내적 차수 : $m_i = (3+s+r) - 2k$

② 외적 차수 : $m_e = n - 3$

③ 전 차수 : $m = m_i + m_e = (n+s+r) - 2k$

4) 트러스

절점을 힌지로 가정하므로 강절점수(r)는 0이다.

$$m = (n+s) - 2k$$

⇒ 안정(정정)으로 착각하기 쉬운 불안정 구조물

(1) 외적인 불안정

① 연속된 지점의 반력의 작용방향이 모두 평행일 때

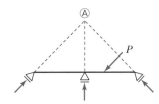

$m = n+s+r-2k$에서

$\therefore m = 3+2+1-2 \times 3 = 6-6 = 0$

여기서, $m=0$이므로 정정인 구조로 볼 수 있으나 P(하중)의 수평분력에 의하여 이동되므로 외적인 불안정이 된다.

② 반력의 작용선이 한 점에 모여 수평·수직분력을 받을 수 없을 때

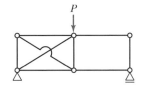

$m = n+s+r-2k$에서

$= 3+2+1-2 \times 3$

$= 6-6 = 0$

①의 내용과 같이 불안정이 된다.

(2) 내적인 불안정

① 부재의 배치가 부적합할 때

$$m = n + s + r - 2k$$
$$= 3 + 9 + 0 - 2 \times 6$$
$$= 12 - 12 = 0$$

계산상으로는 정정이 되지만 다음 그림과 같이 내적인 불안정 구조물이다.

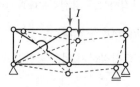

② 변형이 원상태로 돌아가지 않은 경우

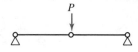

$$m = n + s + r - 2k$$
$$= 4 + 2 + 0 - 2 \times 3$$
$$= 6 - 6 = 0$$

계산상으로 정정이 되지만 마찬가지로 다음 그림과 같이 내적인 불안정 구조물이 된다.

3. 반력

1) 반력(Reaction)

구조물에 작용하는 하중과 힘의 평형상태를 유지하기 위해 지점 외력에 저항하는 저항력이 생기는데, 이렇게 지점에 생기는 저항력을 반력(Reaction)이라 하고, 반력은 수동 외력에 해당된다.

(1) 이동단(롤러 지점)

지대에 직각방향으로 반력이 일어난다(주로 수직반력 1개만 생긴다).

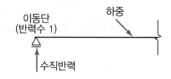

(2) 회전단(힌지 지점)

수평반력과 수직반력이 일어나며, 이들을 합성하면 1개의 반력으로 표시할 수 있다.

(3) 고정단(고정 지점)

수직 · 수평 · 모멘트의 반력이 일어나는 지점으로 3개의 지점 중 가장 지지력이 튼튼한 지점이다.

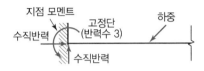

2) 반력해법

(1) 일반 해법

① 지점상태에 따라 반력수와 작용선을 생각한다.

② 미지반력은 모두 그 작용선에 따라 어느 한쪽으로 향한다고 가정하고, 반력의 기호를 붙인다(즉, R_A, H_A, V_A, M_A 등).

③ 하중과 미지반력을 포함하는 모든 외력의 평형방정식을 세운다. 즉, 힘의 평형조건식($\Sigma H = 0$, $\Sigma V = 0$, $\Sigma M = 0$)을 이용하여 계산한다.

④ 구하고자 하는 지점의 반대지점에 힘의 평형조건식($\Sigma M = 0$ 등)을 이용하고, 반력으로 구해간다.

⑤ 계산 후 반력값이 (+)가 나오면 가정한 방향이 맞고, (−)가 나오면 가정한 방향이 반대로 된 것이기 때문에 반대방향으로 수정하여 표시한다.

⑥ 수직반력 : 두 지점에 대하여 $\Sigma M = 0$을 적용하여 수직반력을 구하고, $\Sigma V = 0$으로 검산한다.

⑦ 수평반력 : 수평분력을 가지는 하중이 작용하면 $\Sigma H = 0$으로 수평반력을 구한다.

⑧ 모멘트반력 : 고정 지점에서 일어나며 모멘트의 대수합에 의하여 구한다.

(2) 모멘트하중이 작용하는 경우

① 단순보의 임의점에 모멘트하중만이 작용하면 수직반력만이 일어나고 양 지점의 수직반력의 크기는 같으며, 방향은 반대이다(우력).

② 반력은 모멘트하중의 작용 위치에 관계없이 일정한 값을 갖지만 휨모멘트는 모멘트하중의 작용 위치에 따라 그 값이 달라진다.

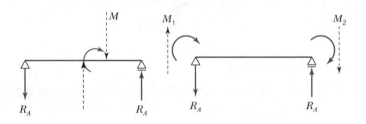

(3) 경사하중이 작용하는 경우

경사하중을 수직, 수평으로 분해하여 구한다.

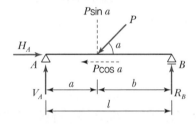

(4) 캔틸레버보

① 고정단에 평형방정식 이용 : (수평반력은 $\Sigma H = 0$, 수직반력은 $\Sigma V = 0$, 모멘트반력은 $\Sigma M = 0$)하여 계산한다.

② 모멘트하중만 작용하는 경우 : 모멘트반력만 생기고(방향은 반대) V_A, H_A는 0이다.

③ 수직하중만 작용하는 경우 : 모멘트반력과 수직반력이 생기고 수평반력(H_A)은 0이다.

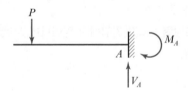

(5) 중간에 힌지를 가진 겔버보

① 힌지 부분을 '캔틸레버보＋단순보' 또는 '내민보＋단순보', '캔틸레버보＋내민보' 형태로 나누고 단순보의 반력부터 풀이한다.

② 단순보의 반력을 내민보의 끝 힌지에 반대방향으로 작용시켜 내민보의 반력을 구한다.

3) 부호 규약

(1) 수평력(ΣH)

좌우 구별 없이 우향($\rightarrow +$), 좌향($\leftarrow -$)

(2) 수직력(ΣV)

좌우 구별 없이 상향($\uparrow +$), 하향($\downarrow -$)

(3) 모멘트(ΣM)

좌우 구별 없이 시계방향($\curvearrowright +$), 반시계방향 ($\curvearrowleft -$)

4) 수식해법에 의한 정정보의 반력

(1) 집중하중이 작용하는 경우

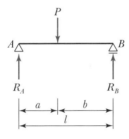

$\Sigma M_B = 0$

$R_A \times l - P \times b = 0 \qquad \therefore R_A = \dfrac{Pb}{l}$

$\Sigma V = 0$

$\dfrac{Pb}{l} + R_B - P = 0 \qquad \therefore R_B = \dfrac{Pa}{l}$

Tip

겔버보의 분해 예

① 활절이 1개인 겔버보

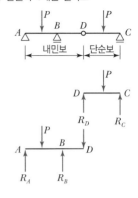

② 중앙경간 활절이 2개인 겔버보

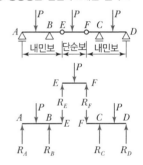

③ 측경간 활절이 2개인 겔버보

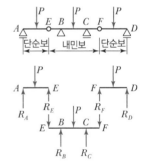

④ 특수 겔버보

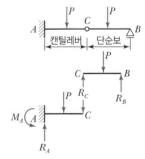

(2) 집중하중이 경사지게 작용하는 경우

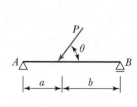

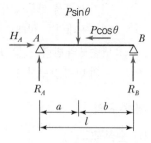

(a) 경사진 하중   (b) 하중을 수직과 수평으로 분해

$$\Sigma H = 0$$

$$-P\cos\theta + H_A = 0 \qquad\qquad \therefore\ H_A = P\cos\theta$$

$$\Sigma M_B = 0$$

$$R_A \times l - P\sin\theta \times b = 0 \qquad\qquad \therefore\ R_A = \frac{P\sin\theta \times b}{l}$$

$$\Sigma V = 0$$

$$\frac{P\sin\theta \times b}{l} + R_B - P\sin\theta = 0 \quad \therefore\ R_B = \frac{P\sin\theta \times a}{l}$$

(3) 등분포하중이 작용하는 경우

[별해]
등분포하중은 w를 도형의 높이로 보고 길이 l를 밑변으로 본 사각형의 면적을 구하여 그 면적을 하중으로 생각하여 풀이한다. 즉, 이 등분포하중의 기하학적 면적은 $w \times l$이며, 이 wl이 등분포하중의 전하중이고, 양쪽 지점반력은 전하중의 절반씩을 나누어 가지므로 $R_A = R_B = \dfrac{wl}{2}$ 이 된다.

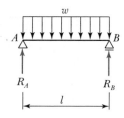

$$\Sigma M_B = 0$$

$$R_A \times l - w \cdot l \times \frac{l}{2} = 0 \qquad\qquad \therefore\ R_A = \frac{wl}{2}$$

$$\Sigma V = 0 \quad \therefore\ R_B = wl - \frac{wl}{2} = \frac{wl}{2}$$

(4) 등변분포하중이 작용하는 경우

[별해]
전하중 $W = wl/2$이 삼각형의 무게중심에 집중하중으로 작용한다고 가정하면, A지점은 전하중의 1/3, B지점은 전하중의 2/3를 부담하게 된다.

$$\therefore\ R_A = \frac{1}{3} \times (\text{전하중}) = \frac{wl}{6}$$

$$R_B = \frac{2}{3} \times (\text{전하중}) = \frac{wl}{6}$$

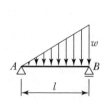

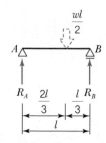

(a) 등변분포하중   (b) 등변분포하중을 집중하중으로 환산

$$\Sigma M_B = 0$$

$$R_A \times l - w \times l \times \frac{1}{2} \times \frac{l}{3} = 0 \qquad\qquad \therefore R_A = \frac{wl}{6}$$

$$\Sigma V = 0 \qquad \therefore R_B = \frac{wl}{2} - \frac{wl}{6} = \frac{wl}{3}$$

(5) 모멘트하중이 작용하는 경우

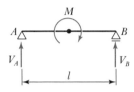

$$\Sigma M_B = 0$$

$$-R_A \times l + M = 0 \qquad \therefore R_A = \frac{M}{l}$$

$$\Sigma V = 0$$

$$-\frac{M}{l} \times R_B = 0 \qquad \therefore R_B = \frac{M}{l}$$

(6) 겔버보의 경우

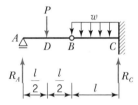

B절점을 절단하여 단순보와 캔틸레버로 분해한 후 단순보의 반력을 구하여 그 반력을 하중으로 놓고 풀이한다.

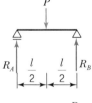

$$R_A = R_B = \frac{P}{2} \qquad\qquad R_C = \frac{P}{2} + wl$$

4. 내력

1) 내력(응력)의 종류

(1) 전단력(Shearing Force)

① 정의 : 부재를 전단하려는 힘으로서 한 단면의 양 측면에 대하여 직각방향으로 작용하는 크기가 같고, 방향이 반대인 한 쌍의 힘을 말한다.

② 단위 : kN, N

③ 부호 규약 : 전단력은 우력모멘트와 같은 성질로서 좌우 구분 없이 생각하는 단면을 중심으로, 시계방향(⌒)의 전단력이면 (+), 반시계방향(⌒)의 전단력이면 (−)이다.

④ 전단력도(SFD : Shearing Force Diagram)

　㉠ 보 : (+)는 상부에, (−)는 하부에 표시

　㉡ 라멘 : (+)는 바깥측에, (−)는 안측에 표시

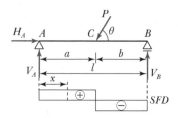

⑤ 크기 산정 : 임의 단면의 전단력 크기는 그 단면의 좌측(혹은 우측)에 작용하는 재축에 수직한 분력의 대수합으로 나타낸다.

(2) 휨모멘트(Bending Moment)

① 정의 : 부재에 작용하는 모멘트로서, 보를 구부리려 하는 힘을 말한다.

② 단위 : $kN \cdot m$, $N \cdot m$

③ 부호 규약 : 아래쪽으로 휘어지게 하는 모멘트면 (+), 위쪽으로 휘어지게 하는 모멘트면 (−)이다.

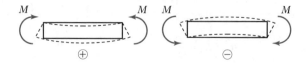

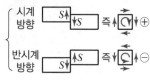

Tip

전단력의 부호 규약

④ 휨모멘트도(BMD : Bending Moment Diagram)
　　㉠ 보 : (+)는 하부에, (−)는 상부에 표시
　　㉡ 라멘 : (+)는 안측에, (−)는 바깥측에 표시

 Tip

휨모멘트도
휨모멘트도는 부재의 인장 측에 도시되
는데, 철근의 위치와 양을 결정할 때 사
용된다.

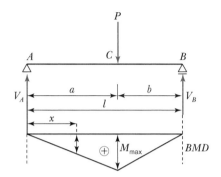

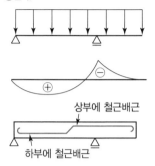

⑤ 크기 산정 : 임의 단면의 휨모멘트 크기는 그 단면의 좌측(혹은 우측)에 작용하는 외력 및 반력으로 인해 발생되는 모멘트의 대수합으로 나타낸다.

(3) 축방향력(Axial Force)

① 정의 : 부재의 축에 따라 그 부재를 축방향으로 인장 또는 압축시키는(변형시키는) 힘으로서 한 단면의 양 측면에서 부재의 축방향으로 작용하는 크기가 같고 방향이 반대인 한 쌍의 힘을 말한다.

② 단위 : kN, N

③ 부호 규약 : 인장력은 (+), 압축력은 (−)

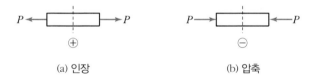

(a) 인장　　　　　　　　　(b) 압축

④ 축방향력도(A, F, D Axial Force Diagram)
　　㉠ 보 : (+)는 상부에, (−)는 하부에 표시
　　㉡ 라멘 : (+)는 바깥측에, (−)는 안측에 표시

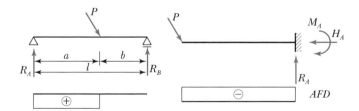

5. 단순보의 응력 해석

1) 집중하중이 작용하는 경우

(1) 지점반력(R)

$\sum H = 0 \qquad \therefore H_A = 0$

$\sum V = 0 \qquad \therefore V_A + V_B = P$

$\sum M_B = 0 \quad V_A \times l - P \cdot b = 0 \qquad \therefore V_A = \dfrac{P \cdot b}{l}$

$\sum M_A = 0 ; \; -V_B \cdot l + P \cdot a = 0 \quad \therefore V_B = \dfrac{P \cdot a}{l}$

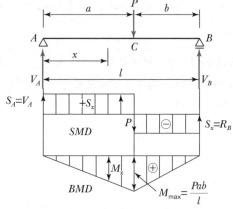

▲ 집중하중이 작용할 경우의 단면력도

(2) 전단력(S)

$S_{A-C} = V_A = \dfrac{P \cdot b}{l}$

$S_{B-C} = V_A - P = -V_B = -\dfrac{P \cdot a}{l}$

(3) 휨모멘트(M)

$M_x = V_A \cdot x = \dfrac{P \cdot b}{l} \cdot x$

$M_A = M_B = M_{x-0-l} = 0$

$M_{\max} = M_C = M_{x-a} = \dfrac{P \cdot a \cdot b}{l}$

$a = b = \dfrac{1}{2}$ 이면,

$$\therefore M_{\max} = \dfrac{P \cdot l}{4}$$

2) 경사 집중하중이 작용하는 경우

경사 집중하중이 작용하는 단순보는 경사 집중하중을 수직방향과 수평향으로 분해하여 반력을 구하고, 단면력을 구하면 된다.

- 수직하중$(P_V) = P\sin\theta$
- 수평하중$(P_M) = P\cos\theta$

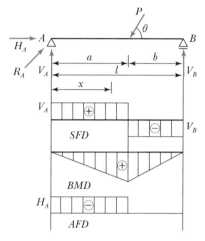

▲ 경사 집중하중이 작용할 경우의 단면력도

(1) 반력(R)

$$\Sigma H = 0 \; ; \; H_A - P \cdot \cos\theta = 0 \qquad \therefore \; H_A = P \cdot \cos\theta$$

$$\Sigma V = 0 \; ; \; V_A + V_B - P \cdot \sin\theta \qquad \therefore \; V_A + V_B - P \cdot \sin\theta = 0$$

$$\Sigma M_B = 0 \; ; \; V_A \cdot l - P \cdot \sin\theta = 0$$

$$V_A = \frac{P \cdot b \cdot \sin\theta}{l}$$

$$\boxed{R_A = \sqrt{(H_A)^2 + (V_A)^2}}$$

$$R_B = V_B = P \cdot \sin\theta - V_A = \frac{P \cdot a \cdot \sin\theta}{l}$$

(2) 전단력(S)

$$S_x = V_A - P \cdot \sin\theta$$

$$x = a \; ; \; S_{A-C} = V_A = \frac{P \cdot a \cdot \sin\theta}{l}$$

$$x = l - a \; ; \; S_{C-B} = V_A - P \cdot \sin\theta = -V_B$$

$$= -\frac{P \cdot a \cdot \sin\theta}{l}$$

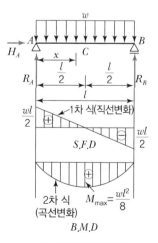

▲ 등분포하중 단면력도

(3) 휨모멘트(M)

$$M_x = V_A \cdot x - P \cdot \sin\theta \cdot (x-a)$$

$$\begin{cases} x=0 \; ; \; M_A = 0 \\ x=a \; ; \; M_C = M_{\max} = V_A \cdot a = \dfrac{P \cdot a \cdot b \cdot \sin\theta}{l} \\ x=l \; ; \; M_B = 0 \end{cases}$$

(4) 축방향력(A)

$$\begin{cases} A_{A-C} = -H_A = -P \cdot \cos\theta \\ A_{C-B} = 0 \end{cases}$$

3) 등분포하중이 작용하는 경우

(1) 반력

대칭구조물이며 하중은 면적과 같다.

$$\begin{cases} H_A = 0 \\ R_A = R_B = \dfrac{wl}{2} \end{cases}$$

(2) 전단력

$$S_x = R_A - w \cdot x \, (\because 1\text{차 식})$$

$$x=0 \; ; \; S_A = R_A = \frac{wl}{2}$$

$$x=\frac{l}{2} \; ; \; S_C = R_A - \frac{wl}{2} = 0$$

$$x=l \; ; \; S_B = R_A - w \cdot l = -\frac{wl}{2} = -R_B$$

(3) 휨모멘트

$$M_x = R_A \cdot x - \frac{wx^2}{2} \, (\because 2\text{차 식})$$

$$\begin{cases} x=\dfrac{l}{2} \; ; \; M_C = M_{\max} = R_A \cdot \dfrac{l}{2} - \dfrac{w}{2} \cdot \left(\dfrac{l}{2}\right)^2 = \boxed{\dfrac{wl^2}{8}} \\ x=0 \; ; \; M_A = 0 \end{cases}$$

$$x=l \; ; \; M_B = R_A \cdot l - \frac{wl^2}{2} = 0$$

4) 등변분포하중이 작용하는 경우

(1) 반력

$$\sum M_B = 0 \; ; \; R_A \cdot l - \left(\frac{wl}{2}\right) \cdot \frac{l}{3} = 0 \qquad \therefore \; R_A = \frac{wl}{6}$$

$$\sum V = 0 \; ; \; R_A + R_B - \frac{wl}{2} = 0 \qquad\qquad \therefore \; R_B = \frac{wl}{3}$$

[별해]

전체하중$\left(\frac{wl}{2}\right)$의 1/3이 A지점에, 2/3
는 B지점에 작용하므로

$$\therefore \; R_A = \frac{1}{3}(\text{전체하중})$$
$$= \frac{1}{3} \times \frac{wl}{2} = \frac{wl}{6}$$
$$R_B = \frac{2}{3}(\text{전체하중})$$
$$= \frac{2}{3} \times \frac{wl}{2} = \frac{wl}{3}$$

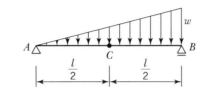

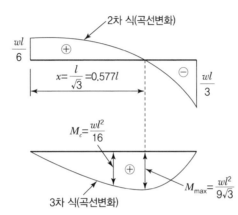

(2) 전단력

$$S_x = R_A - \frac{w'x}{2} \left(\because w' = \frac{wx}{l}\right) \; (\because 2\text{차 식})$$

전단력(S_x)이 0이 되는 위치(x)를 찾으면

즉, $R_A - w'\frac{x}{2} = \frac{wl}{6} = \frac{wx^2}{2l} = 0$

$$\therefore \; x = \frac{l}{\sqrt{3}} = 0.577l$$

$$S_A = R_A = \frac{wl}{6}$$

$$S_B = -R_B = -\frac{wl}{3}$$

(3) 휨모멘트

임의 단면의 휨모멘트를 M_x라고 하면,

$$M_x = R_A x - P_x \times \frac{x}{3} = \frac{wl}{6}x - \frac{wx^2}{2l} \times \frac{x}{3} = \frac{wl}{6}x - \frac{w}{6l}x^3$$

이것은 x에 관한 3차 식이므로 휨모멘트도는 3차 곡선형이 된다.

또한 $M_A = M_B = 0$ 이 되고 최대 휨모멘트는 전단력이 0이 되는 곳 $\left(x_0 = \dfrac{l}{\sqrt{3}}\right)$ 에서 일어난다.

$$\therefore M_{\max} = \frac{wl}{6} \cdot \frac{l}{\sqrt{3}} - \frac{w}{6l}\left(\frac{l}{\sqrt{3}}\right)^3 = \frac{wl^2}{9\sqrt{3}}$$

보의 중앙점(C점)에 대한 휨모멘트는

$$M_C = \frac{wl}{6}x - \frac{wx^3}{6l} = \frac{wl}{6} \times \frac{l}{2} - \frac{w}{6l} \times \left(\frac{l}{2}\right)^3$$

$$= \frac{wl^2}{12} - \frac{wl^2}{48} = \frac{4wl^2 - wl^2}{48} = \frac{3wl^2}{48} = \frac{wl^2}{16}$$

5) 모멘트하중이 작용하는 경우

모멘트하중이 작용하는 경우는 전단력도와 휨모멘트도가 특이하므로 주의해야 하며, 반력의 방향은 우력모멘트의 성질을 이용하여 반대방향으로 가정하면 된다.

(1) 반력

A지점의 반력방향을 하향으로, B지점의 반력방향을 상향으로 가정하여 반력을 구하면

$\Sigma M_B = 0 \qquad - R_A \times l + M = 0$

[반력을 계산할 때는 시계방향일 때 ($+$), 반시계방향일 때 ($-$)이다.

$\therefore R_A = \dfrac{M}{l}$

$\Sigma M_A = 0 \qquad - R_B \times l + M = 0 \qquad\qquad \therefore R_B = \dfrac{M}{l}$

(2) 전단력

① $A - C$구간

$S_{A-C} = - R_A = - \dfrac{M}{l}$

② $C - B$구간

$S_{C-B} = -(+R_B) = - \dfrac{M}{l}$ (우측 부호 수정)

(3) 휨모멘트

$M_A = M_B = 0$이고

$M_{C1}(좌측) = - R_A \times a = - \dfrac{M \cdot a}{l}$

$M_{C2}(우측) = - \dfrac{M \cdot a}{l} + M = M\left(1 - \dfrac{a}{l}\right)$

$\qquad\qquad = M\left(\dfrac{l-a}{l}\right) = M\left(\dfrac{b}{l}\right) = \dfrac{Mb}{l}$

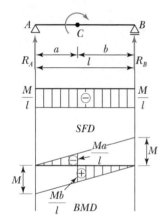

▲ 모멘트하중 단면력도

Tip 👆

모멘트하중이 작용하는 경우 반력의 특성
① 주어지는 모멘트하중의 위치와는 무관하다.
② 반력계산 결과 ($+$)부호이면 가정한 반력의 방향이고, ($-$)부호이면 가정한 반력의 반대방향이다. 이때는 반력방향을 반대로 표시해서 단면력을 계산하는 것이 계산상 편리하다.
③ 단순보에 수직하중이 작용하지 않으면 양 지점반력의 크기는 같고 방향은 반대이다.

6. 캔틸레버보의 응력 해석

1) 집중하중이 작용하는 경우

(1) 반력

$$\sum H = 0 : -H_B = 0 \qquad \therefore H_B = 0$$

$$\sum V = 0 : -P + R_B = 0 \qquad \therefore R_B = P0(\uparrow)$$

$$\sum M_B = 0 : -Pl + M_B = 0 \qquad \therefore M_B = Pl(\curvearrowright)$$

(2) 전단력

$S_{A-B} = -P$ 로 일정하다.

(3) 휨모멘트

$$M_A = 0$$

$$M_B = -P \times l = -Pl$$

(보가 위로 휘어지므로 철근을 위에 넣는다는 의미다)

$$M_x = -P \times x = -Px$$

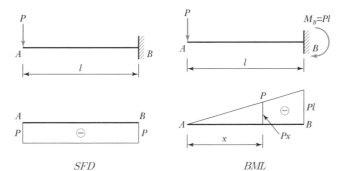

$$SFD \qquad\qquad BML$$

2) 등변분포하중이 작용하는 경우

(1) 반력

전체하중$(W) = \dfrac{wl}{2}$ 이 되고 삼각형의 무게중심은 $\dfrac{l}{3}$ 이 되는 곳에 있

으므로

$$\sum H = 0 : -H_B = 0 \qquad \therefore H_B = 0$$

$$\sum V = 0 : -\frac{wl}{2} + R_B = 0 \qquad \therefore R_B = \frac{wl}{2(\uparrow)}$$

$$\sum M_B = 0 : -\frac{wl}{2} \times \frac{l}{3} + M_B = 0 \qquad \therefore M_B - \frac{wl^2}{6}(\curvearrowright)$$

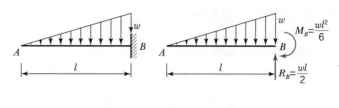

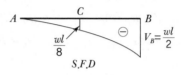

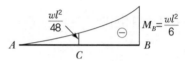

S.F.D

(2) 전단력

자유단 A로부터 임의의 거리 x만큼 떨어진 단면 C의 단위하중의 크기 q는 삼각형 닮음비에서

$$q : x = w : l \qquad \therefore q = \frac{wx}{l}$$

가 되고 자유단 A로부터 임의의 단면까지의 작용하중의 합계 P_x는

$$P_x = \frac{1}{2} qx = \frac{1}{2} \times \frac{wx}{l} \times x = \frac{wx^2}{2l} \text{ 이 된다.}$$

임의의 거리 x만큼 떨어진 곳의 전단력은 고정단이 우측에 있으므로

$$S_x = -P_x = -\frac{wx^2}{2l} \ \rightarrow x\text{에 관한 2차 곡선}$$

$$S_C = -\frac{w}{2l}\left(\frac{l}{2}\right)^2 = -\frac{wl}{8}$$

$$S_B = -\frac{w}{2l}(l)^2 = -\frac{wl}{2}$$

(3) 휨모멘트

자유단 A로부터 임의의 거리 x만큼 떨어진 거리의 휨모멘트

$$M_x = -P_x \times \frac{x}{3} = -\frac{wx^2}{2l} \times \frac{x}{3} = -\frac{w}{6l}x^3$$

$$M_C = -\frac{w}{6l}\left(\frac{l}{2}\right)^3 = -\frac{wl^2}{48}$$

$$M_B = -\frac{w}{6l}(l)^3 = -\frac{wl^2}{6}$$

3) 모멘트하중이 작용하는 경우

(1) 반력

$$H_A = 0$$
$$R_B = 0$$
$$M_B = -M$$

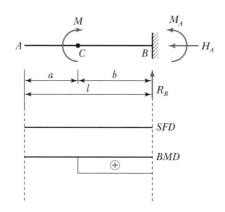

(2) 전단력

모멘트하중만 작용하는 경우 전단력은 0이다.

(3) 휨모멘트

ㄱ $A-C$ 구간 $M_x = 0$

ㄴ $C-B$ 구간 $M_x = M$

7. 정정라멘

라멘의 해법은 다음과 같다.

① 정정라멘은 힘의 평형 3조건($\sum H = 0$, $\sum V = 0$, $\sum M = 0$)에 의해서 지점반력을 구하여 각 부재의 단면력을 계산한다.

② 단면력은 정정보의 해법과 같은 방법으로 전단력, 휨모멘트, 축방향력을 계산한다.

③ 단면력도의 부호는 단순보와 같다.

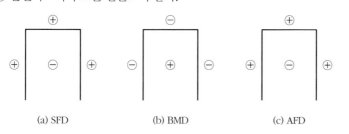

(a) SFD   (b) BMD   (c) AFD

Tip

주요 라멘의 구조

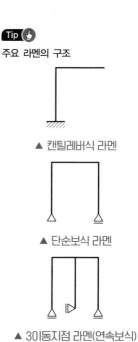

▲ 캔틸레버식 라멘

▲ 단순보식 라멘

▲ 3이동지점 라멘(연속보식)

▲ 3-Hinge 라멘(겔버보식)

▲ 합성라멘

구분	해법 요약
캔틸레버식 라멘	• 캔틸레버보와 같이 생각하여 풀이하되 부재축에 각을 가진 하중이 작용하면 전단력과 휨모멘트가 생기고, 부재축에 수평인 하중이 작용하면 축방향력이 생긴다. • 기둥이나 보에 생기는 휨모멘트는 보와 기둥에 각각 영향을 준다.
단순보식 라멘	• 수평하중이 없으면 수평반력도 없다. • 수평하중이 있으면 수평하중 전체가 수평하중 반대방향으로 회전지점에 수평반력이 작용한다. • 수평반력을 구한 후에 수직반력을 구한다. • 모든 외력은 힘의 평형방정식을 이용하여 풀이하고 내력(부재력)은 단순보와 같다.
3-Hinge 라멘	• 수평하중이 없어도 수평반력이 생긴다. • 수직반력을 구한 후에 수평반력을 구한다. • 수직반력은 힘의 평형방정식을 이용하여 풀이하되 힌지는 무시한다. • 수평반력은 힌지에 모멘트를 취하여($\Sigma M_{\text{힌지}} = 0$) 좌우측을 각각 힘의 평형방정식을 만족시켜 지점의 반력을 구한다.

Tip

트러스의 형식

▲ 상현트러스

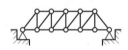

▲ 하현트러스

Tip

트러스의 일반적 부재력

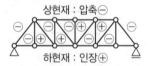

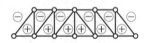

① 상현재 : 압축(−)
② 하현재 : 인장(+)
③ 양끝 경사재(복재) : 압축(−)
④ 중앙을 향해 아래쪽 사재 : 인장(+)
⑤ 중앙을 향해 위쪽 사재 : 압축(−)

8. 트러스

1) 트러스의 종류

(1) 프랫트러스(Pratt Truss)

주로 강교에 많이 사용된다.

① 압축재 : 상현재, 수직재

② 인장재 : 하현재, 사재

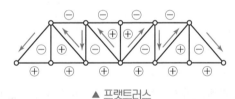

▲ 프랫트러스

(2) 하우트러스(Howe Truss)

주로 목조 구조물에 널리 사용된다.

① 압축재 : 상현재, 사재

② 인장재 : 하현재, 수직재

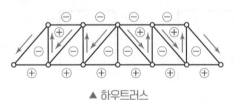

▲ 하우트러스

2) 트러스의 해법(절단법)

(1) 정의

절단법은 트러스 구조면에 작용하는 외력과 부재력을 2개 내지 3개의 부재를 절단하여 힘의 평행방정식을 적용하여 구하는 방법이다.

(2) 절단법의 종류

① 모멘트법(Ritter법)

ㄱ 절단된 부재의 응력 중 미지인 것이 3개 이내가 되도록 부재를 절단하여 트러스 전체를 두 개의 구면으로 나눈다.

ㄴ 절단된 한쪽 단면(보통 간편한 쪽)의 하중, 지점반력, 절단된 부재 응력에 대하여 미지의 부재응력이 하나만 남도록 절단된 부재 중 구하고자 하는 부재 외에 나머지 두 부재가 만나는 점에 모멘트의 중심을 잡고 $\sum M=0$의 식만을 적용하여 부재응력을 구한다(즉, 조건식이 하나뿐이므로 미지 부재응력은 하나만 있어야 한다).

ㄷ 일반적으로 현재(상현, 하현)의 응력을 구할 때 편리하다.

② 전단력법(Culmann법)

ㄱ 절단된 부재의 응력 중 미지의 것이 2개 이내가 되도록 부재를 절단하여 트러스 전체를 두 개의 구면으로 나눈다.

ㄴ 절단된 한쪽 단면의 하중, 지점반력, 절단된 부재응력에 대하여 $\sum =0$, $\sum V=0$의 평형방정식에 의하여 부재응력을 구한다(즉, 조건식이 두 개이므로 미지 부재응력은 두 개 이하가 되어야 한다).

ㄷ 일반적으로 평행한 트러스거나 현재의 응력을 알고 있는 경우에 쓰이며, 특히 복부재의 응력 계산에 편리하다.

(3) 절단법의 이점과 부호

① 임의 부재의 응력을 즉시 구할 수 있다.

② 계산의 과오가 다른 부재에 영향을 주지 않는다.

③ 절단법도 절점법과 마찬가지로 절단면에 향하는 부재응력이 인장력(+)이다.

9. 단면2차모멘트

(1) 공식

① x축에 대한 단면2차모멘트(I_x)

$$I_x = \sum dA \cdot y^2 = \int_A y^2 dA$$

Tip 🖐

① 실제 트러스는 외력에 대하여 안전한 구조로 하기 위해서 입체적인 구조로 조립되어 있지만 설계 계산에서는 평면 트러스로 분해하여 생각한다.

② 부재들은 마찰이 없는 힌지로 연결되어 있다고 가정하기 때문에 삼각형만이 유일하게 안정된 형상이라고 할 수 있다.

Tip 🖐

트러스 해법의 종류
① 격점법(절점법)
  • 해법(Cremona법)
② 절단법(단면법)
  • 리터법(Ritter법)
  • 전단력법(Culmann법)
③ 부재치환법
④ 가상변위법
⑤ 영향선법

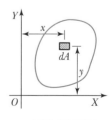

▲ 단면2차모멘트

② y축에 대한 단면2차모멘트(I_y)

$$I_y = \sum dA \cdot x^2 = \int_A x^2 dA$$

(2) 단위

cm^4, mm^4이며, 부호는 항상 (+)이다.

(3) 기본성질

① 축의 이동

$$I_X = \int_A y^2 dA = \int_A (Y + y_0)^2 dA$$

$$= \int_A Y^2 dA + 2y_0 \int_A Y dA + \int_A y_0{}^2 dA$$

$$I_X = I_x + A \cdot y_0{}^2$$

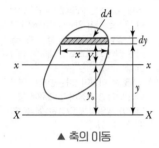

▲ 축의 이동

여기서, I_x : 도심축에 대한 단면2차모멘트

$\int_A Y dA$: 도심축에 대한 단면1차모멘트로서 0

A : 단면적

y_0 : 도심에서 x축까지의 거리

② 단면이 여러 개로 나누어진 경우 : 간단한 단면으로 나누어 각각의 단면2차모멘트를 구하여 합하면 된다.

$$I_X = I_{X1} + I_{X2} + I_{X3} + \cdots + I_{Xn}$$

③ 중공 단면인 경우 : 큰 단면에서 결손단면을 공제하여 구한다.

$$I_X = I_{xA} - I_{xB}$$

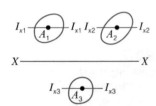

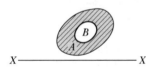

▲ 임의의 축에 대한 단면2차모멘트

(4) 단면계수

① 공식

㉠ 대칭축에 대한 단면계수

$$Z = \frac{I_x}{y} = \frac{\text{도심축에 대한 단면2차모멘트}}{\text{도심축으로부터 연단까지의 거리}}$$

㉡ 비대칭축에 대한 단면계수

$$Z_1 = \frac{I_x}{y_1} = \frac{\text{도심축에 대한 단면2차모멘트}}{\text{도심축으로부터 상단까지의 거리}}$$

$$Z_2 = \frac{I_x}{y_2} = \frac{\text{도심축에 대한 단면2차모멘트}}{\text{도심축으로부터 하단까지의 거리}}$$

② 단위 : cm^3, mm^3이며, 부호는 항상 (+)이다.

③ 기본도형의 단면계수

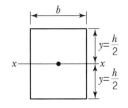

$$Z = \frac{I_x}{y} = \frac{\dfrac{bh^3}{12}}{\dfrac{h}{2}} = \frac{bh^2}{6}$$

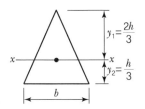

$$Z = \frac{I_x}{y_1} = \frac{\dfrac{bh^3}{36}}{\dfrac{2h}{3}} = \frac{bh^2}{24}$$

$$Z = \frac{I_x}{y_2} = \frac{\dfrac{bh^3}{36}}{\dfrac{h}{3}} = \frac{bh^2}{12}$$

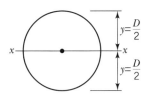

$$Z = \frac{I_x}{y} = \frac{\dfrac{\pi D^4}{64}}{\dfrac{D}{2}} = \frac{\pi D^3}{32}$$

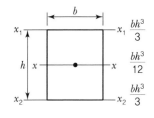
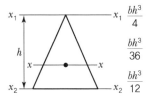
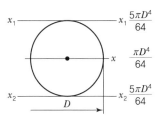
(5) **단면2차반경**

$$i_x = \sqrt{\frac{I_x}{A}}, \quad i_y = \sqrt{\frac{I_y}{A}}$$

10. 재료의 역학적 성질

(1) 응력 – 변형도의 관계

응력변형도 곡선(Stress – Strain Diagram)이란 재료의 압축 또는 인장 시험 결과로 얻어진 응력과 변형률의 관계를 그린 것이다.

① 비례한계(Proportional Limit) : Hooks의 법칙이 적용되는 범위의 한계점(P점)

② 탄성한계(Elastic Limit) : 탄성을 잃어버리는 한계점(E점)

③ 상항복점(Upper Yielding Point) 및 하항복점(Low Yielding Point)
   : 탄성으로부터 소성체로 바뀌는 점, 즉 영구변형이 0.2% 생기는 점 (Y_u 및 Y_L)으로, Y_U 점을 넘어서는 하중눈금은 떨어지지만 급격한 변형률의 증가 후 Y_L 점에서 다시 위로 향하는 상태를 흐름상태(Flow) 또는 크리프(Creep)라 한다.

④ 극한강도점(Ultimate Strength Point) : 재료가 받을 수 있는 최대응력점(A점)

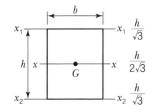
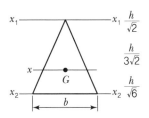
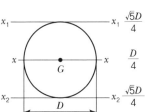

⑤ 파괴점(Breaking Point) : 재료가 파손되는 점(B점)

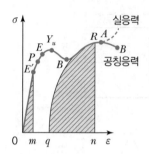

(2) 훅(Hooke)의 법칙

탄성한도 내에서 응력은 그 변형도에 비례하는데, 이것을 훅의 법칙이라 하며, 이때의 비례상수를 탄성계수라 한다. 훅의 법칙은 다음과 같이 표시할 수 있다.

$$\sigma \propto \varepsilon$$
$$\sigma = E \cdot \varepsilon$$

(3) 탄성계수의 종류

① 영계수(Yong's Modulus, 종탄성계수)

$$E = \frac{\sigma}{\varepsilon} = \frac{P/A}{\Delta l/l} = \frac{Pl}{A \cdot \Delta l}$$

② 전단탄성계수(Shear Modulus of Elasticity, 횡탄성계수＝강성률)

$$G = \frac{\tau}{\gamma} = \frac{S/A}{dl/d} = \frac{Sl}{A \cdot dl}$$

여기서, τ : 전단응력
γ : 전단변형도
dl : 전단변형량
$$\therefore \ G = \frac{E}{2(1+\nu)}$$

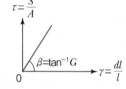

11. 보의 응력 및 설계

1) 공식

$$\sigma_b = \frac{M}{I} \cdot y = \frac{M}{Z}$$

여기서, M : 외력에 의한 휨모멘트
I : 중립축에 대한 단면2차모멘트
y : 중립축에서 구하고자 하는 점까지의 거리
Z : 단면계수

2) 최대 휨응력(Exterme Fiver Stress, 연단응력)

$$상연단응력 : \sigma_c = -\frac{M}{I} \cdot y_c = -\frac{M}{Z_c}$$

$$하연단응력 : \sigma_t = \frac{M}{I} \cdot y_t = -\frac{M}{Z_t}$$

여기서, Z_c와 Z_t : 각각 단면의 상하 연단에 대한 단면계수

(1) 직사각형

$$\sigma = \frac{M}{Z} = \frac{M}{\frac{bh^2}{6}} = \frac{6M}{bh^2}$$

(2) 원형

$$\sigma = \frac{M}{Z} = \frac{M}{\frac{\pi D^3}{32}} = \frac{32M}{\pi D^3}$$

12. 기둥 및 기초

(1) 단주

편심하중을 받는 기둥(하중의 작용점이 X축 또는 Y축상에 있는 경우)에 압축응력과 편심에 의한 우력모멘트에 의한 휨응력이 동시에 발생되므로 두 응력의 합성응력을 구한다.

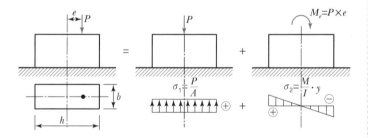

① 압축 측 최대응력도(연응력도)

$$\sigma_{\max} = \sigma_c = -\frac{P}{A} - \frac{P \times e}{Z} = -\frac{P}{A} - \frac{P \times e}{I_y} \cdot y_t$$

② 인장 측 최소응력도(연응력도)

$$\sigma_{\min} = \sigma_t = -\frac{P}{A} + \frac{P \times e}{Z} = -\frac{P}{A} + \frac{P \times e}{I_y} \cdot y_c$$

Tip

세장비(Slenderness Ratio)

$$\lambda = \frac{l_k}{i_{\min}} = \frac{l_k}{\sqrt{\frac{I_{\min}}{A}}}$$

여기서, λ : 세장비

$i_{\min}$: 최소 회전반지름

$$\left(\therefore i_{\min} = \sqrt{\frac{I_{\min}}{A}} \right)$$

l_k : 기둥 유효길이(좌굴길이)

① 콘크리트표준시방서
허용응력설계법 $\lambda > 60$
② 강도로교시방서 : $\lambda > 93$
③ 일반적인 한계세장비

$$\lambda_p = \sqrt{\frac{\pi^2 \cdot E}{0.5\sigma_y}}$$

④ 목재기둥 : $\lambda > 100$
⑤ 단주와 장주의 유효세장비

$\lambda = \frac{K \cdot L}{\gamma}$ 에 의해서 구한다.

• 단주 : λ 가 30~50 이하
• 장주 : λ 가 100~120 이상

구분	목주	강주
단주	$\lambda \leq 20$	$\lambda \leq 30$
장주	$\lambda > 20$	$\lambda > 30$
λ의 적당한 범위	$20 < \lambda \leq 150$	$30 < \lambda \leq 200$ 기둥 외의 압축재에서 λ는 250 이하로 한다.

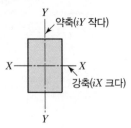

(a) 직사각형 단면

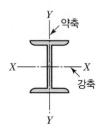

(b) 직사각형 단면

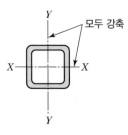

(c) 직사각형 단면

(2) 장주

① 오일러의 좌굴응력

$$\sigma_b = \frac{P_b}{A} = \frac{n \cdot \pi^2 \cdot E}{\lambda^2} = \frac{\pi^2 \cdot E}{\left(\dfrac{kl}{i}\right)^2}$$

여기서, n : 양단지지상태에 따른 계수(좌굴계수)

E : 탄성계수

l : 기둥길이

λ : 세장비$\left(\because \lambda = \dfrac{l}{i_{\min}}\right)$

kl : 유효좌굴길이

k : 유효좌굴계수$\left(\because k = \dfrac{1}{\sqrt{n}}\right)$

$\dfrac{kl}{i}$: 환산된 세장비(유효세장비)

② 오일러의 좌굴계수

종별	1단 자유 타단 고정	양단 힌지	1단 힌지 타단 고정	양단 고정
재단의 지지상태	l	l	l	l
좌굴계수(n)	1/4	1	2	4
환산장(lk)	$2l$	l	$0.7l$	$0.5l$
유효 좌굴계수(k)	2	1	0.7	0.5

13. 정정구조물의 변형

주요 구조물의 하중에 따른 처짐각 및 최대처짐은 다음 표와 같다.

하중작용 상태	처짐각(θ)	최대처짐$(\delta_{\max})$
P A ───C─── B l/2 + l/2	$\theta_A = -\theta_B = \dfrac{Pl^2}{16EI}$	$\delta_C = \dfrac{Pl^3}{48EI}$
P A ───C─── B l/2 + l/2	$\theta_A = \theta_B = 0$	$\delta_C = \dfrac{Pl^3}{192EI}$

① 오일러 공식은 세장비(λ)가 100보다 클 때만 적용할 수 있다.

② 훅의 법칙이 적용되는 범위에서만 오일러 장주공식을 적용할 수 있다.

$$P_b = \frac{n\pi^2 EI}{l^2} = \frac{\pi^2 \cdot E}{(kl)^2}$$

여기서, P_b : 좌굴하중

n : 좌굴계수

E : 탄성계수

I : 최소 단면2차모멘트

kl : 유효좌굴길이＝환산길이

하중작용 상태	처짐각(θ)	최대처짐($\delta_{\max}$)
	$\theta_A = -\theta_B = \dfrac{wl^3}{24EI}$	$\delta_C = \dfrac{5wl^4}{384EI}$
	$\theta_A = \theta_B = 0$	$\delta_C = \dfrac{wl^4}{384EI}$
	$\theta_B = \dfrac{Pl^2}{2EI}$	$\delta_B = \dfrac{Pl^3}{3EI}$
	$\theta_B = \dfrac{wl^3}{6EI}$	$\delta_B = \dfrac{wl^4}{8EI}$
	$\theta_C = \theta_B = \dfrac{Pl^2}{8EI}$	$\delta_C = \dfrac{Pl^3}{24EI}$ $\delta_B = \dfrac{5Pl^3}{48EI}$
	$\theta_C = \theta_B = \dfrac{Pa^2}{2EI}$	$\delta_C = \dfrac{Pa^3}{3EI}$ $\delta_B = \dfrac{Pa^2}{6EI}(3l-a)$ $\delta_B = \dfrac{Pa^2\left(b+\dfrac{2a}{3}\right)}{2EI}$
	$\theta_C = \theta_B = \dfrac{wl^3}{48EI}$	$\delta_B = \dfrac{7wl^4}{384EI}$

14. 부정정 구조물

(1) 모멘트 분배법(고정모멘트법)

① 부재강도(k)와 강비(K)

ㄱ 부재강도(Stiffness) : $k = \dfrac{\text{단면2차모멘트}(I)}{\text{부재길이}(l)}$

ㄴ 기준강도(k_0) : 여러 부재의 강도 중에서 기준으로 삼기 위한 지정강도

ㄷ 강비(Stiffness Ratio) : $K = \dfrac{\text{그 부재강도}(k)}{\text{기준강도}(k_0)}$

② 분배율(DF : Distribution Factor)

$$DF = \frac{\text{그 부재강도}(k)}{\text{전체강비}(\sum K)}$$ ※ 분배율의 합은 1이다.

③ 분배모멘트(DM : Distribution Moment)

$$DM = \text{불균형모멘트}(M) \times \text{분배율}(DF)$$

④ 전달률과 전달모멘트

　　㉠ 전달률(Carry Factor) : f

　　한쪽에 작용하는 모멘트를 다른 쪽 지점으로 전달하는 비율로 고정절점 또는 고정지점에서 1/2이고 활절에서는 0이다.

　　㉡ 전달모멘트(CM : Carry Moment)

$$CM = \text{분배모멘트}(DM) \times \text{전달률}(f)$$

(2) 절점방식(모멘트식)

절점에 모인 각 부재의 재단 모멘트 합은 0이며, 절점방정식은 끝지점을 제외한 절점 수만큼 발생한다.

① 임의하중에 의한 절점방정식

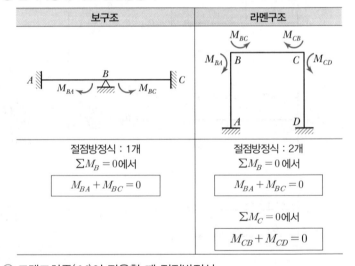

보구조	라멘구조
절점방정식 : 1개 $\sum M_B = 0$에서 $M_{BA} + M_{BC} = 0$	절점방정식 : 2개 $\sum M_B = 0$에서 $M_{BA} + M_{BC} = 0$ $\sum M_C = 0$에서 $M_{CB} + M_{CD} = 0$

② 모멘트하중(M)이 작용할 때 절점방정식

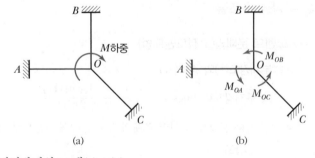

(a)　　　　　　　　　　(b)

절점방정식 : 1개(a) + (b)

$$M - (M_{OA} + M_{OB} + M_{OC}) = 0$$

01 그림과 같은 구조물에서 T부재에 발생하는 부재력을 구하시오(단, 인장은 $+$, 압축은 $-$로 표시한다). (3점)　　　　　[16, 20]

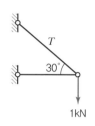

$\Sigma V=0$: $-(1)+(F_T \cdot \sin 30°)=0$
$\therefore F_T = +2\text{kN}$(인장)

[별해]
sin 법칙(라미의 정리) 이용
$$\frac{1}{\sin 30°}=\frac{T}{\sin 90°}$$
$T=2\text{kN}$

02 T부재에 발생하는 부재력을 구하시오. (2점)　　　[11, 13, 18]

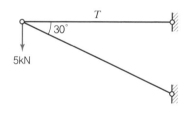

(1) $\Sigma V=0$: $-(5)-(C \cdot \sin 30°)=0$
$\therefore C=-10\text{kN}$(압축)
(2) $\Sigma H=0$: $+(T)+(C \cdot \cos 30°)=0$
$\therefore T=+8.66\text{kN}$(인장)

03 다음 그림과 같은 트러스 구조물의 부정정 차수를 구하고, 안정구조물인지, 불안정구조물인지 판별하시오. (4점)　　　[14]

(1) $m=n+s+r-2k$
$=3+8+0-2\times5=1$차 부정정
(2) 안정구조물

04 다음 구조물의 부정정 차수를 구하시오. (3점)

[12]

$$m = n + s + r - 2k$$
$$= 9 + 17 + 20 - 2 \times 14$$
$$= 18\text{차 부정정}$$

05 그림과 같은 라멘의 부정정 차수를 구하시오. (3점)

[11]

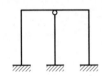

$$m = n + s + r - 2k$$
$$= 9 + 5 + 3 - 2 \times 6$$
$$= 5\text{차 부정정}$$

06 그림과 같은 등분포하중을 받는 단순보(A)와 집중하중을 받는 단순보(B)의 최대 휨모멘트가 같을 때 집중하중 P를 구하시오. (4점)

[14]

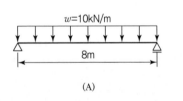

(A)

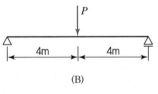

(B)

등분포하중의 최대 휨모멘트(집중하중의 최대 휨모멘트)는 각각

$$\frac{wl^2}{8} = \frac{Pl}{4} \text{이므로}$$
$$\frac{10 \times 8^2}{8} = \frac{P \times 8}{4}$$
$$\therefore \ P = 40\text{kN}$$

07 그림과 같은 캔틸레버 보의 A점의 반력을 구하시오. (4점)

[12, 17, 20]

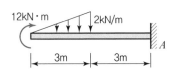

$\Sigma H = 0 : H_A = 0$

$\Sigma V = 0 : -\left(\dfrac{1}{2} \times 3 \times 2\right) + V_A = 0$

$\therefore \ V_A = 3\text{kN}$

$\Sigma M_A = 0 : 12 - \left(\dfrac{1}{2} \times 3 \times 2\right)$

$\times \left(3 \times \dfrac{1}{3} + 3\right) + M_A = 0$

$\therefore \ M_A = 0$

$\therefore \ H_A = 0, \ V_A = 3\text{kN}, \ M_A = 0$

---

08 그림과 같은 캔틸레버 보의 A점으로부터 4m 지점인 C점의 전단력과 휨모멘트를 구하시오. (3점)

[18, 20]

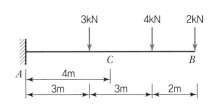

(1) 전단력 : _____
(2) 휨모멘트 : _____

(1) 전단력

$\Sigma V = 0 : V_A - 3 - 4 - 2 = 0$

$V_A = 9\text{kN}$

$\therefore \ V_C = 9 - 3 = 6\text{kN}$

(2) 휨모멘트

$\Sigma M_A = 0 : M_A + 3 \times 3 + 4 \times 6$

$+ 2 \times 8 = 0$

$M_A = -49\text{kN}$

$\therefore \ M_C = -49 + 9 \times 4 - 3 \times 1$

$= -16\text{kN} \cdot \text{m}$

---

09 그림과 같은 단순보에서 A점으로부터 최대 휨모멘트가 발생되는 위치까지와 거리를 구하시오. (3점)

[15]

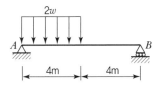

(1) $\Sigma M_B = 0 : +(V_A)(8) - (2w \times 4)(6)$

$= 0$

$V_A = 6w$

(2) A지점에서 x위치의 휨모멘트 :

$M_x = +(6w)(x) - (2wx)\left(\dfrac{x}{2}\right)$

$= 6wx - wx^2$

(3) A지점에서 전단력이 0인 위치 :

$V_x = \dfrac{dM_x}{dx} = 6w - 2wx = 0$

$\therefore \ x = 3\text{m}$

10 다음은 단순보의 전단력도이다. 이때 단순보의 최대 휨모멘트를 구하시오. (4점) [18]

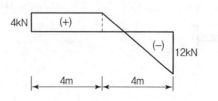

➤ 최대 휨모멘트는 전단력이 0인 지점까지의 면적이므로 전단력도의 (+) 면적 값을 구한다.
$4 : 12 = x : 4 - x$ 에서 $x = 1$인 점으로
최대 휨모멘트 $= 4 \times 4 + \dfrac{1}{2} \times 1 \times 4$
$= 18 \mathrm{kN \cdot m}$

11 다음 내민보의 전단력도(SFD) 외 휨모멘트도(BMD)를 그리시오. (4점) [19]

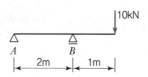

(1) 전단력도(SFD) : _____

(2) 휨모멘트도(BMD) : _____

➤ $\sum M_A = 0 : -V_B \times 2 + 10 \times 3 = 0$
$V_B = 15 \mathrm{kN}(\uparrow)$
$\sum V = 0 : V_A + V_B - 10 = 0$
$V_A = -5 \mathrm{kN}(\downarrow)$

(1) SFD

(2) BMD

12 다음 구조물의 전단력도와 휨모멘트도를 그리고, 최대전단력과 최대 휨모멘트 값을 구하시오. (4점) [16]

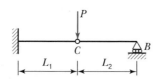

(1) ———○——— SFD

최대전단력 : _____

(2) ———○——— BMD

최대휨모멘트 : _____

➤ (1)
최대전단력 : P

(2)
최대휨모멘트 : PL_1

• CB 구간
$\sum M_C = 0 : R_B = 0$
$\sum V = 0 : V_C = 0$
• AC 구간
$\sum V = 0 : R_A = P$
$\sum M_A = 0 : M_A + PL_1 = 0$
$M_A = -PL_1(\curvearrowright)$

13 다음 그림과 같은 겔버보에서 A단의 휨모멘트를 구하시오. (2점)

[12]

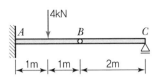

$M_A = (4\text{kN})(1\text{m}) = 4\text{kN}\cdot\text{m}$

14 다음 그림과 같은 겔버보의 A, B, C 지점반력을 구하시오. (3점)

[11]

(1) 단순보(DC 구간)

$\sum M_C = \sum M_D = 0$

$V_C = V_D = \dfrac{30\times 6}{2} = 90\text{kN}$

$\therefore V_C = 90\text{kN}$

(2) 내민보(ABD 구간)

$\sum H = 0 : H_A = 0$

$\sum M_B = 0 : V_A\times 6 - 40\times 3 + 90$
$\qquad\qquad \times 3 = 0$

$\therefore V_A = -25\text{kN}$

$\sum V = 0 : -25 - 40 + V_B - 90$
$\qquad\qquad = 0$

$\therefore V_B = 155\text{kN}$

$\therefore V_A = -25\text{kN}, \ H_A = 0$
$\quad V_B = 155\text{kN}, \ V_C = 90\text{kN}$

15 다음 구조물의 A지점의 반력을 구하시오. (3점)

[16]

(1) $\sum H = 0 : H_A - H_B = 0$

$\sum V = 0 : V_A - 6 + V_B = 0$

$\sum M_B = 0 : V_A\times 4 - 6\times 3 = 0$

$\therefore V_A = 4.5\text{kN}, \ V_B = 1.5\text{kN}$

(2) $\sum M_C = 0 : V_A\times 2 - H_A\times 3$
$\qquad\qquad - 6\times 1 = 0$

$\therefore H_A = 1, \ H_B = 1$

$\therefore V_A = 4.5\text{kN}, \ H_A = 1\text{kN}$

(3) A지점의 반력(R_A)

$\sqrt{V_A^2 + H_A^2} = \sqrt{(4.5)^2 + (1)^2}$
$\qquad\qquad = 4.61\text{kN}$

16 다음 구조물의 A지점의 반력을 구하시오 (3점) [19]

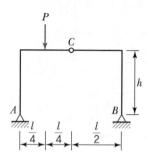

> (1) $\Sigma H = 0 : H_A - H_B = 0$
> $\Sigma V = 0 : V_A - P + V_B = 0$
> $\Sigma M_B = 0 : V_A \times l - P \times \frac{3}{4}l = 0$
> $\therefore V_A = \frac{3P}{4}$
>
> (2) $\Sigma M_C = 0 : V_A \times \frac{1}{2} - P \times \frac{1}{4}$
> $\quad - H_A \times h = 0$
> $\therefore H_A = \frac{Pl}{8h}$
> $\therefore V_A = \frac{3P}{4}, \ H_A = \frac{Pl}{8h}$

17 그림과 같은 3-Hinge 라멘에서 A지점의 반력을 구하시오(단, P = 6kN, L = 4m, h = 3m이고, 반력의 방향을 화살표로 반드시 표현 하시오). (3점) [20]

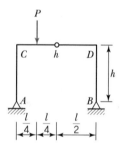

> (1) $\Sigma M_B = 0 : +(V_A) \times (L) - (P) \times$
> $\quad \left(\frac{3L}{4}\right) = 0$
> $\therefore V_A = +\frac{3P}{4} = +\frac{3(6)}{4}$
> $\quad = +4.5\text{kN}(\uparrow)$
>
> (2) $M_{h_1} = 0 : \left(\frac{3P}{4}\right)\left(\frac{L}{2}\right) - (P)\left(\frac{L}{4}\right)$
> $\quad - (H_A)(h) = 0$
> $\therefore H_A = +\frac{Pl}{8h} = +\frac{(6)(4)}{8(3)}$
> $\quad = +1\text{kN}(\rightarrow)$
>
> (3) $R_A = \sqrt{V_A^2 + H_A^2}$
> $\quad = \sqrt{(4.5)^2 + (1)^2}$
> $\quad = 4.61\text{kN}(\nearrow)$

18 다음 라멘의 휨모멘트도를 개략적으로 도시하시오(단, ＋휨모멘트는 라멘의 안쪽에. －휨모멘트는 바깥쪽에 도시하며, 휨모멘트의 부호를 휨모멘트 안에 반드시 표기해야 한다). (3점)　　[13]

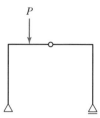

$m = n + s + r - 2k$
$= 3 + 4 + 2 - 2 \times 5 = -1$ 차
∴ 불안정 구조이므로 휨모멘트도가 존재하지 않는다.

_____

_____

_____

19 다음 라멘의 휨모멘트도를 개략적으로 도시하시오. (3점)　　[11]

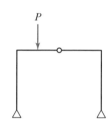

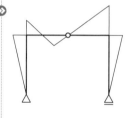

20 그림과 같은 하중이 작용하는 3－Hinge 라멘구조물의 휨모멘트도를 그리시오(단, 라멘구조 바깥은 －, 안쪽은 ＋이며, 이를 그림에 표기할 것). (3점)　　[21]

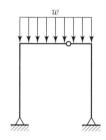

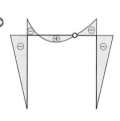

21 다음 그림과 같은 트러스의 명칭을 쓰시오. (4점) [20]

[20]

(1)

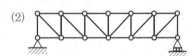

_____

(2)

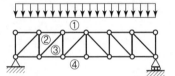

_____

[13]

22 다음과 같이 연직 등분포하중을 받고 있는 두 개의 트러스에서 인장재와 압축재에 해당하는 부재를 골라 번호를 쓰시오. (4점) [13]

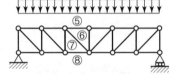

(1) 인장재 : _____

(2) 압축재 : _____

23 그림과 같은 평행현 트러스의 U_2, L_2 부재의 부재력을 절단법으로 구하시오. (4점) [12]

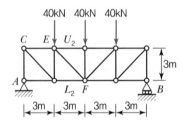

_____
_____
_____

(1) 하우(Howe)트러스
(2) 프랫(Pratt)트러스

(1) 인장재 : ③, ④, ⑥, ⑧
(2) 압축재 : ①, ②, ⑤, ⑦

$$V_A = \frac{40+40+40}{2} = 60\text{kN}$$

$\sum M_F = 0 : 60 \times 6 - 40 \times 3 + U_2 \times 3 = 0$

$\therefore U_2 = -80\text{kN(압축재)}$

$\sum M_E = 0 : 60 \times 3 - L_2 \times 3 = 0$

$\therefore L_2 = 60\text{kN(인장재)}$

24 그림과 같은 트러스의 U_2, L_2, D_2 부재의 부재력을 절단법으로 구하시오. (6점) [18]

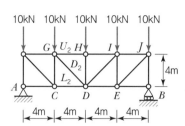

➡ $V_A = \dfrac{10+10+10+10+10}{2} = 25\text{kN}$

$\sum M_D = 0 : 25 \times 8 - 10 \times 8 - 10 \times 4 + U_2 \times 4 = 0$

$\therefore U_2 = -20\text{kN(압축재)}$

$\sum M_G = 0 : 25 \times 4 - 10 \times 4 - L_2 \times 4 = 0$

$\therefore L_2 = 15\text{kN(인장재)}$

$\sum V = 0 : 25 - 10 - 10 - D_2 \sin 45° = 0$

$\therefore D_2 = 7.07\text{kN(인장재)}$

---

25 다음 그림의 X축에 대한 단면2차모멘트를 구하시오. (2점) [12]

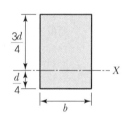

➡ $I_X = I_x \times A \cdot y_0^2$

$\quad = \dfrac{bd^3}{12} + (b \times d) \times \left(\dfrac{d}{4}\right)^2$

$\quad = \dfrac{7bd^3}{48}$

---

26 다음 그림의 X축에 대한 단면2차모멘트를 구하시오. (2점) [14]

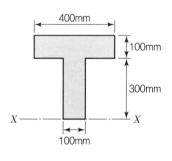

➡ $I_X = I_x \times A \cdot y_0^2$

$\quad = \left\{ \dfrac{400 \times 100^3}{12} + (400 \times 100) \right.$

$\quad\quad \left. \times (300+50)^2 \right\} + \left\{ \dfrac{100 \times 300^3}{12} \right.$

$\quad\quad \left. + (100 \times 300) \times 150^2 \right\}$

$\quad = 5.8 \times 10^9 \text{mm}^4$

27 다음의 H형강 X축에 대한 단면2차모멘트를 구하시오. (3점)　[14]

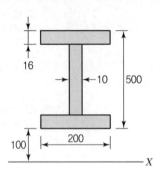

$I_X = I_x \times A \cdot y_0^2$

$\quad = \dfrac{200 \times 16^3}{12} + (200 \times 16) \times 592^2$

$\quad\quad + \dfrac{10 \times 468^3}{12} + (10 \times 468) \times 350^2$

$\quad\quad + \dfrac{200 \times 16^3}{12} + (200 \times 16) \times 108^2$

$\quad = 1.81767 \times 10^9 \text{mm}^4$

---

28 그림과 같은 단면 X – X축에 관한 단면2차모멘트를 계산하시오. (2점)
[14]

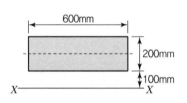

$I_X = I_x \times A \cdot y_0^2$

$\quad = \dfrac{600 \times 200^3}{12} + (600 \times 200) \times 200^2$

$\quad = 5.2 \times 10^9 \text{mm}^4$

---

29 다음 장방형 단면에서 각 축에 대한 단면2차모멘트의 비 I_X / I_Y 를 구
하시오. (2점)　　　　　　　　　　　　　　　[12, 15, 18]

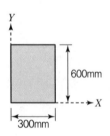

$I_X = \dfrac{300 \times 600^3}{12} + (300 \times 600) \times 300^2$

$\quad = 2.16 \times 10^{10} \text{mm}^4$

$I_Y = \dfrac{600 \times 300^3}{12} + (600 \times 300) \times 150^2$

$\quad = 5.4 \times 10^9 \text{mm}^4$

$\therefore \dfrac{I_X}{I_Y} = \dfrac{2.16 \times 10^{10}}{5.4 \times 10^9} = 4$

30 지름이 D인 원형의 단면계수를 Z_A, 한 변의 길이가 a인 정사각형의 단면계수를 Z_B라고 할 때 $Z_A : Z_B$를 구하시오(단, 두 재료의 단면적은 같고, Z_A를 1로 환산한 Z_B의 값으로 표현하시오). (4점) [17]

_____

_____

_____

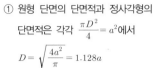

① 원형 단면의 단면적과 정사각형의 단면적은 각각 $\dfrac{\pi D^2}{4} = a^2$에서

$$D = \sqrt{\dfrac{4a^2}{\pi}} = 1.128a$$

② 원형 단면의 단면계수(Z_A)

$$Z_A = \dfrac{\pi D^3}{32} = \dfrac{\pi \times (1.128a)^3}{32}$$
$$= 0.141a^3$$
$$Z_B = \dfrac{a^3}{6}$$

$\therefore Z_A : Z_B = 0.141a^3 : \dfrac{a^3}{6} = 1.182$

31 그림과 같은 원형 단면에서 폭 b, 높이 $h = 2b$의 직사각형 단면을 얻기 위한 단면계수 Z를 직경 D의 함수로 표현하시오(단, 지름이 D인 원에 내접하는 밑변이 b이고, $h = 2b$). (4점) [15, 21]

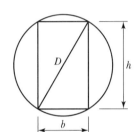

_____

_____

_____

① $Z = \dfrac{bh^2}{6} = \dfrac{b(2b)^2}{6} = \dfrac{4b^3}{6} = \dfrac{2b^3}{3}$

② $D^2 = b^2 + h^2 = b^2 + (2b)^2 = 5b^2$

에서 $b = \dfrac{D}{\sqrt{5}}$

$\therefore Z = \dfrac{2}{3}\left(\dfrac{D}{\sqrt{5}}\right)^3 = \dfrac{2\sqrt{5}}{75}D^3$

32 단면의 단면2차모멘트 $I = 640,000\text{cm}^4$, 단면2차반경 $i = \dfrac{20}{\sqrt{3}}$일 때, 단면적 $b \times h$를 구하시오. (4점) [17]

_____

_____

_____

① 단면2차반경 $i = \sqrt{\dfrac{I}{A}}$에서

$$A = \dfrac{I}{i^2} = \dfrac{640,000}{\left(\dfrac{20}{\sqrt{3}}\right)^2}$$
$$= 4,800\text{cm}^2$$

② 단면2차모멘트 $I = \dfrac{bh^3}{12}$에서

$I = \dfrac{Ah^2}{12}$ 이므로

$$h = \sqrt{\dfrac{I \times 12}{A}}$$
$$= \sqrt{\dfrac{640,000 \times 12}{4,800}} = 40\text{cm}$$

③ $b = \dfrac{A}{h} = \dfrac{4,800}{40} = 120\text{cm}$

$\therefore b \times h = 120\text{cm} \times 40\text{cm} = 4,800\text{cm}^2$

33 강재의 탄성계수가 210,000MPa, 단면적이 10cm², 길이가 4m, 외력으로 80kN의 인장력이 작용할 때 변형량(ΔL)을 구하시오. (2점)

[12]

_____

_____

_____

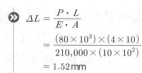

$$\Delta L = \frac{P \cdot L}{E \cdot A}$$
$$= \frac{(80 \times 10^3) \times (4 \times 10)}{210,000 \times (10 \times 10^2)}$$
$$= 1.52mm$$

34 다음 그림을 보고 압축응력, 변형률, 탄성계수를 구하시오. (3점)

[16]

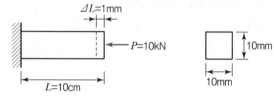

(1) 압축응력 : _____

(2) 변형률 : _____

(3) 탄성계수 : _____

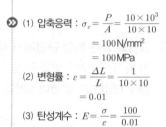

(1) 압축응력 : $\sigma_c = \dfrac{P}{A} = \dfrac{10 \times 10^3}{10 \times 10}$
$$= 100N/mm^2$$
$$= 100MPa$$

(2) 변형률 : $\varepsilon = \dfrac{\Delta L}{L} = \dfrac{1}{10 \times 10}$
$$= 0.01$$

(3) 탄성계수 : $E = \dfrac{\sigma}{\varepsilon} = \dfrac{100}{0.01}$
$$= 10,000MPa$$

35 철근 콘크리트의 선팽창계수가 1.0×10^{-5}m/m℃이라면 10m 부재가 10℃의 온도변화 시 부재의 길이 변화량은 몇 cm인가? (3점) [10]

_____

_____

_____

길이변화(ΔL) = 선팽창계수 $\times \Delta T \times L$
$$\therefore \ 1 \times 10^{-5} \times 10 \times 10 \times 1,000 = 1mm$$
$$= 0.1cm$$

36 그림과 같은 단순보의 최대휨응력은? (3점)

[14, 19]

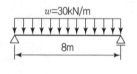

① $M_{max} = \dfrac{wl^2}{8} = 240 \times 10^6 N \cdot mm$

② $Z = \dfrac{bh^2}{6} = \dfrac{200 \times 300^2}{6}$
$$= 3 \times 10^6 mm^3$$

$\therefore \ \sigma_{max} = \dfrac{M_{max}}{Z} = \dfrac{240 \times 10^6}{3 \times 10^6}$
$$= 80N/mm^2 = 80MPa$$

_____

_____

_____

37 그림과 같은 150mm × 150mm 단면을 가진 무근 콘크리트 보가 경간길이 450mm로 단순 지지되어 있다. 3등분점에서 2점을 재하하였을 때, 하중 $P = 12$kN에서 균열이 발생함과 동시에 파괴되었다. 이때 무근 콘크리트의 휨균열강도(휨 파괴계수)를 구하시오. (4점)

[13, 20]

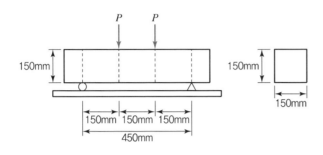

$$f_b = \frac{M_{max}}{Z} = \frac{(12 \times 10^3) \times 150}{\frac{150 \times 150^2}{6}}$$

$$= 3.2\,\text{MPa}$$

38 그림과 같은 단순보의 C점에서의 최대휨응력을 구하시오. (3점)

[14]

100kN 200kN

A C B

2.5m

2m 2m 1m

500mm

300mm

① $\Sigma M_B = 0 : +(V_A)(5) - (100 \times 3)$
   $\quad - (200 \times 1) = 0$
   $\therefore V_A = +100\text{kN}(\uparrow)$
② $M_C = +[+(100 \times 2.5) - (100 \times 0.5)]$
   $\quad = +200\text{kN} \cdot \text{m}$
③ $\sigma_{max} = \frac{M_{max}}{Z} = \frac{200 \times 10^6}{\frac{300 \times 500^2}{6}}$
   $\quad = 16\text{MPa}$

39 부재 단면에 비틀림이 생기지 않고 휨변형만 유발하는 위치를 무엇이라 하는가? (2점)

[20]

전단중심(Shear Center)

40 그림과 같은 단순보의 단면에 생기는 최대전단응력도(MPa)를 구하시오(단, 보의 단면은 300×500mm). (3점)   [13, 16]

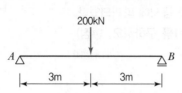

최대전단력 $V_{max} = \dfrac{P}{2} = \dfrac{200}{2} = 100\,kN$

∴ 최대전단응력

$\tau_{max} = K \cdot \dfrac{V_{max}}{A} = \dfrac{3}{2} \times \dfrac{100 \times 10^3}{300 \times 500}$

$= 1MPa$

41 그림과 같은 독립기초에 발생하는 최대압축응력도(MPa)를 구하시오. (4점)   [18]

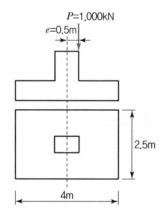

$\sigma_{max} = -\dfrac{P}{A} - \dfrac{M}{Z}$

$= -\dfrac{1,000 \times 10^3}{2,500 \times 4,000}$

$\quad -\dfrac{(1,000 \times 10^3) \times 500}{\dfrac{2,500 \times 4,000^2}{6}}$

$= -0.175MPa$

42 그림과 같이 36kN의 하중을 받는 구조물이 있다. 고정단에 발생하는 최대압축응력도(MPa)를 구하시오(단, 기둥의 단면은 600×600mm 이며, 압축응력도의 부호는 $-$로 표기한다). (3점)　　　　[13]

36kN

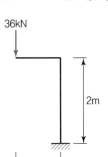

2m

1m

$\sigma_{max} = -\dfrac{P}{A} - \dfrac{M}{Z}$

$= -\dfrac{36 \times 10^3}{600 \times 600}$

$\quad - \dfrac{(36 \times 10^3) \times 1,000}{\dfrac{600 \times 600^2}{6}}$

$= -1.1 \text{MPa}$

---

43 그림과 같은 콘크리트 기둥이 양단 힌지로 지지되었을 때 약축에 대한 세장비가 150이 되기 위한 기둥의 길이(m)를 구하시오. (3점)

[13, 18]

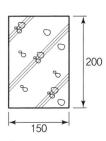

200

150

세장비 $\lambda = \dfrac{KL}{i} = \dfrac{KL}{\sqrt{\dfrac{I}{A}}}$

$= \dfrac{1.0L}{\sqrt{\dfrac{\dfrac{200 \times 150^3}{12}}{200 \times 150}}} = 150$

$\therefore \ L = 6,495 \text{mm} = 6,495 \text{m}$

44 1단 자유, 타단 고정인 길이 2.5m인 압축력을 받는 H형강 기둥(H – 100 × 100 × 6 × 8)의 탄성좌굴하중을 구하시오(단, $I_x = 383 × 10^4$ mm⁴, $I_Y = 134 × 10^4$ mm⁴, $E = 210,000$ N/mm²). (4점) [12]

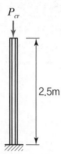

P_{cr}

2.5m

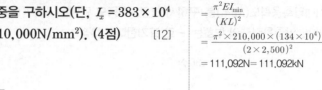

탄성좌굴하중(P_b)

$$= \frac{\pi^2 E I_{min}}{(KL)^2}$$

$$= \frac{\pi^2 × 210,000 × (134 × 10^4)}{(2 × 2,500)^2}$$

$$= 111,092N = 111.092kN$$

---

45 1단 자유, 타단 고정인 길이 2.5m인 압축력을 받는 철골조 기둥의 탄성좌굴하중을 구하시오(단, 단면2차모멘트 $I = 798,000$ mm⁴, 탄성계수 $E = 200,000$ MPa). (3점) [12, 15]

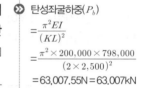

탄성좌굴하중(P_b)

$$= \frac{\pi^2 E I}{(KL)^2}$$

$$= \frac{\pi^2 × 200,000 × 798,000}{(2 × 2,500)^2}$$

$$= 63,007.55N = 63.007kN$$

---

46 1단 자유, 타단 고정인 길이 2.5m인 압축력을 받는 H – 100 × 100 × 6 × 8 기둥의 탄성좌굴하중을 구하시오(단, $I_x = 383 × 10^4$ mm⁴, $I_Y = 134 × 10^4$ mm⁴, $E = 205,000$ MPa). (4점) [21]

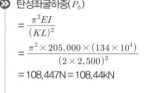

탄성좌굴하중(P_b)

$$= \frac{\pi^2 E I}{(KL)^2}$$

$$= \frac{\pi^2 × 205,000 × (134 × 10^4)}{(2 × 2,500)^2}$$

$$= 108,447N = 108.44kN$$

47 기둥의 재질과 단면 크기가 모두 같은 그림과 같은 4개의 장주의 좌굴길이를 쓰시오. (4점)　　　　　　　　　　[12, 19]

①	②	③	④
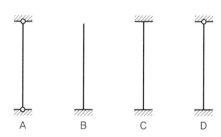			
$2L$	$4L$	L	$\dfrac{L}{2}$

① _____　② _____

③ _____　④ _____

Right answer column:
① $0.7 \times 2L = 1.4L$
② $0.5 \times 4L = 2L$
③ $2 \times L = 2L$
④ $1 \times \dfrac{L}{2} = 0.5L$

48 기둥의 재질과 단면 크기가 같은 4개의 장주에 대해 좌굴길이가 가장 큰 기둥 크기 순서대로 쓰시오. (3점)　　　　　[18]

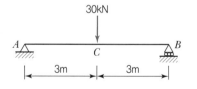

A　　B　　C　　D

B → A → D → C

49 그림과 같은 단순보의 A지점의 처짐각, 보의 중앙 C점의 최대처짐량을 계산하시오(단, $E = 206\text{GPa}$, $I = 1.6 \times 10^8 \text{mm}^4$). (4점)　　　　　[12, 20]

30kN

A ⟍ 　　C　　 B ⟍

|← 3m →|← 3m →|

(1) A점의 처짐각 : _____

(2) C점의 최대처짐량 : _____

(1) A점의 처짐각

$$\Theta_A = \frac{Pl^2}{16EI}$$

$$= \frac{(30 \times 10^3) \times (6 \times 10^3)^2}{16 \times (206 \times 10^3) \times (1.6 \times 10^8)}$$

$$= 0.002\,\text{rad}$$

(2) C점의 최대처짐량

$$\delta_c = \frac{Pl^3}{48EI}$$

$$= \frac{(30 \times 10^3) \times (6 \times 10^3)^3}{48 \times (206 \times 10^3) \times (1.6 \times 10^8)}$$

$$= 4.096\,\text{mm}$$

50 그림과 같은 H형강을 사용한 단순지지 철골보의 최대지점(mm)을 구하시오(단, $L = 7$m, $E = 205,000$MPa, $I = 4,870$cm⁴며, 고정하중은 10kN/m, 활하중은 20kN/m가 적용된다). (3점) [16]

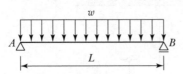

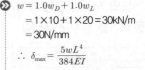

$w = 1.0w_D + 1.0w_L$
$= 1 \times 10 + 1 \times 20 = 30$kN/m
$= 30$N/mm

$\therefore \delta_{max} = \dfrac{5wL^4}{384EI}$

$= \dfrac{5 \times 30 \times (7 \times 10^3)^4}{384 \times 205,000 \times 4,870 \times 10^4}$

$= 93.94$mm

51 그림과 같은 캔틸레버 보의 자유단 B점과 처짐이 0이 되기 위한 등분포하중 w(kN/m)의 크기를 구하시오(단, 경간 전체의 휨강성 EI는 일정). (3점) [14]

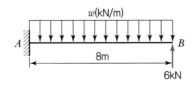

$\delta_B = \dfrac{wL^4}{8EI} - \dfrac{PL^3}{3EI} = 0$이므로

$\therefore$ 등분포하중$(w) = \dfrac{8P}{3L} = \dfrac{8 \times 6}{3 \times 8}$

$= 2$kN/m

52 다음 연속보의 반력 V_A, V_B, V_C를 구하시오. (3점) [19]

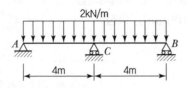

$\delta_c = \dfrac{5wl^4}{384EI} - \dfrac{V_c l^3}{48EI} = 0$

$V_c = \dfrac{5}{8}wl = \dfrac{5}{8} \times 2 \times 8 = 10$kN

$\Sigma V = 0 : V_A, V_B, V_C = 16$kN

$V_A = V_B = \dfrac{1.5}{8}wl$

$= \dfrac{1.5}{8} \times 2 \times 8 = 3$kN

$\therefore V_A = 3$kN, $V_B = 3$kN, $V_C = 10$kN

53 그림과 같은 라멘에 있어서 A점의 전달모멘트를 구하시오(단, k는 강비이다). (3점) [15]

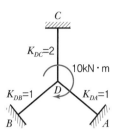

C

$K_{DC}=2$

10kN·m

$K_{DB}=1$　D　$K_{DA}=1$

B　　　　A

_____

_____

_____

1 : $M_{AD} = +1.25\text{kN·m}$

(1) 분배율 : $DF_{DA} = \dfrac{1}{1+1+2} = \dfrac{1}{4}$

(2) 분배모멘트

$\quad M_{DA} = M_D \cdot DF_{DA} = (+10)\left(\dfrac{1}{4}\right)$

$\qquad\quad = +2.5\text{kN·m}(\curvearrowleft)$

(3) 전달모멘트

$\therefore\ M_{AD} = \dfrac{1}{2}M_{DA} = \dfrac{1}{2}(+2.5)$

$\qquad\quad = +1.25\text{kN·m}(\curvearrowleft)$

54 그림과 같은 구조물에서 OA 부재의 분배율을 모멘트 분배법으로 계산하시오. (3점) [16]

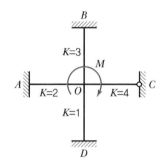

B

$K=3$

M

A　$K=2$　O　$K=4$　C

$K=1$

D

_____

_____

_____

$DF_{OA} = \dfrac{k}{\sum K}$

$\quad = \dfrac{2}{2+3+4\times\dfrac{3}{4}+1}$

$\quad = \dfrac{2}{9}$

1. 철근 콘크리트 구조

1) 철근 콘크리트 구조체의 원리

단순보에 하중이 작용하면 중립축을 경계로 하여 위쪽에는 압축응력, 아래쪽에는 인장응력이 발생한다. 이러한 구조체가 콘크리트만으로 구성되면 구조물의 하부에는 쉽게 균열이 발생하여 파괴될 것이다. 콘크리트는 인장에 약한 재료이므로 인장 측에 철근을 넣어 보강하면 콘크리트는 인장 저항력이 없어도 철근이 인장력에 충분히 저항할 수 있어 안전하게 되며, 중립축 상부의 압축 측은 콘크리트가 충분히 견디므로 전체적으로 안전한 구조체가 된다.

2) 철근 콘크리트 구조체의 성립조건

① 중립축 상부의 압축력(Compression)은 콘크리트가 중립축 하부의 인장력(Tension)은 철근이 부담하며 하부의 콘크리트 인장강도는 무시한다.
② 철근과 콘크리트는 재료적인 측면에서 부착성(Bond)이 탁월하여 콘크리트 내부에서 철근의 상대적인 미끄러짐을 방지하여 콘크리트와 철근은 일체로 거동한다.
③ 철근과 콘크리트는 온도에 대한 선팽창계수(열팽창계수)가 거의 유사하며 온도변화에 비슷한 거동을 보인다.
ㄱ 콘크리트 선팽창계수 : $1.0{\sim}1.3{\times}10^{-5}$m/m℃
ㄴ 철근 선팽창계수 : $1.2{\times}10^{-5}$m/m℃
④ 철근은 콘크리트의 피복에 의해 부식이 방지된다.

3) 철근 콘크리트 구조체의 장단점

(1) 장점

① 철근과 콘크리트가 일체가 되어 내구적이다.
② 철근이 콘크리트에 의해 피복되므로 내화적이다.
③ 재료의 공급이 용이하며 경제적이다.
④ 부재의 형상과 치수가 자유롭다.

↑ 균열과 처짐 발생 ↑
(a) 무근 콘크리트 부재

↑ 균열과 처짐 억제 ↑
(b) 철근 콘크리트 부재
▲ 콘크리트 부재

(2) 단점

① 부재의 자중이 크고, 균열이 생기기 쉽다.

② 습식구조이므로 동절기 공사가 어렵고 시공기간이 길다.

③ 공사기간이 길며 균질한 시공이 어렵다.

④ 재료의 재사용 및 철거작업이 어렵다.

4) 콘크리트의 재료적 특성

(1) 압축강도(f_c)

$$f_c = \frac{P}{A} = \frac{P}{\frac{\pi d^2}{4}} \ (N/mm^2) \rightarrow f_{28} = f_{ck}$$

① 공시체 : 직경 150mm × 높이 300mm의 원주형 표준

② 압축강도 증가요인

일반적으로 콘크리트의 강도는 압축강도를 말하며, 물 – 시멘트비 (W/C)가 낮을수록, 재령이 길수록, 적정한 양생을 실시할수록 강도가 커진다.

③ 설계기준압축강도(f_{ck})와 평균압축강도(f_{cu})

구분	특징
설계기준압축강도(f_{ck})	콘크리트 부재를 설계할 때 기준이 되는 콘크리트 압축강도
평균압축강도(f_{cu})	크리프변형 및 처짐 등을 예측하는 경우 보다 실제 값에 가까운 값을 구하기 위한 것(재령 28일에서 콘크리트의 평균압축강도)

$$f_{cu} = f_{ck} + \triangle f \ (MPa)$$

$f_{ck} \leq 40MPa$	$40MPa < f_{ck} < 60MPa$	$f_{ck} \geq 60MPa$
$\triangle f = 4MPa$	$\triangle f = $직선 보간	$\triangle f = 6MPa$

(2) 크리프(Creep)

콘크리트에 하중이 작용하면 그것에 비례하는 순간적인 변형이 생긴다. 그 후에 하중의 증가는 없는데 시간이 경과함에 따라 변형이 증가될 때 이 추가변형을 크리프라 한다. 크리프에 영향을 미치는 요인은 다음과 같다.

① 물 – 시멘트비 : 클수록 크리프 증가

② 단위시멘트양 : 많을수록 크리프 증가

③ 온도 : 높을수록 크리프 증가

④ 응력 : 클수록 크리프 증가

⑤ 상대습도 : 높을수록 크리프 감소

Tip

치수효과에 의한 강도 보정

콘크리트의 압축강도용 공시체는 ϕ150 ×300mm를 기준으로 하며, ϕ100× 200mm의 공시체를 사용할 경우 강도 보정계수 0.97을 곱하여 계산한다.

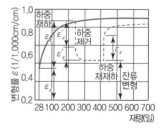

▲ 콘크리트의 크리프 변형률

⑥ 콘크리트의 강도, 재령 : 클수록 크리프 감소

⑦ 하중 지속 시간 : 처음 28일 동안 전체 크리프양의 50%, 4개월 내에 80%, 2년 이내에 90%, 4~5년 후면 크리프 발생이 거의 완료됨

⑧ 철근 : 압축 철근이 효과적으로 배근되면 크리프 감소

⑨ 체적 : 체적이 클수록 크리프 감소

⑩ 양생 : 고온증기로 양생하면 크리프 감소

⑪ 크리프계수(C_u)

$$C_u = \frac{\varepsilon_c}{\varepsilon_e} = \frac{\varepsilon_c}{\dfrac{f_c}{E_c}} = \frac{\varepsilon_c \cdot E_c}{f_c}$$

여기서, ε_c : 크리프 변형률, ε_e : 탄성 변형률

(3) 인장강도(f_{sp})

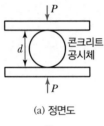

(a) 정면도

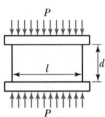

(b) 측면도

▲ 인장강도시험

$$f_{sp} = \frac{P}{A} = \frac{2P}{\pi dl} \text{(N/mm}^2)$$

① 콘크리트의 인장강도는 압축강도의 10% 정도이므로 철근 콘크리트 구조설계 시 콘크리트의 인장강도를 무시하는 것이 일반적이다.

② 보통골재를 사용하는 콘크리트 인장강도

$$(f_{sp}) : 0.57\sqrt{f_{ck}}$$

(4) 휨인장강도(f_r)

150mm×150mm×530mm의 장방형 무근 콘크리트 보의 경간 중앙 또는 3등분점에 보가 파괴될 때까지 하중을 작용시켜 균열모멘트 M_{cr}을 구한다.

휨공식 $f = \dfrac{M}{I} \cdot y$에 대입하여 콘크리트의 휨인장강도를 구하며 이것을 파괴계수(f_r, Modulus of Rapture)라고도 한다.

$$f_r = 0.63\lambda\sqrt{f_{ck}}$$

(5) 콘크리트 탄성계수(E_C)

① 초기 접선탄성계수 : 곡선 처음 부분의 기울기로, 크리프 계산에 사용된다.

$$E_{ci} = \tan\theta_1 = 1.18E_C = 3,300\sqrt{f_{ck}} + 7,700\text{(MPa)}$$

② 접선탄성계수 : 임의의 점에서의 기울기를 나타낸다.

$$E_C = \tan\theta_2$$

③ 할선탄성계수 : 절반 정도 응력($0.5f_{ck}$)의 기울기를 나타낸다.

$$E_C = \tan\theta_3$$

④ 일반적으로 콘크리트의 탄성계수는 할선탄성계수(세컨드계수)를 의미하며, 이는 압축강도의 30~50% 정도의 응력을 사용하여 구한다.

⑤ 콘크리트구조기준에 따른 콘크리트 탄성계수(할선탄성계수)

$$E_C = 0.077m_c^{1.5}\sqrt[3]{f_{cu}} = 8,500\sqrt[3]{f_{cu}}\,[\text{MPa}]$$

여기서, $f_{cu} = f_{ck} + \Delta f[\text{MPa}]$이며, Δf는
- $f_{ck} \leq 40\text{MPa}$인 경우 $\Delta f = 4\text{MPa}$
- $f_{ck} \geq 60\text{MPa}$인 경우 $\Delta f = 6\text{MPa}$
- 그 사이는 직선보간
  - 크리프 변형계산에 사용되는 탄성계수(초기 접선탄성계수)

$$E_{ci} = 1.18E_C = 10,000\sqrt[3]{f_{cu}}$$

(6) **응력 – 변형률 곡선(Stress – Strain Curve)**

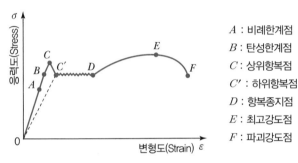

▲ 강재의 응력 – 변형률 곡선

A : 비례한계점
B : 탄성한계점
C : 상위항복점
C' : 하위항복점
D : 항복종지점
E : 최고강도점
F : 파괴강도점

① 철근의 탄성계수(E_s) : 탄성범위 내에서 응력 – 변형률 곡선의 기울기

$$E_s = 2.0 \times 10^5\,\text{MPa}$$

② 철근과 콘크리트의 탄성계수비(n) : 콘크리트와 철근 각 재료의 탄성계수와 탄성계수의 비

$$n = \frac{E_s}{E_c} = \frac{2.0 \times 10^5}{8,500\sqrt[3]{f_{cu}}} = \frac{23.53}{\sqrt[3]{f_{cu}}} = \frac{23.53}{\sqrt[3]{f_{ck} + \triangle f}}$$

③ 그래프상에서 탄성구간은 $O \sim B$ 구간이며, 소성구간은 $E \sim B$ 구간이다.

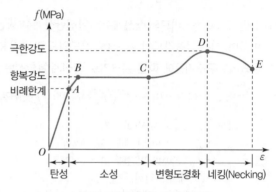

▲ 저탄소강의 응력－변형률곡선

(7) 철근의 피복

>>> 피복두께
콘크리트 표면에서 가장 근접한 철근 표면까지의 두께(mm)다.

① 피복의 목적 : 내구성(철근의 방청), 내화성, 부착력 확보

② 현장치기 콘크리트의 최소피복두께(프리스트레스 하지 않은 부재)

KDS 기준			피복두께
수중에서 타설하는 콘크리트			100mm
흙에 접하여 콘크리트를 친 후 영구히 흙에 묻혀 있는 콘크리트			75mm
흙에 접하거나 옥외의 공기에 직접 노출되는 콘크리트	D19 이상 철근		50mm
	D16 이하 철근		40mm
옥외의 공기나 흙에 직접 접하지 않는 콘크리트	슬래브, 벽체, 장선	D35 초과 철근	40mm
		D35 이하 철근	20mm
	보, 기둥		40mm
	셸, 절판부재		20mm

※ 보, 기둥의 경우 $f_{ck} \geq 40$MPa일 때 피복두께를 10mm 저감시킬 수 있다.

(8) 철근의 간격 구조 규준

콘크리트의 균열을 제어하기 위한 목적이다.

동일 평면에서 철근의 평행한 수평 순간격	• 25mm 이상 • 철근 공칭지름 이상 • 굵은 골재 최대치수의 4/3배 이상
2단 이상 배치된 철근의 상하 연직 순간격	• 동일 연직면 내에 배치 • 연직 순간격 25mm 이상
나선철근 또는 띠철근이 배근된 압축부재에서 축방향 철근의 순간격	• 40mm 이상 • 철근 공칭 지름의 1.5배 이상 • 굵은 골재 최대치수의 4/3배 이상

2. 설계 이론 및 안정성

1) 철근 콘크리트 설계법(한계상태 설계법)

LSD(Limit State Design method)라고 하며 구조물이 그 사용목적에 적합하지 않게 되는 어떤 한계상태에 도달되는 확률을 허용한도 이하로 되게 설계하는 방법이다. 즉, 하중작용 및 재료강도의 변동을 고려하여 확률론적으로 구조물의 안전성을 평가하는 가장 이상적인 설계법이다.

종류	상태
극한한계상태 (Ultimate Limit State)	구조물 또는 부재가 파괴 또는 파괴에 가까운 상태로 되어 그 기능을 상실한 상태
사용한계상태 (Serviceability Limit State)	처짐, 균열, 진동 등이 과대하게 일어나서 정상적인 사용상태의 필요조건을 만족하지 않게 된 상태
피로한계상태 (Fatigue Limit State)	반복하중에 의하여 철근이 파단되거나 콘크리트가 압축되는 상태

2) 강도설계법

(1) 소요강도와 설계강도

① 소요강도(Require Strength, U)

소요강도 U는 사용하중에 하중계수를 곱한 계수하중(Factored Load) 또는 이와 관련된 단면력이다(하중계수×실제하중).

㉠ 하중계수와 하중조합을 모두 고려하여 최대소요강도에 만족하도록 설계하여야 한다.

㉡ 구조물과 구조부재의 소요강도는 공칭하중에 고정하중, 활하중, 풍하중, 적절하중, 지진하중 등이 작용할 경우, 하중조합을 고려하여 큰 값으로 결정한다.

㉢ 하중조합에 따른 하중계수

$$U = 1.4 + (D + F)$$

$$U = 1.2(D + F + T) + 1.6(L + \alpha_H + H_v + H_h) + 0.5(L_r \text{ 또는 } S \text{ 또는 } R)$$

$$U = 1.2D + 1.6(L_r \text{ 또는 } S \text{ 또는 } R) + (1.0L \text{ 또는 } 0.5W)$$

$$U = 1.2D + 1.0W + 1.0L + 0.5(L_r \text{ 또는 } S \text{ 또는 } R)$$

$$U = 1.2(D + H) + 1.0E + 1.0L + 0.2S + (1.0H_h \text{ 또는 } 0.5H_h)$$

$$U = 1.2(D + F + T) + 1.6(L + \alpha_H H_v) + 0.8H_h + 0.5$$
$$(L_r \text{ 또는 } S \text{ 또는 } R)$$

$$U = 0.9(D + H_v) + 1.0W + (1.6H_h \text{ 또는 } 0.8H_h)$$

$$U = 0.9(D + H_v) + 1.0E + (1.0H_h \text{ 또는 } 0.5 H_h)$$

다만, α_H는 연직방향 하중 H_v에 대한 보정계수로서,

Tip
하중계수를 곱하는 이유
극한 상태에 대한 극한 외력으로서 구조물이나 구조부재에 작용할 수 있는 가장 불리한 조건을 고려하기 위함이다.

≫ 하중조합
구조물 또는 부재에 동시에 작용할 수 있는 각종 하중의 조합을 말한다.

$h \leq 2m$에 대해서 $\alpha_H = 1.0$이며,

$h > 2m$에 대해서 $\alpha_H = 1.05 - 0.025h \geq 0.875$이다.

여기서, U : 계수하중, 소요강도

D : 고정하중

F : 유체중량 및 압력에 의한 하중

E : 지진하중

H_h : 횡압력에 의한 수평방향하중

R : 강우하중

H_v : 자중에 의한 연직방향하중

W : 풍하중

L : 활하중

L_r : 지붕 활하중

S : 적설하중

T : 온도, 크리프, 건조수축 및 부등침하의 영향에 의한 하중

② 설계강도(Design Strength)

설계강도는 어떤 부재와 다른 부재의 접합부 및 그 단면이 만들어낼 수 있는 값을 말하며 휨, 축력, 전단 및 비틀림 등으로 표현한다. 이 값은 구조설계 기준에 의해 계산된 공칭강도(Nominal Strength)에 1보다 작은 강도감소계수(ϕ)를 곱하여 구한다.

(2) 강도감소계수(ϕ)

① 부재 또는 하중의 종류에 따른 강도감소계수

부재 또는 하중의 종류			ϕ
휨부재 또는 휨모멘트와 축력을 동시에 받는 부재	인장지배단면		0.85
	변화구간단면	나선철근 부재	0.70~0.85
		그 외의 부재	0.65~0.85
	압축지배단면	나선철근 부재	0.70
		그 외의 부재	0.65
전단력과 비틀림 모멘트			0.75
콘크리트의 지압력			0.65
무근콘크리트의 휨모멘트, 압축력, 전단력, 지압력			0.55
포스트텐션 정착 구역			0.85
스트럿 – 타이 모델	스트럿, 절점부 지압부		0.75
	타이		0.85

② 강도감소계수(ϕ)의 사용목적

설계강도를 산출할 때, 부재나 단면이 받을 수 있는 공칭강도에 곱해주는 계수로서 다음을 고려하기 위한 안전계수이다.

㉠ 재료의 공칭강도와 실제 강도 차이(가변성)

㉡ 부재를 제작 또는 시공할 때 설계도와의 차이(시공오차)

㉢ 부재 강도의 추정과 해석에 관련된 불확실성

㉣ 구조물에서 차지하는 부재의 중요도 차이 등

③ 지배단면 구분

    ㉠ 인장지배단면 : 압축연단 콘크리트가 가정된 극한변형률에 도달할 때 최외단 인장철근의 순인장변형률 ε_t가 인장지배변형률 한계 이상인 단면

    ㉡ 압축지배단면 : 압축연단 콘크리트가 가정된 극한변형률에 도달할 때 최외단 인장철근의 순인장변형률 ε_t가 압축지배변형률 한계 이하인 단면

    ㉢ 변화구간단면(전이구역) : 순인장변형률 ε_t가 압축지배변형률 한계($\varepsilon_{t,ccl}$)와 인장지배변형률 한계($\varepsilon_{t,tcl}$) 사이인 단면

      $\Rightarrow \varepsilon_y < \varepsilon_t < 0.005 (f_y > 400\text{MPa인 경우 } 2.5\varepsilon_y)$

    ㉣ 지배단면의 변형률 한계($f_{ck} \leq 40\text{MPa인 경우}$)

강재 종류		압축지배 변형률 한계	인장지배 변형률 한계	휨부재의 최소허용변형률
철근	SD400 이하	ε_y	0.005	0.004
	SD400 초과	ε_y	$2.5\varepsilon_y$	$2.0\varepsilon_y$
PS강재		0.002	0.005	−

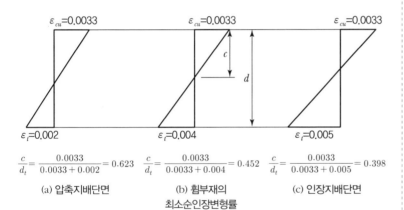

$\dfrac{c}{d_t} = \dfrac{0.0033}{0.0033 + 0.002} = 0.623$ $\dfrac{c}{d_t} = \dfrac{0.0033}{0.0033 + 0.004} = 0.452$ $\dfrac{c}{d_t} = \dfrac{0.0033}{0.0033 + 0.005} = 0.398$

(a) 압축지배단면   (b) 휨부재의 최소순인장변형률   (c) 인장지배단면

▲ 순인장변형률과 c/d_t

④ 지배단면에 따른 강도감소계수

지배단면 구분	순인장변형률(ε_t) 조건	강도감소계수(ϕ)
압축지배단면	$\varepsilon_t \leq \varepsilon_y$	0.65
변화구간단면	SD400 이하 : $\varepsilon_y < \varepsilon_t < 0.005$	0.65~0.85
	SD400 초과 : $\varepsilon_y < \varepsilon_t < 2.5\varepsilon_y$	
인장지배단면	SD400 이하 : $0.005 \leq \varepsilon_t$	0.85
	SD400 초과 : $2.5\varepsilon_y \leq \varepsilon_t$	

Tip

기타 강도감소계수 사용 이유

① 인장지배단면보다 압축지배단면에 대하여 더 작은 ϕ계수를 사용하는 이유는 압축지배단면의 연성이 더 작고, 콘크리트 강도의 변동에 보다 민감하며, 일반적으로 인장지배단면 부재보다 더 넓은 영역의 하중을 지지하기 때문이다.

② 나선철근 부재가 띠철근 기둥보다 큰 ϕ계수를 갖는 이유는 연성(Ductility)이나 인성(Toughness)이 크기 때문이다.

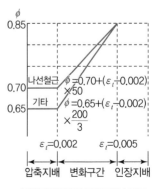

▲ 지배단면에 따른 강도감소계수

⑤ 변화구간단면의 강도감소계수(SD400 이하인 경우)

㉠ 나선철근인 경우 : $\phi = 0.70 + 0.15 \times \dfrac{\varepsilon_t - \varepsilon_y}{0.005 - \varepsilon_y}$

휨부재(SD400)의 최소허용변형률 조건($\varepsilon_t \leq 0.004$)에 해당하는

강도감소계수는 $\varepsilon_y = \dfrac{f_y}{E_s} = \dfrac{400}{2.0 \times 10^5} = 0.002$

$\therefore \phi = 0.70 + 0.15 \times \dfrac{0.004 - 0.002}{0.005 - 0.002} = 0.80$

㉡ 기타(띠철근)의 경우 : $\phi = 0.65 + 0.2 \times \dfrac{\varepsilon_t - \varepsilon_y}{0.005 - \varepsilon_y}$

휨부재(SD400)의 최소허용변형률 조건($\varepsilon_t \leq 0.004$)에 해당하는

강도감소계수는 $\varepsilon_y = \dfrac{f_y}{E_s} = \dfrac{400}{2.0 \times 10^5} = 0.002$

$\therefore \phi = 0.65 + 0.2 \times \dfrac{0.004 - 0.002}{0.005 - 0.002} = 0.783 \fallingdotseq 0.78$

Tip 👆

휨부재에서 압축철근의 역할과 특징
① 단면의 크기가 제한을 받아 단철근
   보로서는 휨모멘트를 견딜 수 없는
   경우 사용
② 정, 부모멘트를 교대로 받는 부재
③ 부재의 처짐 감소
④ 건조수축과 크리프 감소
⑤ 연성 증진

3. 휨재 설계

1) 휨이론의 추가 가정

① 철근 콘크리트 부재의 휨강도 계산에서 콘크리트의 인장강도를 무시한다.
② 콘크리트의 압축변형률이 극한변형률에 이르렀을 때 콘크리트는 파괴된다.
③ 콘크리트의 압축응력 – 변형률 관계는 시험결과에 따라 직사각형, 포물선, 사다리꼴로 가정할 수 있다.

2) 휨설계의 기본개념

(1) 휨설계의 일반원칙

① 휨모멘트나 축력 또는 휨모멘트와 축력을 동시에 받는 단면의 설계는 힘의 평형 조건과 변형률의 적합조건에 기초하여야 한다.
② **균형변형률 상태** : 인장철근이 항복하여 그 변형률이 항복변형률 ε_y에 도달하고, 동시에 콘크리트의 변형률이 그 극한변형률 ε_{cu}에 도달하는 경우의 변형률 상태를 균형변형률 상태라고 한다.
③ 최외단 인장철근(인장 측 연단에 가장 가까운 철근)의 순인장변형률(ε_t)에 따라 압축지배단면, 인장지배단면, 변화구간단면으로 구분하고, 지배단면에 따라 강도감소계수(ϕ)를 달리 적용해야 한다.
④ 휨부재 또는 휨모멘트와 축력을 동시에 받는 부재(계수축력 ≤ 0.10 $f_{ck}A_g$인 경우)의 순인장변형률 ε_t는 휨부재의 최소허용변형률 이상이어야 한다.

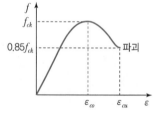

▲ 콘크리트 응력 – 변형률 곡선

(2) 순인장변형률(ε_t)

① 최외단 인장철근 또는 긴장재의 인장변형률에서 프리스트레스, 크리프, 건조수축, 온도변화에 의한 변형률을 제외한 인장변형률을 말한다.

② 변형률 분포에서 비례식을 이용하면 $c : \varepsilon_{cu} = (d_t - c) : \varepsilon_t$로부터 다음과 같이 산정할 수 있다.

$$\therefore \varepsilon_t = \frac{(d_t - c)}{c} \cdot \varepsilon_{cu}$$

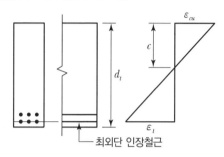

▲ 변형률 분포와 순인장변형률

3) 수학적 모델(Model) 유추

응력은 변형률로부터 구한다는 가정에서 콘크리트의 압축변형률이 극한변형률 ε_{cu}일 때의 응력은 $\eta 0.85 f_{ck}$가 된다.

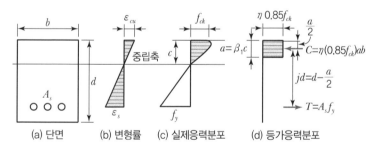

▲ 극한하중에서 실제 및 등가직사각형의 응력분포

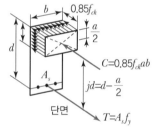

▲ 휘트니(Whitney)의 등가사각형 응력

콘크리트가 받는 압축력(Compression)과 철근이 받는 인장력(Tension)이 우력으로 작용하여 부재 내에 순수휨만 발생한다면, 콘크리트가 저항할 수 있는 모멘트 M_C(=Moment of Resistence Concrete)와 철근이 저항할 수 있는 모멘트 M_S(=Moment of Resistence Steel−bar)를 같게 설계할 수 있다. 즉, $M_C = M_S$이므로 $C = T$가 된다.

$$\therefore \eta(0.85 f_{ck}) \cdot a \cdot b = A_s \cdot f_y$$

(1) 압축응력 등가블록 깊이(a) = 등가응력 분포 길이

$$a = \frac{A_s \cdot f_y}{\eta(0.85f_{ck}) \cdot b} = \frac{\rho \cdot f_y \cdot d}{\eta \, 0.85 f_{ck}}$$

(2) 직사각형 등가응력블록의 변수(η, β_1)의 값

휨모멘트 또는 휨모멘트와 축력을 동시에 받는 부재의 콘크리트 압축
연단의 극한변형률은 콘크리트의 설계기준압축강도가 40MPa 이하인
경우에는 0.0033으로 가정하며, 40MPa을 초과할 경우에는 매 10MPa
의 강도 증가에 대하여 0.0001씩 감소시킨다. 콘크리트의 설계기준압
축강도가 90MPa을 초과하는 경우에는 성능실험을 통한 조사연구에
의하여 콘크리트 압축연단의 극한변형률을 선정하고 근거를 명시하여
야 한다.

f_{ck}(MPa)	≤40	50	60	70	80	90
ε_{cu}	0.0033	0.0032	0.0031	0.003	0.0029	0.0028
η	1.00	0.97	0.95	0.91	0.87	0.84
β_1	0.80	0.80	0.76	0.74	0.72	0.70

여기서, η : 콘크리트 등가 직사각형 압축응력블록의 크기를 나타내는 계수
β_1 : 콘크리트 등가 직사각형 압축응력블록의 깊이를 나타내는 계수

(3) 중립축 거리(C)

등가응력 깊이(a) = $\beta_1 \cdot C$에서 $C = \dfrac{a}{\beta_1}$

4) 균형철근보

(1) 균형철근비(Balanced Steel Ratio, ρ_b)

임의의 단면에서 인장철근의 변형률이 항복변형률에 도달할 때 동시에
압축연단의 콘크리트의 변형률이 극한변형률에 도달한 상태를 균형변
형률 상태라 하며, 이때의 철근량을 균형철근비(ρ_b)라 한다.

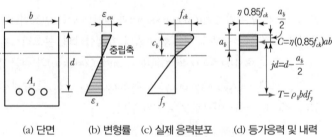

(a) 단면   (b) 변형률   (c) 실제 응력분포   (d) 등가응력 및 내력

▲ 균형보의 변형률과 응력

(2) 과소 철근보와 과다 철근보

과소 철근보는 균형철근비보다 철근을 적게 넣어 연성파괴를 유발시켜 안전한 보를 말하고, 과다 철근보는 균형철근비보다 철근을 많이 넣어 취성파괴가 일어나 위험한 보를 말한다.

비교	과다 철근보	과소 철근보
인장철근비	균형철근비 이상	균형철근비 이하
항복상태	압축 측의 콘크리트가 먼저 항복	인장 측의 철근이 먼저 항복
중립축의 위치	인장 측으로 내려감	압축 측으로 올라감
파괴형태	취성파괴 (Brittle Failure Mode)	연성파괴 (Ductile Failure Mode)

▲ 철근 콘크리트 철근비

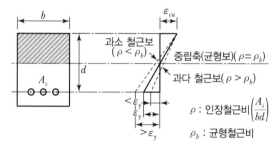

▲ 중립축의 위치 변화

(3) 균형철근보의 중립축 위치(C_b, $f_{ck} \leq 40\text{MPa}$)

단근 직사각형 보의 균형변형률 상태에서 중립축 거리(C_b)를 삼각형의 비례식을 이용하여 계산해 보면,

$$d : \varepsilon_{cu} + \varepsilon_s = c_b : \varepsilon_{cu}$$

$$\frac{c_b}{d} = \frac{\varepsilon_{cu}}{\varepsilon_{cu} + \varepsilon_y} = \frac{0.0033}{0.0033 + f_y/E_s} = \frac{660}{660 + f_y}$$

$$\therefore \text{중립축 거리}(C_b) = \frac{660}{660 + f_y} \cdot d$$

(4) 균형철근비

힘의 평형방정식에 의해

$C_b = T_b$ 이므로

$$\eta(0.85 f_{ck}) \cdot a_b \cdot b = A_{st} \cdot f_y$$

$$\eta(0.85 f_{ck}) \cdot a_b \cdot b = \rho_b \cdot b \cdot d \cdot f_y$$

$$\rho_b = \frac{\eta(0.85 f_{ck})}{f_y} \times \beta_1 \times \frac{c_b}{d} = \frac{\eta\, 0.85 f_{ck}}{f_y} \times \beta_1 \times \frac{660}{660 + f_y}$$

5) 최대철근비($\rho_{\max}$)

(1) 최대철근비 제한 이유

휨재는 과하중이 적재되었을 때 외형상 처짐도 거의 없어 파괴가 임박했음을 나타내는 아무런 조짐도 없이 갑작스런 압축 콘크리트 파괴로 이어진다(취성파괴 형태, Brittle Fracture).

이러한 취성파괴를 피하기 위해 인장철근의 최대철근비를 넘지 못하도록 규정하고 있다.(현행 건축구조기준에서는 최대철근비 규정을 없애고 최소 허용변형률의 한계로 규정하고 있다.)

(2) 최소허용인장변형률($\varepsilon_{t\min}$)

f_y	ε_t
$f_y \leq 400\text{MPa}$	$\varepsilon_t = 0.004$
$f_y > 400\text{MPa}$	$\varepsilon_t = 2 \cdot \varepsilon_y$

(3) 인장철근비 상한한계

$$\frac{\rho_{\max}}{\rho_b} = \frac{\varepsilon_{cu}}{\varepsilon_{cu} + \varepsilon_t} \Big/ \frac{\varepsilon_{cu}}{\varepsilon_{cu} + \varepsilon_y} \text{ 의 관계로부터}$$

$$\rho_{\max} = \frac{\varepsilon_{cu} + \varepsilon_y}{\varepsilon_{cu} + \varepsilon_t} \cdot P_b, \quad \rho_{\max} = \frac{\eta\, 0.85 f_{ck}}{f_y} \cdot \beta_1 \cdot \frac{\varepsilon_{cu}}{\varepsilon_{cu} + \varepsilon_t}$$

(4) 휨부재의 최소허용변형률에 해당하는 철근비(SD400, $f_{ck} \leq 40\text{MPa}$)

$$\rho_{\max} = \frac{\eta\, 0.85 f_{ck}\beta_1}{f_y} \frac{0.0033}{0.0033 + 0.004} = 0.3842\beta_1 \frac{f_{ck}}{f_y}$$

$$\rho_{\max} = \frac{\varepsilon_{cu} + \varepsilon_y}{\varepsilon_{cu} + \varepsilon_{t\min}}\rho_b = \frac{0.0033 + 0.002}{0.0033 + 0.004}\rho_b = 0.726\rho_b$$

철근의 종류	휨부재 허용값	
	최소허용변형률($\varepsilon_{t\min}$)	해당 철근비(ρ)
SD300	0.004	$0.658\rho_b$
SD350	0.004	$0.692\rho_b$
SD400	0.004	$0.726\rho_b$
SD500	$0.005(2\varepsilon_y)$	$0.699\rho_b$
SD600	$0.006(2\varepsilon_y)$	$0.677\rho_b$
SD700	$0.007(2\varepsilon_y)$	$0.660\rho_b$

6) 최소철근비($\rho_{\min}$)

(1) 최소철근비 제한 이유

철근비를 너무 작게 하여 설계된 보에서 균열 단면의 휨강도가 보에 균열을 일으키는 모멘트보다 작을 경우 보가 취성 균열 파괴될 수 있다. 이를 방지하기 위하여 설계휨강도가 다음의 규정을 만족하도록 인장철근을 배치하여야 한다.

$$\phi M_n \geq 1.2 M_{cr}$$

여기서, 무근 콘크리트 보의 휨강도 M_{cr}은 균열 모멘트로서 인장연단의 콘크리트가 휨파괴강도 f_r에 도달할 때 얻어지는 강도이다.

$$M_{cr} = f_r \times \frac{I_g}{y_t}$$

여기서, f_r : 휨파괴계수
I_g : 비균열단면의 단면2차모멘트
y_t : 인장연단에서 중립축까지의 거리

직사각형 단면에서 균열모멘트(M_{cr})는 다음과 같은 식이 성립된다.

$$M_{cr} = 0.63\lambda\sqrt{f_{ck}} \cdot \frac{\frac{bh^3}{12}}{\frac{h}{2}} = 0.63\lambda\sqrt{f_{ck}} \cdot \frac{bh^2}{6}$$

여기서, f_r : 파괴계수($=0.63\lambda\sqrt{f_{ck}}$)
y_t : 도심에서 인장 측 외단까지의 거리
I_g : 보의 전체 단면에 대한 단면2차모멘트
λ : 경량 콘크리트계수

① f_{sp}가 규정되어 있는 경우

$$\lambda = \frac{f_{sp}}{0.56\sqrt{f_{ck}}} \leq 1.0$$

② f_{sp}가 규정되어 있지 않은 경우
  ㉠ 전경량 콘크리트 : $\lambda = 0.75$
  ㉡ 모래경량 콘크리트 : $\lambda = 0.85$
  ㉢ 보통중량 콘크리트 : $\lambda = 1.0$

7) 단철근보

극한강도설계법은 부재의 사용하중에 하중증가계수를 곱한 M_u(소요모멘트강도)가 부재의 공칭강도 M_n에 강도감소계수(ϕ)를 곱한 설계강도 M_d 값보다 작거나 같게 되면 휨에 대해 안전한 구조물을 만들 수 있게 된다.

$$M_u(\text{소요모멘트강도}) \leq \phi M_n(\text{강도감소계수}\times\text{공칭강도})$$

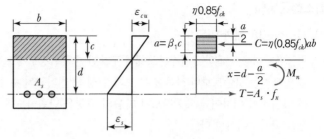

▲ 단철근 직사각형 단면보

(1) 공칭모멘트(M_n)

① 콘크리트에 의한 공칭모멘트(M_n)

$$M_n = C \times \left(d - \frac{a}{2} \right) = \eta(0.85 f_{ck})ab \times \left(d - \frac{a}{2} \right)$$

② 철근에 의한 공칭모멘트(M_n)

$$M_n = T \times \left(d - \frac{a}{2} \right) = (A_s \cdot f_y) \times \left(d - \frac{a}{2} \right)$$

(2) 설계모멘트(M_d)

① 콘크리트에 의한 설계모멘트(M_d)

$$M_d = \phi \left[C \times \left(d - \frac{a}{2} \right) \right] = \phi \left[\eta(0.85 f_{ck})ab \times \left(d - \frac{a}{2} \right) \right]$$

② 철근에 의한 설계모멘트(M_d)

$$M_d = \phi \left[T \times \left(d - \frac{a}{2} \right) \right] = \phi \left[(A_s \cdot f_y) \times \left(d - \frac{a}{2} \right) \right]$$

(3) 인장철근량(A_s)

$$A_s = \frac{M_d}{\phi \cdot f_y \left(d - \frac{a}{2} \right)} \ \ \text{또는} \ \ A_s = \frac{\eta(0.85 f_{ck}) \cdot a \cdot b}{f_y}$$

8) T형 보의 플랜지 유효폭(Effective Width, b)

① 슬래브와 일체로 된 친 T형 단면에서 슬래브 부분을 플랜지(Flange), 보의 부분을 복부(Web)라고 한다. 이때 이 T형 보의 플랜지는 서로 직교하는 두 방향의 휨모멘트를 받는다. 따라서 복부로부터 멀어질수록 플랜지의 압축응력은 감소한다.

② 설계계산에서 이 응력분포는 실용적이지 못하므로, 플랜지의 폭을 적당히 감소시켜 플랜지가 폭 방향으로 압축응력을 균일하게 받는다고 가정하여 계산한다.

③ 플랜지의 유효폭은 플랜지가 폭 방향으로 균일하게 압축응력을 받는다고 가정할 수 있는 한계의 플랜지 폭을 말한다.

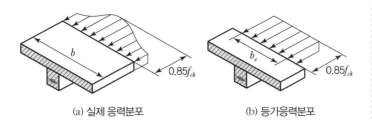

| (a) 실제 응력분포 | (b) 등가응력분포 |

④ 콘크리트구조기준에 의한 플랜지의 유효폭(다음 중 작은 값)

T형 보(대칭)	반T형 보(비대칭)
• $16t_f + b_w$ • 슬래브 중심 간 거리 • 보 경간의 1/4	• $6t_f + b_w$ • 인접보와 내측거리의(순Span) 1/2 + b_w • 보 경간의 1/12 + b_w

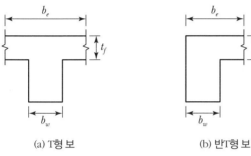

| (a) T형 보 | (b) 반T형 보 |

여기서, b_w : 복부의 폭, t_f : 플랜지의 두께

4. 전단설계

1) 전단철근 상세

① 전단보강근의 형태

　㉠ 전단보강근은 다음과 같은 형태로 나눈다.

　　• 부재축에 직각인 스터럽

　　• 부재축에 직각으로 배치된 용접철망

　㉡ 철근 콘크리트부재의 경우 다음과 같은 전단철근도 사용할 수 있다.

　　• 주인장철근에 45° 이상의 각도로 설치되는 스터럽

　　• 주인장철근에 30° 이상의 각도로 구부린 굽힘철근

　　• 스터럽과 굽힘철근의 조합

　　• 나선철근

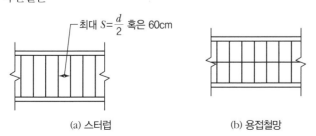

| (a) 스터럽 | (b) 용접철망 |

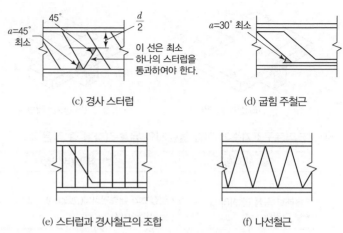

(c) 경사 스터럽   (d) 굽힘 주철근

(e) 스터럽과 경사철근의 조합   (f) 나선철근

▲ 전단철근의 형태와 배열

② 전단철근의 간격 조건

㉠ 수직스터럽의 간격은 $\dfrac{d}{2}$ 이하, 600mm 이하이어야 한다.

$$s \le \frac{d}{2},\ s \le 600\text{mm}$$

㉡ 경사스터럽과 굽힘철근은 부재 중간 높이 $\dfrac{d}{2}$ 에서 반력점 방향으로

주인장 철근까지 연장된 45° 선과 한 번 이상 교차되도록 배치한다.

㉢ $V_s > \dfrac{1}{3}\lambda\sqrt{f_{ck}}\,b_w d$ 인 경우 ㉠, ㉡의 최대간격을 1/2로 한다.

$$s \le \frac{d}{4},\ s \le 300\text{mm}$$

③ 전단보강근에 의한 전단강도(V_s) : $0.2\left(1 - \dfrac{f_{ck}}{250}\right)f_{ck}b_w d$의 값을 초과할

수 없다.

④ 전단보강근의 항복강도(f_y) : 500MPa을 초과할 수 없다.

⑤ 최소 전단철근량

$$A_{v\cdot\min} = 0.0625\sqrt{f_{ck}}\,\frac{b_w s}{f_{yt}} \ge 0.35\frac{b_w s}{f_{yt}}$$

여기서, $A_{v\cdot\min}$: 최소 전단철근량
          s : 전단철근 간격(mm)
          b_y : 복부폭(mm)
          f_{yt} : 전단철근 항복강도

2) 전단강도의 설계식

설계전단강도(V_d) ≥ 소요전단강도(V_u)

$$V_d = \phi V_n = \phi(V_c + V_s) \geq V_u$$

여기서, V_d : 설계전단강도

V_n : 공칭전단강도

V_c : 콘크리트가 부담하는 전단강도

V_s : 전단철근이 부담하는 전단강도

V_u : 계수전단력(계수전단강도, 소요전단강도)

$(V_u = 1.2 V_D + 1.6 V_L)$

(1) 콘크리트 단면의 전단강도

① 전단강도 V_c를 결정할 때, 구속된 부재에서 크리프와 건조수축으로 인한 축방향 인장력의 영향을 고려하여야 하며, 깊이가 일정하지 않은 부재의 경사진 휨압축력의 영향도 고려하여야 한다.

② 여기에서 $\sqrt{f_{ck}}$는 8.4MPa을 초과하지 않도록 해야 한다. 이는 압축강도가 70MPa 이상의 고강도 콘크리트에 대한 자료 부족으로 신뢰성이 떨어지기 때문이다.

③ 실용식(상세한 계산을 하지 않는 경우)

$$V_c = \frac{1}{6} \lambda \sqrt{f_{ck}} \, b_w d$$

④ 정밀식(상세한 계산이 필요한 경우)

$$V_c = 0.16\lambda \sqrt{f_{ck}} + 17.6\rho w \frac{V_u d}{M_u} b_w d \leq 0.29\lambda \sqrt{f_{ck}} \, b_w d$$

여기서, V_c : 소요전단강도

M_u : 계수휨모멘트 $\left(\dfrac{V_u d}{M_u} \leq 1, \, \rho_w = \dfrac{A_s}{b_w d} \right)$

(2) 전단보강근의 전단강도

수직스터럽을 사용한 경우

$$V_s = \frac{A_v f_{yt} d}{s}$$

여기서, A_v : 거리 s 내의 전단철근의 전체 단면적

f_{yt} : 전단철근의 설계기준항복강도

※ 여기서, $s = \dfrac{A_v f_{yt} d}{V_s}$

5. 압축재 설계

1) 기둥의 구조제한

(1) 주철근(축방향철근)의 구조제한

구분		띠철근기둥	나선철근기둥
축방향 철근 (주철근)	단면 치수	• 최소단변은 200mm 이상 • 최소단면적은 60,000mm² 이상	코어 심부지름 최소 200mm 이상
	철근비	최소철근비($\rho_{\min}$) = 1% ~ 최대철근비($\rho_{\max}$) = 8% ※ 주철근의 겹친 이음 : 4% 이하	
	최소 개수	• 직사각형, 원형 단면 : 4개 이상 • 삼각형 단면 : 3개 이상	• 6개 이상 • $f_{ck} \geq 21$MPa
	순간격	• 40mm 이상 • 철근지름의 1.5배 이상 • 굵은 골재 최대치수 4/3배 이상	
띠철근 또는 나선철근 (보조철근)	직경	• 축철근이 D32 이하 : D10 이상 • 축철근이 D35 이상 : D13 이상	현장치기 공사 10mm 이상
	간격	• 축철근 지름의 16배 이하 • 띠철근 지름의 48배 이하 • 기둥 단면의 최소치수 이하의 $\frac{1}{2}$ 중에서 가장 작은 값(단, 200mm보 다 좁을 필요는 없다.)	25~75mm

(2) 띠철근의 역할

① 주근의 좌굴 방지

② 주근의 위치고정(=설계위치 유지)

③ 수평력에 대한 전단보강

④ 피복두께 유지

2) 압축재의 설계식 : 중심 축하중을 받는 단주

띠철근 기둥의 축하중 강도($\phi = 0.65$)

$$P_d = \phi P_n = \phi \alpha P_0 = \phi 0.80 \left[0.85 f_{ck} (A_g - A_{st}) + f_y A_{st} \right]$$

6. 사용성 및 내구성

1) 처짐

(1) 장기처짐

콘크리트의 건조수축과 크리프로 인하여 시간의 경과와 더불어 진행
되는 처짐으로서 지속하중에 의한 순간처짐(탄성처짐)에 λ를 곱하여
구하며, 압축철근을 증가시킴으로써 장기처짐을 감소시킬 수 있다.

① 장기추가처짐량(δ_l) = 탄성처짐(δ_i) × 장기추가처짐계수(λ_Δ)

② 장기추가처짐계수

$$\lambda_\Delta = \frac{\xi}{1+50\rho'}$$

여기서, ρ' : 압축철근비$\left(= \dfrac{A_s'}{bd}\right)$

ξ : 시간경과계수

(3개월 : 1.0, 6개월 : 1.2, 1년 : 1.4, 5년 : 2.0)

(2) 최종처짐

① 최종처짐량(δ_t)은 탄성처짐과 장기 추가처짐의 합

② 최종처짐 = 탄성처짐 + 장기처짐

$$\delta_t = \delta_i + \delta_l = \delta_i + \delta_t \cdot \lambda_\Delta = \delta_i(1+\lambda_\Delta)$$

2) 균열

(1) 균열 제어용 휨철근 배치

① 보 또는 1방향 슬래브는 휨균열을 제어하기 위하여 휨철근을 배치하여야 한다.

② 휨인장 철근은 부재단면의 최대 휨인장 영역 내에 배치하여야 한다.

③ T형 보의 플랜지가 인장을 받는 경우에는 플랜지 유효폭이나 경간의 1/10의 폭 중에서 작은 폭에 걸쳐서 분포시켜야 한다.

④ 보 또는 장선의 h가 900mm를 초과하면 종방향 표피철근을 인장연단으로부터 $h/2$ 지점까지 부재 양측면을 따라 균일하게 배치하여야 한다.

⑤ 부재는 하중에 의한 균열을 제어하기 위해 필요한 철근 외에도 필요에 따라 온도변화, 건조수축 등에 의한 균열을 제어하기 위한 추가적인 보강철근을 부재단면의 주변에 분산시켜 배치해야 하고, 이 경우 철근의 지름과 간격을 가능한 한 작게 하여야 한다.

(2) 균열 제어용 휨철근 및 표피철근의 중심간격

① 휨균열 제어용 휨철근, 표피철근의 중심간격은 다음 두 식에 의해 계산된 값 중에서 작은 값 이하로 철근의 중심간격 s를 정하며, 이 값은 균열폭 0.3mm를 기본으로 한 철근의 간격이다.

㉠ $s = 375\left(\dfrac{k_{cr}}{f_s}\right) - 2.5c_c$

㉡ $s = 300\left(\dfrac{k_{cr}}{f_s}\right)$

여기서, c_c : 표피철근의 표면에서 부재 측면까지 최단거리

f_s : 사용하중 상태에서 철근의 응력

$f_s = \dfrac{2}{3}f_y$ (근사식)

※ 장기처짐은 압축철근이 유효하며 철근의 강도와는 무관하다.

Tip 👍

콘크리트 파괴 시 용어

① 폭렬현상 : 콘크리트 구조물에 화재 시 내·외부의 조직이 치밀한 고강도 콘크리트에서 고압의 수증기가 외부로 분출되지 못하여 콘크리트가 폭파되듯이 터지는 현상이다.

② 칼럼쇼트닝 : 건물의 수직 구조체인 Core Wall 및 Column의 콘크리트가 탄성 축소 및 장기간 변형에 의해 높이가 줄어드는 현상이다.

② 철근 노출을 고려한 계수 k_{cr}은 환경조건에 따라 달리 적용한다.

ㅤㄱ 건조환경에 노출되는 경우 : $k_{cr} = 280$

ㅤㄴ 그 외의 환경에 노출되는 경우 : $k_{cr} = 210$

③ 인장 연단 가장 가까이에 배치되는 철근의 중심간격(s)은 표피철근의 중심간격과 같다. 단, 여기서 c_c는 인장철근 표면과 콘크리트 표면 사이의 최소두께이다.

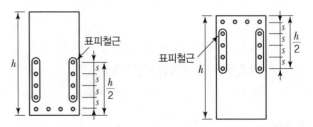

(a) 정(+)의 휨모멘트에 의한 인장철근ㅤㅤ(b) 부(−)의 휨모멘트에 의한 인장철근

▲ 보 또는 장선의 종방향 표피철근

3) 처짐의 제한

처짐을 계산하지 않는 경우 보 또는 1방향 슬래브의 최소두께는 다음 값 이상으로 한다.

부재	캔틸레버	단순지지	일단연속	양단연속
보 (리브가 있는 1방향 슬래브)	$\dfrac{l}{8}$	$\dfrac{l}{16}$	$\dfrac{l}{18.5}$	$\dfrac{l}{21}$
1방향 슬래브	$\dfrac{l}{10}$	$\dfrac{l}{20}$	$\dfrac{l}{24}$	$\dfrac{l}{28}$

※ l : 경간길이(단위 : cm), $f_y = 400$MPa 철근을 사용한 경우의 값

① $f_y = 400$MPa 이외의 경우

계산된 h 값에 다음을 곱하여 구한다.

$$h \times \left(0.43 + \frac{f_y}{700}\right)$$

② 경량 콘크리트

$h \times (1.65 - 0.00031 m_c)$ 로 구한다.

단, $(1.65 - 0.00031 m_c) \geq 1.09$이어야 한다.

7. 철근의 정착 및 이음

1) 철근의 정착

(1) 인장이형철근의 정착

$$l_d = l_{db} \times 보정계수$$

인장력을 받는 이형철근의 정착길이(l_d)는 기본정착길이(l_{db})에 보정계수를 곱하여 구한다. 단, 정착길이(l_d)는 300mm 이상이어야 하며, 기본정착길이는 $\sqrt{f_{ck}}$ 값이 8.4MPa 이하인 콘크리트에서만 적용 가능하다.

① 기본정착길이(l_{db})

$$l_{db} = \frac{0.6 d_b f_y}{\lambda \sqrt{f_{ck}}}$$

여기서, f_y : 철근의 항복강도
f_{ck} : 콘크리트의 압축강도($\sqrt{f_{ck}} \leq 8.4$MPa)
d_b : 철근 또는 철선의 공칭직경(mm)

② 보정계수

조건＼철근지름	D19 이하의 철근과 이형철선	D22 이상의 철근
정착되거나 이어지는 철근의 순간격이 d_b 이상이고 피복두께도 d_b 이상이면서 l_d 전 구간에 설계기준에서 규정된 최소 철근량 이상의 스터럽 또는 띠철근을 배근한 경우, 또는 정착되거나 이어지는 철근의 순간격이 $2d_b$ 이상이고 피복두께가 d_b 이상인 경우	$0.8\alpha\beta$	$\alpha\beta$
기타	$1.2\alpha\beta$	$1.5\alpha\beta$

α (철근배치 위치계수)	상부철근(정착길이 또는 겹침이음부 아래 300mm를 초과되게 굳지 않은 콘크리트를 친 수평철근)	1.3
	기타철근	1.0
β (철근도막 계수)	피복두께가 $3d_b$ 미만 또는 순간격이 $6d_b$ 미만인 에폭시 도막철근 또는 철선	1.5
	기타 에폭시 도막철근 또는 철선	1.2
	아연도금 철근	1.0
	도막되지 않은 철근	1.0

λ (경량 콘크리트 계수)	• f_{sp}값이 규정되어 있는 경우 : $\lambda = \dfrac{f_{sp}}{0.56\sqrt{f_{ck}}} \leq 1.0$
	
	 • f_{sp}값이 규정되어 있지 않은 경우
	   – 전경량 콘크리트 : $\lambda = 0.75$
	   – 모래경량 콘크리트 : $\lambda = 0.85$
	   – 보통중량 콘크리트 : $\lambda = 1.0$	

여기서, α = 철근배치 위치계수
  - 상부철근(정착길이 또는 이음부 아래 300mm를 초과하는 경우) : 1.3
  - 기타 철근 : 1.0

β = 철근도막계수
  - 피복두께가 $3d_b$ 미만 또는 순간격이 $6d_b$ 미만인 에폭시 도막철근 또는 철선 : 1.5
  - 기타 에폭시 도막철근 또는 철선 : 1.2
  - 도막되지 않은 철근 : 1.0

λ = 경량 콘크리트 계수
  - f_{sp}가 주어지지 않은 경량 콘크리트 : 1.3
  - f_{sp}가 주어진 경량 콘크리트 : $\dfrac{\sqrt{f_{ck}}}{1.76f_{sp}} \geq 1.0$
  - 일반 콘크리트 : 1.0

(2) 압축이형철근의 정착

$$l_d = l_{db} \times 보정계수$$

압축력을 받는 철근의 정착길이(l_d)는 기본정착길이(l_{db})에 보정계수를 곱하여 구하되, $l_d = 200\text{mm}$ 이상이어야 한다.

① 기본정착길이(l_{db})

$$l_{db} = \frac{0.25 d_b f_y}{\lambda \sqrt{f_{ck}}} \ \text{또는} \ l_{db} = 0.043 d_b f_y \ \text{중 큰 값}$$

② 보정계수

조건	보정계수
요구되는 철근량을 초과하여 배치한 경우	$\dfrac{소요 A_s}{실제배근 A_s}$
지름이 6mm 이상이고 나선 간격이 100mm 이하인 나선철근, 또는 중심간격이 100mm 이하이고 설계기준에 따라 배치된 D13 띠철근으로 둘러싸인 압축 이형철근	0.75

2) 철근의 이음

(1) 인장이형철근의 이음

① 인장이형철근의 최소 겹침이음길이는 300mm 이상이어야 한다.

구분	조건	이음길이
A급 이음	배근된 철근량이 소요철근량의 2배 이상이고, 소요 겹침이음길이 내 겹침이음된 철근량이 전체 철근량의 1/2 이하인 경우	$1.0 l_d$
B급 이음	그 외 경우	$1.3 l_d$

② 서로 다른 직경의 철근을 겹침이음 하는 경우의 이음길이는, 크기가 큰 철근의 정착길이와 크기가 작은 철근의 정착길이 중 큰 값을 기준으로 한다.

Tip 👆
철근 이음방식의 종류
겹침이음, 용접이음, 기계적 이음, 가스 압접 이음

8. 슬래브(Slab) 설계

1) 슬래브 변장비(λ)

(1) 변장비(λ)

$$\frac{\text{장변 스팬길이}(l_y)}{\text{단변 스팬길이}(l_x)}$$

(2) 변장비에 의한 슬래브 분류

① 1방향 슬래브 : $\lambda > 2$
   ㉠ 주근 : 단변방향 철근으로 슬래브 표면과 가까이 둔다.
   ㉡ 온도철근 : 장변방향 철근으로 주근의 안쪽에 둔다.

② 2방향 슬래브 : $\lambda \leq 2$
   ㉠ 주근 : 단변방향 철근으로 슬래브 표면과 가까이 둔다.
   ㉡ 부근(배력철근) : 장변방향 철근으로 주근의 안쪽에 두면, 다음과 같은 역할을 한다.
   • 주근의 위치 확보
   • 응력의 분산
   • 온도 상승에 의한 체적변화에 대응(온도철근의 역할)

2) 1방향 슬래브 설계

① 마주 보는 두 변에만 지지되는 1방향 슬래브는 휨부재(단위폭 1m인 보)로 보고 설계한다.

② 4변에 의해 지지되는 2방향 슬래브 중에서 $\frac{l_y}{l_x} > 2$일 경우(l_y는 장변의 길이, l_x는 단변의 길이) 1방향 슬래브로 해석하며 단변방향의 스팬을 사용하여 휨부재로 설계한다. 즉, 대부분의 하중이 단변방향으로 전달되므로 주근을 단변방향으로 평행하게 배치하고 장변 방향에는 온도철근을 배치한다.

③ 1방향 슬래브의 두께 : 최소 100mm 이상

④ 주근 및 부근의 배근중심간격
   ㉠ 최대 휨모멘트 발생 단면 : 슬래브 두께의 2배 이하, 300mm 이하
   ㉡ 기타의 단면 : 슬래브 두께의 3배 이하, 450mm 이하
   ㉢ 수축·온도철근의 간격 : 슬래브 두께의 5배 이하, 450mm 이하

⑤ 수축·온도철근으로 배근되는 이형철근의 철근비

㉠ 설계기준항복강도가 400MPa 이하인 이형철근을 사용한 슬래브 : 0.0020

㉡ 0.0035의 항복변형률에서 측정한 철근의 설계기준항복강도가 400 MPa을 초과한 슬래브 : $0.0020 \times \dfrac{400}{f_y} \geq 0.0014$

3) 2방향 슬래브 설계

테두리보를 제외하고 슬래브 주변에 보가 없거나 보의 평균 강성비 $\alpha_m \leq 0.2$인 경우 다음 표의 값과 다음 값 이상을 동시에 만족해야 한다.

① 지판(Drop Panel)이 있는 슬래브 : 100mm

② 지판(Drop Panel)이 있는 슬래브 : 120mm

설계기준 항복강도 f_y (MPa)	지판이 없는 경우			지판이 있는 경우		
	외부 슬래브		내부 슬래브	외부 슬래브		내부 슬래브
	테두리보가 없는 경우	테두리보가 있는 경우		테두리보가 없는 경우	테두리보가 있는 경우	
300	$\dfrac{l_n}{32}$	$\dfrac{l_n}{35}$	$\dfrac{l_n}{35}$	$\dfrac{l_n}{35}$	$\dfrac{l_n}{39}$	$\dfrac{l_n}{39}$
350	$\dfrac{l_n}{31}$	$\dfrac{l_n}{34}$	$\dfrac{l_n}{34}$	$\dfrac{l_n}{34}$	$\dfrac{l_n}{37.5}$	$\dfrac{l_n}{37.5}$
400	$\dfrac{l_n}{30}$	$\dfrac{l_n}{33}$	$\dfrac{l_n}{33}$	$\dfrac{l_n}{33}$	$\dfrac{l_n}{36}$	$\dfrac{l_n}{36}$

01 철근 콘크리트의 선팽창계수가 1.0×10^{-5}이라면 10m 부재가 $10℃$의 온도변화 시 부재의 길이 변화량은 몇 cm인가? (3점) [05]

_____

_____

> 길이 변화(Δl)
> = 선팽창계수 $\times \Delta T \times l$
> = $1 \times 10^{-5} \times 10 \times 10 \times 1,000$
> = 1mm = 0.1cm

02 철근 콘크리트구조에서 탄성계수비 $n = \dfrac{E_s}{E_c} = \dfrac{200,000}{8,500 \cdot \sqrt[3]{f_{cu}}} =$

$\dfrac{200,000}{8,500 \cdot \sqrt[3]{f_{ck} + \Delta f}}$ 식으로 표현할 수 있다. 다음 (   ) 안에 들어갈

수치를 쓰시오. (4점) [19]

$f_{ck} \leq 40$MPa	40MPa$< f_{ck} < 60$MPa	$f_{ck} \geq 60$MPa
$\Delta f = (①)$	$\Delta f = $ 직선 보간	$\Delta f = (②)$

① _____   ② _____

> ① 4MPa
> ② 6MPa

03 콘크리트의 크리프(Creep) 현상에 대하여 설명하시오. (2점) [09, 11]

_____

_____

> 콘크리트에 일정한 하중이 계속 작용하면 하중의 증가 없이도 시간과 더불어 변형이 증가되는 굳은 콘크리트의 소성 변형 현상이다.

04 철근의 응력 – 변형률 곡선에서 해당하는 4개의 주요 영역과 6개의 주요 포인트에 관련된 용어를 쓰시오. (3점)　　　　　　[11, 15]

① 비례한계점
② 탄성한계점
③ 상(위)항복점
④ 하(위)항복점
⑤ 인장강도점
⑥ 파단점 또는 파괴점
⑦ 탄성영역
⑧ 소성영역
⑨ 변형도경화영역
⑩ 파괴영역

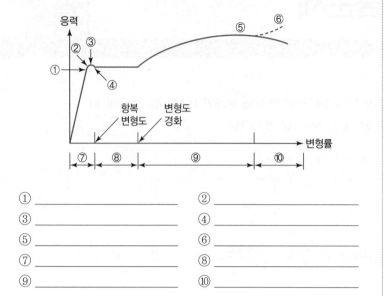

① _____　② _____

③ _____　④ _____

⑤ _____　⑥ _____

⑦ _____　⑧ _____

⑨ _____　⑩ _____

05 철근의 응력 – 변형도 곡선과 관련하여 각각이 의미하는 용어를 보기에서 골라 기호를 쓰시오. (3점)　　　　　　[19]

A : ㅂ, B : ㅇ, C : ㅅ, D : ㄴ, E : ㄹ,
F : ㄷ, G : ㅈ, H : ㅊ, I : ㅁ, J : ㄱ,
K : ㅋ

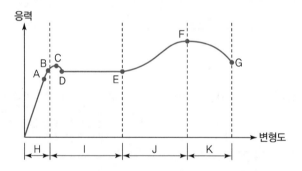

[보기]
㉠ 네킹영역　　　㉡ 하위항복점　　　㉢ 극한강도점
㉣ 변형도경화점　㉤ 소성영역　　　　㉥ 비례한계점
㉦ 상위항복점　　㉧ 탄성한계점　　　㉨ 파괴점
㉩ 탄성영역　　　㉪ 변형도경화영역

A (　　)　　B (　　)　　C (　　)　　D (　　)

E (　　)　　F (　　)　　G (　　)　　H (　　)

I (　　)　　J (　　)　　K (　　)

06 보통골재를 사용한 $f_{ck} = 30$MPa인 콘크리트의 탄성계수를 구하시오. (3점)　　　　　　　　　　　　　　　　　　　　[14, 17]

_____

_____

_____

▶ $f_{ck} \leq 40$MPa이면 $\triangle f = 4$MPa이므로

∴ 콘크리트 탄성계수(E_c)
$= 8,500 \cdot \sqrt[3]{f_{ck} + \triangle f}$
$= 8,500 \cdot \sqrt[3]{(30) + (4)}$
$= 27,536.7$MPa

07 보통골재를 사용한 콘크리트 설계기준강도 $f_{ck} = 24$MPa, 철근의 탄성계수 $E_c = 200,000$MPa일 때 콘크리트 탄성계수 및 탄성계수비를 구하시오. (4점)　　　　　　　　　　　　　　[11, 15, 20]

(1) 콘크리트 탄성계수 : _____

_____

(2) 탄성계수비 : _____

▶ $f_{ck} \leq 40$MPa이면 $\triangle f = 4$MPa이므로
(1) 콘크리트 탄성계수(E_c)
$= 8,500 \cdot \sqrt[3]{(24) + (4)}$
$= 25,811$MPa
(2) 탄성계수비(n)
$= \dfrac{E_S}{E_C} = \dfrac{(200,000)}{(25,811)}$
$= 7.74863 = 7.75$

08 피복두께의 정의와 유지 목적을 적으시오. (4점)　　　　　[06, 10]

(1) 정의 : _____

(2) 유지목적 :

　① _____

　② _____

　③ _____

▶ (1) 철근 표면에서 이를 감싸고 있는 콘크리트 표면까지의 최단거리
(2) ① 소요의 내구성 확보
　② 소요의 내화성 확보
　③ 콘크리트와의 부착력 확보 등

09 철근 콘크리트 구조에서 철근피복두께의 확보 목적을 4가지 쓰시오. (4점)　　　　　　　　　　　　　　　　　[02, 08]

① _____

② _____

③ _____

④ _____

▶ ① 소요의 내화성능 확보
② 소요의 내구성능 확보(철근의 방청)
③ 소요의 강도 확보
④ 콘크리트와 부착력 확보
※ 콘크리트의 유동성 확보

10 보의 단면으로 늑근(Stirrup 철근)과 주근(인장철근)까지 그림으로 도시한 후 피복두께의 정의와 철근 피복두께의 유지 목적을 2가지 쓰시오. (5점) [20]

[도시]

|피복
두께|늑근
지름|철근
지름| |철근
간격|

(1) 철근 표면에서 이를 감싸고 있는 콘크리트 표면까지의 최단거리
(2) ① 소요의 내구성 확보
　　② 소요의 내화성 확보

(1) 피복두께의 정의 : _____
(2) 피복두께 유지 목적 :
　　① _____　② _____

11 수중 콘크리트 타설 시 외측 가설벽, 차수벽의 경우 철근의 최소피복두께는 얼마를 확보해야 하는가? (2점) [20]

80mm 이상

_____

12 철근 콘크리트공사를 하면서 철근간격을 일정하게 유지하는 이유를 3가지 쓰시오. (3점) [07, 10]

① 콘크리트의 유동성(시공성) 확보
② 재료분리 방지
③ 소요강도 확보

① _____　② _____
③ _____

13 표준시방서에서 규정하고 있는 일반적인 철근간격 결정 원칙 중 보기의 (　) 안에 들어갈 알맞은 수치를 쓰시오. (2점) [09, 16]

① 4/3(1.33)
② 25

[보기]
철근과 철근의 순간격은 굵은 골재 최대치수의 (　①　)배 이상, (　②　)mm 이상, 이형철근 공칭지름의 1.0배 이상으로 한다.

① _____　② _____

14 철근 콘크리트 구조에서 보의 주근으로 4 – D25를 1단 배열 시 보폭의 최솟값을 구하시오. (4점)　　　　　　　　　[13]

> [조건]
> 피복두께 40mm, 굵은골재 최대치수 18mm, 스터럽 D13

_____
_____
_____

❯ 동일 평면에서 철근의 평행한 수평 순간격은 ①, ②, ③ 중 큰 값
① 25mm
② $1.0 \times 25 = 25$mm
③ $\frac{4}{3} \times 18 = 24$mm
∴ 보폭의 최솟값(b)
　$= 40 \times 2 + 13 \times 2 + 25 \times 4 + 25 \times 3$
　$= 281$mm

15 다음 그림과 같은 철근 콘크리트 T형 보에서 하부의 주근 철근이 1단으로 배근될 때 배근 가능한 개수를 구하시오(단, 보의 피복두께는 3cm이고, 늑근은 D10 – ⓐ200이며, 주근은 D16을 이용하고, 사용 콘크리트의 굵은골재의 최대치수는 18mm이며, 이음정착은 고려하지 않는 것으로 한다). (4점)　　　　　　　　　[04, 07]

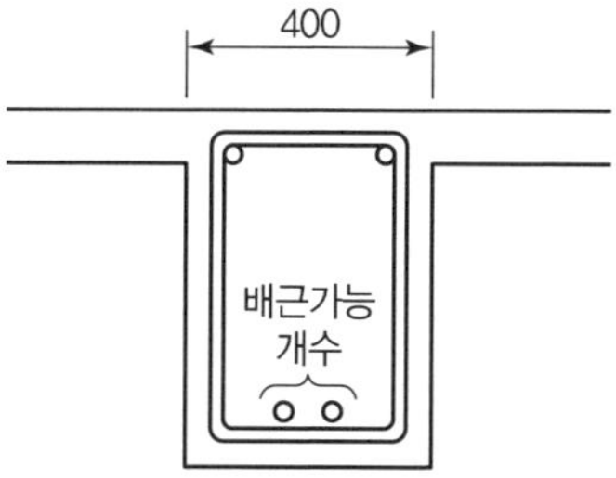

_____
_____
_____

❯ ① 철근간격 결정 ㉠, ㉡, ㉢ 중 큰 값
　㉠ : 2.5cm
　㉡ : $1.0 \times$ 주근직경
　　　1.0×1.6cm $= 1.6$cm
　㉢ : 1.33×1.8cm $= 2.4$cm
② 배근 가능 범위
　40cm $- (3 + 3 + 1 + 1) = 32$cm
∴ 철근개수(x) :
　$1.6x + (x - 1) \times 2.5 = 32$cm
　$4.1x = 34.5$cm
∴ $x = 8.4 \rightarrow 8$개

16 고강도 콘크리트의 폭렬현상에 대하여 설명하시오. (3점)　[20]

_____
_____

❯ 콘크리트 구조물에 화재 시 내·외부의 조직이 치밀한 고강도 콘크리트에서 고압의 수증기가 외부로 분출되지 못하여 콘크리트가 폭파되듯이 터지는 현상이다.

17 고강도 콘크리트 화재 시 발생하는 폭렬현상의 방지책을 2가지 쓰시오. (4점)　　　　　　　　　[19]

① _____
② _____

❯ ① 콘크리트 내부의 수증기압 발생 방지
② 흡수율, 내화성이 높은 골재 사용
③ 콘크리트 함수율 저하
④ 콘크리트 물 – 시멘트비 조정
⑤ 피복두께 증대

18 콘크리트 압축강도시험에서 파괴양상에 대해 쓰시오. (3점)

[04, 06]

(1) 고강도 콘크리트 : _____

(2) 저강도 콘크리트 : _____

(3) 일반 콘크리트 : _____

▶ (1) 취성파괴
(2) 연성파괴
(3) 탄성파괴

19 사용성한계상태(Serviceability Limit State)를 간단히 설명하시오. (3점)

[19]

_____

_____

▶ 처짐, 균열, 진동 등이 미세하게 일어나서 정상적인 사용상태의 필요조건을 만족하지 않게 된 상태다.

20 그림과 같은 철근 콘크리트 8m 단순보 중앙에 집중고정하중 20kN, 집중활하중 30kN이 작용할 때 보의 자중을 무시한 최대계수 휨모멘트를 구하시오. (4점)

[13]

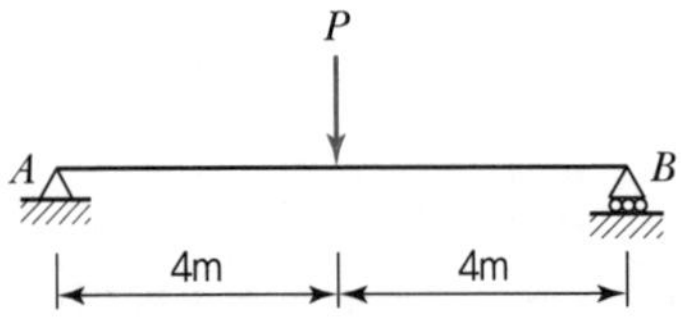

_____

_____

_____

▶ 계수하중$(P_u) = 1.2P_D + 1.6P_L$
　　　　　$= 1.2 \times 20 + 1.6 \times 30$
　　　　　$= 72\text{kN}$
∴ 최대계수 휨모멘트(M_u)
　$= \dfrac{P_u \times l}{4} = \dfrac{72 \times 8}{4}$
　$= 144\text{kN} \cdot \text{m}$

21 다음이 설명하는 용어를 쓰시오. (단, $f_{ck} \leq 40\text{MPa}$, $f_y \leq 400\text{MPa}$) (2점)

[18]

> 압축연단 콘크리트가 가정된 극한변형률인 0.0033에 도달할 때 최외단 인장철근의 순인장변형률 ε_t가 0.005 이상인 단면

_____

▶ 인장지배단면

22 인장지배단면의 정의에 대해 기술하시오. (3점) [21]

〉〉 압축연단 콘크리트가 가정된 극한변형률 ε_{cu}에 도달할 때 최외단 인장철근의 순인장변형률 ε_t가 인장지배변형률 한계 이상인 단면이다.

_____

_____

23 그림과 같은 철근 콘크리트 보에서 중립축 거리(c)가 250mm일 때 강도감소계수 ϕ를 산정하시오(단, $f_{ck} = 24$MPa, $f_y = 400$MPa이며, ϕ의 계산값은 소수 셋째 자리에서 반올림하여 소수 둘째 자리까지 표현하시오). (4점) [20]

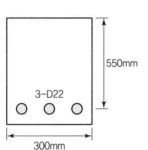

3-D22

550mm

300mm

〉〉 순인장변형률(ε_t)
$$= \frac{(d_t - c)}{c} \cdot \varepsilon_{cu}$$
$$= \frac{(550 - 250)}{250} \times 0.0033$$
$$= 0.00396$$
$0.002 < \varepsilon_t (= 0.00396) < 0.005$이므로 변화구간 단면의 부재이다.
∴ 변화구간 강도감소계수(ϕ)
$$= 0.65 + (\varepsilon_t - 0.002) \times \frac{200}{3}$$
$$= 0.65 + (0.00396 - 0.002) \times \frac{200}{3}$$
$$= 0.781 \rightarrow 0.78$$

_____

_____

_____

_____

24 그림과 같이 단순지지된 철근 콘크리트 보의 중앙에 집중하중이 작용할 때 이 보에서의 휨에 대한 강도감소계수를 구하시오(단, $E_s = 200,000$MPa, $f_{ck} = 24$MPa, $f_y = 400$MPa, $A_s = 2,100$mm²). (4점) [15]

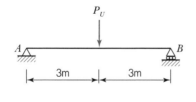

P_U

A B

3m   3m

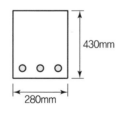

430mm

280mm

〉〉 ① 등가응력 블록깊이(a)
$$= \frac{A_s \cdot f_y}{\eta(0.85 f_{ck})b}$$
$$= \frac{2,100 \times 400}{(10)(0.85 \times 24)(280)}$$
$$= 147.06 \text{mm}$$
② $a = \beta_1 \cdot c$에서 중립축(c) $= \dfrac{a}{\beta_1}$
$$c = \frac{147.06}{0.8} = 183.83 \text{mm}$$
(단, $f_{ck} \leq 40$MPa이므로 $\beta_1 = 0.8$)
③ 순인장변형률(ε_t)
$$= \frac{d_t - c}{c} \cdot \varepsilon_{cu}$$
$$= \frac{430 - 183.83}{183.83} \times 0.0033$$
$$= 0.00442$$
$0.002 < \varepsilon_t < 0.005$이므로 변화구간 단면의 부재이다.
∴ 변화구간 강도감소계수(ϕ)
$$= 0.65 + (\varepsilon_t - 0.002) \times \frac{200}{3}$$
$$= 0.65 + (0.00442 - 0.002) \times \frac{200}{3}$$
$$= 0.811$$

25 휨부재의 공칭강도에서 최외단 인장철근의 순인장변형률 ε_t 가 0.004 일 경우 강도감소계수 ϕ를 구하시오(단, $f_y = 400$MPa). (3점)

[12, 16]

_____

_____

최외단 인장철근의 변형률은 $0.002 < \varepsilon_t(=0.004) < 0.005$이므로 변화구간 단면의 부재이다.
∴ 변화구간 강도감소계수(ϕ)
$= 0.65 + (\varepsilon_t - 0.002) \times \dfrac{200}{3}$
$= 0.65 + (0.004 - 0.002) \times \dfrac{200}{3}$
$= 0.783$

26 그림과 같은 철근 콘크리트 보에서 최외단 인장철근의 순인장변형률 (ε_t)를 산정하고 이 보의 지배단면(인장지배단면, 압축지배단면, 변화구간단면)을 구분하시오(단, $A_s = 1.927$mm², $f_{ck} = 24$MPa, $f_y = 400$MPa, $E_s = 200,000$MPa). (4점)

[12, 18]

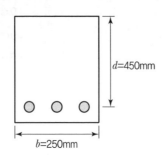

$d=450$mm

$b=250$mm

(1) 순인장변형률 : _____

_____

(2) 지배단면 구분 : _____

_____

(1) 순인장변형률
① 등가응력 블록깊이(a)
$= \dfrac{A_s \cdot f_y}{\eta(0.85 f_{ck}) \cdot b}$
$= \dfrac{1,927 \times 400}{1.0 \times 0.85 \times 24 \times 250}$
$= 151.137$mm
② $f_{ck} = 24$MPa ≤ 40MPa이므로
$\beta_1 = 0.80$
$a = \beta_1 \cdot c$에서
$c = \dfrac{a}{\beta_1} = \dfrac{151.137}{0.80}$
$= 188.921$mm
∴ 순인장변형률(ε_t)
$= \dfrac{d_t - c}{c} \cdot \varepsilon_{cu}$
$= \dfrac{450 - 188.921}{188.921} \times 0.0033$
$= 0.00456$
(2) 지배단면의 구분
$0.002 < \varepsilon_t(=0.00456) < 0.005$이므로 변화구간 단면이다.

27 그림과 같은 철근 콘크리트 보가 $f_{ck} = 21$MPa, $f_y = 400$MPa, D22 (단면적 387mm²)일 때 강도감소계수 $\phi = 0.85$를 적용함이 적합한지 부적합한지 판정하시오. (4점)

[11]

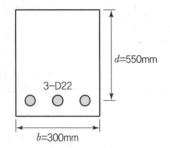

$d=550$mm

3-D22

$b=300$mm

_____

_____

① 등가응력 블록깊이(a)
$= \dfrac{A_s \cdot f_y}{\eta(0.85 f_{ck}) \cdot b}$
$= \dfrac{3 \times 387 \times 400}{1.0 \times 0.85 \times 21 \times 300}$
$= 86.72$mm
② $f_{ck} = 21$MPa ≤ 40MPa이므로
$\beta_1 = 0.8$, $a = \beta_1 \cdot c$에서
$c = \dfrac{a}{\beta_1} = \dfrac{86.72}{0.8} = 108.40$mm
③ 순인장변형률(ε_t)
$= \dfrac{d_t - c}{c} \cdot \varepsilon_{cu}$
$= \dfrac{550 - 108.40}{108.40} \times 0.0033$
$= 0.01344 > 0.005$
∴ 이 보는 인장지배단면 부재이며 $\phi = 0.85$를 적용함이 적합하다.

28 그림과 같은 철근 콘크리트 보의 강도감소계수를 산정하시오(단, f_{ck} = 30MPa, f_y = 400MPa, A_s = 2,820mm²). (3점) [14]

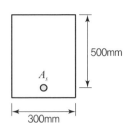

500mm

A_s

300mm

① 등가응력 블록깊이(a)

$$= \frac{A_s \cdot f_y}{\eta(0.85f_{ck}) \cdot b}$$

$$= \frac{2,820 \times 400}{1.0 \times 0.85 \times 30 \times 300}$$

$$= 147.45 \, \text{mm}$$

② f_{ck} < 40MPa : $\beta_1 = 0.8$

③ $a = \beta_1 \cdot c$에서

$$c = \frac{a}{\beta_1} = \frac{147.45}{0.8} = 184.31 \, \text{mm}$$

④ 순인장변형률(ε_t)

$$= \frac{d_t - c}{c} \cdot \varepsilon_{cu}$$

$$= \frac{500 - 184.31}{184.31} \times 0.0033$$

$$= 0.00565 > 0.005$$

∴ 이 보는 인장지배단면 부재이며

ϕ = 0.85이다.

29 철근 콘크리트구조에서 최대철근비 규정은 철근의 항복강도를 기준으로 두 가지로 구분된다. 다음 표의 빈칸을 최외단 인장철근의 순인장변형률 ε_t, 항복변형률 ε_y로 표현하시오. (2점) [20]

$f_y \leq 400$ MPa	$f_y > 400$ MPa

$f_y \leq 400$MPa	$f_y > 400$MPa
$\varepsilon_t = 0.004$	$\varepsilon_t = 2 \cdot \varepsilon_y$

30 콘크리트 설계기준압축강도 f_{ck} = 30MPa일 때 압축응력 등가블록의 깊이계수 β_1을 구하시오. (3점) [14]

$f_{ck} \leq$ 40MPa인 경우 $\beta_1 = 0.8$

31 철근 콘크리트 강도설계법에서 균형철근보의 정의를 쓰시오. (2점) [12]

임의의 단면에서 인장철근의 변형률이 항복변형률에 도달할 때 동시에 압축연단의 콘크리트의 극한변형률 ε_{cu}에 도달한 상태를 균형변형률 상태라 하고 이때의 철근량을 균형철근비라 하며, 이 보를 균형철근보라 한다.

32 폭 $b = 500$mm, 유효깊이 $d = 750$mm인 철근 콘크리트 단철근 직사각형 보의 균형철근비 및 최대철근량을 계산하시오(단, $f_{ck} = 27$MPa, $f_y = 300$MPa). (4점) [13, 16]

(1) 균형철근비 : _____

_____

(2) 최대철근량 : _____

_____

▶ (1) 균형철근비

$f_{ck} \leq 40$MPa : $\beta_1 = 0.8$이므로

$$\rho_b = \frac{\eta(0.85 f_{ck})}{f_y} \times \beta_1 \times \frac{660}{660 + f_y}$$

$$= \frac{(1.0)(0.85 \times 27)}{300} \times 0.8$$

$$\times \frac{660}{660 + 300}$$

$$= 0.04208$$

(2) 최대철근량

$f_y = 300$MPa이므로

$\rho_{max} = 0.658 \rho_b$

$\therefore \rho_{max} = 0.658 \times 0.04208$

$$= 0.02769$$

(3) 최대철근량$(A_{s,max}) = \rho_{max} \cdot b \cdot d$

$$= 0.02769 \times 500 \times 750$$

$$= 10,383.75 \text{mm}^2$$

33 보의 압축연단에서 중립축까지의 거리 c를 구하시오(단, $f_{ck} = 35$MPa, $f_y = 400$MPa, $A_s = 2,028$mm²). (4점) [11]

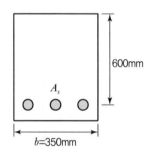

_____

_____

_____

▶ ① 등가응력 블록깊이(a)

$$= \frac{A_s \cdot f_y}{\eta(0.85 f_{ck}) \cdot b}$$

$$= \frac{2,028 \times 400}{1.0 \times 0.85 \times 35 \times 350}$$

$$= 77.91 \text{mm}$$

② β_1은 $f_{ck} \leq 40$MPa인 경우

$\beta_1 = 0.8$

$\therefore a = \beta_1 \cdot c$에서 중립축거리$(c)$

$$c = \frac{a}{\beta_1} = \frac{77.91}{0.8} = 97.39 \text{mm}$$

34 철근 콘크리트구조에서 균열모멘트를 구하기 위한 콘크리트의 파괴계수 f_r을 구하시오(단, 모래경량 콘크리트 사용, $f_{ck} = 21$MPa). (4점) [19]

_____

_____

▶ 콘크리트 파괴계수(f_r)

$$= 0.63\lambda \sqrt{f_{ck}} = 0.63 \times 0.85 \times \sqrt{21}$$

$$= 2.45 \text{MPa}$$

35 다음과 같은 조건의 외력에 대한 휨균열모멘트강도(M_{cr})를 구하시오.
(4점) [20]

[조건]
① 단면 크기 : $b \times h = 300\text{mm} \times 600\text{mm}$
② 보통중량 콘크리트 설계기준 압축강도 $f_{ck} = 30\text{MPa}$, 철근의 항복강
도 $f_y = 400\text{MPa}$

❖ 균열모멘트(M_{cr})

$= 0.63\lambda\sqrt{f_{ck}} \cdot \dfrac{bh^2}{6}$

$= 0.63 \times 1.0 \times \sqrt{30} \cdot \dfrac{300 \times (600)^2}{6}$

$= 62,111,738\text{N} \cdot \text{mm} = 62.11\text{kN} \cdot \text{m}$

36 다음 그림과 같이 배근된 보에서 외력에 의해 휨 균열을 일으키는 균
열모멘트(M_{cr})를 구하시오(단, 보통중량 콘크리트 $f_{ck} = 24\text{MPa}$, f_y
$= 400\text{MPa}$이다). (4점) [12]

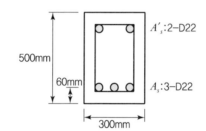

❖ 보통중량 콘크리트이므로 $\lambda = 1.0$
∴ 균열모멘트(M_{cr})

$= 0.63\lambda\sqrt{f_{ck}} \cdot \dfrac{bh^2}{6}$

$= 0.63 \times 1.0 \times \sqrt{24} \cdot \dfrac{300 \times (500)^2}{6}$

$= 38,579,463\text{N} \cdot \text{mm}$

$= 38.579\text{kN} \cdot \text{m}$

37 다음 그림을 보고 물음에 답하시오. (4점) [16, 20]

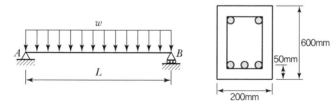

[조건]
① $w = 5\text{kN/m}$(자중 포함) ② 경간(Span) : 12m
③ $f_{ck} = 24\text{MPa}$, $f_y = 400\text{MPa}$ ④ 보통중량 콘크리트 사용

❖ (1) 등분포하중 최대휨모멘트(M_{max})

$= \dfrac{wL^2}{8} = \dfrac{5 \times (12)^2}{8} = 90\text{kN} \cdot \text{m}$

(2) 균열모멘트(M_{cr})

$= 0.63 \times 1.0 \times \sqrt{24} \cdot \dfrac{200 \times (600)^2}{6}$

$= 37,036,284\text{N} \cdot \text{mm}$

$= 37.036\text{kN} \cdot \text{m}$

∴ $M_{max} > M_{cr}$이므로 균열이 발생
한다.

(1) 최대휨모멘트 : _____

(2) 균열모멘트를 구하고 균열발생 여부를 판정하시오.

_____

_____

_____

38 그림과 같은 철근 콘크리트 단순보에서 계수집중하중 P_u의 최댓값 (kN)을 구하시오(단, 보통중량 콘크리트 $f_{ck} = 28\text{MPa}$, $f_y = 400\text{MPa}$, 인장철근 단면적 $A_s = 1,500\text{mm}^2$, 휨에 대한 강도감소계수 $\phi = 0.85$ 를 적용한다). (4점) [14]

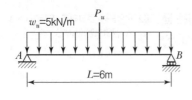 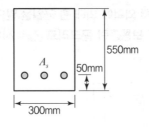

_____

_____

_____

$M_u \le \phi M_n$ 에서
① 소요모멘트(M_u)
$$= \frac{P_u \cdot L}{4} + \frac{w_u \cdot L^2}{8}$$
$$= \frac{P_u \cdot 6}{4} + \frac{5 \cdot 6^2}{8}$$

② $\phi M_n = \phi A_s \cdot f_y \cdot \left(d - \frac{a}{2}\right)$
$$= 0.85 \times 1,500 \times 400$$
$$\times \left(500 - \frac{84.03}{2}\right) \times 10^{-6}$$
$$= 233.572 \text{kN} \cdot \text{m}$$

(여기서, $a = \dfrac{A_s \cdot f_y}{\eta(0.85 f_{ck}) \cdot b}$
$$= \frac{1,500 \times 400}{1.0 \times 0.85 \times 28 \times 300}$$
$$= 84.03 \text{mm}$$

$\therefore \dfrac{P_u \cdot 6}{4} + \dfrac{5 \cdot 6^2}{8} \le 233.572$
$$P_u \le 140.715 \text{kN}$$

39 철근 콘크리트구조 휨부재에서 압축철근의 역할과 특징을 3가지 쓰시오. (3점) [17]

① _____

② _____

③ _____

① 단면의 크기가 제한을 받아 단철근 보로서는 휨모멘트를 견딜수 없는 경우 사용
② 정·부의 모멘트를 교대로 받는 부재
③ 부재의 처짐을 극소화시켜야 할 경우
④ 건조수축과 크리프를 감소
⑤ 연성 증진

40 T형 보에서 압축을 받는 플랜지 부분의 유효폭을 결정할 때는 세 가지 조건에 의하여 산출된 값 중 가장 작은 값으로 결정하여야 하는데, 이 세 가지 조건을 기술하시오. (3점) [11]

① _____

② _____

③ _____

T형 보의 유효폭(다음 중 작은 값)
① $16t_f + b_w$
② 양쪽 슬래브의 중심 간 거리
③ 보 경간의 $\dfrac{1}{4}$

41 다음과 같은 연속 대칭 T형 보의 유효폭(b_e)을 구하시오[단, 보 경간 (Span) : 6,000mm, 복부폭(b_w) : 300mm]. (4점) [20]

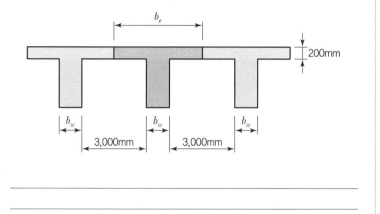

T형 보의 유효폭(다음 중 작은 값)
① $16t_f + b_w$
　$= 16 \times 200 + 300 = 3,500$mm
② 양쪽 슬래브의 중심 간 거리
　$= \dfrac{\left(\dfrac{300}{2} + 3,000 + \dfrac{300}{2}\right)}{2}$
　$+ \dfrac{\left(\dfrac{300}{2} + 3,000 + \dfrac{300}{2}\right)}{2}$
　$= 3,300$mm
③ 보 경간의 $\dfrac{1}{4} = 6,000 \times \dfrac{1}{4}$
　$= 1,500$mm
∴ T형 보의 유효폭(b_e)은 1,500mm

42 그림과 같은 T형 보의 중립축위치(c)를 구하시오(단, 보통중량 콘크리트 $f_{ck} = 30$MPa, $f_y = 400$MPa, 인장철근 단면적 $A_s = 2,000$mm²). (4점) [14]

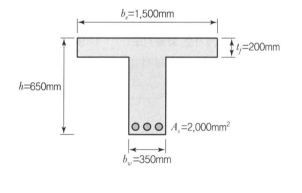

① T형 보의 등가응력 블록깊이(a)
　$= \dfrac{A_s \cdot f_y}{\eta(0.85 f_{ck}) \cdot b_e}$
　$= \dfrac{2,000 \times 400}{1.0 \times 0.85 \times 30 \times 1,500}$
　$= 20.92$mm
② $f_{ck} \leq 40$MPa이므로 : $\beta_1 = 0.8$
∴ $a = \beta_1 \cdot c$로부터
　중립축위치(c) $= \dfrac{a}{\beta_1} = \dfrac{20.92}{0.8}$
　$= 26.15$mm

43 전단철근의 전단강도 V_s값의 산정결과, $V_s > \dfrac{1}{3}\lambda\sqrt{f_{ck}}\cdot b_w\cdot d$로 검토되었다. 전단보강철근을 배치하여야 되는 구간 내에서 배근되어야 할 수직스터럽(Stirrup)의 최대간격을 구하시오(단, 보의 유효깊이 $d=550$mm이다). (4점) [19]

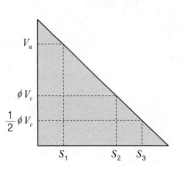

V_u

ϕV_c

$\dfrac{1}{2}\phi V_c$

S_1 S_2 S_3

① $\dfrac{d}{4} = \dfrac{(550)}{4} = 137.5$mm 이하

② 300mm 이하

∴ 수직스터럽의 최대간격은 ①, ② 중 작은 값이므로 137.5mm

---

44 보의 유효깊이 $d=550$mm, 보의 폭 $b_w=300$mm인 보에서 스터럽이 부담할 전단력 $V_s=200$kN일 경우, 전단철근의 간격은?[단, 전단철근면적 $A_v=142$mm^2(2-D10), 스터럽의 설계기준 항복강도 $f_{yt}=400$MPa, 콘크리트 압축강도 $f_{ck}=24$MPa] (4점) [15]

$s = \dfrac{A_v\cdot f_{yt}\cdot d}{V_s}$

$= \dfrac{142\times400\times550}{200\times1000}$

$= 156.2$mm

---

45 강도설계법으로 설계된 보에서 스터럽이 부담하는 전단력이 $V_s=265$kN일 경우 수직스터럽의 간격을 구하시오(단, $f_{yt}=350$MPa). [15]

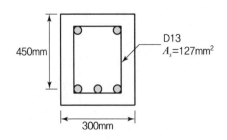

D13
$A_s=127$mm^2

450mm

300mm

$V_s = \dfrac{A_v\cdot f_{yt}\cdot d}{s}$ 에서

수직스터럽 간격(s)

$= \dfrac{A_v\cdot f_{yt}\cdot d}{V_s}$

$= \dfrac{(2\times127)\times350\times450}{(265\times10^3)}$

$= 150.962$mm

46 스팬이 6m인 단순보에 $\omega_D = 15\text{kN/m}$, $\omega_L = 12\text{kN/m}$가 작용하는 경우, 보의 전단 설계를 위한 최대전단력 V_u는 얼마인가?(단, 보의 단면 $B_w \times d = 300\text{mm} \times 500\text{mm}$이다). (4점) [15]

_____

_____

_____

① 계수하중(ω_u)
$= 1.2\omega_D + 1.6\omega_L$
$= 1.2 \times 15 + 1.6 \times 12$
$= 37.2\text{kN/m}$
② 최대전단력(V_{max})
$= \dfrac{\omega_u \cdot l}{2} = \dfrac{37.2 \times 6}{2} = 111.6\text{kN}$
$\therefore$ 계수전단력(V_u)
$= V_{max} - \omega_u \cdot d$
$= 111.6 - 37.2 \times 0.5$
$= 93.0\text{kN}$

47 다음은 철근 콘크리트 부재의 구조계산을 수행한 결과이다. 물음에 답하시오. (4점) [11]

> ① 하중조건 : • 고정하중 : $M = 150\text{kN} \cdot \text{m}$, $V = 120\text{kN}$
> • 활하중 : $M = 130\text{kN} \cdot \text{m}$, $V = 110\text{kN}$
> ② 강도감소계수 : • 휨에 대한 강도감소계수 : $\phi = 0.85$
> • 전단에 대한 강도감소계수 : $\phi = 0.75$

(1) 소요공칭휨강도 : _____

_____

(2) 소요공칭전단강도 : _____

_____

(1) 소요공칭휨강도(M_n)
$M_u = 1.2M_D + 1.6M_L$
$= 1.2 \times 150 + 1.6 \times 130$
$= 388\text{kN} \cdot \text{m}$
$(\geq 1.4M_D = 1.4 \times 150$
$= 210\text{kN} \cdot \text{m})$
$M_u = \phi M_n$에서
$M_n = \dfrac{M_u}{\phi} = \dfrac{388}{0.85}$
$= 456.471\text{kN} \cdot \text{m}$
(2) 소요공칭전단강도(V_n)
$V_u = 1.2V_D + 1.6V_L$
$= 1.2 \times 120 + 1.6 \times 110$
$= 320\text{kN}$
$(\geq 1.4M_D = 1.4 \times 120 = 168\text{kN})$
$V_u = \phi V_n$에서
$V_n = \dfrac{V_u}{\phi} = \dfrac{320}{0.75} = 426.667\text{kN}$

48 그림과 같은 철근 콘크리트보에 대한 물음에 답하시오. (5점) [15]

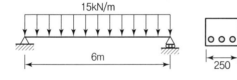

(1) 전단위험단면 위치에서의 계수전단력을 구하시오.

_____

_____

(2) 전단설계를 하고자 할 때, 경간길이 내에서 스터럽 배치가 필요하지 않은 구간의 길이를 산정하시오(단, 지점 외부로 내민 부재길이는 무시, 보통중량 콘크리트 $f_{ck} = 21\text{MPa}$).

_____

_____

(1) $V_{max} = \dfrac{\omega l}{2} = \dfrac{15 \times 6}{2} = 45\text{kN}$
$\therefore V_{max} = 45\text{kN}$
d만큼 떨어진 거리의 계수전단력(V_u)을 삼각형의 닮은꼴 식으로 풀면
$\dfrac{V_u}{45} = \dfrac{2.82}{3}$ 로부터
$V_u = 45 \times \dfrac{2.82}{3} = 42.3\text{kN}$

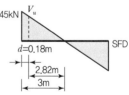

(2) 경간 내에서 스터럽 배치가 필요하지 않은 구간의 길이도 삼각형의 닮은꼴 식으로 풀면
$0.5\phi V_c = 0.5\phi \left(\dfrac{1}{6} \lambda \sqrt{f_{ck}} \cdot b_w \cdot d \right)$
$= 0.5 \times 0.75 \times \left(\dfrac{1}{6} \times 1.0 \times \sqrt{21} \right.$
$\left. \times 250 \times 180 \right)$
$= 12,888\text{N} = 12,888\text{kN}$

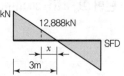

$\dfrac{x}{3} = \dfrac{12.888}{45}$ 으로부터

$x = 3 \times \dfrac{12.888}{45} = 0.859\,\text{m}$

49 철근 콘크리트 구조의 기둥에서 띠철근(Hoop Bar)의 역할을 2가지 만 쓰시오. (2점)   [09, 11]

① _____   ② _____

≫ **띠철근의 역할**
① 주근의 좌굴방지
② 주근의 위치고정
③ 수정력에 대한 전단보강
④ 피복두께 유지

50 다음 내용의 빈칸을 채우시오. (2점)   [14]

> 기둥의 띠철근 수직간격은 축방향 주철근 직경의 (①)배, 띠철근 직경 의 (②)배, 기둥 단면의 최소치수의 $\dfrac{1}{2}$ (단, 200mm보다 좁을 필요는 없다.) 이하 중 작은 값으로 한다.

① _____   ② _____

≫ ① 16
    ② 48

51 그림과 같이 배근된 철근 콘크리트 기둥에서 띠철근의 최대 수직간격 을 구하시오. (3점)   [12, 21]

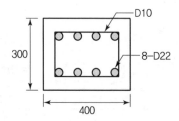

_____

_____

_____

≫ **띠철근의 수직간격(다음 값 중 작은 값)**
① 22mm×16 = 352mm
② 10mm×48 = 480mm
③ 기둥단면의 최소치수의 $\dfrac{1}{2}$ (단, 200 mm보다 좁을 필요는 없다.) : 200mm
∴ 수직간격은 200mm

52 중심축하중을 받는 단주의 최대 설계축하중을 구하시오(단, f_{ck} = 27MPa, f_y = 400MPa, A_{st} = 3,096mm²이다). (3점) [12]

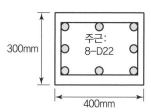

300mm

주근:
8-D22

400mm

❯ 단주의 최대 설계축하중(ϕP_n)
$= \phi \times 0.80 \times \{0.85 f_{ck} \cdot (A_g - A_{st})$
$\quad + f_y \cdot A_{st}\}$
$= 0.65 \times 0.80 \times \{0.85 \times 27 \times (300 \times 400$
$\quad - 3,096) + 400 \times 3,096\}$
$= 2,039,100N = 2,039.1kN$

_____
_____
_____

53 다음과 같은 조건의 철근 콘크리트 띠철근 기둥의 설계축하중 ϕP_n (kN)을 구하시오(조건 : f_{ck} = 24MPa, f_y = 400MPa, 8-HD22, HD22 한 개의 단면적은 387mm², 강도감소계수 ϕ = 0.65). (3점) [13, 19]

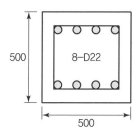

500

8-D22

500

❯ 단주의 최대 설계축하중(ϕP_n)
$= \phi \times 0.80 \times \{0.85 f_{ck} \cdot (A_g - A_{st}) +$
$\quad f_y \cdot A_{st}\}$
$= 0.65 \times 0.80 \times \{0.85 \times 24 \times (500 \times 500$
$\quad - 8 \times 387) + 400 \times (8 \times 387)\}$
$= 3,263,125N = 3,263.125kN$

_____
_____

54 기둥축소(Column Shortening) 현상에 대한 다음 항목을 기술하시오. (5점) [10, 19]

(1) 원인 : _____

_____

(2) 기둥축소에 따른 영향

① _____

② _____

③ _____

❯ (1) 원인
  ① 탄성 Shortening : 하중에 비례한 변형
  ② Shrinkage(건조수축) 변형에 의한 축소
  ③ Creep 변형에 의한 축소
  ④ Differential Shortening(부등축소)
(2) 기둥축소에 따른 영향
  ① 창호재의 변형 및 불량
  ② 기둥의 축소변위 발생
  ③ 기둥의 변형 및 불량

55 인장철근만 배근된 직사각형 단순보에서 하중이 작용하여 5mm의 순간처짐이 발생하였다. 이 하중이 5년 이상 지속될 경우 총처짐량(순간처짐 + 장기처짐)을 구하시오[단, 모든 하중을 지속하중으로 가정하며 크리프와 건조수축에 의한 장기추가처짐에 대한 계수(λ)는 다음 식으로 구한다. $\lambda = \dfrac{\xi}{1+50p'}$, 지속하중에 대한 시간경과 계수($\xi$)는 2.0으로 한다]. (4점) [13, 18, 21]

장기추가처짐계수(λ_Δ)
$$= \frac{\xi}{1+50\rho'} = \frac{2.0}{1+50\times 0} = 2$$
장기처짐 = 탄성처짐(즉시처짐)$\times \lambda_\Delta$
$$= 5\times 2 = 10\text{mm}$$
$\therefore$ 총처짐량 = 순간처짐 + 장기처짐
$$= 5+10 = 15\text{mm}$$

56 인장철근비 0.0025, 압축 철근비 0.016의 콘크리트 직사각형 단면의 보에 하중이 작용하여 순간처짐이 2cm 발생하였다. 3년 지속하중이 작용할 경우 총처짐량(순간처짐 + 장기처짐)을 구하시오(단, 시간경과계수는 다음 표를 참고). (4점) [15]

기간(월)	1	3	6	12	18	24	36	48	60 이상
ξ	0.5	1.0	1.2	1.4	1.6	1.7	1.8	1.9	2.0

장기추가처짐계수(λ_Δ)
$$= \frac{\xi}{1+50\rho'} = \frac{1.8}{1+50\times 0.016} = 1$$
장기처짐 = 순간처짐$\times \lambda_\Delta$
$$= 2\times 1 = 2\text{mm}$$
$\therefore$ 총처짐량 = 순간처짐 + 장기처짐
$$= 2\text{cm}+2\text{cm} = 4\text{cm}$$

57 다음 조건의 철근 콘크리트 보의 총처짐량(순간처짐 + 장기처짐)을 구하시오[순간처짐 20mm, 지속하중에 대한 시간경과계수(ξ) 2.0, 압축철근량(A_s') = 1,000mm², 단면 $b\times d$ = 400mm×500mm]. (4점) [16, 21]

장기추가처짐계수(λ_Δ)
$$= \frac{\xi}{1+50\rho'} = \frac{2.0}{1+50\times 0.005} = 1.6$$
압축철근비(ρ') $= \dfrac{A_s'}{bd} = \dfrac{1,000}{400\times 500}$
$$= 0.005$$
장기처짐 = 순간처짐$\times \lambda_\Delta$
$$= 20\times 1.6 = 32\text{mm}$$
$\therefore$ 총처짐량 = 순간처짐 + 장기처짐
$$= 20\text{mm}+32\text{mm}$$
$$= 52\text{mm}$$

58 큰 처짐에 의하여 손상되기 쉬운 칸막이벽이나 기타 구조물을 지지 또는 부착하지 않은 부재의 경우, 다음 표에서 정한 최소두께를 적용하여야 한다. 표의 (   ) 안에 알맞은 숫자를 써넣으시오(단, 표의 값은 보통중량 콘크리트와 설계기준항복강도 400MPa 철근을 사용한 부재에 대한 값임). (3점)　　　　　　　　　　　　　　[19]

▼ 처짐을 계산하지 않는 경우의 보 또는 1방향 슬래브의 최소 두께기준

단순지지된 1방향 슬래브	L/ (①)
1단연속된 보	L/ (②)
양단연속된 리브가 있는 1방향 슬래브	L/ (③)

① ＿＿＿＿＿＿＿　　② ＿＿＿＿＿＿＿　　③ ＿＿＿＿＿＿＿

▶ ① 20
② 18.5
③ 21
처짐을 계산하지 않는 경우의 보 또는 1방향 슬래브의 최소두께기준

부재	캔틸레버	단순지지	일단연속	양단연속
보(리브가 있는 1방향 슬래브)	$\dfrac{l}{8}$	$\dfrac{l}{16}$	$\dfrac{l}{18.5}$	$\dfrac{l}{21}$
1방향 슬래브	$\dfrac{l}{10}$	$\dfrac{l}{20}$	$\dfrac{l}{24}$	$\dfrac{l}{28}$

59 보의 폭이 400mm, 주근 3 – D22, 스터럽 D10mm가 배근된 보의 휨균열 제어를 위한 인장철근의 간격을 구하고, 적합 여부를 판정하시오(단, 보통중량 콘크리트 사용, $f_y = 400\text{MPa}$, $f_s = \dfrac{2}{3}f_y$의 근사값 적용). (4점)　　　　　　　　　　　　　　[16]

(1) 인장철근 간격 : ＿＿＿＿＿＿＿＿＿＿＿＿＿＿＿＿＿
＿＿＿＿＿＿＿＿＿＿＿＿＿＿＿＿＿＿＿＿＿＿＿＿＿＿＿

(2) 적합 여부 판정 : ＿＿＿＿＿＿＿＿＿＿＿＿＿＿＿＿
＿＿＿＿＿＿＿＿＿＿＿＿＿＿＿＿＿＿＿＿＿＿＿＿＿＿＿

▶ (1) 인장철근 간격
① $S = 375 \times \dfrac{k_{cr}}{f_s} - 2.5\,C_c$
$= 375 \times \dfrac{210}{267} - 2.5 \times 50$
$= 170\text{mm}$
② $S = 300 \times \dfrac{k_{cr}}{f_s} = 300 \times \dfrac{210}{267}$
$= 236\text{mm}$
∴ ①, ② 중 작은 값 $S_{\max} = 170\text{mm}$
(2) 적합 여부 판정
$\dfrac{1}{2}\left[400 - 2\left(40 + 10 + \dfrac{22}{2}\right)\right]$
$= 139\text{mm} < S_{\max} = 170\text{mm}$
∴ 적합함

60 콘크리트 내 철근의 내구성에 영향을 주는 위험인자를 억제할 수 있는 방법을 4가지 쓰시오. (4점)　　　　　　　　　　　　[06]

① ＿＿＿＿＿＿＿＿＿＿＿＿＿＿＿＿＿＿＿＿＿＿＿＿＿
② ＿＿＿＿＿＿＿＿＿＿＿＿＿＿＿＿＿＿＿＿＿＿＿＿＿
③ ＿＿＿＿＿＿＿＿＿＿＿＿＿＿＿＿＿＿＿＿＿＿＿＿＿
④ ＿＿＿＿＿＿＿＿＿＿＿＿＿＿＿＿＿＿＿＿＿＿＿＿＿

▶ ① 물 – 시멘트비를 작게 하여 수밀한 콘크리트를 타설한다.
② 피복두께를 증가시켜 콘크리트에 공기침입을 방지한다.
③ 방청제나 제염제를 투입하여 염분영향을 최소화한다.
④ 철근에 에폭시도장(수지도장)을 행한다.

61 염분을 포함한 바닷모래를 골재로 사용하는 경우 철근 부식에 대한 방청상 유효한 조치를 3가지 쓰시오. (3점)　　　　　　　[05]

① ＿＿＿＿＿＿＿＿＿＿＿＿＿＿＿＿＿＿＿＿＿＿＿＿＿
② ＿＿＿＿＿＿＿＿＿＿＿＿＿＿＿＿＿＿＿＿＿＿＿＿＿
③ ＿＿＿＿＿＿＿＿＿＿＿＿＿＿＿＿＿＿＿＿＿＿＿＿＿

▶ ① 철근 표면에 아연도금 처리
② 콘크리트에 방청제 혼입
③ 에폭시 코팅 철근 사용
④ 골재에 제염제 혼합 사용
⑤ W/C비를 작게 한다.
⑥ 철근피복두께를 확보한다.

62 콘크리트압축강도 f_{ck} = 30MPa, 주근의 항복강도 f_y = 400MPa을 사용한 보 부재에서 인장을 받는 D22(공칭지름은 22.2mm) 철근의 기본정착길이(l_{db})를 구하시오(단, 경량 콘크리트 계수 λ = 1, 보정계수는 고려하지 않는다). (3점) [13, 17]

_____

⊙ $l_{db} = \dfrac{0.6 d_b f_y}{\lambda \sqrt{f_{ck}}} = \dfrac{0.6 \times 22.2 \times 400}{1 \times \sqrt{30}}$
  $= 972.755\,\text{mm}$

63 콘크리트압축강도 f_{ck} = 30MPa, 주근의 항복강도 f_y = 400MPa을 사용한 보 부재에서 인장을 받는 D22 철근의 정착길이(l_d)를 구하시오(단, 보통경량 콘크리트를 사용하며, 보정계수는 상부철근 1.3을 적용한다). (3점) [19]

_____

_____

_____

⊙ $l_d = \dfrac{0.6 d_b f_y}{\lambda \sqrt{f_{ck}}} \times$ 보정계수
  $= \dfrac{0.6 \times 22 \times 400}{1 \times \sqrt{30}} \times 1.3$
  $= 1{,}253.189\,\text{mm}$

64 인장이형철근의 정착길이에서 다음과 같이 정밀식으로 계산할 때 α, β, γ, λ가 각각 무엇을 의미하는지 표기하시오. (4점) [18-2]

$$l_d = \dfrac{0.9 d_b f_y}{\lambda \sqrt{f_{ck}}} \cdot \dfrac{\alpha \beta \gamma}{\left(\dfrac{c + k_{tr}}{d_b} \right)}$$

① α : _____   ② β : _____
③ γ : _____   ④ λ : _____

⊙ ① a : 철근배치 위치계수
  ② β : 철근 도막계수
  ③ γ : 철근 또는 철선의 크기계수
  ④ λ : 경량 콘크리트계수

65 철근 콘크리트로 설계된 보에서 압축을 받는 D22 철근의 기본정착길이를 구하시오(단, f_y = 400MPa, 보통중량 콘크리트 f_{ck} = 24MPa 이다). (3점) [12, 20]

_____

_____

_____

⊙ ① $l_{db} = \dfrac{0.25 d_b f_y}{\lambda \sqrt{f_{ck}}} = \dfrac{0.25 \times 22 \times 400}{1 \times \sqrt{24}}$
  $= 449.07\,\text{mm}$
  ② $l_{db} = 0.043 d_b f_y$
  $= 0.043 \times 22 \times 400$
  $= 378.4\,\text{mm}$
  $\therefore$ ①, ② 중 최댓값인 449.07mm

66 인장력을 받는 이형철근 및 이형철선의 겹침이음길이는 A급과 B급으로 분류되며, 다음 값 이상, 또한 300mm 이상이어야 한다. ( ) 안에 알맞은 수치를 쓰시오(단, l_d는 인장이형철근의 정착길이) (3점).

[20]

(1) A급 이음 : ( ) l_d (2) B급 이음 : ( ) l_d

◎ (1) 1.0
(2) 1.3

67 철근배근 시 철근이음방식의 종류를 3가지 쓰시오. (3점)

[05, 16, 20]

① _____   ② _____   ③ _____

◎ ① 겹침이음
② 용접이음
③ 기계적 이음
※ 가스압점 이음

68 철근 콘크리트 공사에서 철근이음을 하는 방법으로 가스압접이 있는데 가스압접으로 이음할 수 없는 경우를 3가지 쓰시오. (3점)

[09, 17]

① _____
② _____
③ _____

◎ ① 철근의 지름차이가 6mm를 초과할 때
② 철근의 재질이 상이할 때(항복점 강도나 성질이 다를 때)
③ 0℃ 이하의 낮은 온도에서 작업할 때
④ 지름의 1/5을 초과하는 편심오차가 발생할 때

69 철근의 단부에 갈고리(Hook)를 만들어야 하는 철근을 모두 골라 기호를 쓰시오. (3점)

[13]

[보기]
㉠ 원형 철근   ㉡ 스터럽
㉢ 띠철근   ㉣ 지중보의 돌출부 부분의 철근
㉤ 굴뚝의 철근

_____

◎ ㉠, ㉡, ㉢, ㉤

70 기둥의 주근은 (①), 큰보의 주근은 (②), 작은보의 주근은 (③),
직교하는 단부보 하부에 기둥이 없을 때는 보 상호 간에, 바닥철근은
보 또는 (④)에 정착한다. (　)에 알맞은 것을 보기에서 골라 기
호를 쓰시오. (4점)   [06]

> ① ㉡
> ② ㉢
> ③ ㉢
> ④ ㉠

[보기]
㉠ 벽체　　㉡ 기초　　㉢ 큰보　　㉣ 기둥　　㉤ 지붕

① _____　② _____
③ _____　④ _____

71 철근 콘크리트 구조의 1방향 슬래브와 2방향 슬래브를 구분하는 기
준에 대해 설명하시오. (3점)   [11, 13, 19]

> 변장비$(\lambda) = \dfrac{\text{장변 스팬}(l_y)}{\text{단변 스팬}(l_x)}$
> ① 1방향 슬래브 : $\lambda > 2$
> ② 2방향 슬래브 : $\lambda \leq 2$

_____
_____
_____

72 1방향 슬래브의 두께가 250mm일 때 단위폭 1m에 대한 수축온도철
근량과 D13(a_1 = 127mm²) 철근을 배근할 때 요구되는 배근개수를
구하시오(단, f_y = 400MPa). (4점)   [20]

> ① f_y = 400MPa 이하이므로 철근비 ρ
>   = 0.0020이다.
> ② $\rho = \dfrac{A_s}{bd}$ 로부터
> $A_s = \rho \cdot bd$
>   　　$= 0.0020 \times 1,000 \times 250$
>   　　$= 500\text{mm}^2$
> ∴ 배근개수 $n = \dfrac{A_s}{a_1} = \dfrac{500}{127} = 3.937$
>   → 4개

_____
_____
_____

73 온도철근의 배근 목적을 설명하시오. (2점)   [09, 11, 15, 20]

> 온도변화에 따라 콘크리트의 수축으로 생
> 기는 균열을 방지하기 위하여 배근한다.

_____
_____

74 다음 그림과 같은 설계조건에서 플랫슬래브 지판(드롭 패널)의 최소 크기와 두께를 산정하시오[단, 슬래브 두께(t_s)는 200mm이다]. (4점)

[11, 21]

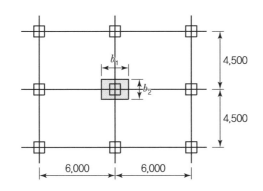

(1) 지판의 최소크기($b_1 \times b_2$) : _____

_____

(2) 지판의 최소두께 : _____

_____

⊗ (1) 지판의 최소크기($b_1 \times b_2$)

$$b_1 = \frac{6,000}{6} + \frac{6,000}{6} = 2,000mm$$

$$b_2 = \frac{4,500}{6} + \frac{4,500}{6} = 1,500mm$$

$$\therefore \ b_1 \times b_2 = 2,000mm \times 1,500mm$$

(2) 지판의 최소두께

$$\frac{t_s}{4} = \frac{200}{4} = 50mm$$

75 플랫슬래브(플레이트) 구조에서 2방향 전단에 대한 보강방법을 4가지 쓰시오. (4점)

[14]

① _____
② _____
③ _____
④ _____

⊗ ① 슬래브의 두께를 크게 한다.
② 지판 또는 기둥머리를 사용하여 위험단면의 면적을 늘린다.
③ 기둥을 중심으로 양 방향 기둥열 철근을 스터럽으로 보강한다.
④ 기둥에 얹는 슬래브를 C형강이나 H형강으로 전단머리를 보강한다.

76 다음 물음에 대해 답하시오. (6점) [21]

(1) 큰보(Girder)와 작은보(Beam)를 간단히 설명하시오.
  ① 큰보(Girder) : _____
  ② 작은보(Beam) : _____

(2) 다음 그림의 (   ) 안을 큰보와 작은보 중에서 선택하여 채우시오.

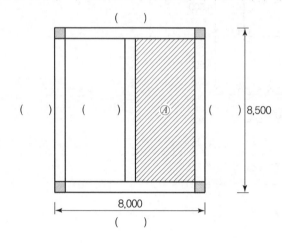

(3) 위의 그림의 빗금 친 A부분의 변장비를 계산하고 1방향 슬래브인지 2방향 슬래브인지 쓰시오. (단, 기둥 500×500, 큰 보 500×600, 작은보 500×550이고, 변장비를 구할 때 기둥 중심치수를 적용한다).

_____

77 강도설계법에서 기초판의 크기가 2m×3m일 때 단변방향으로의 소요 전체 철근량이 3,000mm²이다. 유효폭 내에 배근하여야 할 철근량을 구하시오. (4점) [15]

_____

78 철근 콘크리트 기초판의 크기가 2m×4m일 때 단변방향으로의 소요 전체 철근량이 4,800mm²이다. 유효폭 내에 배근하여야 할 철근량을 구하시오. (3점) [20]

_____

---

(1) ① 큰보(Girder) : 기둥에 직접 연결된 보
    ② 작은보(Beam) : 기둥과 직접 접합되지 않은 보로 Slab의 하중을 큰보로 전달하는 보

(2)

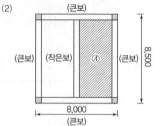

(3) 변장비 $= \dfrac{8,500}{4,000} = 2.125 > 2$
    → 1방향 슬래브

철근량$(A_{sc}) = \left(\dfrac{2}{\beta+1}\right) A_{ss}$
$= \left(\dfrac{2}{\frac{3}{2}+1}\right) \times 3,000$
$= 2,400 \, mm^2$

여기서, $\beta = \dfrac{L}{S}$

철근량$(A_{sc}) = \left(\dfrac{2}{\beta+1}\right) A_{ss}$
$= \left(\dfrac{2}{\frac{4}{2}+1}\right) \times 4,800$
$= 3,200 \, mm^2$

여기서, $\beta = \dfrac{L}{S}$

79 그림과 같은 독립기초에서 2방향 뚫림 전단(2Way Punching Shear) 응력도를 계산할 때 검토하는 저항면적(cm^2)을 구하시오. (3점)

[13, 17]

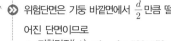

$60 \times 60cm$

$80cm$ $d=70cm$

$400 \times 400cm$

위험단면은 기둥 바깥면에서 $\frac{d}{2}$만큼 떨어진 단면이므로

∴ 저항면적$(A) = b_o \cdot d = 520 \times 70$
$= 36,400\,cm^2$

---

80 다음 조건으로 철근 콘크리트 벽체의 설계축하중을 계산하시오. (4점)

[17, 19]

[조건]
$\phi = 0.65$, $f_{ck} = 24MPa$, $h = $ 벽두께 200
$k = 0.8$, $l_e = $ 유효길이 3,200, $b_e = 2,000$

설계축하중(ϕP_{nw})
$= 0.55\phi \cdot f_{ck} \cdot A_g \cdot \left\{ 1 - \left(\frac{k \cdot l_e}{32h} \right)^2 \right\}$
$= 0.55 \times 0.65 \times 24 \times (200 \times 2,000)$
$\quad \times \left\{ 1 - \left(\frac{0.8 \times 3,200}{32 \times 200} \right)^2 \right\}$
$= 2,882,880N$
$= 2,882.88kN$

---

81 다음 ( ) 안에 알맞은 수치를 쓰시오. (2점)

[20]

벽체 또는 슬래브에서 휨주철근의 간격은 벽체나 슬래브 두께의 (①)배 이하로 하여야 하고, 또한 (②)mm 이하로 하여야 한다. 다만, 콘크리트 장선구조의 경우 이 규정이 적용되지 않는다.

① _____   ② _____

① 3, ② 450

---

82 다음에서 설명하는 구조의 명칭을 쓰시오. (2점)

[11, 16, 19, 21]

건축물의 기초 부분 등에 적층고무 또는 미끄럼받이 등을 넣어서 지진에 대한 건축물의 흔들림을 감소시키는 구조

면진구조

1. 화학적 성질에 따른 강재의 종류

(1) 강재를 구성하는 주요 원소

종류	함유량	특성
철(Fe)	98% 이상	강재의 대부분을 차지하는 구성요소이다.
탄소(C)	0.04~2%	• 강재에서 철 다음으로 중요하다. • 탄소량이 증가하면 강도는 증가하나, 연성이나 용접성은 떨어진다.
망간(Mn)	0.5~1.7%	탄소와 비슷한 성질을 가진다.
크롬(Cr)	0.1~0.9%	부식을 방지하기 위해 쓰이는 화학성분이다.
니켈(Ni)	–	• 강재의 부식방지를 위해 사용된다. • 저온에서 인성을 증가시킨다.
인(P) 황(S)	–	• 강재의 취성을 증가시켜 악영향을 끼치므로 사용을 자제한다. • 강재의 기계가 공성을 증가시킨다.
실리콘(Si)	0.4% 이하	강재에 주로 사용되는 탈산제다.
구리(Cu)	0.02% 이하	강재의 주요한 부식방지제다.

(2) 탄소강(Carbon Steel, Mild Steel)

① 가격이 저렴하고 성질이 우수하여 가장 널리 사용된다.

② 탄소량에 따라 강도와 인성이 결정된다.

③ 탄소량이 증가하면 강도는 증가하나, 연성이나 용접성은 떨어진다.

(3) 구조용 합금강(High – Strength Low Alloy Steels)

탄소강의 단점을 보완하기 위해서 합금원소를 첨가한 강재이다.

(4) 열처리강(High – Strength Quenched and Tempered Alloy Steels)

① 담금질과 뜨임의 열처리를 통해 얻어낸 고강도강이다.

② 담금질(Quenching) : 강을 700~750℃ 정도로 가열했다가 급랭하여 강의 조직을 조대(粗大)하게 함으로써 강도와 경도를 증가시키는 방법이다. 연성이 감소하는 단점이 있다.

③ 뜨임(Tempering) : 담금질로 열처리한 강을 다시 200~400℃ 정도로 가열하였다가 서랭하여 강의 조직을 안정상태로 회복시키는 것이다. 높은 강도를 유지하면서 연성을 높이는 방법이다.

(5) TMCP강(Thermo Mechanical Control Process Steel)

① 용접성과 내진성이 뛰어난 극후판의 고강도 강재로 구조물의 고층
화 대형화에 적합하다.

② 높은 강도와 인성을 갖는 강재이다.

③ 적은 탄소량으로 우수한 용접성을 나타낸다.

④ 판두께 40mm 이상의 후판이라도 항복강도의 저하가 없다.

2. 강재의 기계적 성질

(1) 항복비(Yield Ratio)

강재의 인장강도에 대한 항복강도의 비로 정의된다.

$$R_y = \frac{F_y}{F_u} \times 100\%$$

(2) 연신율(ε_f)

인장시험편 파단 후의 표점 간 거리(L)와 시험 전의 표점 간 거리(L_0)
의 차이를 시험 전의 표점 간 거리에 대한 백분율로 나타낸 것이다.

$$\varepsilon_f = \frac{L - L_0}{L_0} \times 100 = \frac{\Delta l}{L_0} \times 100\%$$

(3) 단면수축률(Ψ)

인장시험편 파단 후의 단면적(A)과 시험 전 단면(A_0)의 차이를 시
험 전의 단면적에 대한 백분율로 나타낸 것이다.

$$\Psi = \frac{A_0 - A}{A_0} \times 100\%$$

(4) 바우싱거(Bauschnger) 효과

인장력을 가해 소성상태에 들어선 강재를 다시 반대방향으로 압축력
을 작용하였을 때의 압축항복점이 소성상태에 들어서지 않은 강재의
압축항복점에 비해 낮아지는 현상이다.

3. 강재의 호칭과 치수표기법

(1) 강재의 호칭

<u>SMA</u>   <u>355</u>   <u>B</u>   <u>W</u>
①   ②   ③   ④

① 강재의 명칭(강종)

ㄱ SS(Steel Structure) : 일반구조용 압연강재

ㄴ SM(Steel Marine) : 용접구조용 압연강재

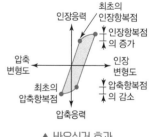

▲ 바우싱거 효과

Tip 👆

SS : 일반 구조용 압연강재
SPS : 일반 구조용 탄소강관
SPSR : 일반 구조용 각형강관
SWS : 일반 구조용 압연강재

ⓒ SMA(Steel Marine Atmosphere) : 용접구조용 내후성 열간 압연
강재

ⓔ SN(Steel New) : 건축구조용 압연강재

ⓜ FR(Fire Resistance) : 건축구조용 내화강재

ⓗ SCW(Steel Casting Weld) : 용접구조용 원심력 주강관

② 강재의 항복강도(최저)

ⓐ 275 : 275MPa

ⓑ 355 : 355MPa

ⓒ 420 : 420MPa

ⓔ 460 : 460MPa

③ 샤르피 흡수에너지 등급

ⓐ A : 별도 조건 없음

ⓑ B : 일정 수준 충격치 요구, 27J(0℃) 이상

ⓒ C : 우수한 충격치 요구, 47J(0℃) 이상

④ 내후성 등급

ⓐ W : 녹안정화 처리

ⓑ P : 일반도장 처리 후 사용

(2) 강재의 치수표기법

강재의 형태 – Web 춤×Flange 폭×Web 두께×Flange 두께×전길이

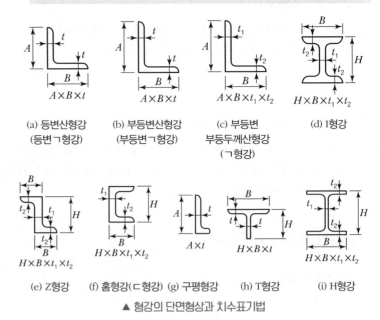

(a) 등변산형강 (등변ㄱ형강) $A \times B \times t$

(b) 부등변산형강 (부등변ㄱ형강) $A \times B \times t$

(c) 부등변 부등두께산형강 (ㄱ형강) $A \times B \times t_1 \times t_2$

(d) I형강 $H \times B \times t_1 \times t_2$

(e) Z형강 $H \times B \times t_1 \times t_2$

(f) 홈형강(ㄷ형강) $H \times B \times t_1 \times t_2$

(g) 구평형강 $A \times t$

(h) T형강 $H \times B \times t$

(i) H형강 $H \times B \times t_1 \times t_2$

▲ 형강의 단면형상과 치수표기법

4. 볼트의 파괴형식

(1) 전단접합의 파괴형식

① 볼트의 축단면에 전단력으로 저항하는 접합을 전단접합이라 한다.
② 전단접합의 파괴형식은 볼트의 전단파괴, 지압파괴, 측단부파괴, 연단부파괴로 구분된다.

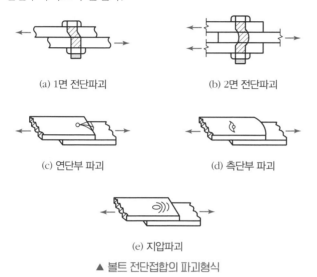

(a) 1면 전단파괴   (b) 2면 전단파괴

(c) 연단부 파괴   (d) 측단부 파괴

(e) 지압파괴

▲ 볼트 전단접합의 파괴형식

(2) 인장접합의 파괴형식

① 볼트가 인장력으로 저항하는 접합을 인장접합이라고 한다.
② 인장접합의 파괴형식에는 볼트의 인장파괴가 있다.

> **참고**
>
> **볼트의 용어해설**
> ① 게이지 라인(Guage Line) : 볼트의 중심선을 연결하는 선이다.
> ② 게이지(Guage) : 게이지 라인과 게이지 라인 간 거리다.
> ③ 클리어런스(Clearance) : 볼트와 수직재면 간 거리다(작업 시 필요한 여유).
> ④ 피치(Pitch) : 볼트 중심 사이의 간격이다.
> ⑤ 연단거리 : 볼트 구멍중심에서 볼트머리 또는 너트가 접하는 부재 끝 단까지의 거리다.
>
>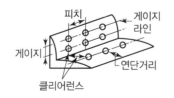
>
> 피치 게이지 라인 게이지 연단거리 클리어런스

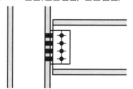
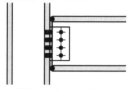

5. 고력볼트의 설계강도

(1) 일반조임된 고력볼트의 설계강도

① 설계강도의 기본식

$$\phi R_n = \phi F_n A_b$$

② 설계인장강도($\phi = 0.75$)

$$\phi R_n = \phi F_{nt} A_b = \phi(0.75 F_u) A_b$$

③ 설계전단강도($\phi = 0.75$)

$$\phi R_n = \phi F_{nv} A_b = \phi(0.5 F_u) A_b \cdot N_s (나사부\ 불포함)$$

$$= \phi(0.4 F_u) A_b \cdot N_s (나사부\ 포함)$$

④ 구멍의 지압강도($\phi = 0.75$)

$$\phi R_n = \phi F_n A_b = \phi(0.6 F_u \cdot 2 L_c t)$$

$$= \phi(1.2 L_e \cdot t \cdot F_u) \leq 2.4 d \cdot t \cdot F_u$$

여기서, L_e : 순연단거리[$L_e = L - d/2 = (2.5 - 0.5)d = 2.0d$]

(2) 고력볼트의 미끄럼강도

① 미끄럼강도 수식

$$\phi R_n = \phi \cdot \mu \cdot h_f \cdot T_o \cdot N_s$$

여기서, μ : 미끄럼계수(블라스트 후 페인트하지 않은 경우, 보통 0.5)

h_f : 필러계수($0.85 \sim 1.0$)

T_o : 설계볼트장력(kN)

N_s : 전단면의 수

② 강도감소계수(ϕ)

㉠ 표준구멍 : $\phi = 1.0$

㉡ 대형구멍 : $\phi = 0.85$

㉢ 장슬롯 : $\phi = 0.75$

③ 설계볼트장력(T_o, kN)

$$T_o = (0.7 F_u) \times (0.75 A)$$

여기서, A : 공칭단면적

$(1.1 T_o)$: 표준볼트장력

F_u : 인장강도

6. 용접부의 유효 단면적

(1) 유효 단면적

$$A_e = a \times l$$

(2) 유효 목두께와 유효 길이

구분	맞댐용접	모살용접
유효 목두께(a)	모재의 두께로 한다(단, 두께가 다르면 얇은 쪽 모재의 두께로 한다).	• $a = 0.7S$ • 모재의 두께는 모살용접의 사이즈가 다르면 얇은 쪽의 판두께 이하로 한다. • 최대치수 : 모재 두께가 6mm 이하이면 모살치수는 얇은 쪽 모재 두께의 1.5배 또한 6mm 이하로 한다.
유효 길이(l)	재축의 직각인 접합부의 폭으로 한다.	용접의 전길이에서 모살치수의 2배를 뺀다. ($l = L - 2S$)

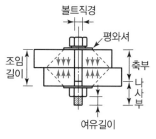

▲ 고장력볼트 연결부 명칭

7. 용접이음매의 형식

(1) 맞댐용접(Butt Welding, Groove Welding)

부재의 끝을 비스듬히 깎아내어 용접하는 방법으로, 부재의 끝을 깎아낸 것을 홈(Groove, 개선)이라 한다.

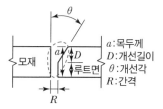

▲ 맞댐용접

(2) 모살용접(Fillet Welding)

① 정의 : 모재를 약 $45°$ 또는 그 이상의 각($60° \sim 120°$)을 이루어 모재를 절단하지 않고 접합하는 용접이다.

② 모살(필렛용접)용접 치수

 ㉠ 등치수로 하는 것을 원칙으로 한다.

 ㉡ 모살용접의 최소, 최대 사이즈[치수, mm]

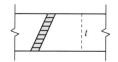

▲ 맞댐용접 유효길이

접합부의 얇은 쪽 모재두께(t)	모살용접의 최소 사이즈	모살용접의 최대 사이즈
$t \leq 6$	3	$t < 6$mm일 때, $s = t$
$6 < t \leq 13$	5	
$13 < t \leq 19$	6	$t \geq 6$mm일 때, $s = t - 2$
$t > 19$	8	

 ㉢ 응력을 전달하는 단속 모살용접 이음부의 길이는 모살 사이즈의 10배 이상, 또한 30mm 이상을 원칙으로 한다.

 ㉣ 강도에 의해 지배되는 모살용접 설계의 경우 유효최소길이는 용접 공칭 사이즈의 4배 이상이 되어야 한다. 또는 용접사이즈는 유효길이의 1/4 이하가 되어야 한다.

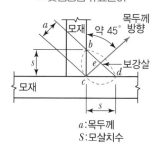

▲ 모살용접

▲ 모살용접 유효길이

8. 용접기호 표시방법

1) 용접부의 기본기호 및 보조기호

기본기호								보조기호		
모살용접		홈(형=개선)용접					플러그 또는 슬롯 용접	현장 용접	전체둘레 (공장) 용접	전체 둘레 (현장) 용접
연속	단속	I형 (Square)	V형 X형	V형 K형 (Bevel)	U형 H형	J형 양면 J형				
⊿	⊿	‖	V	V	Y	Y	⏌	•	○	⊙

2) 용접시공 내용의 기재방법

(1) 용접하는 쪽이 화살표 쪽 또는 앞쪽일 때

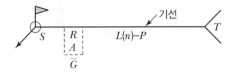

(2) 용접하는 쪽이 화살표 반대쪽 또는 건너편 쪽일 때

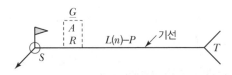

여기서, S : 용접사이즈, R : 루트간격
A : 개선각, L : 용접길이
T : 꼬리(특기사항 기록), $-$: 표면모양
G : 용접부 처리방법, P : 용접간격
⚑ : 현장용접, ○ : 온둘레(일주)용접

9. 인장재 순단면적(A_s) 산정

(1) 정렬(일렬)배치

총단면적(A_g)에서 구멍 개수에 해당하는 총지름을 제외한 길이에 두께(t)를 곱하여 빼준다.

$$A_n = A_g - n \cdot d \cdot t$$

여기서, d : 볼트구멍의 지름
A_g : 총단면적(부재축에 직각 방향으로 측정된 각 요소단면의 합)

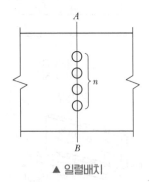

▲ 일렬배치

(2) 지그재그(엇모, 불규칙) 배치

배열된 구멍을 순차적으로 이어 전체 폭을 절단하는 모든 경로에 대해 순단면적을 계산하고 이 중 최솟값을 순단면적으로 정한다.

$$A_n = A_g - n \cdot d \cdot t + \sum \frac{p^2}{4g} \cdot t$$

여기서, t : 판의 두께
p : 볼트 피치
g : 볼트의 응력에 직각 방향인 볼트선 간의 길이(게이지)

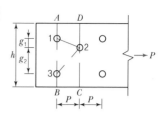

▲ 지그재그(엇모) 배치

[지그재그(엇모, 불규칙) 배치의 순단면적(A_n) 산정 예]

① 파단선 A−1−3−B : $A_{n1} = (h - 2d) \cdot t$

② 파단선 A=1−2−3−B : $A_{n2} = (h - 3d + \frac{p^2}{4g_1} + \frac{p^2}{4g_2}) \cdot t$

③ 파단선 A−1−2−C : $A_{n3} = (h - 2d + \frac{p^2}{4g_1}) \cdot t$

④ 파단선 D−2−3−B : $A_{n4} = (h - 2d + \frac{p^2}{4g_2}) \cdot t$

$\therefore A_n = [A_{n1}, \ A_{n2}, \ A_{n3}, \ A_{n4}]_{\min}$

(3) 두 변에 구멍이 불규칙하게 배치된 ㄱ형강(L형강)의 경우

두 변을 펴서 동일 평면상에 놓은 후 앞의 방법과 동일하게 구한다. 이때 값들은 중복되는 두께 t를 공제한 값을 사용한다.

① 총폭 : $b_g = b_1 + b_2 - t$

② 게이지(리벳선 간 거리) : $g = g_1 - t$

③ 두께가 다른 경우 : $t = \frac{t_1 + t_2}{2}$

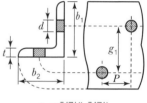

▲ ㄱ형강(L형강)

10. 블록전단파단(Block Shear Rupture)

1) 블록전단파단

① 고력볼트의 사용이 증가함에 따라 접합부의 일부분이 찢겨 나가는 파괴양상이다.

② 블록전단파단은 전단파단($a-b$ 부분)과 인장파단($b-c$ 부분)에 의해 나타나는 접합부의 파단형태이다.

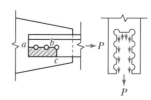

▲ 블록전단파단

2) 설계블록전단강도(ϕR_n)

① 블록전단파단의 한계상태에 대한 설계강도는 전단저항과 인장저항의 합으로 블록전단강도를 구한다.

② 블록전단강도는 다음 식을 사용하여 구하고, 한계상태는 좌, 우 식 중에서 작은 값으로 한다.

$$\phi R_n = \phi(0.6F_u A_{nv} + U_{bs}F_u A_{nt}) \leq \phi(0.6F_y A_{gv} + U_{bs}F_u A_{nt})$$

여기서, A_{gv} : 전단저항 총단면적(mm²), $\phi = 0.75$
$\qquad A_{nv}$: 전단저항 순단면적(mm²)
$\qquad A_{gt}$: 인장저항 총단면적(mm²)
$\qquad A_{nt}$: 인장저항 순단면적(mm²)
$\qquad U_{bs}$: 응력집중계수
$\qquad\qquad$ • 인장응력이 일정한 경우 : 1.0
$\qquad\qquad$ • 인장응력이 일정하지 않은 경우 : 0.5

3) 인장재 설계

(1) 인장재의 설계 일반

인장재의 설계는 설계인장강도를 소요인장강도보다 크게 설계한다.

① 기본 이론식

설계인장강도(ϕP_n) ≥ 소요인장강도(P_u)

② 설계인장강도 ϕP_n은 총단면의 항복한계상태와 유효 순단면의 파단한계상태에 의해 산정된 값 중 작은 값으로 한다.

(2) 인장재의 설계인장강도

① 총단면의 항복에 의한 설계인장강도

$$\phi P_n = \phi F_y A_g \qquad \phi = 0.90$$

② 유효 순단면의 파단에 의한 설계인장강도

$$\phi P_n = \phi F_u A_e \qquad \phi = 0.75$$

여기서, F_y : 항복강도[MPa, N/mm²]
$\qquad F_u$: 인장강도[MPa, N/mm²]
$\qquad A_g$: 부재의 총단면적[mm²]
$\qquad A_e$: 유효순단면적[mm²]
$\qquad P_n$: 공칭인장강도[N]

Tip 👆

설계인장강도 산정
① 총단면의 항복
② 유효순단면의 파단
③ 블록전단파단 강도
위 값을 비교하여 작은 값으로 한다.

11. 압축재의 좌굴이론

1) 오일러(Euler)의 탄성좌굴하중과 탄성좌굴응력

(1) 탄성좌굴하중

$$P_{cr} = \frac{n\pi^2 EI}{(L)^2} = \frac{\pi^2 EI}{(L_K)^2} = \frac{\pi^2 EI}{(KL)^2}$$

(2) 탄성좌굴응력

$$F_{cr} = \frac{P_{cr}}{A} = \frac{\pi^2 E}{(KL/r)^2} = \frac{\pi^2 E}{\lambda^2}$$

여기서, EI : 휨강도

KL : 기둥의 유효길이

L : 기둥의 비지지길이

K : 좌굴유효길이계수

$\dfrac{KL}{r}$: 유효 세장비

L_K : 좌굴유효길이($=KL$)

(3) 단부조건(지지상태)에 따른 계수

구분	이동 자유			이동 구속		
지지조건	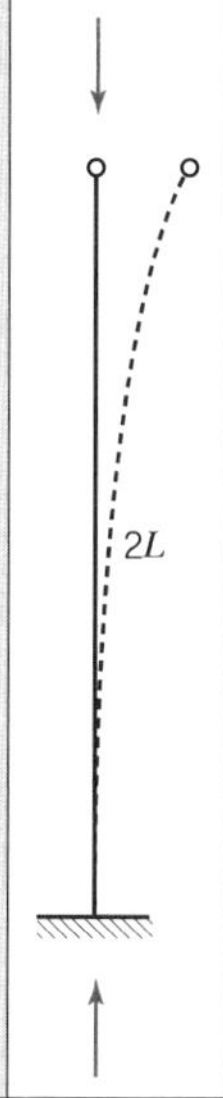 2L	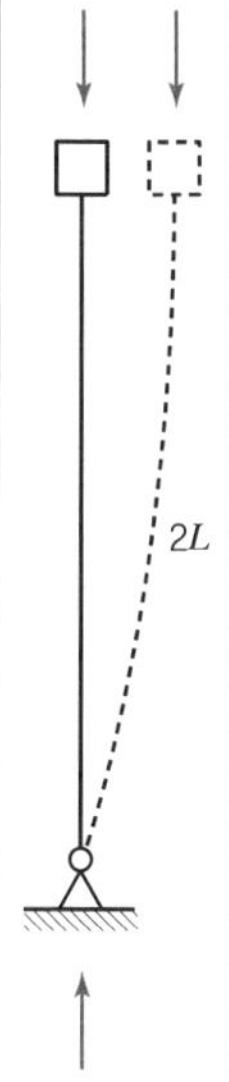 2L	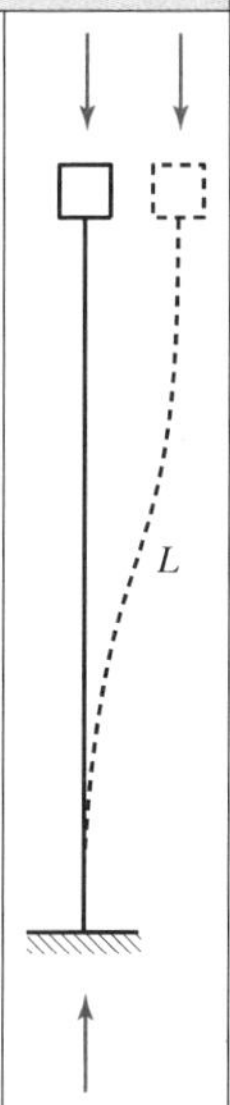 L	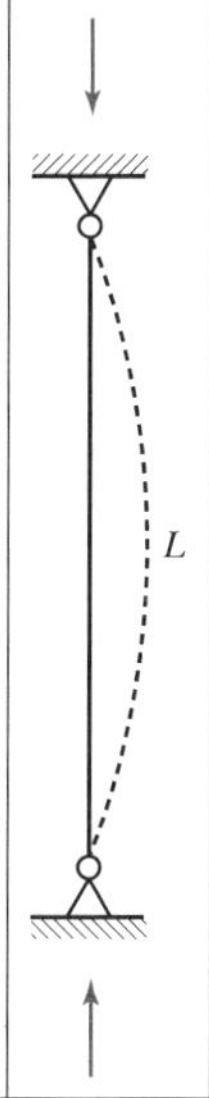 L	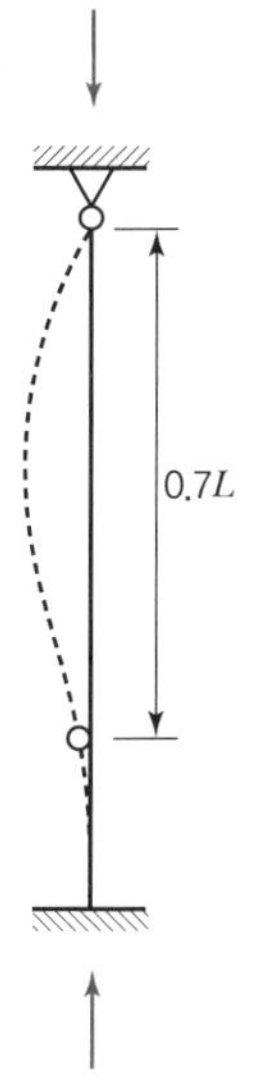 0.7L	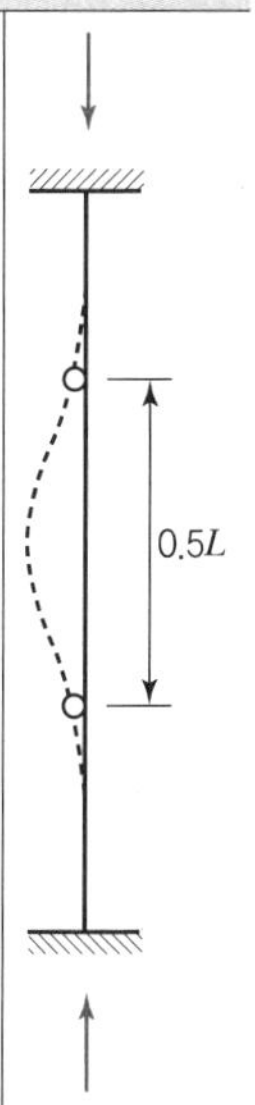 0.5L
K	2	2	1	1	0.7	0.5
n	1/4(1)	1/4(1)	1(4)	1(4)	2(8)	4(16)

기호		
	회전구속, 이동구속	
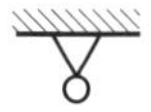	회전자유, 이동구속	
	회전구속, 이동자유	
	회전자유, 이동자유	

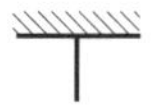

2) 판폭두께비에 따른 강재단면의 분류

단면	조건
콤팩트 단면	단면의 플랜지들은 웨브에 연속적으로 연결되고, 그 단면의 모든 압축요소의 판폭두께비(λ)가 λ_p를 초과하지 않는 단면($\lambda \leq \lambda_p$)
비콤팩트 단면	한 개나 그 이상의 요소들의 판폭두께비(λ)가 λ_p를 초과하고 λ_r을 초과하지 않는 단면($\lambda_p < \lambda \leq \lambda_r$)
세장판 요소 단면	판폭두께비(λ)가 λ_r를 초과하는 단면($\lambda > \lambda_r$)

여기서, λ : 압축재의 판폭두께비

λ_p : 콤팩트 단면의 한계판폭두께비

λ_r : 비콤팩트 단면의 한계판폭두께비

12. 보의 단면설계

1) 단일 휨부재 설계의 일반 순서

(1) 휨응력도

커버 플레이트

상부 플랜지

웨브

브레이싱

하부 플랜지   스티프너

거싯 플레이트

▲ 강재보의 구성

$$\sigma_b = \frac{M_{\max}}{Z_e} \leq \sigma_a$$

여기서, σ_b : 휨응력도

$M_{\max}$: 설계용 최대 휨모멘트

σ_a : 허용 휨응력도

Z_e : 유효 단면계수

(2) 전단응력도

$$\tau = K\frac{S}{A_e} \leq \tau_a$$

여기서, τ : 전단응력도

S : 전단력

τ_a : 허용전단응력도

A_e : 유효단면적

K : 단면형상으로 결정되는 계수

• 원형 : $K = \dfrac{3}{2}$

• 구형 : $K = \dfrac{4}{3}$

(3) 처짐에 대한 검토

건축구조물에서는 보의 처짐을 스팬(Span)의 $\dfrac{1}{300}$ 또는 $\dfrac{1}{360}$ 이하

$\left(\text{캔틸레버보의 경우 } \dfrac{1}{150} \text{ 또는 } \dfrac{1}{180}\right)$로 제한하고 혹은 최대 처짐을

2cm 이하로 한다.

① 단순보에 등분포하중이 작용할 때 최대 처짐공식

$$\delta = \frac{5wl^4}{384EI}$$

② 단순보의 중앙에 집중하중이 작용할 때 최대 처짐공식

$$\delta = \frac{Pl^3}{48EI}$$

13. 기둥의 이음

1) 메탈터치(Metal Touch)

① 단면에 인장응력이 발생할 염려가 없는 상태에서 강재와 강재를 빈틈 없이 밀착시키는 것이다.

② 메탈터치(Metal Touch) 가공 시 소요압축력 및 소요휨모멘트 각각의 1/2은 접촉면에서 직접 전달되는 것으로 설계해야 한다.

2) 주각설계

(1) 기본사항

① 주각은 베이스 플레이트(Base Plate), 윙 플레이트(Wing Plate), 접합 앵글(Slip Angle), 리브(Lib) 등으로 구성되며, 기둥의 축방향력, 전단력, 휨모멘트를 기초에 안전하게 전달할 수 있도록 설계한다.

② 기둥의 휨모멘트에 의한 인장력은 앵커볼트가 부담하고, 앵커볼트는 지름 16~32mm의 것을 사용한다.

③ 경미한 철골구조에서는 주각을 핀으로 가정하고 설계할 수 있다.

(2) 주각 일반

① 주각부 : 기둥의 응력, 즉 축방향력, 전단력, 휨모멘트를 기초에 전달하는 역할을 하며 일반적으로 힌지로 가정하여 해석한다.

② 기둥(철골구조) + 기초(콘크리트구조)로 결합한다.

③ 주각은 기둥의 하중과 모멘트를 기초를 통하여 지지기반에 전달하고, 기초 콘크리트에 지압응력이 잘 분포되도록 베이스 플레이트를 둔다.

④ 기초에 기둥의 축방향력을 전달하기 위해서는 베이스 플레이트와 기초면의 밀착이 중요하다. 일반적으로 베이스 플레이트를 앵커볼트에 가조립한 후 베이스 플레이트 밑면에 무수축 모르타르로 충전시켜 밀착시킨다.

⑤ 주각의 형태 : 핀주각, 고정주각, 매입형 주각 등이 있다.

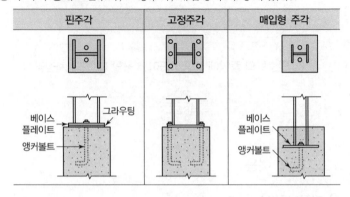

핀주각	고정주각	매입형 주각

베이스 플레이트
그라우팅
앵커볼트

베이스 플레이트
앵커볼트

과년도 기출문제

01 다음 강재의 구조적 특성을 간단히 설명하시오. (4점)   [20]

  (1) SN강 : _____

  _____

  (2) TMCP강 : _____

  _____

> ❯ (1) 건축물의 내진성능을 확보하기 위한 건축구조용 압연강이다.
> (2) 두께 40mm 이상의 후판에서도 항복강도가 저하하지 않는 강으로 구조물의 고층화·대형화에 적합한 강이다.

02 강재의 항복비(Yield Strength Ratio)에 대해 설명하시오. (2점)   [19]

_____

_____

> ❯ 강재의 항복점의 인장강도에 대한 비로서 강재의 기계적 성질을 나타내는 지표이며 항복비가 커지면 부재의 변형능력을 저하시킨다.

03 강재의 종류 중 SM355에서 SM의 의미와 355가 의미하는 바를 각각 쓰시오. (4점)   [15, 21]

  (1) SM : _____

  (2) 355 : _____

> ❯ (1) SM : 용접구조용 압연강재
> (2) 355 : 항복강도 $F_y = 355$MPa

04 다음 보기에서 제시하는 형강을 개략적으로 스케치하고 치수를 기입하시오. (6점)   [14]

  (1) H $- 294 \times 200 \times 10 \times 15$

  (2) ㄷ $- 150 \times 65 \times 20$

  (3) L $- 100 \times 100 \times 7$

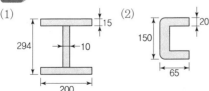
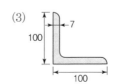

05 다음 형강을 단면 형상의 표시방법에 따라 표기하시오. (2점) [11, 19]   ❯ (1) H−294×200×10×15
                                                              (2) ㄷ−150×65×20

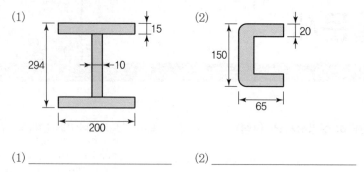

(1) _____   (2) _____

06 강구조 접합부에서 전단접합과 강접합을 도시하고 설명하시오. (6점)

[15, 21]

구분	전단접합	모멘트접합
도시		
설명		

해설

구분	전단접합	모멘트접합
도시		
설명	접합부가 웨브만 접합한 형태로 휨모멘트에 대한 저항력이 없어 자유로이 회전하며 기둥에는 전단력만 전달되는 접합이다.	• 접합부가 웨브와 플랜지가 모두 접합한 형태로 휨모멘트에 대한 저항능력을 가지고 있어 휨모멘트가 강성에 따라 보와 기둥에 분배되는 접합이다. • 전단접합에 비해 시공이 복잡하고 재료비가 증가한다.

07 다음 그림에서 제시하는 볼트접합의 파괴형태 명칭을 쓰시오. (3점)

[14]

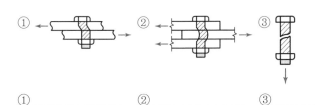

① _____ ② _____ ③ _____

▶▶ ① 1면 전단파괴
② 2면 전단파괴
③ 인장파괴

08 다음에 표시된 T/S 고력볼트의 부위별 명칭을 쓰시오. (5점)　[17]

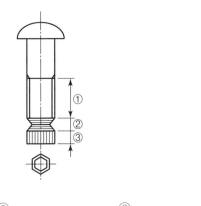

① _____ ② _____ ③ _____

▶▶ ① 나사부
② Notch부(파단부)
③ Pintail부(핀테일부, 꼬리부)

09 강구조 볼트접합과 관련된 용어를 쓰시오. (3점)　　　　　　[11]

(1) 볼트 중심 사이의 간격 : _____

(2) 볼트 중심 사이를 연결하는 선 : _____

(3) 볼트 중심 사이를 연결하는 선 사이의 거리 : _____

▶▶ (1) 피치(Pitch)
(2) 게이지 라인(Gauge Line)
(3) 게이지(Gauge)

10 총단면적 $A_g = 5,624\text{mm}^2$의 $\text{H} - 250 \times 175 \times 7 \times 11(\text{SM}355)$의 설계인장강도를 한계 상태설계법에 의해 산정하시오(단, 설계저항계수 $\phi = 0.90$을 적용한다). (2점)　　　　　　　　　　　　[11]

_____

▶▶ 설계인장강도 $= \phi \cdot A_g \cdot F_y$
　　　　　$= 0.9 \times 5,624 \times 355$
　　　　　$= 1,796,868\text{N}$
　　　　　$= 1,796,868\text{kN}$

11 그림과 같은 단순 인장접합부의 강도한계상태에 따른 고력볼트 설계 전단강도를 구하시오(단, 강재의 재질은 SS275, 고력볼트 F10T – M22, 공칭전단강도 F_{nv} = 450N/mm²). (4점)   [13, 17]

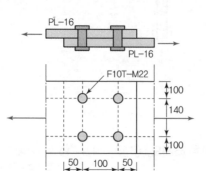

❯❯ 설계전단강도(ϕR_n)
$= \phi \cdot n_b \cdot F_{nv} \cdot A_b$

$= 0.75 \times 4개 \times 450 \times \dfrac{\pi \cdot 22^2}{4}$

$= 513,179N = 513.179kN$

12 단순 인장접합부의 사용성한계상태에 대한 고장력볼트의 설계미끄럼강도를 구하시오[단, 강재는 SS275, 고장력볼트는 M22(F10T 표준구멍), 필러를 사용하지 않는 경우이며, 설계볼트장력 200kN, 설계미끄럼강도식 $\phi R_n = \phi \cdot \mu \cdot h_f \cdot T_o \cdot N_s$을 적용, 미끄럼계수 = 0.5]. (4점)   [15]

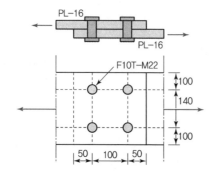

❯❯ 고력볼트 설계미끄럼강도(ϕR_n)
$= \phi \cdot \mu \cdot h_f \cdot T_o \cdot N_s$
$= 1.0 \times 0.5 \times 1.0 \times 200 \times 1$
$= 100kN$
∴ 고력볼트가 4개이므로
   $100kN \times 4 = 400kN$

13 고력볼트로 접합된 큰보와 작은보의 접합부의 사용성 한계상태에 대한 설계미끄럼강도를 계산하여 볼트 개수가 적절한지 검토하시오 [단, 사용된 고력볼트는 M22(F10T)이며 표준구멍을 적용, 고력볼트 설계볼트장력 $T_o = 200kN$, 미끄럼계수 $\mu = 0.5$, 고력볼트의 설계미끄럼강도 $\phi R_n = \phi \cdot \mu \cdot h_f \cdot T_o \cdot N_s$ 식으로 검토한다. 사용하중은 450kN이 작용한다]. (5점)   [14]

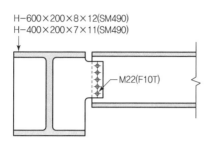

H−600×200×8×12(SM490)
H−400×200×7×11(SM490)
M22(F10T)

▶ ① 고력볼트 설계미끄럼강도(ϕR_n)
$= \phi \cdot \mu \cdot h_f \cdot T_o \cdot N_s$
$= 1.0 \times 0.5 \times 1.0 \times 200 \times 1$
$= 100kN$
② 고력볼트가 5개이므로
$100kN \times 5 = 500kN$
∴ 설계미끄럼강도가 사용하중보다 커야 하는데 $450kN \leq 500kN$이므로 고력볼트 개수는 적절하다.

14 철골공사 고력볼트의 마찰접합 및 인장접합에서는 설계볼트장력 및 표준볼트장력과 미끄럼계수의 확보가 반드시 보장되어야 한다. 이에 대하여 다음 물음에 답하시오. (4점)   [16]

(1) 설계볼트장력과 표준볼트장력 : _____

(2) 미끄럼계수의 확보를 위한 마찰면 처리방법 : _____

▶ (1) 설계볼트장력이란 고력볼트 내력 산정 시 허용전단력을 정하기 위한 고려값이고, 표준볼트장력은 설계볼트장력에 10%를 할증한 것으로서 현장 시공 시 조임 표준값으로 사용된다.
(2) 철, 기름, 오물제거, 들뜬 녹은 와이어 브러시로 제거. 볼트지름 2배 이상의 녹, 흑피 등은 샌드블라스트 등으로 제거. 미끄럼계수가 0.5 이상 확보되도록 표면처리한다.

15 다음 물음에 답하시오. (2점)   [07]

고장력볼트의 조임은 표준볼트의 장력을 얻을 수 있도록 1차조임, 금매김, 본조임의 순서로 행한다. 표준볼트장력을 얻을 수 있는 볼트의 등급인 고장력볼트 F10T에서 10이 가리키는 의미는?

▶ 고장력볼트의 인장강도

16 다음 설명에 맞는 용어를 기재하시오. (3점) [19]

[19]

> 철골부재의 접합에 사용되는 고장력볼트 중 볼트의 장력 관리를 손쉽게
> 하기 위한 목적으로 개발된 것으로 본조임 시 전용조임기를 사용하며, 나
> 사부 선단에 6각형 단면의 브레이크 넥이 설치된 볼트로 조임토크가 일
> 정한 값이 되었을 때 브레이크 넥이 파단되는 고력볼트

➤ 볼트축전단형 고력볼트

---

17 다음 조건으로 용접 유효길이(L_e)를 산출하시오. (3점) [17]

> [조건]
> ① SM355
> ② 용접재(KS D 7004 연강용 피복아크 용접봉)의 인장강도
> $\quad F_{uw} = 420\text{N/mm}^2$
> ③ 필릿치수 $S = 5\text{mm}$
> ④ 하중 : 고정하중 20kN, 활하중 30kN

➤ ① $P_u = 1.2P_D + 1.6P_L$
$\quad = 1.2 \times 20 + 1.6 \times 30$
$\quad = 72 > 1.4 \times 20 = 28$
$\quad P_u = 72\text{kN}$
② $P_u \leq \phi P_w = \phi F_{nw} \cdot A_w$
$\qquad = \phi(0.6F_{uw}) \cdot (a \cdot L_e)$
$\quad L_e \geq \dfrac{P_u}{\phi(0.6F_{uw})(0.7s)}$
$\qquad = \dfrac{72 \times 10^3}{0.75 \times (0.6 \times 420) \times (0.7 \times 5)}$
$\qquad = 108.84\text{mm}$
∴ 용접 유효길이(L_e) = 108.84mm

---

18 그림과 같은 용접부의 설계강도를 구하시오[단, 모재는 SM275, 용
접재(KS D7004 연강용 피복아크 용접봉)의 인장강도 $F_{uw} = 420\text{N/}$
mm^2, 모재의 강도는 용접재의 강도보다 크다]. (4점) [13, 16]

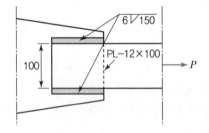

➤ 용접부 설계강도(ϕR_u)
$= \phi \cdot F_w \cdot A_w$
$= \phi \cdot 0.6F_{uw} \cdot 0.7S \cdot (L - 2S)$
$= 0.75 \times (0.6 \times 420) \times (0.7 \times 6) \times (150 - 2 \times 6) \times 2면$
$= 219,089\text{N} = 219.089\text{kN}$

19 그림과 같은 용접부의 설계강도를 구하시오[단, 모재는 SM275, 용접재(KS D7004 연강용 피복아크 용접봉)의 인장강도 F_{uw} = 420N/mm², 모재의 강도는 용접재의 강도보다 크다]. (4점)   [11]

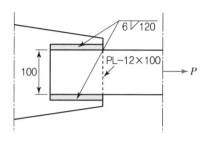

용접부 설계강도(ϕR_u)
$= \phi \cdot F_w \cdot A_w$
$= \phi \cdot 0.6 F_{uw} \cdot 0.7S \cdot (L-2S)$
$= 0.75 \times (0.6 \times 420) \times (0.7 \times 6) \times (120 -2 \times 6) \times 2$면
$= 171,461$N $= 171.461$kN

---

20 그림과 같은 용접부의 설계강도를 구하시오[단, 모재는 SM275, 용접재(KS D7004 연강용 피복아크 용접봉)의 인장강도 F_{uw} = 420N/mm², 모재의 강도는 용접재의 강도보다 크다]. (4점)   [17]

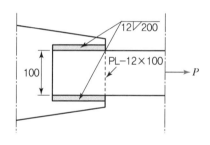

용접부 설계강도(ϕR_u)
$= \phi \cdot F_w \cdot A_w$
$= \phi \cdot 0.6 F_{uw} \cdot 0.7S \cdot (L-2S)$
$= 0.75 \times (0.6 \times 420) \times (0.7 \times 12) \times (200 -2 \times 12) \times 2$면
$= 558,835$N $= 558.835$kN

---

21 철골부재 용접 시 이음 및 접합부위의 용접선이 교차되어 재용접된 부위가 열영향을 받아 취약해지기 때문에 모재에 부채꼴 모양의 모따기를 한 것을 무엇이라 하며, 간단히 그 모양을 그림으로 도시하시오. (5점)   [20]

(1) 스캘럽(Scallop)
(2) 그림 도시

22 철골공사 부재용접에 관한 다음 용어를 설명하시오. (4점) [16, 19]

    (1) 엔드탭(End Tab) : _____

    _____

    _____

    (2) 스캘럽(Scallop) : _____

    _____

    _____

(1) 용접결함이 생기기 쉬운 용접 비드의 시작과 끝 지점에 용접을 하기 위해 용접접합하는 모재의 양단에 부착하는 보조강판이다.
(2) 철골부재 용접 시 이음 및 접합부위의 용접선이 교차되어 재용접된 부위가 열영향을 받아 취약해지기 때문에 모재에 부채꼴 모양의 모따기를 한 것이다.

23 철골부재에서 비틀림이 생기지 않고 휨변형만 유발하는 위치를 전단중심(Shear Canter)이라 한다. 다음 형강의 전단중심의 위치를 각 단면에 표기하시오. (3점) [12, 19]

해설

24 부재 단면에 비틀림이 생기지 않고 휨변형만 유발하는 위치를 무엇이라 하는가? (2점) [14]

_____

전단중심(S_c, Shear Center)

25 다음 설명에 해당하는 용어를 기재하시오. (4점) [08]

    (1) 접히는 두 부재 사이를 트이게 홈(Groove)을 만들고 그 사이에 용착금속을 채워 두 부재를 결합하는 용접 접합방식 (   )

    (2) 필릿용접에서 유효 용접길이는 전체 용접길이에서 필릿치수의 몇 배를 감한 것으로 하는가? (   )

(1) 그루브 용접(= 맞댐용접)
(2) 2배

26 강구조의 맞댐용접, 필릿용접을 개략적으로 도시하고 설명하시오. (6점)　　　　　　　　　　[17]

구분	맞댐용접	필릿용접
도시		
설명		

해설

구분	맞댐용접	필릿용접
도시	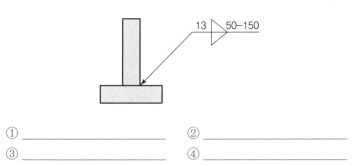 여기서, a : 목두께 D : 홈깊이(개선길이) θ : 홈각도(개선각) R : 루트(Root, 간격)	여기서, a : 목두께(Throat) s : 모살치수(Size)
설명	부재의 끝을 비스듬히 깎아내고 용접하는 방법으로, 부재의 끝을 깎아낸 것을 홈(Groove, 개선)이라고 한다.	• 모재를 약 45° 또는 그 이상의 각(60°~120°)을 이루어 모재를 절단하지 않고 접합하는 용접이다. • 목두께 a는 $\sin\theta = \dfrac{a}{S}$에서 $\theta = 45$°이면 $a = 0.7S$

27 다음의 용접기호로서 알 수 있는 사항을 4가지 쓰시오. (4점)　　　　　　　　[98, 04]

13 ▷ 50–150

① _____ ② _____
③ _____ ④ _____

① 양면 단속 필릿용접
② 필릿치수 : 13mm
③ 용접길이 : 50mm
④ Pitch(용접간격) : 150mm

28 그림과 같은 맞댐용점(Groove Welding)을 용접기호를 사용하여 표현하시오. (4점) [18]

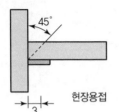
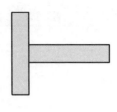

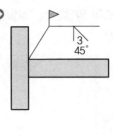

29 그림과 같은 용접부의 기호에 대해 기호의 수치를 모두 표기하여 제작상세를 표시하시오. (4점) [14]

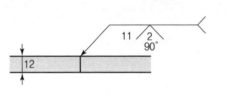

① _____ ② _____

③ _____ ④ _____

① 접합판재의 두께 12mm
② 개선깊이 : 11mm
③ 루트(Root) 간격 : 2mm
④ 개선각 : 화살표 쪽을 90°

30 다음의 용접기호로서 알 수 있는 사항을 4가지 쓰시오 (4점) [02]

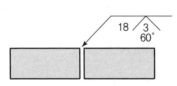

① _____ ② _____

③ _____ ④ _____

① V형 그루브 용접
② 개선깊이 : 18mm
③ 루트(Root) 간격 : 3mm
④ 개선각 : 화살표 쪽을 60°

31 다음 주의사항을 참고하여 그림상에 용접기호를 도시하시오. (4점)

[15]

주의사항	
① 필릿용접 ② 현장용접 ③ 필릿치수 3mm	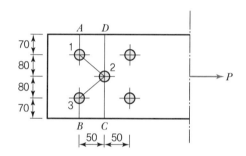

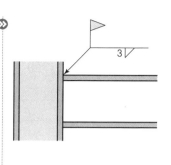

32 그림과 같은 인장부재의 순단면적을 구하시오(단, 판재의 두께는 10mm이며, 구멍크기는 22mm). (4점)

[15, 18]

① 파단선 : A－1－3－B : A_x

$= A_g - n \cdot d \cdot t$

$= (10 \times 300) - (2 \times 22 \times 10)$

$= 2,560 \text{mm}^2$

② 파단선 : A－1－2－3－B : A_x

$= A_g - n \cdot d \cdot t + \sum \dfrac{S^2}{4g} \cdot t$

$= (10 \times 300) - (3 \times 22 \times 10)$

$+ \dfrac{50^2}{4 \times 80} \times 10 + \dfrac{50^2}{4 \times 80} \times 10$

$= 2,496.25 \text{mm}^2$

①, ② 중 작은 값이므로 $2,496.25 \text{mm}^2$

※ 파단선 A－1－2－C, D－2－3－B, D－2C의 순단면적은 파단선 A－1－3－B보다 항상 크게 되므로 처음부터 고려할 필요가 없다.

33 그림과 같은 L－100×100×7 인장재의 순단면적을 구하시오. (3점)

[13, 17, 20]

인장재의 순단면적(A_n)

$= A_g - n \cdot d \cdot t$

$= \{7 \times (200 - 7)\} - \{2 \times (20 + 2) \times 7\}$

$= 1,043 \text{mm}^2$

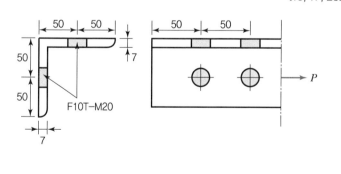

F10T－M20

34 1단 자유, 타단 고정, 길이 2.5m인 압축력을 받는 철골조 기둥의 탄성좌굴하중을 구하시오(단, 단면2차모멘트 $I = 798,000mm^4$, $E = 210,000MPa$). (3점) [12, 15]

_____
_____
_____

> 탄성좌굴하중(P_{cr})

$= \dfrac{\pi^2 EI}{(KL)^2} = \dfrac{\pi^2(210,000 \times 798,000)}{\{2.0 \times (2.5 \times 10^3)\}^2}$

$= 66,157N = 66.157kN$

35 1단 자유, 타단 고정, 길이 2.5m인 압축력을 받는 H형강 기둥(H - 100 × 100 × 6 × 8)의 탄성좌굴하중을 구하시오(단, $I_x = 383 \times 10^4$ mm^4, $I_y = 134 \times 10^4 mm^4$, $E = 210,000N/mm^2$). (4점) [12]

> 탄성좌굴하중(P_{cr})

$= \dfrac{\pi^2 EI_{min}}{(KL)^2} = \dfrac{\pi^2(210,000 \times 134 \times 10^4)}{\{2.0 \times (2.5 \times 10^3)\}^2}$

$= 111,092N = 111.092kN$

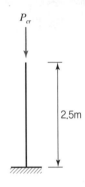

P_{cr}

2.5m

_____
_____
_____

36 기둥의 재질과 단면 크기가 모두 같은 그림과 같은 4개의 장주의 좌굴길이를 쓰시오. (4점) [12, 19]

> ① 1단 고정, 타단 힌지이므로
$KL = 0.7 \times 2L = 1.4L$
② 양단 고정이므로
$KL = 0.5 \times 4L = 2.0L$
③ 1단 고정, 타단 자유이므로
$KL = 2.0 \times L = 2.0L$
④ 양단 힌지이므로
$KL = 1.0 \times \dfrac{L}{2} = 0.5L$

조건	 2L	4L	L	$\dfrac{L}{2}$
유효좌굴길이	①	②	③	④

① _____   ② _____
③ _____   ④ _____

37 재질과 단면적 및 길이가 같은 다음 4개의 장주에 대해 유효좌굴길이가 가장 큰 기둥을 순서대로 쓰시오. (3점)　　　　　　[18]

A　　　　　B　　　　　C　　　　　D

B → A → D → C

---

38 H−400×200×8×13(필릿반지름 $r=16$mm) 형강의 플랜지와 웨브의 판폭두께비를 구하시오. (4점)　　　　　[17, 20]

(1) 플랜지

(2) 웨브

❷ (1) 플랜지
$$\lambda = \frac{b}{t_f} = \frac{200 \div 2}{13} = 7.69$$

(2) 웨브
$$\lambda = \frac{h}{t_w}$$
$$= \frac{400 - 2(13 + 16)}{8}$$
$$= 42.75$$

---

39 H−400×300×9×14 형강의 플랜지의 판복두께비를 구하시오. (4점)　　　　[18]

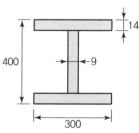

❷ $\lambda = \dfrac{b}{t_p}$ 이므로
$$\lambda_f = \frac{300 \div 2}{14} = 10.71$$

40 다음 그림과 같이 양단이 회전단인 부재의 좌굴축에 대한 세장비는? (3점)

[21]

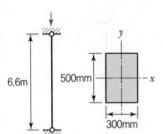

$$\text{세장비}(\lambda) = \frac{KL}{r} = \frac{KL}{\sqrt{\frac{I}{A}}}$$

$$= \frac{1.0 \times 6,600}{\sqrt{\frac{500 \times 300^3}{12}}}$$

$$= 76.210$$

---

41 그림과 같은 콘크리트 기둥이 양단 힌지로 지지되었을 때 약축에 대한 세장비가 150이 되기 위한 기둥의 길이(m)를 구하시오. (3점)

[13, 18]

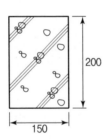

$$\text{세장비}(\lambda) = \frac{KL}{r} = \frac{KL}{\sqrt{\frac{I}{A}}}$$

$$= \frac{1.0 \times L}{\sqrt{\frac{200 \times 150^3}{12}}} = 150 \text{으로부터}$$

$$\therefore \ L = 6,495\text{mm} = 6.495\text{m}$$

---

42 다음 철골접합부 그림은 보와 기둥의 모멘트 접합부 상세이다. 기호로 지적된 부분의 명칭을 적으시오. [09, 12, 14]

① Stiffener(스티프너, 보강스티프너, 수평스티프너)
② 전단 플레이트(Plate)
③ 하부 플랜지 플레이트(Flange Plate)

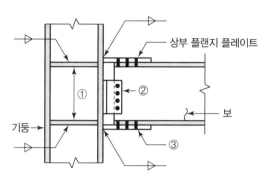

① _____
② _____
③ _____

43 다음에서 설명하는 볼트의 명칭을 쓰시오. (3점) [17, 20]

강재 앵커(스터드볼트)

> 철근 콘크리트 슬래브와 강재 보의 전단력을 전달하도록 강재에 용접되고 콘크리트 속에 매입된 시어커넥터(Shear Connector)에 사용되는 볼트

_____

44 다음에서 설명하는 용어를 쓰시오. (2점) [13]

데크 플레이트(Deck Plate)

> • 바닥 콘크리트 타설을 위한 슬래브(Slab) 하부 거푸집판
> • 작업 시 안정성 강화 및 동바리 수량 감소로 원가절감 가능
> • 아연도철판을 절곡하여 제작하며, 해체작업이 필요 없음

_____

45 구조용(합성) 데크플레이트(Deck Plate) 구조에서 사용되는 시어 커넥터(Shear Connector)의 역할에 대하여 설명하시오. (3점) [20]

합성구조에서 양 재 간에 발생하는 전단력의 전달, 보강 및 일체성 확보

46 다음 용어를 설명하시오. (2점)　　　　　　　　[16]

　　(1) 거싯 플레이트(Gusset Plate)

　　_____

　　(2) 데크 플레이트(Deck Plate)

　　_____

　　(3) 강재 앵커(Shear Connector, 시어커넥터)

　　_____

▶▶ (1) 트러스의 부재, 스트럿 또는 가새부
재를 보 또는 기둥에 연결하는 판
이다.
(2) 구조용 강판을 절곡하여 제작하며,
바닥 콘크리트 타설을 위한 슬래브
하부 거푸집판이다.
(3) 합성부재의 두 가지 다른 재료 사이
의 전단력을 전달하도록 강재에 용접
되고, 콘크리트 속에 매입된 스터드
앵커(Stud Anchor)와 같은 강재다.

47 H형강을 사용한 그림과 같은 단순지지 철골보의 최대 처짐(mm)을
구하시오(단, 철골보의 자중은 무시한다). (3점)　　　[16, 20]

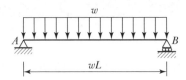

[조건]
① H-500×200×10×16(SS400)
② 탄성단면계수 S_x = 2,590cm^3, 단면2차모멘트 I = 4,870cm^4
③ 탄성계수 E = 205,000MPa, L = 7m
④ 고정하중 : 10kN/m, 활하중 : 18kN/m

_____
_____
_____

▶▶ 처짐 계산이므로 계수하중이 아닌 사용
하중을 적용하면
사용하중(w) = $1.0w_D + 1.0w_L$
　　　　　 = $1.0(10) + 1.0(18)$
　　　　　 = 28kN/m
　　　　　 = 28N/mm
∴ 단순보 등분포하중의 최대처짐
$$\delta_{max} = \frac{5}{384} \cdot \frac{wL^4}{EI}$$
$$= \frac{5}{384} \times \frac{(28)(7 \times 10^3)^4}{(205,000)(4,870 \times 10^4)}$$
$$= 87.68mm$$

48 다음에서 설명하는 구조의 명칭을 쓰시오. (3점)　　[12, 19]

강구조물 주위에 철근배근을 하고 그 위에 콘크리트가 타설되어 일체가
되도록 한 것으로서, 초고층 구조물 하층부의 복합구조로 많이 채택되는
구조

_____

▶▶ 매입형 합성기둥(Composite Column)

49 콘크리트 충전강관(CFT) 구조를 설명하고 장단점을 각각 2가지씩 쓰시오. (5점) [12, 16, 17]

(1) CFT : _____
_____
_____

(2) 장점 : ① _____
② _____

(3) 단점 : ① _____
② _____

❷ (1) 콘크리트 충전강관(CFT)은 강판의 구속효과에 의해 충전콘크리트의 내력상승과 충전 콘크리트에 의한 강관의 국부좌굴 보강효과에 의해 뛰어난 변형능력을 발휘하는 구조다.
(2) CFT의 장점
① 강관이 거푸집 역할을 함으로써 인건비 절감 및 공기단축이 가능하다.
② 연성과 인성이 우수하여 초고층 구조물의 내진성에 유리하다.
(3) CFT의 단점
① 고품질의 충전 콘크리트가 요구된다.
② 판두께가 얇아질수록 조기에 국부좌굴이 발생할 수 있다.

50 강구조에서 메탈터치(Metal Touch)에 대한 개념을 간략하게 그리고, 정의하시오. (4점) [12, 21]

_____
_____
_____

❷ ① 단면에 인장응력이 발생할 염려가 없는 상태에서 강재와 강재를 빈틈없이 밀착시키는 것이다.
② 메탈터치 가공 시 소요압축력 및 소요휨모멘트 각각의 1/2은 접촉면에서 직접 전달되는 것으로 설계해야 한다.

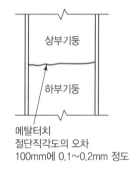

상부기둥

하부기둥

메탈터치
절단직각도의 오차
100mm에 0.1~0.2mm 정도

51 철골 주각부(Pedestal)는 고정주각, 핀주각, 매립형 주각 3가지로 구분된다. 다음 그림에 해당하는 주각부의 명칭을 쓰시오. (6점) [18]

❷ ① 핀주각
② 고정주각
③ 매입형 주각

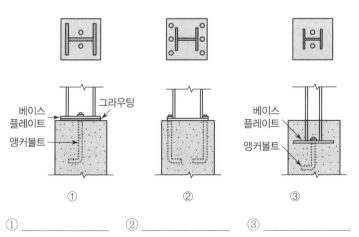

베이스 플레이트
그라우팅
앵커볼트
①

②

베이스 플레이트
앵커볼트
③

① _____ ② _____ ③ _____

52 철골조에서 칼럼 쇼트닝(Column Shortening)에 대하여 기술하시오. (3점) [05, 08, 15, 20]

_____

_____

_____

> 철골조의 초고층 건물축조 시 발생되는 기둥의 축소, 변위현상으로, 내 외부 기둥 구조의 차이, 재질이나 응력의 차이, 하중의 차이 때문에 발생한다.

ENGINEER
ARCHITECTURE

과년도 기출문제

01 공동도급(Joint Venture)의 운영방식 3가지를 쓰시오. (3점)

① _____

② _____

③ _____

» 공동도급 운영방식
① 공동이행방식
② 분담이행방식
③ 주계약자형 공동도급방식

02 기준점(Bench Mark)의 정의 및 설치 시 주의사항을 2가지만 쓰시오. (4점)

(1) 정의 : _____

_____

(2) 설치 시 주의사항 : _____

_____

» 기준점(Bench Mark)
(1) 정의 : 건축공사 중에 건축물의 고저에 기준이 되도록 건축물 인근에 높이의 기준을 설치하는 표시물이다.
(2) 설치 시 주의사항
① 이동의 염려가 없는 곳에 바라보기 좋고 공사에 지장이 없는 곳에 설치한다.
② 지표에서 0.5∼1m 위치에 설치한다.
③ 공사 중에 높이의 기준을 삼으려는 목적이며 2개소 이상 설치한다.

03 보링(Boring)을 하는 목적을 3가지 쓰시오. (3점)

① _____

② _____

③ _____

» 보링의 목적
① 토질조사 및 토질주상도 작성
② 토질 샘플 채취
③ 지하수위 조사

04 아일랜드식 터파기 공법의 시공 순서에서 번호에 들어갈 내용을 쓰시오. (3점)

| 흙막이 설치−(①)−(②)−(③)−주변부 흙파기−지하구조물 완성 |

① _____

② _____

③ _____

» 아일랜드컷 공법 순서
① 중앙부 굴착
② 중앙부 기초구조물 축조
③ 버팀대 설치

05 언더피닝(Underpinning)을 실시하는 목적(이유)을 2가지 쓰시오. (4점)

① _____

② _____

◈ 언더피닝 목적
① 기존 건축물의 기초 보강
② 새로운 기초를 설치하여 기존 건물 보호
③ 지하 굴착 시 인접건물의 기초 보강

06 흙막이 계측관리 측정기기를 3가지 쓰시오. (3점)

① _____

② _____

③ _____

◈ 흙막이 계측기
① 건물 경사계(Tilt Meter)
② 지표면 침하계(Level and Staff)
③ 지중 경사계(Inclino Meter)
④ 지중 침하계(Extension Meter)
⑤ 변형률계(Strain Gauge)
⑥ 하중계(Load Cell)
⑦ 토압계(Earth Pressure Meter)
⑧ 간극수압계(Piezometer)
⑨ 지하수위계(Water Level Meter)

07 다음 용어를 설명하시오. (4점)

(1) 이형철근 : _____

_____

(2) 배력근 : _____

_____

◈ (1) 표면에 리브와 마디 등의 돌기가 있는 봉강이다.
(2) 2방향 Slab에서 장변방향으로 배근하는 철근으로 주근에 직각방향으로 배치하는 부근이다.

08 다음 설명과 같은 거푸집을 아래의 보기에서 골라 기호를 쓰시오. (4점)

◈ (1) ㉣   (2) ㉠
(3) ㉢   (4) ㉡

[보기]
㉠ Travelling Form   ㉡ Deck Plate
㉢ Waffle Form   ㉣ Sliding Form

(1) 콘크리트를 부어 넣으면서 거푸집을 연속적으로 끌어올려 Silo, 굴뚝 등 단면 형상의 변화가 없는 구조물에 사용되는 거푸집 (   )

(2) 거푸집 전체를 다음 장소로 이동하여 사용하는 대형의 수평이동 거푸집 (   )

(3) 무량판 구조 또는 평판구조에서 2방향 장선(격자보) 바닥판 구조가 가능한 특수상자모양의 기성재 거푸집 (   )

(4) 아연도 철판을 절곡하여 제작한 바닥(Slab) 콘크리트 타설을 위한 슬래브 하부 거푸집판 (   )

09 다음은 건축공사표준시방서에 따른 거푸집널 존치기간 중의 평균기온이 10℃ 이상인 경우에 콘크리트의 압축강도 시험을 하지 않고 거푸집을 떼어 낼 수 있는 콘크리트의 재령(일)을 나타낸 표이다. 빈칸에 알맞은 숫자를 표기하시오. (4점)

건축공사표준시방서에 따른 거푸집널 존치기간
① 2   ② 3
③ 4   ④ 8

▼ 기초, 보옆, 기둥 및 벽의 거푸집널 존치기간을 정하기 위한 콘크리트의 재령(일)

시멘트의 종류 / 평균기온	조강 포틀랜드 시멘트	보통 포틀랜드 시멘트 고로슬래그 시멘트 특급	고로슬래그 시멘트 1급 포틀랜드 포졸란 시멘트 B종
20℃ 이상	①	③	5
20℃ 미만 10℃ 이상	②	6	④

① _____ ② _____ ③ _____ ④ _____

10 다음 그림을 보고 줄눈의 이름을 쓰시오. (4점)

줄눈의 종류
① 조절줄눈(Control Joint)
② 미끄럼줄눈(Sliding Joint)
③ 시공줄눈(Construction Joint)
④ 신축줄눈(Expansion Joint)

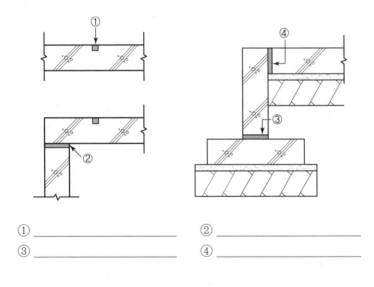

① _____ ② _____
③ _____ ④ _____

11 고강도 콘크리트의 폭렬현상에 대하여 기술하시오. (3점)

_____
_____
_____

폭렬현상
화재 시 급격한 고온에 의해서 내부 수증기압이 발생하고, 이 수증기압이 콘크리트 인장강도보다 크게 되면 콘크리트 부재 표면이 심한 폭음과 함께 박리 및 탈락하는 현상이다.

12 철골공사에서 주각부는 핀 주각, 고정 주각, 매입형 주각으로 구분되는데, 다음 그림에 부합되는 주각부의 명칭을 기입하시오. (6점)

① 핀 주각
② 고정 주각
③ 매입형 주각

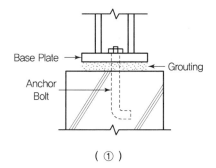

(①)

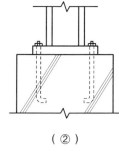

(②)

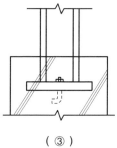

(③)

① ＿＿＿＿＿＿ ② ＿＿＿＿＿＿ ③ ＿＿＿＿＿＿

13 다음에서 설명하는 용어를 쓰시오. (3점)

드라이브 핀(Drive Pin)

> 드라이비트라는 일종의 못박기총을 사용하여 콘크리트나 강재 등에 박는 특수못이다. 머리가 달린 것을 H형, 나사로 된 것을 T형이라고 한다.

＿＿＿＿＿＿＿＿＿＿＿＿＿＿＿＿

14 목재에 가능한 방부제 처리법을 3가지 쓰시오. (3점)

① _____
② _____
③ _____

목재 방부제 처리법
① 도포법   ② 표면탄화법
③ 침지법   ④ 주입법

15 합성수지 중 열가소성 수지와 열경화성 수지의 종류를 각각 2가지씩 쓰시오. (4점)

(1) 열가소성 수지 : ① _____ , ② _____
(2) 열경화성 수지 : ① _____ , ② _____

열가소성 수지와 열경화성 수지의 종류
(1) 열가소성 수지 : 염화비닐수지, 아크릴수지, 폴리스티렌수지
(2) 열경화성 수지 : 실리콘수지, 에폭시수지, 페놀수지, 멜라민수지, 요소수지

16 금속공사에서 사용되는 다음 철물에 대해 설명하시오. (4점)

(1) 메탈라스 : _____
_____

(2) 펀칭메탈 : _____
_____

(1) 얇은 철판에 자름금을 내어 당겨 늘린 것으로 미장바름에 사용한다.
(2) 얇은 철판에 각종 모양을 도려낸 것으로 장식용, 라디에이터 등에 사용한다.

17 다음 작업리스트에서 네트워크 공정표를 작성하고, 각 작업의 여유 시간을 구하시오. (10점)

작업명	선행작업	작업일수	비고
A	없음	5	• CP는 굵은 선으로 표시한다.
B	A	8	• 각 결합점에는 다음과 같이 표시한다.
C	A	4	
D	A	6	
E	B	7	• 각 작업은 다음과 같이 표시한다.
F	B, C, D	8	
G	D	4	
H	E	6	
I	E, F	4	
J	E, F, G	8	
K	H, I, J	4	

(1) 공정표

(2) 여유시간

작업명	TF	FF	DF	CP
A				
B				
C				
D				
E				
F				
G				
H				
I				
J				
K				

해설

(1) 공정표

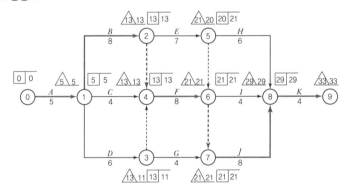

(2) 여유시간

작업명	TF	FF	DF	CP
A	0	0	0	*
B	0	0	0	*
C	4	4	0	
D	2	0	2	
E	1	0	1	
F	0	0	0	*
G	6	6	0	
H	3	3	0	
I	4	4	0	
J	0	0	0	*
K	0	0	0	*

18 흐트러진 상태의 흙 10m³를 이용하여 10m²의 면적에 다짐상태로 50cm 두께를 터돋우기할 때 시공완료된 후 흐트러진 상태로 남는 흙의 양을 산출하시오(단, 이 흙의 L = 1.2이고, C = 0.9이다). (3점)

_____

_____

_____

(1) 다져진 상태의 토량
$$= 10 \times \frac{0.9}{1.2} = 7.5$$
(2) 다져진 상태의 남는 토량
$$= 7.5 - (10 \times 0.5) = 2.5$$
(3) 흐트러진 상태의 토량
$$= 2.5 \times \frac{1.2}{0.9} = 3.33 m^3$$

19 벽면적 100m²에 표준형 벽돌 1.5B로 쌓을 때 붉은 벽돌의 소요량을 구하시오. (4점)

_____

_____

붉은 벽돌의 소요량
100m² × 224매/m² × 1.03 = 23,072매

20 바닥미장 면적이 1,000m²일 때, 1일 10인 작업 시 작업 소요일을 구하시오(단, 다음 품셈을 기준으로 하여 계산과정을 쓰시오). (3점)

▼ 바닥미장 품셈(m²당)

구분	단위	수량
미장공	인	0.05

_____

_____

작업소요일
1,000m² × 0.05인/m² = 50인
∴ 소요일수 $= \frac{50인}{10인} = 5$일

21 블록의 1급 압축강도는 8MPa 이상으로 규정되어 있다. 현장에 반입된 블록의 규격은 390 × 190 × 190mm일 때, 압축강도시험을 실시한 결과 600kN, 500kN, 550kN에서 파괴되었다면 평균압축강도를 구하고, 규격을 상회하고 있는지 여부에 따라 합격 및 불합격을 판정하시오(단, 구멍 부분을 공제한 중앙부의 순단면적은 460cm²이다). (4점)

(1) 평균압축강도 : _____

_____

(2) 판정 : _____

_____

블록의 압축강도
(1) 평균압축강도
$$= \left(\frac{600,000 + 500,000 + 550,000}{390 \times 190} \right) \div 3$$
$$= 7.42 MPa$$
(2) 판정 : 불합격(∵ 7.42MPa < 8MPa)

22 다음 그림과 같은 맞댐용접(Groove Welding)을 용접기호로 표현하시오. (4점)

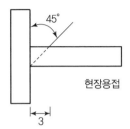

현장용접

3

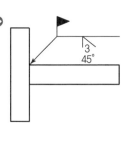

3
45°

23 T 부재에 발생하는 부재력을 구하시오. (2점)

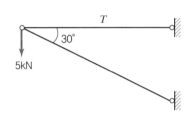

T

30°

5kN

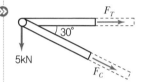

F_T

30°

5kN

F_C

① $\sum F_y = 0 : F_C \sin 30° + 5 = 0$

$F_c = -10 \text{kN}(압축)$

② $\sum F_x = 0 : F_T + F_C \cos 30° = 0$

$F_T = -(-10) \times \dfrac{\sqrt{3}}{2} = 8.66$

$F_T = 8.66 \text{ kN}(인장)$

24 그림과 같은 캔틸레버 보의 A 점으로부터 4m 지점인 C 점의 전단력과 휨모멘트를 구하시오. (3점)

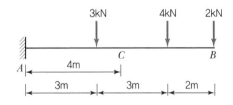

3kN   4kN   2kN

C B

4m

A

3m   3m   2m

전단력과 휨모멘트

(1) 전단력

$\sum V = 0 : V_A - 3 - 4 - 2 = 0$

$V_A = 9$

$\therefore V_C = 9 - 3 = 6 \text{kN}$

(2) 휨모멘트

$\sum M_A = 0 : +3 \times 3 + 4 \times 6$

$+2 \times 8 = 0$

$M_A = -49$

$\therefore M_C = -49 + 9 \times 4 - 3 \times 1$

$= -16 \text{ kN} \cdot \text{m}$

(1) 전단력 : _____

(2) 휨모멘트 : _____

25 그림과 같은 독립기초에서 2방향 뚫림전단(2Way Punching Shear)의 위험단면 둘레길이(mm)를 구하시오(단, 위험단면의 위치는 기둥면에서 $0.5d$의 위치를 적용한다). (3점)

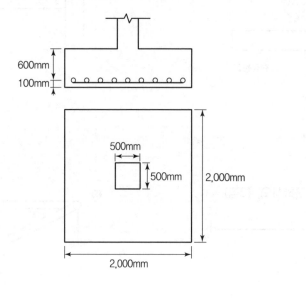

600mm
100mm

500mm
500mm
2,000mm
2,000mm

위험단면 둘레길이
$b_o = 2(c_1 + d) + 2(c_2 + d)$
$\quad = 2(500 + 600) + 2(500 + 600)$
$\quad = 4,400\,\text{mm}$

_____
_____
_____

26 $H - 400 \times 300 \times 9 \times 14$ 형강의 플랜지 판폭두께비를 계산하시오. (4점)

플랜지의 판폭두께비
$\lambda_f = \dfrac{300/2}{14} = 10.71$

_____
_____

01 다음 설명이 의미하는 용어를 쓰시오. (3점)

> 공사의 실비를 건축주와 도급자가 확인 정산하고, 건축주는 미리 정한 보
> 수율에 따라 도급자에게 보수액을 지불하는 방식

❯❯ 실비정산 보수가산식 도급

02 다음 용어를 간단히 설명하시오. (6점)

　(1) 특명입찰 : _____

　_____

　(2) 공개경쟁입찰 : _____

　_____

　(3) 지명경쟁입찰 : _____

　_____

❯❯ (1) 특명입찰 : 건축주가 해당 공사에
　　가장 적절하다고 인정되는 특정 단
　　일 도급업자를 선정 발주하는 방식
　(2) 공개경쟁입찰 : 자격요건을 갖춘 업
　　체를 대상으로 입찰을 실시하여 선
　　정된 낙찰자와 계약하는 방식
　(3) 지명경쟁입찰 : 공사에 적당하다고
　　인정되는 수 개의 업체를 지명하여
　　경쟁입찰하는 방식

03 흙의 기본성질 중 예민비의 공식과 용어를 설명하시오. (4점)

　(1) 공식 : _____

　_____

　(2) 설명 : _____

　_____

❯❯ 예민비

　(1) 예민비 $= \dfrac{\text{자연시료강도}}{\text{이긴 시료강도}}$

　(2) 진흙의 자연시료는 어느 정도 강도
　　는 있으나 그 함수율을 변화시키지
　　않고 이기면 약해지는 성질이 있고
　　그 정도를 나타내는 것이다.

04 다음 토공작업에 필요한 장비명을 쓰시오. (4점)

　(1) 기계가 서 있는 지반보다 높은 곳의 굴착에 적당　　(　　　　)
　(2) 좁고 깊은 곳의 수직굴착에 적당　　　　　　　　　(　　　　)

❯❯ 토공작업 장비명
　(1) 파워 셔블
　(2) 클램셸

05 일반적인 건축물의 철근조립 순서를 보기에서 골라 기호를 쓰시오. (3점)

▶ 철근조립 순서
ⓛ → ㉠ → ㉤ → ㉢ → ㉣

[보기]
㉠ 기둥철근   ⓛ 기초철근
㉢ 보철근   ㉣ 바닥철근
㉤ 벽철근

_____

06 터널폼(Tunnel Form)에 대하여 쓰시오. (3점)

▶ 터널폼
벽과 바닥 콘크리트 타설을 일체화하기
위한 ㄱ자 또는 ㄷ자형의 기성재 거푸
집으로 주로 아파트공사에 사용한다.

_____

_____

07 콘크리트에서 슬럼프 손실(Slump Loss)의 원인을 2가지 쓰시오. (4점)

▶ 슬럼프 손실 원인
① 시멘트 응결
② 공기 중 수분 증발

① _____   ② _____

08 콘크리트의 각종 Joint에 대하여 설명하시오. (6점)

(1) Cold Joint : _____

_____

(2) Control Joint : _____

_____

(3) Expansion Joint : _____

_____

▶ (1) 콘크리트 작업으로 경화된 콘크리트
     에 새로 콘크리트를 타설할 경우 일
     체화가 저해되어 생기는 줄눈이다.
(2) 바닥판의 수축에 의한 표면균열방지
     를 목적으로 설치하는 줄눈이다.
(3) 기초의 부동침하와 온도, 습도 변화
     에 따른 신축팽창을 흡수시킬 목적
     으로 설치하는 줄눈이다.

09 매스 콘크리트 온도균열의 기본대책을 보기에서 골라 기호를 쓰시오. (3점)

▶ 매스 콘크리트 온도균열의 기본대책
ⓛ, ㉢, ㉣

[보기]
㉠ 응결촉진제 사용   ⓛ 중용열 시멘트 사용
㉢ Pre-cooling 방법 사용   ㉣ 단위시멘트양 감소
㉤ 잔골재율 증가   ㉥ 물-시멘트비 증가

_____

10 섬유보강 콘크리트에 사용되는 섬유의 종류를 3가지 쓰시오. (3점)

① _____ ② _____ ③ _____

▷ 섬유보강 콘크리트의 섬유 종류
① 합성섬유   ② 강섬유
③ 유리섬유   ④ 탄소섬유

11 철골 내화피복 공법 중 습식공법을 설명하고 습식공법의 종류 2개와 사용재료를 2개 쓰시오. (4점)

(1) 습식공법의 정의 : _____

_____

(2) 종류와 사용재료

① _____

② _____

▷ 습식공법의 종류와 재료
(1) 정의 : 콘크리트나 모르타르와 같이 물을 혼합한 재료를 타설 또는 미장 등의 공법으로 부착하는 내화피복공법이다.
(2) 종류와 사용재료
① 뿜칠공법 : 뿜칠 암면, 뿜칠 모르타르, 뿜칠 플라스터
② 타설공법 : 콘크리트, 경량 콘크리트
③ 미장공법 : 철망 모르타르, 철망 펄라이트 모르타르
④ 조적공법 : 콘크리트 블록, 경량 콘크리트 블록, 돌, 벽돌

12 블록 벽체의 결함 중 습기, 빗물 침투현상의 원인을 4가지만 쓰시오. (4점)

① _____

② _____

▷ 블록 벽체의 결함 중 습기, 빗물침투 원인
① 사춤모르타르 불충분
② 치장줄눈의 불완전 시공
③ 이질재 접촉부
④ 물흘림, 물끊기 및 빗물막이의 불완전

13 보강 블록조에 대한 내용이다. 아래 (   ) 안을 채우시오. (4점)

> 보강 콘크리트 블록조의 세로철근의 정착 길이는 철근 지름의 (①)배 이상이어야 하고, 이때 철근의 피복두께는 (②)mm 이상이어야 한다.

① _____

② _____

▷ 보강 블록조
① 40   ② 20

14 석공사 시 작업 중 깨진 석재를 붙이는 접착제를 쓰시오. (3점)

_____

▷ 에폭시 접착제

15 목재의 인공건조방법을 3가지 쓰시오. (3점)

① _____

② _____

③ _____

➠ **목재의 인공건조방법**
① 증기법   ② 열기법(대기법)
③ 훈연법   ④ 송풍법

16 다음에서 설명하는 용어를 쓰시오. (3점)

➠ 수지미장

> 대리석 분말 또는 세라믹 분말제에 특수혼화제(아크릴 폴리머)를 첨가한
> Ready Mixed Mortar를 현장에서 물과 혼합하여 전체 표면을 1~3mm
> 두께로 얇게 미장하는 것

_____

17 다음에서 설명하는 용어를 쓰시오. (2점)

➠ 징두리 판벽

> 실내부의 벽하부에 1~1.5m 정도로 널을 댄 것

_____

18 다음 데이터를 보고 네트워크 공정표를 작성하시오. (8점)

작업명	작업일수	선행작업	비고
A	2	없음	결합점에서는 다음과 같이 표시하고, 주 공정선
B	3	없음	은 굵은 선으로 표시한다.
C	5	A	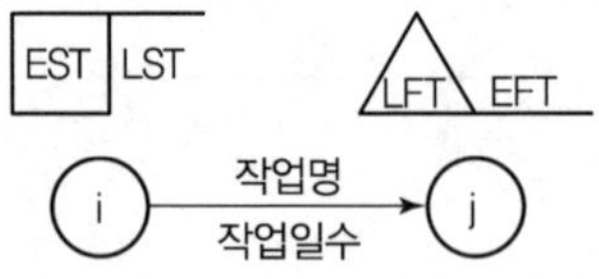
D	5	A, B	
E	2	A, B	
F	3	C, D, E	
G	5	E	

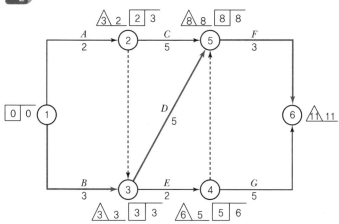

19 그림과 같은 줄기초 터파기 시 필요한 6ton 트럭의 운반대수를 구하시오(단, 흙의 단위용적 중량은 $1.6t/m^3$이며 흙의 할증은 25%를 고려한다). (4점)

트럭의 운반대수
① 터파기량
= 단면적 × 유효길이
$= \dfrac{1.2 + 0.8}{2} \times 1.8 \times (13 \times 7) \times 2$
$= 72m^3$(자연상태 토량)
② 잔토처리량의 중량
= 터파기량 × 흙의 단위중량
$= 72m^3 \times 1.6t/m^3 = 115.2ton$
③ 6톤 트럭 운반대수
$= 115.2 \div 6 = 19.2$대 ∴ 20대
※ 잔토처리량을 흐트러진 상태로 부피를 변환하여도 중량의 변화는 없음

20 특기시방서상 철근의 인장강도는 240MPa 이상으로 규정되어 있다. 건설공사현장에 반입된 철근을 KS 규격에 의거 중앙부 지름 14mm, 표점거리 50mm로 가공하여 인장강도를 실험하였더니 37.20kN, 40.57kN 및 38.15kN에서 파괴되었다. 평균인장강도를 구하고, 특기시방서의 규정과 비교하여 합격 여부를 판정하시오. (4점)

(1) 평균인장강도 : _____

_____

(2) 판정 : _____

인장강도 및 합격여부
(1) 평균인장강도
$= \left(\dfrac{37,200 + 40,570 + 38,150}{\dfrac{\pi \times 14^2}{4}} \right)$
$\div 3$
$= 251.01MPa$
(2) 판정 : 합격
(∵ 251.01MPa > 240MPa)

21 다음 장방형 단면에서 각 축에 대한 단면2차모멘트의 비 I_X / I_Y를 구하시오. (4점)

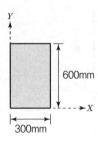

600mm

300mm

단면2차모멘트

① $I_X = \dfrac{300 \times 600^3}{12} + (300 \times 600)$
$\times 300^2$
$= 2.16 \times 10^{10} \text{mm}^4$

② $I_Y = \dfrac{600 \times 300^3}{12} + (600 \times 300)$
$\times 150^2$
$= 5.4 \times 10^9 \text{mm}^4$

$\therefore \dfrac{I_X}{I_Y} = \dfrac{2.16 \times 10^{10}}{5.4 \times 10^9} = 4$

22 기둥의 재질과 단면 크기가 같은 4개의 장주에 대해 좌굴길이가 가장 큰 기둥 크기 순서대로 쓰시오. (3점)

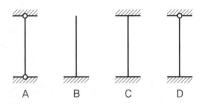

A B C D

기둥 좌굴길이
B→A→D→C

23 다음 독립기초에 발생하는 최대압축응력도(MPa)를 구하시오. (4점)

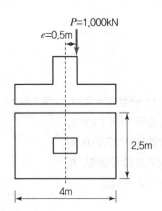

P=1,000kN

e=0.5m

2.5m

4m

최대압축응력도

$\sigma_{max} = -\dfrac{P}{A} - \dfrac{M}{Z}$

$= -\dfrac{1,000 \times 10^3}{2,500 \times 4,000}$

$\quad - \dfrac{(1,000 \times 10^3) \times 500}{\dfrac{2,500 \times 4,000^2}{6}}$

$= -0.175 \text{ N/mm}^2$

$= -0.175 \text{ MPa}$

24 다음에서 설명하는 용어를 쓰시오. (2점)

❯ 인장지배단면

> 공칭강도에서 최외단 인장철근의 순인장변형률이 인장지배변형률 한계 이상인 단면

_____

25 인장이형철근의 정착길이에서 다음과 같이 정밀식으로 계산할 때 α, β, γ, λ가 각각 무엇을 의미하는지 표시하시오. (4점)

❯ 인장이형철근의 정착길이 공식
(1) α : 철근배치 위치계수
(2) β : 철근 도막계수
(3) γ : 철근 또는 철선의 크기계수
(4) λ : 경량 콘크리트계수

$$l_d = \frac{0.9 d_b f_y}{\lambda \sqrt{f_{ck}}} \cdot \frac{\alpha \beta \gamma}{\left(\dfrac{c + k_{tr}}{d_b}\right)}$$

(1) α : _____   (2) β : _____

(3) γ : _____   (4) λ : _____

26 그림과 같은 인장부재의 순단면적을 구하시오(단, 판두께는 10mm 이며, 구멍의 크기는 22mm이다). (4점)

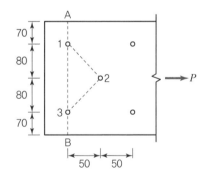

❯ 인장부재 순단면적
① 파단선 $A - 1 - 3 - B$
$A_n = A_g - ndt$
$= 300 \times 10 - 2 \times 22 \times 10$
$= 2,560\,\text{mm}^2$
② 파단선 $A - 1 - 2 - 3 - B$
$A_n = A_g - ndt + \sum \dfrac{S^2}{4g} t$
$= 300 \times 10 - 3 \times 22 \times 10$
$\quad + \dfrac{50^2}{4 \times 80} \times 10 + \dfrac{50^2}{4 \times 80} \times 10$
$= 2,496.25\,\text{mm}^2$
$\therefore A_n = 2,496.25\,\text{mm}^2$

_____

_____

_____

01 건축공사 시공계획서 제출 시 환경관리 및 친환경 시공계획 품질확보
에 포함될 내용을 4가지 쓰시오. (4점)

① _____

② _____

③ _____

④ _____

» **건축물 환경관리 계획서**
① 온실가스 배출 저감계획
② 건설폐기물 저감 및 재활용계획
③ 산업부산물 재활용계획
④ 수자원 활용계획

02 종합건설업제도(Genecon)에 대하여 설명하시오. (3점)

_____

_____

_____

» **종합건설업제도(Genecon)**
프로젝트 개발에서 기획, 설계, 시공관
리, 감리, 인도, 유지보수에 이르기까지
전단계에 걸쳐 시공과 용역업을 동시에
영위하는 엄격한 자격요건을 충족시키
는 대형업체들에게만 종합건설업체의
면허를 허용하는 종합건설업 면허제도
이다.

03 공동도급(Joint Venture Contract)의 장점을 4가지만 쓰시오. (4점)

① _____

② _____

③ _____

④ _____

» **공동도급의 장점**
① 융자력 증대
② 위험의 분산
③ 시공의 확실성
④ 공사도급 경쟁의 완화

04 언더피닝(Underpinning)을 실시하는 목적(이유)을 기술하고, 언
더피닝 공법의 종류를 2가지 쓰시오. (4점)

(1) 언더피닝 실시 목적 : _____

_____

(2) 언더피닝 공법의 종류

① _____

② _____

» **언더피닝**
(1) 실시 목적(이유) : 기존 건축물 가까
  이에 신축공사를 할 때 기존건물과
  지반의 기초를 보강하여 피해를 최
  소화하기 위한 공법이다.
(2) 종류
  ① 이중 널말뚝 공법
  ② 현장 타설 콘크리트 말뚝 공법
  ③ 강제 말뚝 공법
  ④ 모르타르 및 약액주입법

05 다음은 거푸집공사에 관계되는 용어의 설명이다. 알맞은 용어를 쓰시오. (4점)

(1) 슬래브에 배근되는 철근이 거푸집에 밀착하는 것을 방지하기 위한 간격재(굄재)　　　　　　　　　　　　(　　　　)

(2) 벽거푸집이 오므라지는 것을 방지하고 간격을 유지하기 위한 격리재　　　　　　　　　　　　　　　　(　　　　)

(3) 콘크리트 경화 후 거푸집 긴장철선을 절단하는 절단기 (　　　　)

(4) 콘크리트에 달대와 같은 설치물을 고정하기 위하여 매입하는 철물　　　　　　　　　　　　　　　　　(　　　　)

(5) 거푸집의 간격을 유지하며 벌어지는 것을 막는 긴장재 (　　　　)

> ❯❯ (1) 스페이서(Spacer)
> (2) 세퍼레이터(Separator)
> (3) 와이어 클리퍼(Wire Cliper)
> (4) 인서트(Insert)
> (5) 폼타이(Form Tie)

06 다음 용어를 간단히 설명하시오. (4점)

(1) 슬립폼(Slip Form) : ＿＿＿＿＿＿＿＿＿＿＿＿＿
＿＿＿＿＿＿＿＿＿＿＿＿＿＿＿＿＿＿＿＿＿＿＿

(2) 트래블링폼(Travelling Form) : ＿＿＿＿＿＿＿＿
＿＿＿＿＿＿＿＿＿＿＿＿＿＿＿＿＿＿＿＿＿＿＿

> ❯❯ (1) 콘크리트를 부어 넣으면서 거푸집을 연속적으로 끌어올려 전망탑, 급수탑 등 단면 형상의 변화가 있는 구조물에 사용한다.
> (2) 거푸집 전체를 다음 장소로 이동하여 사용하는 대형 수평이동 거푸집이다.

07 시멘트의 응결시간에 영향을 미치는 요소를 3가지 쓰시오. (3점)

①＿＿＿＿＿＿＿＿＿＿＿＿＿＿＿＿＿＿＿＿＿＿
②＿＿＿＿＿＿＿＿＿＿＿＿＿＿＿＿＿＿＿＿＿＿
③＿＿＿＿＿＿＿＿＿＿＿＿＿＿＿＿＿＿＿＿＿＿

> ❯❯ ① 시멘트 분말도가 크면 응결이 빠르다.
> ② 물시멘트비가 클수록 응결이 느리다.
> ③ 풍화된 시멘트일수록 응결이 느리다.

08 콘크리트 내 철근의 내구성에 영향을 주는 위험인자를 억제할 수 있는 방법을 4가지 쓰시오. (4점)

①＿＿＿＿＿＿＿＿＿＿＿＿＿＿＿＿＿＿＿＿＿＿
②＿＿＿＿＿＿＿＿＿＿＿＿＿＿＿＿＿＿＿＿＿＿
③＿＿＿＿＿＿＿＿＿＿＿＿＿＿＿＿＿＿＿＿＿＿
④＿＿＿＿＿＿＿＿＿＿＿＿＿＿＿＿＿＿＿＿＿＿

> ❯❯ 철근 부식 방지대책
> ① 아연도금 처리
> ② 콘크리트에 방청제 혼입
> ③ 에폭시 코팅 철근 사용
> ④ 골재에 제염제를 혼합 사용

09 콘크리트공사와 관련된 다음 용어를 간단히 설명하시오. (4점)

    (1) 콜드조인트(Cold Joint) : _____

    _____

    (2) 블리딩(Bleeding) : _____

    _____

➡ (1) 콘크리트 작업으로 경화된 콘크리트에 새로 콘크리트를 타설할 경우 일체화가 저해되어 생기는 줄눈이다.
(2) 아직 굳지 않은 시멘트 풀, 모르타르 및 콘크리트에 있어서 물이 윗면에 스며 오르는 현상이다.

10 프리스트레스 콘크리트에서 다음 용어를 간단하게 기술하시오. (4점)

    (1) 프리텐션(Pre-tension) 방식 : _____

    _____

    (2) 포스트텐션(Post-tension) 방식 : _____

    _____

➡ (1) 인장력을 준 PC 강재 주위에 콘크리트를 치고 완전경화 후 PC 강재의 정착부를 풀어 콘크리트와 PC 강재의 부착력에 의해 프리스트레스를 주는 것이다.
(2) 콘크리트 타설, 경화 후 미리 묻어둔 시스(Sheath) 내에 PC 강재를 삽입하여 긴장시킨 후 정착하고 그라우팅 하는 방법이다.

11 철골공사에서 녹막이칠을 하지 않는 부분을 3가지만 쓰시오. (3점)

    ① _____

    ② _____

    ③ _____

➡ 녹막이칠을 하지 않는 부분
① 현장용접 부위
② 고력볼트 마찰접합부 마찰면
③ 콘크리트에 묻히는 부분
④ 조립에 의해 맞닿는 면
⑤ 밀폐되는 내면

12 현장 철골 세우기용 기계의 종류를 3가지 쓰시오. (3점)

    ① _____

    ② _____

    ③ _____

➡ 현장 철골 세우기용 기계의 종류
① 가이 데릭   ② 스티프레그 데릭
③ 진폴   ④ 타워 크레인
⑤ 트럭 크레인

13 조적조 안전규정에 대한 내용이다. 아래 (   ) 안을 채우시오. (2점)

> 조적조 대린벽으로 구획된 벽길이는 (①)m 이하이어야 하며, 내력벽으로 둘러싸인 바닥면적은 (②)m² 이하이어야 한다.

    ① _____   ② _____

➡ 조적조 안전규정
① 10   ② 80

14 목재의 방부처리방법을 3가지만 쓰고 간단히 설명하시오. (3점)

① _____
② _____
③ _____

❯❯ 목재 방부처리방법
① 방부제 칠하기(도포법) : 방부제(크레오소트, 콜타르 등)를 표면에 바르는 것
② 표면탄화법 : 목재 표면을 불로 태워서 처리하는 것
③ 침지법 : 목재 방부액(크레오소트, PCP)에 장기간 담가두는 것
④ 가압주입법 : 방부제 용액을 고기압으로 가압주입 하는 것

15 조적조를 바탕으로 하는 지상부 건축물의 외부벽면 방수방법의 내용을 3가지 쓰시오. (3점)

① _____
② _____
③ _____

❯❯ 조적조 바탕 건축물의 외부벽면 방수방법
① 시멘트액체 방수
② 수밀재 붙임
③ 도막방수 공법

16 공사현장에서 절단이 불가능하여 사용치수로 주문제작 해야 하는 유리의 명칭을 2가지 쓰시오. (2점)

① _____
② _____

❯❯ 주문제작 유리
① 강화유리
② 복층유리
③ 스테인드글라스
④ 유리블록

17 커튼월(Curtain Wall)의 실물 모형실험(Mock-up Test)에서 성능시험의 시험종목을 4가지만 쓰시오. (4점)

① _____
② _____
③ _____
④ _____

❯❯ 실물 모형시험(Mock-up Test) 중 성능시험
① 예비시험
② 기밀시험
③ 정압수밀시험
④ 동압수밀시험
⑤ 구조시험

18 다음 데이터를 네트워크 공정표로 작성하고, 각 작업의 여유시간을 구하시오. (10점)

작업명	작업일수	선행작업	비고
A	2	없음	결합점에서는 다음과 같이 표시하고, 주 공정선은 굵은 선으로 표시한다.
B	3	없음	
C	5	없음	
D	4	없음	
E	7	A, B, C	
F	4	B, C, D	

(1) 공정표

(2) 여유시간

작업명	TF	FF	DF	CP
A				
B				
C				
D				
E				
F				

해설

(1) 공정표

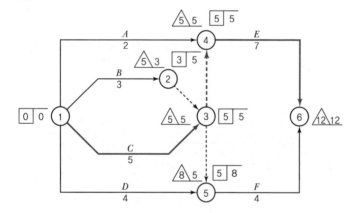

(2) 여유시간

작업명	TF	FF	DF	CP
A	3	3	0	
B	2	2	0	
C	0	0	0	*
D	4	1	3	
E	0	0	0	*
F	3	3	0	

19 다음 용어에 대해 설명하시오. (4점)

(1) 적산(積算) : _____

_____

(2) 견적(見積) : _____

_____

❯❯ (1) 공사에 필요한 재료 및 품의 수량, 즉 공사량을 산출하는 기술활동이다.
(2) 공사량에 단가를 곱하여 공사비를 산출하는 기술활동이다.

20 두께 0.15m, 길이 100m, 폭 6m 도로를 6m³ 레미콘을 이용하여 하루 8시간 작업 시 레미콘의 배차간격(분)을 구하시오(단, 100% 효율로 휴식시간은 없는 것으로 한다). (3점)

_____

_____

_____

_____

❯❯ 레미콘 배차간격 시간

소요 레미콘 대수 : $\dfrac{0.15 \times 100 \times 6}{6}$

$=15$대

∴ 배차간격 : $\dfrac{8 \times 60}{15} = 32$분

21 다음 철근 콘크리트 부재의 부피(m³)와 중량(ton)을 산출하시오. (4점)

(1) 기둥 : 단면 크기 450mm×600mm, 길이 4m, 수량 50개

_____

_____

(2) 보 : 단면 크기 300mm×400mm, 길이 1m, 수량 150개

_____

_____

❯❯ 철근 콘크리트 부재의 부피, 중량
(1) 부피$=0.45 \times 0.6 \times 4 \times 50 = 54$m³
중량$=54 \times 2.4 = 129.6$ton
(2) 부피$=0.3 \times 0.4 \times 1 \times 150 = 18$m³
중량$=18 \times 2.4 = 43.2$ton

22 다음은 단순보의 전단력도이다. 이때 단순보의 최대 휨모멘트를 구하시오. (4점)

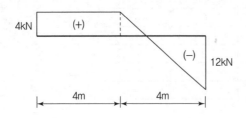

● 단순보의 최대 휨모멘트
최대 휨모멘트는 전단력이 0인 지점까지의 면적이므로 전단력도의 (+) 면적 값을 구한다.
$4 : 12 = x : 4-x$에서 $x=1$인 점이므로
∴ 최대 휨모멘트$=4×4+\dfrac{1}{2}×1×4$
$=18$kN · m

23 그림과 같은 트러스의 U_2, L_2, D_2 부재의 부재력을 절단법으로 구하시오. (6점)

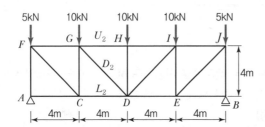

● 트러스 부재력
① $V_A=\dfrac{5+10+10+10+5}{2}=20$ kN
$\Sigma M_D=0 : 20×8-5×8-10×4+U_2×4=0$
∴ $U_2=-20$ kN(압축)
② $\Sigma M_G=0 : 20×4-5×4-L_2×4=0$
∴ $L_2=15$ kN(인장)
③ $\Sigma V=0 : 20-5-10-D_2\sin45°=0$
∴ $D_2=7.07$ kN(인장)

24 그림과 같은 각형기둥의 양단이 핀으로 지지되었을 때, 약축에 대한 세장비가 150이 되기 위해 필요한 기둥의 길이(m)를 구하시오. (3점)

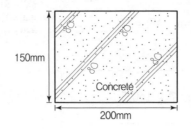

● 세장비($\lambda=\dfrac{KL}{r}$)
$\lambda=\dfrac{l_k}{r_{min}}=\dfrac{l_k}{\sqrt{\dfrac{I_{min}}{A}}}$
$=\dfrac{1.0×l}{\sqrt{\dfrac{200×150^3}{12}}{200×150}}=150$
∴ $l=6,495$mm$=6.495$m

25 그림과 같은 철근 콘크리트 보에서 최외단 인장철근의 순인장변형률 ε_t를 산정하고, 이 보의 지배단면(인장지배단면, 압축지배단면, 변화구간단면)을 구분하시오(단, $A_S = 1,927mm^2$, $f_{ck} = 24MPa$, $f_y = 400MPa$, $E_S = 200,000MPa$). (4점)

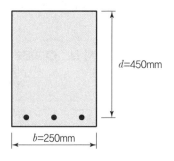

(1) 순인장변형률 : _____

_____

(2) 지배단면 구분 : _____

_____

순인장변형률과 지배단면 구분

(1) 순인장변형률(ε_t)

$$a = \frac{A_S \cdot f_y}{\eta 0.85 f_{ck} \cdot b}$$

$$= \frac{1,927 \times 400}{1.0 \times 0.85 \times 24 \times 250}$$

$$= 151.137mm$$

$f_{ck} \leq 40MPa$이므로

$\beta_1 = 0.80$

$$c = \frac{a}{\beta_1} = \frac{151.137}{0.80} = 188.921mm$$

$$\varepsilon_t = \frac{d_t - c}{c} \times \varepsilon_c$$

$$= \frac{450 - 188.921}{188.921} \times 0.0033$$

$$= 0.00456$$

(2) 지배단면 구분

$0.002 < \varepsilon_t < 0.0050$이므로 변화구간단면 부재이다.

26 인장철근만 배근된 직사각형 단순보에서 하중이 작용하여 5mm의 순간처짐이 발생하였다. 이 하중이 5년 이상 지속될 경우 총처짐량(순간처짐 + 장기처짐)을 구하시오[단, 모든 하중을 지속하중으로 가정하며 크리프와 건조수축에 의한 장기 추가처짐에 대한 계수(λ)는 다음 식으로 구한다. $\lambda = \dfrac{\xi}{1 + 50\rho'}$, 지속하중에 대한 시간경과 계수($\xi$)는 2.0으로 한다]. (4점)

_____

_____

_____

_____

단순보의 총처짐량

$\lambda = \dfrac{\xi}{1 + 50\rho'} = \dfrac{2.0}{1 + 50 \times 0} = 2$

장기처짐 = 탄성처짐(즉시처짐) × λ

$= 5 \times 2 = 10mm$

∴ 총처짐량 = 순간처짐 + 장기처짐

$= 5 + 10 = 15mm$

01 지반조사 방법 중 사운딩을 간략히 설명하고 탐사방법을 3가지 쓰시오. (6점)

(1) 사운딩 : ＿＿＿＿＿＿＿＿＿＿＿＿＿＿＿＿＿＿＿＿＿
＿＿＿＿＿＿＿＿＿＿＿＿＿＿＿＿＿＿＿＿＿

(2) 탐사방법

① ＿＿＿＿＿＿＿＿＿＿＿＿＿＿＿＿＿＿＿＿＿
② ＿＿＿＿＿＿＿＿＿＿＿＿＿＿＿＿＿＿＿＿＿
③ ＿＿＿＿＿＿＿＿＿＿＿＿＿＿＿＿＿＿＿＿＿

>> 사운딩
(1) 시험기를 떨어뜨려 흙의 저항 및 그 위치의 흙의 물리적 성질을 측정하는 방법으로서 원위치시험방법이다.
(2) 탐사방법
① 표준관입시험
② 베인테스트
③ 콘 관입시험
④ 스웨덴식 사운딩 시험

02 어스앵커(Earth Anchor)공법에 대하여 기술하시오. (3점)

＿＿＿＿＿＿＿＿＿＿＿＿＿＿＿＿＿＿＿＿＿＿＿＿＿
＿＿＿＿＿＿＿＿＿＿＿＿＿＿＿＿＿＿＿＿＿＿＿＿＿

>> 어스앵커(Earth Anchor)
버팀대 대신 흙막이 벽을 어스드릴로 천공한 후 인장재와 모르타르를 주입하여 경화시킨 후 인장력에 의해 토압을 지지하는 공법이다.

03 기초와 지정의 차이점을 기술하시오. (4점)

(1) 기초 : ＿＿＿＿＿＿＿＿＿＿＿＿＿＿＿＿＿＿＿＿＿
＿＿＿＿＿＿＿＿＿＿＿＿＿＿＿＿＿＿＿＿＿

(2) 지정 : ＿＿＿＿＿＿＿＿＿＿＿＿＿＿＿＿＿＿＿＿＿
＿＿＿＿＿＿＿＿＿＿＿＿＿＿＿＿＿＿＿＿＿

>> (1) 건물의 자중과 외력을 지정 또는 지반에 전달하는 최하부의 구조물이다.
(2) 기초를 보강하거나 지반의 내력을 보강한 부분이다.

04 다음에서 설명하는 콘크리트 줄눈의 명칭을 쓰시오. (3점)

> 지반 등 안정된 위치에 있는 바닥판이 수축에 의하여 표면에 균열이 생길 수 있는데 이러한 균열을 방지하기 위해 설치하는 줄눈

＿＿＿＿＿＿＿＿＿＿＿＿＿＿＿＿＿＿＿＿＿＿＿＿＿

>> 조절줄눈(Control Joint)

05 콘크리트 반죽질기 측정방법을 3가지 쓰시오. (3점)

① ______________ ② ______________ ③ ______________

콘크리트 반죽질기 측정방법
① 슬럼프시험 ② 흐름시험
③ 비비시험 ④ 리몰딩시험

06 매스 콘크리트의 수화열 저감을 위한 대책을 3가지만 쓰시오. (3점)

① ______________
② ______________
③ ______________

매스 콘크리트의 수화열 저감 대책
① 수화열이 적은 시멘트 사용
② Pre-cooling, Pipe-cooling 이용
③ 단위시멘트양 저감

07 숏크리트(Shotcrete)에 대해 설명하고, 장단점을 설명하시오. (4점)

(1) 숏크리트 : ______________

(2) 장단점
① 장점 : ______________
② 단점 : ______________

숏크리트
(1) 모르타르를 압축공기로 분사하여 바르는 것으로 건나이트(Gunnite)라고도 한다.
(2) ① 장점 : 여러 재료의 표면에 시공하면 밀착이 잘되며 수밀성, 강도, 내구성이 커진다.
② 단점 : 다공질이며 외관이 거칠고 균열이 생기기 쉽다.

08 다음은 건축공사표준시방서에 따른 거푸집널 존치기간 중의 평균기온이 10℃ 이상인 경우에 콘크리트의 압축강도 시험을 하지 않고 거푸집을 떼어 낼 수 있는 콘크리트의 재령(일)을 나타낸 표이다. 빈칸에 알맞은 숫자를 표기하시오. (4점)

▼ 기초, 보옆, 기둥 및 벽의 거푸집널 존치기간을 정하기 위한 콘크리트의 재령(일)

평균기온 \ 시멘트의 종류	조강 포틀랜드 시멘트	보통 포틀랜드 시멘트 고로슬래그 시멘트 특급	고로슬래그 시멘트 1급 포틀랜드 포졸란 시멘트 B종
20℃ 이상	①	③	5
20℃ 미만 10℃ 이상	②	6	④

① ________ ② ________ ③ ________ ④ ________

건축공사표준시방서에 따른 거푸집널 존치기간
① 2 ② 3
③ 4 ④ 8

09 고강도 콘크리트의 폭렬현상 방지대책을 2가지 쓰시오. (2점)

① _____ ② _____

▶ **폭렬현상 방지대책**
① 내화도료 도포
② 피복두께 증대
③ 유기질 섬유 혼입

10 다음에서 설명하는 구조의 명칭을 쓰시오. (2점)

> 철골구조물 주위에 철근배근을 하고 그 위에 콘크리트가 타설되어 일체
> 가 되도록 한 것으로서, 초고층 구조물 하층부의 복합구조로 많이 채택되
> 는 구조

_____

▶ 매입형 합성기둥

11 다음의 설명에 해당되는 용접결함의 용어를 쓰시오. (4점)

(1) 용접금속과 모재가 융합되지 않고 단순히 겹쳐지는 것 ( )

(2) 용접 상부에 모재가 녹아 용착금속이 채워지지 않고 홈으로 남게 된
부분 ( )

(3) 용접봉의 피복재 용해물인 회분이 용착금속 내에 혼합된 것
( )

(4) 용융금속이 응고할 때 방출되었어야 할 가스가 남아서 생기는 용접
부의 빈자리 ( )

▶ (1) 오버 랩
(2) 언더컷
(3) 슬래그 감싸들기
(4) 블로 홀

12 커튼월(Curtain Wall)의 실물 모형실험(Mock-up Test)에서 성능
시험의 시험종목을 4가지만 쓰시오. (4점)

① _____ ② _____
③ _____ ④ _____

▶ 실물 모형실험(Mock-up Test) 중 성능
시험
① 예비시험   ② 기밀시험
③ 정압수밀시험   ④ 동압수밀시험
⑤ 구조시험

13 다음 용어를 설명하시오. (4점)

(1) 밀시트(Mill Sheet) : _____
_____

(2) 뒷댐재(Back Strip) : _____
_____

▶ (1) 철강제품의 품질을 보증하기 위해
재료성분 및 제원을 기록하여 생산
자가 규격품에 대해 발행하는 증명
서.
(2) 맞댐용접을 한 면으로만 실시하는
경우에 충분한 용입을 확보하고, 용
융금속의 용락을 방지할 목적으로
동종 또는 이종의 금속판을 루트 뒷
면에 받치는 것이다.

14 다음에서 설명하는 구조의 명칭을 쓰시오. (2점)

> 건축물의 기초부분 등에 적층고무 또는 미끄럼받이 등을 넣어서 지진에 대한 건축물의 흔들림을 감소시키는 구조

❯❯ 면진구조

15 다음에서 설명하는 건축용어를 쓰시오. (3점)

> 나사부 선단에 6각형 단면의 Pintail과 Break Neck으로 형성된 볼트로 조이며, 토크가 적당한 값이 되었을 때 Break Neck이 파단되는 고력볼트

❯❯ TS(Torque Shear) 볼트

16 커튼월(Curtain Wall)의 알루미늄바 설치 시 누수방지 대책을 시공적 측면에서 4가지만 기술하시오. (4점)

① _____
② _____
③ _____
④ _____

❯❯ 커튼월의 알루미늄바 누수방지대책
① 알루미늄바 접합부 실런트처리
② 개스킷, 실런트 설치 시 동일두께 유지
③ 벽패널과 알루미늄바 틈새 실런트 처리
④ Weep Hole을 설치하여 배수

17 목재를 자연건조할 때의 장점을 2가지 쓰시오. (4점)

① _____
② _____

❯❯ 목재의 자연건조
① 다량건조가 가능하다.
② 작업이 비교적 간단하다.

18 시트 방수공법의 장단점을 각각 2가지 쓰시오. (4점)

(1) 장점 : ① _____
　　　　　② _____
(2) 단점 : ① _____
　　　　　② _____

❯❯ 시트 방수공법
(1) 장점
① 내구성, 내후성, 내약품성이 좋다.
② 신장능력이 좋고 공기단축이 가능하다.
(2) 단점
① 바탕면의 정밀도가 요구된다.
② 시간경과에 따른 수축이 크다.

19 다음 용어의 정의를 쓰시오. (4점)

(1) 접합유리 : _____

_____

(2) 로이(Low-E)유리 : _____

_____

❯❯ (1) 2장 이상의 판유리 사이를 합성수지로 겹붙여 댄 것이다.
(2) 적외선 반사율이 높은 금속을 코팅한 것으로, 실내외 열의 이동을 극소화하는 에너지 절약 유리다.

20 데이터를 네트워크 공정표로 작성하고, 각 작업의 여유시간을 구하시오. (10점)

작업명	작업일수	선행작업	비고
A	3	–	결합점에서는 다음과 같이 표시하고, 주 공정선은 굵은 선으로 표시한다. 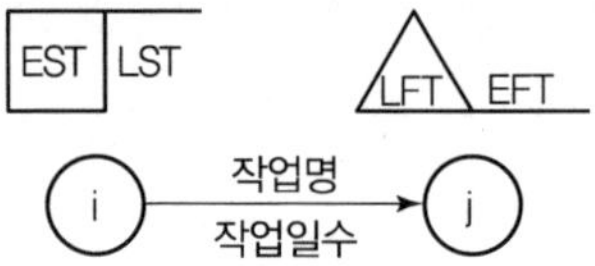
B	2	–	
C	4	–	
D	5	C	
E	2	B	
F	3	A	
G	3	A, C, E	
H	4	D, F, G	

(1) 공정표

(2) 여유시간

작업명	TF	FF	DF	CP
A				
B				
C				
D				
E				
F				
G				
H				

(1) 공정표

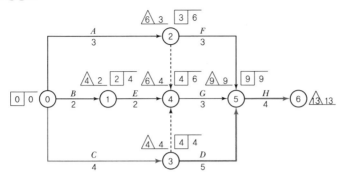

(2) 여유시간

작업명	TF	FF	DF	CP
A	3	0	3	
B	2	0	2	
C	0	0	0	*
D	0	0	0	*
E	2	0	2	
F	3	3	0	
G	2	2	0	
H	0	0	0	*

21 파워셔블(Power Shovel)의 1시간당 추정 굴착작업량을 다음 조건일 때 산출하시오(단, 단위를 명기하시오). (4점)

[조건]
① $q = 0.8\text{m}^3$ ② $f = 0.7$
③ $E = 0.83$ ④ $k = 0.8$
⑤ $C_m = 40\text{sec}$

▶ 파워셔블 시간당 작업량

$$Q = \frac{3,600 \times q \times k \times f \times E}{C_m}$$
$$= \frac{3,600 \times 0.8 \times 0.8 \times 0.7 \times 0.83}{40}$$
$$= 33.47\,\text{m}^3/\text{hr}$$

22 다음 구조물에서 A지점의 반력을 구하시오. (3점)

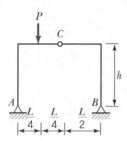

$\Sigma H = 0 : H_A - H_B = 0$

$\Sigma V = 0 : V_A - P + V_B = 0$

$\Sigma M_B = 0 : V_A \times L - P \times \dfrac{3}{4}L = 0$

$\therefore V_A = \dfrac{3P}{4}$

$\Sigma M_c = 0 : V_A \times \dfrac{L}{2} - P \times \dfrac{L}{4} - H_A$
$\times h = 0$

$\therefore H_A = \dfrac{PL}{8h}$

23 다음 그림과 같은 단면의 철근 콘크리트 띠철근 기둥에서 설계축하중 ϕP_n(kN)를 구하시오(단, f_{ck} = 24MPa, f_y = 400MPa, 8 – HD22, HD22 한 개의 단면적은 $387mm^2$, 강도감소계수는 0.65). (3점)

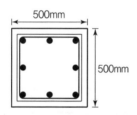

기둥 설계축하중

$\phi P_n = 0.65 \times 0.8\left[0.85 f_{ck}(A_g - A_{st})\right.$
$\left. + f_y \times A_{st}\right]$
$= 0.65 \times 0.8\left[0.85 \times 24\,(500 \times 500\right.$
$\left. - 8 \times 387) + 400 \times (8 \times 387)\right]$
$= 3,263,125\text{N}$
$= 3,263.125\text{kN}$

24 콘크리트 압축강도 f_{ck} = 30MPa, 주근의 항복강도 f_y = 400MPa을 사용한 보 부재에서 인장을 받는 D22 철근의 정착길이(l_d)를 구하시오(단, 보통경량 콘크리트를 사용하며, 보정계수는 상부철근 1.3을 적용한다). (3점)

철근의 정착길이

$l_d = \dfrac{0.6 d_b f_y}{\lambda \sqrt{f_{ck}}} \times \text{보정계수}$
$= \dfrac{0.6 \times 22 \times 400}{1 \times \sqrt{30}} \times 1.3$
$= 1,253.189\text{mm}$

25 처짐을 계산하지 않는 경우의 보 또는 1방향 슬래브의 최소두께를 적용할 때 (   ) 안에 알맞은 숫자를 써넣으시오. (3점)

- 단순지지된 1방향 슬래브 : $l/($ ① $)$
- 1단 연속인 보 : $l/($ ② $)$
- 양단 연속인 리브가 있는 1방향 슬래브 : $l/($ ③ $)$

① _____ ② _____ ③ _____

❯❯ 1방향 슬래브의 최소두께
① 20
② 18.5
③ 21

처짐을 계산하지 않는 경우의 보 또는 1방향 슬래브의 최소두께기준

부재	캔틸레버	단순지지	일단연속	양단연속
보(리브가 있는 1방향 슬래브)	$\dfrac{l}{8}$	$\dfrac{l}{16}$	$\dfrac{l}{18.5}$	$\dfrac{l}{21}$
1방향 슬래브	$\dfrac{l}{10}$	$\dfrac{l}{20}$	$\dfrac{l}{24}$	$\dfrac{l}{28}$

26 철골부재에서 비틀림이 생기지 않고 휨변형만 유발하는 위치를 전단중심(Shear Center)이라 한다. 다음 형강들에 대하여 전단중심의 위치를 각 단면에 표기하시오. (3점)

해설

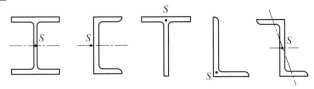

01 다음의 설명이 뜻하는 용어를 쓰시오. (4점)

(1) 사회간접시설의 확충을 위해 민간이 시설물을 완성하고, 그 시설물을 일정기간 동안 운영하여 투자자금을 회수한 후 발주자에게 그 시설을 양도하는 방식 (   )

(2) 사회간접시설의 확충을 위해 민간이 시설물을 완성하고, 그 시설물의 운영과 함께 소유권도 민간에 양도하는 방식 (   )

(3) 사회간접시설의 확충을 위해 민간이 시설물을 완성하여 소유권을 공공부분에 먼저 양도하고, 그 시설물을 일정기간 동안 운영하여 투자금액을 회수하는 방식 (   )

(4) 발주자는 설계에서 시공까지 건물의 요구성능만을 제시하고 시공자가 재료나 시공방법을 선택하여 요구성능을 실현하는 방식

(   )

➤ (1) BOT 방식
(2) BOO 방식
(3) BTO 방식
(4) 성능발주방식

02 슬러리 월(Slurry Wall) 공법에 대한 설명에서 (   ) 안에 알맞은 용어를 쓰시오. (3점)

> 먼저 안내벽(Guide Wall)을 설치한 후 공벽붕괴에 (①)을 사용하면서 지반을 굴착하여 여기에 (②)을 삽입하고, 트레미관을 설치하여 (③)를 타설하는 지중에 철근 콘크리트 연속벽체를 형성하는 공법

① _____   ② _____   ③ _____

➤ 슬리리 월 공법
① 안정액(Bentonite)
② 철근망
③ 콘크리트

03 그림에서와 같이 터파기를 했을 경우 인접 건물의 주위 지반이 침하할 수 있는 원인을 5가지만 쓰시오(단, 일반적으로 인접하는 건물보다 깊게 파는 경우이다). (5점)

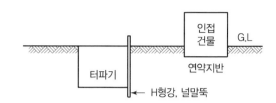

① _____
② _____
③ _____
④ _____
⑤ _____

04 역타설공법(Top – down Method)의 장점을 4가지 쓰시오. (4점)

① _____
② _____
③ _____
④ _____

05 대형 시스템거푸집 중에서 갱폼(Gang Form)의 장단점을 각각 2가지씩 쓰시오. (4점)

(1) 장점
① _____
② _____

(2) 단점
① _____
② _____

06 콘크리트의 알칼리 골재반응을 방지하기 위한 대책을 3가지만 쓰시오.
(3점)

① _____
② _____
③ _____

알칼리 골재반응 방지대책
① 저알칼리(고로슬래그, 플라이 애시) 시멘트 사용
② 방수제로 수분 침투 억제
③ 방청제 사용
④ 콘크리트에 포함되어 있는 알칼리 총량 저감

07 한중 콘크리트 타설 시 동결저하 방지대책을 2가지 쓰시오. (4점)

① _____
② _____

한중 콘크리트 동결저하 방지대책
① AE제, AE 감수제, 고성능 AE 감수제 등 사용
② 단열보온양생, 가열보온양생 등 실시

08 Pre − cooling 방법과 Pipe − cooling 방법에 대해 설명하시오. (4점)

(1) Pre − cooling : _____
_____

(2) Pipe − cooling : _____
_____

(1) 콘크리트 재료의 일부 또는 전부를 냉각하여 타설온도를 낮추는 방법이다.
(2) 콘크리트 타설 전 파이프를 배관하여 냉각수를 순환시켜 콘크리트의 온도를 낮추는 방법이다.

09 T/S(Torque Shear)형 고력볼트의 시공 순서를 보기에서 골라 기호를 나열하시오.
(4점)

[보기]
㉠ 팁레버를 잡아당겨 내측 소켓에 들어 있는 핀테일을 제거
㉡ 렌치의 스위치를 켜 외측 소켓이 회전하며 볼트를 체결
㉢ 핀테일이 절단되었을 때 외측 소켓이 너트로부터 분리되도록 렌치를 잡아당김
㉣ 핀테일에 내측 소켓을 끼우고 렌치를 살짝 걸어 너트에 외측 소켓이 맞춰지도록 함

_____

TS형 고력볼트 시공순서
㉣ - ㉡ - ㉢ - ㉠

10 철골구조공사에서 철골습식 내화피복공법의 종류를 3가지 쓰시오.
(3점)

① _____ ② _____ ③ _____

철골습식 내화피복공법
① 뿜칠공법   ② 타설공법
③ 미장공법   ④ 조적공법

11 칼럼쇼트닝의 원인 및 영향을 설명하시오. (4점)

(1) 원인 : _____

_____

(2) 영향 : _____

_____

◎ 칼럼쇼트닝
(1) 원인
① 기둥 부재의 재질이 상이할 때
② 기둥 부재의 단면적이 상이할 때
(2) 영향
① 기둥의 축소변위 발생
② 건물의 기능 및 사용성 저해

12 커튼월 공사 시 누수방지대책과 관련된 다음 용어에 대해 설명하시오. (4점)

(1) Closed Joint : _____

_____

(2) Open Joint : _____

_____

◎ (1) 커튼월 Unit의 이음새를 실링재로 완전히 밀폐하여 홈을 없애는 방식이다.
(2) 등압이론에 의해 벽의 외부면과 내부면 사이에 공기층을 만들고 실외의 기압을 유지하게 하여 배수하는 방식이다.

13 금속판지붕공사에서 금속기와의 설치 순서를 보기에서 골라 기호를 나열하시오. (4점)

[보기]
㉠ 서까래 설치(방부처리를 할 것)
㉡ 금속기와 Size에 맞는 간격으로 기와걸이 미송각재 설치
㉢ 경량철골 설치
㉣ Purlin 설치(지붕레벨 고려)
㉤ 부식방지를 위한 철골용접 부위의 방청도장 실시
㉥ 금속기와 설치

_____

◎ 금속판지붕공사의 금속기와 설치순서
㉢ → ㉣ → ㉤ → ㉠ → ㉡ → ㉥

14 시트 방수공법의 단점을 2가지 쓰시오. (2점)

① _____
② _____

◎ 시트 방수공법의 단점
① 바탕면의 정밀도 요구
② 습윤한 면의 접착 난이
③ 복잡면 시공 난이

15 다음 데이터를 네트워크 공정표로 작성하고 각 작업의 여유시간을 구하시오. (10점)

(1) 공정표

작업명	선행작업	소요일수	비고
A	없음	5	결합점에서는 다음과 같이 표시하고, 주 공정선 은 굵은 선으로 표시한다.
B	없음	6	
C	A	5	
D	A, B	2	
E	A	3	
F	C, E	4	
G	D	2	
H	G, F	3	

(2) 여유시간

작업명	TF	FF	DF	CP
A				
B				
C				
D				
E				
F				
G				
H				

해설

(1) 공정표

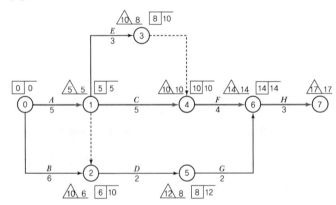

(2) 여유시간

작업명	TF	FF	DF	CP
A	0	0	0	*
B	4	0	4	
C	0	0	0	*
D	4	0	4	
E	2	2	0	
F	0	0	0	*
G	4	4	0	
H	0	0	0	*

16 특기시방서상 시멘트 기와의 흡수율이 12% 이하로 규정되어 있다. 완전 침수 후 표면건조 내부포화 상태의 중량이 4.725kg, 기건중량이 4.64kg, 완전건조중량이 4.5kg, 수중중량이 2.94kg일 때 흡수율을 구하고, 규격 상회 여부에 따라 합격 여부를 판정하시오. (4점)

(1) 흡수율 : _____

(2) 판정 : _____

$\gg$ (1) 흡수율 $= \dfrac{4.725-4.5}{4.5} \times 100 = 5\%$

(2) 판정 : 합격($\because$ 5% < 12%)

17 다음 형강을 단면 형상의 표시방법으로 표시하시오. (2점)

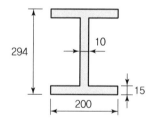

$\gg$ H형강 표시방법
H$-294 \times 200 \times 10 \times 15$

18 벽면적 20m²에 표준형 벽돌을 1.5B로 쌓을 때 붉은 벽돌의 소요량을 구하시오(단, 줄눈두께 10mm). (4점)

$\gg$ 붉은 벽돌의 소요량
20m²×224매/m²×1.05=4,704매

19 다음 철근 콘크리트조의 기둥과 벽체의 거푸집 물량을 산출하시오. (6점)

[조건]
① 기둥 : 400mm×400mm ② 벽두께 : 200mm
③ 높이 : 3m ④ 기둥과 벽은 별도로 타설한다.

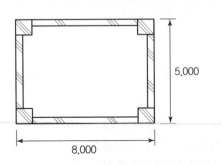

5,000

8,000

(1) 기둥 : _____
(2) 벽체 : _____

❯❯ 기둥과 벽체의 거푸집 물량
(1) 기둥 : 2(0.4+0.4)×3×4=19.2m²
(2) 벽체 : (7.2×3×2)×2+(4.2×3
×2)×2=136.8m²

20 그림과 같이 기둥의 재질과 단면 크기가 모두 같은 장주 4개의 좌굴 길이를 쓰시오. (4점)

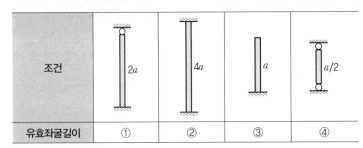

조건				
	2a	4a	a	a/2
유효좌굴길이	①	②	③	④

① _____ ② _____
③ _____ ④ _____

❯❯ 장주의 좌굴길이
① $kL=0.7\times2a=1.4a$
② $kL=0.5\times4a=2a$
③ $kL=2\times a=2a$
④ $kL=1\times\dfrac{a}{2}=0.5a$

21 그림과 같은 단순보의 최대휨응력을 구하시오. (3점)

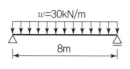

w=30kN/m

8m

300mm

200mm

❯❯ 단순보의 최대휨응력

① $M_{max} = \dfrac{wl^2}{8} = 30 \times \dfrac{8,000^2}{8}$

$\quad = 240 \times 10^6 \text{N} \cdot \text{mm}$

② $Z = \dfrac{bh^2}{6} = \dfrac{200 \times 300^2}{6}$

$\quad = 3 \times 10^6 \text{mm}^3$

∴ $\sigma_{max} = \dfrac{M_{max}}{Z} = \dfrac{240 \times 10^6}{3 \times 10^6}$

$\quad = 80 \text{N/mm}^2 = 80 \text{MPa}$

22 철근 콘크리트 구조에서 콘크리트의 파괴계수 f_r을 구하시오(단, 모래경량 콘크리트 사용. $f_{ck} = 21\text{MPa}$). (4점)

❯❯ 콘크리트의 파괴계수

$f_r = 0.63\lambda \sqrt{f_{ck}}$

$\quad = 0.63 \times 0.85 \times \sqrt{21}$

$\quad = 2.45 \text{MPa}$

23 콘크리트 탄성계수 $E_c = 8,500 \sqrt[3]{f_{cu}}$에서 $f_{cu} = f_{ck} + \Delta f$로 표현될 때 Δf에 대해 (   ) 안을 채우시오. (4점)

❯❯ ① 4MPa
② 6MPa

f_{ck}	Δf
$f_{ck} \leq 40\text{MPa}$	$\Delta f = (\ ① \ )$
$40\text{MPa} < f_{ck} < 60\text{MPa}$	$\Delta f = $ 직선보간
$f_{ck} \geq 60\text{MPa}$	$\Delta f = (\ ② \ )$

① _____   ② _____

24 다음 철근 콘크리트 벽체의 설계축하중을 계산하시오. (4점)

[조건]
① $\phi = 0.65$ ② $f_{ck} = 24\text{MPa}$
③ $h =$ 벽두께 200   ④ $k = 0.8$
⑤ $l_e =$ 유효길이 3,200   ⑥ $b_e = 2,000$

❯❯ 철근 콘크리트 벽체의 설계축하중

$0.55\phi \cdot f_{ck} \cdot A_g \cdot \left\{ 1 - \left(\dfrac{k \cdot l_e}{32h} \right)^2 \right\}$

$= 0.55 \times 0.65 \times 24 \times (200 \times 2,000)$

$\times \left\{ 1 - \left(\dfrac{0.8 \times 3,200}{32 \times 200} \right)^2 \right\}$

$= 2,882,880 \text{N} = 2,882.88 \text{kN}$

25 다음 연속보의 반력 V_A, V_B, V_c를 구하시오. (3점)

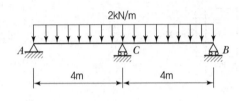

2kN/m

A C B

4m   4m

⟫ 연속보의 반력

$$\delta_c = \frac{5wL^4}{384EI} - \frac{V_cL^3}{48EI} = 0$$

$$V_c = \frac{5}{8}wL = \frac{5}{8} \times 2 \times 8 = 10\text{kN}$$

$$\Sigma V = 0 : V_A + V_B + V_C = 16\text{kN에서}$$

$$V_A = V_B = \frac{1.5}{8}wL$$

$$= \frac{1.5}{8} \times 2 \times 8 = 3\text{kN}$$

$$\therefore V_A = 3\text{kN}, \quad V_B = 3\text{kN}, \quad V_c = 10\text{kN}$$

---

26 강재의 항복비(Yield Strength Ratio)에 대해 설명하시오. (2점)

⟫ 항복비

강재가 항복에서 파단까지 이르기까지를 나타내는 지표이며 인장강도에 대한 항복강도의 비다.

01 다음 공사관리 계획방식에 대해 설명하시오. (4점)

   (1) 대리인형 CM(CM for Fee) : _____

   _____

   (2) 시공자형 CM(CM at Risk) : _____

   _____

> ❯❯ (1) 프로젝트 전반에 걸쳐 발주자의 컨설턴트 역할만을 수행하는 공사관리 계약방식이다.
> (2) 직접 공사를 수행하거나 전문시공자와 계약을 맺어 공사전반을 책임지는 공사관리 계약방식이다.

02 Life Cycle Cost(LCC)에 대해 간단히 설명하시오. (3점)

   _____

   _____

> ❯❯ LCC
> 건물의 초기 건설비로부터 유지관리, 해체에 이르기까지 건축물의 전 생애에 소용되는 총비용을 종합측정한 전 생애 주기비용이다.

03 다음 용어를 설명하시오. (4점)

   (1) 예민비 : _____

   _____

   (2) 지내력시험 : _____

   _____

> ❯❯ (1) 진흙의 자연시료는 어느 정도 강도는 있으나 그 함수율을 변화시키지 않고 이기면 약해지게 되는 성질이 있고 그 정도를 나타내는 것이다.
> (2) 재하시험이라고도 하며, 기초지반 저면에 직접 하중을 가하여 지반의 허용지내력을 구하는 시험이다.

04 시험에 관계되는 것을 보기에서 골라 기호를 쓰시오. (4점)

> [보기]
> ㉠ 신월 샘플링(Thin Wall Sampling)
> ㉡ 베인시험(Vane Test)
> ㉢ 표준관입시험
> ㉣ 정량분석시험

   (1) 진흙의 점착력 : _____   (2) 지내력 : _____
   (3) 연한 점토 : _____   (4) 염분 : _____

> ❯❯ (1) ㉡
> (2) ㉢
> (3) ㉠
> (4) ㉣

05 히빙(Heaving) 현상에 대해 간략히 도시하고 서술하시오. (5점)

[도시]

_____

_____

_____

⊗ 히빙 현상

하부지반이 연약한 경우 흙파기 저면선에 대하여 흙막이 바깥에 있는 흙의 중량과 지표면 재하중을 이기지 못하고 흙이 붕괴되어 흙막이 바깥 흙이 안으로 밀려들어와 볼록하게 되는 현상이다.

06 지반개량공법을 3가지 쓰시오. (3점)

① _____ ② _____ ③ _____

⊗ 지반개량공법
① 치환법   ② 탈수법
③ 재하(압밀)법   ④ 다짐법
⑤ 약액주입법   ⑥ 동결법

07 언더피닝(Underpinning)을 실시하는 목적(이유)을 기술하고, 언더피닝 공법의 종류를 2가지 쓰시오. (4점)

(1) 언더피닝 실시 목적 : _____

_____

(2) 언더피닝 공법의 종류

① _____ ② _____

⊗ 언더피닝
(1) 실시 목적(이유) : 기존 건축물 가까이에 신축공사를 할 때 기존건물과 지반의 기초를 보강하여 피해를 최소화하기 위한 공법이다.
(2) 종류
① 이중 널말뚝공법
② 현장 타설콘크리트 말뚝공법
③ 강재 말뚝공법
④ 모르타르 및 약액주입법

08 다음 용어를 설명하시오. (4점)

(1) 골재의 흡수량 : _____

(2) 골재의 함수량 : _____

⊗ (1) 표면건조 내부포수상태의 골재 중에 포함되는 물의 양이다.
(2) 습윤상태의 골재가 함유하는 전 수량이다.

09 다음 거푸집의 명칭을 쓰시오. (2점)

바닥전용 거푸집으로 거푸집판, 장선, 멍에, 서포트 등을 일체로 제작하여 부재화한 거푸집

_____

⊗ 플라잉폼

10 콘크리트 이어치기 시간 간격에 대하여 (   ) 안에 알맞은 숫자를 쓰시오. (4점)

> • 바깥 기온 25℃ 이상 : (①   )분 이내
> • 바깥 기온 25℃ 미만 : (②   )분 이내

① _____   ② _____

> **콘크리트 이어치기 시간 간격**
> ① 120
> ② 150

11 다음 레디믹스트 콘크리트의 규격, (25 – 30 – 210)에 대하여 3가지 수치가 뜻하는 바를 쓰시오(단, 단위까지 명확히 기재한다). (3점)

(1) 25 : _____

(2) 30 : _____

(3) 210 : _____

> **레디믹스트 콘크리트 규격**
> (1) 25 : 굵은 골재 최대치수(mm)
> (2) 30 : 호칭강도(MPa)
> (3) 210 : 슬럼프(mm)

12 철골공사에서 녹막이칠을 하지 않는 부분을 3가지만 쓰시오. (3점)

① _____

② _____

③ _____

> **녹막이칠을 하지 않는 부분**
> ① 현장 용접 부위
> ② 고력볼트 마찰접합부 마찰면
> ③ 콘크리트에 묻히는 부분
> ④ 조립에 의해 맞닿는 면
> ⑤ 밀폐되는 내면

13 강재의 시험성적서(Mill Sheet)에서 확인 가능한 사항을 1가지 쓰시오. (2점)

_____

> **밀시트(Mill Sheet)에서 확인 가능한 사항**
> 강재시험수치, 강재의 KS규격

14 다음 용어를 설명하시오. (4점)

(1) 스캘럽(Scallop) : _____

_____

(2) 엔드탭(End Tab) : _____

_____

> (1) 철골부재의 접합 및 이음 중 용접접합 시에 H형강 등의 용접 부위가 타 부재 용접접합 시 용접되어서 열영향 부위의 취약화를 방지하는 목적으로 모따기를 하는 방법이다.
> (2) 블로 홀, 크레이터 등의 용접결함이 생기기 쉬운 용접 비드의 시작과 끝 지점에 용접을 하기 위해 용접접합하는 모재의 양단에 부착하는 보조 강판이다.

15 목재의 방부처리방법을 3가지만 쓰고 간단히 설명하시오. (3점)

① _____

② _____

③ _____

» **목재 방부처리방법**
① 방부제 칠하기(도포법) : 방부제(크레오소트, 콜타르 등)를 표면에 바르는 것
② 표면 탄화법 : 목재 표면을 불로 태워서 처리하는 것
③ 침지법 : 목재 방부액(크레오소트, PCP)에 장기간 담가두는 것
④ 가압주입법 : 방부제 용액을 고압으로 가압주입 하는 것

16 다음에 해당하는 용어를 쓰시오. (2점)

> 벽표면에서 침투하는 빗물에 의해 모르타르 중의 석회분이 유출되어 공기 중의 탄산가스와 결합하여 벽돌 벽의 표면에 백색의 미세한 물질이 생기는 현상

_____

» 백화현상

17 지하실 외벽의 경우에 안방수와 바깥방수를 다음의 관점에서 각각 비교하여 쓰시오. (5점)

구분	안방수	바깥방수
사용환경		
공사시기		
내수압성		
경제성		
보호누름		

»

구분	안방수	바깥방수
사용환경	수압이 작고 얕은 지하실	수압이 크고 깊은 지하실
공사시기	자유롭다.	본공사에 선행한다.
내수압성	작다.	크다.
경제성	싸다.	고가이다.
보호누름	필요하다.	없어도 무방하다.

18 다음 용어를 설명하시오. (4점)

(1) 코너비드 : _____

_____

(2) 차폐용 콘크리트 : _____

_____

» (1) 기둥, 벽 등의 모서리에 대어 미장바름을 보호하기 위한 철물이다.
(2) 중량이 2.5t/m³ 이상(비중 2.5~6.9)인 콘크리트를 말하며 방사선 차폐를 목적으로 하는 원자로 관련 시설, 의료용 조사실 등에 쓰인다.

19 인텔리전트 빌딩의 Access 바닥에 관하여 기술하시오. (4점)

_____
_____
_____
_____

⊗ 인텔리전트 빌딩의 Access 바닥
방재실, 전산실 등에서 각종 설비의 배선배관 등을 포설하기 위한 2중 바닥 구조이다.

20 다음 데이터를 네트워크 공정표로 작성하고, 각 작업의 여유시간을 구하시오. (10점)

작업명	작업일수	선행작업	비고
A	5	없음	결합점에서는 다음과 같이 표시하고, 주 공정선은 굵은 선으로 표시한다.
B	3	없음	
C	2	없음	
D	2	A, B	
E	5	A, B, C	
F	4	A, C	

(1) 공정표

(2) 여유시간

작업명	TF	FF	DF	CP
A				
B				
C				
D				
E				
F				

해설

(1) 공정표

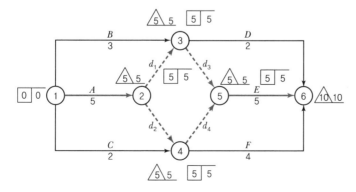

(2) 여유시간

작업명	TF	FF	DF	CP
A	0	0	0	*
B	2	2	0	
C	3	3	0	
D	3	3	0	
E	0	0	0	*
F	1	1	0	

21 다음 한 층분의 물량 중 콘크리트양만 산출하시오. (8점)

[조건]
① 부재치수(단위 : mm)
② 전 기둥(C_1) : 500×500, 슬래브 두께(t) : 120
③ G_1, G_2 : 400×600, G_3 : 400×700, B_1 : 300×600($b \times D$)
④ 층고 : 4,000

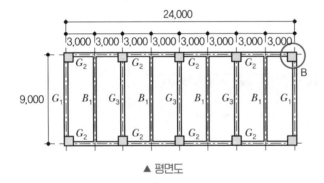

▲ 평면도

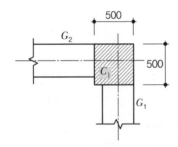

▲ B부분 디테일

콘크리트양 산출

① 기둥 : $0.5 \times 0.5 \times (4-0.12) \times 10$
   개 = $9.7m^3$
② $G_1 = 0.4 \times (0.6-0.12) \times 8.4 \times 2$개
   $= 3.226m^3$
   $G_2(5.45m) = 0.4 \times (0.6-0.12) \times 5.45$
   $\times 4$개 = $4.186m^3$
   $G_2(5.5m) = 0.4 \times (0.6-0.12) \times 5.5$
   $\times 4$개 = $4.224m^3$
   $G_3 = 0.4 \times (0.7-0.12) \times 8.4 \times 3$개
   $= 5.846m^3$
   $B_1 = 0.3 \times (0.6-0.12) \times 8.6 \times 4$개
   $= 4.954m^3$
③ 슬래브 = $9.4 \times 24.4 \times 0.12$
   $= 27.523m^3$
∴ 콘크리트 물량 = 기둥+보+슬래브
   $= 59.66m^3$

22 다음 내민보의 전단력도(SFD)와 휨모멘트도(BMD)를 그리시오. (4점)

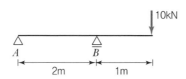

$\sum M_A = 0 : \ -V_A \times 2 + 10 \times 3 = 0$
$\qquad V_B = 15\text{kN}(\uparrow)$
$\sum V = 0 : \ V_A + V_B - 10 = 0$
$\qquad V_A = -5\text{kN}(\downarrow)$

(1) SFD

(2) BMD

23 철근의 응력 − 변형도 곡선에서 해당하는 4개의 주요 영역과 6개의 주요 포인트에 관련된 용어를 쓰시오. (3점)

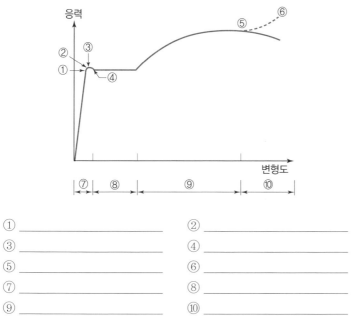

철근의 응력−변형도 곡선
① 비례한계점
② 탄성한계점
③ 상위항복점
④ 하위항복점
⑤ 최고강도점
⑥ 파괴강도점
⑦ 탄성영역
⑧ 소성영역
⑨ 변형도 경화영역
⑩ 파괴영역

① _____   ② _____
③ _____   ④ _____
⑤ _____   ⑥ _____
⑦ _____   ⑧ _____
⑨ _____   ⑩ _____

24 전단보강근 배근 간격이 $\dfrac{1}{3}\lambda\sqrt{f_{ck}}\,b_w d < V_s \leq 0.2\left(1-\dfrac{f_{ck}}{250}\right)f_{ck}b_w d$로 산정되었을 때, 수직스터럽의 최대간격을 구하시오(단, 보의 유효춤 $d = 550\text{mm}$). (4점)

수직스터럽의 최대간격
① $\dfrac{d}{4} = \dfrac{550}{4} = 137.5\text{mm}$ 이하
② 300mm 이하
∴ ①, ② 중 최솟값 : 137.5mm

_____
_____
_____

25 다음 용어를 설명하시오. (3점)

사용성 한계상태

_____

_____

_____

➡ 구조체가 붕괴되지는 않더라도 구조기능이 저하되어 외관, 유지관리, 내구성 및 사용에 매우 부적합한 상태다.

26 철근 콘크리트 구조의 1방향 슬래브와 2방향 슬래브를 구분하는 기준에 대해 설명하시오. (3점)

_____

_____

_____

_____

➡ 변장비$(\lambda) = \dfrac{\text{장변 스팬}(l_y)}{\text{단변 스팬}(l_x)}$

① 1방향 슬래브 : $\lambda > 2$
② 2방향 슬래브 : $\lambda \leq 2$

01 낙찰제도 중 적격낙찰제도에 대하여 기술하시오. (2점)

_____

_____

_____

> **적격낙찰제도**
> 입찰가격 및 기술능력 등을 종합적으로 판단하여 종합점수 85점 이상 중 최저가 입찰자에게 낙찰하는 제도다.

02 BOT(Build – Operate – Transfer Contract) 방식을 설명하고, 이와 유사한 방식을 3가지 쓰시오. (3점)

(1) BOT 방식 : _____

_____

_____

_____

(2) 유사한 방식

    ① _____

    ② _____

    ③ _____

> **BOT**
> (1) BOT 방식 : 사업주가 수입을 수반한 공공 혹은 공익 프로젝트에서 필요한 자금을 조달하고 설계, 엔지니어링, 시공의 전부를 도급받아 시설물을 완성한 후 그 시설을 일정기간 동안 운영하여 발생한 수익으로부터 투자 자금을 회수한 후 운영기간이 종료되면 발주자에게 양도하는 운영방식이다.
>
> (2) 유사한 방식
>   ① BTO 방식
>   ② BOO 방식
>   ③ BTL 방식

03 흙의 성질 중 압밀(Consolidation)과 다짐(Compaction)의 차이점을 비교하여 설명하시오. (4점)

(1) 압밀 : _____

_____

(2) 다짐 : _____

_____

> (1) 점토지반에서 하중을 가해 흙속의 간극수를 제거하는 것이다.
> (2) 사질지반에서 외력을 가해 공기를 제거하여 압축하는 것이다.

04 SPS(Strut as Permanent System) 공법의 특징을 4가지 쓰시오. (4점)

① _____
② _____
③ _____
④ _____

》 SPS
① 작업공간의 확보 유리
② 가설지지체 설치 및 해체공정 불필요
③ 지반의 상태와 관계없이 시공 가능
④ 지상공사와 병행 가능하여 공기단축 가능

05 기초의 부동침하는 구조적으로 문제를 일으키게 된다. 이러한 기초의 부동침하를 방지하기 위한 대책 중 기초구조 부분에 처리할 수 있는 사항을 4가지 기술하시오. (4점)

① _____
② _____
③ _____
④ _____

》 기초구조 부분의 부동침하 방지대책
① 마찰말뚝을 사용할 것
② 경질지반에 지지시킬 것
③ 지하실을 설치할 것
④ 복합기초를 사용할 것

06 지하구조물은 지하수위에서 구조물 밑면까지의 깊이만큼 부력을 받아 건물이 부상하게 되는데, 이것에 대한 방지대책을 4가지 기술하시오. (4점)

① _____
② _____
③ _____
④ _____

》 지하구조물 부력 방지대책
① 록앵커를 기초 저면 암반까지 정착시킨다.
② 부력에 대항하도록 구조물의 자중을 증대시킨다.
③ 배수공법을 이용하여 지하수위를 저하시킨다.
④ 마찰말뚝을 이용하여 마찰력을 증대시킨다.

07 다음 구조물의 경우 굵은 골재의 최대 치수를 쓰시오. (3점)

(1) 일반적인 경우 : (   )mm
(2) 단면이 큰 경우 : (   )mm
(3) 무근 콘크리트 : (   )mm

》 굵은 골재의 최대치수
(1) 20 또는 25
(2) 40
(3) 40

08 ALC(Autoclaved Lightweight Concrete) 제조 시 필요한 재료를 2가지 쓰시오. (2점)

① _____   ② _____

》 ALC 제조 재료
① 석회질
② 규산질

09 다음 용어를 설명하시오. (4점)

(1) 시공줄눈(Construction Joint) : _____

_____

(2) 신축줄눈(Expansion Joint) : _____

_____

» (1) 한 번에 계속하여 부어나가지 못할 곳에 계획적으로 만드는 줄눈이다.
(2) 콘크리트의 양생 중이나 구조물 사용 중 발생되는 콘크리트 팽창과 수축에 대한 저항줄눈이다.

10 다음 용어를 설명하시오. (4점)

(1) 레이턴스(Laitance) : _____

_____

(2) 크리프(Creep) : _____

_____

» (1) 콘크리트를 부어 넣은 후 물과 함께 시멘트와 미립자까지 상승하고 블리딩 현상에 의해 솟아오른 물이 증발하여 콘크리트 표면에서 나오는 백색의 미세물질이다.
(2) 콘크리트에 일정한 하중을 계속 주면 하중의 증가 없이 시간의 경과에 따른 소성변형의 증가현상이다.

11 매스 콘크리트의 수화열 저감을 위한 대책을 3가지만 쓰시오. (3점)

① _____
② _____
③ _____

» 매스 콘크리트의 수화열 저감대책
① 수화열이 적은 시멘트(중용열 시멘트) 사용
② Pre-cooling, Pipe-cooling 이용
③ 단위시멘트양 저감

12 철골공사에서 메탈터치(Metal Touch)에 대해 간단히 기술하시오. (2점)

_____

_____

_____

» 메탈터치(Metal Touch)
철골기둥의 이음부가 가공되어 상하부 기둥이 밀착될 때 축응력과 휨모멘트의 25% 정도까지의 응력을 밀착면에서 직접 전달하는 이음방법이다.

13 철골공사에서 용접부의 비파괴 시험방법 종류를 3가지 쓰시오. (3점)

① _____ ② _____ ③ _____

» 용접부 비파괴 시험방법
① 방사선 투과법
② 초음파 탐상법
③ 자기분말 탐상법

14 목구조에서 횡력에 저항하는 부재를 3가지 쓰시오. (3점)

① _____ ② _____ ③ _____

» 목구조 횡력 저항 부재
① 가새
② 버팀대
③ 귀잡이

15 다음 데이터를 이용하여 네트워크 공정표를 작성하고, 각 작업의 여유시간을 계산하시오. (10점)

작업명	선행작업	작업일수	비고
A	없음	5	결합점에서는 다음과 같이 표시하고, 주 공정선은 굵은 선으로 표시한다. 또한 여유시간 계산 시는 각 작업의 실제적인 의미의 여유시간으로 계산한다(더미의 여유시간은 고려하지 않을 것).
B	없음	2	
C	없음	4	
D	A, B, C	4	
E	A, B, C	3	
F	A, B, C	2	

(1) 공정표

(2) 여유시간

작업명	TF	FF	DF	CP
A				
B				
C				
D				
E				
F				

해설

(1) 공정표

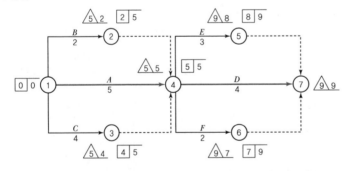

(2) 여유시간

작업명	TF	FF	DF	CP
A	0	0	0	*
B	3	3	0	
C	1	1	0	
D	0	0	0	*
E	1	1	0	
F	2	2	0	

16 벽, 기둥 등의 모서리는 손상되기 쉬우므로 별도의 마감재를 감아 대거나 미장면의 모서리를 보호하면서 벽, 기둥 마무림 하는 보호용 재료를 무엇이라고 하는가? (2점)

➡ 코너비드

_____

17 커튼월 조립방식에 의한 분류에서 각 설명에 해당하는 방식을 보기에서 골라 기호를 쓰시오. (3점)

➡ (1) ⓒ   (2) ⑤   (3) ⓒ

```
[보기]
 ⑤ Stick Wall 방식    ⓒ Window Wall 방식    ⓒ Unit Wall 방식
```

(1) 구성 부재 모두가 공장에서 조립된 프리패브(Pre-fab) 형식으로 현장상황에 융통성을 발휘하기가 어렵다. 창호와 유리, 패널의 일괄 발주 방식이다.   (   )

(2) 구성 부재를 현장에서 조립·연결하여 창틀이 구성되는 형식으로 유리는 현장에서 주로 끼운다. 현장 적응력이 우수하여 공기조절이 가능하며 창호와 유리, 패널의 분리발주 방식이다.   (   )

(3) 창호와 유리, 패널의 개별발주 방식으로 창호 주변이 패널로 구성됨으로써 창호의 구조가 패널 트러스에 연결할 수 있어 비교적 경제적인 시스템 구성이 가능한 방식이다.   (   )

18 다음 조건으로 콘크리트 $1m^3$를 생산하는 데 필요한 시멘트, 모래, 자갈, 물의 중량을 각각 산출하시오. (6점)

```
[조건]
① 단위수량 : 160kg/m³        ② 물-시멘트비 : 50%
③ 잔골재율(S/A) : 40%        ④ 시멘트 비중 : 3.15
⑤ 모래·자갈 비중 : 2.6        ⑥ 공기량 : 1%
```

➡ **콘크리트 재료의 중량**
① 단위시멘트양
= 160÷0.50=320kg/m³
② 시멘트의 체적
$= \frac{320kg}{3.15 \times 1,000L} = 0.102m^3$
③ 물의 체적
$= \frac{160kg}{1 \times 1,000L} = 0.16m^3$
④ 전체 골재의 체적
= 1m³-(시멘트 체적+물 체적+공기량 체적)
= 1-(0.102+0.16+0.001)
= 0.728m³
⑤ 잔골재의 체적
= 전체 골재의 체적×잔골재율
= 0.728×0.4=0.291m³
⑥ 잔골재량
= 0.291×2.6×1,000=756.6kg
⑦ 굵은 골재량
= 0.728×0.6×2.6×1,000
= 1,135.68kg

재료	부피 V (m³)	비중 (g)	중량 W (t/m³)
공기(A)	0.01		
물(W)	0.16	1	0.16
시멘트(C)	0.102	3.15	0.32
모래(S)	0.291	2.6	0.757
자갈(G)	0.437	2.6	1.136
합계	1m³		2.37t/m³

_____
_____
_____
_____
_____
_____

19

그림은 철근 콘크리트조 경비실 건물이다. 주어진 평면도 및 단면도를 보고 C_1, G_1, G_2, S_1에 해당되는 부분의 1층과 2층 콘크리트양과 거푸집 면적을 산출하시오. (10점)

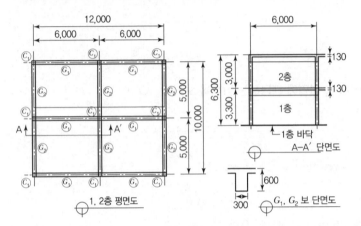

1, 2층 평면도

A-A' 단면도

G_1, G_2 보 단면도

[조건]
① 기둥단면(C_1) : 30cm×30cm
② 보단면(G_1, G_2) : 30cm×60cm
③ 슬래브두께(S_1) : 13cm
④ 층고 : 단면도 참고
 단, 단면도에 표기된 1층 바닥선 이하는 계산하지 않는다.

(1) 콘크리트양(m^3) : _____

_____

_____

(2) 거푸집면적(m^2) : _____

_____

_____

20 특성요인도에 대해 설명하시오. (3점)

_____

_____

✦ 콘크리트양과 거푸집 면적 산출
(1) 콘크리트양
① 기둥(C_1)
 • 1층=0.3×0.3×(3.3−0.13)
  ×9개=2.568m^3
 • 2층=0.3×0.3×(3−0.13)
  ×9개=2.325m^3
② 보(G_1)
 • 1층=0.3×0.47×5.7×6개
  =4.822m^3
 • 2층=0.3×0.47×5.7×6개
  =4.822m^3
 보(G_2)
 • 1층=0.3×0.47×4.7×6개
  =3.976m^3
 • 2층=0.3×0.47×4.7×6개
  =3.976m^3
③ 슬래브(S_1)
 • 1층=12.3×10.3×0.13
  =16.470m^3
 • 2층=12.3×10.3×0.13
  =16.470m^3
∴ 콘크리트 물량
 =기둥+보+슬래브
 =55.429m^3 → 55.43m^3
(2) 거푸집 면적
① 기둥(C_1)
 • 1층=2(0.3+0.3)×(3.3−0.13)
  ×9개=34.236m^2
 • 2층=2(0.3+0.3)×(3−0.13)
  ×9개=30.996m^2
② 보(G_1)
 • 1층=0.47×2×5.7×6개
  =32.148m^2
 • 2층=0.47×2×5.7×6개
  =32.148m^2
 보(G_2)
 • 1층=0.47×2×4.7×6개
  =26.508m^2
 • 2층=0.47×2×4.7×6개
  =26.508m^2
③ 슬래브(S_1)
 • 1층=(12.3×10.3)+2(12.3
  +10.3)×0.13=132.566m^2
 • 2층=(12.3×10.3)+2(12.3
  +10.3)×0.13=132.566m^2
∴ 거푸집 면적=기둥+보+슬래브
 =447.676m^2 → 447.68m^2

✦ 결과에 원인이 어떻게 관계하고 있는가를 한눈에 알 수 있도록 작성한 그림이다.

21 재령 28일의 콘크리트 표준 공시체($\phi 150mm \times 300mm$)에 대한 압축강도시험 결과 400kN의 하중에서 파괴되었다. 이 콘크리트 공시체의 압축강도 f_{ck} (MPa)를 구하시오. (3점)

_____

_____

22 그림과 같은 캔틸레버 보의 A점의 반력을 구하시오. (4점)

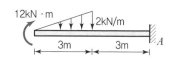

_____

_____

_____

23 그림과 같은 H형강을 사용한 단순지지 철골보의 최대처짐(mm)을 구하시오(단, $L = 7m$, $E = 205,000MPa$, $I = 4,870cm^4$이며, 고정하중은 10kN/m, 활하중은 20kN/m가 적용된다). (3점)

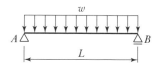

_____

_____

24 인장력을 받는 이형철근 및 이형철선의 겹침이음 길이는 A급, B급으로 분류하며 최소 300mm 이상 그리고 다음의 이상으로 하여야 한다. 다음 (   ) 안에 알맞은 수치를 쓰시오. (3점)

(1) A급 이음 : (   )l_d

(2) B급 이음 : (   )l_d

25 그림과 같은 철근 콘크리트 단순보에서 최대 휨모멘트를 구하고, 균열 모멘트 및 균열 발생 여부를 판정하시오(단, $w = 5\text{kN/m}$, $L = 12\text{m}$, $f_{ck} = 24\text{MPa}$, 경량콘크리트 계수는 1을 적용한다). (5점)

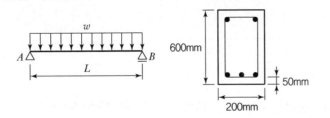

(1) 최대 휨모멘트 : _____

_____

(2) 판정 : _____

_____

26 다음 강재의 구조적 특성을 간단히 기술하시오. (4점)

(1) SN 강재 : _____

_____

(2) TMCP 강재 : _____

_____

▶ (1) 최대 휨모멘트

$$M_{max} = \frac{wL^2}{8} = \frac{5 \times 12^2}{8}$$
$$= 90\text{kN} \cdot \text{m}$$

(2) 판정

$$M_{cr} = Z \times f_r = \frac{bh^2}{6} \times 0.63\lambda\sqrt{f_{ck}}$$
$$= \frac{200 \times 600^2}{6} \times 0.63 \times 1$$
$$\times \sqrt{24} \times 10^{-6}$$
$$= 37.036\text{kN} \cdot \text{m}$$

$\therefore$ $M_{max} > M_{cr}$ 이므로 균열이 발생한다.

▶ (1) 내진성과 용접성을 강화한 강재지만, 두께가 40mm를 초과하면 항복강도가 저감된다.

(2) 두께 40mm 이상 80mm 이하인 후판에서도 항복강도가 거의 저하되지 않는다.

01 다음 용어를 간단히 설명하시오. (4점)

(1) 부대입찰제도 : _____
_____

(2) 대안입찰제도 : _____
_____

(1) 건설업계의 하도급 계열화를 촉진하고자 입찰자에게 하도급자와의 계약서를 첨부하여 입찰하도록 하는 방식이다.
(2) 당초 설계의 기본방침의 변경 없이 동등 이상의 효과를 내는 공법으로 기술의 체계화 및 부실업체의 덤핑 방지 등을 목적으로 하는 일종의 성능발주방식이다.

02 시스템(System) 비계에 설치되는 일체형 작업발판의 장점을 3가지 쓰시오. (3점)

① _____
② _____
③ _____

일체형 작업발판의 장점
① 조립설치 용이
② 구조적 안정성 확보 용이
③ 사고 위험성이 낮음

03 슬러리 월(Slurry Wall) 공법의 장점과 단점을 각각 2가지씩 쓰시오. (4점)

(1) 장점
① _____
② _____

(2) 단점
① _____
② _____

슬러리 월 공법
(1) 장점
① 인접건물에 근접시공이 가능하다.
② 소음 · 진동이 적다.
③ 지반조건에 좌우되지 않는다.
④ 차수성이 높다.
⑤ 형상, 치수가 자유롭다.
(2) 단점
① 장비가 고가이다.
② 기계, 부대설비 대형, 소규모 현장의 시공이 불가하다.
③ 수평방향의 연속성이 부족하다.
④ 고도의 경험과 기술이 필요하다.
⑤ 품질관리 유의, 수평연속성이 부족하다.

04 샌드드레인 공법에 대하여 쓰시오. (3점)

_____
_____
_____

🔷 **샌드드레인 공법**
점토질 지반의 대표적인 탈수공법으로 지름 40~60cm 구멍을 뚫고 모래를 넣은 후, 성토 및 기타 하중을 가하여 점토질 지반을 압밀함으로써 탈수하는 공법이다.

05 강관말뚝 지정의 특징을 3가지 쓰시오. (3점)

① _____
② _____
③ _____

🔷 **강관말뚝 지정**
① 지지력이 크고 이음이 강하며 안전하다.
② 길이 조절이 용이하고 경량이므로 운반취급이 간단하다.
③ 상부구조와 결합이 용이하다.

06 보의 단면으로 주근과 늑근을 도시하고, 피복두께의 정의와 목적을 2가지 쓰시오. (5점)

(1) 도시

(2) 피복두께의 정의와 목적
   ① 정의 : _____
   _____
   ② 목적 : _____
   _____

🔷 (1) 도시

피복두께

(2) 피복두께의 정의와 목적
   ① 정의 : 콘크리트 표면부터 가장 근접한 철근 표면까지의 거리다.
   ② 목적
     • 내화성
     • 내구성
     • 시공상 유동성 확보

07 거푸집 측압의 증가 원인에 대해서 쓰시오. (4점)

_____
_____
_____
_____

🔷 **거푸집 측압 요인**
① 슬럼프가 클수록
② 부배합일수록
③ 부어넣기 속도가 빠를수록
④ 벽 두께가 두꺼울수록
⑤ 습도가 높을수록
⑥ 거푸집 강성이 클수록
⑦ 다짐이 과다할수록
⑧ 온도가 낮을수록

08 다음은 건축공사표준시방서에 따른 거푸집널 존치기간 중의 평균기온이 10℃ 이상인 경우에 콘크리트의 압축강도 시험을 하지 않고 거푸집을 떼어 낼 수 있는 콘크리트의 재령(일)을 나타낸 표이다. 빈칸에 알맞은 숫자를 표기하시오. (4점)

▼ 기초, 보옆, 기둥 및 벽의 거푸집널 존치기간을 정하기 위한 콘크리트의 재령(일)

시멘트의 종류 평균기온	조강 포틀랜드 시멘트	보통 포틀랜드 시멘트 고로슬래그 시멘트 특급	고로슬래그 시멘트 1급 포틀랜드 포졸란 시멘트 B종
20℃ 이상	①	③	5
20℃ 미만 10℃ 이상	②	6	④

① _____　② _____　③ _____　④ _____

◆ 건축공사표준시방서에 따른 거푸집널 존치기간
① 2
② 3
③ 4
④ 8

09 고강도 콘크리트의 폭열현상에 대하여 기술하시오. (3점)

_____

_____

_____

◆ 폭렬현상
화재 시 급격한 고온에 의해서 내부 수증기압이 발생하고, 이 수증기압이 콘크리트 인장강도보다 크게 되면 콘크리트 부재 표면이 심한 폭음과 함께 박리 및 탈락하는 현상이다.

10 프리스트레스트 콘크리트에서 다음 용어를 간단하게 기술하시오. (4점)

(1) 프리텐션(Pre‑tension) 방식 : _____

_____

(2) 포스트텐션(Post‑tension) 방식 : _____

_____

◆ (1) 인장력을 준 PC 강재 주위에 콘크리트를 치고 완전경화 후 PC 강재의 정착부를 풀어 콘크리트와 PC 강재의 부착력에 의해 프리스트레스를 주는 것이다.
(2) 콘크리트 타설, 경화 후 미리 묻어둔 시스(Sheath) 내에 PC 강재를 삽입하여 긴장시킨 후 정착하고 그라우팅 하는 방법이다.

11 다음의 용접기호로 알 수 있는 사항을 쓰시오. (3점)

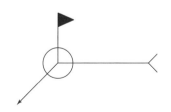

_____

◆ 전체 둘레 현장용접

12 다음 보기의 용접부 검사항목을 용접착수 전, 작업 중, 완료 후의 검사작업으로 구분하여 기호를 쓰시오. (3점)

> [보기]
> ㉠ 홈의 각도, 간격 치수   ㉡ 아크전압
> ㉢ 용접속도   ㉣ 청소상태
> ㉤ 균열, 언더컷 유무   ㉥ 필렛의 크기
> ㉦ 부재의 밀착   ㉧ 밑면 따내기

(1) 용접 착수 전 검사 : _____

(2) 용접 작업 중 검사 : _____

(3) 용접 완료 후 검사 : _____

◈ 용접부 검사항목
(1) 용접 착수 전 : ㉠, ㉣, ㉦
(2) 용접 작업 중 : ㉡, ㉢, ㉧
(3) 용접 완료 후 : ㉤, ㉥

13 철골공사에서 내화피복공법 종류에 따른 재료를 각각 2가지씩 쓰시오. (3점)

① 타설공법 : ① _____, ② _____

② 조적공법 : ① _____, ② _____

③ 미장공법 : ① _____, ② _____

◈ 내화피복공법의 종류
(1) 타설공법
   ① 콘크리트
   ② 경량 콘크리트
(2) 조적공법
   ① 콘크리트 블록
   ② 경량 콘크리트 블록
   ③ 돌
   ④ 벽돌
(3) 미장공법
   ① 철망 모르타르
   ② 철망 펄라이트 모르타르

14 다음에서 설명하는 용어를 쓰시오. (3점)

> 드라이비트라는 일종의 못박기총을 사용하여 콘크리트나 강재 등에 박는 특수못이다. 머리가 달린 것을 H형, 나사로 된 것을 T형이라고 한다.

_____

◈ 드라이브 핀(Drive Pin)

15 구멍이 있는 시멘트블록(속 빈 블록)의 치수(길이×높이×두께)를 3가지 쓰시오. (3점)

① _____

② _____

③ _____

◈ 시멘트블록의 치수
① 390×190×190mm
② 390×190×150mm
③ 390×190×100mm

16 다음 데이터를 이용하여 네트워크 공정표를 작성하고, 각 작업의 여유시간을 계산하시오. (10점)

작업명	선행작업	작업일수	비고
A	없음	5	결합점에서는 다음과 같이 표시하고, 주 공정선은 굵은 선으로 표시한다. 또한 여유시간 계산 시는 각 작업의 실제적인 의미의 여유시간으로 계산한다(더미의 여유시간은 고려하지 않을 것).
B	없음	2	
C	없음	4	
D	A, B, C	4	
E	A, B, C	3	
F	A, B, C	2	

(1) 공정표

(2) 여유시간

작업명	TF	FF	DF	CP
A				
B				
C				
D				
E				
F				

해설

(1) 공정표

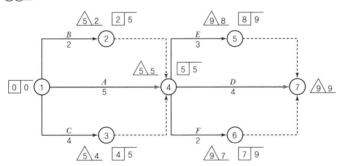

(2) 여유시간

작업명	TF	FF	DF	CP
A	0	0	0	*
B	3	3	0	
C	1	1	0	
D	0	0	0	*
E	1	1	0	
F	2	2	0	

17 목재의 섬유포화점과 관련된 함수율 증가에 따른 강도변화에 대하여 쓰시오. (3점)

    _____

    _____

    _____

> ❯❯ 목재의 함수율이 약 30% 정도일 때 이 점을 경계로 수축, 팽창 등의 재질 변화가 현저해지고 강도, 신축성 등도 달라진다.

18 합성수지 중 열가소성 수지와 열경화성 수지의 종류를 각각 2가지씩 쓰시오. (4점)

    (1) 열가소성 수지

        ① _____ ② _____

    (2) 열경화성 수지

        ① _____ ② _____

> ❯❯ (1) 열가소성 수지
>   ① 염화비닐수지
>   ② 초산비닐수지
>   ③ 아크릴수지
>   ④ 폴리에틸렌수지
>   ⑤ 폴리스티렌수지
> (2) 열경화성 수지
>   ① 실리콘수지
>   ② 에폭시수지
>   ③ 페놀수지
>   ④ 멜라민수지
>   ⑤ 요소수지
>   ⑥ 폴리우레탄수지
>   ⑦폴리에스테르수지

19 공기단축기법에서 MCX 기법을 순서에 따라 기호를 나열하시오. (3점)

    [보기]
    ㉠ 보조 주 공정선의 동시 단축경로를 고려한다.
    ㉡ 주 공정선상의 작업을 선택한다.
    ㉢ 보조 주 공정선의 발생을 확인한다.
    ㉣ 단축한계까지 단축한다.
    ㉤ 우선 비용구배가 최소인 작업을 단축한다.

    _____

> ❯❯ MCX 기법 순서
> ㉡ → ㉤ → ㉢ → ㉣ → ㉠

20 토공사에서 그림과 같은 도면을 검토하여 터파기량, 되메우기량, 잔토처리량을 산출하시오(단, 토량환산계수 $L = 1.2$로 한다). (9점)

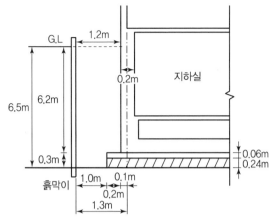

▲ 터파기 단면도

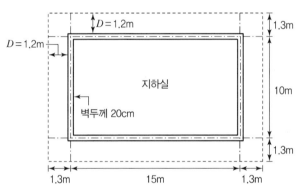

▲ 지하실 및 터파기 평면도

(1) 터파기량 : _____

(2) 되메우기량 : _____

_____

(3) 잔토처리량 : _____

_____

▶ (1) 터파기량
  $17.6 \times 12.6 \times 6.5 = 1,441.44\text{m}^3$
(2) 되메우기량
  기초 구조부 체적(G.L 이하)
  ① 잡석량 + 밑창 콘크리트
    $15.6 \times 10.6 \times 0.3 = 49.608\text{m}^3$
  ② 지하실
    $15.2 \times 10.2 \times 6.2 = 961.248\text{m}^3$
    $S_1 + S_2 = 1,010.86\text{m}^3$
  ∴ $1,441.44 - 1,010.86 = 430.58\text{m}^3$
(3) 잔토처리량
  $S' = S \times 1.2 = 1,010.86 \times 1.2$
    $= 1,213.03\text{m}^3$

21 다음 구조물에서 A지점의 반력을 구하시오. (3점)

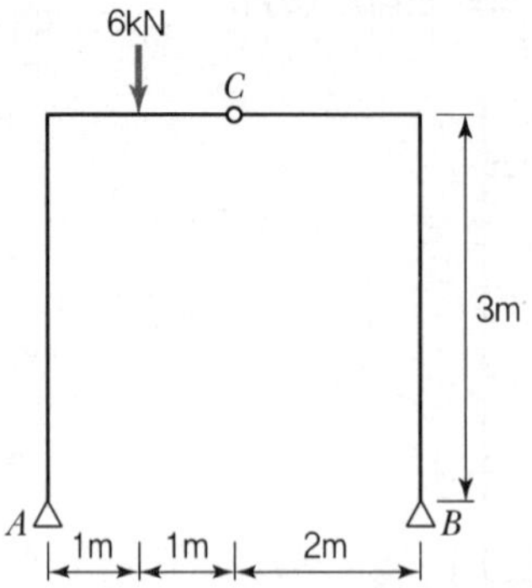

6kN

C

3m

A △ 1m 1m 2m △ B

❯❯ $\sum H = 0 \; : \; H_A - H_B = 0$
$\sum V = 0 \; : \; V_A - 6 + V_B = 0$
$\sum M_B = 0 \; : \; V_A \times 4 - 6 \times 3 = 0$
$\therefore \; V_A = 4.5 \text{kN}, \; V_B = 1.5 \text{kN}$
$\sum M_C \; : \; V_A \times 2 - H_A \times 3 - 6 \times 1 = 0$
$\therefore \; H_A = 1 \text{kN}, \; H_B = 1 \text{kN}$
$\therefore \; V_A = 4.5 \text{kN}, \; H_A = 1 \text{kN}$

---

22 그림과 같이 단면이 150mm × 150mm인 무근 콘크리트 보가 경간 길이 450mm로 단순지지되어 있다. 3등분점에서 2점을 재하하였을 때, 하중 $P = 12$kN에서 균열이 발생함과 동시에 파괴되었다. 이때 무근 콘크리트의 휨균열강도(휨파괴계수)를 구하시오. (4점)

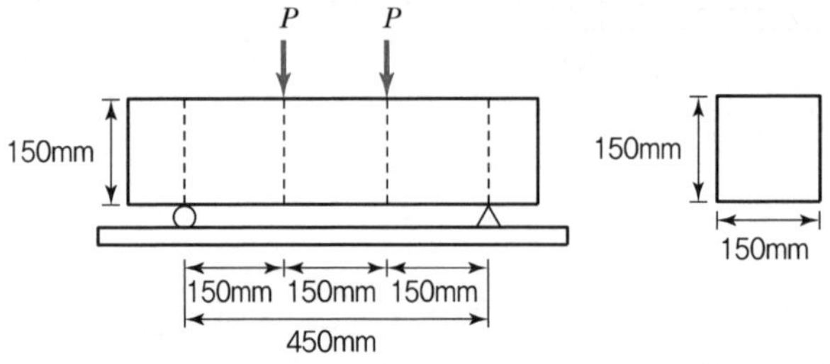

P P

150mm

150mm 150mm 150mm
450mm

150mm

150mm

❯ 무근 콘크리트의 휨 균열강도
$f_b = \dfrac{M_{max}}{Z} = \dfrac{(12 \times 10^3) \times 150}{\dfrac{150 \times 150^2}{6}}$
$= 3.2 \text{N/mm}^2 = 3.2 \text{MPa}$

23 다음 그림과 같은 단순보의 A지점의 처짐각, 보의 중앙 C점의 최대 처짐량을 계산하시오(단, $E = 206$GPa, $I = 1.6 \times 10^8$mm⁴). (4점)

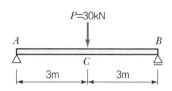

(1) A지점의 처짐각 : _____

_____

(2) C점의 최대처짐량 : _____

_____

» (1) A지점의 처짐각

$$\theta_A = \frac{Pl^2}{16EI}$$

$$= \frac{(30 \times 10^3) \times (6 \times 10^3)^2}{16 \times (206 \times 10^3) \times (1.6 \times 10^8)}$$

$$= 0.002\,\text{rad}$$

(2) C점의 최대처짐량

$$\delta_c = \frac{Pl^3}{48EI}$$

$$= \frac{(30 \times 10^3) \times (6 \times 10^3)^3}{48 \times (206 \times 10^3) \times (1.6 \times 10^8)}$$

$$= 4.096\,\text{mm}$$

24 다음 (   ) 안에 알맞은 수치를 써넣으시오. (2점)

> 휨부재의 최소허용변형률은 철근의 항복강도가 400MPa 이하인 경우 (①)로 하며, 철근의 항복강도가 400MPa을 초과하는 경우 철근 항복 변형률의 (②)배로 한다.

① _____   ② _____

» ① 0.004
② 2

25 다음 (   ) 안에 알맞은 수치를 써넣으시오. (2점)

> 벽체 설계에 관한 기준에서 수직 및 수평 철근 간격은 벽 두께의 (①)배 이하, 또한 (②)mm 이하로 해야 한다.

① _____   ② _____

» ① 3
② 450

26 다음 그림은 L – 100×100×7로 된 철골 인장재이다. 사용볼트가 M20(F10T, 표준구멍)일 때 인장재의 순단면적(mm²)을 구하시오 (단, 그림의 단위는 mm다). (3점)

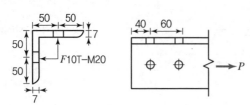

인장재의 순단면적

$$A_n = A_g - n \cdot d \cdot t$$
$$= (200 - 7) \times 7 - 2 \times 22 \times 7$$
$$= 1{,}043\,mm^2$$

2020년 제3회 기출문제

E n g i n e e r A r c h i t e c t u r e **PART 06**

01 VE의 사고방식을 4가지 쓰시오. (4점)

① _____

② _____

③ _____

④ _____

》 VE 사고방식
① 고정관념의 제거
② 사용자 중심의 사고
③ 기능중심의 접근
④ 조직적 노력

02 다음 용어에 대하여 설명하시오. (4점)

(1) LCC : _____

_____

(2) VE : _____

_____

》 (1) 건물의 초기 건설비로부터 유지관
리, 해체에 이르기까지 건축물의 전
생애에 소용되는 총비용을 종합측정
한 전 생애 주기비용이다.
(2) 최저의 총코스트로 공사에 요구되는
품질, 공기 등 필요한 기능을 확실히
달성하기 위하여 제품이나 서비스의
기능 분석에 쏟는 조직적 노력이며
공사비 절감을 위한 개선활동이다.

03 기준점(Bench Mark)의 정의를 설명하시오. (3점)

_____

_____

》 건축공사 중에 건축물의 고저에 기준이
되도록 건축물 인근에 높이의 기준을 설
치하는 표시물이다.

04 다음 용어의 정의를 설명하시오. (4점)

(1) 페이퍼 드레인 : _____

_____

(2) 생석회 공법 : _____

_____

》 (1) 모래 대신 합성수지로 된 Card Board
를 박아 압밀하여 배수를 촉진한다.
(2) 지반 내에 모래 대신 석회로 흙을 고
결화하여 연약지반의 강화를 도모하
는 방법이다.

05 히빙 파괴와 보일링 파괴의 방지대책을 쓰시오. (4점)

(1) 히빙 파괴 방지대책 : _____

_____

(2) 보일링 파괴 방지대책 : _____

_____

▶ (1) 히빙 파괴 방지대책
　① 굴착저면의 지반을 개량하여 하
　　부지반의 강도를 증가시킨다.
　② 흙막이벽 배면에 어스앵커를 시
　　공한다.
(2) 보일링 파괴 방지대책
　① 웰포인트 공법 등으로 지하수위
　　를 저하시킨다.
　② 지반개량을 한다.

06 콘크리트 구조물의 균열 발생 시 보강방법을 3가지 쓰시오. (3점)

① _____

② _____

③ _____

▶ 콘크리트 구조물의 균열 보강방법
　① 강판접착공법
　② 앵커접합공법
　③ 탄소섬유판 접착공법
　④ 단면증가공법

07 레미콘 공장 선정 시 고려사항을 3가지 쓰시오. (3점)

① _____

② _____

③ _____

▶ 레미콘 공장 선정 시 고려사항
　① 콘크리트 제조능력
　② 현장까지의 운반시간 및 배출시간
　③ 레미콘 운반차 대수

08 ALC(Autoclaved Lightweight Concrete)를 제조하기 위한 주재료 2가지와 기포 제조방법을 쓰시오. (3점)

(1) 주재료 : ① _____, ② _____

(2) 기포 제조방법 : _____

_____

▶ ALC 주재료 및 제조방법
(1) 주재료
　① 생석회　　② 규사
(2) 기포 제조방법 : 발포제(알루미늄 분
　말) 첨가

09 다음 그림을 용접기호로 표현하시오. (6점)

(1) 공장용접　　　　　　　　(2) 현장용접

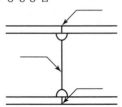
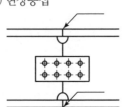

해설

(1) 공장용접　　　　　　　　(2) 현장용접

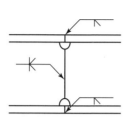 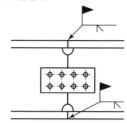

10 철골 내화피복 공법 중 습식공법의 정의를 설명하고 습식공법의 종류와 사용재료를 2가지씩 쓰시오. (4점)

(1) 습식공법의 정의 : ＿＿＿＿＿＿＿＿＿＿＿＿＿＿＿＿＿＿

＿＿＿＿＿＿＿＿＿＿＿＿＿＿＿＿＿＿＿＿＿＿＿＿＿＿＿＿

＿＿＿＿＿＿＿＿＿＿＿＿＿＿＿＿＿＿＿＿＿＿＿＿＿＿＿＿

(2) 종류와 사용재료

① ＿＿＿＿＿＿＿＿＿＿＿＿＿＿＿＿＿＿＿＿＿＿＿＿＿＿

② ＿＿＿＿＿＿＿＿＿＿＿＿＿＿＿＿＿＿＿＿＿＿＿＿＿＿

> **습식공법**
> (1) 정의 : 콘크리트나 모르타르와 같이 물을 혼합한 재료를 타설 또는 미장 등의 공법으로 부착하는 내화피복공법이다.
> (2) 종류와 사용재료
> ① 뿜칠공법 : 뿜칠 암면, 뿜칠 모르타르, 뿜칠 플라스터
> ② 타설공법 : 콘크리트, 경량 콘크리트
> ③ 미장공법 : 철망 모르타르, 철망 펄라이트 모르타르
> ④ 조적공법 : 콘크리트 블록, 경량 콘크리트 블록, 돌, 벽돌

11 철근 콘크리트 슬래브와 강재보의 전단력을 전달하도록 강재에 용접되고 콘크리트 속에 매입된 시어 커넥터(Shear Connector)에 사용되는 볼트의 명칭을 쓰시오. (3점)

＿＿＿＿＿＿＿＿＿＿＿＿＿＿＿＿＿＿＿＿＿＿＿＿＿＿＿＿＿＿

> **스터드볼트(Stud Bolt)**

12 벽돌벽의 표면에 생기는 백화의 방지대책을 4가지 쓰시오. (4점)

① ＿＿＿＿＿＿＿＿＿＿＿＿＿＿＿＿＿＿＿＿＿＿＿＿＿＿＿＿

② ＿＿＿＿＿＿＿＿＿＿＿＿＿＿＿＿＿＿＿＿＿＿＿＿＿＿＿＿

③ ＿＿＿＿＿＿＿＿＿＿＿＿＿＿＿＿＿＿＿＿＿＿＿＿＿＿＿＿

④ ＿＿＿＿＿＿＿＿＿＿＿＿＿＿＿＿＿＿＿＿＿＿＿＿＿＿＿＿

> **백화현상 방지대책**
> ① 흡수율이 작고 소성이 잘된 벽돌을 사용한다.
> ② 줄눈 모르타르에 방수제를 혼합하고 밀실하게 사춤한다.
> ③ 차양, 루버, 돌림띠 등 비막이를 설치하여 빗물 침입을 막는다.
> ④ 벽면에 파라핀 도료 등을 발라 벽면에 방수처리를 한다.

13 석공사 시 작업 중 깨진 석재를 붙이는 접착제를 쓰시오. (3점)

＿＿＿＿＿＿＿＿＿＿＿＿＿＿＿＿＿＿＿＿＿＿＿＿＿＿＿＿＿＿

> **에폭시 접착제**

14 옥상 시트 방수의 하부에서 상부까지의 시공 순서를 쓰시오. (4점)

[보기]
ⓐ 무근 콘크리트   ⓑ 고름 모르타르
ⓒ 목재 데크   ⓓ 보호 모르타르
ⓔ 시트 방수

_____

◈ 옥상 시트 방수 순서
ⓑ→ⓔ→ⓓ→ⓐ→ⓒ

15 도장공사에서 유성 바니시에 사용되는 재료를 2가지 쓰시오. (2점)

① _____   ② _____

◈ 유성 바니시 재료
① 건성유
② 건조제
③ 수지

16 금속공사에 사용되는 다음 철물에 대해 설명하시오. (4점)

(1) 메탈라스 : _____

_____

(2) 펀칭메탈 : _____

_____

◈ (1) 얇은 철판에 자름금을 내어 당겨 늘린 것으로 미장바름에 사용한다.
(2) 얇은 철판에 각종 모양을 도려낸 것으로 장식용, 라디에이터 등에 사용한다.

17 다음 데이터를 보고 네트워크 공정표를 작성하시오. (6점)

작업명	작업일수	선행작업	비고
A	5	없음	결합점에서는 다음과 같이 표시하고, 주 공정선은 굵은 선으로 표시한다. 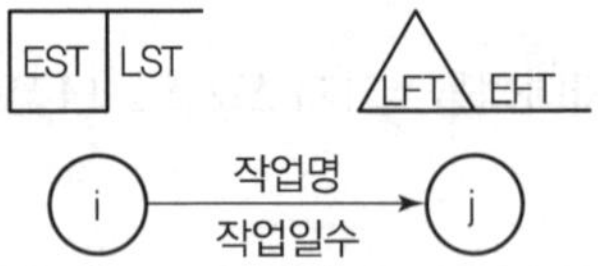
B	4	A	
C	2	없음	
D	4	없음	
E	3	C, D	

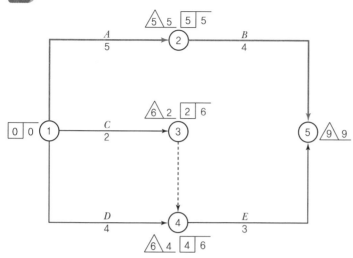

18 다음 그림과 같은 헌치 보에 대하여 콘크리트양과 거푸집 면적을 구하시오(단, 거푸집 면적은 보의 하부면도 산출할 것). (4점)

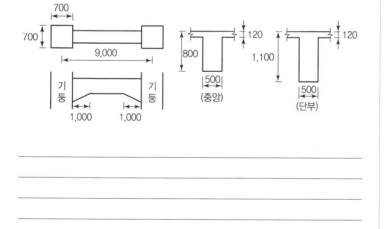

_____
_____
_____
_____

▶ 콘크리트양과 거푸집 면적

(1) 콘크리트양(m³)

$0.5 \times 0.8 \times (9 - 0.7) + \frac{1}{2} \times 1.0$

$0.3 \times 0.5 \times 2 = 3.47 m^3$

(2) 거푸집양(m²)

① 보 옆

$\left[(0.8m - 0.12m) \times (9m - \frac{0.7m}{2} \times 2) \right] \times 2 = 11.288 m^2$

② 헌치 옆

$\left[(1.1m - 0.8) \times 1m \times \frac{1}{2} \right] \times 2 \times 2 = 0.6 m^2$

③ 보 밑

$\left(9m - \frac{0.7m}{2} \times 2 \right) \times 0.5$

$= 4.15 m^2$

$11.288 m^2 + 0.6 m^2 + 4.15 m^2$

$= 16.038 m^2 \quad \therefore \ 16.04 m^2$

19 표준형 벽돌 1,000장으로 1.5B 두께로 쌓을 수 있는 벽면적은?(단, 할증률은 고려하지 않는다.) (4점)

_____

▶ 벽면적 $= 1,000$장 $\div 224 = 4.46 m^2$

20 비중이 2.65이고 단위용적중량이 $1,600kg/m^3$일 때 골재의 공극률 (%)을 구하시오. (2점)

골재의 공극률

$$\frac{(G \times 0.999) - M}{G \times 0.999} \times 100$$

$$= \frac{(2.65 \times 0.999) - 1.6}{2.65 \times 0.999} \times 100$$

$$= 39.56\%$$

_____

_____

_____

21 특기시방서상 철근의 인장강도는 240MPa 이상으로 규정되어 있다. 건설공사현장에 반입된 철근을 KS 규격에 의거 중앙부 지름 14mm, 표점거리 50mm로 가공하여 인장강도를 실험하였더니 37.20kN, 40.57kN 및 38.15kN에서 파괴되었다. 평균인장강도를 구하고, 특기시방서의 규정과 비교하여 합격 여부를 판정하시오. (4점)

(1) 평균인장강도 : _____

(2) 판정 : _____

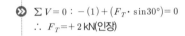

(1) 평균인장강도

$$\left(\frac{37,200 + 40,570 + 38,150}{\frac{\pi \times 14^2}{4}}\right) \div 3$$

$$= 251.01MPa$$

(2) 판정 : 합격

$$(\because 251.01MPa > 240MPa)$$

22 T 부재에 발생하는 부재력을 구하시오. (3점)

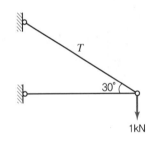

$$\sum V = 0 : -(1) + (F_T \cdot \sin 30°) = 0$$

$$\therefore F_T = +2\,kN(인장)$$

_____

23 그림과 같은 단면의 $X-X$ 축에 관한 단면2차모멘트를 계산하시오. (2점)

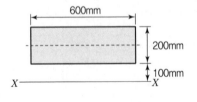

단면2차모멘트

$$I_X = I_x + Ay_0^2$$

$$= \frac{600 \times 200^3}{12} + (600 \times 200) \times 200^2$$

$$= 5,200,000,000\,mm^4$$

_____

_____

24 두께 250mm의 1방향 슬래브에서 단위폭 1m에 대한 수축온도 철근량과 D13(a_1 = 127mm²) 철근 배근 시 요구되는 배근 개수를 구하시오(단, f_y = 400MPa). (4점)

_____

_____

_____

_____

철근 배근 개수

① f_y = 400MPa 이하일 때
   ρ = 0.002 적용

② $A_s = \rho \cdot b \cdot d$
   $= 0.002 \times 1,000 \times 250$
   $= 500\,mm^2$

∴ $n = \dfrac{A_s}{a_1} = \dfrac{500}{127} = 3.93 = 4$개

25 그림과 같은 철근 콘크리트 보에서 중립축 거리(c)가 250mm일 때 강도감소계수 ϕ를 구하시오(단, $f_{ck} \leq 40$MPa이며, ϕ 계산값은 반올림하여 소수 둘째 자리까지 구하시오). (4점)

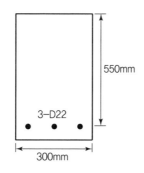

550mm

3-D22

300mm

_____

_____

_____

_____

강도감소계수 ϕ

$\varepsilon_t = \dfrac{d_t - c}{c} \times \varepsilon_{cu}$

$= \dfrac{550 - 250}{250} \times 0.0033 = 0.00396$

ε_t가 $0.002 < \varepsilon_t < 0.005$이므로 변화구간 지배단면이다.

$\phi = 0.65 + (\varepsilon_t - 0.002) \times \dfrac{200}{3}$

$= 0.65 + (0.00396 - 0.002) \times \dfrac{200}{3}$

$= 0.78$

26 $H - 400 \times 200 \times 8 \times 13$(필렛반지름 r = 16mm) 플랜지와 웨브의 판폭두께비를 계산하시오. (4점)

(1) 플랜지 : _____

_____

(2) 웨브 : _____

_____

판폭두께비

(1) 플랜지 $\lambda_f = \dfrac{(200/2)}{13} = 7.69$

(2) 웨브 $\lambda_w = \dfrac{400 - 2 \times 13 - 2 \times 16}{8}$

$= 42.75$

01 다음 공사관리 계약방식에 대해 설명하시오. (4점)

　(1) 대리인형 CM(CM for free) : _____

　_____

　(2) 시공자형 CM(CM at risk) : _____

　_____

▶ (1) 프로젝트 전반에 걸쳐 발주자의 컨설턴트 역할만을 수행하는 공사관리 계약방식이다.
(2) 직접 공사를 수행하거나 전문시공자와 계약을 맺어 공사전반을 책임지는 공사관리 계약방식이다.

02 민간이 자금조달을 하여 시설을 준공한 후 소유권을 정부에 이전하되, 정부의 시설임대료를 통해 투자비를 회수하는 민간투자사업 계약방식의 명칭을 쓰시오. (2점)

_____

▶ BTL(Build Transfer Lease) 방식

03 지반조사 시 실시하는 보링(Boring)의 종류를 3가지만 쓰시오. (3점)

　① _____　② _____　③ _____

▶ 보링(Boring)의 종류
① 오거 보링　　② 수세식 보링
③ 충격식 보링　④ 회전식 보링

04 슬러리 월(Slurry Wall) 공사에서 사용되는 벤토나이트 용액의 사용목적에 대하여 2가지를 쓰시오. (4점)

　① _____　② _____

▶ 벤토나이트 용액의 사용목적
① 공벽 붕괴 방지
② 지하수 유입 차단
③ 굴착부의 마찰저항 감소

05 흙막이 계측관리 측정기기를 3가지 쓰시오. (3점)

　① _____
　② _____
　③ _____

▶ 흙막이 계측관리 측정기기
① 건물 경사계(Tilt Meter)
② 지표면 침하계(Level and Staff)
③ 지중 경사계(Inclino Meter)
④ 지중 침하계(Extension Meter)
⑤ 변형률계(Strain Gauge)
⑥ 하중계(Load Cell)
⑦ 토압계(Earth Pressure Meter)
⑧ 간극수압계(Piezometer)
⑨ 지하수위계(Water Level Meter)

06 기초와 지정의 차이점을 기술하시오. (4점)

    (1) 기초 : _____

    _____

    (2) 지정 : _____

    _____

≫ (1) 건물의 자중과 외력을 지정 또는 지반에 전달하는 최하부의 구조물이다.
(2) 기초를 보강하거나 지반의 내력을 보강한 부분이다.

07 다음 빈칸에 들어갈 알맞은 말을 쓰시오. (3점)

> 철근의 이음방법에는 콘크리트와의 부착력에 의한 (①) 외에 (②) 또는 연결재를 사용한 (③)이 있다.

    ① _____
    ② _____
    ③ _____

≫ 철근 이음방법의 종류
① 겹침이음
② 용접이음
③ 기계적 이음

08 염분을 포함한 바닷모래를 골재로 사용하는 경우 철근 부식에 대한 방청상 유효한 조치를 3가지 쓰시오. (3점)

    ① _____
    ② _____
    ③ _____

≫ 철근 부식 방청대책
① 아연도금 처리
② 콘크리트에 방청제 혼입
③ 에폭시 코팅 철근 사용
④ 골재에 제염제를 혼합 사용

09 다음에서 설명하는 용어를 쓰시오. (3점)

> 매스 콘크리트(Mass Concrete) 타설 시 콘크리트 재료의 일부 또는 전부를 냉각시켜 타설온도를 낮추는 방법

_____

≫ Pre – cooling

10 섬유보강 콘크리트에 사용되는 섬유의 종류를 3가지 쓰시오. (3점)

    ① _____
    ② _____
    ③ _____

≫ 섬유보강 콘크리트의 사용 재료
① 합성섬유
② 강섬유
③ 유리섬유
④ 탄소섬유

11 다음에서 설명하는 용접방법을 쓰시오. (4점)

(1) 접합하는 두 부재를 맞대어 홈(앞 벌림 : Groove)을 만들고 그 사이에 용착금속으로 채워 용접하는 방법 : _____

(2) 목두께의 방향이 모재의 면과 45° 또는 거의 45°의 각을 이루며 용접하는 방법 : _____

➤ (1) 맞댐용접(Groove Welding)
(2) 모살용접(Fillet Welding)

12 철골부재 용접 시 이음 및 접합부위의 용접선이 교차되어 재용접된 부위가 열 영향을 받아 취약해지기 때문에 모재에 부채꼴 모양의 모따기를 한 것을 무엇이라고 하는지 용어를 쓰고, 기둥과 보의 접합에 대해 간단히 도시하시오. (5점)

(1) 용어 : _____
(2) 도시

➤ (1) 용어 : 스캘럽(Scallop)
(2) 도시

13 합성보에 사용되는 시어 커넥터(Shear Connector)의 역할에 대하여 기술하시오. (3점)

_____
_____
_____

➤ 시어 커넥터(Shear Connector)
구조물에서 외력이 작용하면 축력, 전단력, 휨모멘트 등의 응력이 생기는데, 이 중 전단력에 저항하는 부재다.

14 철골공사에서 주각부는 핀 주각, 고정 주각, 매입형 주각으로 구분되는데, 다음 그림에 부합되는 주각부의 명칭을 기입하시오. (6점)

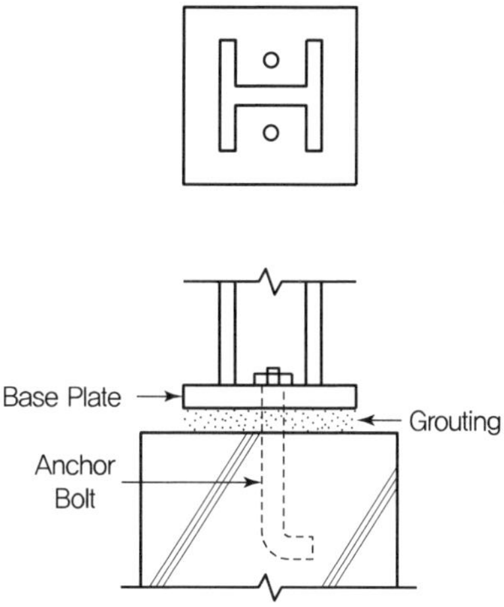

① 핀 주각
② 고정 주각
③ 매입형 주각

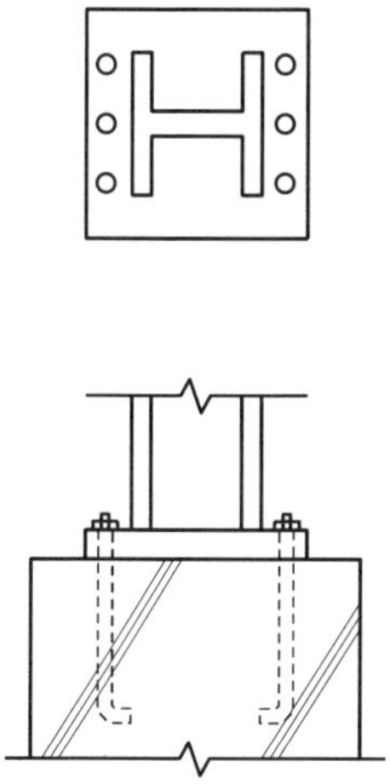

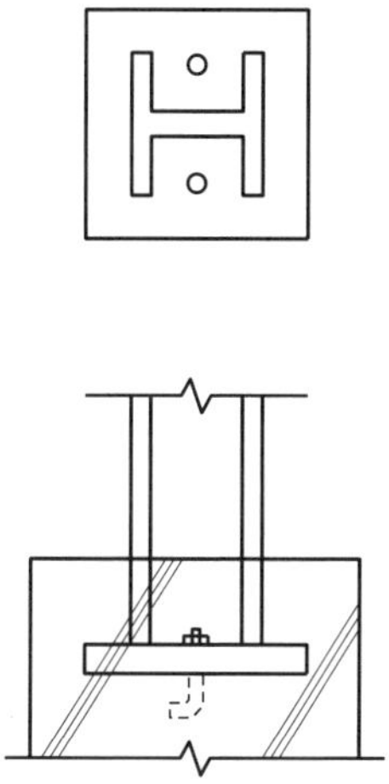

(①)

(②)   (③)

① _____ ② _____ ③ _____

15 철골조에서의 칼럼 쇼트닝(Column Shortening)에 대하여 기술하시오. (3점)

칼럼 쇼트닝
강구조 초고층 건축 시 기둥에 발생되는 축소변위현상이다.

_____
_____
_____

16 블록 벽체의 결함 중 습기, 빗물 침투현상의 원인을 4가지만 쓰시오. **(4점)**

① _____
② _____
③ _____
④ _____

블록 벽체 습기, 빗물 침투현상 원인
① 사춤 모르타르 불충분
② 치장줄눈의 불완전 시공
③ 이질재와 접촉부의 불완전 시공
④ 물흘림, 물끊기 및 빗물막이의 불완전

17 콘크리트 방수를 목적으로 수중 또는 지하구조물의 강도, 내구성, 수밀성 향상을 위해 콘크리트 구조물 단면 전체를 방수하는 공법의 명칭을 쓰시오. (3점)

_____

구체방수공법

18 유리공사의 유리의 열파손 Mechanism에 대해 기술하시오. (3점)

_____
_____
_____

유리의 열파손
유리의 중앙부와 유리 프레임이 면하는 주변부와의 온도 차이로 인한 팽창 · 수축으로 응력이 생겨서 유리가 파손되는 현상

19 다음 데이터를 이용하여 공기를 계산한 결과 지정공기보다 6일이 지연되었다. 공기를 조정하여 6일의 공기를 단축한 공정표를 작성하고, 총공사금액을 산출하시오. (8점)

작업명	선행작업	정상(Normal)		특급(Crash)		비고
		공기(일)	공비(원)	공기(일)	공비(원)	
A	없음	3	3,000	3	3,000	단축된 공정표에서 CP는 굵은 선으로 표시하고, 각 결합점에서는 다음과 같이 표시한다.
B	A	5	5,000	3	7,000	
C	A	6	9,000	4	12,000	
D	A	7	6,000	4	15,000	EST · LST LFT · EFT
E	B	4	8,000	3	8,500	
F	B	10	15,000	6	19,000	i → 작업명 작업일수 → j
G	C, E	8	6,000	5	12,000	
H	D	9	10,000	7	18,000	
I	F, G, H	2	4,000	2	4,000	

(1) 단축한 네트워크 공정표
(2) 총공사금액

해설

(1) 단축한 네트워크 공정표

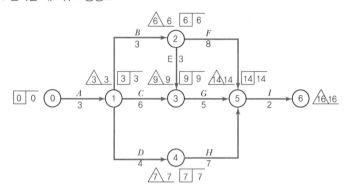

(2) 추가공사비 : 2B+3D+1E+2F+3G+2H=27,500원
∴ 총공사금액＝정상공기 시 공사비＋추가공사비＝66,000＋27,500＝93,500원

20 다음 건물 신축 시 귀규준틀과 평규준틀의 수량을 구하시오. (4점)

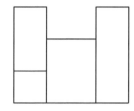

_____

_____

_____

해설

규준틀의 수량

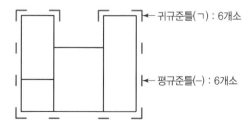

← 귀규준틀(ㄱ) : 6개소

← 평규준틀(－) : 6개소

21 흐트러진 상태의 흙 10m³를 이용하여 10m²의 면적에 다짐상태로 50cm 두께를 터돋우기할 때 시공완료된 후 흐트러진 상태로 남는 흙의 양을 산출하시오(단, 이 흙의 $L = 1.2$이고, $C = 0.9$이다). (3점)

_____

_____

_____

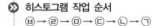

① 10m² 면적에 50cm 두께로 돋우기한 다짐상태의 체적 : 10m²×0.5m =5m³

② 다짐상태의 흙 5m³를 흐트러진 상태로 환산 : 5m³×$\frac{1.2}{0.9}$ =6.67m³

∴ 시공완료된 후 흐트러진 상태로 남는 흙의 양 : 10m³−6.67m³=3.33m³

22 히스토그램(Histogram)의 작업 순서를 보기에서 골라 기호를 쓰시오. (3점)

> [보기]
> ㉠ 히스토그램과 규격값을 대조하여 안정상태인지 검토한다.
> ㉡ 히스토그램을 작성한다.
> ㉢ 도수분포도를 만든다.
> ㉣ 데이터에서 최솟값과 최댓값을 구하여 전 범위를 구한다.
> ㉤ 구간폭을 정한다.
> ㉥ 데이터를 수집한다.

_____

히스토그램 작업 순서
㉥ → ㉣ → ㉤ → ㉢ → ㉡ → ㉠

23 지름 300mm, 길이 500mm인 콘크리트 시험체의 할렬인장 강도시험에서 최대 하중이 100kN으로 나타나면 이 시험체의 인장강도는? (3점)

_____

쪼갬인장강도

$\frac{2P}{\pi DL} = \frac{2 \times 100,000}{\pi \times 300 \times 500} = 0.42$MPa

24 그림과 같은 캔틸레버 보의 A점으로부터 4m 지점인 C점의 전단력과 휨모멘트를 구하시오. (3점)

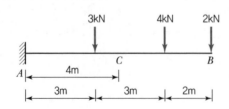

(1) 전단력 : _____

_____

캔틸레버 보의 전단력과 휨모멘트
(1) 전단력
$\sum V = 0 :\ V_A - 3 - 4 - 2 = 0$
$V_A = 9$
∴ $V_C = 9 - 3 = 6$kN
(2) 휨모멘트
$\sum M_A = 0 :\ M_A + 3 \times 3 + 4 \times 6 + 2 \times 8 = 0$
$M_A = -49$kN · m
∴ $M_C = -49 + 9 \times 4 - 3 \times 1$
$= -16$kN · m

(2) 휨모멘트 : _____

_____

25 철근 콘크리트로 설계된 보에서 압축을 받는 D22 철근의 기본정착길이를 구하시오(단, f_y = 400MPa, 보통중량 콘크리트 f_{ck} = 24MPa이다). (3점)

_____

_____

_____

_____

❯❯ 철근의 기본정착길이

① $l_{db} = \dfrac{0.25 d_b f_y}{\lambda \sqrt{f_{ck}}}$

$\quad = \dfrac{0.25 \times 22 \times 400}{1 \times \sqrt{24}}$

$\quad = 449.07\,\text{mm}$

② $l_{db} = 0.043 d_b f_y$

$\quad = 0.043 \times 22 \times 400$

$\quad = 378.4\,\text{mm}$

∴ ①, ② 중 최댓값인 449.07mm

26 강도설계법에서 기초판의 크기가 2m × 3m일 때 단변방향으로의 소요 전체 철근량이 3,000mm²다. 유효폭 내에 배근하여야 할 철근량을 구하시오. (4점)

_____

_____

❯❯ 철근량

철근량 = 전체 철근량 × $\dfrac{2}{1 + \text{변장비}}$

$A_{sc} = A_{ss} \times \dfrac{2}{1 + \beta}$

$\quad = 3,000 \times \dfrac{2}{1 + \dfrac{3}{2}} = 2,400\,\text{mm}^2$

01 BTL(Build Transfer Lease)에 대해 설명하시오. (2점)

_____
_____
_____
_____

> ⊙ 민간 사업자가 자금을 투자하여 사회기반시설을 건설한 후 국가나 지자체로 소유권을 이전하고, 국가나 지자체는 사업시행자에게 일정기간의 시설관리 운영원을 인정하되, 사업시행자는 그 시설을 국가 또는 지자체에게 임대하여 기간 동안 임대료를 받아 투자금을 회수하는 방법이다.

02 건축공사 시공계획서 제출 시 환경관리 및 친환경 시공계획 품질확보에 포함될 내용에 대해 4가지를 쓰시오. (4점)

① _____
② _____
③ _____
④ _____

> ⊙ 환경관리 및 친환경 시공계획서 내용
> ① 에너지 소비 및 온실가스 배출 저감 계획
> ② 자원의 효율적인 관리계획
> ③ 작업장 대지 및 대지 주변의 환경관리계획
> ④ 수자원 관리계획

03 톱다운 공법(Top-down Method)은 지하구조물의 시공 순서를 지상에서부터 시작하여 점차 깊은 지하로 진행하며 완성하는 공법으로서 여러 장점이 있다. 이 중 작업공간이 협소한 부지를 넓게 쓸 수 있는 이유를 기술하시오. (3점)

_____
_____

> ⊙ 톱다운공법(Top-down Method)
> 1층 바닥판을 먼저 시공하므로 작업장으로 활용이 가능하다.

04 다음 토공작업에 필요한 장비명을 쓰시오. (4점)

(1) 기계가 서 있는 지반보다 높은 곳의 굴착에 적당 (　　　)
(2) 좁고 깊은 곳의 수직굴착에 적당 (　　　)

> ⊙ (1) 파워셔블
> (2) 클램셸

05 기초공사에서 마이크로 말뚝(Micro Pile)의 정의와 장점을 2가지 쓰시오. (4점)

(1) 정의 : _____

_____

(2) 장점

① _____

② _____

❷ 마이크로 말뚝
(1) 정의 : 지반을 천공하여 철근 또는 강봉 등을 삽입하고 그라우팅하여 형성된 직경 300mm 이하의 소구경 말뚝이다.
(2) 장점
① 시공 시 진동과 소음이 작고, 소규모 현장에서 효율적으로 사용이 가능하다.
② 시공조건과 토질에 관계없이 시공이 가능하다.
③ 소형 시공장비를 사용하기 때문에 접근 어려운 환경에서 시공이 가능하다.

06 온도조절 철근을 간단하게 설명하시오. (2점)

_____

_____

❷ 온도변화 또는 건조수축에 의해 콘크리트에 발생하는 균열을 방지하기 위한 목적으로 배치되는 철근이다.

07 다음의 콘크리트 공사용 거푸집에 대하여 설명하시오. (4점)

(1) 슬라이딩폼(Sliding Form) : _____

_____

(2) 터널폼(Tunnel Form) : _____

_____

❷ (1) 콘크리트를 부어 넣으면서 거푸집을 연속적으로 끌어올려 Silo, 굴뚝 등 단면 형상의 변화가 없는 구조물에 사용되는 거푸집이다.
(2) 벽과 바닥의 콘크리트 타설을 일체화하기 위한 ㄱ자 또는 ㄷ자형의 기성재 거푸집으로 주로 아파트 공사에 사용되는 거푸집이다.

08 거푸집 설치 후 콘크리트를 타설할 때, 거푸집에 작용하는 측압을 도시하시오(단, 최대측압은 굵은 선으로 표시하시오). (4점)

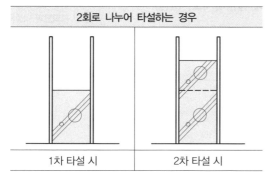

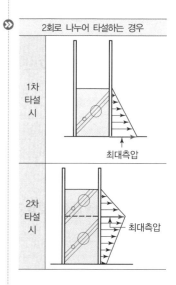

09 고강도 콘크리트의 폭렬현상에 대하여 기술하시오. (3점)

_____

_____

_____

_____

◈ **폭렬현상**
화재 시 급격한 고온에 의해서 내부 수증기압이 발생하고, 이 수증기압이 콘크리트 인장강도보다 크게 되면, 콘크리트 부재 표면이 심한 폭음과 함께 박리 및 탈락하는 현상이다.

10 수중 콘크리트를 타설 시 콘크리트 피복두께는 얼마 이상이 되어야 하는가? (2점)

_____

◈ 100mm 이상

11 철골공사의 절단가공에서 절단방법의 종류를 3가지 쓰시오. (3점)

① _____

② _____

③ _____

◈ **철골공사 절단가공에서 절단방법**
① 전단절단
② 톱절단
③ 가스절단

12 철골의 접합방법 중 용접의 단점을 2가지 쓰시오. (2점)

① _____

② _____

◈ **용접의 단점**
① 숙련공이 필요하다.
② 용접 부위 결함검사가 어렵다.

13 벽돌벽의 표면에 생기는 백화현상에 대해 설명하시오. (4점)

_____

_____

_____

◈ 벽에 침투하는 빗물에 의해서 모르타르 중의 석회분과 벽돌의 황산나트륨이 공기 중의 이산화탄소와 결합하여 탄산석회로 유출되어 조적 벽면에 흰 가루가 돋는 현상이다.

14 목재의 인공건조방법을 3가지 쓰시오. (3점)

① _____   ② _____   ③ _____

◈ **목재의 인공건조**
① 증기법
② 열기법(대기법)
③ 훈연법
④ 송풍법

15 다음 용어의 정의를 설명하시오. (4점)

(1) 로이(Low – E)유리 : _____

_____

(2) 단열간봉 : _____

_____

(1) 일반유리 표면에 은(Ag)을 코팅한 것으로 실내외의 열의 이동을 극소화하는 에너지 절약형 유리다.
(2) 복층유리의 간격을 유지하며 열전달을 차단하는 재료다.

16 다음 분류에 해당하는 미장 재료명을 보기에서 골라 기호를 쓰시오. (4점)

(1) ㉠, ㉢, ㉣, ㉤
(2) ㉡, ㉤, ㉥

[보기]
㉠ 진흙질　　　　　　㉡ 순석고 플라스터
㉢ 회반죽　　　　　　㉣ 돌로마이트 플라스터
㉤ 킨즈 시멘트　　　　㉥ 아스팔트 모르타르
㉦ 시멘트 모르타르

(1) 기경성 미장재료 : _____
(2) 수경성 미장재료 : _____

17 미장공사와 관련된 다음 용어를 간단히 설명하시오. (4점)

(1) 손질바름 : _____

_____

(2) 실러바름 : _____

_____

(1) 콘크리트, 콘크리트 블록 바탕에서 초벌바름 하기 전에 마감두께를 균등하게 할 목적으로 모르타르 등으로 미리 요철을 조정하는 것이다.
(2) 바탕 조정, 바름재와 바탕과의 접착력 증진 등을 위해 합성수지 에멀션 희석액 등을 바탕에 바르는 것이다.

18 다음에서 설명하는 관련 용어를 쓰시오. (3점)

수지미장

대리석 분말 또는 세라믹 분말제에 특수혼화제(아크릴 폴리머)를 첨가한 Ready Mixed Mortar를 현장에서 물과 혼합하여 전체 표면을 1~3mm 두께로 얇게 미장하는 것

_____

19 다음 데이터로 네트워크 공정표를 작성하시오. (8점)

작업명	작업일수	선행작업	비고
A	5	없음	주 공정선은 굵은 선으로 표시하고, 각 결합점 일정
B	2	없음	계산은 PERT 기법에 의거 다음과 같이 계산한다.
C	4	없음	
D	5	A, B, C	
E	3	A, B, C	
F	2	A, B, C	
G	4	D, E	(단, 결합점 번호는 반드시 기입한다)
H	5	D, E, F	
I	4	D, F	

해설

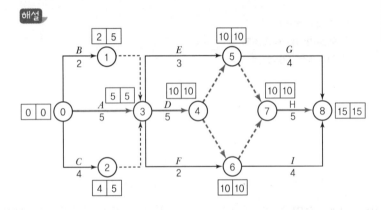

20 다음 그림과 같은 창고를 시멘트 벽돌로 신축하고자 할 때 벽돌 쌓기 량(매)과 내외벽 시멘트 미장할 때 미장면적을 구하시오. (8점)

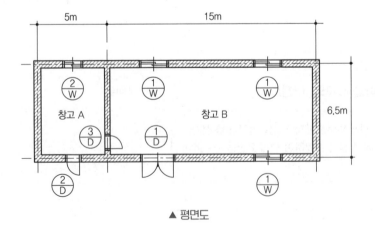

▲ 평면도

(1) 벽돌량
① 외벽(1.5B) : $2(20+6.5)\times3.6$
$-(2.2\times2.4+0.9\times2.4+1.8\times$
$1.2\times3+1.2\times1.2)$
$=175.44m^2\times224매/m^2\times1.05$
$=41,263.5 \to 41,264매$
② 내벽(1.0B) : $(6.5-0.29)\times3.6$
$-(0.9\times2.1)$
$=20.466m^2\times149매/m^2\times1.05$
$=3,201.9 \to 3,202매$
∴ $(41,264+3,202)=44,466매$
(2) 미장면적
① 외벽 : $2(20.29+6.79)\times3.6-$
$(2.2\times2.4+0.9\times2.4+1.8\times1.2$
$\times3+1.2\times1.2)$
$=179.616m^2$
② 내벽(창고 A) : $2(4.76+6.21)$
$\times3.6-(0.9\times2.4+0.9\times2.1$
$+1.2\times1.2)$
$=73.494m^2$

[조건]
① 벽두께는 외벽 1.5B 쌓기, 칸막이벽 1.0B 쌓기로 하고 벽높이는 안팎 공히 3.6m로 가정하며, 벽돌은 표준형(190×90×57)으로 할증률은 5%다.

② 창문틀 규격 : $\frac{1}{D}$: 2.2m×2.4m　$\frac{2}{D}$: 0.9m×2.4m

　　　　　　$\frac{3}{D}$: 0.9m×2.1m　$\frac{1}{W}$: 1.8m×1.2m

　　　　　　$\frac{2}{W}$: 1.2m×1.2m

(1) 벽돌량 : ＿＿＿＿＿＿＿＿＿＿＿＿＿＿＿＿＿
＿＿＿＿＿＿＿＿＿＿＿＿＿＿＿＿＿
＿＿＿＿＿＿＿＿＿＿＿＿＿＿＿＿＿

(2) 미장면적 : ＿＿＿＿＿＿＿＿＿＿＿＿＿＿＿
＿＿＿＿＿＿＿＿＿＿＿＿＿＿＿＿＿
＿＿＿＿＿＿＿＿＿＿＿＿＿＿＿＿＿

21 어떤 골재의 비중이 2.65이고, 단위용적중량이 1,800kg/m³일 때 이 골재의 실적률을 구하시오. (3점)

＿＿＿＿＿＿＿＿＿＿＿＿＿＿＿＿＿＿＿＿＿＿＿＿＿
＿＿＿＿＿＿＿＿＿＿＿＿＿＿＿＿＿＿＿＿＿＿＿＿＿
＿＿＿＿＿＿＿＿＿＿＿＿＿＿＿＿＿＿＿＿＿＿＿＿＿
＿＿＿＿＿＿＿＿＿＿＿＿＿＿＿＿＿＿＿＿＿＿＿＿＿
＿＿＿＿＿＿＿＿＿＿＿＿＿＿＿＿＿＿＿＿＿＿＿＿＿

22 다음 트러스의 명칭을 쓰시오. (4점)

(1)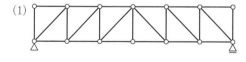

＿＿＿＿＿＿＿＿＿＿＿＿＿＿＿＿＿＿＿＿

(2)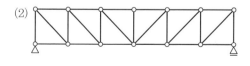

＿＿＿＿＿＿＿＿＿＿＿＿＿＿＿＿＿＿＿＿

23 강도설계법에서 보통골재를 사용한 콘크리트의 압축강도(f_{ck})가 24MPa이고 철근의 탄성계수(E_s)가 200,000MPa, 항복강도(f_y)가 400MPa일 때 콘크리트의 탄성계수(E_c)와 탄성계수비$\left(\dfrac{E_s}{E_c}\right)$를 구하시오. (4점)

(1) 콘크리트 탄성계수 : _____

_____

(2) 탄성계수비 : _____

$\Rightarrow$ (1) 콘크리트 탄성계수
$$E_c = 8,500 \sqrt[3]{f_{cu}}$$
$$= 8,500 \sqrt[3]{(24+4)}$$
$$= 25,811 \, \text{MPa}$$
(2) 탄성계수비
$$n = \frac{E_s}{E_c} = \frac{200,000}{25,811} = 7.748 \rightarrow 8$$

24 다음 조건으로 대칭 T형보의 유효폭(b_e)을 구하시오. (4점)

[조건]
① 슬래브 두께(t_f) : 200mm
② 복부폭(b_w) : 300mm
③ 양측 슬래브 중심 간 거리 : 3,000mm
④ 보경간(Span) : 6,000mm

_____
_____
_____

$\Rightarrow$ T형보의 유효폭(b_e)
① $16t_f + b_w = 16 \times 200 + 300$
$\qquad = 3,500 \, \text{mm}$
② 양측 슬래브 중심 간 거리
$\qquad = 3,000 \, \text{mm}$
③ $\dfrac{l}{4} = \dfrac{6,000}{4} = 1,500 \, \text{mm}$
위의 산출된 값 중 최솟값을 적용하므로
$\therefore b_e = 1,500 \, \text{mm}$

25 다음 조건으로 균열모멘트(M_{cr})를 구하시오. (4점)

[조건]
① 단면크기 : $b \times h = 300 \text{mm} \times 600 \text{mm}$
② 보통중량 콘크리트, $f_{ck} = 30 \text{MPa}$, $f_y = 400 \text{MPa}$

_____
_____
_____

$\Rightarrow$ 균열모멘트(M_{cr})
$$M_{cr} = Z \times f_r$$
$$= \frac{bh^2}{6} \times 0.63\lambda \sqrt{f_{ck}}$$
$$= \frac{300 \times 600^2}{6} \times 0.63 \times 1 \times \sqrt{30}$$
$$= 62,111,738 \, \text{N} \cdot \text{mm}$$
$$= 62.112 \, \text{kN} \cdot \text{mm}$$

26 철골부재에서 비틀림이 생기지 않고 휨변형만 유발하는 위치를 무엇이라 하는가? (2점)

_____

$\Rightarrow$ 전단중심

2021년 제1회 기출문제

01 BOT(Build – Operate – Transfer Contract) 방식을 설명하시오. (3점)

_____

_____

_____

_____

> 사업가 설계, 시공의 전부를 도급받아 시설물을 완성한 후 그 시설을 일정기간 동안 운영하여 발생한 수익으로부터 투자자금을 회수한 후 운영기간이 종료되면 발주자에게 양도하는 운영방식이다.

02 낙찰제도 중 종합심사낙찰제도에 대하여 기술하시오. (3점)

_____

_____

> 종합심사낙찰제도
> 공사수행능력, 입찰가격, 사회적 책임 점수가 높은 자를 낙찰자로 선정하는 제도다.

03 다음 용어를 설명하시오. (4점)

(1) 기준점 : _____

_____

(2) 방호선반 : _____

_____

> (1) 건축공사 중에 건축물의 고저에 기준이 되도록 건축물 인근에 높이의 기준을 설치하는 표시물이다.
> (2) 주 출입구 및 리프트 출입구 상부 등에 설치한 낙하방지 안전시설이다.

04 흙의 함수량 변화와 관련하여 (   ) 안을 채우시오. (2점)

> 흙이 소성상태에서 반고체 상태로 옮겨지는 경계의 함수비를 (①)라 하고 액성상태에서 소성상태로 옮겨지는 함수비를 (②)라 한다.

① _____   ② _____

> 흙의 함수량 변화
> ① 소성한계
> ② 액성한계

05 다음 지반탈수공법의 명칭을 쓰시오. (4점)

(1) 점토질지반의 대표적인 탈수공법으로서 지반지름 40~60cm 구멍을 뚫고 모래를 넣은 후, 성토 및 기타 하중을 가하여 점토질지반을 압밀함으로써 탈수하는 공법 (   )

(2) 사질지반의 대표적인 탈수공법으로서 직경 약 20cm 특수파이프를 상호 2m 내외 간격으로 관입하여 모래를 투입한 후 진동다짐 하여 탈수통로를 형성시켜 탈수하는 공법 (   )

▶ 지반탈수공법
(1) 샌드드레인 공법
(2) 웰포인트 공법

06 다음 설명에 해당하는 흙파기공법의 명칭을 쓰시오. (4점)

(1) 구조물 위치 전체를 동시에 파내지 않고 측벽이나 주열선 부분만을 먼저 파내고 그 부분의 기초와 지하구조체를 축조한 다음 중앙부의 나머지 부분을 파내어 지하구조물을 완성하는 공법 (   )

(2) 중앙부의 흙을 먼저 파고, 그 부분에 기초 또는 지하구조체를 축조한 후, 이것을 지점으로 하여 흙막이 버팀대를 경사지게 또는 수평으로 가설하여 널말뚝 부근의 흙을 마저 파내는 공법 (   )

▶ 흙파기공법의 명칭
(1) 트렌치컷 공법
(2) 아일랜드컷 공법

07 거푸집공사에 사용되는 스페이서(Spacer)에 대하여 설명하시오. (2점)

_____

_____

▶ 철근이 거푸집에 밀착하는 것을 방지하여 피복간격을 확보하기 위한 간격재(굄재)다.

08 알루미늄 거푸집을 일반합판 거푸집과 비교할 때 골조품질 측면과 해체작업 측면에서의 장점에 대하여 설명하시오. (4점)

(1) 골조품질 측면 : _____

_____

(2) 해체작업 측면 : _____

_____

▶ 알루미늄 거푸집의 장점
(1) 골조품질 측면 : 수직, 수평 정밀도 우수 및 면처리(견출) 감소
(2) 해체작업 측면 : 거푸집 해체 시 소음 감소, 해체작업의 안전성 향상

09 다음 굳지 않은 콘크리트의 성상을 설명한 용어를 쓰시오. (4점)

(1) 단위수량의 다소에 따르는 혼합물의 묽기 정도　(　　　　)

(2) 묽기 정도 및 재료분리에 저항하는 정도 등 복합적 의미에서의 시공 난이 정도　(　　　　)

▶ (1) 반죽질기(Consistency)
(2) 시공연도(Workability)

10 콘크리트의 강도 추정과 관련된 비파괴시험의 종류를 3가지만 기재하시오. (3점)

① _____

② _____

③ _____

▶ 콘크리트 강도 추정 비파괴시험
① 타격법(슈미트 해머법)
② 음속법(초음파법)
③ 복합법
④ 공진법
⑤ 인발법

11 한중 콘크리트 타설 후 초기양생 시 유의사항을 3가지 쓰시오. (3점)

① _____

② _____

③ _____

▶ 한중 콘크리트 타설 후 초기양생 주의사항
① 초기강도가 5MPa에 이를 때까지 구조물이 0℃ 이하로 되지 않도록 관리
② 한풍에 의한 온도 저하 유의
③ 초기양생 종료 시 급속한 온도 저하 방지

12 다음 용어를 설명하시오. (4점)

(1) 데크 플레이트(Deck Plate) : _____
_____

(2) 시어 커넥터(Shear Connector) : _____
_____

▶ (1) 철골-철근 콘크리트 구조에서 아연도 철판을 절곡하여 제작한 바닥(Slab) 콘크리트 타설을 위한 슬래브 하부 거푸집판이다.
(2) 합성구조에서 양재 간에 발생하는 전단력의 전달, 보강 및 일체성을 확보하기 위해 설치하는 연결재료다.

13 다음에 해당하는 벽돌쌓기명을 쓰시오. (2점)

(1) 담 또는 처마 부분에 내쌓기를 할 때 45° 각도로 모서리가 면에 나오도록 쌓는 방법　(　　　　)

(2) 벽돌벽 등에 장식적으로 구멍을 내어 쌓는 방법　(　　　　)

▶ 벽돌쌓기
(1) 엇모쌓기
(2) 영롱쌓기

14 목공사에서 방충·방부처리된 목재를 사용하는 경우를 2가지 쓰시오. (2점)

① _____
② _____

⊗ 목공사 방부처리 목재
① 외부버팀기둥을 구성하는 부재 모든 면
② 급수 및 배수시설에 인접한 목부로서 부식의 우려가 있는 부위
※ 납작마루틀의 멍에 및 장선

15 안방수와 바깥방수의 차이점을 3가지 쓰시오. (3점)

① _____
② _____
③ _____

⊗ ① 안방수는 보호누름이 필요하고, 바깥방수는 없어도 무방하다.
② 안방수는 공사비가 싸고, 바깥방수는 고가이다.
③ 안방수는 시공이 간단하고, 바깥방수는 시공이 복잡하다.

16 유리공사의 유리 파손 Mechanism에 대해 기술하시오. (3점)

_____
_____
_____

⊗ 유리 파손(열파손)
유리의 중앙부와 주변부와의 온도차로 인한 팽창성 차이가 응력을 발생시켜 유리가 파손되는 현상이다.

17 커튼월(Curtain Wall)의 실물 모형실험(Mock-up Test)에 성능시험의 시험종목을 4가지만 쓰시오. (4점)

① _____ ② _____
③ _____ ④ _____

⊗ 실물 모형실험(Mock-up Test)
① 예비시험   ② 기밀시험
③ 정압수밀시험 ④ 동압수밀시험
⑤ 구조시험

18 경량철골 칸막이공사 설치 시 공법의 시공 순서를 보기에서 골라 기호를 쓰시오. (4점)

[보기]
㉠ 벽체틀 설치   ㉡ 단열재 설치
㉢ 바탕처리   ㉣ 석고보드 설치
㉤ 마감(벽지)

_____

⊗ 경량철골 칸막이공사 공법 순서
㉢ → ㉠ → ㉡ → ㉣ → ㉤

19 다음 데이터를 네트워크 공정표로 작성하고, 각 작업의 여유시간을 구하시오. (10점)

작업명	작업일수	선행작업	비고
A	3	없음	결합점에서는 다음과 같이 표시하고, 주 공정선은
B	4	없음	굵은 선으로 표시한다.
C	5	없음	
D	6	A, B	
E	7	B	
F	4	D	
G	5	D, E	
H	6	C, F, G	
I	7	F, G	

(1) 공정표

(2) 여유시간

해설

(1) 공정표

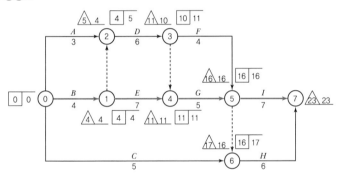

(2) 여유시간

작업명	TF	FF	DF	CP
A	2	1	1	
B	0	0	0	*
C	12	11	1	
D	1	0	1	
E	0	0	0	*
F	2	2	0	
G	0	0	0	*
H	1	1	0	
I	0	0	0	*

20 다음 조건으로 요구하는 물량을 산출하시오(단, $L=1.3$, $C=0.9$). (9점)

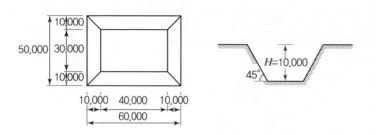

(1) 터파기량을 산출하시오.

_____

_____

_____

(2) 운반대수를 산출하시오(단, 운반대수는 1대, 적재량은 12m³).

_____

_____

_____

(3) 5,000m²에 흙을 이용 성토하여 다짐할 때 표고는 몇 m인지 구하시오(단, 비탈면은 수직으로 생각한다).

_____

_____

_____

> (1) 터파기량
> $$V = \frac{H}{6}\{(2a+a') \times b$$
> $$+ (2a'+a) \times b'\}$$
> $$= \frac{10}{6}\{(2 \times 60 + 40) \times 50$$
> $$+ (2 \times 40 + 60) \times 30\}$$
> $$= 20,333.33\text{m}^3$$
> (2) 운반대수
> $$\frac{\text{터파기량} \times L}{1\text{대 적재량}}$$
> $$= \frac{20,333.33 \times 1.3}{12}$$
> $$= 2,202.7 \rightarrow 2,203\text{대}$$
> (3) 표고
> $$\frac{\text{터파기량} \times C}{\text{성토면적}} = \frac{20,333.33 \times 0.9}{5,000}$$
> $$= 3.66\text{m}$$

21 TQC수법으로 알려진 도구에 대한 내용이다. 해당되는 도구명을 쓰시오. (3점)

(1) 계량치가 어떤 분포를 하는지 알아보기 위하여 작성하는 그림
(   )

(2) 불량 등 발생건수를 분류 항목별로 나누어 크기 순서대로 나열해 놓은 그림 (   )

(3) 결과에 원인이 어떻게 관계하고 있는가를 한눈에 알 수 있도록 작성한 그림 (   )

> TQC수법의 도구
> (1) 히스토그램
> (2) 파레토도
> (3) 특성요인도

22 굵은 골재의 최대치수가 25mm, 4kg을 물속에서 채취하여 표면건조 내부포수 상태의 중량이 3.95kg, 절대건조 중량이 3.60kg, 수중에서의 중량이 2.45kg일 때 다음을 구하시오. (4점)

(1) 흡수율 : _____

(2) 표건비중 : _____

(3) 겉보기비중 : _____

(4) 진비중 : _____

(1) 흡수율 $= \dfrac{3.95-3.6}{3.6} \times 100 = 9.72$

(2) 표건비중 $= \dfrac{3.95}{3.95-2.45} = 2.63$

(3) 겉보기비중 $= \dfrac{3.6}{3.95-2.45} = 2.4$

(4) 진비중 $= \dfrac{3.6}{3.6-2.45} = 3.13$

23 재령 28일의 콘크리트 표준공시체($\phi150mm \times 300mm$)에 대한 압축강도시험 결과 400kN의 하중에서 파괴되었다. 이 콘크리트 공시체의 압축강도 f_{ck}(MPa)를 구하시오. (3점)

_____

_____

_____

콘크리트 공시체의 압축강도(MPa)

$$f_{ck} = \frac{P}{A} = \frac{P}{\frac{\pi D^2}{4}}$$

$$= \frac{400 \times 10^3}{\frac{\pi \times 150^2}{4}}$$

$$= 22.635 \text{N/mm}^2 = 22.635 \text{MPa}$$

24 다음 라멘의 휨모멘트도를 개략적으로 도시하시오(단, + 휨모멘트는 라멘의 안쪽에, − 휨모멘트는 바깥쪽에 도시하며, 휨모멘트의 부호를 휨모멘트 안에 반드시 표기해야 한다). (3점)

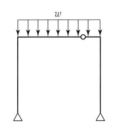

라멘의 휨모멘트도

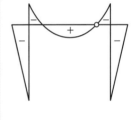

25 다음 그림과 같은 설계조건에서 플랫슬래브 지판(드롭 패널)의 최소크기와 두께를 산정하시오[단, 슬래브 두께(t_s)는 200mm다]. (4점)

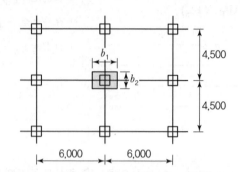

(1) 지판의 최소크기($b_1 \times b_2$) : _____

_____

(2) 지판의 최소두께 : _____

_____

(1) 지판의 최소크기($b_1 \times b_2$)
$$b_1 = \frac{6,000}{6} + \frac{6,000}{6} = 2,000\,\text{mm}$$
$$b_2 = \frac{4,500}{6} + \frac{4,500}{6} = 1,500\,\text{mm}$$
$$\therefore\ b_1 \times b_2 = 2,000\,\text{mm} \times 1,500\,\text{mm}$$
(2) 지판의 최소두께
$$\frac{t_s}{4} = \frac{200}{4} = 50\,\text{mm}$$

26 강구조접합 중 전단접합과 강접합을 도시하고, 설명하시오. (6점)

(1) 도시

(2) 설명

① 전단접합 : _____

_____

② 강접합 : _____

_____

(2) ① 전단접합 : 웨브만 접합한 형태로, 휨모멘트에 대한 저항력이 없어 접합부가 자유로이 회전하며 기둥에는 전단력만 전달한다.
② 강접합 : 웨브와 플랜지를 접합한 형태로 휨모멘트에 대한 저항능력을 가지고 있어 보와 기둥의 휨모멘트가 강성에 따라 분배된다.

해설

(1) 도시

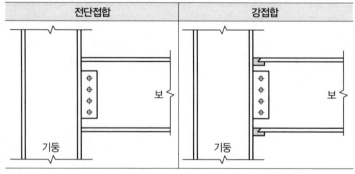

01 샌드드레인 공법에 대하여 설명하시오. (3점)

_____

_____

_____

> ◆ 점토질 지반의 대표적인 탈수공법으로 지반지름 40~60cm 구멍을 뚫고 모래를 넣은 후, 성토 및 기타 하중을 가하여 점토질지반을 압밀함으로써 탈수하는 공법이다.

02 역타설공법(Top - down Method)의 장점을 4가지 쓰시오. (4점)

① _____

② _____

③ _____

④ _____

> ◆ 역타설 공법의 장점
> ① 지하와 지상 동시 작업으로 공기 단축
> ② 전천후 시공 가능
> ③ 1층 바닥 선시공으로 작업공간 활용 가능
> ④ 주변지반 및 인접건물에 악영향 적음
> ⑤ 소음 및 진동이 적어 도심지 공사에 적합

03 흙막이 구조물 계측기 종류에 적합한 설치위치를 한 가지씩 쓰시오. (4점)

(1) 토압계 : _____

(2) 하중계 : _____

(3) 경사계 : _____

(4) 변형률계 : _____

> ◆ 흙막이 구조물 계측기의 설치 위치
> (1) 토압계 : 토압 측정위치의 지중에 설치
> (2) 하중계 : 버팀대(strut) 양단부
> (3) 경사계 : 인접구조물의 골조 또는 벽체
> (4) 변형률계 : 버팀대(strut) 중앙부

04 다음 (   ) 안에 알맞은 용어나 숫자를 써넣으시오. (3점)

> 높은 외부기온으로 콘크리트의 슬럼프 또는 슬럼프 플로 저하나 수분의 급격한 증발 우려가 있는 경우 하루 평균기온이 25℃를 초과하면 (①) 콘크리트로 시공한다.
> 지연형 감수제를 사용하는 경우라도 (②)시간 이내에 타설하여야 하며, 타설 시 온도는 (③)℃ 이하로 하여야 한다.

① _____   ② _____   ③ _____

> ◆ ① 서중
> ② 1.5
> ③ 35

05 고강도 콘크리트의 폭렬현상 방지대책을 2가지 쓰시오. (2점)

① _____ ② _____

» 폭렬현상 방지대책
① 내화도료의 도포
② 내화 모르타르의 도포
③ 유기질 섬유의 혼입

06 매스 콘크리트의 수화열 저감을 위한 대책을 3가지만 쓰시오. (3점)

① _____
② _____
③ _____

» 매스 콘크리트 수화열 저감대책
① 수화열이 작은 시멘트(중용열 시멘트) 사용
② Pre-cooling, Pipe-cooling 이용
③ 단위시멘트양 저감

07 용접결함 중 언더컷(Under Cut)과 오버랩(Over Lap)을 개략적으로 도시하시오. (4점)

[도시]

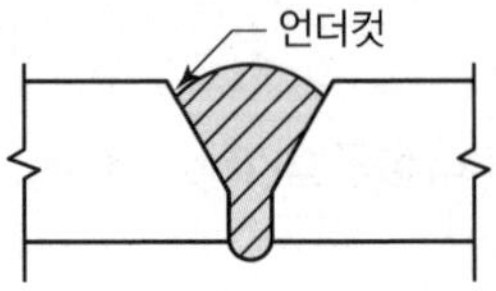

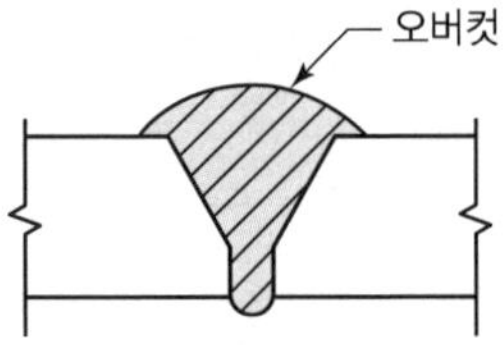

08 그림과 같은 용접부의 기호에 대해 기호의 수치를 모두 표기하여 제작 상세를 도시하시오(단, 기호의 수치를 모두 표기해야 한다). (4점)

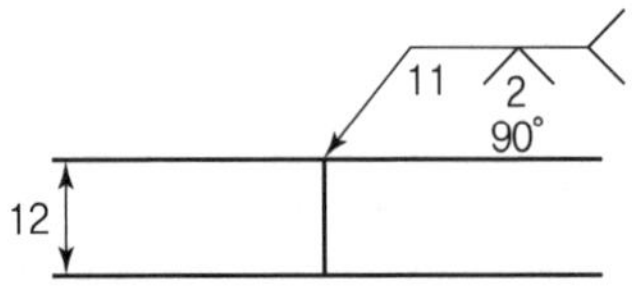

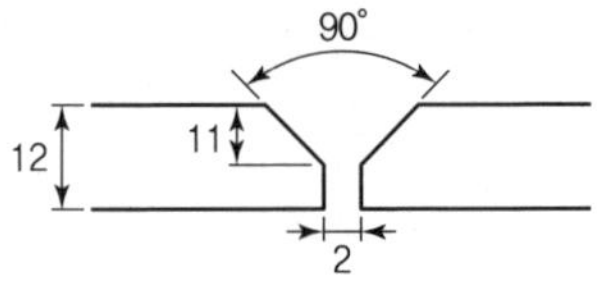

09 철골공사에서 앵커볼트 매입공법의 종류를 3가지 쓰시오. (3점)

① _____
② _____
③ _____

» 철골공사 중 앵커볼트 매입공법
① 고정 매입공법
② 가동 매입공법
③ 나중 매입공법

10 다음은 조적공사에 대한 내용이다. (   ) 안에 알맞은 용어나 숫자를 써넣으시오. (5점)

(1) 가로 및 세로줄눈의 너비는 도면 또는 공사시방서에 정한 바가 없을 때에는 (①)mm를 표준으로 한다.

(2) 벽돌쌓기는 도면 또는 공사시방서에서 정한 바가 없을 때에는 영식 쌓기 또는 (②) 쌓기로 한다.

(3) 하루의 쌓기높이는 (③)m(18켜 정도)를 표준으로 하고, 최대 (④)m(22켜 정도) 이하로 한다.

(4) 벽돌벽이 블록벽과 서로 직각으로 만날 때에는 연결철물을 만들어 블록 (⑤)단마다 보강하여 쌓는다.

➤ ① 10　　　② 화란식
③ 1.2　　　④ 1.5
⑤ 3

11 벽돌벽의 표면에 생기는 백화의 방지대책을 4가지 쓰시오. (4점)

①　_____
②　_____
③　_____
④　_____

➤ **백화 방지대책**
① 소성이 잘된 벽돌을 사용한다.
② 줄눈 모르타르에 방수제를 혼합하고 밀실하게 사춤한다.
③ 벽면에 비막이를 설치한다.
④ 벽면에 파라핀도료 등을 발라 방수 처리를 한다.

12 목재의 방부처리방법을 3가지만 쓰고 간단히 설명하시오. (3점)

①　_____
②　_____
③　_____

➤ **목재 방부처리방법**
① 도포법 : 방부제(크레오소트, 콜타 르 등)를 표면에 바르는 것
② 표면탄화법 : 목재 표면을 3~10mm 정도 불로 태워서 처리하는 것
③ 침지법 : 목재 방부액(크레오소트, PCP)에 장기간 담가 두는 것
④ 주입법 : 방부제 용액을 고기압으로 가압주입 하는 것

13 목구조 1층 마룻널 시공순서를 보기에서 골라 기호를 쓰시오. (3점)

[보기]
㉠ 동바리　　㉡ 멍에　　㉢ 장선　　㉣ 마룻널　　㉤ 동바리돌

_____

➤ **목구조 마룻널 시공순서**
㉤ → ㉠ → ㉡ → ㉢ → ㉣

14 다음에서 설명하는 용어를 쓰시오. (2점)

실내부의 벽 하부에 1~1.5m 정도로 널을 댄 것

_____

➤ 징두리 판벽

① 1
② 2

15 다음 수장공사 관련 내용에서 (   ) 안에 알맞은 숫자를 쓰시오. (4점)

> 강제천장을 철근 콘크리트조에 설치할 경우 달대볼트 고정용 인서트의
> 간격은 공사시방서에서 정하는 바가 없을 경우, 경량천장은 세로 (①)
> m, 가로 (②)m를 표준으로 한다.

① _____   ② _____

16 다음 작업리스트에서 네트워크 공정표를 작성하고, 각 작업의 여유
시간을 구하시오. (10점)

작업명	선행작업	작업일수	비고
A	없음	5	• CP는 굵은 선으로 표시한다.
B	A	6	• 각 결합점에서는 다음과 같이 표시한다.
C	A	5	
D	A	4	
E	B	3	• 각 작업은 다음과 같이 표시한다.
F	B, C, D	7	
G	D	8	
H	E	6	
I	E, F	5	
J	E, F, G	8	
K	H, I, J	7	

비고란 그림: EST | LST (사각형), LFT \ EFT (삼각형)

각 작업 표시: (i) → 작업명 / 작업일수 → (j)

해설

(1) 공정표

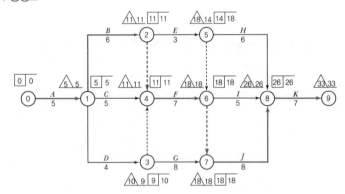

(2) 여유시간

작업명	TF	FF	DF	CP
A	0	0	0	*
B	0	0	0	*
C	1	1	0	
D	1	0	1	
E	4	0	4	
F	0	0	0	*
G	1	1	0	
H	6	6	0	
I	3	3	0	
J	0	0	0	*
K	0	0	0	*

17 다음과 같은 작업데이터에서 비용구배(Cost Slope)를 산출하고, 가장 작은 작업부터 순서대로 작업명을 쓰시오. (3점)

작업명	정상계획		급속계획	
	공기(일)	비용(원)	공기(일)	비용(원)
A	2	2,000	1	3,000
B	4	3,000	2	6,000
C	8	5,000	3	8,000

(1) 산출근거 : _____

_____

_____

(2) 작업 순서 : _____

_____

_____

›› 비용구배(Cost Slope)
(1) 산출근거
A작업의 비용구배
$= \dfrac{3,000원 - 2,000원}{2일 - 1일}$
$= 1,000원/일$
B작업의 비용구배
$= \dfrac{6,000원 - 3,000원}{4일 - 2일}$
$= 1,500원/일$
C작업의 비용구배
$= \dfrac{8,000원 - 5,000원}{8일 - 3일}$
$= 600원/일$
(2) 작업 순서 : B → A → C

18 시멘트 500포의 공사현장에서 필요한 시멘트 창고의 면적을 구하시오(단, 쌓기 단수는 12단). (3점)

_____

›› 시멘트 창고 면적
$A = 0.4 \times \dfrac{500}{12} = 16.67 m^2$

19 다음 도면을 보고 옥상방수면적(m^2), 누름 콘크리트양(m^3), 보호벽돌량(매)을 구하시오(단, 벽돌의 규격은 $190 \times 90 \times 57$이며, 할증률은 5%다). (6점)

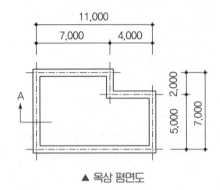

▲ 옥상 평면도

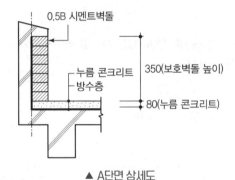

▲ A단면 상세도

(1) 옥상방수면적 : _____

(2) 누름 콘크리트양 : _____

(3) 보호벽돌량 : _____

(1) 옥상방수면적 : $(7 \times 7) + (4 \times 5) + 0.43 \times 2(11+7) = 84.48m^2$
(2) 누름 콘크리트양 : $\{(7 \times 7) + (4 \times 5)\} \times 0.08 = 5.52m^3$
(3) 보호벽돌량 : $0.35 \times 2\{(11-0.09) + (7-0.09)\} \times 75$매$/m^2 \times 1.05$ $= 982.3 \rightarrow 983$매

20 TQC에 이용되는 7가지 도구 중 4가지를 쓰시오. (4점)

① _____   ② _____

③ _____   ④ _____

TQC 이용 도구
히스토그램, 파레토 그림, 특성요인도, 체크시트, 각종 그래프(관리도), 산점도, 층별

21 다음 용어를 설명하시오. (4점)

(1) 슬럼프 플로(Slump Flow) : _____

_____

(2) 조립률 : _____

_____

(1) 슬럼프시험을 통해 아직 굳지 않은 콘크리트의 유동적인 흐름을 나타내는 지표다.
(2) 10개 체에 걸러 남은 양의 누적백분율 합을 100으로 나눈 지표다.

22 용수철에 단위하중이 작용할 때 용수철계수 k를 구하시오(단, 하중 P, 길이 L, 단면적 A, 탄성계수 E). (4점)

_____
_____
_____
_____

$P = k \cdot \Delta L$에서

$\Delta L = \dfrac{PL}{EA}$ 을 대입하면

$k = \dfrac{P}{\Delta L} = \dfrac{P}{\dfrac{PL}{EA}} = \dfrac{EA}{L}$

23 1단 자유, 타단 고정, 길이 2.5m인 압축력을 받는 H형강 기둥(H – $100 \times 100 \times 6 \times 8$)의 탄성좌굴하중을 구하시오(단, $I_x = 383 \times 10^4$ mm⁴, $I_y = 134 \times 10^4$mm⁴, $E = 205,000$N/mm²). (4점)

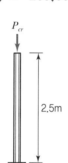

2.5m

_____
_____
_____
_____

H형강 기둥의 탄성좌굴하중

$P_{cr} = \dfrac{\pi^2 EI_{\min}}{(K \cdot L)^2}$

$= \dfrac{\pi^2 \times 205,000 \times (134 \times 10^4)}{(2 \times 2.5 \times 10^3)^2}$

$= 108,477.21\text{N} = 108.477\text{kN}$

24 다음 조건의 철근 콘크리트 보의 총처짐량(순간처짐 + 장기처짐)을 구하시오[단, 순간처짐 20mm, 지속하중에 대한 시간경과계수(ξ) 2.0, 압축철근량(A_s') $= 1,000$mm², 단면 $b \times d = 400$mm$\times 500$mm]. (4점)

_____
_____
_____
_____

철근 콘크리트 보의 총처짐량

$\lambda_\Delta = \dfrac{\xi}{1 + 50\rho'} = \dfrac{2.0}{1 + 50 \times 0.005} = 1.6$

(압축철근비$(\rho') = \dfrac{A_s'}{bd} = \dfrac{1,000}{400 \times 500}$
$= 0.005$)

장기처짐 $=$ 순간처짐 $\times \lambda_\Delta$
$= 20 \times 1.6$
$= 32\text{mm}$

$\therefore$ 총처짐량 $=$ 순간처짐 $+$ 장기처짐
$= 20\text{mm} + 32\text{mm}$
$= 52\text{mm}$

25 그림과 같이 8 – D22로 배근된 철근 콘크리트 기둥에서 띠철근의 최대 수직간격을 구하시오. (3점)

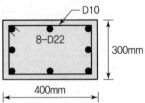

▶ 띠철근의 최대 수직간격
① 주근 지름의 16배 이하
16×22mm=352mm 이하
② 띠근 지름의 48배 이하
48×10mm=480mm 이하
③ 기둥 단면의 최소치수의 $\frac{1}{2}$ 이하
(단, 200mm보다 좁을 필요는 없다.)
∴ 200mm

---

26 강구조에서 메탈터치(Metal Touch)에 대한 개념을 간략하게 도시하고, 설명하시오. (4점)

(1) 도시

(2) 설명 : _____

_____

_____

▶ 메탈터치(Metal – Touch)
(1) 도시

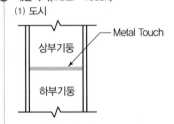

(2) 설명 : 철골기둥의 이음부가 가공되어 상하부 기둥이 밀착될 때 축응력과 휨모멘트의 25% 정도까지의 응력을 밀착면에서 직접 전달하는 이음방법이다.

01 BOT(Build – Operate – Transfer Contract) 방식을 설명하시오. (3점)

⊗ 사회간접시설의 확충을 위해서 민간자본으로 시설물을 완성하고, 그 시설을 일정기간 동안 운영하여 투자자금을 회수한 후 발주자에게 그 시설을 양도하는 방식이다.

02 지역제한 경쟁입찰제도에 대하여 간단히 설명하시오. (3점)

⊗ 지역경제를 활성화하기 위해 발주자가 정한 지역 내의 업체만 입찰에 참여시키는 제한경쟁입찰방법이다.

03 기준점(Bench Mark) 설치사항을 2가지 쓰시오. (4점)

① _____
② _____

⊗ 기준점(Bench Mark)
① 이동의 염려가 없으며, 바라보기 좋고 공사 지장이 없는 곳에 설치한다.
② 지표에서 0.5~1m 위치에 설치한다.
③ 공사 중에 높이의 기준을 삼으려는 목적이며 2개소 이상 설치한다.

04 다음 용어에 대하여 설명하시오. (4점)

(1) 수세식 보링(Wash Boring) : _____

(2) 회전식 보링(Rotary Boring) : _____

⊗ (1) 연약한 지반에서 내관 끝에 충격을 주면서 물을 분사해서 파진 흙과 물을 같이 침전층에 침전시켜 지층의 토질을 판별하는 방법이다.
(2) 지층의 변화를 연속적으로 비교적 정확히 알고자 할 때 이용하는 방식으로 불교란 시료의 채취가 가능하다.

05 지반조사방법 중 사운딩을 간략하게 설명하고 탐사방법을 2가지 쓰시오. (4점)

(1) 사운딩 : _____

_____

(2) 탐사방법 : ① _____, ② _____

(1) 사운딩 : 흙의 저항 및 그 위치의 흙의 물리적 성질을 측정하는 방법으로서 원위치시험이다.
(2) 탐사방법
① 표준관입시험
② 베인테스트
③ 콘 관입시험
④ 스웨덴식 사운딩시험

06 다음 용어를 간단히 설명하시오. (2점)

> 흙막이 공사 시 히빙(Heaving)현상

_____
_____
_____

하부 지반이 연약한 경우 흙파기 저면선에 대하여 흙막이 바깥에 있는 흙의 중량과 지표면 재하중을 이기지 못하고 흙이 붕괴되어 흙막이 바깥 흙이 안으로 밀려들어와 볼록하게 되는 현상이다.

07 콘크리트의 알칼리 골재반응을 방지하기 위한 대책을 3가지만 쓰시오. (3점)

① _____
② _____
③ _____

알칼리 골재반응 방지대책
① 저알칼리(고로슬래그, 플라이 애시) 시멘트 사용
② 방수제를 사용하여 수분 침투 억제
③ 방청제 사용
④ 콘크리트에 포함되어 있는 알칼리 총량 저감

08 다음에서 설명하는 철골공사 관련 용어를 쓰시오. (2점)

> Blow Hole, Crater 등의 용접결함이 생기기 쉬운 용접 Bead의 시작과 끝 지점에 용접을 하기 위해 용접 접합하는 모재의 양단에 부착하는 보조 강판

_____

엔드탭(End Tab)

09 콘크리트 충전강관(CFT) 구조를 설명하시오. (3점)

_____
_____
_____

강관 내부에 콘크리트를 채운 합성구조로서 좌굴방지, 내진성 향상, 기둥단면 축소, 휨강성 증대 등의 효과가 있으므로, 초고층건물의 기둥구조물에 유리한 구조다.

10 철골구조공사에 있어서 철골습식 내화피복공법의 종류를 4가지 쓰시오. (4점)

① _____   ② _____
③ _____   ④ _____

철골습식 내화피복공법의 종류
① 뿜칠공법
② 타설공법
③ 미장공법
④ 조적공법

11 다음 내용에 알맞은 용어나 숫자를 써넣으시오. (4점)

> 조적조의 기초는 일반적으로 (①)로 한다. 내력벽의 최소두께는 (②)
> 이상이어야 하고, 내력벽의 길이는 (③) 이하이어야 하며, 내력벽으로
> 둘러싸인 바닥면적은 (④) 이하이어야 한다.

① _____   ② _____
③ _____   ④ _____

① 줄기초(연속기초)
② 190mm
③ 10m
④ 80m²

12 벽돌벽의 표면에 생기는 백화의 정의와 방지대책을 2가지 쓰시오. (4점)

(1) 정의 : _____
_____
_____
_____

(2) 방지대책 :
① _____
② _____

백화현상과 방지대책
(1) 정의
  벽에 침투하는 빗물에 의해서 모르
  타르 중의 석회분과 벽돌의 황산나
  트륨이 공기 중의 이산화탄소와 결
  합하여 탄산석회로 유출되어 조적
  벽면에 흰 가루가 돋는 현상이다.
(2) 방지대책
  ① 흡수율이 작고 소성이 잘된 벽돌
    을 사용한다.
  ② 줄눈 모르타르에 방수제를 혼합
    하고 밀실하게 사춤한다.
  ③ 차양, 루버, 돌림띠 등 비막이를
    설치하여 빗물 침입을 막는다.
  ④ 벽면에 파라핀 도료 등을 발라
    벽면에 방수처리를 한다.

13 목재에 가능한 방부제 처리법을 3가지 쓰시오. (3점)

① _____   ② _____   ③ _____

목재 방부제 처리법
① 도포법   ② 표면탄화법
③ 침지법   ④ 주입법

14 다음 용어를 설명하시오. (4점)

(1) 이음 : _____
(2) 맞춤 : _____

(1) 재의 길이방향으로 부재를 길게 접
  합하는 것이다.
(2) 부재를 서로 직각 또는 일정한 각도
  로 접합하는 것이다.

15 시트 방수공법의 단점을 2가지 쓰시오. (4점)

① _____

② _____

>> 시트 방수공법의 단점
① 바탕면의 정밀도 요구
② 습윤한 면은 접착 곤란
③ 복잡한 마무리가 어렵고 고가

16 방수공사 시 콘크리트에 방수제를 직접 첨가하여 방수하는 공법의 명칭을 쓰시오. (3점)

_____

>> 구체방수공법

17 공사현장의 환경관리와 관련된 비산먼지 방지시설의 종류를 2가지 쓰시오. (2점)

① _____ ② _____

>> 비산먼지 방지시설
① 방진덮개
② 방진벽
③ 살수시설

18 주어진 데이터에 의하여 다음 물음에 답하시오(단, ① Network 작성은 Arrow Network로 할 것, ② Critical Path는 굵은 선으로 표시할 것, ③ 각 결합점에서는 다음과 같이 표시한다). (12점)

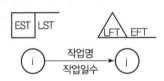

(Data)

Activity Name	선행작업	Duration	공기 1일 단축 시 비용(원)	비고
A	없음	5	10,000	• 공기단축은 Activity I에서 2일, Activity H에서 3일, Activity C에서 5일로 한다. • 표준공기 시 총공사비는 1,000,000원이다.
B	없음	8	15,000	
C	없음	15	9,000	
D	A	3	공기단축 불가	
E	A	6	25,000	
F	B, D	7	30,000	
G	B, D	9	21,000	
H	C, E	10	8,500	
I	H, F	4	9,500	
J	G	3	공기단축 불가	
K	I, J	2	공기단축 불가	

(1) 표준(Normal) Network를 작성하시오.

(2) 공기를 10일 단축한 Network를 작성하시오.

(3) 공기단축된 총공사비를 산출하시오.

해설

(1) 표준 네트워크 공정표

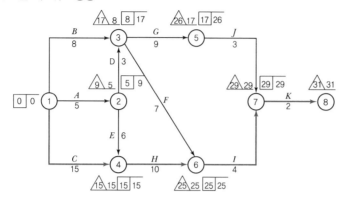

(2) 공기단축된 네트워크 공정표

① 공기단축

경로	1차 단축공기	2차 단축공기	3차 단축공기	4차 단축공기
B−G−J−K(22일)	22	22	22	21
B−F−I−K(21일)	21	21	19	18
A−D−G−J−K(22일)	22	22	22	21
A−D−F−I−K(21일)	21	21	19	18
A−E−H−I−K(27일)	24	24	22	21
C−H−I−K(31일)	28	24	22	21
단축작업 및 일수	H−3일	C−4일	I−2일	A, B, C −1일

② 단축된 네트워크 공정표

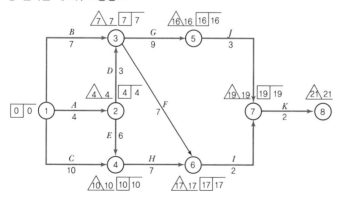

(3) 추가비용 = A + B + 5C + 3H + 2I

$\qquad$ = 10,000 + 15,000 + 45,000 + 25,500 + 19,000 = 114,500원

∴ 총공사비 = 1,000,000 + 114,500 = 1,114,500원

19 두께가 0.15m, 길이가 100m, 폭이 6m인 도로를 6m³ 레미콘을 이용하여 하루 8시간 작업 시 레미콘의 배차간격(분)을 구하시오(단, 100% 효율로 휴식시간은 없는 것으로 한다). (4점)

_____

_____

레미콘의 배차간격

소요 레미콘 대수 : $\dfrac{0.15 \times 100 \times 6}{6}$

$= 15$대

∴ 배차간격 : $\dfrac{8 \times 60}{15} = 32$분

20 KS 규격상 시멘트의 오토클레이브 팽창도는 0.80% 이하로 규정되어 있다. 반입된 시멘트의 안정성 시험결과가 다음과 같다고 할 때 팽창도 및 합격여부를 판단하시오(단, 시험 전 시험체의 유효표점길이는 254mm, 오토클레이브 시험 후 시험체의 길이는 255.78mm였다). (4점)

(1) 팽창도 : _____

(2) 판정 : _____

오토클레이브 팽창도

(1) 팽창도(%) $= \dfrac{\text{늘어난 길이}}{\text{유효표점길이}} \times 100$

$= \dfrac{255.78 - 254}{254} \times 100$

$= 0.7\%$

(2) 판정 : 합격(∵ 0.7% < 0.80%)

21 그림과 같은 원형 단면에서 폭 b, 높이 $h = 2b$ 의 직사각형 단면을 얻기 위한 단면계수 Z를 직경 D의 함수로 표현하시오(단, 지름이 D인 원에 내접하는 밑변이 b이고 $h = 2b$ 이다). (4점)

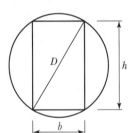

_____

_____

_____

① $Z = \dfrac{bh^2}{6} = \dfrac{b(2b)^2}{6} = \dfrac{4b^3}{6} = \dfrac{2b^3}{3}$

② $D^2 = b^2 + h^2 = b^2 + (2b)^2 = 5b^2$

에서 $b = \dfrac{D}{\sqrt{5}}$

$Z = \dfrac{2}{3}\left(\dfrac{D}{\sqrt{5}}\right)^3 = \dfrac{2\sqrt{5}}{75}D^3 = 0.059D^3$

∴ $Z = 0.06D^3$

22 인장지배단면의 정의를 쓰시오. (3점)

_____

_____

_____

인장지배단면

압축연단 콘크리트가 가정된 극한변형률에 도달할 때 최외단 인장철근의 순인장변형률 ε_t가 0.005 이상인 단면이다.

23 인장철근만 배근된 직사각형 단순보에서 하중이 작용하여 5mm의 순간처짐이 발생하였다. 이 하중이 5년 이상 지속될 경우 총처짐량 (순간처짐 + 장기처짐)을 구하시오[단, 모든 하중을 지속하중으로 가정하며 크리프와 건조수축에 의한 장기 추가처짐에 대한 계수(λ_Δ)는 다음 식으로 구한다. $\lambda_\Delta = \dfrac{\xi}{1+50\rho'}$, 지속하중에 대한 시간경과계수 ($\xi$)는 2.0으로 한다]. (4점)

❯❯ 총처짐량

$\lambda_\Delta = \dfrac{\xi}{1+50\rho'} = \dfrac{2.0}{1+50\times0} = 2$

장기처짐 = 탄성처짐(즉시처짐) $\times \lambda_\Delta$
$= 5\times2 = 10mm$

$\therefore$ 총처짐량 = 순간처짐 + 장기처짐
$= 5+10 = 15mm$

24 다음 물음에 답하시오. (6점)

(1) 큰보(Girder)와 작은보(Beam)에 대하여 간단히 설명하시오.

(2) 다음 (   ) 안에 큰보와 작은보를 선택하여 채우시오.

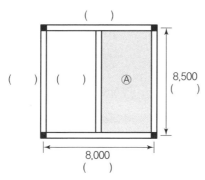

(3) 위 빗금 친 A부분의 변장비를 계산하고, 1방향 슬래브인지 2방향 슬래브인지 구별하시오(단, 기둥 500×500, 큰보 500×600, 작은보 500×550이고, 변장비 계산 시 기둥 중심치수를 적용한다).

❯❯ (1) • 큰보(Girder) : 기둥에 직접 연결된 보
• 작은보(Beam) : 기둥과 직접 접합되지 않은 보

(2)

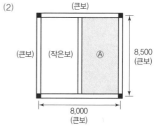

(3) 변장비(λ) = $\dfrac{\text{장변 스팬}(l_y)}{\text{단변 스팬}(l_x)}$

$= \dfrac{8,500}{4,000} = 2.125 > 2$

$\therefore$ 1방향 슬래브

25 구조용 강재 SM355에서 각각 의미하는 바를 쓰시오. (4점)

    (1) SM : _____

    (2) 355 : _____

(1) SM : 용접구조용 압연강재
(2) 355 : 항복강도(MPa)

26 다음이 설명하는 구조의 명칭을 쓰시오. (3점)

면진구조

> 건축물의 기초부분 등에 적층고무 또는 미끄럼받이 등을 넣어서 지진에 대한 건축물의 흔들림을 감소시키는 구조

2022년 제1회 기출문제

01 수평버팀대식 흙막이에 작용하는 응력이 그림과 같을 때 각각의 번호가 의미하는 것을 보기에서 골라 기호를 쓰시오. (3점)

흙막이벽

① ←
② →
③ ←

[보기]
㉠ 수동토압　　　㉡ 정지토압　　　㉢ 주동토압
㉣ 버팀대의 하중　㉤ 버팀대의 반력　㉥ 지하수압

① ＿＿＿＿＿　② ＿＿＿＿＿　③ ＿＿＿＿＿

▶▶ ① ㉤
② ㉢
③ ㉠

02 철근의 응력 – 변형도 곡선과 관련하여 각각이 의미하는 용어를 보기에서 골라 기호를 쓰시오. (5점)

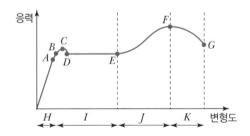

[보기]
㉠ 네킹영역　　　　㉡ 하위항복점　　　㉢ 극한강도점
㉣ 변형도경화점　　㉤ 소성영역　　　　㉥ 비례한계점
㉦ 상위항복점　　　㉧ 탄성한계점　　　㉨ 파괴점
㉩ 탄성영역　　　　㉪ 변형도경화영역

A : ＿＿＿＿　B : ＿＿＿＿　C : ＿＿＿＿　D : ＿＿＿＿

▶▶ 철근의 응력−변형도 위치 용어
A : ㉥　　B : ㉧　　C : ㉦
D : ㉡　　E : ㉣　　F : ㉢
G : ㉨　　H : ㉩　　I : ㉤
J : ㉪　　K : ㉠

E : _____   F : _____   G : _____   H : _____

I : _____   J : _____   K : _____

03 강재의 항복비(Yield Strength Ratio)를 설명하시오. (3점)

_____

_____

_____

> 강재가 항복에서 파단까지 이르기까지를 나타내는 지표이며 인장강도에 대한 항복강도의 비다.

04 수중에 있는 골재의 중량이 1,300g, 표면건조내부포화상태의 중량이 2,000g, 이 시료를 완전히 건조시켰을 때의 중량이 1,992g일 때 흡수율(%)을 구하시오. (4점)

_____

_____

_____

_____

> 흡수율
> $$\frac{\text{표면건조내부포화상태} - \text{건조시킨 중량}}{\text{건조시킨 중량}} \times 100$$
> $$= \frac{2,000 - 1,992}{1,992} \times 100 = 0.40(\%)$$

05 Ready Mixed Concrete가 현장에 도착하여 타설될 때 시공자가 현장에서 일반적으로 행하여야 하는 품질관리 항목을 보기에서 모두 골라 기호를 쓰시오. (3점)

[보기]
ㄱ Slump 시험   ㄴ 물의 염소이온량 측정
ㄷ 골재의 반응성   ㄹ 공기량 시험
ㅁ 압축강도 측정용 공시체 제작   ㅂ 시멘트의 알칼리양

_____

> Ready Mixed Concrete 현장 품질관리 항목
> ㄱ, ㄹ, ㅁ

06 지름이 300mm, 길이가 500mm인 콘크리트 시험체의 쪼갬인장강도 시험에서 최대하중이 100kN으로 나타났다면 이 시험체의 인장강도는? (3점)

_____

_____

> 쪼갬인장강도
> $$f_{sp} = \frac{2P}{\pi D l} = \frac{2(100 \times 10^3)}{\pi(300)(500)}$$
> $$= 0.42 \text{MPa}$$

07 콘크리트에서 크리프(Creep) 현상에 대하여 설명하시오. (3점)

_____

_____

❷ 콘크리트에 일정한 하중을 계속 주면 하중의 증가 없이 시간의 경과에 따라 소성변형이 증가하는 현상이다.

08 다음 그림과 같은 철근 콘크리트조 건물에서 기둥과 벽체의 거푸집량을 산출하시오. (6점)

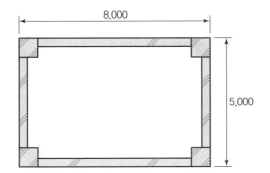

❷ 거푸집량
(1) 기둥의 거푸집량
$2 \times (0.4 + 0.4) \times 3 \times 4$개$= 19.2m^2$
(2) 벽체의 거푸집량
$(4.2 \times 3 \times 2) \times 2 + (7.2 \times 3 \times 2) \times 2$
$= 136.8m^2$

[조건]
① 기둥 : 400mm×400mm
② 벽체두께 : 200mm
③ 높이 : 3m
④ 치수는 바깥치수 : 8,000mm×5,000mm
⑤ 기둥과 벽체는 콘크리트 타설작업 시 분리타설한다.

(1) 기둥의 거푸집량 : _____

(2) 벽체의 거푸집량 : _____

09 중심축하중을 받는 단주의 최대 설계축하중을 구하시오(단, f_{ck} = 27MPa, f_y = 400MPa, A_{st} = 3,096mm^2).

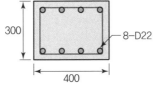

❷ 기둥의 설계축하중
$\phi P_n = 0.65 \times 0.8[0.85 f_{ck}(A_g - A_{st})$
$\qquad + f_y \cdot A_{st}]$
$= 0.65 \times 0.80 \times \{0.85 \times 27$
$\qquad \times (300 \times 400 - 3,096) + 400$
$\qquad \times 3,096\}$
$= 2,039,100N = 2,039.1kN$

_____

_____

_____

10 강구조 공사에서 철골에 녹막이칠을 하지 않는 부분을 4가지 쓰시오.
(4점)

① _____

② _____

③ _____

④ _____

❯❯ 녹막이칠을 하지 않는 부분
① 현장용접 부위
② 고력볼트 마찰접합부 마찰면
③ 콘크리트에 묻히는 부분
④ 조립에 의해 맞닿는 면
⑤ 밀폐되는 내면

11 다음 그림은 강구조 보 – 기둥 접합부의 개략적인 그림이다. 각 번호에 해당하는 구성재의 명칭을 쓰고, "②" 부재의 용접방법을 쓰시오.
(4점)

상부 플랜지 플레이트

(1) ① _____ ② _____ ③ _____

(2) ② 부재의 용접방법

_____

❯❯ 보–기둥 접합부의 구성재와 용접방법
(1) ① 스티프너(Stiffener)
    ② 전단 플레이트
    ③ 하부 플랜지 플레이트
(2) 필렛(Fillet)용접

12 재질과 단면적 및 길이가 같은 다음 4개의 장주에 대해 유효좌굴길이가 가장 큰 기둥을 순서대로 쓰시오. (3점)

A   B   C   D

_____

❯❯ B – A – D – C

13 구조물을 안전하게 설계하고자 할 때 강도한계상태(Strength Limit State)에 대한 안전을 확보해야 한다. 그뿐만 아니라 사용성 한계상태(Serviceability Limit State)도 고려해야 하는데, 여기서 사용성 한계상태란 무엇인지 간단히 설명하시오. (3점)

_____

_____

_____

> 구조체가 붕괴되지는 않더라도 구조기능이 저하되어 외관, 유지관리, 내구성 및 사용에 매우 부적합하게 되는 상태다.

14 다음 (   ) 안에 알맞은 숫자를 쓰시오. (4점)

> 보강 콘크리트 블록조의 세로철근은 기초보 하단에서 위층까지 잇지 않고 (①)D 이상 정착시키고, 피복두께는 (②)cm 이상으로 한다.

① _____   ② _____

> ① 40   ② 2

15 벽면 20m²에 표준형 벽돌 1.5B 쌓기 시 붉은 벽돌의 소요량을 산출하시오. (3점)

_____

_____

> 붉은 벽돌 소요량
> 20×224×1.03=4,614.4
> ∴ 4,615매

16 다음 표에 제시된 창호재료의 종류 및 기호를 참고하여 창호기호표에 표시하시오. (6점)

기호	창호틀 재료의 종류
A	알루미늄
G	유리
P	플라스틱
S	강철
SS	스테인리스
W	목재

기호	창호 구별
D	문
W	창
S	셔터

구분	문	창
목재	①/WD	②/WW
철재	③/SD	④/SW
알루미늄재	⑤/AD	⑥/AW

17 LCC(Life Cycle Cost)에 대하여 설명하시오. (3점)

_____

_____

_____

❯ 건물의 초기 건설비로부터 유지관리, 해체에 이르기까지 건축물의 전 생애에 소용되는 총비용을 종합측정한 전 생애 주기비용이다.

18 다음에서 설명하는 입찰방식(Bidding System)의 종류를 쓰시오. (3점)

(1) 입찰참가자를 공모하여 유자격자에게 모두 참가기회를 주는 방식
( )

(2) 해당 공사에 가장 적격하다고 인정되는 3~7개 정도의 시공회사를 선정하여 입찰시키는 방식
( )

(3) 건축주가 가장 적합한 1개의 시공회사를 선정하여 입찰시키는 방식
( )

❯ 입찰방식
(1) 공개경쟁입찰(Open Bid)
(2) 지명경쟁입찰(Limited Open Bid)
(3) 특명입찰(Individual Negotiation, 수의계약)

19 Value Engineering 개념에서 $V = \dfrac{F}{C}$ 식의 각 기호를 설명하시오. (3점)

(1) V : _____

(2) C : _____

(3) F : _____

❯ Value Engineering
(1) Value(가치)
(2) Cost(비용)
(3) Function(기능)

20 다음 데이터로 네트워크 공정표를 작성하고, 각 작업의 여유시간을 구하시오. (10점)

작업명	작업일수	선행작업	비고
A	3	없음	결합점에서는 다음과 같이 표시하고, 주 공정선은 굵은 선으로 표시한다.
B	2	없음	
C	4	없음	
D	5	C	
E	2	B	
F	3	A	
G	3	A, C, E	
H	4	D, F, G	

해설

(1) 공정표

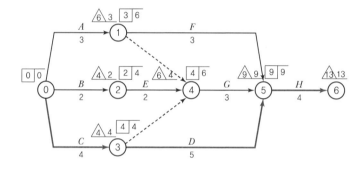

(2) 여유시간

작업명	TF	FF	DF	CP
A	3	0	3	
B	2	0	2	
C	0	0	0	*
D	0	0	0	*
E	2	0	2	
F	3	3	0	
G	2	2	0	
H	0	0	0	*

21 WBS(Work Breakdown Structure)의 뜻을 간단하게 기술하시오.

❯❯ WBS(Work Breakdown Structure) 공사내용을 파악하기 위해 작업을 공종별로 세분화한 분류체계이다.

22 다음에서 설명하는 용어를 쓰시오. (4점)

(1) 보나 트러스 등에서 그의 정상적 위치 또는 형상으로부터 상향으로 구부려 올리는 것이나 구부려 올린 크기 (   )

(2) 거푸집의 일부로 소정의 형상과 치수의 콘크리트가 되도록 고정 또는 지지하기 위한 지주 (   )

▶▶ (1) 솟음(Camber)
(2) 동바리(Timbering)

23 작업발판 일체형 거푸집의 종류를 3가지 쓰시오. (3점)

① _____
② _____
③ _____

▶▶ 작업발판 일체형 거푸집의 종류
① 갱폼(Gang Form)
② 클라이밍폼(Climbing Form)
③ 슬라이딩폼(Sliding Form)

24 조적공사의 인방보와 관련된 건축공사표준시방서 규정과 관련하여 다음 빈칸을 채우시오. (3점)

> 인방보의 양 끝을 벽체의 블록에 (①)mm 이상 걸치고, 또한 위에서 오는 하중을 전달할 충분한 길이로 한다. 인방보 상부의 벽은 균열이 생기지 않도록 주변의 벽과 강하게 연결되도록 철근이나 (②)로 보강연결하거나 좌우단 상향으로 (③)를 둔다.

① _____ ② _____ ③ _____

▶▶ ① 200
② 블록 메시
③ 컨트롤 조인트

25 다음 용어를 설명하시오. (4점)

(1) 공칭강도(Nominal Strength) : _____
_____

(2) 설계강도(Design Strength) : _____
_____

▶▶ (1) 하중에 대한 구조체나 구조부재 또는 단면의 저항능력을 말하며 강도감소계수 또는 설계저항계수를 적용하지 않은 강도다.
(2) 단면 또는 부재의 공칭강도에 강도감소계수 또는 설계저항계수를 곱한 강도다.

26 그림과 같은 단순보에 모멘트하중 M이 작용할 때 A지점의 처짐각을 구하시오(단, 부재의 탄성계수 : E, 단면2차모멘트 : I). (4점)

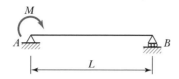

해설

단순보의 처짐각

실제 보의 A점의 처짐각은 공액보의 A점의 전단력이다.

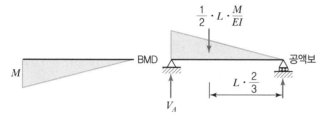

$$\sum M_B = 0 : V_A \times L - \frac{ML}{2EI} \times \left(\frac{2}{3}L\right) = 0$$

$$V_A = \frac{ML}{3EI}$$

$$\therefore \ \theta_A = \frac{ML}{3EI} \ (\curvearrowright)$$

01 기준점(Bench Mark)의 정의 및 설치 시 주의사항을 2가지 쓰시오. (4점)

(1) 정의 : _____
_____

(2) 설치 시 주의사항
① _____
② _____

> **기준점(Bench Mark)**
> (1) 정의 : 건축공사 중에 건축물의 고저에 기준이 되도록 건축물 인근에 높이의 기준을 설치하는 표시물이다.
> (2) 설치 시 주의사항
> ① 이동의 염려가 없는 곳에 바라보기 좋고 공사에 지장이 없는 곳에 설치한다.
> ② 지표에서 0.5~1m 위치에 설치한다.
> ③ 공사 중에 높이의 기준을 삼으려는 목적이며 2개소 이상 설치한다.

02 흙은 흙입자, 물, 공기로 구성되며, 도식화하면 다음 그림과 같다. 그림에 주어진 기호로 아래의 용어를 표기하시오. (3점)

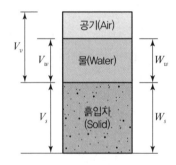

(1) 간극비 : _____
(2) 함수비 : _____
(3) 포화도 : _____

> **간극비, 함수비, 포화도**
> (1) 간극비 : $\dfrac{간극의\ 체적}{흙입자만의\ 체적} = \dfrac{V_v}{V_s}$
> (2) 함수비 : $\dfrac{물의\ 중량}{간극의\ 체적} \times 100$
> $= \dfrac{W_w}{W_s} \times 100\%$
> (3) 포화도 : $\dfrac{물의\ 체적}{간극의\ 체적} \times 100$
> $= \dfrac{V_w}{V_s} \times 100\%$

03 예민비(Sensitivity Ratio)의 식을 쓰고 간단히 설명하시오. (4점)

(1) 식 : _____

(2) 설명 : _____
_____

> **예민비**
> (1) 식 : 예민비 $= \dfrac{자연시료강도}{이긴\ 시료강도}$
> (2) 설명 : 진흙의 자연시료는 어느 정도 강도는 있으나 그 함수율을 변화시키지 않고 이기면 약해지는 성질이 있고 그 정도를 나타내는 것이다.

04 역타설공법(Top – Down Method)의 장점을 3가지 쓰시오. (3점)

① _____

② _____

③ _____

❯❯ 역타설공법(Top – Down Method)
① 지하와 지상 동시 작업으로 공기단축
② 1층 바닥판 선시공으로 작업공간 활용 가능
③ 전천후 시공 가능

05 흐트러진 상태의 흙 30m³를 이용하여 30m²의 면적에 다짐 상태로 60cm 두께를 터돋우기할 때 시공완료된 다음의 흐트러진 상태의 토량을 산출하시오(단, 이 흙의 L = 1.2, C = 0.9). (4점)

_____

_____

_____

❯❯ 토량 산출
① 다져진 상태의 토량
$$30\text{m}^2 \times 0.6\text{m} = 18\text{m}^3$$
② 흐트러진 상태의 토량
$$= \text{다져진 상태의 토량} \times \frac{L}{C}$$
$$= 18\text{m}^3 \times \frac{1.2}{0.9} = 24\text{m}^3$$
∴ 흐트러진 상태의 남는 토량
$$= 30\text{m}^3 - 24\text{m}^3 = 6\text{m}^3$$

06 지반개량공법 중 약액주입공법 시공 후 주입효과를 판정하기 위한 시험을 3가지 쓰시오. (3점)

① _____

② _____

③ _____

❯❯ 약액주입공법 시공 후 주입효과 판정시험
① 현장투수시험
② 색소에 의한 판별법
③ 표준관입시험

07 철근 콘크리트공사를 하면서 철근간격을 일정하게 유지하는 이유를 3가지 쓰시오. (3점)

① _____

② _____

③ _____

❯❯ 철근간격 일정 유지 이유
① 소요강도 확보
② 콘크리트 유동성 확보
③ 재료분리 방지

08 다음 용어를 간단히 설명하시오. (4점)

(1) 슬라이딩폼 : _____

_____

(2) 와플폼 : _____

_____

❯❯ (1) 거푸집을 연속으로 이동시키면서 콘크리트 타설을 하므로 시공이음이 없는 균일한 시공이 가능한 거푸집이다.
(2) 무량판 구조에서 2방향 장선바닥판 구조가 가능하도록 된 특수상자 모양의 기성재 거푸집이다.

09 골재의 흡수량과 함수량의 용어에 대해 기술하시오. (4점)

(1) 흡수량 : _____

_____

(2) 함수량 : _____

_____

10 콘크리트 소성수축균열(Plastic Shrinkage Crack)에 관하여 설명
하시오. (3점)

_____

_____

11 다음 철근 콘크리트구조 압축부재의 철근량 제한에 관한 내용에서
( ) 안에 적절한 수치를 기입하시오. (3점)

> 비합성 압축부재의 축방향 주철근 단면적은 전체단면적 A_g의 (①)배
> 이상, (②)배 이하로 하여야 한다. 축방향 주철근이 겹침이음 되는 경우
> 의 철근비는 (③)를 초과하지 않도록 해야 한다.

① _____ ② _____ ③ _____

12 큰 처짐에 의하여 손상되기 쉬운 칸막이벽이나 기타 구조물을 지지
또는 부착하지 않은 부재의 경우, 다음 표에서 정한 최소두께를 적용
하여야 한다. 표의 ( ) 안에 알맞은 숫자를 써넣으시오(단, 표의 값
은 보통중량 콘크리트와 설계기준항복강도 400MPa 철근을 사용한
부재에 대한 값이다). (3점)

단순지지된 1방향 슬래브	l /(①)
1단 연속된 보	l /(②)
양단 연속된 리브가 있는 1방향 슬래브	l /(③)

① _____ ② _____ ③ _____

13 철근 콘크리트 보의 춤이 700mm이고, 부모멘트를 받는 상부단면에 HD25 철근이 배근되어 있을 때, 철근의 인장정착길이(l_d)를 구하시오.(단, f_{ck} = 25MPa, f_y = 400MPa 철근의 순간격과 피복두께는 철근직경 이상이고, 상부철근 보정계수는 1.3을 적용, 도막되지 않은 철근, 보통중량 콘크리트를 사용한다.) (3점)

_____

_____

_____

❯❯ 인장철근의 정착길이
$$l_d = \frac{0.6 d_b \times f_y}{\lambda \sqrt{f_{ck}}} \times a\beta$$
$$= \frac{0.6 \times 25 \times 400}{1.0 \times \sqrt{25}} \times 1.3 \times 1.0$$
$$= 1,560\,mm$$

14 철골부재의 접합에 사용되는 고장력볼트 중 볼트의 장력관리를 손쉽게 하기 위한 목적으로 개발된 것으로 본 조임 시 전용조임기를 사용하여 볼트의 핀테일이 파단될 때까지 조임시공하는 볼트의 명칭을 쓰시오. (3점)

_____

❯❯ TS(Torque Shear) Bolt

15 다음의 고장력 볼트 너트회전법에 대한 그림을 보고 합격, 불합격 여부를 판정하고, 불합격이면 그 이유를 간단히 쓰시오. (6점)

(1)
120°

(2)

(3)

(1) _____ (2) _____ (3) _____

❯❯ 너트회전법
(1) 합격
(2) 불합격, 회전 과다
(3) 불합격, 회전 부족

16 강구조 접합부의 용접결함 중 슬래그(Slag) 감싸들기의 원인 및 방지대책을 2가지 쓰시오. (4점)

(1) 원인 :

① _____

② _____

(2) 대책 :

① _____

② _____

❯❯ 슬래그 감싸들기의 원인 및 방지대책
(1) ① 용착금속이 급속히 냉각하는 경우
    ② 운봉작업이 좋지 않은 경우
(2) ① 전류공급을 일정하게 유지
    ② 용접층에서 와이어 브러시로 슬래그를 충분히 제거

17 다음 용어를 설명하시오. (4점)

(1) 스캘럽(Scallop) : _____

_____

(2) 엔드탭(End Tab) : _____

_____

(1) 철골부재의 접합 및 이음 중 용접접합 시에 H형강 등의 용접 부위가 타부재 용접접합 시 용접되어서 열영향 부위의 취약화를 방지하는 목적으로 모따기를 하는 방법이다.
(2) 블로 홀, 크레이터 등의 용접결함이 생기기 쉬운 용접 비드의 시작과 끝 지점에 용접을 하기 위해 용접접합하는 모재의 양단에 부착하는 보조 강판이다.

18 강재 시험성적서(Mill Sheet)로 확인할 수 있는 사항을 1가지만 쓰시오. (2점)

_____

제품의 치수(Size)

19 총단면적 $A_g = 5,624\text{mm}^2$의 $H - 250 \times 175 \times 7 \times 11$(SM355)의 설계인장강도(kN)를 한계상태설계법에 의해 산정하시오(단, 설계저항계수 $\phi = 0.9$를 적용한다). (3점)

_____

_____

_____

한계상태설계법
$$\phi P_n = \phi F_y \cdot A_g$$
$$= 0.90 \times 355 \times 5,624$$
$$= 1,796,868\text{N}$$
$$= 1,796.868\text{kN}$$

20 조적조 세로규준틀의 설치위치 중 1개소를 쓰고, 세로규준틀 표시사항을 2가지 쓰시오. (4점)

(1) 설치위치 : _____

(2) 표시사항

① _____

② _____

조적조 세로규준틀
(1) 설치위치 : 건물의 모서리
(2) 표시사항
① 쌓기단수 및 줄눈표시
② 창문틀의 위치 및 치수 표시

21 목재를 천연건조(자연건조)할 때의 장점을 2가지 쓰시오. (4점)

① _____

② _____

목재의 자연건조 시 장점
① 인공건조에 비해 비교적 균일한 건조 가능
② 건조에 의한 결함이 감소되며 시설투자비용 및 작업비용이 적음

22 시멘트계 바닥 바탕의 내마모성, 내화학성, 분진방진성을 증진시켜 주는 바닥강화제(Hardner) 중 침투식 액상하드너 시공 시 유의사항을 2가지 쓰시오. (4점)

① _____

② _____

❯❯ 액상하드너 시공 시 유의사항
① 5℃ 이하가 되면 작업을 중단할 것
② 액상 바닥강화 바탕은 최소 21일 이상 양생하여 완전 건조할 것

23 다음 용어를 설명하시오. (4점)

(1) 복층유리 : _____

_____

(2) 배강도유리 : _____

_____

❯❯ (1) 건조공기층을 사이에 두고 판유리를 이중으로 접합하여 테두리를 밀봉한 유리다.
(2) 판유리를 연화점 정도로 가열 후 서서히 냉각하여 24MPa 이상의 압축 응력층을 갖도록 한 유리다.

24 다음에 제시된 화살표형 네트워크 공정표를 통해 일정계산 및 여유시간, 주공정선(CP)과 관련된 빈칸을 모두 채우시오(단, CP에 해당하는 작업은 * 표시를 하시오). (10점)

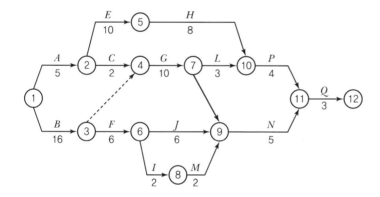

작업명	EST	EFT	LST	LFT	TF	FF	DF	CP
A								
B								
C								
D								
E								
F								
G								
H								

작업명	EST	EFT	LST	LFT	TF	FF	DF	CP
I								
J								
K								
L								
M								
N								
P								
Q								

해설

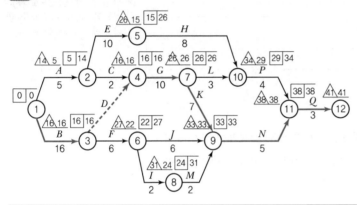

작업명	EST	EFT	LST	LFT	TF	FF	DF	CP
A	0	5	9	14	9	0	9	
B	0	16	0	16	0	0	0	*
C	5	7	14	16	9	9	0	
D	16	16	16	16	0	0	0	*
E	5	15	16	26	11	0	11	
F	16	22	21	27	5	0	5	
G	16	26	16	26	0	0	0	*
H	15	23	26	34	11	6	5	
I	22	24	29	31	7	0	7	
J	22	28	27	33	5	5	0	
K	26	33	26	33	0	0	0	*
L	26	29	31	34	5	0	5	
M	24	26	31	33	7	7	0	
N	33	38	33	38	0	0	0	*
P	29	33	34	38	5	5	0	
Q	38	41	38	41	0	0	0	*

25 그림과 같은 구조물에서 T부재에 발생하는 부재력을 구하시오. (3점)

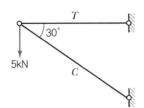

(1) 압축 : _____

(2) 인장 : _____

26 그림과 같은 부정정 라멘구조의 휨모멘트도(BMD)를 그리시오. (4점)

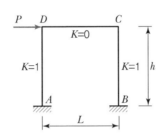

⟫ 부재력

(1) 압축 : $\Sigma V = 0$: $-(5)$
   $-(F_C \cdot \sin 30°) = 0$
   $\therefore F_C = -10\text{kN}$

(2) 인장 : $\Sigma H = 0$: $+(F_T)$
   $+(F_C \cdot \cos 30°) = 0$
   $\therefore F_T = +8.66\text{kN}$

⟫

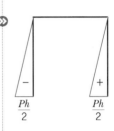

01 다음 설명에 해당하는 보링방법을 쓰시오. (4점)

> (1) 충격날을 60~70cm 정도 낙하시키고 그 낙하충격에 의해 파쇄된 토사를 퍼내어 지층상태를 판단하는 방법
>
> (2) 충격날을 회전시켜 천공하므로 토층이 흐트러질 우려가 적은 방법
>
> (3) 오거를 회전시키면서 지중에 압입·굴착하고 여러 번 오거를 인발하여 교란시료를 채취하는 방법
>
> (4) 깊이 30cm 정도의 연질층에 사용하며, 외경 50~60mm 관을 이용, 천공하면서 흙과 물을 동시에 배출시키는 방법

(1) _____   (2) _____

(3) _____   (4) _____

> **보링방법**
> (1) 충격식 보링
> (2) 회전식 보링
> (3) 오거 보링
> (4) 수세식 보링

02 언더피닝(Under Pinning) 공법을 적용해야 하는 경우를 3가지 쓰시오. (3점)

① _____

② _____

③ _____

> **언더피닝 공법을 적용하는 경우**
> ① 기존 건축물의 기초를 보강할 때
> ② 새로운 기초를 설치하여 기존 건축물을 보호해야 할 때
> ③ 지하구조물 축조 시 또는 터파기 시 인접건물의 침하, 균열 등의 피해를 예방하고자 할 때
> ④ 경사진 건물을 바로잡고자 할 때

03 지하구조물은 지하수위에서 구조물 밑면까지의 깊이만큼 부력을 받아 건물이 부상하게 되는데, 이것에 대한 방지대책을 3가지 기술하시오. (3점)

① _____

② _____

③ _____

> **건물 부상방지 대책**
> ① 록앵커를 기초 저면 암반까지 정착시킨다.
> ② 부력에 대항하도록 구조물의 자중을 증대시킨다.
> ③ 배수공법을 이용하여 지하수위를 저하시킨다.

04 다음 기초에 소요되는 철근(kg), 콘크리트(m³), 거푸집(m²)의 정미량을 산출하시오(단, 이형철근 D16의 단위중량은 1.56kg/m, D13의 단위중량은 0.995kg/m). (6점)

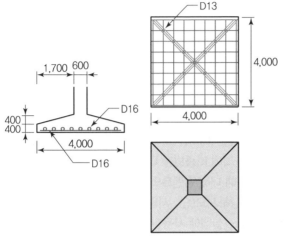

(1) 철근량 : _____

_____

(2) 콘크리트양 : _____

_____

(3) 거푸집량 : _____

_____

❷ (1) 철근량
① 주근(D16) : [(9개×4m)+(9개 ×4m)]×1.56kg/m
= 112.32kg
② 대각선근(D13) : [4√2 ×6개] ×0.995 = 33.771kg
∴ 총철근량 : 112.32+33.771 = 146.091 → 146.09kg
(2) 콘크리트양 : $4×4×0.4+\frac{0.4}{6}$
[(2×4+0.6)×4+(2×0.6+4) ×0.6] = 8.901 → 8.90m³
(3) 거푸집량 : 2×(4+4)×0.4 = 6.4 → 6.4m²

05 다음 보기에서 설명하는 거푸집의 명칭을 쓰시오. (4점)

> (1) 무량판 구조에서 2방향 장선 바닥판 구조가 가능하도록 된 특수상자 모양의 기성재 거푸집
> (2) 대형 시스템화 거푸집으로서 한 구간 콘크리트 타설 후 다음 구간으로 수평이동이 가능한 거푸집
> (3) 유닛(Unit) 거푸집을 설치하여 요크(York)로 거푸집을 끌어올리면서 연속해서 콘크리트를 타설 가능한 수직활동 거푸집
> (4) 아연도 철판을 절곡 제작하여 거푸집으로 사용하며, 콘크리트 타설 후 마감재로 사용하는 철판

(1) _____ (2) _____

(3) _____ (4) _____

❷ 거푸집 명칭
(1) 와플폼(Waffle Form)
(2) 트래블링폼(Traveling Form)
(3) 슬라이딩폼(Sliding Form)
(4) 데크 플레이트(Deck Plate)

06 KS L 5201에서 규정하는 포틀랜드 시멘트(Portland Cement)의 종류를 5가지 쓰시오. (5점)

① _____
② _____
③ _____
④ _____
⑤ _____

포틀랜드 시멘트의 종류
① 보통 포틀랜드 시멘트
② 중용열 포틀랜드 시멘트
③ 조강 포틀랜드 시멘트
④ 저열 포틀랜드 시멘트
⑤ 내황산염 포틀랜드 시멘트

07 건설공사 현장에 시멘트가 반입되었다. 특기시방서에 시멘트 비중이 3.10 이상으로 규정되어 있다고 할 때, 르샤틀리에 비중병을 이용하여 KS 규격에 의거 시멘트 비중을 시험한 결과에 대해 시멘트의 비중을 구하고, 자재품질 관리상 합격 여부를 판정하시오(단, 시험결과 비중병에 광유를 채웠을 때 최초 눈금은 0.5cc, 실험에 사용한 시멘트양은 64g, 광유에 시멘트를 넣은 후의 눈금은 20.8cc였다). (4점)

(1) 비중 : _____
(2) 판정 : _____

시멘트 비중시험
(1) 비중 : $G = \dfrac{64}{20.8 - 0.5} = 3.15$
(2) 판정 : $3.15 \geq 3.10$ 이므로 합격

08 시멘트 분말도 시험법을 2가지 쓰시오. (2점)

① _____
② _____

시멘트 분말도 시험법
① 표준체에 의한 방법
② 블레인 공기투과장치에 의한 방법

09 콘크리트 배합 시 잔골재를 세척해사로 사용했을 때 콘크리트의 염화물 함량을 측정한 결과 염소이온량이 $0.3 \sim 0.6 kg/m^3$였다. 이때 철근 콘크리트의 철근 부식방지에 따른 유효한 대책을 3가지 쓰시오. (3점)

① _____
② _____
③ _____

철근부식 방지대책
① 에폭시 코팅 철근 사용
② 골재에 제염제 혼입
③ 콘크리트에 방청제 혼입

10 다음 설명에 해당되는 알맞은 줄눈(Joint)을 적으시오. (2점)

> 콘크리트 시공과정 중 휴식시간 등으로 응결하기 시작한 콘크리트에 새로운 콘크리트를 이어 칠 때 일체화가 저해되어 생기는 줄눈

❯❯ 콜드 조인트(Cold Joint)

11 레미콘(25 – 30 – 180)의 현장반입 시 송장 표기내용에서 각각 의미하는 바를 간단히 쓰시오. (4점)

(1) 25mm : _____

(2) 30MPa : _____

(3) 180mm : _____

❯❯ (1) 굵은 골재 최대치수 25mm
(2) 호칭강도(28일 압축강도) 30MPa
(3) 소요 슬럼프값 180mm

12 다음 콘크리트의 균열보수법에 대하여 설명하시오. (4점)

(1) 표면처리법 : _____

_____

(2) 주입공법 : _____

_____

❯❯ (1) 0.2mm 이하의 미세한 균열 표면에 수지계 또는 시멘트계 재료를 주입하여 피막층을 만드는 방법이다.
(2) 균열폭이 0.2mm 이상인 경우에 주입용 파이프를 10~30cm 간격으로 설치하고 저점도의 에폭시수지로 충전하는 방법이다.

13 강구조 공사 습식 내화피복공법의 종류를 4가지 쓰시오. (4점)

① _____   ② _____

③ _____   ④ _____

❯❯ 습식 내화공법의 종류
① 미장공법
② 타설공법
③ 조적공법
④ 뿜칠공법

14 고장력 볼트접합은 3가지(인장접합, 지압접합, 마찰접합)로 구분된다. 다음 그림을 보고 해당하는 접합명을 쓰시오. (3점)

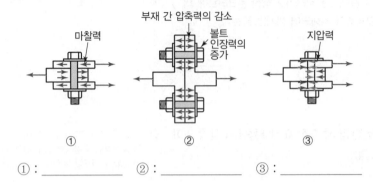

① : _____ ② : _____ ③ : _____

▶ 볼트접합명
① 마찰접합
② 인장접합
③ 지압접합

15 용접부의 검사항목이다. 알맞은 공정을 보기에서 골라 기호를 쓰시오. (3점)

[보기]
㉠ 트임새 모양	㉡ 전류	㉢ 침투수압
㉣ 운봉	㉤ 모아대기법	㉥ 외관 판단
㉦ 구속	㉧ 용접봉	㉨ 초음파검사
㉩ 절단검사		

(1) 용접 착수 전 : _____
(2) 용접 작업 중 : _____
(3) 용접 완료 후 : _____

▶ 용접부 검사항목
(1) ㉠, ㉤, ㉦
(2) ㉡, ㉣, ㉧
(3) ㉢, ㉥, ㉨, ㉩

16 다음 용어를 설명하시오. (4점)

(1) 스캘럽(Scallop) : _____

_____

(2) 뒷댐재(Back Strip) : _____

_____

▶▶ (1) 용접 시 이음부가 교차되어 재용접된 부위가 취약해지기 때문에 모재에 부채꼴 모양의 모따기를 한 것이다.
(2) 모재와 함께 용접되는 루트(Root) 하부에 대어주는 강판이다.

17 강구조공사 용접 시 발생할 수 있는 라멜라 테어링(Lameller Tearing)에 대해 간단히 설명하시오.

_____

_____

_____

> 용접에 의해 판두께 방향으로 강한 인장 구속력이 생기는 이음에 있어 강재 표면에 평행방향으로 진전되는 박리상의 균열이다.

18 조적조를 바탕으로 하는 지상부 건축물의 외부 벽면 방수방법의 내용을 3가지 쓰시오. (3점)

① _____ ② _____ ③ _____

> 조적조 외부 벽면 방수방법
> ① 시멘트 액체방수
> ② 도박방수 공법
> ③ 수밀재 붙임방법

19 평지붕 외단열 시트(Sheet) 방수공법의 시공 순서를 보기에서 골라 기호를 쓰시오. (4점)

[보기]
㉠ 누름 콘크리트   ㉡ PE 필름   ㉢ 단열재
㉣ 시트 방수   ㉤ 바탕 콘크리트 타설

_____

> 평지붕 외단열 시트 방수 순서
> ㉤ → ㉣ → ㉢ → ㉡ → ㉠

20 로이삼중유리의 정의와 특징에 대해 서술하시오. (4점)

_____

_____

_____

> 로이삼중유리
> 적외선 반사율이 높은 금속막 코팅을 삼중유리 안쪽에 붙인 것으로, 에너지 절약형 유리다.

21 가치공학(Value Engineering)의 기본 추진 절차를 순서대로 나열하시오. (4점)

[보기]
㉠ 정보수집   ㉡ 기능정리   ㉢ 아이디어 발상
㉣ 기능정의   ㉤ 대상선정   ㉥ 제안
㉦ 기능평가   ㉧ 평가   ㉨ 실시

_____

> 가치공학(Value Engineering) 순서
> ㉤ - ㉠ - ㉣ - ㉡ - ㉦ - ㉢ - ㉧ - ㉥ - ㉨

22 다음 데이터로 네트워크 공정표를 작성하고, 각 작업의 여유시간을 구하시오. (10점)

작업명	작업일수	선행작업	비고
A	5	없음	결합점에서는 다음과 같이 표시하고, 주 공정 선은 굵은 선으로 표시한다.
B	6	없음	
C	5	A, B	
D	7	A, B	
E	3	B	
F	4	B	
G	2	C, E	
H	4	C, D, E, F	

해설

(1) 공정표

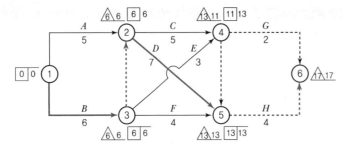

(2) 여유시간

작업명	EST	EFT	LST	LFT	TF	FF	DF	CP
A	0	5	1	6	1	1	0	
B	0	6	0	6	0	0	0	*
C	6	11	8	13	2	0	2	
D	6	13	6	13	0	0	0	*
E	6	9	10	13	4	2	2	
F	6	10	9	13	3	3	0	
G	11	13	15	17	4	4	0	
H	13	17	13	17	0	0	0	*

23 그림과 같은 트러스의 U_2, L_2 부재의 부재력(kN)을 절단법으로 구하시오(단, ─는 압축력, ＋는 인장력으로 부호를 반드시 표시하시오). (4점)

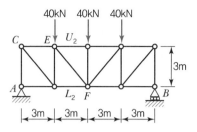

40kN   40kN   40kN

◈ 트러스 부재력 절단법

$$V_A = \frac{40+40+40}{2} = +60\,\text{kN}(\uparrow)$$

$$M_F = 0 : +60 \times 6 - 40 \times 3 + F_{U_2} \times 3 = 0$$

$$\therefore\ F_{U_2} = -80\,\text{kN(압축)}$$

$$M_E = 0 : +60 \times 3 - F_{L_2} \times 3 = 0$$

$$\therefore\ F_{L_2} = +60\,\text{kN(인장)}$$

24 그림과 같은 단순보의 최대 전단응력을 구하시오. (3점)

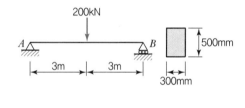

200kN

500mm

300mm

◈ 단순보의 최대 전단응력

$$V_{\max} = +\frac{P}{2} = +\frac{200}{2} = 100\,\text{kN}$$

$$\tau_{\max} = k \cdot \frac{V_{\max}}{A}$$

$$= \left(\frac{3}{2}\right) \cdot \frac{(100 \times 10^3)}{(300 \times 500)}$$

$$= 1\,\text{N/mm}^2 = 1\,\text{MPa}$$

25 철근 콘크리트 부재의 구조계산을 수행한 결과이다. 공칭휨강도와 공칭전단강도를 구하시오. (4점)

[조건]

① 하중조건
- 고정하중 : $M = 150\,\text{kN}\cdot\text{m}$, $V = 120\,\text{kN}$
- 활하중 : $M = 130\,\text{kN}\cdot\text{m}$, $V = 110\,\text{kN}$

② 강도감소계수
- 휨에 대한 강도감소계수 : $\phi = 0.85$ 적용
- 전단에 대한 강도감소계수 : $\phi = 0.75$ 적용

(1) 공칭휨강도 : _____

_____

◈ (1) 공칭휨강도(M_n)

$$M_u = 1.2M_D + 1.6M_L$$

$$= 1.2 \times 150 + 1.6 \times 130$$

$$= 388\,\text{kN}\cdot\text{m}$$

$$(\geq 1.4M_D = 1.4 \times 150 = 210\,\text{kN}\cdot\text{m})$$

$$M_u = \phi M_n \text{에서}$$

$$M_n = \frac{M_u}{\phi} = \frac{388}{0.85} = 456.471\,\text{kN}\cdot\text{m}$$

(2) 공칭전단강도(V_n)

$$V_u = 1.2V_D + 1.6V_L$$

$$= 1.2 \times 120 + 1.6 \times 110$$

$$= 320\,\text{kN}$$

$$(\geq 1.4M_D = 1.4 \times 120 = 168\,\text{kN})$$

$$V_u = \phi V_n \text{에서}$$

$$V_n = \frac{V_u}{\phi} = \frac{320}{0.75} = 426.667\,\text{kN}$$

(2) 공칭전단강도 : _____

_____

26 그림과 같은 철근 콘크리트 보 단면의 설계전단강도를 구하시오(단, 보통 중량 콘크리트 사용, f_{ck} = 24MPa, f_{yt} = 400MPa). (4점)

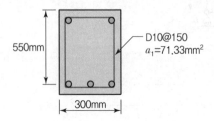

_____

_____

_____

➡️ 보 단면의 설계전단강도

① $V_c = \dfrac{1}{6} \lambda \sqrt{f_{ck}} \cdot b_w \cdot d$

$= \dfrac{1}{6} \times 1.0 \times \sqrt{24} \times (300 \times 550)$

$= 134,722 \text{N}$

② $V_s = \dfrac{A_v \cdot f_{yt} \cdot d}{s}$

$= \dfrac{2 \times 71.33 \times 400 \times 550}{150}$

$= 209,235 \text{N}$

∴ $\phi V_n = \phi(V_c + V_s)$

$= 0.75 \times (134,722 + 209,235)$

$= 257,968 \text{N} = 257.968 \text{kN}$

2023년 제1회 기출문제

01 지반조사 방법 중 보링(Boring)의 정의와 종류를 3가지 쓰시오. (4점)

(1) 정의 : _____

_____

(2) 종류

① _____

② _____

③ _____

> **▶ 보링(Boring)**
> (1) 정의 : 지반을 천공하고 토질의 시료를 채취하여 지층 상황을 판단하는 방법
> (2) 종류
> ① 오거 보링(Auger Boring)
> ② 수세식 보링(Wash Boring)
> ③ 충격식 보링(Percussion Boring)
> ④ 회전식 보링(Rotary Boring)

02 레미콘(25 – 30 – 180)의 현장반입 시 송장 표기내용에서 각각 의미하는 바를 간단히 쓰시오(단, 단위도 표기할 것). (3점)

(1) 25 : _____

(2) 30 : _____

(3) 180 : _____

> **▶** (1) 굵은 골재 최대치수 25mm
> (2) 호칭강도 30MPa
> (3) 슬럼프값 180mm

03 LOB(Line Of Balance)에 대하여 설명하시오. (3점)

_____

_____

_____

> **▶ LOB**
> 반복작업에서 각 작업조의 생산성을 유지하면서, 그 생산성을 기울기로 하는 직선을 각 반복작업을 표시하여 전체 공사를 도식화하는 공정기법이다.

04 압밀과 다짐을 비교하여 설명하시오. (4점)

(1) 압밀 : _____

(2) 다짐 : _____

> **▶** (1) 점토지반에서 하중을 가해 흙속의 간극수를 제거하는 것이다.
> (2) 사질지반에서 외력을 가해 공기를 제거하여 압축하는 것이다.

05 파스너(Fastener)는 커튼월을 구조체에 긴결시키는 부품을 말한다. 이는 외력에 대응할 수 있는 강도를 가져야 하며 설치가 용이하고 내구성, 내화성 및 층간변위에 대한 추종성이 있어야 한다. 커튼월 공사에서 구조체의 층간변위, 커튼월의 열팽창, 변위 등을 해결하는 파스너의 긴결방식을 3가지 쓰시오. (3점)

① _____ ② _____ ③ _____

파스너의 긴결방식
① 슬라이드 방식
② 회전방식
③ 고정방식

06 Fast – Track – Method 공법을 간단히 설명하시오. (3점)

_____

_____

_____

설계와 시공을 분리하여 진행하지 않고 공기단축을 위하여 n차수로 나누어서 병행하여 진행하는 공법이다.

07 블록의 1급 압축강도는 6N/mm² 이상으로 규정되어 있다. 현장에 반입된 블록의 규격이 다음 그림과 같을 때, 압축강도시험을 실시한 결과 550,000N, 500,000N, 600,000N에서 파괴되었다면 평균 압축강도를 구하고 규격을 상회하고 있는지 여부에 따라 합격 및 불합격 판정하시오[단, 블록의 전단면적(190 × 190 × 390mm)은 74,100 mm²이고, 구멍을 공제한 중앙부의 순단면적은 460,000mm이다]. (5점)

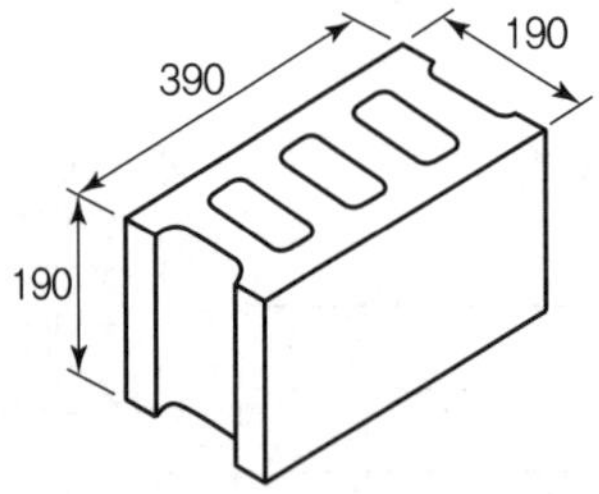

(1) 평균압축강도 : _____

_____

(2) 판정 : _____

(1) 평균압축강도

• $\dfrac{550,000}{390 \times 190} = 7.42\,\text{MPa}$

• $\dfrac{500,000}{390 \times 190} = 6.75\,\text{MPa}$

• $\dfrac{600,000}{390 \times 190} = 8.10\,\text{MPa}$

∴ 평균강도 $= \dfrac{7.42 + 6.75 + 8.10}{3}$

$= 7.42\,\text{MPa}$

(2) 판정 : 합격(∵ 6MPa < 7.42MPa)

08 다음 데이터를 이용하여 Normal Time 네트워크 공정표를 작성하고, 아울러 공기 3일을 단축한 네트워크 공정표 및 총공사금액을 산출하시오(단, 공기단축된 공정표에 결합점의 일정은 표기하지 않는다). (12점)

Activity	Node		정상시간	정상비용	특급시간	특급비용
A	0	1	3일	20,000원	2일	26,000원
B	0	2	7일	40,000원	5일	50,000원
C	1	2	5일	45,000원	3일	59,000원
D	1	4	8일	50,000원	7일	60,000원
E	2	3	5일	35,000원	4일	44,000원
F	2	4	4일	15,000원	3일	20,000원
G	3	5	3일	15,000원	3일	15,000원
H	4	5	7일	60,000원	7일	60,000원

(1) 표준 네트워크 공정표
(2) 공기단축 공정표
(3) 단축 시 총공사비

해설

(1) 표준 네트워크 공정표

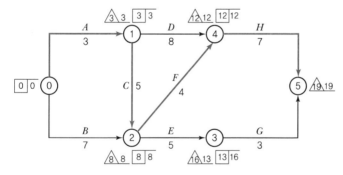

(2) 공기단축 공정표

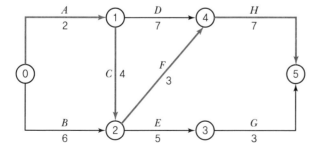

(3) 단축 시 총공사비

작업(CP)	단축 가능 일수	비용구배
A	1	6,000
C	2	7,000
F	1	5,000
H	x	x
D	2	10,000
B	2	5,000

① 1차 공기단축 : F×1(Sub Cp : D)
② 2차 단축 : <u>A</u> : <u>C+D</u>
           6,000 17,000
   ∴ A×1(Sub Cp : B)
③ 3차 단축 : <u>B+C+D</u>
           22,000
   ∴ (B+C+D)×1
④ 4차 단축 : <u>F</u>
       5,000
   ∴ (F+G+H)×2
⑤ 추가공사비
   A : 6,000×1일=6,000원 ⎫
   B : 5,000×1일=5,000원 ⎪
   C : 7,000×1일=7,000원 ⎬ 33,000원
   D : 10,000×1일=10,000원 ⎪
   F : 5,000×1일=5,000원 ⎭
∴ 총공사비=표준공사비+추가공사비=280,000+33,000=313,000원

09 콘크리트 이어붓기에 대한 내용이다. ( ) 안을 채우시오. (4점)

> 콘크리트 시공 시 비빔에서 타설 후 이어붓기까지의 제한시간은 25℃ 이상에서는 (①) 이내, 25℃ 미만에서는 (②) 이내로 타설완료하여야 한다.

① _____ ② _____

◆ 콘크리트 이어붓기 시간
① 2시간(120분)
② 2.5시간(150분)

10 지하연속벽(Slurry Wall) 공법에 사용되는 안정액의 역할을 2가지 쓰시오. (2점)

① _____
② _____

◆ 안정액의 역할
① 굴착공 내의 붕괴방지
② 지하수 유입장치(차수역할)
③ 굴착부의 마찰저항 감소
④ 슬라임 등의 부유물 배제, 방지효과

11 ALC 제조 시 주재료와 기포 제조방법을 쓰시오. (4점)

   (1) 주재료 : _____

   (2) 기포 제조방법 : _____

▶ ALC 제조 재료와 방법
  (1) 규사, 생석회
  (2) 발포제인 알루미늄 분말과 기포안정
     제 혼입

12 강구조 볼트 접합과 관련하여 용어를 쓰시오. (3점)

   (1) 볼트 중심 사이의 간격   (   )

   (2) 볼트 중심 사이를 연결하는 선   (   )

   (3) 볼트 중심 사이를 연결하는 선 사이의 거리   (   )

▶▶ (1) 피치
    (2) 게이지라인
    (3) 게이지

13 자연시료의 강도가 8, 이긴 시료의 강도가 5일 때 예민비를 구하시오. (4점)

_____

▶ 예민비

예민비 $= \dfrac{\text{자연시료강도}}{\text{이긴 시료강도}} = \dfrac{8}{5} = 1.6$

14 고강도 콘크리트의 폭렬현상에 대하여 설명하시오. (3점)

_____

_____

_____

▶ 화재 시 급격한 고온에 의해서 내부 수
  증기압이 발생하고, 이 수증기압이 콘크
  리트 인장강도보다 크게 되면 콘크리트
  부재 표면이 심한 폭음과 함께 박리 및
  탈락하는 현상이다.

15 콘크리트 타설 전에 여러 가지 품질검사를 해야 한다. 그중에서 콘크리트 받아들이기 품질검사항목을 4가지 쓰시오(단, 굳지 않은 콘크리트의 상태에 관한 시험은 채점대상에서 제외한다). (4점)

   ① _____   ② _____

   ③ _____   ④ _____

▶ 콘크리트 받아들이기 품질검사항목
  ① 슬럼프
  ② 슬럼프 플로
  ③ 공기량
  ④ 염화물 함유량

16 다음 조건을 보고 철근 콘크리트 부재의 부피와 중량(t)을 산출하시오. (6점)

> [조건]
> ① 기둥 : 450×600, 길이 4m, 수량 50개
> ② 보 : 300×400, 길이 1m, 수량 150개

(1) 부피 : _____

(2) 중량 : _____

>> 철근 콘크리트 부재의 부피와 중량
① 기둥
  • 부피 : 0.45×0.6×4×50=54m³
  • 중량 : 54×2.4=129.6t
② 보
  • 부피 : 0.3×0.4×1×150=18m³
  • 중량 : 18×2.4=43.2t

(1) 부피 : 54+18=72m³
(2) 중량 : 129.6+43.2=172.8t

17 석재를 이용한 공사를 진행하다가 석재가 깨진 경우 사용되는 접착제를 기재하시오. (3점)

_____

>> 에폭시수지

18 철골공사를 시공할 때 베이스 플레이트와 기초 사이에 사용되는 충전재의 명칭을 쓰시오. (3점)

_____

>> 무수축 모르타르

19 지하구조물은 지하수위에서 구조물 밑면까지의 깊이만큼 부력을 받아 건물이 부상하게 되는데, 이것에 대한 방지대책을 2가지 쓰시오. (4점)

① _____   ② _____

>> 건물 부력방지 대책
① 록앵커 공법
② 건물의 자중 증가
③ 지하실 설치
④ 배수공법

20 다음에서 설명하는 용어를 쓰시오. (3점)

> 드라이비트라는 일종의 못박기총을 사용하여 콘크리트나 강재 등에 박는 특수못 머리가 달린 것을 H형, 나사로 된 것을 T형이라고 한다.

_____

>> 드라이브 핀

21 다음 그림과 같은 트러스 구조물의 부정정 차수를 구하고, 안정구조물인지 불안정구조물인지 판별하시오. (4점)

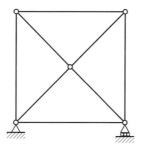

❯ 트러스 부정정
$r + m - 2j = 3 + 8 - 2 \times 5$
$\qquad = 1$차 부정정구조물
∴ 안정구조물

22 다음 그림과 같은 인장재의 순단면적을 구하시오[단, 사용볼트는 M20(F10T, 표준구멍]. (4점)

F10T—M20

❯ 인장재의 순단면적
$A_g = (100 + 100 - 7) \times 7 = 1,351\text{mm}^2$
$A_n = A_g - n \cdot d \cdot t$
$\qquad = 1,351 - 2 \times 22 \times 7 = 1,043\text{mm}^2$

23 한계상태설계법으로 구조물을 설계하는 경우 하중조합으로 소요강도를 산정해야 한다. 이때 지진하중에 대한 하중계수는 얼마인가? (3점)

❯ 1.0E

24 그림과 같은 단면2차모멘트 $I = 64,000\text{cm}^4$, 단면2차반경 $r = \dfrac{20}{\sqrt{3}}$ cm일 때, $b \times h$를 구하시오. (4점)

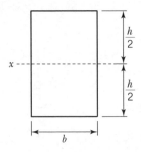

$r = \sqrt{\dfrac{I}{A}}$ 이므로

$A = \dfrac{I}{r^2} = \dfrac{64,000}{\left(\dfrac{20}{\sqrt{3}}\right)^2} = 480\text{cm}^2$

$I = \dfrac{b \times h^2}{12} = \dfrac{A \times h^2}{12} = 64,000 \text{ cm}^4$

$h = \sqrt{64,000 \times \dfrac{12}{480}} = 40\text{cm}$

$b = \dfrac{480}{40} = 12\text{cm}$

$\therefore \ 12\text{cm} \times 40\text{cm} = 480\text{cm}^2$

25 양단 연속인 T형보의 유효폭 산정 기준을 적으시오. (3점)

T형보의 유효폭 산정
① 보 경간의 $L/4$
② $16h_f + b_w$
③ 양측 슬래브의 중심 간 거리

26 다음 그림과 같은 겔버보의 지점반력을 산정하시오. (3점)

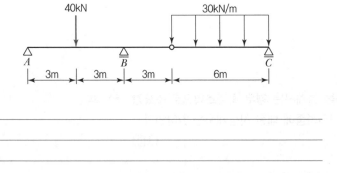

겔버보의 지점반력 산정

$V_{hinge} = 30 \times 6 \times \dfrac{1}{2} = 90$ kN

$V_C = 90\text{kN}(\uparrow)$

힌지 절점의 반력은 좌측 구조물로 전이되고 이때 방향은 반대로 적용한다.

$\Sigma M_B = 0$

$V_A \times 6 - 40 \times 3 + 90 \times 3 = 0$

$V_A = \dfrac{120 - 270}{6} = -25\text{kN}(\downarrow)$

$V_A + V_B + V_C = 220$kN이므로

$V_B = 155\text{kN}(\uparrow)$

$\therefore \ V_A = -25\text{kN}$

$\quad V_B = 155\text{kN}$

$\quad V_C = 90\text{kN}$

01 다음에서 설명하는 콘크리트의 줄눈 명칭을 쓰시오. (2점)

> 콘크리트 경화 시 수축에 의한 균열을 방지하고 슬래브에서 발생하는 수평 움직임을 조절하기 위하여 설치한다. 벽과 슬래브 외기에 접하는 부분 등 균열이 예상되는 위치에 약한 부분을 인위적으로 만들어 다른 부분의 균열을 억제하는 역할을 한다.

➤ 조절줄눈(Control Joint)

02 지하구조물은 지하수위에서 구조물 밑면까지의 깊이만큼 부력을 받아 건물이 부상하게 되는데, 이것에 대한 방지대책을 2가지 기술하시오. (2점)

① _____
② _____

➤ ① 유입 지하수를 강제 Pumping하여 외부로 배수를 유도한다.
② 구조물 자중을 증대하여 부력에 대항한다.
③ 브라켓을 설치하여 상부의 매립토 하중으로 수압에 대항한다.
④ 인접 건물에 긴결하여 수압 상승에 대처한다.
⑤ 마찰말뚝을 이용하여 기초 하부의 마찰력을 증대시킨다.

03 연약지반 개량공법을 3가지만 쓰시오. (3점)

① _____
② _____
③ _____

➤ ① 샌드 드레인 공법
② 팩 드레인 공법
③ 페이퍼 드레인 공법

04 강구조 주각부의 현장 시공순서를 기호로 쓰시오. (4점)

> ㉠ 기초 상부 고름질   ㉡ 가조립
> ㉢ 변형 바로잡기   ㉣ 앵커볼트 설치
> ㉤ 철골 세우기   ㉥ 철골 도장

➤ ㉣ → ㉠ → ㉤ → ㉡ → ㉢ → ㉥

05 다음에서 설명하는 낙찰제도의 명칭을 쓰시오. (4점)

(1) 입찰에서 제시한 가격과 기술능력, 공사경험, 경영상태 등 계약수행 능력을 종합평가하여 낙찰자를 결정하는 제도 : _____

_____

(2) 사회적 책임점수를 포함한 공사수행 능력점수와 입찰금액 점수를 합산하여 가장 높은 점수를 획득한 입찰자를 낙찰시키는 제도 :

_____

(1) 적격낙찰제도
(2) 종합심사낙찰제도

06 지반조사 시 실시하는 보링(Boring)의 종류를 3가지 쓰시오. (3점)

① _____
② _____
③ _____

① 오거 보링
② 수세식 보링
③ 충격식 보링
④ 회전식 보링

07 가설출입구 설치 시 고려사항을 3가지 작성하시오. (3점)

① _____
② _____
③ _____

① 진입 유효폭과 전면 도로폭에 의한 진입각도를 확인
② 인접도로의 차량 흐름에 영향을 적게 주는 위치 선정
③ 현장으로의 진입이 용이하고 자재 야적이 유리한 위치 선정
④ 철골공사인 경우 철골 기둥 반입 시 적재 화물의 최고 높이 적용
⑤ 유효높이, 출입문 위에 횡부재, 호차 레일이 있는 경우 통행 차량의 적재 높이를 고려

08 다음 평면의 건물높이가 13.5m일 때 비계면적을 산출하시오(단, 도면 단위는 mm이며, 비계형태는 쌍줄비계로 한다). (5점)

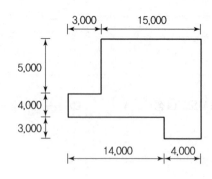

_____
_____

$A = (\Sigma l + 7.2) \times H$
$= (60 + 7.2) \times 13.5$
$= 907.2 \text{m}^2$

09 기초의 부동침하는 구조적으로 문제를 일으키게 된다. 이러한 기초의 부동침하를 방지하기 위한 대책 중 기초구조 부분에 처리할 수 있는 사항을 2가지 기술하시오. (4점)

① _____

② _____

❯❯ ① 마찰 말뚝으로 지지력 상향
② 지하실 설치

10 다음 그림과 같은 온통기초에서 터파기량, 되메우기량, 잔토처리량을 산출하시오(단, 토량환산계수 $L=1.3$으로 한다). (9점)

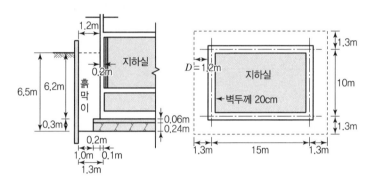

_____

_____

_____

해설

(1) 터파기량

$V = L_x \times L_y \times H$에서

$L_x = 15 + 1.3 \times 2 = 17.6m$

$L_y = 20 + 1.3 \times 2 = 12.6m$

$H = 6.5m$

∴ 터파기량 $= 17.6 \times 12.6 \times 6.5 = 1,441.44m^3$

(2) 되메우기량

① GL 이하의 구조부 체적(m^3) : 지하건축물부피 + 기초부피

• 지하건축물부피 : $(15 + 0.1 \times 2) \times (10 + 0.1 \times 2) \times 6.2 = 961.248m^3$

• 기초부피 : $\{15 + (0.1 + 0.2) \times 2\} \times \{10 + (0.1 + 0.2) \times 2\} \times 0.3 = 49.608m^3$

∴ GL 이하의 구조부 체적 $= 961.248 + 49.608 = 1,010.86m^3$

② 되메우기량 = 터파기량 − GL 이하의 구조부 체적

$= 1,441.44 - 1,010.86$

$= 430.584m^3$

(3) 잔토처리량 = GL 이하의 구조부 체적 × 1.3

$= 1,010.86 \times 1.3$

$= 1,314.12m^3$

11 건축공사표준시방서에서 규정하고 있는 철근 간격결정 원칙 중 빈칸에 들어갈 알맞은 수치를 쓰시오. (3점)

> 철근과 철근의 순간격은 굵은골재 최대치수의 (①)배 이상, (②)mm 이상, 이형철근 공칭직경의 (③)배 이상으로 한다.

① _____   ② _____   ③ _____

① $\frac{4}{3}$
② 25
③ 1

12 콘크리트 헤드(Concrete Head)를 설명하시오. (3점)

_____

_____

_____

타설된 콘크리트 윗면으로부터 최대측압면까지의 거리이다.

13 다음은 건축공사표준시방서에 따른 거푸집널 존치기간 중의 평균기온이 10℃ 이상인 경우에 콘크리트의 압축강도 시험을 하지 않고 거푸집을 떼어 낼 수 있는 콘크리트의 재령(일)을 나타낸 표이다. 빈칸에 알맞은 숫자를 표기하시오. (4점)

① 2   ② 4
③ 5   ④ 3
⑤ 6   ⑥ 8

▼ 기초, 보옆, 기둥 및 벽의 거푸집널 존치기간을 정하기 위한 콘크리트의 재령(일)

시멘트의 종류 평균기온	조강 포틀랜드 시멘트	보통 포틀랜드 시멘트 고로슬래그 시멘트 1종	고로슬래그 시멘트 2종 포틀랜드 포졸란 시멘트 2종
20℃ 이상	①	②	③
20℃ 미만 10℃ 이상	④	⑤	⑥

① _____   ② _____   ③ _____

④ _____   ⑤ _____   ⑥ _____

14 다음 레디믹스트콘크리트 배합에 대한 내용 중 빈칸에 알맞은 용어를 쓰시오. (3점)

> 콘크리트 배합 시, 레디믹스트콘크리트 배합표에 보통 골재는 (①)상태의 질량, 인공경량골재는 (②)상태의 질량을 표시한다. (③)의 경우는 혼화재를 사용할 때로 물에 대한 시멘트와 혼화재의 질량 백분율로 계산하여 고려한다.

① _____ ② _____ ③ _____

① 표면건조포화
② 절대건조
③ 물 − 결합재

---

15 다음 빈칸에 알맞은 용어 또는 숫자를 기입하시오. (4점)

> 설계볼트장력은 고장력볼트 설계미끄럼강도를 구하기 위한 값으로 미끄럼계수는 최소 (①) 이상으로 하고 현장시공에서의 (②)볼트장력은 (③)볼트장력에 (④)%를 할증한 값으로 한다.

① _____ ② _____
③ _____ ④ _____

① 0.5   ② 표준
③ 설계   ④ 10

---

16 미장재료 중 기경성(氣硬性)과 수경성(水硬性) 재료를 각각 2가지씩 쓰시오. (4점)

(1) 기경성 미장재료 : ① _____
　　　　　　　　　 ② _____
(2) 수경성 미장재료 : ① _____
　　　　　　　　　 ② _____

(1) 기경성 미장재료
　① 진흙
　② 회반죽
(2) 수경성 미장재료
　① 모르타르
　② 순석고 플라스터

---

17 목공사에서 방충 및 방부처리된 목재를 사용해야 하는 경우를 2가지 쓰시오. (4점)

① _____
② _____

① 외부 설치용 목재 : 바닥 마루틀의 멍에, 정선
② 물과 접하는 부분 : 외부 버팀기둥 부재

18 강구조에서 칼럼 쇼트닝(Column Shortening)에 대하여 기술하시오. (3점)

_____
_____
_____

> 철골조의 초고층 건물 축조 시 발생되는 기둥의 축소, 변위현상으로, 내·외부 기둥 구조의 차이, 재질이나 응력의 차이, 하중의 차이 때문에 발생한다.

19 강합성 데크플레이트 구조에 사용되는 시어커넥터(Shear Connector)의 역할에 대하여 설명하시오. (3점)

_____
_____
_____

> 합성부재의 두 가지 다른 재료 사이의 전단력을 전달하도록 강재에 용접되고, 콘크리트 속에 매입된 스터드앵커(Stud Anchor)와 같은 강재이다.

20 시방서와 설계도의 내용이 서로 달라서 시공상 부적당하다고 판단될 때 현장 책임자는 공사감리자와 협의하고 즉시 알려야 한다. 다음 보기에서 건축물의 설계도서 작성기준에서 시방서와 설계도서의 우선순위를 중요도에 따라 나열하시오. (4점)

> ⓛ → ⓒ → ⓔ → ⓜ → ⓐ

```
[보기]
ⓐ 공사(산출)내역서        ⓛ 공사시방서
ⓒ 설계도면               ⓔ 전문시방서
ⓜ 표준시방서
```

_____
_____

21 그림과 같은 단면의 x축에 대한 단면2차모멘트를 계산하시오. (3점)

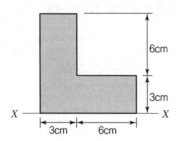

> $I_X = I_x + A \cdot y_0{}^2$
> $= \left[\dfrac{(3)(9)^3}{12} + (3 \times 9)(4.5)^2\right]$
> $+ \left[\dfrac{(6)(3)^3}{12} + (6 \times 3)(1.5)^2\right]$
> $= 783 \text{cm}^4$

_____
_____

22 다음 데이터를 이용하여 정상공기를 산출한 결과 지정공기보다 3일이 지연되는 결과이었다. 공기를 조정하여 3일의 공기를 단축한 네트워크 공정표를 작성하고 아울러 총공사금액을 산출하시오. (10점)

작업 기호	선행 작업	정상(Normal)		특급(Crash)		비용구배 Cost Slope (원/일)	비고
		공기 (일)	공비 (원)	공기 (일)	공비 (원)		
A	없음	3	7,000	3	7,000	–	단축된 공정표에서 CP는 굵은 선으로 표시하고, 각 결합점에서는 다음과 같이 표시한다(단, 정상공기는 답지에 표기하지 않고, 시험지 여백을 이용할 것).
B	A	5	5,000	3	7,000	1,000	
C	A	6	9,000	4	12,000	1,500	
D	A	7	6,000	4	15,000	3,000	
E	B	4	8,000	3	8,500	500	
F	B	10	15,000	6	19,000	1,000	
G	C, E	8	6,000	5	12,000	2,000	
H	D	9	10,000	7	18,000	4,000	
I	F, G, H	2	3,000	2	3,000	–	

(1) 3일 단축한 네트워크 공정표

(2) 총공사금액

해설

(1) 3일 단축한 네트워크 공정표

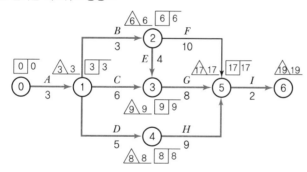

(2) 총공사금액
  ① 1차 단축 ……. E×1 (Sub CP : DH)
  ② 2차 단축 ……. A : B+D : B+H : G+D : G+H : I (Sub CP : C)
  　　　　　　　　× 4,000　5,000　5,000　6,000　×
  ∴ (B+D)×2
  ③ 추가공사비
  • B×2＝2,000
  • D×2＝6,000　} 8,500원
  • E×1＝500
  ∴ 총공사비＝표준공사비＋추가공사비＝69,000＋8,500＝77,500원

23 다음에서 설명하는 구조의 명칭을 쓰시오. (3점)

> 강구조물 주위에 철근 배근을 하고 그 위에 콘크리트가 타설되어 일체가
> 되도록 한 것으로서, 초고층 구조물 하층부의 복합구조로 많이 채택되는
> 구조

➡ 매입형 합성기둥(Composite Column)

24 기둥의 재질과 단면 크기가 모두 같은 그림과 같은 4개의 장주의 유
효좌굴길이를 구하시오. (4점)

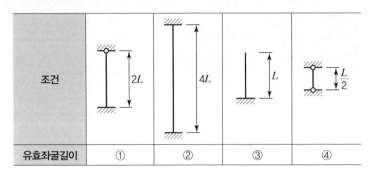

조건				
유효좌굴길이	①	②	③	④

① _____   ② _____
③ _____   ④ _____

➡ ① 1단 고정, 타단 힌지이므로
$KL = 0.7 \times 2L = 1.4L$
② 양단 고정이므로
$KL = 0.5 \times 4L = 2.0L$
③ 1단 고정, 타단 자유이므로
$KL = 2.0 \times L = 2.0L$
④ 양단 힌지이므로
$KL = 1.0 \times \dfrac{L}{2} = 0.5L$

25 다세대주택의 필로티 구조에서 전이보(Transfer Girder)의 1층 구
조와 2층 구조가 상이한 이유를 설명하시오. (3점)

──────────────────────────────
──────────────────────────────
──────────────────────────────

➡ 건축계획상 상부층의 기둥이나 벽체가
하부로 연속성을 유지하면서 내려가지
못하기 때문에 이들을 춤이 큰 보에 지
지시켜 이들이 지지하는 하중을 다른 하
부의 기둥이나 벽체에 전이시키기 때문
이다.

26 그림과 같은 비틀림모멘트(T)가 작용하는 원형 강관의 비틀림전단응력(τ_t)을 기호로 표현하시오. (3점)

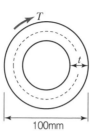

T

t

100mm

$$\tau_t = \frac{T}{2t \cdot A_m} = \frac{T}{2t \cdot \pi r^2}$$

_____
_____
_____

01 다음 그림은 철근콘크리트조 경비실 건물이다. 주어진 평면도 및 단면도를 보고 C_1, G_1, G_2, S_1에 해당되는 부분의 1층과 2층 콘크리트 양과 거푸집량을 산출하시오. (8점)

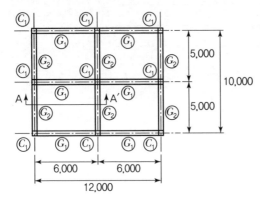

1, 2층 평면도

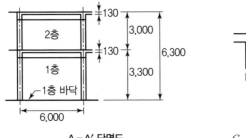

A-A' 단면도 G_1, G_2 보 단면도

[조건]
① 기둥 단면(C_1) : 30cm×30cm
② 보 단면(G_1, G_2) : 30cm×60cm
③ 슬래브 두께(S_1) : 13cm
④ 층고 : 단면도 참고
단, 단면도에 표기된 1층 바닥선 이하는 계산하지 않는다.

해설

(1) 콘크리트양(m³)
  ① 기둥(C_1) 1층 : $(0.3 \times 0.3 \times 3.17) \times 9 = 2.567$m³
     2층 : $(0.3 \times 0.3 \times 2.87) \times 9 = 2.324$m³
  ② 보(G_1) 1층+2층 : $(0.3 \times 0.47 \times 5.7) \times 12 = 9.644$m³
     (G_2) 1층+2층 : $(0.3 \times 0.47 \times 4.7) \times 12 = 7.952$m³
  ③ 슬래브(S_1) 1층+2층 : $(10.3 \times 12.3 \times 0.13) \times 2 = 32.939$m³
  ∴ 콘크리트양(m³) : 55.426m³ ≒ 55.43m³
(2) 거푸집량(m²)
  ① 기둥(C_1) 1층 : $(0.3 \times 4 \times 3.17) \times 9 = 34.236$m²
     2층 : $(0.3 \times 4 \times 2.87) \times 9 = 30.996$m²
  ② 보(G_1) 1층+2층 : $(0.47 \times 5.7 \times 2) \times 12 = 64.296$m²
     (G_2) 1층+2층 : $(0.47 \times 4.7 \times 2) \times 12 = 53.016$m²
  ③ 슬래브 1층+2층 : $\{(10.3 \times 12.3) + (10.3 + 12.3) \times 2 \times 0.13\} \times 2$
     $= 265.132$m²
  ∴ 거푸집량(m²) : 447.676m² ≒ 447.68m²

---

02 숏크리트(Shotcrete) 공법의 정의를 기술하고, 그에 대한 장단점을 1가지씩 쓰시오. (4점)

(1) 정의 : _____

(2) 장점 : _____

(3) 단점 : _____

❯❯ (1) 정의 : 모르타르를 압축공기로 분사하여 바르는 것으로 건나이트(Gun-nite)라고도 한다.
(2) 장점 : 여러 재료의 표면에 시공하면 밀착이 잘되며 수밀성, 강도, 내구성이 커진다. 또한, 표면 마무리, 얇은 벽바름, 강재의 녹막이 등에 유효하다.
(3) 단점 : 다공질이며 외관이 좋지 못하고 균열이 생기기 쉽다.

---

03 컨소시엄(Consortium) 공사에 있어서 페이퍼 조인트(Paper Joint)에 관하여 기술하시오. (3점)

_____
_____
_____

❯❯ 명목상(서류상)으로는 여러 회사의 공동도급(Joint Venture)으로 공사를 수주한 형태이지만 실질적으로 한 회사가 공사에 관한 모든 사항을 진행하고 나머지 회사는 서류상으로만 공사에 참여하는 방식이다.

---

04 다음 용어를 설명하시오. (4점)

(1) 물시멘트비(Water Cement Ratio) : _____

(2) 물결합재비(Water Binder Ratio) : _____

❯❯ (1) 물시멘트비(Water Cement Ratio) : 모르타르 또는 콘크리트에 포함된 시멘트 페이스트 중의 시멘트에 대한 물의 질량 백분율
(2) 물결합재비(Water Binder Ratio) : 모르타르 또는 콘크리트에 포함된 시멘트 페이스트 중의 결합재에 대한 물의 질량 백분율

05 흙막이공사의 지하연속벽(Slurry Wall) 공법에 사용되는 안정액의 기능을 2가지 쓰시오. (4점)

① _____

② _____

① 굴착면의 붕괴 방지(물을 함유하면 6~8배 체적 팽창)
② 굴착토량 지상방출 기능
③ 굴착부의 마찰저항 감소
④ 물 유입 방지, 지수효과
⑤ 안정액 속에 Slime 부유물 배제효과

06 다음에서 설명하는 용어를 쓰시오. (3점)

(1) 가장 오래된 타일붙이기 방법으로 타일 뒷면에 붙임모르타르를 얹어 바탕면에 누르듯이 하여 1매씩 붙이는 방법 : _____

_____

(2) 평평하게 만든 바탕 모르타르 위에 붙임모르타르를 바르고 그 위에 타일을 두드려 누르거나 비벼 넣으면서 붙이는 방법 : _____

(3) 온도변화에 따른 팽창·수축 또는 부등침하·진동 등에 의해 균열이 예상되는 위치에 설치하는 Joint : _____

_____

(1) 떠붙임 공법
(2) 압착붙임 공법
(3) 신축줄눈(Expansion Joint)

07 다음은 한중 콘크리트에 대한 설명이다. 빈칸에 알맞은 내용을 쓰시오. (3점)

한중 콘크리트는 일평균 기온이 (①) 이하의 동결위험이 있는 기간에 타설하는 콘크리트를 말하며, 물시멘트비(W/C)는 (②) 이하로 하고 동결위험을 방지하기 위해 (③)를 사용해야 한다.

① _____ ② _____ ③ _____

① 4℃
② 60%
③ AE제

해설

(1) 한중 콘크리트의 개요
콘크리트 타설 후 4주간의 평균예상기온이 약 5℃ 이하에서 시공하는 콘크리트 또는 하루의 평균기온이 4℃ 이하가 되는 기상조건에서 응결 경화 반응이 몹시 지연되어 밤중이나 새벽뿐만 아니라 낮에도 콘크리트가 동결할 염려가 있는 경우는 한중 콘크리트로 시공한다. 2~10℃일 때를 한랭기라고 하고, 2℃ 이하일 때를 극한기라고 한다.
(2) 한중 콘크리트의 양생 및 일반사항
① W/C : 60% 이하
② AE 콘크리트를 사용하는 것을 원칙으로 한다(AE제, AE 감수제 및 고성능 AE 감수제 중 하나는 반드시 사용한다).
③ 믹서 내의 온도는 40℃ 이하가 되게 한다.
④ 재료의 가열온도는 60℃(시멘트는 절대 가열하지 않음) 이하로 한다.

08 목재면 바니시칠 공정의 작업순서를 기호로 쓰시오. (2점)

> [보기]
> ㉠ 색올림   ㉡ 왁스문지름
> ㉢ 바탕처리   ㉣ 눈먹임

❯❯ ㉢ → ㉣ → ㉠ → ㉡

---

09 다음 용어를 설명하시오. (4점)

(1) 접합 유리(Laminated Glass) : _____

_____

(2) Low-E 유리(Low-Emissivity Glass) : _____

_____

❯❯ (1) 접합 유리(Laminated Glass) : 두 장 이상의 판유리 사이에 합성수지를 겹붙여 댄 것으로 합판유리라고도 한다.
(2) Low-E 유리(Low-Emissivity Glass) : 유리 표면에 금속 또는 금속산화물을 얇게 코팅한 것으로 열의 이동을 최소화시켜 주는 에너지 절약형 유리이며 저방사 유리라고도 한다.

---

10 다음에서 설명하는 용어를 쓰시오. (3점)

> 건축주와 시공자가 공사실비를 확인정산하고 정해진 보수율에 따라 시공자에게 지급하는 방식

❯❯ 실비비율 보수가산식

---

11 시멘트 500포의 공사현장에서 필요한 시멘트 창고의 면적을 구하시오(단, 쌓기 단수는 12단). (3점)

_____

_____

_____

❯❯ $A = 0.4 \times \dfrac{500}{12} = 16.67\,\mathrm{m}^2$

---

12 다음 용어를 설명하시오. (4점)

(1) 솟음(Camber) : _____

_____

(2) 토핑 콘크리트(Topping Concrete) : _____

_____

❯❯ (1) 솟음(Camber) : 보나 트러스 등에서 그의 정상적 위치 또는 형상으로부터 상향으로 구부려 올리는 것이나 구부려 올린 크기
(2) 토핑 콘크리트(Topping Concrete) : 바닥판의 높이를 조절하거나 하중을 균일하게 분포시킬 목적으로 프리스트레스 또는 기성 콘크리트 바닥판 위에 타설하는 현장치기 콘크리트

13 시공이 빠르고 이음이 없는 수밀한 콘크리트 구조물을 완성할 수 있는 벽체 전용 System 거푸집의 종류를 4가지 쓰시오. (3점)

① _____

② _____

③ _____

④ _____

» ① 갱폼(Gang Form)
② 클라이밍폼(Climbing Form)
③ 슬라이딩폼(Sliding Form)
④ 슬립폼(Slip Form)

14 다음에서 설명하는 용어를 쓰시오. (3점)

> 영구배수공법의 일종으로 쇄석 대신 사용되고, 배수관 또는 양수관으로 물을 흘려 보내기 위해 롤 형태의 보드를 옹벽 뒤에 부착하여 시공하는 배수자재

_____

» 드레인보드(Drain Board)

15 매스 콘크리트(Mass Concrete) 시공과 관련된 선행 냉각(Pre-Cooling)에 대해 설명하고 공법에 사용되는 재료를 2가지 쓰시오. (4점)

(1) 선행 냉각 : _____

(2) 사용되는 재료 : ① _____

② _____

» (1) 선행 냉각 : 콘크리트 재료의 일부 또는 전부를 미리 냉각하여 콘크리트의 온도를 저하시켜 균열을 방지하는 방법이다.
(2) 사용되는 재료 : 얼음, 액체질소

16 다음에서 설명하는 강구조공사에 사용되는 용어를 쓰시오. (3점)

> 철골부재 용접 시 이음 및 접합부위의 용접선이 교차되어 재용접된 부위가 열영향을 받아 취약해지기 때문에 모재에 부채꼴 모양의 모따기를 한 것

» 스캘럽(Scallop)

17 다음 평면도에서 평규준틀과 귀규준틀의 개수를 구하시오. (4점)

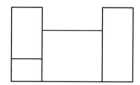

(1) 평규준틀 : (   )개소   (2) 귀규준틀 : (   )개소

(1) 평규준틀 : 6개소
(2) 귀규준틀 : 6개소

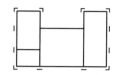

18 콘크리트에서 크리프(Creep) 현상에 대하여 설명하시오. (3점)

_____

_____

_____

하중의 증가 없이도 시간경과 후 변형이 증가되는 굳은 콘크리트의 소성변형 현상

19 토질 종류와 지반의 허용응력도에 관해 (   ) 안을 알맞은 내용으로 채우시오. (4점)

(1) 장기허용지내력도
   ① 경암반 : (   )kN/m^2
   ② 연암반 : (   )kN/m^2
   ③ 자갈과 모래의 혼합물 : (   )kN/m^2
   ④ 모래 : (   )kN/m^2
(2) 단기허용지내력도 = 장기허용지내력도 × (   )

(1) ① 4,000
    ② 2,000
    ③ 200
    ④ 100
(2) 2배

해설

▼ 토질 종류와 지반의 장기허용 응력도(흙의 지내력도)

(단위 : kN/m^2)

지반		장기허용 지내력도	단기허용 지내력도
경암반	화강암, 섬록암, 편마암, 안산암 등의 화성암 및 굳은 역암 등의 암반	4,000	통상 장기허용 지내력도의 2배로 본다(법규규정은 1.5배).
연암반	판암, 편암 등의 수성암의 암반	2,000	
	혈암, 토단반 등의 암반	1,000	
	자갈	300(600)	
	자갈과 모래와의 혼합물	200(500)	
	모래 섞인 점토 또는 롬토	150(300)	
	모래	100(400)	
	점토	100(250)	

※ (   ) 안의 수치는 지반이 밀실한 경우

20 다음 조건에서의 용접 유효길이(L_e)를 산출하시오. (4점)

① 모재는 SM355(F_u = 490MPa) 용접재(KS D 7004 연강용 피복아크
   용접봉)의 인장강도 F_{uw} = 420N/mm²
② 필릿치수 S = 5mm
③ 하중 : 고정하중 20kN, 활하중 30kN

⟫ (1) $P_u = 1.2P_D + 1.6P_L$
$= 1.2 \times 20 + 1.6 \times 30$
$= 72 > 1.4P_D = 1.4 \times 20 = 28$
∴ $P_u = 72$kN
(2) $P_u \leq \phi P_w = \phi F_{nw} \cdot A_w$
$= \phi(0.6F_{uw}) \cdot (a \cdot L_e)$
$= \phi(0.6F_{uw}) \cdot (0.7S) \cdot L_e$
$L_e \geq \dfrac{P_u}{\phi(0.6F_{uw}) \cdot (0.7S)}$
$= \dfrac{72 \times 10^3}{0.75 \times (0.6 \times 420) \times (0.7 \times 5)}$
$= 108.84$mm
∴ 용접 유효길이(L_e) = 108.84mm

---

21 그림과 같은 철근 콘크리트 단순보에서 계수집중하중(P_u)의 최댓값(kN)
을 구하시오(단, 보통중량 콘크리트 f_{ck} = 28MPa, f_y = 400MPa, 인
장철근 단면적 A_s = 1,500mm², 휨에 대한 강도감소계수 ϕ = 0.85
를 적용한다). (4점)

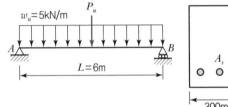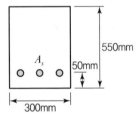

⟫ $M_u \leq \phi M_n$으로부터
① 소요모멘트(M_u)
$M_u = \dfrac{P_u \cdot L}{4} + \dfrac{w_u \cdot L^2}{8}$
$= \dfrac{P_u \times 6}{4} + \dfrac{5 \times 6^2}{8}$
② $\phi M_n = \phi A_s \cdot f_y \cdot \left(d - \dfrac{a}{2}\right)$
$= 0.85 \times 1,500 \times 400$
$\times \left(500 - \dfrac{84.03}{2}\right) \times 10^{-6}$
$= 233.572$kN · m
여기서, $a = \dfrac{A_s \cdot f_y}{\eta(0.85f_{ck})b}$
$= \dfrac{1,500 \times 400}{1.0 \times (0.85 \times 28) \times 300}$
$= 84.03$mm
∴ $\dfrac{P_u \times 6}{4} + \dfrac{5 \times 6^2}{8} \leq 233.572$
$P_u \leq 140.715$

---

22 그림과 같은 T형 단면의 X축에 대한 단면2차모멘트를 계산하시오
(단, 그림상의 단위는 cm이고 X축은 도심축이다). (3점)

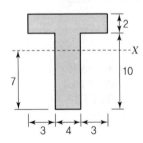

⟫ $I_X = I_x + A \cdot y_0^2$
$I_X = \left[\dfrac{10 \times 2^3}{12} + 10 \times 2 \times 4^2\right]$
$+ \left[\dfrac{4 \times 10^3}{12} + 4 \times 10 \times 2^2\right]$
$= 820$cm⁴

23 그림과 같은 구조물의 지점반력(H, V, M)을 구하시오. (3점)

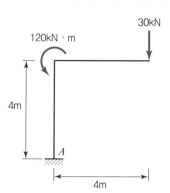

➡ (1) $\sum H = 0 : H_A = 0$
(2) $\sum V = 0 : + V_A - 30 = 0$
$\therefore V_A = + 30\text{kN}(\uparrow)$
(3) $\sum M_A = 0 : + M_A + 30 \times 4 - 120$
$= 0$
$\therefore M_A = 0$

_____
_____
_____

24 지지조건이 양단 힌지일 때 기둥의 길이 3m, 직경 100mm인 원형 단면의 세장비를 구하시오. (3점)

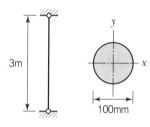

➡ $\lambda = \dfrac{KL}{r_{\min}} = \dfrac{KL}{\sqrt{\dfrac{I_{\min}}{A}}}$

$= \dfrac{1 \times L}{\sqrt{\dfrac{\left(\dfrac{\pi D^4}{64}\right)}{\left(\dfrac{\pi D^2}{4}\right)}}} = \dfrac{4L}{D}$

$= \dfrac{4 \times (3 \times 10^3)}{100} = 120$

_____
_____
_____

25 TQC에 이용되는 다음 도구를 설명하시오. (4점)

(1) 파레토도 : _____
(2) 특성요인도 : _____
(3) 층별 : _____
(4) 산점도 : _____

➡ (1) 파레토도 : 데이터를 불량 크기 순서대로 나열해 놓은 그림
(2) 특성요인도 : 결과에 어떤 원인이 관계하는지를 알 수 있도록 작성한 그림
(3) 층별 : 집단을 구성하고 있는 데이터를 특징에 따라 몇 개의 부분집단으로 나누는 것
(4) 산점도 : 대응되는 두 개의 짝으로 된 데이터를 하나의 점으로 나타낸 그림

26 주어진 자료(Data)에 대하여 다음 물음에 답하시오. (10점)

작업명	선행작업	정상(Normal)		급속(Crash)		비고
		공기(일)	공비(원)	공기(일)	공기(원)	
A	없음	5	170,000	4	210,000	결합점에서의 일정은 다음과 같이 표시하고, 주 공정선은 굵은 선으로 표시한다.
B	없음	18	300,000	13	450,000	
C	없음	16	320,000	12	480,000	
D	A	8	200,000	6	260,000	
E	A	7	110,000	6	140,000	
F	A	6	120,000	4	200,000	
G	D, E, F	7	150,000	5	220,000	

(1) 표준 Network 공정표를 작성하시오.

(2) 표준공기 시 총공사비를 산출하시오.

(3) 공기를 4일 단축한 총공사비를 산출하시오.

해설

(1) 공정표

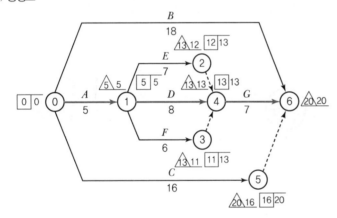

(2) 표준공기 총공사비

170,000＋300,000＋320,000＋200,000＋110,000＋120,000＋150,000
＝1,370,000원

(3) 공기단축 총공사비
① CP 및 비용구배

작업(CP)	단축가능일수	비용구배
A	1	40,000
D	2	30,000
G	2	35,000
E	1	30,000
B	5	30,000

② 공기단축

    ㉠ 1차 단축 : <u>A</u> : <u>D</u> : <u>G</u>
                40,000 30,000 35,000
       ∴ D×1 (Sub CP : E)

    ㉡ 2차 단축 : <u>A</u> : <u>D+E</u> : <u>G</u>
                40,000 60,000 35,000
       ∴ G×1 (Sub CP : B)

    ㉢ 3차 단축 : <u>A+B</u> : <u>B+D+E</u> : <u>B+G</u>
               70,000   90,000   65,000
       ∴ (B+G)×1 (Sub CP : C)

    ㉣ 4차 단축 : <u>A+B</u> : <u>B+D+E</u>
               70,000   90,000
       ∴ (A+B)×1 (Sub CP : C)

    ㉤ 추가공사비
       • A : 40,000×1일=40,000
       • B : 30,000×2일=60,000
       • D : 30,000×1일=30,000   200,000원
       • G : 35,000×2일=70,000

∴ 총공사비=표준공사비+추가공사비=1,370,000+200,000=1,570,000원

저자 소개

송 창 영

주요 약력

- 現 광주대학교 건축학부 교수
- 광주대학교 대학원 방재안전학과 주임교수
- 재단법인 한국재난안전기술원 이사장
- 한양대 방재안전공학과 특임교수
- 중앙대, 경희대, 서울과학기술대 겸임교수 등
- 한국방재학회, 한국구조물진단유지관리공학회, 방재 안전학회 부회장 등
- 대통령직속 지방시대위원회 대외협력특별위원회 위원
- 국회 안전한 대한민국 포럼 특별회원
- 국회 이태원참사 국정조사특위 전문위원
- 청와대 국민안전처 창설 자문위원
- 국무조정실 국정과제 평가위원
- 국무조정실 규제심판위원
- 국무조정실 대통령100대과제 평가위원
- 기획재정부 공공기관 경영평가단 위원
- 인사혁신처 개방형직위 면접심사위원
- 법제처 국민법제관(소방방재분야)
- 해양경찰청 정책자문위원 위원장
- 행정안전부 중앙안전교육점검단 단장
- 행정안전부 재난안전 정책자문위원
- 행정안전부 재난안전사업평가 자문위원
- 행정안전부 규제심사위원
- 행정안전부 중앙정부 · 지자체 재난관리평가단 반장
- 행정안전부 지방자치단체 합동평가단 반장
- 행정안전부 재난안전 매뉴얼 · 국가핵심기반 자문위원
- 행정안전부 안전한국훈련, 을지연습, 국가핵심기반 평가반장
- 행정안전부 어린이안전대상 심사위원장
- 국토교통부 중앙사고조사위원회 위원
- 국토교통부 중앙건축심의위원

- 국토안전관리원 국토안전자문위원회 위원장
- 교육부 학교안전사고예방위원회 위원
- 교육부 교육시설 구조안전위원회 위원
- 문화재청 문화재수리기술위원회 전문위원
- 국방부 정책자문위원
- 국가기술자격고시 출제위원
- 국가공무원 방재안전직렬 출제위원 등

주요 저서

- 재난과 인공지능(예문사)
- 어린이와 청소년 안전문화(예문사)
- 송창영의 재난과 윤리(기문당)
- 재난안전인문학(예문사)
- 품격 있는 안전사회(방재센터)
- 건축방재론(예문사)
- 방재관리총론(예문사)
- 시설물의 구조안전진단(예문사)
- 국가기반시설과 국가중요시설 위험관리 및 방호대책 (기문당)
- 재난안전 A to Z(기문당)
- 재난안전 이론과 실무(예문사)
- 구조물안전의 이해(예문사) 등 총 42여 권 집필

주요 상훈

- 대통령 국민포장(2018)
- 대통령 표창장(2012)
- 행정안전부장관 표창장(2017)
- 산업통상자원부장관 표창장(2016)
- 국민안전처장관 표창장(2016)
- 학술상(한국방재학회, 2016) 등

건축기사 실기

발행일 | 2024. 3. 15 초판발행

저 자 | 송창영
발행인 | 정용수
발행처 | 예문사

주 소 | 경기도 파주시 직지길 460(출판도시) 도서출판 예문사
T E L | 031) 955 – 0550
F A X | 031) 955 – 0660
등록번호 | 11 – 76호

정가 : 39,000원

ISBN 978–89–274–5399–4 13540